双碳背景下
煤电清洁低碳技术

主　编　朱法华

副主编　杨宏强　崔青汝　刘志坦

内 容 提 要

本书介绍了美国、英国、德国和日本等发达国家，为应对大气污染与气候变化实施的煤电清洁低碳转型发展的路径、目标及启示，在此基础上，结合中国的能源资源禀赋、环境空气质量与污染物排放现状及目标、二氧化碳排放现状及目标、煤电清洁低碳发展历程等，提出了中国的煤电发展目标及煤电清洁化、低碳化、灵活化的转型方向。本书系统总结了近10年来，煤电常规污染物、非常规污染物的清洁技术发展与应用，先进低碳煤电技术、煤电节能改造技术、煤电供热改造技术、煤电灵活性改造技术等发展与应用。

本书可供从事大气污染、气候变化、煤炭清洁高效利用、电力系统节能改造、减污降碳等领域的科研人员、工程技术人员、管理人员学习使用，也可作为相关专业的大专院校师生的学习参考书。

图书在版编目（CIP）数据

双碳背景下 ：煤电清洁低碳技术 / 朱法华主编. 北京：中国电力出版社，2024. 11. --ISBN 978-7-5198-9418-4

Ⅰ. X773.017；F426.21

中国国家版本馆 CIP 数据核字第 20241314A9 号

出版发行：中国电力出版社
地　　址：北京市东城区北京站西街 19 号（邮政编码 100005）
网　　址：http://www.cepp.sgcc.com.cn
责任编辑：宋红梅（010-63412383）
责任校对：黄　蓓　常燕昆　王海南
装帧设计：郝晓燕
责任印制：吴　迪

印　　刷：三河市万龙印装有限公司
版　　次：2024 年 11 月第一版
印　　次：2024 年 11 月北京第一次印刷
开　　本：787 毫米×1092 毫米　16 开本
印　　张：31.25　　插页：8
字　　数：685 千字
印　　数：0001—1000 册
定　　价：158.00 元

版 权 专 有　侵 权 必 究

本书如有印装质量问题，我社营销中心负责退换

编 委 会

主　任　郝吉明

副主任　岳光溪　刘文清　宣益民　刘吉臻　张远航　高　翔　杨勇平　吕俊复

委　员　朱法华　李全生　刘建国　王志轩　钟文琪　崔青汝　朱生刚　刘志坦　肖　睿　丁爱军　李维新　胡道成　陈敏东　柯世堂　张　洁　王　圣　李军状

编 写 组

主　编　朱法华

副主编　杨宏强　崔青汝　刘志坦

成　员（按姓氏笔画排序）

王　圣　邓良辰　田文鑫　冯升波　庄　柯　安风霞　许　芸　孙雪丽　张　健　张　乾　陈国庆　赵永椿　赵秀勇　姜华瑀　费佳颖　徐静馨　殷　戈　程文煜　胡　耘　熊　卓

序

中国是世界上最大的煤炭生产和消费国，大量煤炭被用于燃烧发电及集中供热。政府高度重视煤电的清洁低碳发展，早在 1991 年就发布了《燃煤电厂大气污染物排放标准》(GB 13223—1991)，此后经过多次修订，直至 2014 年开始实施世界上最严的烟尘、二氧化硫和氮氧化物排放要求，即燃煤电厂的超低排放。2004 年中国首次在燃煤电站项目规划和建设要求中明确机组类型及煤耗要求，2007 年发布了加快关停小火电机组的要求，2014 年发布了《煤电节能减排升级与改造行动计划（2014—2020 年）》，同步推动煤电清洁与低碳发展。

2020 年中国政府承诺二氧化碳排放力争 2030 年前达到峰值，努力争取 2060 年前实现碳中和，电力低碳化进入了加速期。2021 年国家发布了全国煤电机组改造升级方案，进一步降低煤电机组能耗，提升灵活性和调节能力，促进新能源消纳；同时要求对于环保约束条件较严格的区域，鼓励新建机组实现适度优于超低排放限值的水平。2022 年和 2023 年风电装机容量分别增长 11.2%和 20.7%，太阳能发电装机容量分别增长 28.1%和 55.2%，屡创新高。中国将逐渐构建以新能源为主体的新型电力系统，煤电将由常规主力电源，向基础保障性和系统调节性并重转型，即使全面实现了碳中和，仍需煤电作为电力调峰和电力安全的兜底保障。煤电的清洁低碳发展任重道远。

国家能源集团科学技术研究院有限公司长期致力于煤电机组清洁低碳技术的研发与推广应用，2013 年获批建设国家环境保护大气物理模拟与污染控制重点实验室，2015 年获批建设清洁高效燃煤发电与污染控制国家重点实验室（以下简称实验室），由我担任实验室学术委员会主任。2023 年清洁高效燃煤发电与污染控制国家重点实验室成功重组，获批建设低碳智能燃煤发电与超净排放全国重点实验室，依托单位为国家能源集团科学技术研究院有限公司、东南大学、国能科技环保集团有限责任公司，仍由我担任学术委员会主任。

实验室主持完成了 2 项国家 863 计划项目——大型燃煤电站锅炉烟气排放控制技术与装备和燃煤电站多污染物协同控制集成技术与装备；1 项国家环保公益性行业专项——我国氮氧化物排放特征与排放源动态清单研究；2 项国家科技支撑计划——大容量火电机组高效梯级供热技术开发及工程示范和大型燃煤电厂超净排放控制关键技术及工程示范；1 项国家重大仪器专项——二次细颗粒物主要前体物监测仪器开发和应用；1 项国家环境技术管理项目——火电厂污染防治最佳可行技术指南；2 项国家重点研发计划——燃煤电站多污染物协同控制与资源化技术及装备、废弃环保催化剂金属回收和载体再用技术研发及工业示范。实验室在煤电清洁低碳领域取得了很多优秀成果，建成了 36 个“首台套”中试装置和示范工程，先后5次获得国家科技奖，1次获得中国专利金奖，核心团队获得第十届中华环境奖优秀奖。

本书由实验室骨干科研人员联合该领域的著名专家学者撰写而成。该书系统介绍了美国、英国、德国和日本等发达国家，为应对大气污染与气候变化实施的煤电清洁低碳转型发展的路径、目标及启示，并结合中国的能源资源禀赋、环境空气质量与污染物及二氧化碳排放、煤电清洁低碳发展历程等，提出了中国的煤电发展目标及转型方向。系统总结了近年来我国在煤电清洁低碳领域取得的重大技术与推广应用，指明了煤电清洁化、低碳化、灵活化的发展方向。该书既具科学性、实用性，又有指导性和前瞻性，相信该书的出版对中国煤电高质量发展、新型电力系统的构建，具有重要的指导作用。

郝吉明

中国工程院　院士

清 华 大 学　教授

2024年7月

前言

中国电力的发展始于 1882 年 7 月，在长达 100 年的时间内，中国的电力一直是火力发电与水力发电，直到 1993 年首次拥有核能发电。在 2002 年以前，中国火电装机容量占比一直在 68%～75%之间，但发电量占比一直在 80%左右，如 1980 年、1990 年、2000 年火电发电量占比分别为 80.64%、79.66%和 80.96%。2003 年开始，火电装机容量占比持续攀升，从 74.0%上升到 2006 年的峰值 77.6%，此后逐年下降。

2023 年年底，中国全口径发电装机容量为 29.2 亿 kW，其中火电装机容量为 13.9 亿 kW，占比首次低至一半以下，为 47.6%。2023 年，全国规模以上电厂发电量为 8.91 万亿 kW・h，其中火电发电量为 62318 亿 kW・h，占比 69.9%。2010 年前，中国煤电装机容量占比长期在 70%左右，煤电发电量占比在 75%～80%。2010 年之后，中国电力转型加速，煤电装机容量及发电量占比持续下降，2023 年装机容量占比降至 39.9%，历史上首次降至 40%以下；发电量占比降至 57.9%。可见，煤电在中国的电力构成中一直占据主导地位。

2020 年，中国政府承诺二氧化碳排放力争 2030 年前达到峰值，努力争取 2060 年前实现碳中和。为实现“双碳”目标，国家大力推动以光伏发电和风力发电为主的新能源发展，新能源发电出力具有随机性、间歇性与波动性的特点，有效容量低，难以保障实时用电的需求。电网最高用电负荷一般出现在 18：00–20：00，该时段光伏发电出力基本为 0，风电出力常常低于装机容量的 10%，如果叠加极端天气或连续多天的少风、阴雨天等情况，极易发生影响能源安全的次生灾害，引发电力系统连锁反应，造成大停电事故。由于中国燃气发电等灵活性电力资源不足，难以起到重大电力调节作用，煤电在重大事故和极端灾害条件下仍然是支撑电力系统稳定可靠的电源，是供电安全的重要保障。面向美丽中国建设和实现“双碳”目标的战略需求，煤电需要向更加清洁、更加低碳、更加灵活的方向发展。

中国燃煤电厂已基本全面完成超低排放改造，但 2022 年电力、热力生产和供应业烟尘、SO_2 及 NO_x 的排放量占工业污染源排放总量的比例仍分别高达 8.7%、32.1%和 35.0%，SO_2 及 NO_x 的排放量居各行业首位；环境空气质量近年来改善明显，2022 年全国地级及以上城市 $PM_{2.5}$ 浓度为 29μg/m^3，与世界卫生组织现行的指导值 5μg/m^3 差距甚大，与欧洲、美国、日本、澳大利亚、加拿大、巴西、俄罗斯等年均浓度在 10μg/m^3 左右，也有较大差距。中国燃煤电厂的超低排放要求：烟尘≤10mg/m^3，SO_2≤35mg/m^3，NO_x≤50mg/m^3，与国际能源署制定的 2030 年燃煤电厂污染物排放目标：烟尘＜1mg/m^3，SO_2＜10mg/m^3，NO_x＜10mg/m^3，也有不小差距。所以，煤电需要更加清洁。

2022 年，全国 6000kW 及以上火电厂供电标准煤耗率 301.5g/（kW•h），同比降低 1.0g/（kW•h）。供电煤耗率由 2005 年的 370g/（kW•h）逐年下降，累计下降 68.5g/（kW•h），年均下降 4.0g/（kW•h），其主要贡献因素有上大压小、供热改造、节能改造、管理提升等。中国煤电节能水平总体上已达到世界先进水平，节能降碳的空间在逐步减小，但仍有较大改造潜力。2022 年煤电机组总容量为 112434 万 kW，其中装机容量在 100 万 kW 及以上的电厂有 453 座，容量为 76705 万 kW，约占总容量的 68.2%，说明仍有近 1/3 的装机容量是单机容量 30 万 kW 及以下的煤电机组。电力行业排放的二氧化碳占能源活动排放二氧化碳的 40%以上，电力低碳发展是实现“双碳”目标的关键。

随着新能源的加速发展，电力系统对灵活性电源需求将不断提高。水电的调节能力有限；抽水蓄能电站受站址资源约束、气电受气源气价限制，不具备大规模建设条件；核电受安全及经济性约束，不宜频繁调节；储能受技术成熟度、经济性、安全性等影响，尚不具备竞争优势。中国煤炭资源相对丰富，煤电机组经过改造，可以在较大范围内进行负荷变动，是现有技术条件和能源资源禀赋下最经济可靠的大型灵活性调节电源，煤电灵活性发展是中国提高电力系统调节能力的现实选择，也是促进新能源发展和电力低碳发展的必要措施。

2023 年 4 月，低碳智能燃煤发电与超净排放全国重点实验室成功重组。2023 年 6 月，实验室负责中国工程院重大咨询课题“我国电力领域节约战略重大问题研究”中任务 2——火电效率及非化石能源电力消纳利用率的影响因素。在咨询任务完成过程中，中国工程院重大咨询课题负责人李立涅院士、中国南方电网饶宏院士、中国华能集团公司许世森教授级高工、浙江大学骆仲泱教授等给予了关心与指导。在咨询成果的基础上，结合正在研发的国家重点研发计划项目——燃煤电站烟气非常规污染物短流程高效耦合治理协同碳减排技术装备、亚临界煤电机组深度灵活调峰关键技术及工程示范取得的最新成果，编写组围绕中国煤电的转型发展，对国内外煤电清洁化、低碳化、灵活化等方面取得的技术、应用及前景进行了总结，形成本书。感谢上述 2 个国家重点研发计划项目对本书出版的资助。在相关技术研发、本书内容论证及成稿过程中，清华大学郝吉明院士、岳光溪院士、吕俊复院士，中国科学院安徽光学精密机械研究所刘文清院士，南京航空航天大学宣益民院士，华北电力大学刘吉臻院士、杨勇平院士，北京大学张远航院士，浙江工业大学高翔院士等给予了悉心指导，在此一并表示感谢。此外，感谢国家发改委能源研究所、华中科技大学等单位的相关专家参与了本书的编写工作，感谢《电力科技与环保》期刊编辑部的沈凡卉、王雅昀等编辑参与了书稿的校对工作。

由于作者水平有限和编写时间仓促，书中难免存在不足之处，恳请读者批评指正。

编写组
2024 年 6 月

目录

1 煤电清洁低碳转型的总体思路

化石能源消费导致 70%～90%的大气污染物排放和 90%左右的 CO_2 排放，单位质量的煤炭消费排放的污染物和 CO_2 更多。本章从全球能源资源禀赋与煤电发展历程出发，选择了美国、英国、德国和日本等 4 个国家，阐述了大气污染促进煤电清洁转型、气候变化促进煤电低碳转型的国际背景。在此基础上，结合中国的能源资源禀赋、环境空气质量和 CO_2 排放等状况，提出了中国煤电清洁化、低碳化和灵活化的转型方向。

1.1 煤电清洁低碳转型国际背景

1.1.1 全球能源资源禀赋与煤电发展历程

能源是现代经济生活的血脉。全球能源资源禀赋情况多样，涵盖了化石能源、核能、可再生能源等多种形式。1930 年，全球有超过 95%的能源消费依赖煤炭、石油等化石能源。随着全球各国环保意识的增强和气候变化的影响，全球能源开始转型，造成化石能源所占比例有所下降，但仍占据能源消费主体地位。2022 年，化石能源在全球一次能源消费占比约为 82%，是能源安全的重要保证。图 1-1 反映了 1965—2022 年全球一次能源消费量、化石能源消费量的变化。

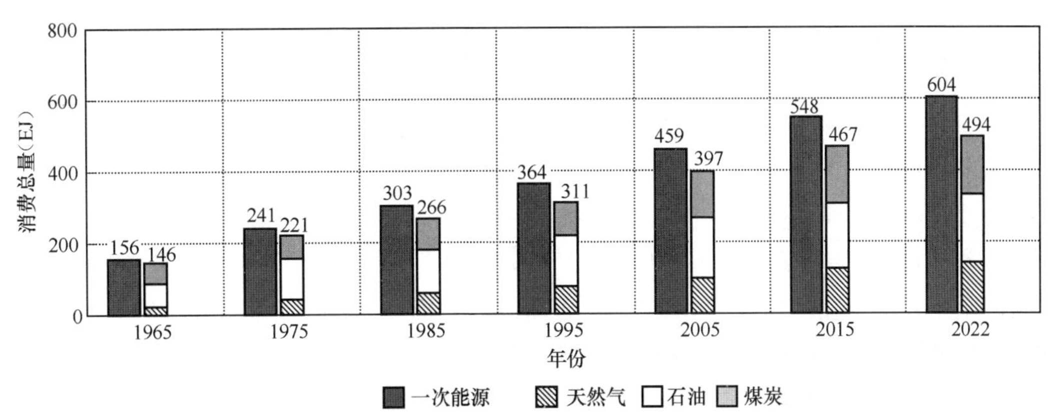

图 1-1 1965—2022 年全球一次能源消费量和化石能源消费量的变化

煤炭作为主要能源，1965—2022年煤炭消费量在化石能源消费量中的占比由1965年的40.0%下降至2022年的32.7%，虽有所下降，占比基本在1/3左右，并广泛用于电力领域。19世纪末到20世纪初，随着工业化进程的加速，煤炭的需求量迅速增长，燃煤电厂开始建设。20世纪上半叶，随着工业化和城市化发展加速，煤电发展进入了大规模扩展阶段，全球煤电装机容量不断增加，成为当时主要的发电方式。20世纪中叶至末期，煤电在全球范围内得到广泛的应用，成为支撑工业和城市的主要能源来源。

电力是能源的基础产业。1985—2022年全球燃煤发电量由3748.3TW·h增长至10317TW·h，年均增速为2.7%。2022年全球电力中，以煤炭、天然气、水力和核能发电组成的常规电力为主，占比高达84.6%，如图1-2所示。其中煤电承担了全球35.4%的电力构成，以一己之力贡献了全球超过1/3的电力生产，是全球电力的压舱石。

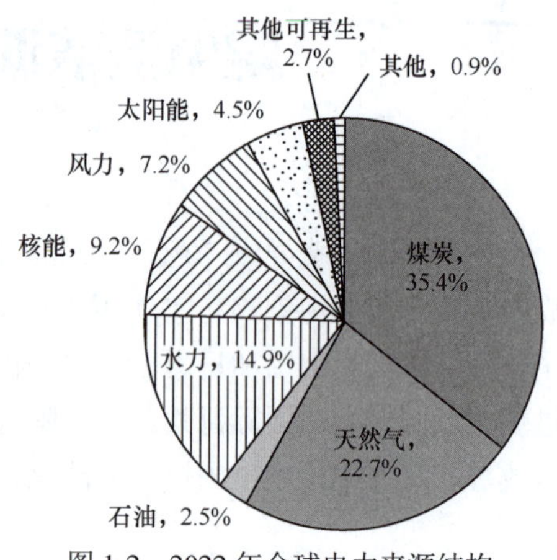

图1-2 2022年全球电力来源结构

1.1.2 环境污染促进煤电清洁转型

1.1.2.1 煤电发展与大气环境影响

在全球煤电发展迅速的20世纪中叶，大规模的煤炭燃烧引发了严重的环境空气污染。煤炭的燃烧释放出大量的SO_2、NO_x、颗粒物和挥发性有机物等污染物，这些污染物对人体健康和环境造成了严重影响，不仅导致了人类呼吸系统疾病、心血管疾病和癌症等健康问题的增加，同时也对生态系统造成了破坏，影响了生物多样性和生态平衡。

燃煤造成的煤烟型污染是一个严重的大气环境问题，对全球许多城市的环境空气质量产生了负面影响，导致空气质量难以达到良好环境空气质量的标准。其中，伦敦烟雾事件是历史上煤烟型污染最为著名的事件之一。1873—1962年，由于燃煤量激增而大气自然稀释扩散条件较差，伦敦先后发生了10余次严重的大气污染事件，又称为伦敦型烟雾污染，如图1-3所示。最初关注的主要是燃烧排放的黑烟（black smoke或soot），随着20世纪70—80年代工业化地区大气颗粒物污染的加重，又开始关注总悬浮颗粒物（TSP）和可吸入颗粒物（PM_{10}）。

燃煤排放的SO_2是导致酸雨产生的主要原因之一，进而形成了世界三大酸雨区：西北欧、北美和东亚。其中西北欧是最早发生的酸雨区，在20世纪70年代，西北欧的降水pH值曾降至4.0，且酸雨问题还向海洋和东欧方面不断扩展。北美的东部降水pH值也降至4.5，对北美地区的湖泊、森林和土壤造成了严重损害。20世纪90年代，中国的酸雨区主要集中在长江以南地区，尤其是华中、西南、华南和华东四大酸雨区。

燃煤排放的NO_x是光化学烟雾产生的主要原因之一，燃煤产生的NO_x和挥发性有机物

（VOCs）在阳光照射下发生一系列复杂的光化学反应，生成了臭氧（O_3）、过氧乙酰硝酸酯（PAN）等二次污染物，这些二次污染物与一次污染物混合，形成了有害的光化学烟雾。特别是20世纪40—60年代，在美国洛杉矶发生的著名光化学烟雾事件（见图1-4）其严重程度和影响范围都极为严重。

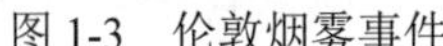
图1-3　伦敦烟雾事件

图1-4　洛杉矶光化学烟雾事件

因此，20世纪60—70年代发达国家相继成立环境保护管理机构，开始制定环保法规、污染物排放标准和环境质量标准，不断加大环保执法和处罚的力度，经过20多年的努力，发达国家的火电厂污染物排放基本得到有效控制，取得了明显的环境效益和社会经济效益。

1.1.2.2　典型发达国家煤电清洁转型行动

选择了早期电力结构以煤电为主、经济较为发达的美国、英国、德国和日本作为典型国家，研究煤电清洁政策与措施。这些发达国家对煤电污染治理大多始于20世纪中期，到20世纪90年代环境空气治理取得了重大成效。以SO_2排放为例，阐述4个典型发达国家煤电清洁转型过程中的政策指引、路径实施和治理成效。

1. 美国

20世纪50年代起，因燃煤电厂大气污染物的大量排放，美国的空气质量开始恶化。俄亥俄河谷地区发生了严重空气污染，造成空气呈现灰褐色。20世纪60年代，美国空气质量急剧恶化，工业城市伯明翰因煤炭燃烧排放导致空气质量在当时达到历史最低点，引发了公众的抗议。这些事件引发了政府的关注，促使政府采取行动加强对空气污染的监控。

（1）政策指引。

美国煤电行业污染物的成功控制得益于政策、法律和制度的完善，尤其是美国率先采用市场机制——排污权交易制度。1970年12月成立了美国环保署（Environmental Protection Agency, EPA），同年颁布《清洁空气法》（Clean Air Act），要求各州和各地区对其区域内和州内的空气质量负责。《清洁空气法》是美国历史上较为完整的第一部有关空气污染的法规，制定了国家环境空气质量标准（National Ambient Air Quality Standards，NAAQS），规定了6种主要的污染物限值。各州要制定州实施方案，被EPA批准，以确保各州空气质量达标。《清洁空气法》于1990年修订，重点强调引起酸雨的主要污染物（SO_2和NO_x）和臭氧层破坏的污染物，推出了硫酸雾和颗粒物的新标准，并提出酸雨计划，要求电力行业减少 SO_2 和 NO_x 的排放。

酸雨计划对 SO_2 的控制采用了排污权交易的手段，在美国 21 个东部和中西部州的电力企业中，通过实施 SO_2 排放总量控制和交易政策实现 SO_2 减排，是美国对 SO_2 排放管控的里程碑。酸雨计划的排污权交易分两个阶段实施：第一阶段为 1995—1999 年，共有 110 座电厂 263 台燃煤机组参与，第一阶段目标是 SO_2 排放量要求比 1980 年减少 350 万 t；第二阶段为 2000—2009 年，涉及 2000 多台规模 2.5 万 kW 以上的燃煤机组。

（2）路径实施。

1）电力结构调整。《清洁空气法》的出台大大限制了新建燃煤电厂，促进了核电的发展。尽管 20 世纪 70 年代核电厂曾发生一些事故，但 20 世纪 70 年代却是美国历史上核电迅速发展的阶段。火电发电量占总发电量的比例，从 1970 年的 83.38%下降到 1975 年的 76.25%，核电发电量的占比，却从 1970 年的 1.33%增长到 1975 年的 8.61%，到 1980 年则上升到 10.67%，水电发电量的占比，1970 年与 1975 年基本持平。

2）燃料对策。减少大气污染最简单的方法就是将燃料更换为天然气或新建燃烧天然气的电厂，1995 年有 52%的燃煤机组已经采用了更换燃料和混烧低硫煤，SO_2 削减的排放量中有 59%是通过这种办法实现的。

3）烟气脱硫政策。为了减少燃煤电厂 SO_2 排放，企业可以根据自身情况选择使用脱硫技术或采用交易的手段实现排放总量的控制要求。美国自 1995 年酸雨计划启动以来，脱硫的比例呈逐渐上升的趋势。美国能源信息署（Energy Information Agency, EIA）的脱硫装机数据显示，1990 年美国共有 159 台机组 7178.2 万 kW 容量安装了烟气脱硫设施，2005 年共有 555 台机组 1.14 亿 kW 容量安装了烟气脱硫设施，占煤电总装机容量的 36.2%，2015 年共有 680 台机组 2.23 亿 kW 容量安装了烟气脱硫设施，占煤电总装机容量的 79.7%。

（3）治理成效。

通过法律、技术与经济手段相结合的方式，美国在燃煤电厂污染物减排上取得了显著的效果。其中，SO_2 的减排效果最明显。EIA 数据显示，美国燃煤电厂 SO_2 排放绩效从 2005 年的 3.55g/（kW・h）下降到 2015 年的 0.93g/（kW・h），NO_x 从 2005 年的 1.36g/（kW・h）下降到 2015 年的 0.67 g/（kW・h），如图 1-5 所示。

2. 英国

英国是最早的资本主义国家之一，早期的环境污染问题尤为突出。20 世纪 50 年代，英国的大气污染尤为严重，主要是以烟尘和 SO_2 为主的煤烟型污染。英国伦敦从 1870—1965 年的 90 多年间，先后发生了 12 次严重的大气污染事件，其中最严重的是 1952 年 12 月的大气污染事件，5 天内死亡 4000 余人，在 2 个月内又有 8000 人死亡，成为震惊世界的伦敦烟雾事件。同时也使英国认识到在经济发展过程中要保护环境。

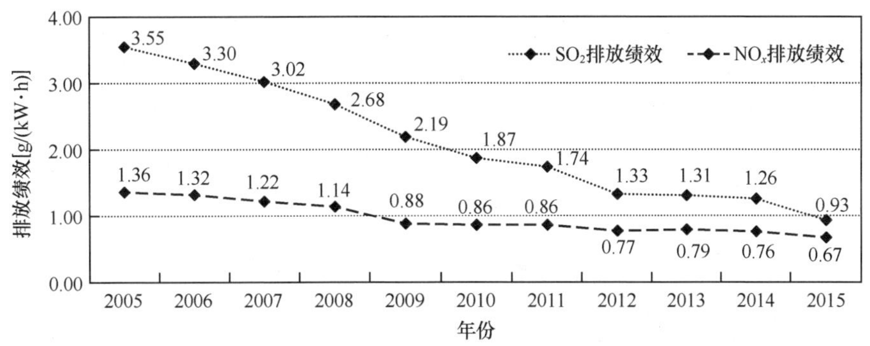

图 1-5　2005—2015 年美国燃煤电厂 SO_2 和 NO_x 排放绩效变化

（1）政策指引。

1956 年，英国颁布了《清洁空气法》，是一项主要环境法律，限制大气污染物的排放。该法律规定了一系列的大气污染物排放标准和控制要求，包括燃煤电厂的排放控制。1973 年，英国设立了《国家大气污染物排放标准》，对燃煤电厂等工业源的污染物排放进行了限值管理。1990 年开始，英国实施了工业排放许可证制度，要求燃煤电厂等工业单位获得排放许可证，并按照许可证规定的排放标准和限值进行运营，有助于控制和监管燃煤电厂的大气污染物排放；并成立了环境局，由联邦政府交通区域部负责管理，1995 年的《环境法》（The Environment Act）明确了环境局的主要目的是采用综合方法进行管理，为实现可持续发展的目标发挥作用。

（2）路径实施。

1）电力结构调整。与其他国家类似，在环境污染压力下，英国也大力发展核电及水电。如 1970—1975 年英国核电装机容量没有变化。1974 年《污染控制法》的颁布，推动了核电的迅速发展，1975—1985 年核电装机容量增长了 6570MW，增长了 196%，到 1990 年，核电装机容量达 11353MW。而 1975—1985 年火电装机容量不但没有增长，反而下降了 14652MW。

2）燃料对策。英国排入大气中的 SO_2 主要来自含硫燃料的燃烧，如煤、石油、柴油等燃料的燃烧。燃料更换是英国控制 SO_2 排放的最重要的对策。1970—1994 年，英国经济虽然取得了很大的发展，但一次能源的消耗量变化很小，这主要由于提高了能源利用效率及产业结构调整。但不同一次能源的使用量却发生了很大的变化。特别是天然气的用量大幅度升高，煤的用量大幅度下降。SO_2 排放总量的减少主要是工业过程更换燃料造成的。

3）烟气脱硫。英国把烟气的高烟囱排放作为控制 SO_2 污染的重要手段。英国工业用煤含硫量较低（一般低于 1.60%），采用高烟囱排放可降低 SO_2 的地面污染。至于烟气脱硫技术，英国大多数专家的看法是：烟气不经处理在高温下排放比处理掉 75%的 SO_2 后低温下排放对于降低地面 SO_2 来说更为有利。故英国人认为高烟囱排放已能足以控制 SO_2，而采用其他办法既困难，成本又高。英国是一个岛国，四面环海，采用高烟囱排放的办法较为可行。从经济效益来看，大型高烟囱的造价一般为 1～2.5 美元/kW，不到烟气脱硫装置的 10%。

（3）治理成效。

英国 SO_2 的污染控制主要通过燃料更换来实现的。表 1-1 列出了不同年份英国各城市空气质量连续监测点 SO_2 年平均浓度的最小值、平均值和最大值。从表 1-1 中可知，英国各城市 SO_2 年平均浓度的平均值及最大值下降趋势均很明显，1993 年 SO_2 年均浓度已经在 30μg/m³ 以下。

表 1-1　　英国各城市空气中 SO_2 年均浓度　　μg/m³

年份	最小值	平均值	最大值	年份	最小值	平均值	最大值
1970	2	99.75	468	1982	11	50.49	134
1971	3	92.95	415	1983	11	48.94	105
1972	4	86.49	295	1984	12	44.73	86
1973	4	78.57	275	1985	8	41.09	113
1974	3	69.27	224	1986	6	41.05	96
1975	9	68.64	206	1987	9	39.26	78
1976	5	67.96	213	1988	10	36.91	71
1977	7	59.44	160	1989	12	35.45	98
1978	7	62.34	158	1990	12	35.79	84
1979	6	56.48	164	1991	10	32.70	71
1980	4	48.15	154	1992	8	29.99	87
1981	3	49.58	132	1993	5	28.04	62

表 1-2 列出了英国首都伦敦 SO_2 排放量的变化情况，从表 1-2 中可以看出，SO_2 的排放量逐渐下降，特别是 1974 年《污染控制法》颁布以后，SO_2 排放量 5 年下降 50%以上。电厂的 SO_2 排放量下降更为明显。

表 1-2　　伦敦 SO_2 排放量　　万 t/a

年份	家庭	工业	商业	电厂	总计
1965	4.7	12.2	5.6	17.0	39.5
1970	3.0	11.1	5.8	15.9	35.8
1975	1.0	4.5	5.7	5.8	17.0
1980	0.7	2.5	3.2	1.7	8.1

3. 德国

在德国，也因燃煤电厂的排放引发了一些空气污染事件，如霍亨诺尔恩地区的酸雨事件、鲁尔区的 NO_x 污染事件，严重影响了周边地区的空气质量和居民健康。

（1）政策指引。

1952 年，德国颁布了《清洁空气法》，该法律规定了包括燃煤电厂在内的一系列的大气污染物排放标准和控制要求。1974 年，德国实施了工业排放许可制度，要求燃煤电

厂等工业企业获得排放许可，并按照许可规定的排放标准和限值进行运营。同年，德国颁布了《国家大气污染物排放标准》，对燃煤电厂等工业源的污染物排放进行了限值管理。2000年开始，德国政府制定了清洁空气计划，旨在进一步降低大气污染物排放量，改善空气质量。该计划包括加强对燃煤电厂等工业源的排放控制，促进清洁能源的发展和利用，以及推动技术创新和研发。同时，德国通过《可再生能源发展法》，鼓励和支持可再生能源的发展和利用，以替代煤炭等高污染能源。该法案提供了补贴和优惠政策，鼓励燃煤电厂等能源企业转向清洁能源的生产。

（2）路径实施。

1）电力结构调整。1974年德国颁布《大气质量控制指南》，对新建火电厂提出了严格的环保要求，导致火电机组的增长迅速下降，而核电发电量则趋向上升。特别明显的是1980—1985年期间，火电发电量占总发电量的比例下降了18.4%，而同期核电发电量占总发电量的比例则上升了19.1%。

2）燃料对策。《大气质量控制指南》要求新建燃煤、燃油较小装置必须使用低硫燃料，较大装置必须安装烟气脱硫设施这一要求的颁布，使其他的新建企业大多采用低硫燃料，而且1975年的《硫含量令》，对轻油及重油使用中硫含量又作了规定，因此，上述法案的出台，造成了许多行业采用低硫燃料，SO_2排放量大幅度下降。

3）烟气脱硫对策。1983年颁布的《大型燃烧装置法》，主要是针对燃煤电厂的，在这一法案的要求下，绝大多数燃煤电厂在5年之内安装了烟气脱硫设施，采用低硫燃料难以满足法案要求。烟气脱硫设施快速发展，特别是1986—1988年增长最快。而且该法案规定，到1993年所有燃煤电厂都需进行烟气脱硫。

（3）治理成效。

德国1989年SO_2排放量为96万t，仅是1970年的25.6%，下降了74.4%，比1973年的最高值下降了75.1%，排放基本稳定。

4. 日本

从能源供给与需求来看，煤炭是日本不可或缺的基础能源。日本是世界第五大能源消费国，长期以来，资源匮乏及其居高不下的能源对外依存一直制约着日本的发展，几乎所有的化石能源都要依靠进口。大体来说，煤炭约占日本一次能源供给的1/4，燃煤发电占全国发电量的1/3左右。20世纪60—70年代，经济飞速发展，也带来了日益严重的环境问题。日本大气污染治理源于1960年石化工厂附近患哮喘类疾病的病人数量激增事件。

（1）政策指引。

日本1968年6月制定的《大气污染控制法》，是最早的环境保护法律之一，该法案对燃煤电厂大气污染物排放进行了管控。1970年日本发布了《工业区大气污染特别对策法》，针对工业区大气污染问题采取特别对策。1983年，日本开展了《第二次大气污染控制基本计划》，是日本政府制定的大气环境保护规划，为了进一步减少大气污染物排放，改善空气质量，此计划中建立和完善大气环境监测网络，对各类大气污染物实施监测和评估。1990年制定了一系列针对 NO_x 排放的法规和政策，包括对燃煤电厂的排放限值和管控要求，以减少臭氧和酸雨等大气污染问题。

（2）路径实施。

1）燃料政策及能源结构调整。降低燃料中的含硫量是减少 SO_2 排放量的重要措施。日本的石油主要靠进口，而石油又是日本的主要燃料，为此要尽量进口含硫量低一些的石油。另外，要求煤的含硫量也比较低，一般都要低于 1.25%。1975 年前后，日本政府重新研究能源政策，积极扩大液化天然气在能源供给中的比例，努力增加核能发电的比例。天然气在能源结构中的比例从 20 世纪 60 年代的 1%多上升至 7.0%，核能从 1970 年的 0.4%上升至 1982 年的 6.9%。此外，企业使用经过直接或间接脱硫的重油，也是降低燃料含硫量的重要技术措施。

2）设备对策。脱硫措施包括重油脱硫和烟气脱硫。比起烟气脱硫，重油脱硫的发展先走了一步。从 1967 年最初只有 1 台重油脱硫设施，每年能脱重油 $2.32\times10^9m^3$，至 1975 年已有 39 台重油脱硫设施，每年能脱重油 $73.96\times10^9m^3$，这段时间发展最快，8 年重油脱硫能力增长 30 倍。烟气脱硫大约从 20 世纪 70 年代起步，在 1970—1975 年这段时间发展最快，从 1970 年的 102 台到 1975 年 994 台，1984 年全国有烟气脱硫设施 1583 台，很多非电行业的废气装置也加装烟气脱硫设施，脱硫能力显著增强。

（3）治理成效。

从 1965 年开始有 SO_2 环境空气质量监测记录的全国 15 个监测站的统计，1967 年的 SO_2 环境浓度达到最高值，为 $0.168mg/m^3$，以后逐年较快下降，到 1972 年，5 年时间内 SO_2 年平均浓度从 $0.168mg/m^3$ 下降到 $0.088mg/m^3$，以后缓慢下降，到 1983 年已下降到 $0.034mg/m^3$。全国环境监测站的达标率见表 1-3。由表 1-3 可见，1972 年达标率仅为 33.10%，1980 年达标率已高达 98.40%，1985 年已达到 99.60%。事实上，到 1979 年左右，日本全国 SO_2 的污染问题已全面解决，排放基本稳定。

表 1-3 日本 SO_2 环境监测站达标率的变化情况

年份	1972	1975	1980	1981	1982	1983	1984	1985
站数（个）	685	1238	1571	1586	1605	1613	1623	1609
达标数（个）	227	992	1546	1569	1569	1603	1614	1603
达标率（%）	33.10	80.10	98.40	98.90	99.40	99.40	99.40	99.60

1.1.2.3 小结

1. 制定污染物控制标准和法规

美国、英国、德国和日本都对燃煤电厂的大气污染物排放制定了限值标准，美国是依据新、老污染源分别制定排放标准的，对新污染源从严，对老污染源从宽，20 世纪 80 年代在特定地区引进了质量控制。英国对污染源则没有统一的国家排放标准，具体污染源排放

因地制宜地制定排放浓度，大多由专家和公众决定。德国 1974 年也是从新污染源着手开始控制的，其对新污染源的排放限制是依据新污染对环境的影响以及环境本底来确定的。日本是据污染地区的严重程度制定排放标准的，在指定地区有指定标准，同时考虑新、老污染源的区别。

尽管各发达国家实行排放标准和法规不尽相同，但基本上都体现了：鼓励达标排放，对超标排放进行处罚，同时期、不同地区、新老电厂实行不同的排放标准的原则。

2. 燃料和电力结构调整

调整电力结构是各国普遍采用的对策之一，主要表现为大力发展核电，因为到 20 世纪 70 年代，这些国家可利用的水力资源多已开发完毕。更换发电燃料种类或降低燃料中的含硫量在美国、日本和英国得到了广泛采用；英国主要是靠燃料更换和建高烟囱控制 SO_2 污染，此外，提高能源利用效率、产业结构调整、控制能源消费总量在英国大气污染控制中也发挥了重要作用。

3. 污染物脱除技术的广泛使用

以控制 SO_2 排放为例，烟气脱硫在美国、日本和德国都得到不同程度的采用，其中以德国利用最为普遍，1983—1988 年的 5 年时间里，德国的燃煤电厂基本上都安装了烟气脱硫装置。日本除对烟气进行脱硫外，还对重油进行脱硫。

1.1.3 气候变化促进煤电低碳转型

1.1.3.1 全球气候变化进程

燃煤电厂除了排放大量的污染物外，还是导致全球气候变化温室气体 CO_2 的主要来源。2018 年，世界气象组织（World Meteorological Organization，WMO）发布《温室气体公报》，公报显示 1990 年以来，全球“辐射强迫”效应增量中，CO_2 的贡献占比高达 82%。仅在 2019 年，人类就向大气中排放了 364.4t CO_2，其中约 40%的 CO_2 将在大气中滞留数百年。因此，CO_2 分子在整个大气层中形成了一层保护膜。

在过去一百多年（1900—2020 年），气温与 CO_2 浓度在整体上也具有高度的相关性，如图 1-6 所示。2021 年，诺贝尔物理学奖获得者马纳贝（Syukuro Manabe）证明了 CO_2 是导致全球变暖的主要因素。全球地表温度较工业化前水平上升近 1.1℃，气候变化对环境、社会和经济的影响日益加剧，极端天气发生的频率增加，海平面加速上升，上百万物种濒临灭绝。如果不加以控制，到 21 世纪末，升温可能会达到 1.5～2℃，如图 1-7 所示（见彩插）。

19 世纪中叶工业革命之后，化石燃料的消耗导致 CO_2 排放量明显增加，扰乱了全球碳循环并导致了全球变暖，1965—2022 年全球能源消费产生的 CO_2 排放量如图 1-8 所示。1965 年的排放量已达 112 亿 t，但增长相对缓慢。随着全球工业化进程加快，排放量急剧上升，2010 年排放量达到 310 亿 t，较 1965 年增加 1.8 倍。2022 年全球能源消费产生的 CO_2 排放量超过 341 亿 t，排放量在过去几年增速虽显趋缓，但尚未达到峰值。

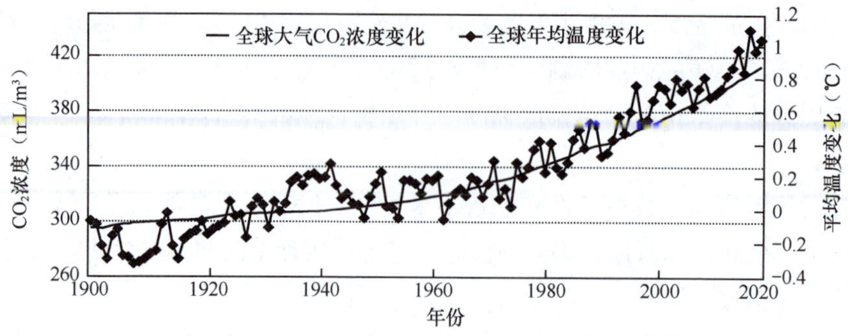

图 1-6　大气中 CO_2 浓度与全球平均温度变化关系

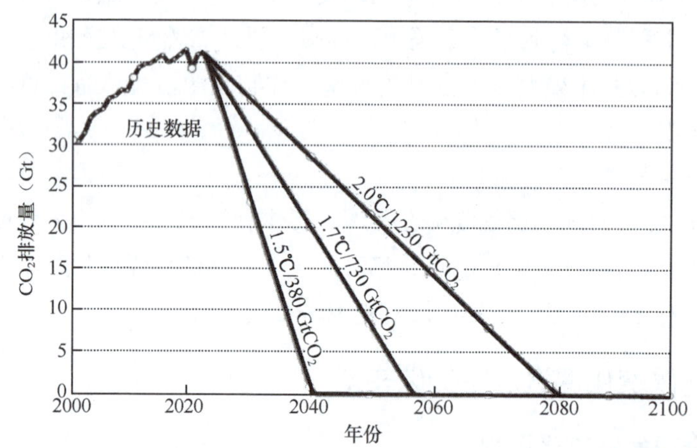

图 1-7　全球碳排放对应的温度变化情景模式

20 世纪以前，欧洲和美国是全球 CO_2 排放的主要经济体，1900 年欧洲和美国的排放量占全球总排放量的 90%，至 1950 年占总排放量的 85%以上。但近几十年来，以中国为代表的亚洲发展中国家的碳排放量急剧增加。最显著的变化发生在 21 世纪初，中国碳排放量不断上升，并于 2006 年取代美国成为全球碳排放量最多的国家。许多发达国家的碳排放已经稳定，并在近几十年呈现一定程度的下降。而发展中国家的 CO_2 排放呈增长趋势，且目前这些经济转型体的排放量增长已主导了全球 CO_2 的排放趋势。

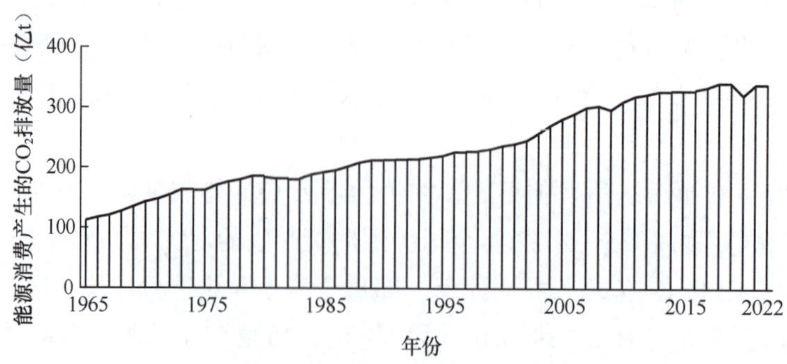

图 1-8　1965—2022 年全球能源消费产生的 CO_2 排放量的变化

亚洲的 CO_2 排放量占全球的 53%，是第一大排放区域。以美国为主导的北美是第二大排放区域，排放量占全球的 18%。欧洲是第三大排放区域，占全球的 17%。中国自 2006 年以来一直是世界上最大的排放国，近年来其排放量占全球的 25%以上。迄今为止，美国的累计排放量超过任何其他国家，占全球累计排放量的 25.5%，中国作为累计排放量第二的国家，占比为 13.7%，见表 1-4。

表 1-4　　2019 年全球主要发达国家和中国 CO_2 排放量和累计排放量

国家	CO_2 排放量（10^8t/a）	年排放量占比（%）	CO_2 累计排放量（1750—2019 年）（10^8t）	累计排放量占比（%）	人均排放量（t）
美国	52.8	14.5	4102.4	25.5	16.1
英国	3.7	1.0	778.4	4.8	5.5
德国	7.0	1.9	919.8	5.7	8.4
日本	11.1	3.0	645.8	4.0	8.7
中国	101.7	27.9	2199.9	13.7	7.1
全球	364.4	100.0	16116.0	100	5.5

在应对气候变化的过去几十年里有三大里程碑式国际公约，分别是《联合国气候变化框架公约》《京都协定书》和《巴黎协定》。

1. 《联合国气候变化框架公约》

1992 年 5 月，联合国大会通过了《联合国气候变化框架公约》，并由 154 个国家共同签署。作为世界上首个关于全面控制 CO_2 等温室气体排放的国际公约，提出了国际社会在全球气候变化问题上进行合作的基本框架。

《联合国气候变化框架公约》终极目标是将大气温室气体浓度维持在一个稳定的水平，在该水平上人类活动对气候系统的危险干扰不会发生。根据“共同但有区别的责任”原则，公约对发达国家和发展中国家规定的义务及履行义务的程序有所区别，要求发达国家作为温室气体的排放大户，采取具体措施限制温室气体的排放，并向发展中国家提供资金以支付他们履行公约义务所需的费用。而发展中国家只承担提供温室气体源与温室气体汇的国家清单的义务，制定并执行含有关于温室气体源与汇方面措施的方案，不承担有法律约束力的限控义务。

《联合国气候变化框架公约》确立了 5 个基本原则：①共同但有区别的责任原则，要求发达国家带头应对气候变化；②应充分考虑发展中国家的具体国情；③缔约方应采取必要举措，预测、预防和减少导致气候变化的要素；④重视各方可持续发展权；⑤加强各国之间的合作。

作为《联合国气候变化框架公约》缔约方，中国重视其国际义务，已发布 3 次《中华人民共和国气候变化初始国际信息通报》和 2 次《中华人民共和国气候变化两年更新报告》，并向《联合国气候变化框架公约》秘书处提交，以履行中国义务。

2. 《京都协议书》

1997 年 12 月，《京都议定书》通过，这是对《联合国气候变化框架公约》的重要补充。《京都议定书》规定发达国家要在 1990 年的基础上，2020 年和 2050 年分别减排 20%和 80%～

85%，发展中国家则在得到发达国家一定援助的前提下，实行自愿减排。其目标是将地球的温升控制在与工业化初期相比不超过 2℃，对应的是大气温室气体的浓度不超过 450 ml/m^3，CO_2 浓度不超过 400 ml/m^3。

2005 年 2 月 16 日，《京都议定书》正式生效。这是人类历史上首次以法规的形式限制温室气体排放。为了促进各国完成温室气体减排目标，议定书允许采取以下 4 种减排方式：①两个发达国家之间可以进行排放额度买卖的“排放权交易”，即难以完成削减任务的国家，可以花钱从超额完成任务的国家买进超出的额度；②以“净排放量”计算温室气体排放量，即从本国实际排放量中扣除森林所吸收的 CO_2 的数量；③可以采用清洁发展机制，促使发达国家和发展中国家共同减排温室气体；④可以采用“集团方式”，即欧盟内部的许多国家可视为一个整体，采取有的国家削减、有的国家增加的方法，在总体上完成减排任务。

3. 《巴黎协定》

2015 年 12 月，《巴黎协定》设定了 21 世纪后半叶实现净零排放的目标。《巴黎协定》提出了与工业化初期相比较，到 21 世纪末将大气温升控制在 2℃以内，并为控制在 1.5℃而努力的目标，把 21 世纪下半叶实现人为温室气体排放量与自然系统吸收量相平衡（即碳中和）作为实现该目标的具体措施。

在《巴黎协定》形成的过程中，中美两国元首连续五次发表联合声明，明确了《巴黎协定》的基本原则和框架，为《巴黎协定》的达成、签署和生效发挥了关键作用。

在《巴黎协定》的框架之下，中国以“创新、协调、绿色、开放、共享”的发展理念为核心，提出实现碳达峰四大目标：到 2030 年，中国单位 GDP 的 CO_2 排放量比 2005 年下降 60%～65%；非化石能源占总能源比重提升到 20%左右；中国的 CO_2 排放量要达到峰值，并且争取尽早达到峰值；中国的森林蓄积量要比 2005 年增加 45 亿 m^3。2022 年《中共中央国务院关于完整准确全面贯彻新发展理念做好碳达峰碳中和工作的意见》（以下简称“中共中央 国务院的意见”）中明确指出：到 2030 年，中国单位 GDP 的 CO_2 排放量比 2005 年下降 65%，非化石能源占总能源比重提升到 25%左右，中国的森林蓄积量要比 2005 年增加 60 亿 m^3，详见表 1-5。

表 1-5 《巴黎协定》和《中共中央 国务院的意见》中国碳达峰指标的对比

指标	《巴黎协定》	《中共中央 国务院的意见》
单位 GDP 的 CO_2 排放比 2005 年下降（%）	60～65	65
非化石能源占总能源比重（%）	20	25
森林蓄积量（亿 m^3）	45	60

在《巴黎协定》框架下，截至 2020 年底已有占全球 CO_2 排放量 65%以上的 100 个国家或地区提出了碳中和承诺。碳中和的提出是国际社会应对气候变化的主动作为。

1.1.3.2 典型发达国家煤电低碳转型行动

典型发达国家煤电低碳转型行动，同样对应分析了美国、英国、德国和日本煤电低碳政策与措施。气候变化的国际公约始于 1992 年，因此这些发达国家对煤电低碳行动大多始

于20世纪末，均意识到能源结构和煤电转型是电力低碳发展的必经之路。

1. 美国

煤电是过去较长一个时期美国最主要的电力来源，2004年以前在总发电量中占比一直维持在50%以上，2005年以前的近百年内，美国一直是世界上碳排放最多的国家，其中电力行业碳排放量约占每年总排放量的1/4。虽然排放量巨大，但美国的电力行业碳减排之路相当顺利，在2007年左右，美国已经总体实现碳达峰。

（1）政策指引。

美国由于党派争执，对待气候变化问题的态度一直摇摆不定，但整体来看，美国政府高层大部分具有应对气候变化、发展新能源的共识。在奥巴马政府时期，美国发布了《总统气候行动计划》《美国清洁能源与安全法案》《作为经济可持续增长路径的全方位能源战略》《新建电厂碳排放标准》和《清洁电力计划》等文件，提出建立碳交易市场机制、发展可再生能源、清洁电动汽车和智能电网等方案，大力推行“全方位”能源战略，格外重视发展清洁能源。其中《清洁电力计划》不仅提出提高燃煤发电效率，增大水电、风电、光伏、核电的比例，提高能源使用效率等减排路径，还确立了2030年之前将发电厂的二氧化碳排放量在2005年水平上削减至少30%的目标，这一系列顶层设计，引领了美国的碳减排进程。虽然特朗普政府上台后又放宽了对化石燃料的限制，鼓励发展传统能源，并要求EPA重审《清洁电力计划》，阻碍了碳减排的步伐。但2021年拜登政府又开始大力推动清洁能源战略，发布了《迈向2050年净零排放的长期战略》，设定了到2030年碳减排50%～52%、2050年净零排放的总体双碳目标；并提出了2035年实现电力系统净零排放的目标，对于下一步的电力行业低碳发展路径，拜登政府暂时还未出台像《清洁电力计划》之类明确的规划，但通过行政命令的方式在交通、建筑、清洁能源等领域加大了投资和支持力度，建立了多层次政商协调和咨询机制，通过减税、补贴和碳市场等手段激励清洁能源和相关技术的发展。美国的许多州也形成了州际减排合作机制，如有12个州参与了区域温室气体倡议（Regional Greenhouse Gas Initiative, RGGI）、纽约市和加州联合发起了《美国承诺》倡议等。

（2）路径实施。

美国天然气资源丰富，通过支撑天然气产业，倒逼煤电主动退出。天然气发电的碳排放强度不到煤电的一半，火电厂的燃料由煤改成气是电力行业碳减排的重要路径。20世纪90年代以来，美国的页岩气革命使美国超越俄罗斯成为全球最大的天然气生产国，充足的天然气促使火电加速从煤到气的结构转变。1990—2022年，美国天然气发电量从4008亿kW·h增加到18166亿kW·h，增加了253%，如图1-9所示。与此同时，煤电的发电量从1990年的17252亿kW·h锐减至2022年的9042亿kW·h，降低了48%。目前，气电在美国电力系统中占据主导地位。

发电能源向可再生能源转型是美国电力行业低碳发展的根本推动力。为了应对气候变化、减缓全球变暖，使用清洁的可再生能源以减少碳排放成为世界共识，清洁能源无疑是电力行业未来的发展方向，这是一次新的能源革命。推进清洁能源战略意在占据技术和产业链的优势地位，抢占清洁能源和碳减排技术的市场，带动相关行业的发展，促进经济繁荣。因此，虽然拥有丰富的化石能源，美国仍有足够的动力发展可再生能源。通过制定一揽子政策及10余部法规，美国对新能源产业给予税收减免、补贴激励和金融支持，对传统能源行业则添加指标约束，同时较好地协调了各方利益，新能源产业发展迅速。2022年，美国包括水电在内的可再生能源发电量占总发电量的21.8%。

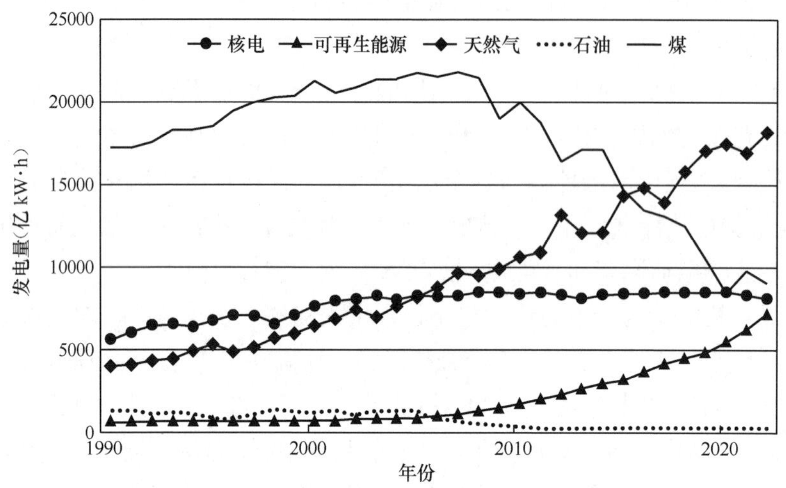

图1-9 1990—2022年美国不同能源发电量变化

此外，美国在碳捕集、利用与封存（Carbon Capture, Utilization and Storage, CCUS）技术方面处于全球领先地位。目前，全球65个商业化CCUS项目中有33个在美国，CO_2捕集量达到每年3000万t。

在政策指引和路径实施的推动下，美国电力行业能源结构持续优化，能耗下降，促使美国电力行业实现了显著的碳减排。2019年的电力行业碳排放强度仅为2000年的60.16%。

2. 英国

英国是最早实现碳达峰的国家之一。1973年，英国已经实现了碳达峰，峰值为6.88亿t CO_2排放量。英国的能源转型之路是从“以油气代煤”到“可再生能源代替化石能源”的过程。1990年英国煤炭、天然气和石油三种化石燃料的使用量占能源消费总量的比例为91.4%，其中煤炭为31.3%。为解决环境污染问题，英国调整了产业结构，大力发展电子、汽车、制药、航空航天、环保与可再生能源、新材料、信息通信等产业。

（1）政策指引。

英国政府提出了一系列法规政策，为化石能源的逐步减少设置了明确的目标，见表1-6。2020年，英国发布了第一份能源白皮书，为2050年实现净零排放设定路线图。2022年4月，英国发布《英国能源安全战略》，提出到2030年实现一半以上的可再生能源发电来自风力发电，海上风电并网容量达到5000万kW，其中500万kW为新漂浮式；改善电网基础设施，支持陆上风电发展。

表 1-6 英国能源低碳转型政策

年份	法规与政策	内容与作用
2002	《可再生能源义务法令》	电力供应商应提供一定比例的可再生能源
2008	《气候变化法案》（全球首部）	对碳减排目标和预算体系、气候变化委员会、碳排放交易、气候变化影响和适应等进行了规定
2009	《低碳转型计划》《低碳工业战略》《可再生能源战略》《低碳交通计划》	形成了向低碳社会转型的制度框架
2010	《国家可再生能源行动计划》	为实现 2020 年 15%的可再生能源消费目标，制定了具体的发展路线和实施措施
2019	《气候变化法案》（修订）	全球首个立法承诺 2050 年实现净零排放的主要经济体
2020 至今	《绿色工业革命十点计划》《英国能源安全战略》《2050 年净零排放战略》《工业脱碳战略》《交通脱碳计划》《氢能战略》《净零研究创新框架》《绿色工业革命战略》《应对气候变化税收法》《气候变化和可持续能源法案》等	促进碳中和转型，规范对海上风能、氢能、核能、电动汽车、公共交通等方面的发展

（2）路径实施。

英国首先立足国情，短期火电的煤改气有效减少了碳排放，长期发展核电和海上风电减少对化石燃料的依赖，保持大规模燃气发电以确保供电安全，并促进新能源消纳，实现了化石能源向可再生能源转型的平缓过渡。其次，在可再生能源方面，2017 年，英国的可再生能源来源中，生物质能源占比 66%。生物质能源既可以为英国的交通、热力、电力提供燃料，又能减少碳排放，是英国电力行业低碳发展的重要路径。最后，因地制宜大力发展海上风电。英国处于北纬 40°～60°的西风带，西面为大西洋，并且没有高山阻隔，长期处于盛行西风的控制下，风力资源丰富。英国属发达国家，资金和技术雄厚，有发展风能的资本。目前英国在海上风电领域处于技术领先地位。2019 年 3 月 14 日，英国发布《海上风电产业战略规划》，该规划明确提出作为清洁能源的海上风电将在 2030 年前装机容量达到 3000 万 kW，为英国提供 30%以上的电力。

2000 年以来，英国传统化石能源发电装机容量持续下降，从 7040 万 kW 下降到 2021 年的 4400 万 kW，占比从 75.5%下降到 42.3%，但其退役的主要是燃煤电站。燃气电站装机容量在 2017 年达到峰值，2018 年后虽略有下降，但依然保持了较大规模。英国电源结构中的高比例燃气发电装机，在提供电量保障的同时，也为新能源消纳提供了重要的调节支撑。

在政策指引和路径实施的推动下，1990—2019 年，英国经济增长了 1.71 倍，而碳排放量比 1990 年的水平下降了 37.7%，经济发展与碳排放已经脱钩。2019 年，英国煤炭、天然气和石油三种化石燃料的使用量占比为 79.4%，其中煤炭仅为 4.4%。虽然可再生能源的使用量从 1990 年的 8.6%增长至 2018 年的 20.6%，占比仍然远低于化石燃料，增幅仅为 12 个百分点，但煤炭消费量的大幅度降低使得碳排放量显著下降。因此，这一阶段减少煤炭使用对于降低碳排放至关重要。

3. 德国

德国是欧洲第一大经济体，2020 年，德国全社会的用电量在欧盟国家中排在第一位。德国的能源结构曾很大程度上依靠煤电与核电，但德国的一次化石能源资源缺乏，能源进口依存度约为 64%。出于保障能源安全、打破资源约束、应对气候变化等方面的考虑，德国具有强烈的能源转型意愿和决心。

（1）政策指引。

德国政府通过立法提出“退煤”目标和路径。2019 年，德国正式提出最迟到 2038 年全面退出煤电，之后联邦政府陆续对《可再生能源法》和《热电联产法》进行了修订，并在 2020 年 7 月专门出台了《退煤法案》和《加强煤炭地区结构调整法》，从法律层面明确了燃煤电厂关停的时间表和路线图，以及对矿区的经济补偿方案。2021 年通过的《气候保护法（修订案）》将德国的碳中和目标年份从 2050 年提前到 2045 年。为此，新联合政府提出在理想情况下将“退煤”时间提前 8 年，至 2030 年实现。

成立退煤委员会为“退煤”立法提供支持，见表 1-7。

表 1-7 德国退煤委员会建议一览表

提案方面	主要建议
煤炭退出	（1）不再新建燃煤电厂和煤矿； （2）到 2035 年、最迟到 2038 年逐步关闭现役煤电机组
支持传统矿区转型	（1）通过投资现代化基础设施和研究与创新领域，创造新的就业和增加值； （2）补偿褐煤矿山复垦
电力系统现代化	（1）通过提升可再生能源消费、增加热电联产设施和取消 CO_2 排放证书，确保减排效果； （2）通过开展监督、布局备用和增加装机确保电力供给安全； （3）通过扩大电网和储能设施容量，提升电力系统灵活性； （4）通过电价补偿维持工业企业竞争力和居民生活的可负担性
减轻受影响者的困难	（1）补偿提前关闭的电力企业； （2）通过积极的劳动市场政策确保员工的“公平转型”
监督和公平转型措施	（1）与褐煤煤矿周边的再安置人员建立对话机制； （2）开展监督并在 2023、2026、2029 年和 2032 年上报进展情况

为有效落实煤电退出，德国成立了由矿区代表、企业、科研人员、环境组织、贸易协会等不同利益相关团体组成的退煤委员会，共计 31 人，拟定“退煤”提案作为相关立法的重要参考，内容包括煤炭退出、矿区转型、电力保供、公平转型及监督等方面，并针对气电、电价、碳市场等附加措施提出建议。例如，退煤委员会建议允许新建燃气电厂作为过渡；气电替代煤电将加速碳价和电力批发价格上涨，通过经济补偿保持高耗能产业的竞争力、合理控制商业和居民用电成本负担；在碳排放交易体系中，按照关停电厂节省的 CO_2 排放量，成比例削减德国拍卖的碳配额总量。

（2）路径实施。

“退煤”执行三步走战略，针对无烟煤机组和褐煤机组采取不同政策。根据德国退煤委

员会的提案，德国现役煤电机组将经历三个退出阶段。第一阶段（2019—2022 年），煤电总装机容量从 4000 万 kW 降低至 3000 万 kW，并采用“柔性退煤”机制将部分转为备用机组；第二阶段（2023—2030 年），尽可能平稳地削减燃煤发电量，并将煤电装机容量进一步降低至 1700 万 kW 以内；第三阶段（2031—2038 年），实现煤电完全退出。德国的煤电机组主要分为无烟煤机组和褐煤机组，2020 年装机容量比例约为 1∶1。其中无烟煤 100%依赖进口，而褐煤主要来自本国三大矿区，是当地经济的重要支柱。因此，联邦政府针对不同煤种制定了差异化退出方案，其中褐煤电厂的退出相对较晚。此外，德国也利用资源优势，大力发展风电和氢能等可再生能源。德国政府大幅提高北海和波罗的海地区的海上风电发展目标，即到 2030 年达到 20GW，2040 年达到 40GW。

受俄罗斯–乌克兰战争的影响，近几年欧洲天然气明显短缺，考虑到可再生能源波动性较大的客观因素，以及核电退出的主观政策因素，为了快速降低对俄罗斯天然气的依赖，德国联邦政府于 2022 年 8 月宣布，分批重启包括 800 万 kW 无烟煤机组在内的全部封存的化石能源机组，即 2023 年 3 月底前允许其重新参与电力市场。据初步测算，此举在未来 12 个月可减少 62%的发电用气量。回顾德国前四轮无烟煤退役招标结果不难看出，重启的 800 万 kW 无烟煤机组原本就是被定位为封存备用机组，因此，此次煤电重启是对既定政策的执行，也是德国“退煤”大趋势下的短期调整。

4. 日本

日本能源资源匮乏，是能源自给率最低的国家之一。煤电项目仍是日本重要能源之一。特别是 2011 年日本“3·11”大地震导致福岛核电站事故后，日本一度停止所有核电站运行，恢复并启用煤电设备。同时，由于国际煤炭价格下降，进口资源充足，一些能源企业为降低成本保持了煤电设备全负荷运行。

（1）政策指引。

2020 年年底，日本政府公布了脱碳路线图草案，设定 2030 年电源构成中可再生能源的比例扩大到 36%～38%，并将煤电占比从 32%降低至 26%，2050 年实现净零排放的目标。日本政府还给不同新能源发展设立时间表，旨在通过技术创新和绿色投资的方式加速向低碳社会转型。到目前为止，煤电占日本发电的比例为 30%。日本现有 140 座燃煤电厂，其中 114 座属于中小规模的低效燃煤电厂，其余 26 座为高效燃煤电厂。1963—2001 年，日本实施了 8 次煤炭产业结构调整政策，直到 2010 年，日本形成了相对均衡的能源供给结构。

（2）路径实施。

按照日本的方针，煤炭相比石油来说有很明显的成本优势，且受地缘政治的影响较小，所以日本将继续使用煤炭，但是会用高效燃煤电厂逐渐替代低效燃煤电厂。发展高效燃煤发电技术是减少燃煤发电温室气体排放的主要措施。例如：先进超超临界（Advanced Ultra Super-Critical，A-USC）技术作为新一代煤电升级技术于 2008 年开始启动。A-USC 蒸汽温度和压力参数要比普通的 USC 更高，主流的超超临界（Ultra Super-Critical，USC）蒸汽温度为 600℃，压力为 25MPa，A-USC 蒸汽温度拟达到 700℃，压力比 USC 增加了 40%，达到35MPa，目前完成了耐高温合金材料和汽轮机的转子实验测试。其技术路线是通过改进燃烧技术来提高发电效率，与此同时达到减碳的目的。整体煤气化联合循环（Integrated Gasification Combined Cycle, IGCC）发电技术，其发电效率达到46%～50%，比现有USC机组可减少20%的碳排放。IGCC技术与A-USC技术最大的不同是燃气轮机在发电同时利用燃烧排热或余热产生的蒸汽进行循环发电。更新的煤电技术为整体煤气化燃料电池（Integrated Gasification Fuel Cell, IGFC）联合发电技术，发电效率达到55%。其核心技术是将燃料电池、燃气轮机、蒸汽轮机组合在一起发电，构成大容量三重联合循环发电系统。

日本政府预计未来超高能效燃煤电厂可能占电力供应的20%。此外，日本是七国集团（Group 7，G7）中唯一仍在出口煤电设备的国家，迫于国际社会的压力，日本提出了严格的设备标准和对出口对象国的融资新条件，不仅要求新出口设备发电效率达到43%以上，还要求有关国家制定碳减排方案，方可获得日本政府的煤电项目融资贷款。

1.1.3.3 小结

各国能源转型的核心目标，主要是应对气候变化和保障能源安全，由于短期内无法同时兼顾两个目标，因此各国选择以保障能源安全为核心的能源转型目标，根据国情形成了各有侧重的煤电低碳转型路径，包括燃料更换型、煤电退出型和煤电提效型。

1. 燃料更换型——美国、英国

以美国和英国为代表的国家主要采取燃料更换型促进煤电低碳转型，这也是和这些国家能源资源禀赋密切相关。美国因天然气/页岩气资源充裕，故将天然气/页岩气替代煤电作为过渡能源。英国因生物质资源丰富，则大力发展生物质电厂替代煤电，使煤电作为基荷电源的重要性逐渐减低。

2. 煤电退出型——德国

以德国为代表的国家致力于推动煤电完全退出。德国根据煤电机组的条件不同开展了直接关停、转为备用机组等多元化措施，其中“柔性退煤”政策就是在保障能源供给安全的前提下，平稳退出煤电的重要手段。同时，德国政府为无烟煤机组和褐煤机组分别制定了“早退役、高补贴”机制和固定时间退役机制，为褐煤矿区转型创造了更加平缓的路径。

3. 煤电提效型——日本

以日本为代表的国家在进行煤电低碳转型时以保障能源安全为前提，但因缺少低碳的过渡能源，因此短期内仍要以提高煤电利用效率为主，规定燃煤电厂的发电能效，逐步淘汰低效燃煤发电厂，推动煤电行业的高质量发展。

中国因“富煤贫油少气”的能源资源禀赋特点，应坚持先立后破，短期内需借鉴日本，持续推进燃煤机组节能减排和升级改造，提高燃煤机组能效，实现降碳减污，促进煤炭清洁高效利用；同时因中国生物质资源也十分丰富，也可借鉴英国，大力推动煤电掺烧生物质和生物质发电的发展，从而从源头降碳。长期需大力发展可再生能源，建立以新能源为主的新型电力系统，做好煤电兜底保供的作用，促进新能源的消纳。

1.2 中国煤电清洁低碳转型方向

1.2.1 中国煤电清洁低碳转型基础

1.2.1.1 能源资源禀赋

中国的能源结构仍然依赖于传统的化石能源，然而中国的石油、天然气储量匮乏。根据中华人民共和国自然资源部发布的《中国矿产资源报告 2023》，在 2022 年中国查明的储量中，煤炭、石油和天然气占比分别为 96%、2%和 2%。基于中国富煤、油气不足的资源禀赋，煤炭在中国能源安全战略中长期发挥着基础性作用，是中国第一大主体能源。1965 年，中国煤炭消费量占一次能源消费量的 86.6%，2005 年以来，中国煤炭消费量在一次能源消费总量中的比重稳步下降，2022 年较 1965 年下降了 31.1 个百分点，但仍高达 55.5%，如图 1-10 所示，远高于全球平均水平 27%和七国集团国家平均水平 12%。2022 年，中国煤炭消费量为 44.4 亿 t（或 88.41 EJ），占全球煤炭消费总量的 54.7%。

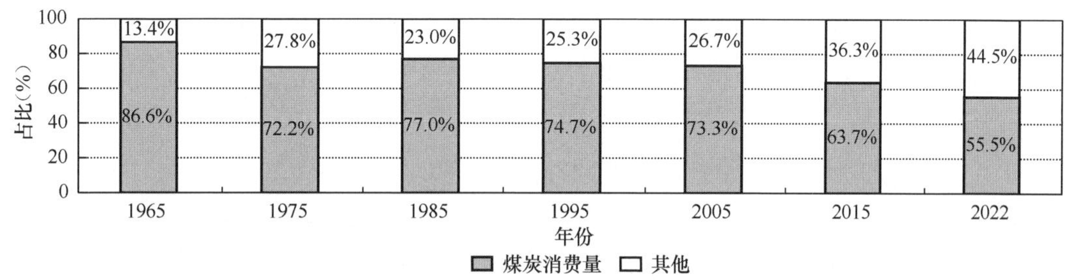

图 1-10 1965—2022 年中国煤炭消费量占一次能源消费总量的比例

中国以煤为主的资源禀赋形成了以煤电为主体的电力生产和消费结构。作为中国的基础性电源，煤电为支撑经济社会发展提供了坚强电力保障。截至 2022 年底，中国煤电装机容量为 11.2 亿 kW，较上一年增加 1.3%。2017 年至今，煤电年增长率最高为 3.78%，年均增长率为 2.69%。煤电发电量占总发电量比重虽然逐年减少，但煤电依然是主要电力，2022 年，煤电发电量为 5.08 万亿 kW • h，占全国总发电量的 58.4%。

1.2.1.2 环境空气质量演变

中国早期大气污染主要集中在大中城市，城市大气污染为煤烟型污染。随着煤炭的大量使用，造成区域重污染频发、大气能见度下降和多数城市空气质量不达标。2005—2022 年全国污染物排放情况如图 1-11 所示，SO_2 和颗粒物排放量由 2006 年峰值的 2588.8 万 t 和 1897.2 万 t 分别下降至 2022 年的 243.5 万 t 和 493.4 万 t，下降率分别达 90.6% 和 74.0%。NO_x 排放量由 2011 年峰值的 2404.3 万 t 下降至 2022 年的 895.7 万 t，下降率达 62.7%。移动源 NO_x 从 2011 年以来也是稳中有降，由 637.6 万 t 下降至 526.7 万 t，下降率达 17.4%。

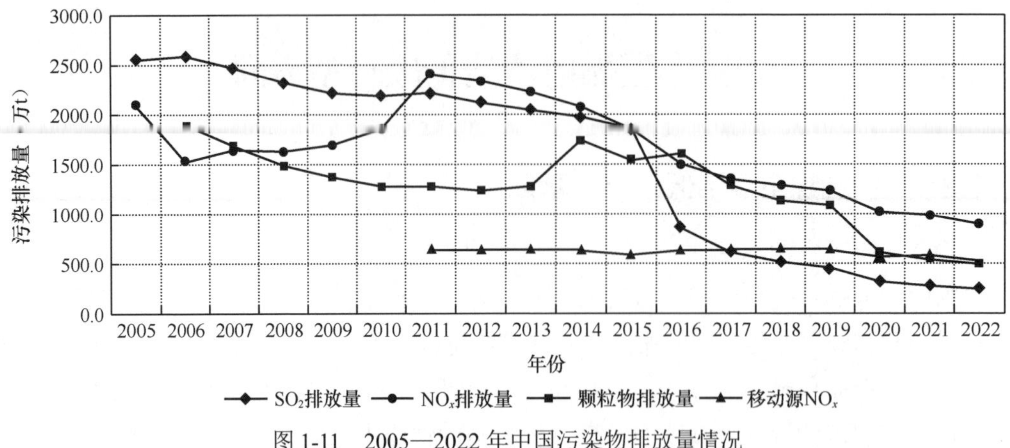

图 1-11 2005—2022 年中国污染物排放量情况

随着大气污染物排放总量的持续下降，中国环境空气质量持续稳中向好。以细颗粒物（$PM_{2.5}$）为例，2023 年地级及以上城市 $PM_{2.5}$ 平均浓度为 30μg/m^3，比 2013 年下降了 58.3%，如图 1-12 所示。但根据世界卫生组织公布的数据，2019 年，七国集团中各国的细颗粒物浓度均显著低于中国，其中美国为 7μg/m^3，英国为 10μg/m^3，法国为 10μg/m^3，德国为 11μg/m^3，日本为 11μg/m^3，加拿大为 6μg/m^3，意大利为 14μg/m^3。即便与一些发展中国家相比，中国也有不小的差距，如巴西的细颗粒物浓度为 11μg/m^3，俄罗斯为 9μg/m^3，南非为 20μg/m^3。

2022 年中国燃煤电厂基本都实施了超低排放，电力行业烟尘和 SO_2 排放量从 2006 年峰值 370 万 t 和 1320 万 t 下降至 9.9 万 t 和 47.6 万 t，NO_x 排放量从 2011 年峰值 1107 万 t 下降至 76.2 万 t，而 2022 年电力行业烟尘、SO_2 和 NO_x 分别占工业污染源排放量的 8.7%、32.1%、35.0%。因此，煤电仍需进一步推进污染物的深度治理，实现超净排放，降低污染物排放量。

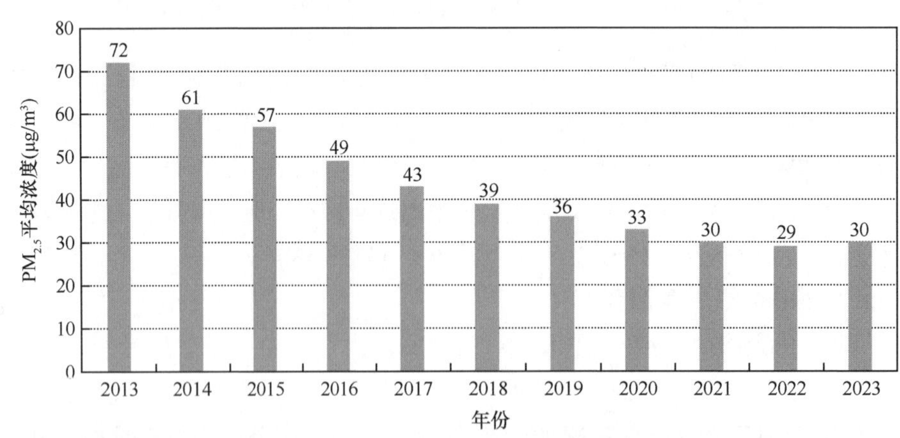

图 1-12 2013—2023 年中国地级及以上城市 $PM_{2.5}$ 平均浓度变化

1.2.1.3 能源消费 CO_2 排放量

1965—2022 年，中国能源消费排放的 CO_2 从 4.9 亿 t 增长到 105.5 亿 t，年均增长率为 5.1%，如图 1-13 所示。

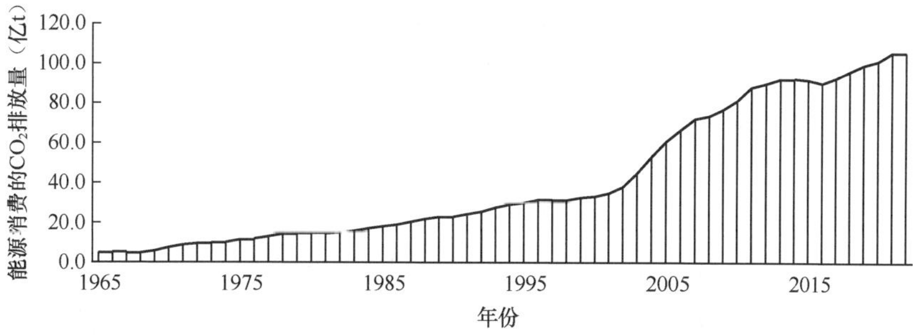

图 1-13 1965—2022 年中国能源消费排放的 CO_2 情况

1.2.2 中国煤电清洁低碳转型路径

在建设新型电力系统过程中，煤电仍起着非常关键的作用，煤电机组具有较好的调节能力，可以作为电力系统灵活调节资源以促进新能源消纳；煤电机组在电力系统中还发挥着应急保障作用，有助于应对自然灾害等突发事件，保障电力系统安全稳定运行。煤电转型并不单纯意味着退煤，立足中国以煤为主的基本国情，需要煤电向清洁化、低碳化和灵活化发展，推动煤电由常规主力电源向基础保障性和系统调节性电源的方向转型。

1.2.2.1 煤电清洁化

燃煤机组灵活性调节下负荷频繁快速变化、深度调峰对机组环保设施运行状态产生了较大的影响，高效燃烧技术与低污染物排放二者之间存在矛盾，这种矛盾在机组参与深度调峰与快速变负荷的背景下更加突出。机组较低负荷运行时，炉膛出口 NO_x 浓度大幅上升，烟气温度大幅下降，为实现超低排放，需加大脱硝喷氨量，将导致氨逃逸增加，引起下游空气预热器堵塞等问题；另外，在快速变负荷调峰过程中，环保系统运行方式无法与机组变负荷运行相匹配，污染物高效协同脱除有待进一步提高，深调及快速变负荷条件下环保系统能量流、物质流耦合协同规律及相关系统优化技术有待进一步研究。

因此，开发宽温烟气脱硝催化剂或调整脱硝反应器进口烟气温度，建立有效的燃烧预测模型，以准确地反映运行参数与优化目标之间的映射关系，已成为现阶段煤电机组烟气治理环保岛的研究热点，推进煤电智慧环保平台建设，有利于推动煤电环保行业技术进步及可持续发展。

2021 年世界卫生组织发布最新《全球空气质量标准指南（2021）》，推荐 $PM_{2.5}$ 平均浓度为 5μg/m^3。2023 年美国在空气质量标准更新提案中，拟将现行标准中 $PM_{2.5}$ 年均浓度加严至 9～10μg/m^3，欧盟在《环境空气质量指令》中也提议将 $PM_{2.5}$ 年均浓度加严至 10μg/m^3。相比而言，中国目前执行的年均浓度标准为 35μg/m^3，下降 71%才能达到美国和欧盟提议的执行标准 10μg/m^3；由此可见中国环境空气质量与发达国家差距仍巨大。

美国 2010 年的大气污染物排放量与 2000 年相比，PM_{10} 削减了 50%，SO_x 削减了 50%，NO_x 削减了 41%，VOC 削减了 35%，最终导致 $PM_{2.5}$ 年均地面浓度削减了 27%。而我国要达到美国 1997 年执行的 $PM_{2.5}$ 排放标准 15μg/m^3，目前 $PM_{2.5}$ 排放执行标准需下降 57%以上。2023 年“两会”期间，王金南政协委员明确提出，要衔接美丽中国和健康中国建设目标，修订空气质量标准指标限值。

中国电力行业 SO_2 和 NO_x 排放量占工业源废气排放总量的比例仍然较高，煤电污染物减排压力依然巨大，亟需进一步推进污染物的深度治理，实现超净排放。

1.2.2.2 煤电低碳化

中国煤电发展的主要制约因素已从污染物减排转向减污降碳协同增效，要实现煤电机组低碳发展，需要逐步完成低碳—零碳—负碳排放，这主要需在三方面进行技术突破。

1. 先进煤电与“三改”联动技术

先进高效的燃煤发电技术，可通过降低煤耗减少碳排放。目前中国超超临界机组实现自主研发，百万千瓦空冷发电机组、大型循环流化床发电技术世界领先，但仍需大力推动煤电机组由超超临界向更高效的二次再热、高低位布置、650℃甚至 700℃、多联供机组等新型燃煤发电方式扩展，进一步提高发电效率，降低供电煤耗。2021 年，国家发展和改革委员会、国家能源局印发了《全国煤电机组改造升级实施方案》，统筹考虑煤电节能降耗改造、供热改造和灵活性改造制造，实现“三改”联动。

2. 生物质等非煤燃料掺烧技术

燃煤耦合生物质发电对于降低煤耗、促进能源结构调整和节能减排发挥着重要作用。在保证相同发电量的情况下，煤电机组可耦合污泥、生活垃圾、秸秆等发电，大幅度减少煤炭的使用量，甚至可达到与燃气电厂一样的碳排放。燃气电厂按平均碳排放强度折算相当于供电煤耗率为 174g/（kW·h）（标准煤），按照安徽平山电厂煤电机组供电煤耗率 251g/（kW·h）和现阶段新建机组要求设计供电煤耗率全面低于 270g/（kW·h）计，分别需要掺烧 30.7%和 35.6%比例的生物质燃料可达到单位供电量与燃气电厂一样的碳排放量。当然未来在可能条件下需不断提高生物质燃料混烧比例，直至最后实现完全的生物质燃料替换，达到零碳排放。目前中国生物质发电量占比仅为 1.5%，且以小容量的秸秆电厂为主。为实现生物质的掺烧，需要对燃料制备系统和锅炉燃烧设备进行技术改造，利用大容量高参数煤电机组发电效率高的优势，提高生物质的发电效率。除生物质外，中国煤电混氨发电技术也实现突破，2022 年中国建立了世界首个 40MW 等级煤氨混燃试验平台，2023 年安徽省 350MW 和广东省 600MW 的煤电机组掺氨燃烧获得成功。

3. 煤电机组耦合CCUS技术

煤电机组加装 CCUS 可推动电力系统近零碳排放，可避免已经投产的煤电机组提前退役，降低碳中和目标的经济成本，在负荷变动或是极端工况条件下保持清洁低碳发电特性。但由于技术、成本及商业模式层面都尚未成熟，目前该技术还是以研发示范为主，没有大规模发展。因此，加快 CCUS 研发技术的重大突破，解决 CCUS 高投入、高能耗、高风险的难题，成为中国以煤为主的能源结构向低碳多元化转变的重要保障。此外，生物质能-碳捕集与封存（Bio-energy and Carbon Capture and Storage，BECCS）技术将成为碳中和时适度保存煤电和实现电力负碳的可行性选择，对煤电掺烧生物质燃料改造后的机组再加装碳

捕集技术，使未来煤电机组有望实现负碳排放。

1.2.2.3 煤电灵活化

未来大规模可再生能源接入的电力系统对灵活性电源的需求将不断提高，煤电机组需要担当基荷和峰荷等多重功能，需要深度参与系统调峰、调频、调压和备用等电力辅助服务。煤电运行需要更加灵活，调峰能力更加突出可靠，目前国内煤电机组通过热电解耦、低压稳燃等技术可将煤电机组的最小稳定出力降至20%～30%的额定容量，但其增减出力的响应时间较长，爬坡速度缓慢，难以充分满足系统灵活性的需求，无论是调峰深度、变负荷速率还是快速启停能力都与欧美发达国家有较大差距。

因此，随着新能源装机不断增加，新型电力系统调节缺口将不断增加，而传统电源（煤电）调峰能力不足、变负荷速率低等问题日益突显，能否突破传统技术制约大幅提升煤电机组负荷调节范围和调节速率，是燃煤机组发挥调峰和容量支撑作用的关键。

2 中国煤电清洁低碳发展历程及展望

中国电力发展经历了蹒跚起步、艰苦创业、蓬勃发展和创造辉煌 4 个阶段。煤电单机容量逐渐增大，建成了世界单机容量最大的煤电机组，煤电装机容量和发电量占比逐步下降。从政策发展、技术创新和取得成效等方面阐述了煤电清洁、低碳发展历程。面向构建新型电力系统的需求，煤电开启了电力安全保障、系统调节、集中供热等新的定位，对清洁、低碳、灵活提出了更高要求，展望了碳达峰、碳中和煤电发展目标和技术需求。

2.1 中国电力发展历程

中国电力工业的发展始于 1882 年，当时由英国人在上海创办了中国第一家公用电业公司，即上海电气公司，从此开始了发展电力工业的历程。如今，中国电力发展发生了翻天覆地的变化，取得举世瞩目的巨大发展成就，经历了蹒跚起步、艰苦创业、蓬勃发展和创造辉煌 4 个阶段，见表 2-1，为中华民族的伟大飞跃提供了强劲动力。

表 2-1　　中国电力工业发展 4 个阶段

阶段	蹒跚起步	艰苦创业	蓬勃发展	创造辉煌
时间	1882—1949 年	1950—1978 年	1979—2002 年	2003—2022 年
装机容量（万 kW）	184.86	5172	35657	256405
位居世界排名	第 21 位	第 8 位	第 2 位	第 1 位（2011 年起）
年均增长率（%）	—	12.6	7.9	10.4

1. 蹒跚起步阶段

1879 年 5 月，上海公共租界工部局英籍工程师毕晓浦（J. D. Bishop）以 7.46kW 蒸汽机为动力，带动自励式直流发电机发电，点燃碳极弧光灯，标志着中国第一盏电灯的问世。1882 年 7 月 26 日，英国人立德尔（R. W. Little）在上海创办了中国第一座发电厂正式发电，点亮了上海外滩的 15 盏弧光灯，标志着中国电力工业的起步。截至 1949 年底，中国发电装机容量为 184.86 万 kW，年发电量为 43.1 亿 kW·h，分别居世界的第 21 位和第 25 位。

2. 艰苦创业阶段

1949 年中华人民共和国成立，为中国电力工业的发展创造了有利条件。截至 1978 年底，中国发电装机容量达到 5172 万 kW，年发电量为 2566 亿 kW·h，分别居世界的第 8 位和第

7 位。尽管这段时期发电装机容量的年均增长率高达 12.6%，但由于基础太差，发电装机总量依然很低，人均装机容量不足 0.6kW，人均发电量不足 270kW・h。

3. 蓬勃发展阶段

改革开放以后，国家实行“政企分开，省为实体，联合电网，统一调度，集资办电”的方针，电力得到快速发展，到 1987 年中国发电装机容量达到 1 亿 kW，从 1882 年算起，共用了 105 年时间，从 1949 年算起，则用了 38 年时间；从 1 亿 kW 到 2 亿 kW（1995 年），用了 8 年时间；从 2 亿 kW 到 3 亿 kW（2000 年），用了 5 年时间，如图 2-1 所示。2002 年年底，全国发电装机容量为 35657 万 kW，发电量为 16541.64 kW・h，均位居世界第 2 位。

4. 创造辉煌阶段

2002 年实行电力体制改革，从原来的电力部、国家电力公司发展为“五大发电集团和两家电网公司”，电力发展更加提速。发电装机容量从 3 亿 kW 到 4 亿 kW（2004 年），用了 4 年时间；而从 4 亿 kW 到 5 亿 kW（2005 年），仅用了 19 个月；突破 5 亿 kW（2005 年）、6 亿 kW（2006 年）、7 亿 kW（2007 年）都则用了不到 12 个月，2008 年建设速度放缓，2009 年突破 8 亿 kW，2011 年发电装机容量为 10.56 亿 kW，位居世界第一，如图 2-1 所示。此后，每年新增装机容量都在 1 亿 kW 左右。2023 年 1 年增加 3.6 亿 kW。

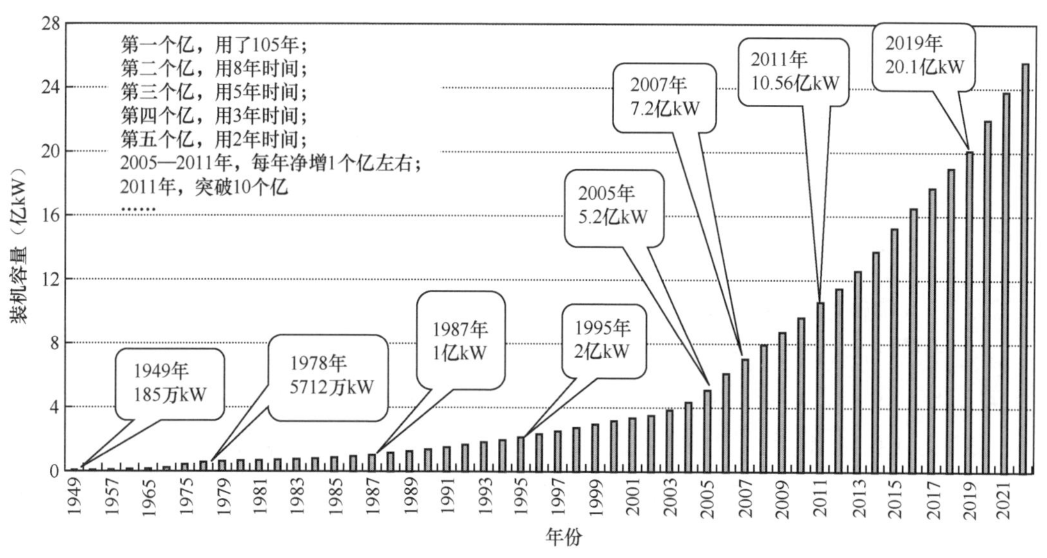

图 2-1　中国电力装机容量发展情况

从 2011 年起中国发电装机容量超过美国，位居世界第一，2013 年以后中国发电量也超过美国，位居世界第一。2022 年中国发电装机容量为 256405 万 kW，比美国、日本、英国、德国、法国、意大利、加拿大 G7 集团的总和 233450 万 kW 还要多 22955 万 kW，见表 2-2。与 G7 集团的总和相比，化石能源发电与非化石能源发电装机容量基本接近，均在 50%左右；中国可再生能源发电装机容量占比 47.0%，明显高于 G7 的 40.9%。其中，2022 年中国煤电装机容量为 112305 万 kW，是美国、日本、英国、德国、法国、意大利、加拿大 G7 集团的总和 26692 万 kW 的 4.2 倍，详见表 2-3。

表 2-2　　2022 年中国与 G7 国家发电装机容量对比

发电技术		中国	G7	美国	日本	英国	德国	法国	意大利	加拿大
化石能源	装机容量（万 kW）	128947	115097	72445	18485	4504	8858	1739	5717	3349
	占比（%）	50.3	49.3	60.7	51.6	41.3	35.0	11.9	46.9	21.8
非化石能源	装机容量（万 kW）	127458	118354	46825	17348	6693	16452	12874	6460	12002
	占比（%）	49.7	50.7	39.3	48.4	58.7	65.0	88.1	53.1	78.2
可再生能源	装机容量（万 kW）	120564	95557	37096	13934	5502	15373	6674	6383	10595
	占比（%）	47.0	40.9	31.1	38.9	50.5	60.7	45.7	52.4	69.0
总计	装机容量（万 kW）	256405	233450	119270	35833	10897	25310	14613	12177	15351

表 2-3　　2022 年中国与 G7 国家化石能源发电及核电装机容量对比

发电技术	中国	G7	美国	日本	英国	德国	法国	意大利	加拿大
煤电（万 kW）	112305	26692	19917	5715	536	8858	1738	5717	525
油电（万 kW）	181	6142	2698	2711	132				600
气电（万 kW）	12268	63410	49830	7878	3478				2224
其他化石能源（万 kW）	4193	18853	0	2182	358				0
核电（万 kW）	5553	21959	9477	3308	819	811	6140	0	1403

2.2　中国煤电发展历程

2.2.1　发电装机容量

2.2.1.1　单机容量逐渐增大

从世界范围内来看，燃煤发电机组的单机容量已由 20 世纪初的 0.1 万～1 万 kW 迅速增大到 5 万、10 万、20 万、30 万、50 万、70 万 kW，1965 年达到 100 万 kW，在 1972 年出现 130 万 kW 机组后，国外单机容量未再增长。20 世纪 30 年代，美国已开始出现 20.8 万 kW 机组。50 年代后，由于电力需求增长，单机规模迅速扩大，115 万 kW 和 130 万 kW 的机组于 1970 年、1972 年投运。20 世纪 60—70 年代中期，美国已广泛采用超临界、超超临界机组。

中国在 20 世纪，电力发展速度相对较慢，与国外先进水平落后较大，中国于 1972 年在辽宁朝阳电厂建成 20 万 kW 的燃煤发电机组，2004 年 12 月在河南沁北电厂建成 60 万 kW 的超临界燃煤发电机组，2007 年 8 月在辽宁营口建成 60 万 kW 的超超临界燃煤发电机组，2006 年在浙江玉环建成 100 万 kW 的超超临界燃煤发电机组，2015 年在江苏泰州建成 100 万 kW 的二次再热超超临界燃煤发电机组，2021 年在安徽平山建成 135 万 kW 的高低位布置二次再热超超临界燃煤发电机组，单机容量世界最大，如图 2-2 所示。

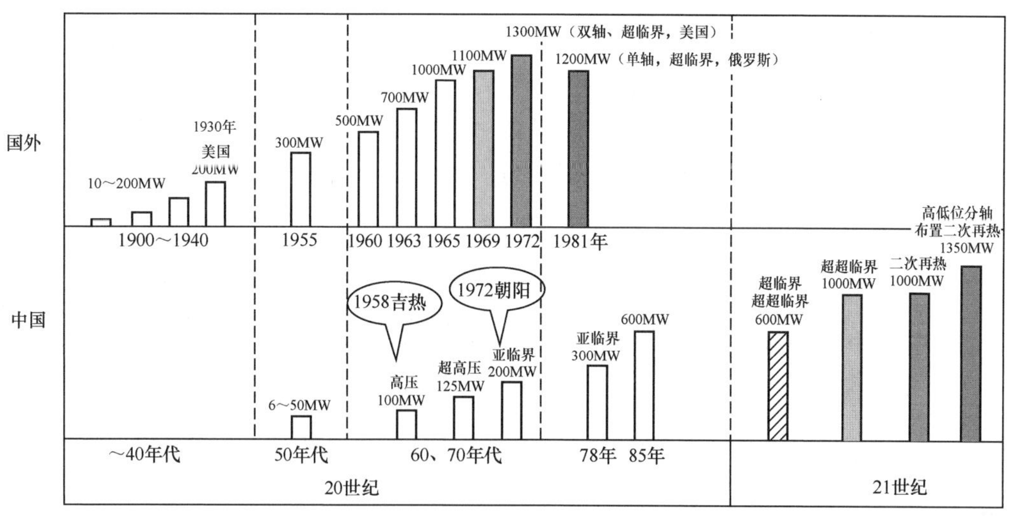

图 2-2　中外煤电单机容量发展对比

2.2.1.2　装机总量持续增长，但占比稳步下降

20 世纪 90 年代以前中国电力结构呈现“水火相济”的特点，水电、火电装机容量之比长期维持在 2∶8 左右。进入 21 世纪以来，发电类型呈现“多元化”“绿色化”的特点，核电、风电、太阳能发电、生物质发电等，发展明显加快。

中国一直是以煤为主要能源的能源消耗大国，这与中国的能源资源禀赋结构有关，2023 年煤炭消费在一次能源中所占比例仍在 55.3%左右。表 2-4 是 2009—2022 年中国火电不同燃料装机容量构成（6000kW 及以上装机容量）。由表 2-4 可见，在中国以煤电为主的情况在未来短期内仍不会改变，火电某种意义上来说就是煤电。

表 2-4　　2009—2022 年中国火电不同燃料装机容量构成

年份	装机容量（万 kW）			
	火电	煤电	气电	油电
2009	64523	59215	2403	823
2010	70391	64897	2607	878
2011	76302	69634	3415	328
2012	81426	75382	3717	301
2013	92363	83233	5697	512
2014	93232	84102	5697	512
2015	100554	90009	6603	434
2016	106094	94624	7011	209
2017	111809	98562	7580	197
2018	114408	100835	8375	173
2019	118957	104063	9024	175
2020	124624	107912	9972	147
2021	129739	110962	10894	—
2022	133320	112435	11565	—

全国火电装机容量从 1990 年的 10184 万 kW 增长到 2022 年的 133320 万 kW，年平均增速为 8.5%；但近年来，全国火电装机容量占总装机容量的比例开始下降，从 1990 年的 73.9%下降到 2022 年的 51.9%，占比下降了 22 个百分点，如图 2-3 所示，特别是 2006 年以后火电装机容量占比持续下降，从 2006 年的 77.6%下降到 2022 年的 51.9%，年均下降了 1.17 个百分点。

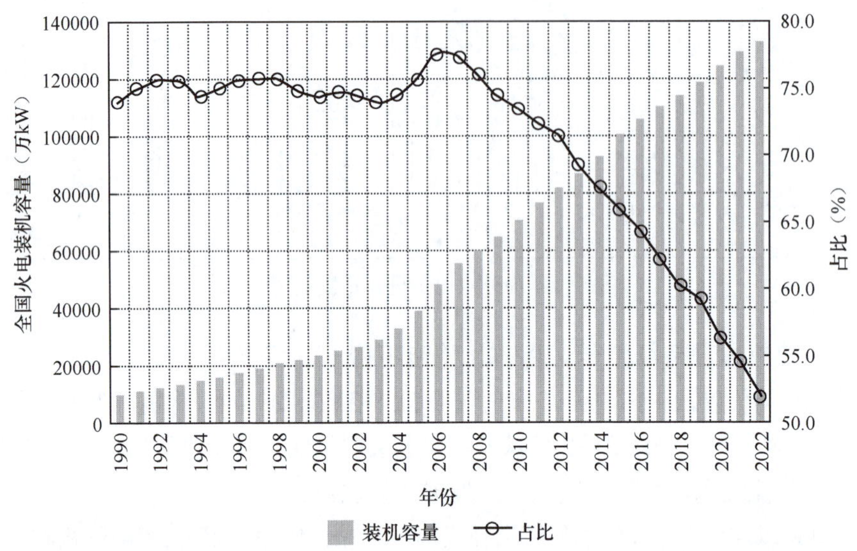

图 2-3　1990—2022 年全国火电装机容量及占比变化

2.2.2　发电量

全国火电发电量从 1990 年的 4950 亿 kW · h 到 2022 年 58531 亿 kW · h，年均增长率为 7.3%，2022 年火电发电量仍占全国总发电量的 69.8%，如图 2-4 所示。2015 年以来，中国火电机组年利用小时数一直低于 4500h，见表 2-5。

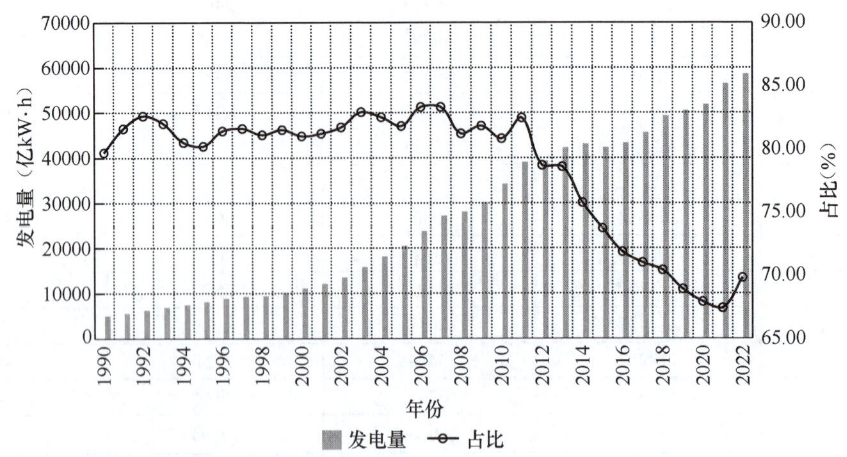

图 2-4　1990—2022 年全国火电发电量及占比变化

表 2-5　2013—2022 年发电设备年利用小时数　h

年份	2013	2014	2015	2016	2017	2018	2019	2020	2021	2022
平均	4521	4348	3988	3797	3790	3828	3828	3756	3813	3687
火电	5021	4778	4364	4186	4219	4378	4307	4211	4444	4379
水电	3559	3669	3590	3619	3597	3607	3697	3825	3606	3412
核电	7874	7787	7403	7060	7089	7543	7394	7450	7802	7616
风电	2025	1900	1724	1745	1949	2103	2083	2078	2231	2221
太阳能发电	1342	1235	1225	1129	1205	1230	1291	1281	1282	1337

2.2.3 厂用电率

2022 年，全国 6000 kW 及以上电厂的厂用电率为 4.49%，比 2008 年降低 1.41 个百分点，见表 2-6。其中火电的厂用电率要远高于水电，如 2022 年火电的厂用电率为 5.78%，水电的厂用电率为 0.25%。

表 2-6　2008—2022 年 6000kW 及以上电厂的厂用电率　%

年份	厂用电率（%）	年份	厂用电率（%）
2008	5.90	2016	4.77
2009	5.76	2017	4.80
2010	5.43	2018	4.69
2011	5.39	2019	4.67
2012	5.10	2020	4.65
2013	5.05	2021	4.36
2014	4.83	2022	4.49
2015	5.09		

2.2.4 火电装机结构

中国已建成全球最大的清洁高效煤电供应体系，发电效率和污染物排放标准均高于欧美国家，完全自主国产化的大容量、高参数煤电技术处于全球领先水平。中国积极推动火电转型升级，通过上大压小、增优减劣的方式实现大容量高参数机组的快速部署，煤电装机结构持续优化，现役机组中 60 万 kW 等级及以上装机占比超 50%、百万千瓦超超临界机组超过 120 台。截至 2021 年底，小于 100MW 的煤电机组容量占比为 6.7%；100～300MW（含）的机组容量占比为 15.0%；300～600MW（含）的机组容量占比为 38.8%；600～1000MW（含）的机组容量占比为 34.4%；大于 1000MW 的机组容量占比为 5.0%，如图 2-5 所示。全国煤电机组台数中仍有超过一半的是效率低、煤耗高、性能差的亚临界及以下参数的机组和热电联产小机组。

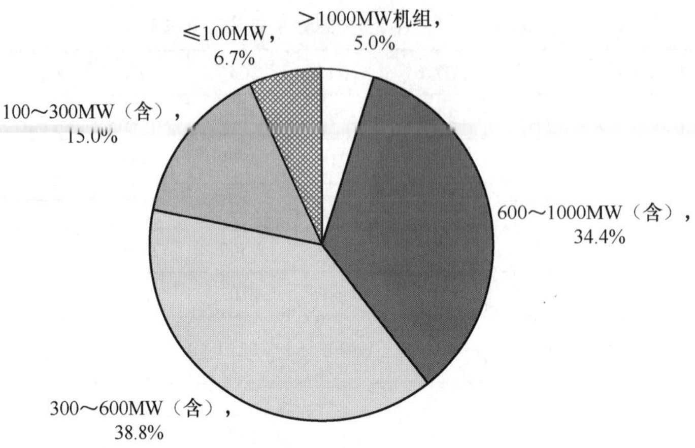

图 2-5　2021 年煤电不同装机容量分布

2.2.5　火电区域分布

过去 100 多年来，以煤电为主体的传统电力系统所对应的商业模式是“中心化”的商业模式。这种“中心化”表现为，供给端以煤炭基地和负荷中心为中心；传输端以“输电”大通道和“输煤”大通道为中心。在供给端，燃煤电厂的地理位置通常位于煤炭资源富集地区，或者位于电力负荷中心较近的地区。

从区域占比来看，2020 年华东地区火力发电量占比达 34%，华北地区火力发电量占比达 22.2%，西北地区火力发电量占比居中位，为 14.7%。华南、华中、华北、西南火力发电量占比较少，分别为 9.2%、8.6%和 5.3%，如图 2-6 所示。

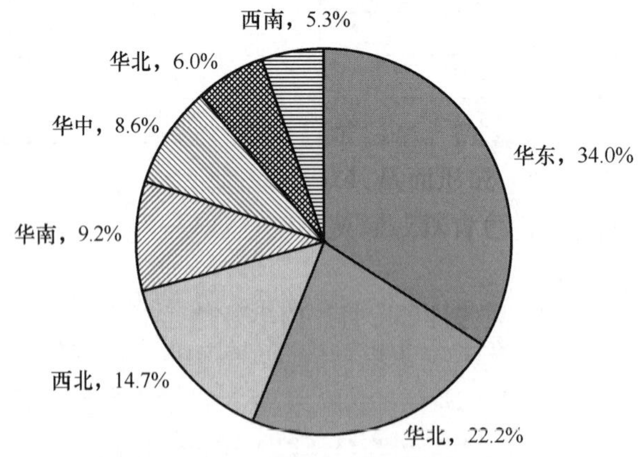

图 2-6　2020 年中国火力发电量区域占比

中国现存煤电装机容量前 10 位的省份分别是山东、内蒙古、江苏、广东、河南、新疆、陕西、安徽、河北、山西，合计占全国煤电总装机容量的 60%以上，其中山西、内蒙古、陕西和新疆都是煤炭年产量超过 1 亿 t 的大省，而广东、山东、江苏、浙江则是全国电力负荷中心，广东、江苏、浙江最高用电负荷均突破了 1 亿 kW。2020 年全国火力发电

量前 10 位的省份分别是山东、内蒙古、江苏、广东、新疆、山西、河北、安徽、河南和浙江。其中，排名前 3 省份的火力发电量占全国火力发电量的 27.0%，前 5 省份的火力发电量占全国火力发电量的 39.9%，前 10 省份的火力发电量占全国火力发电量的 64.9%，如图 2-7 所示。

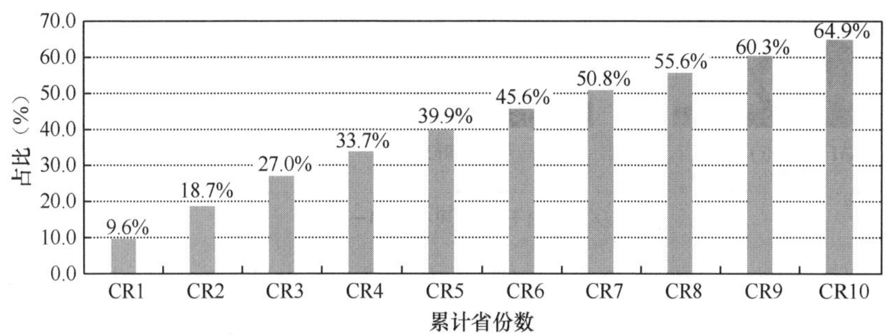

图 2-7 2020 年中国火力发电量前 10 位省份累计占比

在传输端，由于中国煤炭资源和煤炭需求呈逆向分布，经过多年发展，中国构建了“西电东送”“北电南供”“西煤东运”“北煤南运”的大运输通道。截至 2022 年底，中国已有 35 条特高压线路投入使用，跨区跨省输电能力达 3 亿 kW；中国还先后建成了大秦铁路、朔黄铁路、瓦日铁路、塔吉铁路等晋陕蒙煤炭外运通道，2022 年全国铁路累计发运煤炭 26.8 亿 t，占全国煤炭产量 58.8%。

2.3 中国煤电清洁发展历程

2.3.1 政策发展

自 1972 年中国首次参加联合国人类环境会议开始，在煤电清洁发展方面，国家出台了很多政策，但最为重要的体现是燃煤电厂的大气污染物排放标准不断严格，直至实施了全球最严的排放要求，即燃煤电厂的超低排放。

2.3.1.1 标准限值不断趋严

中国火电厂大气污染物排放标准限值的演变经历了 7 个阶段，详见表 2-7，不同阶段制定和修订的火电厂大气污染物排放标准与当时的经济发展水平、污染治理技术水平以及人们对环境空气质量的要求等密切相关。

表 2-7 火电厂大气污染物排放标准或要求发展历程

阶段	标准名称（编号）	燃煤机组最严格的排放浓度限值要求		
		烟尘	SO_2	NO_x
第一阶段	无标准阶段	—	—	—
第二阶段	《工业“三废”排放试行标准》（GBJ 4—1973）	无要求	无要求	不涉及

续表

阶段	标准名称（编号）	燃煤机组最严格的排放浓度限值要求		
		烟尘	SO_2	NO_x
第三阶段	《燃煤电厂大气污染物排放标准》（GB 13223—1991）	600	无要求	不涉及
第四阶段	《火电厂大气污染物排放标准》（GB 13223—1996）	200	1200	650
第五阶段	《火电厂大气污染物排放标准》（GB 13223—2003）	50	400	450
第六阶段	《火电厂大气污染物排放标准》（GB 13223—2011）	30	100	100
		20①	50①	
第七阶段	《煤电节能减排升级与行动计划（2014—2020 年）》	10	35	50

① 重点地区执行该限值。

第一阶段为 1882—1972 年，当时中国经济落后，电力装机容量少，处于无标准阶段。

第二阶段为 1973 年颁布的《工业“三废”排放标准（试行）》（GBJ 4—1973），火电厂大气污染物排放指标仅涉及烟尘和 SO_2，对排放速率和烟囱高度有要求，但对排放浓度无要求。SO_2 根据电站 7 种不同烟囱高度对应的允许排放速率，即 30、45、60、80、100、120、150m 高度的烟囱允许 SO_2 排放量分别为 82、170、310、650、1200、1700、2400kg/h。

第三阶段为 1991 年颁布的《燃煤电厂大气污染物排放标准》（GB 13223—1991），首次对烟尘排放浓度提出限值要求，针对不同类型的除尘设施和相应燃煤灰分制定不同的排放标准限值。通过排放控制系数法（P 值法）规定电厂的 SO_2 允许排放量，P 值法规定了城市、农村（丘陵）和农村（平原）新扩改电厂和现有电厂的 P 值和扩散系数（M 值）。

第四阶段是 1996 年颁布的《火电厂大气污染物排放标准》（GB 13223—1996），首次增加氮氧化物作为污染物，要求新建锅炉采取低氮燃烧措施。烟尘排放标准加严，新建、扩建和改建中高硫煤电厂要求增加脱硫设施。仍采用 P 值法，与 GB 13223—1991 相比，该标准将 SO_2 控制分为 3 个时段，排放限值更为严格。当含硫量小于 1.0%时，最高允许排放浓度≤2100mg/m^3；当含硫量大于 1.0%时，最高允许排放浓度≤1200mg/m^3。该标准还要求新建、扩建和改建中的高硫煤电厂增加脱硫设施。

第五阶段为 2003 年颁布的《火电厂大气污染物排放标准》（GB 13223—2003），污染物排放浓度限值进一步加严。对燃煤机组提出了全面进行脱硫的要求。规定了 3 个时段的 SO_2 最高允许排放浓度为 400～2100mg/m^3，第 3 时段电厂的排放限值改变了所在地区的分类方式，P 值也进行了调整。该标准对燃煤机组提出了全面进行脱硫的要求，在 2010 年 1 月 1 日前现有燃煤机组基本完成烟气脱硫。

第六阶段为 2011 年颁布的《火电厂大气污染物排放标准》（GB 13223—2011），被称为中国史上最严标准，燃煤电厂不仅要进行脱硫，还要进行烟气脱硝，并对重点地区的电厂制定了更加严格的特别排放限值，并首次将汞及其化合物作为污染物。

第七阶段为 2014 年至今的超低排放阶段，2014 年 6 月国务院办公厅首次发文要求新建燃煤发电机组大气污染物排放接近燃气机组排放水平，由此拉开了中国燃煤电厂超低排放

的序幕。2015 年 12 月环境保护部、国家发展和改革委员会等出台了燃煤电厂在 2020 年年前全面完成超低排放改造的具体方案。

2.3.1.2 超低排放应运而生

1. 国家层面政策要求

2011 年中国颁布史上最严、同时也是全球最严的《火电厂大气污染物排放标准》（GB 13223—2011）。燃煤电厂不仅要进行脱硫，还要进行烟气脱硝，重点地区执行更加严格的特别排放限值（烟尘 20mg/m³、二氧化硫 50mg/m³、氮氧化物 100mg/m³，汞及其化合物 0.03mg/m³），首次将汞及其化合物纳入污染物。

2013 年，中国持续多次遭遇大面积重污染天气，华夏大地面临“心肺之患”。部分公众及舆论认为，燃煤是大气污染的元凶，燃煤量最大的燃煤电站是罪魁祸首。2013 年 9 月 10 日，国务院发布《大气污染防治行动计划》（“大气十条”），提出经过五年努力，使全国空气质量整体改善，力争再用五年或更长时间，逐步消除重污染天气，全国空气质量明显改善。“大气十条”同时提出，京津冀、长三角、珠三角等区域新建项目禁止配套建设自备燃煤电站。除热电联产外，禁止审批新建燃煤发电项目。火电企业面临经营与发展的巨大考验，我国面临天然气资源缺乏和电力短缺的双重矛盾。

为了完成“大气十条”的国家任务，也为了电力行业的未来发展，扭转公众对燃煤电站是“污染大户”的印象，在煤电行业普遍经营不景气的情况下，2014 年部分煤电企业自发自愿地开始了高于国家排放标准的改造活动——超低排放改造（时称“近零排放”）行动。

2014 年 5 月底，浙江嘉华 1000MW 煤电机组首个烟气超低排放改造工程建成；2014 年 6 月，浙江舟山首个新建 350MW 煤电机组超低排放工程建成。在上述两个电厂实现燃煤超低排放之前，也有较多电厂在进行充分的前期探索，目的是实现达到天然气燃气轮机组排放标准和水平，例如：广东珠江电厂 1000MW 煤电扩建工程在 2011 年 5 月份的环评审查阶段，提出在硫分为 0.52 的设计煤种和硫分为 0.63 的校核煤种条件下，实现脱硫效率由 95% 提高到 97%的技术创新；上海漕泾二期工程在 2012 年 9 月份的项目竣工环境保护验收会上，提出了运用“湿式电除尘+98%脱硫+80%脱硝”的技术；国电泰州二期工程在 2013 年 4 月份环评审查阶段，主动提出运用“低低温电除尘器+单塔双循环脱硫+湿式电除尘”的技术，以达到燃气发电排放标准；国电益阳电厂 1 号机组在 2013 年 3 月，国内第一台湿式电除尘示范工程通过环保验收等。

煤电机组超低排放工程的成功建成在业内外引起巨大反响，国内各大电力集团纷纷跟进，准备推出自己的超低排放示范工程。电力企业对超低排放的不断尝试逐步受到国家的认可。

2014 年 6 月国务院办公厅印发的《能源发展战略行动计划（2014—2020 年）》中首次提出：新建燃煤发电机组污染物排放接近燃气机组排放水平。由此拉开了中国燃煤电厂超低排放的序幕。

“超低排放”限值的提出：2014 年 9 月国家发展和改革委员会、环境保护部、国家能源局发布了《煤电节能减排升级与改造行动计划（2014—2020 年）》，要求东部地区（辽宁、北京、天津、河北、山东、上海、江苏、浙江、福建、广东、海南等11省市）新建燃煤发电机组大气污染物排放浓度基本达到燃气轮机组排放限值，即在基准氧含量6%条件下，烟尘、二氧化硫、氮氧化物排放浓度分别不高于10、35、50mg/m^3，中部地区（黑龙江、吉林、山西、安徽、湖北、湖南、河南、江西等8省）新建机组原则上接近或达到燃气轮机组排放限值，鼓励西部地区新建机组接近或达到燃气轮机组排放限值。稳步推进东部地区现役300MW及以上公用燃煤发电机组和有条件的300MW以下公用燃煤发电机组实施大气污染物排放浓度基本达到燃气轮机组排放限值的环保改造，2014年启动8000MW机组改造示范项目，2020年前力争完成改造机组容量1.5亿kW以上。鼓励其他地区现役燃煤发电机组实施大气污染物排放浓度达到或接近燃气轮机组排放限值的环保改造。

“超低排放”概念的明确：原环境保护部主管的2014年11月10日出版的《环境保护》封面文章《煤电超低排放的技术经济与环境效益分析》一文，对“近零排放”“超洁净排放”“比燃气电厂还清洁的排放”“超低排放”等不同概念进行了比较分析，认为“超低排放”描述煤电机组大气污染物排放浓度基本达到燃气轮机组排放限值，较为科学与准确。此后，“超低排放”的概念逐步得到认同。2015年3月中央政府工作报告中提出“加强煤炭清洁高效利用，推动燃煤电厂超低排放改造，促进重点区域煤炭消费零增长”。超低排放政策发展的关键节点见表2-8。

表2-8　超低排放政策发展的关键节点

时间	事件	重点内容
2011年7月	《火电厂大气污染物排放标准》（GB 13223—2011）	中国颁布史上最严火电厂大气污染物排放标准。燃煤电厂不仅要进行脱硫，还要进行烟气脱硝，重点地区执行更加严格的特别排放限值（烟尘20mg/m³、二氧化硫50mg/m³、氮氧化物100mg/m³，汞及其化合物0.03mg/m³）。首次明确燃气轮机组排放标准限值（烟尘5mg/m³、二氧化硫35mg/m³、氮氧化物50mg/m³）
2013年9月	国务院发布《大气污染防治行动计划》（“大气十条”）	提出经过五年努力，使全国空气质量整体改善，力争再用五年或更长时间，逐步消除重污染天气，全国空气质量明显改善。同时提出，京津冀、长三角、珠三角等区域新建项目禁止配套建设自备燃煤电站。除热电联产外，禁止审批新建燃煤发电项目
2014年6月	国务院办公厅印发《能源发展战略行动计划（2014—2020年）》	首次提出：新建燃煤发电机组污染物排放接近燃气机组排放水平
2014年9月	国家发展和改革委员会、环境保护部、国家能源局发布了《煤电节能减排升级改造与行动计划（2014—2020年）》	要求东部地区11省市新建燃煤发电机组大气污染物排放浓度基本达到燃气轮机组排放限值，即在基准氧含量6%条件下，烟尘、二氧化硫、氮氧化物排放浓度分别不高于10、35、50mg/m^3，中部地区新建机组原则上接近或达到燃气轮机组排放限值，鼓励西部地区新建机组接近或达到燃气轮机组排放限值
2015年3月	政府工作报告	首次提出：加强煤炭清洁高效利用，推动燃煤电厂超低排放改造，促进重点区域煤炭消费零增长
2015年12月	国务院常务会议	在2020年前，对燃煤机组全面实施超低排放和节能改造，东、中部地区要提前至2017年和2018年达标
2015年12月	国家发展和改革委员会、环境保护部、国家能源局联合发布《关于实行燃煤电厂超低排放电价支持政策有关问题的通知》	对经所在地省级环保部门验收合格并符合上述超低限值要求的燃煤发电企业给予适当的上网电价支持

续表

时间	事件	重点内容
2015 年 12 月	环境保护部、国家发展和改革委员会、国家能源局联合印发《全面实施燃煤电厂超低排放和节能改造工作方案》	将全面实施燃煤电厂超低排放和节能改造上升为一项重要的国家专项行动
2016 年 11 月	《电力发展"十三五"规划》	《规划》部署：十三五期间，火电机组二氧化硫和氮氧化物排放总量均力争下降 50%以上，30 万 kW 级以上具备条件的燃煤机组全部实现超低排放
2018 年 8 月	国家能源局与生态环境部联合印发《2018 年各省（区、市）煤电超低排放和节能改造目标任务的通知》	要求继续加大力度推进煤电超低排放和节能改造工作。各地方和相关企业积极响应，努力取得成效

从表 2-8 中可以看出，2014 年 6 月 7 日《能源发展战略行动计划（2014—2020 年）》中，首次提出：新建燃煤发电机组污染物排放接近燃气机组排放水平。

2014 年 9 月 12 日，国家发展和改革委员会、环境保护部、国家能源局联合发布《关于印发〈煤电节能减排升级改造与行动计划（2014—2020 年）〉的通知》（发改能源〔2014〕2093 号），在行动目标与具体行动措施中均要求，"东部地区（辽宁、北京、天津、河北、山东、上海、江苏、浙江、福建、广东、海南等 11 省市）新建燃煤发电机组大气污染物排放浓度基本达到燃气轮机组排放限值（即在基准氧含量 6%条件下，烟尘、二氧化硫、氮氧化物排放浓度分别不高于 10、35、50mg/m^3），中部地区（黑龙江、吉林、山西、安徽、湖北、湖南、河南、江西等 8 省）新建机组原则上接近或达到燃气轮机组排放限值，鼓励西部地区新建机组接近或达到燃气轮机组排放限值"，以及"稳步推进东部地区现役 30 万 kW 及以上公用燃煤发电机组和有条件的 30 万 kW 以下公用燃煤发电机组实施大气污染物排放浓度基本达到燃气轮机组排放限值的环保改造，2014 年启动 800 万 kW 机组改造示范项目，2020 年前力争完成改造机组容量 1.5 亿 kW 以上。鼓励其他地区现役燃煤发电机组实施大气污染物排放浓度达到或接近燃气轮机组排放限值的环保改造"，同时对于自备燃煤电厂也提出要求，"东部地区 10 万 kW 及以上自备燃煤发电机组要逐步实施大气污染物排放浓度基本达到燃气轮机组排放限值的环保改造"，并在激励政策方面进一步提出"对大气污染物排放浓度接近或达到燃气轮机组排放限值的燃煤发电机组，可在一定期限内增加其发电利用小时数""研究对大气污染物排放浓度接近或达到燃气轮机组排放限值的燃煤发电机组电价支持政策""对大气污染物排放浓度接近或达到燃气轮机组排放限值的燃煤发电机组，各地可因地制宜制定税收优惠政策"。这是中国第一次国家政策中明确超低排放的控制限值要求，并鼓励现役煤电机组进行超低排放改造，标志着中国燃煤电厂超低排放的全面开展。

2015 年 12 月 2 日，国家发展和改革委员会、环境保护部、国家能源局联合发布《关于实行燃煤电厂超低排放电价支持政策有关问题的通知》（发改价格〔2015〕2835 号），提出为鼓励引导超低排放，对经所在地省级环保部门验收合格并符合上述超低限值要求的燃煤发电企业给予适当的上网电价支持。其中，对 2016 年 1 月 1 日以前已经并网运行的现役机组，对其统购上网电量加价每千瓦时 1 分钱（含税）；对 2016 年 1 月 1 日之后并网运行的新建机组，对其统购上网电量加价每千瓦时 0.5 分钱（含税）。上述电价加价标准暂定执行到 2017 年底，2018 年以后逐步统一和降低标准。地方制定更严格超低排放标准的，鼓励地方出台相关支持奖励政策措施。从而对于燃煤电厂超低排放环保经济政策得到了全面的完善，进一步发挥经济杠杆，以激励电力行业实施超低排放。

2015 年 12 月 11 日，环境保护部发布《全面实施燃煤电厂超低排放和节能改造工作方案》（环发〔2015〕164 号），明确全面实施燃煤电厂超低排放和节能改造是一项重要的国家专项行动，并在前面文件要求基础上，要求“加快现役燃煤发电机组超低排放改造步伐，将东部地区原计划 2020 年前完成的超低排放改造任务提前至 2017 年前总体完成；将对东部地区的要求逐步扩展至全国有条件地区，其中，中部地区力争在 2018 年前基本完成，西部地区在 2020 年前完成”。这是环境保护部第一次全面地对中国燃煤发电超低排放提出系统要求与保障措施等。

更为重要的是，国务院前总理李克强分别在 2015 年 3 月、2016 年 3 月和 2017 年 3 月的《政府工作报告》中均提到了燃煤电厂超低排放，分别是“推动燃煤电厂超低排放改造”；“全面实施燃煤电厂超低排放和节能改造”；“加大燃煤电厂超低排放和节能改造力度，东中部地区要分别于 2017 年、2018 年两年完成，西部地区于 2020 年完成。把超低排放作为打赢蓝天保卫战重要手段”。另外，在 2015 年 12 月 2 日，国务院前总理李克强主持召开国务院第 114 次常务会议，已向有关部门明确了一项治理雾霾的“硬任务”：在 2020 年前，对燃煤机组全面实施超低排放和节能改造。从而使得电力行业超低排放与节能减排提升为国家专项行动。

从上述超低排放政策体系来看，中国对于燃煤电厂超低排放的政策顶层设计是有步骤、有计划、可操作的，基本构成了中国燃煤电厂超低排放开始阶段完整的、全方面的构架体系，为推动燃煤电厂超低排放起到了关键作用。

2. 地方政府政策要求

2014 年 9 月《煤电节能减排升级与改造行动计划（2014—2020 年）》（发改能源〔2014〕2093 号）发布前后，虽然没有国家的政策支撑，但是一些重点省份已率先开展煤电超低排放的探索工作，开始了超低排放改造行动。

2014 年 2 月，广州在全国率先发布《广州市燃煤电厂“超洁净排放”改造工作方案》，要求 2015 年 7 月 1 日前完成全市 14 台总装机容量 380 万 kW 燃煤机组的改造任务；对工业园区和产业集聚区，淘汰小电厂和区域内小锅炉，在 2017 年底前，按照“超洁净排放”标准建设热电联产机组，实施集中供热改造；对现有燃煤机组按照“超洁净排放”“上大压小”“以新代旧”的原则进行改造，建设高效节能环保机组。

浙江省发布《浙江省统调燃煤发电机组新一轮超低排放改造管理考核办法（征求意见稿）》，要求 2014 年 7 月 1 日前，所有省统调燃煤发电机组应达到重点地区大气污染物特别排放限值。2017 年底前，所有新建、在建及在役 60 万 kW 及以上省统调燃煤发电机组必须完成脱硫脱硝及除尘设施进一步改造，实现烟气超低排放。鼓励其他省统调燃煤发电机组

加大环保设施改造力度，实现烟气超低排放。

山西省也要求，自 2014 年 8 月 30 日起，全省新建常规燃煤和低热值煤发电机组全部分别执行超低排放标准Ⅰ、Ⅱ。依照超低排放标准Ⅰ、Ⅱ，对全省单机 30 万 kW 及以上燃煤机组全部或部分主要污染物治理设施进行改造，提出燃煤电厂超低排放改造方案，并明确具体时间点。

2014 年 10 月 20 日，江苏省物价局以苏价工〔2014〕356 号文《省物价局关于明确燃煤发电机组超低排放环保电价的通知》，按照每千瓦时 1 分钱的环保电价进行补贴。是全国第一部超低排放环保电价政策，比国家的超低排放电价政策早了 1 年多。

2015 年 3 月 10 日，河北省全面启动燃煤电厂超低排放升级改造专项行动。按照“以大带小，分类推进”原则，对所有燃煤发电机组实施改造和治理。

为推进燃煤发电机组的超低排放改造，各地也相继出台系列政策，给予超低排放机组资金支持和电量奖励。

山西省按照机组容量、项目投资总额和改造完成年份确定，给予投资总额标准 10%～30%的奖补资金，对达到超低排放标准的机组，每年给予不低于 200h 的电量奖励。规定 2017 年底后完成改造的机组将不再给予补贴，以激励电厂提前计划，加速改造。浙江省提出，按超低排放机组平均容量，安排奖励年度发电计划 200h，并根据环保设施改造实际投产时间据实调整。

2.3.2 治理技术持续创新

经济、技术的发展为标准限值的不断升级提供了基础，标准限值的逐步趋严也反过来促进烟气治理技术的创新，需求推动进步。

2.3.2.1 烟尘治理技术

20 世纪 70 年代以前，绝大部分燃煤电厂采用水膜除尘器和机械除尘装置，除尘效率很低，平均约为 70%。此后，经过多年的发展，烟尘排放标准限值日益严格，逐渐采用高效电除尘器、袋式除尘器和电袋复合除尘器，如图 2-8 所示。

GB 13223—1991 的颁布，首次将燃煤电厂的烟尘排放标准由排放速率限值改为排放浓度限值，按照新扩改建、现有电厂，以及不同锅炉容量、燃煤灰分及除尘器类型等分别规定不同的允许排放浓度限值。这是排放标准中首次以排放浓度来规定允许排放要求的，相应的国家监测方法标准 1996 年才发布，即《固定污染源排气中颗粒物测定与气态污染物采样方法》GB/T 16157—1996。该标准颁布以后，电除尘技术得到快速发展，高效电除尘器的除尘效率已达到 99%，到 20 世纪 90 年代中期，燃煤电厂电除尘器容量占比已达 60%以上。

GB 13223—1996 的颁布，首次将新建燃煤电厂烟尘允许排放浓度限值与燃煤灰分脱钩，进一步促进电除尘技术的发展，除尘器效率最高达到 99.7%，对燃煤灰分的适应性大大增强。电除尘器本体电场数由 2～3 个过渡到 4 个，甚至 5 个；收尘电极的比集尘面积由 50～70$m^2/(m^3 \cdot s^{-1})$ 过渡到 70～90$m^2/(m^3 \cdot s^{-1})$ 甚至更大；1998 年火电厂采用电除尘器的容量占全国火电装机容量的比例已达 75%，催生了中国巨大的电除尘设备产业。2001 年内蒙古呼和浩特丰泰发电有限公司 2×200MW 机组采用旋转喷吹清灰袋式除尘器，排放浓度达到 30mg/m^3 以下，为中国火电厂烟尘排放标准的进一步严格，提供了重要的技术基础。

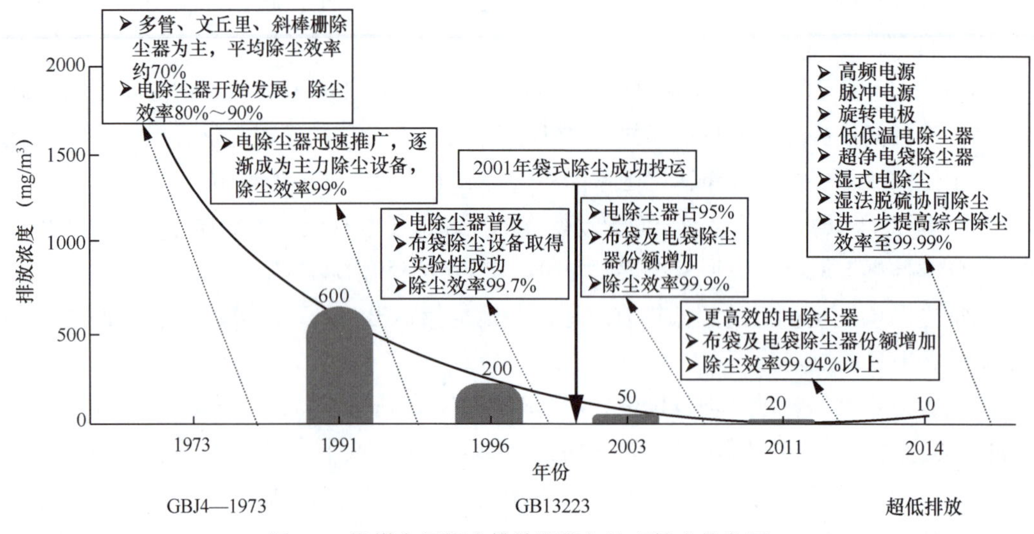

图 2-8 燃煤电厂烟尘排放限值与治理技术的发展

GB 13223—2003 的颁布，首次明确所有燃煤电厂的烟尘允许排放浓度均不再与燃煤的灰分挂钩，并将新建燃煤电厂的烟尘允许排放浓度严格至 50mg/m^3。电场、比集尘面积达到 120m^2/（m^3 • s^{-1}）以上的电除尘器开始出现，高频电源供电技术、烟气调质技术等新技术也得到发展与示范。与此同时，一些电除尘器难以收尘的燃煤电厂，逐渐采用袋式除尘器收尘，或在原有电除尘器壳体中将电、袋两类除尘技术的优点互扬、缺点互补，研发电袋复合除尘器，加速了袋式除尘器及电袋复合除尘器的研发与应用。到 2010 年底，电除尘器约占 94%，袋式及电袋复合除尘器约占 6%。

GB 13223—2011 的颁布，烟尘特别排放限值严格至 20mg/m^3，非天然气气体燃料锅炉或燃气轮机烟尘允许排放浓度为 10mg/m^3。2013、2014 年秋冬季节全国大范围严重的雾霾出现，催生了燃煤电厂超低排放政策的出台，烟尘排放浓度执行 10mg/m^3。电除尘新技术高频电源、脉冲电源、旋转电极、低低温电除尘器、烟气调质、飞灰凝聚器、湿式电除尘器等得到不同程度的应用。干式电除尘器比集尘面积甚至增大到 150m^2/（m^3 • s^{-1}），仍具有较好的经济性。电袋复合除尘器的应用明显增多。截至 2018 年底，全国安装袋式除尘器的机组容量约为 8700 万 kW，电袋复合除尘器的机组容量约为 25700 万 kW，分别占全国煤电机组容量的 8.6%和 25.4%。

2.3.2.2 SO_2 治理技术

燃煤电厂 SO_2 排放与煤中含硫量及烟气脱硫技术有关，早期主要采用降低燃煤含硫量来减少 SO_2 排放，后期则主要采用湿法烟气脱硫。中国早在 20 世纪 70—90 年代就开展了

亚钠循环法、磷铵肥法等自主技术的研究，此后，随着 SO_2 排放标准限值的严格，脱硫技术从引进，到消化、吸收，再创新，目前引领世界，如图 2-9 所示。

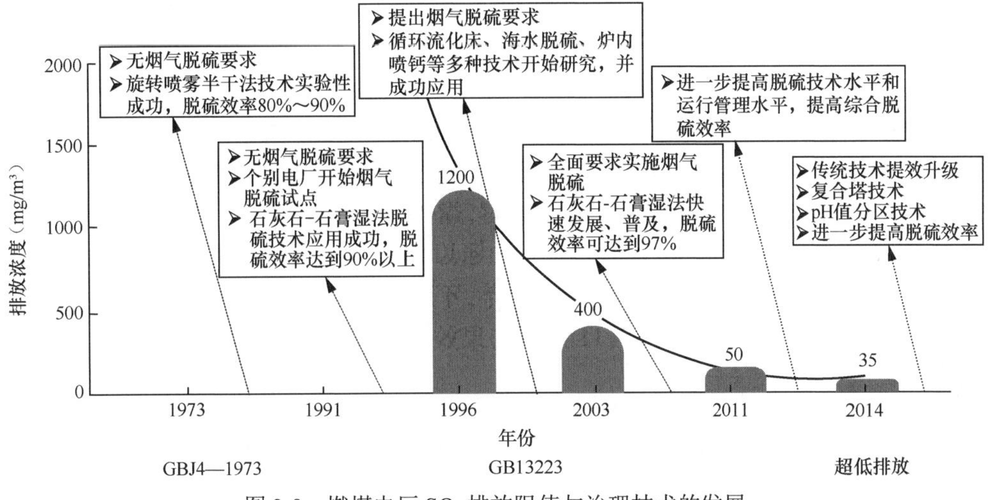

图 2-9 燃煤电厂 SO_2 排放限值与治理技术的发展

GB 13223—1991 的颁布，没有出台 SO_2 排放浓度的要求，而是对全厂 SO_2 允许排放量作出规定。限于当时的经济条件，除个别试点外，新扩改建电厂不允许建设脱硫装置。如 1993 年重庆珞璜电厂一期工程 2 台 36 万 kW 机组同步建成了石灰石–石膏湿法烟气脱硫工程，1993 年江苏南京下关电厂 12.5 万 kW 机组同步建成了炉内喷钙、炉后增湿活化脱硫工程，1994 年山东黄岛电厂建成了相当于 7 万 kW 机组容量的旋转喷雾干燥烟气脱硫装置，1996 年山西太原第一热电厂建成了相当于 20 万 kW 机组容量的简易石灰石–石膏湿法烟气脱硫装置。这些脱硫装置全部是引进国外技术，投资与运行费用较高，并不完全运行。

GB 13223—1996 的颁布，首次明确新建电厂需执行 SO_2 允许排放浓度，即当燃煤应用基含硫量小于 1.0%时，最高允许排放浓度≤2100mg/m^3；当含硫量大于 1.0%时，最高允许排放浓度≤1200mg/m^3。这说明新建电厂只有当燃煤含硫量大于 1.0%时，才需加装烟气脱硫装置，因此大部分电厂工程设计时选择含硫量小于 1.0%的煤质。此外，由于 SO_2 允许排放浓度≤1200mg/m^3，较为宽松，世界上各种脱硫技术均在中国开展试验，如烟气循环流化床法、电子束法、炉内喷钙法、双碱法、海水法、氨法、旋转喷雾法、简易石灰石–石膏湿法等。到 2002 年底，全国投运的脱硫装机容量突破 600 万 kW。

GB 13223—2003 的颁布，首次明确所有电厂均需执行 SO_2 允许排放浓度要求，最严限值为 400mg/m^3。加上国家 2007 年出台了脱硫电价政策，明确要求烟气脱硫效率需在 90%以上，石灰石–石膏湿法脱硫技术得到迅速推广。截至 2010 年底，全国火电厂烟气脱硫机组容量达到 5.65 亿 kW，占火电容量的比例为 80%，占煤及煤矸石发电机组的比例为 86%。与 2005 年相比，火电 SO_2 排放总量下降约 22.9%，五大发电集团下降 44.76%。5.65 亿 kW 的脱硫容量中，石灰石–石膏湿法占 92%，海水法占 3%，烟气循环流化床法占 2%，氨法占

2%，其他方法占 1%。

GB 13223—2011 的颁布，不再从排放标准上放宽对以煤矸石等为主要燃料的资源综合利用电厂（主要是循环流化床锅炉）的要求，对位于西部非两控区的燃用特低硫煤的坑口电厂，也全部要求烟气脱硫。由于排放标准的大幅加严，特别是 2014 年开始实施的超低排放，复合塔脱硫技术、pH 值分区脱硫技术等得到发展和应用，烟气脱硫效率可高达 99.7%以上。2018 年底，已投运煤电烟气脱硫机组容量超过 9.6 亿 kW，占全国煤电机组容量的 95.9%。原来已安装烟气脱硫设施的燃煤发电锅炉均需要进行超低排放改造，截至 2021 年底，完成超低排放改造的机组容量约占全国煤电机组容量的 93%。

2.3.2.3　NO_x 治理技术

火电厂 NO_x 控制的历程较短，无论是 1996 版还是 2003 版的《火电厂大气污染物排放标准》中，对 NO_x 的控制原则都是基于低氮燃烧技术能达到的排放水平来制定的，但随着减排压力的日益增大，特别是 NO_x 被列为约束性控制指标，在控制要求上发生了实质性的变化。

作为主要的 NO_x 排放源之一，从 2008 年起，一大批同步新建和改造加装的火电厂烟气脱硝设施投入运行，中国火电烟气脱硝机组快速增加，从占总装机容量的 1%增长到 2011 年末的 18%，其中 97%采用 SCR 技术，其余 3%采用 SNCR 技术，烟气脱硝技术快速发展和市场化运行对实现达标排放提供了有力的技术支撑。2018 年底，已投运火电烟气脱硝机组容量 10.6 亿 kW，占全国火电机组容量的 92.6%。不同阶段 NO_x 排放浓度限值与治理技术发展如图 2-10 所示。

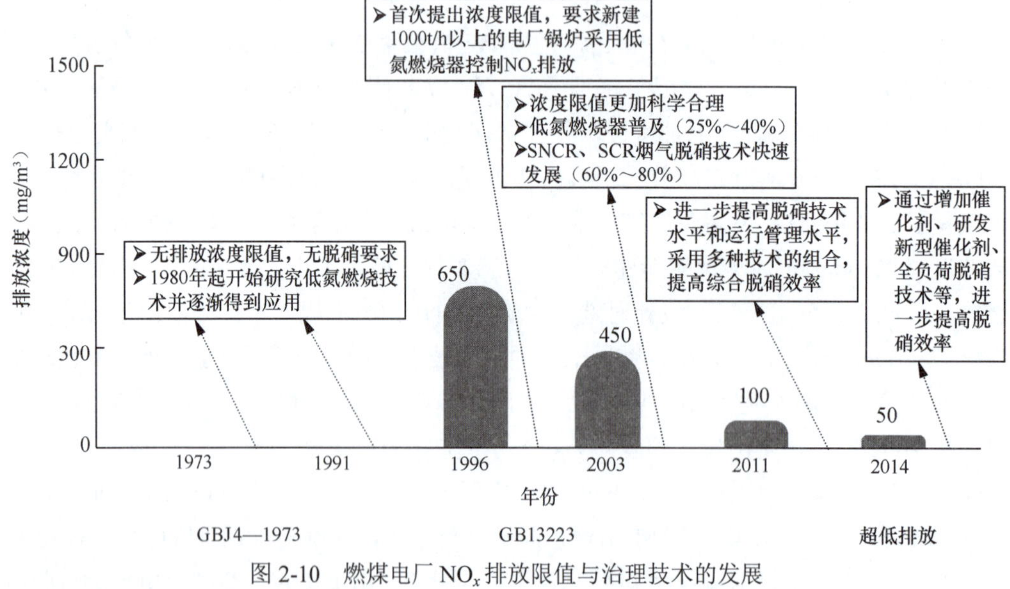

图 2-10　燃煤电厂 NO_x 排放限值与治理技术的发展

2.3.3　污染治理成效

截至 2022 年底，全国达到超低排放限值的煤电机组约 10.5 亿 kW，占煤电总装机容量的比例约为 94%，如图 2-11 所示。通过深入挖掘存量煤电超低排放和节能改造潜力等措施，中国煤电清洁高效利用有了显著的提升。

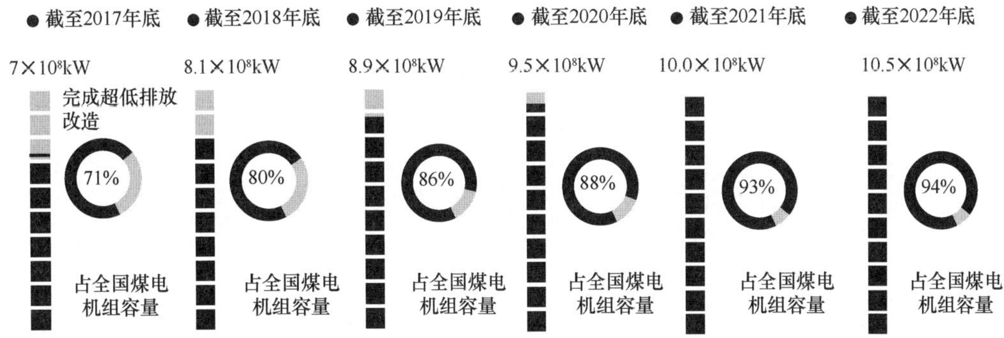

图 2-11　2017—2022 年煤电完成超低排放改造占比

进入 21 世纪，中国对火电厂大气污染的治理日益严格，2006 年火电行业烟尘及 SO_2 达到峰值，分别为 370 万 t 和 1320 万 t，此后逐步下降。2022 年中国火力发电量为 58531 亿 kW·h，是 2006 年 23741 亿 kW·h 的 2.5 倍，但火电行业烟尘和 SO_2 排放量分别为 9.9 万 t 和 47.6 万 t，与 2006 年的峰值相比分别下降了 97.3%和 96.4%。2011 年火电行业 NO_x 达到峰值 1107 万 t，2022 年火电行业 NO_x 排放量为 76.2 万 t，与 2011 年的峰值相比下降了 93.1%，详见图 2-12，为中国大气环境的改善作出了巨大贡献，同时也为其他行业的污染物减排提供了有益的借鉴。

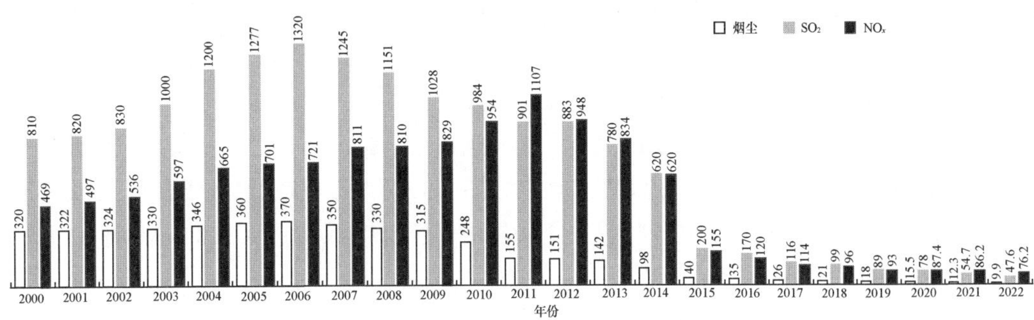

图 2-12　火电行业大气污染物的排放量变化（单位：万 t）

2.4　中国煤电低碳发展历程

2.4.1　政策发展

自 2004 年以来，国家发展和改革委员会与国家能源局相继发布了 6 个重大的相关政策，并在 2014 年首次将节能和减排作为整体约束性目标发布相关政策，见表 2-9。

表 2-9　　煤电行业节能减排重大政策

发布日期	政策	重点内容
2004 年 3 月	《关于燃煤电站项目规划和建设有关要求的通知》	明确了新建燃煤电站项目的发电煤耗控制值：除西藏、新疆、海南等地区外，所选机组单机容量原则上应为 60 万 kW 及以上，机组发电煤耗率要控制在 286g/（kW・h）以下；在缺乏煤炭资源的东部沿海地区，优先规划建设发电煤耗率不高于 275g/（kW・h）的燃煤电站；除在煤炭资源丰富的地区，规划建设煤矿坑口或矿区电站项目，机组发电煤耗率要控制在 295g/（kW・h）以下[空冷机组发电煤耗率要控制在 305g/（kW・h）以下]
2007 年 1 月	《关于加快关停小火电机组若干意见的通知》	明确了“十一五”期间逐步关停和优先安排建设的火电机组：关停单机容量 5 万 kW 以下、行满 20 年、单机 10 万 kW 级以下的常规机组、按照设计寿命服役期满单机 20 万 kW 以下的各类机组、供电标准煤耗高出 2005 年本省（区、市）平均水平 10%或全国平均水平 15%的各类燃煤机组、未达到环保排放标准的各类机组等
2014 年 3 月	《关于严格控制重点区域燃煤发电项目规划建设有关要求的通知》	明确了“京津冀、长三角和珠三角”不同类型机组供电煤耗率参考值在 282～327g/（kW・h）之间
2014 年 9 月	《煤电节能减排升级与改造行动计划（2014—2020 年）》	明确了典型常规燃煤机组供电煤耗率参考值在 284～303g/（kW・h）之间，并首次提出煤电机组大气污染物排放接近燃气轮机组水平，烟尘、二氧化硫和氮氧化物分别不超过 10、35、50mg/m^3
2021 年 10 月	《关于开展全国煤电机组改造升级的通知》	明确要求实现煤电“三改”联动，推动煤电机组清洁化利用，要求“十四五”期间完成煤电机组灵活性改造 2 亿 kW，增加系统调节能力 3000 万～4000 万 kW。
2022 年 4 月	《煤炭清洁高效利用重点领域标杆水平和基准水平（2022 年版）》	明确了煤炭清洁高效重点领域的标杆水平和基准水平，指出新建的湿冷和空冷煤电机组，标杆供电煤耗率分别为 270g/（kW・h）和 285g/（kW・h）

在煤耗限额控制方面，根据 2004 年的《关于燃煤电站项目规划和建设有关要求的通知》要求，新建燃煤机组发电煤耗率要控制在 286g/（kW・h）以下。以 1×1000MW 超超临界湿冷机组为例，按照《关于严格控制重点区域燃煤发电项目规划建设有关要求的通知》《煤电节能减排升级与改造行动计划（2014—2020 年）》《煤炭清洁高效利用重点领域标杆水平和基准水平（2022 年版）》，对供电煤耗率提出越来越严格的强制性限额控制要求，新建和现役机组先进水平从 2014 的年 282g/（kW・h）和 285g/（kW・h）进一步修订为 2022 年的标杆水平 270g/（kW・h）和 273g/（kW・h），如图 2-13 所示。按照《关于开展全国煤电机组改造升级的通知》要求，到 2025 年，全国火电平均供电煤耗率低至 300g/（kW・h）以下。

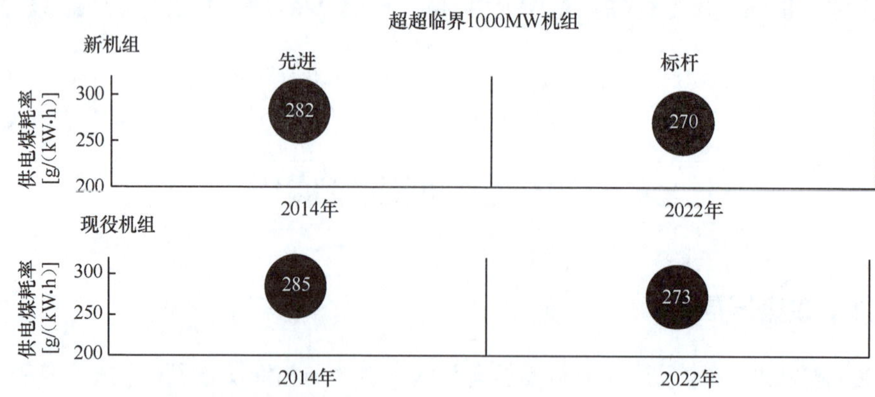

图 2-13　政策对新建和现役燃煤机组供电煤耗率先进水平（标杆水平）要求的变化

在落后机组淘汰和改造方面，《关于加快关停小火电机组若干意见的通知》明确了“十一五”期间逐步关停和优先安排建设的火电机组。《关于开展全国煤电机组改造升级的通知》提出，要实现煤电“三改”联动，推动煤电机组清洁化利用，“十四五”期间，实现煤电机组灵活制造规模 1.5 亿 kW。

除上述重大政策外，另外还有很多重要政策涉及煤电低碳发展。如：

（1）建设高参数、大容量机组，淘汰落后煤电产能。2021 年 2 月，国务院发布《关于加快建立健全绿色低碳循环发展经济体系的指导意见》，提出促进燃煤清洁高效开发转化利用，继续提升大容量、高参数、低污染煤电机组占煤电装机比例；2021 年 10 月，国务院《关于印发 2030 年前碳达峰行动方案的通知》提出有序淘汰煤电落后产能。

（2）统筹推进煤电机组“三改”联动。2021 年 10 月，国务院印发《关于印发 2030 年前碳达峰行动方案的通知》，提出重点实施节能降碳增效行动，加快现役机组节能升级和灵活性改造。2021 年 10 月，国务院印发《关于完整准确全面贯彻新发展理念做好碳达峰碳中和工作的意见》，提出统筹煤电发展和保供调峰，严控煤电装机规模，加快现役煤电机组节能升级和灵活性改造。《国家发展改革委 国家能源局关于提升电力系统调节能力的指导意见》（发改能源〔2018〕364 号）明确提出“十三五”期间完成 2.2 亿 kW 火电机组灵活性改造，提升电力系统调节能力 4600 万 kW，并要求最小技术出力达到 30%～40%容量水平。《国家发展改革委 国家能源局关于印发〈“十四五”现代能源体系规划〉的通知》（发改能源〔2022〕210 号）提出“到 2050 年，灵活性电源占比达到 24%左右”。

（3）鼓励减污协同降碳。2021 年 1 月，生态环境部发布《关于统筹和加强应对气候变化与生态环境保护相关工作的指导意见》，提出推动实现减污降碳协同效应。优先选择化石能源替代、原料工艺优化、产业结构升级等源头治理措施，严格控制高耗能、高排放项目建设。鼓励各地积极探索协同控制温室气体和污染物排放的创新举措和有效机制。

2.4.2 低碳发展成效

2.4.2.1 煤电机组结构持续优化

“十一五”以来，中国大力推行煤电机组“上大压小”、淘汰落后产能政策，煤电结构不断优化，大容量、高参数、低排放的高效煤电机组比例持续提升。随着单机容量的逐渐增大，蒸汽参数逐步提高，供电煤耗率逐步下降。30 万 kW 及以上纯凝燃煤发电机组设计热效率及发电煤耗见表 2-10。由表 2-10 可知，发展高参数、大容量、高效率、环保型机组及大电厂建设一直是燃煤发电技术发展的方向。

表 2-10　　30 万 kW 及以上煤电机组设计热效率及发电煤耗率

机组种类	蒸汽初参数		设计热效率（%）	设计发电煤耗率 [g/（kW·h）]	设计厂用电率（%）	设计供电煤耗率 [g/（kW·h）]
	温度（℃）	压力（MPa）				
亚临界 30 万 kW	538/538	16.67	41.3	298	6.7	319.9
亚临界 60 万 kW	538/538	16.67	41.6	296	6.2～6.5	315.6～316.6

续表

机组种类	蒸汽初参数		设计热效率（%）	设计发电煤耗率 [g/（kW·h）]	设计厂用电率（%）	设计供电煤耗率 [g/（kW·h）]
	温度（℃）	压力（MPa）				
超临界 60 万 kW	566/566	24.2	43.6	282	6.2～6.5	300.6～301.6
超超临界 60 万 kW	600/600	25	45.4	271	6～6.2	288.3～288.9
超超临界 100 万 kW	600/600	27	45.7	269	5～5.5	283.2～284.7

截至目前，全国累计淘汰超过 1.5 亿 kW 落后煤电小机组，其中“十一五”期间 7100 万 kW，“十二五”期间 2800 万 kW，“十三五”期间 4800 万 kW，2021 年 500 万 kW；平均单机规模不断提高，2021 年达到 19.5 万 kW/台，超临界和超超临界先进煤电机组超过 860 台，在全国煤电总装机容量中占比超过一半，详见表 2-11。

表 2-11　　中国煤电装机规模分布情况

机组容量	2012 年		2021 年	
	装机容量（亿 kW）	占比（%）	装机容量（亿 kW）	占比（%）
＞1000MW 机组	3.2241	40.15	0.57	4.99
600～1000MW（含）			3.94	34.44
300～600MW（含）	2.8441	35.42	4.44	38.81
100～300MW（含）	1.1473	14.29	1.72	15.03
≤100MW	0.8146	10.14	0.77	6.73

2.4.2.2 节能提效技术显著提升

2022 年全国 6000kW 及以上火电厂供电标准煤耗率为 301.5g/（kW·h），较 1990 年下降了 125.5g/（kW·h），年均下降率为 1.1%，如图 2-14 所示。

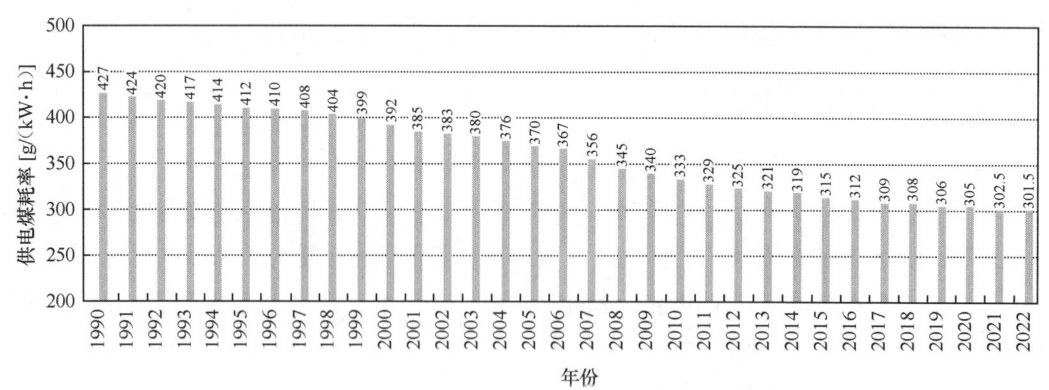

图 2-14　1990—2022 年全国火电供电煤耗率变化

现有煤电机组采用常规节能技术经过多轮改造后，大部分机组节能降耗空间有限，迫切需要突破新的关键技术。以大量现役水冷纯凝汽式无供热亚临界机组为例，经过常规汽轮机通流改造后也难以达到煤耗率为 300g/（kW·h）的要求，节能收益有限，若跨代升级改造成准二次再热超（超）临界机组，投资大，几乎相当于重建。此外，实施灵活性改造

的机组经常运行在标准工况之外，会对机组的安全、寿命、技术经济性造成影响。据测算，负荷率 40%的百万千瓦超超临界机组比满负荷运行的煤耗率高 68g/（kW・h），负荷率 35%的 60 万 kW 超临界机组比满负荷运行的煤耗率高 53g/（kW・h）。在成本效益方面，节能降耗改造涉及技改投资、机会成本、交易补偿，由于技改投入过高导致目前煤电企业节能降碳积极性不足。煤电机组改造升级工作整体上缺乏统一、明确、可行的政策引领，市场化交易机制不健全。政府部门需进一步出台合理的补贴激励政策，有效引导煤电企业开展节能工作。

通过研发清洁高效燃煤发电技术、推广节能供热改造、持续提升管理水平等举措，全国火电供电煤耗持续下降；2022 年，全国火电供电煤耗率为 301.5g/（kW・h）。2022 年全国单位火电发电量 CO_2 排放量约为 824g/(kW・h)。另据中国电力企业联合会统计，以 2005 年为基准年，2006—2022 年，通过发展非化石能源、降低供电煤耗率和线损率等措施，电力行业累计减少 CO_2 排放量约为 247.3 亿 t，有效缓减了电力行业 CO_2 排放总量的增长。其中降低供电煤耗率减少 CO_2 减排贡献率为 40.5%，降低线损率的 CO_2 减排贡献率为 2.2%，非化石能源发展贡献率为 57.3%。

2.5 中国煤电清洁低碳发展展望

2.5.1 煤电发展目标展望

2.5.1.1 煤电的新定位

为实现碳中和目标，全球很多国家提出在某个时间节点“一刀切”让煤电全部退出，即“去煤化”“去煤电化”。欧美国家相继提出和实施淘汰燃煤发电的法案；中国部分省区也出台不再新增煤电，减煤限发并加速退出的政策，部分学者也提出尽快淘汰煤电、煤电清零，电力供应转向新能源。但不同国家能源资源禀赋结构不同，部分发达国家拥有丰富的天然气、石油等化石能源，如美国已将天然气作为主要的清洁能源，其电力系统主要采用燃气电厂作为调节电源。燃气电厂具有灵活性强、响应速度快的特点，以满足电力负荷的变化。相比之下，我国富煤贫油少气的能源资源禀赋结构（2022 年天然气探明储量仅占我国化石能源的 2%）导致电力系统仍需燃煤发电调节。

因此，在新形势下，需要统筹发展和安全，充分认识煤电在构建新型能源体系和新型电力系统中的价值和作用。

1. 保障电力安全

建以新能源为主的新型电力系统是一个长期的过程，尽管中国目前的风电、光伏发电装机规模都处于世界第一的水平，但总发电量占比仍然较低。新能源发电出力具有随机性、波动性和间歇性的特点，有效容量低，难以保障实时用电的需求。电网最高用电负荷一般出现在 18:00—20:00，该时段光伏发电出力基本为 0，风电出力不到装机容量的 10%，如果叠加传统的极端天气，或连续多天的少风、阴雨天等情况，极易发生影响能源安全的次生灾害，引发电力系统连锁反应。如2021年初美国德州遭遇雨雪冰冻自然灾害，在用电负荷激增的同时，恶劣天气造成管道冰堵气源中断、风电设备结冰，燃气、风电机组相继停运引发大停电事故，近400万人的生产生活受到严重影响，甚至冻死人，造成的经济损失不可估量。由于中国燃气机组等灵活性资源不足，且储能系统处于初期发展阶段，还难以起到重大电力调节作用，煤电在重大事故和极端灾害条件下仍然是支撑电力系统稳定可靠的重要电源，是供电安全的保障。

2. 提供系统调节

随着新能源加速发展，系统对灵活性电源需求将不断提高，特别是负荷中心区域。中国调节能力较强的大型水电主要分布在西南地区，对华东地区、华北地区等负荷中心的调节能力有限，且水电的调节能力也受季节限制；抽水蓄能电站受站址资源约束、气电受气源气价限制，不具备大规模建设条件；核电受安全和经济性约束，不宜频繁调节；储能受技术成熟度和经济性影响，尚不具备竞争优势。煤电机组运行稳定可靠，经过改造可以在较大范围进行负荷变动，是现有技术条件和能源资源禀赋下最经济可靠的大型灵活调节电源，煤电灵活性改造是提高系统调节能力的现实选择。

3. 承担集中供热及生物质处理

长期以来，电力行业都是服务清洁取暖的主力军，从20世纪90年代开始，热电联产机组替代高污染的供热锅炉，对解决北方地区的供暖和环境改善发挥了巨大作用。中国用于供热的散烧煤炭数以亿吨计，在现阶段还难用气或电全部替代，最有效的方式是通过热电联产替代。目前中国电煤及热电联产供热用煤占煤炭消费总量的50%以上，煤电机组中一半左右是热电联产机组，“三北”地区（东北、华北和西北）供热机组占比高达60%。煤电集中供热替代散烧煤，承担中国北方地区冬季清洁取暖，是在生态友好的前提下保障民生的重要举措。热电联产煤电机组提供工业蒸汽，替代工业供热锅炉，也是煤电的重要功能，可实现降碳减污。此外，煤电机组还可掺烧城乡污水处理厂产生的污泥、农林固废等生物质，从源头减少碳排放。

2.5.1.2　2030年的煤电目标展望

2021年10月，国家发展和改革委员会、国家能源局发布的《全国煤电机组改造升级实施方案》（以下简称《实施方案》）明确，“十四五”期间，实现煤电机组灵活制造规模1.5亿kW。2021年，全国火电装机容量为129678万kW，比2020年增加5161 kW。按照《实施方案》要求，2025年前将新增灵活性煤电机组规模15000万kW，到2025年，全国火电装机容量约为144678万kW。“十五五”期间国家将进一步控制煤电机组的建设，结合电力系统安全与可再生能源的消纳需要，“十五五”期间新增火电装机容量按“十四五”期间新增火电装机容量（5161万kW+15000万kW）的30%进行预测，结果见表2-12。

2022年1月，国家发展和改革委员会、国家能源局发布的《“十四五”现代能源体系规划》（以下简称《规划》）明确，“十四五”期间淘汰煤电（含到期退役机组）3000万kW，并明确指出稳步发展城镇生活垃圾焚烧发电，有序发展农林生物质发电和沼气发电，建设

千万立方米级生物天然气工程；新增天然气量优先保障居民生活需要和北方地区冬季清洁取暖。可见，《规划》中没有明确“十四五”期间生物质能（包括垃圾焚烧）发电的规划新增容量。结合现有生物质能的发电装机容量与发展趋势，“十四五”期间，预测新增生物质能发电装机容量 3000 万 kW，与淘汰煤电机组装机容量 3000 万 kW 相抵。

《规划》提出，到 2025 年，常规水电装机容量达到 3.8 亿 kW 左右，核电运行装机容量达到 7000 万 kW 左右，抽水蓄能装机容量达到 6200 万 kW 以上，在建装机容量达到 6000 万 kW 左右。据孙志禹等预测，到 2030 年，中国常规水电装机容量将达到 4.3 亿 kW，其中东部地区 3550 万 kW，中部地区 6800 万 kW，西部地区 3.26 亿 kW。据中国核电发展中心、国网能源研究院有限公司发布的《我国核电发展规划研究》预测，到 2030 年，中国核电发展规模将达到 1.31 亿 kW。结合国家能源局发布的《抽水蓄能中长期发展规划（2021—2035 年）》，到 2030 年，中国抽水蓄能投产总规模将达到约 12200 万 kW，见表 2-12。

表 2-12　　全国发电装机容量展望　　万 kW

指标		2020 年	2025 年	2030 年
发电装机容量		220018	302414	385607
其中	火电	124517	144678	150726
	水电（除抽水蓄能）	33867	38000	43000
	核电	4989	7000	13100
	风电	28153	51628	77451
	太阳能发电	25343	51908	81130
	抽水蓄能	3149	6200	12200
	新型储能	—	3000	8000

《规划》明确，全面推进风电和太阳能发电大规模开发和高质量发展，优先就地就近开发利用，加快负荷中心及周边地区分散式风电和分布式光伏建设，推广应用低风速风电技术。在风能和太阳能资源禀赋较好、建设条件优越、具备持续整装开发条件、符合区域生态环境保护要求的地区，有序推进风电和光伏发电集中式开发。加快推进以沙漠、戈壁、荒漠地区为重点的大型风电光伏基地项目建设，积极推进黄河上游、新疆、冀北等多能互补清洁能源基地建设。积极推动工业园区、经济开发区等屋顶光伏开发利用，推广光伏发电与建筑一体化应用。开展风电、光伏发电制氢示范。鼓励建设海上风电基地，推进海上风电向深水远岸区域布局。积极发展太阳能热发电。可见，风电和太阳能发电是未来相当长时间内，中国电源发展的重点。2021 年，新增风电装机容量为 4695 万 kW，每年按相同容量增长测算，5 年可增长 23475 万 kW，到 2025 年，全国风电装机容量达 51628 万 kW。2021 年，新增太阳能发电装机容量为 5313 万 kW，5 年可增长 26565 万 kW，到 2025 年，全国太阳能发电装机容量达 51908 万 kW。考虑到“十五五”期间风电、太阳能发电成本有望进一步下降，预测“十五五”期间风电、太阳能的新增装机容量均比“十四五”期间的新增装机容量增加 10%，即“十五五”期间风电、太阳能的新增装机容量分别是“十四五”

期间相应新增装机容量的1.1倍，见表2-12。这里需指出的是，按照目前风电、太阳能发电装机容量的发展速度，预计2025年风光装机容量将突破国家原规划容量12亿kW，进入大规模高质量跃升发展新阶段。

根据2021年7月国家发展和改革委员会、国家能源局发布的《关于加快推动新型储能发展的指导意见》，确定的主要目标：到2025年，实现新型储能从商业化初期向规模化发展转变，市场环境和商业模式基本成熟，装机规模达3000万kW以上；到2030年，实现新型储能全面市场化发展。新型储能核心技术装备自主可控，技术创新和产业水平稳居全球前列，标准体系、市场机制、商业模式成熟健全，与电力系统各环节深度融合发展，装机规模基本满足新型电力系统相应需求。新型储能成为能源领域碳达峰碳中和的关键支撑之一。为了消纳可再生能源的需要，中国抽水蓄能确定的2030年发展目标是在2025年的基础上翻一番，结合新型储能规模较小的现状，其发展速度应比抽水蓄能的发展速度要快，2030年新型储能的装机容量应在2025年3000万kW以上的基础上翻一番多，预测2030年的新型储能装机容量按8000万kW考虑，见表2-12。

由表2-12可见，2025年，全国发电装机容量达302414万kW，与《规划》确定的目标（约30亿kW）非常吻合。2030年，全国发电装机容量将达385607万kW，其中非化石能源发电装机容量占比为60.9%。

水电、风电、太阳能发电年利用小时数主要与气候及弃水、弃风和弃光有关。中国大力推动煤电机组灵活性改造制造、新建抽水蓄能和新型储能机组，都是为了消纳可再生能源，因此，弃水、弃风和弃光现象不会加重。核电基本上处于基荷状态运行，年利用小时数较高（见表2-12）。非化石能源的年发电量是相应年份的发电装机容量与年利用小时数的乘积，年利用小时数按近10年的年利用小时均值计算（见表2-5），计算公式为：

$$E = C \times \sum_{2012}^{2021} \frac{H_i}{10} \times 10^{-4} \tag{2-1}$$

式中 E —— 预测年份非化石能源发电类型的发电量，亿kW·h；

C —— 预测年份非化石能源发电类型的装机容量（见表2-12），万kW；

H_i —— 各年份的非化石能源发电类型的机组的年利用小时数，h；

i —— 2012—2021年中某一年。

近10年来，火电机组年利用小时数呈波动下降趋势。这是由于相比其他类型的电源发电，火电机组容易实现调峰，促进可再生能源消纳并维持电力系统稳定。依据近10年来的火电机组年利用小时数进行线性回归，可以得到回归方程。

$$y = -77.309x + 4916.6 \tag{2-2}$$

式中 y ——全国火电机组年利用小时数，h；

x ——年数（其中2012年为第1年，取1，此后各年相应加1，2025年取值为14，2030年取值为19）。

据此算出，2025年，火电机组年利用小时数为3834.3h；2030年，火电机组年利用小

时数为 3447.7h。从而计算得出 2025 年和 2030 年的预测发电量，见表 2-13。

表 2-13　全国发电量展望　亿 kW·h

指标		2020 年	2025 年	2030 年
其中	总发电量	76264	91170	102811
	火电发电量	51770	55474	51966
	水电发电量	13553	13748	15557
	核电发电量	3662	5268	9859
	风电发电量	4665	10207	15312
	太阳能发电量	2611	6473	10117
	非化石能源发电量	25850	35696	50845

注　2020 年的数据来自中电联的《2020 年电力统计基本数据一览表》。

从表 2-13 可以看出，2025 年，全国总发电量达到 91170 亿 kW·h，非化石能源发电量占比为 39.2%，与《规划》提出的目标（39%左右）非常吻合。2030 年，全国总发电量达到 102811 亿 kW·h，非化石能源发电量占比为 49.5%，与《能源生产与消费革命战略（2016—2030 年）》中提出的力争达到 50%的目标，基本一致。

根据国家能源局发布 2023 年全国电力工业统计数据，2023 年底中国累计发电装机容量约为 29.2 亿 kW，同比增长 13.9%。其中，太阳能发电装机容量约为 6.1 亿 kW，同比增长 55.2%；风电装机容量约为 4.4 亿 kW，同比增长 20.7%。太阳能发电装机容量已超过表 2-12 中 2025 年预期目标，风电目标也会提前实现。根据目前发展趋势，2030 年中国发电装机容量有望实现 50 亿 kW 左右，但由于增长的装机容量中以光伏发电和风力发电为主，发电量增长不会太多。

2.5.1.3　2060 年的煤电目标展望

根据挪威船级社的研究，2019 年全球煤电装机容量为 20.96 亿 kW，预测 2020—2050 年期间将有 10.07 亿 kW 的煤电机组退役，但仍会新建 4.90 亿 kW，因此到 2050 年全球煤电装机容量仍将达 15.80 亿 kW，仅比 2019 年下降 25%。目前，中国的煤电装机容量约占全球总量的一半。由此可见，在世界范围内，煤电依然是需要发展的，这既是促进新能源消纳的系统调节需要，也是兜底保障电力系统安全的需求。

按照“科学供给，满足合理需求”原则，坚持节约优先、提高能效，预测碳中和时期中国煤电的发展目标。表 2-14 列出了国内外知名研究团队对碳中和时中国煤电的预测结果，可见碳中和时期煤电仍是存在的，装机容量在不同情景设置下区间为 0.3 亿～11 亿 kW，平均在 5 亿 kW 左右；发电量区间在 0.11 万亿～3.64 万亿 kW·h，平均在 1.5 万亿 kW·h 左右。碳中和时期中国电力结构以非化石能源为主，占比预计在 90%左右，煤电承担基荷、调峰和供暖需求，但是需要对现有机组进行灵活性改造和供热改造。此外，有不少研究也指出碳中和时期的煤电容量很大程度上也取决于 CCUS 技术的发展。

表 2-14　　碳中和时期中国煤电发展预测

研究团队	不同情景设置	总装机容量（亿 kW）	总发电量（万亿 kW·h）	煤电	
				装机容量（亿 kW）	发电量（万亿 kW·h）
舒印彪等	理想情景	71.4	15.8	4.0	0.66
	均衡情景	77.1	15.8	6.0	0.96
	自主情景	80.8	28.9	8.0	1.20
朱法华等		64.3	12.8	5.3	1.59
张运洲等				2～6	
谢和平等	适中情景-燃煤				1.79
	快速情景-燃煤				1.08
周孝信等				2.9	0.4
解振华等	政策情景			7.7	3.64
	强化政策情景			5.8	2.62
	2℃情景			1.2	0.45
	1.5℃情景			0.3	0.11
马里兰大学	1.5℃情景	71～119	15.7～18.7	7～11	1.5～1.8

2.5.2　煤电清洁发展展望

2.5.2.1　排放标准进一步严格是必然趋势

改善环境空气质量是美丽中国建设的必然要求，环境空气中 $PM_{2.5}$ 年均浓度下降 50%，意味着污染物排放总量减排要超过 50%，这是因为环境空气中的 $PM_{2.5}$，不仅有污染源一次排放形成的，而且有二次形成的。美国 2010 年的大气污染物排放量与 2000 年相比，PM_{10} 削减了 50%，SO_x 削减了 50%，NO_x 削减了 41%，VOC 削减了 35%，最终导致 $PM_{2.5}$ 年均地面浓度削减了 27%。可见，与环境空气中 $PM_{2.5}$ 年均浓度削减 27%相比，污染源排放的 PM_{10}、SO_x、NO_x 的削减比例分别增加了 23、23、14 个百分点。若据此测算，中国环境空气中 $PM_{2.5}$ 年均浓度若要下降 50%，意味着污染源排放的烟尘、SO_2、NO_x 需分别减排 73%、73%和 64%。近年来，中国环境空气中臭氧浓度超标现象较为严重，与 NO_x 排放关系密切，更需加大 NO_x 的减排力度。可见，电力行业大气污染物排放总量应在现有基础上，再下降 70%以上，才可为基本实现美丽中国的目标作出应有的贡献。

2015 年，中国开始实施燃煤电厂超低排放改造，电力行业烟尘、SO_2、NO_x 等污染物排放量大幅下降。2015 年后，中国燃煤电厂超低排放机组容量占比及单位发电量污染物排放绩效见表 2-15。

表 2-15　　超低排放煤电机组容量占比与污染物排放绩效

指标	2016 年	2017 年	2018 年	2019 年	2020 年	2025 年	2030 年
容量占比（%）	49	71	80	86	88	95	100
烟尘[g/（kW·h）]	0.08	0.06	0.04	0.038	0.032	0.015	0.009

续表

指标	2016 年	2017 年	2018 年	2019 年	2020 年	2025 年	2030 年
SO_2[g/（kW·h）]	0.39	0.26	0.20	0.187	0.160	0.092	0.075
NO_x[g/（kW·h）]	0.36	0.25	0.21	0.195	0.179	0.137	0.105

注　2016—2020 年数据来自历年的《中国电力行业年度发展报告》，排放绩效 2018 年前小数点后保留 2 位，2018 年后小数点后保留 3 位。

《“十四五”现代能源体系规划》提出，将淘汰 3000 万 kW 煤电机组，说明 10 万 kW 等级以下的小煤电机组将越来越少，高参数、大容量、灵活性机组将越来越多，单位发电量的烟气量也会下降，预测 2025 年超低排放煤电机组容量占比达到 95%，2030 年达到 100%；2025 年，全国单位火电发电量的烟气量按 3.05m^3/（kW·h）、2030 年按 3 m^3/（kW·h）考虑；2025 年全国火电行业烟尘、SO_2、NO_x 的平均排放浓度分别为 5、30、45mg/m^3，2030 年全国火电行业烟尘、SO_2、NO_x 的平均排放浓度分别下降至 3、25、35mg/m^3。可以算出 2025 年和 2030 年火电大气污染物烟尘、SO_2、NO_x 的排放绩效，见表 2-14。

根据表 2-12 中预测的火电发电量及表 2-14 的各污染物排放绩效，可得到 2025 年全国电力行业烟尘、SO_2、NO_x 的排放总量分别为 8.3、51.0、76.0 万 t，比 2020 年的排放总量相应减少 46%、35%、13%；2030 年的排放总量分别为 4.7、39.0、54.6 万 t，比 2020 年的排放总量相应减少 70%、50%、38%。可见，即使全国煤电机组百分之百完成超低排放改造，且高效运行，与 2020 年相比，电力行业大气污染物的下降不能满足 70%以上的要求，特别是 SO_2、NO_x 的减排差距较大。

图 2-15 显示中国 2016 年以来的煤炭消费情况，由图 2-15 可知，煤炭消费量仍持续增加，由 2016 年的 274608 万 t 标准煤增长至 2023 的 316316 万 t 标准煤。中国电煤占煤炭消费总量的比例持续提高，考虑到近两年国家新批了较多的煤电项目，以及大量随机性、间歇性、波动性的新能源需要煤电的调节与支撑，短期内中国电煤的消费量仍会持续上升。

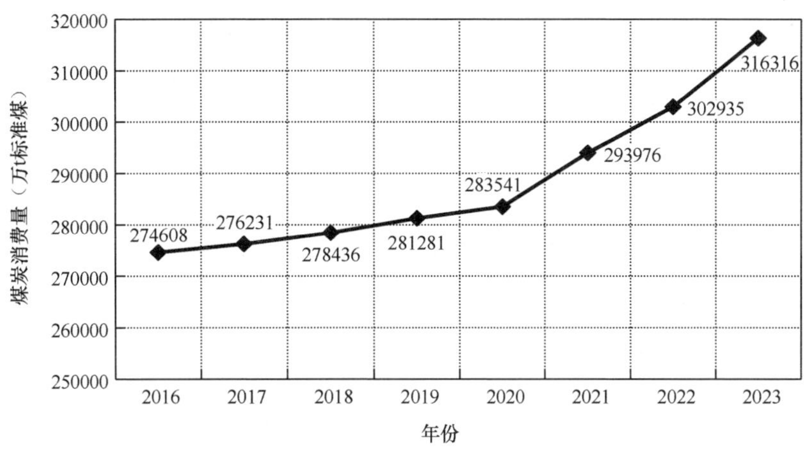

图 2-15　中国煤炭消费情况

综上所述，如果电煤消耗量没有大幅下降，燃煤电厂大气污染物烟尘、SO_2、NO_x排放标准限值都需要更严格，可称之为超净排放。

2.5.2.2　超净排放的技术展望

燃煤电厂排放的大气污染物主要是烟尘（颗粒物）、SO_x（SO_2）和NO_x，其次是重金属。重金属中除汞有部分呈气态外，基本上均以颗粒态形式存在，会随着烟尘（颗粒物）的脱除而脱除，即使汞也在超低排放过程中得到很好的去除，超低排放设施对烟气中汞平均协同脱除效率达到了88.44%。因此，深度减少燃煤电厂大气污染物的排放，仍然应立足烟尘、SO_2和NO_x。国际能源署根据当前的技术发展情况，制定了2030年的燃煤电厂污染物排放浓度目标为：烟尘$<1mg/m^3$，$NO_x<10mg/m^3$，$SO_2<10mg/m^3$。可见，燃煤电厂实现超净排放，技术是可望突破的。

1. 传统工艺的超净排放技术

燃煤电厂大气污染物的治理目前主要通过锅炉内低氮燃烧、循环流化床锅炉还通过锅炉内添加石灰石脱硫，锅炉后烟气普遍采用烟气脱硝、除尘及烟气脱硫工艺，有的再采用湿式电除尘进行深度除尘，实现超低排放。

要在传统工艺超低排放的基础上实现超净排放，首先是控制煤质，尽可能燃用低灰分、低硫分、高挥发分、高热值的煤炭，减少烟气治理设施入口烟气中烟尘、SO_2和NO_x的浓度；其次，烟气脱硝可适当增加催化剂的层数，干式除尘可采用超净电袋复合除尘器，石灰石-石膏湿法脱硫可采用复合塔、双pH值等工艺，脱硫后加装烟气流速较低的湿式静电除尘器；再次是加强运行管理。国家能源集团海南乐东电厂已通过对现有超低排放工程的改造，采用"低氮燃烧+精细SCR脱硝+高效电袋复合除尘+双循环脱硫+冷凝节水除尘一体化+湿式静电深度净化"技术路线，实现烟尘、SO_2、NO_x排放浓度分别小于2、10、$10mg/m^3$。这种超净排放的技术路线，存在投资大、运行费用高、能耗高的缺点，因此投运5年多，仍没有得到推广应用。

2. 一体化超净排放技术

鉴于传统工艺实现超净排放存在的缺点，必须突破传统技术路线。"十三五"期间依托国家重点研发计划"燃煤电站多污染物协同控制与资源化技术及装备"，在350MW机组上，建设完成了一套烟气处理量为$20000m^3/h$的干式烟气多污染物控制及硫资源化示范工程，实现了烟气多污染物协同控制技术与焦亚硫酸钠制备技术的耦合。在前段烟气SCR运行的条件下，可稳定实现SO_2、NO_x排放浓度均小于$10mg/m^3$的超净排放目标。下一步需要提高低温下炭基催化材料的脱硝能力，并降低气流速度，实现烟尘、SO_2、NO_x一体化的深度脱除，低成本地满足超净排放要求。

2.5.3　煤电低碳发展展望

"双碳目标"对煤电降碳提出了更高的要求，聚焦当前我国煤电行业结构性问题突出的根本特征，在降碳治理路径的设计上以结构性转型为重点战略方向。加快推动高能耗、低

水平的燃煤小机组有序退出，以小机组结构调整节能提效带动煤电行业低碳化水平的整体提升。注重从源头上发力，推进以生物质、绿氨等零碳/低碳燃料掺烧为核心的燃料清洁替代措施，加强入炉煤管控及煤质管理，推行低碳高效煤电机组替代。加快部署 CCUS 等研发应用，实现 CO_2 大规模移除和转化。因此主要从节能提效、源头掺烧和 CCUS 三个方面对煤电低碳发展进行阐述。

2.5.3.1 节能提效

现有煤电机组采用常规节能技术经过多轮改造后，大部分机组节能降耗空间有限，迫切需要突破新的关键技术。以大量现役水冷纯凝汽式无供热亚临界机组为例，经过常规汽轮机通流改造后也难以达到煤耗率为 300g/(kW・h) 的要求，节能收益有限，若跨代升级改造成准二次再热超（超）临界机组，投资大，几乎相当于重建。此外，实施灵活性改造的机组经常运行在标准工况之外，会对机组的安全、寿命、技术经济性造成影响。据测算，负荷率 40%的百万千瓦超超临界机组比满负荷运行的煤耗率高 68g/（kW・h），负荷率 35%的 60 万 kW 超临界机组比满负荷运行的煤耗率高 53g/（kW・h）。在成本效益方面，节能降耗改造涉及技改投资、机会成本、交易补偿，由于技改投入过高导致目前煤电企业节能降碳积极性不足。煤电机组改造升级工作整体上缺乏统一、明确、可行的政策引领，市场化交易机制不健全。政府部门需进一步出台合理的补贴激励政策，有效引导煤电企业开展节能工作。

世界上超（超）临界燃煤机组的初参数已达到 600～630℃，欧盟、美国等西方主要国家和地区致力于先进超超临界（Advanced Ultra Super Critical，A-USC）高效燃煤发电技术研究，希望开发出 700～760℃的 A-USC 燃煤电站。美国超超临界循环流化床（Ultra Super Critical-circulating fluidized bed，USC-CFB）发电技术已完成 800MW 电站锅炉设计，计划开发中小容量超超临界燃煤发电机组以提高机组调峰的效率和灵活性。

中国已实现高参数、大容量超超临界燃煤机组自主研发和制造，主要参数达到世界先进水平；建成全球发电能效水平最高的燃煤机组，供电煤耗率低至 260g/(kW・h) 以下；自主研发建造的国内首座大型二氧化碳循环发电试验机组额定功率达到 5000kW，是世界容量最大的超临界二氧化碳循环发电机组；百万千瓦空冷发电机组、二次再热技术、大型循环流化床发电等技术均世界领先。

根据中电联《中国电力行业年度发展报告》，2021 年全国煤电装机总容量约为 11.1 亿 kW，利用小时数为 4601h，年发电量为 50426 亿 kW・h，平均供电煤耗率为 301.5g/（kW・h）。通过预测煤电装机容量、利用小时数和发电量，结合供电煤耗率降低目标，测算得到 2025 年、2030 年通过节能降耗改造可实现二氧化碳减排量分别为 0.35 亿 t、0.95 亿 t，见表 2-16。

表 2-16　　节能提效措施碳减排量分析表

项目	单位	2021 年	2025 年预测	2030 年预测
平均供电煤耗率	[g/（kW・h）]	301.5	298.9	293.9
减少标准煤耗量	亿 t	—	0.13	0.35
CO_2 减排量	亿 t	—	0.35	0.95

2.5.3.2 源头掺烧

1. 生物质耦合煤电

世界上生物质与燃煤耦合发电已经进入规模化发展阶段。以英国Drax电厂（Drax Group，Drax）为例，2003年以不到1%的比例掺混生物质，2004将掺烧比例增加到5%，2009年增至10%，2012年其中1台机组开始采用100%的生物质燃料发电，2018年4台机组使用100%生物质燃料发电，成为欧洲发电厂中碳排放强度最低的项目之一。欧美国家林业生物质资源丰富，是与煤炭耦合发电的主要生物质种类。林业类生物质热值高、碱金属和氯元素含量低，燃烧利用难度相对较低。

2005年，华电国际电力股份有限公司十里泉发电厂140MW机组采用了玉米和小麦秸秆与煤粉混燃的发电技术，设计年消耗秸秆约10.5万t，是国内首台采用生物质直燃耦合发电技术的电厂。2010年，宝鸡二电厂也开展了示范应用。2016年，国电荆门长源电厂开展了生物质气化耦合燃煤发电的工程示范，是国内首台采用生物质气化耦合大型燃煤电厂发电的项目。2018年，大唐长山热电厂在原有一台660MW煤电机组的基础上，加设了2台8t/h的生物质气化炉，以玉米秸秆为燃料，设计年消耗玉米秸秆9.12万t。我国用于与煤炭耦合发电的生物质以农业类为主，该类生物质碱金属和氯元素含量高，与煤炭耦合燃烧，对锅炉特别是高参数锅炉影响较大，导致生物质掺烧比例受限。

燃煤耦合生物质发电可采用直接混燃、间接混燃和平行混燃等多种方式，掺混比例高于30%需对电厂进行较大改造。根据我国不同区域的秸秆可能源化利用率，按照2025年生物质能源化利用率达到低等水平，部分区域达到中等水平，平均掺混比例达到10%，2030年生物质利用率达到中等水平，部分区域实现全部能源化，平均掺烧比例达到20%进行预测，2025年、2030年生物质消纳量分别可达0.57亿～1.08亿t、1.38亿～3.09亿t。根据以上目标情景设置的煤电耦合生物质消纳量进行测算，到2025年、2030年，可形成的二氧化碳减排量分别达0.76亿～1.44亿t、1.84亿～4.11亿t，见表2-17。

表2-17 生物质耦合发电碳减排分析

能源化利用率	低			中			高		
掺混比例（%）	10	20	30	10	20	30	10	20	30
CO_2减排量（亿t）	0.76	0.84	0.85	1.44	1.84	2.03	2.62	4.11	5.11
目标达成年份	2025	—	—	2025	2030	—	—	2030	—

2. 绿氨耦合煤电

近年来，氨作为新型零碳燃料得到越来越多的关注。国际能源机构、日本东北大学、美国明尼苏达大学、日本IHI公司（Ishikawajima-Harima Heavy Industries，IHI）、美国能源部等都对氨燃料进行了一定研究。国际可再生能源署将氨燃料列入实现碳中和的六条途径之一，日本计划于2030年之前，在1000MW燃煤机组实现氨浓度高达0%的煤掺氨混合燃烧，美国在2021年国会上提出将氨作为合格的低碳燃料，澳大利亚计划投资建设“亚洲可再生能源中心”，用可再生能源发电的电力合成可供进出口的氨，将有利于氨燃料在全球范

围内的流动。针对氨煤混合燃烧发电，国内外的研究均处于起步阶段，尚未实现广泛的工业化应用。

国外目前主要以实现掺氨比为 20%的混合燃料稳定燃烧为核心技术目标。中国电力株式会社曾将煤掺氨混合燃料用于水岛发电机组中，受氨气化器的容量限制，掺混氨的容量为 0.6%～0.8%之间，通过测量发现添加氨后，能在达到排放环境标准的情况下实现降低碳排放。这说明煤掺氨混合燃料具有用于大规模化商业应用的潜力。日本电力公司 JERA（Japan EAR, JERA）计划在 2030 年前关闭所有燃煤发电厂，并在 2040 年前将氨燃烧技术引入燃煤发电站。日本 IIHI 公司在锅炉掺氨燃烧领域进行了重要尝试，近期已进入示范项目阶段。JERA 和 IHI 公司还将联合研发出适用于 1000MW 级燃煤电厂的 20%氨混燃技术。

国内有不少研究人员对适用于氨燃料的燃煤锅炉性能改造进行评估，并提出改善方案。2022 年，国家能源集团宣布可在 40MW 燃煤锅炉中实现掺氨燃烧热量比例高达 35%的技术，且掺氨工况下的运行效率比相同负荷下的纯燃煤工况更高，氮氧化物排放更低。这意味着我国煤掺氨混合燃烧技术实现了新突破，达到国际领先水平。

根据国家绿氢发展规划，2025 年计划年产量 10 万～20 万 t，按照我国合成氨制取用氢占氢气总量的 32%计算，可制取的绿氨产量为 18 万～36 万 t。若生产的绿氢全部用于制备绿氨，绿氨年产量为 56 万～112 万 t。2030 年，我国将形成较为完备的清洁能源制氢及供应体系，可再生能源电解水制氢成本将低至 15 元/kg H_2，具备与配备 CCUS 的煤制氢竞争，可再生能源绿氢产量为 300 万～500 万 t，绿氨产量达到 545 万～907 万 t/年。若生产的绿氢全部用于制备绿氨，绿氨年产量为 1701 万～2835 万 t。2060 年，在碳中和情景下，我国氢气的年需求量将增 1.3 亿 t 左右，在终端能源消费中的占比约为 20%，可再生能源制氢占比将达到 70%，绿氨年产量将达到 1.65 亿～5.16 亿 t/年。

以 600MW 煤电机组为例，按照“等量热值替代”原则掺烧 20%绿氨替代原煤，在年利用小时数 5000h、平均供电煤耗率 300g/（kW•h）条件下，绿氨年耗量约为 28 万 t。因此，2025 年前国家规划绿氢/氨产量仅可满足 1～2 台机组氨煤混燃发电试点研究，尚不具备大规模推广应用。2030 年，预测绿氨产量可供 19～100 台 600MW 等级煤电机组掺烧使用，初步具备工业推广应用的条件。2060 年的绿氨预测产量可以满足 589 台以上 600MW 等级煤电机组掺烧 20%使用，满足 116 台以上 600MW 等级煤电机组全部改烧应用，具备大规模推广应用的条件。

2025 年，若以 18 万～36 万 t 绿氨替代煤炭发电，可以减少 11.43 万～22.86 万 t 标准煤消耗，减少二氧化碳排放 30.86 万～61.72 万 t。2030 年，545 万～907 万 t 绿氨替代煤炭发电，可以减少 346 万～576 万 t 标准煤消耗，减少二氧化碳排放 934 万～1555 万 t。2060 年，16500 万 t 绿氨替代煤炭发电，可以减少 10478 万 t 标准煤消耗，减少二氧化碳排放约 28291 万 t，见表 2-18。

表 2-18　　2025—2060 年绿氢产量预测

产量	2025 年	2030 年	2060 年
绿氢（万 t）	10～20	300～500	9100
绿氨（万 t）①	18～36	545～907	16500
绿氨（万 t）②	56～112	1701～2835	51600

① 绿氢按目前氢气中用于生产氨的比例制备绿氨。
② 绿氢全部用于制备绿氨。

2.5.3.3 CCUS

国外 CCUS 技术研究及应用起步较早，规模较大。据全球碳捕集与封存研究院（Global CCS Institute，GCCSI）数据统计，全球共有 400 多个 CCUS 示范项目，年捕集能力约为 4000 万 t，年封存量达到 1.493 亿 t。在欧美日等发达国家，CCUS 已经逐步形成相对较为成熟的服务模式，未来低成本、商业化和集群化规模部署将成为 CCUS 的发展趋势。我国大部分 CCUS 相关项目在 2000 年后开始逐步实施，初期主要围绕煤化工行业展开，其次为火电行业、天然气以及甲醇、水泥、化肥等工厂。近年来，我国在 CCUS 领域取得突破性进展，部分技术已具备商业化应用潜质，正在积极准备建立完整的全流程 CCUS 产业集群。在 CO_2 捕集方面，已开发出可商业化应用的胺吸收剂。在 CO_2 运输方面，开展了低压 CO_2 运输工程应用。在 CO_2 利用方面，开展了 CO_2-EOR（Enhanced Oil Recovery，EOR）工业实验。在 CO_2 封存方面，全面开展全国地质储存潜力和风险评价。目前国内主要工业试点和示范项目，年捕集能力超过 300 万 t。相比国外，我国示范项目多以小规模的捕集驱油示范为主，总体上还处于研发和早期技术示范阶段，缺少大型的多种技术组合的全流程工业化示范，尤其在电力行业等燃烧后 CO_2 捕集、管道运输、油气助采、水合物置换、深部咸水开采与封存等方面与国外还存在一定差距。

根据国内外研究结果，综合考虑碳达峰碳中和目标、各行业二氧化碳减排路径、CCUS 技术发展情景等因素，我国 2030 年、2050 年、2060 年 CCUS 减排需求分别为 0.2 亿～4.08 亿 t、6 亿～14.5 亿 t、10 亿～18.2 亿 t。火电行业是当前我国 CCUS 示范的重点，综合考虑 CCUS 实施年份、机组容量、剩余服役年限、机组负荷率、捕集率设定、谷值/峰值等因素，预计到 2025 年，煤电 CCUS 减排量将达到 600 万 t/年，2030 年达到 1 亿～2 亿 t/年，2040 年达到峰值，为 2 亿～5 亿 t/年，随后保持不变。

2.5.4 小结

（1）中国电力工业历经 140 多年，经历了蹒跚起步、艰苦创业、蓬勃发展、创造辉煌 4 个阶段。2013 年以来，发电量和装机容量均一直位居世界第一，2022 年超过 G7 国家的总和。一百多年来，中国的电源装机结构及发电量结构一直以火电为主，火电中主要是煤电，已建成世界上单机容量最大、发电煤耗最低的 135 万 kW 煤电机组，2022 年中国火电装机容量达到 133239 万 kW，占比从 2006 年的 77.6%下降至 2022 年的 53.0%，火电发电量占比从 2006 年的 83.3%下降至 2021 年的 67.4%，2022 年的 69.8%，2022 年由于中国西南地区

严重干旱，水电发电量大幅下降。

（2）中国煤电行业大气污染物排放量经历了逐渐增长，达到峰值再持续下降的过程，烟尘和 SO_2 在 2006 年达到峰值，分别为 370 万 t 和 1320 万 t，2022 年分别下降至 9.9 万 t 和 47.6 万 t；NO_x 在 2011 年达到峰值 1107 万 t，2022 年已下降至 76.2 万 t。取得如此显著成效，主要由标准限值不断趋严，治理技术持续创新，经济政策陆续突破，标准体系日益完善。

（3）中国煤电行业低碳发展始于 2004 年，随后中国开始大力推行煤电机组“上大压小”，淘汰落后产能政策，大容量、高参数、低排放的高效煤电机组比重持续提升，截至 2021 年，超临界和超超临界先进煤电机组在全国煤电总装机容量中占比超过一半；2022 年全国 6000kW 及以上火电厂供电标准煤耗率为 301.5g/(kW • h)，较 1990 年下降 125.5g/(kW • h)，较 2005 年下降 68.5g/（kW • h)。

（4）火电行业的大气污染物排放总量依然较大，排放量占全国工业污染源的排放总量比例仍然较高。与 G7 国家及俄罗斯、澳大利亚、巴西等国的环境空气质量相比及衔接美丽中国建设和健康中国目标，环境空气质量改善需求依然迫切，中国燃煤电厂烟尘、SO_2、NO_x 排放标准限值都需要进一步严格。大气污染物治理技术需要重大突破，应重点开发基于炭基催化剂的尘、硫、硝一体化的脱除技术，并实现 SO_2 的资源化，低成本高效实现燃煤电厂的超净排放。

实现煤电行业的低碳目标，并不能一蹴而就，需要煤电通过节能提效、生物质耦合煤电、绿氨耦合煤电和 CCUS 等多元方式，强化煤电机组全流程系统化改造，分类推进煤电机组灵活性改造，推动以直接燃烧方式为主的耦合生物质发电，有序推进绿氨掺烧煤电改造，合理规划布局 CCUS 基础设施建设，并配套相关政策措施。

3 煤电常规污染物清洁技术

燃煤电厂燃烧产生的污染物包括常规污染物及非常规污染物，其中常规污染物主要包括烟尘、二氧化硫、氮氧化物，非常规污染物主要包括细颗粒物、三氧化硫、氨、重金属等。

我国燃煤电厂除尘技术已形成了以高效电除尘器、电袋复合除尘器和袋式除尘器为主的格局。目前，安装电除尘器、袋式除尘器、电袋复合除尘器的机组容量分别约占全国煤电机组容量的 66.0%、8.6%、25.4%。我国燃煤电厂脱硫技术已形成了以石灰石—石膏湿法脱硫为主、其他脱硫方法为辅的格局。中国煤电烟气脱硫技术以石灰石—石膏湿法为主，占比约为 95%左右，其他为海水脱硫、烟气循环流化床脱硫、氨法脱硫等。我国燃煤电厂脱硝技术已形成了煤粉炉以低氮燃烧+SCR 烟气脱硝技术为主、循环流化床锅炉以低氮燃烧 + SNCR 技术为主的格局。全国已投运燃煤电厂采用烟气脱硝机组容量占比约为 100%，其中采用 SCR 脱硝技术的机组占比为 95%以上。

本章主要是针对煤电常规污染物超低排放技术、超净排放技术进行分析。

3.1 颗粒物超低排放技术

3.1.1 电除尘技术与发展

3.1.1.1 技术原理

图 3-1 所示为平板式电除尘器的集尘原理图，中间实心圆点为高压放电极，在此电极上受到数万伏高压时，放电极与集尘极之间达到火花放电前引起电晕放电，空气绝缘被破坏；电晕放电后产生的正离子在放电极失去电荷，负离子则黏附于气体分子或尘粒上，由于静电场的作用尘粒被捕集在集尘极上；当静电集尘电极板上的尘粒达到相当厚度时，利用振打装置使烟尘落入下部灰斗。

由此可知，电除尘器的集尘主要是利用电晕电场中烟尘粒子荷电后移向异性电极而从气流中分离出来的原理。为此，必须在高电场的作用下，首先要使气体电离，使尘粒荷电，然后荷电尘粒移向集尘电极。

电除尘器由除尘器本体和供电装置两部分组成。除尘器本体包括放电电极、集尘电极、

振打机构（干式电除尘器）、气流分布装置、高压绝缘装置、外壳及灰斗等部件。电除尘器有干式、湿式之分，前者为干式清灰；后者为湿式清灰。

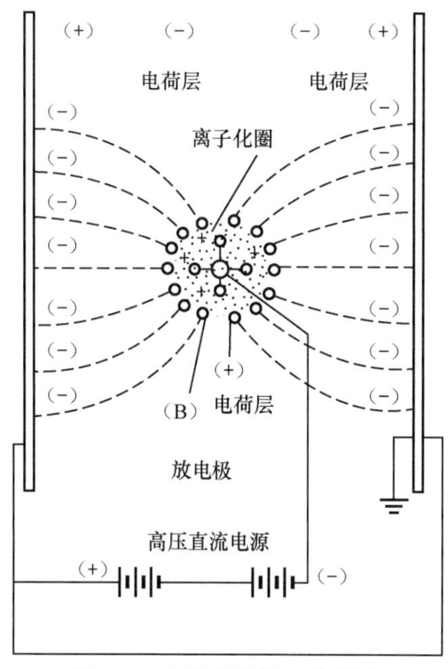

图 3-1　电除尘器的工作原理

根据气流的流动方式不同，电除尘器可分为立式及卧式，电厂中使用较多的是卧式电除尘器。在卧式电除尘器内，气流水平通过。在长度方向根据结构及供电要求，通常每隔一定长度划分成单独的电场。对 300MW 机组来说，常用的是 4 个电场；对 600MW 及以上的机组，常用 5 个电场。

3.1.1.2　技术性能

电除尘技术具有除尘效率高、适用范围广、运行费用较低、使用维护方便、干式电除尘器无二次污染等优点，但其除尘效率受煤、灰成分等影响较大，且占地面积较大。湿式电除尘器由于有水雾存在，水雾与粉尘结合后，使得粉尘比电阻大大降低，且粉尘易形成大颗粒，粉尘更易被捕集。湿式电除尘器采用水流冲洗清灰，没有振打装置，不会产生二次扬尘。清灰用的冲洗工艺水经灰水分离后，多次循环使用，会产生少量废水。该废水一般用作湿法脱硫工艺水的补充水。

电除尘器的主要优点体现在以下几个方面：

（1）除尘效率高。对于常规电除尘器，正常运行时，其除尘效率一般都高于 99%，有的甚至高达 99.9%。能够捕集 0.01μm 以上的细微粉尘。在设计中可以通过设定不同的技术参数，来满足所要求的除尘效率。

（2）阻力损失小。电除尘器的阻力损失一般为 150～300Pa。

（3）处理烟气量大。电除尘器结构上易实现装置大型化。单台电除尘器的电场截面积

超过 $400m^2$，可满足大机组大烟气量的应用。

（4）允许操作温度范围广。高温电除尘烟温一般在 350～400℃，低温电除尘器（常规电除尘器）烟温一般在 120～170℃，低低温电除尘器烟温一般在 85～100℃，湿式电除尘器烟温一般在 40～50℃。

（5）运行可靠、维护费用低。

干式电除尘器的主要缺点有以下几个方面：

（1）对于高比电阻粉尘易出现反电晕，使除尘效率下降。

（2）电除尘器占地面积较大。

常规干式电除尘技术适用于工况比电阻在 1×10^4～$1\times10^{11}\Omega\cdot cm$ 范围内的烟尘去除，可在范围很宽的温度、压力和烟尘浓度条件下运行，低低温电除尘对烟尘比电阻的适用性有所放宽。

3.1.1.3 影响因素

影响干式电除尘器性能的因素很多，可以大致归纳为如下四大类：

（1）粉尘特性。主要包括粉尘的粒径分布、真密度和堆积密度、黏附性和比电阻等。

（2）烟气性能。主要包括烟气温度、压力、成分、湿度、流速和含尘浓度等。

（3）结构因素。主要包括电晕线的几何形状、直径、数量和线间距，收尘极的形式、极板断面形状、极间距、极板面积以及电场数、电场长度、供电方式、振打方式（方向、强度、周期）、气流分布装置、外壳严密程度、灰斗形式和出灰口锁风装置等。

（4）操作因素。主要包括伏安特性、漏风率、气流短路、二次飞扬和电晕线肥大等。

湿式电除尘技术是用水冲刷吸附在电极上的粉尘。根据阳极板的形状，湿式电除尘器分为板式、蜂窝式和管式等，应用较多的是板式与蜂窝式。湿式电除尘器安装在脱硫设备后，可有效去除烟尘及湿法脱硫产生的次生颗粒物，并能协同脱除 SO_3、汞及其化合物等。影响湿式电除尘器性能的主要因素有湿式电除尘器的结构型式、入口浓度、粒径分布、气流分布、除尘器技术状况和冲洗水量。湿式电除尘器除电耗外，还有水耗、碱耗，外排废水宜统筹考虑作为湿法脱硫系统补充水。

3.1.1.4 技术发展

电除尘器具有高效率、低能耗、使用简单、维护费用低且无二次污染等优点，对国内大部分煤种具有良好的适应性，在国内外工业烟尘治理领域，特别在电力行业一直占据着主导地位，是国际公认的高效除尘设备。我国电除尘器行业经过 30 多年的发展，技术水平已达到世界先进水平。

美国燃煤电厂应用电除尘器比例约占 80%，欧盟约占 85%，在日本则绝大部分燃煤电厂采用电除尘器，经电除尘器处理后烟尘排放浓度普遍在 $30mg/m^3$ 以下。欧洲暖通空调协会联盟组织认为"干式电除尘器的排放浓度在 10～$20mg/m^3$ 是比较平常的事情，而且还可以保证降到 $5mg/m^3$ 低排放值"。

随着《火电厂大气污染物排放标准》（GB 13223—2011）的执行以及超低排放的政策要

求，通过电除尘行业的坚持不懈努力，围绕我国烟尘控制的实际状况与急需解决的问题，我国电除尘在技术创新方面成效显著，一系列新技术新工艺在实践中取得了良好的业绩。

目前已开发并得到成功应用的电除尘新技术有：低低温电除尘、湿式电除尘、粉尘凝聚、移动电极电除尘技术、断电振打电除尘技术、电除尘器供电电源技术等技术。新技术、新工艺的研发，为电除尘器实现超低排放进一步创造了有利条件，得到了较为广泛的应用，取得了可喜的成绩。为应对超低排放的要求，我国电力行业开辟了燃煤电厂烟气污染物综合治理的工艺路线，形成了多种污染物综合协同治理的新模式，实现了烟尘超低排放。

1. 低低温电除尘技术

在空气预热器和电除尘器之间有烟气换热器，其运行温度由通常的低温状态（120～170℃）下降到低低温状态（90～110℃），这种烟气换热器和电除尘器的组合称为低低温电除尘器。低低温电除尘技术从调节电除尘入口烟气温度着手，采取余热利用工艺技术，一方面实现烟气调温，使之适应电除尘高效工作，同时也可实现一定的节能运行。另一方面，将烟气余热利用装置与电除尘器有机复合在一起，开发出集烟气降温、高效收尘与减排节能控制技术为一体，实现粉尘减排、节煤、节电、节水以及 SO_3 减排的新一代高效节能电除尘器产品。

低低温电除尘技术特点：

（1）烟气的体积流量得以降低，相应地，电场烟气通道内的烟气流速也得以降低。烟温下降 10℃，烟气量一般下降 2.5%。

（2）比电阻下降到 10^8～$10^{10}\Omega\cdot cm$，是电除尘器最佳工作范围，克服了电除尘器对粉尘比电阻敏感这一弊病，避免了反电晕的发生，是解决电除尘器对付高比电阻粉尘的治本措施。

（3）烟温下降 10℃，烟气的击穿电压升高 3%，对电除尘器提效非常有利。

（4）可降低湿法脱硫工艺水量约 30%。

（5）回热去低压加热器系统，可节煤 1～3g/（kW·h）。

（6）系统阻力下降，引风机节电约 10%。

（7）在灰硫比大于 100 时，SO_3 的去除率最高可达 95%，大大减少下游系统的低温腐蚀。

低低温电除尘器有两种工艺路线：一是烟气余热回收利用系统，该系统以余热利用节能减排为主要目的，即由热回收器、低低温电除尘器、管路系统、烟温自适应控制系统、辅助设备等组成，通过管路系统将热回收器回收的热量带至汽机凝结水系统，用以加热汽机凝结水，排挤汽机抽汽，增加汽机做功，实现降低发电煤耗、高效除尘的双重目的；二是烟气余热回收–再热系统，该系统以烟气余热回收再热为主要目的，即由热回收器、低低温电除尘器、再加热器、管路系统、烟温自适应控制系统、辅助设备组成，通过管路系统将热回收器回收的热量带至再加热器，用以加热脱硫后的烟气，提高烟囱入口烟气温度和烟气抬升高度，减轻烟囱腐蚀，消除“烟羽”等视觉污染。

低低温电除尘技术适用条件：

（1）进入低低温电除尘器系统的烟气含尘浓度不大于 $100g/m^3$。

（2）燃煤收到基硫分应不大于 2%，烟气灰硫比宜大于 100。

（3）入口烟气温度：热回收器应小于 200℃，再加热器宜为 50℃左右。

（4）低低温电除尘器应工作在 85～110℃范围，再加热器应不小于 70℃

（5）低低温电除尘器换热介质宜采用水媒介，烟气与水换热冷端端差、热端端差应大于 20℃。

2. 湿式电除尘技术

湿式电除尘器（WESP），其除尘原理与常规干式电除尘器除尘原理相同，而工作的烟气环境不同。干式电除尘器主要处理含水很低的干气体，湿式电除尘器主要处理含水较高乃至饱和的湿气体。两者都是向电场空间输送直流负高压，通过空间气体电离，烟气中粉尘颗粒和雾滴颗粒荷电后在电场力的作用下，收集在收尘极表面，干式电除尘器是利用振打清灰（或移动刷除）的方式将收集到的粉尘去除，而湿式电除尘器则是利用在收尘极表面形成的连续不断的水膜将粉尘冲洗去除。

湿式静电除尘器技术特点：具有除尘效率高、没有高比电阻反电晕、没有运动部件、没有二次扬尘、运行稳定、压力损失小、操作简单、能耗低等优点。湿式电除尘器采用液体冲刷集尘极表面来进行清灰，可有效收集微细颗粒物（$PM_{2.5}$粉尘、SO_3酸雾、液滴）、重金属（Hg、As、Se、Pb、Cr）、有机污染物（多环芳烃、二噁英）等，综合治理能力强。使用湿式电除尘器后，烟气中的烟尘排放可达 10mg/m^3 甚至 5mg/m^3 以下。在燃煤电厂湿法脱硫之后使用，湿式静电除尘器可解决湿法脱硫带来的石膏雨、蓝烟、酸雾问题，缓解下游烟道、烟囱的腐蚀，节约防腐成本。

湿式静电除尘器能够高效地去除亚微米粒子、雾滴、粒径小至 0.01μm 的微尘，除尘效率根据运行的电场数不同而不同，最高可达到 99.9%以上。不过湿式电除尘器很少单独使用，一般作为湿法脱硫后的二级除尘使用，即终端烟气净化装置，要求的除尘效率一般在 70%～90%之间。

3. 粉尘凝聚技术

粉尘凝聚技术工作原理：含尘气体进入除尘器前，先对其进行分列荷电处理，使相邻两列的烟气粉尘带上正、负不同极性的电荷，并通过扰流装置的扰流作用，使带异性电荷的不同粒径粉尘产生速度或方向差异而有效凝聚，形成大颗粒后被电除尘器有效收集。

国内相关企业关注该技术的发展与应用已有多年，相关单位自 2008 年开始研发粉尘凝聚技术，与科研院所合作，在国家工程实验室内进行试验研究，在模拟工况下，利用静电低压撞击仪（Electrical Low Pressure Impactor，ELPI）测试了使用粉尘凝聚装置前后电除尘器出口不同粒径粉尘数量浓度、质量浓度的变化。研究表明，实验室粉尘凝聚装置对微细粉尘具有一定的凝聚效果，可以提高电除尘器除尘效率。现已掌握了核心技术，并获多项国家发明专利和实用新型专利，具有自主知识产权，分别在 300、135MW 机组上得到了应用。

4. 移动电极电除尘技术

移动电极电除尘技术的工作原理：移动电极电场中阳极部分采用回转的阳极板和旋转

的清灰刷，其收尘机理与常规电除尘器相同，移动电极电场一般被布置在最后一个电场。附着于回转阳极板上的粉尘在尚未达到形成反电晕的厚度时，就被布置在非电场区的旋转清灰刷彻底清除，因此不会产生反电晕现象并最大限度地减少了二次扬尘，增加粉尘驱进速度，提高电除尘器的除尘效率，降低排放浓度，同时降低对煤种变化的敏感性。

移动电极电除尘技术的技术特点：

（1）保持阳极板清洁，避免反电晕，有效解决高比电阻粉尘收尘难的问题。

（2）最大限度地减少二次扬尘，显著降低电除尘器出口烟尘浓度。

（3）减少煤、飞灰成分对除尘性能影响的敏感性，增加电除尘器对不同煤种的适应性，特别是高比电阻粉尘、黏性粉尘，应用范围比常规电除尘器更广。

（4）可使电除尘器小型化，占地少。

（5）特别适合于老机组电除尘器改造，在很多场合，只需将末电场改成移动电极电场，不需另占场地。

（6）在保证相同性能的前提下，与常规电除尘器相比，初始投资略高、运行费用较低、维护成本几乎相当。从整个生命周期看，移动电极电除尘器具有较好的经济性。

（7）对设备的设计、制造、安装工艺要求较高。

移动电极电除尘技术的适用范围：适用于最后一个电场，移动电极电场入口粉尘浓度要求不大于 100mg/m^3，与前级固定电极电场的粉尘出口排放浓度有关。一般认为，固定电极电场出口粉尘浓度≤80mg/m^3，移动电极电场出口粉尘浓度可以达到≤30mg/m^3；固定电极电场出口粉尘浓度≤50mg/m^3，移动电极电场出口粉尘浓度可以达到≤20mg/m^3。

5. 关断气流断电振打电除尘技术

关断气流断电振打除尘器由相互独立的多个小室组成，每个室沿气流方向完全隔离，通过关闭其中一个室所对应的进出口隔离挡板门，将这个室的气流完全隔离关断，让其内部气流处于静止零风速状况，所以称为关断气流；然后在该室所有电场高压断电的情况下同步进行振打，所有静电吸附力被消除以协助粉尘彻底从极板、极线上脱落下来，提高电极的清洁效果，届时电极上的粉尘基本都会被清除，所以称为断电振打；最后让隔离的气流自然被放置一段时间，使振落的灰尘通过自由沉降落到灰斗内，然后将隔离气流重新连接到主烟道系统中去，投入高压正常工作收尘，以上综合起来说就是关断气流断电振打。接着下一个室按以上步骤进行关断气流断电振打，如此循环。

关断气流断电振打能够彻底地避免出现常规除尘器的二次扬尘、气流扰动、高比电阻反电晕等问题，同时能够时刻保持电极处于清洁状况，从而降低平常运转过程中的二次扬尘，这些都将大幅度提高电除尘器的除尘效率，达到电除尘器出口的排放要求。

关断气流断电振打除尘技术特点：

（1）杜绝二次扬尘，提高除尘效率。关断气流断电振打技术由于在零风速情况下进行振打，能彻底解决二次扬尘问题，有效提高 ESP 的收尘效率。在比集尘面积相同的情况下，理论研究证明，关断气流断电振打的除尘效率远高于常规电除尘器。

（2）清洁极板，保证长期稳定低排放。长期以来，常规干式电除尘器随着运行时间的推移，由于不能彻底将极板、极线上包裹的粉尘清除，粉尘会越积越厚，将带来极间距变化、反电晕等一系列问题，最终除尘效果越来越差。而关断气流断电振打技术是在不带电荷的情况下加强对极板、极线的振打强度，能够有效彻底清除附着其上面的粉尘，保证极板、极线时刻保持清洁，运行状况时刻保持最优，保证长期稳定低排放。

（3）无复杂的机械传动机构，维护检修简易。关断气流断电振打电除尘器相比常规干式电除尘器只是增多了前后的挡板门，振打控制策略上有所不同，没有复杂的机械传动机构，维护检修相对简易，国内已有 600MW 机组的应用业绩。

6. 径流式电除尘器技术

径流式电除尘器技术是指阴极系统与具有一定厚度的镂空式金属结构阳极板形成高压电场，含尘烟气在流动过程中垂直穿过阳极板时对粉尘进行收集的电除尘器。

径流式电除尘器分为径流式干式电除尘器和径流式湿式电除尘器。径流式干式电除尘器一般仅用于末电场，采用压缩气体清灰。径流式湿式电除尘器一般用于湿法脱硫后，采用水冲洗清灰。

径流式电除尘器的技术特点：

（1）径流式干式电除尘器径流式电场异级间距宜为 150～200mm，电场烟气流速宜不大于 1.2m/s。径流式湿式电除尘器异级间距宜为 150～200mm，电场烟气流速宜不大于 3.0m/s。

（2）与烟气接触部位，选用 2205 双相不锈钢材料，具有强度高（特别对氯离子和硫化物的应力腐蚀）等特性，使用寿命可以达到 30 年。

（3）径流式湿式电除尘器新型阳极板的通孔率达到 98%以上，几乎全通透的结构大大降低了运转阻力，而且和一般的阳极板比较，相同体积下新型阳极板具有最大的集尘面积，相当于一般阳极板的 20 倍。

（4）径流式湿式电除尘器阳极板体系选用旋转电极设计，在旋转电极下部建立独立的清洗室，由高压喷嘴在旋转电极内部向外冲洗网板，清洗网板后的污水经过排水泵和排污管道送入脱硫塔补水。在工程运转中，利用压差监测，实现在线喷淋，无水循环体系，故耗水、耗电量小。

7. 电除尘器供电电源技术

在工业应用中，高频电源和脉冲电源可以提高电除尘器的除尘效率，减少烟尘排放 30%～70%甚至更高。同时，减少电除尘器供电电能 50%～80%。

经过多年发展，高频电源已经作为电除尘器供电电源的主流产品在工程中广泛应用，产品容量从 32～160kW，电流从 0.4～2.0A，电压从 50～80kV，已形成系列化设计与产品，并在大批百万千瓦机组电除尘器中得到应用。当前，我国高频电源总体水平已达到国外先进水平。

脉冲高压电源是除尘供电电源最重要的方向之一，脉冲电源激发的电荷浓度为常规直流电源的几百倍，极大提高了粉尘的荷电量，保证了 $PM_{2.5}$ 微细粉尘充分荷电，从而大幅提

高除尘效率，粉尘排放降低约30%，对于高比电阻粉尘，改善系数可达1.2以上。脉冲电源是实现燃煤污染物超低排放的新一代电除尘器供电电源，采用微秒级脉冲供电，极大提高了瞬间输出电压，从而大幅提高了电除尘器的除尘效率，又降低了电除尘器的电能消耗，特别适用于高比电阻粉尘和微细粉尘（尤其是$PM_{2.5}$）的除尘器后级电场改造。

3.1.2 电袋复合除尘技术与发展

3.1.2.1 技术原理

电袋复合除尘技术是电除尘技术与袋式除尘技术有机结合的一种复合除尘技术，利用前级电场收集大部分烟尘，同时使烟尘荷电，利用后级袋区过滤拦截剩余的烟尘，实现烟气净化。

电袋复合除尘器按照结构型式可分为一体式电袋复合除尘器、分体式电袋复合除尘器和嵌入式电袋复合除尘器。其中一体式电袋复合除尘器技术最为成熟，应用最为广泛。

1. 分级、复合除尘机理

电袋复合除尘器的电场区充分利用电除尘技术前级电场收尘效率高和对烟尘荷电的特点，利用1～2个电场除掉烟气中80%以上的烟尘，可以大幅度降低进入布袋除尘区烟气中的含尘浓度，剩余10%～20%的细粒子由后级滤袋过滤捕集，大大降低了滤袋区负荷并避免粗颗粒对滤袋的冲刷磨损，并改善滤袋表面粉尘层结构。两区分级除尘，大大提高了整体除尘效率，实现稳定达标排放。

在一个紧凑型箱体内同时工作的电场区和滤袋区，两者之间存在相互影响及补偿机理：后级滤袋区的结构牵涉电场区的流场分布，从而影响电场区的除尘效率；电场区的结构决定进入滤袋区的颗粒物浓度和粒径分布；来自电场区的颗粒荷电会影响滤袋区的粉尘层结构，进而提高过滤及清灰性能；两区协同清灰有助于抑制清灰期间的颗粒物排放。因此，电袋复合除尘技术的除尘机理既有分级除尘，又有复合除尘，两者协同作用，形成一个有机的工作机制。

2. 荷电粉尘的过滤机理

含尘烟气经过电场时，在高压的作用下气体发生电离，粉尘颗粒被荷电或极化而产生凝并，荷电粉尘在静电力的作用下被收尘极捕集，未被捕集的粉尘在流向滤袋区的过程中，再次因静电力的作用而凝并，粉尘粒径增大而不容易穿透滤料；同时荷电粉尘在向滤袋表面沉积的过程中受库仑力、极化力和电场力的协同作用，使得微细粉尘颗粒吸附、凝并、有序排列，从而实现对烟尘的高效脱除。

3. 高效脱除$PM_{2.5}$的机理

采用不同技术途径使细颗粒物结合长大成大颗粒物，然后再捕集，是有效捕集细颗粒物的最有效方法之一。如利用电场、声场、磁场等外场作用及在烟气中喷入少量化学团聚剂等措施增进细颗粒物间碰撞接触促进其长大等。

电袋复合除尘器充分发挥了电除尘技术和袋式除尘技术各自的技术优势，并将其进行有机结合，利用前级电场高效除尘的同时使粉尘荷电，荷电使细颗粒产生极化形成颗粒链或凝并长大，形成较大颗粒，被滤袋区高效捕集。相关试验研究表明，在电袋复合除尘器中，细颗粒物在经过电场区时发生了极化和凝并，形成大粒径颗粒，而且随着颗粒荷电量的增大，其极化和凝并效果越显著。

3.1.2.2 技术性能

电袋复合除尘器技术特点：电袋复合除尘器具有长期稳定低排放、运行阻力低、滤袋使用寿命长、运行维护费用低、占地面积小、适用范围广的特点。近年来发展形成的超净电袋复合除尘器，出口就能实现 10mg/m^3 以下的超低排放要求，甚至可以做到小于 5mg/m^3。

电袋复合除尘器的主要技术特点体现在以下几个方面：

（1）烟尘排放不受煤质变化影响，长期稳定保持低排放。

电袋复合除尘器的除尘过程由电场区和滤袋区分工完成，对烟尘性质、比电阻值等特性不敏感，出口排放浓度由滤袋区把关。因此，电袋复合除尘器适应工况条件更为宽广，出口排放浓度值低于 20mg/m^3，甚至 5mg/m^3，并长期稳定。

（2）在相同工况和运行条件下，运行阻力比袋式除尘器低。

电袋复合除尘器在电场区的预除尘与荷电作用下，进入滤滤袋区的烟尘浓度下降了约 80%，滤袋单位面积处理的烟尘负荷量少，且经前级电场荷电后，在滤袋表面形成疏松的粉尘层，透气性更好。与袋式除尘器相比，在相同的工况条件和清灰制度下，电袋复合除尘器运行阻力上升缓慢，平均运行阻力比袋式除尘器低 300～500Pa。

（3）滤袋使用寿命长。

工程实践揭示，袋式除尘器滤袋破损主要由两种原因造成：一是物理性破损，由烟尘的冲刷、滤袋之间相互摩擦磕碰及其他外力所造成，这种原因会造成滤袋不均匀破损，提高异常破损率；二是化学性破损，由烟气中化学成分引起滤袋腐蚀、氧化、水解而破损。电袋复合除尘器由于自身的机理优势，电场区捕集了绝大部分粗颗粒烟尘，大大降低滤袋区入口浓度，有效减缓了滤袋被烟尘的冲刷磨损。同时，滤袋区工作负荷降低，清灰效率提高，清灰周期延长，可以有效减少滤袋清灰造成的机械磨损。因此，电袋复合除尘器在正常情况下使用寿命可以达到 4 年以上，目前最长使用寿命已达到 8 年。

（4）操作便捷、维护简单。

袋式除尘器的除尘机理、结构型式和清灰控制相比电除尘器更为简单，日常操作维护相比电除尘器更加便捷。而电袋复合除尘器相比袋式除尘器，滤袋破损率更低、平均运行阻力更小，大大减轻了滤袋的维护及换袋的工作量。

（5）节能明显。

配置高压电源数量及容量仅为传统常规电除尘器的 1/4 左右，大幅度节省了除尘器电耗；电袋复合除尘器平均运行阻力低、滤袋区清灰频率低，压缩空气耗量少，节省了引风机、空气压缩机的电耗。

（6）捕集细颗粒物（$PM_{2.5}$）效率高。

电袋复合除尘器协同发挥电场区使细颗粒物发生极化或凝并，以及滤袋区高效过滤的作用，对细颗粒物（$PM_{2.5}$）具有极高的捕集效率。经多个项目研究性测试表明，电袋复合除尘器对 $PM_{2.5}$ 的脱除效率超过 98%，河南新密电厂 1000MW 机组电袋复合除尘器对 $PM_{2.5}$ 的脱除效率达到 99.89%。

（7）高效协同脱除三氧化硫和汞及其化合物。

电袋复合除尘器中进入袋区的荷电粉尘在滤袋表面形成的粉饼层具有较大的比表面积，三氧化硫、气态汞在穿透粉饼层的过程中与粉饼层充分接触，被物理吸附或被飞灰中碱性氧化物化学吸附，从而达到高效协同脱除的效果。

电袋复合除尘技术适用于国内大多数燃煤机组燃用的煤种，特别是高硅、高铝、高灰分、高比电阻、低硫、低钠、低含湿量的煤种。不受煤质、烟气工况变化的影响，排放长期稳定可靠，尤其适用于排放要求严格的环境敏感地区及老机组除尘系统改造。

3.1.2.3 影响因素

电袋复合除尘器的性能影响因素主要有设备的运行条件、设备设计、制作和安装质量。尤其是要注意滤料型式的选型要与烟气成分相匹配，运行温度宜高于酸露点 10～20℃。

3.1.2.4 技术发展

自 2003 年我国第一台电袋复合除尘器工业应用以来，电袋复合除尘技术快速发展。特别是近 5 年来，电袋复合除尘器解决了耦合结构、长滤袋高效清灰、大型化气流分布、滤袋长寿命、滤料与烟气匹配选型、特大型电袋及应用等多项关键技术难题，工程推广应用十分迅猛，连续突破应用到 300、600、1000 等级机组。2014 年，电袋复合除尘技术的研究成果获国家科技进步二等奖，成为全国环保除尘领域技术创新的标志性成果。

我国电袋复合除尘技术相比国外，虽然起步较晚，但发展很快。十余年来，我国采用分级、复合的技术思路，系统深入地开展了电袋复合除尘技术试验研究、产品设计、工程优化及配套技术与材料研究，开发了电袋有机复合及强化耦合、复合结构、大型化气流均布、长寿命滤料、高效脉冲清灰技术、烟气工况和滤料配选型技术等系列关键技术，基本掌握了 100 万 kW 机组特大型电袋复合除尘技术，投运了世界上首台最大型电袋复合除尘器，填补了国内外空白。目前，我国电袋复合除尘技术的总体技术水平、大型化技术和工程业绩均已领先全球，正在引领电袋复合技术行业的发展。

目前已开发并得到成功应用的电袋复合除尘新技术有：超净电袋复合除尘技术、耦合增强电袋复合除尘技术、高精过滤和强耐腐滤料技术、大型电袋流场分布技术、长袋高效清灰技术、金属滤料、电袋协同脱汞技术等。其中，应用较多的技术为超净电袋复合除尘技术、大型电袋流场布置技术、长袋高效清灰技术及高精过滤和强耐腐滤料技术。

1. 超净电袋复合除尘技术

超净电袋复合除尘技术是基于最优耦合匹配、高均匀多维流场、微粒凝并、高精过滤技术等多项关键技术，创新开发的新一代电袋复合除尘技术，可实现烟尘排放浓度长期稳定小于 10mg/m^3 或 5mg/m^3。超净电袋复合除尘器与湿法脱硫装置组合、不设湿式电除尘器的超低排放工艺路线，具有工艺系统简洁、投资低、占地少、运行维护费用低、技术经济性好的特点。

近年来，超净电袋复合除尘器在燃煤电厂超低排放工程中得到快速推广，并出口土耳其、柬埔寨、塔吉克斯坦等多个国家，各项技术指标优良。

2016年1月电力行业标准《燃煤电厂超净电袋复合除尘器》（DL/T 1493—2016）颁布实施，有效规范了超净电袋复合除尘器的设计、生产、安装与使用，助力燃煤电厂超低排放技术路线选择的多样化，在西部地区劣质煤电厂的超低排放中，超净电袋复合除尘器将发挥更大的作用。

2. 耦合增强电袋复合除尘技术

耦合增强电袋复合除尘技术是将前电后袋整体式电袋技术与嵌入式电袋技术有机结合，开发的新型电袋复合除尘技术。前级电场区预收尘和荷电作用，降低了进入后级混合区的入口浓度；后级混合区采用电区与袋区相间布置，深度耦合，使荷电粉尘到达滤袋表面的距离极短，有效减少带电粉尘的电荷损失。由于混合区的粉尘可以实现在线反复荷电与捕集，增强了粉尘的荷电效果和捕集性能。同时可以快速有效地收集滤袋清灰过程中的扬尘，减少粉尘二次飞扬。已成功应用于工程项目，实现除尘器出口烟尘排放浓度小于$5mg/m^3$。

3. 高精过滤和强耐腐滤料技术

（1）高精过滤滤料。高精过滤滤料指滤袋采用特殊结构和先进的后处理工艺，使滤袋表面的孔径小、孔隙率大，有效防止细微粉尘的穿透，提高过滤精度的新型滤袋技术。典型的高精过滤滤料有 PTFE（聚四氟乙烯）微孔覆膜滤料和超细纤维多梯度面层滤料。高精过滤滤料制成滤袋后，需进一步采用缝制针眼封堵技术，防止极细微粉尘从针眼穿透。高精过滤技术已广泛应用于超净电袋复合除尘器中。

（2）强耐腐滤料。燃煤烟气常用滤料纤维主要为PPS（聚苯硫醚）、PI（聚酰亚胺）、PTFE（聚四氟乙烯）。我国燃用煤种多变，烟气成分复杂，烟气性质对不同材质纤维的影响程度不同。创新开发 PPS、PI、PTFE 高性能纤维按不同组合、不同比例、不同结构进行混纺的系列滤料配方和生产工艺，形成了PTFE基布+PPS 纤维、PPS+PTFE混纺、PI+PTFE混纺的多品种高强度耐腐蚀系列滤料，适应各种复杂的烟气工况，延长了滤袋的使用寿命。强耐腐滤料广泛应用于电袋复合除尘器和袋式除尘器，配套应用机组超过1亿kW。

4. 大型电袋流场均布技术

采用数值模拟和物理模型相结合的方法，保证各种容量等级的机组、特别是百万千瓦机组的特大型电袋复合除尘器各净气室的流量相对偏差小于5%，各分室内通过每个滤袋的流量相对均方根差小于0.25，已在多个工程中得到验证。

5. 长袋高效清灰技术

4in（英寸）大口径脉冲阀喷吹 25 条以上大口径长滤袋（8～10m）的高效清灰技术，确保了长滤袋的清灰效果。该技术已广泛应用于大型化电袋复合除尘器，提高了电袋复合

除尘器空间利用率，简化总体结构布置。

6. 滤料与烟气工况匹配选型技术

滤袋是电袋复合除尘器的核心元件之一，其滤袋型式、滤袋材质与烟气工况的匹配选型至关重要。滤料与烟气条件匹配选型得当，可保障滤袋寿命和良好经济性。

7. 金属滤料技术

采用金属材质的原料，经特殊的制造工艺制成的多孔过滤材料。按制作工艺分为烧结金属纤维毡和烧结金属粉末过滤材料。烧结金属纤维毡由具有耐高温、耐腐蚀性的不锈钢材质制成的金属纤维经过无纺铺制后烧结而成，通常采用梯度分层纤维结构。烧结金属粉末过滤材料是由球形或不规则形状的金属粉末或合金粉末经模压成形与烧结而制成，以铁铝金属间化合物膜最为典型。金属滤袋是滤袋技术发展的前沿技术，已成功在燃煤锅炉上完成中试试验。

8. 电袋协同脱汞技术

电袋协同脱汞技术是以改性活性炭等作为活性吸附剂脱除汞及其化合物的前沿技术。该技术在电场区和滤袋区间设置活性吸附剂吸附装置，活性吸附剂与浓度较低的粉尘在混合吸附后经后级滤袋过滤、收集，达到去除气态汞的目的，其气态汞脱除效率可达 90%以上。滤袋区收集的粉尘和吸附剂的混合物经灰斗循环系统多次利用，以提高吸附剂的利用率，直到吸附剂达到饱和状态而被排出。该技术正在开展工业试验。

3.1.3 袋式除尘技术与发展

3.1.3.1 技术原理

袋式除尘技术是利用纤维织物的拦截、惯性、扩散、重力、静电等协同作用对含尘气体进行过滤的技术。当含尘气体进入袋式除尘器后，颗粒大、密度大的烟尘，由于重力的作用沉降下来，落入灰斗，含有较细小烟尘的气体在通过滤料时烟尘被阻留，使气体得到净化，随着过滤的进行，阻力不断上升，需进行清灰再生。袋式除尘器按清灰方式分为脉冲喷吹类、反吹风类及机械振打类三种，电厂主要应用脉冲喷吹类袋式除尘器，又可细分为固定喷吹和旋转喷吹两种脉冲袋式除尘器。

袋式除尘器滤料对烟尘的捕集，主要有两个阶段：一是纤维层本身对尘粒的捕集；二是粉尘层对尘粒的捕集。在设备使用初期，其过滤过程为洁净滤料对含尘气体的过滤，此时，起主要作用的是滤料纤维，因而符合纤维过滤的机理。随着过滤的进行，不断有尘粒被捕集，沉积在纤维表面，少量微细尘粒渗入纤维层内部与纤维体共同参与对后续尘粒的捕集，捕集的烟尘堆积在滤料表面，形成粉尘层。当粉尘层达到一定厚度时，须对滤袋实施清灰再生，清灰后，仍然黏附在纤维层表面不再脱落的粉尘层被称为“一次粉尘层”，对后续的含尘气流起主要过滤作用；清灰后能有效剥离的粉尘层被称为“二次粉尘层”。从某种意义上说，袋式除尘器是依靠一次粉尘层的过滤作用，建立并保持稳定的一次粉尘层是袋式除尘器实现高效除尘的关键。

3.1.3.2 技术性能

袋式除尘器适用煤种及工况条件范围广，具有除尘效率高、较为稳定的低排放、运行维护简单等特点。

（1）除尘效率高、排放浓度低。

袋式除尘器的除尘效率为 99.50%～99.99%，出口烟尘浓度可控制在 30mg/m^3 或 20mg/m^3 以下；当采用高精过滤滤料时，可以实现 10mg/m^3 以下。

（2）工况适应范围广，烟尘排放长期稳定。

袋式除尘捕集烟尘的主要原理为过滤，对煤质和入口烟尘工况的适应性强，不因烟尘的比电阻等特性而影响除尘效率，同时对入口烟尘浓度的变化不敏感，当入口烟气量和浓度变化时，除尘效率的波动较小。

（3）运行维护简单。

袋式除尘运行过程中的动作部件仅为脉冲阀，相对于其他除尘方式故障点少，故障率低，日常运行、维护简单。

袋式除尘技术适应性较强，除尘效率基本不受燃烧煤种、烟尘比电阻和烟气工况变化等影响，较为稳定保持低排放。袋式除尘器比较适合等离子点火的机组，也适用于油枪点火的机组。袋式除尘器出口烟尘排放不受煤种和烟尘工况变化的影响，可稳定达到较低的排放浓度。袋式除尘器在燃煤电站不同的炉型、不同的煤种和烟尘工况上均有应用，大部分的烟尘减排性能优良。因此，袋式除尘器对燃煤锅炉烟尘的适用性较广。尤其适用于煤种波动大、烟尘比电阻高、排放标准严（20mg/m^3 以下）的锅炉烟气除尘。

3.1.3.3 影响因素

袋式除尘器的性能影响因素主要有设备的运行条件、入口烟尘浓度及设备的设计、制作和安装质量。尤其是要注意滤料的选型要与烟气成分相匹配，运行温度宜高于酸露点 10～20℃。滤袋选型要充分考虑烟气温度、煤含硫量、烟气含氧量和 NO_x 浓度等因素影响。

3.1.3.4 技术发展

随着火力发电污染物排放标准的日趋严格，袋式除尘器在滤料、清灰方式等方面均有改进，尤其是滤料在强度、耐温、耐磨以及耐腐蚀等方面综合性能有大幅度提高，袋式除尘器已成为电力环保烟尘治理的主流除尘设备之一，并且应用规模逐年稳定增长。

我国袋式除尘器通过不断的结构改进、技术创新和工程实践总结，逐步改善了运行阻力大、滤袋寿命短的问题，可实现烟尘稳定排放浓度小于 30mg/m^3 甚至 10mg/m^3 以下，运行阻力小于 1500Pa，滤袋寿命大于 3 年。自 2001 年大型袋式除尘器在内蒙古丰泰电厂 200MW 机组成功应用以来，近十余年，袋式除尘器在我国电力燃煤机组中得到了大量推广应用，最大配套单机容量为 600MW，据不完全统计，累计配套总装机容量超过 8 万 MW，成为电力燃煤机组重要的除尘装置。

目前已开发并得到成功应用的袋式除尘新技术有：针刺水刺复合滤料、高效清灰控制技术、大型化袋式除尘技术等。

（1）针刺水刺复合滤料。

应用针刺与水刺相结合的工艺生产的三维毡滤料，先针刺后水刺。既克服针刺工艺的刺伤纤维和留有针孔两大弊端，延长滤袋寿命和提高过滤精度，又可降低生产成本，提高经济性。该滤料已广泛应用于袋式除尘器。

（2）高效清灰控制技术。

包括连发、多阀联喷、跳跃清灰等控制方式，定时与定压差结合、排序清灰时间控制或流量函数控制、优先在线清灰、大型化集散监控系统等控制技术，广泛应用于袋式除尘器。

（3）大型化袋式除尘技术。

改变传统的下进上出风方式，开发应用下进风、端进端出气的进出风方式，以及阶梯形花板、挡风导流板、各通道或分室设置阀门等结构，有效调节各通道和各室流场的均匀分布，解决大型袋式除尘器气流均布难题。

3.2 SO_2超低排放技术

3.2.1 石灰石-石膏湿法脱硫技术与发展

3.2.1.1 技术原理

石灰石-石膏湿法脱硫（FGD）技术以含石灰石粉的浆液为吸收剂，吸收烟气中 SO_2、HF 和 HCl 等酸性气体。脱硫系统主要包括吸收系统、烟气系统、吸收剂制备系统、石膏脱水及贮存系统、废水处理系统、除雾器系统、自动控制和在线监测系统。从烟气中脱除 SO_2 的过程是在气、液、固三相中进行的，先后或同时发生了气-液反应和液-固反应。

3.2.1.2 技术性能

石灰石-石膏湿法脱硫技术成熟度高，可根据入口烟气条件和排放要求，通过改变物理传质系数或化学吸收效率等多种手段调节脱硫效率，保持长期稳定运行并实现达标排放。

石灰石-石膏湿法脱硫技术对煤种、负荷变化具有较强的适应性，对 SO_2 浓度低于 12000mg/m^3 的燃煤烟气均可实现 SO_2 达标（100mg/m^3 或 50mg/m^3），甚至超低排放 35mg/m^3 的水平。

3.2.1.3 影响因素

石灰石-石膏湿法脱硫效率主要受 SO_2 产生浓度、浆液 pH 值、液气比、钙硫比、停留时间、吸收剂品质、塔内气流分布等多种因素的影响。

1. SO_2产生浓度对脱硫效率的影响

当燃料含硫量增加时，排烟 SO_2 浓度随之上升，在 FGD 工艺中，在其他运行条件不变的情况下，脱硫效率将下降（见图 3-2）。这是因为入口 SO_2 浓度较高时能更快地消耗液相中可供利用的碱量，造成液膜吸收阻力增大。由于火电厂排烟 SO_2 浓度通常都较低，随着

入口 SO_2 浓度升高脱硫效率下降的幅度较小。甚至当入口 SO_2 浓度特别低时，在一定范围内，增加 SO_2 浓度，还会出现脱硫效率上升的现象。这是因为，在这种情况下入口 SO_2 浓度上升对吸收浆液中碱度的降低不大，但增大了入口 SO_2 浓度与达到吸收平衡时塔内 SO_2 平衡蒸汽的浓度差，此差值越大，气膜吸收的推动力越大，而气膜吸收速率与气膜吸收推动力成正比，因此反使脱硫效率略有升高。

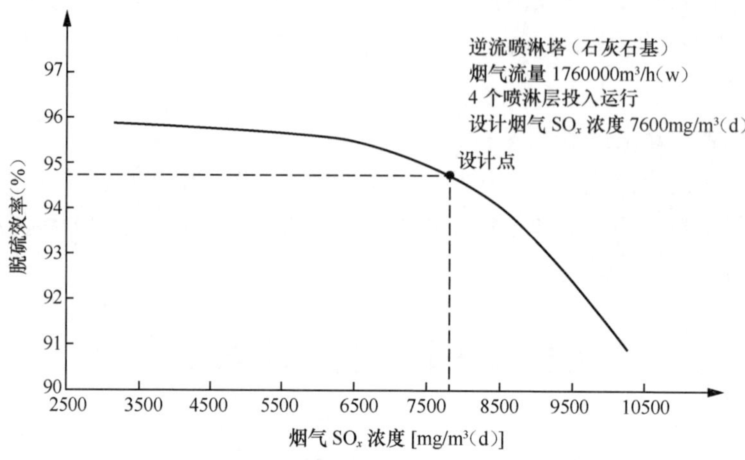

图 3-2 烟气 SO_2 产生浓度与脱硫效率的关系

此外，当吸收塔入口 SO_2 浓度增加较大，而鼓入反应罐的氧化空气量未随之增加，特别是当 SO_2 浓度超过设计值而氧化空气量不能再增加时，由于严重氧化不足，浆液中会出现过量 HSO_3^-，甚至超过其饱和度，因而会阻止 SO_2 脱除的正向化学反应进行。另外，过量的 HSO_3^- 会降低 $CaCO_3$ 的溶解度，会出现脱硫效率急剧下降的现象。

入口 SO_2 浓度变化对采用强碱性吸收剂［如 $Ca(OH)_2$ 和 NaOH 等］的脱硫效率的影响要小得多。

2. 浆液pH值对脱硫效率的影响

浆液 pH 值对脱硫效率的影响最为显著，在一定范围内两者之间呈线性或几乎呈线性关系。浆液 pH 值是通过液膜增强系数（Φ）来影响脱硫效率，Φ 值随 pH 的提高而增大，从而使总传质系数（K）也增大。

浆液 pH 值通过以下两个途径来影响 Φ 值：首先，提高浆液 pH 就意味着增加了可溶性碱性物质的浓度，例如提高了亚硫酸根离子浓度，而亚硫酸根离子具有中和吸收 SO_2 后产生 H^+ 的作用；其次，浆液中未溶解的吸收剂在浆液吸收 SO_2 的过程中具有缓冲作用，提高浆液 pH 值就增加了循环浆液中未溶解的石灰或石灰石的总量（即提高了钙硫比 Ca/S），当循环浆体液滴在塔内下落过程中吸收 SO_2 碱度降低后，液滴中有较多的吸收剂可供溶解，可以显著地减缓液滴 pH 值的下降。

石灰石-石膏湿法烟气脱硫填料塔和液柱塔浆液 pH 值与脱硫效率的关系如图 3-3 所示。

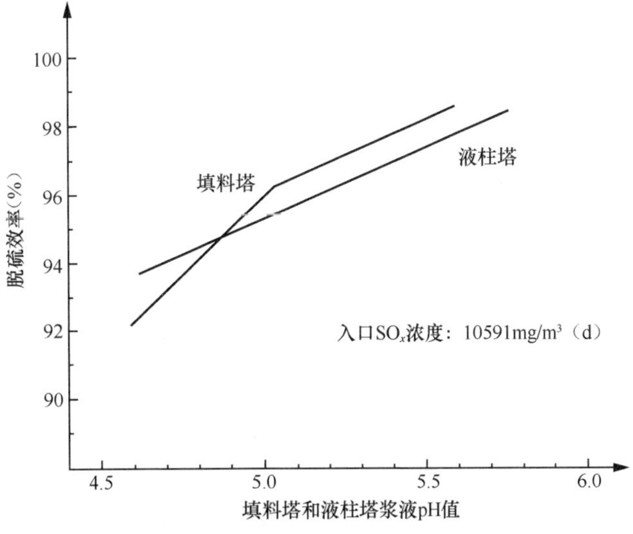

图 3-3 浆液 pH 值与脱硫效率的关系

通过对烟气脱硫系统中石灰石溶解平衡的计算表明，石灰石基烟气脱硫系统 pH 最高限值为 6.0～6.1，当 pH 值高于 5.7 后石灰石的溶解速率急剧下降，脱硫效率的提高趋于缓慢。因此，当 pH 值控制得较高时，要求浆液在反应罐中有较长的停留时间，才能在提高脱硫效率的同时，提高吸收剂的利用率。

3. 液气比对脱硫效率的影响

液气比（L/G）是湿法烟气脱硫系统设计和运行的重要参数之一，L/G 的大小反映了吸收过程推动力和吸收速率的大小，对烟气脱硫系统的技术性能和经济性具有重要的影响，是必须合理选择的一个重要设计参数，L/G 直接决定了循环泵的数量和容量，也决定了氧化槽的尺寸，对脱硫效果、系统阻力、设备初始投资和运行能耗等影响很大。

液气比（L/G）与脱硫效率之间的关系趋势如图 3-4 所示。

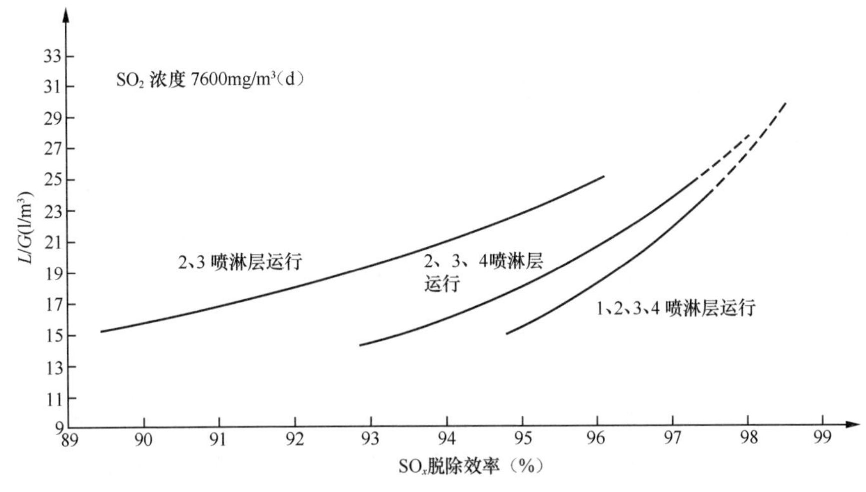

图 3-4 液气比（L/G）与脱硫效率的关系

4. 钙硫摩尔比对脱硫效率的影响

对于使用钙基脱硫剂的脱硫系统，钙硫摩尔比（Ca/S）是系统运行经济性的重要指标。钙硫摩尔比就是用来表示达到一定脱硫效率时所需要钙基吸收剂（折合成 CaO）的过量程度，它反映单位时间内吸收剂原料的供给量，通常以浆液中的吸收剂浓度作为衡量度量，也说明在用钙基吸收剂脱硫时钙的有效利用率。一般用钙与硫的摩尔比值表示，即 Ca/S 比，所需的 Ca/S 比越高，钙的利用率则越低。

湿法脱硫工艺的反应是在气相、液相和固相之间进行的，反应条件比较理想，因此，在脱硫效率为 90%以上时，其钙硫摩尔比略大于 1，目前国外脱硫公司的先进技术一般不超过 1.05，最佳状态可达 1.01～1.02。

浆液 pH 值的控制应在达到要求的脱硫效率的前提下，寻求最佳 Ca/S 比。最佳 Ca/S 比的确定还需要考虑吸收剂的费用、投资成本以及提高液气比造成的能耗成本。但当石膏纯度是系统性能保证值时，最大 Ca/S 比往往受石膏纯度的限制。

5. 固体物停留时间（τ_t）对脱硫工艺性能的影响

固体物停留时间（τ_t）是石灰石烟气脱硫系统设计的一个重要参数，适当的 τ_t 值有利于提高吸收剂的利用率和石膏纯度，有利于石膏结晶的长大和脱水。但是 τ_t 过大，氧化槽体积较大，会增加投资成本。另外，固体物在氧化槽中的停留时间过长，由于大型循环泵和搅拌器对石膏结晶体有破碎作用，对石膏脱水会产生不利影响。

6. 塔内气流分布对脱硫效率的影响

在石灰石-石膏法的脱硫工艺中，如果保持其余参数不变，仅改变塔内气流分布，使得气流流场均化程度进一步提高，或提高吸收塔内烟气流速来改变塔内气流分布，也可以提高气液两项流的湍动，降低烟气与液滴之间的膜厚度，提高传质效果，从而提高脱硫效率。另外，由于烟气流速提高，喷淋液滴的下降速度将相对降低，使单位体积内持液量增大，进一步增大了传质面积，从而提高脱硫效率。

另一方面，烟气速度增加，也会使气液接触时间缩短，脱硫效率可能下降。试验表明烟气流速在 2.44～3.66m/s 之间逐渐增大时，脱硫效率会下降，但烟气流速在 3.66～24.57m/s 之间逐渐增大时，脱硫效率几乎与烟气速度变化无关。

3.2.1.4 技术发展

石灰石-石膏湿法烟气脱硫工艺是目前世界上应用最广泛、最成熟的 SO_2 脱除技术，约占已安装烟气脱硫机组容量的 90%。随着对烟气脱硫工艺原理和工程实践的进一步理解，设计和运行经验的积累和改善，石灰石-石膏湿法工艺得到了进一步发展。如单塔的使用、塔型的设计和总体布置的改进等，使得该工艺脱硫效率提高到 97%以上。运行可靠性和经济性大幅提高，对电厂运行的影响已降到最低，系统可用率达到 98%。而且，随着系统的逐步简化，国产化程度及装备水平提高，运行维护更为方便，造价也有所下降。

为满足日益严格的排放要求，传统石灰石-石膏喷淋空塔脱硫工艺通过调整塔内喷淋布置、烟气流场优化、加装提效组件等方法提高脱硫效率，形成多种新型高效脱硫工艺，主

要分为复合塔技术和 pH 值分区技术。

1. 复合塔技术

在脱硫塔底部浆液池和上部喷淋层之间以及喷淋层之间加装湍流类、托盘类、鼓泡类等气液强化传质装置，形成稳定的持液层，烟气穿越持液层时气液固三相传质速率得以提高，通过调整喷淋密度及雾化效果，改善气液分布。上述 SO_2 脱除增效手段还有协同捕集烟气中颗粒物的辅助功能，再联合脱硫塔内、外加装的高效除雾器或高效除尘除雾器，复合塔系统的颗粒物协同脱除效率一般可按 50%～80%计。该类技术目前应用较多的有：旋汇耦合、沸腾泡沫、旋流鼓泡、双托盘、湍流管栅等工艺。其中，旋汇耦合脱硫工艺在超低排放工程中应用较为广泛，投运及在建机组装机容量超过 90000MW。

2. pH值分区技术

设置 2 个喷淋塔或在 1 个喷淋塔内加装隔离体对脱硫浆液实施物理分区或依赖浆液自身特点（流动方向、密度等）形成自然分区，达到对浆液 pH 值的分区控制。部分脱硫浆液 pH 值维持在较低区间（4.5～5.3），以确保石灰石溶解和脱硫石膏品质，部分脱硫浆液 pH 值则提高至较高区间（5.8～6.4），最终保证对烟气中 SO_2 的吸收效率。与此同时，优化脱硫浆液喷淋（喷淋密度、雾滴粒径等），不仅可以提高脱硫效率，对烟气中细微颗粒物的协同捕集也有增效作用，再联合脱硫塔内、外加装的高效除雾器，pH 值分区系统颗粒物协同脱除效率一般可按 50%～70%计。典型工艺包括：单塔双 pH 值（又称单塔双循环）、双塔双 pH 值（又称双塔双循环）、单塔双区等。其中，双 pH 值工艺（包括单塔、双塔）应用的装机容量已达 30000MW 以上，单塔双区技术应用的装机容量超过 65000MW。

各类石灰石-石膏湿法脱硫工艺在确保 SO_2 达到超低排放限值前提下，还应考虑协同脱除颗粒物效率。具体的颗粒物协同脱除效率除取决于所采用的技术外，还受到入口颗粒物浓度等运行条件的影响。除雾器或除尘除雾器，作为脱硫系统的一部分，应保证逃逸雾滴浓度低于 $25mg/m^3$，雾滴中可过滤颗粒物含量宜控制在 10%以下。

3. 烟气冷却技术

如果没有采用低低温电除尘器，烟气进入脱硫系统前的温度为 130℃左右，进入脱硫系统后，迅速降低为 50℃左右的饱和蒸汽，在这个过程中，汽化了大量吸收塔中的液态水。可以在脱硫塔前加装低温省煤器（烟气换热器），将进入脱硫塔的烟气温度降低到 80℃左右，再进入吸收塔，既可节能节水，又可提高脱硫效率。

由于烟气温度低于酸露点，通常采用氟塑料（PTFE）或高等级合金钢等耐腐蚀的材料作为换热元件的材质。

3.2.2 烟气循环流化床脱硫技术与发展

3.2.2.1 技术原理

烟气循环流化床脱硫技术是以循环流化床原理为反应基础的烟气脱硫技术，通过循环流化床吸收塔内及塔外的吸收剂的多次循环，使吸收剂与烟气接触时间增加，提高脱硫效率和吸收剂的利用率。该技术通过吸收塔内激烈湍动的高密度、高比表面积碱性颗粒的吸附和吸收作用，可以对其他污染物（如 NO_2、重金属、二噁英等）进行部分脱除，从而实现一套装置内的多污染物协同净化。

原烟气从底部进入吸收塔，经过文丘里段加速，与吸收剂、循环灰等混合形成烟气循环流化床，在循环流化床内，通过喷入的降温湿润水、高浓度颗粒间的激烈地湍动与混合，发生气-固-液三相反应，烟气中 SO_2 及其他酸性气体与吸收剂 $Ca(OH)_2$ 反应而被脱除。同时，喷入的水分被充分蒸发干燥，含尘烟气从吸收塔顶部排出进入下游的脱硫除尘器，除尘器收集的副产物大多循环回吸收塔，进行高倍率循环反应利用，少量脱硫副产物通过输送设备外排。最后净化后的烟气经过引风机外排。

目前，燃煤电厂烟气脱硫工艺除湿法脱硫工艺外，有工业化应用业绩的脱硫技术主要有干法或半干法工艺，主要包括烟气循环流化床法、喷雾干燥法和增湿灰半干法，其中应用较多的是烟气循环流化床法。

3.2.2.2 技术性能

烟气循环流化床脱硫技术具有技术成熟、工艺流程简洁、脱硫除尘一体化、占地面积小、节能节水、排烟无需再热、设备烟囱无需特别防腐、没有废水产生等特点，副产物为干态，便于综合利用。该技术为脱硫除尘一体化及多污染物的协同净化工艺，烟气中的 SO_2、SO_3、NO_x、HCl、HF 等酸性气体及粉尘和重金属可实现高效协同脱除。

烟气循环流化床脱硫技术适用于燃用中低硫燃料或有炉内脱硫的循环流化床锅炉，尤其是对于 600MW 及以下机组燃烧低硫煤机组。循环流化床锅炉特别适合采用烟气循环流化床脱硫技术进行烟气多污染物协同净化。另外，循环流化床脱硫技术特别适合缺水地区。一般吸收塔入口 SO_2 浓度低于 3300mg/m^3 的工程较为经济。

3.2.2.3 影响因素

影响烟气循环流化床脱硫效果的主要因素包括钙硫比、吸收剂品质、塔内局部颗粒浓度、塔内颗粒停留时间、反应温度等。其中，吸收剂品质对脱硫效率影响较大，一般要求生石灰粉细度小于 2mm，氧化钙含量不小于 80%，加适量水后 4min 内温度可升高到 60℃。同时系统需加装清洁烟气再循环以稳定吸收塔入口烟气负荷。

1. 钙硫比对脱硫效率的影响

烟气循环流化床干法脱硫工艺的钙硫比（Ca/S）指脱除 SO_2 所用钙与入口 SO_2 之间的摩尔比。SO_2 脱除效率随钙硫比的增加而增加。在相同的脱硫效率情况下，不同的入口浓度钙硫比也不同，例如脱硫效率 90%时，在含硫量 2000mg/m^3 时，Ca/S 最小。

2. 吸收剂品质对脱硫效率的影响

吸收剂 $Ca(OH)_2$ 的品质包括纯度、比表面积等指标。吸收剂纯度越高，比表面积越大，脱硫效率越高。

3. 塔内颗粒物浓度对脱硫效率的影响

烟气循环流化床具有较高的脱硫效率，其中一个重要原因就是在吸收塔文丘里出口具

有一个高湍动、高颗粒浓度区，能有效对酸性气体进行吸收脱除，该区域的颗粒浓度在10～20kg/m^{3}之间。随着颗粒浓度的升高，脱硫效率也随之升高。塔内颗粒浓度通常采用吸收塔的床层压降来进行表示。

4. 颗粒物停留时间对脱硫效率的影响

干法吸收塔内的颗粒停留时间为塔内物料总量与外排灰量之比，通常按分钟（min）表示，颗粒停留时间越长，SO_2脱除越彻底，吸收剂的利用率越高。

5. 反应温度对脱硫效率的影响

在烟气循环流化床脱硫工艺中，吸收塔出口烟气温度与绝热饱和温度之差，即近绝热饱和温度差（Approaches to Adiabatic Saturation Temperature，AAST）来表示反应温度的影响。在相同的钙硫比时，脱硫效率随AAST的增大而下降。在典型设计中AAST控制在15～20℃。

3.2.2.4 技术发展

烟气循环流化床脱硫技术实验室研究始于20世纪60年代末，1972年全世界首套烟气循环流化床脱硫技术装置由德国鲁奇公司研制，在德国格雷文布罗伊希（Grevenbroich）电解铝厂得到应用，用于脱除电解铝烟气中的HF。21世纪初，我国先后有多家脱硫公司引进烟气循环流化床脱硫技术或烟气再循环流化床脱硫技术，并在300MW以下等级机组得到推广应用。龙净环保在2001年引进德国鲁奇烟气循环流化床脱硫技术的基础上，从大型化应用、多领域应用、关键核心设备国产化等进行二次自主创新，形成了自主知识产权的LJD新型烟气循环流化床干法脱硫及多污染物协同净化技术，至今该技术已经有220多套应用业绩，最大应用机组为660MW，成为烟气干法脱硫技术的典型代表。

1. LJD新型烟气循环流化床干法脱硫及多污染物协同净化技术

在引进消化吸收的基础上，通过技术创新，已经开发并形成了LJD干法烟气超洁净协同控制技术、低温同步脱硝一体化技术等先进的干法脱硫技术。

在国内，LJD新型烟气循环流化床干法脱硫及多污染物协同净化技术目前已经有230多套应用业绩，最大应用机组为660MW，突破了循环流化床干法脱硫技术在600MW等级机组上大型化应用的瓶颈，实现脱硫效率95%以上，SO_2排放浓度小于100mg/m^3，粉尘排放浓度小于20mg/m^3，成为我国（半）干法烟气脱硫工艺的典型代表。2013年以来，LJD干法工艺对流化床吸收塔结构及运行进行优化，改善雾化降温喷嘴布置、优化塔内Ca/S比及悬浮颗粒密度、强化气固传质、延长反应时间等关键技术，开发出新型循环灰阀、高活性石灰消化器、超滤布袋除尘器等关键设备。进一步提高脱硫效率，以满足出口SO_2排放浓度小于35mg/m^{3}的超低排放要求。

2. 循环氧化吸收协同脱硝技术

在流化床吸收塔内实现脱硫脱硝一体化是提升流化床技术应用范围的目标之一，已经开发的循环氧化吸收协同脱硝技术（Circulating Oxidation and Absorption，COA），其反应机理是在特殊设计的循环流化床吸收塔内，利用循环流化床激烈湍动的、巨大表面积的颗粒作为反应载体，通过烟气自身或外加氧化剂的氧化作用，促进烟气中难溶于水的 NO 转化为易溶于水的 NO_2，然后与碱性吸收剂发生中和反应实现脱硝，经济协同脱硝效率 40%～60%。COA 技术可单独用作电厂炉后的烟气脱硝，也可与 SCR 或 SNCR 脱硝技术进行有机结合，作为烟气 NO_x 超低排放的工艺选配。

COA 技术通过对脱硝剂、添加设备、脱硫脱硝协同技术等关键技术与设备的开发，成功实现了高效脱硫的同时进行同步脱硝，脱硝效率一般达到 40%～60%。本技术工艺简单，附属设备少，工况适应性强、调节灵活，特别是在同步脱硝的同时可提升脱硫效率，对其他污染物的脱除也有促进作用。在 NO_x 超低排放的背景下，COA 技术可作为燃煤电厂 SCR、SNCR 等主流脱硝工艺的有益补充或单独应用。

3. 660MW大型化烟气循环流化床脱硫技术

我国烟气循环流化床干法脱硫工艺技术水平总体处于世界先进水平，该技术在我国西部、北方等富煤缺水地区有应用优势。通过吸收塔和布袋除尘器及相关设备的大型化应用研发，采用多塔烟气分配及平衡技术，已经实现烟气循环流化床脱硫技术 660MW 大型化应用的突破，并已在 660MW 机组进行了工程示范。

3.2.3　氨法脱硫技术与发展

3.2.3.1　技术原理

氨法脱硫是指以氨基物质（液氨、氨水等）作吸收剂，脱除烟气中的 SO_2 并回收副产物硫酸铵化肥的烟气脱硫工艺。其原理是溶解于水中的氨和烟气接触时，与其中的 SO_2 发生反应生成亚硫酸铵，亚硫酸铵进一步与烟气中的 SO_2 反应生成亚硫酸氢铵，亚硫酸氢铵再与氨水反应生成亚硫酸铵，通过亚硫酸氢铵与亚硫酸铵不断的循环，以及连续补充的氨水，不断脱除烟气中的 SO_2，氨法脱硫的最终副产品为硫酸铵。脱硫效率可达到 98%以上。

3.2.3.2　技术性能

由于氨水碱性强于石灰石浆液，因此，氨法脱硫工艺可在较小的液气比条件下实现 98%以上的脱硫效率，加之采用空塔喷淋技术，系统运行能耗低，且不易结垢，也不产生废水。但对入口烟气含尘量要求较严，一般小于 35mg/m^3。

另外，氨法脱硫还具有以下特点：技术成熟，运行可靠性高；该脱硫工艺以氨水为吸收剂，副产品为硫酸铵化肥，有很高的利用价值；脱硫塔吸收反应速度快，脱硫效率高（＞95%）；脱硫系统可以采用较小液气比，能耗低；原材料来源较广泛，可以采用液氨、氨水、废氨水；与石灰石–石膏法相比，占地面积小，布置具有较大灵活性；亚硫酸铵溶液不会产生结垢现象，能确保脱硫塔长周期运转；脱硫系统装置阻力较小。

氨法脱硫对煤中硫含量的适应性广，但考虑到经济性，该技术主要用于中、高硫煤脱硫，氨法脱硫的副产品硫酸铵为重要的化肥原料，因此氨法脱硫是资源回收型环保工艺。由于以氨气、氨水为吸收剂，因此采用该工艺电厂周边应有稳定氨来源。适用于电厂周围 200km 范围内有稳定氨源，且电厂周围没有学校、医院、居民密集区等环保目标的 300MW

及以下的燃煤机组。

3.2.3.3 影响因素

氨法脱硫效率主要受浆液 pH 值、液气比、停留时间、吸收剂用量、塔内气流分布等多种因素的影响。烟气中氯、氟等杂质在脱硫过程中逐渐富集于吸收液中，影响硫酸铵结晶形态和脱水效率，因此需定期外排并作净化处理。副产品硫酸铵具有腐蚀性，故吸收塔及下游湿式静电除雾器等应选择耐腐蚀材料。

3.2.3.4 技术发展

经过多年的发展，氨法脱硫工艺已从早先的简易氨法、单循环空塔喷淋技术等发展成为多段复合型吸收塔氨法脱硫技术，对煤种具有很好的适应性，在低、中、高含硫烟气治理上的脱硫效率达 99%以上。

目前，国内主要的氨法脱硫技术供应商有江南环保工程建设有限公司、国电龙源环保工程有限公司等。除火电行业外，氨法脱硫技术还在钢铁烧结烟气、化工含硫尾气等领域得到推广应用，最大单塔处理烟气量达到 140 万 m^3/h（最大单塔氨法脱硫烟气量与 300MW 燃煤发电机组烟气量相当）。

1. 改进型高效低排放技术

随着国家对 SO_2 排放浓度更严格的要求，不断改进其氨法脱硫工艺及设备，开发了专有的多段塔型、塔盘及喷淋结构，有效地改善了烟气分布，从而适应各种烟气条件下高效低排放要求。

2. 塔内饱和结晶技术

通过采用利用烟气热量实现硫铵料浆浓缩结晶，该技术有效降低装置能耗，节省装置运行成本。

3. 细微颗粒物控制技术

开发了脱硫中提升烟尘洗涤效率的喷淋分布技术、控制吸收液携带技术和高效的超声波除尘除雾器，从而控制脱硫净烟气细微颗粒物排放，以使脱硫净烟气中的烟尘含量低于 $10mg/m^3$。

4. 氨法超声波脱硫除尘一体化技术

通过高效喷淋、高效气液分布、高效氧化技术对吸收系统进行提效，实现了高效脱硫并显著控制了气溶胶的生成和氨逃逸，脱硫效率达到 99%以上，保证脱硫塔出口烟气满足 SO_2 浓度低于 $35mg/m^3$ 的超低排放要求。此外，脱硫后的净烟气中携带有吸收液液滴、烟尘和吸收剂，经充分除雾后进入超声波除尘装置，在超声波的作用下，烟尘和气溶胶等细微颗粒物发生共振结合、凝并增大，细微颗粒物的粒径显著增加，去除效果大大提升。最后采用多级高效除雾器，实现净烟气总尘含量满足 $10 mg/m^3$ 或 $5mg/m^3$ 的超低排放要求。

3.2.4 海水脱硫技术与发展

3.2.4.1 技术原理

海水脱硫技术是利用天然海水的碱性，脱除烟气中的 SO_2，再用空气强制氧化为硫酸盐溶于海水中。天然海水中含有大量 HCO_3^-、CO_3^{2-}等离子，碱度为 1.2～2.5 mmol/L，pH≈8.0，具有较强的 SO_2 吸收和酸碱缓冲能力。

3.2.4.2 技术性能

海水法烟气脱硫技术是以海水为脱硫吸收剂，除空气外不需其他添加剂，工艺简洁，运行可靠，维护方便。

通过优化塔内烟气流场分布、液气比、加装海水均布装置等手段，可实现 SO_2 达标和或超低排放要求。但受地域限制，仅适用于燃煤含硫量不高于 1%、有较好海域扩散条件的滨海燃煤电厂，须满足近岸海域环境功能区划要求。

3.2.4.3 影响因素

海水脱硫效率受海水碱度、液气比、塔内烟气流场分布等因素影响。

3.2.4.4 技术发展

我国第一座海水脱硫工程采用的是艾波比集团公司（Asea Brown Boveri，ABB）技术，应用在深圳西部电厂的 300MW 机组上，于 1999 年投产运行。此后，海水脱硫在我国沿海多个电厂得到应用。2010 年投运的浙江舟山电厂 3 号机组（1×300MW）是国内首个海水脱硫的特许经营项目，至今运行状态良好；广东华能海门电厂 4×1036MW 机组是当前世界单台机组容量最大的海水烟气脱硫工程之一。

传统的直接利用海水的脱硫工艺，脱硫效率一般达到 90%，难以实现 SO_2 超低排放的要求。在国家 863 计划的支持下，北京龙源环保工程公司通过优化吸收塔内烟气流场分布、液气比，并加装海水均布等装置，提高传质效率，开发出第三代海水脱硫技术，可实现脱硫效率 99%以上，满足《火电厂大气污染物排放标准》（GB 13223—2011）特别排放限值 50 mg/m^3 及超低排放 35 mg/m^3 的要求。

在神华国华舟山电厂 4 号机组的海水脱硫工程中，通过改用低压力大孔径喷嘴，防止小颗粒物堵塞、覆盖“喷淋死区”，改善烟气流场和海水配水流场的不均匀性，脱硫效率可达 99%以上，在燃煤含硫量小于 1%的情况下，稳定实现 SO_2 的超低排放，是国内首个实现烟气污染物超低排放的新建机组。

3.2.5 其他脱硫技术与发展

3.2.5.1 活性焦脱硫技术

当烟气中有 O_2 和水蒸气时，利用活性焦表面的催化作用，将其吸附的 SO_2 氧化为 SO_3，SO_3 再和水蒸气反应生成硫酸。随着活性焦表面硫酸的增加，活性焦的吸附能力也逐渐降低，因此，需通过洗涤或加热方式再生。

与石灰石–石膏湿法脱硫相比，该技术可节约水 80%以上，适合水资源匮乏地区；脱硫温度在 140℃左右，烟气不用再热；腐蚀性小。可实现硫的资源利用，对环境二次污染小，在活性焦输送、筛分过程中产生粉尘。该技术需在较低气流速度下进行吸附，所需活性焦体积较大，且运行中活性焦存在磨损、失活等问题。该技术脱硫效率大于 95%，同时具有

脱硝、除汞等功能，在国内电力行业工程应用较少。

3.2.5.2 镁法脱硫技术

镁法脱硫技术的脱硫原理和石灰石–石膏法脱硫技术一致，其脱硫剂为 MgO 或 $Mg(OH)_2$。其脱硫终产物为 $MgSO_4$ 溶液，可直接排放入大海（海水中 $MgSO_4$ 的含量在 0.21% 左右）。镁法脱硫塔出口的烟气温度较低，烟气可以直接通过湿烟囱排放，但对于改造工程，为了尽量利用原设备，减少投资，故可在脱硫塔烟气出口装设升温装置，再引至烟囱排放。脱硫终产物无副产品回收，因此系统较石灰石–石膏法简单很多，占地面积相应减少很多。因此，初始投资低，脱硫效率高（一般在 95%左右），该技术在日本、欧洲以及我国台湾地区的中小型电站应用极为普遍，我国内地已有应用。

3.2.5.3 双碱法脱硫技术

双碱法是采用钠基脱硫剂进行塔内脱硫，由于钠基脱硫剂碱性强，吸收二氧化硫后反应产物溶解度大，不会造成过饱和结晶及结垢堵塞问题。脱硫产物被排入再生池内用氢氧化钙进行还原再生，再生出的钠基脱硫剂循环使用。该工艺因 Na_2SO_3 氧化副反应产物 Na_2SO_4 较难再生，需不断的补充 NaOH 或 Na_2CO_3 而增加碱的消耗量。另外，Na_2SO_4 的存在也将降低石膏的质量，该技术在大型电站上应用较少，目前小型锅炉技改中有很多应用。

3.3 NO_x 超低排放技术

3.3.1 SCR 脱硝技术与发展

3.3.1.1 技术原理

选择性催化剂还原（Selective Catalyst Reduction，SCR）技术是指利用脱硝还原剂，在催化剂作用下选择性地将烟气中的 NO_x（主要是 NO、NO_2）还原成无害的氮气（N_2）和水（H_2O），从而达到脱除 NO_x 的目的。SCR 脱硝系统一般由还原剂储存系统、还原剂混合系统、还原剂喷射系统、反应器系统及监测控制系统等组成。SCR 反应器多为高尘高温布置，即安装在锅炉省煤器与空气预热器之间。

3.3.1.2 技术性能

SCR 脱硝技术对场地要求相对较高，需要新建 SCR 反应器；脱硝效率较高，可达 90% 以上；初始投资和运行成本较高。

SCR 脱硝技术适应性强，适合我国燃煤机组煤质多变、机组负荷变动频繁的特点；适用于新建和现役机组改造；运行温度范围一般为 300～420℃，不同种类的催化剂 SCR 运行温度区间存在差异。

3.3.1.3 影响因素

影响 SCR 脱硝效率的因素主要包括燃料特性、催化剂性能、温度、烟气流速、氨氮摩尔比、烟气均匀性、飞灰等。

1. 燃料特性

我国的燃煤煤种和煤质变化大，近年来煤质掺烧、高灰分情况比较普遍，且给 SCR 催化剂的设计选型带来很大挑战，此外，技改项目输入条件的确认时缺乏严肃性，煤质，烟气参数确定不具有代表性，尤其烟气携带的重金属等含量数据未能提供，会增大砷化物和碱金属等使催化剂中毒失活的风险。煤种的变化要求催化剂能够适应不同的燃料和烟气成分的要求。对 SCR 有影响的燃料特性主要有燃料的含灰量、含硫量、碱土金属、氯离子、氟离子、重金属等。

2. 催化剂性能

催化剂一般保证 2～3 年寿命。由于长期处于高温、高尘的环境中，催化剂的微孔会逐渐变形、堵塞，同时烟气中的各种微量重金属也会对催化剂产生毒化作用。研究表明，一般情况下经过 16000h（约 2 年）的使用，SCR 催化剂的活性会降至初始的 0.8。催化剂的实际使用寿命因催化剂类型、操作条件而不同，催化剂要求活性高、寿命长、耐磨、防堵、抗中毒。

3. 温度

烟气温度是影响 NO_x 脱除效率的重要因素。一方面，当烟气温度低时，催化剂的活性会降低，NO_x 的脱除效率随之降低，且 NH_3 的逃逸率增大，SO_3 与 NH_3 反应生成$(NH_4)_2SO_4$ 和 NH_4HSO_4，硫铵盐沉积在催化剂表面，降低催化剂的活性，同时，硫铵盐可导致空气预热器堵塞、烟道积灰与腐蚀。为防止这一现象产生，既要严格控制氨逃逸量和 SO_2 氧化率，减少 NH_4HSO_4 在催化层和后部空气预热器上的形成，又要保证 SCR 反应温度高于 300℃。另一方面，温度高于 400℃时，NH_3 的副反应发生，导致烟气中的 NO_x 增加，同时又容易发生催化剂的熔结，微孔消失，使催化剂失效。因此一般 SCR 反应温度都控制在 300～400℃。在系统设计和运行时，选择和控制好烟气温度尤为重要。

4. 烟气流速

对于 SCR 反应器，衡量烟气（标准状态下的湿烟气）在催化剂容积内的停留时间尺度的指标是空间速度（Space Velocity，SV），它在某种程度上决定反应物是否完全反应，同时也决定着反应器催化剂骨架的冲刷和烟气的沿程阻力。空间速度大，烟气在反应器内的停留时间短，在同等反应活性条件下可以节省催化剂的体积，降低成本，但反应有可能不完全，NH_3 的逃逸量大，同时烟气对催化剂骨架的冲刷也大。对于固态排渣炉高灰段布置的 SCR 反应器，由于设计的脱硝效率的不同，空间速度可以在 1500～6000h^{-1} 之间进行选择，脱硝效率越高，空间速度越小，脱硝效率越低，空间速度越大。对于设计脱硝效率在 80%～85%，空间速度一般为 2500～3000h^{-1}。不同的催化剂厂家，设计流速各不相同，且在一定的 NH_3 逃逸率下，不同催化剂厂家的操作烟气流速变化范围也不同，反应器内的烟气流速一般为 4～6m/s。

5. 氨氮摩尔比与烟气均匀性

理论上，1molNO_x（NO）需要 1mol 的 NH_3 去脱除，NH_3 量不足会导致 NO_x 的脱除效率降低；但 NH_3 过量时，多余的 NH_3 与烟气中的 SO_3 反应形成硫铵盐，导致空气预热器堵

塞、烟道积灰与腐蚀。另外，NH_3 吸附在飞灰上，会影响飞灰的再利用价值，氨泄漏到大气中对大气造成新的污染，故氨的逃逸量一般要求控制在 2.28mg/m^3 以下。当 NH_3 逃逸量超过允许值时，必须额外安装催化剂或用新的催化剂替换掉失活的催化剂。实际运行过程中喷入的 NH_3 量随着机组负荷的变化而变化，目前 SCR 装置负荷变化的响应时间跟随能力为 5～30s。运行中，通常取 NH_3：NO_x（摩尔比）为 0.8～0.85，最大不超过 1.05。

烟气的均匀混合对于既保证 NO_x 的脱除效率，又保证较低的氨逃逸量是很重要的。如果 NH_3 与烟气混合不均，即使 NH_3 的输入量不大，NH_3 与 NO_x 也不能充分反应，不仅达不到脱硝的目的还会增加氨的逃逸率。因此，速度分布均匀、流动方向调整得当时，NO_x 转化率、氨逃逸率和催化剂的寿命才能得以保证。采用合理的喷嘴格栅，并为氨和烟气提供足够长的混合烟道，是使氨和烟气均匀混合的有效措施，可以避免由于氨和烟气的混合不均所引起的一系列问题。

6. 飞灰

在锅炉燃烧过程中，由于煤种变化和局部燃烧扰动，通常在炉膛或对流受热面形成多孔且形状不规则的“爆米花状”灰，其粒径可达 10mm。对于 SCR 催化剂，4mm 或 5mm 就会造成堵塞，因此有些 SCR 催化剂顶层会出现被“爆米花状”灰堵塞的情况，导致烟气阻力增加，催化剂性能降低，甚至可能造成 SCR 装置停运。可以通过采用加强吹灰手段，选用板式催化剂等手段来消除其影响。譬如美国巴布科克•威尔科克斯有限公司（简称美国巴威公司或美国 B&W 公司）不仅设计了“偏转板”使“爆米花状”灰进入省煤器灰斗，还设计了筛式挡板用来收集灰，并把它们送入省煤器灰斗。

飞灰不但会对催化剂造成磨蚀，而且能沉积在催化剂上，引起催化剂小孔堵塞。因此需要在设计反应系统时采取措施来有效减少通过催化剂的飞灰含量，此外应利用吹灰器对催化剂进行定期吹扫，必要时应设置催化剂前置吹灰系统，可以保证及时清理积灰。如果出现“爆米花状”灰时，则应装设拦截网。在 SCR 装置停炉检修之前，应当对所有催化剂层进行 1～2 次强行吹扫，清除已有的积灰，并进行一次真空吸尘。在启动过程中，应加强反应器吹灰，避免催化剂上沉积炭粒过多着火。停机后锅炉吹扫应在催化剂温度降到 200℃以下后再进行，避免催化剂着火。

3.3.1.4 技术发展

自 20 世纪 70 年代后期在日本安装第一台电厂 SCR 装置以来，SCR 技术得到迅猛发展，SCR 烟气脱硝设施已成为很多发达国家燃煤发电机组的必需装备。

“十二五”期间，我国燃煤电厂脱硝改造呈全面爆发的增长趋势，其中 SCR 技术占火电机组脱硝容量的 95%以上。催化剂是 SCR 技术的核心，目前国内外采用的催化剂主要为 V_2O_5–TiO_2 体系（添加 WO_3 或 MoO_3 作为助剂），该催化剂效率高、稳定可靠。近年来我国在催化剂原料生产、配方开发、国情及工况适应性等方面均取得了很大进步，同时对失活催化剂再生技术、废催化剂回收技术、吹灰改进技术、反应器流场优化、全负荷脱硝技术等的研发也取得令人瞩目的成果。近年来我国在全负荷脱硝、脱硝增效、催化剂、全截面多点法测量与喷氨优化等方面取得了重要进展。我国在 SCR 脱硝技术领域的基础研究和产业化应用方面取得了重要突破和进展，与国外先进技术水平的差距正在逐渐缩小，且有部分技术达到国际领先水平。

1. 全负荷脱硝技术

锅炉启停及负荷较低时，反应器入口烟气温度较低，生成的硫酸氢铵沉积在催化剂和下游设备上，导致催化剂活性下降和设备堵塞，系统无法正常运行。为保证 SCR 脱硝系统全负荷运行，主要技术路线有：通过改造锅炉热力系统或烟气系统，提高低负荷阶段 SCR 反应器入口温度；采用宽温催化剂，提高催化剂低温活性。

提升脱硝装置入口烟气温度主要有省煤器分级改造、加热省煤器给水、省煤器烟气旁路、省煤器水旁路、省煤器分割烟道等方案。其中省煤器分级改造、加热省煤器给水和省煤器分割烟道有较多应用。宽温度窗口催化剂是在常规 $V-W-TiO_2$ 催化剂的基础上，通过添加其他元素改进催化剂性能，提高低温下催化剂活性，实现全负荷脱硝。

2. 脱硝增效技术

SCR 脱硝增效技术主要包括增加催化剂用量、高效混合喷氨和流场优化技术等。

增加催化剂用量。采用增加运行催化剂层数至 3～4 层或更多（或增加每层催化剂有效高度至 1.2m），脱硝效率可提高至 90%以上，以满足更高的 NO_x 排放要求。该技术单纯利用增加催化剂实现 NO_x 的高效脱除，可能造成空气预热器堵塞等问题。

高效喷氨混合和流场优化技术。通过优化喷氨格栅或涡流混合器设计确保氨氮混合均匀、结合实际工况进行计算流体动力学（Computational Fluid Dynamics，CFD）模拟优化流场设计、在 SCR 入口竖向烟道增设大颗粒拦截网、定期抽检催化剂活性、锅炉热系统调节，以及全截面多点实时监测和动态精准按需喷氨调控技术等手段，确保 SCR 系统温度场、浓度场、速度场满足反应要求，解决氨混合不匀、流场不均易导致的脱硝效率下降、逃逸氨增加等问题，保障系统稳定运行。

3. 脱硝催化剂技术

在催化剂补充、更换、再生、运行优化等方面建立一套先进的管理模式，对催化剂的性能、寿命、运行优化等多方面提供准确的检测数据，在实现脱硝效率保证值的同时，延长催化剂使用寿命，降低烟气脱硝系统运行成本。

（1）催化剂改进技术。在催化剂原料生产、配方开发、煤种及工况适应性等方面均取得重要进展。针对高灰分煤种，通过优化催化剂载体结构强度，提高催化剂耐磨损及耐冲刷性能；针对高硫分煤种，通过优化催化剂配方，降低催化剂 SO_2/SO_3 转化率，同时采用精确喷氨控制技术和流场优化技术减少氨逃逸，减少硫酸氢铵生成，减缓下游空气预热器堵塞及烟道腐蚀；针对汞控制问题，通过改变脱硝催化剂配方，提高零价汞的氧化率，结合湿法脱硫装置的洗涤除汞功能，实现汞的协同脱除。

（2）催化剂再生技术。失活催化剂再生技术，是通过物理或化学手段去除失活催化剂上的有害物质或使中毒活性恢复，使催化剂活性得以部分甚至完全恢复。催化剂再生包括现场再生和固定点再生，再生后催化剂活性可达到最初性能的 90%以上，SO_2/SO_3 转化率低于 1%，氨逃逸低于 2.5mg/m^3，再生成本为 5000～15000 元/m^3。该技术可有效延长催化剂的使用寿命，降低更换催化剂成本，实现资源循环利用，且可减少废催化剂的处置。

（3）催化剂（回收）资源化技术。失活催化剂不可再生后属于危险废物，如果处置不当将会引起二次污染，鉴于催化剂中含有 V、W、Ti 等金属元素，开发废弃催化剂中金属元素回收技术及装备研究，能在很大程度上提高催化剂的资源利用率，具有较好的经济性。

4. 全截面多点法测量与喷氨优化技术

SCR 截面上 NO_x 分布不均匀，NO_x 单点测量以点代面喷氨，导致低 NO_x 区域氨过量，从而增加硫酸氢铵的生成，使催化剂活性下降和下游设备堵塞，为减少喷氨过量生成硫酸氢铵，提出 NH_3/NO_x 摩尔比全截面多点测量与喷氨优化技术，主要技术路线：采用多个自动调节阀门进行喷氨，SCR 出入口截面布置多点测量 NO_x，实现测量–调整–测量的闭环自动控制，实现最优的 NH_3/NO_x 摩尔比，减少氨逃逸。

5. 减少氨逃逸技术

引起脱硝机组氨逃逸的原因有很多，如氨混合不匀、流场不均、通道堵塞、烟温过低、催化剂失活等。通过优化喷氨格栅、涡流混合器设计确保氨混合均匀、利用在线 NO_x 全截面多点法测量与喷氨优化技术减少喷氨量、结合实际工况进行 CFD 模拟优化流场设计、在 SCR 入口竖向烟道增设大颗粒拦截网以及锅炉热系统调节确保喷氨温度、定期抽检催化剂活性等手段，确保系统运行的优化状态，可有效减少氨逃逸。

脱硝喷氨支阀不能根据出口 NO_x 或氨逃逸分布情况实现分区域自动调整是导致机组各负荷段氨逃逸率高且波动大的主要原因。将喷氨支阀设计为电动门并完善出口 NO_x 或氨逃逸率测量系统，实现根据机组负荷分区域智能调节喷氨量。

利用在线烟气 NO_x 全截面多点法测量系统与喷氨优化技术相结合的方式，实行闭环自动控制优化喷氨，实现最优的 NO_x/NH_3 等摩尔比。对 SCR 入出口 NO_x 和 O_2 的实时断面扫描测量，设计了 SCR 出口 NO_x 前馈–反馈均衡控制器。均衡控制器的前馈部分根据不同的工况组合（锅炉负荷、磨煤机组合、风门开度等）生成喷氨格栅（Ammonia-injection Grid，AIG）门组的开度指令，实现变工况时的快速调节；均衡控制器的闭环部分根据 SCR 出口格栅间 NO_x 标准差实现对 AIG 门组开度的精细调节。应用该系统后可显著减小 SCR 出口 NO_x 浓度偏差，SCR 出口 NO_x 分布的平均偏差值<12%；减少喷氨量>3%、氨逃逸量<3mg/m^3、延长催化剂的使用寿命。

6. 空气预热器防堵塞技术

脱硝机组空气预热器堵塞的必要条件是空气预热器内发生硫酸氢氨生成和沉积的现象。硫酸氢氨生成的充要条件是烟气中同时含有 NH_3 和 SO_3。气态硫酸氢氨能否在空气预热器蓄热片表面凝结和沉积取决于空气预热器中烟气温度。另外，烟气温度还影响硫酸氢氨的生成途径。当烟气温度较低时，气态 H_2SO_4 会在蓄热片表面凝结形成酸液层，并与烟气中气态 NH_3 和飞灰吸附氨反应生成硫酸氢氨，增加蓄热片表面硫酸氢氨的含量。因此，控制空气预热器中硫酸氢氨的生成量可从控制脱硝系统氨逃逸和烟气中 SO_3 浓度着手，控制硫酸氢氨生成途径和沉积方式可从控制空气预热器内烟气温度着手。

硫酸氢氨是 NH_3 与 SO_3 两者反应产物，降低空气预热器入口 NH_3 浓度或 SO_3 浓度均可减少空气预热器中硫酸氢氨的生成量。由于空气预热器入口烟气中 SO_3 浓度远高于 NH_3 浓度，因此当两者反应时浓度相对较低的 NH_3 基本可全部转化为硫酸氢氨，而浓度相对较高的 SO_3 出现过剩，过剩的 SO_3 并未形成硫酸氢氨而是随着烟气排出空气预热器。由此可知，空气预热器中浓度相对较低的 NH_3 是决定硫酸氢氨生成量的关键核心，与控制空气预热器入口 SO_3 浓度相比，控制空气预热器入口 NH_3 逃逸浓度对减少空气预热器中硫酸氢氨的生成量更有效，且更简单可行。

3.3.2 SNCR 脱硝技术与发展

3.3.2.1 技术原理

选择性非催化还原（Selective Non-catalytic Reduction，SNCR）技术是指在不使用催化剂的情况下，在炉膛烟气温度适宜处（850～1150℃）喷入含氨基的还原剂（一般为氨或尿素等），利用炉内高温促使氨和 NO_x 反应，将烟气中的 NO_x 还原为 N_2 和 H_2O。典型的 SNCR 系统由还原剂储存系统、还原剂喷入装置及相应的控制系统组成。

当温度低于 850℃时，反应不完全，NH_3 的逃逸率高，造成二次污染，导致脱硝不完全。当温度过高时，NH_3 将被氧化为 NO。温度过高或过低都不利于对污染物排放的控制。适宜的温度区间被称作温度窗口，在 SNCR 的应用过程中，温度窗口的选择是至关重要的。

3.3.2.2 技术性能

与 SCR 技术相比，不需要催化剂和催化反应器，占地面积较小，建设周期短、改造方便、初始投资低，脱硝效率中等。

SNCR 脱硝技术对温度窗口要求严格，对机组负荷变化适应性差，适用于小型煤粉炉和循环流化床锅炉，300MW 及以上的大型煤粉锅炉无应用案例。

3.3.2.3 影响因素

SNCR 主要影响因素包括：反应温度、烟气和还原剂的混合均匀程度、还原剂停留时间、氨氮摩尔比、还原剂类型、还原剂喷入点的选择、添加剂、NO_x 初始浓度等。

1. 反应温度

使用液氨作为还原剂，最佳反应温度区域为 870～1100℃；使用尿素作为还原剂，最佳反应温度区域为 900～1150℃。

当采用氨作为还原剂时，添加氢气可减小最佳反应温度范围。用尿素作还原剂时应用添加剂也能有效地扩大反应温度窗口。工业应用的典型还原剂为 NO_xOUTA、NO_xOUT34 和 NO_xOUT83。NO_xOUTA 为 45%的尿素溶液加防腐、防垢添加剂，其温度范围为 950～1050℃；NO_xOUT34 为多元醇混合剂，在高温下能分离出 OH 原子团，使尿素在 850℃以下也能反应；NO_xOUT83 可用于 700～850℃的低温范围，在该温度窗口内可分离出活性 NH_3，使 NO_x 还

原成 N_2。炉内烟气温度与锅炉的设计和运行条件有关，这些参数的确定，一般是由满足锅炉蒸汽发生的要求而确定的，而对于 SNCR 系统来说，通常不理想。不同锅炉之间炉膛上部对流区的烟温可相差±150℃。另外，锅炉负荷的波动也影响锅炉内温度，在低负荷时锅炉内温度就低。为适应锅炉负荷的波动，必须在炉膛内几个不同高度处安装喷射器，以保证在适当的温度喷入反应剂。

2. 烟气和还原剂的混合均匀程度

要发生还原反应，还原剂必须与烟气分散和混合均匀，两者的充分混合是保证充分反应的又一技术关键，也是保证在适当的 NH_3/NO_x 摩尔比下得到较高的 NO_x 脱除效率的基本条件之一。混合程度取决于锅炉形状和气流通过锅炉的方式。还原剂被特殊设计的喷嘴雾化成小液滴由喷入系统完成，喷嘴可控制液滴的粒径和粒径分布及喷射角度、速度和方向。大液滴动量大，能渗透到更远的烟气中，但是大液滴挥发时间长，需要增加停留时间才行。增加喷入液滴的动量，增多喷嘴的数量、增加喷入区的数量和对喷嘴节能型优化设计可提高还原剂与烟气的混合程度。

通过对烟气和还原剂的数值模拟可对喷射系统进行优化设计。还原剂与烟气混合不好会使 NO_x 还原反应效果降低，可用下列方法改善混合效果：①增加传给液滴的能量；②增加喷嘴的个数；③增加喷射区的数量；④改进雾化喷嘴的设计以改善液滴的大小、分布、喷雾角度和方向。以上几方面因素都涉及 SNCR 还原剂的喷射系统，所以在 SNCR 中，还原剂喷射系统的设计是一个非常重要的环节。

只有在以上 4 个方面的要求都满足，NO_x 脱除才会有令人满意的效果。大型燃煤电站锅炉由于炉膛尺寸大、锅炉负荷变化范围大，从而增加了对以上 4 个因素控制的难度，随着锅炉容量的增大，SNCR 的 NO_x 脱除效率呈下降的趋势。工程运用中通常采用的措施是优化雾化器的喷嘴，控制雾化液滴的粒径、喷射角度、穿透深度及覆盖范围。增加雾化器的数量，设置可伸入炉膛的多喷嘴尿素喷射器。强化尿素喷射器下游烟气的湍流混合，增加反应温度区域内的 NH_3/NO_x 扩散，提高反应速率。

3. 还原剂停留时间

还原剂必须和 NO_x 在合适的温度区域内有足够停留时间，才能保证烟气中的 NO_x 脱除率。滞留时间是指还原剂在化学反应区，即炉膛上部和对流区存在的总时间。当还原剂离开锅炉前，SNCR 系统必须完成所有以下过程：①喷入的尿素与烟气的混合；②水的蒸发；③尿素分解成 NH_3；④NH_3 再分解成 NH_2 等自由基；⑤NO_x 的还原反应。

若反应窗口温度较低，为获得相同的 NO_x 去除率，就需要有较长的滞留时间。加大停留时间有利于质量的输运和化学反应，从而提高反应效率。滞留时间在 0.001～10s 范围内波动，但为获得较高的 NO_x 脱除率，要求最低的滞留时间为 0.5s。试验研究表明：停留时间从 100ms 增加到 500ms，NO_x 最大脱除效率从 70%上升到了 93%左右。在实际情况下，一般不低于 0.5s。停留时间的大小决定于烟气路径的尺度和流速。反应剂在反应温度窗口的滞留时间与锅炉气流通道及其沿程烟气的体积流量有关，而为了避免管路的腐蚀，还原剂的最低流速也需要高于一定值。这些参数通常从锅炉运行角度而不是从 SNCR 系统运行考虑而优化设计的，因此它们对 SNCR 系统来说是不算太理想，这也是 SNCR 效率低的原因之一。

4. 氨氮摩尔比（Normalized Stoichiometric Ratio，NSR）

根据 NO_x 和氨或尿素的反应式，理论上用 1mol 的尿素或 2mol 的氨可去除 2mol 的 NO_x。而实际上喷入锅炉烟气中的还原剂要比此值高，这是因为 NO_x 和注入还原剂的化学反应复杂性，以及还原剂与烟气的混合等因素所致。典型的 NSR 值一般为 0.5～3。已有的运行经验显示，NH_3/NO_x 摩尔比一般控制在 1.0～2.0 之间，最大不要超过 2.5。NH_3/NO_x 摩尔比过大，虽然有利于 NO_x 脱除，但氨逃逸量加大又会造成新的问题，同时还增加了运行费用。因为 SNCR 的建设与运行费用的高低与还原剂的用量有关，因此决定合适的 NSR 值非常关键。影响 NSR 值的因素包括：①NO_x 的还原率；②处理前烟气的 NO_x 浓度；③NO_x 还原反应的温度和滞留时间；④还原剂与烟气在锅炉内的混合程度；⑤允许的氨逃逸量。

NO_x 脱除效率随 NSR 增加而增加。但当 NSR 继续增加时，NO_x 还原反应的增值将按指数下降。当 NSR 值超过 2.0 时，增多还原剂用量不会显著提高 NO_x 脱除效率。

喷入高 NSR 值的尿素能改善 NO_x 还原率，但氨的逃逸量也相应增加。当燃料中含氯化物时，逃逸的 NH_3 会生成 NH_4Cl，引起烟囱烟羽能见度问题；当燃烧含硫燃料时，会生成 NH_4HSO_4 和 $(NH_4)_2SO_4$，这些硫铵盐会沉积、堵塞和腐蚀锅炉尾部设备，如空气预热器、烟道、风机等。一般来说，SNCR 系统控制氨逃逸量在 8mg/m^3 以下。

5. 还原剂类型

国外研究了氨、尿素、氰尿酸（异氰酸）三种不同的还原剂的脱硝过程，发现三种还原剂在不同的氧量和温度下还原 NO_x 的特性不一样，氨的合适反应温度最低，异氰酸的合适反应温度最高，氨、尿素、氰尿酸三种还原剂分别在 1%、5%和 12%的氧量下脱硝效果最好。尿素在热解过程中等量地生成 NH_3 和 HCN，因此，尿素的脱硝过程应该是异氰酸和氨的组合。

6. 还原剂喷入点的选择

NO_x 的还原是在特定的温度下进行的，在这个温度下能够提供所需要的热量。在较低温度下，反应速率非常慢，造成大量氨的逃逸；而在过高温情况下，氨又会氧化生成 NO_x。氨喷入的理想温度是 850～1050℃，尿素为 900～1100℃。在尿素中可以添加一些附加成分以扩大反应的温度范围。一般来说，注入位置在锅炉的过热器和再热器的辐射对流区，这个位置有合适的温度范围。适当的喷射位置能保证很高的 NO_x 脱除效率。

喷入点位置选择取决于炉膛温度的制约。一般采用计算机模拟和流体力学、计算燃烧学来模拟锅炉内烟气的流场分布和温度分布，同时辅以冷态与实物等比例缩小的流场装置试验，以此为设计依据来合理选择喷射点和喷射方式。

喷入点位置模拟应着重考虑以下几方面：①还原剂的分布均匀性；②喷入点反应温度、基线 NO_x 浓度；③尿素与 NO_x 的反应结合及停留时间；④喷射区 CO 浓度及氨逃逸比例。

7. 添加剂

在还原剂中加入添加剂可降低最佳操作温度，但是也会影响脱除效率。如在每摩尔 NH_3

中加入 0.5mol 的甲烷时，最佳操作温度从 1030℃下降到 916℃，但最大 NO_x 脱除效率从 68%下降到 60%，当甲烷与 NH_3 的比为 1∶1 时，最大的 NO_x 脱除效率又有所下降。

在尿素中添加有机烃类，如酒精、糖类、纤维有机酸等，可增加烟气中的烃基浓度，从而增强对 NO 的还原，还可以使操作温度降低 20℃左右。使用辅助剂在保证尿素 SNCR 系统中 NO_x 脱除效率的同时，还能抑制 N_2O 的生成。

此外，其他含氮物质（如胺、羟胺、蛋白质、换装含氮化合物、吡啶、有机胺盐等）也可用来还原 NO_x，有的还原剂所需要的还原温度比尿素还低，如吡啶在 160℃左右也很有效。

8. NO_x 初始浓度

在烟气 SNCR 过程中，随着初始 NO 浓度的下降，脱硝效率下降。存在一个 NO 的临界浓度，NO 的初始浓度如果小于这个临界值，那么无论如何增加氨氮摩尔比，也不能脱除 NO。但从 SNCR 脱硝过程的脱硝效率来看，许多试验都表明了在合适的温度下，能达到超过 90%的脱硝效率，能达到的最低 NO 浓度基本下降到 $10mg/m^3$ 以下，因此临界初始浓度的讨论对实际的技术应用意义只在于指明在高温下 NO 浓度的下降受到一个动力学平衡的限制。反应物的浓度对 NO_x 的还原反应也有影响，反应动力学随反应物浓度的降低而下降，这是因为从热力学考虑，在低 NO_x 浓度下还原反应受到限制。对于较低的入口 NO_x 浓度，所需的最佳反应温度也较低，因而 NO_x 还原百分数也较低。

3.3.2.4 技术发展

SNCR 烟气脱硝技术是当前燃煤电厂采用的炉内脱硝技术之一。此工艺在没有催化剂、温度为 850～1100℃的范围内，将氮的还原剂（一般是氨或尿素）喷入烟气中，将 NO_x 还原，生成氮气和水。由于受到煤种、锅炉结构形式和运行方式等的影响，SNCR 脱硝技术的脱硝性能变化比较大。SNCR 脱硝技术是循环流化床（Circulating Fluid Bed，CFB）锅炉脱硝改造首选技术。大量的研究围绕 SNCR 脱硝技术特点和对 CFB 锅炉烟气脱硝的适用性展开，研究结果表明 CFB 锅炉采用 SNCR 技术进行烟气脱硝，无论是采用尿素、液氨还是氨水作为还原剂，都可有效控制锅炉烟气 NO_x 浓度，脱硝效率在 50%～80%，同时氨逃逸率低于 $8mg/m^3$。

发达国家 SNCR 技术研究起步早，开展了大量有关 SNCR 反应机理、反应特性、工程应用的研究，收集了较完备的运行关键参数，形成了大量核心专利。而我国相关技术研究起步较晚、减排任务重，相关研究大都在借鉴国外经验基础上，结合国内煤种、掺烧等实际情况开展。目前我国新技术研究主要集中在系统优化、循环流化床 SNCR 技术研究与工程应用等方面。

1. 系统优化技术

针对 SNCR 脱硝技术存在混合不均匀、工况波动影响大、NH_3 和 N_2O 排放等问题，我国研究者从系统优化角度进行进一步研究。研究高温 NH_3 非催化还原 NO 动力学机理试验和模型；研究 SNCR 技术合适的反应条件，优化温度场和速度场的均匀性，以强化还原剂与烟气混合，提高脱硝效率；研究优化 SNCR 喷嘴布置等方式，使还原剂与气体的均匀混合，提高脱硝效率；针对 SNCR 脱硝反应温度区间较为苛刻，研究采用脱硝添加剂，扩展 SNCR 温度反应区间，以提高该技术温度适应性等。

2. 工程应用技术

随着 SNCR 技术和氮还原反应的深入理解，SNCR 技术又有了很多新的发展。实践已经证明，它与燃料分级、空气分级、SCR 技术之间可以产生协同作用，是一种工程应用背景很强的技术。因此无论从理解 NO_x 生成和控制原理，还是从发展先进的 NO_x 控制技术的角度来说，对 SNCR 的反应原理和应用技术上的发展都是至关重要的。从混合良好的实验室试验结果来看，SNCR 可达到很高的脱硝效率；而实际大型工业应用中，SNCR 脱硝技术的脱硝率在 30%～75%之间，而且和现场的工况条件联系很密切。

3.3.3 SNCR-SCR 脱硝技术与发展

3.3.3.1 技术原理

SNCR-SCR 联合脱硝技术是将 SNCR 与 SCR 联合应用，即在炉膛上部 850～1150℃的高温区域对 NO_x 进行脱除，同时在锅炉尾部利用较少的催化剂进一步脱除 NO_x，减少系统的氨逃逸。SNCR-SCR 联合脱硝系统一般由还原剂储存系统、还原剂混合喷射系统、催化剂及监测控制系统等组成。

3.3.3.2 技术性能

在 SCR、SNCR 及联合 SNCR-SCR 三个工艺中，SNCR 工艺脱硝效率最低，一般在 40%以下，联合工艺同 SCR 工艺一样，可获得相似的脱硝效率。但从经济角度来说，通常脱硝效率设计在 80%以下。另外，与 SCR 脱硝技术相比，SNCR-SCR 联合脱硝技术中的 SCR 反应器一般较小，催化剂层数较少，且一般不再喷氨，而是利用 SNCR 的逃逸氨进行脱硝。

SNCR-SCR 脱硝技术适合受空间限制无法加装大量催化剂的现役中小型锅炉的改造。

3.3.3.3 影响因素

受 SNCR 和 SCR 性能影响因素的联合作用影响。

3.3.3.4 技术发展

SNCR-SCR 联合脱硝技术是将 SNCR 工艺中还原剂喷入炉膛的技术同 SCR 工艺中利用逸出氨进行催化反应的技术结合起来，从而进一步脱除 NO_x。利用这种联合脱硝技术可以实现 SNCR 出口的 NO_x 浓度再降低 50%～60%，氨的逃逸量小于 $3.8mg/m^3$，上游 SNCR 技术的使用降低了 SCR 入口的 NO_x 负荷，可以减少 SCR 催化剂使用量，从而降低催化剂投资；而 SCR 利用 SNCR 系统逃逸的 NH_3，可减少氨逃逸量，是一种结合 SCR 技术高效、SNCR 技术投资省的特点而发展起来的新型组合工艺。SNCR-SCR 脱硝技术是一种联体工艺，尤其在我国中小型锅炉中具有广阔的应用前景。

针对联合脱硝后端 SCR 反应中还原剂的不足问题，一般在锅炉尾部烟道布置补氨喷枪，提高系统脱硝效率；针对联合脱硝技术催化剂安装位置特殊、磨损较大的问题，采用防磨损部件及耐磨损催化剂，以延长催化剂的使用寿命。

另外，由于运行过程中前段 SNCR 脱硝区域的逃逸氨量控制困难，在保证脱硝效率的同时，还要保证逃逸氨量能够满足后端 SCR 区域脱硝的需求，实际控制比较困难。而氨气

与烟气在到达催化剂之前的混合不均匀问题，也会很大程度地影响 SCR 脱硝效率。这些问题都是 SNCR-SCR 联合脱硝技术在将来需要重点解决的。

3.4 燃煤电厂超低排放技术路线

3.4.1 技术路线选择基本原则

考虑到我国的环境状况，国家对煤电企业的环境监管日益严格，燃煤电厂在选择超低排放技术路线时，应选择技术上成熟可靠、经济上合理可行、运行上长期稳定、易于维护管理、具有一定节能效果的技术。烟气污染物超低排放技术路线选择时应遵循“因煤制宜、因炉制宜、因地制宜、统筹协同、兼顾发展”的基本原则。

（1）因煤制宜。不仅要考虑设计煤种和校核煤种，更要考虑实际燃用煤种与煤质波动，确保燃用不利煤质时能够实现超低排放。例如：

1）对于煤质较为稳定，灰分较低、易于荷电、灰硫比较大的烟气条件，优先选择低低温电除尘器与复合塔脱硫系统的技术组合，作为颗粒物超低排放技术路线。

2）对于煤质波动大，灰分较高、荷电性能差、灰硫比较小的烟气条件，优先选择电袋复合除尘器或袋式除尘器进行除尘。根据除尘器出口烟尘浓度及下游脱硫工艺的协同除尘效果，必要时选择加装湿式电除尘器。

（2）因炉制宜。考虑不同炉型的烟气特点（飞灰成分、性质等），选择不同的超低排放技术路线。例如：

1）循环流化床锅炉燃用劣质燃料时，灰分含量高，颗粒粒径较煤粉炉大，排烟温度普遍较高，优先选择电袋复合除尘器或袋式除尘器。

2）循环流化床锅炉燃用热值较高的煤炭时，宜选用低低温电除尘器。

（3）因地制宜。应考虑机组所处的海拔高程和改造机组的场地条件，选择不同的超低排放技术路线。例如：

1）采用双塔双 pH 值脱硫工艺、加装湿式电除尘器、增加电除尘器的电场数等一般都需要场地或空间条件。

2）对于位于高海拔地区的燃煤电厂，还应考虑相应高程的大气条件对烟气性质的影响，选择适宜的除尘器类型。

（4）统筹协同。烟气超低排放是一项系统工程，各设施之间相互影响，在设计、施工、运行过程中，要统筹考虑各设施之间的协同作用，全流程优化，实现污染物最佳控制效果。

（5）兼顾发展。不仅要达到当前的排放要求，还应考虑环境管理要求提高、经济技术发展和电力煤炭市场变化等因素，选择适宜的超低排放技术路线。

总之，燃煤电厂烟气污染物超低排放技术路线的选择既要考虑初始投资，也要考虑长期的运行费用；既要考虑投入，也要考虑节能减排的产出效益；既要考虑技术的先进性，也要考虑其运行可靠性；既要考虑超低排放的长期稳定性，也要考虑故障时运行维护的方便性；既要立足现在，也要兼顾长远。

3.4.2 颗粒物超低排放技术路线

燃煤电厂应综合采用一次除尘和二次除尘措施，实现颗粒物超低排放。

（1）一次除尘措施。为实现超低排放，在湿法脱硫前对烟尘的高效脱除，称为一次除尘，主流技术包括电除尘技术、电袋复合除尘技术和袋式除尘技术。电除尘技术通过采用高效电源供电、先进清灰方式以及低低温电除尘技术等有机组合，实现不低于 99.85%的除尘效率；采用超净电袋复合除尘器及高效袋式除尘器，实现不低于 99.9%的除尘效率。

（2）二次除尘措施。为实现超低排放，在烟气湿法脱硫过程中对颗粒物进行协同脱除、在烟气脱硫后采用湿式电除尘器进一步脱除颗粒物，称为二次除尘。石灰石–石膏湿法脱硫复合塔技术配套采用高效的除雾器或在脱硫系统内增加湿法除尘装置，协同除尘效率可不低于 70%；湿法脱硫后加装湿式电除尘器，除尘效率可不低于 70%，且除尘效果稳定。

燃煤电厂工程实际应用中应综合考虑各种技术的特点、适用性、经济性、成熟度及二次污染等，选择颗粒物超低排放技术路线，详见表 3-1。

表 3-1　颗粒物超低排放技术路线

锅炉类型（燃烧方式）	机组规模（万 kW）	入口烟气含尘浓度（mg/m^3）	一次除尘			二次除尘	
			电除尘（效率≥99.85%）	电袋复合除尘（效率≥99.9%）	袋式除尘（效率≥99.9%）	WESP（效率≥70%）	WFGD 协同（效率≥70%）
煤粉炉（切向燃烧、墙式燃烧）	≤20	≥30000	★	★★★	★★★	★★★	★
		20000～30000	★★	★★	★★	★★	★★
		≤20000	★★★	★	★	★	★★★
	30	≥30000	★	★★★	★★	★★★	★
		20000～30000	★★	★★	★	★★	★★
		≤20000	★★★	★	★	★	★★★
	≥60	≥30000	★	★★★	★	★★★	★
		20000～30000	★★	★★	★	★★	★★
		≤20000	★★★	★	★	★	★★★
煤粉炉（W 火焰燃烧）		≥30000	★	★★★	★★	★★★	★
		20000～30000	★★	★★★	★	★★	★★
		≤20000	★★★	★★	★	★	★★★
CFB 锅炉			★	★★★	★★	★★★	★

注 1．一次除尘措施的选择首先应结合煤质与灰的性质判断是否适合采用电除尘器，如不适用则应优先选择电袋复合除尘器或袋式除尘器。

2．对于一次除尘就要求烟尘浓度小于 $10mg/m^3$ 或 $5mg/m^3$ 实现超低排放的，宜优先选择超净电袋复合除尘器。

3．一次除尘器出口烟尘浓度为 30～$50mg/m^3$ 时，二次除尘宜选用湿式电除尘器（WESP）；一次除尘器出口烟尘浓度为 20～$30mg/m^3$ 时，二次除尘宜选用湿法脱硫（WFGD）协同除尘或 WESP；一次除尘器出口烟尘浓度小于 $20mg/m^3$ 时，二次除尘宜选用 WFGD 协同除尘。

4．表中★表征技术推荐程度，★越多综合效果越好，优先推荐。

3.4.3 SO_2超低排放技术路线

燃煤发电机组在实施二氧化硫超低排放控制技术的选择过程中应遵循以下原则：

（1）所选择的技术实施后 SO_2 排放浓度、总量控制应符合国家环保及地方超低排放要求。

（2）选用国内外经证实为成熟可靠的烟气脱硫技术，对现役机组应充分考虑原有技术及装备充分利旧，避免资源浪费。

（3）脱硫输入条件应可控，尤其是煤质、烟气参数（入口烟气量及浓度）等应在合适的范围内。

（4）综合比较初投资和运行费用，推荐年运行成本相对较低的方案。

针对不同入口浓度满足超低排放要求时，需要不同的脱硫效率，为实现稳定超低排放，脱硫塔出口 SO_2 浓度按 30mg/m^3 控制。采用石灰石–石膏湿法脱硫，入口浓度不大于1000mg/m^{3}时，脱硫效率要求在97%以上，可以选择传统空塔喷淋提效技术；入口浓度不大于2000mg/m^{3}时，脱硫效率要求在98.5%以上，可以选择复合塔脱硫技术中的双托盘、沸腾泡沫等；入口浓度不大于3000mg/m^{3}时，脱硫效率要求在99%以上，可以选择旋汇耦合、双托盘塔等技术；入口浓度不大于6000mg/m^{3}时，脱硫效率要求在99.5%以上，可以选择单塔双pH值、旋汇耦合、湍流管栅技术；入口浓度不大于10000mg/m^{3}时，脱硫效率要求在99.7%以上，可以选择空塔双pH值、旋汇耦合技术。当然，脱硫效率较高的脱硫技术能满足脱硫效率较低的要求，技术选择时应同时考虑经济性、可靠性，新建机组技术选择相对简单，而现役机组的应用技术、装备条件、场地等对技术选择影响很大，详见表3-2。

表3-2　石灰石–石膏湿法脱硫超低排放技术

SO_2入口浓度（mg/m^3）	主要脱硫工艺	要求脱硫效率（%）
≤1000	空塔提效	97
≤2000	双托盘、沸腾泡沫	98.5
≤3000	旋汇耦合、双托盘、湍流管栅	99
≤6000	单塔双pH值、旋汇耦合、湍流管栅	99.5
≤10000	空塔双pH值、旋汇耦合	99.7

注　1. 为实现稳定超低排放，脱硫效率按脱硫塔出口 SO_2 浓度 30mg/m^3 计算。
2. 适用于 SO_2 入口高浓度的技术，也适用于入口浓度较低时应用。

对于缺水地区，吸收剂质量有保证，入口 SO_2 浓度不大于 1500mg/m^3 的 300MW 级以下的燃煤机组，可以选择烟气循环流化床脱硫技术；结合循环流化床锅炉的炉内脱硫效率，可以应用于300MW级以下的中等含硫煤的循环流化床机组。对于滨海电厂且海水扩散条件较好、符合近岸海域环境功能区划要求时，对于入口 SO_2 浓度不大于 2000mg/m^3 的电厂，可以选择先进的海水脱硫技术。对于氨水或液氨来源稳定、运输距离短且电厂附近环境不敏感、300MW级及以下的燃煤机组，可以选择氨法脱硫。详见表3-3。

表 3-3　　烟气循环流化床、海水法、氨法脱硫超低排放技术

SO_2 入口浓度（mg/m^3）	地域	单机容量（MW）	超低排放技术
≤1500	尤其适合缺水地区	≤300	烟气循环流化床脱硫
≤2000	沿海地区	300～1000	海水脱硫
≤10000	电厂周围 200km 内有稳定氨源	≤300	氨法脱硫

3.4.4 NO_x超低排放技术路线

3.4.4.1 正常工况 NO_x超低排放技术路线

燃煤发电机组在实施 NO_x 超低排放控制技术的选择过程中应遵循以下原则：

（1）环保原则。NO_x 排放浓度、总量、脱硝工程技改方案符合国家和地方标准及相关文件的要求。

（2）技术原则。选用国内外成熟可靠的低氮燃烧技术和烟气脱硝技术。

（3）经济原则。综合比较初投资和运行费用，推荐年成本最低的方案。

锅炉低氮燃烧技术是控制 NO_x 的首选技术，在保证锅炉效率和安全的前提下应尽可能降低锅炉出口 NO_x 的浓度。

对于煤粉锅炉，应通过燃烧器改造和炉膛燃烧条件的优化，确保锅炉出口 NO_x 浓度小于 550mg/m^3。炉后采用 SCR 烟气脱硝，通过选择催化剂层数、精准喷氨、流场均布等措施保证脱硝设施稳定高效运行，实现 NO_x 超低排放。

对于循环流化床锅炉，应通过燃烧调整，确保 NO_x 生成浓度小于 200mg/m^3。通过加装 SNCR 脱硝装置，实现 NO_x 超低排放；必要时可采用 SNCR−SCR 联合脱硝技术。

对于燃用无烟煤的 W 型火焰锅炉，应通过合适的低氮燃烧技术在保证锅炉效率和安全的前提下尽可能降低锅炉出口 NO_x 的浓度，必要时可加装 SNCR 脱硝系统，确保 SNCR 脱硝出口浓度不超过 550mg/m^3，然后通过 SCR 脱硝（催化剂宜采用 3+1 层）最终实现 NO_x 超低排放，应采取有效措施避免氨逃逸过量，从而防止空气预热器堵塞。

各种炉型 NO_x 超低排放技术路线见表 3-4。

表 3-4　　NO_x 超低排放技术

炉型	入口浓度（mg/m^3）	脱硝效率（%）	SCR 催化剂层数	出口浓度（mg/m^3）
煤粉炉（切向燃烧、墙式燃烧）	<200	80	2+1	<50
	200～350	80～86	3+1	
	350～550	86～91		
循环流化床锅炉		60～80	SNCR（+SCR）	
W 型火焰锅炉		90 以上	SNCR+SCR（3+1）	

燃煤电厂在进行锅炉低氮燃烧技术改造时，应充分挖掘低氮燃烧器和空气分级燃烧在降低 NO_x 方面的潜力，同时避免出现锅炉效率降低、腐蚀和结焦等问题。在技改可研报告等设计文件中，应采取防止锅炉效率降低、腐蚀和结焦等问题的措施。

3.4.4.2 宽负荷 NO_x 超低排放技术路线

燃煤机组灵活性调节下负荷频繁快速变化、深度调峰对机组环保达标排放和超低排放产生了较大的影响。尤其是目前污染物排放指标均以小时均值为限，在超低负荷下机组 NO_x 污染物排放浓度短时超过限值的现象比较普遍。

目前深度调峰下运行时，对脱硝系统影响较大，对除尘、脱硫系统影响相对较小，但仍存在一定影响。机组负荷较低时，烟气温度降低，达不到催化剂的运行温度要求，由此导致催化剂失活、NO_x 排放超标等问题；烟气流速降低，催化剂积灰堵塞问题突出，催化剂有效反应面积减少，也会导致 NO_x 排放超标。且机组负荷快速变化时，炉膛出口 NO_x 浓度快速波动，脱硝喷氨滞后性明显，由此导致 NO_x 排放忽高忽低。而深调负荷下，大部分锅炉需要通过投油来稳燃，未燃尽的燃油也会影响除尘器和脱硫设备的正常运行。

目前，为解决低负荷时烟气达不到 SCR 脱硝系统最低运行温度问题，主要通过以下技术方案提高 SCR 脱硝装置入口烟气温度，实现宽负荷 NO_x 超低排放。

（1）省煤器烟气旁路改造。在机组较低负荷运行时，从省煤器上游烟道抽取较高温度的烟气（不经过省煤器受热面）与省煤器出口烟气混合，以此来提高 SCR 脱硝装置入口烟气温度。

（2）省煤器分级布置改造。将 SCR 脱硝装置前锅炉省煤器割除一部分，放置到 SCR 脱硝装置出口烟道，形成两段式省煤器。给水直接引至位于 SCR 后省煤器，然后通过连接管道引至反应器前省煤器中。由于反应器前省煤器吸热量减少，SCR 脱硝装置入口烟气温度可有效提升。

（3）省煤器水侧旁路+热水再循环改造。该方案分为两部分：第一部分是增设省煤器水旁路，减少流经省煤器的给水流量；第二部分是设置省煤器热水再循环管路，将省煤器出口热水送入入口给水管道，提高给水温度。该方案可显著减少省煤器水侧的吸热，提高 SCR 脱硝装置入口烟温。

（4）烟气温度均布改造。如催化剂入口烟气温度分布偏差超过±15℃时，须进行烟气流场混合改造，以提高催化剂入口烟气温度分布均匀性。

（5）更换宽温催化剂。宽温催化剂是通过配方和工艺的改良开发出来的适应更低烟气温度的 SCR 催化剂，其最低连续喷氨运行温度较常规催化剂明显降低。根据已投运的部分宽温催化剂来看，在无 SO_3 烟气条件下最低连续喷氨温度可以低至 200℃。更换宽温催化剂须进行低负荷运行评估，在实验室中模拟实际烟气中 SO_3 浓度条件，确定催化剂实际的最低连续喷氨运行温度和最大持续运行时间，确保催化剂在温度恢复到 300℃以上时活性可以完全恢复。

3.4.5 典型的烟气污染物超低排放技术路线

烟气污染物超低排放涉及烟气中颗粒物的超低排放、二氧化硫的超低排放以及 NO_x 的超低排放，每种污染物的超低排放都可以有多种技术选择，同时还需考虑不同污染物治理设施之间的协同作用，因此会组合出很多的技术路线，适用于不同燃煤电厂的具体条件。颗粒物的超低排放技术不仅涉及一次除尘，而且涉及二次除尘（深度除尘），比较而言，技术路线选择较多，这里仅以颗粒物超低排放为例，介绍近几年发展起来的得到较多应用的典型技术路线。

3.4.5.1 以湿式电除尘器作为二次除尘的超低排放技术路线

湿式电除尘器（Wet Electrostatic Precipitator，WESP）作为燃煤电厂污染物控制的精处理技术设备，一般与干式电除尘器和湿法脱硫系统配合使用，也可以与低低温电除尘技术、电袋复合除尘技术、袋式除尘技术等合并使用，可应用于新建工程和改造工程。对 $PM_{2.5}$、SO_3 酸雾、气溶胶等多污染物协同治理，实现燃煤电厂超低排放。

根据现场场地条件，WESP 可以低位布置，占用一定的场地；如果没有场地，也可以高位布置，布置在脱硫塔的顶端。颗粒物的超低排放源于湿式电除尘器的应用，2015 年以前燃煤电厂超低排放工程中应用 WESP 较为普遍。WESP 去除颗粒物的效果较为稳定，基本不受燃煤机组负荷变化的影响，因此，对于煤质波动大、负荷变化幅度大且较为频繁等严重影响一次除尘效果的电厂，较为适合采用湿式电除尘器作为二次除尘的超低排放技术路线。

当要求颗粒物排放限值为 $5mg/m^3$ 时，WESP 入口颗粒物浓度宜小于 $20mg/m^3$，一般不超过 $30mg/m^3$。当要求颗粒物排放限值为 $10mg/m^3$ 时，WESP 入口颗粒物浓度宜小于 $30mg/m^3$，一般不超过 $50mg/m^3$。当然，WESP 入口颗粒物浓度过高时，还可通过增加比集尘面积、降低气流速度等方法提高 WESP 的除尘效率，实现颗粒物的超低排放。

3.4.5.2 以湿法脱硫协同除尘作为二次除尘的超低排放技术路线

石灰石-石膏湿法脱硫系统运行过程中，会脱除烟气中部分烟尘，同时烟气中也会出现部分次生颗粒物，如脱硫过程中形成的石膏颗粒、未反应的碳酸钙颗粒等。湿法脱硫系统的净除尘效果取决于气液接触时间、液气比、除雾器效果、流场均匀性、脱硫系统入口烟气含尘浓度、有无额外的除尘装置等许多因素。

对于实现二氧化硫超低排放的复合脱硫塔，采用了增强型的喷淋系统以及管束式除尘除雾器和其他类型的高效除尘除雾器等方法，协同除尘效率一般大于 70%，可以作为二次除尘的技术路线。2015 年以后越来越多的超低排放工程选择该技术路线，以减少投资及运行费用，减少占地。

当要求颗粒物排放限值为 $5mg/m^3$ 时，湿法脱硫入口颗粒物浓度宜小于 $20mg/m^3$。当要求颗粒物排放限值为 $10mg/m^3$ 时，湿法脱硫入口颗粒物浓度宜小于 $30mg/m^3$。

3.4.5.3 以超净电袋复合除尘为基础不依赖二次除尘的超低排放技术路线

采用超净电袋复合除尘器，直接实现除尘器出口烟尘浓度小于 $10mg/m^3$ 或 $5mg/m^3$。对后面的湿法脱硫系统没有额外的除尘要求，只要保证脱硫系统出口颗粒物浓度不增加，就可以实现颗粒物浓度（包括烟尘及脱硫过程中生成的次生颗粒物）小于 $10mg/m^3$ 或 $5mg/m^3$，满足超低排放要求。

该技术路线适用于各种灰分的煤质，且占地较少，电袋复合除尘器的出口烟尘浓度基本不受煤质与机组负荷变动的影响。2015 年以后在燃煤电厂超低排放工程中，该技术路线的应用明显增多。

3.4.6 烟气污染物超低排放典型案例

3.4.6.1 以湿式电除尘器作为二次除尘的典型超低排放工程案例

1．工程概况

国华定州发电有限责任公司位于河北省保定市辖区定州市西南部。电厂规划容量为 4 × 600MW 等级，电厂二期工程（3 号、4 号机组）为 2×660MW 超临界空冷机组。

工程设计煤种为神府东胜烟煤，校核煤种为神木大柳塔烟煤。煤质分析及灰成分分析资料见表 3-5。

表 3-5　项目设计校核煤质分析及灰成分分析资料

项目	符号	单位	设计煤种	校核煤种
1．工业元素及可磨性分析				
全水分	M_t	%	14	15.32
空气干燥基水分	M_{ad}	%		
灰分	A_{ar}	%	11	15.45
碳	C_{ar}	%	60.16	55.48
氢	H_{ar}	%	3.62	3.44
氧	O_{ar}	%	9.94	8.93
氮	N_{ar}	%	0.7	0.7
全硫	$S_{t,ar}$	%	0.58	0.68
高位发热量	$Q_{gr,ar}$	kJ/kg		
低位发热量	$Q_{net,ar}$	kJ/kg	22781.88	21392.792
干燥无灰基挥发分	V_{daf}	%	36.44	38.32
哈氏可磨性系数	HGI		56	55
2．灰熔融性（弱还原性气氛）				
变形温度	t_1	℃	1130	1197
软化温度	t_2	℃	1160	1221
熔化温度	t_3	℃	1210	1263
3．灰成分				
二氧化硅	SiO_2	%	36.71	39.25
三氧化二铝	Al_2O_3	%	13.99	14.48
三氧化二铁	Fe_2O_3	%	11.36	9.86
氧化钙	CaO	%	22.92	22.23
氧化镁	MgO	%	1.28	0.86
氧化钠，氧化钾	Na_2O，K_2O	%	1.28	1.27
二氧化钛	TiO_2	%	0.78	0.68
三氧化硫	SO_3	%	9.3	8.55
其他		%	2.38	2.82

2. 超低排放技术实施情况

（1）工艺路线。

国华定州发电有限责任公司 4 号机组改造内容主要包括：

1）除尘系统改造：增加低温省煤器、增加湿式电除尘器、静电除尘器三相电源改造。

2）脱硫系统提效改造：脱硫塔增加一台浆液循环泵、吸收塔增加一层喷淋层、将两层平板式除雾器改为两层屋脊式+一层管式除雾器。

3）脱硝系统改造：SCR 系统增加一层催化剂。

国华定州发电有限责任公司 4 号机组采用的工艺路线为：低氮燃烧+SCR+低低温烟气余热利用设备+ESP+脱硫装置+WESP。

（2）WESP 性能参数。

项目湿式电除尘器（WESP）性能参数见表 3-6。

表 3-6 WESP 性能参数

项目名称	单位	设计煤种	备注
入口湿烟气量	m^3/h	2482972	标态，湿基，实际氧
入口烟气量	m^3/h	2937729	工况
入口烟气温度	℃	50	耐热
入口烟尘浓度	mg/m^3	15	标态，干基，6%O_2 考虑脱硫岛除尘效率 50%
入口雾滴浓度	mg/m^3	50	标态，干基，6%O_2
入口雾滴中石膏浓度	mg/m^3	10	标态，干基，6%O_2 浆液浓度按 20%计算
入口烟尘浓度（含石膏）	mg/m^3	25	标态，干基，6%O_2
保证除尘效率	%	80	当入口烟尘浓度大于或等于 25mg/m^3时
出口烟尘浓度	mg/m^3	5	当入口烟尘浓度小于 25mg/m^3时

（3）工程投资。

项目工程投资见表 3-7。

表 3-7 4 号机组超低排放改造费用统计 万元

项目名称	设备费用	安装费	土建费用	总体费用	备注
脱硝改造	—	—	—	—	原脱硝已满足要求，本次未改造
脱硫改造	1600	1340	350	约 3300	湿法脱硫增加喷淋层，实施引增合一改造
除尘改造					
（1）静电除尘器	420	80	0	500	三相电源改造
（2）低温省煤器	2630	440	0	3070	除尘器前增设低温省煤器
（3）湿式电除尘器	2250	500	200	2950	增设水泵房
合计				约 9820	

3. 投运效果

河北国华定州发电有限责任公司 4 号机组湿式电除尘器于 2015 年 1 月通过 168h 投入

运行，南京电力设备质量性能检验中心于 2015 年 9 月 23 日、10 月 13 日对该湿式电除尘器进行了试验，试验结果显示：4 号机组湿式电除尘器出口烟尘质量浓度为 1.88mg/m^3（标态、干基）、折算烟尘质量浓度为 1.80mg/m^3（标态、干基、6%O_2）；系统漏风率为 0.74%；本体压力降为 423Pa；湿式电除尘器出口液滴质量浓度为 2.7mg/m^3（标态、干基、6%O_2）；湿式电除尘器 SO_3 去除率为 60.4%；细颗粒物（$PM_{2.5}$）去除率为 81.1%；出口 Hg 质量浓度为 2.99μg/m^3（标态、干基、6%O_2）。

河北省环境监测站 2015 年 1 月对河北国华定州发电有限责任公司 4 号机组超低排放改造工程锅炉外排口废气污染物进行了现场监测，监测期间，机组负荷在 90%以上，监测结果表明：4 号机组在各污染治理设施正常运行情况下，烟尘小时平均排放浓度为 2mg/m^3、二氧化硫小时平均排放浓度为 7mg/m^3、氮氧化物小时平均排放浓度为 21mg/m^3。

3.4.6.2 以湿法脱硫协同高效除尘作为二次除尘的典型超低排放工程案例

1. 工程概况

山西平朔煤矸石发电有限责任公司二期工程设置两台 300MW 煤矸石循环流化床直接空冷机组，每台机组配备 1 台最大连续出力为 1060t/h 的亚临界锅炉。同时配套炉内脱硫、全烟气脱硝、除尘设施。原脱硫采用炉内协同脱硫工艺，0～1mm 的石灰石粉为脱硫剂。超前脱硫控制系统、炉前脱硫控制系统和炉前物料输送系统形成了脱硫剂多点、多途径加入的方式。此前 SO_2 排放浓度小于 200mg/m^3。脱硝采用循环流化床燃烧技术+SNCR 技术联合的方式。

为实现超低排放要求，山西平朔煤矸石发电有限公司于 2015 年底完成了二期 2 台 300MW 机组超低排放改造工作。通过烟气污染物协同脱除的方式实现烟气超低排放，脱硫系统采用单塔一体化脱硫除尘深度净化技术，每台炉设置一座脱硫吸收塔。平朔电厂基本信息见表 3-8。

表 3-8 平朔电厂基本信息

基本信息		
项目名称	单位	山西平朔煤矸石发电有限责任公司 3 号、4 号 CFB 机组烟气超低排放 BOT 承包项目
初建时间		—
改造时间		2015 年 10 月 25 日
装机容量		2×300MW
性能测试单位		环保部门 CEMS 比对
性能测试时间		2015 年 10 月
性能测试出口 SO_2	mg/m^3	—
性能测试出口烟尘	mg/m^3	—
设计资料		
收到基碳 C_{ar}	%	32.99
收到基氢 H_{ar}	%	3.06
收到基氧 O_{ar}	%	9.64

续表

设计资料		
项目名称	单位	山西平朔煤矸石发电有限责任公司3号、4号CFB机组烟气超低排放BOT承包项目
收到基氮 N_{ar}	%	0.36
收到基硫 S_{ar}	%	1.2
收到基灰分 A_{ar}	%	46.36
收到基水分 M_{ar}	%	7.09
干燥无灰基挥发分 V_{daf}	%	50.12
收到基低位发热量 $Q_{net.ar}$	kJ/kg	12111
原烟气参数		
烟气量	m^3/h（湿基）	1250000
	m^3/h（标态，干基，6%O_2）	1150000
烟气温度	℃	135
SO_2	mg/m^3	3000
烟尘浓度	mg/m^3	20
FGD性能保证值		
脱硫效率	%	—
出口SO_2浓度	mg/m^3	＜35
出口烟尘浓度	mg/m^3	＜5
出口雾滴浓度	mg/m^3	＜30

2. 运行稳定性分析

平朔煤矸石电厂流化床机组于2015年底完成脱硫系统超低排放改造，本次评估基于稳定运行3个月后的连续3个月（2016年1—4月）CEMS数据，进行SO_2、颗粒物超低排放稳定性分析。统计数据表明，排除分析仪表定期标定、氧量折算显示“假超标”等厂方难以克服的因素后，SO_2达到超低排放水平的小时数占98.9%，颗粒物达到超低排放水平的小时数占100%，具体见表3-9。

表3-9 平朔电厂总出口排放指标及脱除率（2016年1月13日至2016年4月13日）

项目	单位	数值	设计指标	达标（保证值）率（%）
SO_2平均浓度	mg/m^3	17.61	≤35	—
SO_2平均脱除效率	%	99.19	—	—
SO_2浓度范围	mg/m^3	0.4～43.1	≤35	98.9
SO_2脱除效率范围	%	98.22～99.85	—	—
颗粒物平均浓度	mg/m^3	2.35	≤5	—
颗粒物平均脱除效率	%	84.09	—	—
颗粒物浓度范围	mg/m^3	1.6～4.2	≤5	100
颗粒物脱除效率范围	%	57.8～91.1	—	—

3. 循环泵电流

平朔电厂2号机组脱硫超低排放机组连续3个月运行数据中，循环泵电流在2台运行（123A）到3台运行（220A）中变化时，脱硫效率维持稳定，没有明显的变化趋势。从图 3-5（见彩插）中可以看出，系统运行过程循环泵调整运行过渡平滑，浆液循环泵循环量的调节与污染物负荷的贴合性好，运行中能够保证各种工况下的总出口二氧化硫数据稳定，运行可靠。

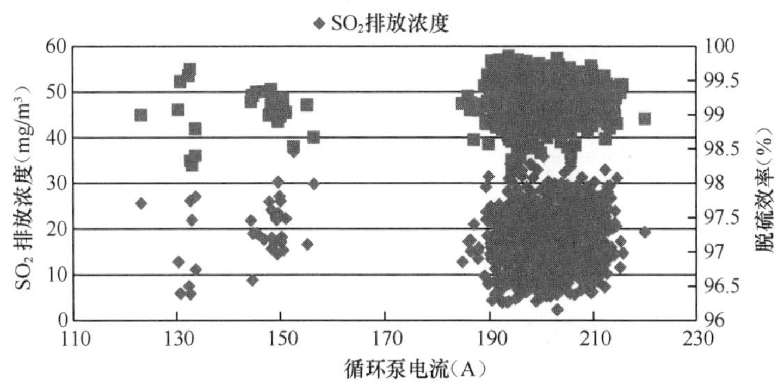

图 3-5　平朔电厂循环泵总电流与脱硫效率关系

4. pH值

平朔电厂机组脱硫系统运行过程中，FGD 吸收塔浆液 pH 值大部分时间保持在 4.8～6.4 之间，此 pH 值控制区间在正常脱硫合理运行值范围内。总体来说平朔电厂脱硫系统 pH 值控制稳定，在运行过程中，运行人员会随着系统条件的变化及时调整浆液 pH 值，具体如图 3-6 所示（见彩插）。

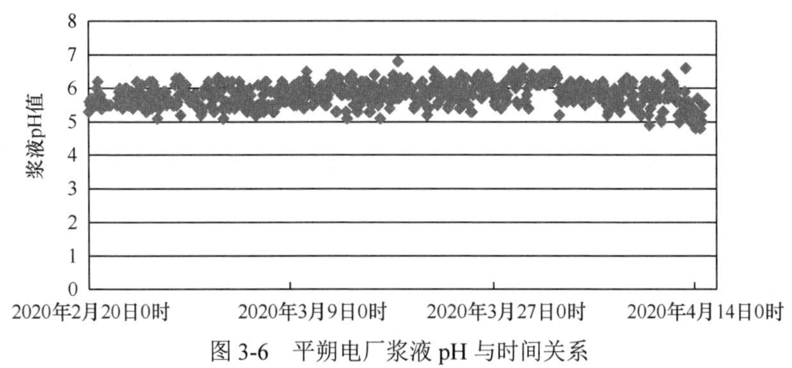

图 3-6　平朔电厂浆液 pH 与时间关系

5. 烟气量与脱硫系统阻力的关系

2016 年 1 月 13 日至 2016 年 4 月 13 日期间，平朔 2 号机组负荷均值 219MW，脱硫系统烟气量在 759.7～1265.7km^3 间变化。当烟气量增加时，FGD 系统阻力随之跳变式缓慢增加。由图 3-7（见彩插）可知，烟气量成倍增加的条件下，FGD 系统阻力并没有出现大幅度的增长，说明系统适应性较强，能够承受机组高负荷工况下的高烟气量条件，并保持系统的合理阻力区间。

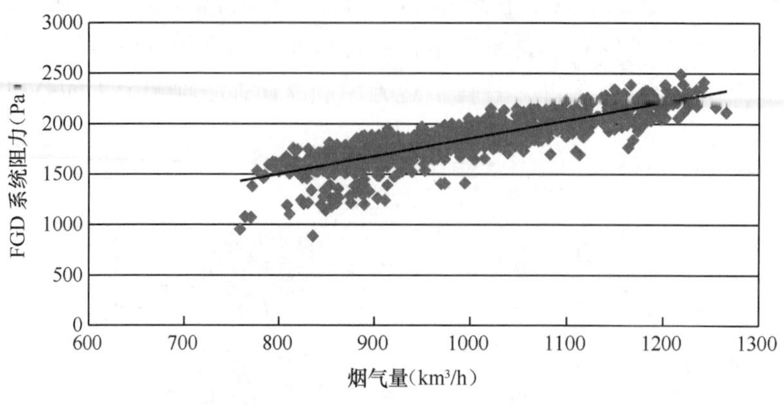

图 3-7 平朔电厂烟气量与 FGD 系统阻力关系

3.4.6.3 以超净电袋复合除尘器作为一次除尘且不依赖二次除尘的典型超低排放工程案例

1. 工程概况

河南平顶山发电分公司一期工程址位于平顶山市鲁山县辛集乡北部，位于我国中部地区，属于《重点区域大气污染防治“十二五”规划》划定的一般控制区。一期工程建设2×1030MW 超超临界燃煤机组，分别于 2010 年 11 月和 12 月投产。原烟尘控制措施为三室五电场静电除尘器，比集尘面积 104.6m^2/（m^3/s），保证除尘效率 99.8%，除尘器出口烟尘排放浓度长期在 100mg/m^3 以上。因此，1 号机组进行了低低温除尘改造，在除尘器前加装低低温省煤器，其设计温降 30℃，除尘器入口烟气温度为 95℃。在低温省煤器退出运行时，电除尘器入口烟气温度年平均 120℃，最高达 135℃。由于 1 号机组除尘器入口烟尘浓度较大，因此，在低低温除尘改造后，除尘器出口的烟尘排放浓度在 60mg/m^3 以上，仍不满足设计要求。随着三部委《煤电节能减排升级与改造行动计划（2014—2020 年）》提出，超低排放要求提上日程。因此，本次提效河南平顶山发电分公司 2×1030MW 机组 1 号机组直接采用超低排放改造。

2. 设计参数及技术指标

本项目燃用煤种为山西长治贫煤，灰分较大，高达 39.78%，并且飞灰中 SiO_2 和 Al_2O_3 含量较高，比电阻较大，是典型的劣质煤，其燃煤成分与特性见表 3-10。

针对本工程燃用劣质煤、灰分大、入口烟尘浓度高的特点，结合超低排放的要求，采用超净电袋复合除尘技术对原有电除尘器进行改造，采用两电三袋方案。主要技术参数见表 3-11。

3. 运行效果

河南平顶山发电分公司 1 号机组超净电袋复合除尘器于 2015 年 6 月成功投运，设备运行良好稳定，清灰周期长达 18h，性能优越。河南电力科学研究院于 2015 年 7 月 12—13 日对 1 号机组在 1010MW 负荷下（98%满负荷）进行了热态性能测试。结果表明：超净电袋除尘器 A、B 两列的除尘效率分别为 99.980%、99.979%，漏风率为 1.72%、1.76%，阻力为

646Pa、658Pa，出口烟尘浓度为 8.39mg/m^3、8.76mg/m^3，满足设计要求；烟囱出口颗粒物排放浓度为 4.36mg/m^3，均满足超低排放要求。

表 3-10 燃煤成分与特性

序号	名称	符号	单位	设计煤种
1	煤种			山西长治贫煤
2	工业分析			
	收到基全水分	M_t	%	7.50
	收到基灰分	A_{ar}	%	39.78
3	元素分析			
	收到基碳分	C_{ar}	%	42.36
	收到基氢分	H_{ar}	%	3.43
	收到基氧分	O_{ar}	%	5.84
	收到基氮分	N_{ar}	%	0.83
	收到基硫分	$S_{t.ar}$	%	0.26
4	灰成分分析			
	二氧化硅	SiO_2	%	64.08
	三氧化二铝	Al_2O_3	%	27.15
	三氧化二铁	Fe_2O_3	%	3.57
	氧化钙	CaO	%	1.06
	氧化钠	Na_2O	%	0.41
	氧化钾	K_2O	%	0.76

表 3-11 主要技术参数

序号	项目	单位	参数
1	入口烟气量（最大工况）	m^3/h	5889400
2	烟气温度	℃	≤165
3	除尘器入口烟尘浓度	g/m^3	53.8
4	除尘器出口烟尘浓度	mg/m^3	≤10
5	本体总阻力（正常/最大）	Pa	≤1050（滤袋寿命终期）
6	本体漏风率	%	≤1.8
7	过滤速度	m/min	约 1.0
8	滤袋材质		高精过滤滤料
9	电磁脉冲阀规格型号		淹没式/4in（英寸）

同时，提取 2015 年 6 月 30 日—7 月 15 日的 CEMS 在线数据进行达标性与稳定性分析。在此期间，除尘器出口烟尘排放浓度为 1.92～9.39mg/m^3，平均浓度为 4.82mg/m^3；烟囱出口颗粒物排放浓度为 0.71～7.82mg/m^3，平均浓度为 3.10mg/m^3，低于 10mg/m^3，达标保证率均为 100%，满足超低排放要求。

4. 技术经济分析

本项目 1 号机组 1030MW 机组超净电袋复合除尘器总投资约为 3650 万元，除尘器占地面积约为 3180m²。实际运行电耗（含空气压缩机、引风机）约为 684 万 kW•h/年，滤袋袋笼更换维护费用约为 236 万元/年。运行维护费用约为 475.4 万元/年。

本项目是首台百万千瓦机组、高烟尘浓度超净电袋，脱硫同步超净提效，是“超净电袋+高效脱硫”、免用湿电、实现超低排放的典型案例，具有工艺简单、占地面积小、设备投资低、运行维护费用少等优点。自投运以来运行一年多，长期稳定实现超低排放。

3.5 超净排放技术

超净排放指燃煤电厂烟气经过处理后，颗粒物、SO_2、NO_x污染物排放浓度分别不超过 1～2mg/m³、10mg/m³、10mg/m³。

2019 年 1 月国家能源集团海南国电乐东发电有限公司 2 号机组顺利并网，国内首个燃煤电厂超净排放改造工程正式并网投运，根据设计，实施近零排放后，燃煤机组额定工况下大气污染物烟尘、二氧化硫、氮氧化物排放浓度分别不超过 1mg/m³、10mg/m³、10mg/m³。实际运行过程中，1 号机组满负荷工况下烟尘、二氧化硫、氮氧化物排放浓度分别为 0.63mg/m³、4.44mg/m³、8.37mg/m³，大幅低于 10mg/m³、35mg/m³、50mg/m³ 的超低排放限值，达到不超过 1mg/m³、10mg/m³、10mg/m³ 的超净排放限值。

目前实现燃煤电厂烟气超净排放的技术路线主要有两种途径：一种途径是基于传统脱硫、脱硝、除尘技术进行改造升级，即常规技术超净排放；另一种途径是开发新的烟气污染物脱除工艺。具有代表性的新工艺有低温法烟气污染物一体化超净排放技术、基于活性焦干式催化法超净排放技术，可实现烟气污染物 SO_2、NO_x一体化脱除的同时，还可实现硫资源化，避免传统技术路线带来的脱硫废水处理、脱硝催化剂失效、石灰石过度开采、氨逃逸二次污染、工艺流程繁复、运行成本高等诸多问题。

3.5.1 传统工艺除尘脱硫脱硝超净排放技术

3.5.1.1 传统工艺除尘超净排放技术

目前超低排放粉尘控制技术路线一般是脱硫塔入口烟尘采用脱硫系统的协同除尘技术，实现脱硫塔出口粉尘不高于 5mg/m³。可通过控制除尘器出口即脱硫塔入口烟尘浓度低于 20mg/m³，然后经过脱硫系统协同除尘和湿式电除尘器深度净化除尘后，满足 1mg/m³ 以下的粉尘排放目标，即实现烟尘超净排放。

脱硫系统的协同除尘改造技术中，从应用业绩和技术原理综合考虑，主要有以下三种技术。

（1）塔内水洗除尘+高效除雾器。该工艺由高效水膜除尘器深度除尘，深度除尘后的烟气由屋脊式除雾器进行精细除雾处理。其中高效水膜除尘器由气液导向分离装置和水膜除尘设备组成。烟气在进入高效水膜除尘器前由粗除雾器除雾降低进入水膜除尘器的液滴。

通过水膜除尘器除尘后的烟气再由除尘器后的精细除雾器把除尘时带入的液滴去除。一般可以在水膜除尘器和粗除雾器之间设置有气液导向分离装置使除尘用水和脱硫用水相分离，确保深度脱硫除尘时脱硫系统的水平衡。脱硫系统增设塔内水洗除尘装置后，脱硫系统的综合除尘效率可达 90%，也就是由传统的 70%协同除尘效率提高到 90%。

（2）托盘+高效除雾器。通过设置 1 层托盘，改善吸收塔内流场均匀度，提高烟气与浆液的接触概率；增大持液层高度，提高微细粉尘的捕集效率，需要烟气和液滴具有一定的相对速度，相对速度太高或太低都将影响多孔托盘的除尘效率，一般来说，用于除尘的多孔托盘的烟气流速在 8～10m/s；通过烟气与浆液小液滴在多孔板的逆流接触，气流中的粉尘颗粒与液滴之间的惯性碰撞、拦截、扩散、凝聚以及重力沉降等作用，使尘粒被捕集；除雾器采用高效除雾器以减少烟气雾滴携带量，降低烟气粉尘。

（3）旋流耦合器+立管式除雾器。经过高效旋汇藕合装置，使气、液、固三相经高效脱硫及初步除尘后的烟气向上经离心管束式除尘装置，采用离心除尘原理进一步完成高效除尘除雾过程，经过离心管束式除尘装置时，烟气在分离器作用下高速旋转，液滴在壁面形成一定厚度的动态液膜，烟气携带的细颗粒灰尘及液滴持续被液膜捕获吸收，实现对细小雾滴的脱除。离心旋流除尘要求烟气具有高的旋流流速，若烟气流速过低，旋流除雾器的除尘效果将急速变差。

表 3-12 是为实现烟尘超净排放，脱硫系统的协同除尘改造方案的主要技术经济指标对比。需要根据燃煤电厂实际煤质分析、运行状况进行选择。

表 3-12　　除尘改造方案对比表

项目	塔内水洗除尘+精细除雾器（方案 1）	托盘+高效除雾器改造（方案 2）	旋流耦合器+立管式除雾器（方案 3）
技术成熟度	较成熟	一般	一般
技术特点	负荷适应较好，对脱硫水平衡没有影响	负荷适应较差，在低负荷时效果较差，对脱硫水平衡没有影响	负荷适应差，在负荷低于 75%时效果差，对脱硫水平衡有影响
改造内容	需要对吸收塔进行截塔提升，安装水洗除尘装置	需要在塔内合适位置安装多孔托盘，并更换除雾器为高效除雾器	需要在塔内安装烟气旋流耦合装置加强烟气紊流强度，同时更换原除雾器为专用管式除雾器
水耗	无	无	间断冲洗，约 10t/h
运行阻力增加（Pa）	700	600	900
改造费用（万元）	包括在烟气冷凝方案中	400	1400
运行费用（万元）	包含在在烟气冷凝方案中	约 60	约 90
综合评价	除尘改造技术的良好负荷适应性是首要的技术选择原则。从技术成熟度和负荷适应性的角度，方案 2 和方案 3 均存在负荷适应性差的问题；方案 1 可以作为首要考虑的深度除尘工艺		

3.5.1.2　传统工艺脱硫超净排放技术

目前超低排放二氧化硫排放不大于 35mg/m^3。当进一步控制燃煤含硫量，S_{ar}<0.5%，在浆液循环泵由一般设计的 2+1 或 1+1 运行，调整为原脱硫系统循环泵 3+2 全部投运，并适当加大浆液循环程度时，SO_2 出口排放浓度可以达到 10mg/m^3，即实现二氧化硫超净排放。

目前很多燃煤电厂在超低排放基础上，已经能实现二氧化硫排放小于 10mg/m^3。

在适当增加浆液循环泵时，每增加一台浆液循环泵，在满足排放要求的前提下，其适应的负荷水平都有一个阶跃，因此，合理的进行浆液循环泵的变频改造是必要的。吸收塔底层、顶层循环泵和吸收塔外浆液池（Absorber Feed Tank，AFT）底层循环泵进行变频改造将能够尽可能地保证全负荷下脱硫系统超净排放，并经济运行。

3.5.1.3 传统工艺脱硝超净排放技术

目前超低排放氮氧化物排放浓度不大于 50mg/m^3，排放深度治理改造后达到 10mg/m^3 的排放限值。目前很多燃煤电厂在超低排放基础上，已经能实现氮氧化物排放浓度小于 10mg/m^3，即实现氮氧化物超净排放。传统工艺实现超净排放，最难的是氮氧化物。

1. SCR脱硝提效技术措施

随着脱硝超低排放在国内的广泛实施，脱硝系统运行中，喷氨调节困难，NO_x 测量不准，氨逃逸率过大，成为国内燃煤机组普遍存在的并急需解决的难题之一。传统工艺脱硝超净排放技术将通过喷氨装置的改进、测量系统的升级、控制系统的优化，提高出口 NO_x 时间上稳定性和空间上的均匀性。在确保环保指标的前提下，使氨逃逸最低，从而实现整个脱硝系统的优化运行。

（1）流场优化。

通常在 SCR 设计时，要求反应器催化剂表面的入口烟气流场满足一定的均匀度，包括速度、浓度偏差、入射角等。但是在实际工程中，由于脱硝反应器的截面尺寸较大，因此很难实现催化剂入口流场均匀分布，尤其是 NH_3/NO_x 的混合。因此实现氨气和烟气的混合效果是 SCR 脱硝装置设计和运行的重点和难点。

当脱硝装置要求的脱硝效率较高时，尤其是对于超净排放的工程项目，流场设计难度更大。超净排放对脱硝装置流场提出了更高标准，要求烟气流动具有更好的均匀性、混合性、适应性等。如图 3-8 所示（见彩插），在同等的催化剂的条件下，保持氨逃逸浓度达标的同时，为了实现更高的脱硝效率，NH_3/NO_x 的分布均匀性要求呈指数型升高。

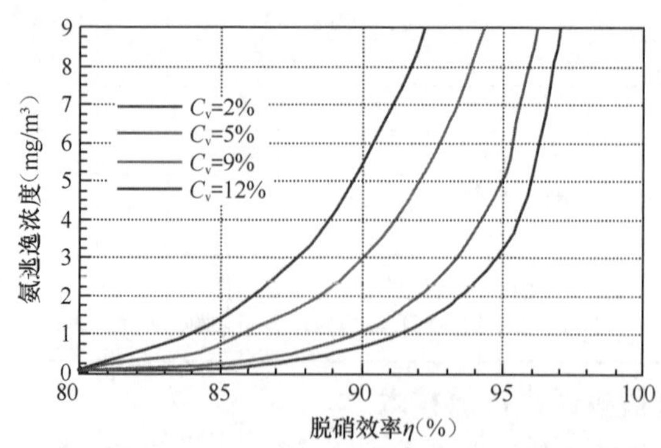

图 3-8 氨分布均匀性与脱硝效率、氨逃逸的关系（同等催化剂条件）

说明：图 3-8 中 C_v 是标准偏差与平均值的比值乘以 100%，C_v 值越小代表氨分布均匀性越好。

因此，需要将通过优化脱硝烟气流场以及采用新型喷氨技术提高大截面烟道喷氨的均匀性，提高脱硝效率，降低氨逃逸。

（2）喷氨优化系统。

为解决脱硝装置喷氨不均匀性，改造时将对脱硝喷氨系统进行精细化优化，采用新型的分区驻涡混合喷氨装置，提高对脱硝流场的抗干扰能力，同时具备精细化分区调整喷氨量的能力。

新型喷氨装置融合了喷氨格栅与涡流混合器的优点，是一种具有分区功能的喷氨装置，可以实现喷氨支管流量的精细化调节，具备以下优势：

1）还原剂混合效果好。驻涡的强卷吸效果，可以实现还原剂与烟气的充分掺混，显著提高脱硝流场质量，为提高脱硝效率、降低氨逃逸、实现近零排放创造条件。

2）喷氨调节能力强。对烟道截面实现分区域的还原剂喷射，可显著改善氨气分布不均现象，提高喷氨装置调节性，对于大型机组或烟道内混合距离受限的脱硝装置优势尤为突出。

3）抗干扰能力强。驻涡的位置和卷吸效果不受烟气流场变化的影响，在任何负荷下均可实现还原剂的喷射和混合，同时对烟气流场的 NO_x、温度、速度分布具有很强的调整能力，保证了变负荷工况条件下脱硝装置的稳定性。

4）防堵塞能力强。对于 300MW 机组，通常在烟道内布置 10～12 个钝体扰流元件，对应 10～12 台大口径的喷口（≥DN100），即可实现还原剂与烟气的均匀混合。相比喷氨格栅上千个 DN20 口径的小喷嘴，在烟道内高温高尘的工作条件下，防堵塞能力强。

5）调试维护方便。喷氨支管数目相应为 10～12 根，相比喷氨格栅每台炉 40～60 根喷氨支管，大大降低了调试和检修维护工作量。

通过采用分区的驻涡混合喷氨技术，可实现喷氨的精细控制，为进一步的优化控制创造了条件。

（3）采用精度更高、时效性更好的 NO_x 分区测量技术。

为解决脱硝装置喷氨不均匀性，对于超净排放的工程项目，将对脱硝喷氨系统进行精细化优化，采用新型的分区驻涡混合喷氨装置，提高对脱硝来流的抗干扰能力，同时具备精细化分区调整喷氨量的能力。

可以采用基于稀释法采样、化学发光法分析的 NO_x 分区精确测量技术，提高测量的准确性，为脱硝装置整体优化创造条件。该方法相比目前国内使用较多的冷干法与红外法具有以下优点：

1）NO_x 测量分析原理。红外法测量仪表的工程误差一般是 5～10mg/m^3，本项目采用最先进的化学发光法，结合稀释法后工程精度最高可达 1.0mg/m^3。化学发光法是美国 EPA 推荐的优先测定方法，在美国具有 42%的市场份额（单独化学发光法占有 90%的市场份额），在我国也正在得到业界的认同，应用量逐年增加，是国内 NO_x 测量技术的发展趋势。

2）烟气处理方法。若采用冷干法，需要长距离伴热、冷却除水，维护量很大。可以采用欧洲常用的稀释法，所有采样管路不需要伴热、保温和冷却除水，设备装置更加简单、施工布置更加方便，投运后维护量低。

3）同时采样，分时轮测的样气管线锁存技术。可以利用声速小孔原理，通过计算采样气体在各个管线中的采样时间差，精确设计各段采样管路的长度，实现同时采样、分时轮测的目的，将稀释 100 倍之后的气体锁存在采样管线中，采用这种方法不需要使用采样气囊来锁存样气，既简化了设备结构，又避免了气囊的腐蚀问题、增强了系统可靠性。可以利用单台分析仪对同一烟道截面同一时刻的烟气成分进行采样分析，在保证分区测量代表性、测量精度和响应速率的同时，大大提高了设备的使用率、降低了设备投资费用。

4）采用先进控制技术，对 SCR 脱硝系统进行实时控制。结合新型的分区喷氨装置和分区测量技术，与先进的控制算法相结合，既进行总喷氨的控制优化，同时又进行喷氨的分区控制，从而减少出口 NO_x 时间上的波动和空间上的点分布偏差，减少氨的过喷，提高催化剂使用寿命，降低氨逃逸。

5）进行脱硝催化剂全生命周期管理。为了实现对各电厂脱硝催化剂使用寿命的预测，达到脱硝系统节能降耗、预知维护的目的，采用一套实时监控和在线性能分析的软件，建立脱硝催化剂全寿命管理平台。平台主要包括四大功能：①预测催化剂寿命，解决在役催化剂寿命衰减等问题，实现催化剂延寿；②实时监测喷氨量，实现实际喷氨量与理论喷氨量实时对标，解决脱硝系统喷氨量不合理、氨逃逸超标等问题；③实时监测最低喷氨温度，保证低温下脱硝系统安全稳定运行；④指导优化催化剂设计，解决脱硝催化剂结构设计、性能设计不符合实际应用环境的问题。

2. SCR反应器改造

将电厂现有一般的 SCR 反应器加高 3m，增加 1 层催化剂安装层，同时加高 SCR 入口垂直烟道。加装 SCR 备用层和新增层吹灰器。

3. 催化剂更换和加装

电厂现有一般的 SCR 催化剂为 20 孔催化剂，为实现传统工艺氮氧化物超净排放，需确保低 NO_x 浓度下催化剂层的脱硝效率，可以将原催化剂上移至新增的催化剂安装层和备用层，下面两层根据烟尘浓度选用孔数为 20 孔或 22 孔的催化剂，确保改造后 SCR 脱硝设计效率提高到 96%，保证效率提高到 95%。

4. 宽负荷脱硝系统

要实现传统工艺氮氧化物超净排放，需要将当前煤电宽负荷脱硝需要提高烟温 20℃。拟采用高温烟气旁路系统实现宽负荷脱硝。在原锅炉低温过热器入口高温段包墙上开孔，引接一路高温烟气至脱硝入口烟道，旁路烟道与锅炉包墙及脱硝烟道均以挡板门隔离。当锅炉低负荷运行时，通过挡板门对省煤器高温烟气旁路进行调节，使高温烟气与脱硝入口烟气混合后的温度，高于催化剂最低连续运行温度，以保证脱硝系统能够连续喷氨运行。

3.5.2 基于活性焦干式催化法超净排放技术

3.5.2.1 技术原理

基于活性焦干式催化法超净排放控制技术是利用活性焦同时脱硫脱硝的一体化处理技术。活性焦既作为优良的吸附剂，又是催化剂与催化剂载体。脱硫是利用活性焦的吸附特性，脱硝是利用活性焦作催化剂，通过氨、NO/NO_2发生催化还原反应脱除。

活性焦脱硫脱硝主要工艺系统包括烟气系统、吸收系统、喷氨系统、解吸（再生）系统、活性焦储存及输送系统，同时还配备硫资源化系统，可将解析产生的 SO_2 用来生产硫酸或其他高纯度硫系列产品。工艺路线和系统示意图如图 3-9 所示（见彩插）。

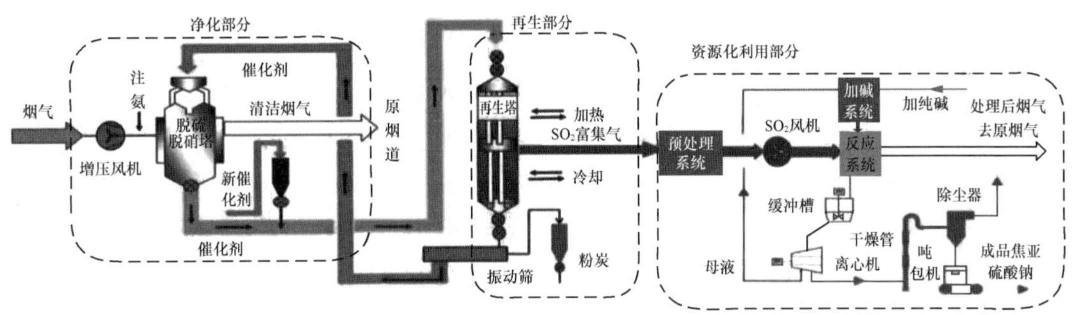

图 3-9 活性焦干式催化法工艺路线示意图

3.5.2.2 技术性能

活性焦联合脱硫脱硝一体化技术除了能脱除 SO_2、NO_x（SO_2 的脱除率可达到 98%以上），NO_x 的脱除率可达到 85%，还能脱除烟气中的 SO_3、烟尘、汞、重金属、挥发性有机物及其他微量元素等，并可回收硫资源，具有工艺简单、可资源化利用等优点。

该技术采用干式处理工艺，对下游烟囱的侵蚀和腐蚀性极小；产出的副产品可生产硫黄或其他高纯度硫系列产品，可以有效的实现硫的资源化，实现硫资源循环利用，具有一定经济效益；基本无固体废物、废水的产生，无二次污染。

2022 年 3 月，依托北京国电电力有限公司大连开发区热电厂建成了电力行业国内首台（处理烟气量为 20 万 m^3）以焦亚硫酸钠为硫资源高值利用的燃煤电站炭基催化法烟气多污染物协同控制与资源化成套技术及装备，入口 SO_2 浓度适应范围最高可达 2800mg/m^3，脱硫效率为 99.9%，脱硝效率达到 85%，硫资源利用率为 99.9%。

该工艺路线具有如下特点：

（1）实现 SO_x 和 NO_x 在同一个塔内的协同脱除，硫硝一体化协同脱除方式如图 3-10 所示（见彩插）。

（2）塔内多分层结构，可对催化剂流量进行灵活调节，提高了装置对不同烟气工况条件的适应性。

（3）采用多级喷氨，降低了竞争吸附的影响，提高了脱硝效率。

（4）采用单塔模块化开发，多塔并联的组合方式，以满足燃煤电站大烟气量的处理，提高了系统的灵活性、稳定性及安全性。

3.5.2.3 活性焦脱硫机理及影响因素分析

1. 活性焦脱硝机理

向活性焦脱硫脱硝系统中加入 NH_3 后，可以选择性地将烟气中的 NO_x 还原成 N_2 和 H_2O，达到减少 NO_x 排放的目的。同时脱硫过程中反应生成的 H_2SO_4 也会与碱性的 NO_x 进行反应，一方面可协助脱硝，另一方面也减少了活性焦的消耗。

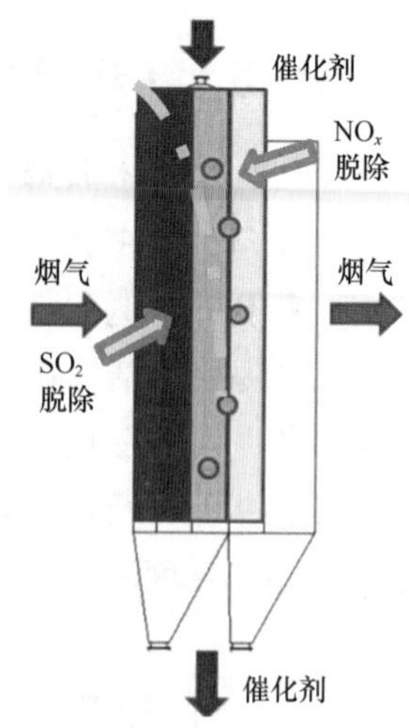

图 3-10 硫硝一体化协同脱除方式

2. 不同工艺参数对炭基催化剂脱硝效率的影响

基于实验室小型装置建设 400m^3/h 和 5000m^3/h 烟气处理量的脱硫脱硝热态试验平台，考察了二氧化硫浓度、水蒸气含量、床层温度等参数对炭基催化剂脱硝效率的影响。

研究结果显示，随着反应温度的提高，脱硝率明显下降，随后趋于稳定至平衡，如图 3-11（a）所示（见彩插）。随着烟气中水蒸气含量的增加，脱硝效率先急剧下降后缓慢下降至稳定，如图 3-11（b）所示（见彩插），水含量越高，抑制作用越明显，源于水与 NO 在炭基催化剂表面存在竞争吸附，占据 NO 的吸附位使得脱硝效率下降。随着 SO_2 浓度的增加，脱硝效率在反应的前几小时内先急剧下降后缓慢下降至稳定，并且 SO_2 浓度越高，脱硝效率下降越明显，如图 3-11（c）所示（见彩插），说明硫氧化与硝还原之间存在相互竞争关系，需选择合适工艺参数平衡两者关系。

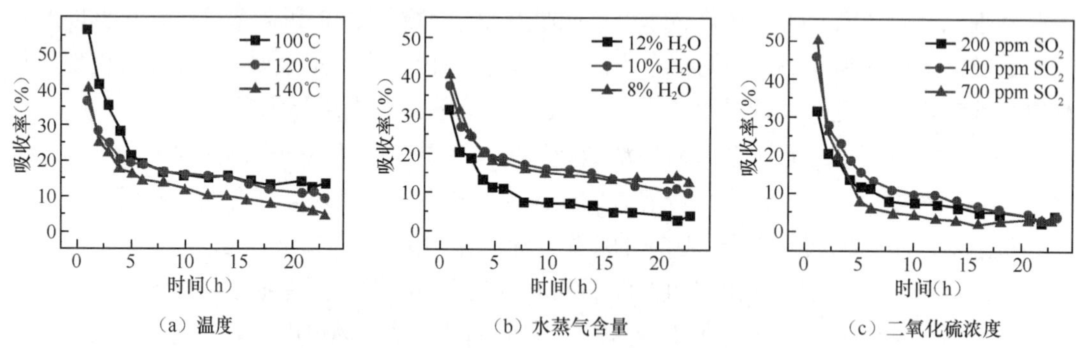

（a）温度 （b）水蒸气含量 （c）二氧化硫浓度

图 3-11 不同反应工艺参数对脱硝效率影响

3.5.2.4 活性焦再生机理及再生性能影响因素分析

1. 活性焦再生机理

活性焦吸附达到饱和后，需进行再生处理，使吸附质从活性焦表面分解或脱除，恢复吸附能力，以实现循环利用，减少活性焦投入用量，降低成本。如硫酸积于活性焦孔隙中，需回收硫酸再生出活性位使 SO_2 吸附过程循环进行。脱硫活性焦的再生是限制其大规模应用的瓶颈，再生工艺直接影响运行成本以及硫资源化利用的方向，再生的方法有热再生、水洗再生、还原再生、微波再生等。其中热再生法在工程应用中最广泛。它依靠高温分解

破坏吸附质以恢复吸附剂的吸附性能，再生时间短、效率高、适用范围广。

2. 不同工艺参数再生过程影响因素分析

利用不同的再生气氛（氮气、含水汽和含氨气气氛）研究了再生参数（温度、升温速率、时间和浓度）对脱硫和脱硝效率的影响［见图 3-12（a）～（h)]、对化学碳消耗的影响见图 3-12（i）～（l)]，以及对 SO_2 和 C/SO_2 回收率的影响［见图 3-12（m）～（p)]（见彩插）。

研究结果表明，在一定 NH_3 浓度下加热再生，能够有效提高再生活性炭的脱硫脱硝性能，但 SO_2 回收率会有所降低；在含水蒸气的气氛下再生时，再生活性炭的脱硫脱硝性能改善不明显，而化学碳消耗会有一定程度的增加。因此，当以回收硫资源为主要目的时，以在氮气气氛下对活性炭进行加热再生较好；当以恢复脱硫脱硝性能为主要目的时，采用含氨气气氛对活性炭进行加热再生较合适。

研究结果表明，无论采用何种再生气氛，以再生温度对再生活性炭脱硫脱硝性能、碳消耗和 SO_2 回收率的影响最大，再生时间仅对活性炭脱硝性能、碳消耗量和 SO_2 回收率有影响，而升温速率对热再生过程中的碳消耗和 SO_2 的回收率影响较大。随着再生温度的升高，脱硫性能和 SO_2 回收率逐渐提高，但是碳消耗也随之增加。

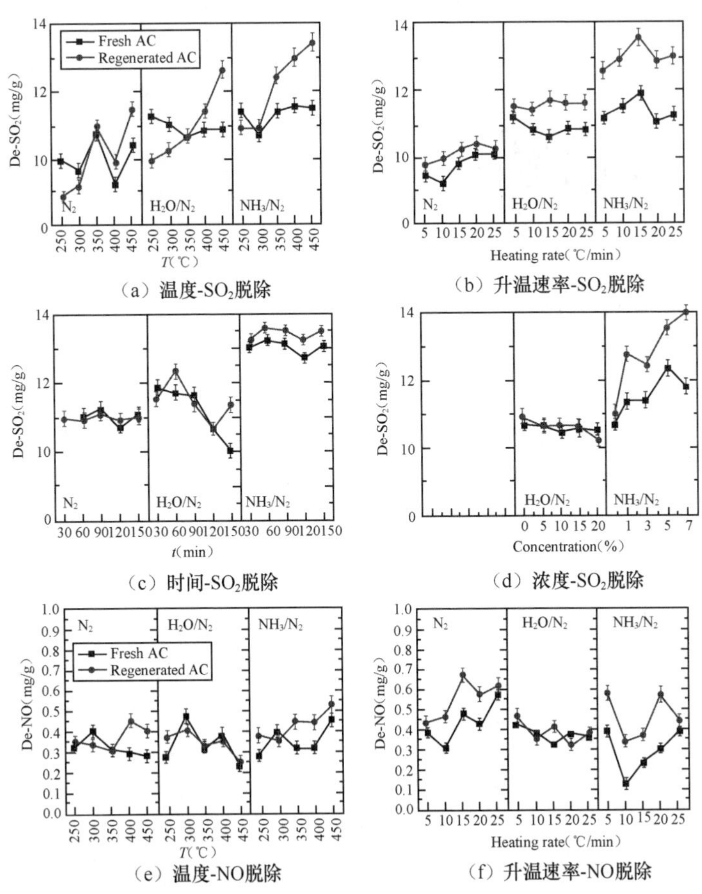

图 3-12　不同的再生气氛、不同再生参数对脱硫、脱硝效率、碳消耗以及 SO_2 和 C/SO_2 回收率的影响（一）

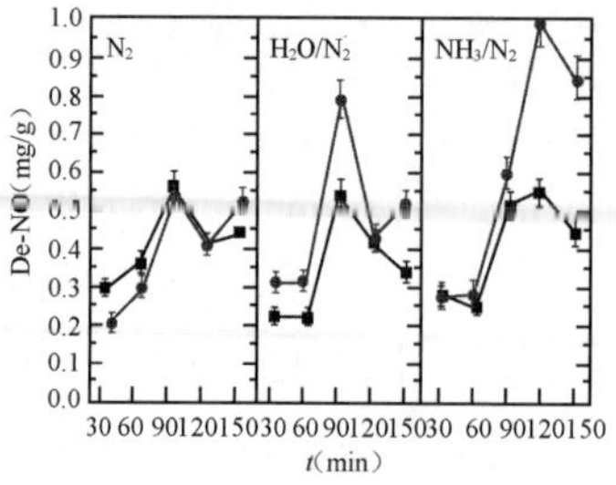

（g）时间-NO脱除

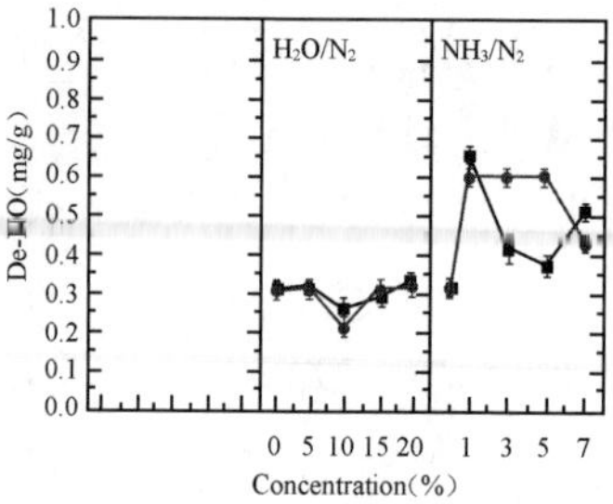

（h）浓度-NO脱除

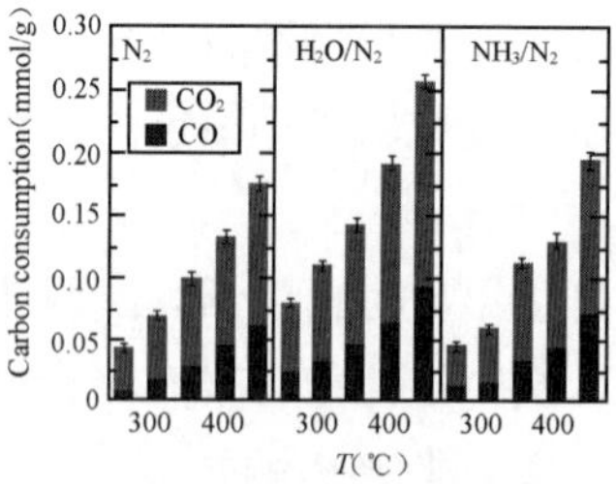

（i）温度-碳消耗

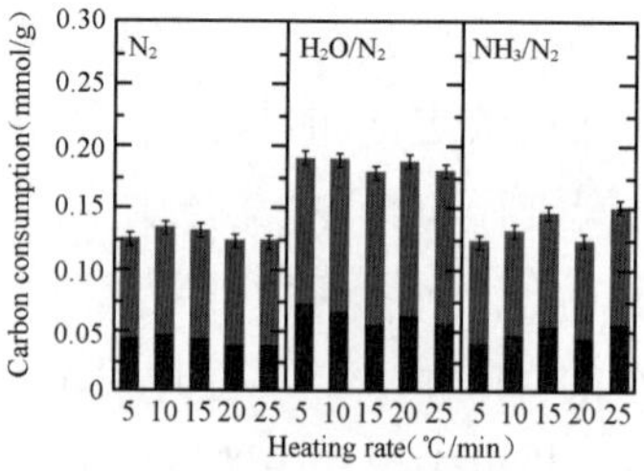

（j）升温速率-碳消耗

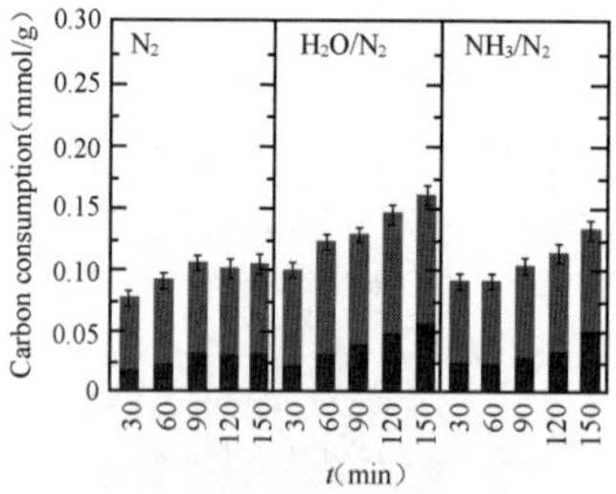

（k）时间-碳消耗

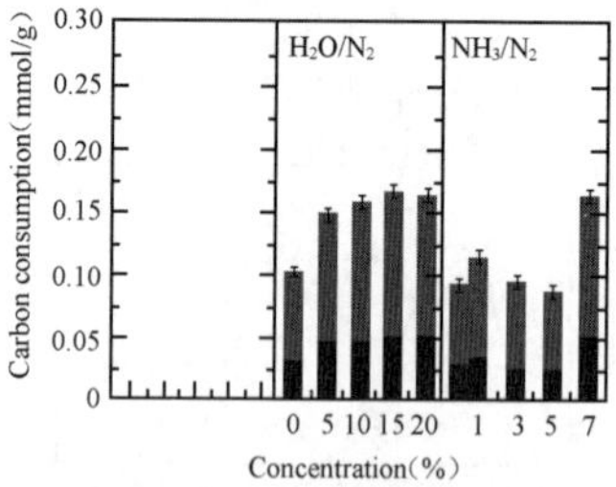

（l）浓度-碳消耗

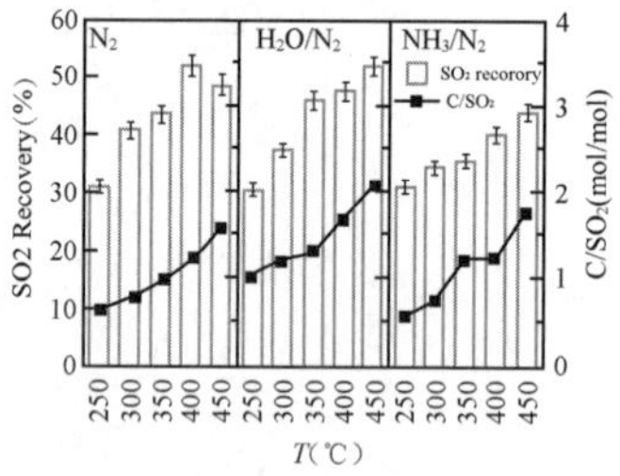

（m）温度-回收率

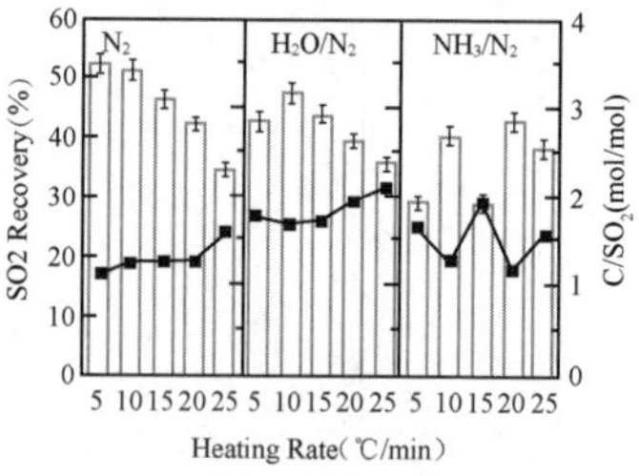

（n）升温速率-回收率

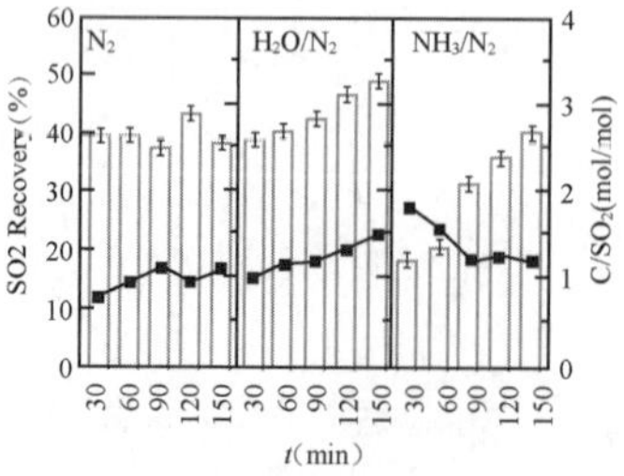

（o）时间-回收率

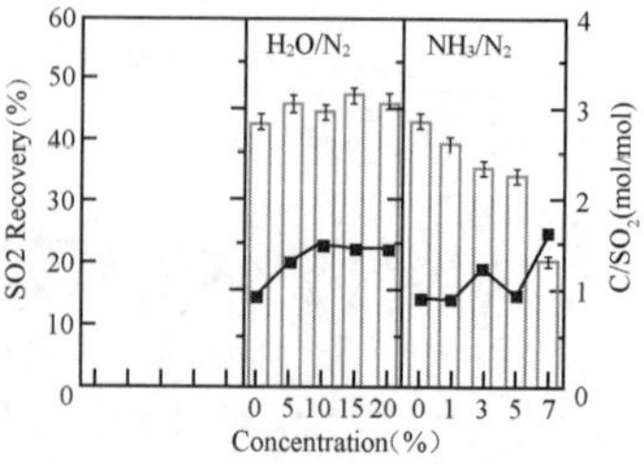

（p）浓度-回收率

图 3-12　不同的再生气氛、不同再生参数对脱硫、脱硝效率、碳消耗以及 SO_2 和 C/SO_2 回收率的影响（二）

3.5.2.5 技术发展概况

1. 国外活性焦脱硫脱硝技术发展概况

早期的活性焦吸附脱硫技术多采用固定床吸附-水洗再生的技术，如德国的 Lugri 法和日本的日立-东电活性焦脱硫技术。但该技术烟气处理量小、无法连续运行、压降较高、再生需频繁切换、耗水等缺点，极大地制约了其大规模的工业应用。因此，移动床吸附-加热再生技术被越来越多的研究者关注。

德国的 Bergbau-Forschung（简称 BF）公司是活性焦脱硫工业应用的先驱，该技术使用直径为 9mm 的柱状活性焦作为脱硫剂，并采用移动床吸附+热沙加热再生的方法，再生得到浓度为 25%～30%的 SO_2 气体，并可进一步得到硫黄等副产品。

1982 年，日本 Mitsui Mining Company（日本三井矿山株式会社，简称 MMC）引进 BF 技术后，研发出了 Mitsui-BF 技术用于 30000m^3/h 燃煤烟气处理，该技术采用两段式移动床吸附+惰性气体加热再生的方法，可一体脱除 SO_x 和 NO_x，解吸所得的 SO_2 可用于生产硫黄。

美国 General Electric Environmental Services Inc.（通用电气环境服务公司，简称 GEESI）引进 MMC 技术形成 GE-Mitsui-BF 技术，其工艺流程与 Mitsui-BF 技术类似，采用高温烟气加热再生活性焦，解析得到的高浓度 SO_2 可用于生产硫黄、硫酸、液态 SO_2。1987 年，IdemitsuKosan 的 Aichi 炼油厂采用该技术对重油催化裂化单元尾气（236000m^3/h）进行脱硫脱硝处理，吸附过程温度为 180℃，脱硫率为 100%，NO_x 脱除率高于 80%，并且该装置已投入商业运行。

日本 J-POWER 公司根据 GE-Mitsui-BF 技术发展了 ReACT 技术，2009 年利用该技术在日本 Yokohama 的 Isogo 电厂建成了烟气处理量为 180 万 m^3/h 的工业脱硫脱硝装置。

日本住友公司以错流移动床技术为工艺路线，开发了活性炭干法烟气脱硫技术，并于 2010 年在太钢钢铁集团建设了中国第一套活性炭法烧结烟气脱硫装置，烟气处理量为 144 万 m^3/h。

通过企业之间的技术转移以及开发，以活性焦（炭）为主的干式炭基催化剂技术逐步形成了错流和逆流两种主流工艺路线，其中以错流移动床吸附反应塔应用最多，逆流工艺也有较大发展，代表技术包括日本住友、日本 J-POWER、德国 WKV 等，其中：日本住友工艺和日本 J-POWER 工艺为错流移动床技术；德国 WKV 工艺为逆流移动床技术。在工程应用案例中，日本错流移动床吸附反应塔应用最多，德国 WKV 公司开发的逆流式移动床，在行业中也得到了迅速发展。这些技术在欧洲、日本、美国、韩国和澳大利亚的燃煤锅炉、钢铁烧结机、垃圾焚烧电厂、废油分解、玻璃熔炼系统等领域的烟气脱硫脱硝方面得到了广泛应用，应用规模最大为采用日本 J-POWER 工艺的日本矶子电厂 600MW 超超临界燃煤发电机组。

2. 国内活性焦脱硫脱硝技术发展概况

我国干式炭基催化法烟气净化技术起步较晚，但发展较快，发展路径分为两类：一类是在借鉴国外技术的基础上，开展自主开发，形成自主知识产权；另一类是和德国、日本的企业签署技术合作协议，进行技术转移或合作开发与产业化推广，同时在国外技术的基础上进行一定程度的技术革新。

从 1986 年我国将活性焦脱硫技术列入“863”计划至今，我国已建、在建和设计中的活性焦干法烟气脱硫装置有几十套。

上海克硫环保科技股份有限公司形成了具有自主知识产权的错流式可资源化活性焦烟气脱硫成套工艺技术，其工艺分为上下一体化布置和分体式布置两种典型工艺，并建设了 10 多套活性焦干法脱硫工业装置。

北京国电清新环保技术股份有限公司在技术引进德国 WKV 公司对流吸附塔技术后，在消化吸收的基础上，对烟气集成净化装置进行了优化，逐渐形成了具有自主知识产权的逆流式活性焦干法烟气集成净化技术。

中冶长天国际工程有限责任公司自主研发了错流布置的干式活性炭烟气净化技术，用于烧结行业的烟气净化处理。目前已在宝钢湛江基地、宝钢本部、安阳钢铁等多个项目实现了工业化应用。

2017—2022 年，国家能源集团科学技术研究院有限公司结合国内外逆流和错流技术的特点，开展了应用于燃煤电站的国家重点研发计划项目“燃煤电站多污染物协同控制与资源化技术及装备”中的子课题“干式炭基催化法多污染物协同控制与资源化工艺”研究，研发出了具有自主知识产权的脱硫脱硝一体化的烟气多污染物协同治理技术，并且实现了再生热源和电站主机热力系统的耦合，依托燃煤电站 350MW 机组，开展了处理 20 万 m^3/h 烟气量规模的侧线工程验证，成为目前国内电力系统唯一成功应用的工程案例。

总体来看，国内外干式炭基催化剂烟气净化技术烟气处理量都达到了一定规模，并且实现了在烧结、冶金和垃圾焚烧等多个行业的应用。国外方面，炭基催化法烟气净化技术在燃煤发电、烧结和垃圾焚烧等行业实现工业应用，处理烟气量已达到一定规模，但入口烟气污染物浓度较低，且高效脱硝过程仍需设置前置 SCR 装置，催化剂再生热源采用单独的燃料燃烧方式，未能实现和主机热力系统的耦合，再生能耗高。国内方面，炭基催化法烟气净化技术在国内的应用已初具规模，但主要应用于烧结、冶金等行业，入口烟气污染物浓度仍然较低，并且存在诸多问题，如高硫分烟气适应性差，移动床层的温度不均匀、传质传热效果不理想，脱硝效率不高，再生热源单一、能耗高，资源化利用研究较少，设备占地面积大，缺乏产业化必需的关键工艺和设备等，难以适应我国燃煤电站的烟气特点。

3.5.3 低温法烟气污染物超净排放控制技术

3.5.3.1 技术原理

低温法烟气污染物一体化超净排放技术（简称“COAP 技术”）是基于低温氧化吸附原理，利用多孔材料，可实现燃煤烟气中二氧化硫、氮氧化物和重金属等多污染物的一体化高效吸附脱除和近零排放，同时可实现硫资源回收利用。工艺系统主要包括烟气冷却系统、冷凝水回收系统、低温净化系统、硫氨资源化回收系统、在线监测系统等，工艺流程示意图如图 3-13 所示（见彩插）。

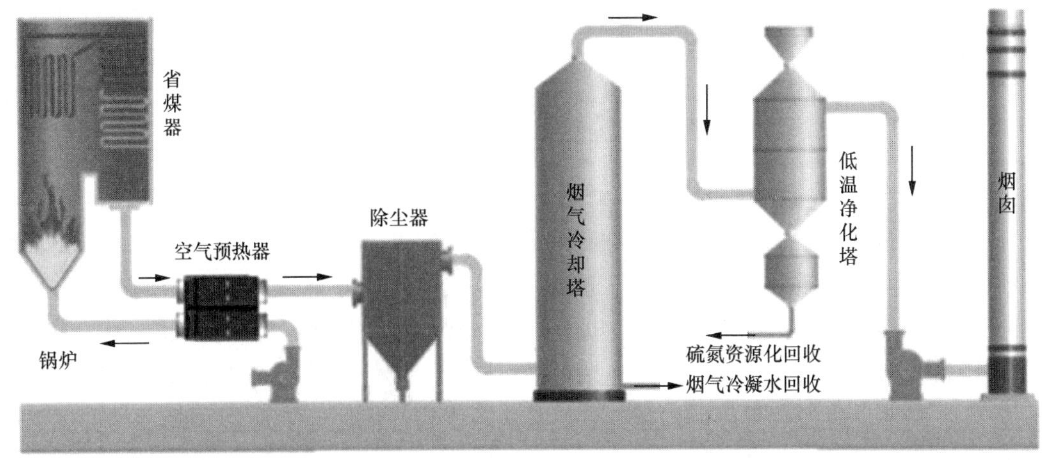

图 3-13 COAP 技术工艺流程示意图

3.5.3.2 技术性能

COAP 技术在零度或低温下实现污染物的一体化脱除。低温环境下，氮氧化物可被某些吸附介质高效氧化后吸附脱除，对二氧化硫的吸附脱除能力也提高了 7～8 倍。经处理后的烟气 SO_2 和 NO_x 排放浓度低于 $1mg/m^3$，粉尘排放浓度低于 $2mg/m^3$，SO_3、汞、HCl 和 VOCs 的脱除率高于 97%，厂用电率新增 2%左右。

与常规技术相比，COAP 技术无需消耗石灰石、尿素、脱硝催化剂，而且还可以回收硫和烟气中的水分，实现烟气余热深度利用，是环境友好型技术。该技术具有技术路线新、脱除效率高、综合效益高等显著特点，具有重大经济和社会价值，除可应用于大型燃煤电站锅炉外，还可用于垃圾焚烧、焦炉窑炉、工业尾气等烟气污染物的脱除处理，具有广泛适应性。根据中试系统数据测算，COAP 技术与常规超低排放技术运行成本基本持平。

3.5.3.3 技术发展概况及工程应用

COAP 技术由中国华能集团清洁能源技术研究院有限公司原创，是烟气污染物排放控制领域的颠覆性重大技术，已先后在华能岳阳电厂、连云港石化产业园、华能临沂电厂等项目上开展工业验证。

2021 年 5 月，基于华能岳阳电厂 600MW 燃煤机组实际烟气，完成了 $1000m^3$（标准状况下）烟气量的中试系统设计工况 72h 连续性能试验和多种工况优化试验。经第三方检测，二氧化硫和氮氧化物排放浓度小于 $1mg/m^3$；粉尘排放浓度小于 $2mg/m^3$；三氧化硫、汞、氯化氢和 VOCs 的脱除率高于 97%，远优于现行超低排放标准。

2022 年底，连云港 COAP 项目建成，设计烟气处理量为 5 万 m^3/h（标准状况下），是 COAP 技术由千方级中试装置到 135MW 级燃煤机组工程示范放大中的重要验证环节。项目重点验证了 COAP 技术对氮氧化物近零排放控制效果与 COAP 技术体系中的氮氧化物回燃技术。经示范工程现场测试，出口处氮氧化物排放浓度小于 $1mg/m^3$，氮氧化物脱除效率达到 99%，氮氧化物外排量由环评批复量的 43.96t 降至 0.4t，氮氧化物减排率达到 99%。解吸气中高浓度氮氧化物返回炉膛后通过多种机理协同作用，可以转化为氮气实现无害化处理。二氧化硫、粉尘排放分别低于 1mg/m^3、2mg/m^3，三氧化硫、汞、氯化氢和 VOCs 的脱除率不低于 97%。COAP 技术在连云港的成功验证，为国家重点研发计划“近零排放的燃煤污染物低温深度脱除技术研发与示范”项目的实施打下了坚实的基础。该技术于 2023 年 4 月通过了中国质量认证中心绿色技术评价，评审组专家一致认为，与国内外同类型技术相比，该技术具有明显的先进性、创新性，达到国际领先水平，有效实现烟气污染物一体化脱除，在污染物深度减排和改善生态等方面具有广阔的应用前景。

2022 年 9 月 28 日，华能 135MW 级机组 COAP 技术首套验证工程在临沂电厂开工建设。该工程由华能清能院自主设计、华能山东分公司建设，依托临沂电厂 7 号机组对 COAP 技术进行工业验证，建成后将成为国际首套低温法污染物一体化近零排放工程。

“十四五”期间，华能集团将积极推动 COAP 技术在供热、燃气、垃圾、钢铁、工业窑炉等领域的示范和推广，争取实现 60 万 kW 等级的应用业绩。

3.6 清洁煤电系统优化技术

燃煤电厂清洁煤电技术在我国已得到广泛应用，显著降低了我国燃煤电厂大气污染物排放量。当前，煤电仍是我国电力和热力供应的稳定器和压舱石，在保障我国能源安全国家战略方面发挥着不可替代的重要作用。然而，面临节能减碳以及深度灵活调峰需求，燃煤机组清洁煤电技术的可靠性、稳定性及经济性还需进一步提升。一般来说，燃煤电厂超低排放、超净排放等清洁煤电技术均按照一定余量进行设计考虑，以满足工况变化下的烟气污染物高效经济脱除。在实际应用过程中出现的清洁煤电系统能耗及物耗高、变负荷过程污染物脱除效率的动态跟随性差、污染物易瞬态超标等现象，系统优化技术可有效解决上述问题。

3.6.1 先进检测技术

超低排放及超净排放系统存在部分生产运行关键参数测量不准确、数据不丰富的问题，制约了控制系统的调节精度，先进检测技术的应用是突破这一问题的关键。先进检测主要以智能传感器为载体，利用微波、激光、红外、静电、声波、电容、电荷以及软计算、信息融合等技术，实现传统难测参数的在线准确测量和上传，以提高工艺过程的能观性，为保障系统安全稳定运行、提升控制系统品质、减少能耗和物耗奠定重要基础。

3.6.1.1 煤质在线检测技术

可采用激光诱导击穿光谱技术检测煤质元素，通过脉冲激光瞬间灼烧煤样，使其局部电离，形成等离子体，通过处理离子体膨胀和冷却过程中的辐射光谱，实现煤质元素的定量分析，宜安装在输煤或给煤机皮带上，与实时运行控制关联，检测频率应不低于 3min/次；可采用次红外线法检测煤质成分，利用煤炭对不同次红外线频段的吸收性差异，快速检测煤炭

的发热量、水分、灰分、挥发分、固定碳、含硫量。

3.6.1.2 锅炉烟气在线检测技术

可采用微波法检测飞灰含碳量，利用飞灰碳含量与飞灰等效介电常数间的相关性原理，测量检测路径上飞灰造成的微波衰减和相移，实现飞灰含碳量在线检测；可采用可调谐半导体激光吸收光谱法检测脱硝系统氨逃逸浓度，通过扫描烟气特定吸收峰值，得到氨气的二次谐波，计算并实现氨逃逸浓度在线检测；可进行脱硝出入口烟气组分检测，采用“网格取样”法测量烟道横截面上 NO_x、O_2、CO 的浓度场分布，为炉内燃烧调整和精细化分区喷氨脱硝提供依据；可基于氧量热量的原理，根据锅炉氧量、锅炉总热量、锅炉总风量之间的函数关系，建立烟气含氧量的软测量模型，实现烟气含氧量在线计算。

3.6.1.3 低浓度污染物高灵敏连续监测技术

针对燃煤机组实现超低排放后对于烟气主要污染物的高精度稳定连续在线监测需求和现行技术标准精度要求较低的问题，开发适用于近零浓度 SO_2、NO_x、烟尘连续在线监测的采样与捕集技术、分析技术、质量控制技术，研制适用于烟气超净排放的高灵敏连续在线监测系统装备，建立相应技术规范。

针对低温、高湿、低浓度、流场复杂的烟气特征，研发燃煤烟气可凝结颗粒物及其前体物（SO_3、NH_3、HCl、VOCs）采样与分析技术及监测设备，构建测试标准方法。

针对燃煤烟气污染物排放监测中对于多种重金属元素的便捷准确采样分析需求，基于电感耦合等离子体发射光谱技术，研发响应时间短、灵敏度高、动态线性范围宽的烟气中多种重金属高精度同步在线监测技术，研制高精度监测设备及先进校准系统。

3.6.2 智能控制技术

3.6.2.1 脱硝系统智能控制技术

燃煤机组 SCR 脱硝系统涉及变量多、反应过程惯性大，仅凭简化的理化关系进行定性推导无法涵盖系统特性，给脱硝控制的设计与调试带来一定的困难。合理设计脱硝控制策略与方案是实现其优化控制的基础。

目前，脱硝系统模型研究主要可分为流场模型、机理模型和混合模型三大类，研究形式与手段百家争鸣，但根本目的都是要最大限度地反应出 SCR 脱硝系统的本身特性，为优化脱硝控制策略与方案提供足够坚实的基础，从而实现最佳的氮氧化物排放控制效果。相关研究依照建模目标与模型规模分类有局部模型和整体系统模型；按建模方法分类可归纳为流场分布模型和系统机理模型；按模型分析视角分类有微观模型和宏观模型。不同分类方式彼此相互交叉、互不矛盾，不同研究策略下应用多种方法所建立的脱硝子系统模型与 SCR 脱硝系统整体模型共同构建了能够反映火电脱硝特性的模型体系，对 SCR 脱硝系统优化改造提出了十分充分而重要的指导意见，并为脱硝控制优化设计奠定了扎实的基础。

脱硝控制中被控制量为喷氨量，主流控制采用常规比例–积分–微分控制器（Proportion Integration Differentiation，PID）。PID 算法结构简明，能够对输入信号实时响应，设备硬件准入门槛要求低，可以由中低端芯片承载。常见有固定氨氮摩尔比控制方法和固定烟道出口氮氧化物浓度控制两种方法。首先，根据烟道入口的氮氧化物浓度与氨氮摩尔比相乘，获取基本喷氨含量。其次，再根据烟道出口氮氧化物浓度反馈值，计算得出基本喷氨量的修正数值。通常情况下，烟道中的氨氮摩尔比数值是可变的，因此喷氨量还应当根据烟道入口氮氧化物的浓度、出口氮氧化物的浓度进行设定。从喷氨量控制角度出发，为实现高效控制，还应当进一步降低氨的逃逸率。采用脱硝串级控制方法，控制回路中采用常规生成树协议中的 PID 作为控制程序，将事先设定好的数值输入，通过第一个 PID 成对氨气流量的传递。在传递的过程中会出现扰动情况影响氨气流量的传递，需要利用第二个 PID 完成对氮氧化物浓度的传递，对扰动部分进行补偿计算，得到相应的补偿值，从而保证系统对脱硝控制的有效。

然而，传统 PID 控制所存在的主要问题在于参数整定严重依赖专家经验和过程调试，最优控制品质难以把握，且对于内外部扰动尤其是对于不确定性突发扰动处理能力有限，这与追求更高控制品质的需求成为矛盾。随着大规模集成电路技术的发展和新型算法与算法改型研究的深入，先进算法由于需要进行大量计算使得耗时过长而无法满足控制实时性的问题逐步得到解决，各类先进控制的应用也日渐增多。近年来，在脱硝优化控制领域，利用先进控制算法提升 SCR 脱硝系统综合品质也为脱硝改造的主流趋势之一，先进控制思想从理论向实际的转变已成为时代的主流和趋势。

针对 SCR 烟气脱硝系统普遍存在的 NO_x 质量浓度测量滞后较大、传统控制方式控制效果不佳甚至难以投入自动、氨逃逸过大导致空气预热器堵等诸多问题，预测控制技术和自适应控制技术被广泛用于改进以常规 PID 为主的烟气脱硝控制。在传统氨氮摩尔比前馈控制、NO_x 反馈控制、氨流量串级控制等策略的基础上，应用预测控制、模糊控制、内模控制、史密斯预估控制、状态观测、相位补偿等先进控制算法，设计变结构、变参数、自适应的脱硝优化控制方案，实现脱硝过程闭环优化控制。伴随算法智能化程度的不断提升，脱硝系统将表现出更高的准确性、快速性、稳定性。

当前，有关优化控制的研究正朝向大数据环境和深度控制思想迈进。基于机器学习大数据分析技术，研究脱硝系统精细喷氨算法与闭环反馈控制模型，开发超净排放条件下的智能喷氨优化方法及控制软件，实现快速变负荷运行模式下 NO_x 浓度与喷氨量的实时匹配，形成 SCR 系统快速响应智能调控技术，实现氨逃逸浓度不超过 $2mg/m^3$。

3.6.2.2　除尘系统智能控制技术

除尘系统智能控制的优化目标主要包括实现理想的除尘效果、降低设备运行能耗、自动清灰和设备状态诊断。

1. 智能电除尘器控制系统（IPC）

电除尘器能耗主要为电除尘系统内各高压、低压设备的工作运行耗能，节能优化的前提是能够确保烟尘达标排放，而电除尘器的除尘效率与机组负荷、煤种变化、烟温、粉尘比电阻、高压供电电源的输出电压、电流及供电波形有很大关系。针对燃煤机组电除尘器

日常运行电耗高、自动化程度低的问题，IPC 系统通过通信网络、来自 T/R 整流器等高压控制设备的高压控制信号数据与来自振打、加热、输灰等低压控制设备的低压控制信号数据、来自粉尘浊度检测仪的反馈信号同时汇总于 IPC 系统的中央控制器中，依靠中央控制器强大的信号分析与处理能力，便能实现各种复杂灵活的控制算法，协调各高/低压控制设备之间的动作，达到理想的除尘效果。借助特定的 OPC 服务，IPC 系统可以嵌入企业既有的大型 DCS 系统，实现集中管理。IPC 系统还可以利用互联网进行扩展，使远程遥控/遥测成为一种可能。国内较早开始 IPC 系统研究的有福建龙净环保有限公司，其开发成功的 IPC 系统创下填补国内多项空白。IPC 系统与电除尘控制器之间的数据通信依据特定的应用层通信协议进行，而该通信协议通常是由电除尘控制器制造厂商单独制定，因此 IPC 系统需要安装特定的通信协议软件包才能与相应的电除尘控制器配套使用。

2. 除尘器可视化智能监控系统

除尘器可视化智能监控系统实时监控电除尘器、电袋复合除尘器现场所有设备投运情况，监控对象主要包括高压控制系统和低压控制系统两部分。高压控制系统采用以单片机为核心的微机控制器，通过智能控制器对整流变压器进行控制，起到调压、控制火花作用，使控制器适应闪络等复杂的现场工况。低压控制系统包括电区控制系统和袋区控制系统，电区含阴阳极振打装置、电加热恒温控制装置；袋区主要有脉冲喷吹装置等，通过 PLC 程控柜对超净电袋除尘器现场所有设备及仪表等装置进行数据采集。可视化智能监控系统通过通信协议（如 Mod bus TCP/IP、以太网或 OPC 等）对除尘器现场所有设备进行数据采集，并以对象、动画、图表、表格、文本、曲线等方式呈现。

3. 袋式除尘器滤袋破损智能化监测技术

在实际工程应用中，袋式除尘器常遇到滤袋破损、清灰系统故障、管道系统泄漏或堵塞、风机电动机系统故障等问题，超过 50%的故障都与滤袋破损有关。作为袋式除尘器的核心部件，滤袋的使用状况直接影响除尘效率、使用寿命以及颗粒物达标排放。因此，准确更换破损滤袋、避免大面积更换滤袋具有重要意义。传统的滤袋检漏技术，如排查法、花板积灰法、荧光法等，需要在除尘系统停机的状态下才能实施，操作复杂且费工费时，而各种漏袋智能监测技术能够更好地判断滤袋状态。已实现工业化应用的袋式除尘器滤袋破损智能化监测技术主要包括电荷感应技术和光学识别技术。

电荷感应技术包括传感探头、传输电缆、计算机控制系统和报警装置等。感应电信号的来源有接触感应和非接触感应，前者指颗粒物与周围介质碰撞产生静电荷，后者指颗粒物自身带有一定量的静电荷。电荷量与气流中粉尘浓度存在一定关系，传感探头感应微弱静电荷信号，经过放大和传输后，这些信号进入计算机分析处理。如果滤袋破损，净烟气中颗粒物浓度会增加，当颗粒物的量超过设定阈值时，计算机发出报警信号。电荷法检漏技术是目前市场上应用最广泛的一种。

光学识别技术的原理基于光强或光通量的变化反应烟气中颗粒物浓度，包括光源发射装置、光能接收装置、数据处理系统以及报警装置等。光线穿过含尘烟气时，粉尘颗粒将对光线产生遮挡、吸收、散射效应，改变光信号。光信号的变化量与粉尘浓度存在一定的对应关系，滤袋破损时信号变化量增强，达到设定的报警值时系统发出警示。该方法简单易行，成本较低。

4. 基于快速变负荷智慧除尘技术

基于运行数据和工况诊断分析模型，研究变负荷、变煤种工况条件下的高频电源反电晕优化控制策略与自动闭环反馈调控方法。基于动态递归神经网络和模糊推测的复合调控策略，研究电除尘器多输入、多输出、多变速率的非线性智能专家算法，实现高频电源节能运行。优化高频电源与低压振打联动的降压振打连锁控制与振打时序自动调控策略。形成适应快速变负荷且兼顾节能和高效脱除效率的智慧灵活除尘技术。

3.6.2.3 脱硫系统智能控制技术

燃煤电厂脱硫系统运行关键参数浆液 pH、密度及 CEMS 测量具有非线性、大惯性、滞后性的特点，给脱硫控制系统带来了很大挑战，容易造成脱硫控制系统无法自动投入、人工控制浆液品质恶化、脱硫能耗物耗升高、SO_2 排放浓度控制过低或超标等问题。脱硫智能优化控制技术可有效解决上述问题，根据锅炉负荷及烟气量、煤质中硫分、烟气温度、烟尘浓度、吸收剂品质等参数的动态变化，实时提供精准的供浆量。

常规供浆系统是基于 pH 值的 PID 控制，以吸收塔浆液 pH 值与预设目标值之间的偏差进行固定比例 P、积分 I 和微分 D 的策略调整。此方式被广泛应用并沿袭至今，但 pH 值的测量带有较为明显的滞后和失真特性，严重制约控制效果。因此，实际运行中为了防止超标，出口浓度的设定值通常会远小于 SO_2 的排放限值，造成能量、物料的浪费。

在传统前馈、反馈、解耦控制的基础上，应用预测控制、模糊控制、内模控制、预估控制、状态观测、相位补偿等先进控制算法，设计变结构、变参数、自适应的脱硫优化控制方案，实现脱硫过程闭环优化控制。基于机器学习、数据驱动，研究硫量平衡 pH 值控制、基于经济性约束的 pH 值与 SO_2 浓度耦合控制、基于品质约束的旋流子值与皮带厚度耦合控制、基于浆液品质预测的氧化风系统智能控制等全流程多目标智能控制技术，实现脱硫过程闭环优化控制。其具体技术要求为：在原有脱硫控制水平的基础上，减少吸收塔出口 SO_2 质量浓度的控制偏差，降低 SO_2 质量浓度超限概率；能够快速克服烟气负荷、浆液 pH 值变化带来的扰动，提高脱硫控制系统的稳定性；对于配备变频循环浆液泵的机组，能够通过循环浆液连续调节，降低石灰石平均耗量。

3.6.3 智慧管理平台

燃煤电厂环保设备包括脱硝、脱硫、除尘等设备，分散贯穿整个烟气污染治理流程，运行监控指标多，某环节出现问题对上下游的设备影响大。开发燃煤电厂超低排放智慧管理平台，采用大数据分析、图像识别等技术，研发环保设备管理、智能监督、智能分析、智能识别、运行优化、设备故障诊断等功能模块，实现对超低排放系统设备的集中协同管理，并直观呈现，提高多指标协同监督预警效率，服务于环保设备安全、环保、经济运行。

3.6.3.1 基于深度调峰的脱硝催化剂全寿命智慧管理

基于深度调峰的脱硝催化剂全寿命智慧管理研究。根据历史性能检测与运行数据，通过灰色预测模型、BP 神经网路模型等大数据挖掘技术，开展深度调峰条件下脱硝催化剂关键性能参数与寿命预测模型研究，建立脱硝催化剂全寿命在线实时监控智慧管理平台，实现脱硝催化剂的诊断模式由线下故障诊断向线上风险预防转变。

3.6.3.2 基于多源异构融合的故障诊断预警管理

基于多源异构融合的故障诊断预警管理研究。通过设备资料、运行规程及专家经验的数据化，结合关键设备的案例库、故障库、模型算法等建立设备故障知识图谱。研究多源异构数据融合技术，应用随机森林算法对参数特征进行整合，实现实时过程数据、非结构化数据等信息的数据融合。构建大数据模型和设备机理模型深度融合的超净排放设施故障诊断内核模型层技术，研究设备故障预警与诊断方法，实现设备智能诊断、预警与检修方案制定，有效支撑设备健康管理与故障诊断预知性维护，减少设备故障率。

3.6.3.3 燃煤电厂超净排放环保岛云管边控智慧管控平台

构建燃煤电厂超净排放环保岛云管边控智慧管控平台。开发集约化高效管理的云端智能系统和现场侧智能生产的边缘端智能系统，构建两者有机集合的智能平台整体框架。建设涵盖面向复杂对象的智能控制系统、面向日常全系统参数监视的智慧监盘系统、面向周期性设备轮换工作的智能定期系统、面向异常预知的智能预警系统、面向突发故障的故障溯源及智能处理系统，实现无人操作或少人值守。

3.7 本 章 小 结

目前我国燃煤电厂烟气污染物排放处于超低排放阶段，本章在对我国燃煤电厂超低排放技术发展进行概述的基础上，详细介绍了除尘、脱硫、脱硝超低排放技术的技术原理、技术性能、影响因素及技术发展情况，提出超低排放技术路线选择原则与典型技术路线，及其深度调峰条件下超低排放的实现技术。

为实现超低排放，除尘技术方面，电除尘用高频电源、脉冲电源、旋转电极、低低温电除尘、湿式电除尘等新技术应运而生并得到大规模应用，同时电袋复合除尘和袋式除尘技术不断取得突破，相应装机容量份额逐渐提高，另外湿法脱硫协同除尘技术和效果也逐步提高；脱硫技术方面，国内在引进消化吸收及自主创新的基础上形成了多种新型高效脱硫工艺，如石灰石–石膏法的传统空塔喷淋提效技术、复合塔技术和 pH 值分区技术；脱硝技术方面，燃煤机组普遍采用增加催化剂层数的方法实现 NO_x 超低排放，同时，新型催化剂、全负荷脱硝等技术得到不同程度的技术突破。燃煤电厂烟气污染物超低排放技术路线选择时应遵循“因煤制宜，因炉制宜，因地制宜，统筹协同，兼顾发展”的基本原则；为解决低负荷时烟气达不到 SCR 脱硝系统最低运行温度问题，可通过省煤器烟气旁路改造、省煤器分级布置改造、省煤器水侧旁路+热水再循环改造等技术方案提高 SCR 脱硝装置入口烟气温度。

本章还前瞻性地提出了超净排放概念及超净排放技术主要发展方向。目前实现燃煤电厂烟气超净排放的技术路线主要有两种途径，一种是基于传统脱硫、脱硝、除尘技术进行改造升级，即常规技术超净排放；另一种是开发新的烟气污染物脱除工艺。具有代表性的新工艺有基于活性焦干式催化法超净排放技术、低温法烟气污染物一体化超净排放技术，可实现烟气污染物 SO_2、NO_x一体化脱除的同时，还可实现硫资源化，避免传统技术路线带来的脱硫废水处理、脱硝催化剂失效、石灰石过度开采、氨逃逸二次污染、工艺流程繁复、运行成本高等诸多问题。

另外，在“双碳”及新型电力系统背景下煤电机组面临节能减碳以及深度灵活调峰需求，清洁煤电技术的可靠性、稳定性及经济性还需进一步提升，因此亟需清洁煤电系统优化技术的支撑，具体包括先进检测技术、智能控制技术和智慧管理平台，从而解决清洁煤电系统能耗及物耗高、变负荷过程污染物脱除效率的动态跟随性差、污染物易瞬态超标等问题。

4 煤电非常规污染物清洁技术

我国燃煤电厂超低排放技术已经从技术单一化逐渐走向技术多元化，无论是从包括颗粒物、二氧化硫、氮氧化物等单个大气污染物控制而言，还是系统的燃煤电厂超低排放控制技术，目前都有较为成熟且较为多元化的可选技术，在具体工程自身实际情况具体分析的基础上进行选择。大气污染物控制也由传统的颗粒物、二氧化硫、氮氧化物正逐渐进行扩展。

对于燃煤电厂非常规大气污染物，在燃煤电厂超低排放之后，火电行业将要重点关注的是 $PM_{2.5}$、三氧化硫、重金属、氨等非常规污染物排放与控制。虽然非常规污染物在烟气中所占比例较少，但是排放后危害较大。长久以来，由 $PM_{2.5}$ 等细颗粒物引发的雾霾备受关注，自 2009 年以来，我国已经报道了约 30 起砷、硒、铅等重金属中毒事件。大气、水及土壤污染是目前燃煤排放的重金属导致环境污染的 3 个主要来源。重金属汞作为一种有毒重金属，排放至大气后最终将在人体累积，严重影响人体健康。三氧化硫是 $PM_{2.5}$ 等主要前驱物，排放质量浓度超过 $6.5mg/m^3$（标准状态下，干基）时会形成肉眼可见的蓝色烟气，同时会造成设备的低温腐蚀。

另外，$PM_{2.5}$、三氧化硫、重金属、氨等非常规污染物在燃煤电厂排放的高湿烟气中浓度较低，其中重金属含量属于痕量级别，因此不仅控制难度大，而且监测难度大。本章针对燃煤电厂非常规污染物（$PM_{2.5}$、重金属、汞、三氧化硫等）产生、危害、检测、控制等方面进行全面系统的总结和分析，为煤燃烧非常规污染物排放控制提供理论和技术支撑。

4.1 燃煤电厂 $PM_{2.5}$ 排放与控制

4.1.1 燃煤电厂 $PM_{2.5}$ 产生

燃煤电站是主要的 $PM_{2.5}$ 排放源之一。现有研究发现机组高负荷运行时高温致使颗粒破碎加剧，$PM_{2.5}$ 颗粒含量上升，且静电除尘器对 $PM_{2.5}$ 脱除率低，$PM_{2.5}$ 穿透率高，常规净化设备难以将其高效脱除。有研究指出我国燃煤电厂的 $PM_{2.5}$ 排放量约为 668.56 万 t，是大气 $PM_{2.5}$ 的主要来源。在空间分布上，中国东部省份的 $PM_{2.5}$ 排放量远高于西部省份。

燃煤电厂产生的 $PM_{2.5}$ 分为一次颗粒物和二次颗粒物，一次 $PM_{2.5}$ 颗粒物：包括直接以固态（或液态）形式排出的超细颗粒物和在排放烟气温度超过饱和温度条件下以气态或蒸汽态排出，在烟羽扩散过程中冷凝产生的超细颗粒物；二次颗粒物：是以气态 SO_x、NO_x、VOC 等形式排放到大气中，经过复杂的物理化学变化转化成的超细颗粒物。对燃煤电厂实测表明，一次凝结的 $PM_{2.5}$ 颗粒物占总 $PM_{2.5}$ 颗粒物排放的 36%左右。一次凝结的 $PM_{2.5}$ 又可以分为可过滤的颗粒物（Filterable）和可冷凝的颗粒物（Condensable），据美国环保局估计，78%的 $PM_{2.5}$ 属于可冷凝颗粒物，也就是 SO_3 等酸性气体形成的酸雾，只有 22%属于可过滤的颗粒物。

4.1.2　燃煤电厂 $PM_{2.5}$ 危害

$PM_{2.5}$ 又称可吸入颗粒物，是指空气动力学粒径小于 2.5μm 的颗粒，这些颗粒物 100%可以吸入肺泡中。其中 0.3～2μm 的粒子几乎全部沉积于肺部而不能呼出，进而进入人体血液循环。由于比表面积大，吸附性很强，容易成为空气中各种有毒物质的载体，特别是容易吸附多环芳烃、多环苯类和重金属及微量元素等，使得致癌、致畸、致变的发病率明显升高。$PM_{2.5}$ 这类超细颗粒物对光的散射作用强，是灰霾形成的主要“元凶”。

4.1.3　燃煤电厂 $PM_{2.5}$ 检测

烟气中 $PM_{2.5}$ 浓度测试可依据《火电厂烟气中细颗粒物（$PM_{2.5}$）测试技术规范　重量法》（DL/T 1520—2016）标准。

将加热采样枪伸入烟道中，在各网格点上抽取一定量的烟气，烟气中的烟尘经大颗粒物旋风切割后，$PM_{10}/PM_{2.5}$ 经撞击采样器被捕集在不同滤膜上，然后用精度为 0.01mg 天平进行称重。对于感量为 0.01mg 或 0.001mg 的天平，滤膜上的颗粒物负载量应分别大于 0.1mg 或 0.01mg，应根据烟气中 $PM_{2.5}$ 的浓度大小确定采样体积（采样时长）。$PM_{2.5}$ 采样系统流程如图 4-1 所示；颗粒物撞击方法原理示意图如图 4-2 所示（见彩插）。

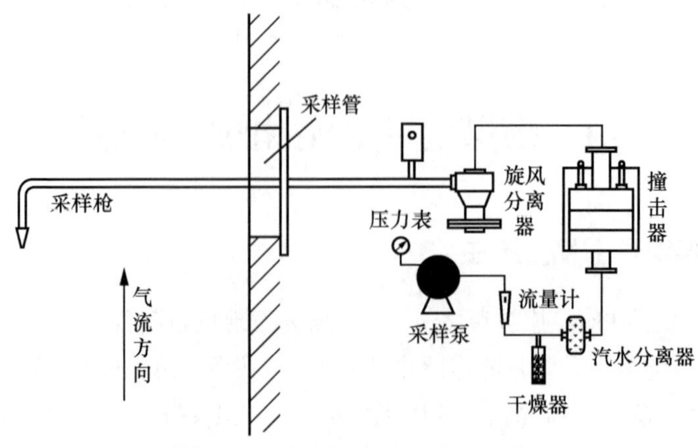

图 4-1　$PM_{2.5}$ 采样系统流程示意图

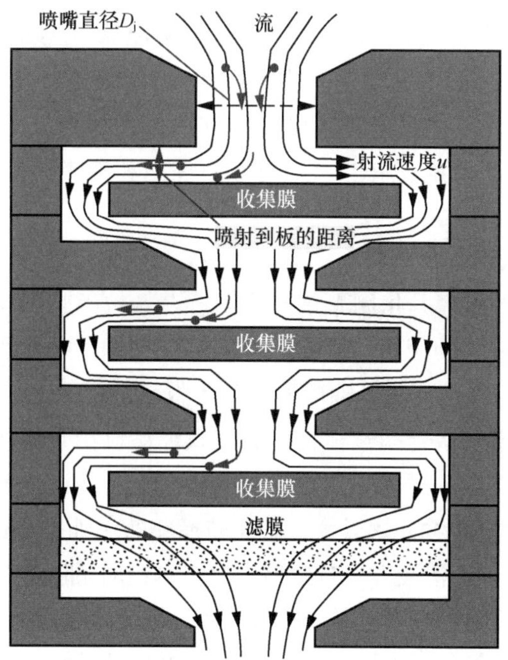

图 4-2 颗粒物撞击方法原理示意图

4.1.4 燃煤电厂 $PM_{2.5}$ 控制

团聚技术是一种较成熟的燃煤细颗粒物脱除技术，主要通过特定技术手段促使 $PM_{2.5}$ 等细颗粒物通过物理或化学方式团聚长大脱除，目前研究的热点包括声波团聚、湍流团聚和化学团聚等技术。

4.1.4.1 $PM_{2.5}$ 声波团聚

声波团聚是指通过在烟道流场内施加特定强度的声波促使粒径较小的飞灰颗粒发生团聚，细颗粒变成粒径更大的颗粒，进而被后续除尘设备脱除。声波团聚过程中气体介质对细颗粒有挟带作用，细颗粒间会产生相对运动，从而增加了颗粒间的碰撞概率，进而增强 $PM_{2.5}$ 等细颗粒物的去除效果。

声波团聚技术的核心在于控制系统工作能耗，高声压级在带来高团聚效率的同时势必会加大能耗，只有当声压级在 150dB 以下时，声波团聚技术才有应用价值。由于声压级最大值的限制，决定了声波团聚技术在处理我国复杂煤种尤其是高灰分煤种时，对 $PM_{2.5}$ 等细颗粒物的脱除效率会存在一定局限性。

4.1.4.2 $PM_{2.5}$ 湍流团聚

湍流团聚是指在 ESP 烟道中增设一个湍流发生装置，通过该装置加大烟气中细颗粒物间的碰撞概率，促使细颗粒团聚长大，随后进入 ESP 脱除。

基于数值模拟研究得出，颗粒物聚并效果随烟气流速的增大而提升，且当聚并器元件迎流角度接近 90°时，细颗粒物团聚效果最强。有学者基于单次湍流团聚对细颗粒物团聚效果差的问题，提出增设化学喷雾装置耦合湍流聚并器来提升颗粒团聚效果的方法。经化学湍流团聚后，PM_{10}脱除效率由84.5%提升至91.8%，ESP后总粉尘浓度也明显降低。由此可见，耦合多种团聚方式可充分发挥各种团聚技术的优势，进而提高细颗粒的去除效率。然而，在实际应用中，如何平衡性能和成本的关系也是一个不容忽视的现实问题。

4.1.4.3　$PM_{2.5}$化学团聚

细颗粒物化学团聚的机理是指团聚剂高分子链在颗粒间起到“架桥”作用，团聚剂液滴通过液桥作用促使细颗粒物团聚，团聚体中的水分经烟气余热蒸干后，液桥力变为固桥力，形成大粒径团聚颗粒，从而提升除尘器的除尘效率。

目前，化学团聚技术被认定为一种有效的燃煤细颗粒物脱除技术。华中科技大学张军营教授研究团队率先在国内开展化学团聚强化除尘研究，通过在燃煤尾部烟道内喷射化学团聚剂，促使$PM_{2.5}$等细颗粒物团聚长大，进而被捕获随灰外排，同时考虑将电厂脱硫废水用于制备团聚剂溶液，“以废治废”，实现细颗粒物脱除协同脱硫废水零排放。

目前该化学团聚强化除尘技术已在国内30余家大型企业进行了应用，最大燃煤机组容量达600MW，总粉尘脱除效率提升45%以上，且$PM_{2.5}$质量浓度减小至1mg/m^3以下。大型燃煤机组的成功应用，验证了化学团聚协同脱除$PM_{2.5}$等细颗粒物的显著功效，为今后我国大气污染物的治理提供了一条可行路径。

4.2　燃煤电厂SO_3排放与控制

燃煤电厂中由于选择性催化还原（SCR）和湿式烟气脱硫（WFGD）的广泛使用，三氧化硫（SO_3）扩散或其水合式H_2SO_4问题（蓝色羽烟）值得关注。

4.2.1　燃煤电厂SO_3产生

燃煤电厂排放的烟气中，SO_3主要来自两方面：

（1）燃烧过程中，煤中可燃性硫燃烧生成二氧化硫（SO_2），部分SO_2进一步氧化成SO_3。在煤燃烧过程中，所有的可燃硫都会受热被释放出来，在氧化性气氛下会被氧化生成SO_2，当过量空气系数大于1时，会有近0.5%～2.0%的SO_2进一步转化成SO_3。

（2）在SCR脱硝过程中，烟气中部分SO_2被SCR催化剂催化氧化为SO_3。一般燃煤电站采用选择性催化还原(SCR)技术进行脱硝，使用钒、钨、钛系列催化剂。五氧化二钒（V_2O_5）对SO_2的氧化过程具有强烈的催化作用。烟气每经过一层催化剂，SO_2的氧化率在0.2%～0.8%之间。

部分电厂安装水媒式换热系统MGGH后，烟气中的飞灰会积聚在MGGH的换热元件上，飞灰中的重金属会起催化剂的作用，也会将烟气中的部分二氧化硫转化为三氧化硫。

4.2.2 燃煤电厂 SO_3 危害

SO_3 的毒性是 SO_2 的 10 倍左右，极易溶于水形成硫酸雾，对人的呼吸道容易产生严重的破坏作用，同时还容易造成酸雨。

目前燃煤电厂建设的脱硫、脱硝、除尘设施对烟气中的 SO_3 的脱除能力有限，并且 SCR 脱硝运行后，在一定程度上增加了烟气中 SO_3 的浓度。SO_3 是电厂设备腐蚀、堵塞、蓝烟的主要原因，不仅容易造成环境污染，还容易危及机组的安全运行。

此外，由于烟气中 SO_3 浓度的增加，对燃煤电站 SCR 及下游设备的影响也日益突出，有明显的负作用，主要包括：①由于 SO_3 使露点抬高而降低单位热耗和增加设备下游的腐蚀；②由于 SO_3 与氨的反应使空气预热器和 SCR 催化器结垢等。

4.2.3 燃煤电厂 SO_3 检测

烟气中的 SO_3 浓度测试可采用《火电厂烟气中 SO_3 测试方法 控制冷凝法》（DL/T 1990—2019）。

采用加热采样枪抽取一定量的烟气，控制温度保持在 240～260℃，并过滤粗颗粒物，再通过控制冷凝装置，SO_2 冷凝形成适宜粒径的硫酸雾，在惯性碰撞作用下被捕集，未能被捕集的硫酸雾通过二级过滤器收集。用异丙醇溶液冲洗控制冷凝管、二级过滤器，并收集冲洗液。用高氯酸钡-钍试剂滴定分析冲洗液中的 SO_4^{2-} 浓度，并结合采样体积计算得出烟气中 SO_3 浓度。

应保证采样嘴的吸气速度与测点处的气流速度基本相等，相对误差不超过±15%。采样枪加热温度应控制在（250±10）℃，应有温度显示装置。内衬材质可用石英、耐腐蚀性能在 316L 以上的不锈钢。采样嘴由过滤芯、加热组件和温控装置组成。过滤芯宜用陶瓷材质。对于直径为 1.0μm 的标准粒子，过滤芯的捕集效率应大于 99.9%。加热温度控制在（200±10）℃。采样枪由导气管、加热装置、保温隔热层和温控装置组成。导气管材质宜用聚四氟乙烯。加热温度控制在（130±10）℃。控制冷凝管由内管和外管组成，内管为蛇形管，材质宜用玻璃；外管内径为 60mm，内管内径为 4mm，内管圈径为 36mm，内管圈距为 15mm，内管 *A* 点至 *B* 点间内管延长长度不小于 2400mm，如图 4-3 所示。控温水浴装置的水浴温度控制范围为 50～90℃，调节精度±1℃。二级过滤器材质宜选用聚四氟乙烯或石英。对于直径为 0.3μm 的标准粒子，二级过滤器的捕集效率应大于 99.5%。采样系统如图 4-4 所示。

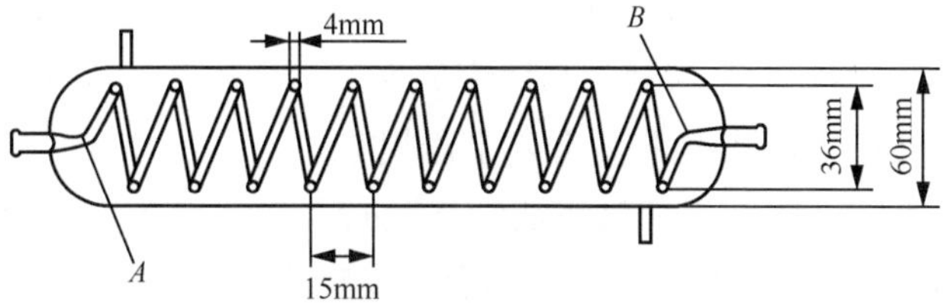

图 4-3 控制冷凝管示意图

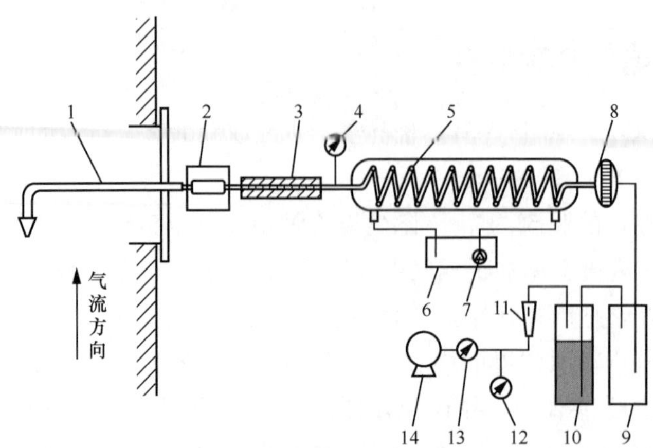

图 4-4 控制冷凝法 SO_3 采样系统

1—采样枪和采样嘴；2—加热过滤器；3—加热连接管；4—温度计；
5—控制冷凝管；6—控温水浴装置；7—循环水泵；8—二级过滤器；
9—缓冲瓶；10—干燥器；11—压力计；12—温度计；13—流量计；14—抽气泵

4.2.4 燃煤电厂 SO_3 控制

随着燃煤电厂大气污染物“超低排放”的开展，对于燃煤电厂 SO_3 控制形成了以下可行的技术路线。

4.2.4.1 入炉煤含硫量控制

电厂使用低硫煤、混煤是降低烟气中 SO_2、SO_3 最直接的方法。燃烧低硫煤可降低烟气中 SO_2 的浓度，从而减少在炉膛内或 SCR 反应器中生成的 SO_3 的量。当全部更换为低硫煤比较困难时，可进行不同比例的低硫煤掺烧。

4.2.4.2 环保设施协同控制

燃煤电厂现有的一次除尘、脱硫设施以及湿电深度净化装置对 SO_3 具有一定的协同脱除效果。

燃煤电厂常规电除尘器入口烟气温度一般在 120～130℃，高于烟气酸露点温度，仅靠飞灰吸附作用吸附部分 SO_3，其对 SO_3 的脱除效果有限。低低温电除尘系统是通过烟气冷却器使入口烟温降至酸露点以下，一般在（90±5）℃，烟气中大部分 SO_3 在烟气冷却器中凝结并吸附在粉尘表面，因此对 SO_3 具有很高的脱除能力。电袋复合除尘器由于后级袋区的滤袋表面会沉积有一层颗粒粒径相对较小的粉饼层，吸附比表面积较大，可通过物理和化学吸附作用有效脱除烟气中 SO_3 及气态 H_2SO_4，且飞灰中富含多种碱性氧化物，可与 SO_3 及气态 H_2SO_4 反应生成稳定的金属盐，从而避免 SO_3 再次脱附，因此其对 SO_3 的脱除率较高。袋式除尘器脱除 SO_3 机理与电袋复合除尘器相似。

虽然气态 SO_3 为高水溶性，但在湿法烟气脱硫入口温度条件下会凝结成亚微米级的 H_2SO_4 气溶胶，其与喷淋浆液之间传质速率较低，很容易沿气流绕过浆液滴后逃逸，因此传统空塔湿法脱硫装置不能高效去除 SO_3；而采用双托盘等更先进的复合塔或 pH 值分区等脱

硫工艺时，在脱硫塔底部浆液池及其上部的喷淋层之间以及各喷淋层之间加装湍流类、托盘类、鼓泡类等气液强化传质装置，形成稳定的持液层，提高烟气穿越持液层时气、液、固三相传质效率，延长了浆液与 H_2SO_4 气溶胶的接触时间，SO_3 脱除效率明显提高。

湿式电除尘器放电区域存在大量水雾，因此强化了空间荷电，在相同放电电压条件下，实现了更高二次电流，促进了包括 H_2SO_4 气溶胶在内的细颗粒物有效荷电与凝聚，另外，WESP 放电极产生的强电晕电场使电场中增加了大量带电雾滴，大幅增加了亚微米级 H_2SO_4 气溶胶粒子带电碰撞和被捕集的概率，因此其对 SO_3 具有较好的脱除效果。

4.2.4.3 末端治理技术（单项脱除技术）

燃煤电厂 SO_3 末端治理技术（单项脱除技术）主要有碱基喷射脱除 SO_3 技术和烟气冷凝相变凝聚脱除 SO_3 技术。

1. 碱基喷射脱除 SO_3 技术

（1）碱基干粉喷射脱除 SO_3 技术。

碱基干粉喷射脱除 SO_3 技术属于非催化气固反应机制。碱基干粉颗粒对气态 SO_3 的捕集可分为外扩散、界面反应和内扩散 3 个过程，因此，提高碱基对 SO_3 脱除率关键在于提高干粉在烟气中分布的均匀性、提高固体颗粒对 SO_3 的吸附和化学反应能力、提高反应产物的稳定性等。

碱基干粉的喷射位置一般布置在 SCR 脱硝装置前后，典型的工艺流程如图 4-5 所示（见彩插），在空气预热器前实现 SO_3 高效脱除，可有效防止空气预热器 ABS（硫酸氢铵）堵塞及下游设备腐蚀。

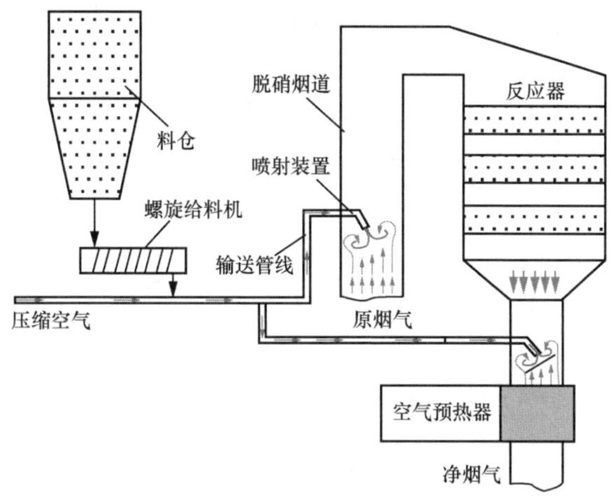

图 4-5 碱基干粉喷射工艺流程

目前，用于脱除烟气中 SO_3 的碱基干粉主要有钠基、钙基和镁基等，根据化学反应的强弱及反应产物的稳定性，对 SO_3 的脱除能力为钠基>钙基>镁基。钠基主要有 NaOH、$NaHCO_3$、Na_2CO_3、$NaHSO_3$、Na_2SO_3 等，NaOH 成本太高，不宜大量用于废气治理，$NaHCO_3$ 可在 100℃左右分解成 Na_2CO_3、CO_2、H_2O，增加了比表面积，反应速率也大幅提高，但当温度超过 180℃后会发生烧结，反应速率下降，与直接使用 Na_2CO_3 效果相当；钙基主要有 $Ca(OH)_2$、CaO、$CaCO_3$ 等，且在 300～400℃时对 SO_3 的脱除能力为 $Ca(OH)_2>CaCO_3>CaO$；镁基主要有 $Mg(OH)_2$、MgO 等，且在 350～400℃时对 SO_3 的脱除能力为 $Mg(OH)_2>MgO$。

目前，国内大唐托克托电厂采用 $Ca(OH)_2$ 干粉作为吸收剂，碱硫比为 4∶1 时，脱除率约为 40%；大唐信阳电厂采用 Na_2CO_3 干粉作为吸收剂；娄彤等人基于某 1000MW 机组空气预热器出口引出旁路烟气的中试平台，开展 $Ca(OH)_2$ 干粉喷射脱除 SO_3 试验研究，碱硫比为 1∶1 时，$Ca(OH)_2$ 干粉喷射+袋式除尘器的 SO_3 脱除率可达 88.78%。

（2）碱基溶液喷射脱除 SO_3 技术。

碱基溶液喷射脱除 SO_3 机理主要分为蒸发结晶段和气固反应段，碱基溶液经过双流体喷枪雾化后喷入高温烟气，溶液在很短的时间内（<0.1s）就会蒸发结晶，形成细小的碱基颗粒，并与气态 SO_3 发生气固反应。蒸发结晶生成的颗粒粒径更细，且溶液喷射较干粉喷射更容易实现在烟气内扩散的均匀性，因此，在相同的碱硫比条件下，碱基溶液喷射脱除 SO_3 的效果要优于干粉。

碱基溶液的喷射位置同干粉，典型的工艺流程如图 4-6 所示。目前，碱基溶液喷射普遍采用 Na_2CO_3 溶液。相关试验研究表明，采用 Na_2CO_3 溶液喷射，当碱硫比为 4∶1、停留时间 3.66s 时，SO_3 脱除率可达 96.4%；目前，国内谏壁电厂 8 号机组采用 Na_2CO_3 溶液作为吸收剂，碱硫比为 1.7～1.9 时，脱除率约为 80%。

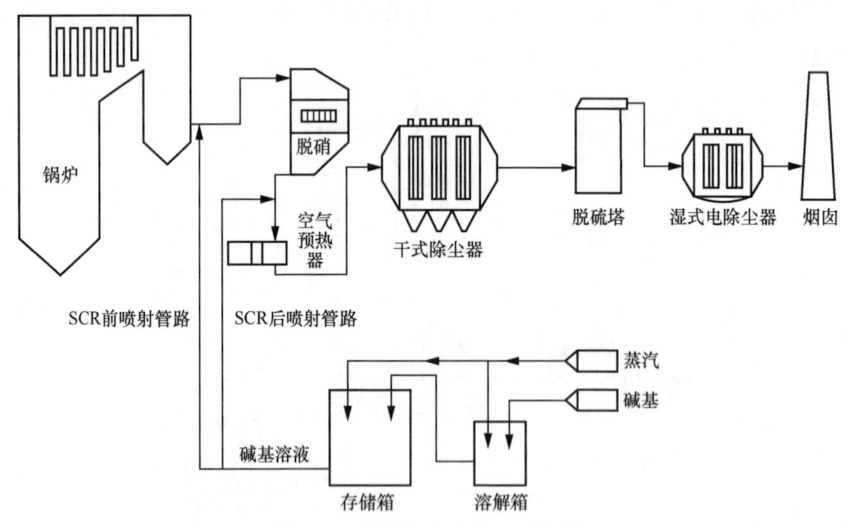

图 4-6 碱基溶液喷射工艺流程

2. 烟气冷凝相变凝聚脱除SO_3技术

烟气冷凝相变装置（PCA）一般布置在湿法脱硫装置后，利用氟塑料管或钛管等进行换热降低烟气温度，工作原理如图 4-7 所示（见彩插）。湿法脱硫出口烟气为饱和湿烟气，降温过程中实现烟气中水蒸气的冷凝，且凝结过程属于非均相成核过程，会优先在酸雾气溶胶等细颗粒物表面核化、生长，促进细颗粒物的成长。且凝聚器内布置较多换热管束，

对流场起到扰流作用，在流场拽力、换热断面非均匀温度场的温度梯度力等多场力作用下，颗粒物间、液滴间及颗粒与液滴间发生明显的速度或方向差异而发生碰撞，鉴于颗粒被液膜包裹，颗粒间一旦接触，会被液桥力“拉拢”到一起，团聚成更大粒径颗粒，继而被后续管壁上的自流液膜或高效除雾器脱除，从而实现脱除 SO_3+除尘+收水+余热回收等多重功能。

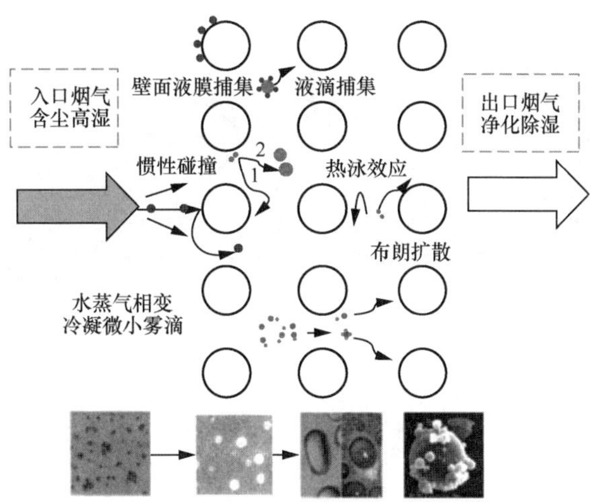

图 4-7　相变凝聚器工作原理

1—小颗粒被大颗粒黏附；2—小颗粒凝聚成团

采用氟塑料管作为换热管束的烟气冷凝相变技术已在浙江某 280t/h 机组、江苏某 630MW 机组、上海某 1000MW 机组实现工程应用，烟气温度分别从 54℃降至 51℃、53.7℃降至 52.2℃、53.1℃降至 47.8℃，对应的 SO_3 脱除率如图 4-8 所示。280t/h 机组相变凝聚器对 SO_3 的脱除效率为 19.29%，其出口 SO_3 浓度为 2.84mg/m^3，且降温后有色烟羽减排效果显著，如图 4-9 所示（见彩插）；630MW 机组相变凝聚器与湿式电除尘器耦合使用时，出口 SO_3 浓度为 7.4mg/m^3，对 SO_3 的脱除效率达 90%，比湿式电除尘器单独使用时提高了 25%；1000MW 机组相变凝聚器与除雾器耦合使用时，出口 SO_3 浓度为 1.6mg/m^3，对 SO_3 的脱除率为 75.8%，比除雾器单独使用时提高了 21.3%。

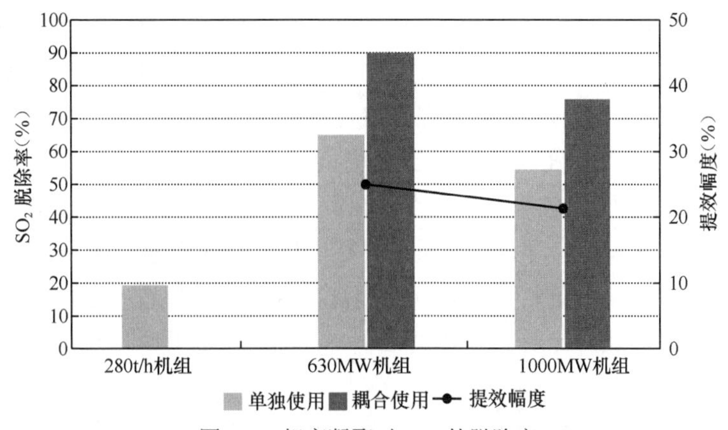

图 4-8　相变凝聚对 SO_3 的脱除率

日期：2017年6月20日　　　　当地天气：小雨，微风
环境温度：21～27℃　　　　空气湿度：87%

图 4-9　烟囱排烟视觉效果图（8 号机组采取了 PCA 措施）

4.3　燃煤电厂氨排放与控制

随着燃煤电厂氮氧化物超低排放的运行，SCR 催化剂基本经历了增加备用层、更换运行层等措施，这个过程中氨逃逸成了普遍的问题。

4.3.1　燃煤电厂氨产生

燃煤电站烟气中氨产生的原因较多，基本都是在运行中产生的，与煤的燃烧基本没有关系。

4.3.1.1　自动调节性能不好，导致喷氨量失衡

在变负荷和启停制粉系统时，自动调节性能不好，喷氨量不能适应负荷和脱硝入口氮氧化物的变化，导致脱硝出口氮氧化物波动太大，瞬时喷氨量相对过大，引起氨逃逸增加。

脱硝入口氮氧化物分布不均匀，与 AIG（Ammonia Injection Grid，喷氨格栅）每个喷嘴的喷氨量不匹配，导致出口氮氧化物不均匀，从而局部氨逃逸高。同时，喷氨格栅喷氨不均匀，导致出口氮氧化物不均匀，导致局部氨逃逸高。

4.3.1.2　测量系统不精确，导致喷氨量失衡

一般 SCR 左右侧出入口各装一个测点，在测点发生表管堵塞、零漂时，测量系统不准确，测量数据不具有代表性，导致自调系统喷氨过量，从而引起氨逃逸升高。

包括氮氧化物测点、氧量测点、氨逃逸测点在内的测点位置安装位置不具代表性，或者测点数量过少，不能随时比对，当发生堵塞、零漂时不能及时发现等会导致测量不准，从而引起氨逃逸升高。

测点故障率高，当测点故障时，指示不准，引起自调切除，只能手调，难以适应 AGC

（Automatic Generation Control，自动发电控制）负荷随时变动的需求。

4.3.1.3 运行状况变化，导致喷氨量失衡

在变负荷和启停制粉系统时，脱硝入口氮氧化物波动大，从而引起脱硝出口波动大，喷氨量波动大，引起氨逃逸。在实际运行中，尤其在大幅变负荷时，脱硝入口氮氧化物变化较大，会加大脱硝自调难度。

AGC 投入时，普遍变负荷速率较快。为了响应负荷的快速变化，燃料量变化太快，风粉配比不能保证脱硝入口氮氧化物稳定。

烟气温度变化幅度大。在低负荷时，烟气温度下降，局部烟气温度较低，会引起催化剂活性下降，从而引起氨逃逸升高。

4.3.2 燃煤电厂氨危害

氨逃逸是指 SCR 脱硝系统由于种种原因，会造成催化剂后的烟气中氨气的含量超标。这会带来一系列严重后果，其中堵塞是主要危害。

催化剂堵塞。由于铵盐和飞灰小颗粒在催化剂小孔中沉积，阻碍了氮氧化物、NH_3、O_3 到达催化剂活性表面，引起催化剂钝化。钝化后，脱硝效率下降，为了保证氮氧化物稳定达标，会喷更多的氨，这将引起恶性循环。

空气预热器堵塞。铵盐沉积在空气预热器冷端，引起空气预热器堵塞，进一步增加系统阻力，增加风机电耗，高负荷风量不能满足要求，引起空气预热器冷端低温腐蚀。

SCR 出口 CEMS 过滤器堵塞。SCR 出口 CEMS 一般采用抽取式，伴热温度为 120℃，铵盐容易沉积堵塞过滤器和取样管，引起测点不准确以及自调失灵，大气污染物排放超标。

导致电除尘极线积灰和布袋除尘器糊袋。氨逃逸容易引起电除尘极线积灰，阴阳极之间积灰产生搭桥现象导致电除尘电场退出运行。氨逃逸过大会造成铵盐糊在布袋上，引起布袋除尘器压差高，从而导致吸风机电流高，严重时影响风量、引起出力受阻。

系统堵塞后会引起送风机、一次风机、吸风机失速和抢风，出力受阻，排烟温度失控，甚至引发保护停机等事故。

氨逃逸过量进入空气，会对人体健康产生影响。氨被吸入肺后容易通过肺泡进入血液，与血红蛋白结合，破坏运氧功能。

4.3.3 燃煤电厂氨检测

烟气中氨浓度检测可采用《火电厂烟气中逃逸氨的测定 靛酚蓝分光光度法》（DL/T 2374—2021）标准，方法原理如下。

烟气中逃逸氨被稀硫酸溶液吸收后，生成硫酸铵。在亚硝基铁氰化钠存在条件下，铵离子与水杨酸和次氯酸钠反应生成蓝绿色的络合物，该络合物的吸光度与氨的含量成正比，在 697nm 波长处测量吸光度，根据吸光度和采样体积，计算烟气中逃逸氨浓度。

典型的烟气中逃逸氨采样系统应包括颗粒物过滤器、采样枪、导气管、吸收装置、

干燥装置、采样泵和采样控制器，且根据采样时颗粒物过滤器位置，可分为烟道内过滤采样系统和烟道外过滤采样系统,典型烟道内、外过滤采样系统分别如图 4-10、图 4-11 所示。

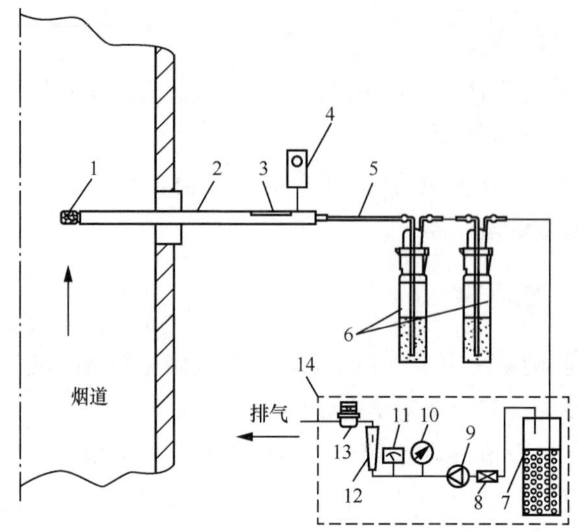

图 4-10　典型烟道内过滤采样系统

1—颗粒物过滤器；2—采样枪；3—温度传感器；4—温控器；5—导气管；6—吸收瓶；7—干燥器；8—调节阀；9—采样泵；10—压力表；11—温度计；12—瞬时流量计；13—累积流量计；14—采样器

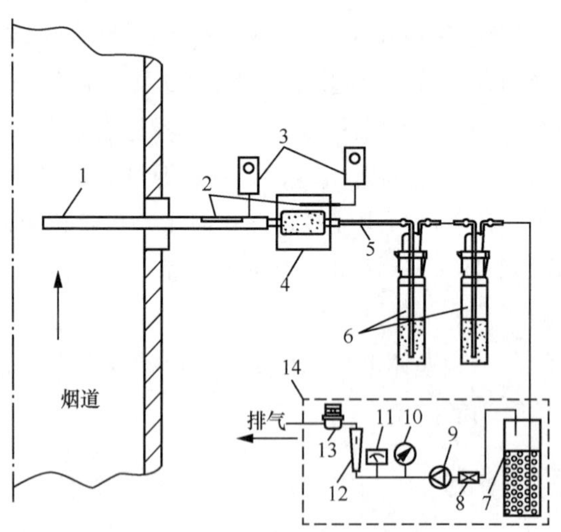

图 4-11　典型烟道外过滤采样系统

1—采样枪；2—温度传感器；3—温控器；4—颗粒物过滤器；5—导气管；6—吸收瓶；7—干燥器；8—调节阀；9—采样泵；10—压力表；11—温度计；12—瞬时流量计；13—累积流量计；14—采样器

颗粒物过滤器的过滤材料宜用石英或玻璃纤维。过滤材料对平均粒径为 0.3μm 和 0.6μm 的粒子，捕集效率应分别不低于 99.5%和 99.9%。烟道外颗粒物过滤器应有加热组件和温控装置，加热温度可控制为 260℃±5℃。采样枪应选用耐高温、耐腐蚀和不易吸附被测气

体的材料，可选用石英或不锈钢。采样管应有加热保温装置，加热温度可控制为260℃±5℃。导气管应选用耐热、耐腐蚀和不易吸附被测气体的材料，可选用聚四氟乙烯或氟橡胶，导气管长度宜小于 300mm。采样器应具有累积流量功能，流量控制范围为 0～2.0L/min，精确度不低于 2.5%。采样器其他性能技术指标应符合 HJ/T 47 的规定。

4.3.4 燃煤电厂氨控制

根据上面分析的燃煤电厂氨产生的原因，引起脱硝机组氨逃逸的原因有很多，如氨混合不匀、流场不均、通道堵塞、烟温过低、催化剂失活等诸多因素，通过优化喷氨格栅或涡流混合器设计、确保氨混合均匀，结合实际工况进行 CFD 模拟，优化流场设计，在 SCR 入口竖向烟道增设大颗粒拦截网，以及锅炉热系统调节确保喷氨温度，定期抽检催化剂活性，发现失活及时更换，确保系统运行的优化状态，可有效减少氨逃逸。

（1）一次系统的优化改造，如流场、喷氨设备的均匀性调整等。

开展燃烧优化试验，做到在任何负荷下，喷氨格栅断面氮氧化物均匀。例如：可以重新确定各负荷下的氧量控制范围，降低脱硝入口氮氧化物数值和波动幅度。可以增加锅炉自动投切粉、自动启停磨逻辑，判据除了引入氧量、负荷、粉量、煤量外，还可以引入脱硝入口氮氧化物作为前馈，使锅炉在大扰动的情况下，保证脱硝入口氮氧化物变化最小。

结合实际工况进行流场模拟设计，对喷氨格栅或涡流混合器进行分区优化，运行时实现全截面多点测量与喷氨分区优化及反馈，确保 SCR 系统温度场、浓度场、速度场满足反应要求，实现系统稳定运行。

开展准确的烟道烟气流场试验和烟道喷氨格栅均布试验，做到在任何负荷下，喷氨格栅断面喷氨均匀，催化剂断面烟气流速均匀，与烟气量匹配。提高喷氨格栅均匀性，利用网格法实时监控喷氨格栅的均匀性。

（2）脱硝控制系统的优化，如自调系统的适应性和平稳性、测点的可靠性等。

提高自调的适应性，保证在任何工况下都能满足要求，将波动幅度控制到最小，尤其在大幅升降负荷和启停制粉系统时，避免氮氧化物长时间处于较低的状态。

提高 CEMS 测点的可靠性，可以通过增加测点数量或者提高维护质量来提高测点的可靠性。尽量降低由于测点故障引起的自调功能失效时间。

控制脱硝入口烟气温度在合理范围，保证催化剂工作在最佳工作温度，温度过高催化剂容易烧结，温度过低催化剂效率不高，容易中毒和失去活性。

（3）锅炉燃烧调整的优化，如燃烧自调系统对氮氧化物的兼顾和前馈等。

优化燃烧调整自调特性，在燃烧自调中考虑风粉自调对脱硝入口氮氧化物的影响，使脱硝入口氮氧化物在负荷波动和其他扰动下波动幅度最小，降低脱硝自调的难度。

优化脱硝测点反吹期间的控制策略。在自调逻辑中引入脱硝入口氮氧化物前馈信号和净烟气氮氧化物反馈信号。在反吹期间合理选择被调量，在反吹结束后，再切回原来的被调量，保证在反吹结束后氮氧化物参数平稳，不出现大幅度跳变。

合理调整反吹时间和时段。杜绝两点和三点同时反吹。当由于反吹时间间隔不同而出现同时反吹时，其中一点反吹时间自动提前或后延 10min，避免同时反吹。

合理确定 AGC 响应速度。长期的负荷波动，给设备带来交变应力，大大降低使用寿命，对于环保参数的控制也极为不利。

4.4 燃煤电厂重金属排放与控制

随着燃煤电厂超低排放的推进并接近全面完成，从排放角度，燃煤电厂重金属污染越来越成为关注重点。从环境角度，燃煤对大气、天然水体的重金属污染也越来越受到重视。所以专门对燃煤进行重金属的分析、分布研究，进而进一步采取控制措施很有必要。

4.4.1 燃煤电厂重金属产生

燃煤电站烟气中重金属产生的原因主要是来自于不同煤种，不同煤种的重金属分布不一样。其中，砷、汞、铬、镉、钴、镍、锡、锌、铅和钒是煤在燃烧中最值得关注的 10 种对环境和人类健康造成危害的痕量重金属元素。

国内外学者对我国燃煤电厂 2005—2010 年产生的部分代表性重金属排放量进行了研究，得到砷（As）大约排放量在 236.1～550.08t，硒（Se）大约排放量在 543.8～786.8t，锑（Sb）排放量在 32.9～211.8t，铅（Pb）排放量在 4556t 左右。进入 2015 年之后，重金属排放量会随着超低排放全面展开而大幅下降。

4.4.2 燃煤电厂重金属危害

燃煤电厂中重金属的危害，主要不是对电厂系统自身的危害，而是对社会环境的危害。重金属的危害在于它不能被微生物分解且能在生物体内富集形成其他毒性更强的化合物。在环境中重金属经历地质和生物双重循环迁移转化，最终通过大气、饮水、食物等渠道，以气溶胶、粉尘颗粒或蒸汽的形式被人吸入体内。

重金属不仅危害人体的呼吸系统，甚至随着血液循环，在体内长期积蓄，有的会与体内某些有机物结合并转化为毒性更强的金属有机化合物。

4.4.3 燃煤电厂重金属检测

4.4.3.1 烟气中重金属含量检测

烟气中重金属检测可采用能够同时检测汞和非汞金属（Pb、Cr、Ni、As、Cd、Be、Se、Mn、Sb、Co）的美国 EPA method 29-Determination of metals emission from stationary sources 标准。总采样时间最少为 2h，但不超过 3h。在横断面采样中，采用与速度横断面采样相同的采样点，每一个横断点采样至少 5min。

样品从污染源以等速采样法采样，其中颗粒物部分由采样管及滤膜收集，气态部分用酸性过氧化氢溶液和酸性高锰酸钾容量吸收。颗粒物样品经回收消解后合并，稀释定容成颗粒物试样溶液（样品 1），分成 2 份（1 A 样品和 1B 样品），1A 样品用于分析颗粒物中除汞（Hg）以外的所有金属含量，1B 样品用于分析颗粒物中 Hg 含量；酸性过氧化氢吸收液经合并，稀释定容成吸收液试样溶液（样品 2），分成 2 份（2A 样品和 2B 样品），2A 样品用于分析气态除 Hg 以外的所有金属含量，2B 样品用于分析气态 Hg 含量；酸性高锰酸钾吸收液经合并，稀释定容成吸收液试样溶液（样品 3），用于分析气态 Hg 含量。

用冷原子吸收分光光度法（CVAAS）测定出颗粒物试样溶液（样品 1B）和酸性过氧化氢吸收液（样品 2B）、酸性高锰酸钾吸收液试样溶液（样品 3）中 Hg 元素含量，经外标法计算转换得出待测元素在废气中的含量。

用电感耦合等离子体质谱法（ICP-MS）测定出颗粒物试样溶液（样品 1A）和酸性过氧化氢吸收液试样溶液（样品 2A）中除 Hg 以外的金属元素含量，经外标法计算转换得出待测元素在废气中的含量。

燃煤电厂烟气中重金属浓度采样系统示意图如图 4-12 所示。

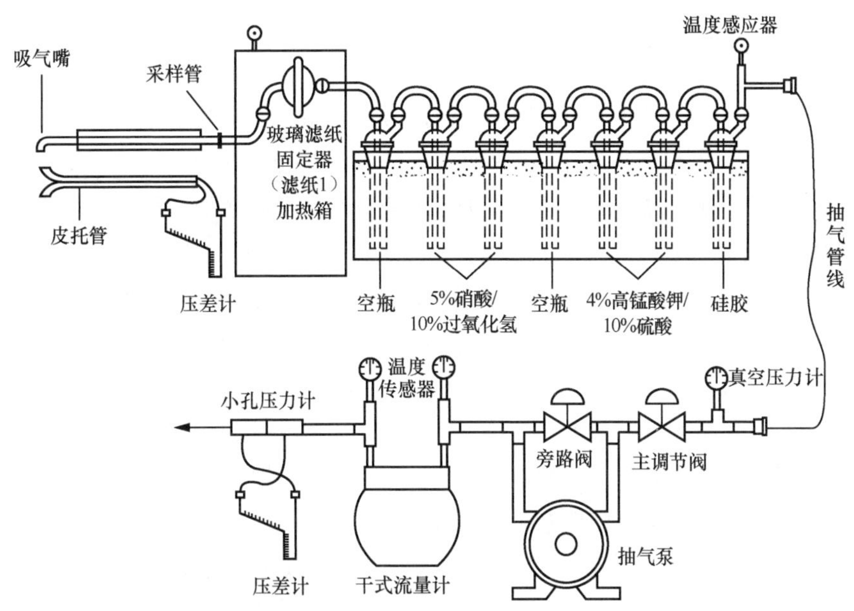

图 4-12　EPA methd 29——Hg 及其他重金属浓度采样系统示意图

4.4.3.2　烟气中 Hg 的含量检测

对于净烟气(排放口)中的 Hg 可采用 EPA method 30B–Determination of total vapor phase mercury emissions from coal fired combustion sources using carbon sorbent traps 标准。

该方法的原理为气态汞（包括 Hg^0 和 Hg^{2+}）被碘化活性炭捕捉后通过热解吸或消解回收再通过冷原子吸收光谱法或原子荧光光谱法分析测定汞的浓度。EPA Method 30B 采样系统示意图如图 4-13 所示。

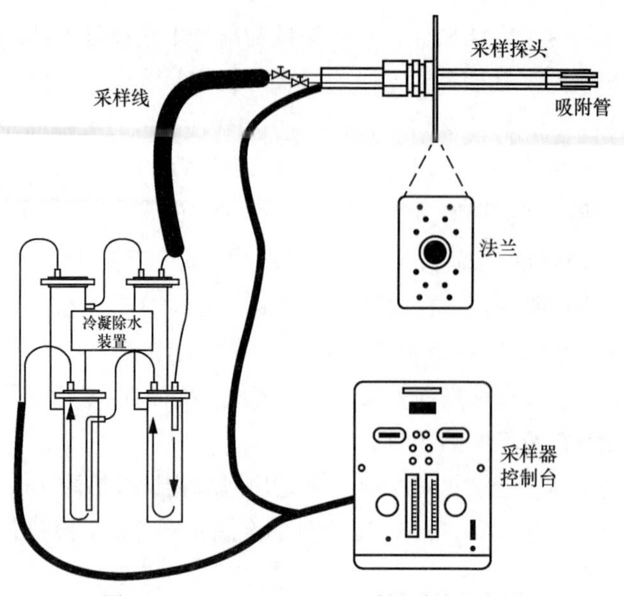

图 4-13 EPA Method 30B 采样系统示意图

4.4.4 燃煤电厂重金属控制

目前燃煤电厂针对重金属进行控制的只有 Hg 及其化合物，其余重金属没有系统提出控制措施和排放标准，也都是在除尘、脱硫、脱硝中进行协同控制。

仅以 Hg 的控制进行说明。燃煤电厂 Hg 污染防治技术可分为三类：燃烧前控制、燃烧中控制和燃烧后控制。

燃烧前控制主要包括洗煤技术和煤低温热解技术，燃烧中控制主要通过改变优化燃烧和在炉膛中喷入添加剂氧化吸附等方式，结合后续设施加以控制。

燃烧后控制主要有三种，一是基于现有非汞控制设施的协同控制技术，利用现有非汞污染物控制设施（包括 SCR、ESP、FGD 等）对 Hg 的协同控制作用；二是基于现有设施改进的单项控汞技术，如改性 SCR 催化剂汞氧化技术、除尘器前喷射吸附剂（如活性炭、改性飞灰、其他多孔材料等）、脱硫塔内添加稳定剂、脱硫废水中加络合（螯合）剂等技术，实现更高的汞控制效果；三是通过专门的多污染物控制技术（等离子、臭氧、活性焦、有机胺、双氧水等）及装备实现 Hg、硫、氮等多污染物联合脱除。此外，Hg 的监测和检测技术发展迅速，既可以在线监测，又可以手工采样监测。

4.4.4.1 活性炭吸附脱 Hg 技术

活性炭吸附脱 Hg 技术是目前国内外燃煤电厂烟气脱 Hg 最成熟可行的技术。根据活性炭吸附剂的型式不同，可分为干粉活性炭、颗粒活性炭、活性炭纤维等。

1. 干粉活性炭喷射吸附脱Hg技术

干粉活性炭（powered activated carbon，PAC）一般要求颗粒目数在 325 目以上，即颗粒粒径≤45μm，比表面积可达到 1000～1500m^2/g。干粉活性炭一般采用喷射吸附的方式对烟气

中的 Hg 进行高效捕集，即活性炭喷射脱 Hg 技术（activated carbon injection，ACI），ACI 是目前燃煤电厂烟气脱 Hg 应用最多的一种技术，典型工艺路线如图 4-14 所示（见彩插）。

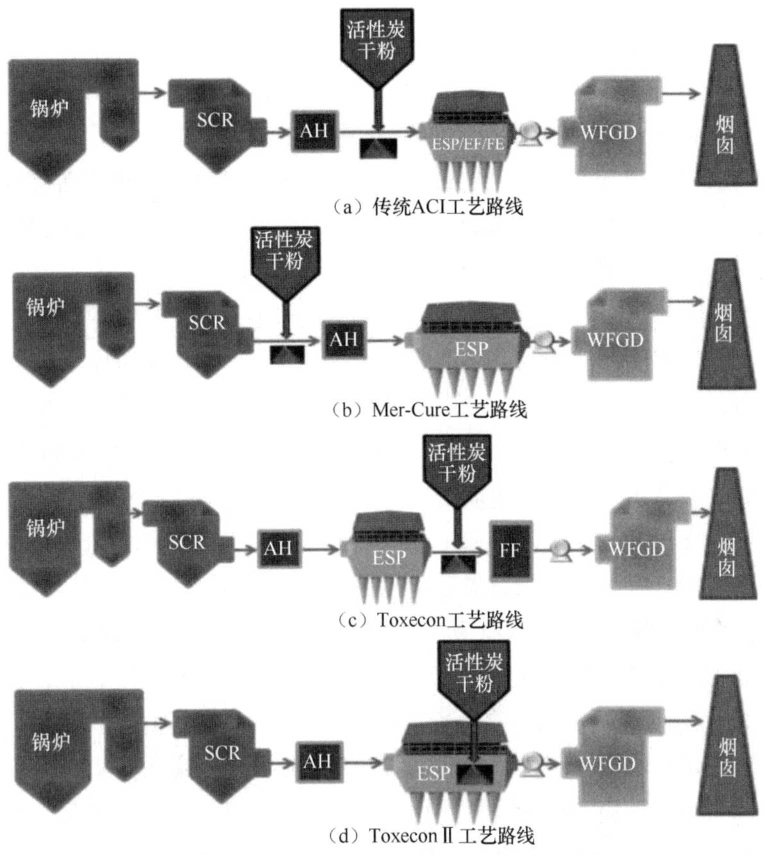

图 4-14　干粉活性炭喷射吸附脱 Hg 工艺路线

干粉活性炭喷射吸附脱 Hg 技术控制要点在于吸附剂停留时间、烟气参数（温度、流速、成分等）、吸附剂喷射量（碳汞比）、吸附剂扩散均匀性、吸附剂理化性质、Hg 在吸附剂内的稳定性等。该技术在美国已有大量工程应用，中国国内的上海外高桥 1 厂 3 号锅炉 320MW 机组采用该技术，可将 Hg 排放稳定控制在 2μg/m^3 以下，甚至可以控制在 0.5μg/m^3 以下。活性炭成本较高，相关文献表明，如采用未改性活性炭，脱除 0.45kgHg，需 2.5 万～7 万美元；如采用改性活性炭，脱除 0.45kg Hg，需 0.2 万～2 万美元。

2. 颗粒活性炭吸附床脱Hg技术

颗粒活性炭（granular activated carbon，GAC）比表面积＞1000m^2/g，且机械强度高，适合反复再生使用，一般用于吸附床工艺。颗粒活性炭填充在吸附床内，利用巨大的比表面积和高孔隙率高效吸附烟气中的 Hg，为进一步提高脱 Hg 效率，可对颗粒活性炭进行化学改性。

颗粒活性炭吸附饱和后将丧失吸附能力，因此，需要对吸附床进出口的污染物进行在线实时监测，且吸附饱和的活性炭再生成本较高。目前该技术应用不多，尚需进一步发展。

3. 活性炭纤维吸附脱Hg技术

活性炭纤维（activated carbon fiber，ACF）是经过活化后的含碳纤维，其表面形成纳米级的孔径，平均孔径为1～4nm，增加其比表面积，平均为1000～1500m^2/g。与颗粒活性炭相比，活性炭纤维的孔径更小且均匀，结构简单。

通过在活性炭纤维表面负载卤素、硫等物质进行改性，可进一步提高其对烟气中Hg的吸附脱除能力。目前，活性炭纤维吸附脱Hg的研究主要还处于实验室研究阶段。

4.4.4.2 改性飞灰吸附脱Hg技术

飞灰具有少量微孔，具有一定的吸附能力，飞灰对Hg的吸附主要是通过物理吸附、化学吸附和化学反应三种方式进行。飞灰对Hg的吸附能力与其自身的物理特性有关，如比表面积、粒径分布、孔隙率等。美国CONSOL实验室研究表明，飞灰中的未燃尽碳含量越高，飞灰的吸附Hg能力越强。飞灰中的无机成分和活性基团是影响其Hg吸附能力的另一重要因素，相关研究表明，飞灰中的一些金属氧化物，如CuO、Fe_2O_3等对Hg^0具有不同程度的催化氧化作用；存在飞灰表面的活性原子，如Cl、O、N、S等可促进飞灰对Hg的吸附和氧化，飞灰中的吸附活性位还包括含氧官能团、酯、羟基等。

飞灰对Hg的吸附脱除能力有限，为提高其吸附脱Hg性能，需对其进行适当改性，如利用卤族元素（如Cl、Br等）、金属（如Mn、Fe、Cu等）及其化合物等的改性。相关研究表明，相同含量的改性吸附剂，碘元素的改性对飞灰的吸附性能改善效果最显著，溴元素次之，氯元素作用较小。典型的改性飞灰吸附脱Hg工艺路线如图4-15所示（见彩插）。采用电除尘器第1电场的粗灰作为原始灰样，首先经机械研磨破碎，使飞灰暴露新鲜表面，并减小飞灰粒径，提高飞灰吸附能力，然后再通过溴化物进行化学改性。飞灰改性后，飞灰的吸附性能、吸附容量及Hg^0氧化能力都有很大程度的提高。且飞灰更具有成本优势，在达到相同的脱Hg性能的情况下，成本不到活性炭喷射脱Hg技术的1/3。目前，国内神华国华三河电厂300MW机组、神华国华徐州电厂1000MW机组已采用该技术，并取得了较好的脱Hg效果。

4.4.4.3 钙基及其他吸附剂吸附脱Hg技术

钙基吸附剂，如CaO、$Ca(OH)_2$、$CaCO_3$等对Hg具有一定的吸附能力，且价格低廉，同时还可以脱除烟气中的SO_3、SO_2。相关研究表明，$Ca(OH)_2$可高效吸附烟气中的$HgCl_2$，但对Hg^0吸附能力有限，当烟气中SO_2浓度较高时，可提高钙基吸附剂对Hg^0吸附能力；向CaO、$CaSiO_3$等吸附剂中添加氧化物质，可明显提高其对Hg的吸附能力；将粉煤灰与石灰石按一定比例混合，在特定的温度条件下消化，可制备一种新型吸附剂，具有较好的脱Hg性能。除了钙基吸附剂，研究人员也在尝试寻找其他廉价易得的吸附剂，如沸石、膨润土、高岭土等硅酸盐矿物，通过掺硫、$FeCl_3$浸渍等改性，可显著提高其吸附脱Hg性能。另外，还有贵金属、金属氧化物、硫化物、新型螯合吸附剂及煤气化产物等。

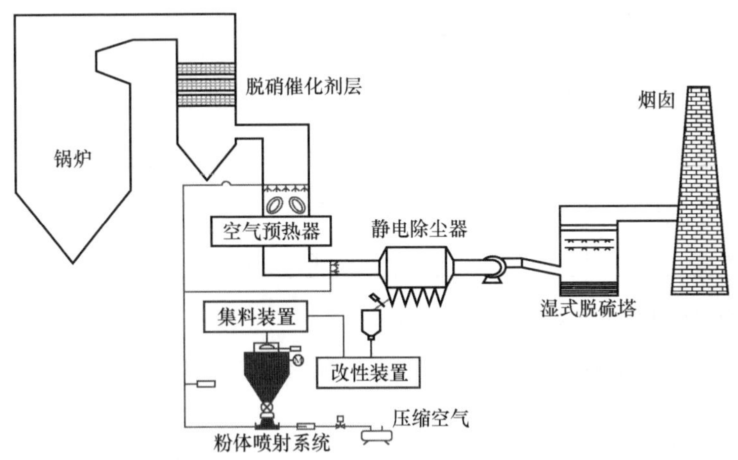

图 4-15 改性飞灰吸附脱 Hg 工艺路线

4.5 燃煤电厂非常规污染物脱除效果及测试案例

由于成本和占地等因素的影响，燃煤电厂利用现有的污染物控制设备，在控制烟尘、SO_2 和 NO_x 排放的基础上，增加或提高对 Hg、SO_3 等污染物的协同脱除能力，成为多污染物治理技术发展的重要方向。

4.5.1 低低温电除尘技术 SO_3 协同脱除性能测试案例

4.5.1.1 测试工程概况

浙能温州电厂四期 2×660MW 机组工程于 2013 年 1 月开工，2015 年 6 月底全部建成投产，烟气污染物超低排放采用的技术路线为：SCR 脱硝+烟气冷却器+低低温电除尘器（LL−ESP）+湿法脱硫+湿式电除尘器+烟气再热器，见图 4-16（见彩插），要求烟囱出口烟尘、SO_2、NO_x 排放分别小于或等于 5、35、50mg/m^3。其中，LL−ESP 为“3+1”旋转电极式，主要设计参数见表 4-1。经计算，该项目设计煤种烟气酸露点温度约为 93℃，设计电除尘器入口烟温为 85℃，实际运行温度为 85℃，满足设计要求。

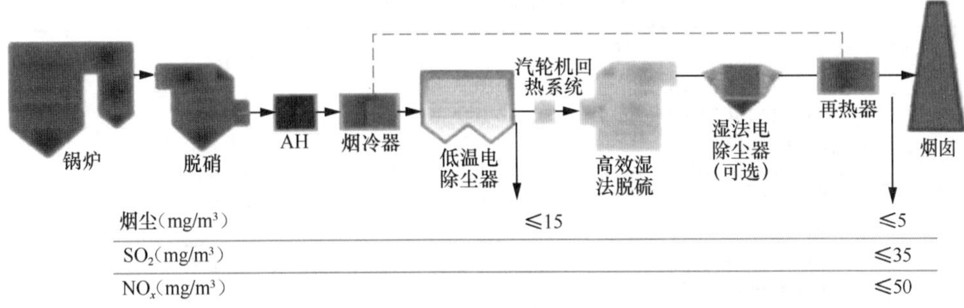

图 4-16 浙能温州电厂烟气协同治理技术路线

表 4-1　　LL-ESP 主要设计参数

项目	参数	项目	参数
LL-ESP 型号	2F468-4	保证除尘效率（%）	≥99.937
每台炉配电除尘器数（台）	2	出口烟尘质量浓度（mg/m^3）	≤15
入口烟气流量（m^3/s）	371.9	流通面积（m^2）	468
入口烟气温度（℃）	85	同极距（mm）	400/460
入口烟尘质量浓度（g/m^3）	14.6	比集尘面积[m^2/（m^3·s）]	140

4.5.1.2 测试结果及分析

烟气冷却器投运前后电除尘器进口烟气温度分别为 129.5℃和 85℃，设计煤种烟气酸露点温度约为 93℃。

鉴于现场烟气冷却器前较难布置测点，为测定 LL-ESP 对 SO_3 的脱除效率，分别测试了烟气冷却器停运时电除尘器入口处和烟气冷却器投运时电除尘器出口处烟气中 SO_3 浓度。测试结果表明：当烟气冷却器投运后，LL-ESP 出口的 SO_3 大幅度降低，SO_3 浓度仅为 0.16mg/m^3，LL-ESP 的 SO_3 脱除率达 96.6%。

脱除原理分析结果如下：在 SO_3 脱除方面，由于烟气温度低于烟气酸露点，气态 SO_3 将被冷凝成液态硫酸雾，且因为烟气中粉尘颗粒浓度很高，粉尘颗粒的总表面积大，使得硫酸雾可以很好地凝结附着在粉尘颗粒的表面。烟气中 SO_3 浓度随烟气温度变化，烟气温度在 100℃以下，几乎所有的 SO_3 均转化为液态的硫酸雾并黏附在粉尘上，最终被除尘器捕集进入灰中。

4.5.2 湿法脱硫技术 SO_3 协同脱除性能测试案例

4.5.2.1 测试工程概况

开展 SO_3 现场实测的 5 个超低排放项目的机组炉型、容量、污染控制系统、煤质等情况见表 4-2。

5 个项目煤粉炉均采用低氮燃烧器+SCR 脱硝、电除尘器、湿法脱硫的工艺路线，除 C 项目外均在尾部加装了湿式电除尘器，其中湿法脱硫技术既有海水法，又有石灰石–石膏湿法，后者又细分为空塔、单托盘、双托盘、旋汇耦合（SPC–3D）等不同流派，覆盖了目前市场上大部分超低排放脱硫技术的工艺类型。

表 4-2　　开展 SO_3 实测的项目情况

项目	电厂	锅炉	容量（MW）	脱硝工艺	除尘装置	脱硫装置	WESP 装置	试验煤质硫分（%）
A	（浙能某7号、8号机组）	超超临界变压运行直流煤粉炉，高位燃尽风分级燃烧技术，反向双切圆燃烧方式	1000	SCR 脱硝	高频电源+低温三室四电场静电除尘器	双托盘石灰石–石膏湿法脱硫	有	0.63①
B	（华润某厂1号机组）	亚临界一次中间再热煤粉炉，四角切圆燃烧方式	330	SCR 脱硝	高频电源双室四电场静电除尘器	单托盘石灰石–石膏湿法脱硫	有	0.38～1.06②

续表

项目	电厂	锅炉	容量（MW）	脱硝工艺	除尘装置	脱硫装置	WESP装置	试验煤质硫分（%）
C	（大唐某厂3号机组）	亚临界自然循环煤粉炉，四角切圆燃烧方式	300	SCR脱硝	三相电源+低低温双室五电场静电除尘器、低低温双室四电场静电除尘器	旋汇耦合石灰石–石膏湿法脱硫	无	0.67～0.86①
D	（国华某厂4号机组）	超临界变压运行直流煤粉炉，四角切圆燃烧方式	660	SCR脱硝	低低温双室四电场静电除尘器	石灰石–石膏湿法脱硫（空塔）	有	0.35～0.66②
E	（国华某厂4号机组）	超临界变压运行煤粉炉，四角切圆燃烧方式	350	SCR脱硝	双室五电场（旋转电极）静电除尘器	海水法脱硫（1层填料层）	有	0.39～0.56②

① 收到基硫分。
② 空气干燥基全硫。

4.5.2.2 测试结果及分析

5 个超低排放项目湿法脱硫装置入、出口 SO_3 实测结果详见表 4-3。表 4-3 中的质量浓度均折算为标准状态（6%O_2），下文同。

表 4-3　　湿法脱硫装置入、出口 SO_3 实测结果

项目	机组编号	负荷（%）	入口 SO_2 质量浓度（mg/m^3）	入口 SO_3 质量浓度（mg/m^3）	出口 SO_3 质量浓度（mg/m^3）	SO_3 脱除效率（%）
A	8	100	903.5	28.4	7.73	72.8
	7		1613.5	48.2	11.19	76.8
	8	75	880.0	39.4	9.93	74.8
	7		1527.1	46.1	10.24	77.8
B	1	100	2157.7	169.2	67.1	60.3
		75	1344.4	91.5	36.4	60.2
C	3	100	2396.8	107.8	14.1	86.9
		75	2 213.1	1 13.6	14.9	86.9
		50	2062.0	106.7	14.5	86.4
D	4	100	638	9.04	7.57	16.3
		75	936	7.29	5.82	20.2
E	4	100	992	3.376	2.291	32.1
		75	668	4.307	2.269	47.3

根据 5 个项目的测试结果，对不同项目湿法脱硫系统脱除 SO_3 性能进行分析如下：

（1）不同项目湿法脱硫系统入口 SO_3 质量浓度差异较大，主要受煤质、燃烧工况及烟气换热器等因素影响。脱硫系统入口 SO_3 浓度较高的 B、C 项目和 A 项目 7 号机组，其系统入口 SO_3 浓度也相比 D、E 项目和 A 项目 8 号机组偏高。

（2）不同项目湿法脱硫系统脱除 SO_3 的性能较为稳定，脱除效率随机组负荷变化较小，说明湿法脱硫系统较好地适应入口 SO_3 的变化，具有一定的调节能力。

（3）脱除 SO_3 效率平均值从低到高的湿法脱硫工艺依次为空塔、海水、单托盘、双托

盘、旋汇耦合，分别约为18%、40%、60%、75%、86%。空塔脱硫系统脱除 SO_3 效率与其他文献等提出的传统湿法脱硫系统 SO_3 脱除效率 30%左右相比偏低，经了解后发现原因可能是该项目测试期间脱硫系统入口 SO_2 浓度较低，脱硫系统只开启 2 层喷淋层，低于传统湿法脱硫喷淋层开启层数（一般至少 3 层），从而导致该项目脱除 SO_3 效率较低。随着超低排放要求涌现出的双托盘、旋汇耦合等高效湿法脱硫技术，其 SO_3 脱除效率明显提高，说明其对 SO_3 协同控制效果较好。

4.5.3 电袋复合除尘器 SO_3 和 Hg 协同脱除性能测试案例

4.5.3.1 电袋复合除尘器协同脱除 SO_3 和 Hg 的优势

除尘器主要分为静电除尘器、电袋复合除尘器和布袋除尘器三种型式。其中静电除尘器应用最为广泛，但是由于其对气态污染物协同脱除效率低，并采用吸附剂固化脱除多污染物的吸附剂利用率低，运行成本高，导致采用静电除尘器协同脱除 SO_3 和 Hg 等气态污染物并非首选方式。而电袋复合除尘器和布袋除尘器的滤袋外表面形成了粉饼，这些粉饼具有较大的比表面积，气态污染物透过粉饼的过程本质上是透过一个固定床的过程，粉饼中的飞灰将对 SO_3 和 Hg 进行吸附，进而将其脱除。因此，电袋复合除尘和布袋除尘方式在协同脱除 SO_3 和 Hg 等气态污染物方面更有优势。

电袋复合除尘器是在一个箱体内紧凑安装电场区和滤袋区，有机结合静电除尘和过滤除尘两种机理的一种除尘器，电区脱除 85%以上的烟尘，未被脱除的粉尘进入袋区形成粉饼，由于粉尘经过电区时被预荷电，该粉尘形成的粉饼结构更加蓬松，比表面积更大，脱除 SO_3 和 Hg 的能力更强，而布袋除尘器中形成粉饼的粉尘未经过预荷电，因此，电袋复合除尘器对 SO_3 和 Hg 的脱除效率更高。并且，由于电袋复合除尘器电区脱除了大部分的粉尘，只有少部分的粉尘进入袋区，导致在实际运行过程中，电袋复合除尘器袋区的清灰周期比布袋除尘器长，从而可大幅度延长吸附剂在袋区的停留时间，提高吸附剂的利用率。综上所述，电袋复合除尘器在协同脱除 SO_3 和 Hg 等气态污染物方面有较大的优势。

4.5.3.2 电袋复合除尘器协同脱除 SO_3 效果

由于煤种中的含硫量、锅炉炉型、环保工艺等因素都会对烟气中的 SO_3 含量造成影响，因此，选择部分燃煤电厂，对电袋复合除尘器进出口 SO_3 浓度进行测试，以期获得电袋复合除尘器协同脱除 SO_3 的效率，所有电厂的脱硝方式均为 SCR。测试结果见表 4-4。

表 4-4 不同电厂中锅炉配套的电袋复合除尘器对 SO_3 的脱除效果

序号	所在地区	锅炉炉型	煤中含硫量（%）	进口质量浓度（mg/m^3）	出口质量浓度（mg/m^3）	脱除效率（%）
电厂 1	河北	循环流化床	0.75	23.6	2.35	90.04
电厂 2	福建	循环流化床	0.72	0.81	0.31	61.73
电厂 3	广东	四角切圆煤粉炉	0.41	8.5	1.5	82.35
电厂 4	山西	四角切圆煤粉炉	3.06	26.4	3.72	85.91
电厂 5	陕西	四角切圆煤粉炉	0.5	4.32	1.11	74.31

由表 4-4 可以看出，不同电厂的入口 SO_3 含量区别较大。除电厂 2 循环流化床锅炉采用了炉内喷钙的方式进行脱硫，导致电袋复合除尘器入口 SO_3 浓度较低外，其余电厂电袋复合除尘器入口的 SO_3 浓度均较高。煤种含硫量越高，SO_3 浓度越高。电袋复合除尘器在正常运行的情况下，对 SO_3 的脱除效率达到 61.73%～90.04%，证明电袋复合除尘器对 SO_3 具有良好的协同脱除效果。

为考察吸附剂固化法应用于电袋复合除尘器时，电袋复合除尘器对 SO_3 的脱除能力，于某电厂搭建了处理烟气量为 10000m³/h 的中试试验台进行 SO_3 脱除试验，将吸附剂喷入电区与袋区之间的区域。从图 4-17（见彩插）可以看出，当无吸附剂喷入时，脱除效率为 65.3%；喷入不同吸附剂后，SO_3 的脱除效率比未喷吸附剂时提高，其脱除效率大小依次为 $Ca(OH)_2$>MgO>CaO>Na_2CO_3，当喷入 Na_2CO_3 时，脱除效率约为 79.6%，当喷入 $Ca(OH)_2$ 时，脱除效率为 88.8%。试验结果表明，采用合适的碱性吸附剂后可明显提升电袋复合除尘器的 SO_3 脱除效率，并且，本试验工况下的碱酸比仅为 1，要达到相同的 SO_3 脱除效果，基于其他设备碱性吸附剂喷入法脱除 SO_3 的碱酸比为 3～4，若电袋复合除尘器喷入的碱性吸附剂提高碱酸比，可相应提高 SO_3 的脱除效率。相比于湿法脱硫的 30%～50%的 SO_3 脱除效率，电袋复合除尘器的优势明显。

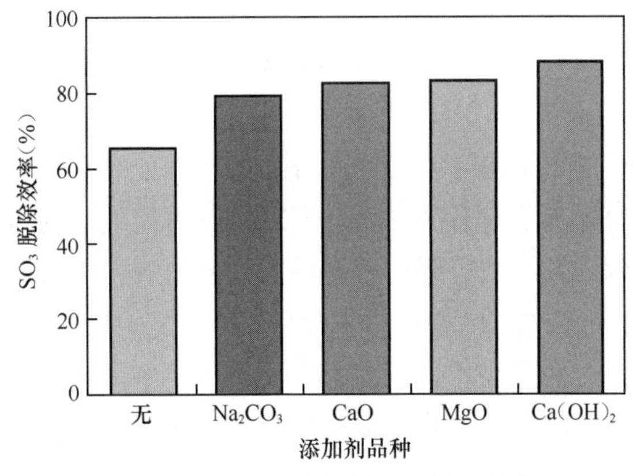

图 4-17　不同吸附剂的 SO_3 脱除效率

4.5.3.3　电袋复合除尘器协同脱除 Hg 效果

煤种、锅炉炉型、燃烧方式、环保工艺路线等因素对烟气中的 Hg 含量、形态分布等均会造成重大影响，因此，在全国范围内选择多个火电厂，对配套的电袋复合除尘器进出口 Hg 浓度进行测试，以期获得电袋复合除尘器的协同脱 Hg 效率。测试结果见表 4-5。

表 4-5　不同火电厂中锅炉配套的电袋复合除尘器对 Hg 的协同脱除效果

项目	所在地区	锅炉炉型	进口气态 Hg 质量浓度（μg/m³）	出口气态 Hg 质量浓度（μg/m³）	气态 Hg 脱除效率（%）	进口颗粒 Hg 质量浓度（μg/m³）	出口颗粒 Hg 质量浓度（μg/m³）	颗粒 Hg 脱除效率（%）	总脱 Hg 效率（%）
电厂 A	江苏	四角切圆煤粉炉	22.230	11.220	50.00	—①	—	—	—
电厂 B	江苏	四角切圆煤粉炉	4.680	1.310	72.00	—	—	—	—

续表

项目	所在地区	锅炉炉型	进口气态 Hg 质量浓度（μg/m³）	出口气态 Hg 质量浓度（μg/m³）	气态 Hg 脱除效率（%）	进口颗粒 Hg 质量浓度（μg/m³）	出口颗粒 Hg 质量浓度（μg/m³）	颗粒 Hg 脱除效率（%）	总脱 Hg 效率（%）
电厂 C	江苏	四角切圆煤粉炉	9.310	5.340	43.00	—	—	—	—
电厂 D	河南	四角切圆煤粉炉	6.650	5.400	20.20	—	—	—	—
电厂 E	安徽	四角切圆煤粉炉	48.000	38.500	19.80	—	—	—	—
电厂 F	广东	四角切圆煤粉炉	0.009	0.006	27.08	0.004	0.000 25②	99.99	50.94
电厂 G	福建	循环流化床	0.460	0.083	81.93	14.630	0.010 40	99.93	99.38
电厂 H	广州	四角切圆煤粉炉	1.567	0.383	75.58	1.657	0.000 25②	99.99	76.92
电厂 I	山西	四角切圆煤粉炉	10.192	6.958	31.74	3.080	0.000 25②	99.99	47.57
电厂 J	山西	四角切圆煤粉炉	2.722	0.449	83.54	4.630	0.024 00	99.95	93.88
电厂 K	河南	四角切圆煤粉炉	4.171	2.938	29.56	2.350	0.000 25②	99.99	54.94
电厂 L	河北	循环流化床	2.400	1.800	25.00	26.600	0.000 25②	99.99	93.79

① 未检测颗粒汞，没有数据。

② 未检测到浓度，因此采用检出下限值的一半进行取值。

从表 4-5 可以看出，电袋复合除尘器对总 Hg 的脱除效率为 47.57%～99.38%。对颗粒 Hg 的脱除效率非常稳定，全部处于 99.90%以上，甚至有少部分电厂除尘后颗粒 Hg 的浓度无法检出，表明了电袋复合除尘器对颗粒 Hg 具有极好的脱除效果；对气态 Hg 的脱除效率波动范围为 19.80%～83.54%。可见不同锅炉配套的电袋复合除尘器对气态 Hg 的脱除效果明显不同。

测试结果表明，不同电厂燃煤锅炉烟气中 Hg 的形态分布有较大差别。其中气态 Hg 占比最低的循环流化床锅炉，其占比仅为 3.0%；气态 Hg 占比最高的达到 94.5%。不同电厂中的 Hg 形态分布可能受到锅炉型式、煤种等多种因素的影响，飞灰与 Hg 结合能力的强弱以及飞灰量的大小对颗粒 Hg 在总 Hg 中所占的比例影响较大。因此，不同电厂电袋复合除尘器入口烟气中的 Hg 形态分布呈现不同的状态，不同电厂中颗粒 Hg 与气态 Hg 所占的比例不同。通常认为循环流化床的燃烧方式可以提高烟气中的颗粒 Hg 含量，降低气态 Hg 含量，炉内较低的温度能够提高二价 Hg 的比例。在此情况下，两台循环流化床的烟气内 Hg 呈现与其他煤粉炉不同的形态分布。

根据对各类除尘器脱除烟尘颗粒物的研究表明，电袋复合除尘器对所有粒径颗粒物的脱除效率均在 99.9%以上，表明电袋复合除尘器对粉尘的脱除受粉尘粒径因素影响小，对微细粉尘具有良好的脱除效果。烟气中的颗粒态 Hg 在粉尘中的分布随粉尘的粒径增大，其含量逐渐下降。这是由于粒径越小的粉尘，其比表面积越大，越容易对烟气中的气态 Hg 产生吸附作用，进而生成颗粒 Hg。在以上两个因素的复合作用下，电袋复合除尘器对烟气中的颗粒 Hg 具有极高的脱除效率，对颗粒 Hg 的脱除效率达到了 99.90%以上。在电区和袋区之间采用压缩空气管道喷射活性炭时，烟气中的气态 Hg 可被有效脱除，当喷入少量活性炭时（约 10mg/m³ 或 80g/h），中试装置出口烟气中气态 Hg 质量浓度由 18μg/m³ 降至 13μg/m³，在增大活性炭喷射量后（约 220mg/m³ 或 1760 g/h），中试装置出口烟气中气态 Hg 质量浓度迅

速下降至 1μg/m^3 以下，意味着烟气中大部分的气态 Hg 已被活性炭捕集脱除。当停止喷射活性炭 2.5h 后（中试装置内残留活性炭累积量最大为 4400 g/清灰周期），实时气态 Hg 浓度基本恢复到原始水平。

电袋复合除尘器对烟气中 Hg 的脱除效率受到烟气中 Hg 形态分布的影响，同时受到其对气态 Hg 脱除效率的影响。气态 Hg 脱除效率波动幅度较大，可能受到多种因素的影响；颗粒 Hg 的脱除效率极高；对总 Hg 的脱除效率为 47.57%～99.38%。在喷射活性炭浓度为 10mg/m^3 的工况下，脱 Hg 效率大幅度提高至 90%以上，相比于静电除尘器脱 Hg 的成本更低，且比湿法脱硫的脱 Hg 效率高，可优先选择作为脱 Hg 的主体设备。

4.5.4 湿式电除尘器协同脱除 $PM_{2.5}$ 和 SO_3 性能测试

4.5.4.1 湿式电除尘器污染物脱除机制

从颗粒物脱除机理来说，湿式电除尘器与常规电除尘器的不同之处在于，收尘极被水膜覆盖，放电区域存在水雾。鉴于常规干式电除尘器中 0.1～1.0μm 的颗粒物电场荷电、扩散荷电能力均较弱，因此，细颗粒物脱除效率相对较低。而湿式电除尘器电场内存在大量水雾，强化了空间荷电，在相同的放电电压条件下，可实现更高的二次电流，促进细颗粒有效荷电；同时湿电场中存在明显的细颗粒物团聚现象，如图 4-18 所示（见彩插），颗粒与雾滴之间、颗粒与颗粒之间由于液桥力等作用，碰撞后即发生有效团聚，形成大颗粒后被高效脱除；另外，通过液膜冲刷清灰，不存在因振打引起的细颗粒物二次扬尘，有效避免了细颗粒物排放，最终保证了颗粒物的极低排放。

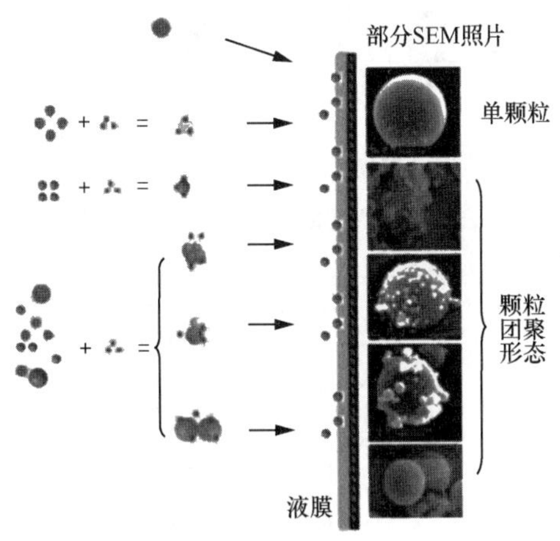

图 4-18　湿式电除尘器细颗粒物脱除机理

SO_3 在湿电场中以硫酸气溶胶颗粒的形式存在，同粉尘颗粒一起被荷电、团聚、迁移、收集并脱除，相关研究表明，在湿式电除尘器进口端布置预荷电装置，当入口 SO_3 体积分

数为 10×10^{-6}、湿电场供电电压 16kV 时预荷电装置的供电电压从 0kV 升至 16kV，SO_3 脱除效率可从 27.9%升至 82.4%。值得注意的是，硫酸气溶胶颗粒粒径非常小，从数浓度分布来看，绝大部分是低于 0.1μm 的小颗粒，因此，当 SO_3 浓度越高，其形成的空间电荷效应越明显，影响湿电场的放电特性。相关试验研究表明，高湿高浓度 SO_3 使得湿电场二次电流比空载时降低了 85%。

4.5.4.2　湿式电除尘器协同脱除 SO_3 效果

分别测定金属板式湿式电除尘器 20 台、导电玻璃钢管式湿式电除尘器 34 台，出口 SO_3 浓度数据统计如图 4-19 所示，脱除效率统计数据如图 4-20 所示。金属板式湿式电除尘器出口 SO_3 浓度最大值为 9.5mg/m^3，最小值为 0.3mg/m^3；SO_3 脱除效率最大值为 80.74%，最小值为 25.96%。导电玻璃钢管式湿式电除尘器出口 SO_3 浓度最大值为 8.3mg/m^3，最小值为 0.3mg/m^3；SO_3 脱除效率最大值为 91.84%，最小值为 40.91%。大部分机组的 SO_3 排放浓度在 5mg/m^3 以下，脱除效率在 60%～80%。导电玻璃钢管式湿式电除尘器一般都是立式布置，板电流密度一般比金属板式湿式电除尘器大，因此其对酸雾气溶胶颗粒的脱除效率普遍更高一些。

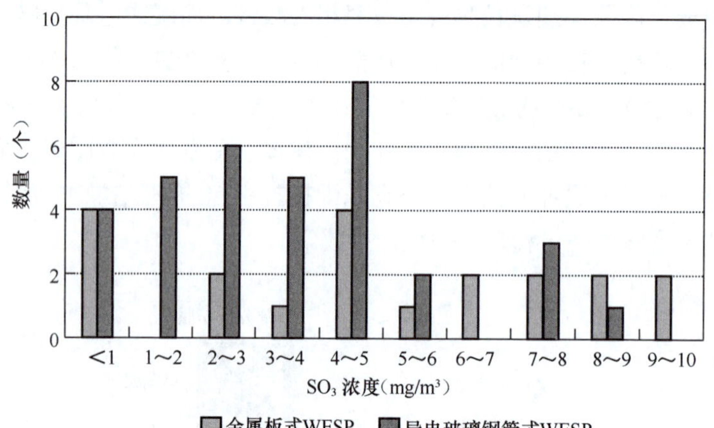

图 4-19　WESP 出口 SO_3 排放特征

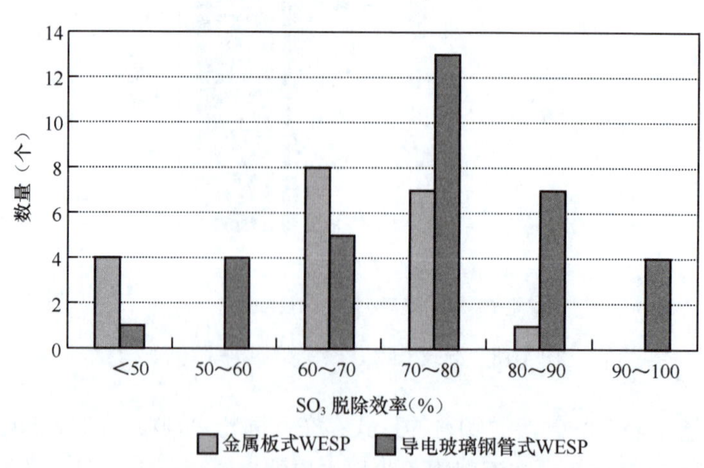

图 4-20　WESP 对 SO_3 脱除效率

4.5.4.3 湿式电除尘器协同脱除 $PM_{2.5}$ 效果

分别测定金属板式湿式电除尘器 10 台、导电玻璃钢管式湿式电除尘器 24 台，出口 $PM_{2.5}$ 浓度数据统计如图 4-21 所示，脱除效率统计数据如图 4-22 所示。金属板式湿式电除尘器出口 $PM_{2.5}$ 浓度最大值为 4.6mg/m³，最小值为 0.4mg/m³；$PM_{2.5}$ 脱除效率最大值为 91.62%，最小值为 71.81%。导电玻璃钢管式湿式电除尘器出口 $PM_{2.5}$ 浓度最大值为 3.4mg/m³，最小值为 0.2mg/m³；$PM_{2.5}$ 脱除效率最大值为 93.07%，最小值为 58.33%。大部分机组的 $PM_{2.5}$ 排放在 3mg/m³ 以下。

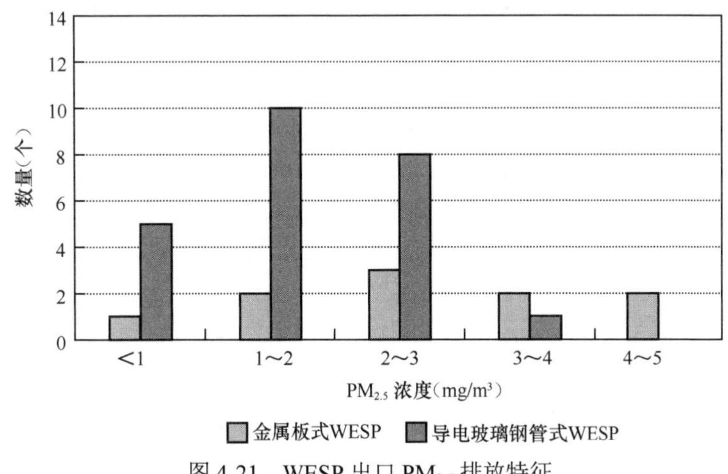

图 4-21　WESP 出口 $PM_{2.5}$ 排放特征

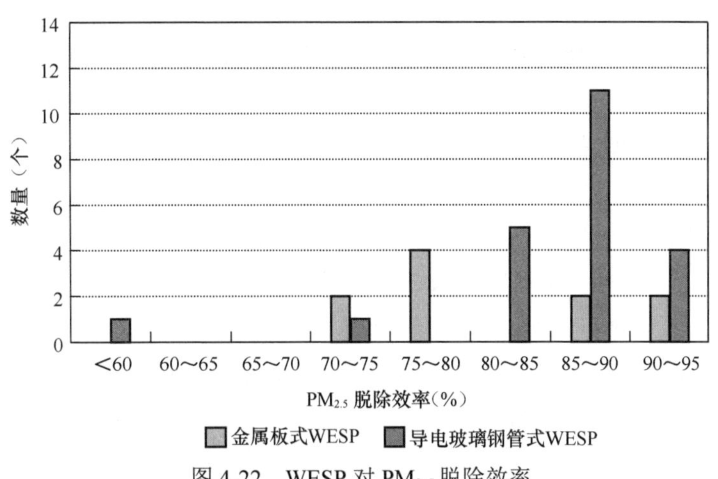

图 4-22　WESP 对 $PM_{2.5}$ 脱除效率

4.5.5 超低排放环保系统重金属铅、砷协同脱除性能测试

4.5.5.1 测试工程概况

试验对象为国内某台 1025t/h（330MW）煤粉锅炉，配备了 SCR、ESP、WFGD 等污染物控制装置。对该锅炉进行了超低排放改造：将原脱硝系统加装备用催化剂层；对原电除

尘器 4 个电场内部进行彻底改造，整体加高，前 3 个电场采用常规静电除尘，第四个电场采用旋转极板技术；脱硫系统增设一级吸收塔，采用双塔双循环技术；脱硫系统后加装湿式电除尘器（WESP）。改造后，电厂达到超低排放标准。

4.5.5.2 测试结果及分析

采用 EPA Method 29 测得的锅炉各污染物控制装置前后烟气中不同形态重金属铅（Pb）、砷（As）的质量浓度见表 4-6。从表 4-6 可以看出：SCR 脱硝系统前烟气中 Pb 和 As 的质量浓度分别为 961.45μg/m^3 和 363.41μg/m^3，其相对占比与原煤中一致；WESP 后即排入烟囱中的 Pb 和 As 的质量浓度分别为 2.71μg/m^3 和 0.18μg/m^3，质量浓度很低。

表 4-6 锅炉污染物控制装置前后烟气中重金属质量浓度和形态分布

形态	SCR 脱硝系统前		ESP 前（SCR 后）		ESP 后（WFGD 前）		WESP 前（WFGD 后）		WESP 后	
	g/m^3	%	g/m^3	%	g/m^3	%	g/m^3	%	g/m^3	%
Pb_g	1.89	0.2	1.57	0.17	2.01	13.52	1.03	18.23	0.93	34.32
Pb_p	959.56	99.8	897.98	99.83	12.86	86.48	4.62	81.77	1.78	65.68
Pb_T	961.45	100	899.55	100	14.87	100	5.65	100	2.71	100
As_g	5.05	1.39	2.43	0.63	1.09	20.22	0.29	18.24	0.12	66.67
As_p	358.36	98.61	385.46	99.37	4.3	79.78	1.3	81.76	0.06	33.33
As_T	363.41	100	387.89	100	5.39	100	1.59	100	0.18	100

烟气中重金属一般以两种形态存在，颗粒态和气态。ESP 前烟气中的 Pb 和 As 主要以颗粒态的形式存在，占比达到 98%以上。黄亚继等人对煤中重金属进行了分类，发现 Pb 和 As 同属于部分挥发元素，因此在煤燃烧过程中，Pb 和 As 主要会残留在飞灰和底渣上，而且随着烟气的流动，挥发到气相中的气态 Pb 和 As 会有一部分在烟气冷却过程中通过均相成核形成亚微米颗粒，或者通过异相凝结被飞灰颗粒重新吸附。除上述物理吸附外，Pb 和 As 还会与飞灰发生化学吸附，一些飞灰表面的金属氧化物会与 Pb 和 As 发生化学反应，进一步吸附了烟气中的 Pb 和 As。因此，烟气中 Pb 和 As 主要是颗粒态形式。

由表 4-6 还可以看到：SCR 脱硝系统前后烟气中的 Pb 和 As 质量浓度基本不变，表明 SCR 脱硝系统对 Pb 和 As 的脱除没有作用；相反，经过 ESP 后，烟气中的颗粒态 Pb 和 As 大幅度减少，可以看出 ESP 在脱除 Pb 和 As 过程中起着至关重要的作用。WFGD 和 WESP 前后 Pb 和 As 的质量浓度变化也体现出它们对脱除 Pb 和 As 有一定帮助。

计算得到各 APCDs 对烟气中重金属的脱除效率如图 4-23 所示。由图 4-23 可知：ESP+WFGD+WESP 对 Pb 和 As 的协同脱除效率分别为 99.95%和 99.72%，这表明该电厂现有的 APCDs 基本能脱除煤燃烧产生的 Pb 和 As；ESP 对 Pb 和 As 的脱除作用最大，分别为 98.35%和 98.61%。

ESP 前烟气中 Pb 和 As 的主要存在形式是颗粒态，这些 Pb 和 As 以物理吸附或化学吸附的方式吸附在飞灰上，因此当 ESP 收集飞灰时也能有效地脱除吸附在飞灰上的 Pb 和 As。另外，WFGD 对烟气中的颗粒态 Pb 和 As 有进一步洗涤脱除的作用，而且 WFGD 中的吸收

液还会与烟气中的气态 Pb 和 As 发生化学反应，降低烟气中气态 Pb 和 As 的含量，因此 WFGD 对烟气中的 Pb 和 As 脱除效率也能达到 62.0%和 70.5%。最后，脱硫系统后加装的 WESP 对微细颗粒物捕集效率很高，这进一步脱除了吸附在微细颗粒上的颗粒态重金属。WESP 对烟气中的 Pb 和 As 脱除效率分别为 52.04%和 88.68%。以上结果表明，超低排放改造后的燃煤电厂所配备的 ESP+WFGD+WESP 可以有效控制烟气中重金属的排放。

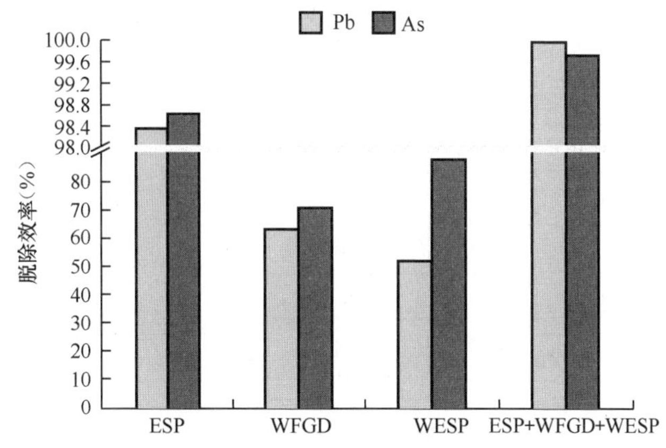

图 4-23　超低排放烟气治理系统对烟气中 Pb 和 As 的脱除效率

4.5.6　碱性吸附剂 SO_3 脱除技术工程应用及性能测试

4.5.6.1　测试工程概况

某电厂安装两台 600MW 燃煤发电机组（分别为 7 号机组和 8 号机组），锅炉为东方锅炉厂引进美国 F．W 公司技术制造，型号为 DG 2060/17.6－Π3，型式为亚临界、一次中间再热、双拱形单炉膛、W 型火焰、平衡通风、固态排渣、露天布置、自然循环汽包型燃煤锅炉，设计煤种为晋东南无烟煤。

锅炉同步安装石灰石–石膏湿法脱硫装置和 SC R 脱硝装置。脱硝催化剂采用 3+1（下 3 层布置，1 层预留）的布置方式，催化剂的型式为平行板式，设计脱硝效率 90%。脱硝装置布置在省煤器和空气预热器之间烟道内。2017 年 6 月，为满足超低排放要求，每台锅炉新增一套选择性非催化还原（SNC R）脱硝装置，还原剂为尿素溶液，设计脱硝效率为 45%～55%。

由于 W 型锅炉炉膛温度高，氮氧化物浓度高，采用了 SNCR 和 SCR 联合脱硝技术，虽然能够实现氮氧化物排放浓度低于 50mg/m^3 的排放要求，但氨逃逸较高，加上 SO_3 浓度高，生成的硫酸氢铵（ABS）沉积在下游的空气预热器蓄热元件中，导致空气预热器堵塞严重，通过传统的吹灰手段无法清除，严重影响机组的安全稳定运行和接带负荷能力。为了解决硫酸氢铵（ABS）导致的空气预热器堵塞问题，该厂决定增设一套利用碱粉作为吸附剂的 SO_3 脱除装置。

SO_3 脱除装置采用的技术路线为：增加一套碱性干粉 SO_3 脱除系统（DSI），选择 $Ca(OH)_2$

或 $NaHCO_3$ 干粉为吸附剂进行注射，注射位置为省煤器出口（SCR 入口水平烟道）和 SCR 出口烟道。

系统由储料系统、计量给料系统、输送系统、注射系统、过滤系统、干燥系统和控制系统 7 个子系统组成。系统配置 2 座干粉料仓，储存粉料分别供应 SCR 入口和出口的注射点。

碱性干粉 SO_3 脱除系统流程如图 4-24 所示。

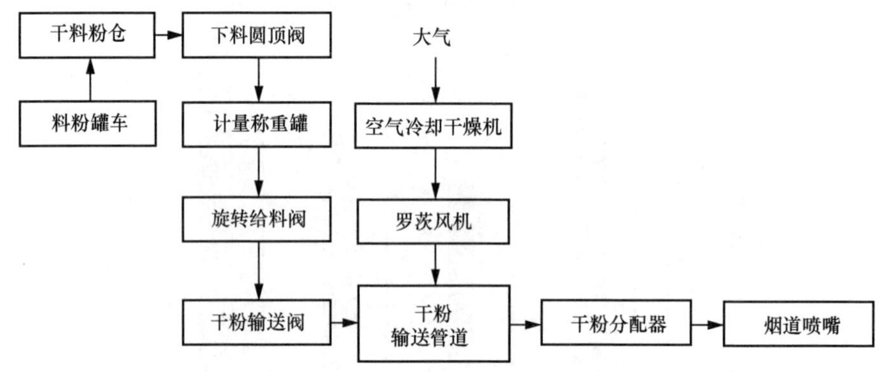

图 4-24　碱性干粉 SO_3 脱除系统流程

4.5.6.2　测试结果及分析

DSI 系统安装和系统调试（以 $NaHCO_3$ 作吸附剂）结束后，进行了 168h 试运行，试运行期间，进行了系统性能测试，试验数据见表 4-7，表中 FGD 及 AH 入口测试结果为取样测试并取均值。试验按照不同负荷和 SO_2 浓度，设定不同的给料阀频率，对应不同的给料量。实际运行时，对应表 4-7 中数据，给料阀频率在 40Hz 以上时（给料量为 1.0～1.2t/h），SO_3 的脱除效率均在 80%以上，空气预热器入口 SO_3 浓度在 35mg/m^3 以下。而低负荷时，给料阀频率在 10Hz 时（给料量为 0.4～0.5t/h），SO_3 的脱除效率只能到达到 50%～60%，空气预热器入口 SO_3 浓度大于 35mg/m^3。

表 4-7　　DSI 系统性能测试统计表（以 $NaHCO_3$ 作吸附剂）

负荷（MW）	DSI 给料阀频率（Hz）	FGD 入口（在线）	空气预热器			（炉内+SCR）
		SO_2 浓度（mg/m^3）	投前 SO_3 浓度（mg/m^3）	投后 SO_3 浓度（mg/m^3）	脱除效率（%）	SO_2/SO_3 转化率（%）
570	45	4 208.0	146.9	26.7	82.0	2.8
450	45	4 057.6	119.5	16.5	86.3	2.4
370	40	3 454.0	96.7	15.1	84.5	2.2
370	10	3 454.0	97.6	42.4	56.4	2.3

4.5.7　化学团聚强化 $PM_{2.5}$ 脱除性能测试

4.5.7.1　测试工程概况

针对湖北某 300MW 燃煤机组，进行了化学团聚强化除尘协同脱硫废水零排放试验，综

合考察了化学团聚技术对燃煤电厂除尘效率和电厂运行参数的影响，以及脱硫废水零排放技术对空气预热器运行的影响。

化学团聚强化除尘协同脱硫废水零排放示范工程应用于湖北某燃煤电厂 300MW 机组。2 台 330MW 全进口发电机组，配 2 台 1072t/h 燃煤锅炉，采用美国福斯特·惠勒（FW）公司生产的自然循环燃煤汽包炉，采用 W 型火焰炉，双进双出球磨机，正压直吹燃烧系统。配套建设了双室四电场静电除尘器、石灰石-石膏湿法脱硫设施、低氮燃烧+SCR 脱硝装置及在线监测系统等环保设施，燃料采用晋城无烟煤。烟气经选择性催化还原装置（SCR）、静电除尘器（ESP）及石灰石湿法脱硫（WFGD）处理后排放。

化学团聚强化除尘协同脱硫废水零排放工艺流程如图 4-25 所示（见彩插）。脱硫塔后产生的脱硫废水经“三联箱”中和絮凝沉淀预处理后，进入团聚车间与钝化团聚剂混合，经压缩空气雾化喷入空气预热器前后烟道。在烟气余热作用下脱硫废水蒸发，析出的可溶盐及重金属等被飞灰吸附，烟气中细颗粒物团聚长大一并被 ESP 捕集。

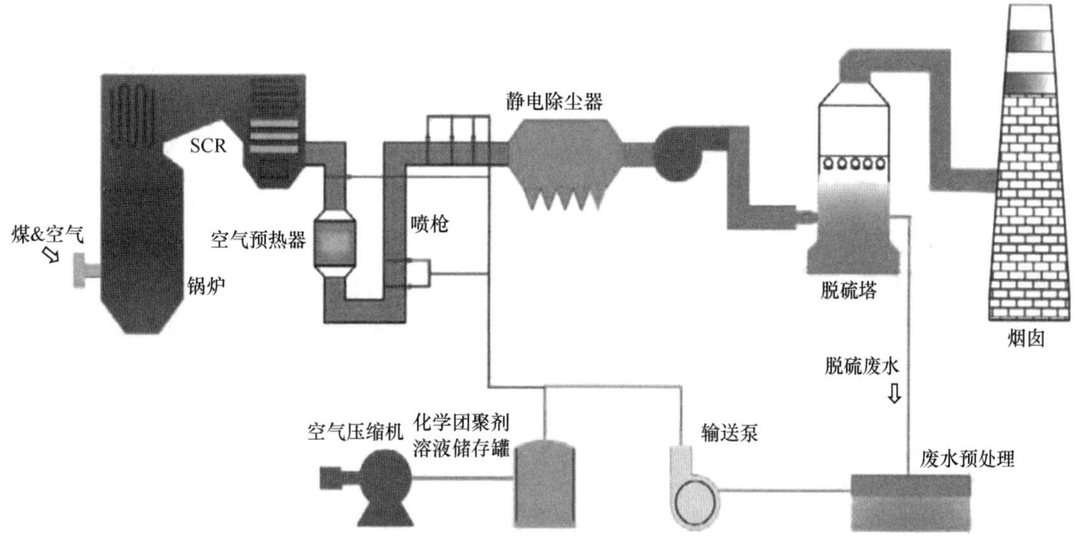

图 4-25 化学团聚强化除尘协同脱硫废水零排放工艺流程

4.5.7.2 测试结果及分析

1. 粉尘浓度变化情况

试验期间，锅炉负荷略有波动，最高为 299.7MW，最低为 297.8MW，平均为 298.97MW，变化率小于 1%，故可认为负荷基本稳定。示范机组化学团聚剂溶液喷量与 ESP 后粉尘浓度变化曲线如图 4-26 所示。未喷团聚剂溶液时，ESP 后粉尘浓度 A 侧为 28.74mg/m^3，B 侧为 10.44mg/m^3。喷入团聚剂溶液后，ESP 后 A 侧粉尘浓度下降到 19.49mg/m^3，下降了约 32.19%；B 侧粉尘浓度下降到 9.05mg/m^3，下降了约 13.31%。ESP 后粉尘浓度随化学团聚剂溶液喷量而变化，喷量增加，粉尘浓度降低增加。停止喷入化学团聚剂溶液后，粉尘浓度逐渐回升至未喷团聚剂溶液时的水平。

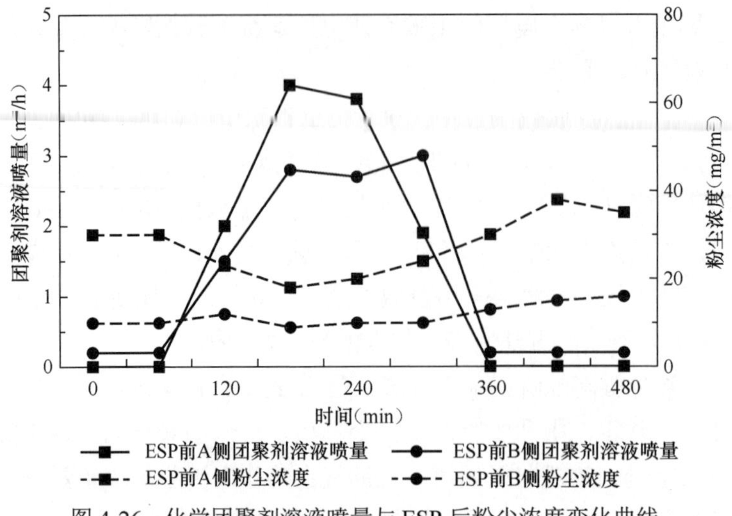

图 4-26　化学团聚剂溶液喷量与 ESP 后粉尘浓度变化曲线

化学团聚剂溶液喷入烟道后，与细颗粒物碰撞，受多种作用力吸附在多个颗粒物上。当细颗粒物处于非饱和吸附状态时会形成桥联结构，将多个颗粒吸引到一起形成团聚体，液滴蒸发完全后，液桥力转变为固桥力，细颗粒物凝并成核团聚长大，使其粒径增大，随烟气进入 ESP，从而强化除尘器对细颗粒物的脱除效果，提高除尘效率。

ESP 后粉尘浓度主要由 ESP 前喷入化学团聚剂溶液喷量决定，空气预热器前由于烟气温度高，液滴蒸发较快，团聚效果有限，对粉尘浓度影响较小。

2. 烟气温度变化情况

图 4-27 所示为示范机组化学团聚剂溶液喷量与 ESP 前烟气温度变化曲线。未喷团聚剂溶液时，ESP 前 A、B 侧入口温度约为 152℃和 145℃。喷入团聚剂溶液后，ESP 前 A、B 侧入口温度降至 146℃和 138℃。温度降低平均为 6.5℃。

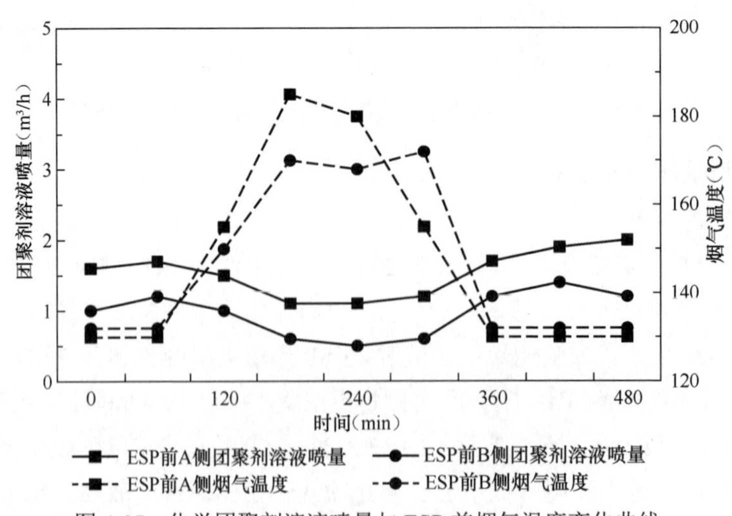

图 4-27　化学团聚剂溶液喷量与 ESP 前烟气温度变化曲线

喷入化学团聚剂溶液后，起到明显的除尘提效作用，团聚剂溶液在烟道中完全蒸发，不会对下游烟道及设备造成影响。

4.5.8 飞灰基改性吸附剂脱汞性能测试

4.5.8.1 测试工程概况

在三河电厂 4 号机组上开展了飞灰基改性吸附剂脱汞试验研究，该机组为 300MW 热电联产机组。锅炉为东方锅炉厂制造，亚临界参数、四角切圆燃烧方式、自然循环汽包炉，锅炉蒸发量为 1025t/h。4 号锅炉设计煤种为神华煤，校核煤种为神华煤与准格尔煤按 7：3 比例的混煤，煤质较好且相对稳定，掺配煤煤质较好，实际燃煤平均硫分为 0.49%，在设计值（0.7%）范围内。

经测试，三河电厂 4 号锅炉燃用神华煤，煤中汞质量分数最大为 0.093mg/kg，最小为 0.010mg/kg，平均值为 0.048mg/kg，表明神华煤中汞质量分数较低。

4 号机组现有环保设施包括除尘、脱硫、脱硝、污水处理和灰渣系统等，锅炉采用低氮燃烧器，除尘采用双室五电场电除尘器，除尘效率为 99.6%；脱硫采用高效石灰石-石膏湿法脱硫工艺，脱硫效率为 98.5%；脱硝采用 SCR 烟气脱硝装置，脱硝效率为 80.0%；排烟采用“烟塔合一”烟气排放。

4.5.8.2 测试结果及分析

飞灰基改性吸收剂脱汞试验期间，机组负荷稳定在 85%BMCR 以上。采用美国环保署 30B 方法，分析监测了试验过程中 ESP 前、ESP 后和脱硫吸收塔后 3 个位置烟气汞浓度。同时，通过汞在线烟气分析仪测量了烟气中脱硫吸收塔后汞的浓度。测试结果显示在喷射吸附剂过程中，烟气中汞浓度随之下降，实现了烟气中汞污染物的控制。不同的改性吸附剂对烟气中汞浓度下降的效果不同，改性吸附剂喷射能够在现有环保设施（脱硫、脱硝、除尘）基础之上降低汞浓度 30%～50%，使综合脱除效率达到 75%～90%。

4.6 本 章 小 结

随着国家环保要求的不断提高，燃煤电厂大气污染物控制正由传统的颗粒物、二氧化硫、氮氧化物向非常规污染物覆盖，在燃煤电厂全面实施超低排放之后，火电行业重点关注的是三氧化硫、重金属、氨的排放与控制。实现燃煤电厂非常规污染物控制，必须从系统的角度考虑，充分发挥各污染物脱除设备之间的协同作用，在实际工程应用中必须实行一厂一策，根据实际情况，因地制宜，选择经济合理的技术方案。只有充分发挥现有环保设施协同脱除非常规污染物的作用，才能真正满足相关环保政策的要求，实现燃煤电厂可持续发展。

5 先进低碳煤电技术

本章以新型高效燃煤发电技术、煤电混燃零碳燃料发电技术以及燃煤发电机组 CCUS 技术等三类技术展开，阐述国内外先进低碳煤电技术的发展现状，梳理了先进低碳煤电技术中超高参数燃煤发电、超临界 CO_2 动力循环、整体煤气化联合循环、生物质/煤掺烧、氨/氢/煤混合燃烧、富氧燃烧、化学链燃烧、CO_2 捕集封存利用等技术的优势与可行性，展望低碳煤电技术的发展前景。

5.1 新型高效燃煤发电技术

5.1.1 超高参数燃煤发电技术

高效燃煤发电技术一直是能源高效利用的先锋。一般来说，燃煤机组参数越高，汽轮机热耗越低，机组煤耗越低。提高机组参数始终是火电机组节能降耗的重要手段。超（超）临界燃煤发电凭借机组热效率高、技术成熟度好、商业化运行普遍，被认为是洁净煤发电技术中最易推广和普及的技术。国际上，对于超（超）临界燃煤发电技术研究发展方向主要集中在先进高效超超临界技术（Advanced-Ultra Super Critical Technology）和超临界循环流化床技术（Super Critical Circulation Fluid Bed）。经过几十年来的研究发展，超（超）临界发电技术已在全球范围内成熟，并朝着更高参数等级的方向迈进。

5.1.1.1 技术原理

水的临界参数为：t_c=374.15℃，P_c=22.129MPa。从物理意义上讲，水的状态只有超临界和亚临界之分。在临界点以及超临界状态时，将看不见蒸发现象，水在保持单相的情况下从液态直接变成气态。一般将压力大于临界点 P_c 的范围称为超临界区，压力小于 P_c 的范围称为亚临界区。在额定工况下，发电机用汽轮机高压缸入口蒸汽参数超过临界参数的均可视作超临界机组，国内常用的超临界机组参数为 24.2MPa/566℃/566℃。超超临界是应用在火电领域的特有概念，是常规蒸汽动力火电机组的自然发展和延伸，只是表示技术发展的更高阶段。超超临界与超临界的划分界限尚无国际统一的标准。GB/T 754—2007《发电机用汽轮机参数系列》中对于超超临界参数的定义为：高于常规超临界参数 24.2MPa/566℃/566℃的汽轮机进汽参数，其新蒸汽温度或/和再热温度不小于 580℃，或/和新蒸汽压力不小

于 28MPa。近几年，中国新建超超临界机组参数多数为：一次再热机组参数为 28MPa/600℃/600℃或 28MPa/600℃/620℃，二次再热机组参数为 31MPa/600℃/620℃/620℃。

不同参数机组的热效率和供电煤耗之间的对比见表 5-1。图 5-1 所示为温度和压力对热效率的影响。在超超临界机组参数范围内，当主蒸汽压力大于 31MPa，主蒸汽温度高于 600℃时，主蒸汽压力每提高 1MPa，机组热耗率降低 0.13%～0.15%；主蒸汽温度每提高 10℃，机组热耗率降低 0.25%～0.3%；再热蒸汽温度升高 10℃，机组热耗率降低 0.15%～0.2%。若采用二次再热技术，热耗率将进一步降低 1.5%左右。因此，在保证机组高可靠性、高可用率的前提下，采用更高的蒸汽参数（温度和压力）来提升机组效率，是当前超超临界燃煤发电技术发展的主要趋势。

表 5-1　不同参数机组热效率和供电标准煤耗

机组类型	蒸汽温度（℃）	蒸汽压力（MPa）	热效率（%）	供电标准煤耗率[g/（kW・h）]
亚临界	538/538	16.7	36-38	320～340
超临界	538/566	24.0	41-43	约 300
超超临界	600/600	25.8～28.0	约 46	约 280
700 ℃超超临界	700/720（欧盟）	35.0	约 52	约 241
	730/760（美国）			

循环流化床（Circulating Fluidized Bed，CFB）锅炉发电机组具备运行控制好、燃烧效率高、污染物排放低、煤种适应性广等诸多优点，近年来在国内得到广泛地推广应用。容量向 600MW 以上、参数向超超临界提升是 CFB 燃烧技术发展的必然趋势。超（超）临界 CFB 锅炉本质上是将大型循环流化床燃烧方式与垂直管本生直流锅炉耦合，其技术实现难度低于超（超）临界煤粉锅炉。由于超（超）临界 CFB 锅炉燃烧室内热负荷低，可以采用结构相对简单的垂直管方案构成燃烧室受热面，且低质量流率带来的低阻力降可使其在低负荷亚临界区具有自然循环性质。超临界 CFB 锅炉可以得到 42%左右的较高发电效率，总投资约为超临界煤粉炉+烟气脱硫（Flue Gas Desulfurization，FGD）+选择性催化还原降 NO_x（Selective Catalytic Reduction，SCR）的 78%，运行成本为超临界煤粉炉 + FGD + SCR 的 37%，且不需采取附加措施即能满足 NO_x 排放低于 200mg/m^3（标况下）。

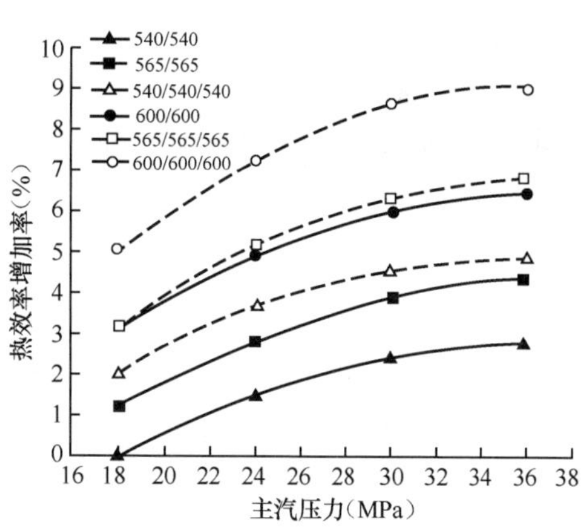

图 5-1　压力和温度对热效率的影响

5.1.1.2　技术现状

高参数超（超）临界发电技术的发展历程大致可以分成以下三个阶段：

第一阶段，20 世纪 50～70 年代，超超临界参数发展起始阶段。1949 年前，苏联就安装了全世界第一台超超临界直流锅炉（试验机组），机组参数为29.4MPa/600℃（12t/h），经节流至15MPa后通入汽轮机。1956年，西德投运首台参数为34MPa/610℃/570℃/570℃、容量为88MW的超超临界机组。1957年，美国投运首台容量为125MW、机组参数为31MPa/621℃/566℃/566℃超超临界机组。由于机组运行可靠性的问题，自20世纪60年代后期开始，美国超临界机组大规模发展时期所采用的参数均降低到常规超临界参数（24.1MPa，538～566℃），直至20世纪80年代基本稳定在这个参数水平。

第二阶段，20世纪80年代，超临界机组优化及新技术发展阶段。由于材料科学的迅猛发展及对电厂水化学方面的深入认识，早期超临界机组所遇到的可靠性问题被克服。通过改造实践，形成了新的结构和新的设计方法，大大提高了机组运行经济性、可靠性和灵活性。随着超临界技术转让，超临界机组的市场逐步转移到了欧洲及日本。同时，美国与日本联合进行了一系列超超临界机组的开发设计，使超超临界技术的发展进入了一个新的阶段。

第三阶段，20世纪90年代至今，新一轮超超临界参数发展阶段。随着常规超临界技术的成熟，在环保及提高经济性目标的驱动下，超超临界机组技术步入快速发展阶段。在保证机组高可靠性、高可用率的前提下，采用更高的温度（600℃）和更高的压力（28MPa以上），是这一发展阶段的主要特点。在此阶段，超临界CFB技术也得到了发展。超临界CFB锅炉结合了CFB燃烧的低成本、低排放和超临界蒸汽循环的高效率等优点，被认为是CFB燃烧技术的发展方向。20世纪末，国际上开始超临界CFB的相关研究工作。2002年，美国Foster Wheele公司与波兰Lagisza电厂签约建设一台460MW超临界CFB锅炉，这是世界上第一份超临界CFB锅炉商业合同。该锅炉于2009年6月正式投入商业运行。

1. 国外现状

从20世纪末开始，欧美等发达国家根据其能源结构特点、技术发展水平和经济发展阶段，从能源战略发展的长远利益考虑，为提高能源效率、减少环境污染，提出了各自的超超临界发电技术发展计划，开始了700℃先进超超临界燃煤发电技术的研发布局。

受欧洲煤钢联盟的资助，欧洲于20世纪50年代便开始研发适用于超超临界机组的钢材。针对超超临界和先进超超临界（A-USC）的研发，自20世纪80年代便开始实施欧洲科学技术合作组织（European Cooperation in Science and Technology，COST）计划，由电站设备和钢铁制造商合作分工开发采用奥氏体钢的超超临界机组，其目标是研制可与燃气蒸汽联合循环机组效率相竞争的新一代超超临界机组。COST计划始于1971年，历经COST 50（1971年启动）、COST 501（1980—1997年，Ⅰ～Ⅲ期）、COST 505（1982—1986年）、COST 522（1999—2003年）和COST 536（2004—2009年）等研发项目。其研究成果已应用于高参数化石燃料电站，实现燃煤/燃气机组的热效率提高10%左右，蒸汽温度高达610～625 ℃。在1997年欧洲许多国家都签订《京都议定书》的背景下，大幅减排CO_2面临巨大挑战。欧盟于1998年1月正式启动Joule Thermie AD700先进超超临界发电计划，其主要目标是研制适用于700℃锅炉高温段、主蒸汽管道和汽轮机的奥氏体钢及镍基合金材料，设计先进的700℃

超超临界锅炉及汽轮机，降低 700℃机组的建造成本，最终建成 35MPa/705℃/720℃等级的示范电站，结合烟气余热利用、降低背压、降低管道阻力、提高综合给水温度等技术措施，使机组效率达到 50%（低位热值，Lower Heating Value，LHV）以上。然而，由于高温合金钢和奥氏体钢价格昂贵，而相对便宜的铁素体钢性能还没有达到预期目标，整个项目的投资大大增加，导致本计划一再推迟。

在欧盟国家中，德国、荷兰等国家超超临界机组水平处于世界先进水平。德国 Lunen 电厂为 750MW 无烟煤电厂，额定蒸汽参数为 28MPa/600℃/610℃，发电净效率达到 46%，是德国国内最清洁的燃煤电厂，也是欧洲最高效、最清洁的燃煤电厂之一。该电厂于 2008 年 5 月开始建造，第一台机组于 2013 年 12 月开始发电。整个工程耗资 19.4 亿美元。德国 RDK8 电厂 2014 年投运，机组容量为 912MW，额定蒸汽参数为 27.5MPa/600℃/620℃，发电净效率达到 47.5%。荷兰 Maasvlakte 电厂 3 号机组于 2013 年底投产，是欧洲目前最先进的超超临界机组之一。汽轮机入口蒸汽参数为 28.5MPa/600℃/620℃，全厂净效率为 46%。该机组提供荷兰电力市场 7%的电量，同时向周围的工业和居民区供热。该机组总造价 12 亿美元，单位造价约为 6685 元/kW。

美国在超（超）临界技术的研发起步较早，但受国内资源禀赋等多种原因的影响，自 20 世纪 90 年代以来高效燃煤发电机组的发展较为缓慢。目前，美国投运的火电机组主要为超临界参数，典型参数为 24.2MPa/538℃/538℃。美国还拥有世界上单机容量最大的超临界 1300MW 双轴机组。但由于这些机组均为 20 世纪 70—90 年代初投入运行的，虽然单机容量为目前世界最大，其技术水平与目前世界先进的高效燃煤发电水平有较大差距。

2001 年美国能源部（Departmemt of Energy，DOE）和俄亥俄煤炭发展办公室（Ohio Coal Development Office，OCDO）联合主要电站设备制造商、美国电力研究院（Electric Power Research Institute，EPRI）等单位启动先进超超临界燃煤发电机组 US DOE/OCDO A-USC 研究项目，并成立 US DOE/OCDO A-USC 联盟。该项目的最终目标是开发蒸汽参数达到 35MPa/760℃/760℃的火力发电机组。该项目计划到 2015 年，完成先进超超临界机组所涉及的材料的所有方面性能研究工作，包括：长期的力学性能变化情况测试，材料微观结构发展过程的深入研究，向火侧腐蚀特性的实炉研究，各种焊接过程和焊接性能研究，涉及转子加工过程的模具、锻造和性能测试等研究，铸造成型和表面处理等工作。US DOE/OCDO A-USC 联盟完成了先进超超临界机组基于镍基合金的焊接和制造相关示范工作，完成了世界上第 1 台 760℃汽冷腐蚀测试实验系统的高温合金材料向火侧腐蚀特性实炉研究，完成了高温时效硬化合金、用于锻造转子的新型材料的铸造技术研发，以及作为核心材料的耐 760℃电厂用铬镍铁合金 740H 的验收标准。基于上述 14 年研发工作的顺利开展，目前美国 US DOE/OCDO A-USC 联盟正在开展相关关键部件试验平台的建造工作。

日本燃煤发电装机容量在 1960 年之前非常少，大部分燃煤机组在 20 世纪 50 年代末就已从 538℃提高到 566℃。1993 年以后，新建的燃煤发电机组一般都采用超超临界 25MPa/600℃/600℃等级的参数，机组热效率达到 42%（HHV）。目前，日本超超临界机组

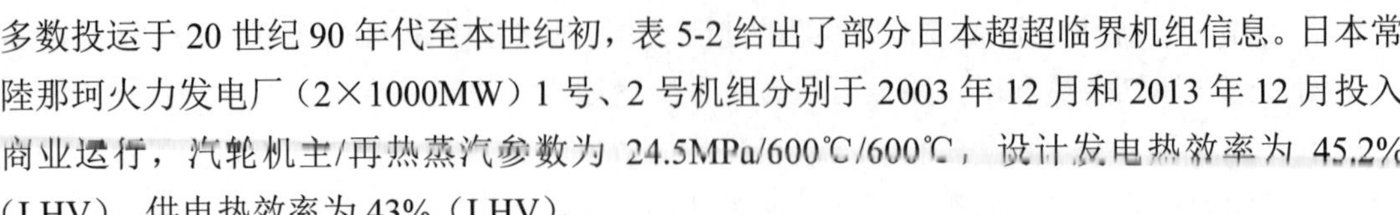
多数投运于 20 世纪 90 年代至本世纪初，表 5-2 给出了部分日本超超临界机组信息。日本常陆那珂火力发电厂（2×1000MW）1 号、2 号机组分别于 2003 年 12 月和 2013 年 12 月投入商业运行，汽轮机主/再热蒸汽参数为 24.5MPa/600℃/600℃，设计发电热效率为 45.2%（LHV），供电热效率为 43%（LHV）。

2008 年 G8 会议后，日本针对 2050 年 CO_2 减排 50%的目标，推出发展 700 ℃超超临界发电技术和装备的九年发展计划“先进超超临界发电（Advanced-Ultra Super Critical，A-USC）”项目。A-USC 计划的目标是在 600℃等级超超临界技术的基础上，将燃煤电站的参数提高到 35MPa/700℃/720℃/720℃等级（二次再热），将机组热效率提高到 46%～48%（HHV）。项目内容包括锅炉和汽轮机主机设备设计、阀门技术开发、材料长时性能试验和部件的验证等。锅炉部分的工作主要包括系统设计、材料特性研究、管/板焊接、关键部件成型、抗氧化/腐蚀/疲劳/蠕变实验等研究工作。锅炉材料部分重点对镍基合金（HR6W、HR35、617 合金、263 合金、740 合金和 141 合金）和铁素体钢（High-B-9Cr、Low-C-9Cr 和 SAVE12AD）等进行了研究。再热器、主管道、阀门和套管等都在 2015—2016 年通过了实炉试验。汽轮机部分的工作主要包括系统设计、转子锻造、转子焊接与加工、阀门/内缸/喷嘴室铸造、材料的抗氧化/疲劳/蠕变等研究。汽轮机部分重点研究了适用于 700℃高温段的镍基（FENIX-700、LTES 和 TOS1X）等材料。镍基 FENIX-700 是在 706 合金的基础上减少了铌的成分，并增加了钛和铝的成分，在 700℃下具有最好的长期稳定性。汽轮机的转子试验已于 2016 年在电加热试验台上完成。另外相关高温段的阀门采用如镍基材料、钨铬钴合金和表面涂层处理材料也通过了试验测试。通过研究发现，镍基合金、先进的 9 铬合金钢及其整个铸造、加工等环境是关键。

表 5-2　日本超超临界机组信息

电厂	所属公司	机组容量（MW）	机组参数（MPa/℃/℃）	投运年份
KAWAGOE #1	Chubu	700	31/566/566/566	1989
KAWAGOE #2	Chubu	700	31/566/566/566	1990
Hekinann #3	Chubu	700	24.6/538/593	1993
Noshiro #2	Tohoku	600	24.6/566/593	1994
Nanao-Ohta #1	Hohuriku	500	24.6/566/593	1995
Reihoku #1	Kyushu	700	24.1/566/566	1995
Haramachi #1	Tohoku	1000	25/566/593	1997
Matsura #2	EPDC	1000	24.6/593/593	1997
Misumi #1	Chugoku	1000	25/600/600	1998
Haramachi #2	Tohoku	1000	25/600/600	1998
Nanao-Ohta #2	Hohuriku	700	24.6/593/593	1998
Hekinann #4	Chubu	1000	24.6/566/593	2001
Hekinann #5	Chubu	1000	24.6/566/593	2002
Tsuruga #2	Hohuriku	700	24.6/593/593	2000

续表

电厂	所属公司	机组容量（MW）	机组参数（MPa/℃/℃）	投运年份
Tachibana -wan	Shikoku	700	24.6/566/593	2000
Karita #1（PFBC）	Kyushu	350	24.6/566/593	2000
Reihoku #2	Kyushu	700	24.6/593/593	2003
Tachibana -wan#1	EPDC	1050	25/600/610	2000
Tachibana -wan#2	EPDC	1050	25/600/610	2001
Isogo	EPDC	600	25.5/600/610	2002
Hitachbana #1	Tokyo	1 000	24.5/600/600	2002
Maizuni #1	Kansai	900	24.1/593/593	2003
Maizuni #2	Kansai	900	24.1/593/593	2003

早在 20 世纪 90 年代，Foster Wheeler 公司、Combustion Engineering 公司和 Alstom Stein 公司便开始超临界 CFB 的研究。2002 年，美国 Foster Wheele 公司与波兰 Lagisza 电厂签约建设一台 460MW 超临界 CFB 锅炉，这是世界上第一份超临界 CFB 锅炉商业合同。该机组设计容量为 460MW，主蒸汽压力为 27.5MPa，主蒸汽温度为 560℃，再热蒸汽温度为 580℃，设计发电效率为 43.3%。该锅炉的设计燃料为烟煤，并考虑掺加 30%的煤浆或 10%的生物质。该项目于 2006 年启动，已于 2009 年 6 月正式投入商业运行（见图 5-2），机组全面达到了设计指标，锅炉效率超过 93%，运行平稳。2011 年 7 月，Foster Wheeler 公司又与韩国电力公司签订了供货合约，为其绿色电厂项目提供 4 台 550MW 超临界 CFB 锅炉，并于 2015 年投入商业运行。俄罗斯能源设备制造公司在 Novocherkasskaya 建造了 330MW 超临界 CFB 锅炉，其设计燃料为无烟煤和烟煤混合 30%煤浆。该锅炉已于 2016 年底投入商业运行，也由 Foster Wheele 提供，结构与 Lagisza 电厂相似。目前，Foster Wheeler 公司已对外宣称完成 800MW 超超临界 CFB 电站锅炉的设计，蒸汽参数为：主蒸汽压力为 30MPa、主蒸汽温度为 600℃、再热蒸汽温度为 620℃，净效率可达 45%（LHV）。除 Foster Wheeler 公司外，Combustion Engineering 和 Alstom Stein 公司也完成了超超临界 CFB 锅炉的概念设计。然而，未见到这两家公司有关超超临界 CFB 锅炉的商业订单报道。

图 5-2　Lagisza 电厂 460MW 超临界 CFB 机组

2. 国内现状

中国第一台超临界机组于 1992 年 6 月投产于上海石洞口二厂（2×600MW），机组参数为 24.2MPa/566℃/566℃。中国于 21 世纪初开始引进超超临界技术，然而，从 2002 年开始仅花费 4 年时间就完成了从亚临界到超临界的发展。2002 年，国家确定华能河南沁北电厂一期 600MW 超临界燃煤机组作为首台国产示范工程，机组参数为 24.2MPa/566℃/566℃。2004 年 11 月华能集团沁北电厂 1 号机组投产后，国家科技部又将“超超临界燃煤发电技术”列入“十五”863 项目，促进了中国 600℃/600℃一次再热超超临界机组的引进和消化吸收。2006 年 11 月首台国产 600℃超超临界燃煤电站在华能玉环电厂投运，从此中国超超临界机组发展步入发展快车道。中国超临界及超超临界机组发展历程及代表性机组如图 5-3 所示。

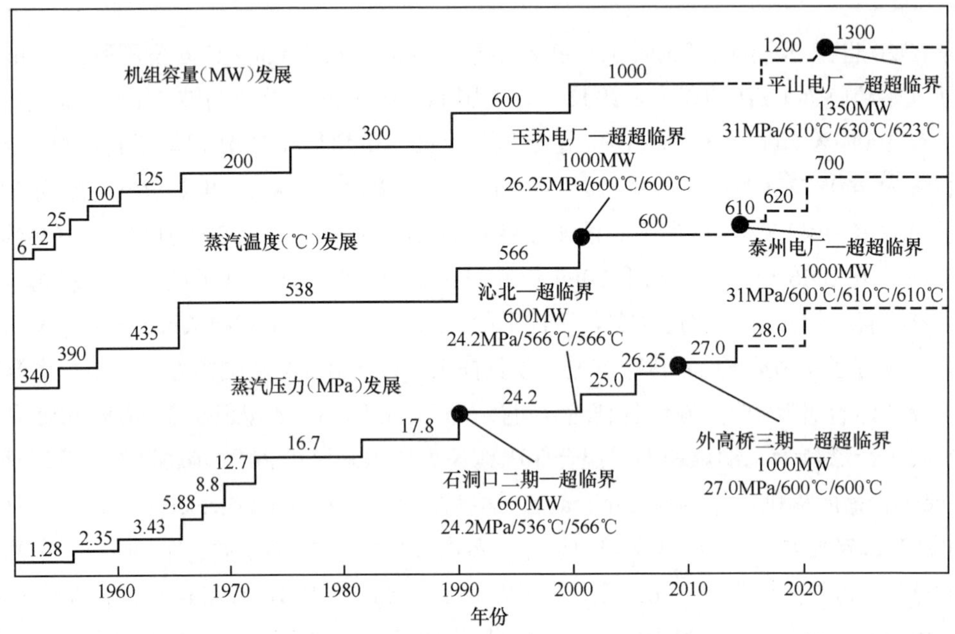

图 5-3 中国超临界及超超临界机组发展历程

2015 年 9 月 25 日，世界首台 1000MW 超超临界二次再热燃煤发电机组——国家能源集团泰州发电厂二期工程 3 号机组正式投入运营，标志着我国超超临界发电技术正式进入 1000MW 等级二次再热新时代。国家能源集团泰州发电厂二期工程是国家科技部确定的“十二五”节能减排国家科技支撑计划项目，被国家能源局列为国家燃煤发电示范项目，是世界上首次将二次再热技术应用到百万千瓦超超临界燃煤发电机组。该机组参数为 31MPa/600℃/610℃/610℃，发电煤耗率为 256.8g/（kW・h），较同时期世界最好水平低 6g/（kW・h），且环保指标全面优于国家超低排放限值，是同时期全球综合指标最好的火电机组。目前，中国已是世界上 1000MW 超超临界机组发展最快、数量最多、容量最大和运行性能最先进的国家。中国建设的 600℃超超临界燃煤电站已经超过 300 台，占世界同类电站的 90%以上。表 5-3 列出了中国目前已投运的部分最先进机组与国外先进机组的性能指标。

表 5-3　　中国部分超超临界火电机组性能指标

电厂	机组容量（MW）	汽轮机进汽参数（MPa/℃）	发电煤耗率[g/（kW・h）]	厂用电率（%）	供电煤耗率[g/（kW・h）]	净热效率（%）
国能神皖安庆电厂 3 号机组	1000	28/600/620	261.5	4.01	272.5	45.14
国能九江电厂 2 号机组	1000	28/600/620	259.9	3.75	270	45.56
华润曹妃甸电厂	1000	28/600/620	260.6	2.94	268.5	45.81
国能泰州电厂 3 号机组	1000	31/600/610/610	256.8	3.64	266.5	46.15
华能莱芜电厂三期	1000	31/600/620/620	255.29	4.09	266.18	46.2
申能安徽平山电厂二期	350	31/610/630/623	249.31			49.27
德国 Lunen 电厂	813	28/600/610				46
荷兰 Maasvlakte 电厂	1110	28.5/600/620			267.4	46
德国 RDK8 电厂	912	27.5/600/620				47.5

受材料限制，世界最先进的商用燃煤发电技术是 600℃超超临界电站。针对这一问题，中国也积极在炉体结构设计优化及温度控制机制等方面进行探索。2014 年，由上海锅炉厂有限公司制造、安徽电建一公司承建的 660MW 等级 27MPa/600℃/623℃超超临界一次再热燃煤电站在安徽田集电厂正式投运。该机组在材料基础不变的情况下，通过优化设计、挖掘潜力来提高锅炉效率。其锅炉侧再热器出口温度设计为 623℃，是当时中国汽温等级最高的机组，更是世界 Π 型锅炉最高汽温的首次应用。再热蒸汽温度从 603℃提高至 623℃后，汽轮机热耗率计算能降低 29kJ/（kW・h），经济性提高明显。2015 年，东方电气集团设计供货的国内首台 1050MW 高效超超临界机组在国能万州电厂投运，标志着中国超超临界技术实现了跨越式发展。该机组的主蒸汽压力/主蒸汽温度/再热蒸汽温度分别为 29.4MPa/605℃/623℃。面对没有新材料的事实，该超超临界锅炉供货商——东方锅炉厂针对蒸汽侧温度偏差和烟气侧温度偏差的控制提出了创新性技术，克服了蒸汽参数无法提升的困难。

2019 年 6 月 4 日，由中国能建规划设计集团华东院设计、中国能建江苏电建一公司承建的国家能源集团江苏公司宿迁发电厂二期——2×660MW 高效超超临界二次再热燃煤发电机组工程 4 号机组，顺利通过 168h 满负荷试运行。作为国家“十三五”重点研发计划，“高效灵活二次再热发电机组研制及工程示范”项目荣获 2022 年度中国电力科学技术进步奖。该项目首创 660MW 等级机组带烟气再循环调温，主汽、调门、补汽“三阀一体”的联合阀门，“汽电双驱”高效供热，智能发电运行控制系统和智能发电公共服务系统等关键核心技术，解决了二次再热机组低负荷欠温问题，实现了宽负荷宽泛抽汽条件下机组的高效灵活运行。

2022 年 12 月 13 日，由华东电力设计院有限公司设计、上海电力建设有限责任公司承建的世界单机容量最大 1350MW 双轴燃煤机组——申能安徽平山电厂二期工程机组性能试验圆满收官，额定工况机组供电煤耗率为 249.31g/(kW・h)，达到了设计值不高于 251g/(kW・h)的预期目标，创下最新世界纪录。申能安徽平山电厂二期工程 2015 年 3 月通过国家能源局评审，2016 年 12 月获批国家火电示范工程，2018 年 7 月开工建设，2022 年 4 月投入商业化运行。该机组为二次再热超超临界燃煤发电机组，进汽参数为 31MPa/610℃/630℃/623℃，采用全球首创的双轴高、低位汽轮发电机布置。其中 1 个单流超高压缸和 1 个单流高压缸为高位布置，2 个双流中压缸和 3 个双流低压缸低位布置在传统的汽轮机平台上，可以减少主蒸汽管道、一次再热蒸汽管道和一次冷再热蒸汽管道的长度，减少管道压降和散热损失进而降低能耗。同时，该工程还采用了弹性回热、广义回热及广义变频等一系列创新技术。与常规超超临界一次再热 1000MW 机组相比，该汽轮机设计热耗率下降约 453kJ/(kW • h)。按年发电量 70 亿 kW • h 计算，该项目比同期建设的最先进的二次再热百万千瓦机组一年能多节约标准煤约 10.5 万 t、减少二氧化碳排放量约 26 万 t，一举成为全球清洁高效煤电的新标杆。除单机容量全球第一、效率全球第一外，该工程创下多个行业之最：锅炉大板梁标高 142.2m，是国内单体建设规模最大的锅炉；冷却塔采用独特的“1”字柱方案，高达 210m，淋水面积达 1.8 万 m^2，是全国规模最大的自然通风湿式排烟冷却塔；高位机主厂房高度达到 106m，并在业内首次采用全现浇筑混凝土楼层设计方案。该工程获得国内外高度认可，2018 年获“第五届皮博迪年度全球洁净煤领导者奖”，2020 年 12 月被国家能源局列入第一批能源领域首台（套）重大技术装备项目名录。

除优化炉体结构设计以及温度控制机制外，中国积极开展耐热材料相关研究工作。2011 年 6 月 24 日国家能源局在北京组织召开了国家 700℃超超临界燃煤发电技术创新联盟第 1 次理事会议和技术委员会会议，正式启动 700℃超超临界燃煤发电技术研发计划的工作，初步确定以 600MW 机组为示范电站，蒸汽参数为 35MPa/700℃/720℃。根据 700℃超超临界燃煤发电技术的目标要求，国家能源局设立了“700℃超超临界燃煤发电关键设备研发及应用示范”重点研发项目。该项目内容主要包括机组总体方案设计研究、关键材料技术研究、锅炉关键技术研究、汽轮机关键技术研究、关键部件验证试验平台的建立及运行、示范电站建设的工程可行性研究等 6 个方面。

2023 年 8 月 31 日，世界首台 630℃煤电机组——大唐郓城 2×1000MW 超超临界二次再热国家电力示范项目主体工程在山东郓城全面启动。该项目首次将国家重大科技创新成果 G115 耐高温钢应用于煤电机组，将机组蒸汽温度提升至 631℃，攻克了同类型百万千瓦级机组 620℃的技术壁垒，突破性地将燃煤机组发电热效率提升到 50%以上。该机组设计供电煤耗率低于 256g/（kW • h），成为目前全球设计煤耗率最低的火电机组。与目前商业运行最先进的 1000MW 二次再热超超临界机组供电煤耗率［约 266g/（kW • h）］相比，该示范项目供电煤耗率再降 10g/（kW • h），每台机组每年可节约标准煤约 12.2 万 t，减排 CO_2 约 33 万 t。

机组参数的提高离不开材料科学的发展。中国自 2008 年起加快高温合金材料及关键高温部件制造的技术研发进程，目的是彻底打破火电厂耐热材料的国际垄断，生产出完全属于中国自主研发的产品。G115 耐高温钢是国家 700℃超超临界燃煤发电技术创新联盟金属材料研发目标之一。G115 耐高温钢（EN10216 牌号 08Cr9W3Co3VNbCuBN）是中国钢研总

院与宝武集团联合研发，历时 15 年打造的具有自主知识产权的世界范围内唯一可商业用于 630～650℃超超临界电站制造的新一代马氏体耐热钢。该钢具有优异的 620～650℃温度区间组织稳定性，650℃下其持久强度是 P92 钢（超超临界机组中广泛使用，EN10216 牌号 X10CrWMoVNb9-2）的 1.5 倍，其抗高温蒸汽氧化性和可焊性与 P92 钢相当，可以满足高蒸汽参数的要求。G115 新型马氏体耐高温钢以正火+回火状态交货，正火温度≥1030℃，保温时间视管壁厚而定，但至少为 30min，空冷或水冷。回火温度≥770℃，保温时间视管壁厚而定，但至少为 90min 空冷。G115 耐高温钢（成品）化学成分见表 5-4，力学性能指标见表 5-5。

表 5-4　G115 钢（成品）化学成分（质量分数）(%)

C	Si	Mn	P	S	Cr	W	Co	Cu
0.06～0.1	≤0.55	0.27～0.73	≤0.02	≤0.01	8.40～9.6	2.33～3.17	2.80～3.25	0.40～1.2
V	Nb	N	B	Ni	Ti	Al	O	—
0.13～0.27	0.03～0.1	0.005～0.019	0.008～0.022	≤0.13	≤0.02	≤0.015	≤0.004	—

表 5-5　G115 钢常温力学性能

性能指标	抗拉强度（MPa）	屈服强度（MPa）	伸长率（%）		冲击吸收功 A_{KV}(J)	硬度 HBW
			纵向	纵向		
范围	≥660	≥480	≥20	≥41	≥41	195～250

CFB 锅炉自 21 世纪初开始在中国获得快速发展，目前已经达到 600MW 超临界蒸汽参数等级。中国的超临界 CFB 发电机组数量及容量均居世界首位，且全部采用自主技术。据统计，截至 2021 年 2 月，中国已投产 100MW 以上等级的 CFB 锅炉已超 440 台，有 49 台在役超临界 CFB 锅炉，其中包括 3 台 600～650MW 等级和 46 台 350MW 等级的超临界机组。

“十五”期间，在 863 和科技攻关项目支持下，中国开展了超临界 CFB 锅炉方案的初步研究。2006 年，超临界 CFB 锅炉的研究列入“十一五”科技支撑计划的重大项目，国家发展和改革委员会批准了 600MW 超临界 CFB 机组示范工程立项，要求依托国家“十五”重点工程——四川白马 300MW CFB 示范工程项目，形成中国自主知识产权的超临界 CFB 技术和相关专利产品。2013 年 3 月，国家能源集团四川白马电厂 600MW 超临界 CFB 机组正式投产（见图 5-4），机组蒸汽参数为 25.4MPa/571℃/569℃，主要运行指标均达到国际先进水平。锅炉设计燃料为低热值贫煤，其灰分为 43.82%，硫分为 3.3%。2016 年，四川白马 600MW 超临界 CFB 机组示范工程通过了国家能源局验收，是中国拥有完全自主知识产权的，当时世界容量最大、技术最先进的超临界 CFB 示范工程。2020 年 9 月，山西中煤平朔 2×660MW 低热值煤热电新建项目 1 号和 2 号超临界 CFB 机组顺利通过 168h 满负荷试运行，期间机组运行安全稳定，各项主要参数达到设计值，标志着世界单机容量最大的超临界 CFB 机组投运。该工程锅炉由东方锅炉厂研制，汽轮机采用东方汽轮机厂的超临界、一次中间再热、直接空冷汽轮机，发电机采用东方电机厂的水氢氢冷却、静态自并励励磁方式发电机。

图 5-4 四川白马 600MW 超临界 CFB 机组

四川白马 600MW 超临界 CFB 机组示范工程成功后，350MW 超临界 CFB 锅炉在国内有着巨大的市场，国内三家电站锅炉制造商分别利用 600MW 超临界 CFB 锅炉技术开发了 350MW 超临界 CFB 锅炉。350MW 超临界 CFB 均采用单炉无 EHE 的简化设计，末级过热器和末级再热器翼墙悬挂在上炉膛前部。由于 350MW 超临界 CFB 锅炉采用了在四川白马 600MW 超临界 CFB 锅炉中验证过的结构，因此开发非常顺利。2015 年 9 月，由东方锅炉厂设计供货的，世界首台 350MW 超临界 CFB 锅炉——晋能控股电力集团国金电力公司 1 号锅炉投入商业运行，如图 5-5 所示。此后，350MW 超临界 CFB 锅炉分别在神华河曲、山西华电寿州公司和格盟河坡公司、江苏徐州华美电力公司等电厂纷纷投入运行。

图 5-5 山西国金 350MW 超临界 CFB 机组

为进一步提高机组热效率、降低污染物排放，中国积极开展超超临界 CFB 锅炉科技攻关，参数设置分别为 26.25MPa/605℃/603℃和 29.4MPa/605℃/623℃。相比于超临界 CFB 机组，超超临界 CFB 机组的主蒸汽流量、温度和压力均升高，也随之带来了热力系统布置优化、水动力安全性、高温受热面壁温安全性以及低负荷再热蒸汽温度等一系列问题。2016 年 7 月 28 日，国家科技部正式将“超超临界循环流化床锅炉技术研发与示范”立项。2019 年 12 月，贵州威赫 660MW 超超临界循环流化床燃用高硫无烟煤发电示范项目启动仪式在赫章县财神镇拉苏社区马蹄塘举行。该示范项目总投资达 55 亿元，建设 2 台 660MW 超超临界 CFB 燃用高硫无烟煤发电机组及相关公用配套设施，首期安排建设一台机组并列为国家

电力示范项目。该项目预计 2025 年 6 月 30 日 1 号机投产，2025 年 12 月 30 日 2 号机投产，每年发电量 70 亿 kW·h。2020 年 3 月，陕西彬长低热值煤 660MW 超超临界 CFB 科技示范发电项目在陕西省彬州市新民镇陕煤集团彬长矿区开工，建设内容包括 2 台 660MW 超超临界 CFB 发电机组及相关公用配套设施，先期建设一台被列为国家电力示范项目。2024 年 1 月 17 日，该示范工程化水车间 DCS 受电一次成功，系统各项技术指标均符合要求，标志着项目正式进入调试阶段。贵州威赫和陕西彬长 2 台 660MW 超超临界 CFB 机组建成后将成为世界首个超超临界 CFB 机组，进一步巩固中国 CFB 技术及超超临界发电技术的领先地位。

中国 700MW 乃至 1000MW 超超临界 CFB 机组的研发也在紧锣密鼓地进行中。广东粤韶关综合利用发电扩建项目拟建设世界首台 700MW 超超临界 CFB 机组及配套设施，总投资 30 亿元。项目采用上海电气集团公司自主研发的全世界单机容量最大"700MW 超超临界 CFB 锅炉"专利技术。该技术于 2020 年 12 月被国家能源局评定为全国能源领域首台（套）重大技术装备。2022 年 5 月，经国家能源局批准，该工程项目被列为首台（套）重大技术装备"700MW 超超临界循环流化床锅炉"示范应用依托工程，属于国家级示范项目。同年 8 月，项目动工仪式在国粤（韶关）电力公司举行。同年 9 月，依托广东国粤韶关综合利用发电扩建项目设计的世界首台 700 MW 超超临界 CFB 锅炉方案通过专家组评审。

5.1.1.3 发展方向

随着能源清洁化的发展要求日益迫切，日臻成熟的超超临界技术成为当前煤电领域主流。更高参数的先进超超临界发电技术，即升高蒸汽初参数、提高朗肯循环的热端平均温度进而提高机组热效率，无疑是未来煤炭高效利用的发展方向之一。材料科学的持续发展，机组的蒸汽初参数已将 35MPa/630℃/650℃/650℃和 35MPa/700℃/720℃/720℃作为未来发展目标，以进一步提高机组净效率。700℃超超临界燃煤发电技术中水蒸气被加热至 700℃，压力提高到 35MPa 及以上，发电效率可达 50%以上，可有效降低煤耗，减少 SO_2、NO_x、重金属等污染物排放，同时降低 CO_2 捕集成本。目前，650℃超超临界燃煤发电技术研发正在加速推进，700℃超超临界燃煤机组也将是清洁高效发电技术的必然选择。然而，高效的 700℃超超临界技术研发难度大、周期长，且受限于奥氏体不锈钢材料研制进度影响及镍基合金钢高昂的材料成本，"700℃计划"进展较为缓慢，仍未进入示范验证阶段。因此，700℃超超临界燃煤发电机组研究的推进需要加紧研发更高等级的耐热钢，如集箱和大口径管道试验可选材料有镍基合金 617B、C-HRA-3 等材料，锅炉受热面可选奥氏体钢 $SanicrO_25$、Haynes282 等材料。

采用综合系统节能提效技术也是提高超超临界机组运行安全性和经济性，进而助力"700℃计划"推进的科学方法。接下来需要围绕以下几个方面开展研究：

（1）开展超超临界锅炉水动力、热质传输及与燃烧过程的耦合研究，如保证受热面壁温均匀可采用新型燃烧器抑或等离子点火或微油点火技术、组织良好的炉内燃烧动力场，合理设计联箱及各级受热面连接方式、精细设计节流孔和纠偏喷水减温器等，通过分烟道设置挡板开度调节再热蒸汽温度等。

（2）开展热力循环系统优化、余热梯级利用研究，如采用“二级省煤器+空气预热器旁路”烟气余热深度利用方案，采用双机回热热力系统或直接空冷机组全高位布置技术等。

（3）开展超超临界机组全工况能耗、污染物协同控制研究，如选择性催化还原联合脱硫脱硝脱汞一体化技术、活性焦脱硫脱硝脱汞技术以及副产物资源化利用技术等。

针对超超临界 CFB 机组，应充分发挥其综合环保性指标好等方面优势，但仍需开展炉内燃烧特性和传热规律研究。主要包括：

（1）开展再热器布局和结构优化、合理控制受热面焓增，保证受热面材料在许用温度范围内。

（2）开展配套辅机选型设计和技术研发工作。

（3）开展污染物协同控制、综合利用技术研究，如电除尘器、电袋除尘器和布袋除尘器的耦合优化布置技术等。

5.1.2　超临界 CO_2 动力循环技术

作为一种新型的能源转换技术，超临界 CO_2（Supercritical Carbon Dioxide，S-CO_2）动力循环技术利用加热至超临界状态的 CO_2 作为工质，通过 CO_2 的膨胀来驱动涡轮发电机，进而实现热能向电能转化。与传统的蒸汽动力循环相比，S-CO_2 动力循环体积更小、效率更高，可以大大降低发电成本和环境污染，具备高效、环保、灵活等优点，受到发电、工业生产领域广泛关注。

5.1.2.1　技术原理

CO_2 作为极具发展潜力的循环工质，具备无毒、阻燃、环境友好、易于提纯、成本低廉等优点。S-CO_2 是指温度和压力均在临界值以上的 CO_2 流体，其密度是气体的几百倍，近于液体，且在物理特性上兼有了气体和液体的双重特性。在临界点附近（见图 5-6），CO_2 的密度对于压力和温度十分的敏感，很小的温压波动就会导致密度的急剧变化，用作动力循环的工质时能在较小的体积内传递更高的能量。S-CO_2 流体作为循环工质，具有以下优点：①临界密度 0.468g/m³接近于液体，高于气体 2 个数量级，传热效率高，做功能力强；②黏性接近于气体，较液体低 2 个数量级，流动性强，易于扩散，系统循环损耗小；③临界温度和压力较低，容易达到超临界状态，便于工程应用；④较常用的惰性气体超临界流体密度大、压缩性好，系统设备结构紧凑、体积小；⑤腐蚀性小于水蒸气；⑥无毒、不燃、稳定，对臭氧层无破坏。由于 S-CO_2 作为热力循环工质的独特性质，S-CO_2 动力循环得到广泛重视与研究。

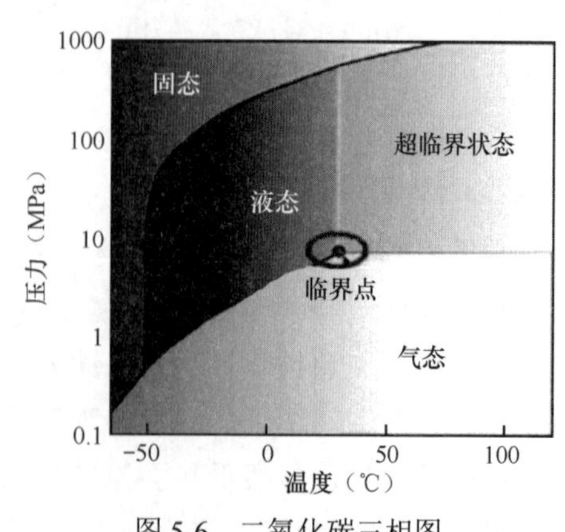

图 5-6　二氧化碳三相图

S-CO_2 动力循环一般可分为直燃加热方式（半闭式）和间接加热方式（闭式）两种，这两种类型的

循环回路和压力–比焓关系分别如图 5-7 和图 5-8 所示。S-CO_2 循环可以直接替代蒸汽朗肯循环与燃煤锅炉配套，相同条件下其发电效率比超超临界蒸汽朗肯循环电厂高 5 个百分点。与火电结合时，两种 S-CO_2 动力循环发电方式对比见表 5-6。

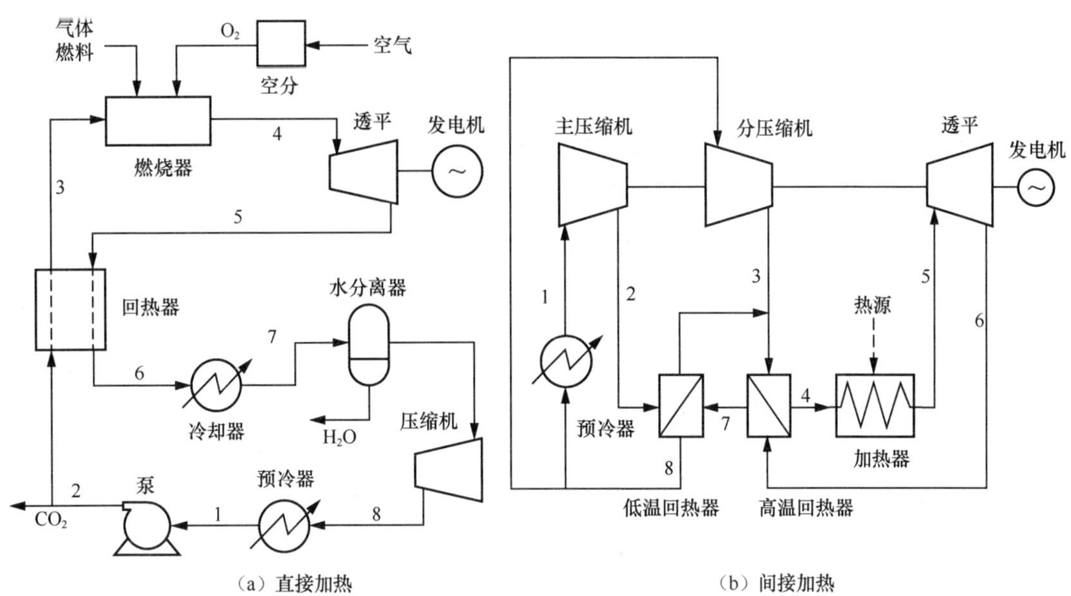

（a）直接加热　　（b）间接加热

图 5-7　S-CO_2 循环回路方案

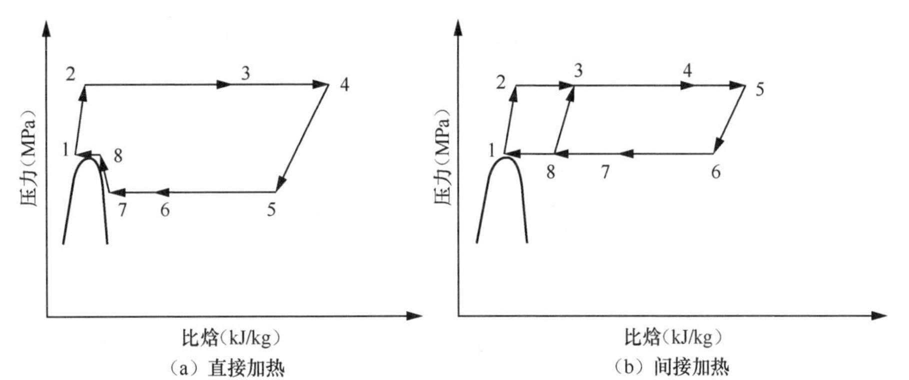

（a）直接加热　　（b）间接加热

图 5-8　S-CO_2 循环压力–比焓关系

表 5-6　两种 S-CO_2 动力循环发电方式对比

循环方式	基本原理	透平入口温度（℃）	透平入口压力（MPa）	循环效率（%）	存在问题
半封闭直接加热式	燃烧器直接用燃气燃烧将 S-CO_2 加热至高温，后进入透平膨胀推动发动机工作	≥1100	≥20	≥60	材料耐热极限；CO_2 封存；机组灵活性
全封闭间接加热式	S-CO_2 通过换热器从热源吸收热量，升温升压后进入透平做功	500	20	46	中间换热器入口和出口温差小；印制电路板型回热器价格昂贵

S-CO_2直燃加热方式的研究相对较少，其系统主要由压缩机、泵、透平、发电机、加热器、回热器、冷却器、预热器、预冷器等组成。低温低压工质首先进入泵升至高压，经回热器吸收透平排出工质的热量，再经燃烧器吸收热量达到最高温度，并携带燃烧产物（CO_2和 H_2O），进入透平膨胀做功推动发电机工作，透平排出的气态介质经回热器释放部分热量，并经进一步冷却后，使其中的水发生冷凝并从循环回路中分离出来，介质再由压缩机压缩至临界压力以上，最后经预热器冷却后进入下一个循环过程，燃烧产生的多余 CO_2 可通过管路排出。该方案包括阿拉姆（Allam）循环以及超临界水蒸气循环，其燃烧产物（H_2O、CO_2）直接参与循环，循环效率能突破 60%，但由于需要增加分离器等装置，循环系统的长期稳定运行受到影响。直燃加热方式 S-CO_2循环透平入口温度达 1100℃以上，压力 20MPa 以上，因此，循环的热效率可达 60%以上。

当前研究最多的是 S-CO_2 间接加热方式，其系统主要由压缩机、泵、透平、发电机、燃烧器、回热器、冷却器、水分离器、预冷器、空分等组成，具有循环系统简单、运行稳定、应用范围广的特点。低温低压工质首先进入压缩机升至高压，经回热器吸收透平排出工质的热量，再经加热器从热源吸收热量达到最高温度，然后进入透平做功推动发电机工作，透平排出的工质经回热器释放部分热量，最后经预热器冷却后进入下一个循环过程。若工质经预冷器降温至液态，则可通过泵加压。全封闭间接加热式 S-CO_2 循环即为布雷顿循环，其中 S-CO_2 气体工质经过压缩机等熵压缩、回热器和热交换器等压吸热、透平内等熵膨胀做功以及回热器和预热器等压冷却四个过程，完成热功转换。循环过程中 CO_2 始终保持超临界状态，不发生相变，可大幅减少压缩机耗功，极大地提升循环效率。目前，水蒸气朗肯循环是应用最普遍的发电循环，依靠水为工质进行换热，其缺点是循环效率低、设备庞大、排放污染大。且水蒸气朗肯循环存在两个发展瓶颈：在低温热源领域，其效率非常低，甚至无法正常运行；在高温热源领域，其效率极限约为 40%，很难进一步提升。和传统的蒸汽朗肯循环相比，S-CO_2布雷顿动力循环具备以下优势：

（1）循环效率较高。当热源温度高于 550℃时，S-CO_2布雷顿动力循环的热功效率即可超过 45%，高于现有蒸汽朗肯循环技术；当热源温度达到 700℃时，循环效率能达到 50%，突破现有效率瓶颈。而且 S-CO_2动力循环发电系统即使用于 90 ℃低温热源时，仍能正常发电运行。

（2）压缩耗功少。S-CO_2具有液态量级的密度，这使得其在布雷顿循环压缩过程中耗功大大减少，只占涡轮机输出功的 30%，低于氦气布雷顿循环和燃气轮机压缩耗功的占比。

（3）系统体积小，且结构紧凑。S-CO_2密度大、黏度小、能量密度高，使得循环系统的涡轮机和压缩机等关键部件的尺寸显著减小（见图 5-9），在相同发电功率下，S-CO_2和水蒸气所需的涡轮机组体积之比约为 1∶20，整个系统体积减小、结构紧凑。

（4）降本潜力大。系统设备体积减小，材料成本大大降低。CO 的腐蚀性较小，没有水处理成本，系统维护成本降低，设备使用寿命延长，提高了系统的经济性。据测算，S-CO_2布雷顿循环用于火力发电时，成本约为 0.173 元/（kW·h），低于 600℃超超临界机组发电成

本；S-CO_2 布雷顿循环用于聚光太阳能热发电（Concentrated Solar Power，CSP）时，成本约为 0.414 元/（kW·h）。

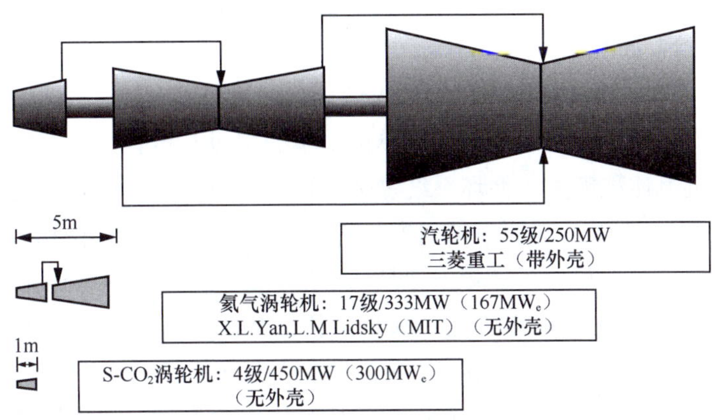

图 5-9 不同工质涡轮机尺寸对比

间接加热式 S-CO_2 动力循环方案又可细分为简单布雷顿动力循环和再压缩布雷顿循环两种，如图 5-10 所示。

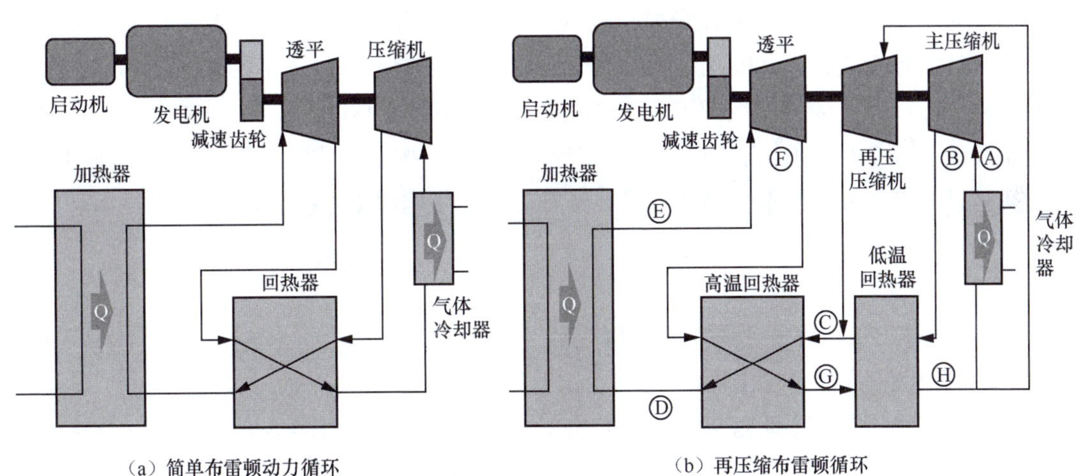

图 5-10 间接加热式 S-CO_2 动力循环方案

简单 S-CO_2 布雷顿动力循环发电的工作过程：低温低压的 CO_2 工质经过压缩机升压后，然后通过回热器与透平排出的乏气进行换热，预热到一定温度后，随后被热源进一步加热，再进入透平膨胀做功带动发电机发电；做完功乏气由气缸排出，进入回热器与压缩机排出的低温高压工质换热，达到预冷的目的，冷却后的工质进入冷却器进一步冷却，最后进入压缩机压缩完成了整个循环。S-CO_2 简单布雷顿循环结构简单，设备体积小，投入成本低。然而，在循环过程中工质比热容变化比较大，回热器中存在“夹点”问题，这严重影响回热器的换热性能，降低循环效率。为解决回热器“夹点”问题，Angelino 提出了分流再压缩布雷顿动力循环，同时该方案减少了冷却器带走的热量，提高了循环效率。

由于上述诸多优点，S-CO_2动力循环发电系统已在燃煤发电、核能发电、太阳能热发电、地热能发电、工业废热发电、舰船发电及推进系统等诸多领域得到研究与示范，具有良好的发展前景。

5.1.2.2 技术现状

从 20 世纪 40 年代第一台燃煤机组投入运行起，大型发电技术一直朝着高参数、大功率方向发展，以提高能量转换效率，降低单位功率的建设与运行成本。然而，高参数和大功率也使得发电机组体积庞大，循环系统复杂，这对材料强度、设备制造、运行控制等均提出了更高的要求。S-CO_2发电系统的研究最初开始于 20 世纪 40 年代，60—70 年代取得了阶段性成果，Angelino 注意到燃煤发电技术和燃气轮机发电技术所面临的问题，主要分析了提高动力循环效率、缩小机组尺寸和降低结构复杂性等关键问题。Feher 在朗肯循环和布雷顿循环的基础上提出了超临界循环。两位学者均论证了以 CO_2 为工质的热力循环可以大幅提高循环效率，减小部件尺寸。在随后的研究中，由于当时动力机械的设计水平不够成熟、动力系统的关键部件——换热器的制造水平无法满足总体循环要求等诸多原因，S-CO_2发电系统并未获得实质性进展。

随着技术的进步，以 S-CO_2 为工质的动力循环再次受到关注。研究人员提出将 S-CO_2 动力循环应用于传统发电和新能源发电领域，以提高循环热效率，缩小发电机组尺寸，降低大型电站的投资成本。2003 年，美国能源部核能办公室率先启动了 S-CO_2 循环的评估工作，在 Sandia 国家实验室的组织下，麻省理工学院对应用于核能发电的 S-CO_2 循环可行性、热力学性能、经济性、核心部件选型、系统总体布置、控制方式等进行了分析，证明该循环方式是提高循环效率的最佳循环方式并具有可行性，这项工作被认为是 S-CO_2 循环研究再度兴起的源头。

1. 国外现状

美国、日本、韩国等发达国家和地区先后开展了 S-CO_2发电技术的研究，特别是美国、日本等国的研究机构和企业已经开发出了试验原型机和工程化样机。美国自 2003 年便再度启动了 S-CO_2 循环的研究工作。2007 年，美国 Sandia 国家实验室（Sandia National Laboratory，SNL）联合美国能源部（Department of Energy，DOE）在 S-CO_2压缩系统以及循环系统领域开展了细致深入的研究。2010 年，SNL 联合 Barber Nichols Inc 公司完成了 250kW S-CO_2 分流再压缩式布雷顿循环装置的演示验证装置，其中压缩机由 50kW 的电动机驱动，转速为 75000r/min，压比为 1.5，工质流量为 3.5kg/s，装置如图 5-11 所示，并进行了压缩机特性、透平部件、启动特性、平衡发电技术、管路、气膜轴承、密封件、

图 5-11 Sandia 实验室 S-CO_2 再压缩循环试验台

二氧化碳混合循环工质的试验，如图 5-12 所示。随后，该实验室还建成了机组功率 125kW、涡轮机转速 7500r/min 的试验装置，系统计算了各关键部件的能量损失及分配情况，研发了发电效率 50%以上、相同功率等级时体积仅为传统蒸汽循环设备 1/30 的 S-CO_2 布雷顿循环涡轮机。

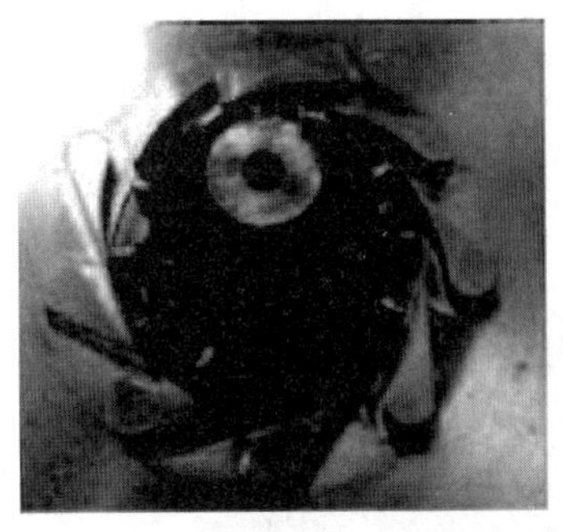
（a）透平

（b）压缩机

图 5-12　Sandia 实验室设计制造的 S-CO_2 透平和压缩机样机

2012 年，SNL 搭建了热源功率为 780kW、循环最高温度为 811K、转速为 75000r/min 的 S-CO_2 再压缩布雷顿循环系统试验台。该试验台主要用于对 S-CO_2 的再压缩循环系统进行原理性验证，装置如图 5-13 所示（见彩插）。试验结果表明，该循环可以解决回热器中“夹点”问题，提高循环效率；动力部件采用箔片轴承时转速需要高于 20000r/min，且需要严格控制轴承处的温度；试验中循环最高温度仅达到 672K，转速为 59000r/min。另外，发电机的相关损失、压缩机和透平产生的泄漏流以及转子腔室内的摩擦鼓风损失是导致循环效率低的主要原因。需要说明的是，动力装置采用透平–发电机–压缩机同轴布置方案，可有效抵消两叶轮上的轴向推力，同时在发电机功率和轴向推力不超限的情况下，拆除透平或压缩机中的一个，可以单独开展另一个的气动性能试验。近年来，SNL 在原有试验台架的基础上，重点开展了轴承以及循环工质参数控制方面的研究，其试验台输出功率为 20kW，转速为 52000r/min，压比为 1.65，工质流量为 2.7kg/s。结果表明，在启动阶段，CO_2 在主压缩机和再压压缩机进口处的密度不同，需要将 2 台压缩机维持相同转速，以防止其中之一发生喘振。同时，压缩机进口工质状态对循环效率的影响较大，需要将压缩机进口的 CO_2 控制在临界点附近，这给系统的参数控制带来了一定的挑战。

2011 年，DOE 的 SunShot 向美国西南研究院（Southwest Research Institute，SwRI）资助 490 万美元，用于其制造和测试适用于光热发电项目的一种高效、紧凑的 S-CO_2 透平和印制电路板换热器，以大幅降低太阳能光热发电的设备成本。该项目已于 2017 年结题，为后续太阳能光热发电关键设备的研发积累了经验。2014 年，SwRI 联合 GE（General Electric，GE）公司完成了 10MW 等级用于太阳能光热发电的 S-CO_2 透平设计。结果发现，透平气动与结构的设计、优化、制造，以及转子的高周疲劳寿命均是需要重点考虑的问题，同时太阳光照的不稳定性要求透平能够快速适应发电过程中的负荷变化。SwRI 和 GE 公司设计制造的透平和换热器解决了 S-CO_2 动力循环的两个关键问题，热电效率可以提高到 50%以上，电站建造成本将低于 1200 美元/kW，运行成本为 0.06 美元/（kW·h）。该研究项目为 S-CO_2 动力循环在太阳能光热发电领域的应用奠定了坚实的基础。

图 5-13 Sandia 实验室 S-CO_2 再压缩循环试验台

2016 年，DOE 提出超临界转化电力（Supercritical Transformation Electric Power，STEP）项目，其主要目标之一是设计建设发电功率 10MW 等级的 S-CO_2 太阳能光热电厂，项目总投资约为 8000 万美元，旨在降低 S-CO_2 动力循环在商业应用方面存在的风险，并解决技术难点，为 S-CO_2 动力循环进一步大型化发展奠定基础。其循环系统的透平进口温度为 700℃，循环效率超过 50%。项目主要由美国燃气技术研究院（Gas Technology Institute，GTI）牵头，GE 公司负责透平机械的设计和制造，SwRI 负责循环系统的设计、实施、运行和评估。2018 年 10 月该项目在美国得克萨斯州开工建设。项目的建成将对 S-CO_2 动力循环的商业化应用具有重要意义。SwRI 借助于该示范电厂，将进一步优化 S-CO_2 动力循环参数、验证动力部件运行性能和稳定性，同时为 S-CO_2 动力循环商业化运行提供培训，积累运营经验，为后续的技术改进提供平台基础。为进一步推动 S-CO_2 动力循环在燃煤电站领域的应用，在 DOE 的资金支持下，GE 公司在 SwRI 关于 10MW 透平研究基础上，设计了一套应用于燃煤电站 450MW 再热–再压缩 S-CO_2 布雷顿循环系统以及相应的透平部件，循环系统的热效率可达 51.9%。高压和低压透平设计转速均为 3600r/min，其中高压透平进口总温度为 700℃，进口总压力为 25.06MPa，采用 4 级结构，设计等熵效率为 90.6%；低压透平进口总温度为 680℃，进口总压力为 12.96MPa，出口压力为 6.71MPa，采用 3 级结构，设计等熵效率为 91.6%。高压透平第 1 级叶片高度仅有 71.12mm，高压透平第 3 级叶片高度仅为 137.16mm，远小于相同功率条件下的蒸汽透平尺寸。GE 公司在 450MW 透平设计中重点解决了材料选择、应力计算和转子稳定性分析等问题，为更高功率等级的 S-CO_2 透平设计提供了参考。然而，受限于当前干气密封的加工技术，GE 公司在 450MW 透平设计中采用的是迷宫密封，其泄漏量（0.45%）远大于干气密封泄漏量（0.02%），因此透平中存在的泄漏损失将使得整个循

环效率降低 0.6%～0.8%。另外，2018 年 DOE 公布了 Coal FIRST 计划，项目投资 1 亿美元，目标是开发“灵活、创新、弹性、小型、变革”的适用于未来能源系统的先进燃煤电厂，计划采用 S-CO_2 发电技术，通过创新设计及制造方法的进步，发展新型先进燃煤发电的示范系统。

美国 Echogen 电力系统（Echogen Power Systems， EPS）公司经过 5、15kW 和 200kW 样机的设计试制与试验，于 2012 年成功制造出了世界首套商用 S-CO_2 发电机组 EPS100，主要包括换热器、冷凝器、泵和透平 4 个部分，如图 5-14 所示。该机组利用 532℃烟气作为热源，功率为 8MW，发电效率为 24%，可用作燃气轮机底循环。需要说明的是，EPS100 机组采用的是 CO_2 朗肯循环，而非布雷顿循环，因为液态 CO_2 更容易被压缩，且消耗更少的压缩功，所以 CO_2 朗肯循环比其布雷顿循环的效率更高。EPS100 机型能够有效地将工业过程产生的废热转换为电能，可配置为热电联产方案，进一步提高废热回收的利用率。2013 年，GE 公司将 EPS100 技术应用于舰船动力领域。美国 BECHTEL 船舶推进公司（BECHTEL Marine Propulsion Corporation，BMPC）搭建了 100kW 级 S-CO_2 布雷顿循环试验系统，采用双轴回热闭式循环，设计转速为 75000r/min，实际发电功率为 40kW，最高压力为 14.1MPa，最高温度为 282℃，发电效率约为 18%。

图 5-14 Echogen Power Systems 公司 EPS100

对于直燃加热 S-CO_2 循环发电系统，美国 8 Rivers Capital 公司发明了专利技术 Allam 循环发电系统，即气化后的煤经过清洁处理后，经压缩机压缩进入燃烧器，燃烧产物（CO_2、H_2O）和经过空气分离器废热预热的 CO_2 混合后，直接进入透平中做功发电，最后燃烧产物经过分离器分离出 H_2O 和 CO_2 进行循环，对多余的 CO_2 进行捕集和封存。针对不同燃料，开发了两种技术类型：天然气和煤气化 Allam 循环系统，如图 5-15 所示。循环主要特点是零排放、100%CO_2 捕集，发电效率高，占地面积小。值得指出的是，该 Allam 循环技术与西安交通大学郭烈锦院士提出的超临界水煤气化制氢及 H_2O/CO_2 混合工质热力发电系统较相似，只是煤炭的气化工艺不同。Rivers 公司与 CB&I 公司、Exelon 公司联合投资成立 Net Power 公司，作为实现 Allam 循环系统商业化的平台。目前，Net Power 公司建成了世界上首座 50MW 直燃式煤气化 Allam 循环系统，其中，燃烧器和透平关键部件由 Toshiba 公司设计，印制电路板换热器由 Heatric 公司设计。2018 年 5 月，该电站在德克萨斯州成功点火，成为全球首座零排放电站。该项目被《麻省理工科技评论》（MIT Technology Review）评为 2018 年全球十大突破性技术。下一步 Net Power 公司计划建设 500MW 天然气 Allam 循环电站，目前已完成了工程设计。经过分析，Allam 循环的高效优势主要是来自两方面：①透平进口工质的温度、压力较高；②将空气分离器的余热整合到 S-CO_2 循环中。将 Allam 循环用于化石燃料的发电领域，可以实现高效率发电和 CO_2 零排放，与整体煤气化联合循环（Integrated Gasification Combined Cycle，IGCC）方案形成竞争，为清洁发电提供新的发展方向。

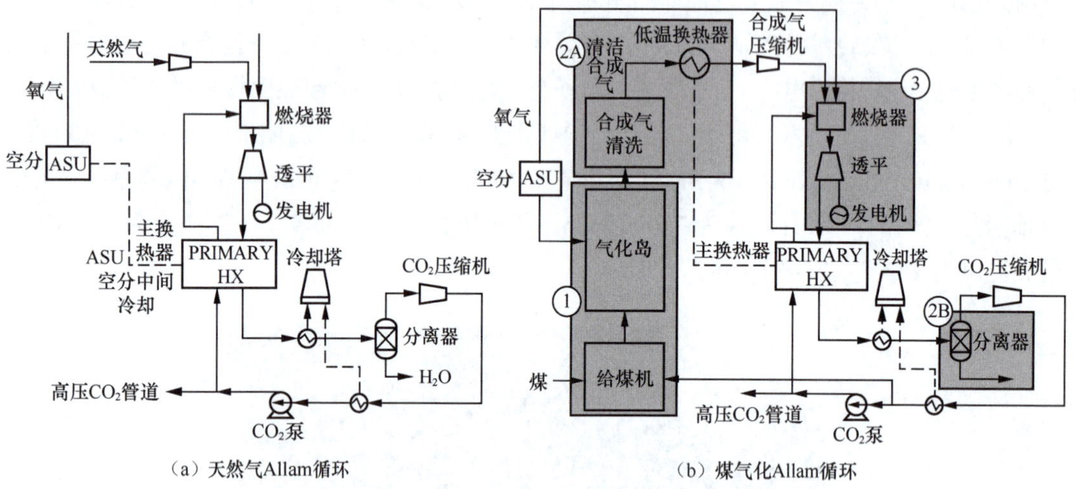

图 5-15 天然气和煤气化 Allam 循环系统

日本东京工业大学（Tokyo Institute of Technology，TIT）于 2009 年建立了 10 kW 级的布雷顿循环示范试验台，该试验台为简单回热循环，透平进口温度仅为 550K。同时，TIT 完成了面向核反应堆的 S-CO_2 布雷顿循环系统设计，采用多级压缩-间冷技术路线，功率为 600MW，发电效率为 45.8%；还设计了用于太阳能光热发电的 S-CO_2 布雷顿循环发电系统，发电效率达 48.2%。日本东芝公司（Toshiba Corporation，TC）开发完成了直接燃烧 S-CO_2 半闭环式布雷顿循环样机，以矿石燃料、氧气、CO_2 为混合流体的燃烧介质。其中 CO_2 占 95%，燃烧室前压力为 30MPa，燃烧室出口温度为 1150℃。试验样机额定功率为 25MW，将验证 10MW 级直接燃烧式 S-CO_2 电站的可行性。在样机的基础上，计划进一步研究和推动 250MW 直接燃烧式发电系统的建设。

韩国原子能研究院（Korea Atomic Energy Research Institute，KAERI）分析了 S-CO_2 循环与钠冷快中子堆结合的可行性，推出了示范快堆电站 KALIME R-600，与美国阿贡国家实验室设计的电站相比，省去了中间回路，S-CO_2 和堆芯出来的高温钠直接换热，减少了设备。韩国科学技术院（Korea Advanced Institute of Science and Technology，KAIST）和 KAERI 搭建了一套 S-CO_2 系统集成试验台 SCIEL，如图 5-16 所示。为了达到较高压比，该试验台由两

级压缩和膨胀过程组成，透平进口温度达到500℃。此外，韩国能源研究所（Korea Institute of Energy Research，KIER）也搭建了10kW级 S-CO_2简单无回热循环系统试验台（见图5-17），该试验台采用压缩机和透平同轴布置的结构，透平入口温度仅为180℃。随后扩大功率等级，于2015年建造了80kW级的S-CO_2简单回热循环试验台，由2个透平、1个压缩机、2个回热器、1个热源和1个冷却器组成。该系统透平进口温度为500℃，用于回收烟气余热。

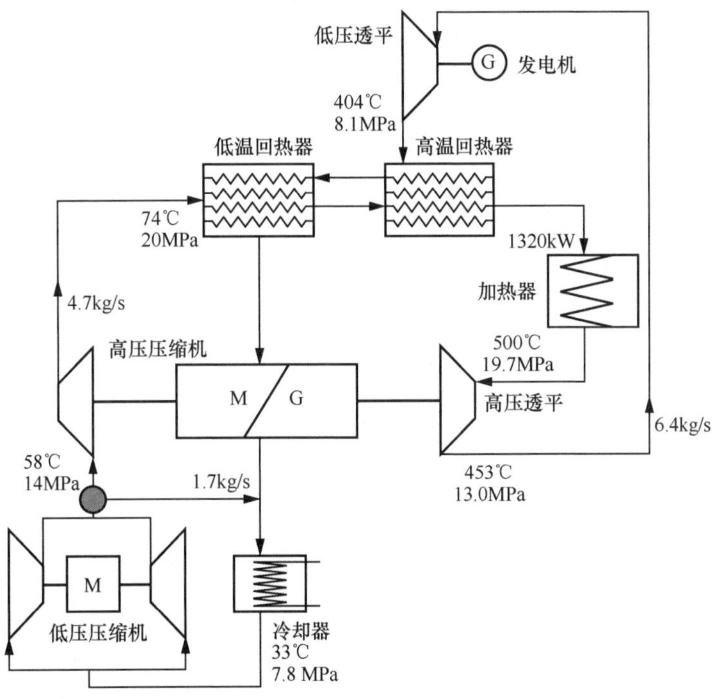

图5-16　SCIEL测试台示意图

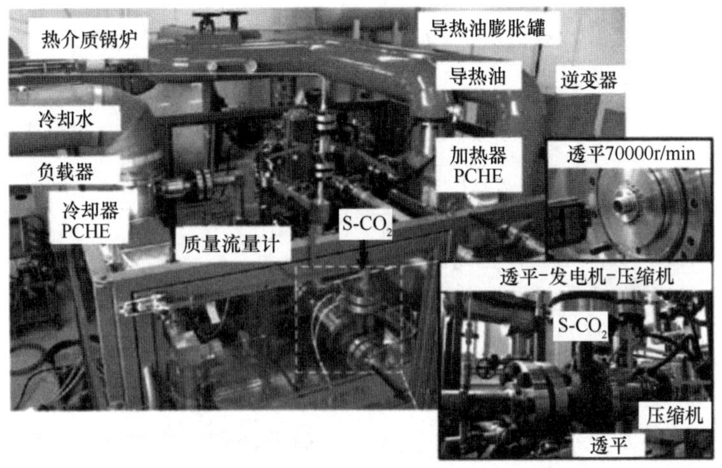

图5-17　KIER 10kW简单循环测试台

2. 国内现状

中国对 S-CO_2 动力循环技术的研究起步较晚，在 2012 年左右开始基础技术的分析和设计的研究，整体进展相对滞后，发展方向主要为全封闭间接式 S-CO_2 燃煤发电技术。2016 年 6 月，《中国制造 2025——能源装备实施方案》将 S-CO_2 循环发电列入清洁高效燃煤发电装备。

近年来，中国 S-CO_2 动力循环技术发展迅速。在国家的大力支持下，高校以及研究机构纷纷开展相关基础理论与关键技术研究。2016 年，西安交通大学牵头承担了国家重点研发计划"煤炭超临界水气化制氢和 H_2O/CO_2 混合工质热力发电多联产基础研究"项目，主要以煤炭清洁高效转化利用为目标，创建新型煤炭洁净高效制氢发电多联产的科学理论与技术支持，创立从煤炭超临界水气化制氢反应器、高湿/高 CO_2 气氛下氢气燃烧器，到超临界 H_2O/CO_2 混合工质透平发电的多联产系统的设计理论，并提出了相关方法，完善了关键技术，完成新型系统的概念设计，并使系统发电效率达到 50%以上。图 5-18 所示是超临界水煤气化制氢发电工艺流程，煤与超临界水发生反应，生成 H_2 和 CO_2，H_2 在燃烧器中燃烧后生成 H_2O，与 CO_2 组成超临界混合工质，进入透平做功，驱动发电机。这种工艺流程完全避免了 NO_x、SO_x 的排放，实现了 CO_2 的资源化利用，装置大型化后，一次性投资和运行成本将会进一步降低。该发电系统的优势在于采用超临界水煤气化制氢，避免了传统采用煤炭直接燃烧的方式，具有高效、清洁的技术优势。

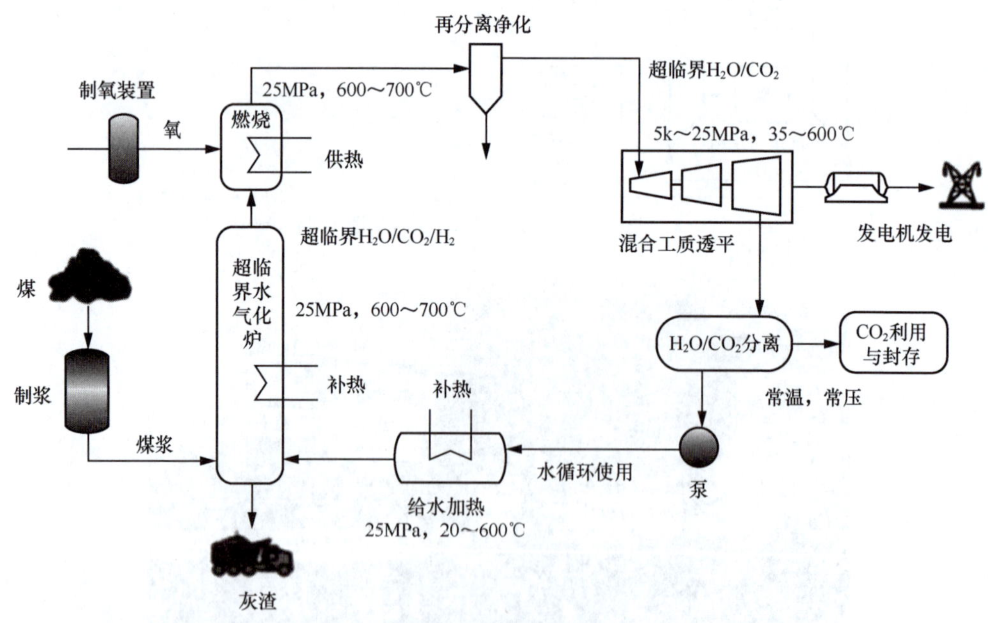

图 5-18 超临界水煤气化制氢发电工艺流程

2017 年，华北电力大学牵头承担了国家重点研发计划"超高参数高效二氧化碳燃煤发电基础理论与关键技术研究"项目，该项目旨在解决超高参数 CO_2 燃煤系统能量梯级利用、热力学循环及热学优化理论，以及关键部件能质转换与传递机理的关键科学问题，突破锅炉燃烧及污染物控制、换热器、透平及一体化系统设计等关键技术，研制锅炉、回热器及透平原理样机，完成 1000MW 系统概念设计。项目提出的发电系统是基于传统技术的燃煤发电系统，将水蒸气介质替换为 CO_2，利用 CO_2 在超临界状态附近压缩耗功小的特点，采用多次再热等措施，提高循环热效率，大幅缩小叶轮机械尺寸。研究结果表明，1000MW S-CO_2 燃煤电厂 CO_2 透平在进口压力为 35MPa、进口温度为 630℃、两次再热温度均为 630℃时，系统发电效率为 51.22%，比当前世界上效率最高的超超临界水蒸气电厂发电效率（48.12%）高出 3 个百分点，具有非常大的优势。另外，该 S-CO_2 燃煤电厂的透平排气压力在 7.8MPa 左右，而传统燃煤发电系统透平排气压力在 0.005MPa 左右，此时水蒸气的质量体积是 CO_2 的 1900 倍，因此采用 CO_2 为介质，可使发电系统容积流量大幅降低，大幅缩小叶轮机械尺寸。图 5-19 给出了 1000MW S-CO_2 透平转子的初步方案图，即使采用双流结构，总长度也不超过 5m。

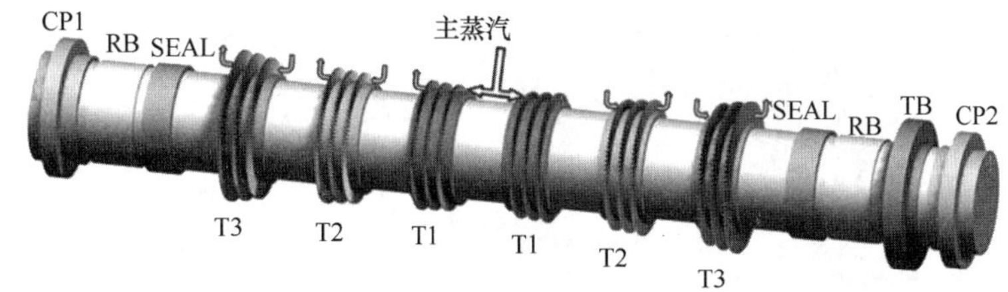

图 5-19 1000MW S-CO_2 循环发电系统透平转子结构布置方案

GPI—发电机侧联轴器；RB—径向轴承；SEAL—密封装置；TB—推力轴承；
CP2—压缩机侧联轴器（联结压缩机 C2）；T1—高压透平（630℃/35MPa→21.31MPa）；
T2—高压透平（630℃/31.10MPa→12.98MPa）；T3—高压透平（630℃/12.72MPa→7.90MPa）

2018 年，中国科学院电工研究所牵头承担了国家重点研发计划“超临界 CO_2 太阳能热发电关键基础问题研究”，该项目旨在为中国 S-CO_2 动力循环系统在新能源发电领域，尤其为太阳能热发电领域开展相关研究。

随着相关基础理论的丰富与关键技术的突破，中国也积极研究 S-CO_2 动力循环技术系统方案的设计优化，并以此为基础开展相关试验平台建设与技术示范工作。2018 年，由中国科学院工程热物理研究所研制的中国首座大型 S-CO_2 压缩机试验平台在河北衡水基地正式建成。试验平台可用于测试 S-CO_2 压缩机工作性能，开展 S-CO_2 流体压缩特性研究，同时也可以开展高速转子、轴承和密封等相关部件的性能试验。其设计的压缩机出口压力可达 20MPa，最高转速可达 40000r/min，最大流量为 30kg/s，可进行 MW 级 S-CO_2 压缩机的相关测试试验，为中国后续开展 S-CO_2 压缩系统试验研究提供了强有力的支撑。

中国华能集团有限公司开展燃煤 S-CO_2 发电技术研发，目标是实现 600MW 等级以上的大型 S-CO_2 火力发电系统及关键部件的工程方案。西安热工研究院有限公司设计开发了输出功率为 5MW 的 S-CO_2 循环发电试验平台，其透平进口温度为 600℃，透平进口压力为 20MPa，系统流量为 80.7kg/s，发电效率为 25.4%。整个系统（见图 5-20）由锅炉燃烧系统、涡轮发电系统、压缩机、回热器、循环冷却水系统、工质充排系统和热工基础试验系统等组成。2021 年 12 月 8 日，西安热工研究院有限公司 5MW 超临界 S-CO_2 试验机组额定工况满载稳定运行 72h，顺利通过满负荷长周期运行考验，标志着世界参数最高容量最大超临界 CO_2 发电试验机组，历经 7 年的艰苦研发正式通过调试、试生产等重大节点正式投运。其成功投运验证了 S-CO_2 循环发电技术工业运行的可行性，有望彻底改变传统热力发电技术 140 多年来以水蒸气为主流工质的发电方式，标志着中国在 S-CO_2 循环发电技术领域已处于世界领先水平，为进一步提升能源利用效率、实现“双碳”目标提供了重要路径。

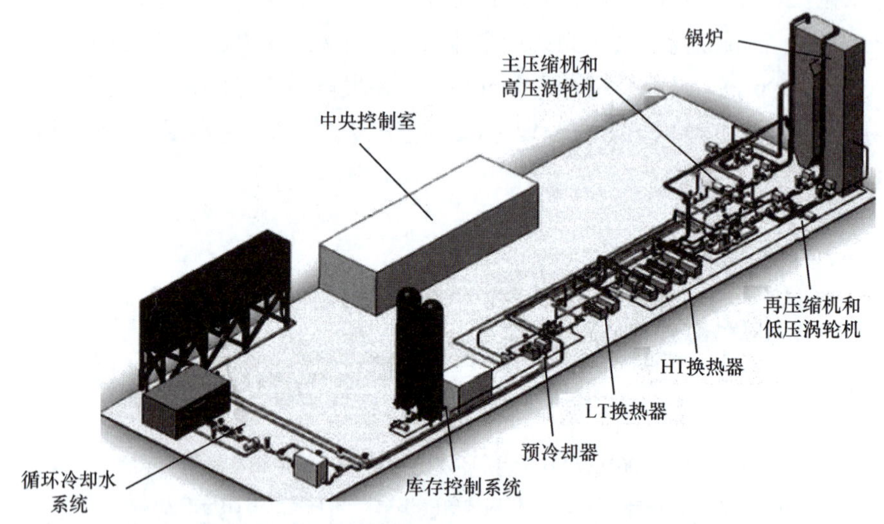

图 5-20 西安热工研究院有限公司 S-CO_2 循环装置系统示意图

另外，华能集团还进行了 300MW S-CO_2 发电机组概念设计（见图 5-21），其中锅炉的一次工质压力和二次工质压力分别为 32MPa 和 18.4MPa，一次工质温度为 602℃，工质流量为 7150.2t/h，锅炉热效率达 94.3%。表 5-7 列出了 300MW S-CO_2 循环发电机组与同等机燃煤蒸汽机组指标对比，S-CO_2 的各项指标具有明显优势。

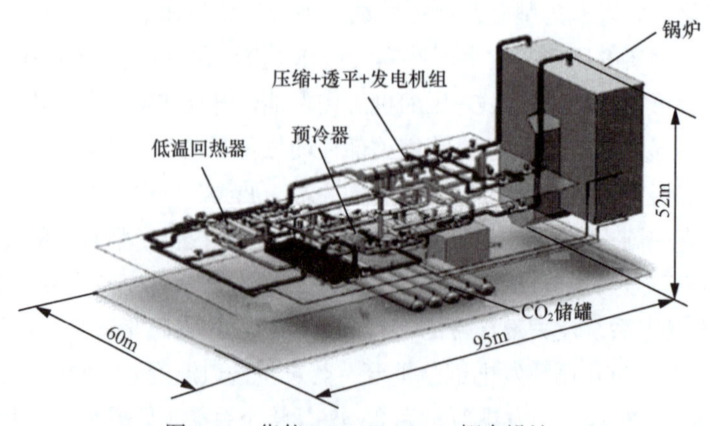

图 5-21 华能 300MW S-CO_2 概念设计

表 5-7　　300MW S-CO_2循环发电机组与蒸汽机组指标对比

指标	300 MW 等级蒸汽机组①	300 MW 等级 S-CO_2机组
热耗率[kJ/（kW·h）]	7852	6708
锅炉效率（%）	93.5	94.3
管道效率（%）	99	99
发电热效率（%）	42.4	50.1
供电热效率（%）	40.3	48.5
厂用电率（%）	4.9	3.8
发电煤耗率[g/（kW·h）]	289.79	245.49
供电煤耗率[g/（kW·h）]	304.85	255.18

① 华能集团科技项目《燃煤火电厂国际对标分析研究报告》中 300MW 等级机组统计数据，2015 年。

5.1.2.3　发展方向

S-CO_2动力循环发电系统是未来新能源发电的主要研究热点方向之一，一旦获得推广应用，将可能带来世界能源格局的巨大技术变革。然而，作为一个没有工业基础的新循环，S-CO_2动力循环发电系统在基础热工水力特性、循环构建理论、系统运行控制策略、关键设备设计、材料选择等方面还面临很多技术挑战。S-CO_2动力循环发电技术目前存在的主要技术难点为：CO_2在循环系统中应始终保持超临界状态，控制难度较大，需要充分借鉴现有的燃气和蒸汽控制系统成熟技术，重新开发全新的闭式循环系统控制技术；S-CO_2动力循环系统内部压力极高，要求系统具有良好的密封特性，干气密封等先进轴端密封技术已取得一定使用效果，但是否适用于 S-CO_2动力循环系统，尚待进一步研究；S-CO_2动力循环系统中流体工质温度高、压力高，主要部件材料应耐压、耐高温、耐腐蚀，对于高温高压回热器的稳定性、可靠性都提出了极高的要求。

S-CO_2动力循环发电技术未来发展趋势为：针对 S-CO_2动力循环系统内摩擦系数、压降、导热系数的大幅变化等问题，开展 S-CO_2 物理性能研究，并通过模拟和试验进行验证，掌握 S-CO_2能量转化和传递协同机理、S-CO_2工质对热功转换过程的影响机理等；开展 S-CO_2循环发电机组总体方案论证及优化、热力性能计算、参数优化与设计、变工况运行参数变化规律、供电匹配性技术等方面的研究工作，为后续部件设计和发电机组总体结构布局提出依据和要求；开展主压缩机、分压缩机、透平、冷却器、回热器、加热器、轴承和发电机等关键零部件和核心设备的设计、制造和部件级验证技术等方面的研究；通过系统研究，攻克压缩机工作在临界点附件的空气动力学设计、高速发电机布置造成的发电机腔室压力和密封等设计难点；开展控制技术研究，包括热源控制、热力循环控制、整流调压控制和系统安全保护等。

5.1.3　IGCC 发电技术

整体煤气化联合循环（Integrated Gasification Combined Cycle，IGCC）发电系统作为最为典型的燃烧前捕集技术，具体是将煤气化技术和燃气–蒸汽联合循环发电系统相结合的先进动力系统，有着发电效率高、环保性好、节约水资源、CO_2 捕集成本低等诸多优点。IGCC 是洁净煤发电技术中被认为最具有前途的发电方式之一。它们可实现煤的完全清洁利用，且联合循环效率高于传统燃煤机组。IGCC 还可以实现煤基多联产，在发电的同时对外供应合成气等化工产品。各国纷纷将 IGCC 发电技术列为未来能源科技领域的战略发展方向。

5.1.3.1　基本原理

IGCC 系统是一个多设备集成的能源转换利用系统，IGCC 系统工艺流程如图 5-22 所示。系统主要由空气分离系统、煤气化及煤气净化系统、燃气轮机系统、余热锅炉驱动的蒸汽轮机系统四个常规部分组成。IGCC 工艺流程可简单描述为：首先，在空分系统中进行空气分离，产生氮气和氧气。然后，气化炉中水煤浆或干粉与气化介质（蒸汽、氧或空气）发生气化反应，生成煤气（CO、H_2 为主要成分）。随后，煤气进入净化系统，经过净化装置除去主要污染物（如硫化物、氮化物、粉尘等），变成清洁的气体燃料，然后进入燃气轮机燃烧推动燃气透平做功，排汽经过余热锅炉加热给水，产生的高温高压蒸汽推动蒸汽透平做功。理论上，提高气化炉中氧气浓度能够提高煤气化速率，实践中可通过改变空分功率或增设氧气储罐等方法实现，但由此会带来 CO_2 排放量增加。在现有技术水平下，IGCC 发电净效率可达 43%～45%，污染物排放仅为传统煤电的 1/10，水耗也仅为传统发电的 1/2～1/3，对于环境保护具有重大意义。

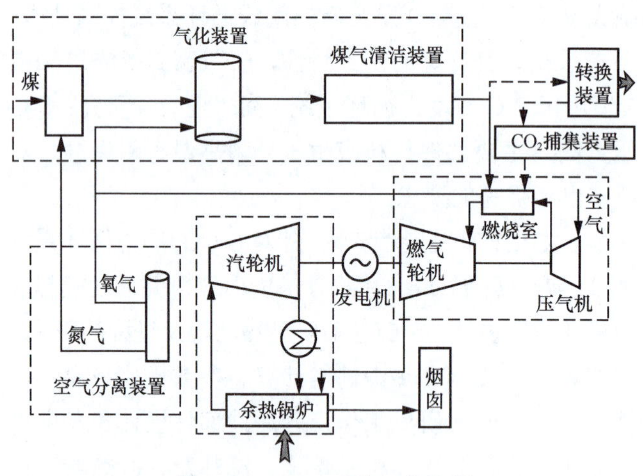

图 5-22　IGCC 系统工艺流程

煤气化过程是个复杂的物理化学过程，且不同的气化工艺其气化反应也不尽相同，主要是将固态燃料与载氧的气化剂（O_2、H_2O、N_2）发生不完全反应，转化成气（汽）态的可燃物质和惰性物质（CO、H_2、CO_2、CH_4、N_2、H_2S、COS 等）。煤的气化过程大体上可以分为两步：第一步是碳、氢元素从煤中断裂、分解、脱出、碳元素缩聚富集；第二步是提供气（汽）相反应物、夺取富集碳元素，补充氧元素，使相互化合成气（汽）相产物。气化过程中发生的化学反应可以简化为氧化（放热）反应、还原（吸热）反应、甲烷生成（裂解）反应和水煤气平衡反应等。煤气组成取决于工艺类型、反应条件和反应深度。煤气化

应用于 IGCC，还要对煤气进行除尘和脱硫，除去煤气中的粉尘和 H_2S、COS 等有害物质，以满足燃气轮机和污染物排放控制的要求。在其他因素不变的条件下，煤气化效率每提高 1%，IGCC 的总效率可以提高 0.5%左右。因而煤气化技术的优劣直接关系整个 IGCC 机组的总体效率。IGCC 的煤气化技术根据气化炉内料流形式可分为固定床（如 Lurgi、BGL 型等）、流化床（如 HTW、U-Gas、KRW 型等）和喷流床（如 Texaco、Destec、ABB-CE、西安热工院两段式、华东理工多喷嘴式、E-gas、MHI 空气型等）三大类。其中，喷流床具有碳转化率高、所产合成气无焦油和酚类、装置规模大等优势，目前世界上已进入商业运行的 200MW 以上的大型 IGCC 电站全都采用喷流床气化工艺。三类气化工艺的主要特性见表 5-8。

表 5-8　　各类气化工艺的主要特性

项目		固定床	流化床	喷流床
工业化典型炉型		BGL/Lurgi	Winkler/HTW	Shell/Texaco
灰排出状态		干灰	干灰	熔渣
原料特性	对小颗粒煤	受限	好	不受限
	对黏结性煤	受限、需搅拌	受限	不受限
	对煤种的要求	无烟煤、褐煤	褐煤	任何煤
	对灰熔点要求	高	高	低
操作特性	气化压力（MPa）（A）	常压/2～3	常压/1.0	2.8～3.0/2.6～2.8
	气化温度（出口）（℃）	约 400	850～1100	1500～2000
	炉内最高温度（℃）	<ST	850～1100	>2000
	耗氧量	无/低	低	高
	耗蒸汽	高	高	低/无
	炉内停留时间	90min	15min	1s/5s

2005 年之前，建设的 IGCC 项目均以发电为主要目的，CO_2 回收利用尚未引起足够的重视，仅有极少数电站配置了 CO_2 捕集单元。2006 年后，随着 CO_2 排放对环境影响越来越严重，环保政策法规也陆续出台，新建 IGCC 发电项目开始考虑 CO_2 减排问题。IGCC 发电作为一种超洁、高效的发电技术，在碳减排方面具有极大的应用潜力。主要体现在以下两方面：一方面由于 IGCC 发电系统采用富氧或纯氧加压气化技术，这使得所分离的气体体积大幅度减小、CO_2 浓度显著增大，从而大大降低了分离过程的能耗和设备投资，成为低成本燃烧前 CO_2 补集技术的首选；另一方面 IGCC 发电系统具有极大的灵活性和可扩充性，可以与其他清洁、可再生能源进行耦合，实现多能源互补与平衡、提高能源资源利用率。另外，在增设碳捕集的需求下，还可通过系统结构优化、生物质燃料掺烧等方式，实现 CO_2 减排效果。

通过多联产系统、多能耦合系统等方式，新型 IGCC 发电系统在低碳领域发展潜力巨大。IGCC 多联产系统是指将 IGCC 发电和煤化工、热泵等技术耦合的能源系统，这样的能源系统能够实现温度、压力、物质成分的梯级利用，进而达到提高效率、减少污染物排放的目的。IGCC 系统的蒸汽轮机排汽部分与常规燃煤机组一样，直接通入凝汽器会造成较大的冷端余能损失。采用抽汽的方式来驱动吸收式热泵回收乏汽余能，不仅能够保留其灵活性，还可大大降低冷端余能损失，实现能量的梯级利用，系统结构如图 5-23（a）所示。在“双碳”目标之下，将 IGCC 与其他清洁、可再生能源进行耦合应用是 IGCC 系统的重要发展方向之一。IGCC 多能耦合发电系统主要包括将新能源电力嵌入、新能源热嵌入以及储能技术嵌入。IGCC 系统与多种能源耦合的形式可归纳如图 5-23（b）所示。新能源电力嵌入主要是指将波动性的新能源电力用于空气分离装置，利用气体储罐来平抑新能源电力出力的波动性，同时还可以降低 IGCC 系统能耗。

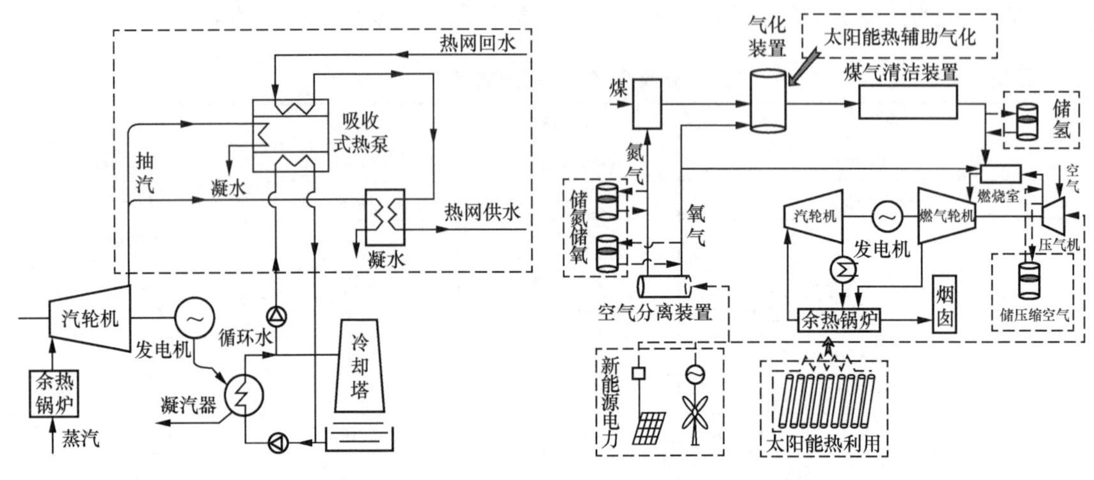

（a）IGCC热电联产系统结构　　（b）多种能源耦合IGCC发电系统

图 5-23　回收乏汽余热的 IGCC 热电联产系统和多种能源耦合 IGCC 发电系统

5.1.3.2　技术现状

1972 年，在德国 Lunen 地区的斯蒂克电站投运了世界上第一个以增压锅炉型燃气–蒸汽联合循环为基础的 IGCC 电厂，该电厂的发电功率为 170MW，实际达到的供电效率为 34%，采用以空气为气化剂的燃煤的固定床式的 Lurgi 气化炉。但是由于 Lurgi 气化炉运行情况不甚正常，加上粗煤气中含有较多的煤焦油和酚，不易处理，最后迫使该示范工程因无法长期维持稳定运行而夭折了。

世界上公认的真正试运成功的 IGCC 是于 1984 年 5 月建成于美国加州 Daggett 县的“冷水”（Cool water）电厂，它是以余热锅炉型燃气–蒸汽联合循环为基础、净功率为 93MW、供电效率为 31.2%（高位热值，Higher Heating Value，HHV），采用以 99%纯氧为气化剂的 Texaco 喷流床气化炉。该电厂成功地运行了 4 年，历时 25000h，解决了燃煤电厂固有的污染排放物严重的问题，同时显示了 IGCC 发电方式的优势。

以上这两个 IGCC 工程的示范运行成功，为 20 世纪 90 年代 IGCC 技术研究和电厂规划布局提供了参考，包括 Tampa、DEMKOLEC、ELOGAS、Wabash River 等多个更大规模的示范或商业项目在北美和欧洲落地。40 多年来，通过在美国、欧洲、日本及中国若干电厂的示范探索及商业运行，IGCC 发电技术已经取得了重大发展。目前，全球投运 IGCC 电厂已超过 35 座。

1. 国外现状

美国 Tampa IGCC 电厂坐落于佛罗里达州 Polk 县东部，由 Tampa 电力公司于 1996 年建成投运，2001 年机组开始投入商业运行，装机容量为 250MW，项目得到美国能源部第 3 轮洁净煤技术发展计划的部分资金支持，电厂总体布置如图 5-24 所示。该电厂配有安全的高压空分系统，由独立设置的空气压缩机提供空气，可以每天产出 2100t 纯度为 95%的氧气和 6300t 纯度为 98%的氮气。采用德士古（Texaco）2000 t/天水煤浆气化技术，水煤浆浓度为 68%，气化压力为 2.8～3.0MPa，气化温度约 1482℃，在此气化阶段，包含在煤中的灰分熔融成液态渣。高温粗煤气（由 H_2、CO、CO_2、水蒸气等组成）将进入辐射式煤气冷却器，使温度下降到 700℃，液态渣将会在底层水室中淬火成为玻璃状渣。煤气进到 2 台并列的对流式冷却器将持续降温到 480℃，煤气显热被循环利用，生成 10.4MPa 饱和蒸汽。而后，煤气到达煤气净化系统去除煤气中有害物质，如固体颗粒、硫化物、碱金属盐和卤化物等，使排气符合环境法规的规定，并可以保护燃气轮机。煤气净化系统使用文丘里洗涤器湿法除尘与 N-甲基二乙醇胺（N-MethyldiethanolaMine，MDEA）法脱硫，脱硫效率达 96%，燃气轮机型号为 7FA 型，入口初温为 1260℃，额定功率为 192MW。煤气冷却系统产生的高压饱和蒸汽在一台三压自然循环余热锅炉中被继续加热成过热蒸汽，驱动一台再热式汽轮机，主蒸汽参数为 10MPa/538℃/538℃，功率约为 121MW。全厂设计净效率为 42%，实际运行净效率为 39%，2001 年机组开始投入商业运行。

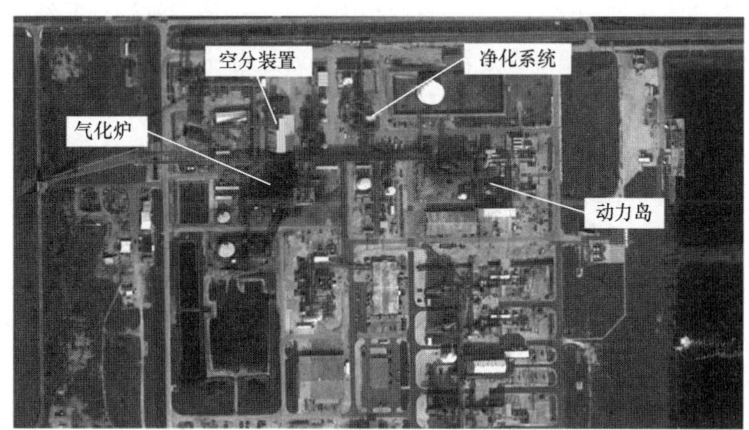

图 5-24 美国 Tampa IGCC 电厂鸟瞰图

美国 Wabash River IGCC 电厂于 1995 年建成，装机容量为 262MW。利用完全独立的低压空分系统，日产 2060t 纯度为 95%的氧气，氮气不用于回注燃气轮机。气化采用美国 Destec（现 E-Gas）两段式水煤浆气化技术，配置了 2 台 100%容量为 2500t/天气化炉，气化压力为 2.76MPa，一段气化温度约为 1427℃。气化炉第一段有水平相对布置的 2 个烧嘴，进煤量为总量 80%的水煤浆，第二段烧嘴供煤量约为总量 20%的水煤浆。第二段后煤气热值提高，同时由于水分蒸发和吸热的化学反应，使粗煤气温度降到大约 1038℃，高温粗煤气到达对流式煤气冷却器，可降温至371℃，产生压力为11.03MPa的饱和蒸汽。经过对流式冷却器的煤气进到2个并联的陶瓷管式过滤器，过滤器回收其中的灰渣和未燃尽的碳并送回气化炉。煤气中H_2S与COS采用常温MDEA脱硫和Claus硫回收，脱硫效率为98%以上。燃气轮机为1台7FA型燃气轮机，入口初温为1260℃，额定功率为192MW。余热锅炉利用三压系统，高压蒸汽参数为9.75MPa/543℃/543℃。全厂设计净效率为37.8%，实际运行净效率为39.7%（煤）和40.2%（石油焦）。机组从1995年12月开始示范运行。

荷兰Nuon Buggenum IGCC电厂，早期称为Demkolec或Buggenum电厂，1990年10月开工建设，1993年启动调试，1994年4月第一次燃用煤气发电。1996年9月，燃气轮机振荡燃烧问题才得以彻底解决，1997年示范运行结束，1998年1月1日正式转入商业运行。2001年Nuon收购了该电厂。荷兰Nuon Buggenum电厂利用完全整体化空分系统，即从燃气轮机压气机中抽出1.1MPa的压缩空气供高压空分设备使用，抽气量大约为压气机空气流量的16%。空分后所得O_2和N_2压力为0.6MPa，经增压后供到气化装置和饱和器中使用。气化采用Shell干煤粉气流床气化技术，1台气化炉，投煤量为2000t/天。氧气纯度为95%，耗氧量约为0.825kg/kg（湿煤）。碳转化率为99%以上，冷煤气效率大于80%。煤粉在1500℃条件下气化。低温煤气（约200℃）使粗煤气急冷至约900℃再离开气化炉进到煤气冷却器。气化炉运行压力为2.6～2.8MPa，气化炉内采用水冷壁结构，产生4.0MPa中压蒸汽。4个煤粉喷嘴对冲式布置，易于放大且负荷调节性好。900℃的高温煤气进入高温冷却器和对流冷却器来完成显热回收，粗煤气离开对流冷却器的温度约为250℃。在高温冷却器中产生压力为13MPa左右的高压饱和蒸汽，与余热锅炉中产生的高压蒸汽混合并经过热后成为主蒸汽。粗煤气采用旋风除尘器和陶瓷过滤器除尘，再通过湿法洗涤后，煤气中粉尘浓度达到$1mg/m^3$以下。然后洁净煤气会通过微增压后送至气化炉去激冷粗煤气；也会被分级加热至165℃左右后，送至脱硫装置。在HCN/COS水解器中，COS转化为H_2S，HCN转化为NH_3。此后煤气进入Sulfinol脱硫装置和Claus硫回收装置中去脱硫，并回收元素硫，脱硫效率约为94%，最后经SCOT装置将脱硫效率进一步提高到97.85%以上。煤气通过净化处理，再通过饱和器，并经N_2稀释后进入燃气轮机燃烧室。燃气轮机采用Siemens公司的V94.2型燃气轮机，燃用合成煤气时ISO功率为156MW，进口温度为1050℃，排气温度为557℃。余热锅炉为双压再热式，有1个高压汽包、1个低压汽包和1个除氧器。高压段产生12.5MPa/510℃的主蒸汽，与高压过热器并行再热器产生4.0MPa/510℃再热蒸汽；低压段产生0.8MPa过热蒸汽，供汽轮机低压缸使用。余热锅炉的进气温度约为557℃，排气温度约为100℃，其热效率约为84%。汽轮机有高压缸、中压缸、低压缸之分，其主蒸汽参数为12.5MPa/510℃/300t/h；再热蒸汽参数为4.0MPa/510℃/325t/h；低压蒸汽参数为0.8MPa；凝汽器压力为2.5kPa，汽轮机功率为128MW。

西班牙Puertollano IGCC电厂于1994年4月开启施工建设，1995年10月完成气化炉安装，1996年4月燃气轮机进行燃用天然气调试。气化炉在1997年11月开始点火调试，由于Siemens V94.3型燃气轮机在燃用合成煤气时遇到了与荷兰Demkolec电厂燃气轮机类

似的振荡燃烧和燃烧器超温问题，直到1999年8月才首次实现IGCC机组整体连续运行100h。在1999年机组燃用合成气基本达到满负荷运行，并于1999年年底投入商业运行。净输出功率为300MW。采用完全整体化空分系统，产生85%纯度的氧气供应给气化炉，99.9%纯度的氮气进行燃料的传送，较低纯度的氮气进行稀释净化后的合成气。气化技术选用由德国KruppKoppers公司开发的Prenflo气化技术，单炉投煤量达2640t/天。燃料为50%当地高灰分劣质煤和50%高硫石油焦。气化炉同样利用多喷嘴和水冷壁结构，合成气由炉膛上部排出，一股通过除尘处理的低温合成气引入到气化炉炉膛出口处对高温合成气进行激冷，避免合成气内熔融渣粘结在合成气冷却器的管壁上。经急冷后的合成气温度约为900℃，由中心的合成气管道引出，上升至气化炉顶部，然后折转向下，从中心圆筒与炉壁间的环形对流冷却区域底部离开，合成气被冷却至250℃左右。在水冷壁和合成气冷却器内生成高压和中压饱和蒸汽，高压为12.6MPa，中压为3.7MPa，再经余热锅炉加热后到达汽轮机。经过冷却的合成气首先经过2个陶瓷管式过滤器，大约57%的经过除尘的煤气通过压缩机升压后，作为急冷用煤气送往气化炉出口。合成气经水清洗设备，去除其卤化物和碱金属化合物。利用MDEA湿法脱硫，Claus装置进行硫回收，生成元素硫。经过净化处理的合成气再经水蒸气饱和、氮气稀释、加热送到燃气轮机燃烧室，合成气温度为300℃。燃气轮机采用德国Siemens公司生产的V94.3型燃气轮机，燃气初温是1120℃。1台强制循环的三压余热锅炉用来回收燃气轮机排气中的热量，产生3个压力等级的蒸汽。汽轮机高压缸排汽在余热锅炉中重新加热，由气化炉和煤气冷却器生成的高压蒸汽也在余热锅炉中加热，变为过热蒸汽。1台双缸再热式汽轮机由Siemens公司制造，额定功率为135MW。

日本勿来IGCC电厂位于福岛县磐城市Joban燃煤电厂内，由9家日本公司和日本电源开发公司（Electric Power Development Company，EPDC）组建的“洁净煤电力研究开发公司”建设，机组出力为250MW，主要目的为示范空气气化IGCC装置，电厂总体布置如图5-25所示。该示范电厂设计于2001年，在2005年5月进行安装自主研发的1700t/天气化装置，2006年年底完成所有安装工作，2007年开始各设备启动调试，6月启动燃气轮机和汽轮机，9月气化炉点火启动，在2009年年底完成为期约5年半的示范运行。空分规模只有同容量下纯氧气化炉空分设备容量的20%～25%，规模较小，供给$3.54\times10^4m^3/h$（标准状态下）的氮气，作为惰性压缩气体用来传送煤粉。空分得到的氧气掺混到空气中，向气化炉供应富氧空气。气化炉的投煤量为1700t/天，气化炉采用两段式干煤粉空气气流床气化炉，分为上部还原室和下部燃烧室。在上部还原室内，对流入上部还原室的高温气体喷洒部分煤粉，使还原室呈缺氧气氛，发生气化和热解反应，同时使煤气的温度降至593°C，然后进入煤气冷却器，并经过旋风分离器和陶瓷过滤器除尘后，进入后续工序。煤气净化系统采用常温MDEA湿法脱硫。动力岛选用一套单轴安放的联合循环机组，由1台经过改造的三菱公司制造的M701DA燃气轮机、1台汽轮机、1台发电机和1台余热锅炉构成。为保证NO_x排放量小于$5ml/m^3$（16% O_2），余热锅炉中仍然装设SCR装置。从2007年9月开始，进行了一系列示范试验，2008年3月，作为示范的日本勿来IGCC电厂达到250MW的额定功率。

图 5-25 日本勿来 IGCC 电厂鸟瞰图

2. 国内现状

2009 年，福建联合石油化工有限公司建设了中国首套高度集成的汽电联产大型环保节能项目——IGCC（部分氧化/汽电联产）装置。该装置以脱油沥青为原料，通过 H_2 系统集成、蒸汽系统集成、汽电联产集成，生产工厂所需的 H_2、氧气（O_2）、氮气（N_2）、蒸汽并发电（满负荷运行时发电量可满足全厂大部分装置电力需求），并可回收过程中全部二氧化硫、氮氧化物及废渣，实现清洁生产“零排放”。

2012 年 11 月 6 日，国内首座 IGCC 电厂示范工程——华能天津 1×25 万 kW 整体煤气化联合循环发电机组顺利进入试生产，使中国成为世界上第四个拥有大型 IGCC 电厂且具备自主设计、建设和运行能力的国家。华能天津 IGCC 电厂作为中国第一座自主设计和建造的 IGCC 电厂，由中国华能集团清洁能源技术研究院负责全厂系统设计和气化技术的提供，西北电力设计院负责全厂设计和动力岛的设计，中国石化宁波工程公司负责化工岛的设计，是“国家洁净煤发电示范工程”和“863”计划重大课题依托项目。电厂坐落于天津港保税区，2009 年 9 月开始建设，2012 年 4 月 17 日气化装置首次投料点火成功，2012 年 9 月 5 日工艺流程全线贯通，2012 年 11 月 6 日系统 72h+24h 试运行安全测试完成。电厂总体布置如图 5-26 所示，系统组成如图 5-27 所示。煤气化系统采用华能自主知识产权的“两段式干煤粉加压气化技术”，建成 2000t/天级全热回收的废锅式气化炉，燃气蒸汽联合循环部分选用了德国西门子公司额定出力 265MW 的 SGT2000E 型燃气轮机，汽轮机为三压再热方式，煤气净化采用陶瓷干法除尘与 MDEA 法脱硫。2013 年，受空分改造影响，全年运行 1430h，发电量为 2.22 亿 kW・h；2014 年，全年运行小时数为 5217h，发电量为 10.82 亿 kW・h；2015 年为 5558h，发电量为 12.02 亿 kW・h；2016 年为 5833h，发电量为 13.26 亿 kW・h，总体呈现逐年上升的特点。2016 年，在该电厂建成了中国首套容量最大的基于 IGCC 的燃烧前 CO_2 捕集系统，主要包括变换、脱碳、脱硫 3 个系统。捕集后 CO_2 干基浓度为 98.11%，捕集能力达到 9.46 万 t/年，CO_2 捕集率达到 88.01%，单位能耗率为 2.34 GJ/t，成本为 281.37 元/t。

图 5-26　华能天津 IGCC 电厂鸟瞰图

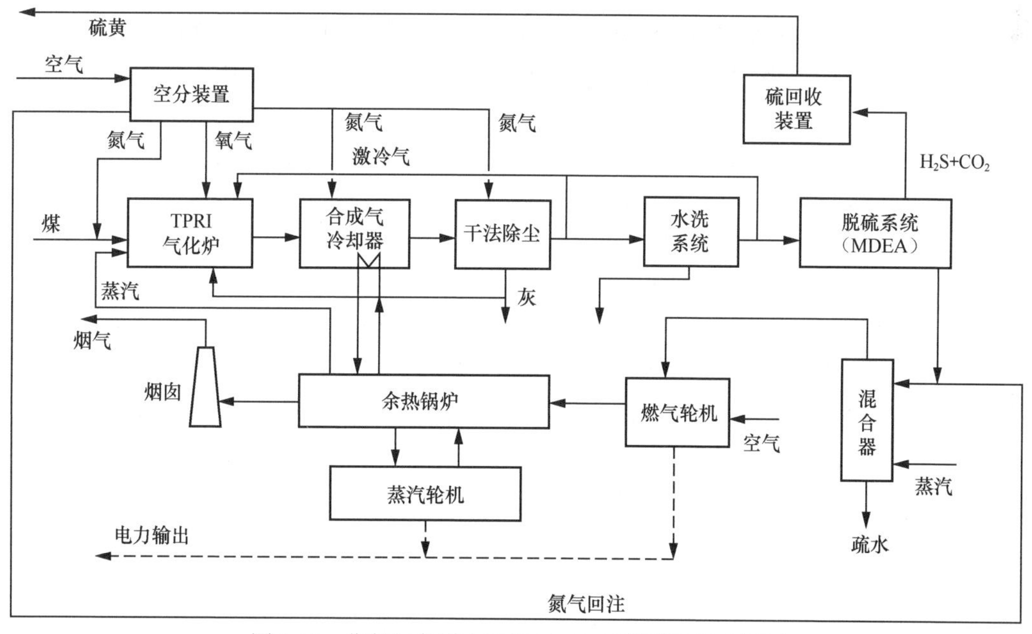

图 5-27　华能绿色煤电天津 IGCC 工程系统组成框图

华能天津 IGCC 电厂主要系统及设计参数如下：

（1）气化装置。利用华能清洁能源技术研究院自主知识产权的 2000t/天级两段式干煤粉加压气化炉，操作压力为 3.1MPa。装置包括喷嘴冷却水系统、点火系统、煤粉喷嘴开工系统、高温煤气冷却、熔渣淬冷及排渣、废热锅炉和气化炉水循环系统、干法除尘系统等。由干法除尘、湿法洗涤组成合成气净化系统。干法除尘系统包括旋风分离器与陶瓷过滤器，除尘后的合成气送到水洗系统，水洗后的合成气送至脱硫系统。

（2）空分装置。采用开封空分集团低压独立空分、空气膨胀制冷、双泵内压缩循环的工艺流程。产氧量为 46000m^3/h，氧气纯度为 99.6%，压力为 3.7MPa。氮气压力主要有 7.6MPa 和 0.8MPa 两个等级。

（3）脱硫系统。采用 MDEA 系统脱除 H_2S 和部分 CO_2。硫回收系统采用 Lo-Cat 技术。脱硫后系统压力为 2.7MPa，温度为 120℃。H_2S 体积分数<10×10^{-6}。

（4）合成气混合系统。为了控制燃料热值和 NO_x 的排放量在一定范围内，净合成气必须注入中压饱和蒸汽来改变合成气的成分。合成气混合后压力为 26.4MPa，温度为 215℃。

（5）燃气轮机系统。利用 SIEMENS 生产研制 V94.2 型燃气轮机基础上完善、燃气轮机轴功率为 175MW 的 STG5-200OE（LC）型燃气轮机，其发电机由上海电气集团提供。国内发电机效率较国外小，最终燃气轮机发电机组功率为 172.881MW。

（6）余热锅炉和汽轮机系统。余热锅炉选用三压再热式余热锅炉。汽轮机发电机组为上海电气集团研制，汽轮机型式为单缸三压再热型。汽轮机高压进汽蒸汽压力为 9.19MPa，温度为 520℃，发电功率为 93741kW。值得注意的是，电厂建设采用国内自主设计，煤气化采用上述专利技术，燃气轮机和其他关键设备均以国内企业为主制造，属于真正意义的自主知识产权的 250MW IGCC 示范电厂。在此，选取上文中提及的美国 Tampa IGCC 电厂、日本勿来 IGCC 电厂与华能天津 IGCC 电厂的进行横向对比，基本情况对比见表 5-9。

表 5-9　华能天津、美国 Tampa 及日本勿来 IGCC 电厂基本情况对比

项目	华能天津	美国 Tampa	日本勿来
投入商业（示范）运行时间	2012 年 11 月	1996 年 10 月	2007 年 9 月～2013 年 3 月（示范运行）
额定装机容量（MW）	265	313	250
额定投煤量（t/d）	2000	2000	1700
气化炉型	华能两段式干煤粉加压气化炉	Texaco 水煤浆气化炉	三菱两段式干煤粉空气气流床气化炉
煤气净化技术	旋风分离器和陶瓷过滤器除尘、MDEA 脱硫	湿法除尘、MDEA 脱硫	旋风分离器和陶瓷过滤器除尘、MDEA 脱硫
燃气轮机型号	西门子 SCT5-200OE	GE7001FA	三菱 M701DA
设计净效率（%）	41	41.6	42
厂用电率（%）	15.11	19.75	6
脱硫效率（%）	99	>96	99
单位千瓦投资/（美元/kW）	1900	2400	—

对比上述三个电厂的气化系统，从炉体结构上看，华能天津和日本勿来气化炉内采用水冷壁，美国 Tampa 气化炉在炉膛内敷设使用寿命较短的耐热衬套。因此，前者无耐火砖衬里的结构特点使得炉体维护量少、可用率及整体使用寿命较高，此外水冷壁的设置还可以产生蒸汽外供。从运行特点来看，华能天津和日本勿来以干煤粉法供料，区别于美国 Tampa 的水煤浆供料，这样有利于提高气化温度和冷煤气效率，增大碳转化率并改善合成煤气的可燃成分。燃气轮机是 IGCC 动力岛的关键设备之一，其运行的经济性和可靠性对于整个 IGCC 电厂有着重要影响。经过几十年的长足发展，目前 F 级燃气轮机现已大规模商业应用，H 级先进燃气轮机及其联合循环也已开发成功并投入商业运行。重型燃气轮机的主要生产厂家有美国的 GE 公司、德国的西门子公司和日本的三菱公司，这也是 3 家电厂所采用的燃

气轮机品牌。由于应用于IGCC电站燃气轮机的燃料为低热值煤气，在维持燃气轮机透平初温恒定不变的前提下，燃料的质量流率和容积流率会大幅增加，因此通常需要在常规燃气轮机的基础上修改压气机或透平部分的设计，如改变压气机压比、改进透平燃烧器结构和调整燃烧工艺等。3家IGCC电站的燃气轮机参数对比见表5-10。

表5-10　中国、美国、日本3座IGCC电站燃气轮机情况对比

项目	华能天津	美国Tampa	日本勿来
燃气轮机型号	西门子SCT5-200OE（LC）	GE7001FA	三菱M701DA
额定装机功率（MW）	265	313	250
燃气轮机功率（MW）	172	192	129
蒸汽轮机功率（MW）	93	121	121
合成气设计热值（标准状态）（MJ/m^3）	11.37	9.3	5.2
备用燃料	天然气	轻油	天然气
压气机压比	13.4	15.5	14
压气机级数	17	18	19
燃气透平级数	4	3	4
燃气透平初温（℃）	1150	1260	1250
燃烧器型式	筒形	环形	环形
粉尘（mg/m^3）	<1	—	<0.1
二氧化硫（mg/m^3）	<1	—	2.85
NO_x（mg/m^3）	<25	—	6.98

总体来说，三家IGCC电厂均以技术示范为目的，皆为煤基IGCC，以发电为首要目标。其中，华能天津IGCC是中国第一座IGCC电厂，验证了具有独立知识产权的煤气化装置及整体IGCC技术；美国Tampa IGCC旨在验证商业规模IGCC技术的可行性；日本勿来IGCC是其国内第一座煤基IGCC示范电厂，主要验证干法供料、空气气化、喷流床两段气化炉型。从工艺系统来看，3家IGCC电厂具有各自的特点，尤其是核心的煤气化装置采用了不同的技术路线，煤气净化和动力发电工艺基本类似。从机组运行参数来看，由于采用较小的空分规模，日本勿来IGCC的厂用电率较低，与采用干煤粉气化的华能天津IGCC和采用水煤浆气化技术的美国Tampa IGCC相比，机组供电效率可提高2个百分点以上。从实际运行数据来看，IGCC的可靠性、持久性均可以得到一定保证，其中华能天津IGCC和日本勿来IGCC具有更高的可靠性，装置实现了安全、稳定、长周期、满负荷、优化运行的目标。从机组连续运行时间来看，华能天津IGCC已经打破了日本勿来IGCC的连续运行纪录（3917h），创造了新的世界纪录。

根据媒体公开报道统计，中国规划的IGCC（部分含多联产）项目已接近20个，包括神华温州IGCC多联产项目、中电投河北廊坊IGCC项目、华电浙江半山200MW IGCC项目、广东东莞电化4×200MW联合循环发电项目、中美蒙发一期2×80万t/年甲醇和800MW联合循环发电项目等。

5.1.3.3 发展方向

IGCC是清洁燃煤发电技术中经过示范验证，相对成熟、且又颇具发展前途的一种发电方式。随着未来能源与环境可持续发展的要求与标准不断提高，新型IGCC发电系统由于借其自身的高效性和对固体燃料多样性的适应能力，或通过多能耦合（可再生能）系统、多联产系统，必将拥有更广阔的应用空间。

提高IGCC系统的机组循环效率和工作可靠性，从而降低投资费用和发电成本，是IGCC发电技术发展进步的一个方向。例如，开展大容量、高适应性的先进气化技术，如加压固定床气化技术、流化床气化技术以及气化床气化技术等。燃气轮机作为IGCC动力岛的关键设备之一，其运行的经济性和可靠性对于整个IGCC电厂有着重要影响。适应于IGCC的先进F级、H级燃气轮机开发研究，也是提高IGCC系统机组循环效率和工作可靠性的重要一环。燃气轮机的开发研究集中于燃气轮机燃烧性能、结构材料和涂层、增材制造工艺以及系统集成技术等方面。

探寻IGCC系统与多种技术耦合联用的生产过程是IGCC发电技术发展进步的另一方向，其可在实现能量的多元利用的同时，扩宽电厂的工业生产销售渠道，提高电厂的经济效益。例如，采用IGCC多联产发电，将IGCC系统和甲醇制备、煤化工、热泵等技术耦合，实现温度、压力、物质成分的梯级利用，进而达到提高效率、减少污染物排放的目的。或者将IGCC系统与多元化的能源载体有机结合，通过与太阳能储热、清洁能源发电或储能技术耦合，实现IGCC多能耦合发电，从发电侧和用户侧多途径提高能源系统的灵活性与效率。

同时，在“双碳”目标的指引下，如何降低IGCC发电系统的污染，特别是如何提高CO_2的捕集率也成为一个研究热点。目前的主要技术方法包括化学链空分装置、制氧预燃、水煤气转换和钙环气化（CLG）等。

考虑到中国“多煤、缺油、少气”的能源结构特点，以煤气化为基础、以电力生产为核心，将IGCC发电与煤化工、热泵等技术耦合的多联产系统将是中国洁净燃煤发电技术的重点发展方向之一。IGCC及其多联产技术的发展应集中于提高机组循环效率和工作可靠性、进一步实现与多联产技术融合以及控制CO_2排放三个方面。实施多联产示范工程，带动中国洁净煤关键技术和装备的发展，为实现煤炭洁净、高效利用升级提供技术支撑，形成可持续发展的新型能源转化技术系统。

5.2 煤炭混燃零碳燃料发电技术

采用混燃零碳燃料可以在不改变煤电机组结构条件下，增强锅炉燃料灵活性，提高整个机组对燃料的适应性。此方法有助于减少温室气体排放，是解决燃煤发电低碳转型升级、逐步实现绿色低碳发电的有效手段。按照混燃耦合的方式不同，其可以分为：直燃耦合、并联耦合和气化耦合。按照混燃的种类不同进行划分，目前常见的混燃方式有：生物质/煤混燃发电技术、氨/煤混燃发电技术和氢/煤混燃发电技术。其中，生物质/煤混燃和氨/煤混

燃技术均存在示范项目，具有一定的应用进展，但氢/煤混燃发电技术还处于试验阶段，缺乏实践应用。本章将分别对生物质/煤混燃发电技术和氨/煤混燃发电技术的技术原理、发展现状和发展方向进行详细讲述。

5.2.1 生物质/煤混燃发电技术

面对碳达峰、碳中和的减排压力，生物质由于其来源广泛、储量丰富、排放清洁低碳等优点而备受关注。生物质种类繁多，主要包括农林生物质（农业秸秆、林业废弃物、禽畜粪便）、污泥和垃圾（生活垃圾、废弃油脂）。燃煤电厂混燃生物质可有效降低 CO_2 排放量，增强锅炉侧燃料灵活性。

中国生物质资源量及其能源化利用现状如图 5-28 所示。截至 2020 年，中国秸秆资源年产量为 8.29 亿 t，但能源化利用仅有 8821.5 万 t，其中，主要指林业的“三剩物”，即砍伐剩余物、造材剩余物及加工剩余物的林业剩余物在中国的产量约为 3.5 亿 t。此外，农林类生物质挥发分较高，反应活性较好，硫含量、氮含量、灰分及重金属含量均较低，混燃该生物质可减少 SO_x、NO_x、烟尘及重金属等污染物排放，改善燃料燃烧性能，增加炉内燃烧稳定性，因此具有巨大的开发利用潜力。但该类生物质中碱金属含量高，混燃时易结渣，灰熔融温度及燃料中碱金属含量是预测锅炉结渣的重要指标。

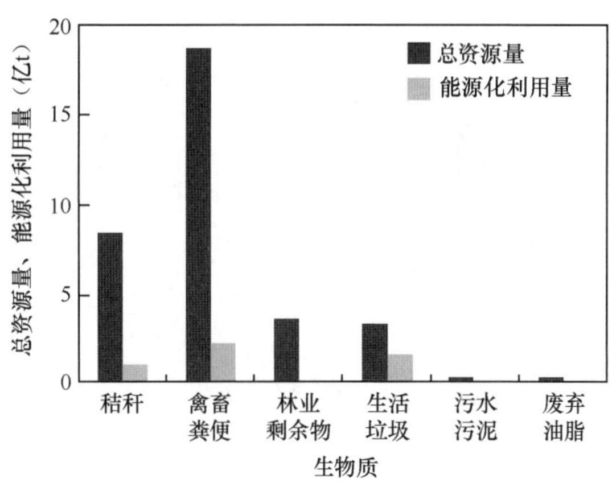

图 5-28　中国生物质资源量及其能源化利用现状

污泥类生物质水分高、高灰分、重金属含量高、热值低，燃烧特性不如煤。混燃污泥易对锅炉燃烧及污染物排放产生不利影响，但质量比 10%以下的污泥直接混燃对机组影响不大。由《3060 零碳生物质能发展潜力蓝皮书》可知，中国 2020 年污水污泥干重产量为 1447 万 t，仅有 114.6 万 t 被能源化利用。

垃圾可以分为畜禽粪便、生活垃圾和废弃油脂。粪便类生物质具有高水分、低灰分、相对较低热值的特点；废弃油脂具有低热值、重金属含量高、污染重；中国 2020 年畜禽粪便干重产量达 18.7 亿 t，沼气化利用仅为 2.11 亿 t，废弃油脂年产量为 1055.1 万 t，能源化利用量为 52.76 万 t，生活垃圾年产量为 3.1 亿 t，其中垃圾焚烧量约为 1.43 亿 t。禽畜粪便、生活垃圾及废弃油脂气化后的生物质气用于煤粉炉混燃可起到稳燃作用，减少锅炉 SO_x、NO_x、烟尘及重金属等污染物排放。

与专门的生物质燃烧电厂相比，在高效的燃煤电厂中混燃生物质可以大大提高生物质燃料的利用效力并结合中国丰富生物质资源储量，发展生物质与煤混燃技术具有广阔的前景。此外，将现有的燃煤电厂改造为生物质混燃电厂的成本远低于建造专门的生物质电厂，同时可以最大限度地减少一些二次燃料（如秸秆）的波动性供应带来地影响，确保发电的稳定性。尽管煤和不同生物质之间存在着的物理和化学性质上的巨大差异，导致燃烧性质存在很大不同，但二者的混燃发电技术不断得到蓬勃发展。

5.2.1.1　技术原理

通过对现阶段生物质耦合发电运行技术的总结，可以将生物质混燃发电技术主要分为三种方式：直接混燃耦合发电技术（直燃耦合）、并联耦合发电技术（并联耦合）及生物质气化与煤混燃耦合发电技术（气化耦合），见图 5-29。

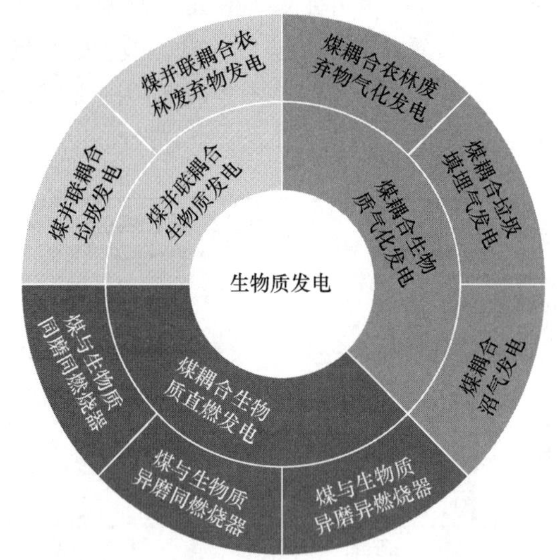

图 5-29　生物质发电技术的划分与分类

1. 直接混燃耦合发电技术

生物质与煤直接混燃耦合发电技术，即在燃烧侧，现有燃煤锅炉通过燃烧生物质与煤的混合燃料产生蒸汽进行发电。但由于生物质燃料与煤在物理、化学性质方面存在较大的差异，直接混燃时生物质须进行一定的预处理，如降低其含水率、减小颗粒粒径，将其处理为可与煤直接燃烧的状态。根据生物质预处理方式的不同，分为同磨同燃烧器混烧和异磨同燃烧器混烧。前者为生物质和煤在给煤机上游混合，送入磨煤机，然后混合燃料被送至燃烧器，这是成本最低的方案，但生物质和煤在同一磨煤机中研磨会严重影响磨煤机的性能，因此仅限于有限种类的生物质和生物质混燃比小于 5%。后者为生物质燃料的输送、计量和粉碎设备与煤粉系统分离，粉碎后的生物质燃料被送至燃烧器上游的煤粉管道或煤粉

燃烧器，此方案系统较复杂且控制和维护燃烧器较困难。由于生物质与煤粉直接混燃发电技术可在原有燃煤电厂锅炉的基础上仅对锅炉进料系统进行改造，即可应用混合燃料燃烧发电，大大降低了电厂转型所需的投资改造成本，因此是目前最常见的一种投资成本最低和转换效率最高的生物质耦合发电方式。该技术由于避免了转化损失，相比其他耦合方式，净电效率较高。生物质中的挥发分含量高，与煤粉共燃时可促进煤粉的着火与燃烧，降低 CO_2 和 NO_x 的排放。但生物质中含有大量的碱金属和碱土金属，混燃过程中碱金属容易挥发沉积在锅炉受热面而引起锅炉腐蚀，同时煤灰渣中的大量碱金属容易结焦，对锅炉安全运行产生较大影响。另外，这种耦合方式中生物质预处理困难，现有预处理技术普适性较差，对生物质燃料处理系统和燃烧设备要求较高，适用性较低。直接混燃耦合发电示意图如图 5-30 所示。

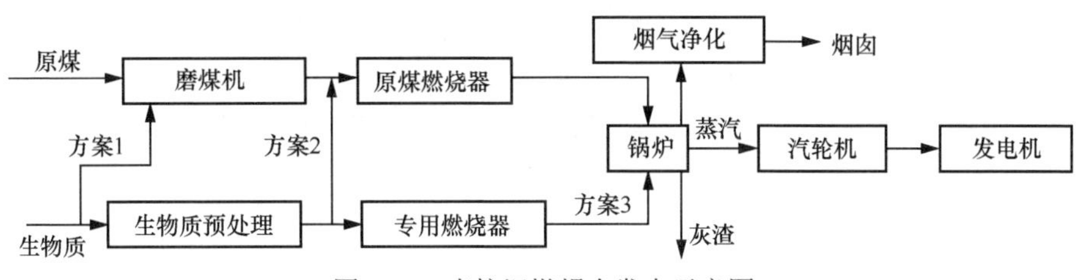

图 5-30　直接混燃耦合发电示意图

2. 并联耦合发电技术

生物质与煤分烧耦合发电技术也称并联燃烧发电技术，即在蒸汽侧实现“混烧”，是一种利用蒸汽实现耦合发电的技术方式。纯燃生物质锅炉产生的蒸汽参数和电厂主燃煤锅炉蒸汽参数一样或接近，可将纯燃生物质锅炉产生的蒸汽并入煤粉炉的蒸汽管网，共用汽轮机实现“混烧耦合”发电。分烧耦合发电技术方式采用的是与煤燃烧系统完全分离的纯燃生物质锅炉系统，对电厂原有燃煤锅炉燃烧不产生影响。其优点如下：

（1）充分利用燃煤电厂大容量、高蒸汽参数达到高效率的优点，可在更大容量水平上使生物质发电效率达到燃煤电厂的最高水平，提高生物质能源利用比率；

（2）并联燃烧采用专门燃烧生物质的锅炉，从而增加了燃煤电厂混烧生物质燃料的可能，例如高碱金属和氯元素含量的秸秆；

（3）生物质灰和煤灰分开，便于对灰渣的分别处理。

在国外的应用实例中，均存在生物质锅炉设备腐蚀严重的问题，这是因为生物质燃料活性高，碱金属含量高，在燃烧过程中，容易与氯、硅等其他元素发生化学反应，生成高腐蚀性的氯化物，对设备管道造成腐蚀。其缺点是系统复杂，投资造价高。并联燃烧发电示意图如图 5-31 所示。

3. 生物质气化与煤混燃耦合发电技术

生物质气化与煤混燃耦合发电技术，首先将生物质在生物质气化炉内进行气化，生成以一氧化碳、氢气、甲烷以及小分子烃类为主要组成的低热值燃气，然后将燃气喷入燃煤电站锅炉内与煤混燃发电。煤耦合生物质气化发电系统如图 5-32 所示。

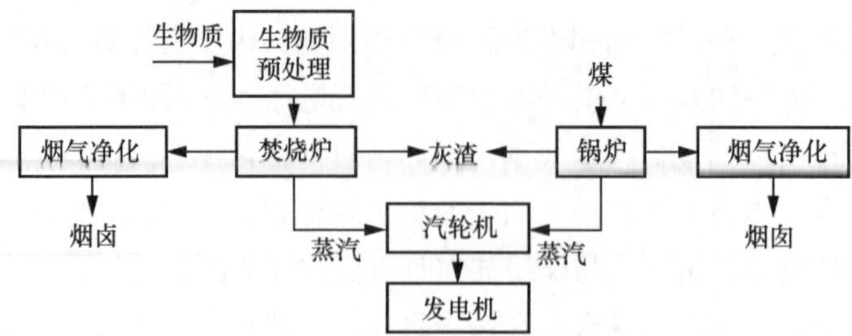

图 5-31　并联燃烧发电示意图

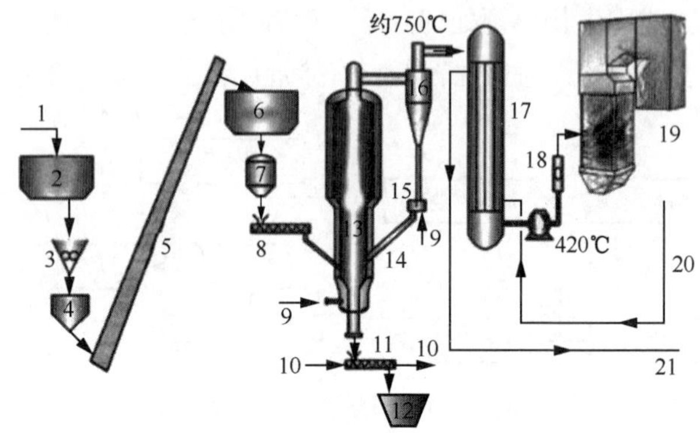

图 5-32　煤耦合生物质气化发电系统

1—原料；2—生物质储仓；3—切割成型机；4—受料斗；5—皮带输送长廊；6—碎料仓；7—锁斗；8—螺旋给料机；9—空气；10—除盐水；11—高温冷渣器；12—渣储仓；13—CFB 气化炉；14—回料腿；15—回料器；16—旋风分离器；17—高压换热器；18—流量计；19—PC 锅炉；20—锅炉给水；21—水蒸气

这种耦合方式对生物质原料的预处理要求相对较低，可利用难以预处理的杂质含量较多的生物质原料，扩大了生物质可利用范围。如采用循环流化床气化炉，生物质气化时所需温度较低，生物质中碱金属随燃气挥发析出量较少，避免了在燃烧过程中腐蚀设备的问题。采用生物质气化形式，燃气中含有大量的一氧化碳、氢气、甲烷，燃气所需燃烧温度较低，在燃煤锅炉中很容易燃烧，降低了燃烧成本。另外，生物质气化可燃气可用作降低 NO_x 排放分级燃烧（再燃法）的二次燃料，降低了发电厂污染物的排放。但该耦合技术在气化过程中，除生物质燃气目标产物外，还会产生副产品——焦油，焦油将会引起诸如过滤和燃料管道堵塞等技术问题，这也是近年来学者在不断攻克的难点。

生物质气化与煤混燃耦合发电示意图如图 5-33 所示。

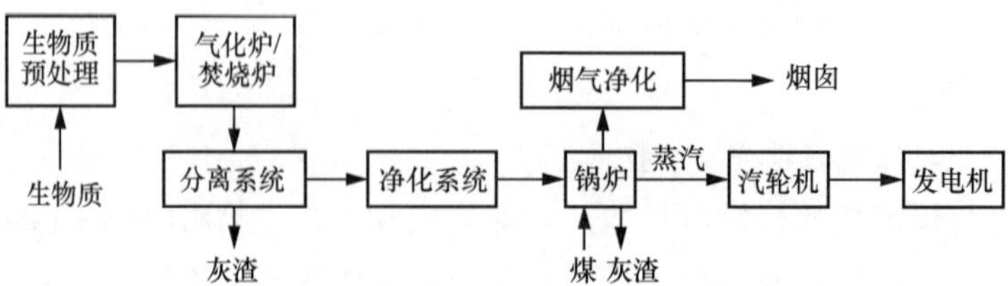

图 5-33　生物质气化与煤混燃耦合发电示意图

燃料的燃烧特性是锅炉燃烧设备设计的主要依据，主要包括燃料的燃点、燃烧速率、热值、燃尽温度等。对于农林废弃物类生物质而言，其高挥发分、低碳含量的燃料性质决定了该类生物质具有较好的反应活性及低热值。而煤较低的挥发分、较高的含碳量决定了煤的高热值，也导致反应活性较差。相对燃煤而言，生物质与煤混燃增加了燃料挥发分含量，使其燃烧过程中局部挥发分增加，提高局部挥发分与氧气体积分数的比值，燃点为不同环境温度与挥发分等参量的函数，挥发分与氧气体积分数比越大越易着火。因此，混燃该类生物质可降低混合燃料的燃点使燃烧提前。对于污泥类生物质，其含水量高和灰分高的特点导致热值较低，但经干燥脱水后热值与褐煤相当，增加了其能源化利用的可能性。煤与干化后污泥混燃时，由于污泥中挥发相对较高，混合燃料的燃点降低，着火稳定性高于煤。高挥发分燃料性质特点往往会使燃尽提前。但污泥灰含量较高，其综合燃烧特性指数低于煤，整体燃烧性能不如煤。煤粉炉混燃禽畜粪便、湿垃圾等生物质时，通常将该类生物质经气化炉生成 CH_4、CO、H_2 等低燃点生物质气，然后通入煤粉炉耦合燃烧。低燃点气体的作用与挥发分类似，可降低燃点，改善燃烧特性，提高燃烧稳定性。混燃农林类生物质及生物质气可改善燃烧特性。煤粉炉混燃农林生物质及生物质气时炉膛只需维持在煤粉燃点以上，即可顺利着火。一次风着火距离与燃料挥发分呈负相关关系，即挥发分含量越高着火距离越短，越有利于锅炉稳定燃烧。因此，利用该特性可在锅炉不投油时，增加锅炉低负荷燃烧稳定性，提高机组调峰能力。

综上，虽然生物质混燃可降低燃料燃点，促进煤燃烧，但掺混比对燃烧速率及燃尽性能的影响不同，仍需进一步研究。此外，在生物质混燃发电中，脱挥发作用、着火、燃尽和灰沉积会对燃烧性能造成影响。因此，为了理解生物质与煤混燃的过程，必须全面地了解煤燃烧以及生物质与煤混燃的基础原理。

（1）脱挥发作用。

固体燃料中存在的有机结构在高温环境下会发生热分解并释放出挥发性物质，这种现象被称为脱挥发。脱挥发产物主要为轻烃（CO_2、CO、H_2O、H_2、CH_4 等）、焦油、煤烟和焦炭。而分解温度、分解速率和产物分布等脱挥发行为则会影响燃烧过程中的着火、燃尽和污染物的形成。

煤中存在的主要有机结构可分为芳香基团、脂肪基团和侧链。一般来说，由于低阶煤中存在较少的芳族碳和更多的脂肪族基团，其在初级脱挥发过程中产生更多的轻气体。对于中阶煤的脱挥发，由于其比高阶煤含有更多的脂肪基团，比低阶煤含有更多的芳族碳，脱挥发中焦油的形成十分显著。同时，在一次脱挥发过程中，热解的温度会影响 CO、CO_2、CH_4 和焦油的生成，高热解温度会促进它们的生成，但当温度高于 800℃时，对其生成的促进作用则不显著。此外，在高压下进脱挥发时，焦油的形成以及所有的挥发性物质都能在一定程度上受到抑制。煤在一次脱挥发释放出焦油和轻气体后，可能发生二次反应，并影响热裂解和烟灰的形成，以及产生烟尘和各种轻气体。

对于生物质和生物质废弃物而言，其主要有机成分通常是纤维素、半纤维素和木质素。

在脱挥发过程中，半纤维素往往在较低的温度下分解，释放出较多的挥发物、较少的焦油和较少的炭。由于无定形交联树脂的作用，木质素在脱挥发过程中比纤维素或半纤维素产生更多的炭。结合煤和生物质脱挥发的特点，由于它们之间的结构不同，会产生不同的二者脱挥发行为。生物质的脱挥发行为相较于煤会发生在更低的温度，同时产生更多的轻气体和焦油，并且生物质脱挥发过程受自身的性质、温度和加热速率的影响。较高的温度通常会降低生物质的炭产率并增加轻气体的形成，当温度处于中间范围（500～700℃）时，受到焦油的一次释放和二次反应的影响，焦油则达到最大的产率。

在生物质与煤混燃时，可以利用热重分析仪、固定床和夹带流反应器对二者在脱挥发过程中的相互作用进行研究。在此基础上，许多研究人员认为煤与生物质之间的相互作用在脱挥发过程中可以忽略不计，对于燃料混合物的脱挥发行为可以被定义为添加剂行为。

当煤与生物质一起热解时，从生物质中释放出的挥发物可与煤或煤挥发物发生反应，这些反应可能有利于燃料混合物中挥发物的形成，并抑制炭的产率。其可能的原因是：生物质的脱挥发会产生大量的氢，可以阻止自由基的重组和交联反应，从而抑制炭的形成。在松木与三种不同等级的煤、褐煤或不同来源的高挥发性沥青之一共热解过程中，观察到协同作用（非添加剂行为）。混合热解油的芳烃含量比添加剂行为预期的要少，酚类含量要多，演化出的焦油的分子量分布也表现出非添加剂行为。而在 TGA 试验中，则观察到所有煤–松木混合物都具有添加剂行为。在不同煤和生物质在常规热解过程和典型加热条件下，发现在加热速率为 20℃/min 和高氮流量下，生物质燃料热分解的初级反应不受煤的存在的显著影响，煤似乎也不受生物质挥发性物质释放的影响。这就得出了第一个结论，即共混物的质量损失可以由参照物的加权和得到。利用热重法对预干燥褐煤和四种生物质材料及其混合物在脱挥发阶段的行为进行观察，发现生物质材料具有比褐煤更高的热化学反应性和更短的脱挥发时间，可以确保它们在运行的褐煤锅炉内完全转化。

总结来说，生物质的脱挥发生在比煤低得多的温度下，并产生更多的焦油和轻质气体，添加剂和非添加剂行为都可以在煤–生物质混合物脱挥过程中观察到。

（2）着火行为和燃烧稳定性。

在固体燃料燃烧过程中，着火和火焰稳定性对碳燃尽和 NO_x 等污染物的形成非常重要。固体燃料颗粒的着火行为主要遵循两种机制，分别为均相着火和非均相着火。均相着火被认为是燃料颗粒所释放的挥发物的着火，而非均匀着火通常是由于氧对燃料/炭颗粒表面的直接冲击造成的。固体燃料的着火行为受多种因素的影响，如燃料性质、颗粒大小、温度、加热速率、气体成分、颗粒数密度、流体流量等。

在煤粉与生物质共燃时，生物质颗粒一般大于煤颗粒。与煤炭相比，生物质的研磨难度更大，成本更高，并且生物质的化学特性使其在共燃烧中具有相对较大的粒径。颗粒大小和燃料性质的差异会造成生物质和煤的着火性能存在相对不同，进而影响混燃时的火焰特性。通过在反应器中对比煤粉和锯末的着火/火焰特性发现，与煤的火焰相比，木屑燃烧时，在燃烧器区域附近观察到更强烈且更宽的火焰，这是由于木屑颗粒的细粒所释放的挥发物导致的。并且由于大尺寸木屑颗粒的燃烧，在近燃烧器区域下游出现第二火焰阶段。

利用可视化测量技术，可以在燃烧试验装置上观察煤与不同生物质混燃时的火焰温度和火焰稳定性。由于生物质挥发分释放热量更快，我们会检测发现混燃火焰的温度略高于纯煤火焰的温度。

此外，生物质相对较大的颗粒尺寸以及较高的水分含量会导致延迟着火或脱挥发。并且生物质通常含有较多的挥发分且能够在较低的温度下分解，因此会产生比煤火焰更强烈的火焰。同样，煤在混燃的过程中的着火性能受组分煤的挥发分及其在混燃中所占比例的影响。煤在混燃过程中会呈现较宽的火焰和更高的火焰温度。

（3）碳的反应性和燃尽行为。

燃料经过燃烧，可燃物质被转化为气态产物，其余部分作为含碳残留物留下，这个过程被称为碳燃尽程度。由于碳燃烧是决定速率的步骤，因此需要对碳的反应性和燃尽行为进行详细讨论。对于粉状燃料的燃烧而言，碳的燃尽行为会影响电厂热效率和飞灰质量。碳的燃尽取决于燃料颗粒的碳反应性，而碳颗粒的反应性受到燃料特性、加热速率、温度和压力等多种因素的影响。利用 TGA 比较不同固体燃料的碳反应性，并对其动力学控制条件下的试验结果进行研究发现，在相同的条件下，不同固体燃料的反应性相差几乎四个数量级。以煤焦为例，随着煤含碳量的增加，碳的反应性普遍降低。研究还表明，生物质碳的反应性一般大于煤焦。在煤与生物质混燃过程中，燃料颗粒的停留时间、形状和着火特性也会影响碳的燃尽。与纯煤燃烧相比，煤和生物质的混燃会增加，但也会减少燃尽，这主要取决于燃料特性和燃烧环境。

在以下情况中添加生物质对燃尽会产生有益的影响：

1）等温流动反应器中褐煤和锯末的混燃。

2）煤和多种不同生物质在下燃式燃烧器中混燃。

3）不同煤和生物质在空气和富氧燃料燃烧条件下的混燃。

通常观察到的效果是几个因素的复杂组合。由于无机元素的催化作用和多孔结构，生物质炭的反应活性通常大于煤焦。

此外，与相应的球形颗粒相比，生物质碳颗粒是非球形的，具有较大的长径比，有利于传热和停留时间。此外，煤与生物质混燃过程中可能出现的较高火焰温度也可能有利于燃尽。一些研究反映，生物质的加入可以减少燃烧过程中的燃尽。在粉状燃料燃烧试验装置上进行的试验表明，与纯煤燃烧相比，煤与生物质混燃可以减少燃尽。选择合适粒度和水分含量的生物质非常重要，并且这些参数的控制对于煤和生物质混燃达到满意的燃尽状态至关重要。

（4）灰的形成和沉积。

在生物质中，形成灰的元素以盐的形式存在于碳结构中（固有灰），或者在收集或运输期间，它们作为来自泥土和黏土的矿物颗粒引入生物质燃料中（夹带灰）。固有灰中的化合物均匀地分散在燃料中，比夹带灰中的化合物更具流动性，因此更易于挥发，可用于燃烧碳中的反应。

燃料中一部分形成灰的化合物会在燃烧时挥发并释放到气相，其挥发分数取决于燃料特性、气体气氛和所使用的燃烧技术。例如，高温下燃烧和还原气氛会增加相关重金属（如 Zn、Pb 和 Cd）的挥发。在高温的还原条件下，燃烧炭内部和表面，部分难熔氧化物（SiO_2、CaO、MgO 等）也会转化为挥发性更强的 SiO_2、Ca、Mg 进行挥发。当这些元素以蒸汽的形式从焦炭中释放出来，并通过再氧化和随后的成核，其在燃烧的焦炭颗粒的边界层中形成非常小的初级颗粒（5～10nm）。随后小尺寸的初级颗粒在烟气中通过凝聚、团聚和冷凝而生长，构成了细态飞灰的基础（粒径为 0～1μm）。而与挥发后的细态飞灰颗粒相比，粗态飞灰则呈现出较大的颗粒（通常超过 5μm）。

部分的烟气在对流热交换器冷却后，烟气中的挥发化合物的蒸气会在预先存在的灰颗粒表面上产生凝结或反应。由于细态颗粒的比表面积比粗态颗粒大得多，凝结或反应形成的灰元素的浓度随着颗粒尺寸的减小而增加。这就是工厂在燃烧后的气溶胶颗粒中存在非常高的重金属浓度的原因。

如果烟气中无机蒸汽的浓度和热交换器中的冷却速率都很高，则这些蒸汽化合物可能会发生过饱和，从而通过成核形成新的颗粒。在生物质燃烧中，源自固有灰分的钾是最丰富的挥发性元素（被带走的灰分中的钾通常以热非常稳定的矿物硅酸盐化合物的形式存在，不会蒸发）。然而，根据气相动力学探究表明，只有一部分钾在气相中被转化为 K_2SO_4 的形成并不总是遵循平衡。不形成硫酸盐的部分气态钾要么成核形成 KCl 或 K_2CO_3，要么在比形成 K_2SO_4 低得多的温度下凝结在已有的颗粒上。此外，KCl 的硫酸化释放出腐蚀性氯（Cl），通过“活性氧化”机制与换热器表面催化反应。

结渣、结垢、腐蚀和微粒排放是固体燃料混燃中和灰有关的重要问题。燃料中的无机材料是造成污染的主要原因。这主要是因为用于混燃的二次燃料通常含有大量碱和氯，这些碱和氯在燃烧过程中很容易释放到气相并产生灰沉积。但与有机物质相比，人们对这些无机物的行为知之甚少。与煤相比，生物质燃料含有更多种类的无机材料，因此需要对污垢、腐蚀和污染物排放等问题进行探讨。

在不同的生物质与煤进行混燃时，一些沉积速率相对较低的二次燃料（如锯末）与煤混燃不会显著影响或降低灰分沉积速率。其中，对于秸秆与煤混燃而言，当秸秆的质量份额低于 70%时，混燃得到的灰分沉积率与纯煤燃烧得到的灰分沉积率基本相同。然而，当秸秆质量份额在 70%～100%之间时，观察到灰分沉积率显著增加。因此，生物质混燃的比例也会对灰分沉积造成影响。

对于一些农业残留物和新生长的树木来说，由于其灰分可能含有相对较高的碱性金属含量（尤其是钠和钾），其无机物含量对灰分沉积的影响更大。钠和钾能够降低灰的熔点，从而增加了灰的沉积和锅炉管的结垢。这是因为灰分沉积的主要机理与混合燃料中无机物质的种类和燃烧条件有关，灰渣的韧性、发射率、导热系数和形貌等性能与燃料特性和操作条件有关。在生物质燃烧中，灰分沉积速率曲线一般表现为在早期达到峰值后单调下降

的趋势。因此，在混燃时可以对锅炉的结渣行为进行可视化监测，并通过工艺数据（吹灰频率、水流温度等）进行测量，及时地调整运行参数。总的来说，生物质燃料的特性会导致锅炉效率的下降以及锅炉运行参数（减温器注入水量、灰流、热风温度）的变化。另外，虽然生物质共烧增加了炉边结渣的危险，但添加一定比例的生物质并不会产生结渣和结垢问题。

5.2.1.2　技术现状

自 1997 年 12 月在日本京都通过《联合国气候变化框架公约的京都议定书》以来，减排温室气体促进了可再生能源的开发，推动欧盟多国和发达国家混燃发电的发展，使混燃发电成为生物质发电的主流趋势。当前的燃煤锅炉耦合生物质混烧技术已十分成熟，应用也十分广泛，燃煤与生物质耦合燃烧的比例不断提高。目前，600MW 以上燃煤机组普遍可以实现 10%～15%的生物质耦合燃烧；600MW 以下的燃煤机组普遍可以实现 15%～35%的生物质耦合燃烧。全世界大容量燃煤与生物质耦合发电主要集中在欧盟及发达国家，尤其是丹麦、芬兰、英国、美国等国家。其中，芬兰是世界上最早成功利用废弃生物质发电的国家之一。而中国开展生物质耦合发电技术较晚，目前尚处于起步阶段。

1．国外现状

在欧洲，英国大部分燃煤电厂均采用了生物质混合燃烧，总装机容量达到 25366MW。英国燃煤电厂中采用了多种生物质原料，包括农业剩余物、能源作物和林业剩余物，最典型的是英国最大的燃煤电厂 Drax。德国最常用的燃料是污水污泥，50%的混燃电厂都使用污水污泥，以 3%混燃比混烧，可以不对电厂做出大的改造，相较于其他生物质资源，污水污泥全年可得到且通常为负成本，同时，秸秆和废木屑也是主要的生物质燃料。且德国生物质混烧电厂以煤粉炉为主，少数使用流化床。

在北美，美国和加拿大是生物质混烧发电的主要应用国家。对于美国和加拿大而言，大规模进行生物质混合燃烧的问题在于充足的生物质来源、生物质的运输和储存。截至 2010 年，美国 560 家燃煤电厂中有 40 家正在使用生物质混烧技术，并在持续增加中。所有的生物质混烧电厂都采用直接混合燃烧的方式；大多数为煤粉锅炉。美国近 50%的生物质混烧工厂采用的原料是木制品，如木屑和木材废料。

在亚洲，中国、日本和韩国等国家也开始采用生物质混燃技术。在这些地方，生物质混烧的主要原料是木质颗粒。2013 年，日本有 24 台燃煤机组开始混烧生物质试验或已投入运行，到 2017 年，约有 29 个大型燃煤机组混烧生物质。

（1）在大容量煤粉炉电厂中混烧生物质的案例。

丹麦哥本哈根 DONG Energy 2×430MW 超临界燃烧多种燃料/生物质电厂，采用多种生物质混烧方式，燃烧多种燃料/生物质，包括专门燃烧秸秆的生物质往复炉排锅炉，每年燃烧 170000t 秸秆，产生超临界参数的蒸汽，在蒸汽侧和超临界煤粉炉产生的蒸汽混合发电。同时，在超临界煤粉炉中，混烧废木材成型颗粒，每年消耗废木材 160000t，消耗煤 500000t。

英国 Ferrybridge 电厂 4×500MW 煤粉炉改造成与生物质混烧。该燃煤电厂有 4×

500MW Babcock &.Wilcox 的单炉膛前墙燃烧自然循环煤粉炉，前墙配 48 台低 NO_x 煤粉燃烧器，其中 2×500MW 锅炉于 2004 年改造成同磨生物质混烧，由于采用煤和生物质同磨同燃烧器，限制了生物质的混烧比，生物质混烧比不能超过 3%，否则就影响磨煤机的性能（出力、细度和正常运行）。另外 2×500MW 锅炉于 2006 年改造成单独的生物质燃料处理和磨制系统，同时在锅炉后墙安装了 6 台专门研制的燃烧生物质的旋流预燃室燃烧器，效果良好，其混烧生物质比例可达 20%。该电厂混烧的生物质燃料包括压制的废木屑颗粒燃料、橄榄核、炼制橄榄油的废品等，每台锅炉每天燃用 1440t 生物质燃料。该电厂生物质混烧改造后，其生物质混燃比例为锅炉总输入热量的 20%，每年减少 CO_2 排放 100 万 t。在混燃 20%的生物质燃料时，锅炉可用率达 95%，锅炉效率只降低 0.4%。生物质燃料可为每台机组连续稳定地提供 100MW 的电力输出，运行以来没有出现结渣和积灰的问题。其生物质燃料处理系统适用于水分低于 15%的各种生物质燃料。该电厂 4×500MW 生物质混烧改造工程总投资 5000 万英镑，在英国政府有关混烧生物质的激励政策下该投资在不到 1 年的时间里即全部回收。

英国 Drax 电厂，世界上容量最大的生物质混烧燃煤电厂。Drax 电厂是英国最大的火电厂，总容量为 400 万 kW，位于英国 Selby，电厂装机包 6×660MW 前后墙对冲燃烧锅炉，前 3 台机组 1976 年投运，后 3 台 1986 年投运。现在全部 6 台锅炉均改造成有单独生物质磨制和燃烧的混烧锅炉，是世界上容量最大的采用单独生物质处理、磨制和燃烧的生物质混烧煤粉炉电厂。其生物质的混烧份额为 10% MCR 6×600MW 热输入，生物质混烧每年减排 CO_2 量为 200 万 t，相当于 500 座最大的风电机达到的 CO_2 减排量。该电厂生物质混烧每年用于混烧的生物质为 150 万 t。该电厂生物质混烧改造工程于 2008 年下半年启动，现已完成全部生物质混烧改造工程。该工程包括建 1 座 12000m^3 的生物质燃料储仓以及燃料卸载、输送、过筛、分离、除金属、磨粉直到炉前燃料仓和燃烧系统。Drax 电厂的生物质混烧改造后，不但每年可减排 CO_2 200 万 t，而且经济效益显著，2015 年，Drax 电厂的总收入是 26.38 亿英镑，其中由于混烧生物质而得到的零碳排放发电量的奖励和上网电价优惠的收入为 4.518 亿英镑，占总收入的 17%。

（2）生物质气化/煤粉炉混烧。

芬兰 Lahti 电厂 200MW 循环流化床锅炉（circulating fluidized bed，CFB）生物质气化/煤粉炉混烧。该电厂于 1998 年开始采用 CFB 气化炉产生生物质煤气，然后将煤气送入煤粉炉中与煤粉炉混烧，如图 5-34 所示。电厂容量相当于电功率 200MW，生物质通过气化间接混烧相当于份额为 15%热输入，混烧后整个电厂的 CO_2 减排为 10%。CFB 气化炉的年运行小时数为 7000h。

芬兰 Lahti 电厂气化生物质燃料分类及所占比例（年取代燃煤量 60000t）为：①木质生物质，包括树皮、锯末、木屑、森林废弃物，占 15%；②废木材，包括切割和板材废弃物、研磨的木粉、毁坏的木材，占 32%；③回收的垃圾（再生燃料）占 40%；旧轮胎、切碎的塑料等占 10%；泥煤占 3%。CFB 气化炉产生生物质煤气与煤粉炉混烧的减排效果：CO_2

每年减少 100000t，下降 10%；NO_x 浓度降低 30mg/m^3，下降 5%；SO_2 浓度降低 60～75mg/m^3，下降 10%；粉尘，浓度降低 15mg/m^3，下降 30%。

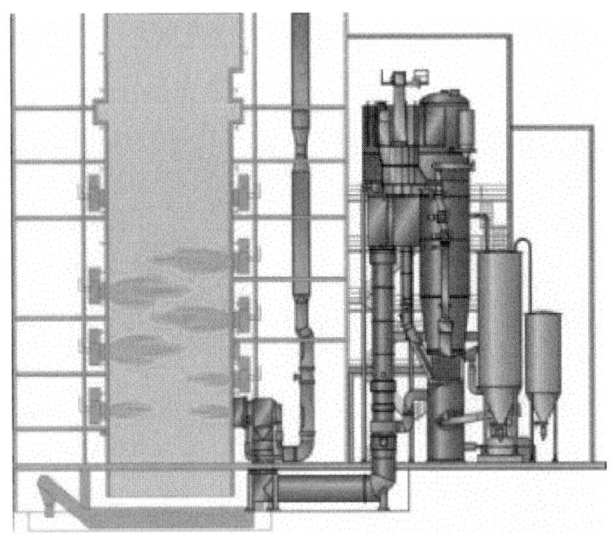

图 5-34　芬兰 Lahti 电厂 200MW CFB 生物质气化/煤粉炉混烧

（3）在大容量循环流化床（CFB）锅炉电厂中混烧生物质。

CFB 燃烧技术的特点是：98%的巨大热容量的惰性固体床料包围着不到 2%的燃料，加上热循环物料的强烈的湍流混合和燃料很长的停留时间，从而使得即使在 800～900℃的燃烧温度条件下，CFB 几乎可以高效地燃烧任何燃料，包括低热值和高水分的燃料，因此，燃料的灵活性是 CFB 锅炉的突出优点。使得 CFB 锅炉是燃烧生物质燃料的理想燃烧技术，所以 CFB 锅炉具有比煤粉炉更强得多混烧生物质的能力。从理论上说，CFB 锅炉燃烧生物质在技术上不会受 CFB 锅炉容量的限制，即使是大容量 CFB 锅炉，从 100%燃烧生物质到以任何比例和煤混烧生物质都是可行的。利用 CFB 锅炉进行煤和生物质混烧的优点是：

1）充分利用 CFB 锅炉燃料灵活性的优点，可以大比例地混烧生物质。

2）混烧生物质可以显著降低 CO_2 和其他污染物的排放。

3）由于煤的供应不受生物质供应的影响可以保证，煤的质量可以选择，可以满足不同的要求。

4）因为混烧的比例可以改变和调整，因而发电量不会受生物质燃料供应的季节性影响。

目前，世界上大容量 CFB 锅炉均按照以煤为主、混烧生物质设计，其燃用的生物质燃料均为木基木材废料，如木屑等。容量超过 500MW 的 CFB，其合理的生物质混烧比例，主要取决于其混烧的生物质种类、生物质燃烧的储存和出力系统，以及对锅炉设计的影响，在经济上是否合理。对于生物质固体成型燃料，如废木材颗粒，这是 CFB 的理想燃料，如果有足够数量的木质颗粒生物质燃料供应，即使对大容量 CFB 锅炉，混烧木质颗粒的比例应该是没有限制的。

芬兰 Jyvaskylan 电厂 200MW CFB 锅炉泥煤混烧生物质，该电厂于 2010 年投运，其功率为 200MW 电功率+240MW 热功率，为 Jyvaskylan 市供电和供热，其燃料为泥煤和木屑混烧。

芬兰 Alholmens Kraft 电厂，世界上最大的混烧生物质的电厂，其电厂热功率为 550MW，CFB 锅炉蒸发量为 702t/h，蒸汽参数为 16.5MPa/545℃。其 CFB 锅炉炉膛尺寸为 8.5m×24m×40m，锅炉混烧的燃料构成是煤 10%、泥煤 45%、森林废弃物 10%、工业木材废弃物 35%。其生物质混烧比例可为 0%～100%任何比例。该煤与生物质混烧电厂至今已经成功运行 8 年。

波兰 Eagisza 460MW 超临界 CFB 电厂，是世界上第一个超临界 CFB 电厂，是世界上第一台采用垂直管低质量流率的 CFB 直流锅炉。该 CFB 电厂的容量为 460MW，设计供电效率为 43.3%。该电厂设计能够混烧生物质和和洗煤淤泥，以达到欧盟要求的 CO_2 减排要求，设计生物质混烧的比例为 10%，设计的生物质最大热输入为 20%。

韩国南方电力的 4×550MW 机组，是世界上第一个超超临界 CFB 电厂，该电厂的燃料为进口热值为 16263.208kJ/kg（3887kcal/kg）的印度尼西亚低阶煤，设计混烧生物质的比例为 10%，为容量最大的混烧生物质的 CFB 电厂，该电厂于 2016 年投运。

2. 国内现状

2010 年国电宝鸡第二发电有限责任公司在 300MW 燃煤机组上进行生物质预处理成型与煤小比例混燃的试验，但由于运行期间亏损严重，目前已停运。

2018 年，国家能源集团在煤耦合生物质发电试点项目中成功建立了生物质气化再燃发电装置，通过对稻壳、秸秆、成型燃料等生物质进行处理，送入电厂 640MW 超临界燃煤机组锅炉再燃。该项目由原国电集团于 2016 年 12 月批准建设，2017 年 7 月 10 日正式开工，2018 年 5 月 25 日完成冷态调试及烘炉工作，国家能源局和生态环境部于 2018 年 6 月 21 日公布《关于燃煤耦合生物质发电技改试点项目建设的通知》将其纳入国家试点。生物质处理量每小时可达 8t，每小时可产生约 16000 Nm^3 的燃气，折合发电功率达 10.8MW。该发电站设计燃料为稻壳和秸秆各 50%，每年可消耗生物质约 4 万 t，相当于节约了约 2 万 t 的煤炭资源。同时，与传统的燃煤发电相比，该发电站的排放量也得到了显著降低，每年可减少 SO_2 排放 159t、烟尘排放 25t、NO_x 排放 175t 以及 CO_2 排放 4 万 t。

中国华电十里泉发电厂是典型的生物质直接混燃耦合发电厂，该电厂始建于 1978 年 6 月，目前共装有 5 台 125MW 和 2 台 300MW 机组，总装机容量为 1225MW。为了减少环境污染，充分利用资源，该厂于 2005 年从丹麦 Burmeister &Wain Energy A/S 公司引进生物质发电技术，对 5 号机组（140MW）进行了技术改造，增加一套秸秆输送、粉碎设备，增加 2 台生物质/煤粉单独燃烧和混合燃烧设备，5 号机组主要参数见表 5-11。

表 5-11 5 号机组主要参数

参数	数值
炉型	控制循环、中间再热、亚临界汽包炉
最大连续蒸发量	400t/h

续表

参数	数值
过热蒸汽压力	13.73MPa
过热蒸汽温度	540℃
出力	140MW
除尘器类型	电除尘
型式	双室三电厂
设计效率	99.0%
烟囱高度	210m
出口内径	7m

改造后，机组采用秸秆作为生物质燃料，为了保证大容量、高参数机组的正常发电，秸秆的混燃质量比最大为 30%。由于秸秆灰中碱金属和氯的含量相对较高，因此，秸秆烟气在高温（450℃）以上时具有较高的腐蚀性。此外，飞灰的熔点较低，易产生结渣。如果灰分变成固体和半流体，工作期间就很难清除，将会阻碍管道中从烟气至蒸汽的热量传输。严重时甚至会完全堵塞烟气通道，将烟气堵在锅炉中。由于存在这些问题，因此需严格限制秸秆在锅炉总输入热量中所占的比例不超过 20%。结合 BWE 公司经验，当秸秆在锅炉总输入热量中所占的比例不超过 20%时，秸秆灰在锅炉飞灰中所占的比例很小（占锅炉飞灰的 4.8%），对锅炉飞灰性质的影响较小，不会对锅炉尾部受热面造成较大的侵蚀和堵塞。按机组满负荷运转 6500h 计算，当消耗秸秆 9.36 万 t/年时，可节约原煤 7 万 t/年，减少 CO_2 排放 15 万 t/年，减少 SO_2 排放 1500t/年。就原料供给方面，当地农民增加了收入，在煤炭资源日益紧张的大环境下，经济效益、环境效益和社会效益显著。

5 号机组运行数据见表 5-12。

表 5-12　　5 号机组运行数据

项目	数据
BMCR 工况秸秆热输入功率	60MW
最大秸秆热输入比例	锅炉总输入热负荷的 18.5 %
BMCR 工况的秸秆用量	4kg/s
秸秆燃烧过剩空气量	λ=1.12
炉膛压力	±1000Pa
含湿量	低于 15%
锤磨碎片精度	10～15mm
秸秆最低热值	15MJ/kg

中国华电集团有限公司襄阳生物质气化耦合项目采用 CFB 气化炉处理农林秸秆等生物质固废，实现了煤耦合生物质发电。工程于 2017 年 3 月 28 日正式开工，2018 年 2 月 4 日完成冷态试验，4 月 27 日 100%稻壳气化成功，7 月 7 日稻壳与秸秆比重按 1∶1 成功混合制气。该项目年处理生物质固废 5.14 万 t，系统年利用 5500h，设计发电平均电功率为 10.8MW。生物质能发电效率超过 35%，年供电量可达 5458 万 kW·h，相当于节约标准煤

约 2.25 万 t。同时，该项目还能减少约 218t 的 SO_2 排放和约 6.7 万 t 的 CO_2 排放，形成“生物质-高温燃气-电-还田”的循环经济产业链，是破解秸秆田间直接焚烧问题的有效途径，具有巨大的社会效益，也为生态环境保护作出巨大贡献。

大唐长山热电厂燃煤耦合生物质气化发电项目是一个典型的煤耦合生物质气化发电站的案例。该项目位于吉林省长山镇，毗邻商品粮基地，利用玉米秸秆等生物质燃料，通过循环流化床微正压气化技术，与 660MW 超临界燃煤机组锅炉相结合，实现高效发电。该项目的发电功率为 20MW，利用原有燃煤发电系统实现生物质高效发电，实现了农林废弃物的高效利用和能源的高效转化。在试运过程中，生物质给料、排渣、排灰等系统运行稳定，各项参数及环保指标正常，顺利通过 168h 试运行。

2022 年 4 月，河北龙山电厂 600MW 机组实现混燃核桃壳，经测算，该厂每年可混燃 10 万 t 核桃壳，等效节约标煤 5.7 万 t，减低燃煤成本 1042 万元，减少二氧化碳排放约 7 万 t，减少二氧化硫生成约 1600t；同时可为附近居民提供 5000 余万元的经济效益。

2023 年 9 月国家能源集团山东公司顺利完成寿光 1000MW 超超临界燃煤机组直接混燃生物质粉体燃料投料试运 240h。试运过程中累计投料 25t，混燃系统运行可靠，锅炉燃烧安全稳定。该项目为国内首例百万千瓦机组生物质混燃投料试运项目。项目投产后，预计每年可消纳蔬菜废弃物 52 万 t 左右，减少煤炭资源消耗 12.5 万 t。

综合国内生物质与煤混燃项目的建设、调试、试运行、政策、原材料等，可以对国内生物质耦合的发展存在的问题进行总结：

（1）由于农林废弃物价格与煤价的倒挂，燃煤电厂混燃可以适当降低燃料成本减少亏损，但即使考虑当前 CEA 碳交易收益，混燃项目距离稳定盈利还有待发展。

（2）由于小型生物质发电项目对所在区县生物质资源发电应用的唯一性，新建小型生物质发电项目在一定期限内仍然对混燃的发展有抑制效应。

（3）生物质原材料的供应保障将长期是制约混燃发展的主要因素之一。

（4）结合煤电的压舱石意义，在无明显鼓励政策的前提下，煤价对混燃项目经济性的影响将有可能长期存在。

（5）现有大型燃煤锅炉混燃项目的生物质混燃量或者混燃比例都较低，且项目实际混燃量通常还明显小于设计混燃量。既存在原料因素，也存在技术因素。同时，这也是目前行业发展处于初步和验证阶段的客观反映。

（6）现有改造项目的技术路线多种多样：进厂生物质原料有粉料、散料、颗粒料、压块等多种形状；生物质存储分为雨棚、存储罐县至露天等；制粉方式有利用现有磨煤机单独制粉、煤和生物质混合制粉以及独立生物质单独制粉等；耦合系统有在锅炉新开孔加装新的生物质燃烧，也有沿用原有燃煤燃烧器。这一方面体现了因地制宜的个性化设计，也一定程度说明了国内生物质耦合技术尚未形成共识。

（7）由于生物质燃料低水分、高挥发分、临界挥发温度低于煤、粉末状较多较细、物料处理中燃料与空气无法隔离、系统存在较多的高温点和区域等因素，生物质耦合系统在

安全方面是未来需要重点解决的问题。

（8）对于燃煤电厂而言，常规系统设计在混燃生物质时，易产生堵料、负荷不稳定且远低于设计以及设备的额外损伤等，这些也在项目的调试及试运行中都有明显的体现，并将长期影响系统运行。

虽然，生物质与煤混合燃烧存在许多亟待解决的问题，但令人鼓舞的是，与之前的多年发展缓慢相比，随着能源行业的发展，国内生物质耦合发电行业逐渐进入了试验运行阶段。

5.2.1.3 发展方向

大量关于生物质（一种碳中性物质）作为燃煤锅炉混合成分的适用性研究表明，煤与生物质混燃是燃煤锅炉降低成本和减少排放的一种有希望的选择。尽管使用生物质作为煤的共燃料在挥发、燃烧和灰分沉积特性方面存在不确定性，因此，在锅炉的设计、材料和燃烧技术等方面进行进一步的研究是非常必要的。除了技术限制外，还需要解决确保持续供应、生物质再生、运输和制备等问题，实现生物质与煤混燃发电在经济和技术上的可行性。此外，利用在不同地点可获得的大量各类生物质作为联合燃料，还需要在强有力的政策框架基础上制定长期战略。

1. 政策方面

早在 2016 年底，国家能源局发布《生物质能发展“十三五”规划》，其中要求到 2020 年，生物质能基本实现商业化和规模化利用。中国工程院院士、中国林科院林产化学工业研究所所长蒋剑春曾指出，以林业剩余物、木材废弃物、农业秸秆为代表的农林剩余物，其转化为能源的潜力为 4.6 亿 t 标准煤。随后，2018 年 6 月 11 日，《关于公布可再生能源电价附加资金补助目录（第七批）的通知》，将燃煤耦合生物质发电排除在补贴范围外，很多人觉得燃煤耦合生物质发电的“春天”到此结束。实则不然，在失去电价补贴后，燃煤耦合生物质发电的平台优势、效率优势和低排放优势会突显出来，从而成为各地可燃废弃物的高效清洁处理利用平台。国家发展和改革委员会发布的《产业结构调整指导目录（2019 年本）》，其中生物质能利用项目占据了很大篇幅，“燃煤耦合生物质发电”等项目新增列入目录，进一步说明，中国发展生物质能产业的力度增加。为了进一步推进绿色低碳转型，国家能源局会同相关部门联合印发了《“十四五”能源领域科技创新规划》，将燃煤耦合生物质发电技术列为“十四五”期间绿色低碳转型的重点推广应用技术。此外，国家发展和改革委员会印发了《“十四五”生物经济发展规划》，提出要开展新型生物质能技术研发与培育，推动生物燃料与生物化工融合发展，建立生物质燃烧掺混标准。

国家发展和改革委员会印发的《关于完善农林生物质发电价格政策的通知》，将农林生物质发电的标杆上网电价提高至 0.75 元/（kW·h）。2021 年 3 月，国家发展和改革委员会等 9 个部门印发了《关于“十四五”大宗固体废弃物综合利用的指导意见》，推动农林作物秸秆等大宗固定废弃物的综合利用，加快推进生物质能技术的发展。国家“十四五”电力规划也提出，要稳步发展生物质发电，优化生物质发电开发布局，有序发展农林生物质发电，并鼓励实施燃煤耦合生物质技术改造。

目前，中国生物质耦合发电仍处于探索阶段，虽国外已有大量的应用实例，但都难以满足中国国情。政府支持和鼓励燃煤生物质耦合发电的政策是推动中国在大型燃煤电厂发展燃煤生物质耦合发电的关键。因此，建议政府主管部门开发一套基于中国国情的生物质耦合燃煤发电体系，尽早明确燃煤生物质耦合发电中的生物质发电量可以按照已确定的鼓励生物质发电政策，享受国家可再生能源发展基金的补贴。同时，制定按照实际进入锅炉的生物质燃气流量，折算发电量的具体规则。落实这一政策的关键之一，是如何科学而不受人为干扰的计量和监管生物质发电份额，即多少发电量是由生物质发出的，并以此为基础对生物质发电的那部分电量进行奖励。比较各种燃煤生物质耦合发电的技术方案，对于直接混合燃烧方式，无论是同磨混烧或异磨混烧，科学而不受人为干扰的计量和监管生物质发电份额均较困难，而对于生物质气化的间接混合燃烧方式，政府主管部门可以委托相关机构或企业对燃煤生物质耦合发电项目中，实际进入锅炉的生物质燃气的计量进行监管，以保证生物质发电量的准确性，是比较符合中国国情的计量和监管生物质发电份额的方式。另外，生物质气化技术也相对成熟，其存在的技术难点和问题比直接混燃相对较少，且气化的生物质种类和燃料颗粒尺寸要求也比直接混燃有更大的灵活性。

此外，中国生物质耦合发电项目大多处于公益阶段，需要国家财政大量帮扶相应的科研经费以及对试点地区居民的奖励补贴。同时，应给国内科研人员创造出国交流的机会，深入学习其他成功案例的发展经验，并结合中国国情走自主研发道路。

另一方面，生物质替代燃煤发电，对于民众来说相对陌生，应加大生物质发电的宣传力度，增加民众的了解度，通过多方面渠道促进民众了解生物质发电对社会，经济、环境的积极作用。

2. 技术方面

生物质发电潜力巨大，但中国缺乏核心的技术要领以及成功的生产经验，这也制约着中国生物质发电的发展。发展生物质与煤混燃技术必须考虑发电成本以及发电效率。选择一种生物质耦合燃煤发电的具体方式，确定混燃生物质种类及其混燃比例，同时满足社会效益、经济效益、生态环境等多方面要求，是未来工程上不断试验的主要方向。

结合中国国情和现有国内外耦合发电技术发展现状，生物质气化与煤混燃耦合发电技术能够实现高效发电，技术成熟稳定，易于操作，生物质气化避免了碱金属对设备的腐蚀以及可能引发的烟气处理系统中催化剂的失效问题，对燃煤锅炉影响小以及易于中国政府主管部门对实际进入锅炉的生物质燃气进行计量和监管。图 5-35 所示为生物质气化与煤粉混燃工艺流程，由图 5-35 可见，生物质首先在循环流化床气化炉中进行气化，产生生物质煤气，然后将生物质煤气送入煤粉炉中与煤粉混烧。煤气与煤粉混烧，不但不会对煤粉燃烧产生不利的影响，而且有助于加强煤粉燃烧和降低 CO_2 和 NO_x 的排放。总体来看，生物质气化与煤混燃耦合发电技术的推广和应用符合中国国情，是混燃发电技术的发展趋势，值得重视并重点进行示范和推广。

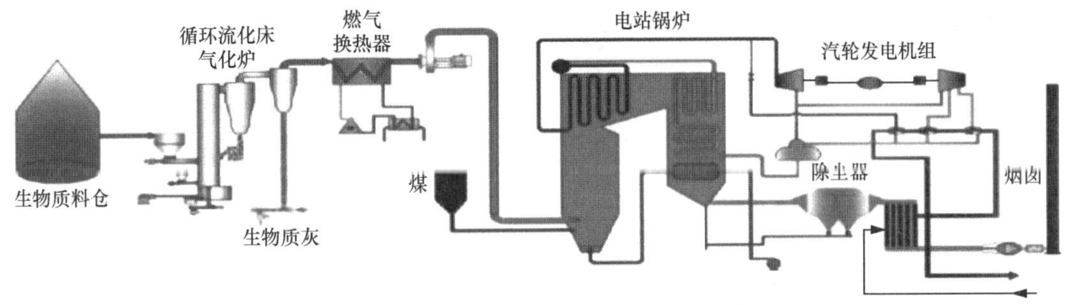

图 5-35　生物质气化与煤粉混燃耦合发电工艺流程

目前，中国拥有大量的小型火电厂，其污染问题难以得到治理。可对小型火电厂进行生物质气化混燃系统的改造，减少投资建厂成本，同时也避免了小型火电厂废弃问题。以 2 台 10MW 生物质气化耦合发电机组为例，循环流化床气化炉产生的生物质可燃气送至 660MW 燃煤机组锅炉燃烧，产生的蒸汽送至超临界汽轮机做功发电，折算发电功率约为 20MW，其改造包括热力系统、燃料输送系统、除灰渣系统、供水系统、电气系统、热工控制系统、附属地生产工程和地基处理等，总费用约为 1.33 亿元，远低于电厂废弃再改扩建，对于装机更大的机组而言，在造价上经济性更好。从国内已开展的生物质发电企业运营情况看，原材料来源和质量不稳定及其价格波动是造成企业经济效益不好甚至亏损的主要原因，阻碍了生物质燃料的生产应用。2 台 10MW 生物质气化耦合发电机组，按年利用 5000h 进行测算，若生物质燃料单价为 500 元/t，则平均上网电价（含税）为 688.16 元/（MW·h），若生物质燃料单价为 450 元/t 和 600 元/t，则平均上网电价（含税）为 645.78 元/（MW·h）和 774.14 元/（MW·h），可见，生物质燃料价格是影响电价的敏感因素。因此，在使用生物质燃料时应对生物质供应链的持续性和经济性做好分析。

5.2.2　氨煤混合燃烧发电技术

由于煤是二氧化碳的主要排放源之一，对于如何减少火力发电厂二氧化碳排放成为目前火力发电厂碳减排的关键性问题。氢和氨作为化石燃料的潜在替代品，由于其不排放二氧化碳，而且很容易通过液化处理，使得其作为燃料在火力发电厂燃烧成为潜在的应用之一，特别是燃煤电厂的氨/氢混燃在抑制温室气体方面具有独有的优势。

氨（NH_3）作为一种无碳富氢的化合物，可以直接燃烧，是一种类似氢气（H_2）的新型零碳替代燃料。在理想情况下，氨燃料的完全燃烧产物是氮气和水，无 CO_2 排放风险，具有突出的低碳优势。氨气的质量能量密度低于氢气，但体积能量密度高于氢气，液氨体积热值比液氢高 45%；同时，相比于氢气，氨气具有易存储运输、易检测、安全性高等优良特性。氨的热力学性质见表 5-13，在 25℃下加压至 1.03MPa 或常压下达到−33.4℃便可以液化，液化难度和能量消耗远低于 H_2，这使得氨的储存和运输非常容易；同时，合成氨的产业链与技术成熟，氨的运输及储存技术已在工业上广泛应用，可实现远距离大规模运输和跨区域调配。氨、氢及其他燃料燃烧特性对比见表 5-13。

表 5-13　　氨、氢以及其他燃料燃烧特性对比

参数	CH_4	C_3H_8	H_2	NH_3
含氢质量分数（%）	25.0	18.2	100.0	17.8
常压液化温度（℃）	−161	−42.1	−253	−33.4
常温液化压力（MPa）	25.00	0.95	70.00	1.03
低位体积热值（MJ/m^3）	35.9	23.2	10.8	14.3
低位质量热值（MJ/kg）	50.05	46.35	120.00	18.80
最大层流火焰传播速度（m/s）	0.38	0.43	3.51	0.07
最低着火能（MJ）	0.280	0.250	0.011	8.000
自燃温度（℃）	586	450	500～577	657
绝热火焰温度（℃）	1950	2000	2110	1800
可燃体积比	0.5～1.7	0.51～2.5	0.1～7.1	0.63～1.40
比热容比	1.320	1.125	1.410	1.320
动力黏度（10^{-5} Pa·s）	11.0	8.14	8.80	9.90
辛烷值	120	112	>130	130

近年来，中国日益重视氨能源的发展和利用。在《能源技术革命创新行动计划（2016—2030 年）》中，将合成氨列为重要的氢气储运技术，并列入能源技术革命重点创新行动路线图中，推动发展以氨等为储氢介质的长距离、大规模氢的储运技术。

氨能源和氨燃料的利用对促进低碳电力发展具有重要价值，为实现电力行业碳达峰、碳中和提供了具有竞争力的技术路径。作为化学储能的一种形式，可消纳富余的风电、光电等间歇性可再生能源，促进可再生能源的开发和利用。作为较高能量密度的化学燃料，易于存储和运输，可促进实现可再生能源的大规模、长时间存储和远距离跨地域输运。储运及处置知识、技术和设施成熟，可适用于不同应用场景。组成中不含碳元素，燃烧利用中不产生 CO_2，可以替代高碳燃料，助力现有火电站快速实现 CO_2 减排，同时也有利于在未来实现 CO_2 排放监测情景下进行 CO_2 排放核算。氨的能源化利用方式多样，可用于车用船用内燃机、燃气轮机、电站锅炉、工业窑炉等。综上所述，电站锅炉氨–煤混合燃烧是一种有潜力的电站锅炉低碳化改造技术。氨–煤混燃技术与其他燃煤电站 CO_2 减排技术的比较见表 5-14。

表 5-14　　氨–煤混燃技术与其他燃煤电站 CO_2 减排技术的比较

项目	掺氨燃烧	富氧（O_2/CO_2）燃烧	燃烧后 CO_2 吸收
改造成本	低	高	高
运行成本	中	高	高
运行复杂度	低	极高	高
原料类型	可再生，与风电、光电有机结合		高
原料价格	中		高
空间需求	小	大	大
适用对象	已有机组改建、新建	已有机组改建、新建	已有机组改建、新建

此外，氢可以作为氨的助燃剂。可以通过单独供应氢气或者热解氨产氢来实现氨氢混

燃。氢所具有的点火能量低、燃烧范围广、燃烧温度高、火焰传播快的特点，可以弥补氨燃料活性低、燃烧速度慢的特点。但氨氢混燃与传统汽油机与柴油机相比，氮氧化合物和未燃烧的氨的排放量较高，给燃烧后处理带来了挑战。

5.2.2.1 技术原理

氨的可燃极限范围较窄，可燃极限下限较高，与其他燃料相比火灾风险较低。但是，相比其他燃料，氨燃料存在自燃温度较高、着火能量较高、低位质量热值偏低、存在潜在NO_x排放风险等问题。此外，氨的燃烧速率非常低，因此在相同的流速和当量比条件下，与甲烷火焰相比，氨的火焰更宽更长；同时，氨燃烧火焰的颜色也与甲烷等碳氢燃料有明显不同，甲烷等碳氢燃料火焰因火焰中的CH*高温自发光而呈蓝色，而氨燃料火焰因NH_2*而呈现黄色．并且，NH_2*的浓度会随氨燃料当量比增大而急剧增加，从而火焰会呈现更深的颜色。氨–碳氢燃料/氢混燃是改善氨燃烧性能、实现氨燃烧利用的有效手段。在内燃机、燃气轮机及工业锅炉领域已开展了纯氨燃烧、氨与氢等气/液碳氢燃料混合燃烧相关技术的开发研究。为了实现高效且稳定的氨煤/氨氢混合燃烧，对其详细的动力学机制的探究是必不可少的。NH_3/煤混合燃烧条件下NH_3/煤–N 转化反应路径如图 5-36 所示。

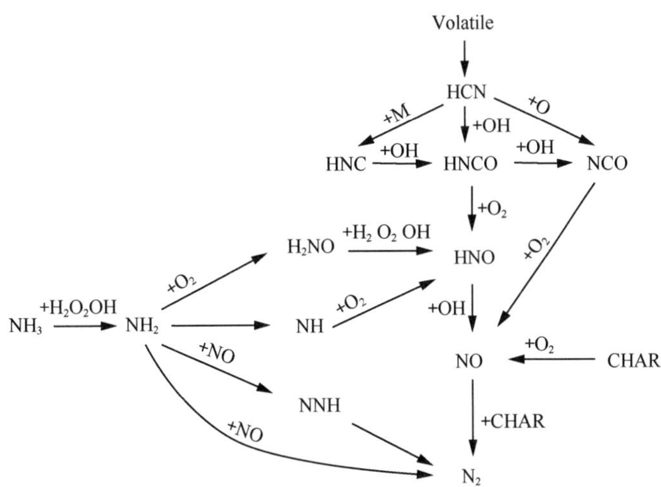

图 5-36 NH_3/煤混合燃烧条件下NH_3/煤–N 转化反应路径

1. 火焰传播速度与着火行为

火焰传播速度（火焰燃烧速度）是表征燃煤锅炉着火和燃烧稳定性的重要物理参数。NH_3与煤混燃的火焰传播速度因环境条件和煤的类型不同而不同。在贫料的情况下，混燃的火焰传播速度高于纯氨燃烧；在足料的情况下，混燃的火焰传播速度低于纯氨燃烧。这是因为稀薄的氨在预热情况下，火焰的强辐射热和挥发性物质的排放提高了局部当量比，其带来的积极作用超过了煤颗粒吸热的消极影响。

在不同湍流强度下，氨与不同类型的煤（高/低燃料比）混燃过程中，对于低燃料比煤，贫料混燃的火焰速度比纯煤燃烧快 3 倍，比纯氨燃烧快 2 倍；但对于高燃料比煤，混燃的火焰速度低于纯氨燃烧。图 5-37 是 Hadi 等人用于解释此现象所提出的火焰传播机理。

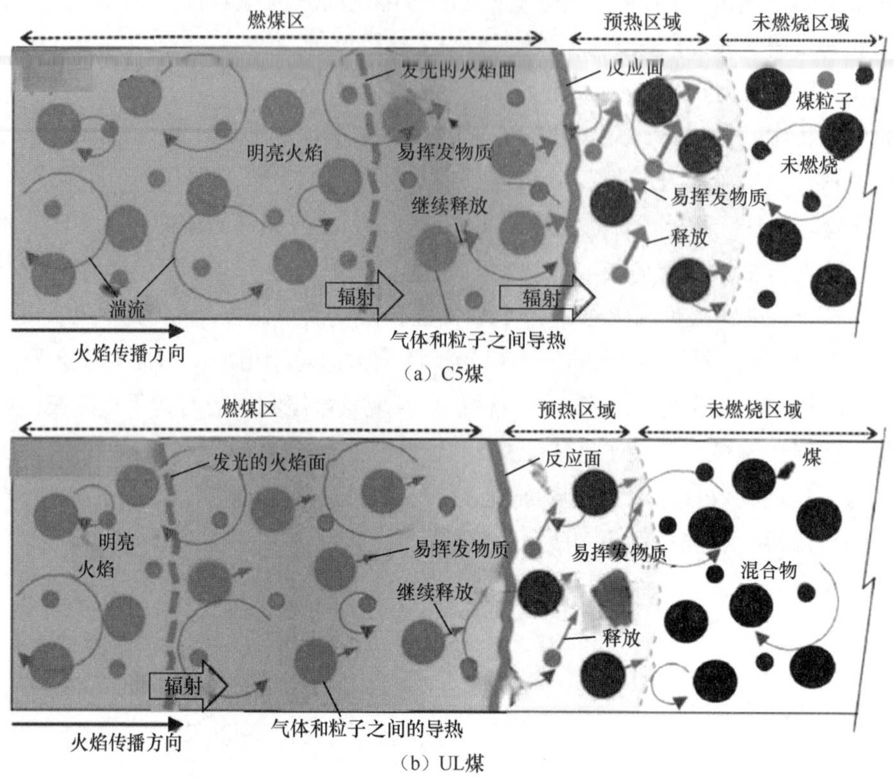

图 5-37　氨/煤颗粒云混燃火焰传播机理

此外，了解煤流着火和氨燃烧时的挥发性燃烧是至关重要的，这些因素决定了灵活性运行氨煤混燃锅炉的火焰稳定性。氨燃烧的加入可以使得挥发性释放得到增强，造成氨煤混燃火焰强度高于纯氨或纯煤的燃烧，其对煤的着火有着积极影响，如温度升高和煤颗粒得到稀释；但也有消极影响，如氧气的快速消耗。

辐射换热是锅炉炉膛内的主要热交换路径，而炉膛中火焰的辐射换热特性与燃料及其燃烧产物性质密切相关。煤、天然气等碳氢燃料完全燃烧产物为 CO_2，H_2O，飞灰和碳烟颗粒物等物质，高温下形成典型的发光火焰。氨燃料完全燃烧产物为 N_2 和 H_2O，不产生飞灰及碳烟等颗粒物，与煤有显著差别，因此掺氨燃烧或纯氨燃烧会对火焰温度分布及辐射换热性质造成影响。

综上所述，在贫料情况下，氨与高挥发分煤混燃可以提高可燃性，但在足料情况下，当挥发物含量低时，氨的加入反而会降低可燃性。此外，可以尝试氨煤混燃过程中添加 H_2 和二甲醚等燃料来进一步提高整体可燃性。

2. NO_x的排放以及未燃尽碳与未燃尽氨

由于氨燃料中富含 N 元素，掺氨燃烧时，NO_x 生成与排放特性成为重点关注对象。对于不同的 NH_3 喷入位置、NH_3 混燃比例、NH_3 喷入方式（煤粉流混合氨、燃烧空气混合氨

和直接炉内喷射氨）、煤种性质（挥发分含量）、热负荷等因素，其对 NO_x 的排放造成不同的影响。此外，氨煤混燃也会对未燃尽 NH_3 和 N_2O 排放浓度及飞灰中未燃尽碳的含量产生影响。

760kW 卧式粉煤炉示意图如图 5-38 所示。

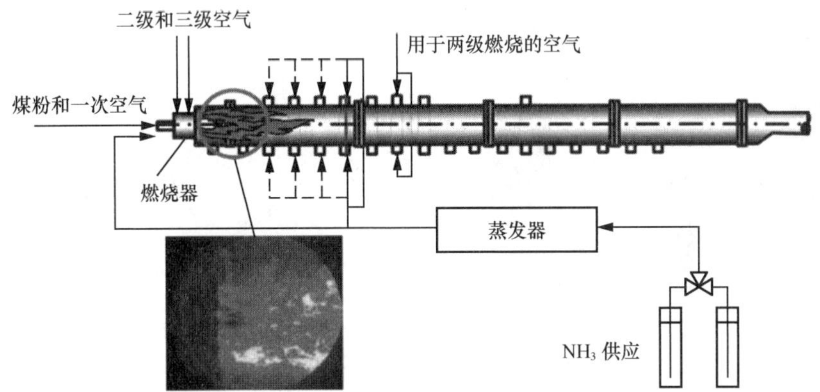

图 5-38 760kW 卧式粉煤炉示意图

当氨气从燃烧器中心注入时，NO_x 生成浓度较煤单独燃烧时升高约 24%和 7%；当在距离燃烧器 1.0m 处注入氨时，随着氨共烧比例的增加，NO_x 排放量则呈现减少的趋势；而当氨从位于 1.0m 以外的侧孔注入时，随着 NH_3 混燃比例的增加，NO_x 排放量增加；当氨气的注入位置距离燃烧器出口更远时，烟气中 NO_x 浓度进一步增加。产生这种现象的原因可以归结于周围大气是否处于还原区还是氧化区。同时，氨注入位置与方式的影响主要与注入位置的温度和局部氛围（O_2 含量、NO_x 含量等）及 NH_3 注入后的燃烧与停留时间有关。当氨以理想的注入位置与方式注入时，一方面可以与已有 NO_x 反应，将其还原为 N_2；另一方面注入 NH_3 可降低火焰温度，降低热力型 NO_x 的生成，同时 NH_3 自身也会更少被氧化生成 NO_x，而更大程度地转化为 N_2。因此，将氨注入到燃烧器出口等还原气氛强、气体温度高的区域通常有利于减少 NO_x 的生成。此外，在煤粉燃烧过程中，可以通过选择合适的喷嘴枪来控制 NO_x 和未燃碳的排放量。由于氨的低可燃性，在氨煤混燃过程时，火焰会从燃烧器中升起，需要通过增加旋流强度来缓解这一现象。

NO_x 生成量与氨混燃比例呈现非线性关联，且同时受到氨混燃方式、炉膛结构与尺寸等因素的影响。在火焰区注入 NH_3 可以形成高浓度 NO_x 和高温区域，有利于 NO_x 的还原，使得 NO_x 排放量低于燃煤。改变 NH_3 混燃比例（20%～80%）发现，20%～30%的氨混燃与纯煤燃烧相比，NO_x 排放量相近或更低。是因为当氨的混燃比为 20%～30%时，通过中央风管注入会使得火焰由旋流火焰转变为细长火焰，这种变化会导致更低的 NO_x 排放。同时，随着混燃比的增加，火焰温度、壁面热流密度和 CO_2 排放量降低，未燃烧碳的含量则会增加，而 NO_x 的浓度呈现先略降低后升高的变化。

不同氨混燃比的气温分布以及炉口吸热、未燃烧碳、NO 及 NH_3 浓度如图 5-39 所示。

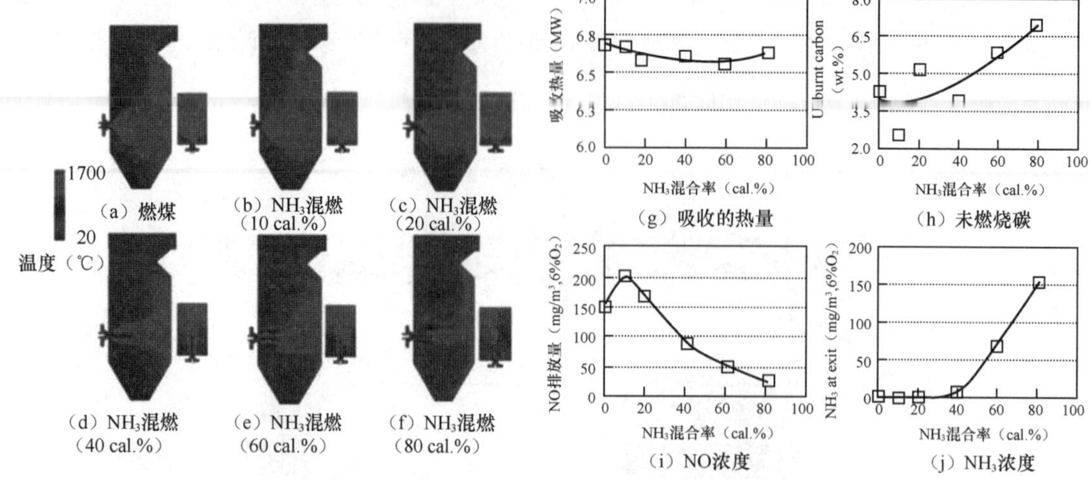

图 5-39　不同氨混燃比的气温分布以及炉口吸热、未燃烧碳、NO 和 NH_3 浓度

在电站锅炉中，氨燃料混燃引起的流动、温度、气氛等变化可能影响煤粉燃烧与燃尽过程，进而影响飞灰中未燃尽碳含量. 同时氨燃料燃烧不合理也可能产生未燃尽 NH_3 或 N_2O 排放的风险。现有研究中也关注并初步探讨了氨煤混燃烟气中未燃尽 NH_3、N_2O 及飞灰中未燃尽碳的含量变化，氨混燃对飞灰中未燃尽碳的影响与氨注入位置密切相关。当氨经燃烧器与煤粉一同注入时，飞灰中未燃尽碳含量几乎无变化；而当氨从炉膛侧壁注入或在燃烧器中心以单独氨枪注入时，飞灰含碳量降低。这是由于当氨从炉膛侧壁注入时，炉膛中的总过量空气系数不变，导致燃烧器出口区域出现局部富空气区域，有利于煤粉的燃烧和燃尽；而当通过单独氨注入枪注入时，氨气射流可促进煤粉颗粒与空气的混合，促进煤粉燃尽。另外，温度降低会促进 N_2O 的生成，掺氨燃烧中较低的燃烧温度可能导致 N_2O 排放恶化。

综上所述，氨煤混燃中氨燃料的引入存在较大的 NO_x 生成与排放风险，控制 NO_x 生成具有较大挑战。NO_x 生成受多种因素影响，现有研究初步揭示了小掺混比下各因素的表观影响规律，而对深层次的影响机制仍认识不足。大比例掺氨仍处于模拟阶段，对于流动和反应的综合影响仍不清楚，同时对多燃烧器情况下的 NO_x 生成情况仍须进一步探究。此外，大掺氨比下未燃 NH_3 含量会随掺混比增多而持续增多，若将 NH_3 进行分级燃烧，同时从燃烧器中心及侧壁按照一定的比例注入，配合适当的空气分级，则有望实现未燃尽碳及未燃尽氨同时控制。

3. 空气分级燃烧对NH_3混燃的影响

大量研究证明，空气分级燃烧是燃煤锅炉在保证燃烧稳定性的同时减少 NO_x 排放的一种非常有效的方法，其凭借着经济性和性能受到广泛关注和应用。在空气分级燃烧技术中，一次燃烧区剩余空气量、额外燃尽空气喷射位置、空气分级水平以及一次燃烧区温度是影响燃烧稳定性和减少 NO_x 排放的关键因素。一维炉温控制分级燃烧装置原理如图 5-40 所示。

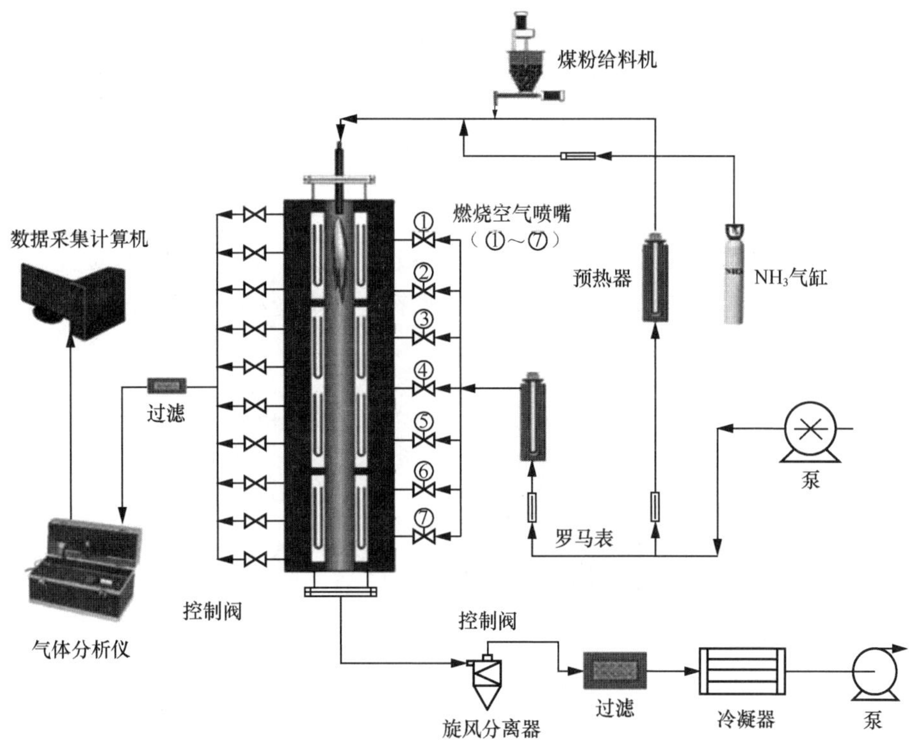

图 5-40　一维炉温控制分级燃烧装置原理

燃尽空气添加位置对氨煤共烧产物有显著影响。燃尽风添加位置离燃烧器出口越远，NO 排放量越低。这是因为燃尽空气添加位置离燃烧器越远，越有利于一次燃烧区还原气氛的形成，使得烟气在还原区的停留时间更长，增强了 NO_x 的还原。当距离太大时，NO 还原效率的提高有限，可能会对燃烧效率产生负面影响，降低煤燃尽率，CO 和 H_2S 的生成量增加。所以，过度增加烟气在一次燃烧区的停留时间并不能有效地改善 NO_x 的减少，如果还原区长度超过临界值，则会导致 NO 还原能力在中后期饱和，导致还原过程缓慢。

4. 二次喷油对NH_3混燃的影响

二次燃油喷射策略是燃煤锅炉中的一种燃料分级技术，被广泛用于降低 NO_x 排放。该技术通过两个主要机制对 NO_x 的排放进行有效的遏制。首先，在初级燃烧区中引入冷空气和新鲜空气来消除燃烧热量，降低火焰温度。其次，在分级燃烧区中的一次燃烧区形成的 NO_x 通过与分级燃料自由基的相互作用进行部分还原。二次燃油喷射微燃烧室的几何结构如图 5-41 所示。

通过数字建模分析可以发现引入二次喷油在抑制 NO_x 生成方面非常有效。当二次燃油喷射比 R（二次进气道 NH_3 体积流量与一次进气道 NH_3 体积流量之比）和无因次轴向位置 L 分别为 0.01 和 0.1 时，在 NH_3 泄漏量低于 900mg/m^3 的情况下，NO 排放量减少了近 28%。

采用二次喷射策略后，燃烧室出口 NO 的摩尔分数相比常规燃烧室有了较大的降低，并且 NO 减排强度与一次燃料体积流量有关。但采用二次喷油策略会导致 NH_3 从燃烧室出口流出。可以通过增加一次燃料体积流量来提高 NH_3 与 NO 反应的消耗率，进而降低 NH_3 泄漏。此外，二次喷油的设计参数（如喷射比和轴向喷射位置）在燃烧特性和性能研究中发挥关键作用。燃烧区域的 NH_3 浓度随着喷射比 R 的增加而增加，这将导致 NO 浓度的降低，但伴随着高 NH_3 泄漏的负面影响。因此，对比 NO 和 NH_3 泄漏量，应当选择一个合适的临界喷油比，实现 NO 排放的显著减少，同时 NH_3 的泄漏量保持在可接受范围内。通过改变轴向喷射位置可以显著影响 NH_3 的泄漏浓度，但对 NO 的排放量影响较小。随着轴向喷射位置 L 的增大，NH_3 泄漏浓度将不断增大，因此次喷油器不应放置在离燃烧室入口太远的地方。

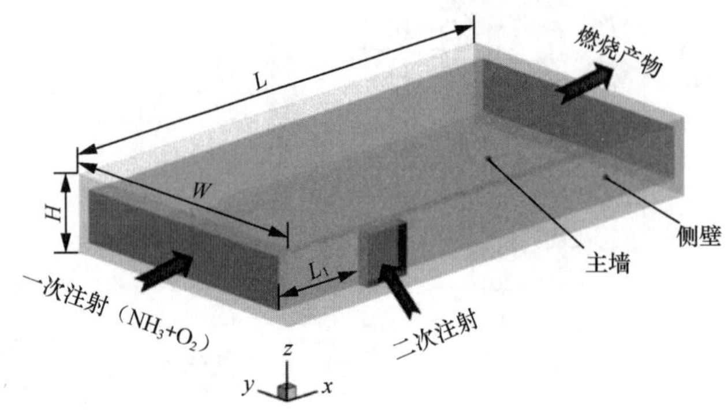

图 5-41　二次燃油喷射微燃烧室的几何结构

5. 轻度燃烧NH_3混燃

中度或强烈低氧稀释（Moderate & Intense Low Oxygen Dilution，MILD）燃烧技术是实现氨煤混燃过程中稳定燃烧和减少 NO_x 和 CO_2 排放的有效方法。该技术具有动量大、O_2 稀释度低、火焰稳定性好、NO_x 排放极低等特点。过去，人们采用 MILD 燃烧技术来实现气体燃料燃烧排放极低的 NO_x 浓度的目标，并为此进行了多次数值和试验研究。为了实现氨煤混燃的轻度燃烧，其中氧化剂的温度是至关重要的因素。由于 MILD 燃烧模式涉及强烈的烟气再循环，反应区内的 O_2 浓度通常低于 5%～10%，造成局部贫 O_2 区，NH_3 将 NO 还原。因此，通常将氧化剂预热到 1000 ℃或更高的温度，该温度超过燃料的自燃温度，以至于氨煤混燃时能够快速点火，形成稳定的火焰。此外，固体燃料与煤粉的反应性不如气态燃料（如 CH_4、H_2 和 NH_3）。因此，提高喷射速度和预热温度将是实现固体燃料轻度燃烧的一种很有前途的方法。

5.2.2.2　发展现状

氨的燃烧和能源化利用研究最早起始于 19 世纪，近年来在 CO_2 减排和新能源开发利用的驱动下，氨能源受到越来越多的关注。美国（国防部、能源部、能源高级研究计划局、明尼苏达大学、耶鲁大学等）、日本（科学技术振兴机构、东北大学、大阪大学、北海道大学、IHI 公司等）、英国、澳大利亚、荷兰及国际能源机构等先后对氨能源进行了研究，研究方向包括内燃机、燃气轮机、电站和工业锅炉燃料电池等多种形式的氨燃烧利用及氨电化学、光化学合成等。

国际能源署（IEA）在《能源技术展望 2017-催化能源技术转型》中，将氨列为一种能源载体，推动了将氨用作能量载体和潜在燃料的研究。随后，在《The Future of Hydrogen》（2019）中将氨列为未来实现氢能源在交通、热力、钢铁、电力等领域广泛应用的重要路径。国际可再生能源署（IRENA）高度重视低碳氨燃料在实现未来碳中和目标中的作用和重要性，将其列为实现碳中和的六条技术途径之一，并特别列为工业和交通等难以直接电能替代部门的重要解决方案。

1. 国外现状

美国国防部(Department of Defense，DOD)早在 19 世纪 60 年代便围绕氨燃烧开展了 Enegy Depot 系列军用研究，研发了氢燃料火花点火发动机、压燃发动机、燃气轮机和火箭发动机，进入 21 世纪后，美国能源部（DOE）设立多项氨燃料研究项目，成立了氨燃料联盟，联合数十家单位促进氨燃料推广应用。2016 年，DOE 及先进能源研究计划署（Advanced Research Projects Agency-Energy，ARPA-E）在 REFUEL 计划中，重点设置了多个围绕氨燃料的研究项目。2021 年美国国会提出了 CLEAN Future Act 法案，拟将氨与氢气并列为合格低碳燃料。

日本十分重视氨作为能量载体的潜力，将其列入国家战略性创新创造方案（Strategic Innovation Promotion Program，SIP）十个主题之一，实施了 SIP Energy Carriers 项目（2014—2018 年）。SIP 项目的研究内容涵盖 NH_3 燃烧机制等基础研究、各种 NH_3 燃烧设备开发、在以燃气轮机为核心的天然气火电站和以蒸汽锅炉为核心的燃煤电站上开展氨–天然气和氨–煤混燃技术研究等。

日本 IHI 公司已完成了中试规模（10MW）氨–煤混合燃烧技术试验，成功实现了热量比为 20%的氨–煤掺混燃烧，并且通过设定适当的氨流速和二级燃烧率，可将 NO_x 浓度控制在与煤炭专烧时相同的水平。燃烧试验炉主要流程如图 5-42 所示。燃烧试验炉在火炉前面设有一个燃烧器，通风机所供给的空气通过预热器与排气进行热交换，作为燃烧空气被输送到燃烧器中。燃烧空气中的一部分被供给燃烧器上层的端口，轧机空气风扇提供的空气通过预热器与废气进行热交换后供给煤炭粉碎机，用于煤炭的干燥和输送粉碎后的煤炭。粉碎后的煤炭储存在储煤瓶中，储存的煤炭通过送煤器从储煤瓶中排出预定的量，通过一次空气通风机提供的输送用空气供给燃烧器。氨通过氨供应设备输送到燃烧器，最大可以 0.38t/h 的流量连续供应。氨经过蒸发器汽化后，在控制质量流量下，单独输送到设置在微粉煤燃烧器中心的专用喷嘴，不与空气混合。并且在供应氨时，预先用微粉煤燃烧器燃烧微粉煤，并朝着火焰注入氨。

图 5-43 所示是燃烧器示意图。燃烧器采用轴对称结构，从中心开始依次为内筒、外筒、空气寄存器、风箱。从储煤罐排出的煤炭与输送用空气一起通过内筒和外筒之间的流道供给火炉。燃烧用空气通过外筒外侧和风箱包围的通道供应到火炉。配置在燃烧用空气流道上的空气寄存器为轴对称结构，具有多个可动轴承，通过调节轴承角度，可调整燃烧用空气的回旋力。通过循环流使高温燃烧气体与燃料迅速混合，促进燃料中的挥发分和 N 分的释放，形成稳定的火焰，同时降低还原性气氛中的 NO_x。

日本 Chugoku 电力在水岛电厂（见图 5-44）2 号机（156MW 燃煤机组）上开展了氨-煤混燃（热量比为 0.6%～0.8%）发电的现场试验。

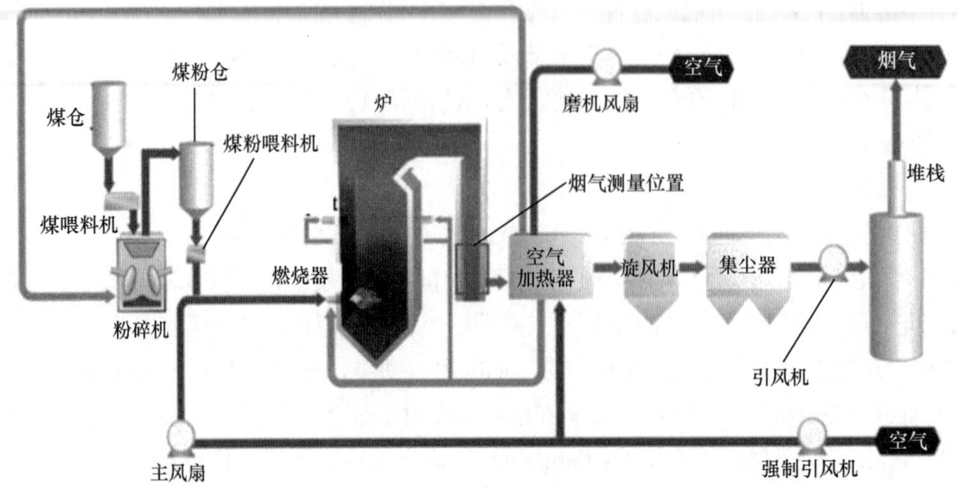

图 5-42 燃烧试验炉主要流程

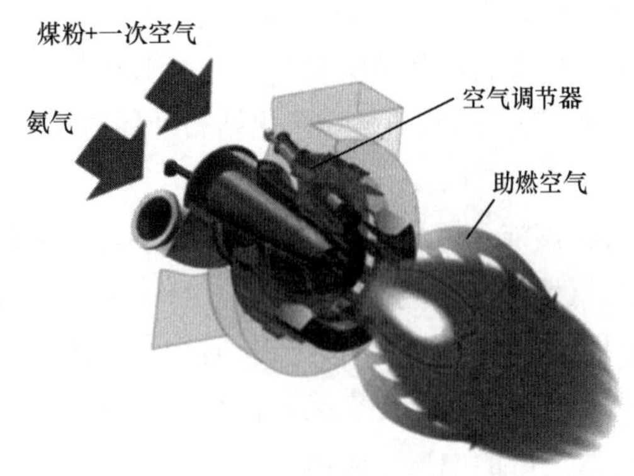

图 5-43 燃烧器示意图

图 5-44 水岛电厂俯视图

水岛电厂 2 号机组配备了燃烧附近液化天然气接收站产生的蒸发气（BOG）的设施。根据温度和压降计算结果，考虑燃烧器入口压力和流量，以及汽化氨气再液化的风险，确定 BOG 管道管径，并且安装长度约 300m。将氨作为燃料从氨设施提供给 BOG 燃烧设施进行反硝化，可以最大限度地提高效率。氨共烧速率在 155MW 时约为 0.6%，在 120MW 时约为 0.8%。当燃烧器阀打开点火时，氨气供给炉膛，同时燃烧器压力降低。

利用现有设施进行低成本的共烧试验，该试验中，炉内残余氨浓度的范围为 0.2～0.4mg/m^3，与未注射氨的情况相同，锅炉出口残余氨气与正常情况下基本相同，说明氨气在锅炉内完全燃烧。共烧前后 NO_x 浓度差值为-8～+7mg/m^3（-2.3%～+2.1%），则说明 NO_x 的排放量与单烧煤时无明显差别，初步证实了氨-煤混燃技术作为燃煤火电站 CO_2 减排措施的可行性。在测试中，氨共烧率约为 0.6%，如果工厂全年以 156MW（70%的设施利用率）运行，则每年将减排约 4000t 二氧化碳。如果氨共烧率设定为 20%，预计每年可减排约

134000t 二氧化碳。

目前日本以 10MW 的中试试验为基础，首先开展了对 1000MW 锅炉吸热性能进行数值模拟评价，并规划在碧南火力发电厂 1000MW 燃煤机组上开展氨–煤混燃试验，计划在 2030 中期之前实现混燃 20%的氨，图 5-45 为水岛氨煤混燃系统和燃烧器。1000MW 燃煤锅炉如图 5-46 所示。

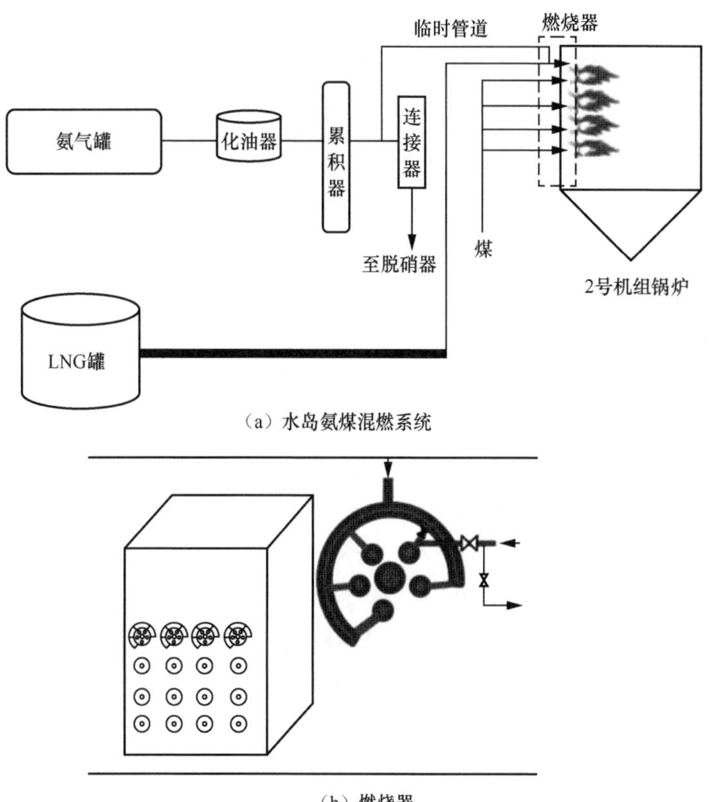

（a）水岛氨煤混燃系统

（b）燃烧器

图 5-45 水岛氨煤混燃系统和燃烧器

日本由于能源结构等因素的影响，日本在氨能的开发利用上走在前沿，掺煤燃烧发电技术研发主要由日本推进，日本在 2021 年制定了“2021—2050 日本氨燃料路线图”，2025 年前在火力发电厂中完成 20%掺混氨燃料的示范验证；随着混燃氨技术的成熟，这一比例将上升到 50%以上；到 2040 年左右，建设纯氨发电厂。日本掺氨燃烧发电的最大挑战是氨能源缺乏。要实现煤电厂 20%的掺氨燃烧目标，大约需要 2000 万 t 氨，相当于全球每年的氨贸易量。为了增加氨的供应，日本计划到 2030 年实现氨燃料年产量 300 万 t，到 2050 年实现氨燃料年产量 3000 万 t。

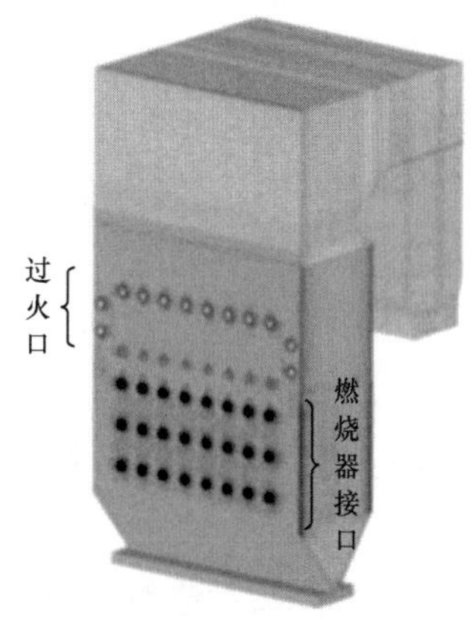

图 5-46 1000 MW 燃煤锅炉

日本发电部门对氨的需求如图 5-47 所示。

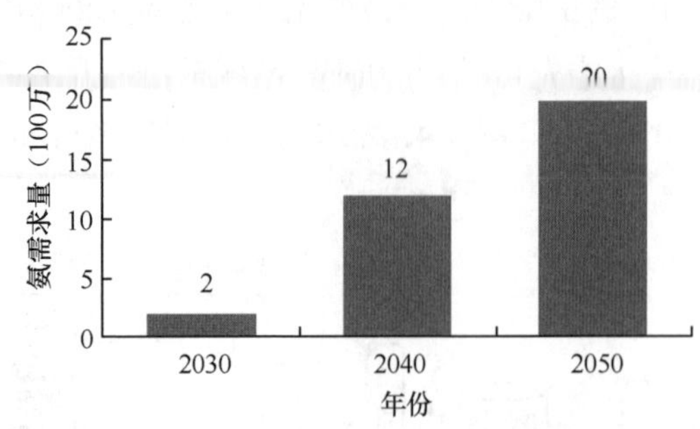

图 5-47 日本发电部门对氨的需求

2. 国内现状

中国合成氨市场规模为千万吨级，规模位居全球第一。根据 Wind 数据，2021 年总产量 5189 万 t，占全球合成氨市场份额约 30%，现阶段中国合成氨市场基本保持供需平衡。2022 年 2 月，国家发改委等四部委联合发文《高耗能行业重点领域节能降碳改造升级实施指南（2022 年版）》，2022 年 3 月发改委和能源局发布《氢能产业发展中长期规划（2021—2035 年）》均提出要加快发展绿氨。

2022 年国家能源集团以 35%混燃比例在 40MW 燃煤锅炉上实现了混氨燃烧工业应用，开发了可灵活调节的混氨低氮煤粉燃烧器，并配备多变量可调的氨供应系统。完成了对氨煤混燃技术的整体性研究，为更高等级燃煤锅炉混氨燃烧系统的工业应用提供了基础数据和技术方案。试验台包括氨煤混合燃烧系统、供风系统、氨燃料供应系统、锅炉运行与测试系统，以及制粉系统、送风机、引风机和除尘器等辅助设备，可采用全尺度燃烧器在接近燃煤机组真实运行条件下验证氨煤混合燃烧的可行性，并对各种关键影响因素进行深入研究。

40MW 燃煤锅炉氨煤混合燃烧试验系统示意如图 5-48 所示。

锅炉本体由横置燃烧室、立式燃尽室、对流室、炉墙等主要构件组成。锅炉采用膜式壁设计，炉膛由横置燃烧室和立式燃尽室组成，采用单只燃烧器，布置在横置燃烧室前墙。燃料和空气由燃烧器进入炉膛横置燃烧室，烟气由横置燃烧室进入立式燃尽室后折转向上，自后墙顶部的出烟窗进入对流区。

由于 NH_3 燃烧速度慢、可燃极限范围窄，氨煤混合燃烧的着火与稳燃问题是试验系统设计重点考虑的问题。研究表明，NH_3 与 H_2、CH_4 等燃料混合可显著提升 NH_3 燃烧速度、缩短 NH_3 着火延迟时间，而煤的挥发分包括 H_2、CO、CH_4 等轻质气体和焦油等，可有效提升 NH_3 的燃烧速度。据此原理设计开发一种内混式氨煤混燃燃烧器（见图 5-49）。该燃烧器在煤粉管道内点燃部分煤粉，通过煤粉燃烧初期释放的热量为 NH_3 的着火提供稳定热源，同时燃烧器内析出的挥发分为燃烧反应提供了大量 O/H 自由基，强化了 NH_3 的着火与燃烧。氨煤混燃烧器示意如图 5-49 所示。

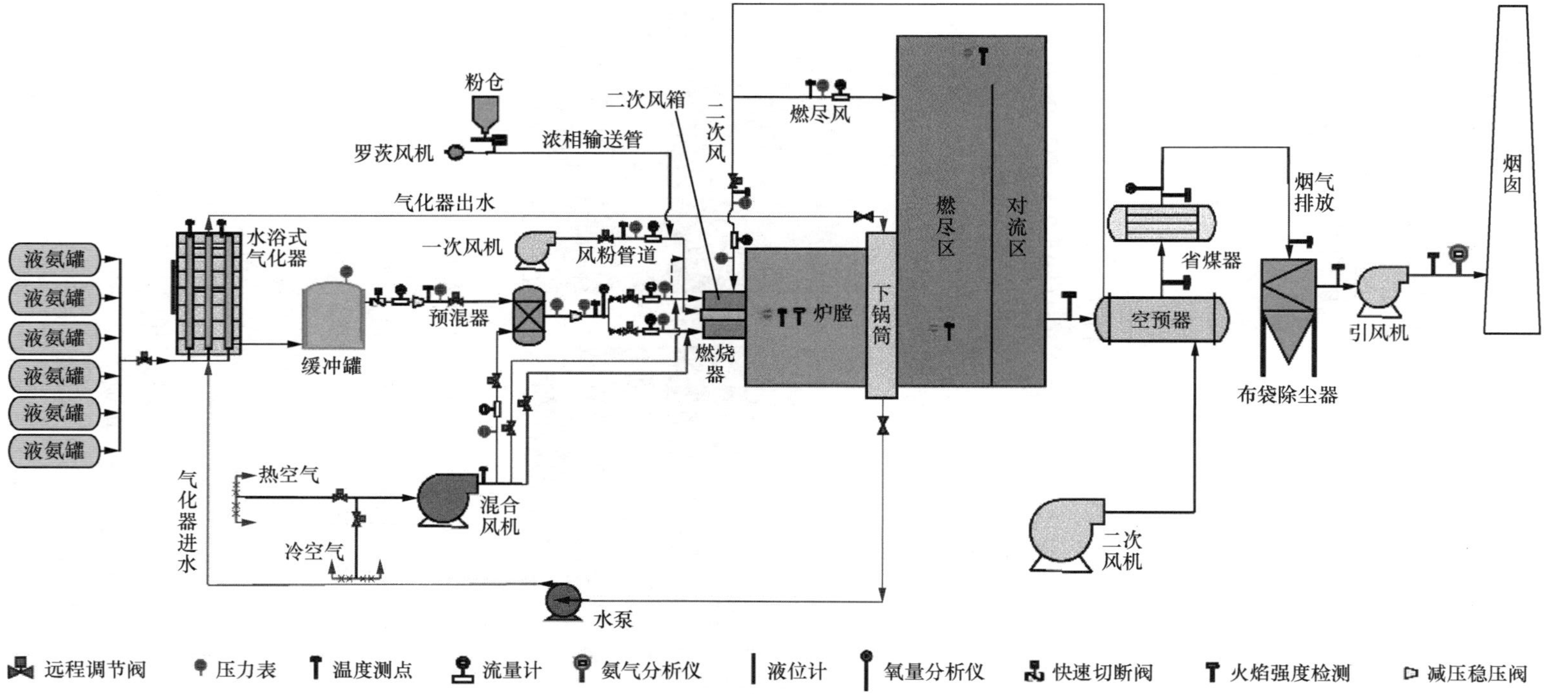

图 5-48 40MW 燃煤锅炉氨煤混合燃烧试验系统示意

锅炉供风系统包括一次风系统和二次风系统。其中一次风由一次风机提供，不经空气预热器加热，为冷风，布置于锅炉右侧区域；二次风由二次风机提供，经过空气预热器加热，为热风，加热后的二次风由锅炉两侧至锅炉前墙上方位置。为实现高比例的混氨燃烧和氨气流量的灵活控制，设计了氨燃料供应系统，包括液氨罐、气化撬、混合风机、预混器等主要设备及管道、阀门、仪表等附属设备。氨罐内液态氨通过压差自流或氨泵输送至水浴式气化器，经过过滤、调节进入气化器盘管。在气化器盘管中，液氨通过管壁吸收热媒的热量，热媒热量来自于锅炉水冷壁的循环热水，水温设定在（80±2.5）℃。根据传热状态不同，盘管换热器分为换热段、蒸发段和过热段。液态氨吸收热量后升温转化成气态，气化器内部设有内置的气液分离器，经旋转气液分离后，氨气从出口输出，分离器同时具有过热作用。氨燃料供应系统和40MW氨煤混合燃烧试验台现场照片如图5-50所示。

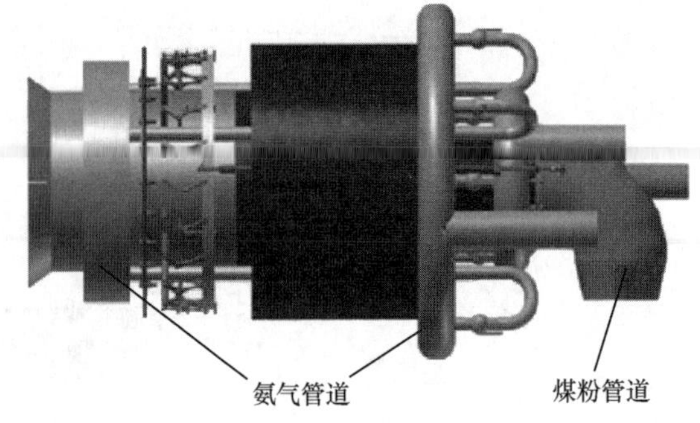

图5-49　氨煤混燃燃烧器示意

（a）氨燃料供应系统

（b）40MW氨煤混合燃烧试验台

图5-50　氨燃料供应系统现场照片和40MW氨煤混合燃烧试验台现场照片

2021年9月23日，由安徽省能源集团有限公司和合肥综合性国家科学中心能源研究院联合成立“安徽省能源协同创新中心”，并正式开启实施中国火电厂首个掺氨燃烧示范重大项目——皖能铜陵发电有限公司300MW火电机组氨能混燃发电项目。2023年3月大型燃煤发电机组大比例掺氨燃烧试验在皖能铜陵发电有限公司取得重大突破：试验投入了四种型号共8台燃烧器，采用了大功率的纯氨燃烧器、新一代的等离子体裂解强化高效纯氨燃烧器，国内最大的20t/h双加热回路液氨高效蒸发器和国内首套燃煤锅炉炉膛温度立体监控与排烟成分在线检测系统等一系列创新技术，实现了100～300MW并网功率下燃煤掺氨比例10%～35%多种工况的锅炉安全平稳运行，最大掺氨量大于21t/h，氨煤热量比超过1∶2，氨燃尽率达到99.99%，氨逸率低于2mg/m^3，排烟NO_x浓度可控可降，锅炉效率与优质燃煤工况相当。

2023 年 8 月 28 日，由烟台龙源电力技术股份有限公司自主研发的燃煤锅炉混氨燃烧技术，在广东省江门市台山电厂落地。目前，600MW 混氨燃烧机组工程已完成中试，一个个储氨罐正在等待最后的充装工序。待项目成功投用后，将极大降低中国化石能源发电站的碳排放量。

然而，目前对于氨在不同工况下的燃烧特性，如点火延迟时间、火焰速度与结构、燃烧极限、NO 生成特性等关键参数尚未完善，对于氨燃烧的反应动力学机理也仍处于不断验证改进阶段，掺氨发电技术在燃煤发电厂的商业化进程中仍面临挑战。

5.2.2.3 发展方向

目前，对于氨煤混燃技术只进行了基础和应用的研究，在工业燃烧系统的实际运行方面仍存在许多尚未解决的技术和挑战。电站锅炉掺氨燃烧存在的问题如图 5-51 所示。

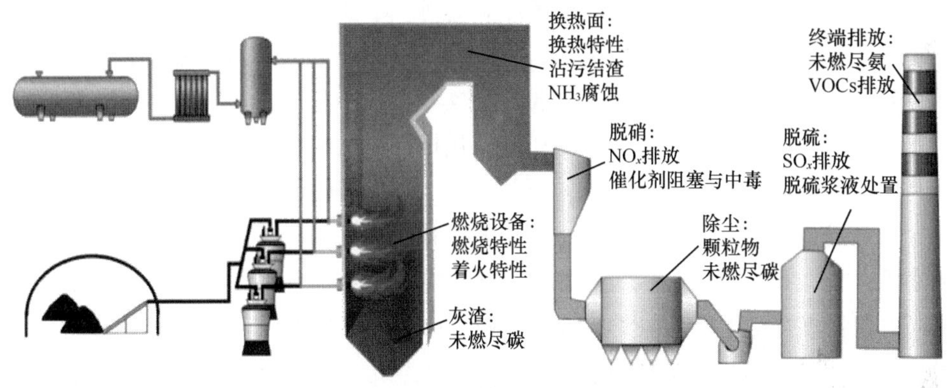

图 5-51　电站锅炉掺氨燃烧存在的问题

目前，对氨−碳氢燃料混合燃烧的燃烧基础理论研究大多集中于氨与小分子气体燃料的混合燃烧方面，如 NH_3-H_2、NH_3-CH_4、NH_3-合成气等燃料体系。而对于氨与煤、生物质等固体大分子碳氢燃料的混合燃烧行为认识尚十分缺乏。尤其在氨煤混燃情况下，研究多在 MW 级别的燃烧装置上开展，对于煤粉着火延迟、着火模式、挥发分燃烧及焦炭燃烧等燃烧特性缺乏深入理解。

对于污染物排放与控制方面，NO_x 是氨煤混燃最受关注的污染物，但氨煤混燃中，煤中 N、S、Cl 等元素迁移和转化行为及 HCN、含氮 PAH 等高毒性气态污染物的生成与排放行为尚未探究，有待研究确认。另外，煤中普遍存在矿物杂质，与氨混燃后带来的燃烧环境变化对矿物质转化及沉积行为、矿物颗粒物、碳烟颗粒物等有何影响，也有待深入研究。

模型开发、验证及模拟预测方面，锅炉、燃烧器等装置结构及供风配风的运行参数须更加精细、准确，更接近现实，尽可能模拟出真实情形，并从多个角度验证模拟结果的准确性与正确性。流动、换热及反应模型是实现可靠仿真的基础，现有反应机理模型对大比例氨混燃条件的适用性尚须评估。

技术系统开发、优化及工业示范方面，燃煤火电机组进行掺氨改造，须全面考虑锅炉燃烧设备、烟气处理等大量装置的匹配和优化。目前，针对高浓度、大比例掺氨情形的低污染物掺氨–煤粉燃烧器设计及炉膛燃烧策略仍缺少探究。另外，现有研究更多关注的是掺氨后污染物排放量的变化，而对于锅炉尾部污染物控制设备如 SCR（晶闸管，Silicon Controlled Rectifier）、ESP（电子稳定程序，Electronic Stability Program）、FGD（烟气脱硫装置，Flue Gas Desulphurization）等调整的研究仍缺乏。现有研究大多为小规模实验室研究，将氨大规模实现在现役锅炉上仍须进一步的工业示范；同时，系统开发中还须关注 NH_3 的腐蚀性等问题，进行针对性设计。

因此，对于氨煤混燃技术进行持续深入的研究是必要的，同时也是道阻且长的。实现未来的商业化应用应着重克服 NH_3 反应性低、NO_x 排放超标、效率亟待提高等问题。

对于氨煤混燃技术而言，首先需要系统地优化化学动力学模型和开发适用工业的数值分析技术。进一步探究并建立详细的化学反应机制，如氨煤混燃的主要反应速率常数。

其次，系统的研究氨煤混燃中 NH_3 与固体燃料的相互作用和非添加剂行为。在防止增加 NO_x 排放、可燃性降低和效率降低的情况下实现锅炉中的 NH_3 混燃比的逐步增加。而这需要进一步完善对非添加剂相互作用的研究，包括燃烧性能、腐蚀、NO_x/SO_x 排放、结渣/结垢及其他相关方面。

再次，开发先进燃烧技术并实现中试以及大规模的示范，促进氨煤混燃技术在实际应用上的发展。设计和开发用于氨煤混燃的新型燃烧器和专用燃油喷射系统，提高 NH_3 的利用率，同时保持燃烧效率和污染物排放浓度在可接受的范围内。

最后，由于目前氨燃料的成本普遍高于与之竞争的化石燃料。在环境法律法规的影响下，碳基燃料的成本预计将持续增加，因此在未来需要降低氨燃料的成本来促进氨煤混燃技术的实际应用与推广。此外，利用绿色清洁的可再生能源（如风能和太阳能）生产氨燃料是减少污染降低成本的可行之路。不仅使氨能够作为一种储能物质和经济可运输的能源得以利用，而且保证了氨煤混燃技术的经济可行性，从而有助于未来可再生能源产业的发展。目前，氨氢混燃和进一步的氨/氢/煤混燃还处于试验阶段，技术不够成熟，缺乏相关的示范项目。

5.3 燃煤发电机组 CCUS 技术

5.3.1 富氧燃烧技术

5.3.1.1 技术原理

富氧燃烧技术最早由 Horne 和 Steinburg 于 1981 年提出，其目的是产出 CO_2，用来提高石油的采收率。在 20 世纪 90 年代后，人们逐渐认识到节能减排的重要性，对温室气体的排放有意识地进行管控，富氧燃烧技术便越发受到关注。世界上大多数国家（如美国、日本、德国、法国、加拿大等）均积极开展研究，并且广泛推广富氧燃烧技术的

各类应用。

富氧燃烧技术是指助燃空气中的氧气浓度超过 20.94%的燃烧过程，助燃空气中氧气浓度的极限为纯氧。由于反应物浓度的提高，在单位时间内燃烧强度大，火焰变短，火焰温度更高，能提高反应物的燃尽率，增强内部的辐射传热。氧气在空气中的体积分数约为 20.94%，氮气及少量的惰性气体的体积分数约为 79.06%。在燃烧过程中真正参与燃烧反应的只有氧气，因为氮气及惰性气体不但不能助燃，而且还会在燃烧过程中带走大量的热量，所以严重制约了燃烧炉的热效率。在燃烧炉上采用富氧燃烧技术后，不参与反应的氮气量减少，因此由氮气带走的热损失也减小，不仅节省了燃料，而且还从根本上改善了炉膛内部热量的分布及反应物的燃烧状态。

富氧燃烧是一种利用高纯度 O_2 替代空气作为燃烧介质的技术。将 O_2 与锅炉燃烧后的部分烟气混合送入炉膛与燃料混合燃烧，从而获得高浓度的 CO_2，有利于 CO_2 的封存及利用。富氧燃烧工作流程如图 5-52 所示。常规的富氧燃烧锅炉流程为：先用空气分离装置分离空气中的 N_2，从而制得高纯度的 O_2，然后按一定的比例与循环烟气进行混合，将燃料送入炉膛中燃烧，出来的烟气经过除尘器后抽取部分湿烟气作为二次循环烟气，另一部分依次经过烟气换热器、脱硫系统、烟气冷凝器。经过冷凝器干燥后的干烟气作为一次循环烟气，先通入烟气换热器进行加热，再携带煤粉进入炉膛燃烧，剩余部分进入 CO_2 压缩收集系统或由烟囱排向大气。

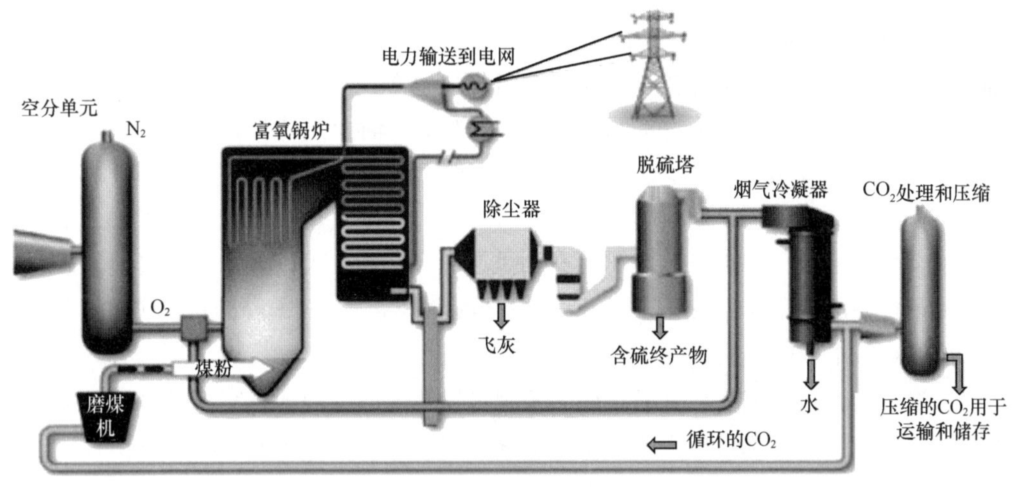

图 5-52　富氧燃烧工作流程

（1）使用富氧空气助燃，可提高燃烧温度和增强传热。由于 N_2 含量降低，烟气中 CO_2 和水蒸气的体积分数均提高，火焰的黑度相应增大。同时炉膛内部的火焰温度也随着 O_2 体积分数的增加而明显提高。辐射传热占工业炉窑总热量的 80%～90%，而辐射热与火焰黑度和温度成正比。因此，采用富氧空气助燃能提高火焰温度及黑度，显著增加辐射热和热传递的效率，从而达到节能的目的。

（2）富氧燃烧可降低燃料燃点和燃尽温度。燃料的燃点温度和燃尽温度与燃烧条件、受热速度、空气用量、周围温度等因素密切相关。富氧燃烧有利于降低燃料的燃点、燃尽温度。在相同的停留时间内，降低燃点和燃尽温度有利于增加热释放量和释放率，有利于低负荷稳燃。CH_4在空气中燃点为632℃，在纯氧中为556℃；CO在空气中燃点为609℃，在纯氧中仅为388℃。

（3）富氧燃烧能提高燃烧强度，加快燃烧速度，获得较好的热传导效果。燃烧温度的提高有利于完全燃烧。在工业窑炉有限的空间里，增加空气中的O_2体积分数就增加了O_2与燃料的接触面，使其充分接触、混合更均匀，从而提高燃尽率，减少未燃碳氢组分和污染物的排放。

（4）富氧燃烧使得燃料与O_2得到充分的接触并且反应完全，从而减少了助燃风的需用量，进而减少排烟量。助燃空气的O_2体积分数每增加1%，烟气量下降3%～5%。高体积分数富氧空气的助燃，可使鼓引风量下降10%～50%，减少了鼓风机、引风机的风量，节约了大量的电能。同时，烟气量的减少使得排烟损失降低，进而提高了热效率，尤其是在一些排烟温度较高的工业窑炉中效果明显。

（5）富氧燃烧可进一步降低燃烧的空气过剩系数α。空气过剩系数α是窑炉运行中设定的实际空气量与理论所需空气量的比值。理论空气量就是能刚好满足燃料完全燃烧所需要的空气量（O_2量）。对于工业燃气窑炉，α值通常设定在1.1～1.5之间。α值直接影响炉膛内部火焰温度及排烟量。用富氧空气助燃，可适当降低α值至1.05～1.20，这样既能提高火焰温度，又能降低排烟热损失，从而节约能源。

众多分析表明，富氧燃烧在全生命周期碳减排成本、大型化等方面都具有优越性，与现有主流燃煤发电技术具有良好的承接性，同时也是一种“近零”排放发电技术，容易被电力行业接受。富氧燃烧条件下，烟气富含高浓度的CO_2，且入炉氧分压通常高于空气燃烧，煤粉在炉内的物理和化学过程有别于空气燃烧。自富氧燃烧概念提出以来，全球范围内对富氧燃烧的着火、燃烧、传热和污染物排放等已开展了大量且深入的研究，煤粉富氧燃烧的基本特性已经得到了很好的认识。众多学者对富氧燃烧的基础研究结果进行综述。

富氧燃烧技术有以下优点：

（1）恒定不变的情况下，富氧燃烧的实施可以减少所需的理论空气量；可以降低风机的耗功，有效节能。在燃气锅炉的热平衡效率计算中，占比最大的一项是排烟热损失，采用富氧燃烧技术能够降低排烟体积，从而相应减少排烟损失，提高锅炉效率。

（2）提高CO_2的回收效率。富氧燃烧系统中设有烟气再循环装置，使得尾气中的CO_2浓度比常规空气燃烧更高，无需再增设分离CO_2的装置，设备更加简单，并且CO_2进入压缩纯化装置后可以进一步进行封存利用。

（3）减少NO_x的排放，降低环境污染。富氧燃烧会导致煤气锅炉中NO_x的生成减少。在富氧条件下，燃料燃烧时的反应温度较高，O_2与燃料充分混合，使得N_2与O_2分子之间的化学键断裂，从而减少了NO_x的生成。此外，富氧燃烧也能够使燃烧产生的NO_x在后续的氧化反应

中被进一步还原，从而减少 NO_x 的排放。因此，煤气锅炉富氧燃烧通常是一种有效减少 NO_x 排放的方法。到目前为止，国内外已经进行了大量的研究以探索富氧燃烧技术的应用。

然而，这项技术仍面临许多需要解决的问题，具体如下：

（1）空气分离装置和 CO_2 压缩纯化装置成本较高，包括工艺要求、设备的维护和检修。购买和使用空气分离装置和压缩纯化装置需要进行仔细的经济分析和计划，以确保其可行性和经济性。

（2）富氧燃烧需要对 O_2 的供给量进行精确的控制，与常规空气燃烧相比操作难度更大。

（3）富氧燃烧使燃烧温度提高，虽然提高了燃烧效率，但燃烧区域的温度较高，容易引起锅炉烟道内的高温腐蚀，导致锅炉寿命缩短。

5.3.1.2 技术现状

ANL 和 EERC 于 1988 年共同建立了世界上第一座 O_2/CO_2 循环燃烧试验台架（见图 5-53），并通过定量法对其运行中的火焰稳定性、污染物的排放和燃烧效率进行了观察，从而证明了 O_2/CO_2 循环燃烧技术的可行性。

图 5-53 世界上第一座 O_2/CO_2 循环燃烧试验台架

荷兰的国际燃烧火焰中心以 2.5MW 的 IFRF1 号炉膛为研究对象，得出燃煤锅炉富氧燃烧时最大富集 CO_2 的程度。1992 年日本石川岛播磨重工搭建了 1.2MW 的卧式圆柱炉进行煤粉富氧燃烧试验，研究了 O_2 燃烧特性和燃烧污染物的生成转化机理；2008 年德国黑泵电站建立了世界上第一套全流程的 30MW 富氧燃烧试验装置；2009 年法国 TOTAL 改造了 30MW 天然气富氧燃烧示范项目并投入运行；2010 年在澳大利亚 Calide 改造了容量最大的 30MW 燃煤富氧燃烧发电示范项目，西班牙 CIUDEN 研究中心新建成了一套 30MW 的富氧燃烧煤粉锅炉。富氧燃烧将进行全尺寸的工业示范，如 ALSTOM，DoosanBabcock 等均计划在 2030 年左右进行大规模的富氧燃烧商业应用。

1. 国外现状

（1）实验室研究。

实验室研究主要集中于基础理论研究方面，包括燃烧特性、煤粉反应性、传热特性和污染物排放特性等。Kiga 通过配气构造不同的富氧燃烧气氛，考察不同氧浓度下的火焰传播速度，Varheyi 研究了不同压力和氧浓度下煤焦的燃烧特性，Okazaki 研究了在 CO、烟气再循环条件下煤粉富氧燃烧 NO_x 的生成机理，Hu 利用气流床反应器研究在不同循环倍率和不同温度条件下富氧燃烧的 NO_x 削减机理，Liu 在固定床反应器上研究了 CO 浓度 80%和浓度 10%气氛下不同温度时石灰石脱硫特性，以及在气流床反应器上研究了高 CO 浓度下不同温度 $CaSO_4$ 的分解特性。还有一部分学者通过数值模拟的方法对常规煤炉的富氧燃烧改造进行了换热和污染物排放的评估和模型开发等工作。

（2）中试研究。

在机理研究取得一定成果后，各研究机构进行了中试装置的研究，弥补了机理研究在富氧燃烧传热特性和污染物形成方面的不足。

1988 年，美国阿贡国家实验室与能源环境研究公司（EERC）联合建造 3MW 循环燃烧试验台，定量研究了不同烟气循环流程下，氧浓度对燃烧特性的影响，确认了富氧燃烧技术的可操作性，证明了主要污染物排放的降低以及煤粉燃尽性的提高，得出“富氧燃烧可成功应用于电站锅炉和工业锅炉改造的结论”。

为便于将富氧燃烧技术应用于现有煤粉炉改造项目，国际火焰研究基金会（IFRF）搭建了 2.5MW 试验台，将氧气注入再循环烟气中进行试验，说明该技术对单个墙式燃烧器可行；对试验煤种和设备而言，循环烟气比例为 61%时传热特性、火焰特性与空气燃烧时相近；烟气 CO 浓度最高为 91.4%；NO 排放浓度显著降低。

日本石川岛播磨重工搭建了 1.2MW 的卧式炉试验台进行煤粉富氧燃烧试验，研究了燃烧稳定性、火焰特性、NO_x 和 SO_2 的生成转化机理。德国斯图加特大学电站燃烧技术所搭建 0.5MW 试验台专门用于富氧燃烧器的试验研究，纯氧可通过燃烧器进入燃烧区域，氧浓度可在 0%～100%范围内调节，同时对燃烧器建立了数学模型。研究不仅能对燃烧器进行优化设计，还能为低氮富氧燃烧器放大设计提供运行经验。

法液空公司和巴威（baway）公司合作进行了基于富氧烟气再循环技术的煤粉燃烧研究，并在巴威公司 1.5MW 的空气分级燃烧试验台上进行了试验，研究表明试验台可顺利从空气燃烧状态切换到富氧燃烧状态，切换时火焰稳定性和传热特性正常；分级燃烧后，NO_x 排放显著降低；在试验装置上传统湿式脱硫设备也能对 SO_2 有显著脱除效果；Hg 排放也明显降低；锅炉效率提高。加拿大矿物能源研究中心在配备 0.3 MW 富氧燃烧器的试验台上用合成气进行了诸如氧浓度、循环倍率、氧纯度、干湿循环等参数改变对燃烧特性影响的试验。试验取得如下成果：烟气中 CO_2 浓度平均达到 92%；进口氧浓度为 35%时，获得与空气燃烧相同的火焰温度；NO_x 排放比空气燃烧显著减少，但即使纯氧中只有 3%的杂质，也会严重影响减排效果；SO_2 浓度在富氧燃烧中少量减小，这部分减小是因为向 SO_2 发生了转化；高 CO_2 浓度导致火焰沿程的 CO_2 浓度减低较慢。

中试研究表明富氧燃烧技术应用于煤粉电站 CO_2 捕集不存在重大技术障碍，可通过锅炉改造实现富氧燃烧。

中试对富氧燃烧的研究有一定理论意义，但对于富氧燃烧技术的大规模、大型化应用指导意义不足，需要进行一定规模的示范项目建设进一步推动研究进展。目前，欧盟、美国、澳大利亚、日本等对富氧燃烧技术的研究发展迅速，有若干已建成和在建的示范项目。

（3）示范工程研究。

德国黑泵富氧燃烧示范项目位于德国东北部勃兰登堡州的施普伦贝格，建在 2×800MW 电站厂区内。项目于 2006 年 5 月动工建设，2008 年 9 月开始试运行，是世界上第一个全流程富氧燃烧技术示范，其试验装置集成了空气分离装置、蒸汽锅炉、二氧化碳净

化和压缩等核心单元。建立示范工程的目的是对600MW富燃烧商业化运行电站进行技术可行性验证和准备，关注点在于探索和优化富氧燃烧中烟气再循环问题，研究主要设备和部件的可行性。项目设计在空气燃烧和富氧燃烧两种模式下都可以满负荷运行，可燃烧褐煤和烟煤。

示范工程的锅炉是下行燃烧炉，由阿尔斯通公司（Alstom）提供；对3台富氧燃烧器进行了测试，其中2台Alstom燃烧器，1台Hitachi燃烧器；空分装置是由德国林德公司（Lind）提供；有两套压缩纯化系统在进行试验。黑泵示范工程的工艺流程如图5-54所示。

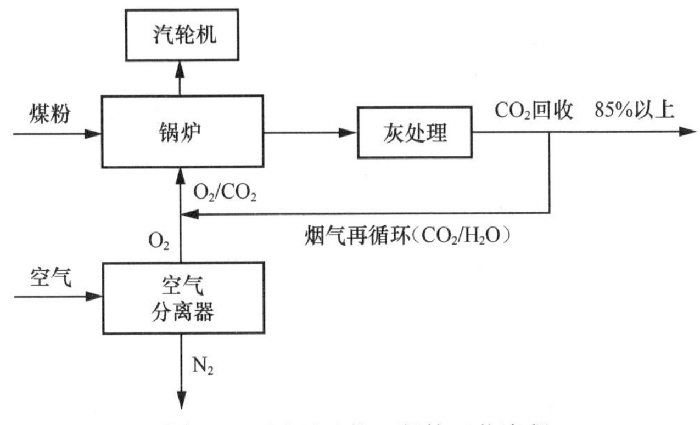

图5-54 黑泵示范工程的工艺流程

截至2011年9月，示范工程运行时间达到14200h，其中富氧模式下运行超过9000h。运行经验表明：氧气体积浓度和系统总过氧系数共同影响着火和稳定燃烧，当氧气体积浓度大于28%时，较小的过氧系数也可以保证较好的燃烧特性；如果运行时间大于5天，需要定期排放精馏塔主冷器中液氧，防止烃类累积产生安全隐患；富氧模式下烟气高CO_2浓度对湿法脱硫设备影响不大，SO_2脱除率大于99.5%，经过湿法脱硫和烟气冷凝两个设备，SO脱除率可达99.9%；HCI脱除率为99.69%，HF脱除率为98.26%。研究获得如下结论：富氧燃烧技术的示范规模可放大到工业级，燃烧可获得高纯度CO_2。

英国斗山电站（Doosan）位于苏格兰格拉斯哥（Glasgow）郊区，于2009年7月24日正式投运，是当时世界上最大的富氧燃烧示范项目。该项目非全流程示范，以间歇性燃烧试验研究为主未连续运行。主要关注全尺寸富氧燃烧器的研究，除了进行点火、熄火、空气燃烧与富氧燃烧模式切换以外，还研究了燃烧稳定性、燃烧效率、污染物排放、火焰形状、氧浓度及循环烟气量对传热的影响等。燃料为英国烟煤和哥伦比亚烟煤。锅炉是由卧式锅炉改造完成，燃烧器为水平布置的墙式燃烧器，采用斗山公司生产的全尺寸Oxycoal燃烧器，采用重质燃料油点火。富氧燃饶器的设计是基于已有低NO_x空气燃烧器技术及应用经验，在现有低NO_x轴流燃烧器基础上设计改造的。烟气循环量的选择要综合考虑绝热火焰温度和炉内传热特性。40MW的全尺寸Oxycoal燃烧器模型如图5-55所示。下一步计划根据试验结果确定商业化燃烧器的设计方案，CO_2压缩纯化技术的示范还在准备阶段。

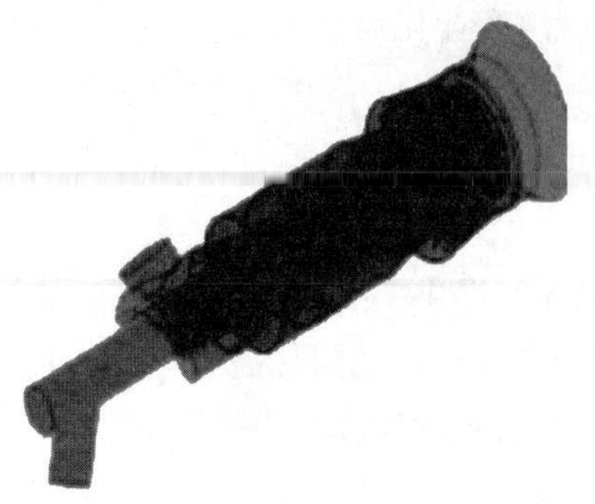

图 5-55　40MW 的全尺寸 Oxycoal 燃烧器模型

研究获得如下成果：确定了适合全尺寸试验和商业化的富氧燃烧器设计方案；富氧燃烧下火焰形状可调整到与空气燃烧类似；富氧燃烧装置规模可放大到工业级；空气燃烧到富氧燃烧模式切换顺利；富氧燃烧模式下，燃烧器负荷可降至额定负荷的 40%；富氧燃烧烟气中 NO_x 浓度比空气燃烧降低（以 mg/m^3 为单位）；省煤器出口可获得最高浓度 85%的 CO，（干基体积浓度）。

西班牙恩德萨示范电站位于西班牙西北部董费拉达的恩德萨国家电力公司旗下 Compostilla 电厂旁由非盈利协作研究机构城市能源基金（CIUDEN）牵头，并联合多家企业共同推进 CIUDEN 项目的特点是同时在煤粉炉和循环流化床锅炉（CFB）上进行 CO_2 捕集技术的示范，也是第一个富氧 CFB 示范电站；CO_2 的处理包括压缩纯化和化学吸收法。CIUDEN 项目以无烟煤烟煤、次烟煤、石油焦、生物质等为燃料，同时进行了小型炉内燃烧器相互影响试验。CUIDEN 示范项目工艺流程简图如图 5-56 所示。

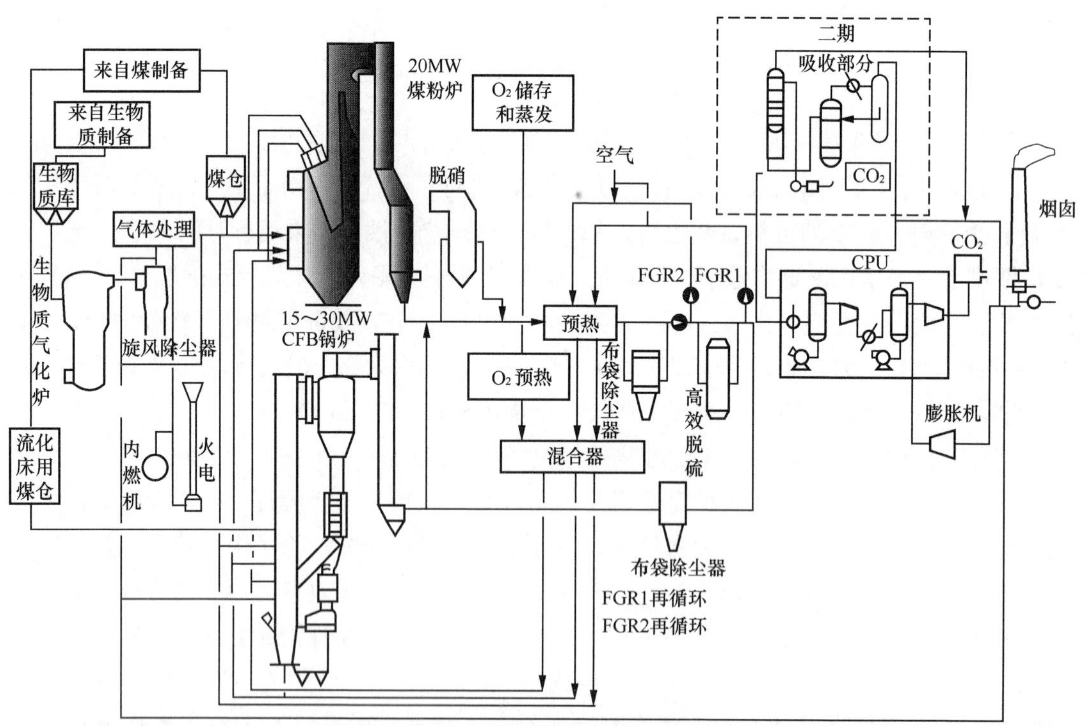

图 5-56　CUIDEN 示范项目工艺流程简图

CIUDEN 项目共分为两个阶段：第一阶段从 2005 年初步设计开始到 2014 年，目标是验证从燃料制备到 CO 提纯的整个工艺流程，以及收集锅炉、脱硫、压缩纯化技术放大所需的数据；第二阶段从 2014 年开始，研发目标是利用接烧生物质、提高蒸汽参数、降低空分

能耗的方法提升 CO 捕集能力，以及对化学链燃烧、燃烧后捕集技术的研究。项目第一阶段总投资 1 亿欧元，年运行费用 800 万欧元，占地面积 65000m^2。

CIUDEN 项目中煤粉炉设计前墙布置有 4 台 5MW 旋流燃烧器炉拱布置 2 台 25MW 燃烧器。

从已进行的 CFB 试验研究中发现：可实现空气燃烧与富氧燃烧的顺利切换，空气燃烧到富氧燃烧切换时间约为 40min，富氧燃烧到空气燃烧切换时间约为 20min；可获得超过 3h 的富氧燃烧稳定运行工况，尾部烟气 CO 浓度超过 80%；尾部烟气 NO_x 浓度在空气燃烧时超过 300mg/m^3（标况下），在富氧燃烧时可维持 120～140mg/m^3（标况下）。

澳大利亚卡利德示范电站项目位于澳大利亚东海岸布里斯班以北的卡利德电厂（Callide）A 厂，是世界上第一个电厂改造富氧燃烧项目，也是第一个富氧燃烧发电项目。该项目对卡利德电厂 20 世纪 60 年代投产的一台 30MW 煤粉炉及其系统进行改造，于 2011 年 3 月完成富氧改造，2011 年 4 月进行改造后的首次空气燃烧试验，2012 年 3 月进行首次全富氧燃烧模式运行，2012 年 12 月首次得到液态 CO 项目由卡利德电厂和日本石川岛播磨（IHI）等企业合作建设的风险共同体推进的，项目总投资 2.35 亿澳元（约 1.55 亿欧元），可支持项目运行到 2014 年底，实现富氧模式运行超过 10000h。截至 2013 年 9 月，已经在富氧模式下运行超过 3770h，C 压缩纯化系统已运行超过 1200h，卡利德项目的目的是验证富氧燃烧锅炉改造技术的可行性、寻找技术优势、搜集技术放大所需数据以及评估技术发展的经济性。

该项目以当地的高灰分高水分低硫煤为燃料，锅炉入口氧浓度为 27%，烟气循环倍率约为 66.8%。锅炉为 1 形炉，前墙布置 6 台燃烧器，4 用 2 备。项目的实施为传统锅炉富氧燃烧改造进行了有益的探索。主要改造有：增加了空分系统和压缩纯化系统；将炉膛中部 2 台常规煤粉燃烧器更换为 IHI 新设计的富氧燃烧器；增加了额外的循环烟气预热器；增加了烟气冷却装置和烟气干燥设备（用于干燥输煤烟气）；对锅炉通风系统进行了改造，增大了鼓风机和引风机的压头；对部分烟气管道进行了材料更换或耐腐蚀处理；对炉膛和尾部烟道易漏风处进行了防漏风处理。

卡利德示范项目的运行证明了富氧燃烧技术应用于燃煤发电锅炉改造的可行性；富氧燃烧与空气燃烧间相互切换时间控制在 60min 以内；验证了不同工艺流程、不同燃料下的富氧燃饶可行性；研究了压缩纯化工艺对污染物脱除和 CO_2 提纯的工艺特征。下一步还计划进行富氧燃烧锅炉最小负荷试验、负荷变化频率研究；对 CO_2 进行公路载货汽车运输和地质埋存，目标是 4 年封存超过 10 万 t CO_2。卡利德作为目前唯一的煤粉富氧燃烧发电改造项目，示范过程中比较全面地考察了全流程运行中可能面临的问题：烟道漏风对 CO_2 捕集浓度的影响较大；由于部分设备处于酸性环境下长期运行，其使用寿命、安全性也需足够重视。

2. 国内现状

中国对富氧燃烧的研究起步较晚，国内高校对富氧燃烧技术的研究有十多家，如清华大学、华中科技大学、中科院等均开展了诸多关于富氧燃烧方面的研究与探索，并且逐渐在各个领域广泛推广应用。中国富氧燃烧技术研发路线如图 5-57 所示。

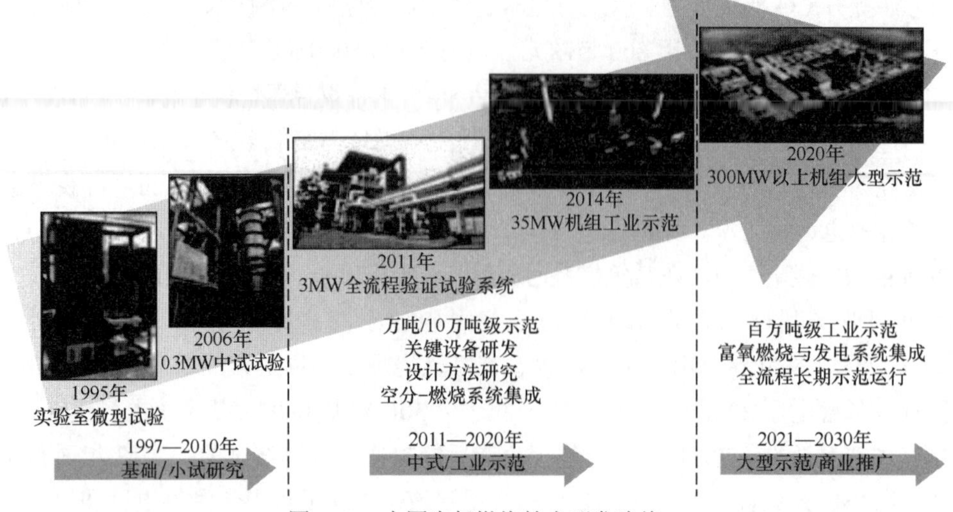

图 5-57　中国富氧燃烧技术研发路线

（1）富氧燃烧在煤粉炉的研究。

国内关于富氧燃烧的基础研究早在 20 世纪 90 年代中期即已开始，包括对富氧燃烧的燃烧特性、结渣特性、污染物排放特性和脱除机制等的研究。在 2000 年以后，很多高校如华中科技大学、东南大学，以及中国科学院工程热物理研究所等开始建立实验室规模的煤燃烧试验台架开展应用研究。其中，华中科技大学在 2006 年开始启动了对于富氧燃烧技术的研发和试验工作，建成了 300kW 煤粉富氧燃烧试验台，证明了该技术在 CO_2 减排方面具有巨大潜力。近年来，围绕富氧燃烧在燃煤锅炉的应用主要有传统煤粉锅炉和 CFB 锅炉两种技术路线。

在传统煤粉锅炉的 CO_2 气氛下富氧燃烧领域，华中科技大学相关团队一直处于国内的引领地位。华中科技大学牵头东方锅炉股份有限公司、四川空分设备集团有限公司等关键设备厂家和一些科研机构，先后于 2011 年和 2015 年在湖北武汉和应城建成了国内第一套全流程 3MW 富氧燃烧中试试验平台和 35MW 富氧燃烧工程示范平台。其中 3MW 富氧燃烧中试试验平台完成了锅炉排放烟气中 CO_2 浓度超过 80%的目标，而 35MW 富氧燃烧工程示范平台进一步新建了涵盖富氧燃烧技术全流程的工业示范系统，包括空气分离制氧系统、富氧燃烧煤粉锅炉 CO_2 循环燃烧系统、烟气除尘脱硫系统、烟气除湿系统，并预留 CO_2 压缩纯化和地质埋存系统，开发了富氧燃烧煤粉锅炉、燃烧器等关键设备，获得了大量的煤粉锅炉富氧燃烧运行参数、温度分布、常规和非常规污染物排放特性、关键参数动态特性及初步控制方法等重要的试验和经验数据，并最终实现了烟气中 CO_2 浓度达到 82.7%的优异结果，为更大级别富氧燃烧技术推广奠定了坚实基础。

（2）富氧燃烧在 CFB 锅炉上的研究。

CFB 富氧燃烧的燃料适应性非常广泛，除了可以煤单独燃烧，也可以掺烧生物质等燃料，而且其负荷调节性能优越，在污染物脱除方面也具有一定优势，受到国内外很多科研

机构的关注。中国科学院工程热物理研究所、东南大学等单位对 CFB 富氧燃烧技术进行了大量的应用研究，搭建了多种类型和容量的试验平台，其中东南大学建造了国际上首台可实现温烟气循环的 50kWCFB 燃烧试验平台，并与 B&W 公司合作建设了 2.5MWCFB 富氧燃烧试验装置。中国科学院工程热物理研究所建立了 1MWCFB 装置。CFB 燃料适应性广，因此除了单纯的煤富氧燃烧 CFB 以外，混合燃料特别是煤与生物质的混合燃料 CFB 富氧燃烧技术也受到广泛关注，因为该技术不但可以实现富氧燃烧对于 CO_2 的捕集，而且可以利用生物质生长过程中对 CO_2 的吸收。中国科学院工程热物理研究所、重庆大学等单位开展了这一方面的实验室应用研究，在 50kW 和 0.1MW 的 CFB 试验台上开展了煤和生物质的富氧混烧试验，研究了氧浓度、配风方式等对温度分布、飞灰特性、烟气成分和污染物排放等的影响。加压富氧燃烧是近年来新兴的碳捕集技术，通过将燃烧室的压力提高到 0.5～1.0MPa，避免了常压富氧燃烧系统中的升压-降压-升压过程，可有效抑制系统漏风，并充分回收烟气中水蒸气的热焓，从而有望将碳捕集成本降低到每吨 CO_2 为 25～30 美元。目前，意大利国家电力公司、美国气体技术公司已分别开展 5MW 水煤浆、1MWCFB 加压富氧燃烧中试研究。在国内，加压富氧燃烧还停留在相关的基础研究和 20/50kW 等级小试研究。有研究者建立了 10kW 的连续加料加压鼓泡 CFB，建立 10～40kW 加压 CFB 富氧燃烧试验系统，在 0.1～0.4MPa 压力试验中研究了压力和氧浓度对温度分布、燃烧效率、飞灰和污染物排放等因素的影响。总体而言，国内外关于加压富氧燃烧相关机理性研究还很缺乏，兆瓦级的研究才刚起步。

5.3.1.3 发展方向

作为可较低成本实现 CO_2 封存或资源化利用的碳减排技术，较高的附加投资成本（50%～70%）、运行成本（30%～40%）、每吨 CO_2 捕集成本（40～60 美元）和较低的可靠性，仍是富氧燃烧技术研发过程中面临的关键难点，而且当前中国煤电机组污染物减排的压力仍然很大，在保证煤电富氧燃烧技术低成本的基础上，低污染物排放的要求也必须要实现。针对这些难点和要求，在当前的设备技术水平下，需要重点围绕以下几个方面，开展经济、安全和可靠的富氧燃烧技术研究工作。

1. 基于氧/燃料双向分级的富氧燃烧着火、传热与污染抑制

传统的富氧燃烧条件下，NO_x 的排放总量会显著降低，但 NO_x 和 SO_2 的排放质量浓度由于烟气量的减少要达到目前国内对于煤电机组超低排放的要求还有一定难度。因此有必要对传统煤粉燃烧领域污染物排放特别是 NO_x 抑制方面具有显著效果的分级燃烧进行研究，在开展基于氧/燃料双向分级的富氧燃烧火焰组织、传热调控与污染抑制原理研究的基础上，为中试或工业示范平台的分级燃烧设计提供理论基础，并通过中试或工业示范平台的燃烧试验进行验证。目前在分级富氧燃烧方面的研究主要通过数值模拟开展，对于分级富氧燃烧的试验研究还较少。

2. 基于加压富氧燃烧的CFB燃烧、传热和污染抑制

基于加压富氧燃烧的优点和研究的必要性，开展加压富氧燃烧、辐射传热和污染物排

放特性研究，研制加压富氧燃烧锅炉与装备方案，获得加压富氧燃烧系统运行控制难点和运行控制策略并在兆瓦级加压富氧燃烧系统上进行试验验证。

3. 富氧燃烧工业示范装置自动控制技术

针对目前富氧燃烧工业示范装置系统运行过程多模式、模式切换稳定性要求高、风烟系统控制因素多和安全可靠性措施更严格的特点，开发安全可靠的富氧燃烧系统自动控制技术非常有必要，通过在现有工业示范装置如35MW富氧燃烧工业示范系统进行实施和验证，获得工况切换及负荷变动过程中的系统动态特性，可以优化控制策略和参数，而且也有利于富氧燃烧技术的工业化推广应用。为了更好地了解富氧燃烧电站锅炉的控制特性，亟需开展基于静/动态仿真手段的富氧燃烧电站锅炉控制仿真模拟。

4. 富氧燃烧系统集成优化和性能评估

富氧燃烧系统投资成本和运行成本较高，主要成本在于制氧系统的投资和运行，在目前制氧系统的相关技术和工艺设备的成本无法有效降低的现实情况下，对于整个富氧燃烧系统进行集成优化研究，开展全系统热-水-电综合分析，以降低资源能耗为目标，进行富氧燃烧系统全流程优化，并开展富氧燃烧电站能效分析，完成电站的投资概算和成本分析。

5.3.2 化学链燃烧技术

5.3.2.1 技术原理

化学链燃烧技术被广泛认为是最具发展潜力的低能耗 CO_2 捕集技术之一。美国能源部2010年碳减排路线图、欧盟地平线2020计划、中国“国家科技创新2030—重大项目”等均已把化学链燃烧作为 CO_2 捕集技术的重要研究方向之一。以煤为燃料的CLC过程的总体方案如图5-58所示（见彩插）。

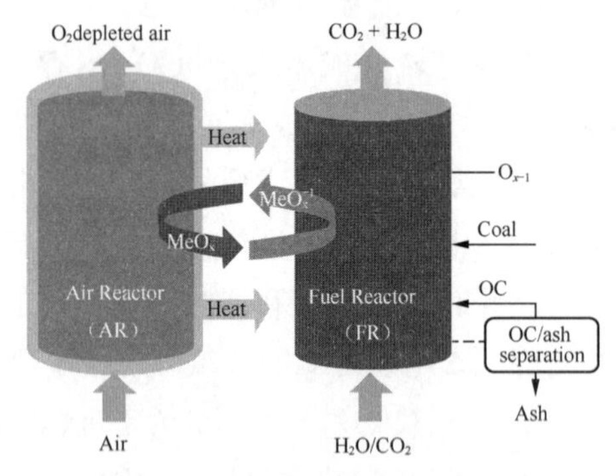

图5-58　煤的CLC简图

化学链燃烧技术的反应器系统包含两个反应器——空气反应器（Air Reactor，AR）和燃料反应器（Fuel Reactor，FR）。煤被送入燃料反应器（FR），并与其中的氧载体（OC）颗粒混合。然后，煤发生脱挥发，产生焦炭。由于在流化床条件下OC与煤焦之间的固-固相互作用无效，通常在FR中引入煤焦气化剂（CO_2/H_2O），在所谓的原位气化化学环燃烧（iG-CLC）模式下运行。在此条件下，炭颗粒被 CO_2 和/或 H_2O 气化生成 CO/H_2。煤热解和炭气化产物随后被OC（MeO_x）通过气固反应进一步氧化，主要生成 CO_2 和 H_2O。因此，蒸汽冷凝后可从FR废气中获得几乎纯净的 CO_2。值得注意的是，在iG-CLC的操作温度和反应气氛下，可逆的水-气移位反应可以对FR内气体组成产生一定的影响。此外，这里的一个关键问题是FR中产生的灰，应该定期清理，以避免操作问题和OC污染。

随后，FR中还原的OC（MeO_x-1）颗粒被转移回空气反应器（AR），通过吸收空气中

的 O_2 来再生其载氧能力，从而在 AR 和 FR 之间形成一个回路。AR 中 OC 的氧化通常是一个放热过程，可以通过 OC 循环提供 FR 所需的热量（通常发生吸热反应）。

焦炭气化过程被认为是 iG-CLC 中的限速步骤，这最终会导致焦炭转化不足和二氧化碳捕获效率低。针对这些问题，提出的解决方案之一是在 FR 和 AR 之间设置碳提塔，旨在分离或转化从 FR 中脱落的炭颗粒。另一种解决方案是 Mattisson 等人提出的化学环氧解耦（CLOU）模式，CLOU 中使用的 OC 作为 CLC 的一种变体，可以在 FR 条件下通过反应释放气态 O_2。因此，与传统的空气燃烧过程一样，煤热解产物和残炭可以直接与分子氧转化。如图 5-59 所示（见彩插），以煤为例的固体燃料化学链燃烧有 3 种路径，分别为合成气化学链燃烧技术、炉内气化化学链燃烧技术和化学链氧解耦技术。

5.3.2.2 技术现状

化学链燃烧可以追溯到 20 世纪初 Lane 提出的用于制氢的“蒸汽–铁”工艺。随后，刘易斯和吉利兰在 20 世纪 50 年代提出了利用金属氧化物（CuO 或 Fe_2O_3）和合成气之间的氧化还原反应为饮料工业生产高纯度二氧化碳的想法。由于缺乏适当的反应器和循环金属氧化物的反应性差，这些工艺的商业示范未能实现。然而，H_2 生成和 CO_2 生成的尝试都可以被视为化学环的雏形，因为它们都涉及到反应中金属氧化物的循环氧化还原。由于当时的历史背景和对环境问题的认识不足，没有提出真正意义上的化学环的概念。后来在 20 世纪 60—80 年代，Knoche 和 Richter 提到有可能用两个分离的氧化还原子步骤取代传统的一步空气燃烧过程，旨在提高发电厂的㶲效率。这已被广泛接受为化学环燃烧（Chemical Looping Combustion，CLC）技术的起点。然而，CLC 的概念直到 1987 年才由 Ishida 等人正式提出，他们认识到 CLC 技术具有固有的 CO_2 分离和低 NO_x 排放的特点。此后，由 Ishida 和 Jin 领导的团队对 CLC 进行了大量开创性的研究，并指出性能稳定的氧载体是该工艺成功部署的关键。

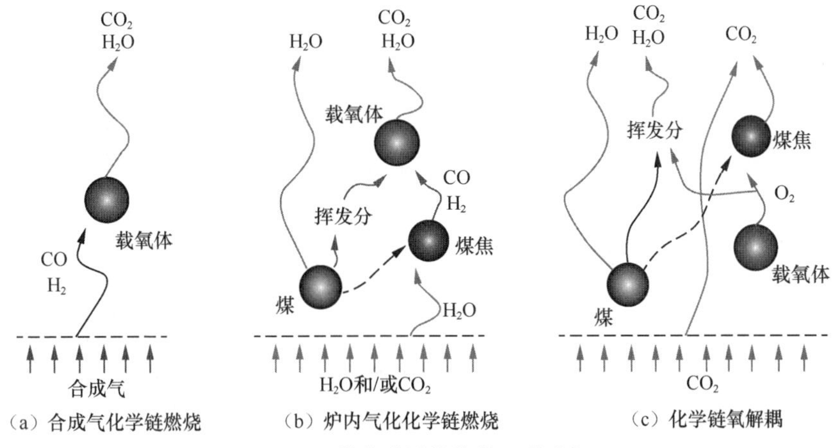

图 5-59 煤化学链燃烧的 3 种路径

21 世纪世纪初，约翰 Chalmers 理工大学的 Lyngfelt 小组提出了采用互联流化床作为 CLC 反应器的想法，并首次设计、建造并运行了一个 10kW 的化学循环燃烧室，使 CLC 从论文概念发展到工程可行技术。

1. 国外现状

化学链燃烧技术的发展历程如图 5-60 所示（见彩插）。Lewis 等于 1954 年提出运用金属氧化物与含碳燃料反应来制取 CO_2，并将该技术申请了专利，这是化学链技术的雏形。1983 年，德国学者 Richter 等首次提出化学链燃烧概论，用于替代传统燃烧技术，提高电厂的系统热效率。1987 年，日本学者 Ishida 等首次提出化学链燃烧术语并进行理论分析，证明化学链燃烧具有 CO_2 内分离特性。1994 年，日本学者 Ishida 和中国学者金红光率先提出将化学链燃烧和热力循环发电进行结合并分离 CO_2。2001 年，瑞典学者 Lyngfelt 等首次提出化学链燃烧应采用双流化床的概念，并搭建冷热态试验台进行方案验证，且于 2004 年首次开展以气体为燃料的化学链燃烧热态试验，证明化学链燃烧技术可以实现 CO_2 内分离，从此在全球范围内掀起了化学链燃烧研究热潮。

化学链燃烧技术提出后，得到了世界各大研究机构的高度重视，一些国家和国际组织将其作为最为重要和最具前景的 CO_2 捕集技术战略选择。国际上有近 20 个国家投入大量的人力与物力开发化学链燃烧技术，如瑞典查尔姆斯科技大学、西班牙煤炭研究所、英国剑桥大学、德国达姆斯塔特工业大学、法国石油研究院、挪威科技大学、奥地利维也纳科技大学、美国俄亥俄州立大学和犹他州立大学、阿尔斯通公司、巴威公司、韩国能源科学研究院、日本煤炭能源中心等。

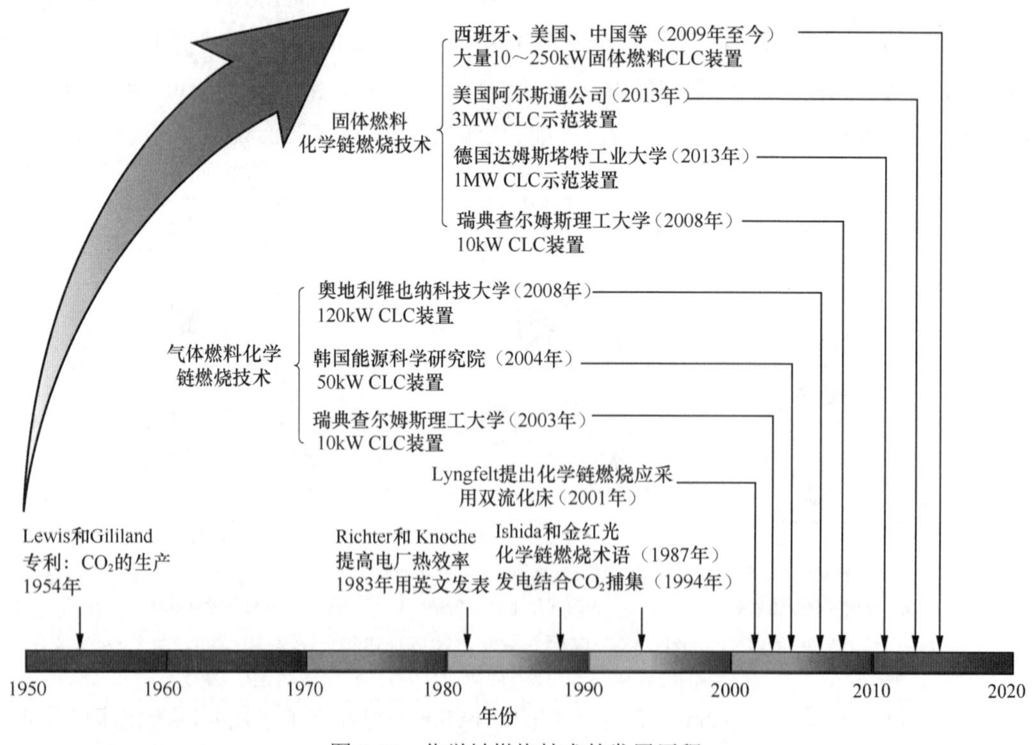

图 5-60 化学链燃烧技术的发展历程

根据燃料种类不同，化学链燃烧可以划分为气体燃料化学链燃烧技术和固体燃料化学链燃烧技术。在气体燃料化学链燃烧方面，国内外学者进行了相关研究。2003 年，瑞典查尔姆斯科技大学 Lyngfelt 团队设计了以快速床为空气反应器和鼓泡床为燃料反应器的 10kW 气体燃料化学链燃烧系统，选用 Ni 基载氧体总计运行 100h，结果表明，燃料转化率高于 98%，且空气反应器出口气体中不含有 CO_2。2004 年，韩国能源科学研究院设计建造了以循环流化床（Circulating Fluidized Bed，CFB）为空气反应器和鼓泡床为燃料反应器的 50kW 气体燃料化学链燃烧系统，结果表明，燃料转化率和 CO_2 捕集率分别高达 99.7%和 98%。2006 年，西班牙煤炭研究所设计搭建了双鼓泡床的 10kW 气体燃料化学链燃烧系统，在该试验台上进行了多种载氧体测试。2008 年，维也纳科技大学 Bolhar-Nordenkampf 等设计搭建了双快速床的 120kW 气体燃料化学链燃烧系统，该系统采用 Ni 基载氧体，甲烷转化率和 CO_2 捕集率分别达到 98%和 94%。2009 年，挪威科技大学 Bischi 等搭建了床型为双快速床的 150kW 气体化学链燃烧冷态试验系统，研究了气固流动特性。

在固体燃料化学链燃烧方面，国内外学者也建立了不同规模的试验装置来进行研究。国外方面，瑞典查尔姆斯科技大学的 Lyngfelt 等分别于 2008 年、2012 年建立了 10、100kW 的固体燃料化学链燃烧装置；西班牙煤炭研究所于 2014 年建立了 50kW 固体燃料化学链燃烧装置；德国斯图加特大学和汉堡大学分别于 2011 年、2013 年建立了 10、25kW 的固体燃料化学链燃烧装置；美国犹他州立大学于 2012 年设计建立了 200kW 固体燃料化学链燃烧装置；美国俄亥俄州立大学分别于 2012 年、2018 年设计建立了 25、250kW 的固体燃料化学链燃烧装置；德国达姆斯塔特工业大学于 2014 年设计建立了 1MW 固体燃料化学链燃烧中试示范装置；美国阿尔斯通公司于 2012 年设计搭建了 3MW 固体燃料化学链燃烧中试示范装置。

2. 国内现状

自 21 世纪初以来，中国已成为化学环的重点研究战场之一，特别是在煤的燃烧/转化方面。近 20 年来，中国煤炭中煤化研究几乎涵盖了载氧体筛选、反应器设计/建造/运行、污染物排放/控制、密度泛函数（DFT）计算的微观反应机理、氧化还原反应动力学、宏观建模的数值模拟、计算流体动力学（CFD）建模等所有研究热点。

到目前为止，中国开发的大多数 CLC 反应器都是相互连接的流化床，具有空气反应器和燃料反应器的共同特征。载氧颗粒在系统中连续循环，两个反应器内的流化气体通过回路密封隔离。由于互连流化床反应器的设计和操作的复杂性，通常在建造热模反应器之前先根据简化的标度规则建立冷流反应器模型，在冷流反应器模型中，可以很好地了解单元内的流体动力特性，如压降、固体流化行为、固体碰撞和磨损。之后，可以设计、建造和运行实验室规模的 CLC 反应器以验证其可行性。对反应器设计进行了研究，并对氧载体在热和化学应力下的长期反应性能和流化行为进行了评估。在这一步中，计算流体动力学（CFD）模拟可以并行进行，以深入了解复杂的流体力学、化学反应和反应系统内的传热传质之后，可以进一步建立一个中试规模的单元，以找出在 labscale 单元中无法检测到（甚至不存在）的潜在问题，以帮助将 CLC 单元扩展到商业演示。在中国，煤用 CLC 装置连续运行已在东南大学、清华大学、华中科技大学进行了成功的示范。

东南大学 CLC 反应器已有 10 多年的发展历史，反应器规模从小规模（0.2kW）到中试规模（50kW），运行压力从常压到 0.6MPa 不等。东南大学的第一个 CLC 装置是一个 10kW 的互连流化床反应器，使用快速流化床作为空气反应器，喷口流化床作为燃料反应器采用镍基氧载体，成功地证明了以煤为燃料连续运行 100h，燃料反应堆中 CO_2 浓度最高，达到 93.4%。此外，该装置还对生物质燃料进行了测试，使用铁矿石、196 合成铁基、204 和 ni 基 205 材料作为氧载体。在运行过程中，由于氧载体携带的残炭燃烧和两个反应器之间的气体泄漏，空气反应器中始终检测到 CO_2。由于溢流和内环密封不能提供足够的固体来平衡燃料堆和空气堆之间的压降，造成了较大的气体泄漏。在改进方面，在后续的 1kW CLC 反应器中提出了独立回路密封，因此，空气反应器中的 CO_2 浓度显著降低至 0.36%（体积浓度）。然而，当使用赤铁矿作为氧载体时，由于飞灰中大量的碳残留，CO_2 捕集效率仅为 80%左右。

在以往运行经验的基础上，对第二代 CLC 堆进行了论证。在这个设计中，燃料反应堆被修改为两级采用矩形床，即底部为喷淋流化床，顶部为鼓泡流化床，以增加固体燃料颗粒的停留时间。结果表明，CO_2 产率由喷淋流化床的 0.8 提高到鼓泡流化床的 1.0，表明燃料主要在 FRI 中转化，在 FRII 出口，气体和固体被旋风分离，颗粒（含氧载体和残余炭）通过下角和回路密封输送到 FRI。在该装置中，氧载体对空气反应器中炭渣的夹带可以忽略不计，污水污泥 CLC 的碳捕获效率达到 99%。从 FRI 到 FRII 的碳转化效率也提高了 15%。然而，溢流的配置在一定程度上限制了固体循环速率。

东南大学的第三代 CLC 装置由沈炯等人进一步提出，其中燃料堆在中间配置了一个内部穿孔板。利用燃料堆顶部的提升管为固体循环提供动力，克服溢流对固体循环速率的限制。该 CLC 单元的特点是体积非常小（NiO/Al_2O_3 和赤铁矿的系统固体总存量分别为 381g 和 355g），可以实现真实 CLC 条件下氧载体的快速评价。在微型 CLC 单元中进行了连续操作，赤铁矿为 290min，NiO/Al_2O_3 氧载体为 360min。

除了沈炯团队外，东南大学的金保昇团队和肖睿团队也一直致力于 CLC 反应器的开发。金保昇等提出的 20kW CLC 机组采用高通量循环流化床提升管作为燃料反应器，横流移动床作为空气反应器。系统压力曲线表明，CLC 装置运行平稳。由于铁氧载体反应活性适中，在燃料反应器出口检测到未燃烧的 CO 和 CH_4，CO_2 产率达到 90.5%。肖睿团队演示了一个 50kW 的加压 CLC 单元采用湍流流化床作为空气反应器，快速鼓泡床作为燃料反应器。共连续运行 19h，操作压力在 0.1～0.5MPa 之间变化。在 0.5MPa 的运行压力下，煤的气化过程得到了强化，燃烧效率较高。

针对燃煤中煤制程装置，提出了采用组合式燃料堆和环形提碳器来提高焦炭转化率的方案。在汽提塔的中间有一个中心立管，用来分离轻颗粒（炭）和重颗粒（载氧物）。载氧颗粒经物理分离后进入环形流化床，再转入空气反应器，而炭颗粒则返回燃料反应器进行

进一步转化。预测的碳捕获效率为 97.5%。整个反应单元内的压力很容易达到平衡。根据 1kW CLC 装置的运行经验和获得的数值模拟结果，设计并建造了 10kW CLC 装置与环形汽提器耦合在 950℃下，采用越南钛铁矿作为 OC 燃烧神府烟煤。系统在高温下实现了稳定的固体循环，输煤稳定，总运行时间达到 100h，热输入为 3～5kW。在各种试验中，环形活性炭的碳分离效率达到 90%～95%，在 950℃时碳捕集效率达到 95%。设计了一种特殊的颗粒取样装置，用于在 CLC 反应器连续运行阶段收集浓相中的固体颗粒。结果表明，FR 致密相中炭质量分数为 0.45%～5.5%，部分炭黏附在钛铁矿表面，难以用环形 CS 分离。此外，在 850～950℃的连续操作中，钛铁矿没有发生烧结和团聚。此外，通过外推试验结果，预测在放大的 CLC 系统中使用这种新型环形 CS 可以达到 90%的碳捕获效率。提高 FR 温度或气速可以显著提高碳捕集效率，而提高固体循环速率则会略微降低碳捕集效率。使用小煤有效地提高了碳捕集效率，同时小煤焦更容易从 FR 旋风分离器中逸出，导致焦炭转化率降低。因此，应优化煤粉粒度，以平衡碳捕获效率和炭转化。通过 SEM-EDX 分析，发现钛铁矿表面有小部分炭附着，难以与环形 CS 分离。为了避免这种现象，有必要控制 FR 流态化行为。在 850～950℃连续运行期间，钛铁矿未发生烧结和结块现象，说明运行数小时后钛铁矿性能稳定。此外，通过外推试验结果，在放大的 CLC 系统中使用环形碳捕集器可以实现 90%以上的碳捕集效率，表明环形碳捕集器是提高碳捕集效率的良好候选材料。

值得注意的是，清华大学与东方锅炉股份有限公司（中国）和欧盟（EU）合作，目前正在开展中欧减排解决方案项目，该项目由欧盟“地平线 2020”计划和中国科技部共同资助。他们强调，为了实现 CLC 装置的自热运行，在确定 AR 和 FR 之间的固体循环速率时，需要同时考虑载氧体的载氧能力和载热能力。

华中科技大学已经成功运行了两个燃烧甲烷和煤的 CLC 装置。对于这两个 CLC 装置，燃料反应器被配置为“鼓泡流化床+提升管”。这样，固体循环速率可以灵活地由表面流化气速控制，而不会像许多其他设计那样受到溢流的限制。冷流反应器模型采用双向回路密封来调节反应体系内的固体分布，并加大下角内径以满足高固体循环速率的要求。最终，在这种设计中可以保证足够的固体停留时间，从而达到较高的燃烧效率。华中科技大学 CLC 反应器的发展路线可以概括为三个步骤：①通过冷流反应器模型进行流体动力学研究；②通过实验室规模 CLC 单元（5kW）的运行和仿真验证反应器设计；③中试规模 CLC 燃烧室（50kW）的演示通过数值模拟进一步优化。第一步，在冷流反应器模型连续运行过程中，研究了表面流化气速对压降、固体循环速率、气体泄漏和颗粒磨损率的影响优化操作条件后，两反应器压降达到较好的平衡，气体泄漏达到最小值 0.11%，固体损耗率在 0.19%～0.21%之间。该堆的运行经验可为 CLC 热堆的设计和运行提供有益的指导。

随后，以赤铁矿为氧载体，成功运行了 5kW 的互联流化床 CLC 反应器。分别连续运行 200h 和 100h。全面研究了反应温度、固体库存、表面流化气速等关键操作参数对 CLC 反应器运行性能的影响。在连续运行过程中，赤铁矿氧载体没有反应性降解的趋势，也没有观察到明显的颗粒烧结和结块现象。然而，在以煤为燃料的试验中，有一定量的煤焦颗粒滑入空气反应器，导致碳捕获效率较低（73%～89%）。

作为对 50kW CLC 机组的改进，在空气反应堆和燃料反应堆之间安装了一个四腔室回路密封，作为气体密封配置以及碳汽提器，具体来说，第一腔室的设置是为了平衡空气反应器和旋风分离器之间的压力差，第二和第三腔室的设计是为了增加焦炭颗粒的停留时间，第四腔室的设置是为了接收来自燃料反应器的颗粒。环路密封结构的这种变化对于提高碳和氧载体颗粒的分离效率非常有效，正如所获得的高碳捕获效率（90%～95%）所示。

5.3.2.3　发展方向

在煤的 CLC 方面，以尽可能低的成本同时实现高的燃烧效率和高的 CO_2 捕集效率一直是研究者的追求。迄今为止，对煤的广泛研究推动了这一过程从实验室研究到建立几个中试研究，这些对深入了解反应堆运行的调节策略和 CLC 机组的进一步放大有很大的帮助。然而，文献中报道的大多数连续 CLC 单元无法同时达到 95%以上的燃烧效率和 CO_2 捕集效率，特别是当燃料为高阶煤时制约煤在大型装置中 CLC 整体性能的主要挑战来自但不限于：①在 FR 和 AR 中发生的反应速率严重不匹配；②氧载体的性能–成本平衡困难以及由于颗粒磨损、烧结和失活而导致的再利用问题；③反应系统所需的固体库存高，固体循环不能同时满足传热传质。

1. 反应速率的匹配

对于煤源 CLC 过程，氧载体被燃料气体（在 FR 中）还原的过程通常比被还原的氧载体被 O_2（在 AR 中）再氧化的过程慢几倍。此外，煤/炭燃烧反应速率可能受到氧载体氧去耦反应的限制。FR 和 AR 反应速率如此大的差异可能会给互连流化床反应器的运行带来很大挑战。具体表现为：AR 中快速氧化反应产生的大量热量需要立即有效地传递到 FR 中，这就需要较高的固体循环速率。而在 FR 中，相对较慢的固体循环速率是保证氧载体和燃料之间充分的接触和反应时间，以实现高“燃烧”转化率。从这个意义上说，不同步的反应速率最终导致 AR 和 FR 中固体循环速率的要求不同，使其在实际操作中难以匹配。

为了解决两个过程中反应速率不匹配的问题，首先想到的应该是促进限速步骤，即煤焦转化过程。对此，可以从两个方面提出潜在的解决方案。首先，从氧载体的角度来看，可以通过催化炭转化或氧解偶联辅助燃烧来强化煤焦转化过程。因此，用碱或碱土金属促进氧载体（某些赤泥本身含有 Na）和使用能够释放气态氧的氧载体（如铜矿、锰矿和 Cudecorated 铁矿）都是很有帮助的。从反应堆的角度来看，必须保证足够的停留时间的煤燃料反应堆，通过优化反应器的配置调整燃料反应堆的流化速度，并采用喷泉床或鼓泡床作为燃料反应堆。

2. 在氧载体性能和成本之间取得良好平衡

煤源 CLC 技术的成功应用高度依赖于氧载体材料。除了反应性能外，氧载体的成本也非常重要。氧载体成本包括：母材成本、制备成本、生命周期、废弃物处理成本和潜在的

环境影响。一般来说，氧载体的反应性能与成本呈正相关。因此，有必要在氧载体成本和反应性能之间取得良好的折中。对于商业规模的煤 CLC 装置的应用，与廉价的天然矿石材料相比，高成本的合成氧载体的竞争力明显减弱。这不仅是因为合成氧载体的初始成本高，而且还因为颗粒磨损、烧结和与煤相互作用过程中的中毒而增加了很高的沉没成本。产自天然矿石或工业废料的氧载体相当便宜，而且大量可用。因此，矿物或工业残渣将是大型装置中氧载体生产的主要甚至是唯一可行和负担得起的来源。为了解决天然矿石和工业废氧载体相对较低的反应性问题，通过不同种类的低成本材料的混合物或少量的外来离子修饰来实现协同反应性可能是可行的解决方案。此外，针对低成本材料，大规模开发简单有效的颗粒混合方法（如水泥黏接、喷雾干燥和挤出−球化）和装饰方法（如浸渍）也是降低载氧剂生产成本的必要条件。此外，揭示氧载体在循环氧化还原条件下的潜在反应机理和理化结构演化行为，对于合理调整其在反应中的活性和选择性具有重要意义。还有一点需要注意的是，在实际情况下，氧载体在氧化还原过程中通常会发生表面形貌、体积性质和活性的实质性变化。面对这些挑战，原位材料表征技术和自下而上的理论计算方法是非常需要的。

另一种可能的解决方案是在煤型和氧载体型之间建立匹配矩阵。具体地说，适度反应的铁基材料可以作为容易气化的褐煤、生物质或塑料废物的合适的氧载体，以获得足够高的燃烧效率。铜基氧载体具有释放气态 O_2 的能力（尽管比铁基材料更昂贵），可以很好地适用于难以气化的无烟煤或石油焦。有了这样的匹配矩阵，针对特定种类的煤采用特殊的氧载体，以最低的成本获得最佳的 CLC 性能。

3. 控制固体循环以控制传热传质的挑战

催化和循环流化床领域的研究成果，分别为氧载体筛选和 CLC 反应器的开发提供了丰富的基础知识，极大地促进了煤源 CLC 技术的快速发展。然而，基于互联流化床的小颗粒流化床反应器与循环流化床存在显著差异，因为小颗粒流化床反应器中的固体库存和固体循环速率要高得多。由于难以通过固体循环有效地控制传热和传质，这些差异使得 CLC 单元的设计和运行变得非常困难。在实际操作中，互连流化床反应器系统的高固体库存是一个很大的挑战。

以赤铁矿氧载体为例，在 1000℃时，FR 中固体存量约为 1600kg/m^3，煤燃烧效率为 0.99，碳捕集效率为 0.93 以上。即便如此，CLC 反应器系统（如改进型循环流化床）中存在的大量固体可能不是最大的问题，但实际问题是固体需要在系统内连续循环以完成传热传质。然而，固体循环是一个高耗能的过程，最终会降低整个反应系统的能量效率。更为重要的是，固体循环不能很好地平衡传热和传质。为了解决固体循环传热传质平衡困难的问题，可以采用一种使燃料反应堆整体热中性或轻微放热的载氧体来降低固体循环速率。另一方面，在成本控制的前提下，反应性越强的氧载体可以减少固体库存，而携氧能力越强的氧载体则可以降低固体循环速率。

另外，CLC 反应器在原型设计、工程设计、运行规范等方面需要更多的创新。在原型设计中，主流的燃料反应堆结构由鼓泡流化床转变为循环流化床。这主要是因为互联流化床系统的空气反应器和燃料反应器可以独立为固体循环提供动力，最终实现更简单的固体循环调节。此外，循环流化床配置可以更容易地扩展到需要数百吨固体库存的大型装置。在工程设计方面，对反应器的配置、具体尺寸，甚至回路密封、旋风分离器、脱碳器等都需要进行更详细的优化。

5.3.3 燃烧后碳捕集技术

燃烧后碳捕集技术主要应用于燃煤电站锅炉、水泥窑和炼化装置燃烧烟气。与燃烧前、燃烧中技术相比，燃烧后烟气中 CO_2 浓度通常比较低，将 CO_2 从烟气中分离出来驱动力更小。捕集过程需要处理大量烟气，设备规模和投资成本也比较大，设备操作和三废处理费用高。此外，燃烧烟气中含有的 SO_x、NO_x、粉尘等杂质对捕集系统影响较大，烟气捕集前需净化处理（电除尘、脱硫，催化脱硝等）。但目前燃烧后捕集仍然是最成熟和应用最广泛的工艺技术。燃烧后烟气 CO_2 捕集方法主要包括吸附法、吸收法、膜法等，每种技术都有自身的优缺点，工业应用 CO_2 捕集技术选取需要考虑所捕集碳源气流体积、CO_2 浓度、气体中含有的污染物、碳源气流的温度和压力、捕集下游对 CO_2 纯度的要求等。

5.3.3.1 技术原理

目前燃烧后 CO_2 捕集技术有吸收分离法、吸附分离法、膜分离法和低温分离法。

1. 吸收分离法

吸收分离法通过液体吸收剂分离混合气体，被广泛应用于石油、天然气、电厂等 CO_2 分离的化学工业中。从吸收原理的角度，可将其分为物理吸收法和化学吸收法，燃烧后碳捕集常采用的是化学吸收法中的液胺吸收法。液胺吸收法是目前最成熟，且唯一实现大规模商业化应用的碳捕集技术。其本质是酸性气体与碱性吸收剂发生可逆的化学反应，形成可分解并释放 CO_2 的碳酸盐、碳酸氢盐或氨基甲酸盐等不稳定盐类，达到碳捕获和回收利用的目的。其反应式（R1、R2 为烷基）为：

$$R_1R_2NH + CO_2 \longrightarrow R_1R_2NH^+COO^- \tag{5-1}$$

$$R_1R_2NH^+COO^- + R_1R_2NH \longrightarrow R_1R_2NH_2^+ + R_1R_2NCOO^- \tag{5-2}$$

总反应式为：

$$2R_1R_2NH + CO_2 \longrightarrow R_1R_2NH_2^+ + R_1R_2NCOO^- \tag{5-3}$$

化学吸收法由于其二氧化碳处理能力高、可靠性强以及前期在工程应用中积累了大量的经验，被认为是最成熟和最具商业可行性的碳捕集技术之一。

2. 吸附分离法

吸附分离法主要是通过混合气体与固体吸附剂发生相互作用来吸附 CO_2，被吸附的 CO_2 可以利用降低压力或升高温度的方式进行解吸，其过程分别称为变压或变温吸附。根据吸附原理的不同，吸附分离法又可分为物理吸附和化学吸附。物理吸附是气体通过范德华力作用吸附在吸附剂上，优点是吸附热小（25～50kJ/mol）、吸附速率快，但是选择性低，受吸附反应条件（温度、压力等）的影响较大。碳基、分子筛等多孔材料的吸附原理属于物理吸附，常选用变压吸附工艺。化学吸附是通过吸附剂表面的化学基团与气体发生化学反应形成化学键，从而吸附在材料表面，该技术的吸附热较大（60～90kJ/mo1），吸附速率慢，但选择性较高。碱金属、固体胺等吸附材料属化学吸附，通常选用变温吸附工艺。

二氧化碳的吸附分离技术与吸收法相比，再生能耗更低、操作工艺更简单，可在各种工业场景中高选择性地分离二氧化碳，具有广阔的应用前景。对于吸附分离技术而言，吸附剂的种类繁多，根据吸附温度区间，可将吸附剂的种类大致分为高温吸附剂、中温吸附剂和低温吸附剂，如图 5-61 所示（见彩插）。

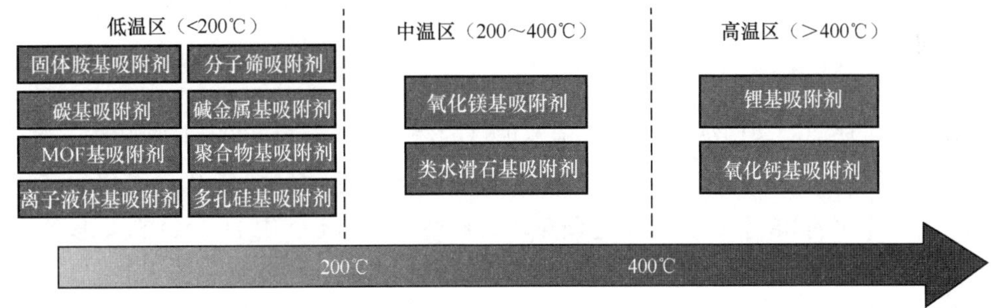

图 5-61 固体吸附剂的吸附温度

对比化学吸收法，固体吸附分离技术是一种具有较大潜力和应用前景的低能耗碳捕集技术。目前，固体吸附剂的研究重点主要基于新型高效复合吸附剂的开发，离真正实现工业应用还有较大差距，依然面临着较多的技术挑战。

3. 膜分离法

膜分离法主要是根据薄膜材料对不同气体分子的溶解度和扩散速率不同，导致相对渗透率的差异，进而对某种特定气体进行分离。在膜分离过程中，分离膜两侧的气压差是推动气体分离的主要驱动力，当两侧压力差达到一定程度时，相对渗透率大的气体会从高压力侧优先通过分离膜到达低压力侧，而渗透率低的气体则会滞留在高压侧。膜材料根据材质可分为聚合物膜、无机膜及混合基质膜。聚合物膜种类繁多，具有优异的成膜能力和可加工性，易大面积制造，是目前发展最快、使用最为广泛的膜分离材料之一。聚合物膜材料又可进一步分为橡胶态（高于玻璃化转变温度的聚合物）聚合物膜和玻璃态（低于玻璃化转变温度的聚合物）聚合物膜。橡胶态聚合物膜以有机硅橡胶为代表，常见的有天然橡胶、聚 4−甲基−1−戊烷、聚二甲基硅氧烷等，其特点是分子链较为柔软灵活，气体渗透性能较好，但缺点是 CO_2 分离选择性较低，单独使用时分离效果较差，且在高压下容易形变膨胀；玻璃态聚合物膜因分子链堆砌紧密、移动性差，使材料成膜后对于气体的选择性较高，被广泛应用于商用膜系统。常见的聚合物材料包括聚丙烯酸酯、聚碳酸酯、聚酰亚胺和聚砜等。

4. 低温分离法

低温分离法是在低温条件下，通过相分离（物理）的手段将 CO_2 从烟气等混合气体中分离出来的一种方法，该法已用于天然气净化等领域。其优势在于分离过程无需化学试剂，无设备腐蚀风险，且 CO_2 能以液体形式回收，可极大地方便运输；此外，与其他分离技术相比，通过低温方法捕获的 CO_2 可获得更高的纯度（超过 99.9%）。高纯度 CO_2 产品可以通过催化或生物反应有效地转化为更有价值的化学品，也可用于工业食品、肥料等领域。因此，低温分离法捕集的 CO_2 产品可以免去额外的压缩处理。

目前，低温分离工艺在石油开采和天然气二氧化碳分离过程中应用较多，主要应用于高体积分数（通常超过 50%）和高压气体中的 CO_2 分离。但在燃烧后烟气的碳捕集中，低温分离法相比其他分离技术的劣势在于，其处理过程是在低温高压的条件下进行，设备投资大、能耗高、成本高。

5.3.3.2 技术现状

根据国家科技部向全国征集 CCUS 示范项目的统计结果，自 2004 年中国第一个 CCUS 示范项目在山西省投运以来，已投运和建设中的 CCUS 示范项目共有 49 个，集中在华东和华北地区：已建成的 38 个 CCUS 示范项目，累计注入封存 CO_2 超过 2×10^6t，形成 CO_2 捕集能力 2.96×10^6t/年、注入能力 1.21×10^6t/年。目前，中国也正面临着巨大的碳减排压力。为进一步加快实现碳减排的重大战略目标，亟需开发积极可行的碳捕集技术。当前，燃烧后 CO_2 捕集是工业规模上应用最广泛的碳捕集方法，其具有再生能耗低、易于在现有工厂中改造实施等特点，在实现高效捕集 CO_2 的过程中具有广阔的应用前景。

1. 国外现状

液胺吸收法作为最成熟的碳捕集工艺，已实现商业化应用。KMALC 技术采用质量分数为 15%～20%的 MEA 水溶液吸收二氧化碳，最大吸收能力为 800t/天。EFG+技术采用的是质量分数为 35%的 MEA 水溶液与二氧化碳吸收抑制剂混合，最大吸收能力为 320t/天。KM-CDR 技术使用一系列空间位阻胺（KS-1、KS-2）来吸收二氧化碳，与 MEA 相比，空间位阻胺具有较低的腐蚀性和较高的抗氧化降解能力。试验证明，KS-1 溶剂相比 MEA 技术可降低 20%以上的能耗，最大吸收能力为 500t/天。Cansolv 工艺采用的是由质量分数为 50%的胺和质量分数为 50%的水组成的 DC-103 溶剂，已应用于世界第一座可再生胺技术的商业燃烧后碳捕集装置，CO_2 捕集率约为 90%，CO_2 平均纯度大于 99.0%，且再生能耗（2.3GJ/tCO_2）低，具有较大的节能优势。

目前，对于固体吸附技术的放大应用还主要处于中试研究阶段。2000—2007 年，美国能源部资助了路易斯安那州立大学、美国三角研究所，进行碱金属基吸附剂的中试研究。韩国能源研究所于 2003 年搭建了气体处理量为 $2m^3/h$ 的小型连续变温吸附碳捕集装置，随后经过几次规模放大，分别于 2010 年和 2014 年在 Hadong 燃煤电站搭建了烟气处理量为 $2000m^3/h$（0.5MW 级别）的变温吸附中试装置和 $35000m^3/h$（10MW 级别）的示范系统

KIERDARY®。该示范系统采用钾基吸附剂，共进行了3400h的累积运行和1000h的连续运行，可实现大于80%的CO_2捕集率和95%的CO_2纯度。ZHANG等采用固体胺吸附剂（聚乙烯亚胺浸渍介孔二氧化硅载体），在鼓泡流化床反应器上采用模拟烟道气进行了连续脱碳试验。结果表明，制备的吸附剂的再生热为2360J/gCO_2，远低于典型的MEA吸收工艺。因此，固体吸附分离技术是最有可能实现低能耗碳捕集的有效方法之一。但同时有研究表明，与液胺吸收法相比，只有当固体吸附剂的工作吸附量≥3mmol/g时，吸附剂捕集系统才可将捕集能耗降低30%～50%。

膜分离技术具有环境友好、操作简单、设备投资少、占地面积小、分离纯度高等优点，在CO_2捕集领域具有广阔的应用前景和发展潜力。由美国迈特尔膜技术有限公司（The Maitre Membrane，TMM）开发的高渗透性超薄Polaris®膜已在1MW的燃煤电厂通过中试验证，该技术可每天从燃煤电厂的烟气中捕获20t CO_2，连续平稳运行1500h，具有薄膜结构紧凑、占地面积小、操作简单等优势。由德国亥姆霍兹联合会（HGF）开发的复合聚合物PolyActive®膜通过一个膜面积为12.5m^2的中试模块对实际烟气中的CO_2进行了捕集测试。该材料可实现100m^2以上的重复批量生产，在连续740h内表现出良好的分离性能和稳定性能，单级工艺可实现摩尔分数为68.2%的CO_2和42.7%的回收率。2006年启动的大型欧盟项目NanoGlOWA（包括27个来自欧洲的公司、大学、研究所和发电厂）旨在开发用于从燃烧后发电厂的烟气中捕获CO_2的高性能膜。2011年，欧盟NanoGlOWA项目使用了挪威科技大学（Norges Teknisk-naturvitenskapelige Universitet，NTNU）开发的聚乙烯胺固定位置载体膜，用于从电厂烟气中去除CO_2，该膜在6个月内表现出了稳定的捕集性能。

目前运行的大型碳捕集设施大多采用液胺吸收法，其中较为典型的两个项目是实现商业规模捕集的加拿大BoundaryDam项目和美国PetraNova项目。2014年，加拿大建造的Boundary Dam项目是世界范围内第一个大型商业燃烧后碳捕集项目，采用的可再生胺吸收剂为壳牌Cansolv。截至2018年3月，该设施已捕获200万t CO_2。与Boundary Dam项目类似，Petra Nova也使用了液胺溶剂吸收碳捕集技术，吸收剂为三菱的KS-1溶剂，捕集率约为90%，每年可针对240MW的燃煤电厂捕集140万t CO_2。

2. 国内现状

20世纪80年代初，西南化工研究设计院有限公司开始研究利用变压吸附从各种含CO_2的气体中分离获取CO_2产品，并通过工艺开发全面掌握了该项技术。1987年，第一套从石灰窑烟气中分离提纯CO_2的工业装置在四川眉山县氮肥厂投入运行，随后推广至天津碱厂、广州钢铁、浙江巨化等6家单位石灰窑烟气捕集装置，累计捕集规模超过30万t/年。同一时期，该技术还被用于甲烷转化气、甲醇转化气、酒精发酵气、合成氨变换气中CO_2提纯，单套装置规模均在10～12t/d。吸附法CO_2捕集技术仍处在示范阶段，理论上来说吸附法具有工艺简单、能耗低、操作灵活的优势，但在实际操作过程中能耗低这一优势仍不突出。为了提高技术成熟度，还需要进一步的研究和探索，在提高吸附剂吸附量、选择性、稳定性的同时，进一步优化反应工艺和过程操作参数。常用的吸附剂沸石分子筛对水蒸气比较敏感，对水分子吸附快、脱附难度大，这是造成现有工艺能耗高的主要因素。

国家能源集团在锦界电厂建成了15万t/年燃烧后化学吸收法CO_2捕集示范项目。这是目前中国已建成的最大规模的燃煤电厂燃烧后CO_2捕集示范工程。项目采用新型低能耗复合胺吸收剂，与国外同类型项目相比运行成本可降低30%以上，实现了CO_2捕集率＞90%、CO_2浓度＞99.95%、吸收剂再生热耗率＜2.35GJ/t的国际领先指标，形成了适用于中国燃煤电站烟气CO_2高效、低能耗捕集的新技术体系。

亚洲最大火电CO_2捕集利用封存项目——国家能源集团江苏泰州电厂项目经过多天满负荷运行，正式投产，每年可捕集消纳二氧化碳达50万t。泰州电厂拥有4台百万千瓦功率的发电机组，CO_2捕集利用封存项目以4号机组烟气为原料，进行CO_2捕集、利用、封存。项目自主研发了新一代高容量、低能耗、长寿命吸收剂，同时创新应用了国内最大CO_2压缩机，创新集成了新型填料、高效胺回收等技术，较传统项目降低了10%压缩电耗。电厂协同相关企业、高校、科研院所，就实现CO_2“深层次、高效率、大循环”使用进行攻关，贯通从捕集到消纳的二氧化碳全周期链条。

华能集团在上海石洞口12万t/年示范装置长周期运行过程中积累了丰富的经验，并不断改进其吸收剂性能，目前开发的复配吸收剂HNC-5，损耗吸收剂从4.7kg/tCO_2（每捕集1t CO_2胺液消耗的千克数量）降低至1.3kg/tCO_2，能耗从3GJ/tCO_2降低至2.7GJ/tCO_2。目前，依托甘肃庆阳华能陇东能源基地正宁电厂两台100万kW机组，华能集团正在建设150万t/年捕集装置，捕集到的CO_2将全部用于驱油与封存，2023年12月投入生产。2018年在国家碳捕集中心（NCCC）开展2.5t/d评价试验，哌嗪吸收剂吸收CO_2的速度是30wt%MEA吸收剂的2倍，这将可以大幅缩小吸收塔的尺寸，降低设备投资。哌嗪吸收剂可以在150℃下再生，贫液中CO_2夹带量小，减少了吸收剂的循环量。此外，哌嗪不易降解、饱和蒸汽压低，中试试验过程中捕集1t CO_2仅损耗吸收剂0.3kg。大连理工大学使用苯甲醇（沸点：205.7℃）、二甘醇（沸点：245℃）、N−甲基吡咯烷酮（沸点：202℃）作为溶剂制备了MEA吸收剂，以上溶剂在解吸塔常规操作条件下不汽化，避免了溶剂蒸发相变潜热带来的能量损失。中化集团西南化工研究设计院有限公司开发了MEA−醇无水吸收剂，与MEA-水吸收剂相比，MEA−醇无水吸收剂CO_2循环处理量提高了85%，初始CO_2吸收速率提高102%。2020年，华能集团开发的相变吸收剂在长春热电厂利用燃煤锅炉烟气开展了1000t/年的中试试验。西南化工研究设计院有限公司联合北京化工大学、华能清洁能源技术研究院等机构联合开发了相变吸收剂，2022年，该吸收剂在辽阳石化低浓度烟气（天然气制氢）CO_2捕集侧线试验装置成功实现720h连续稳定运行。烟气中CO_2浓度为12%～14%，在CO_2脱除率达90%的情况下，新型吸收剂的能耗低至2.4GJ/t CO_2，相对于MEA吸收剂能耗下降约40%。经过长周期运行，吸收剂吸收效果稳定，性能无明显衰减。

天津大学王志课题组长期从事CO_2分离膜研究，发现多种适宜制作分离CO_2固定载体膜的聚合物材料，例如N-乙烯基-γ-氨基丁酸钠（PVSA）、N-乙烯基-γ-氨基丁酸钠-丙烯酸钠共聚物（VSA-SA）、聚乙烯基胺（PVAm）、聚三乙烯四胺-均苯三甲酰氯等，并以上述膜

材料为分离层制备了复合膜。“十三五”国家重点研发计划中，由中国石油化工股份有限公司（中石化）、天津大学、中科院大连化学物理研究所（大连化物所）等单位共同承担了“膜法捕集 CO_2 技术及工业示范”项目。此外，中石化配套了“膜分离法捕集烟气 CO_2 技术工业试验”项目，使用天津大学开发的复合膜，并结合大连化物所提供的膜组件，在中石化南化院设计并建成了 5 万 m^3/d 规模的膜分离锅炉烟气 CO_2 捕集示范装置，在捕集率为 81% 条件下，CO_2 产品纯度可达 95%。

5.3.3.3 发展方向

现有示范或中试装置所使用的技术，能耗仍然是制约 CO_2 捕集的重要因素，尤其是较为成熟的化学吸收法，解吸过程伴随溶剂蒸发造成大量热量损耗。针对于此，目前开发的相变溶剂、段间冷却、分级解吸、热泵技术等一定程度上缓解了能耗高的问题。此外，针对特定场景，例如热电厂，将吸收后的富胺液暂存，然后利用供电低谷期富余蒸汽进行胺液再生，同样可以实现能量综合利用，降低捕集成本。另一方面，CO_2 利用技术或行业规范仍不成熟，例如 CO_2 化工转化仍存在转化率低、能耗高等问题；CO_2 用于气焊保护、食品保鲜等行业，最终还是会排放进入大气，此类用途的 CO_2 捕集是否能够被认定为减碳、用于抵扣碳税国际上尚无统一标准。因此在规划布局前还需要考虑的所捕集 CO_2 如何有效利用。

近年来，燃烧后捕集 CO_2 被认为是减少温室气体排放的有效方法之一。目前，燃烧后碳捕集技术主要包括吸收分离法、吸附分离法、膜分离法和低温分离法。经过对比分析，最成熟的碳捕集技术是化学吸收法，该技术已实现商业化工业应用；吸附分离法和膜分离法均具有较大的节能潜力和应用前景，但目前仍处于中试和示范研究阶段，与工业应用存在一定差距；低温分离法虽具有 CO_2 回收和纯度方面的优势，但其分离过程在低温高压下进行，能耗和成本相对较高，更适用于高浓度 CO_2 的分离。通过归纳发现，不同的碳捕集技术各自存在优缺点，尚未有任何一种碳捕集方法可以独立、高效、经济且节能地进行碳捕集。当前的应用重点是在评估技术可靠性、经济性等关键指标后，根据技术特点选择相对合适的捕集方法。未来，关于高效节能碳捕集技术的开发，可重点攻关当前各技术存在的问题与挑战；还可结合各技术优势开发混合捕集技术，进一步推动碳捕集技术的规模化发展。

5.3.4 二氧化碳封存及利用技术

捕集后形成的 CO_2 流经压缩后运输至利用或封存场地，目前，常见的 CO_2 运输方式有管道、船舶、铁路和公路等，在大规模长距离运输的情景下，管道运输被认为是最经济、可靠的运输方式。CO_2 利用与封存方式包括地质利用、化工利用、生物利用等。地质利用指将 CO_2 注入地下，强化石油、煤层气、页岩气、深部咸水、地热、天然气、铀矿地浸等能源和资源开采过程；化工利用是以化学转化为主要手段，将 CO_2 和共反应物转化成目标产物，实现 CO_2 资源化利用的过程；CO_2 生物利用是以生物转化为主要手段，将 CO_2 用于生物质合成，主要产品有食品和饲料、生物肥料、化学品与生物燃料和气肥等。碳封存技术

是将捕集的 CO_2 进行安全储存，不与大气接触，主要包括地质封存和深海封存。目前研究最多的是 CO_2 地质封存利用技术，将 CO_2 注入地质体内的同时利用地下矿物或地质条件生产有价值的产品，这不仅提高了 CO_2 利用率，还具有较高的安全性和可行性。CO_2 地质封存是指通过工程技术手段将捕集的 CO_2 储存于地质构造中，实现与大气长期隔绝。按照封存地质体的特点，主要分为陆上咸水层封存、海底咸水层封存、枯竭油气田封存等。

5.3.4.1　技术原理

1. CO_2封存

CO_2 封存作为整个 CCUS 流程中的最后一个步骤，最终埋存量能够直观地评价整个 CCUS 项目。采用咸水层、油气藏等对 CO_2 进行封存，都能达到很好的埋存效果。同时，在 CO_2－ECBM 等对 CO_2 利用过程中，通过置换或者其他反应能吸收一定数量 CO_2，也实现 CO_2 埋存。

利用地下某处无法作为饮用水源，或者不具备开采价值的咸水层对 CO_2 进行埋存，称为咸水层封存。封存机理包括构造封存、矿物封存、溶解封存以及残余气封存。构造封存是指当向咸水储层注入 CO_2 时，由于背斜、断层、褶皱或地层尖灭地质构造的存在，且构造上部盖层渗透率低，阻挡了浮力作用下 CO_2 的垂直运动，使被阻挡的 CO_2 在盖层下方横向流动，储存在咸水层，且以超临界状态赋存。残余气封存是指 CO_2 在咸水层储层运移过程中，充填在储层岩石骨架的孔隙中。矿物封存与溶解封存则是两个连续过程，CO_2 注入咸水层储层后，少部分 CO_2 由于浓度和压差的变化在储层微孔隙中发生运移，遇到地下水后便溶解产生碳酸，使得地下水呈弱酸性，破坏原有盐水－岩石化学平衡，且碳酸根离子会与游离出来的镁、钙等金属离子结合，形成沉淀。在咸水层封存 CO_2 的过程中，地质构造圈闭封存为主要作用于初期的封存。在注气后很长一段时间内，会由构造圈闭封存向矿物封存、溶解封存和残余气封存三种封存方式过渡。其中，溶解封存和矿物封存效率都非常缓慢，通常需要数百年甚至数千年才能实现 CO_2 的完全固定封存。相较于沉积岩咸水层、玄武岩咸水层具有更大的封存潜力。玄武岩中含有多种 2 价金属离子，如 Ca^{2+}、Mg^{2+}等，可与 CO_2 结合生成化学性质稳定的碳酸盐矿物。当向玄武岩水层注入 CO_2 时，一方面 CO_2 的注入使得地下水 pH 降低，破坏了玄武岩的溶解－沉淀平衡，另一方面玄武岩溶解会有大量的金属离子释出，与水中的碳酸根离子结合形成稳定碳酸盐矿物，不仅中和了地层水的酸性，同时也实现了 CO_2 的封存。

利用油气藏对 CO_2 实行封存也是埋存 CO_2 的有效方法。这一方法有两种技术思路：一是利用 CO_2 提高油气采收率，并实现 CO_2 封存；二是利用废弃油气藏对 CO_2 进行直接封存，当向枯竭油气藏注入液体或者超临界状态 CO_2 后，CO_2 会占据岩石内的孔隙空间，由于枯竭油气藏具有良好的盖层，阻止了 CO_2 向上运移。与咸水层封存类似，随着埋存时长的增加，封存于枯竭油气藏内的 CO_2 也会与周围岩石发生作用，实现 CO_2 的进一步固定。由于具备完善的地质资料，利用枯竭油气藏对 CO_2 进行埋存理论上是一种十分理想的封存手段。但是相较于石油开发，中国的天然气开发工业处于起始阶段，在很长一段时间内并不会产

生规模较大的枯竭气田用于 CO_2 的封存。

此外，还有其他封存 CO_2 技术措施。例如，CO_2 海洋封存。将 CO_2 以气、液、固态注入到深海，由于深海的高压低温条件，CO_2 可以形成类似于天然气水合物的固体冰状水合物，从而实现 CO_2 的封存，但此法过于依赖环境的稳定，无法保证 CO_2 的安全埋存。而将 CO_2 注入到深海咸水层，利用海底沉积物层内封存 CO_2，由于咸水层盖层的存在，能够阻止 CO_2 的运移。如果海底发生地质运动，CO_2 原本的封存环境遭到破坏后，导致 CO_2 窜出，但海底以及深部咸水层中间沉积物层所构成的高压低温环境，会使泄漏的 CO_2 形成不可渗透或超低渗透的水合物盖层，从而达到 CO_2 泄漏的二次阻隔。少许 CO_2 如若继续通过沉积层扩散到海洋中，海洋的水环境可以实现 CO_2 的溶解和封存。结合咸水层、水合物封存和海水溶解三种方法的优势，相比之下有更高的安全性。

采用无商用价值的煤层实行 CO_2 埋存，此法在封存 CO_2 的同时还有利于煤层天然气的回收。在煤层中，CO_2 分子比 CH_4 分子更易吸附。但是，在煤层中 CO_2 会发生溶胀反应，对于一些渗透率本就较低的煤层，CO_2 的大量注入会导致煤层渗透率进一步降低，不利于后续 CO_2 的再次注入。因此从长远来看，利用无商用价值的煤层对 CO_2 埋存发展潜力有限。除此之外，CO_2 开采置换天然气水合物，以及在开采地热资源的过程中将注入介质由水更换为 CO_2 等方法也可以达到 CO_2 利用和埋存的共赢。

2. CO_2利用

CO_2 的利用是整个 CCUS 过程中带来具体经济效益的一个环节，在 CO_2 被捕集聚集以后，经由车运、海上船舶以及管道、路上管道等运输方式运至各处，进行化学、生物以及地质上的利用，从而得到包括材料、燃料、肥料、石油天然气等能源矿产在内的各种产品。

（1）地质利用。

CO_2 在地质上的使用，一般是对于能源矿产的强化开发。比如强化石油、天然气的开采，增强页岩气的开采以及铀矿地浸开采等。

CO_2－EOR，原理是 CO_2 能与原油互溶，原油之中溶解 CO_2，可以在增加原油流动性的基础上，补充地层弹性能量以及增加孔隙含油饱和度。原油吸收一定量 CO_2 后，组分中较轻的部分会被 CO_2 交换并抽提，从而剩余油饱和度也会降低。当原油体系不断溶解 CO_2 并达到溶解－萃取平衡时，就可萃取原油中的轻组分。而 CO_2 溶于水后形成的羰酸可将石油酸化，进一步减小石油的黏度与油水流度比。当最小混相压力比油藏压力小时，通过频繁的接触传质后，CO_2 与原油两者混相，此时 CO_2 不仅可以萃取原油中的轻质组分，还可与轻质组分形成特殊的混相带，大大提高驱油效率。在中国，当油藏地层压力比最小混相压（Minimum Miscibility Pressure，MMP）高 1MPa 以上，称之为混相驱油，混相驱油时，由于混相带的形成且具有很好的流动性，可以一定程度提高 CO_2 的驱油效率；当油藏地层压力比 MMP 低，且相差 1MPa 以内，称为近混相驱；若油藏地层压力比 MMP 低 1 MPa 以上，称为非混相驱，在非混相驱油时，CO_2 一方面萃取原油中的轻质组分，另一方面 CO_2 引起原油体积膨胀可以补充地层能量来提高驱油效率；若油藏地层压力不满足 MMP 的 75%这一条件，注气性能比较差且会有气窜现象，CO_2 驱油便不再适用。

CO_2－ECBM 机理是 CH_4 分子吸附煤表面的自由能和吸附热的变化小于 CO_2 分子，因此 CH_4 在煤层表面的吸附势远小于 CO_2。将 CO_2 注入煤层之后，CO_2 破坏 CH_4 原有的吸附与解吸平衡，将 CH_4 分子置换出来，同时因为 CO_2 的注入，相较于单纯依靠抽采来采收 CH_4，能带来更高的压力梯度，驱使 CH_4 向生产井运移。同时，随着 CO_2 注入压力的增加，煤层表面自由能的变化得到改善，吸附能力增强，从而进一步优化置换的 CH_4 效果和效率。梁卫国等人指出超临界 CO_2 注入驱替 CH_4，可以进一步提高置换 CH_4 的能力。试验表明在 21MPa 的有效应力下，超临界 CO_2/CH_4 的置换率高达 4.08。但是，煤层更倾向于吸附 CO_2，且 1 分子 CH_4 所占体积空间可以吸附容纳 2 分子的 CO_2，以上两点都导致置换后煤层体积有一定的膨胀。因此，对于低渗透率的煤层，当采用 CO_2 置换煤层气后，煤层体积膨胀渗透率会更低，后续的 CO_2 无法注入，让驱替无法进行，此时 CO_2 驱替便不再适用。CO_2 置换 CH_4 示意图如图 5-62 所示。

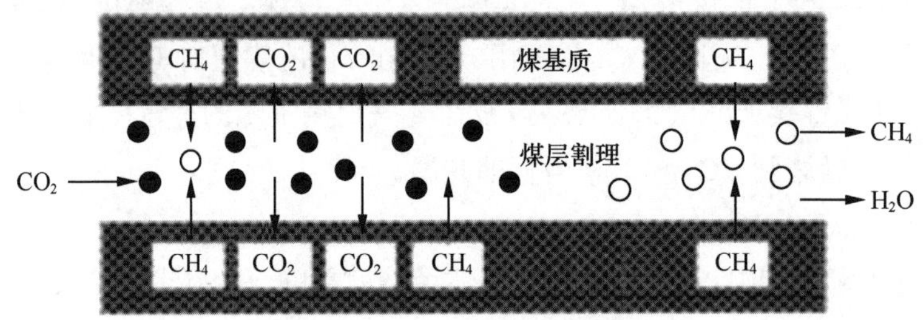

图 5-62　CO_2 置换 CH_4 示意图

近年来，CO_2 在地质能源领域运用越来越广泛。张毅提出采用超临界 CO_2 作为页岩气压裂过程中的工作流体，在减小流动阻塞与解吸的基础上，利用超临界 CO_2 扩散系数高与渗透能力好等优点，可以充分发挥连续油管压裂的技术优势，进一步加强射孔能力以及射流增压能力。此外，学者们认为 CO_2 置换开采可燃冰有一定可行性，并进行相关研究。与 CO_2 分子相比，CH_4 亲水性较差，1 份 CH_4 水合物分解后，分子层产生的孔隙和空隙中可结合 5 份 CO_2。在适当的温压条件下，注入 CO_2 后，一方面由于 CO_2 较强的亲水性可以置换出 CH_4，另一方面 CO_2 生成 CO_2 水合物的过程也是一个放热过程，有利于 CH_4 的持续释放。此外，CO_2 还有望大规模利用到地热能的抽取以及地下水的开采中。

（2）化学利用。

对 CO_2 的化学利用，就是对其还原转化得到一系列产品。均相催化 CO_2 还原制备高值化学品是 CO_2 化学利用的前沿领域，其中均相催化 CO_2/H_2 还原制备醇、醚、醛、酰胺、羧酸、酯等取得了迅速发展，扩大了 CO_2 高值化利用的范围。以 CO_2 作为羰源，H_2 作为还原剂，首先通过逆水煤气变化将 CO_2 还原成 CO，然后再利用 CO 与烯烃羰基化反应生成目标产物。学者 Haynes 采用均相催化 CO_2，H_2 和二甲胺羰基化合生成 N、N－二甲基甲酰胺（DMF）。对于不同胺类，均相催化过程中的反应条件也不同。例如，对于芳香胺，可以通

过在反应过程中添加碱，从而有效提高转化效率。均相催化 CO_2、H_2 和苯胺转化甲酰基苯胺的过程中，加入一定当量的有机碱 DBU，可使转化率达到 85%。乙醇作为工业重要原料，有着十分丰富的用途，CO_2 加 H_2，在不同催化剂的催化作用下，可与二甲醚/甲醇/多聚甲醛羰基化制得乙醇。Qian 等人采用 Ru－Co 双金属体系，用 CO_2、H_2 以及二甲醚合成乙醇，整个反应不仅对催化剂活性损耗低，而且乙醇收率高于以往 CO_2/CO 合成乙醇的路径收率。除了制备乙醇以外，行业中还可以通过 CO_2 和醇/醚羰基化制取羧酸。Qian 等在一定条件促使 CO_2 羰基化转化成醋酸。CO_2、H_2 以及甲醇，在温度 200℃的条件下，以咪唑为配体、LiI 为促进剂，DMI 作为溶剂，羧酸化合成醋酸。另外，以 CO_2 为羰基源，H_2 为还原剂与卤化物反应也是合成羧酸的一种方法。

CO_2 加氢制甲醇作为化学利用领域另一方向，技术思路能否大规模应用于工业的关键就是催化剂。目前，前驱体采用材料 UiO－66，将 Cu 纳米颗粒限制在 UiO－66 的孔隙/缺陷内构建的 Cu/ZrO_2 纳米复合催化剂以及具有不同强度金属－载体相互作用的 Cu/ZnO－SiO_2 催化剂，都能在一定程度提高甲醇的产率。同时，电化学技术可以使 CO_2 在电解液和催化剂的作用下获得不同数量的电子由 CO_2 还原反应所需的吉布斯自由能确定，从而获得不同的目标产物，如甲烷、甲醇和各种烃类化合物，除此之外，使用太阳光直接诱导 CO_2 还原的光化学转化技术与利用电子将吸附在催化剂上的 CO_2 还原生成有机化合物或液体燃料的光电催化转化技术，都是 CO_2 化学利用的新途径，目前学者们也展开了积极研究，进而提高上述两种方法 CO_2 的转化率。

CO_2 的化学利用在建筑领域中也有所体现。废弃混凝土经破碎筛分后，与 CO_2 混合进行再生骨料反应，制备出满足当前工程应用要求的再生骨料。在反应过程中，CO_2 能与初附着在骨料砂浆上的氢氧化钙和水合硅酸钙发生作用，形成碳酸钙和硅胶，填充砂浆体内部的孔隙，使浆体的微观结构更加致密，改善骨料性能。

（3）生物利用。

通过生物发酵技术，CO_2 可以被某些菌、藻类固定吸收，由此代谢产生化学品、生物燃料以及动物饲料等。琥珀酸（$C_4H_6O_4$）作为农业、化工以及制药等行业制备产品所需的前驱体，可以由厌氧微生物自身代谢 CO_2 转化而成。Gunnarsson 等利用 Actinobacillus succinogenes 不仅使 CO_2 成功转化为 $C_4H_6O_4$，而且同时将沼气纯化，使得沼气中 CH_4 组分的浓度进一步提高。位于澳大利亚墨尔本的 MBD 能源有限公司利用微藻捕捉 CO_2，也生产经济高效的生物燃料和动物食品。CO_2 经由特定培养方式可以合成蛋白质，芬兰国家技术研究中心和拉彭兰塔理工大学联合研制合成蛋白质的新方法，将装有水和微生物的生物容器中接入电，水电解会产生氢气和氧气，同时向反应器中注入 CO_2。在反应器氮、硫、磷等微量营养元素作用下，促进其中微生物的持续增殖，达到培养时长后，将培养的微生物群落脱水，得到类似干酵母的蛋白粉。对于大棚种植的果蔬来说，提高 CO_2 的浓度可以使得果蔬光合作用的效率增强，促使果蔬产生更多的碳水化合物。此外，适当提高温室内 CO_2 浓度还可以提高瓜果的早期产量，增强植物的抗病性，提高产品的贮藏时间。

5.3.4.2 技术现状

近年来，CO_2不仅广泛应用于石油开采、冶金焊接、化工机械、医疗等传统领域，在生物工程、激光技术、生产可降解塑料、超临界药剂等高科技领域也展现出良好的发展前景。按照其资源化转化利用方法不同，大致可分为化学利用、生物利用和物理利用三个方面。不同封存方式的技术处于不同的发展阶段，油气藏封存和咸水层封存技术相对成熟，国外开展的封存项目更多，监管及财税政策也更完备。研究CO_2封存项目对于促进 CCUS 技术的成熟发展与规模应用具有重要意义。

1. 国外现状

当前，CO_2封存项目计划数量的增长势头比以往更加强劲，世界上许多国家都已开展过CO_2封存项目的实践探索，很多封存项目已运行多年，积累了较多的经验。目前，全球已开展海洋封存技术的试点应用，并建设了一批示范项目。虽然海洋封存的潜力巨大，相关理论与技术设备也取得了突破性的进展，但海洋封存仍然面临很多挑战，如封存成本极高、泄漏风险大等。地质封存中，枯竭油气藏注入和封存 CO_2 的技术比较成熟，处于经济上可行的阶段，是目前商业级大规模 CO_2 封存的主要方式；关于咸水层封存的研究比较广泛，项目试点也取得较好的效果，同样处于经济上可行阶段。不可开采煤层封存 CO_2 处于探索示范阶段，商业化、规模化推广尚未开展，关于煤层封存的研究较为薄弱；关于矿化封存的研究较少，目前技术实现上存在较大的困难，尚未达到概念设计阶段，且成本高昂，因此矿化封存 CO_2 的潜力并不乐观。

In Salah 储存项目位于阿尔及利亚，该项目是一个全面运营的世界领先的陆上气田，从 In Salah 油田接收CO_2。该储层在地下 1800、1850、1900m 处发现了枯竭的油气储层。该项目 2004 年开始运营。据估计，该地层的总容量约为 1700 万 t CO_2，2004—2011 年期间共注入了 400 万 t CO_2。在注入过程中，通过三口井向 20m 厚的产甲烷石炭系 Krechba 砂岩地层注入了每天近 4000t 的 CO_2。注入 CO_2的成本约为 6 美元/t，储存的总成本估计约为 27 亿美元。

项目现场已使用卫星干涉合成孔径雷达和延时地震和微地震数据进行了仔细监测。所收集的监测数据已用于完善和更新水库工程的地质、流动力和地质力学模型。由于担心盖层的完整性，2011 年 6 月暂停了注入。尽管如此有CO_2从储层向覆盖层运移，没有CO_2泄漏到大气中。此外，Verdon 指出，CO_2 注入引起了大量的诱发地震活动。从那时起，对未来的注入策略进行了审查，并通过强化的研究和开发计划概述了全面的现场监测策略。尽管已审查的现场监测策略尚未在公开文献中完全披露，但新方案应包括一个详细和改进的微地震监测阵列，该阵列可提供实时和密集的地质力学响应监测，使作业者能够快速调整注入参数，以确保项目的安全运行。这种监测策略同样可以提高对储层和覆盖层地质和地质力学特征的理解。In Salah 项目的经验可以用于了解世界上其他低渗透碎屑储层中正在进行或打算储存的二氧化碳注入性。

Ketzin 存储项目位于德国 Ketzin，该项目的 CO_2 来源是一个氢气生产和氧燃料中试工

厂（Schwarze Pumpe）。CO_2通过管道运输并储存在地下约630m的含盐砂岩地层含水层中。到项目结束时，总共成功地将67271t CO_2储存在储层中。尽管在Ketzin项目储层中，CO_2储存在相对较低的深度，但从监测 CO_2 在地下的流动行为来看，在整个注入过程中并没有发现可检测到的泄漏。

在工业上，研究一直集中在使用可再生能源和 CO_2 生产甲醇，因为它有减少碳排放的效果。Carbon Recycling International（CRI）于2012年建立了该工艺的工业规模版本，将附近地热发电厂获得的废气与水电解获得的 H_2 结合起来，生产4t/年的甲醇。1996年，地球创新技术研究所和日本国家农业和食品研究组织将 ZrO_2 和 SiO_2 结合到广泛使用的 $Cu/ZnO/Al_2O_3$ 催化剂中，共同创造了一种商业催化剂。通过加入开发的催化剂和回收未反应的合成气，他们能够在温度为250°C和压力为5MPa（50巴）下生产甲醇，纯度为99.9%。基于这一成就，三井化学公司于2008年建造了一个年产100t甲醇的中试工厂。该装置由废气中 CO_2 和太阳能驱动电解获得的 H_2 组成，是一种环境友好型工艺。2011年，液化空气公司（Air Liquide Inc.）发表了一项关于从纯 CO_2 中生产甲醇的研究。采用 $Cu/ZnO/Al_2O_3$ 催化剂，建立了含甲醇液化器的循环反应器中试装置，碳转化率为94%～96.5%。

科思创公司（Covestroag）是将碳基聚合物生产商业化的公司之一。他们的聚醚聚碳酸酯多元醇产品cardyon™与传统的多元醇生产工艺相比，已知可减少20%的 CO_2 排放，并用于制造柔性聚氨酯泡沫。他们的核心工作是开发一种以碳基多元醇取代传统多元醇的工艺，这是基于双金属氰化催化剂的开发。科思创公司在2016年建立了一个示范规模的工厂，使用从邻近的化工设施获得的 CO_2 生产5000t/年的多元醇。

诺默公司（Normal）也是多元醇生产的领先公司之一。他们的研究重点是 CO_2 的催化转化，以生产聚碳酸酯多元醇、聚丙烯碳酸酯和聚乙烯碳酸酯。基于Salen-Co的均相催化剂的开发引发了对 CO_2 转化的研究，他们最近生产的用于聚氨酯生产的聚丙烯碳酸酯（Converge®）可以取代传统的石化基多元醇，在其结构中包含高达50%的 CO_2。此外，与传统多元醇生产工艺相比，其多元醇工艺的LCA显示碳排放减少了67%。

Carbon8 Systems开发了加速碳化技术（Accelerated Carbonization Technology，ACT），该技术利用 CO_2 将各种热废渣矿化，包括钢渣、焚化炉灰等。第一座ACT工厂于2012年建成，每年生产超过65000t的碳化产品，即CircaBuild®和CircaGrow®。

无碳化工公司开发了一种 CO_2 矿化工艺，用于生产无机产品，如 $NaHCO_3$、小苏打、烧碱等。该工艺即SkyMine®工艺，采用电化学方法从盐和水中产生低浓度NaOH。该溶液用于捕获 CO_2 以生产高纯度的 $NaHCO_3$。第一座SkyMine®工厂于2015年建成，利用 CO_2 的能力为83000t/年。

Carbfix是冰岛的一种固碳装置，将 CO_2 与水混合后注入玄武岩。Carbfix最近与Climeworks合作，后者是一家直接空气捕获公司，每年从空气中捕获4000t CO_2，并将其注入冰岛的玄武岩地层。目前，通过这种方法累计注入了81165t CO_2。

2. 国内现状

近年来，CO_2 不仅广泛应用于石油开采、冶金焊接、化工机械、医疗等传统领域，在生物工程、激光技术、生产可降解塑料、超临界药剂等高科技领域也展现出良好的发展前景。按照其资源化转化利用方法不同，大致可分为化学利用、生物利用和物理利用三个方面。

2020 年 1 月 17 日，中国科学院大连化物研究所和兰州新区石化产业投资有限公司合作的首台千吨级太阳能燃料合成示范项目在兰州新区绿色化工园区试运行成功。该项目由太阳能光伏发电、电解水制氢和 CO_2 加氢合成甲醇三个基本单元构成，总占地约 192647.4m^2（289 亩），总投资约 1.4 亿元。该项目基于大连化物研究所李灿院士团队开发的两项关键技术，即电解水制氢和 CO_2 加氢制甲醇。项目配套建设总功率为 10MW 光伏发电站为制氢设备供能，通过 2 台 1000m^3/h 的电解水制氢设备，其制氢耗电低至 4.0～4.2kW • h/m^3 氢，是目前世界上规模化碱性电解水制氢的最低能耗。CO_2 加氢制甲醇技术则采用大连化物研究所李灿团队自主研发的固溶体双金属氧化物催化剂（ZnO/ZrO_2），该催化剂可实现 CO_2 高选择性、高稳定性加氢合成甲醇。其中单程甲醇选择性大于 90%，催化剂运行 3000h 性能衰减小于 2%。

2020 年，安阳顺利环保科技有限公司 CO_2 制绿色低碳甲醇联产液化天然气（Liquefied Natural Gas，LNG）项目装置开始建设。该项目采用了冰岛 Cooperative Resources International（CRI）公司的专有绿色甲醇合成工艺和国内新型的焦炉煤气净化冷冻法分离 LNG 和 CO_2 捕集技术。煤气经过压缩、净化、深冷分离、甲醇合成和精馏等工序，生产绿色低碳甲醇联产 LNG。项目位于河南省安阳市殷都区铜冶镇，于 2020 年 7 月开工。建成达产后，预计每年可综合利用焦炉煤气 3.6 亿 m^3，生产甲醇 11 万 t，联产 LNG 7 万 t，并减少 CO_2 排放 0.44 亿 m^3，具有良好的经济效益、社会效益和生态效益。该项目已于 2023 年 2 月投产。2021 年，江苏斯尔邦石化有限公司与冰岛 CRI 公司签署了协议，将建设一座年产 15 万 t 的 CO_2 制甲醇工厂，形成“CO_2 捕集利用–绿色甲醇–新能源材料”产业链。通过对工业尾气中的 CO_2 进行回收和利用，采用冰岛 CRI 公司的 ETL 专有绿色甲醇合成工艺，将 CO_2 进行加氢合成甲醇。之后，该项目将依托江苏帆船集团的甲醇制烯烃装置和位于连云港的下游工厂进行深度加工，生产 2 万 t 光伏面板的核心组件材料光伏级 EVA 树脂，并可生产 5000 万 m^2 的光伏膜。最终，该项目将实现装机量达到 5GW 的光伏发电，每年可产出 60 亿～90 亿 kW • h 电。

2010 年，国家能源集团在鄂尔多斯盆地实行了 CO_2 咸水层封存项目，是世界第一个在低孔低渗深部咸水层中实现多层注入、分层监测的 CO_2 全流程捕集与封存项目。示范项目的 CO_2 捕集、储存设施建在煤制油工厂内，由管道、储罐、加压等设备组成。煤制油产生的 CO_2 被捕集后，先要去除水、硫、氮、有机物等杂质，将纯度提高到 99.9%，再经冷却、加压制成温度为−20℃的液体 CO_2，然后用专用罐车运到作业区。注入井和监测井深 2495m，借助压力，CO_2 被注入地下 1500～2500m 的咸水层封存。自 2011 年 5 月开始 CO_2 连续注入作业，至 2015 年 4 月，共试验封存 CO_2 30.26 万 t。这是中国实施的首个地下咸水层 CO_2

封存项目，也是目前亚洲唯一的 10 万 t 级地下咸水层 CO_2 封存项目。近 9 年的监测数据显示，封存区地下水质、压力、温度和地面沉降、地表 CO_2 浓度等指标没有明显变化，采用示踪技术也未监测到 CO_2 泄漏现象。示范项目的成功实施，标志着中国已经形成 CO_2 捕集、输送和地下咸水层封存、监测等成套技术，增强了中国在温室气体减排领域的话语权。

5.3.4.3 发展方向

CO_2 作为化石燃料燃烧的副产物，通过化学、生物转化的方法实现 CO_2 的资源化利用，不仅可以解决温室效应等环境问题，还可以转化为多种增值化学品，带来可观的经济效益。其中甲醇是一种清洁能源，可以实现清洁排放，且价格低于石油类燃料。众所周知，中国是一个多煤少油的国家，因此，对于中国能源替代及可持续发展工作而言，大力发展甲醇的绿色生产，减少对化石燃料的依赖已势在必行。由此看来，发展 CO_2 资源化转化制甲醇等技术将为中国乃至世界能源开发技术领域提供新的思路。虽然目前 CO_2 资源化利用技术还不成熟，CO_2 利用总量对全球温室气体减排影响不大，但已取得了不少研究成果。因此，现阶段 CO_2 资源化技术领域机遇与挑战并存。这一领域的发展不仅需要环境科学等各方面学者的大量开发与研究工作，还需各科研机构和企业的配合与协作，更离不开各级政府的支持与引导，从而为实现 CO_2 资源化利用技术的创新、产业化、市场化、规模化提供理论与实践基础，并从根本上解决全球 CO_2 的过量排放问题，这对气候与环境问题的改善以及全球的可持续发展有着重大的环保、社会及经济意义。

5.4 本章小结

当前，中国顺应能源结构转型既是机遇，更是挑战，深入开展清洁低碳发电技术相关理论和技术研究，可促进燃煤发电向高效清洁发展，考虑新型电力系统稳定性，有序推进高效清洁发电技术的替代和产业升级，确保能源转型安全。本章以新型高效燃煤发电技术、煤电混燃零碳燃料发电技术以及燃煤发电机组 CCUS 技术三类技术为展开，介绍了国内外先进低碳煤电技术的发展现状，梳理了超高参数燃煤发电、超临界 CO_2 动力循环、整体煤气化联合循环、生物质/煤掺烧、氨/氢/煤混合燃烧、富氧燃烧、化学链燃烧等相关技术的优势与可行性。

（1）当前，中国新型高效燃煤发电技术，如超超临界燃煤发电技术、超临界 CO_2 动力循环技术和 IGCC 发电技术等，均已逐渐跻身世界先进水平。其中，日臻成熟的超超临界技术已成为当前煤电领域主流。先进超超临界发电技术对于更高蒸汽温度的追求，在对于炉体材料提出更加严苛要求的同时，也对综合系统节能提效技术提出了新的挑战。较前者而言，超超临界 CFB 机组综合环保性指标较好，且技术实现度相对容易，似乎是不错的选择，但其仍需开展炉内燃烧特性和传热规律的进一步研究；S-CO_2 动力发电系统作为一个没有工业基础的新循环，其在基础热工水力特性、循环构建理论、系统运行控制策略、关键设备设计、材料选择等方面还面临诸多技术挑战，需要大力投入来推进其发展进步；作为一种比较成熟且颇具发展前途的清洁燃煤发电技术，IGCC 发电技术借其自身的高效性和对固体燃料多样性的适应能力，或通过多能耦合（可再生能）系统、多联产系统，必将拥有更广阔的应用空间。提高机组循环效率和工作可靠性、探寻与多种技术耦合联用，是 IGCC 发电技术发展进步的主要方向。

（2）煤电混燃发电技术是未来电力行业实现低碳和“近零”排放的重要发展方向。由于生物质/煤混燃在挥发、燃烧和灰分沉积特性方面存在着诸多不确定性，锅炉的设计、材料和燃烧技术等方面的进一步研究是必要的。除技术限制因素外，还需切实保障生物质燃料的标准化制备、不间断供应环节，需要在强有力的政策框架基础上制定长期战略，以确保生物质/煤混燃发电在经济和技术上的可行性；燃煤电厂的氨/煤混燃在抑制温室气体方面具有独有的优势。目前，氨/煤混燃技术只停留在基础研究和小试应用层面，其工业燃烧系统的实际运行仍存在许多尚未解决的技术挑战。因此，对于该技术进行持续深入的研究是必要的，同时也是道阻且长的。着眼于未来的商业化应用，需要着重克服目前存在的 NH_3 反应性低、NO_x 排放超标、效率亟待提高等问题。

（3）富氧燃烧和化学链燃烧技术作为燃烧中碳捕集技术，可以大幅度降低工业燃烧过程中所产生 CO_2 的捕集成本，推动实现减排和脱碳的目标。然而，目前较高的附加投资成本、运行成本、CO_2 捕集成本和较低的可靠性，仍是富氧燃烧技术研发过程中面临的关键难点。在保证煤电富氧燃烧技术低成本的基础上，要实现其低污染物排放的要求，需要着力加大对于富氧燃烧的着火特性、传热机理与污染抑制等方面的研究投入。并且，考虑到相关示范装置系统运行过程多模式、模式切换稳定性要求高、风烟系统控制因素多和安全可靠性措施更严格的特点，针对富氧燃烧系统自动控制技术的深入研究是非常有必要；在煤的化学链燃烧研究中，报道的大多数连续 CLC 单元无法同时达到 95%以上的燃烧效率和 CO_2 捕集效率。同时，大型 CLC 装置存在着反应速率不匹配、氧载体的性能-成本平衡困难、系统固体库存高、固体循环无法满足传热传质需求等诸多问题，限制了技术的进一步推广；燃烧后碳捕集设备是实现大规模化石能源零排放利用的重要技术选择，然而，该技术的设备规模和投资成本较大，设备操作和三废处理费用高。同时，不同的碳捕集技术各自存在优缺点，需要在评估技术可靠性、经济性等关键指标后，根据技术特点选择相对合适的捕集方法。化学吸收法是其中最成熟的碳捕集技术方法，已实现商业化工业应用；CO_2 资源化利用是对于碳捕集技术的重要补充，其不仅可以改善温室效应，还可带来可观的经济效益。CO_2 资源化利用技术的发展应用不仅需要环境科学等各方面学者的探索研究，还需各科研机构和企业的配合与协作，更离不开各级政府的支持与引导，从而为其创新、产业化、市场化、规模化提供理论支撑与实践基础。

6 煤电节能改造技术

本章以机组升参数改造技术、汽轮机提效改造技术、锅炉提效改造技术以及辅助系统优化提效技术等四类技术展开，阐述国内外煤电节能改造技术的发展现状，梳理了亚临界和超临界机组升温提效技术、汽轮机通流汽封冷端改造技术、锅炉热效率提效技术、电机等辅机节能运行等技术的优势与可行性，展望了煤电机组在节能改造方面的发展前景。

6.1 机组升参数改造技术

2014 年 9 月，国家三部委联合下发的《煤电节能减排升级与改造行动计划（2014—2020 年）》要求："到 2020 年，现役燃煤发电机组改造后平均供电煤耗率低于 310g/（kW·h），其中现役 60 万 kW 及以上机组（除空冷机组外）改造后平均供电煤耗率低于 300g/（kW·h）"。在行动计划附件中，提到了处于技术研发阶段的"亚临界机组改造为超（超）临界机组"技术，通过将亚临界老旧机组改造为超（超）临界机组，对汽轮机、锅炉和主辅机设备做相应改造，实现机组循环效率的大幅提升。在此政策的鼓励下，亚临界机组改造为超（超）临界机组技术（跨代升级改造）开始相关研究工作，后续逐渐演变为亚临界机组提升参数改造技术。提高机组的参数成为早期投产亚临界机组和超临界机组大幅降低煤耗的主要措施，近年来，国内一些电厂开展了相关改造工作。

对于老旧现役机组提效改造，国外已有类似研究。阿尔斯通公司于 2004 年 9 月发布的美国煤基朗肯循环电厂提效可行性研究报告中，通告了以 Philip Sporn 电厂 4 号机组为案例进行方案设计。该机组为 20 世纪 50 年代投产的燃煤机组，额定功率为 169MW，蒸汽参数为 14MPa/566℃/538℃。为实现升级改造，在原锅炉基础上新增一台循环流化锅炉，锅炉出口主蒸汽参数为 30MPa/700℃，主蒸汽进入新增的前置透平做功，并带动小发电机发电，小发电机输出功率为 32MW。前置透平排汽参数为 14MPa/566℃，与原汽轮机进口设计参数匹配，原汽轮机高压缸排汽压力为 3.5MPa，送入新增循环流化床锅炉的再热器段吸热，再热蒸汽温度为 538℃，与原汽轮机中压缸进口设计参数匹配。经上述改造后，机组循环热效率可由 35.7%提升至 38.4%。

国内，2014 年，原中国国电集团以北仑电厂一期机组 600MW 亚临界机组为研究对象，开展了综合提效技术路线研究，提出将北仑电厂 2 号亚临界 600MW 机组跨代升级为超临界二次再热 800MW 机组方案，跨代升级改造技术路线开始被业内所熟知。方案实施后机组额定出力达到 830MW，蒸汽参数为 31MPa/600℃/566℃/538℃，供电煤耗率下降了 40g/(kW·h)。改造方案新增一台超超临界背压机，并带单独的小发电机。背压机同轴布置背压抽汽式透平（简称 BEST 透平），BEST 透平抽汽供给除氧器和高压加热器用汽。超超临界背压机排汽进入锅炉再热，随后进入原汽轮机高压缸做功； 高压缸排汽进入锅炉二次再热，随后进入原汽轮机中、低压缸做功。至此，为了实现火电机组的节能减排任务，提出现役燃煤火电机组提升参数改造技术，并受到业内的广泛关注。

6.1.1 亚临界机组升参数提效技术

6.1.1.1 技术原理

对于燃煤机组而言，提升蒸汽初始参数（压力、温度）可以显著提高机组的循环热效率，实现更好的经济性。不断提高燃煤机组初蒸汽参数成为煤电机组节能降耗的重要技术途径。图 6-1 所示为在蒸汽初压力和乏汽压力（终压力）不变时，蒸汽初温度为 T_0 和 T'_0 的朗肯循环及其对应的等效卡诺循环 T–S 图。由图 6-1 可知，蒸汽初温度由 T_0 提高到 T'_0，则循环吸热平均温度由 $T_{0\cdot av}$ 增高到 $T'_{0.av}$。如果放热过程均在饱和蒸汽区域内，则放热平均温度保持不变。因此，提高蒸汽初温便增大了吸热与放热过程的平均温度差，从而增高了理想循环热效率。

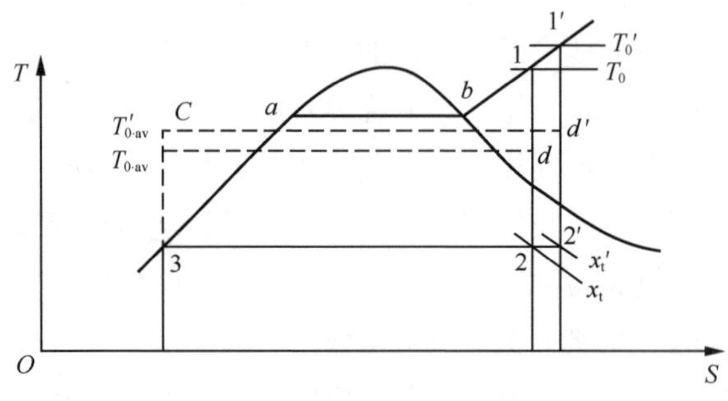

图 6-1 不同初温度的蒸汽循环 T–S 图

与超（超）临界机组相比，亚临界机组效率偏低的最主要原因是亚临界机组的蒸汽压力和温度均明显低于超（超）临界机组。而根据热力学原理，提升蒸汽压力带来的效率收益明显低于提升蒸汽温度，且效率增量随着压力的升高不断递减，如图 6-2 所示。而主蒸汽/再热蒸汽温度从 538℃/538℃提高到 600℃/600℃，仅机组循环效率就可提高近 4%，但蒸汽压力从亚临界 16.7MPa 提高到超超临界 28MPa，机组循环效率仅提高不到 0.5%。

表 6-1 给出了蒸汽初压力为 16.83MPa，终压力为 0.005MPa 时，蒸汽初温度与理想循环热效率的关系。由表 6-1 可以看出，蒸汽初温度的提高，除了使循环热效率增高外，同时还

使蒸汽的质量体积 v_t 增大和乏汽干度 x_t 增加。乏汽干度的变化将引起汽轮机湿汽损失改变。一般而言，干度降低，湿汽损失增大，汽轮机相对内效率降低，反之，汽轮机相对内效率增高。乏汽干度降低还会增大湿蒸汽中水滴对动叶的冲蚀作用，降低机器使用寿命。因此，一般要求汽轮机末级的蒸汽干度不低于 85%～88%。

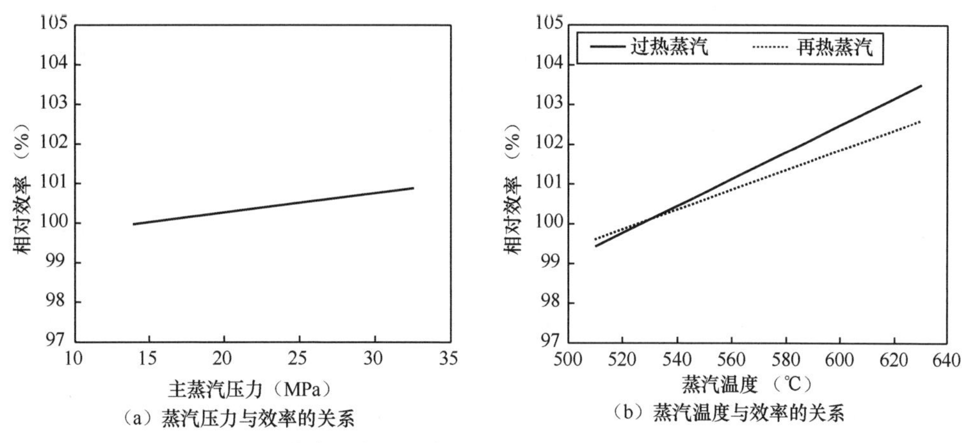

（a）蒸汽压力与效率的关系
（b）蒸汽温度与效率的关系

图 6-2　蒸汽压力、温度提升与相对效率提升的关联关系

表 6-1　　蒸汽初温度与理想循环热效率的关系

T_0（℃）	h_0（kJ/kg）	h_t（kJ/kg）	v_t（kJ/kg）	x_t（%）	η_t（%）
500	3386.8	2030	0.03674	78.0	41.1
520	3436.2	2049	0.03799	78.8	42.0
540	3485.4	2058	0.03922	79.7	42.3
550	3534.2	2087	0.04012	80.5	42.5
580	3582.7	2105	0.04152	81.0	42.9

另外，对于 300MW 等级以下的亚临界机组而言，将蒸汽压力相应提升至超（超）临界机组的水平，并不能达到机组的最佳经济性目标。其原因是这一容量等级机组的主蒸汽质量流量相对较小，如果将亚临界 16.7MPa/538℃压力提升至超临界 24MPa/538℃，则蒸汽质量体积会从 0.020m^3/kg 下降至 0.013m^3/kg，容积流量下降了 34.6%。汽轮机的蒸汽容积流量的大小对汽轮机相对内效率有直接的影响。蒸汽容积流量较小时，汽轮机相对内效率降低，这是因为：

（1）汽轮机通流部分的尺寸主要取决于蒸汽容积流量的大小。而汽轮机的喷嘴和动叶高度不能低于一定的数值，否则会使叶栅损失急剧增加。

（2）在蒸汽容积流量较小时，汽轮机前面若干级不得不采用部分进汽方式，并由此产生额外的鼓风损失和斥汽损失。

（3）在汽轮机通流部分间隙相同的条件下，使漏汽损失相对值较大，当蒸汽容积流量越小时，损失越大。由于该容量等级的汽轮机，汽缸内效率对叶片高度非常敏感。当蒸汽压力提高后，虽然机组的热力循环效率会升高，但汽缸内效率下降，两者相抵，在性能上得到的收益不大。所以，对 300 MW 等级的亚临界机组，与提升压力会导致汽轮机内效率下降的现象相比，提升温度则恰恰相反，蒸汽质量体积上升对改善汽轮机内效率有利。

提高蒸汽的初温对汽轮机相对内效率和循环热效率都是有利的，能使发电厂热经济性得到较大的提高，但是，提高蒸汽初温的可能性受到钢材性能的限制。当温度升高时，钢材的强度极限、屈服点以及蠕变极限等都降低很快，且在高温下金属要发生氧化，钢的金相结构也要发生变化 （如结晶裂化），钢的强度降低。因此，提高蒸汽初温度的可能性，完全取决于冶金工业生产新型耐热钢和降低生产费用方面的收益。

6.1.1.2 典型案例

由上述分析可知，蒸汽参数提升的幅度与方案的实施难度和投资规模成比例。根据国内目前的工程案例，蒸汽温度提升主要分为三种：

（1）小幅提温技术：充分利用主设备制造余量或小规模改造，小幅提升蒸汽温度运行（通常不超过 10℃）。

（2）“亚升超”高温亚临界技术：对机炉实施一定范围的改造，主要将机组蒸汽温度从亚临界等级提升至超临界等级。

（3）“亚升超超”超高温亚临界技术：对机炉进行大规模改造，主要将机组蒸汽温度从亚临界等级提升至超超临界等级。

此处需说明的是，“亚升超”和“亚升超超”为业内人士对该技术的普遍叫法，其实质是没有改变蒸汽压力，故而加引号，沿袭于行动计划的跨代升级改造技术，也有学者提出“高温亚临界”技术的名词，均对应提升参数改造技术。

6.1.1.2.1 小幅提温改造技术案例

机组小幅提升蒸汽温度运行技术的主要出发点是充分利用各部件在设计、制造等阶段的安全余量，在不进行改造或者较少改造量的情况下提升蒸汽初始温度。该技术需在充分掌握机组各高温部件设计参数、运行参数、当前状态等信息的基础上，详细校核各部件的许用上限温度，并以最薄弱部件的许用上限温度作为提升蒸汽温度的最高限值。

目前，国内案例是某 300MW 亚临界湿冷机组设计蒸汽温度 538℃/538℃，在综合提效改造中论证了主蒸汽压力保持不变提升温度至 545℃/545℃、566℃/566℃和 545℃/538℃等技术方案。经核算，机组现有主、再热蒸汽管道最高允许温度为 550℃，考虑运行安全，在不改造主、再热蒸汽管道的情况下，可将汽轮机进口蒸汽温度提高到 545℃，各高温部件核算结果均可承受 550℃（锅炉侧）/545℃（汽轮机侧）的上限温度。最终，项目选取提升温度至 545℃/538℃作为实施方案，即主蒸汽温度提升 7℃、再热蒸汽温度不变。该方案针对主蒸汽温度提升，锅炉侧不进行任何改造，完全利用设计余量并充分考虑改造后的运行安全裕量。汽轮机侧机组提效改造在进行通流改造时直接 545℃作为汽轮机进口设计参数。因此，汽轮机部分提升参数改造的投入非常小。经核算，改造后机组供电煤耗率降低约 0.3g/（kW·h）。该技术方案虽然获得的收益不大，但其相应的资金投入几乎可忽略，因此，

仍具有非常重要的代表意义。

6.1.1.2.2 “亚升超”高温亚临界技术案例

“亚改超”高温亚临界技术是将机组主、再热蒸汽的运行温度由亚临界等级的 538℃提升至超临界等级的 566℃，保持机组设计压力不变。目前，国内已有改造案例包括大唐托克托电厂 600MW 亚临界机组综合升级提效改造、大唐安阳电厂 300MW 亚临界机组升参数节能改造和京能岱海电厂二期 600MW 亚临界空冷机组节能减排改造等。

【案例6-1】某600MW亚临界机组“亚升超”改造

1. 工程概况

内蒙古某电厂为600MW 亚临界空冷机组提升温度项目，是将主、再热蒸汽温度由 538℃提升至 566℃，运行压力不变、机组容量增加至 660MW。

2. 改造内容

（1）汽轮机通流改造。相比常规通流改造技术，对高温部件的材料进行升档。

（2）锅炉改造。垂直低温过热器增加 1 圈，分隔屏过热器材料升档并增加 2 排管圈（管圈数量增加 1 圈），后屏过热器材料升档并增加 3 排，墙式再热器高度增加 2m 并增加 50 根管子，屏式再热器材料升档并增加 2 根管圈，末级再热器材料升档并增加 1 根管圈。同时，对分隔屏过热器出口集箱、后屏过热器和末级过热器进出口集箱、再热器进出口集箱和管道均进行更换。考虑机组增容后流量增加，对锅炉原设计安全阀和动力泄放阀及相应的排汽管道进行更换。蒸汽管道强度经校核，主蒸汽管道弯头等管件需更换，直管段可利用旧件，再热蒸汽管道热段整体更换。

3. 改造效果

通流改造及提升参数改造后供电煤耗率下降 14.74g/（kW·h）。内蒙古某电厂汽轮机通流增容提效改造如图 6-3 所示（见彩插）。

图 6-3 内蒙古某电厂汽轮机通流增容提效改造

6.1.1.2.3 “亚升超超”超高温亚临界技术案例

“亚升超超”超高温亚临界技术主要是对机炉进行大规模改造，在压力不变的条件主要将机组蒸汽温度从亚临界等级（538℃）提升至超超临界等级（600℃）。目前，国内已有的案例包括：华润徐州电力 330MW 机组、国能台山粤电发电有限公司 630MW 机组等项目。

【案例6-2】某630MW亚临界机组“亚升超超”改造

1. 工程概况

某电厂 630MW 机组为一次中间再热式亚临界机组，汽轮机型号为 N600-16.7/537/537。改造前性能试验结果表明，THA 工况供电煤耗率为 314.52g/（kW・h），汽轮机热耗率为 8123.1kJ/（kW・h）。机组实际运行平均煤耗率达 333.06g/（kW・h）（平均负荷率 51.42%），面临机组整体热耗水平远高于设计值的情况。初步分析认为，汽轮机通流部件型线损失、漏汽损失大、部分叶型结构设计不合理；高中低压内缸变形量大，结合面漏汽严重；汽轴封设计落后，间隙超标，采用传统梳齿汽封，密封效率低，调整较为困难，加之弹簧片断裂，运行中漏汽更大；运行参数偏离设计值，甚至高出锅炉额定负荷（VWO 工况）等问题。

2. 改造内容

在主汽压力 17MPa 不变条件下，主蒸汽温度和再热蒸汽温度均提升至 600℃。改造范围如下：

（1）汽轮机改造中高压缸改造整体更换为 STP 典型圆筒型高压缸，该高压缸采用双层缸设计，内缸为垂直纵向平分面结构。由于缸体为旋转对称，无外伸法兰面，避免了不理想的材料集中。使得机组在启动停机或快速变负荷时缸体的温度梯度更小，非常有利于机组的灵活运行。主汽门整体更换 STP 典型超超临界高压组合式阀门。中压缸模块材料整体升级，整体更换，再热汽门整体更换 STP 典型超超临界高压组合式阀门；低压外缸充分利用旧件、加固，更换低压内缸及转子。电厂 F 高压缸与中压缸改造前后的模型如图 6-4 所示（见彩插）。

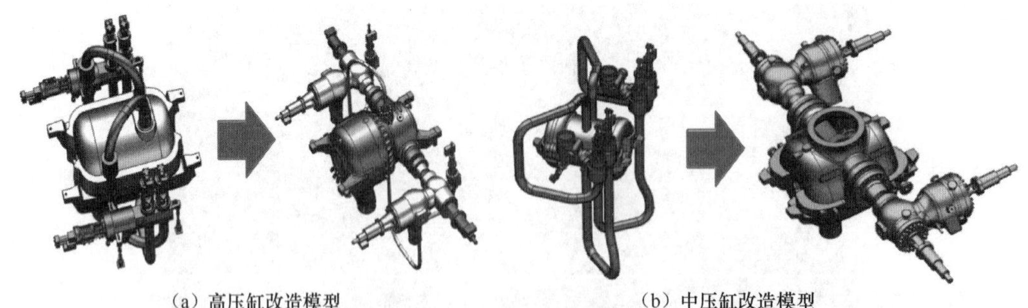

（a）高压缸改造模型　　（b）中压缸改造模型

图 6-4　电厂 F 高压缸与中压缸改造前后的模型

（2）锅炉设计参数为 17.5MPa/605℃/603℃，BMCR 设计压力不变，设计温度提高幅度较大。增加了低温过热器的面积，缩小了炉宽方向的节距以增加了排数，管子由 ϕ57mm 改为 ϕ51mm，在原有空间内布置更多的受热面。分隔屏和后屏过热器缩小了宽度方向的管排

节距以增加屏的数量，并且把管径略微缩小，以在原有空间上增加受热面面积。该两级过热器的进口和出口温度都发生了变化，进口集箱、出口集箱以及连接管道都进行了更换，并且材料也重新选型。2 级对流再热器布置在锅炉水平对流烟道，对这两级再热进行重新校核计算，并更换受热面管子，其中末级再热器部分管子材质换为 S30432（Super304H）。

3. 改造效果

改造前，在 75%THA、50%THA 部分负荷时的供电煤耗率指标分别为 320g/（kW・h）、344g/（kW・h）。改造后，在 75%THA、50%THA 部分负荷时的供电煤耗率指标可达到 294.43g/（kW・h）、310.76g/（kW・h），分别降低 25.57g/（kW・h）、33.24g/（kW・h）。

6.1.2 超临界机组提温技术

6.1.2.1 技术原理

与亚临界机组相同，提升机组的蒸汽初参数可以显著提高机组的热效率。国内有一批超临界机组设计阶段主蒸汽温度为 538℃等级，随着技术的不断完善，进行了蒸汽参数补齐，即主蒸汽温度由 538℃提升至 566℃，甚至更高。

6.1.2.2 典型案例

【案例6-3】某600MW等级超临界机组升温改造

1. 工程概况

某电厂锅炉为单炉膛、一次再热、平衡通风、露天布置、固态排渣、全钢构架、全悬吊结构 Π 型超临界变压运行直流锅炉。改造前，主蒸汽温度偏低（炉侧额定值为 543℃），低于多数同容量超临界机组约 30℃，导致机组热耗率高于同类机组。THA 工况汽轮机热耗率达 7873kJ/（kW・h），供电煤耗率 303.9g/（kW・h）。同时，机组 50%额定工况（BRL 工况）以下脱硝系统入口烟温偏低，脱硝系统需退出运行。

2. 改造内容

由于本次改造方案是将锅炉侧主蒸汽温度由 543℃提高至 571℃，再热蒸汽温度维持不变。根据汽轮机热平衡图，主蒸汽温度提高后，汽轮机高排温度将从改造前的 297℃上升至 314℃。因此，改造后锅炉过热器系统吸热量上升，而再热器系统的吸热量下降，即过热器应增加吸热面积，再热器应减少吸热面积。具体改造范围如下：

（1）过热器改造方案。屏式过热器最外圈增加两流管圈，管子根数由原设计的 28 根改为 30 根。受热面布置改为平底结构。屏式过热器重新设计布置，出口段进行材料升档为 SA-213TP347H，进口段管壁厚增加，进出口分集箱重新设计并随屏式过热器管屏整体出厂。对末级过热器进行整体更换，末级过热器片数、节距维持改造前方案不变，管子根数由 20 根改为 21 根。受热面布置改成平底结构，按照提效参数重新进行材料分段，受热面材料变化：①入口段：ϕ44.5×（7.0～8.0）mm，材质为 SA-213T91；②管组底部：ϕ44.5×（8～9.5）mm，材质为 SA-213TP347H；③出口段：ϕ44.5×（9～10）mm，材质为 SA-213TP347H。末级过热器进口分集箱和末级过热器出口分集箱重新设计并随末级过热器管屏整体出厂。本次改造对立式低温过热器管组进行整体更换。立式低温过热器管组片数、根数、规格、节距维持改造前方案不变。受热面面积总体不发生变化。改造后立式低温过热器管组片数为 95 片，横向节距为 230mm，管子根数为 8 根。改造后管子材质规格为：ϕ57×7.5mm，材质由 15CrMoG 升级为 12Cr1MoVG。

（2）再热器改造方案。本次改造对高温再热器进行整体更换，高温再热器片数、根数、节距维持改造前方案不变，受热面面积减少，受热面布置改成大 U 型平底结构布置，按照提效参数重新进行材料分段。受热面材料变化：①入口段：ϕ51×（4～5）mm，材质为 SA-213T91；②出口段：ϕ51×4mm，材质为 SA-213TP347H，出口段异种钢焊口留在顶棚上部。新增加的高温再热器进口分集箱随高温再热器管组整体出厂，高温再热器出口分集箱利用旧件，高温再热器管组与高温再热器出口分集箱工地对接。增加高温再热器进口汇集集箱，高温再热器面积减少 16.8%。本次改造对低温再热器、高温再热器之间采用中间集箱连接混合交叉方式，立式低温再热器管组进行局部改造。立式低温再热器受热面管组片数、根数、节距维持改造前方案不变，受热面面积相对减少。改造后立式低温再热器管组管子材质为 12Cr1MoVG。

（3）省煤器改造方案。拆除原锅炉尾部烟道后烟道（过热器侧）部分二级省煤器面积，然后恢复与原对接的二级省煤器进口集箱的连接。在脱硝装置后的尾部烟道内新增并安装一级省煤器。

（4）通流改造采用无调节级、不更换高中压外缸、主蒸汽温度提升到 566℃的改造方案。改造后高压通流级数：高压为 11 级，中压为 6 级，低压为 2×2×7 级。与改造前相比，高压通流部分取消了调节级，级数增加了 3 级。高压取消调节级方案后，高压缸级数增加 3 级，设计为 11 级，改造后高中压通流示意图如图 6-5 所示（见彩插）。低压外缸保留，内缸全新设计，改造后低压缸通流示意图如图 6-6 所示（见彩插）。

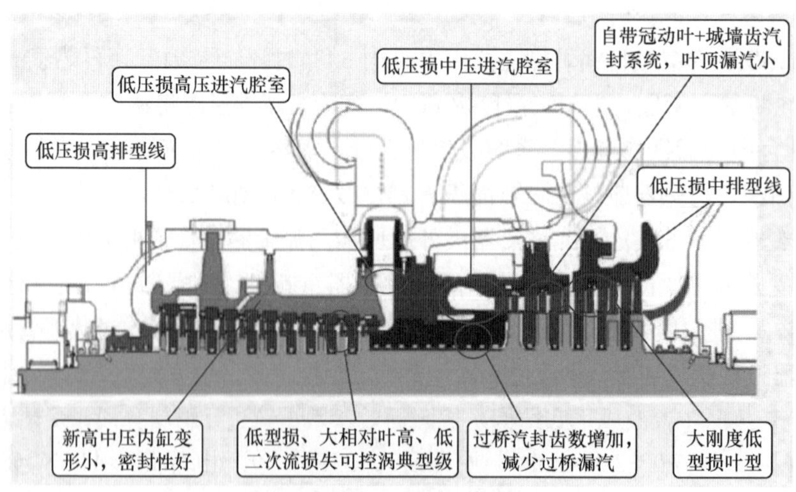

图 6-5 改造后高中压通流示意图

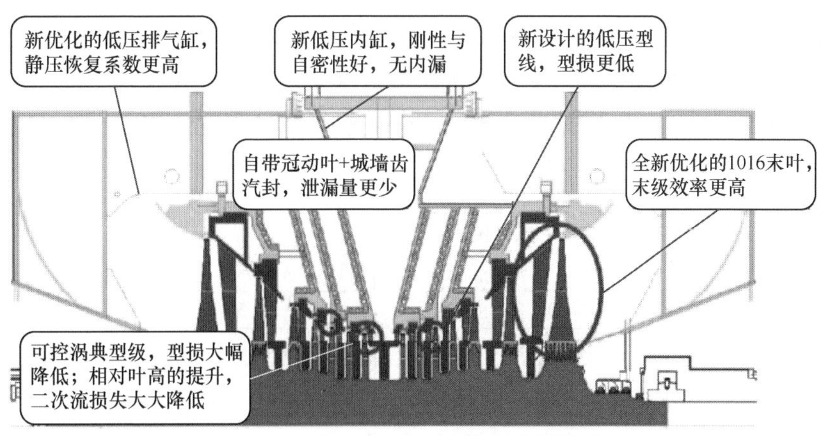

图 6-6　改造后低压缸通流示意图

此次改造对高、中、低压通流进行了全新优化设计，采用的通流、叶型技术如下：采用最新开发的高效静、动叶型线，降低叶型损失；优化通流级反动度，根据叶型最佳反动度设计反动度沿叶高的分布，使静、动叶间的能量转换比达到最优；优化通流级焓降分配，采用最佳速比设计通流级的速比，使得通流级效率最优；采用成熟的自带冠叶片技术，提高动叶片的安全可靠性，同时配合自带冠叶片的高低城墙齿，大幅降低叶顶漏汽损失；采用经过全三维优化技术全新优化的 1016 末叶片。高压内缸结构优化取消独立的喷嘴室，进汽室与内缸铸为一体，减少一个漏点，提高高压缸效率；根据有限元分析进行了结构优化，中分面法兰减窄、螺栓大小和位置调整，以减小热应力、增加汽密性；高压内缸材料升级选为高温性能更优良的材质；高压内缸外壁增设隔热罩，减小内外壁温差，防止汽缸变形张口。新低压内缸取消了原来单独的低压进汽室，将进汽部分结构整体焊接到低压缸上，这样避免了原来因装配带来的蒸汽泄漏问题。新低压内缸取消了中分面整体法兰结构，而将中分面法兰分散，使中分面螺栓只提供密封功能，不受轴向力；中分面法兰分散还可避免原来因法兰为整板而产生的热应力及变形的情况，因此新低压内缸结构降低了因中分面及中分面螺栓变形而产生的蒸汽泄漏概率。新低压内缸结构具有一定的自密封性，在蒸汽压力下，其受力特点可使中分面被压得更紧，辅助中分面密封。新低压内缸结构可以有效避免因缸体内漏而使抽汽压力温度偏高的问题；另一方面，新设计方案结构较原结构更简单，方便设计、制造、安装及检修。通流改造采用的汽封形式有 DAS（DEC Advanced Seal）汽封、防旋汽封。DAS 汽封齿具有耐磨特性，在机组启、停过程中保护常规尖汽封齿不被磨损，从而保证长期运行后汽封间隙基本保持安装初期水平，提供机组实际运行效率。高压部分级次采用防旋汽封。并在汽轮机本体上增加了密封结构，尽量减少内漏，以达到提高机组效率的目的。

3. 改造效果

对 2 号机进行了焓降试验和性能考核试验。TMCR 工况（汽轮机最大连续出力工况）试验初步结果见表 6-2。改造后，主蒸汽温度由 538℃提升至 566℃，主蒸汽压力、再热蒸汽压力维持 24.2 MPa 不变。在 TMCR 工况下，性能试验结果为：修正后高压缸效率平均值为 90.30%，较设计值 89.89%高 0.41%；中压缸效率平均值为 93.01%，比设计值 92.35%高 0.66%；根据初步计算，低压缸效率高于设计值，热耗率优于设计值 7594 kJ/(kW・h)。

表 6-2　改造前后指标对比

参数名称	设计值	焓降试验	性能考核试验
高压缸效率（%）	89.89	88.87	88.87
修正后高压缸效率（%）	89.89	90.30	90.30
中压缸效率（%）	92.35	93.60	93.01
低压缸效率（%）	89.20	—	—
热耗率[kJ/(kW・h)]	7594	—	<7594

6.2　汽轮机提效改造技术

6.2.1　汽轮机通流改造技术

汽轮机通流是汽轮机的核心部件，在很大程度上决定着热耗水平。虽然现役燃煤电厂的汽轮机应用了当时的先进技术，但受当时的总体技术水平限制，相对于目前先进技术有一定差距。另外，国内电厂汽轮机在通流部件的制造、安装、运行质量方面受当时加工、安装等工艺限制，也存在质量控制不精细的问题。汽轮机设计通流能力偏大，低负荷运行经济性差。汽轮机通流改造是一种较大幅度提高汽轮机通流效率、消除运行安全隐患的技术手段，其技术内涵是采用当代先进的气动热力和结构设计技术对汽轮机的动静叶片、内缸、汽封等通流部件进行重新设计和更换。

6.2.1.1　技术原理

汽轮机通流部件是指高温高压蒸汽从进入汽缸到排出汽缸之间，流动做功所经过的通道总称。汽轮机通流部件主要由进汽机构、隔板、动叶、汽封及排汽缸等部分组成。

汽轮机通流部件对汽轮发电机组的效率、可靠性和热经济性有着决定性的影响。汽轮机通流部件的损失主要由两大部分组成：级外损失和级内损失。其中，级内损失主要包括叶高损失（端部损失）、叶型损失、叶轮摩擦损失、扇形损失、漏汽损失、进汽损失、湿汽损失、余速损失以及其他损失（如拉筋产生的绕流损失）等。级外损失包括管道（包括导汽管、连通管等）压力损失、阀门节流损失、排汽管损失、机械损失散热损失、轴封漏汽损失等。具体影响因素如：通流总体设计不完善，叶型落后，焓降分配不合理，通流面积与机组出力不匹配，通流效率差；高、中、低压进、排汽型线落后，压损大；高压缸宏观热力参数不合理，高压缸效率偏低；中压一级冷却结构存在漏点，易发生内漏；低压缸温度梯度较大，导致汽缸变形，抽口温度异常，影响经济性；调节级落后，效率差；汽缸结构落后，长期运行变形较大，密封面易产生张口，同时影响通流间隙，易发生内漏，影响

安全性；各动静间汽封及静子间密封结构落后，间隙偏大，易发生漏汽；配汽方式落后，部分负荷下经济性差；制造技术、质量控制体系相对落后等。

6.2.1.2 技术方案

目前，汽轮机通流改造所采用的技术主要包括：三元流设计技术、先进叶型、弯扭三维叶片设计、采用分流叶栅、薄出汽边设计、子午面优化、先进调节级设计、先进汽封设计、多级联合（含汽封）热力气动设计、一体化高压及中压进汽结构技术、一体化低压内缸技术、防固体颗粒冲蚀技术和去湿及防水蚀等技术。

1. 汽轮机通流改造基本原则

汽轮机的通流部分改造应在考虑实际情况的条件下遵循以下原则：①改造部件采用成熟的技术设计，充分保证机组改造后的安全可靠性，提高可利用率；②采用先进的汽轮机节能改造技术，达到节能降耗、提高经济性和出力的目的；③机组外形尺寸不变，旋转方向不变；机组的热力系统不变，各抽汽参数基本不变；④主汽门、调门现有位置不变，各轴承座安装现有位置不变；⑤与发电机的连接方式和位置不变，机组的基础不动，对基础负荷基本无影响；⑥延长机组寿命；设计、制造、检验符合标准要求。

2. 汽轮机气动设计改进技术

三维设计以叶片设计最为典型。一维热力设计、准三维的气动热力设计以及三维/四维的气动设计和结构强度设计交互迭代，通过对叶片型线的优化、对叶片积叠形式的优化、动静匹配的优化及泄漏流动与主流的相互作用等，以实现优化设计的目标。如在弯扭联合成型全三维叶片的设计中，提高通流效率的同时提高出力。优化后所获得的扭曲叶片有效地改善了次末级叶根处的流动分离，流道损失显著降低，蒸汽流量和总效率也都得到了大幅度的提高。另外，一维热力设计和准三维气动热力设计可以通过对汽轮机各级的焓降分配以及各级内的反动度的优化调整，使得每个级段或汽缸实现全局或局部的优化设计。

3. 动静叶栅匹配技术

在进行汽轮机通流优化设计时，除采用先进的叶片设计技术外，还应考虑通流部分动静匹配关系，优化汽流进口角及出口角，并合理选取盖度，使通流部分动静间隙达到最优设计。在单级优化设计的前提下，采取多级联合、变工况设计计算方法，以达到整体通流部分设计最优目标。

4. 高中压内缸优化技术

原高压缸由 1 个单列调节级和 8 个压力级构成。为了进一步提高高压缸通流效率，改造后高压缸整体通流级数增加 3 个压力级，通流级数为 1 个调节级和 11 个压力级，共 12 级，改造后高压缸仍然为冲动式结构，如图 6-7 所示（见彩插）。原中压缸由 7 个压力级构成。改造后中压缸通流级数增加 1 个压力级，通流级数为 8 个压力级，改造后中压缸仍然为冲动式结构，如图 6-8 所示（见彩插）。

在调节级优化方面，可以采用装配式喷嘴组，提高调节级汽道均匀性。改造前、后高压喷嘴示意图如图 6-9 所示。优化高压进汽插管方案和调节级叶顶汽封，通过增加有效密封齿数，减少叶顶漏汽，形成城墙状汽封结构，可提高机组经济性。还可以通过优化调节级速比，使焓降到效率高得多的压力级，高压缸效率得到提高。调节级后增设防旋挡板，可减少调节级出口汽流不均匀产生的损失。在高、中压压力级叶片采用后加载层流静叶叶型，使得大部分气流在叶型后部加速，横向二次流减小，级效得到有效提高。动叶采用高负荷动叶型线，可改善叶面气动布局特点，单位面积叶片载荷得到提高，增大叶片气动面积的同时，减小叶片端面及攻角损失。优化后的相对叶高如图 6-10 所示（见彩插）。高中压内缸整体优化技术如图 6-11 所示（见彩插）。

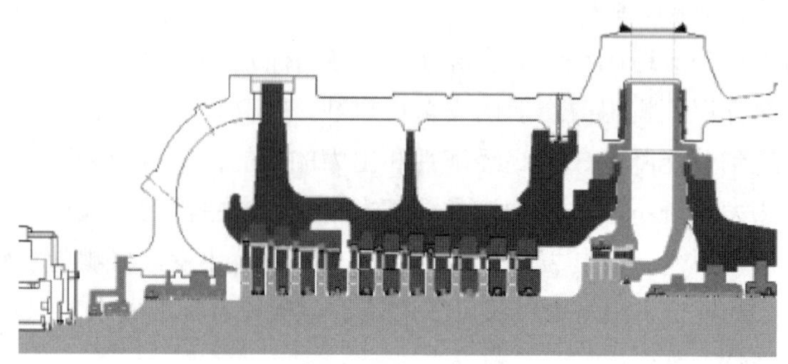

图 6-7 改造后高压内缸结构示意图

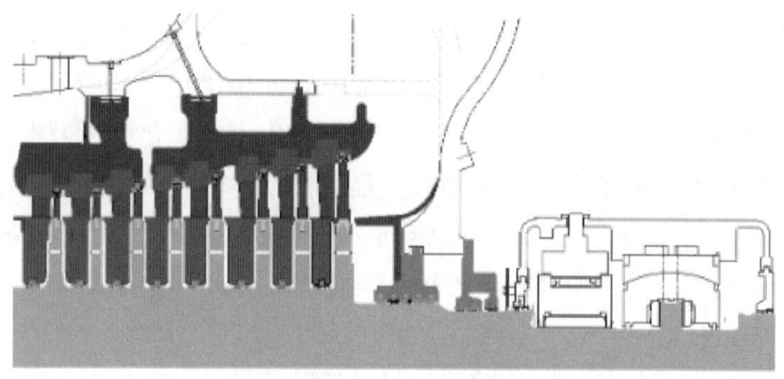

图 6-8 改造后中压内缸结构示意图

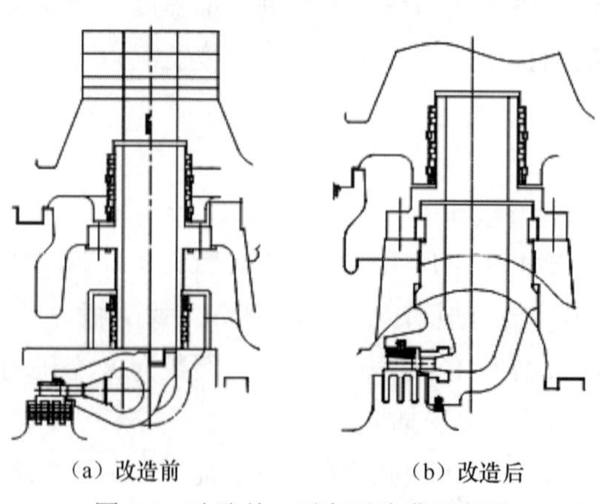

（a）改造前　　（b）改造后

图 6-9 改造前、后高压喷嘴示意图

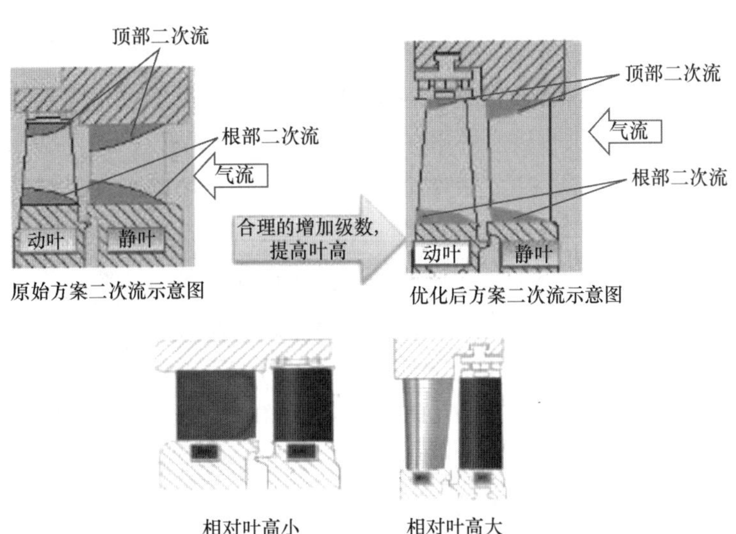

图 6-10　优化后的相对叶高

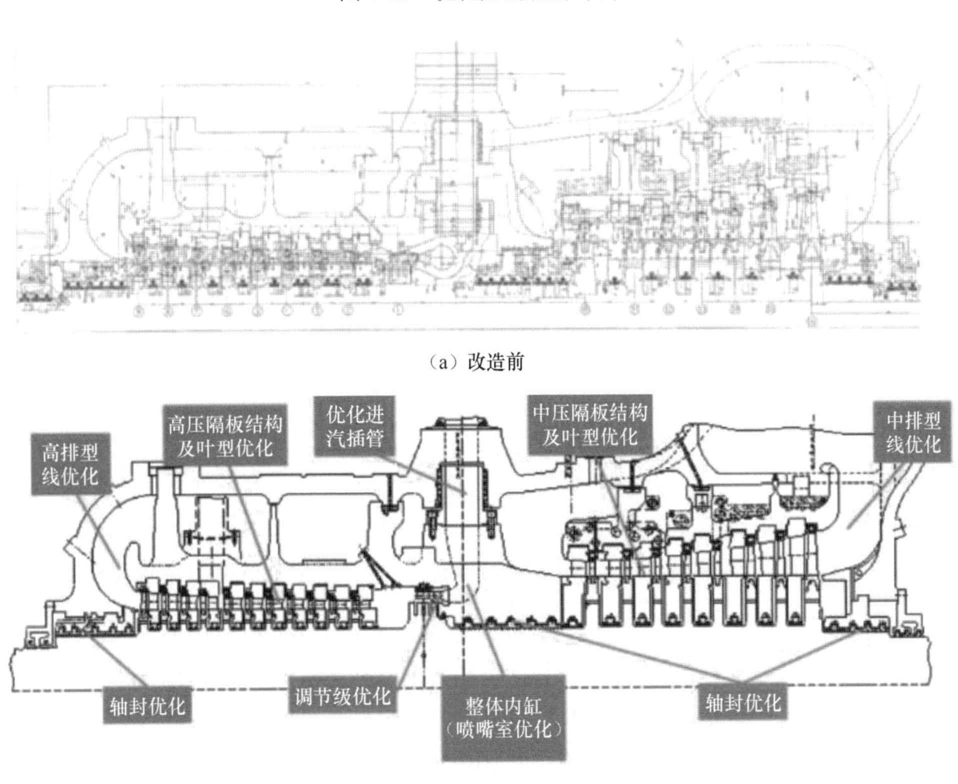

图 6-11　高中压内缸整体优化技术示意图

5. 低压内缸优化技术

低压内缸整体优化技术示意图如图 6-12 所示。低压缸零出力供热技术，又称低压缸切除、低压缸近零出力、低压缸鼓风运行技术，指在低压缸高真空运行条件下，除少量冷却蒸汽通过新增旁路管道进入低压缸外，其余中排蒸汽全部用于对外供热的一种供热方式。机组供热能力可与高背压供热技术持平，电出力调节能力提升（15%～30%）P_e，发电煤耗率可降低至 160～180g/（kW·h），可实现供热能力、电调节能力和机组能效的协同提升。低压缸零出力改造后汽轮机低压末级叶片工作在湿蒸汽区，易发生水蚀。在叶片顶部进汽边的水蚀是在正常工作条件下无法回避的，因而在设计上采用局部的各种硬化处理加以防护，其中广泛应用镶焊司太立合金片。在叶片出汽侧以及进汽侧发生大范围的水蚀损伤，通常是由于汽轮机长期在低负荷工况下运行所引起的，严重的水蚀将大大缩短叶片的使用寿命。机组低负荷运行时，蒸汽参数偏离设计值，流量变小，设计流场改变，末级叶片沿叶高的热力参数被改变，沿汽缸壁和叶轮的汽流发生分离，在末级叶片的根部出现汽流脱离，形成涡流区，汽流将会反向冲击叶片根部部分，可进行如超声速火焰喷涂耐水蚀涂层改造。深度调峰工况下，排汽温度升高，可能出现低压缸鼓风发热现象，为了控制排汽区温度，充分监视低压缸通流部分运行状态，确保机组安全运行，需进行相适应匹配的鼓风态温度场监测系统改造和低压缸喷水减温系统改造。

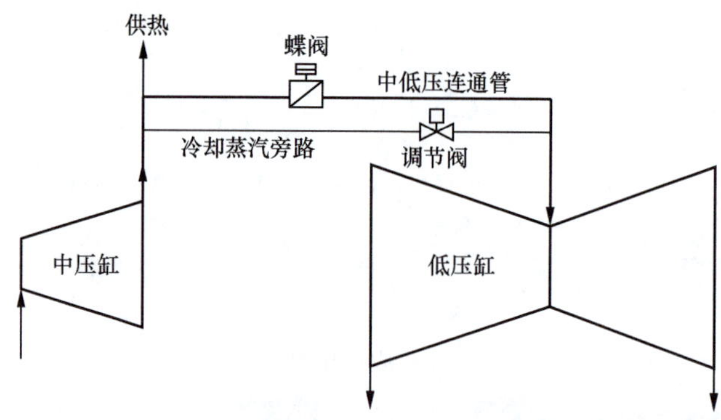

图 6-12　低压内缸整体优化技术示意图

6. 排汽扩压段优化技术

由于汽轮机低压末级出口处流场本身极为复杂、涡流较多，早期投产机组的排汽扩散段设计可造成排汽压损大幅增加。因此，在相同凝汽器压力条件下，机组低压通流部分对应的真实排汽压力差异很大，对机组效率和出力均存在较大影响。随着通流设计手段的进步，制造厂加强了对排汽扩压段的优化。有研究表明，改进设计后的低压缸扩压段，其静压恢复系数可由改进前的 5%提高至 40%，从而增加低压缸的有效焓降，提高低压缸出力和效率。

7. 低压末级叶片优化技术

汽轮机末级叶片是各级叶片中最长的一级，承受最大的应力及离心力载荷，由于其工作环境复杂，国内外汽轮机运行过程中均出现过末级叶片断裂事故。因此，低压末级叶片既要满足叶片安全可靠运行，又要满足低压缸末级效率。通常机组末级余速损失为 12～50kJ/（kW·h），

额定负荷时取偏小值，部分负荷运行时取偏大值。通流改造设计末级叶片时，叶片长度应充分参考低压缸末级运行现状及负荷率变化情况进行选取。因末级叶片工况复杂，宜采取技术可靠成熟的长叶片技术，以确保机组长期平稳安全运行。

8. 提高低压末级叶片根部反动度技术

反动度是汽轮机最重要的特征参数之一，其定义为动叶的理想比焓降（Δh_{blade}）与级的滞止理想比焓降（$\Delta h^*_{\text{stage}}$）的比值，即

$$\Omega = \frac{\Delta h_{\text{blade}}}{\Delta h^*_{\text{stage}}}$$

汽轮机级的热力过程示意图如图 6-13 所示。

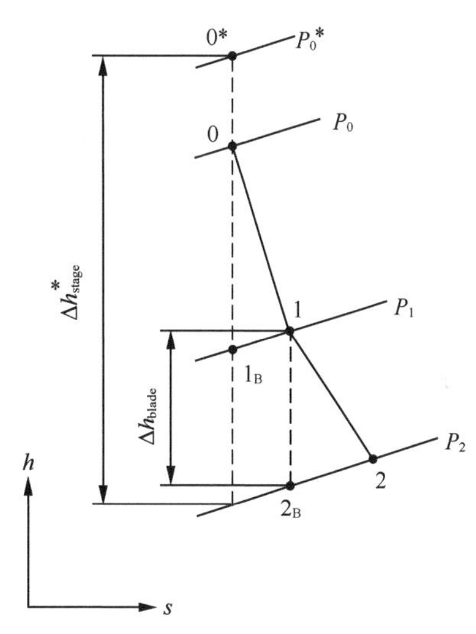

图 6-13 汽轮机级的热力过程示意图

汽轮机根据反动度的大小分为冲动式和反动式。冲动式汽轮机的反动度一般在 20%以下，采用轮盘式转子；反动式汽轮机的反动度一般在 50%左右，采用转鼓式转子。

中国大容量机组也要长期参与调峰运行，机组在低负荷工况运行时，低压段蒸汽容积流量显著减小，容易造成低压末级叶片根部倒吸，可能引起叶片出汽边水蚀及叶片颤振，对机组的安全运行有一定影响。因此，在汽轮机通流改造时，应合理提高低压末级叶片根部反动度，以提高机组运行的安全可靠性。通流设计的本质是速度三角形的确定，速度三角形如图 6-14 所示（见彩插）。大功率汽轮机均属于多级轴流式旋转机械，上一级出口的汽流参数会严重影响下一级内的流场情况。理论上分析，除少数特殊情况外，级出口绝对汽流方向接近轴向时效率最高，即 $\alpha_2 \approx 90°$。实际工程中，汽轮机由进口到出口，压力逐渐减小，容积流量逐渐增大，流道顶部一般设计为略向上倾斜，为与流道达到最佳匹配，级出口绝对汽流角 α_2 也可设计为略微大于 90°。

此外，通流设计时还需保证速度三角形与叶型几何特性的匹配。叶型均具有一定的进口几何角，静叶进口几何角需与级入口绝对汽流角 α_0，也就是上一级出口绝对汽流角 α_2 匹配，动叶进口几何角需与静叶出口相对汽流角 β_1 匹配，几何角与汽流角差异太大，会造成攻角损失，影响通流效率。

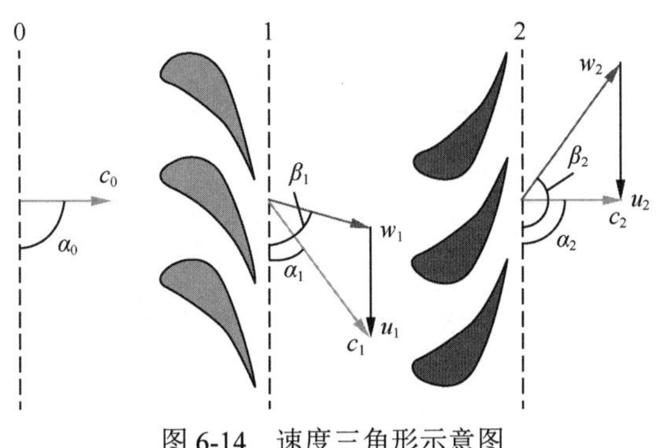

图 6-14 速度三角形示意图

图 6-15（a）所示（见彩插）为某超超临界 660MW 汽轮机高压缸典型速度三角形示意图，静叶出口相对汽流角 β_1 略小于 90°，动叶出口绝对汽流角 α_2 接近 90°，属于典型

的反动式级，具有成熟、高效的叶型与之匹配。基于市场竞争需求，为降低成本，将根径减小后，若反动度保持不变，则速度三角形如图 6-15（b）所示。由于转速不变，根径减小后，轮周速度 u_1 和 u_2 明显降低。由于反动度不变，静叶出口绝对速度 c_1 和动叶出口相对速度 w_2 的大小和方向变化很小，进而导致静叶出口相对汽流角 β_1 明显减小，动叶出口绝对汽流角 α_2 明显增大，偏离了轴向排汽设计准则。此时，若仍采用原始叶型，静叶、动叶均会存在明显的攻角。若在根径减小的同时，适当降低反动度，则速度三角形如图 6-15（c）所示。相对于图 6-15（b），由于反动度降低，静叶出口绝对速度 c_1 明显增大，绝对汽流角 α_1 略有减小，导致静叶出口相对汽流角 β_1 进一步减小。动叶出口相对速度 w_2 明显减小，相对汽流角 β_2 略有减小，导致动叶出口绝对汽流角 α_2 明显减小，若反动度降低程度合适，可以保证接近轴向排汽。此时，若仍采用原始叶型，静叶进口几何角与汽流角匹配合适，动叶存在明显的攻角。

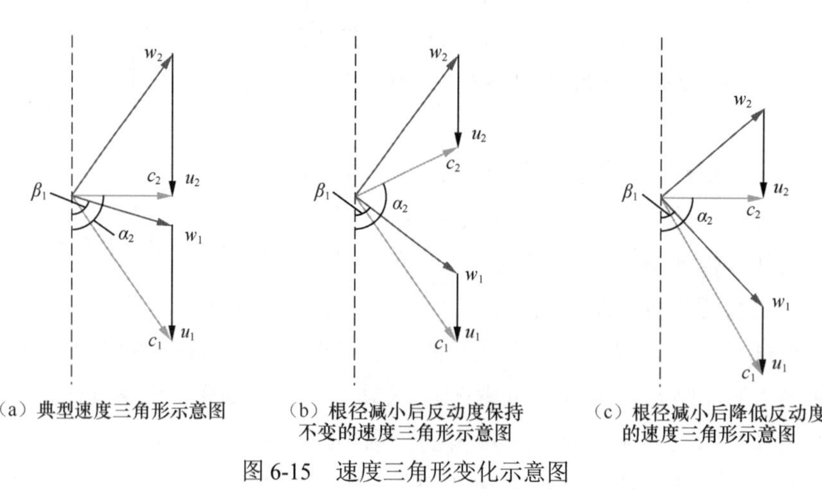

图 6-15 速度三角形变化示意图

综上，为降低成本，根径减小后，若反动度不变，会偏离轴向排汽准则，且需要重新设计静叶、动叶。若适当降低反动度，可以保证轴向排汽和静叶的适用性，仅需重新开发动叶，整体方案更合理，研发工作量更少。此外，由于反动度降低，动叶载荷减小，强度裕量增加，为后续动叶优化设计提供了有利的先决条件。

9. 低压去湿、防水蚀技术

通过结构优化等技术手段，增强低压通流部分的去湿能力，可减小水珠对主流蒸汽的不利影响（与蒸汽相比，水珠颗粒大、速度相对小，对主流蒸汽产生阻滞作用），相应减小湿蒸汽损失，并有利于减弱低压末两级叶片的水蚀问题，如采用空心静叶，设置去湿缝、疏水槽，采用蜂窝汽封也可以增强去湿能力。此外，低压叶片还应该采取积极的防水蚀措施，例如增大末两级动静叶片间距、末级叶片进汽边钎焊司太立合金片、次末级叶片采用抗水蚀能力好的材料等。

10. 防固体颗粒冲蚀技术

固体颗粒冲蚀主要发生在高压喷嘴及中压第一级静叶的出汽边，造成调节级及中压第一级性能恶化。有研究表明，由此引起的损失可达30kJ/(kW·h)以上。早期投产机组，锅炉管道及蒸汽管道已运行多年，氧化皮的剥落更为严重，因此，在汽轮机通流改造中对调节级第一级的固体颗粒冲蚀问题应给予格外关注。针对该问题，一方面建议电厂从源头上消除固体颗粒源，减小通过汽轮机通流部分的固体颗粒：过热器和再热器进行酸洗，消除管壁上的金属氧化物，锅炉酸洗后对炉管进行铬酸钝化处理，以改善磁性氧化皮的黏附力；另一方面，可从汽轮机通流设计上采取有效措施，如强化静叶型线，减少静叶出汽边的破裂，对调节级静叶改变固体粒子的冲击角度，减小固体粒子在动静叶片间的多重反射，减弱侵蚀。此外，还可以从材料及工艺方面着手，选用合适的叶片材料进一步减小颗粒冲击造成的损失。

6.2.1.3 典型案例

6.2.1.3.1 汽轮机通流改造技术应用现状

目前，中国已经形成了自主设计、制造大型发电机组的能力，350MW超临界机组的产品水平和制造企业的装备水平已接近世界先进水平。国内各汽轮机制造厂、通用电气公司（GE）、西门子公司的通流设计技术成熟，应用广泛、安全可靠，通流改造经验丰富。改造后，机组热耗率降低、出力能力增加，具有明显的经济效益、社会效益和环保效益。各制造厂家采取优化各缸进、出口，降低压损和余速损失，实行“小焓降多级数”的通流模式，优化选型末级叶片，减少蒸汽泄漏等措施，是目前通流改造的主要方向，在具体实施方案中，各制造厂家在技术手段上各有不一。对哈尔滨汽轮机厂、GE公司、上海电气、全四维等各家制造厂全面通流改造方案进行技术比对见表6-3。从表中可以看出各改造厂家改造技术主体上相似，又各有自己的特点。

表6-3　各制造厂全面通流改造方案技术比对表

比对项目	哈尔滨汽轮机厂	上海电气	GE	全四维
调节级	（1）减小调节级焓降，提高高压缸效率； （2）调节级叶片数目不变，优化型线，提高调节级效率； （3）五轴铣加工方式	（1）减小调节级焓降，提高高压缸效率； （2）调节级叶片数目不变，优化型线，提高调节级效率； （3）优化加工工艺	（1）减小调节级焓降，提高高压缸效率； （2）调节级叶片采用大叶栅、叶片数目少的设计，调节级静叶和动叶设计更能抵抗SPE。优化型线，提高调节级效率； （3）优化加工工艺	（1）减小调节级焓降，提高高压缸效率； （2）调节级叶片数目不变，优化型线，提高调节级效率； （3）优化加工工艺
高、中压通流压力级	（1）高压通流结构采用反动式设计，增加级数； （2）中压为冲动式技术； （3）旋转隔板相对机组轴向位置不变； （4）改造后，四抽满足350t/h的抽汽需求	（1）高压通流结构采用反动式设计，增加级数； （2）中压为冲动式技术； （3）旋转隔板相对机组轴向位置不变； （4）改造后，四抽满足350t/h的抽汽需求	（1）高压通流结构采用反动式设计，增加级数； （2）中压为冲动式技术； （3）旋转隔板相对机组轴向位置不变； （4）改造后，四抽满足350t/h的抽汽需求	（1）高压通流结构采用反动式设计，改造后采用I+15级（反动式）； （2）中压为8级，冲动式技术； （3）旋转隔板相对机组轴向位置不变； （4）改造后，四抽满足350t/h的抽汽需求

续表

比对项目	哈尔滨汽轮机厂	上海电气	GE	全四维
高、中压内缸结构	（1）缸体和喷嘴室采用一体化铸造； （2）新设计的高、中压缸进汽管与内缸之间采用密封环进行密封，高压缸抽汽管与内缸用密封环密封； （3）取消中压1级隔板叶轮冷却装置减少漏点，提高效率	（1）缸体和喷嘴室采用一体化铸造； （2）新设计的高、中压缸进汽内套筒与内缸之间采用新型堆叠式密封结构进行密封，高压缸抽汽管连接挠性外套筒焊接于外缸接口上，进汽套筒与静叶持环抽汽口用压力密封环相连密封； （3）取消中压1级隔板叶轮冷却装置减少漏点，提高效率	（1）缸体和喷嘴室采用一体化铸造； （2）新设计的高、中压缸进口将和现有的外缸相配合，采用活塞环密封，高压缸抽汽管将提供新的接管，加工并焊接在内缸上，采用活塞环密封； （3）高压内缸采用双层缸设计（高压持环+高压内缸），持环和内缸分离，这样内缸变形引起的间隙变化不会直接影响通流间隙，设计的径向通流间隙可以保持较小，提高了缸效率； （4）取消中压1级隔板叶轮冷却装置减少漏点，提高效率	（1）缸体和喷嘴室采用一体化铸造； （2）新设计的高、中压缸进汽管与内缸之间采用密封环进行密封，高压缸抽汽管与内缸用密封环密封； （3）取消中压1级隔板叶轮冷却装置减少漏点，提高效率
低压缸通流及结构	（1）反动式叶片，低压2×5级不变，采用全新设计的低压斜撑内缸结构，中分面密封性提高； （2）采用新型360°蜗壳配合第1级横置导叶进汽方式，降低进汽损失，减少扰流	（1）反动式叶片，低压2×5级不变，采用全新设计的低压斜撑内缸结构，中分面密封性提高； （2）新型低压缸进汽使用三段渐缩设计，无叶通流区域的流道设计更加合理，蒸汽流动损失减少，整个低压内缸中分面的结构大大简化，利用先进的特殊结构达到自密封	（1）反动式叶片，低压2×5级不变，采用全新设计的低压斜撑内缸结构，中分面密封性提高； （2）低压进汽方式不变	（1）低压模块采用反动式设计，优化调整级数至2×6级，采用全新设计的低压斜撑内缸结构，中分面密封性提高； （2）低压进汽方式不变
次末级、末级叶片及排汽通道	（1）低压末级叶片改为新型900mm叶片，在部分负荷下经济性更高； （2）末级动叶片采用新型的激光表面硬化技术，以提高抗水蚀性能； （3）优化排汽导流环型线，优化后静压恢复系数将提高0.138%	（1）拟采用915mm低压末级叶片； （2）低压次末级、末级均采用最新开发的整圈自锁阻尼型长叶片，末级叶片采用镶焊硬质（司太立）合金技术防止水蚀； （3）对排汽导流环的排汽型线进行全新优化设计	（1）低压缸末级叶片采用RS37E，部分负荷性能更佳，动叶采用大叶栅高强度设计； （2）对低压缸末排动叶进汽侧外缘进行局部感应硬化，以提高抗水蚀性能； （3）对排汽导流环的排汽型线进行全新优化设计	（1）低压缸末级叶片采用短叶片； （2）对低压缸末排动叶进汽侧外缘进行局部感应硬化，以提高抗水蚀性能； （3）对排汽导流环的排汽型线进行全新优化设计
汽封技术	（1）过桥汽封采用双向嵌入式汽封； （2）高中压部分隔板汽封采用转子镶片+可磨损涂层汽封； （3）其余采用小间隙汽封	（1）过桥汽封推荐采用侧齿汽封，隔板及径向汽封采用镶片式迷宫汽封； （2）调节级径向汽封增加到五道高低齿迷宫汽封； （3）高、中、低压通流采用镶齿式汽封； （4）高中压及低压端部汽封采用蜂窝式汽封	（1）过桥汽封采用迷宫式汽封+刷式汽封结构； （2）各部位主要采用嵌入迷宫汽封，即常规传统汽封（但从其已投运改造机组，密封效果良好）	（1）过桥汽封采用迷宫式汽封+刷式汽封结构； （2）其余采用自带冠高低齿的汽封结构

续表

比对项目	哈尔滨汽轮机厂	上海电气	GE	全四维
汽轮机转子	整锻转子	整锻转子	整锻转子	整锻转子
技术方案综述	（1）采用全新通流设计理念和技术，机组通流效率有显著增加； （2）采用最新结构设计方案，机组密封性、刚性和强度增强，安全性提高； （3）优化机组结构，保证机组供热能力	（1）采用全新通流设计理念和技术，机组通流效率有显著增加； （2）采用最新结构设计方案，机组密封性、刚性和强度增强，安全性提高； （3）优化机组结构，保证机组供热能力	（1）采用全新通流设计理念和技术，机组通流效率有显著增加； （2）采用最新结构设计方案，机组密封性、刚性和强度增强，安全性提高； （3）优化机组结构，保证机组供热能力； （4）机组大修周期长，12年大修期； （5）性能老化慢，GE机组48个月平均热耗老化率在0.5%左右，低于ASME推荐值（0.95%），且远低于国内机组通常的老化水平（−3.5%）	（1）采用全新通流设计理念和技术，机组通流效率有显著增加； （2）采用最新结构设计方案，机组密封性、刚性和强度增强，安全性提高； （3）优化机组结构，保证机组供热能力

调研结果表明，300～600MW级亚临界、600MW级超临界机组的通流改造在技术上有着较为明显的进步，在改造实施过程中具备较为成熟的改造方案，并取得了较好的改造效果。虽然目前国内350MW超临界机组的改造并无实施的范例，但新建机组已积累较多的设计、加工、制造、安装、施工等方面的经验，同时，伴随着各种参数机组的通流改造技术的不断进步，350MW超临界机组也具备改造提效的潜力。国内对200MW现役汽轮机的改造工作已基本完成，对300MW现役汽轮机的改造工作正在进行之中，有些电力企业已经开始进行500MW、600MW机组的通流改造。为保证1号、2号汽轮机组通流改造项目能够顺利开展并成功完成，国电南京电力试验研究有限公司对汽轮机组通流改造项目进行了大量的前期调研工作。经调研，汽轮机通流部分改造技术成熟，应用广泛。东汽、哈汽、上汽、北重、全四维、GE、西门子等厂家均有数台至数十台以上改造业绩。100、125、200、500、600MW机组均有汽轮机通流改造实践和业绩。

目前，很多电厂对600MW以上机组进行了汽轮机通流改造，经济性和安全性明显提高，取得了良好的改造效果，经调研近期改造的结果见表6-4。

表6-4　通流改造机组调研比较

改造厂家	哈汽	上汽	GE	GE	GE
机组名称	2号	1号	2号	6号	4号
机组容量（MW）	660	600	630	600	650
改造时间	2016年	2015年	2015年	2017年	2017年
背压（kPa）	4.90	4.90	4.90	4.90	4.90
改后100%THA工况热耗率[kJ/（kW·h）]	7559.2	7620.8	7611.41	7558.9	7581.11
改后75%THA工况热耗率[kJ/（kW·h）]	7722.5	7678.44	7741.6	7643.3	7680.78

机组的改造对经济效益、社会效益、安全性能、节能减排各方面都有很大提升。改造后，机组的热耗率降低，发电煤耗、供电煤耗均大幅度下降，大大提高了机组的经济性。机组额定出力增加，增强了机组的调峰能力，提高了电网的安全性和可靠性。机组的主要部件可延长了使用寿命。由于改造设计采用了叶片动强度设计方法、大刚度宽叶片等措施，机组的安全性能大大提高。由于机组效率的提高，在同一负荷下燃煤量减少，CO_2、SO_2 和烟尘的排放量相应地大大降低，可有效地减轻对环境的污染，其环保效益显著。

6.2.1.3.2　技术案例

【案例6-4】某电厂330MW亚临界机组上汽汽轮机通流改造

1. 工程概况

某电厂 330MW 亚临界直接空冷机组锅炉采用上海锅炉厂生产的亚临界、一次中间再热、自然循环汽包炉。汽轮机采用上海汽轮机厂生产的 CZK330-16.67/0.4-538/538 型、亚临界、一次中间再热、单轴、两缸两排汽、单抽、直接空冷凝汽式汽轮机。

经多年运行后，汽轮机存在的问题主要表现在：①叶型损失大，叶片流型设计不够先进；②高压缸宏观热力参数不合理，高压缸效率偏低；③排汽缸设计气动性能不佳，排汽阻力偏大，动压回收系数低；④动叶采用铆接围带，叶顶漏汽量偏大；⑤汽封系统漏汽量偏大，系统损失高，低压缸效率偏差大；⑥结构设计技术落后，存在汽缸结构变形大，机组内漏严重的问题；⑦制造技术、质量控制体系落后；⑧机组设计设计通流能力偏大，低负荷运行经济性差。

2. 改造内容

采用先进的汽轮机先进通流改造技术（AIBT）、空冷增容改造技术和抽真空系统改造技术对机组实施改造，将机组通流改造和冷端增容改造结合起来进行通流边界参数的确定和末级叶片的优化选型，同时对抽真空系统进行改造。

3. 改造效果

改造后，机组实际运行工况性能指标得以明显提高，额定工况汽轮机热耗率下降至 8096.47 kJ/(kW·h)。负荷率加权至年平均负荷率下，机组供电煤耗率下降 19.66g/(kW·h)，年可节约标准煤 2.998 万 t，可减少 CO_2 排放 8.82 万 t，减少 SO_2 排放 0.27 万 t，减少 NO_x 排放 0.13 万 t。

【案例6-5】某电厂660MW超临界机组哈汽汽轮机通流改造案例

1. 工程概况

某电厂 1 号、2 号机组汽轮机为哈尔滨汽轮机有限责任公司制造的 CLN660-24.2/566/566 型超临界、一次中间再热、三缸四排汽、单轴、双背压、凝汽式汽轮机。锅炉为东方锅炉（集团）股份有限公司制造的国产超临界参数复合变压本生直流锅炉，锅炉型号为

DG2070/25.4-Ⅱ9 型。锅炉本体采用Π型布置，一次中间再热、单炉膛、尾部双烟道结构，固态排渣，全钢构架，全悬吊结构，平衡通风、露天布置、前后墙对冲燃烧方式，采用内置式启动分离系统。1 号、2 号机组汽轮机设计热耗率为 7557.3 kJ/（kW·h）。

投产多年后，汽轮机主要存在以下问题：①主要能耗指标有差距。与同级别先进机组比较，1 号、2 号机组在通流效率以及热耗水平上，均有较大的差距；②通流效率低。在额定工况下，1 号、2 号汽轮机各缸效率均未达到设计保证值，机组实际性能较差，高中压外缸及低压内缸汽缸变形量较大，导致汽轮机缸效率较低；③五、六段抽汽温度高。1 号汽轮机额定负荷下的五段抽汽温度高于设计值 13.86℃、六段抽汽温度高于设计值 46.22℃。2 号汽轮机额定负荷下的五段抽汽温度高于设计值 14.59℃、六段抽汽温度高于设计值 41.33℃。

2. 改造内容

针对汽轮机存在的实际情况，改造重点为汽轮机通流效率偏低及安全可靠性较差的问题，最终选取高、中、低压全面通流改造方案，更换新的高中压转子及高压内缸、同时更换低压转子及低压内缸、重新设计级数、优化调整各级根径、优化设计低压末段叶片和排汽通道等。

3. 改造效果

通过部分通流改造后预计可使机组热耗率验收工况（THA）下高压缸效率增至 87.98%，中压缸效率增至 92.51%，THA 工况下热耗率可降至约 7730kJ/（kW·h），相应的 100%THA 下供电煤耗率为 302.95g/（kW·h）（锅炉效率和厂用电率取最近一次试验数据），改造后煤耗率下降约 3g/（kW·h）。

【案例6-6】某电厂350MW超临界机组东汽汽轮机通流改造

1. 工程概况

某电厂汽轮机系东方汽轮机有限公司生产的型号为 CC350/275-24.2/566/566 型超临界、一次中间再热、单轴、三缸双排汽、抽汽凝汽式汽轮机，给水回热为 3 高加+1 除氧+4 低加的系统，1 台 100%容量的汽动给水泵，汽封为自密封系统。投运多年后，存在如下问题：①汽轮机组存在高、中、低压气缸效率低。100%THA 工况高压缸效率较设计值（85.02%）偏低 5.66 个百分点，中压缸效率较设计值（91.38%）偏低 1.99 个百分点，低压缸效率较设计值（90.11%）偏低 4.82 个百分点，影响热耗率 275kJ/（kW·h）；②三抽温度偏高。三抽温度为 499℃，比设计值偏高约 10℃，影响机组运行经济性；③启停机时间长。原中压模块内外缸之间存在蒸汽封闭的死区，此区域传热较慢，导致汽缸受热缓慢且不均匀，影响了机组膨胀，延长了启停机时间；④轴封漏气量大。5 号、6 号机组轴封加热器温升基本在 3℃以上，较设计值 1.2℃偏高至少 1.8℃；⑤供热量无法满足需求。原设计供热量为 250t/h 左右。东线供热 3 期建成后，供热需求在 450t/h 左右（再热 100t/h，四抽 350t/h），现有机组无法满足未来供热需求。

2. 改造内容

针对以上存在问题，通过对不同厂家提出改造方案进行对比分析，综合考虑改造后的技术性、经济性、初始投资成本和供热机组等因素，进行了机组汽轮机高中压缸全通流改造。改造前和改造后全通流改造技术对比见表 6-5。

表 6-5　改造方案和原有机型全通流设计技术比对表

比对项目	原机型	东汽改造技术
调节级	（1）原动叶设计为铆接围带成圈结构，安全性较差；叶顶汽封有效齿数少，密封性差； （2）调节级焓降分别配不合理； （3）100%THA 工况调节级原设计效率低	（1）当前动叶设计为带大冠自主成圈结构：叶顶汽封间隙可依据热膨胀设计为最佳值，齿数显著增加超过 100%，密封性大幅增加，不易磨损。 （2）调节级焓降最优化匹配。 （3）采用高效宽负荷叶型。 基于调节级静叶角度分组差异化的新型喷嘴配汽方式（改后调节级三维设计效率提高超过 4%）
高压通流压力级	高压为Ⅰ+9 级冲动式设计	（1）高压为Ⅰ+11 级，高效通流以 DAPL4 为代表的高效冲动式动、静叶型线，（采用全新通流叶型，通流效率增加大于 1%；采用小焓降、多级次、低根径技术，通流效率增加 1.2%；通过优化相对叶高，通流效率增加 0.54%）高压采用双层缸结构，内缸与喷嘴室为一个整体，优化喷嘴进汽流道（降低进汽压损 51%）。 （2）高压进汽插管优化，与内缸使用法兰连接（可设计缠绕垫片等辅助密封），仅与外缸使用插管连接，同时对插管碟片密封进行优化（包括插管热态间隙配合、C 型密封环的应用、密封环材质与汽缸和插管材质匹配）。 （3）取消独立汽封体，通过优化内缸结构和中分面法兰和螺栓布置，提高内缸密封性
高压结构优化	（1）高压采用三层缸结构，高压内缸与喷嘴腔室采用装配结构（蒸汽漏点多）； （2）高压进汽插管连接高压外缸进气管、高压内缸、高压喷嘴室； （3）内缸携带独立汽封体（因内缸与汽封体热胀或变形不协调，配合面存在漏汽风险）	
中压通流压力级	（1）中压为 7 级，设计效率 91.38%； （2）旋转隔板位于中压第 4 级后； （3）原设计 4 抽供热量为 200t/h 左右	（1）中压为 10 级，采用第四代高效 DAPL4 高效冲动式技术，改后中压缸效率 92.5%（旋转隔板的存在对缸效有 1.4%左右的影响），机组级间温度分布更均匀，各级间相对压差减小，隔板、转子应力水平下降。 （2）旋转隔板相对机组轴向位置不变，改造后在中压第 5 级后。 （3）改造后，四抽满足 350t/h 的抽汽需求
中压结构优化	（1）内缸采用常规中分面法兰设计； （2）中压 1 级隔板叶轮冷却装置，采用高压第四级蒸汽冷却，漏点较多	（1）优化中压进汽和排汽流道；（进汽部分总压损失系数下降 71%，排汽部分总压损失系数下降 48%）。 （2）内缸中分面法兰采用窄高法兰设计理念，优化中分面螺栓布置。 （3）取消中压 1 级隔板叶轮冷却装置（转子锻造工艺水平进步），减少漏点，提高效率（取消以前的冷气掺混）
低压缸通流部分	（1）原机组为 2×5 级； （2）使用 909 末级叶片	（1）采用第四代高效 DAPL4 宽负荷叶型设计技术，改造后采用 2×5 级；（低压缸效率大于 89%）。 （2）使用全新减重优化 909 末级叶片；（总质量降低 10%，解决销孔扩铰后存在的叶轮强度安裕量偏小的问题）。 （3）优化末级叶片反动度，提高变工况性能，经济性提高，根部采用高反动度设计降低水蚀风险

续表

比对项目	原机型	东汽改造技术
末级和次末级动叶片防水蚀能力	（1）次末级动叶片全叶身喷丸强化； （2）末级叶片全叶身喷丸强化，提高其抗水蚀性能，叶片近顶部进口区域进行高频淬火处理	（1）次末级动叶片全叶身喷丸强化。 （2）末级叶片全叶身喷丸强化，提高其抗水蚀性能，叶片近顶部进口区域进行高频淬火处理。 （3）高频淬火工艺发展和流程趋于稳定，末叶片高频淬火效果稳定。 （4）末几级隔板径向汽封体会根据蒸汽湿度情况开设足够的疏水孔
低压结构优化	（1）采用三层缸结构，带独立进汽室； （2）采用中分面大法兰密封板设计； （3）采用直臂悬臂结构	（1）取消独立进汽室，优化进汽流道。 （2）每个悬臂携带独立中分面法兰，提高支撑臂柔性。 （3）采用斜支撑悬臂结构，运行中形成自密封。 （4）优化低压排汽导流环，提高静压恢复系数（凝汽器入口压力–末级动叶出口压力）
汽封技术	全部为 DAS 汽封	（1）高压和中压轴封上采用封严涂层和错齿汽封。 （2）低压轴封采用 DAS 汽封加接触式汽封。 （3）隔板汽封采用 DAS 汽封。 （4）动叶叶顶采用自带冠城墙齿的汽封结构。 （5）通过优化齿数和间隙，提高机组效率[设计降低热耗率 5.8kJ/（kW·h）]
技术方案简述	—	（1）采用全新通流设计理念和技术，机组通流效率有显著增加。 （2）采用最新结构设计方案，机组密封性、刚性和强度增强，安全性提高。 （3）优化机组结构，保证机组供热能力

3. 改造效果

实施汽轮机通流改造后，预计每年可节约标准煤约 1.23 万 t，折合每年减少 CO_2 排放约 3.07 万 t，减少 SO_2 排放约 104t，减少 NO_x 排放约 91t。

6.2.2 汽轮机汽封与喷嘴优化

国内早期投产机组普遍存在叶顶汽封齿数偏少、通流间隙偏大等问题，导致蒸汽泄漏量大，严重影响机组经济性。目前汽轮机通流改造中，制造厂一般对汽封、轴封一并实施改造，合理选择汽封型式，增加叶顶汽封齿数，减小通流间隙。在汽封选型方面，除传统的梳齿汽封外，大量新型汽封也获得了广泛应用。例如，东方汽轮机有限公司近年来大力推广其自主开发的先进性汽封（DAS）应用于高、中、低压缸端汽封、隔板汽封、叶顶汽封，而高中压缸间过桥汽封采用 DAS+刷式汽封等，通过在 300MW 通流改造和新型超临界 600MW 机组中的应用，取得了显著的经济效益。

6.2.2.1 汽封及喷嘴常见问题

1. 汽轮机汽封

汽封主要可以分为三类，分别是轴端汽封、静叶隔板汽封和动叶叶顶汽封。汽封主要有三方面的作用：一是防止或减少蒸汽向外泄漏；二是防止或减少高位能的蒸汽不做功直接漏至低位能蒸汽腔室；三是防止或减少空气向内漏入低压缸。

目前，发电厂中广泛采用的汽轮机汽封以迷宫（曲径）式、蜂窝式、布莱登式、刷式等型式为主，国内外对此进行了多方研究。传统迷宫式（曲径式）汽封在迷宫式汽封结构中，通过齿与转子的配合可以产生大量节流间隙和膨胀空腔，液（汽）体在其中流过就可以实现节流，并结合热力学原理，从而实现结构的密封，汽封效果受高低齿、转速、压力变化等多方面影响。如迷宫式汽封可分为枞树形汽封、梳齿形汽封两类。目前对迷宫式（曲径式）汽封的研究一般为数值模拟结合试验进行。

2. 汽轮机喷嘴

喷嘴是由相邻的静叶片构成的汽流通道，它的作用是将蒸汽的热能变成动能，或者简单地说成是用来产生高速汽流的。通常汽轮机的第一级喷嘴都是直接装在汽缸喷嘴室的T型槽中，形成汽轮机第一级的调节级，而其余各级则装在隔板上，再随隔板装配在汽缸上。某型机组喷嘴位置（汽缸上半）示意图如图6-16所示。

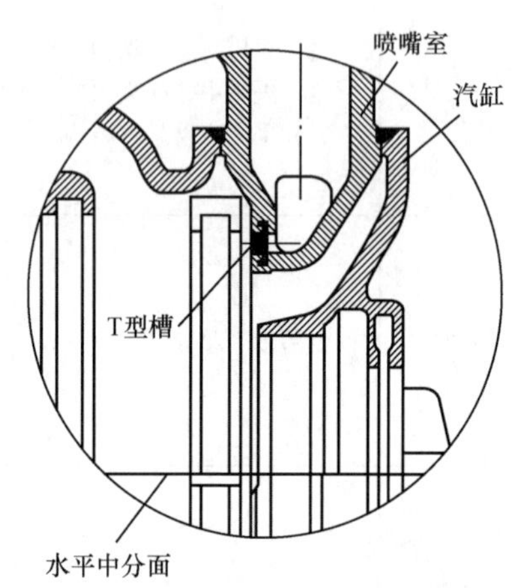

图6-16 某型机组喷嘴位置（汽缸上半）示意图

3. 存在问题

目前，中国在运行的200MW级汽轮机的原制造厂家基本上没有采取有效的技术措施来消除喷嘴组设计、制造、安装环节存在的不合理因素。

（1）汽封漏汽损失。

理论和实践表明，汽封漏汽损失是导致汽轮机效率下降的重要因素，对于大型汽轮机，在可确认的效率损失中，44%是由于汽封间隙过大引起的，如图6-17所示（见彩插）。汽轮机技术经过一个多世纪的发展已经有了很大的进步，从基础理论到制造技术再到材料性能，都有了一定的突破，但依然无法有效提高汽轮机的内效率。因此，当前一般只能通过控制漏汽来改善汽轮机效率，其中减小汽轮机汽封与转子动静配合间隙就是值得借鉴的思路之一。这种优化方案在成本上明显优于通流改造，特别是近年研发的一些大容量高参数的汽轮机，其级间漏汽成为一个极为关键的性能指标。

传统的汽封技术在漏汽量控制方面有着较大缺陷，并且故障率相对较高，因而造成了当前汽轮机热耗处于较高水平。其中汽封精度对汽轮机效率有着关键影响，例如汽封磨损后将导致汽轮机效率的迅速降低，同时汽耗也会迅速攀升。现有汽封的间隙一般处于最小值，如果汽缸由于受力而产生形变，其局部会出现动静间隙减小的情况，直接造成摩擦；如果转子过临界转速的幅值增加到某一特定值，则会导致转子和汽封产生瞬间碰磨现象。上述的汽封磨损均是单向的，无法自然恢复，最终会导致汽轮机热耗上升、高中压汽封漏汽量超出允许范围、汽密性不佳等问题，给机组的运行带来了严重的隐患。因此，对现有的汽封进行优化具有重要的现实意义。

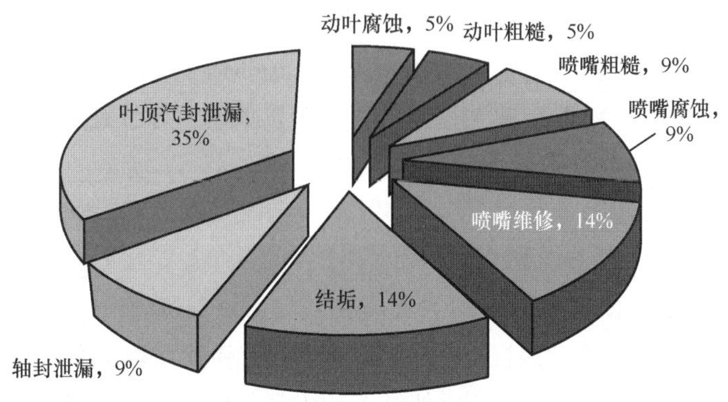

图 6-17 汽轮机效率下降因素

（2）喷嘴组通流面积过大。

喷嘴组通流面积过大，使得汽轮机始终处于偏离设计点较大的运行状态，导致经济性下降；而在部分负荷工况下，喷嘴组通流面积过大将导致阀门开度减小，节流损失增大，调节级效率和高压缸效率降低。各试验研究单位的热力性能试验报告，以及对 200MW 级汽轮机运行情况的调研结果，均表明国内在役 200MW 级汽轮机 VWO 工况下的实际通流能力比设计通流能力大 7%以上。

如某型 200MW 级汽轮机，VWO 工况下设计通流能力为 670t/h，实际通流能力可达 754t/h；再如，某型 200MW 级汽轮机喷嘴组设计通流面积为 227.53cm^2，将其通流面积缩小约 10%后，汽轮机的通流能力仍然满足通过与之配套的锅炉的最大连续蒸发量，并有一定裕量。

某厂 200MW 级汽轮机，在背压较好的情况下，不同负荷对应的阀门开度明显偏小。在负荷 216MW、主蒸汽流量 667.1t/h（接近设计锅炉最大蒸发量 670t/h）工况时仍然只有 GV1PZ、GV2PZ、GV3PZ 3 个阀门开足，GV4PZ 开度很小；在 179MW 负荷工况下，只有 GV1PZ 和 GV2PZ 2 个阀门开足；在 159MW 负荷工况下，在机组采用滑压运行、主蒸汽压力偏离设计值较多的情况下，也只有 2 个阀门开足，造成很大的节流损失。

（3）气动设计相对落后。

调研表明，国内在役大部分型式的 200MW 级汽轮机，原喷嘴组静叶片型线和子午面型线是采用气动设计落后的层流叶型，属于 20 世纪 80 年代的设计技术，气动分析表明，喷嘴组的叶型损失和端部二次流损失较大，叶型效率低。目前在喷嘴组叶片设计方面，大部分设计者仍然停留在相对传统定常流设计理念下，未考虑时间对调节级流场分布的影响，叶型设计时对静叶片型线、出汽角、叶片高度、子午面型线等配合不够合理，静叶二次流损失、尾迹损失、端部附面层摩擦损失仍较大，叶型效率不高。

（4）制造工艺相对落后，加工精度较差。

大部分型号的 200MW 级汽轮机喷嘴组原设计为焊接结构，由静叶片与隔叶件、喷嘴组外环焊接而成，焊接量大，且制造工艺相对落后，加工精度较差。由于焊接变形、焊接热影响区、焊接残余应力等因素不完全可控，导致焊接后喷嘴组的节圆直径、汽道节距及喉口尺寸与设计尺寸均会偏差较大。例如，某型 200MW 级汽轮机喷嘴组采用材质为 1Cr11MoV-5 的焊接结构，因焊接量大、焊接变形难以控制，导致整体加工精度差，其汽道节圆直径、静叶节距等参数与设计偏差较大。

6.2.2.2 技术方案

1. 汽轮机汽封优化技术

（1）布莱登可调式汽封技术。

布莱登可调式汽封和传统汽封相比，取消了背部板弹簧，取而代之在汽封弧块端面加装了 4 个螺旋弹簧，然后在汽封弧段背部进汽侧中间位置预留一个进汽槽，可以让进汽侧的蒸汽进入汽封弧段背面的进汽槽，提供关闭力。另外为保证汽封在打开、关闭过程中不出现卡塞情况，布莱登汽封增大了汽封弧块与汽封槽道间隙。自由状态下的布莱登汽封如图 6-18 所示。工作状态下的布莱登汽封如图 6-19 所示。

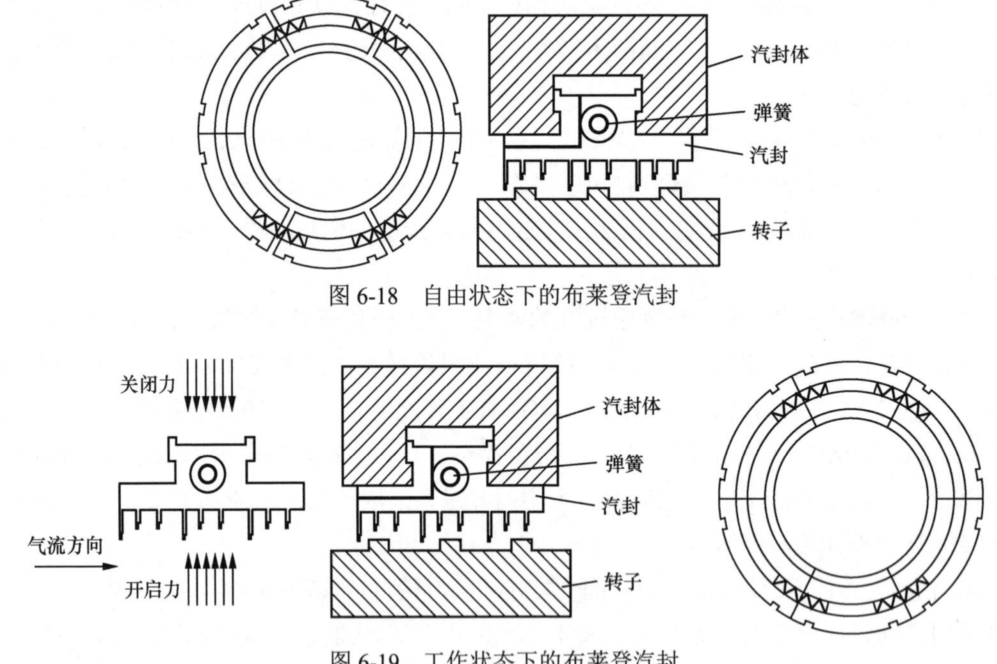

图 6-18 自由状态下的布莱登汽封

图 6-19 工作状态下的布莱登汽封

布莱登汽封的安全性主要体现在机组启停过程中，螺旋弹簧提供的开启力大于进汽槽处蒸汽提供的关闭力，从而使汽封处于打开状态，远离转子。此时，动静间隙保持在最大状态，其中最大状态的间隙值是汽封退让间隙值加上机组正常运行时的汽封径向间隙值，一般为 1.8～2.5mm。从而避免了启动和停机过程中转子与汽封齿的碰磨。由于解决了启停过程中机组振动较大情况时汽封和转子的径向间隙问题，就可以将正常运行时汽封间隙调整到最小值，从而降低汽封漏气损失。这也是布莱登汽封相较于传统不可调整式汽封经济

性更好的根本性原因。布莱登汽封实物图如图 6-20 所示（见彩插）。

图 6-20　布莱登汽封实物图

（2）侧齿汽封技术。

在传统汽封结构的基础上进行优化，相较于传统汽封汽封块本体外形尺寸不变，采用特殊工艺在汽封块侧面和底面加工侧齿和底齿，从而提升汽封效能。由于汽封块本体外形尺寸不变，可以保证轴向胀差和轴向正常窜动。而且改造后不会改变传统汽封结构，确保改造后汽封配合形式保持不变。针对机组现状，适当选择侧齿汽封结构形式，以达到减小汽封漏汽量的目的。侧齿汽封较高低齿汽封结构基本不变，在汽封腔室内部做改变就能使漏气量明显下降，侧齿汽封继承了传统汽封的安全性，可以依然采用传统汽封的安装调整方式。侧齿汽封相较于传统汽封加工精度、加工成本略高。基本外形尺寸同传统高低齿汽封一样，侧齿汽封不同于其他新型汽封主要通过减小径向间隙来降低漏气量，也不会产生有些新型汽封可能产生的不利因素，这样使机组的安全可靠性得到充分保证。侧齿汽封示意图如图 6-21 所示。侧齿实物图如图 6-22 所示（见彩插）。

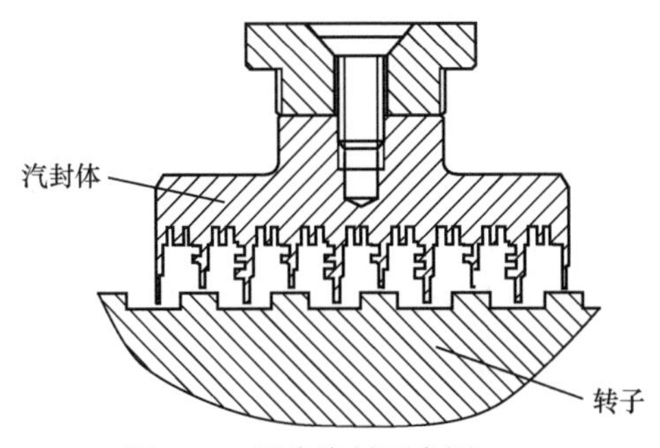

图 6-21　侧齿汽封示意图

图 6-22　侧齿实物图

侧齿汽封的性能特点：①在材质和尺寸不变的情况下，可以大大提高性能；②侧齿结构与汽封体是同一整体，并未引入新的零件；③减少了轴向间隙，起到了多道密封齿才能起到的作用，打乱了汽流方向，使动能转化为热能更加完全，效率更高，性能更好；④依然属于传统迷宫汽封范畴，叶顶除湿效果不佳。

（3）蜂窝式汽封。

大量实践表明梳齿式（迷宫式）汽封的思路存在缺点，因为间隙无法得到有效控制，几乎因此损失了一半的能量，效率严重低下。而蜂窝式汽封则在长期的实践应用中确立了重要地位，它具有防止汽流周向流动的特点，可以较好地适应压差较大、间隙较小的密封场合，最终保证机组的高效运行。

蜂窝式汽封主要利用节流膨胀、涡旋效应、热力学效应及流束收缩效应的叠加达到密封的目的。大量蜂窝孔的存在，令当量齿数成倍增加，节流次数优于普通迷宫汽封。蒸汽进入蜂窝后，在蜂窝内进行回旋反冲，在轴表面形成强劲汽膜，阻滞了后部蒸汽的前进。而汽流与蜂窝的摩擦换热高于普通迷宫式汽封，蒸汽的动能转化为热能耗散，令其势能降低。同时，相比传统的汽封结构而言，蜂窝带较薄的特点使得其孔板密封的机理与尖峰孔口密封相似，可以快速增大在孔口附近气流速度，且流束的截面面积小于孔口的截面面积，汽流流束收缩明显。蜂窝式汽封结构简图如图 6-23 所示。

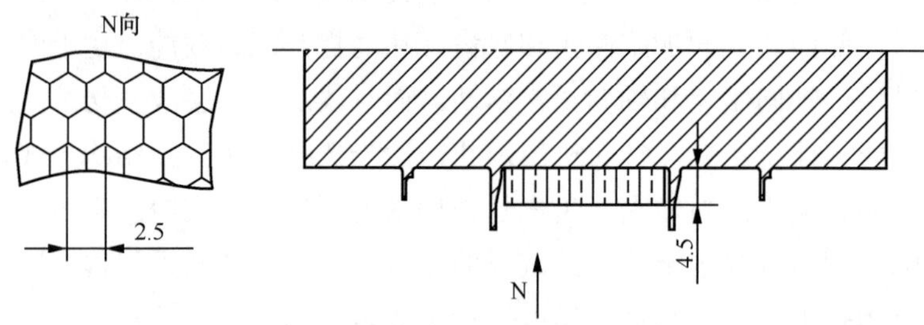

图 6-23 蜂窝式汽封结构简图

蜂窝式汽封的性能特点：①在原有汽封的基础上，只改变汽封的结构形式，其汽封间隙维持在机组设计值，可以有效地减少汽封的泄漏量；②蜂窝汽封最适合叶顶处，特别是低压缸部分，能有效地吸附叶顶的水分；③考虑到蜂窝带是通过宽面的形式与轴相接触的，如果间隙控制过小，那么在开机停机时很容易造成碰磨，从而导致剧烈振动，严重时将直接造成启动失败；如果间隙控制过大，同样无法取得良好的效果；④汽封运行一段时间后，蜂窝带窝孔积垢严重，会导致蜂窝失去作用；⑤使用寿命短，由于汽封蜂窝带结垢不易清理，给大修时修刮带来难度，使用寿命短。目前对蜂窝式汽封的研究方向主要有：蜂窝几何结构的优化、蜂窝几何结构与汽封内部流场之间的关系，以及如何通过结构的优化来改善汽封性能。蜂窝式汽封实物图如图 6-24 所示（见彩插）。

（4）刷式汽封。

刷式汽封是近年发展起来的一种高效阻尼密封，来源于飞机发动机，是最新的第三代产品，研究表明其泄漏量相比传统的迷宫汽封而言显著减小，仅是迷宫汽封的 10%～20%，由于转子高速转动的瞬间和静止时运动严重不同心，而刷式汽封能够在这种情况下不受干扰，仍能具有较好的密封能力，相比传统的密封，刷式汽封能够使转子更加稳定，同时机组效率也会得到提高。

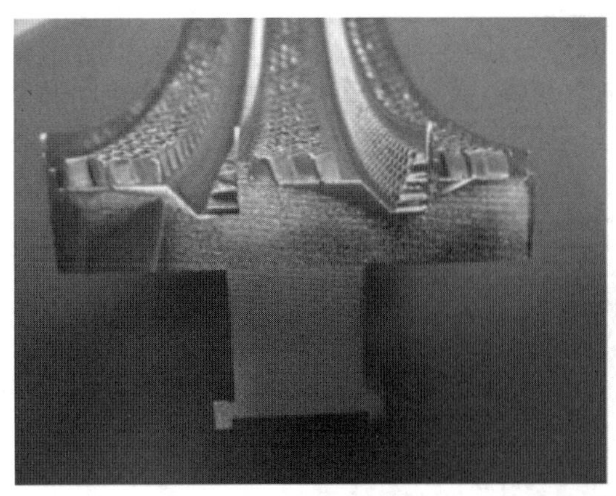
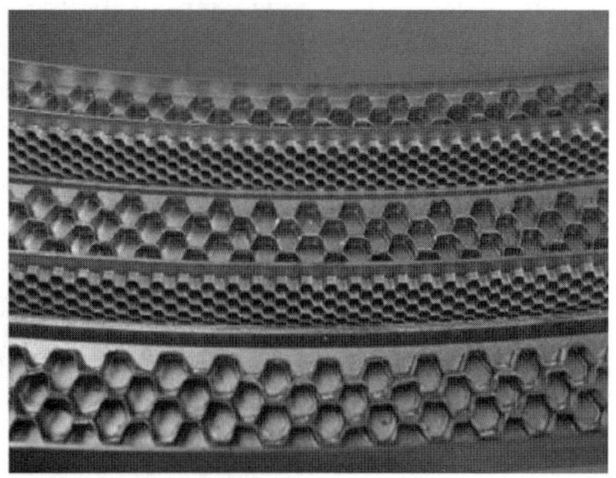

图 6-24 蜂窝式汽封实物图

2. 汽轮机喷嘴优化技术

（1）喷嘴组通流面积优化设计。

以汽轮机阀门全开（VWO）工况能够通过锅炉最大连续蒸发量为主要设计原则，应用汽轮机调节级热力计算程序计算确定喷嘴组通流面积。在确定通流面积时，采用定制式设计方法，综合考虑拟改造汽轮机的阀门与管道压损、调节级反动度（随动静面积比变化而改变）、调节级后压力（相同机型因不同机组第一压力级静叶通流面积不同而略有不同）等多种因素。按照该设计方法可以精确确定汽轮机喷嘴组需要的通流面积，在不更换高压进汽阀门的情况下，能够最大限度地减小在役汽轮机调节阀门的节流损失。

（2）喷嘴组气动优化设计。

采用先进的计算流体力学和有限元结构分析技术，使得在喷嘴组设计方面有较大进步。新技术气动设计相对传统定常流设计理念，同时考虑非定常因素，数值模拟并优化汽轮机调节级流场分布，依据数值模拟分析结果，进一步优化喷嘴组叶片型线和子午面收缩型线及通道收缩比，合理配置沿静叶叶高的气动载荷分布，从而降低进汽汽流攻角敏感性，减少叶片型线损失、尾迹损失，提高流动效率。

（3）优化喷嘴组汽道电火花加工工艺。

采用整体电火花加工（Electrical Discharge Machining，EDM）成型，改进加工制造工艺，有效提高喷嘴组加工、制造、安装精度，减小流动损失，提高调节级效率。

图 6-25 所示为采用优化工艺加工后的喷嘴组，其中影响喷嘴组 EDM 加工质量的关键因素包括电加工参数、电极材料与型式、汽道加工时的定位精度。为保证汽道加工时的精确定位，确保汽道节距满足设计要求，可设计喷嘴组 EDM 整圈加工工装。采用纯铜制作 EDM 加工的电极材料，通过多次工艺试验，确定了合理的电加工参数，在保证静叶型线加工精度的同时，最大限度地降低 EDM 加工对静叶出汽边的淬硬。另外，为便于喷嘴组端部汽道的加工，并保证端部汽道的加工精度，可设计制作异型电极。

图 6-25 采用优化工艺加工的喷嘴组

6.2.2.3 典型案例

6.2.2.3.1 应用现状

通过改造汽封型式，优化汽封结构，缩小汽封间隙，达到减小通流漏汽的结果来提高汽轮机效率，达到节能降耗、揭缸增效的目的，已成为汽轮机制造行业和火力发电行业的共识。目前发电厂中广泛采用的汽轮机汽封以迷宫（曲径）式、蜂窝式、布莱登式、刷式等型式为主。部分 600MW 等级汽轮机汽封改造情况见表 6-6。

表 6-6 部分 600MW 等级汽轮机汽封改造情况表

电厂	汽轮机机型	改造后采用汽封	评价要求及结果
1 号电厂	东汽超临界 N600-24.2 566/566	（1）高、中、低端汽封：侧齿汽封； （2）高、中、低隔板汽封：DAS 汽封； （3）高、中、低叶顶汽封：铁素体汽封（返厂实施）	改造后可降低热耗率 77.7kJ/（kW・h）左右，约相当于降低煤耗率 2.91g/（kW・h）左右
2 号电厂	哈汽亚临界 N600-16.7537537-1 型	（1）高、中压缸隔板、高压轴端内汽封：布莱登汽封； （2）高、中压缸轴端外汽封、低压缸轴端内汽封：接触式汽封	测试机组热耗率降低 380kJ/（kW・h）
3 号电厂	哈汽亚临界 N600-1667/537/537	（1）高压缸隔板、平衡环汽封：侧齿汽封； （2）低压缸隔板、叶顶汽封：蜂窝汽封	改造后较改造前可使机组热耗率降低不少于 59kJ/（kW・h）
4 号电厂	哈汽亚临界 N600-16.7/电 537/537	（1）低压隔板（第 2～5 级）：刷式汽封 16 圈； （2）高压第 1～9 级叶顶阻汽片 43 道； （3）中压第 10～15 级叶顶阻汽片 53 道	（1）测试机组热耗率降低 146kJ/（kW・h）； （2）高压缸效率：86%，低压缸效率：88.8%
5 号电厂	东汽亚临界 N600-167/537/537	（1）低压隔板：刷式汽封； （2）低压叶顶：重新镶嵌铁素体阻汽片； （3）低压轴封：接触式	低压缸效率提高 3%使得汽轮机热耗率降低的 119kJ/（kW・h）

续表

电厂	汽轮机机型	改造后采用汽封	评价要求及结果
6 号电厂	哈尔滨 N600-16.7/某电厂 537/537	（1）高压轴端汽封、平衡环汽封：刷式汽封； （2）中压进汽分流环、隔板、轴端汽封：刷式汽封； （3）低压隔板、低压轴端汽封：刷式汽封	600MW 工况下热耗率下降了 180kJ/（kW・h）

6.2.2.3.2 技术案例

【案例6-7】某600MW亚临界机组汽轮机汽封改造

1. 工程概况

A 燃煤电厂 600MW 机组汽轮机是哈尔滨汽轮机厂生产的，型号为 CLN600-24.2/566/566，主要特点是高中压部分合缸，具有一次中间再热，单根轴，3 台缸，4 个排汽口的反动凝汽型式的汽轮机。该汽轮机引进日本三菱公司技术，高中压部分原装进口，低压部分是哈尔滨汽轮机厂生产。汽轮机设计热耗率为 7530.2kJ/（kW・h）。

2. 改造内容

高中压级内汽封 23 圈，高中压内轴封 2 圈改造为布莱登可调式汽封。高中压缸阻汽片 76 道更换阻汽片。高中压外轴封 6 圈，低压隔板汽封末三级 12 圈改造为侧齿式汽封。其中，高中压缸内布莱登汽封间隙调整在 0.3～0.4mm 之间。高中压缸叶顶阻汽片间隙调整在 0.75～0.95 之间。轴封处侧齿汽封间隙调整在 0.45～0.6mm 之间，低压第五级侧齿汽封间隙调整在 0.95～1.05mm 之间，低压第六级侧齿汽封间隙调整在 1.95～2.05mm 之间，低压第七级侧齿汽封间隙调整在 2.7～3.0mm 之间。

3. 改造效果

经过此次高、中压缸部分的汽封改造后，高、中压缸效率分别有不同程度提高，数值上与机组性能考核时更接近。改造前，高、中压缸效率分别为 84.48%、91.33%；改造后，高、中压缸效率分别为 85.93%、92.43%。汽轮机汽封改造后热耗率降低 80.34kJ/（kW・h）。

【案例6-8】某600MW亚临界机组汽轮机汽封改造

1. 工程概况

该汽轮机属于亚临界、四缸四排汽、单轴、一次中间再热、凝汽式汽轮机，型号属于 N600 系列，通过数字式电液调节系统（DEH）进行调节。根据 1 号机组汽轮机的性能试验，发现在机组发电机功率、进汽温度与设计值相当时，高、中压缸各级抽汽压力、抽汽温度偏离设计值，高、中压缸各级段蒸汽膨胀做功不充分或者在这些抽汽级段前存在级间漏汽现象，机组经济性较差、汽耗率较高。

2. 改造内容

通过对高中低压缸汽封对缸效的影响，分别作出了改造和调整计划：①高压缸叶顶汽封改为刷式汽封，喷嘴镶嵌阻汽片；②中压缸叶顶部位进行汽封改造；③低压缸正、反第2～5级别隔板汽封，更换刷式汽封；④低压缸1～5级叶顶汽封间隙调整，第6、7级改造为铁素体阻汽片。

3. 改造效果

改造后的汽轮机的热力性能得到一定改善，汽轮机的漏汽量大大降低，各缸效率的提高，热耗随之降低，发电成本也随之下降。在100%额定负荷时，机组发电煤耗率降低1.01g/（kW•h），供电煤耗率降低1.13g/（kW•h），按年发电量30亿kW•h计算，年收益约272.7万元，节能降耗效果明显。

【案例6-9】某600MW超临界机组汽轮机喷嘴改造

1. 工程概况

某发电厂1号机组为630MW汽轮发电机组，汽轮机型号为上汽厂N630-/24.2/566/566，型式为一次中间再热、三缸四排汽、单轴、双背压、凝汽式、八级回热抽汽超临界机组。汽轮机高压缸喷嘴为4组，每组对应一个高压调门。改造前4个喷嘴组的喷嘴数量均为28只，总通流截面积达33433.4mm^2。改造前高压缸调门及喷嘴布置如图6-26所示。

2. 改造内容

改造按630MW额定容量重新设计高压缸喷嘴，减小喷嘴通流截面积，以提高主蒸汽压力。4组喷嘴采用不同的通流截面积：第一阀序的2个调门对应的喷嘴通流截面积减小，保证在低负荷段时第二阀序的调门有一定的开度，满足一次调频要求；第二、第三阀序2个调门对应的喷嘴通流截面积增大，保证夏季工况时机组可达铭牌出力。因调节级动叶不更换，故喷嘴的高度不改变，通过改变喷嘴的数量来调整各组喷嘴通流截面积，同时采用上海汽轮机厂喷嘴组型线优化技术来减少叶栅的二次流损失，提高调节级效率。

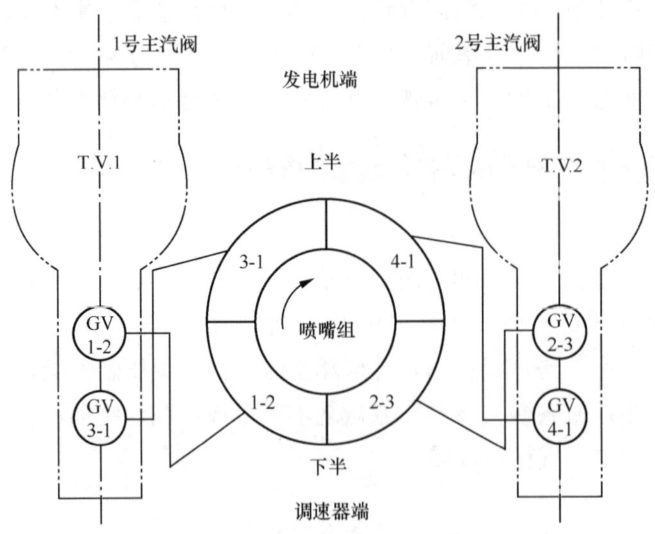

图6-26 改造前高压缸调门及喷嘴布置

3. 改造效果

改造后经济性分析表明，1 号机组高压缸喷嘴改造后运行稳定，节能效果显著，一次调频满足电网要求，在常用负荷段满足第三阀序开度在 20%以上，节流损失大幅减小，同时主蒸汽压力升高明显，有效提高了机组运行效率。

6.2.3 冷端综合优化技术

汽轮机冷端优化技术是一种采用针对性改造技术提高汽轮机不同类型冷端装置在不同运行条件下性能的技术手段，其技术内涵是通过降低循环冷却水温、提高冷却装置清洁度、降低抽真空设备能耗、提高喷溅效果、增加尖峰喷淋装置、冷却塔防冻运行等措施，提高汽轮机冷端性能及机组运行经济性。

6.2.3.1 冷端常见问题

1. 空冷岛散热差

空冷岛目前运行中主要存在的问题是夏季气温高，散热能力均达不到原设计要求，机组背压高，甚至机组不能带满负荷，导致机组在夏季高温及大风时段出力受限，电厂整体经济性降低。冬季气温低，需要对其进行防冻。

2. 冷却塔冷却水温度高

水环式真空泵密封水冷却器冷却水温度高，可能导致真空泵抽吸能力下降效率低。

3. 凝汽器真空低

凝汽器真空的影响参数主要包括循环水的入口温度、循环水温升、凝汽器端差。凝汽器真空主要是通过循环水流量来进行调节，也就是通过增大循环水量来提高真空，这也同时增加了循环水泵总耗功。对于单台机组，当汽轮机组的微增功和循环水泵总耗功增加的差值达到最大时的真空就是最佳真空。汽轮机凝汽器真空的高低直接影响汽轮机运行的安全性、稳定性和经济性。当凝汽器真空降低时，汽轮机汽耗、热耗相应增加，负荷下降。当真空严重下降时，排汽缸温度会升高超过允许值，造成排汽缸膨胀变形，机组中心偏移，引起机组振动，当机组发生强烈振动时，动静间隙消失，转子与静子发生碰磨，对机组破坏性极大。凝汽器真空调整过高会增加循环泵和冷却水塔风机的耗电量，增加发电成本，影响机组运行的经济性。

4. 循环水泵效率低

循环水泵是火电机组的重要辅机设备，循环水泵耗功占机组发电量的 1.0%～1.5%。目前，循环水泵的运行效率低，电耗高，循环水泵的实际运行效率多在 65%～75%之间，比设计值偏低 10%～15%。造成循环水泵效率偏低、耗电高的主要原因是泵的运行工况偏离设计工况，泵内部通流部分的结构设计、通流部件的型线不合理，设备选型不合理等。

5. 真空泵真空度低

汽轮机冷端系统真空泵的极限抽吸压力取决于工作水温。夏季真空泵的工作水温高，限制了凝汽器真空的升高。受真空泵极限抽吸压力的制约，即使增加循环水流量也不能提高凝汽器真空，导致夏天真空泵吸气能力下降，最终影响机组真空。另外，采用母管制连接方式的双背压凝汽器抽空气系统，存在凝汽器高压抽气排挤低压抽气，致使凝汽器高、低压侧压差严重偏离设计值，影响凝汽器性能。

6.2.3.2 技术方案

1. 夏季高温湿冷机组冷端改造技术

（1）冷却塔风水匹配。

冷却塔配水的好坏直接影响填料能否被合理有效的利用，影响空气和循环水热质交换的效率，进而影响出塔水温。应采用高效喷嘴、合理的配水方式，并根据内外区域布置合理的填料高度，可以实现冷却塔风水匹配。

（2）机、塔灵活匹配。

对于利用小时数较低地区进行循环水母管制改造，连接两机的循环水进水母管和出水母管，并优化循环水运行方式，夏季一机两塔运行，有效降低循环水温度，冬季两机一塔运行，有效防冻。

（3）胶球清洗。

通过对收球网、收球室、收球泵及管路的优化，减少堵球、跑球、卡球现象，从而提高胶球收球率，保证凝汽器管路的清洗效果，从而提高机组的真空并减少冷端损失。

2. 抽真空系统节能提效技术

（1）真空维持。

针对真空泵选型大、耗电率高、效率低的300MW及以上湿冷发电机组，可增加一套真空维持系统，采用小容量罗茨风机-水环真空泵组，要求真空严密性要不大于130Pa/min。原大容量真空泵用于机组启动抽气。机组正常运行时，采用真空维持系统，真空泵电流由230A左右降至90A以下，降低真空泵耗电率。

（2）双级锥体真空泵提效。

双级锥体真空泵型式为双级叶轮，双吸入口，单排出口、顶排式，最低吸入压力可达到2.7kPa正常运行，可替换大容量水环式真空泵。

3. 高寒地区空冷岛运行防冻

研究空冷岛大面积多测点温度监测的方法，采用“总线型”智能传感器构建传感器网络，实现空冷岛温度场在线监测；研究空冷岛冬季运行的温度变化规律，提出管束测点加装方案，用通风清洁度评价空冷管束积灰的诊断方法；建立多因素确定最小防冻热量计算、冬季防冻背压分析模型，开发防冻背压在线分析模块；建立最佳背压分析模块，实现最佳背压运行。

4. 电厂尖峰冷却

火力发电厂直接空冷机组夏季高温运行时背压较高，往往不能满发且空冷风机需长时间处于超频运行状态，需要一种安全可靠、经济适用的高背压尖峰冷却技改措施。将空冷换热和蒸发换热进行优化组合，以保证机组出力和在较低背压下经济运行。不同换

热形式优化组合，优势互补，适用性强，可联合使用，也可独立运行，有效解决夏季机组出力与冬季防冻对换热面积不同需求的矛盾，且投资低、运行费用低、占地少，操作、维护方便。

5. 直接空冷系统增容

针对空冷机组夏季出力不足，煤耗高的问题，增加现有直接空冷系统散热单元，即增加风机单元，可单独增加一列或几列，也可在原有的每列风机单元上再增加风机单元，以提高冷端散热面积，达到降低排汽压力、提高出力和减少煤耗的目的。

6. 汽轮机冷端系统运行优化

汽轮机冷端系统运行优化主要是通过试验的方法，利用凝汽器最佳真空计算原理，通过凝汽器变工况性能试验和循环水泵流量、耗功特性试验，计算出不同负荷工况下背压对机组出力的影响（微增出力）及与循环水泵（或空冷风机）耗电量的对应关系，通过冷端循环水泵（或空冷风机）运行方式优化，达到最佳微增出力，起到节能效果。

6.2.3.3 典型案例

6.2.3.3.1 应用现状

目前，国内外对于汽轮机冷端运行优化的研究都集中在怎样来确定和实现凝汽器最佳真空度，研究人员尝试通过分析影响凝汽器真空的各种因素，从而找到便捷合理的方法来最大限度地提高汽轮机组运行的经济性。多数研究人员在对整个冷端运行的经济性进行评估时都是采用尽量全面的分析冷端系统对整个电厂生产过程中的收益、投入两部分影响的方法来实现的。因此，无论是对冷端系统设备的单独分析，还是对冷端的整体考虑，均是实现提高电厂汽轮机组运行经济性的有效手段。

（1）循环水泵功耗优化。

针对某电厂 2×660MW 超超临界开式循环机组循环水泵运行与机组负荷水平不匹配的情况，建立循环水泵变工况计算模型及多泵并联计算方法，分析论证了各种冷端改进优化措施的可行性，并结合排汽流量随机组负荷的变化规律，提出低负荷工况的最优控制背压。优化结果表明循环水流量越小，变频的节能效果越明显，最大节能率超过 45%。

国内很多 600MW 机组开展电厂最佳循环水量和最佳真空的试验，确定不同季节不同水温循环泵的运行方式。采用两机四泵的扩大单元制机组，通过循泵运行方式优化，根据该运行曲线指导不同水温下的少循环水泵耗功。优化试验的流程如下：①试验得到两台机组循环水流量以及各种循环水泵组合方式的总耗功；②采用弗流格尔公式计算出两台汽轮机组的排汽量；③当前工况的凝汽器真空从 DCS 系统获取，改变循环水泵组合方式后，通过综合清洁率，计算得出两台机组的理论真空值；④采用真空通用曲线拟合的公式，输入真空和排汽量求出所对应的微增功；⑤由改变的循环水泵组合总耗功减去当前循环水泵总耗功，从而得到循环水泵总功率变化值；⑥计算全厂的净增加功率，通过以上步骤，可求得各种循环水泵组合工况下的净增加功率，净增加功率值最大的工况就是最优运行方式。

（2）凝汽器优化改造。

传统的凝汽器管束布置采用一维设计，相比目前的全三维设计凝汽器管束布置，传统的凝汽器管束布管数量偏少，凝汽器一旦出现堵管率增加、热负荷增加等问题，往往会对真空造成影响。某电厂针对 N36000 型凝汽器换热面积偏小的问题，进行了换热管束的优化改造。改造的主要原则是不改变现有教堂窗型的管束布置方案，在两个教堂窗管束中间增加换热管束。改造增加换热面积 2000m^2。改造后机组真空提高了 0.5～0.8kPa，当年即收回了成本。

（3）冷却塔优化改造。

对采用自然通风冷却塔的闭式循环水系统，冷却塔热力性能的好坏，直接影响电厂的经济运行。当汽轮机排汽量一定时，冷却塔的出塔水温越高，对机组运行经济性的影响程度越大。对 600MW 亚临界三缸四排汽机组，出塔水温每升高 1℃，机组的发电煤耗率将升高 0.8g/（kW・h）左右。

（4）冷却塔风水匹配。

传统的冷却塔采用一维设计，冷却塔填料等高布置，填料形式陈旧，填料的载荷强度和抗拉强度一般，变形较大，易破损。喷淋头在塔内平均布置，喷淋的旋转半径小，雾化效果不好，这些原因导致了冷却塔的性能下降，出塔的水温较高。冷却塔的风水匹配优化技术采用填料的非等高布置、填料非等片距布置、配水优化、喷淋装置数量与结构优化、塔芯材料组合优化等技术。对冷却塔进行全三维传热传质数值计算，得到塔内湿空气速度场、温度场、压力场、湿度场及与循环水分布的关系，根据计算结果优化冷却塔风－水匹配及填料优化布置技术，进行相应配水与填料改造。冷却塔水温可下降 1～2℃，极大改善机组真空。

冷却塔增加导风装置。环境风场的周向分布不均匀严重影响自然通风冷却塔的冷却性能。大风天气因冷却塔进风不均匀，塔内存在大量涡流区，冷却塔效率下降显著，造成循环水温度升高 0.8～1.2℃，对机组真空产生较大影响。某电厂在 1 号机组对进风导流装置进行了改造，并通过对改造前后实测数据的对比验证了该装置的优越性能。进风导流装置安装在冷却塔进气窗的前部，是由若干竖向挡板组成的冷导向装置，竖向挡板的最佳位置和角度是根据冷却塔的具体参数确定的。冷却塔进风导流装置按夏季主导风向进行设计，同时，兼顾春秋季工况，经过数值模拟、热态试验和风洞试验，优化设计了冷却塔进风导流装置的结构参数和安装角度。

某电厂对改造后的冷却塔运行性能试验，数据显示加装冷却塔进风导流装置后，冷却塔内水的温降平均增加了 1.2℃，机组真空显著提高。通过对国内 600MW 机组冷却塔节能改造情况进行调研，有几十台冷却塔进行了上述介绍的各类冷却塔节能改造，典型的改造如某电厂 5 号机组新型填料及 XPH 型喷溅装置改造，电厂冷却塔风水配比改造等。运行结果证明，冷却塔改造后，出塔水温可下降 1.0～2.0℃，一些性能差的冷却塔，改造后的出塔水温可下降 2.0℃以上，发电煤耗率能够下降 1.0～2.0g/(kW・h)。表 6-7 是某些典型 600MW

机组开展的冷却塔节能改造项目和效果统计。

表 6-7　　600 MW 机组冷却塔节能改造案例

电厂	A 电厂	B 电厂	C 电厂	D 电厂	E 电厂
机组编号	1 号机组	2 号机组	7 号机组	2 号机组	1 号机组
填料波形优化	√	√	√	√	√
填料增容改造	√	√	—	√	—
填料非等高布置	—	√	—	√	—
喷嘴型式优化	√	√	√	√	√
喷嘴数量优化	—	√	—	—	—
降低出塔水温（℃）	2.0	2.5	2.0	1.2	0.5
发电煤耗率降低[g/（kW·h）]	1.6	2.0	1.6	1.0	0.4

（5）冷端综合优化。

基于某 660MW 机组的冷端数据，包括凝汽器冷却水流量、循环水泵组耗功、汽轮机出力和排汽压力的关系，并考虑机组的极限循环水量和凝汽器变工况特性，以供电煤耗为目标函数进行冷端综合优化分析。分析结果显示，当环境温度约低于 22℃时，可以通过调整循环水流量降低煤耗率；环境温度越低，煤耗率收益越大，平均煤耗率可降低 2.8g/（kW·h）以上。

6.2.3.3.2　典型案例

【案例6-10】某600MW亚临界机组汽轮机冷端优化改造

1. 工程概况

为进一步提升机组的循环效率，某电厂针对 4 号机组进行了冷端优化工作，通过凝汽器增容、双背压改造等冷端优化工作，进一步降低机组背压。

2. 改造内容

冷端优化措施包括：①循环水泵叶轮改造，循环水量由 71100t/h 增加至 75000t/h；②凝汽器由单背压改为双背压；③凝汽器增容改造，换热面积由 34000m^2 增加至 40500m^2。

采用上述冷端优化措施后，机组的设计背压由 4.9kPa 降低至 4.5kPa。经论证分析，考虑低背压和实际负荷率，低压缸末级叶片选用 1050 叶型比 905 叶型综合性能更优。因此，结合冷端优化与末级叶片选型，可以使机组在设计点的热耗率由 7840kJ/（kW·h）降低至 7781kJ/（kW·h），热耗率降低 59kJ/（kW·h），改造后铭牌出力可以达到 630MW。

3. 改造效果

为分析冷端优化前后机组实际运行工况的效果，统计了全年每个月份的平均循环水入口温度，按照 IEC 的计算标准，对处于上述循环水入口温度的机组满负荷工况下，冷端优化前后的机组背压进行了分析，计算结果如图 6-27 所示，可见，机组每个月份的背压均得

到大幅降低，尤其是夏季，机组背压降低明显。因此，采用冷端优化措施后，机组的经济性将得到大幅提升。

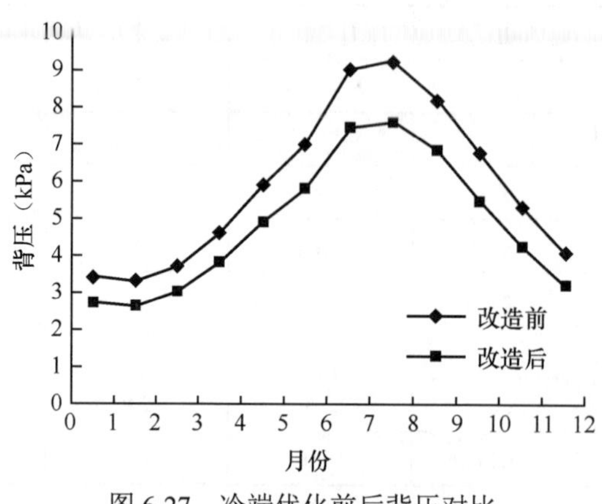

图 6-27 冷端优化前后背压对比

【案例6-11】某300MW亚临界湿冷机组冷却塔节能提效改造

1. 工程概况

某电厂机组为300MW循环流化床机组，汽轮机是上海汽轮机厂生产的亚临界、一次中间再热、单轴、双缸、双排汽、反动凝汽式汽轮机，型号为 N300-16.7/537/537，额定工况主蒸汽流量为 920.973t/h，额定背压为 6.15kPa，采用 N-18500-1 型单背压、单壳体、对分双流程表面式凝汽器，闭式循环水系统。凝汽器冷却水流量为 35580m³/h，设计循环水进水温度为 24℃。每台机组对应一座双曲线自然通风冷却塔。其中冷却塔出水温度高于凝汽器设计冷却水温度 24℃，汽轮机背压长期偏离设计值，循环水泵长期维持双泵运行，汽轮机热耗偏高、循环水泵电耗居高不下。同时，循环水温度偏高导致以循环水作为冷却水的各冷却器冷却效果下降，影响了机组运行的安全性。冷却塔处理水量 28800m³/h 小于凝汽器要求的循环冷却水流量 35580m³/h。导致冷却塔大部分工况下超负荷运行，冷却塔淋水密度过大，冷却效率低，冷却塔出水温度偏高。导致机组背压高，发电煤耗高。

2. 改造内容

项目采用基于“风水匹配”原则下的强化换热技术开展冷却塔改造，通过对冷却塔进行 CFD（计算流体动力学）建模计算，在获得塔内流场分布的基础上，通过对塔内配水与填料布置优化达到配水与进风换热能力匹配的目的，从而实现强化换热，降低出塔水温。

3. 改造效果

改造后，1 号机组冷却塔在测试工况（实际环境参数、进塔水温和冷却水量）条件下的实际温降为 8.1℃，相同条件下设计温降为 6.19℃，实际冷却能力可达 130.9%。2 号机组冷却塔在测试工况（实际环境参数、进塔水温和冷却水量）条件下的实际温降为 9.4℃，相同条件下设计温降为 7.88℃，实际冷却能力可达 119.3%。

【案例6-12】某300MW亚临界机组凝汽器管束布置方式优化改造

1. 工程概况

某燃煤发电机组汽轮机为东方汽轮机厂生产的 N300-16.7/537/537-8 型（高中压合缸）亚临界机组，配套的凝汽器是东方汽轮机厂配套生产的单壳体、双流程、表面式凝汽器，型号为 N-17000。机组自投运以来真空一直偏离设计值，为保证机组的热耗，决定对凝汽器实施换热面整体节能改造。

2. 改造内容

改造分为两个方面：一是优化了管束和管板的选材和连接方式，采用复合管板代替原管板，不锈钢管代替原有的铜管，管口采取胀接+焊接的连接方式，保证管口的密封性能；二是优化了凝汽器的内部结构和管束排列布置，适当提高冷却水管内的冷却水流速，增大传热系数。

3. 改造效果

经凝汽器改造后凝汽器真空上升 1. kPa 左右；负荷在 265MW 以下时，A 侧循环水温度上升 0.4℃左右，B 侧循环水温度上升 1.2℃左右；负荷在 268MW 以上时，A 侧循环水温度下降 0.4℃左右，B 侧循环水温度上升 0.4℃左右；凝结水过冷度降低 0.2℃左右。凝汽器冷却效果得到加强，真空上升 1.4kPa 左右，真空度上升 1.6%。

【案例6-13】某135MW亚临界空冷机组空冷增容改造

1. 工程概况

该电厂 2×135MW 煤矸石空冷机组，分别于 2005 年 12 月和 2006 年 1 月投产发电，空冷系统采用机械通风直接空冷系统，原空冷凝汽器布置在主厂房 A 排外，每台机设 12 个冷却单元，沿 A 排方向布置 3 列空冷器，每列为 4 个冷却单元，空冷风机平台高 27m。由于机组原设计冷却面积偏小、空冷设备老化、表面结垢等原因，空冷岛冷却能力下降明显，其极大地影响机组出力和机组运行的经济性。

2. 改造内容

空冷增容改造将 135MW 机组原有 GEA 双排管空冷管束全部更换为换热能力更好的单排管管束，更换后将原来单台机组空冷散热面积由 35 万 m^2 提升到 43.7335 万 m^2，其余附属蒸汽分配管、下联箱、检修平台步道等相关设备全部整体利旧。

3. 改造效果

空冷增容改造使 135MW 机组真空严密性得到保障，全面提升了机组运行经济性及安全性。在夏季环境温度 33℃时将机组最大出力由 80MW 提升到 120MW。

【案例6-14】某330MW亚临界机组G尖峰冷却器优化改造

1. 工程概况

某电厂 2×330MW 亚临界机组采用东方汽轮机厂制造的亚临界、一次中间再热、单轴、双缸、双排汽、直接空冷抽汽凝汽式汽轮机。汽轮机型号为CZK330/275-16.67/0.4/538/538。前期为解决机组极端工况下限出力运行，增设了尖峰喷淋装置，为此全厂用水量将增加140m^3/h，耗水指标上升。

2. 改造内容

当夏季机组运行背压高时，打开蒸汽管道上的电动蝶阀，使一部分蒸汽流至湿冷表面式凝汽器进行冷却，分担直接空冷散热器的散热任务，达到降低机组运行背压的目的。其他季节机组运行背压较低时，可关闭蒸汽管道上的电动蝶阀，使全部排汽通过原工程直接空冷凝汽器进行冷却。

3. 改造效果

改造后，在机组负荷305MW、环境温度为30℃工况下，尖峰冷却系统投入后背压由改造前23.52kPa降低至改造后15.35kPa，降低8.18kPa，降幅明显，预计可降低机组煤耗率约8.5g/（kW·h）。

6.3 锅炉提效改造技术

在火电机组中，主要存在三种的能量转换过程：锅炉中煤炭化学能转化为蒸汽的热能；汽轮机中蒸汽的热能转化为机械能；发电机中机械能转化为电能。因此，锅炉、汽轮机和发电机是火力发电机组的三大主机。其中，锅炉是最基本的能量转化设备，锅炉的热效率直接影响整个机组的经济性。锅炉热平衡方程式：

$$Q_r = Q_1 + Q_2 + Q_3 + Q_4 + Q_5 + Q_6$$

式中 Q_r——1kg燃料的输入热量，kJ/kg；

Q_1——锅炉的有效利用热量，kJ/kg；

Q_2——排烟热损失的热量，kJ/kg；

Q_3——化学不完全燃烧损失的热量，kJ/kg；

Q_4——机械不完全燃烧损失的热量，kJ/kg；

Q_5——散热损失的热量，kJ/kg；

Q_6——灰渣物理损失的热量，kJ/kg。

其中，机械不完全燃烧损失（Q_4）和排烟热损失（Q_2）是燃煤锅炉最主要的热损失，可以占到锅炉输入热量的10%以上。因此，降低机械不完全燃烧损失和排烟热损失是锅炉提效改造技术的重点。

机械不完全燃烧损失（Q_4）是灰中含有未燃尽的碳所造成的热损失，其大小主要由锅炉的飞灰量、灰渣量和含碳量决定。锅炉的燃烧方式、过量空气系数、炉膛结构、运行工况以及进入锅炉的煤粉细度都会影响机械不完全燃烧损失的大小，合理的炉膛配风、煤粉细度和燃烧参数可以有效减小机械不完全燃烧损失。

排烟热损失（Q_2）是由于排烟温度高于外界大气温度引起的热损失，主要与排烟温度

和排烟量有关，排烟温度越高、排烟量越大，则排烟热损失越高。尽量减少炉膛和烟道的漏风，控制锅炉的排烟温度，是降低排烟热损失的重要手段。

6.3.1 燃烧效率提升改造技术

6.3.1.1 煤粉分离器改造技术

近年来，受到国家供给侧改革、节能降碳政策和国际市场变化等多重因素影响，煤炭市场形势出现重大变化，煤炭价格大幅度回升，直接导致火电厂发电成本大幅提高，诸多火电厂被迫燃用低价劣质煤炭。但是，这些劣质煤严重偏离锅炉设计煤种，对煤粉分离器运行效能要求很高。而煤粉细度、均匀性直接影响锅炉的燃烧状况，细度偏粗、均匀性较差都会造成煤粉不易着火和燃烧不稳等问题，导致机械不完全燃烧损失增大，影响锅炉的燃烧效率。煤粉细度的大小和磨煤机及煤粉分离器的特性有关，通过对煤粉分离器进行改造，可以提高煤粉均匀性和着火稳定性，降低飞灰含碳量，提高锅炉效率。

1. 径向型分离器改造为轴向型双挡板分离器

磨煤机径向型煤粉分离器具有分离效果差、容积利用率低、阻力大、均匀性差、循环倍率高等缺点，且由于折向挡板排列紧密，原煤中混有的秸秆、布条、绳线等杂物经常缠绕在挡板叶片上，堵塞流通通道，造成回粉不畅或不回粉，影响磨煤机出力和煤粉均匀性。分离器堵塞后只能靠定期停运磨煤机来进行人工清理，工作量大且影响机组连续带负荷能力。

目前，国内机组磨煤机分离器多采用轴向型双挡板煤粉分离器（见图 6-28），该煤粉分离器运行可靠，适用于各种煤粉细度和煤质，煤粉细度最低可调至 4%～6%，能有效提高锅炉效率和电厂的经济效益，同时对电厂节能降耗及减排大有益处。轴向型双挡板煤粉分离器的技术特点主要为：

（1）通过加装二次携带导流器，改善了一次分离区的结构和气流形态，内部无积粉死角，优化了重力分离的效果，有效降低煤粉分离器的阻力。

（2）轴向型双挡板煤粉分离器具有较好的防堵功能。由于分离器容积强度的增加，分离路径增长，杂物由于重力作用无法在挡板处停留，减少堵塞情况的发生。同时，轴向型挡板通流面积增加，杂物部分通过挡板被吹入炉膛，堵塞的可能性大大减小。

（3）由于流场分布均匀，使得分离器后进入一次风管道风粉均匀性大幅提高，流动阻力降低。

（4）轴向型双挡板煤粉分离器煤粉细度调节范围大，调节性能良好，调节特性呈线性，可以根据不同的煤种调整煤粉细度，对于燃烧性能较差的劣质煤，煤粉细度能够

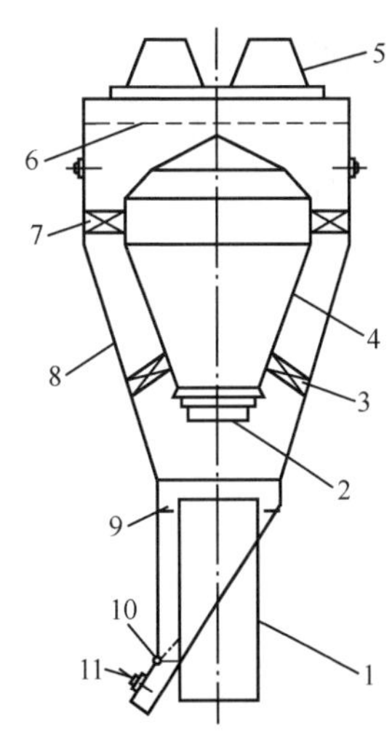

图 6-28 轴向型双挡板煤粉分离器

1—进粉管；2—梯形撞击锥；3—一级轴向挡板；4—内锥体；5—出粉管；6—杂物过滤装置；7—二级轴向挡板；8—外锥体；9—回粉仓；10—自动杂物离装置；11—人孔门

得到有效的控制，使得制粉系统保持良好的出力。

（5）在回粉口上安装外置锁气器，锁气严密、不串气、气流不短路，在锁气器上安装快开门，使锁气器内垃圾清理方便、安全。减少检修维护频率，提高机组运行的安全性和经济性。

轴向型双挡板分离器具有三个分离过程：

（1）当煤粉两相流以 16～18m/s 的速度进入分离器时，由于流道截面积的突然增加，导致煤粉气流速度大幅度降低（约 4m/s），大颗粒在重力和梯形撞击锥的折向作用下发生沉降，在锥体内壁附近被分离出来。

（2）二级分离过程是轴向挡板的撞击和折向作用带来的拦截和惯性分离。

（3）最后一级分离主要是由于二级轴向挡板的导流作用，促使煤粉气流在上部空间形成一个旋转流场，大颗粒被甩到四周，小颗粒从中部出口管离开分离器，完成煤粉分离过程。

2. 静态分离器改造为动静组合式分离器

静态煤粉分离器主要由分离器壳体、折向门、内锥体、回粉挡板、折向门操作器、出粉口和落煤管等组成，其细度的调整主要是通过操作折向门操作器联动调整折向门的开度来实现。虽然通过轴向双挡板改造可以有效提高静态煤粉分离器的工作性能，但是其长期运行后容易出现通风阻力偏大、煤粉均匀性变差等问题，导致磨煤机的出力降低，引起电厂能耗增加。目前，对于静态煤粉分离器常用的改造方向是动静组合式煤粉分离器。

动静组合式煤粉分离器主要由转子动叶轮和带有回粉锥的导向静叶挡板组成，二者同轴布置，利用变频电动机带动减速箱驱动转子动叶轮旋转并调节转速，其主要结构如图 6-29 所示。动静组合式煤粉分离器的工作原理为：原煤经过分离器的中心落煤管进入磨煤机磨盘，经过磨辊碾磨后在一次风的带动下，风粉混合物依次经导向静叶片和转子叶片分离出粗粉，粗粉经回粉锥体继续碾磨，细度合格的煤粉颗粒随气流带出，进入炉膛内燃烧。

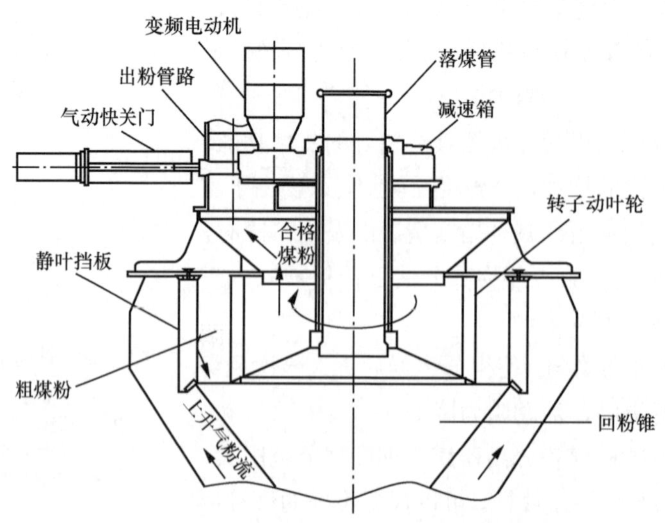

图 6-29　ZXF 动静组合式煤粉分离器结构

分离器出口的煤粉细度可以通过调节转子的转速来实现。不同细度煤粉分离的原理如图 6-30 所示，煤粉经过导向静叶挡板一次分离进入转子区后，随着叶片轮的旋转做圆周运动，颗粒同时受向心力 F_1 和离心力 F_2 的作用，F_1 与气流径向速度 V_r 及颗粒的直径 D_2 成正比，F_2 与颗粒切向速度 V_t、颗粒直径 D_3 及颗粒的密度成正比。当动叶轮转子转速提高时，颗粒受到的离心力越大，筛选分离出的煤粉颗粒越小，反之则越大。

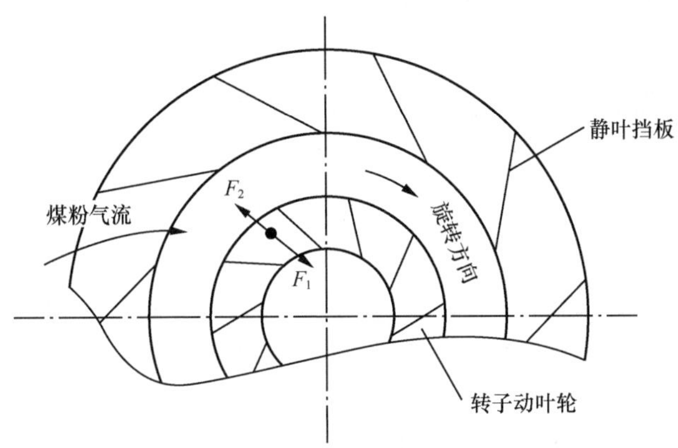

图 6-30　ZXF 动静组合式煤粉分离器工作原理

采用动静组合式煤粉分离器便于根据煤质和负荷变化调整煤粉细度，且煤粉细度调节范围大，分离效率高，出口煤粉均匀性指数高；在提高制粉系统出力的工况下，降低了磨煤机功耗，有利于减少灰渣含碳量和锅炉 NO_x 和 SO_x 的排放量；同时，煤粉细度不受一次风量变化的影响，有利于锅炉稳定燃烧。对磨煤机而言，由于及时将合格的产品分离出去，降低了合格产品的再循环，同时降低了磨煤机的压差，相应减少了一次风机的电耗，有利于提高火电厂经济效益。

3. 新型煤粉分离器

相对于传统静态挡板式煤粉分离器，动静组合式煤粉分离器增加了转子动叶轮，虽然增强了煤粉均匀性并可以降低磨煤机出力，但是检修频率和费用大量上涨，这并不利于提高发电企业的经济效益。近年来，有学者提出了一种新型双调节分流式煤粉分离器，能够有效改善现有煤粉分离器的不足，具体结构如图 6-31 所示。

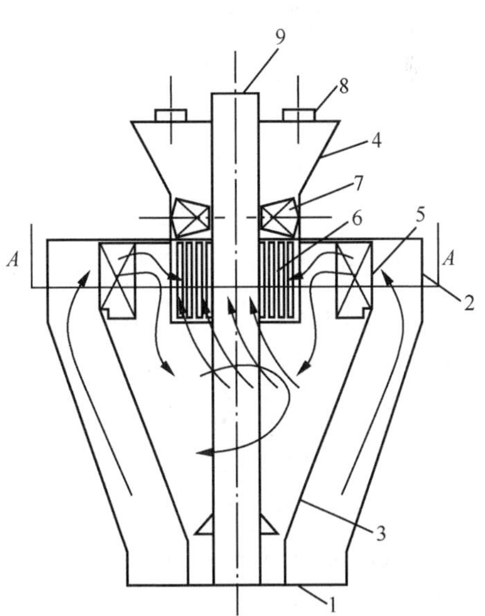

图 6-31　新型双调节分流式煤粉分离器结构

1—风粉入口；2—分离器壳体；3—分离器内锥；4—分配器；5—径向叶片（下挡板）；6—开缝结构；7—轴向叶片（上挡板）；8—风粉出口；9—入煤管

新型双调节分流式煤粉分离器的工作原理为：风粉混合物从入口进入分离器后先沿着分离器壳体在分离器内锥的环形空间上升，随着流道空间的增大，这时部分大颗粒在重力的作用下被分离出来，未被分离的颗粒则继续随气流上升，在到达分离器壳体的顶部后进入圆周分布的径向叶片之间的空隙并产生切向速度，经过导向后的风粉混合物大部分经转向后由分配器底部入口进入分配器，同时一些颗粒由于惯性被分离，小部分（主要为包含细粉的风粉混合物）直接经开缝结构进入分配器，在分配器中一些不合格的煤粉颗粒在轴向叶片的撞击作用下被再次分离，最终细度合格的煤粉颗粒随气流从风粉出口进入锅炉燃烧。

与传统静态径向挡板式煤粉分离器相比，新型煤粉分离器通过增加一级轴向挡板，弥补了传统静态分离器仅靠一级径向挡板而调节特性差、调节范围小的缺点。同时，由于轴向叶片的调节作用，相较于普通分离器，分离器出口的流场分布更均匀，这将有利于煤粉在各个管道中的均匀性分布。此外，新型煤粉分离器无驱动电动机驱动叶轮旋转，相较于动静组合式分离器，若按照电动机额定功率为37kW计算，每年可节约电耗约18.5万kW·h；同时，新型煤粉分离器的结构比较简单，制造成本低，且检修费用和频率大幅度下降。以新型煤粉分离器25年的使用寿命计算，每年可以节约检修成本6万元/台，有利于提高火电厂的经济效益。

6.3.1.2　一次风粉在线监测及调平技术

锅炉燃烧过程中，风速偏差会直接导致煤粉的浓度，这容易导致锅炉出现燃烧不平衡、不稳定等问题，直接影响锅炉的热效率。特别是在越来越严苛的节煤降耗的条件下，锅炉燃烧器煤粉分配不均问题更为常见，这与锅炉风控系统设计不足息息相关。为了提高锅炉效率，实现节能减排目标，实时的测量、掌握一次风粉管道内风粉的运动状况便显得尤为重要。因此，通过采用一次风粉在线监测及调平系统，实现对一次风粉的实时测量，并监控电厂锅炉等设备的运行情况，从而及时调整燃烧送风量，有效地避免煤粉分配不均的问题。

1. 一次风粉流速在线测量技术

在过去的几十年，为了得到煤粉的流速或质量流量，各国学者已经开发出许多测量方法，比如微波法、放射法、超声法、电容法、静电法等。其中，电容法具有灵敏度高、抗干扰能力强等优点，被应用于许多火电厂的一次风粉流速测量中。

（1）基于电容法的多电极平板煤粉测量技术。

电容法测速的基本原理为：当煤粉颗粒流过电容传感器的检测区域时，传感器电极之间的电容值随着风粉混合物浓度（即等效介电常数）的变化而变化。基于电容法的多电极平板煤粉流量在线测量装置的结构示意图如图6-32所示，测量装置主要由测量管、电极板、屏蔽罩、外壳、

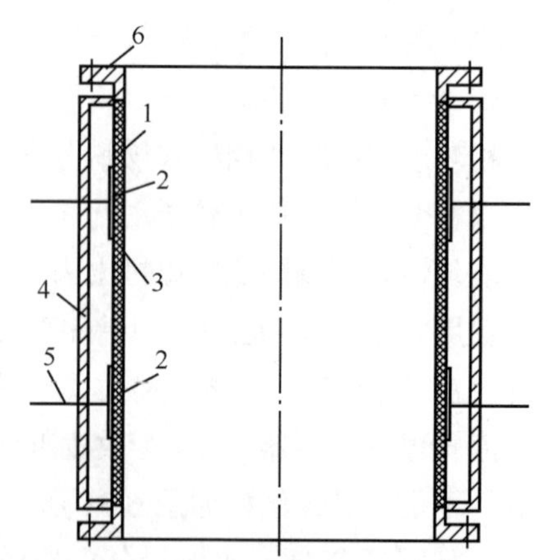

图6-32　煤粉流量在线测量装置的结构示意图

1—测量管；2—电极板；3—屏蔽罩；4—外壳；5—导线；6—法兰接头

导线、法兰接头、数据采集控制模块和计算机等部分组成。测量管的外壁上设有屏蔽罩，屏蔽罩带有金属网覆盖层，各电极板独立封闭在各自所在位置上的屏蔽罩中；两组电容传感器之间的轴向距离为 200mm；在测量管与一次风管道之间利用法兰进行可拆装式连接，外壳采用不锈钢管制造，设置在测量管的外周护管并接地，与电容传感器相连接的导线自外壳中引出，配合数据采集控制模块，并利用计算机进行数据处理，即可实现煤粉流量在线测量。

多电极平板煤粉流量在线测量装置的计算原理如下。

记两组电容传感器中的一组为第一组电容传感器，另一组为第二组电容传感器。假设第一组电容传感器中各平板电容在 t 时刻的瞬时电容值为：

$$C_{1,i}(t), i=1,2,\cdots,n$$

第二组电容传感器中各平板电容在 t 时刻的瞬时电容值为：

$$C_{2,i}(t), i=1,2,\cdots,n$$

分别计算两组电容传感器中第 i 个平板电容所对应检测区域在 t 时刻的煤粉瞬时浓度值 $m_{1,i}(t)$ 和 $m_{2,i}(t)$：

$$m_{1,i}(t)=\frac{\dfrac{\rho_s C_{(1,i)}(t)d}{S\varepsilon_o}-\varepsilon_g\rho_s}{\varepsilon_s-\varepsilon_g}(i=1,2,\cdots,n)$$

$$m_{2,i}(t)=\frac{\dfrac{\rho_s C_{(2,i)}(t)d}{S\varepsilon_o}-\varepsilon_g\rho_s}{\varepsilon_s-\varepsilon_g}(i=1,2,\cdots,n)$$

式中　ρ_s ——被测煤的真实密度，kg/m^3；

ε_g ——空气介电常数，F/m；

ε_s ——被测煤的介电常数，F/m；

ε_o ——真空介电常数，F/m；

d——平板电容中一对电极板间距离，m；

S——电极板面积，m^2。

计算获得测量管中在 t 时刻的煤粉瞬时浓度值 $\bar{m}(t)$，计算公式为：

$$\bar{m}(t)=\frac{\sum_{i=1}^{n}m_{1,i}(t)+\sum_{i=1}^{n}m_{2,i}(t)}{2n}$$

计算 $C_{1,i}(t)$ 和 $C_{2,i}(t)$ 的互相关函数 $R_{12,i}(\tau)$，计算公式为：

$$R_{12,i}(\tau)=\lim_{T\to\infty}\frac{1}{T}\int_0^T C_{1,i}(t)\,C_{2,i}(t+\tau)$$

将互相关函数 $R_{12,i}(\tau)$ 对延迟时间 τ 求导，计算公式为：

$$\frac{\mathrm{d}R_{12,i}(\tau)}{\mathrm{d}\tau}=0$$

利用以上公式求解出 $R_{12,i}(\tau)$ 为最大值时所对应的延迟时间。两组电容传感器之间的轴向距离为 D=200mm，测量管的管道截面积为 A，计算获得煤粉颗粒流过测量管的平均速度 $\bar{V}$，计算公式为：

$$\bar{V}=\frac{\sum_{i=1}^{n}\frac{D}{\tau_{i,\max}}}{n}$$

则煤粉流过测量管的质量流量 $q(t)$的计算公式为：

$$q(t)=A\bar{V}m(t)$$

运行人员能够根据煤粉流量在线测量的数据进行及时的调整，避免管道积粉，优化煤粉燃烧效果。

（2）基于静电耦合法的煤粉在线测量技术。

静电传感器由于具有结构简单、灵敏度高等特点，近十几年得到了广泛的研究和应用。一次风粉管道内的运动固体颗粒自身所携带的静电荷可以通过专用的静电传感器及其配套的信号处理电路单元测得，气力输送固体颗粒相关速度测量原理如图 6-33 所示。可以看出，带电颗粒可以通过直接电荷转移或静电感应等方式在静电电极上产生电荷，静电信号处理单元可将在其上产生的电荷转化为可测量的电压信号。静电压信号中含有大量的风粉两相流的流动信息，通过对其进行处理、分析，便可得到风粉两相流的相关流动特性。

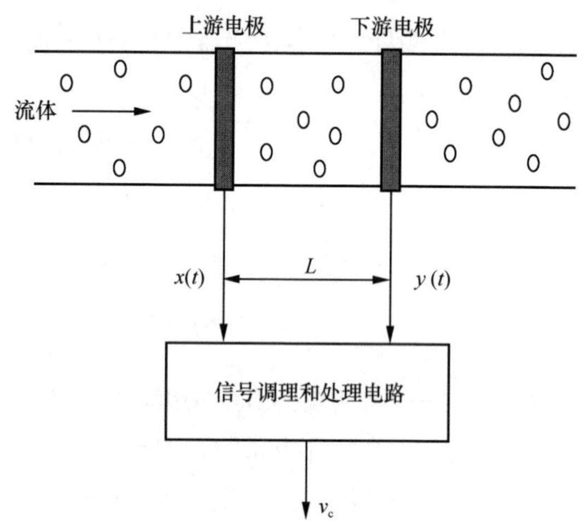

图 6-33　气力输送固体颗粒相关速度测量原理

从图 6-33 看出，一对与流体运动方向垂直的相同静电传感器被用来确定颗粒的运动速度。颗粒运动的相关速度可以由下式得出：

$$v_c=\frac{L}{\tau}$$

式中　L——上游电极与下游电极之间的距离，m；

τ——被测固体颗粒由上游电极到下游电极的运动时间，s。

可以看出，两个静电传感器之间的距离是影响相关结果的关键因素。如果两个静电传感器之间的距离太近，它们的感应区域可能会相互重叠而导致检测信号互相影响甚至无法检测；如果两个静电传感器之间的距离太远，由于风粉两相流的流动情况会不断变化并且变化速度非常快，则检测到的两个信号之间可能没有相似性，导致无法得到煤粉颗粒的运动速度。

一次风粉输送管道中煤粉颗粒的运动规律十分复杂，在整个管道内的煤粉颗粒的分布可能非常不均匀，进而导致管道横截面上的颗粒速度分布不规则。如果仅仅采用单组静电电极来测量一次风粉流速，很可能会因为流动的复杂性导致流体参数大幅波动，甚至得到完全不真实的测量结果。如图 6-34 所示，在复杂的流动环境下，使用多组阵列式静电电极和数据融合技术是提高检测系统准确性和稳定性最可靠的方法。

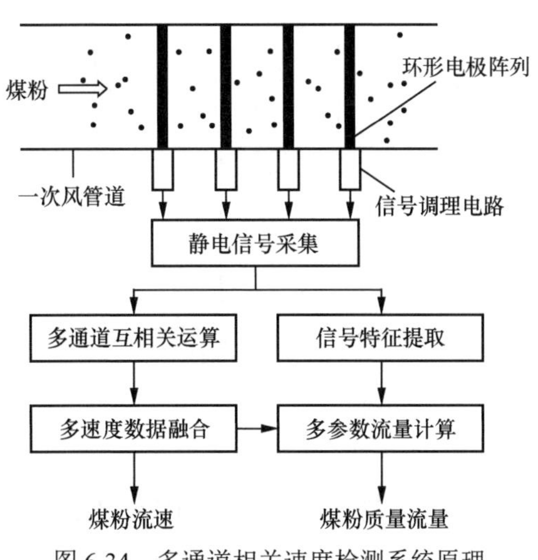

图 6-34　多通道相关速度检测系统原理

以图 6-34 中的多组静电电极为例，当静电传感器感应探头设计中含有 4 个等间距分布的平行电极时，通过对四路信号进行排列组合，可以得到 6 组相关速度和相关函数。将这些数据结合起来使用数据融合算法便可以得到融合后的煤粉颗粒速度。当传感器阵列（环形或者弧形）用来测量风粉流速时，电极对之间的相关系数可以当作相应相关速度的权重系数，并以此来计算颗粒速度：

$$\bar{V}_c(t)=\frac{\sum_{i=1}^{3}\sum_{j=i+1}^{4}r_{ij}(t)v_{ij}(t)}{\sum_{i=1}^{3}\sum_{j=i+1}^{4}r_{ij}(t)}$$

式中　$r_{ij}(t)$ ——传感器阵列内的第 i 个和第 j 个电极对确定的相关系数；

$v_{ij}(t)$ ——传感器阵列内的第 i 个和第 j 个电极相应的相关速度，m/s。

根据上述原理，基于静电耦合法的非接触式风粉流速在线测量系统主要由静电传感器、前端信号处理单元、中央处理机柜三大部件组成，如图 6-35 所示。带有静电信号的煤粉颗粒随一次风气流，流经静电传感器的感应元件时，其所带有的静电信号被静电电极采集，初步采集信号经过现场前端信号处理单元预处理后送入中央处理机柜，得到的数据经处理分析获得煤粉流速、分配数据，数据经过通信模块送入分散控制系统（Distributed Control System，DCS）。通过智能控制，便可以实现对一次风粉的在线监测和调平，有效地避免煤粉分配不均的问题，优化锅炉的燃烧效率。

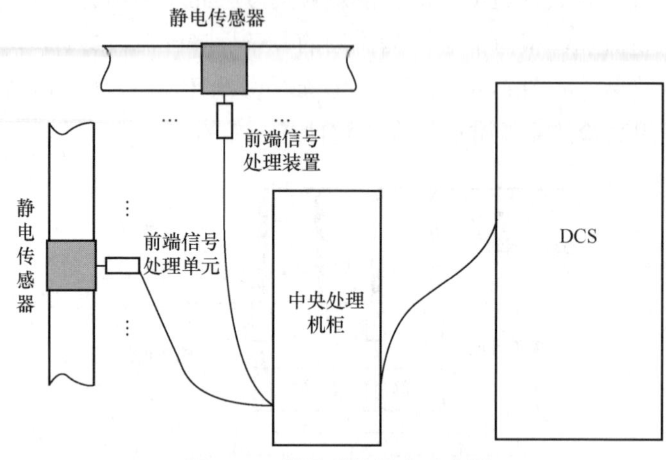

图 6-35　测量系统组成示意图

2. 风速控制装置与煤粉浓度均衡阀改造

（1）风速与煤粉浓度均衡装置。

燃煤电厂锅炉中，无论是直吹式制粉系统还是中储式制粉系统，一次风管中风粉流速总是存在不平等不均匀的现象，故一次风风速的均衡控制就显得格外重要。传统的风粉可调缩孔调节性能不佳，且容易发生积粉、磨损等问题，不能很好地满足一次风速调控的需求。近年来，针对传统可调缩孔和其他结构类型的风粉均衡阀的诸多弊端，出现了一种新型的风粉均衡阀，如图 6-36 所示（见彩插）。这种风粉均衡阀针对燃烧器一次风管道的流动阻力平衡而设计，根据风粉两相流的流动特性，采用计算流体力学（Computational Fluid Dynamics，CFD）方法，提高了阀门调节的有效性和灵敏性。新型风粉均衡阀可安装在一次风管道的垂直段或水平段上，并且通过连续改变磨煤机出口至燃烧器出口间粉管内的风粉的差压及其流动阻力，从而达到均衡燃烧器出口风粉流动速度的目的。

图 6-36　新型风粉流速均衡阀示意图

同时，对磨煤机出口的煤粉分配进行均衡控制，也是实现锅炉一次风粉分配均衡性的

关键途径。针对磨煤机分离器各出口风粉量不均匀，导致各一次风粉管道内煤粉分配不均衡的问题，采用优化 CFD 仿真设计，通过风粉两相流流动场的均匀性优化及导流技术，使风粉在进入管道前的分布均匀，通过对导流部件进行调整，实现对煤粉粉量的调节和均衡分配。新型煤粉分配调整设备实物图如图 6-37 所示（见彩插）。

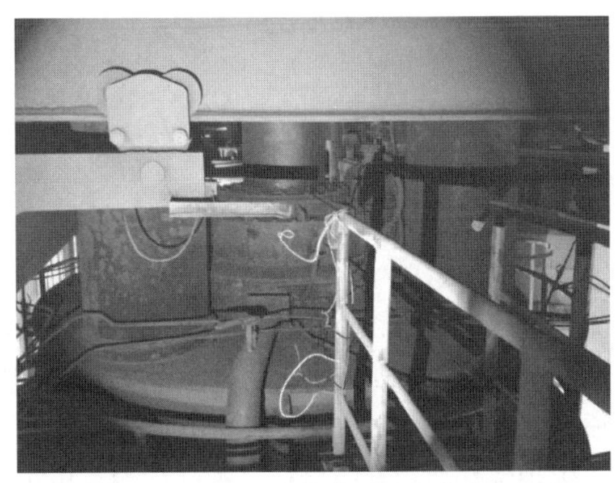

图 6-37　新型煤粉分配调整设备实物图

（2）自动调平控制系统

基于煤粉在线测量和实时监测数据，配合改进的风粉调节设备，建立基于可编程逻辑控制器（Programmable Logic Controller，PLC）的在线自动调平控制系统。电厂工作人员可以在 DCS 系统上查看锅炉风粉调控的在线配置，并基于精确的在线测量和电子控制，可以在不同锅炉负载和煤粉生产率下实现对一次风粉的连续自动调节，大大减少了操作和控制的工作量，并可以快速优化锅炉燃烧状态，优化锅炉效率。

6.3.1.3　炉膛温度场监控技术

炉膛温度是反映电站锅炉燃烧状态的重要指标，进行炉膛监控系统改造可有效监视和预测锅炉燃烧状态及其稳定性。目前，常用的炉膛高温火焰测量的技术有红外测温在线测量技术和声波测温在线测量技术。

1. 红外测温技术

红外测温技术以黑体辐射定律为基本原理，通过测量目标物体的光谱辐射能量，然后根据相关红外辐射定律计算出物体的温度值。采用单色红外辐射测温法（又称亮度红外辐射测温法），根据被测物体在特定波长处的辐射能量与相同波长处黑体的辐射能量的相对比值，计算出被测物体的温度。根据普朗克定律（Planck's law），理想黑体的光谱辐射力随波长的变化的关系为：

$$E_{b\lambda}=\frac{c_1\lambda}{e^{c_2(\lambda T)}-1}$$

式中　T ——黑体热力学温度，K；

c_1，c_2——辐射常量。

黑体的辐射力 E_b 与热力学温度 T 的关系满足斯忒藩–玻耳兹曼定律的描述：

$$E_b = \sigma T^4$$

式中 σ——黑体辐射常数，为 5.67×10^{-8} W/（$m^2 \cdot K^4$）。

相同条件下，实际物体的辐射力 E 总是小于黑体的辐射力 E_b，它们的比值称为实际物体的黑度 ε，即：

$$\varepsilon = \frac{E}{E_b}$$

由以上公式可以得到炉膛温度的数学表达式为：

$$T = \sqrt[4]{\frac{E}{\varepsilon\sigma}}$$

锅炉红外温度检测系统主要由红外探测器、信号处理器、隔热保护装置、冷却装置等部分组成，部分红外测温系统还设置有动力清焦结构，可自动对炉膛结焦进行清理。

如图 6-38 所示，通过在锅炉上安装测温探头，利用相关数学模型重建温度场，即可得到锅炉中的温度场分布。锅炉燃烧层火焰辐射信号被红外测温探头获取后，机组运行人员便可以在 DCS 系统画面实时查看对应的燃烧层温度。通过对燃烧层温度上下阈值设定，还能够实现异常状态下的温度报警功能。

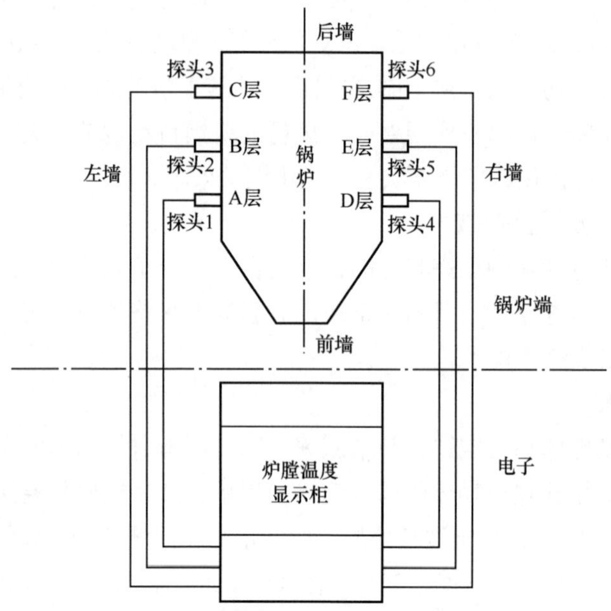

图 6-38 炉膛层温红外测温系统安装示意图

根据数学原理的不同，温度场重建数学模型的建立方法大致可以分成两种：

（1）离散区域法，即将待测区域划分为一系列网格，求解得到每个网格的平均温度，再利用插值方法得到待测区域内任一点的温度值，从而得到整个温度场的分布情况。

（2）函数假定法，即假定待测区域的温度场可以用某个函数描述，用一组基函数与待定系数构成温度场函数，通过重建算法求解出待定系数，即可得到温度场分布。

2. 声波测温技术

20 世纪 70 年代初，声波测温技术作为一门新兴的科学技术被正式提出。随着科学技术的发展和工业化水平的提高，20 世纪 80 年代后，各国的科学工作者和工程技术人员对声波测温的相关理论和工程实践开展了广泛而深入的研究。声波测温是根据温度与声波速度的函数关系，实现温度的测量。该技术通过测量声波飞行时间，计算传播速度，然后根据上述函数关系计算温度值。这种测温方式比激光光谱测温成本低，且能够测量介质中的温度分布情况，还具有实时性强等优点，因此在工业中具有良好的应用前景。目前，该技术已成功应用于国内 200、600MW 等容量的火力发电机组燃煤锅炉的炉膛温度场在线监测。

声波测温原理是根据声波在气体介质中传播速度跟温度的关系，求得传播路径上的平均温度。根据声源的类型的不同，可以分为主动式声学测温与被动式声学测温两种。主动式声学测温通过主动向测温系统中发射声波，利用测得对不同信号收发器之间声波的传递时间进行计算，从而得到相应的温度分布。

气体介质中声波的传播速度是该气体介质温度的函数， 同时与该气体的组分有关。在工程应用上，通常可以认为气体温度是声速的第一函数：

$$c = \sqrt{\frac{\kappa R}{M}} \times \sqrt{T}$$

式中 T——气体温度，K；

c——声波在介质中的传播速度，m/s；

M——气体摩尔质量，kg/mol；

κ——气体绝热指数；

R——理想气体常数，取 8.3145J/（mol • K），与气体状态和种类无关。

由上式可知，对于特定的介质，声速只与温度有关。对于单路径测温，在待测温度场周围对称安装两个超声波换能器，一个作为声波发射器，一个作为声波接收器，由于两个超声换能器之间的距离 l 已知，再通过互相关算法计算出换能器之间声波的飞行时间 t，即可计算出声波在此路径上的传播速度 $c=l/t$，进而计算出声波传播路径上的平均温度。针对多路径测温，在炉膛截面四周布置多组超声波换能器，每个超声波换能器既是发射器又是接收器，根据测温原理，计算出每条声波传播路径的平均温度之后，再由温度场重建算法，即可重建出炉膛温度场分布情况。多路径测温示意图如图 6-39 所示（见彩插）。

利用互相关算法可以得到换能器之间的飞行时间 t。互相关函数表示的是两个时间序列之间的相关程度，描述信号 $x(t)$、$y(t)$在任意两个不同时刻 t_1、t_2 的取值之间的相关程度。$x(t)$、$y(t)$两个信号之间互相关函数表达式为：

$$R_{12} = \int_{-\infty}^{+\infty} x(t)y(t+\tau)\mathrm{d}t$$

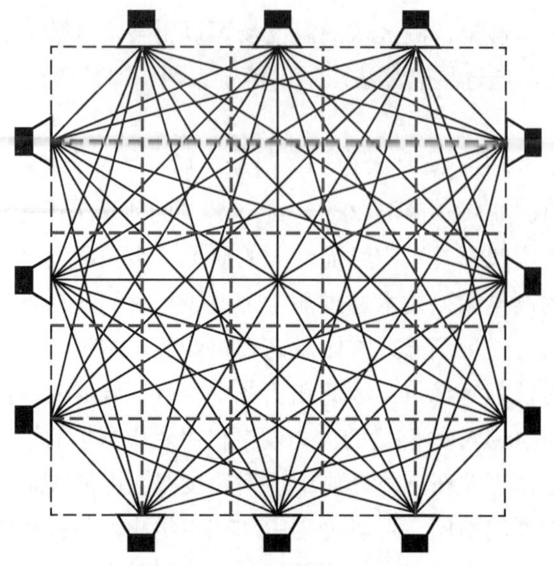

图 6-39　多路径测温示意图

当互相关函数取得极值时，此时对应的时间为两个不同超声波换能器之间的声波飞行时间。

对于温度场的重建问题，目前各国学者已经开发出了许多算法，例如最小二乘法、线性投影法、代数重建法、正则化方法等。其中，最小二乘法是较早应用于温度场重建的求解方法之一。1986 年，日本的伊藤文夫和坂井正康提出将最小二乘算法应用到声学法炉膛温度场重建中，目前，该算法已经成为声学法温度场重建中广泛使用的一种算法。最小二乘法重建温度场的基本思想是最小化飞行时间 t 的计算值与测量值之间的平方误差。具体过程如下。

声波沿任意一条传播路径的飞行时间为：

$$t = \int a \mathrm{d}S$$

式中　a——空间状态因子，即声波传播速度的倒数；

S——声波发射器与声波接收器之间的距离。

通过将待测温区域划分为 m 个小区域，并假设各个小区域的温度相等，用 a 表示第 i 个小区域中声速的倒数，ΔS_{ik} 表示第 k 条路径中第 i 个小区域中的长度，则第 k 条路径的飞行时间可表示为：

$$t_k = \sum_{i=1}^{n} a_i \Delta S_{ik}$$

设飞行时间的理论值为 P_k，则理论值与计算值之间的误差为：

$$\varepsilon_k = P_k - t_k = P_k - \sum_{i=1}^{n} a_i \Delta S_{ik}$$

设矩阵 A 为：

$$A=\begin{bmatrix}a_1\\a_2\\\cdots\\a_3\end{bmatrix} P=\begin{bmatrix}P_1\\P_2\\\cdots\\P_3\end{bmatrix} \varepsilon=\begin{bmatrix}\varepsilon_1\\\varepsilon_2\\\cdots\\\varepsilon_3\end{bmatrix} S=\begin{bmatrix}\Delta S_{11} & \Delta S_{21} & \Delta S_{n1}\\\Delta S_{12} & \Delta S_{21} & \Delta S_{n2}\\\cdots & \cdots & \cdots\\\Delta S_{1n} & \Delta S_{21} & \Delta S_{nn}\end{bmatrix}$$

式中，n 为声波传播路径数量，m 为划分的小区域数量，有：

$$P-SA=\varepsilon$$

根据最小二乘原理，需要令飞行时间 t 的理论值与计算值之间的误差平方误差最小：

$$\varepsilon^T\cdot\varepsilon=\sum\varepsilon_k^2=\min$$

$$V(A)=\varepsilon^T\cdot\varepsilon=(P-SA)^T\cdot(P-SA)$$

对 $V(A)$ 求极小值：

$$\frac{\mathrm{d}V(A)}{\mathrm{d}A}=-2S^T\cdot P+2S^T\cdot S\cdot A=0$$

得到正则方程：

$$S^T\cdot S\cdot A=S^T\cdot P$$

当 S^TS 可逆时，可以得到：

$$\hat{A}=(S^T\cdot S)^{-1}\cdot S^T\cdot P$$

$$R=(S^T\cdot S)^{-1}\cdot S^T$$

式中，矩阵 R 为重建矩阵，当温度区域划分、声波换能器数量和位置确定后，便可直接求解矩阵 R。利用仿真或者测量手段得到 P 后，便可得到声波在每个小区域传播时声速的倒数。再利用声速与湿度的函数关系，最终可将平均温度表示为：

$$T(x,y,z)=\frac{1}{A^2Z^2}$$

假设每个小区域的温度分布是均匀的，再利用插值算法，便可以实现对炉膛温度场的重建。

6.3.1.4 新型等离子体点火技术

等离子点火及稳燃系统主要由三部分组成，分别为等离子体发生器、电源装置和等离子体燃烧器，如图 6-40 所示。其中，等离子体发生器用于产生热等离子体点火源，等离子燃烧器为点火源提供点火环境并组织燃烧，电源装置为发生器提供所需的稳压电源。此外，等离子体点火及稳燃系统还配有冷却水和空气供给系统，分别用于装置的冷却和产生空气等离子体射流、携带煤粉。等离子点火及稳燃系统利用电源装置产生大于 200A 的直流电流，在强磁场的条件下通过等离子发生器阴阳两极的接触引弧来获得具有稳定功率的直流等离子体，并在空气的作用下形成等离子射流；在温度高达 4000～10000℃的等离子射流作用下，被空气带入燃烧器的煤粉颗粒会瞬间破碎、气化，形成碳氢化合物、H_2、CO、CO_2、N_2 和 H_2O 等成分组成挥发成分，以极低的点火功率被稳定点燃（点火功率一般为 80～200kW），节油率达 90%～100%。通常，一台 600MW 的火力发电机组每年点火启动需要消耗燃油约

1000t，按照 0 号柴油价格为 8000 元/t 来计算，机组每年可节省燃油费用 700 万～800 万元。

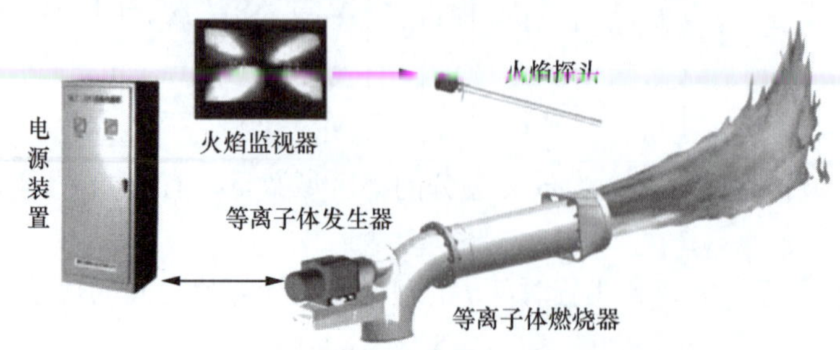

图 6-40 等离子体点火及稳燃系统

近年来，为了进一步提高等离子点火及稳燃技术的煤质适应性、阴阳极使用寿命和燃烧器防结焦性能，研究人员已经在等离子发生器、等离子燃烧器、智能控制方面进行了一定的研究。例如，通过在传统等离子燃烧器的基础上，利用纯氧的强助燃特性，设计了富氧等离子体燃烧器。其主要原理为在等离子体点燃煤粉的过程中，选择合适位置喷入高纯度氧气，富氧条件可极大提升等离子体燃烧器的点火性能，拓展了等离子体点火对煤质、运行参数的适应性，可适用于低挥发分的贫煤和高水分的褐煤。富氧等离子体燃烧器示意图如图 6-41 所示（见彩插）。

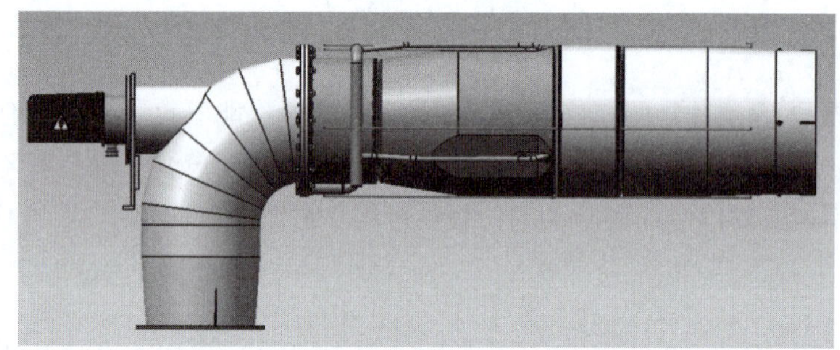

图 6-41 富氧等离子体燃烧器示意图

以新型等离子点火及稳燃技术在火电机组深度调峰中的作用为例分析其经济性。大部分有偿调峰服务补贴采用阶梯制，40%≤机组负荷率＜50%时为第一档，机组负荷率＜40%时为第二档。以东北地区为例，第一档调峰补贴下限为 0，上限为 0.4 元/（kW·h），第二档调峰补贴下限为 0.4 元/（kW·h），上限为 1 元/（kW·h）。通常燃煤机组的低负荷稳燃能力在 50%额定负荷左右，等离子体点火及稳燃技术能维持锅炉在 35%甚至更低额定负荷下的稳定燃烧，至少可使机组对风电增加 15%的消纳能力。按照东北地区某电厂单台炉 350MW 机组为例，其中第一档和第二档调峰补贴均取其平均值，分别为 0.2 元/（kW·h）和 0.7 元/（kW·h），每小时可获得调峰补贴：35 万（kW·h）×10%×0.2 元/（kW·h）＋35 万（kW·h）×5%×0.7 元/（kW·h）＝1.925 万元；全年调峰时间按 400h 计，单台炉全年调峰收益为 770 万元；而等离子体点火及稳燃系统初投资成本大约在 400 万元左右（按 4 个角计），年运行维护费用为 16 万元（按 400h 计），经济效益十分显著。

6.3.1.5 典型案例

【案例6-15】某300 MW亚临界机组磨煤机轴向分离器改造

1. 工程概况

某电厂300MW机组每台锅炉配备3台MGS4062型双进双出磨煤机，配套的煤粉分离器为静态径向挡板型。由于煤质下降和入炉煤中杂物增多，径向挡板频繁发生堵塞，导致分离器阻力增加、磨煤单耗升高、磨煤机出力降低、煤粉均匀性变差等一系列问题，且必须经常停运磨煤机对分离器挡板进行杂物清理。同时，该厂入炉煤中夹带有大量的树枝、杂草、塑料袋等轻质杂物，这些杂物会通过轴向挡板进入一次风管，造成一次风管堵管，严重时造成一次风喷口烧毁；而未通过轴向挡板的杂物则进入回粉管，堵塞锁气器。

2. 改造方案

为解决上述问题，该电厂将静态径向分离器改造为双级轴向型分离器，以增加制粉系统出力；同时，在出粉口和回粉斜管内加装杂物过滤装置，定期将杂物清理出分离器，保证制粉系统的安全运行。性能试验表明： 轴向分离器改造后的节能效果明显，切实降低了磨煤单耗，且停运磨煤机清理杂物的周期大大延长。具体改造方案为：

（1）拆除原径向分离器的旋流分离室、径向挡板、内锥帽等部件，保留原分离器的入口和回粉管，保持安装支架、内外锥主体等分离器的基础不动。

（2）分离器出口和一次风管道整体升高1.5m，将重新设计的旋流分离室、轴向挡板、杂物过滤装置和内锥帽与原分离器内外锥体对接。

（3）在分离器内锥下部、内外锥之间的空间增加一级可调轴向挡板，并在内锥体底部加装梯形撞击锥，借助气流的扩容作用促进煤粉的重力分离。

（4）在出粉口适当位置加装杂物过滤格栅，将杂物拦截在分离器内。配套安装压缩空气反向吹扫装置，定期停运，利用压缩空气将格栅上的大部分杂物吹落，减少人工清理过滤格栅的次数。

(5)在锁气器上部回粉斜管位置加装自动杂物隔离装置。借助滤网自动翻转和压缩空气吹扫清理装置，实现过滤装置的定期翻转、清理。杂物隔离装置的外形如图6-42所示（见彩插）。

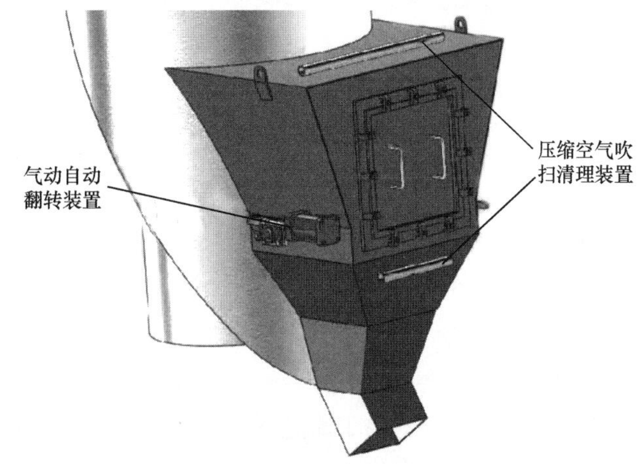

图6-42 杂物隔离装置外形

3. 改造效果

将磨煤机的通风量控制在70t/h，比较改造前磨煤机出力35t/h

（工况 A）、改造后磨煤机出力 35t/h（工况 B）和出力 48t/h（工况 C）的条件下，磨煤机电流、磨煤单耗、煤粉细度 R_{90} 及均匀性指数的变化，如图 6-43 所示。

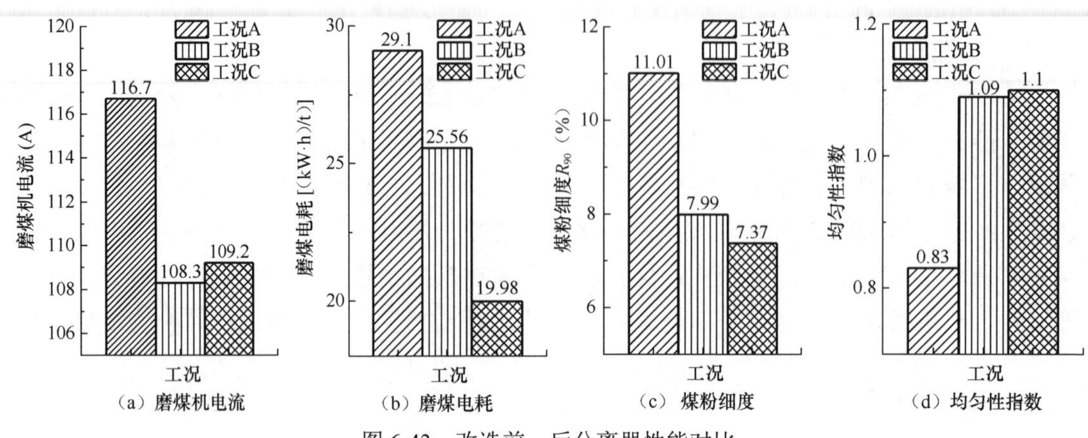

（a）磨煤机电流（b）磨煤电耗（c）煤粉细度（d）均匀性指数

图 6-43　改造前、后分离器性能对比

对比工况 A 和工况 B，在出力 35t/h 条件下，轴向分离器改造后，磨煤机电流从 116.7A 降至 108.3A，磨煤电耗从 29.10kW • h/t 降至 25.56kW • h/t，磨煤电耗下降幅度达 12.2%，改造节能效果显著；同时，分离器出口煤粉细度 R_{90} 从 11.01%降至 7.99%，均匀性指数从 0.83 升至 1.09，说明改造后分离器的分离效果较好，出粉变细，更有利于煤粉在炉膛内的着火和燃尽。

保持通风量不变，维持分离器上挡板 40°开度、下挡板 30°开度，将磨煤机的出力增加至 48t/h。对比工况 A 和工况 C 可看出，通过轴向分离器改造，在制粉系统出力提高 36%的情况下，磨煤机电流从 116.7A 降至 109.2A，分离器出口煤粉细度 R_{90} 从 11.01%降至 7.37%，且磨煤电耗和均匀性指数均有所改善。说明改造后制粉系统各项性能有较大提升，在保证正常出力的情况下，磨煤机出力可提高 36%以上。

【案例6-16】某600MW亚临界机组磨煤机动静组合式煤粉分离器改造

1. 工程概况

某电厂 3×600MW 机组锅炉采用正压直吹式制粉系统，配置 6 台 MBF-23 型中速辊式磨煤机，均采用静态挡板式分离器，锅炉满负荷时磨煤机 5 运 1 备。由于静态挡板式分离器挡板调节较困难，磨煤机一直存在煤粉细度调节性能差、煤粉颗粒偏粗且均匀性不佳等问题，降低了煤粉的燃烧效率。

2. 改造方案

为了提高燃烧效率，该电厂对磨煤机分离器进行改造，移除原静态分离器，加装旋转式分离器。在结合磨煤机外型接口尺寸和 ZXF 动静组合式旋转分离器结构的基础上，对 A 磨煤机进行了改造。由于原静态分离器高度小于改造设计的 ZXF 旋转分离器，移除静态分离器后，需截去部分厂房顶部 4 个出粉口和中心进煤管，再将法兰与 ZXF 旋转分离器上部

的出粉口及落煤管对接。旋转分离器有 2 台电动机，1 台是驱动分离器转子的三相异步变频电动机，另一台是功率为 230W 的三相异步冷风电动机，用以确保变频电动机正常工作。旋转分离器的电气控制系统主要由主电路和 PLC 控制电路组成。

3. 改造效果

在相同条件下，将 ZXF 旋转分离器转子转速从 54.6r/min 增加到 72.8r/min 时，磨煤机出粉口煤粉细度变化如图 6-44 所示。煤粉细度 R_{75}、R_{90}、R_{200} 均随分离器转速的减小呈线形减小，旋转分离器对煤粉细度的调整作用较明显。因此，ZXF 旋转分离器在磨煤机煤种或外界负荷发生变化时，可通过调整转子转速来调整煤粉细度，以满足锅炉燃烧的要求。

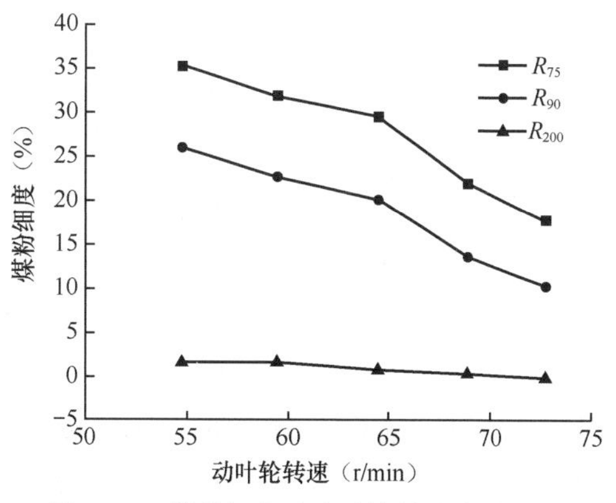

图 6-44 煤粉细度随动叶轮转速变化曲线

静态分离器折向门开度由 65%增加到 100%时，R_{75}、R_{90} 及 R_{200} 的变化如图 6-45 所示。静态分离器折向门开度由 65%调至 100%时，R_{75}、R_{90} 及 R_{200} 均呈增大趋势。

图 6-46 是分离器改造前、后磨煤机制粉电耗随煤粉细度 R_{75} 的变化曲线。煤粉细度 R_{75} 为 22.2%时，改造后的磨煤机制粉电耗量为 7.28kW · h/t，比改造前减小 0.5kW · h/t，节能效果明显。

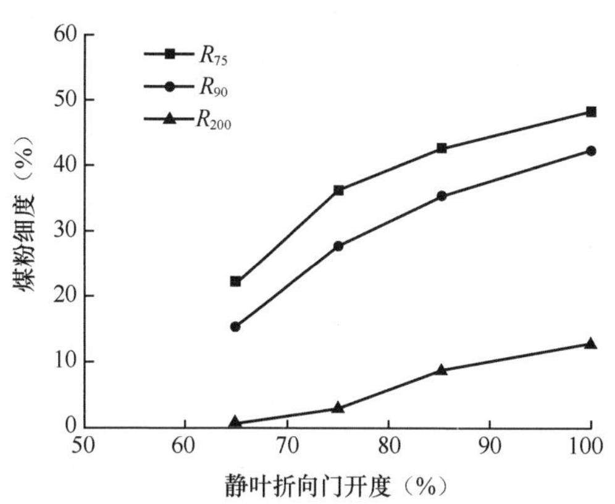

图 6-45 煤粉细度随静叶折向门开度变化曲线

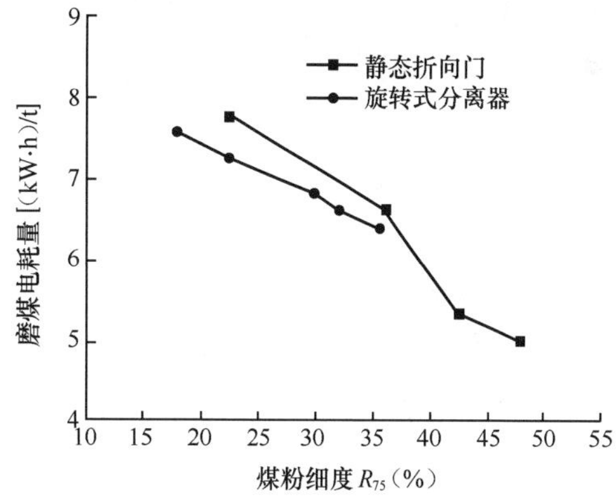

图 6-46 磨煤电耗量随煤粉细度 R_{75} 变化曲线

【案例6-17】某1030MW超超临界机组风粉在线测量及燃烧器功率调平技术改造

1. 工程概况

某电厂为 2×1030MW 的 DG3000/26.15-Ⅱ型锅炉为高效超超临界参数变压直流锅炉，采用单炉膛、一次中间再热、平衡通风、运转层以上露天布置、固态排渣、全钢构架、全悬吊结构Ⅱ型锅炉。燃烧器采用前后墙对冲分级燃烧技术。在炉膛前后墙分三层布置低 NO_x

旋流式 HT-NR3 煤粉燃烧器，每层布置 8 只，全炉共有 48 支燃烧器，前后墙各布置 24 只。在前后墙距最上层燃烧器喷口一定距离燃尽风喷口（AAP），每层 8 只，前后墙两侧各布置 2 只侧燃尽风（SAP）喷口。由于锅炉磨煤机采用侧煤仓布置，磨煤机出口一次风粉管道长度差异巨大，导致风粉沿炉膛宽度方向分布不均；另外，由于使用母管至支管的一分二风粉分配器，导致支管之间风粉分配不均衡；上述情况导致沿炉膛宽度方向燃烧器输出功率分布不均严重，造成炉内热负荷偏差大、局部燃烧恶化、两侧烟温汽温偏差大、燃烧器配风困难等问题，严重影响锅炉燃烧的经济、环保和安全运行。

2. 改造方案

为了准确监测磨煤机出口粉管内的煤粉流速与分配，优化锅炉燃烧控制，达到安全、经济、环保运行的目的，在该机组各磨煤机出口燃烧器煤粉管道上均安装了煤粉流速与分配在线监测系统。针对锅炉燃烧器输出功率的均衡调平问题，安装了煤粉分配调整装置、煤粉流速调整装置、自动调平控制设备及智能调平控制软件包，形成了一套基于在线监测的风粉调平控制系统，实现各燃烧器出口的煤粉分配、煤粉流速在线可调可控，达到在各种工况下同层燃烧器各出口风量、粉量的均衡分配，从而调平锅炉各燃烧器的输出功率，并在此基础上进行了优化燃烧器配风，最终优化各燃烧器之间的风粉偏差和风煤比，极大改善了炉内燃烧恶化的情况，显著提升锅炉燃烧性能。

基于风粉在线监测的燃烧器功率调平及优化控制系统以先进的阵列式静电传感器基础，实现一次风煤粉流动参数的在线测量，在各磨煤机煤粉管道上加装风粉流速调整设备，在分离器上方加装煤粉分配调整设备，用以实现各燃烧器出口的煤粉分配与流速在线可查、可控、可调。进而调平锅炉各燃烧器的输出功率，在调平的基础上优化燃烧器二次风配风，改善锅炉燃烧性能。

风粉在线监测系统安装在燃烧器前的垂直管道或水平管道处，其中 C 和 F 磨煤机粉管上静电传感器装在其垂直管道上，其余各静电传感器装在其水平管道上。阵列式静电传感器分别测量一次风粉管道内的煤粉流速与浓度数据，并通过总线电缆传输到就地中心分析机柜，传感器静电信号分析单元同时接收中心机柜的配置指令。煤粉流速与分配的数据实时显示在中心机柜屏幕上，同时所有数据以数字通信的模式传输到电厂站 DCS 数字量通信模块中，进入 DCS 环网并进入工程师站与操作员站，最后显示在运行人员的监控屏幕上。

3. 改造效果

在对制粉系统风粉调平的基础上，通过配风优化调整，优化前后锅炉各项参数对比见表 6-8。可以看出，经过风粉调平和燃烧器配风优化后，锅炉燃烧情况大幅改善，缓解了局部燃烧恶化情况，有效地抑制了 CO 的浓度，锅炉的灰渣可燃物含量也有一定的降低。优化后因飞灰可燃物和炉渣可燃物分别降低了 0.45%和 0.1%，致使化学未燃碳损失减少约 0.62%。在锅炉经济性上，经过制粉调平以及燃烧配风优化，1 号锅炉修正后的锅炉效率提升了 0.9%，节能降碳效果良好。

表 6-8　　优化前后锅炉各项参数对比

说明		单位	优化前	优化后
编号			T-01	T-02
负荷		MW	956	994
磨煤机运行方式			ABCDEF	ABCDEF
运行氧量		%	2.27	3.09
总给煤量		t/h	504.4	474.7
实测参数	飞灰可燃物	%	2.74	2.19
	炉渣可燃物	%	1.35	1.23
	运行氧量	%	2.27	3.09
	炉膛出口 CO	μL/L	2009	321
	实测排烟温度	℃	132.8	135.7
	修正后排烟温度	℃	125.8	125.8
锅炉效率	排烟热损失	%	4.72	4.91
	未燃尽碳损失	%	2.22	1.67
	化学未燃尽损失	%	0.75	0.13
	实测锅炉效率	%	91.82	92.80
	修正后锅炉效率	%	91.70	92.60

【案例6-18】某330MW亚临界机组锅炉炉内声波测温系统改造

1. 工程概况

某电厂装机容量为 2×330MW 机组，采用东方锅炉厂设计制造的亚临界压力、中间一次再热、单炉膛、Π 型露天岛式布置、W 形火焰自然循环锅炉，锅炉为尾部双烟道、全钢、全悬吊结构，固态排渣，平衡通风，采用挡板调节再热汽温。锅炉采用双进双出钢球磨煤机正压冷一次风机直吹式系统，配 4 台磨煤机。双旋风煤粉燃烧器布置在下炉膛的前后墙炉拱上，前后墙各 12 只。锅炉设计燃用当地无烟煤，实际日常煤质为多个煤矿混煤，部分掺烧有烟煤。由于入炉煤成分变化较大，灰分较高，热值较设计值低，锅炉结焦现象较为严重。

2. 改造方案

为提高锅炉运行经济性和安全性，该电厂 1 号机组进行了炉内声波测温系统改造。测温系统安装在锅炉 34.8m 标高处，用于测量该处炉膛截面温度。该处炉膛平面的尺寸为 24.8m×7.6m。锅炉 34.8m 标高处水冷壁上设 10 个声波测温点，其中前后墙各 4 个，左右墙各 1 个。每个测点同时具备发声和接收功能。声波测温系统将整个炉膛划分出了 18 个区域温度场。每对声波发生与接收器组成一条测温线，总共 33 条。系统采用“一发多收”的方式，即 1 个测点发出声波，其余非同侧测点同时接收，同时计算更新对应测温路径上的温度。图 6-47 所示为声波测温系统测点布置。

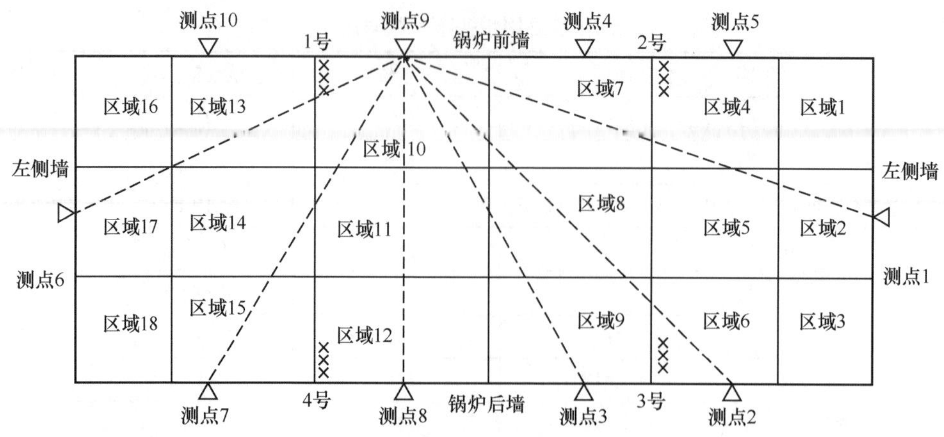

图 6-47　声波测温系统测点布置

采用双层遮热罩抽气热电偶测量炉内烟气温度，并与声波测温结果进行对比。考虑到抽气热电偶的测量位置在水平方向上正好处于声波测温划分的相邻区域边界附近，而表 6-9 中作为对比的声波测温均值为相邻两区域的平均值，因此与热电偶插入深度 1.15m 处的温度测量值进行对比，计算相对误差。由表 6-9 可见，声波测温能准确地反映炉内的烟气温度，与抽气热电偶的测量结果偏差在 1%左右。

表 6-9　抽气热电偶与声波测温测量结果

测点	不同插入深度热电偶测温均值（℃）			声波测温均值（℃）	偏差（%）
	0.15m	0.65m	1.15m		
1 号	1130	1360	1410	1420	0.71
2 号	1100	1370	1441	1453	0.83
3 号	1170	1383	1461	1476	1.03

3．改造效果

声波测温系统所得到炉膛区域平均温度如图 6-48 所示。由图 6-48 中可知，炉膛中间偏左区域 10/11/12 温度均超过 1500℃，与其相邻区域 7/8/9 温差较大。该区域经过长期观察，一直存在温度偏高的现象。

根据基础工况测试结果，炉内燃烧明显不均匀，同时存在局部燃料量过大和氧量不足的情况。首先考虑对 CO 质量浓度高的区域增加二次风量，将 C 风门开大，使风和粉混合充分，有利于充分燃烧。工况 1 将区域 10 和区域 12 对应的 A2、B1/C5、D4 燃烧器 C 风门挡板开度由 10%增加至 50%。经调整后，炉膛中部原高温区域（区域 10 至区域 12）温度均得以降低，炉膛平均温度从 1508℃降至 1480℃，如图 6-49 所示。从声波测温结果观察到炉膛左右两侧温差从 50～74℃下降至 45～55℃，尾部烟气 CO 质量浓度最大值也显著下降，降至 2750mg/m^3。

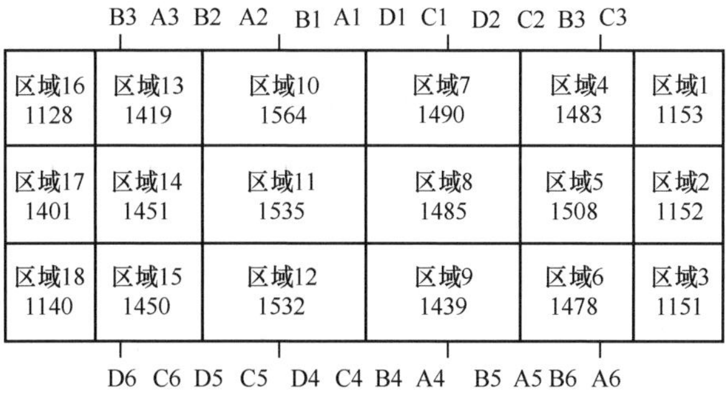

B3 A3 B2 A2 B1 A1 D1 C1 D2 C2 B3 C3
区域16
1128
区域13
1419
区域10
1564
区域7
1490
区域4
1483
区域1
1153
区域17
1401
区域14
1451
区域11
1535
区域8
1485
区域5
1508
区域2
1152
区域18
1140
区域15
1450
区域12
1532
区域9
1439
区域6
1478
区域3
1151
D6 C6 D5 C5 D4 C4 B4 A4 B5 A5 B6 A6

图 6-48 基础工况声波测温区域温度

工况2进一步开大A1、C4燃烧器C风门，并停运对应区域10和区域12中间的B1、D4燃烧器。声波测温所得区域温度进一步下降，炉膛平均温度下降至1458℃。经调整后，锅炉热效率得到显著提高，修正后达到92.832%，提高了1.4%。

1575
1550
1525
1500
1475
1450
区域温度（℃）
区域10
区域11
区域12
平均温度
基础工况
工况1
工况2

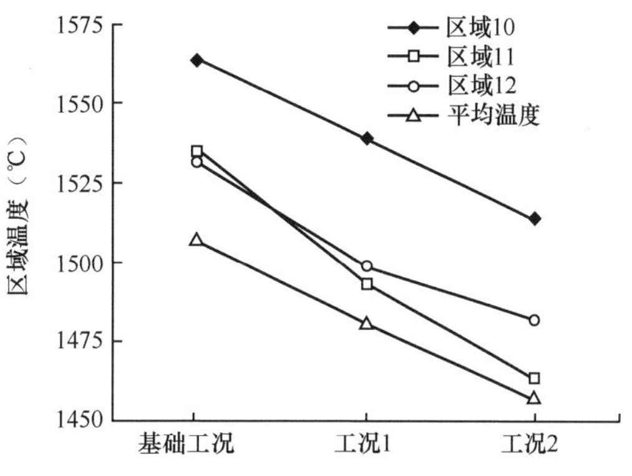

图 6-49 燃烧调整工况声波测温区域温度

6.3.2 排烟热损失降低改造技术

在锅炉效率的各项热损失中，排烟热损失是最大的一项，为4%～8%，占锅炉热损失的70%～80%。排烟温度和烟气量是决定排烟热损失大小的两个重要因素，排烟温度越高、烟气量越大将直接导致锅炉排烟热损失的增加，从而导致锅炉效率的降低，影响机组运行的经济性。控制排烟温度是减小锅炉排烟热损失的主要途径，一般排烟温度上升15～20℃，排烟热损失就会提高1%。为此，提出了诸多技术路线。

6.3.2.1 锅炉烟气余热利用技术

锅炉烟气余热利用技术系采用复合相变换热器、低温省煤器、热媒循环式烟气换热器和热管换热器等技术，深度回收烟气中的余热，通过烟气余热再利用提高锅炉效率。该技术应用灵活度高，可根据腐蚀、磨损和投资收益情况，布置在除尘器前、除尘器后、引风机后等，来降低锅炉的排烟温度，吸收烟气余热。适用于排烟温度相对较高、烟气余热有回收空间的机组。降低排烟温度，回收烟气余热量的量受烟气酸露点的限制。通常情况下，300MW机组增设余热利用系统可将排烟温度由140℃降低至95～110℃，降低供电煤耗率1.5～3.0g/（kW·h）；600MW机组增设余热利用系统可将排烟温度由140℃降低至95～120℃，降低供电煤耗率1.5～3.0g/（kW·h）。

1. 低温省煤器技术

目前，通过加装低温省煤器把烟气余热注入汽轮机回热系统是火电厂中常用的手段，传统的烟气余热利用系统示意图如图6-50所示。低温省煤器安装在空气预热器后的烟气通道中，利用空气预热器出口烟气的排烟余热加热凝结水，从而节省了部分回热蒸汽用量，节省的回热蒸汽可以在汽轮机中继续做功，可实现在燃煤量和主蒸汽流量不变的情况下，增加了机组的发电量，从而提高了机组发电效率并降低供电煤耗率，提高电厂的经济效益。

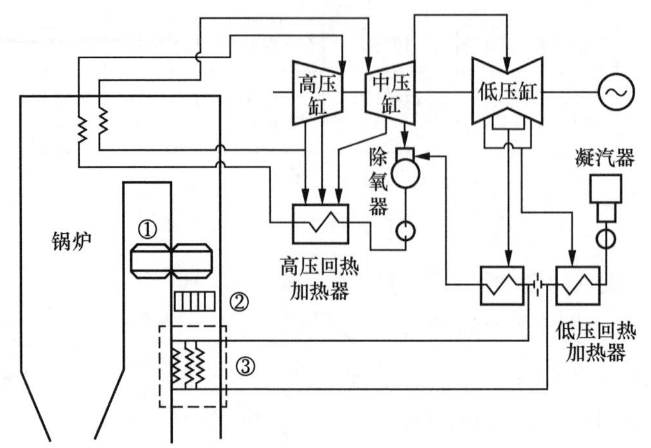

图 6-50　传统烟气余热利用系统示意图

①—空气预热器；②—除尘器；③—低温省煤器

如何科学合理地设置低温省煤器，是优化烟气余热利用系统效率的关键技术问题。传统烟气余热利用系统中低温省煤器布置在空气预热器之后，低温省煤器的工作烟气温度较低，导致节能效果有限。因此，可以将烟气-空气换热系统分为两级布置，设置两级空气预热器，如图 6-51 所示。其工作流程为：

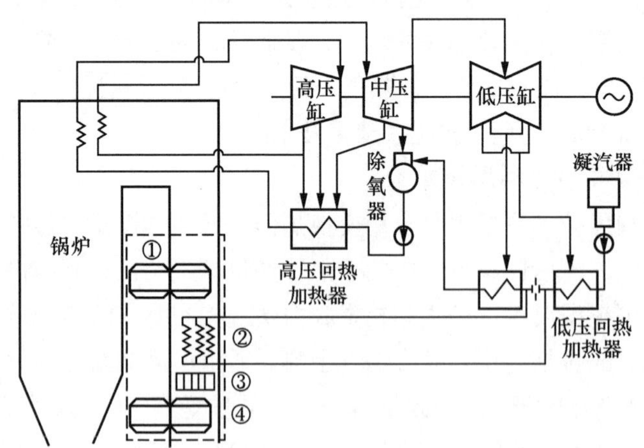

图 6-51　烟气-空气系统分级布置示意图

①—Ⅰ级空气预热器；②—低温省煤器；③—除尘器；④Ⅱ级空气预热器

（1）锅炉排烟先进入Ⅰ级空气预热器。

（2）出口烟气进入低温省煤器后加热汽轮机回热系统凝结水。

（3）低温省煤器的排烟再进入Ⅱ级空气预热器。

（4）空气经过Ⅱ级空气预热器加热到一定温度后，进入Ⅰ级空气预热器，完成空气的全程加热。

采用烟气–空气系统分级布置可提高进入低温省煤器的烟气温度，使低温省煤器处于较高的工作温度区域，提高替代的回热蒸汽量，从而实现锅炉尾部烟气余热利用系统效率的优化。

此外，也可以设置两级低温省煤器，前后两级分别布置在除尘器之前和脱硫塔之前，如图 6-52 所示（见彩插）。这种布置方案既能够充分利用烟气余热，又可以提高电除尘器效率，减少脱硫补给水量，实现低温除尘增效。

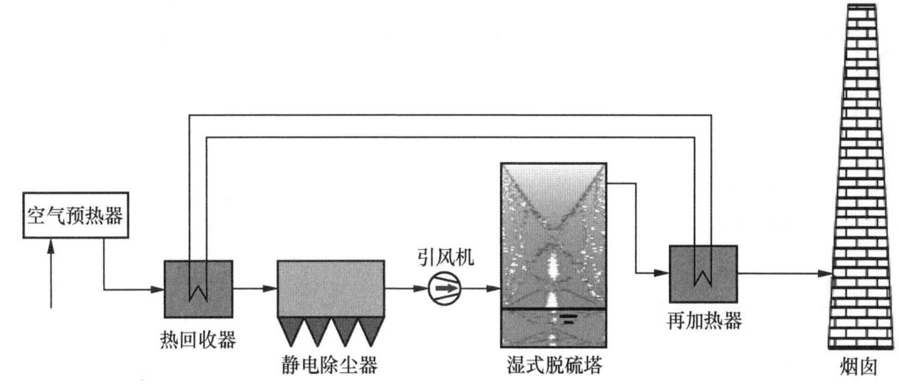

图 6-52 二级低温省煤器布置方案示意图

2. 热管技术

近年来，为解决常规低温省煤器长时间运行后因磨损和腐蚀出现的频繁泄漏问题，热管换热这一技术逐渐应用于火电厂尾部烟气余热利用中，以提高余热利用系统的可靠性。基于热管技术的低温省煤器从原理上与传统低温省煤器有明显的区别，热管从结构设计上能够有效防止冷却介质的泄漏，常见的热管有吸芯型热管和重力热管。重力热管又称两相闭式虹吸管，管内没有吸液芯，是一种能够使冷凝液体依靠自身重力作用回流到蒸发段的热管，具有结构简单、制造方便、成本低、耐用、传热特性优良、工作安全、易于维修等优点。

图 6-53 为重力热管工作原理示意图（见彩插），它通过在内部抽除其中的不可凝性气体，并充以某种工作液体后封闭而制成，其工作原理为：首先，重力热管的蒸发段从高温介质（如锅炉尾部烟气）中吸收热量后，管内工质受热相变蒸发，在蒸发段与冷凝段压差的作用下由蒸发段流向冷凝段，气态工质在冷凝段遇冷释放相变潜热后又冷凝为液体，在重力的作用下又返回到热

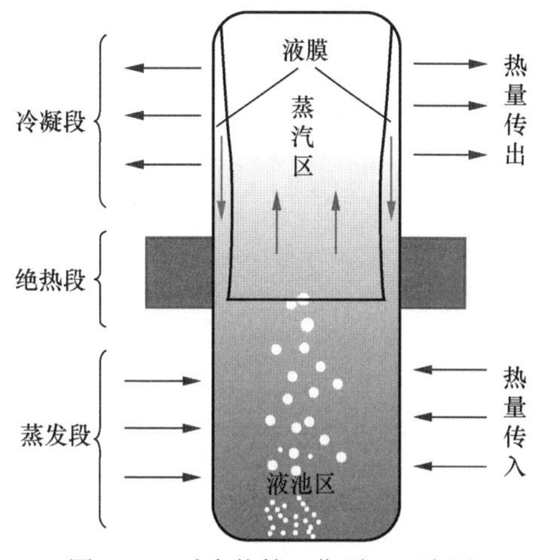

图 6-53 重力热管工作原理示意图

管的蒸发段。热量就是通过这种循环过程的不断进行而实现传递的，由于重力热管元件内部的工质在换热过程中发生了相变，从而可以传递较大的热量。同时，重力热管内部热阻相当小，能在较小的温差下获得很好的传热效果。

重力热管主要具有以下特点：

（1）换热效率相对较高：热管是靠工质相变时吸收和释放汽化潜热，以工质流动来传递热量的，因此相比于传统板式换热器，其热效率显著提高。通过综合检测对比，在实现同等换热性能的前提下，低流阻热管换热器的体积可比传统水管换热器和圆管热管换热器减小 60%左右，即低流阻热管换热器提高了单位体积的换热面积（或有效热容比增加了）。因此，采用热管换热器一方面可解决现行安装实施空间不足的问题，另一方面也可以设计更安全的烟气流速，最大限度降低磨损。

（2）每个热管换热器模块分为上、下两个独立腔室，上下腔室隔离密封，上腔室是一个独立水箱，对循环水进行加热，下腔室是敞开结构，置入烟道内，如图 6-54 所示。热管贯穿上、下两个腔室，每根热管为抽真空的独立换热单元，热管内部介质从下腔室（烟道）吸收热量并汽化，降低烟气温度，到上腔室（水箱）液化放热，加热水箱内的循环水，液化后的介质流回下部吸热端，如此循环往复。

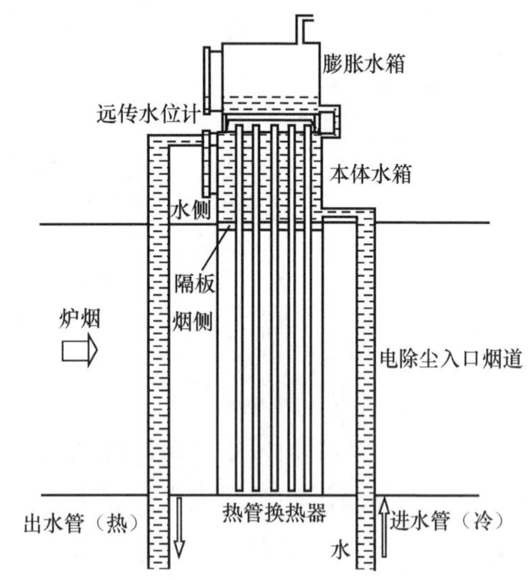

图 6-54 热管换热器布置结构示意图

（3）由于每根重力热管管内工质互不相通，热管中某点发生穿孔泄漏只会造成该重力热管内部少量工质泄漏，对机组的整体运行无明显影响，与此同时少量重力热管的失效对整个设备的换热效果影响不大。

（4） 重力热管流体侧增加的阻力小，两种交换物质均在管外流动，大大缩短了流体的流动距离。

（5）通过调整蒸发段冷凝段的传热面积可以控制热管管壁温度，使热管尽可能避开腐蚀温度区域。

3. 低温省煤器联合暖风器技术

低温省煤器技术不影响锅炉原本的运行参数和受热面布置，提效改造方案易于实施，但是节能效果有限。近年来，联合低温省煤器与暖风器的锅炉烟气余热利用系统受到了广泛关注。传统的暖风器技术已在火电厂锅炉风烟系统中有了广泛的应用，其主要从系统中引用热源至暖风器来加热送风机出口的冷风，可有效提高空气预热器冷端平均温度，防止发生低温腐蚀，起到与热风再循环分仓防堵技术相同的效果，并避免送风机动叶片发生磨损，保证了送风机的安全运行。传统暖风器从系统中引用的热源多为辅汽，其品质高，做

功能力较强，用于加热锅炉冷一次风或二次风会造成机组的经济性有所下降。近年来，国内火力发电企业节能减排工作任务日益艰巨，采用低温省煤器联合暖风器运行的烟气余热利用技术可以有效满足当下的行业需求。

如图 6-55 所示，在常规的低温省煤器联合暖风器系统中，凝结水作为热载体依次通过低压回热加热器、低温省煤器、暖风器后返回凝水系统；凝结水将低温省煤器回收的部分锅炉烟气余热传递给暖风器，其余部分可通过低压加热器入口传递给汽轮机回热蒸汽；然后，暖风器将吸收的热量用于加热进入空气预热器前的冷一次风及二次风，相当于增加了前置一级的空气预热器，从而提高了空气预热器的出口烟气温度，减少冷端蓄热片的低温腐蚀。

可以看出，采用低温省煤器联合暖风器技术具有以下优势：

（1）避免传统暖风器对高品质热源的消耗，提高了机组整体的做功能力。

（2）低温省煤器吸收的烟气余热既替代了部分回热蒸汽，又通过暖风器提高了空气预热器入口冷空气温度，能够改善空气预热器运行环境、降低排烟温度，提高锅炉的热效率。

（3）利用暖风器提高了空气预热器的出口烟气温度，其烟气温度又可以被低温省煤器回收利用，优化了汽轮机侧蒸汽品质，提高机组经济性。

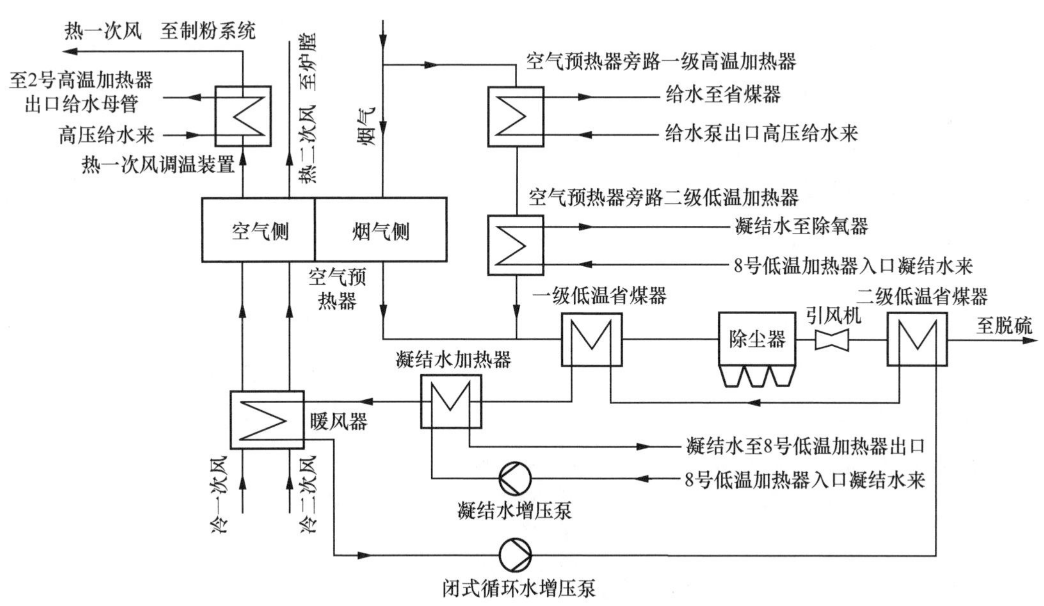

图 6-55　带前置暖风器的烟气余热梯级利用系统

6.3.2.2　空预器防堵技术

空气预热器是利用烟气余热加热燃烧所需送风的一种蓄热式热交换设备，按照其换热元件的不同可分为三种，分别是回转式空气预热器、管式空气预热器和热管式空气预热器。回转式空气预热器是目前火力发电厂锅炉尾部最常用的换热器，按照回转部件的不同，回转式空气预热器可以分为受热面回转式（容克式）和风罩回转式（罗特米勒式）。目前，中国火电厂多采用的回转形式为容克式。

采用更换空气预热器蓄热片、增加空气预热器高度、增加蓄热片数量、加装循环风仓、空气预热器密封等防堵改造技术，来降低锅炉的排烟温度，提高锅炉效率。但是会导致空气预热器冷端温度降低、酸腐蚀现象发生。近年来，为了满足国家超低排放的要求，燃煤锅炉普遍利用脱硝装置来脱除烟气中的 NO_x，而脱硝装置中过量的 NH_3 会与烟气中的 SO_3 发生反应生成具有很强黏性的硫酸氢铵（NH_4HSO_4），其以液体形式在蓄热表面黏附，这会促使空气预热器中大量飞灰凝结在表面导致堵灰，严重影响烟气与空气的换热效率，导致排烟温度上升。空气预热器冷端蓄热片由空气侧刚转入烟气侧时，黏堵风险最大。因此，进行空气预热器防堵灰技术研究具有很大的工程价值和现实意义。

1. 空气预热器密封改造技术

回转式空气预热器通过驱动装置带动转子旋转，使一次风、二次风通过换热元件与烟气进行换热，降低烟气温度、提高冷空气温度，实现烟气–换热元件–空气之间的热交换。当回转式空气预热器发生漏风时，会降低锅炉的排烟温度并导致锅炉燃烧所需氧气量不足，增加机械不完全燃烧损失和排烟热损失。同时，漏风会引起烟气和空气流量提高，增加了引风机和送风机的电耗，不利于机组的经济性。因此，空气预热器的漏风率是影响锅炉运行效率的重要因素，空气预热器的密封技术就显得格外重要。回转式空气预热器的密封系统一般采用多密封技术、可调式密封技术、柔性密封技术、间隙自补偿技术、加压密封技术、疏导密封技术和四分仓结构。

多密封技术指的是在空气预热器的径向、轴向和周向设置多个密封片。通过加宽烟气侧和一次风侧扇形板的宽度，增加了扇形板下方密封片的数量，但是会导致空气预热器的流通面积减小、流速增加，加剧空气预热器的磨损。

间隙自补偿技术将转子隔板分成上、下两段，如图 6-56 所示。由于空气预热器运行时上、下隔板之间的相互位移不受限制，因此可消除转子冷热端面温差引起的“蘑菇状”热变形。据统计，300MW 和 600MW 机组空气预热器转子外沿的变形量可分别高达 30mm 和 55mm，引起空气预热器的直接漏风。因此，通过减小空气预热器热态下转子与扇形板之间的间隙，可以有效减少直接漏风量。理论上该技术可以消除转子的热态蘑菇变形，降低空气预热器漏风率。

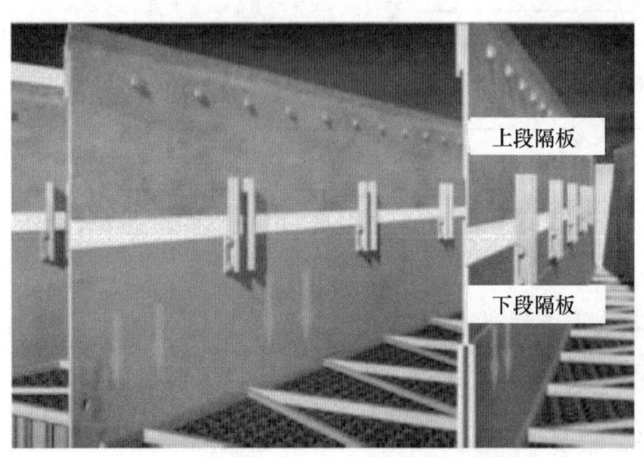

图 6-56 间隙自动补偿密封示意图

刷式密封是最新一种柔性密封技术，其通过加人漏风阻力来减小空预气预热漏风，如图 6-57 所示（见彩插）。密封片由排列紧密的耐高温金属丝组成，与密封配合面为过盈接触，具有较好的密封性能、良好的回弹性及较小的摩擦阻力，空气预热器漏风率一

年内可以维持在 6%左右。与传统的间隙密封相比，刷式密封是适应空气预热器结构上的热变形和制造误差，具有良好的调节能力和变形补偿功能。

合页弹簧式密封的密封片具有一定的弹性，可在间隙变化的情况下自动适应。如图 6-58 所示（见彩插），将扇形板固定在某一合理位置，采用自润滑复合材料的合页式弹簧结构安装在径向或轴向转子格仓板上，在未进入扇形板时，带有弹簧的密封滑块高出扇形板 0～30mm；当柔性接触式密封滑块旋转到扇形板下面时，合页式弹簧发生变形，密封滑块与扇形板严密接触，形成严密无间隙的密封系统；当该密封滑块离开扇形板后，合页式弹簧将密封滑块自动弹起，以此循环进行。其主要优点就是对扇形板的平面度不敏感，空气预热器漏风率一年内可以维持在 5.5%左右。

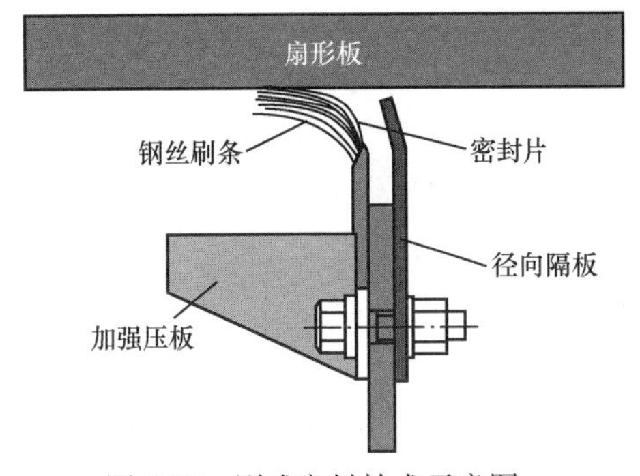

图 6-57　刷式密封技术示意图

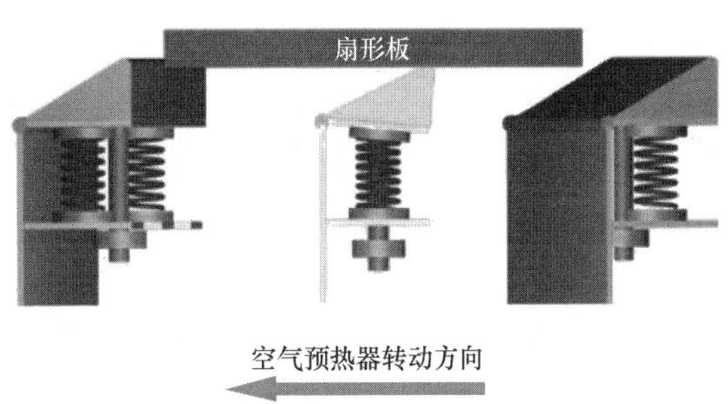

图 6-58　合页弹簧式密封技术示意图

2. 热风再循环分仓防堵技术

热风再循环分仓防堵技术的基本原理是利用液态硫酸氢氨受热易分解的特性。如图 6-59 所示（见彩插），通过在空气预热器本体上隔出一个循环风分仓，并安装循环风道，利用循环风机带动风道内的空气循环，空气在循环风道中不断循环流动，循环风在空气预热器热端吸热，生成 300℃左右的热风，热风从下端进入空气预热器冷端，对冷端进行加热。在蓄热元件转至烟气侧之前，加热提高空气预热器蓄热元件壁温，使冷端温度最低点高于硫酸氢氨酸结露点，避免空气预热器堵灰。

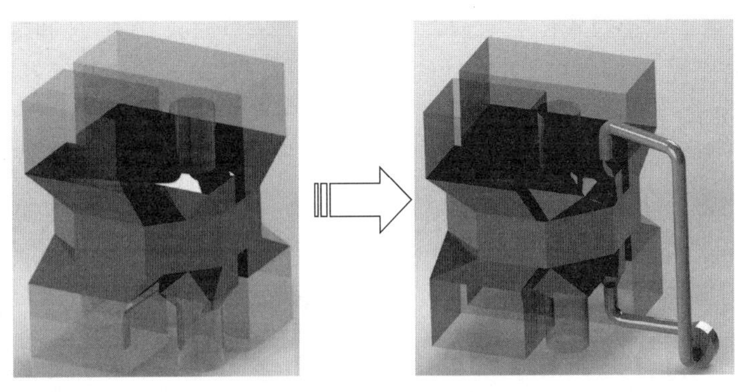

图 6-59　风道改造示意图

目前，常用的改造方法为3.5分仓防堵灰改造，如图6-60所示。空气预热器3.5分仓防堵灰技术的关键技术路径为：首先，从空气预热器热端抽取两路热风，一路是在热端烟气/一次风扇形板中间位置开设抽风口抽取扇形板漏风，另一路从空气预热器二次风出口母管抽取热二次风，并通过热风道连接抽漏风风机，再连接至冷端二次风侧；此外，对冷端二次风与烟气之间的扇形板进行改造，在其二次风侧加装一块7.5°的扇形板，形成一个独立的防堵分仓，并与原扇形板之间留一个2.5°扇形喷风口，上述热风从防堵分仓的扇形喷风口喷出，吹扫并加热冷端蓄热元件；从空气预热器热端抽取的高温含尘气体独立地流经一个完整隔仓，通过高速飞灰颗粒磨蚀和高温热解气化的双重作用，有效清除蓄热元件在烟气侧凝结或沉积下来的硫酸和硫酸氢铵液体，从而避免出现低温腐蚀和硫酸氢铵沉积。

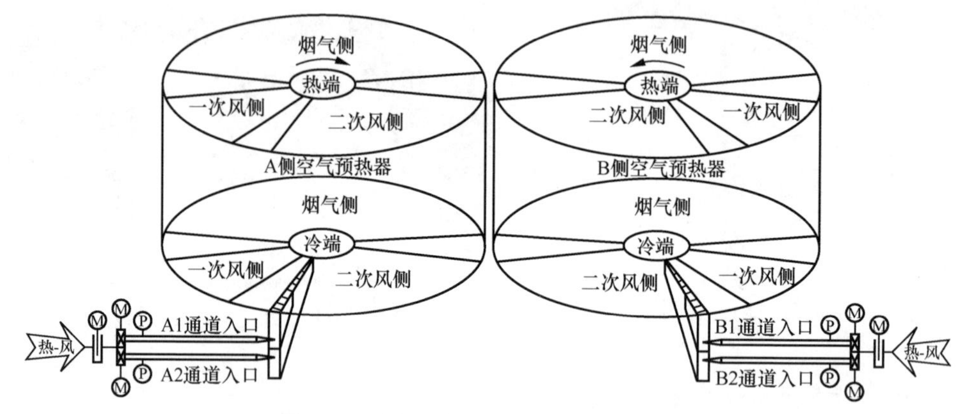

图6-60 空气预热器3.5分仓防堵系统图

6.3.2.3 典型案例

【案例6-19】某660MW超超临界机组锅炉烟气余热利用提效改造

1. 工程概况

某电厂660MW超超临界凝气式燃煤发电机组于2015年完成锅炉余热利用及提效改造，在除尘器前加设了常规管壳式低温省煤器，进行烟气余热回收利用，同时降低除尘器入口烟温至95℃左右以提高电除尘器效率。低温省煤器运行几年后，换热管存在较为严重的磨损及泄漏问题，影响了机组的安全运行。

2. 改造方案

经过多次的科学论证，最终确定采用重力热管式低温省煤器技术进行升级改造，以有效解决目前该电厂存在的问题，实现稳定的低低温烟气处理条件，在保证换热器使用寿命的同时达到进一步节能减排的目的。重力热管式低温省煤器的设计参数见表6-10。

表 6-10 **设计参数**

项目	单位	数值
负荷	MW	660
进口烟气量	m^3/h	3473856
布置形式	—	铅垂
管侧流程	—	与烟气呈逆流布置
蒸发段设计压力	Pa	±8700
蒸发段设计温度	℃	200
冷凝段设计压力	MPa	4.0
冷凝段设计温度	℃	150
进口烟气温度	℃	145
出口烟气温度	℃	95
换热器烟气侧阻力	Pa	正常：≤400；大修期之内：≤500

3. 改造效果

在机组满负荷条件下，测量 4 个烟道进出口温度随时间的变化，每个测温点间隔时间为 5min。4 个烟道重力热管低温省煤器进口烟气温度值在机组满负荷运行时为 120～130℃，出口烟温为 86～93℃。受外部环境较低（冬季）及机组刚经历大修的影响，入口烟温未达到设计烟温。尽管目前换热器还有较大的设计余量，但为了防止降温幅度过大导致换热器及下游设备的低温腐蚀，出口烟温控制在此范围没有进一步降低。

在不同负荷条件下，4 个烟道进出口压差随负荷增大而增加，在满负荷下小于 400Pa 满足设计要求。根据设计参数，通过等效焓降法计算，设计工况下热管低温省煤器可降低标准煤耗率约为 1.75g/(kW·h)。根据之前实际的运行工况可知，冬季实际运行工况烟温偏低，受限于换热设备自身和下游其他设备的安全，虽然还有很大的设计余量，但没有进一步降低出口烟温，因此对节能效果造成了影响。以现有的烟温情况来计算，重力热管低温省煤器全年平均减少标准煤耗率约为 1.31g/(kW·h)，换算到年节煤量（按设备有效年运行小时数 4500h 计）为 3891t。按照每吨标准煤 780 元计算，一年可产生的经济效益为 303.5 万元。

【案例6-20】某600MW超临界机组锅炉烟气余热回收利用改造

1. 工程概况

某电厂一期 2×600MW 机组锅炉是由哈尔滨锅炉有限责任公司引进三井巴布科克能源公司技术生产的超临界参数变压运行直流锅炉，单炉膛、螺旋水冷壁、一次再热、平衡通风、露天布置、固态排渣、全钢构架、全悬吊结构 Π 型锅炉，型号为 HG-1913/25.4-YM3。锅炉燃烧方式为前后墙对冲燃烧。锅炉设计排烟温度为 121.7℃[锅炉最大连续蒸发量（BMCR）工况，修正后]，锅炉设计效率为 94.53%（BMCR，低位热值基准），燃料消耗量为 232.3t/h（BMCR）。锅炉配套的汽轮机为上海汽轮机厂生产的 N600-24.2/566/566 型汽轮发电机组，额定功率为 600MW。

电厂曾实施锅炉排烟余热回收利用工程改造，在锅炉尾部烟道中分别布置高温换热器和低温换热器，在二次风道中布置空气加热器。通过回收烟气中的热量，使进入脱硫塔的烟气烟温降到 80℃，也减少了脱硫的工艺水量，将回收的热量用于加热冷二次风和汽轮机回热系统，提高锅炉效率，实现节煤降耗（包括降低煤耗与水耗）。然而，余热回收系统的低温一、二段受热面发生普遍的低温腐蚀，泄漏风险较大，修复难度大，需要在材质方面全面提升。

2. 改造内容

（1）技术路线。

在锅炉尾部烟道中共布置两级换热器（低温换热器、高温换热器），对锅炉烟气余热进行两级回收利用，提升锅炉烟气余热品质并逐级利用。低温换热器布置在增压风机和脱硫吸收塔之间的烟道中，低温换热器与布置在送风机和空气预热器之间风道中的空气加热器通过管道等部件组成闭式循环换热系统；通过低温换热器回收的低品位的烟气热量用于加热冷二次风，热风温度有适当提升，锅炉效率将有所提高，同时减轻了空气预热器冷端腐蚀和积灰的风险；同时提升了空气预热器出口的烟气温度，可回收的烟气热量品质得到提升，高品质烟气热量通过高温换热器用于锅炉回热系统。高温换热器布置在电除尘器之前，通过对烟气中热量的吸收，使烟气温度的下降（烟气温度从 162.1℃降至 120℃，低于此前的 134.8℃左右），提高电除尘器效率，减小引风机、增压风机的负荷，延长风机的使用寿命，减少厂用电率，确保电厂的安全运行。

经过高温换热器回收后的烟气温度 120℃在酸露点以上，高温换热器可采用常规材料；经低温换热器回收的烟气温度在酸露点以下，低温换热器需采用耐腐蚀材料。

（2）实施方案。

在锅炉尾部烟道中布置一级高温换热器、两级低温换热器，高温换热器布置在空气预热器出口与静电除尘器入口之间的水平烟道上，第一级低温换热器布置在高温换热器与静电除尘器入口之间的水平烟道上，第二级低温换热器布置在增压风机出口与脱硫吸收塔入口之间的烟道中。

高温换热器吸收的烟气余热用来加热主凝结水，形成低温省煤器系统，降低发电汽耗；第一级低温换热器用来控制进入电除尘的烟气温度，使得电除尘的除尘效率最优，第二级低温换热器用于深度降低烟气温度（大约为 80℃），达到深度回收烟气余热的目的，同时在系统安全运行的情况下，最大限度地节约脱硫塔工艺用水量。第一级低温换热器与第二级低温换热器吸收的热量，通过二次热媒水引入空气换热器，用于加热冷二次风，达到提高烟气品质的目的。

（3）关键设备。

高温换热器：将空气预热器出口的烟温由 164.3℃（二次风温升高所致）降至 111℃（综合考虑高温换热器安全运行，与后续换热器提高烟气品质的能力）。

第一级低温换热器：将高温换热器出口烟温由 111℃降至 95～110℃之间，实际根据现

场运行工况调整，可有效地提高电除尘的除尘效率，减少粉尘排放。

第二级低温换热器：将脱硫吸收塔入口烟温由115℃（电厂实际风机温升在10℃以上）降至92℃，在保证安全运行的情况下，有效地节约脱硫塔工业用水量。

空气加热器：布置在冷二次风道上，由于冷二次风道位于炉膛底部，安装空间受到炉膛钢架及检修平台限制，设计将冷二次风由23℃加热到70℃。

3. 改造效果

改造后，进入空气预热器的冷风温度提高，空气预热器换热情况发生变化，空气预热器出口排烟温度升高，空气预热器出口烟气温度由120℃上升到165℃左右，避免空气预热器换热元件的低温段腐蚀和堵塞问题。冷二次风温由23℃升高至70℃，使得带入炉内的热量增加，空气预热器出口热风温度升高5℃，锅炉效率提高。综合计算排烟余热回收改造后，节煤率为4.26g/（kW·h），节约标准煤量为14950t/年，减少CO_2排放量37000t/年；减少工艺用水量29万t/年。

6.4 辅助系统优化提效技术

近年来，为了响应国家的节能降耗的要求和可持续发展战略，火力发电行业已经将降低发电成本和清洁生产列为长远目标。其中，降低电厂厂用电率是节能降耗工作中的重要环节。目前，许多发电企业都在积极探索新设备、新技术和新方案来提高电厂辅机设备的运行效率，从而降低电厂的煤耗和发电成本，提高企业的经济效益和行业竞争力。

6.4.1 电动机节能增效技术

据统计，全国火力发电厂的八种风机和水泵（包括送风机、引风机、一次风机、排粉风机、锅炉给水泵、循环水泵、凝结水泵和灰浆泵）配套电动机的总功率为15000MW，年总用电量为520亿kW·h，占全国火电发电量的5.8%，在电厂厂用电中占据很大比重。在国家发展和改革委员会颁布的《节能中长期专项规划》中，电动机系统节能工程已被列为重点工程。因此，对电动机进行高效节能改造被认为是降低厂用电率的有效措施之一。

提高电动机的运行效率是电动机系统节能工程的发展方向。电动机节能改造方案可以从两个方面展开：

（1）通过减少电动机自身运行时的各项损耗，从而提高提高电动机的效率；

（2）选择更为节能的驱动方式（如变频调速、永磁调速、液力耦合等），通过将电动机输出的功率与被驱动设备轴功率相匹配，减少能量损耗。

6.4.1.1 永磁同步电动机节能改造技术

在众多降低电动机设备能耗的方法中，将原异步电动机改造为高效节能永磁同步电动机，是当前电厂广泛采用的改造方法之一。与普通异步电动机相比，永磁同步电动机具有以下优势：

（1）永磁同步电动机采用永磁体励磁，基本不需要无功励磁电流，能够显著提高电动机的功率因数、降低温升。

（2）永磁同步电动机转速无滑差，无转子基波铁耗和铜耗，电动机定子电流相对较小，从而有效降低了电阻损耗。

（3）永磁电动机具有较高且平稳的效率特性曲线，能在较为宽泛的负荷工作区间内保持很高的效率，特别是在低负载工况下也能保持很高的功率因数，如图6-61所示。

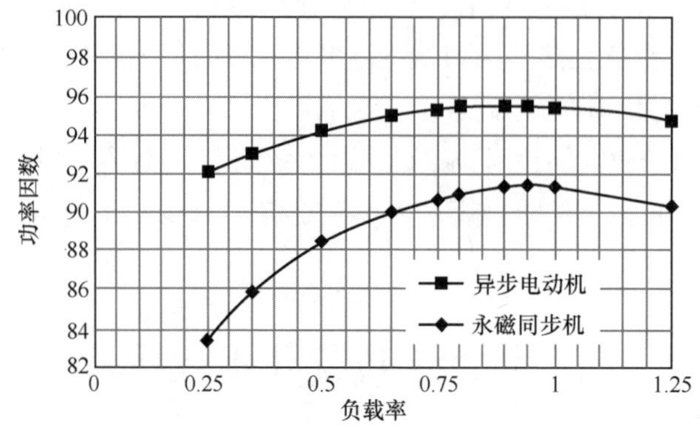

图6-61　永磁电动机与异步电动机效率曲线

同时，永磁同步电动机节能改造方案操作简单，其仅将电动机整体进行更换，不改变电气连接方式，不扩占空间，且未增加其他如变频器、高压柜等辅助设备，具有投资成本低、未额外增加维护量、适合较差运行条件下的磨煤机电动机等优势。

永磁同步电动机主要是由转子、定子、端盖和风罩等部件组成，转子又可细分为转子铁芯、永磁体磁极和转子导条。永磁同步电动机的主要结构与异步电动机较为相似，最大的区别在于安置在转子上的永磁体磁极。根据在转子上安放永磁体磁极的位置的不同，永磁同步电动机通常被分为表面式转子和内置式转子两种类型。永磁体磁极的放置方式对电动机性能影响很大，表面式转子电动机的永磁体磁极位于转子铁芯的外表面，结构比较简单，但产生的异步转矩很小，仅适合于启动要求不高的场合；内置式转子电动机的永磁体位于转子导条和转轴之间的铁芯中，具有良好的启动性能，是目前永磁同步电动机中普遍采用的结构。

永磁同步电动机的工作原理主要是通过在定子绕组上接入三相电流，从而感应出旋转磁场。定子旋转磁场相对于转子旋转，在转子绕组内产生电流，形成转子旋转磁场。定子旋转磁场与转子旋转磁场转速不同，会产生异步转矩，使转子开始转动。当转子加速到速度接近同步转速时，定子旋转磁场速度稍大于转子永磁磁场，此时电动机便进入到同步运行状态。在同步运行状态下，转子绕组内不再产生电流。此时只有永磁体磁极产生的磁场与定子旋转磁场相互作用，产生驱动转矩，维持电动机运转。

通过测算工程投资回收期可以评价永磁同步电动机节能改造方案的经济性。以常规600MW火力发电机组为例，考虑年利用小时数为5500h，高压永磁同步电动机效率按比普通电动机高 4%计算，价格按同容量异步电动机的 1.5 倍考虑，标煤耗率按 275g/（kW·h）考虑，标煤价按 700 元/t 计算，测算结果见表 6-11。可以看出，在目前的设备制造水平下，针对运行时间长、年运行小时数多、负荷变化大的机组，进行永磁同步电动机节能改造后，电厂每年可以节省标煤约 3092t；若标煤价按 700 元/t 考虑，则进行改造的投资将在 5 年左右的时间内收回。

表 6-11　　普通电动机与永磁电动机经济性比较

序号	名称	额定容量（kW）	普通电动机（万元）	永磁同步电动机（万元）	运行台数（台）	增加的设备投入费用（万元）	永磁同步电动机年节约电量（kW·h）	每年节省标煤（t）	投资回收期（年）
1	凝结水泵	1750	47	70.5	2	47	770000	211.75	3.2
2	循环水泵	1600	125	187.5	6	375	2112000	580.8	9.2
3	辅机循环水泵电动机	500	19	28.5	2	19	220000	60.5	4.5
4	热网电动循环水泵	420	20	30	4	40	369600	101.64	5.6
5	磨煤机	2500	125	187.5	10	625	5500000	1512.5	5.9
6	湿式球磨机	1250	58	87	2	58	550000	151.25	5.5
7	一级风机	710	18	27	1	9	156200	42.955	3.0
8	二级吸收塔循环泵 A	800	19	28.5	1	9.5	176000	48.4	2.8
9	二级吸收塔循环泵 B	900	38	57	1	19	198000	54.45	5.0
10	二级吸收塔循环泵 C	900	38	57	1	19	198000	54.45	5.0
11	一级塔循环泵 A	1000	39	58.5	1	19.5	220000	60.5	4.6
12	一级塔循环泵 B	1120	39	58.5	1	19.5	246400	67.76	4.1
13	一级塔循环泵 C	800	35	52.5	1	17.5	176000	48.4	5.2
14	氧化风机	355	15	22.5	1	7.5	78100	21.4775	5.0
15	一级塔脉冲悬浮泵	355	15	22.5	1	7.5	78100	21.4775	5.0
合计						1292	11048400	3038.31	

6.4.1.2　电动机高压变频改造技术

在火电厂中，由高压电动机驱动的辅机设备（如磨煤机、水泵、引风机等）节能改造的空间十分巨大。这些辅机设备基本上采用电动机直接驱动，而电厂电动机多采用交流异步电动机恒速运转。随着电网负荷的变化，火电机组经常处于中高负荷下运行，而这些异步电动机的输出功率却保持恒定，导致大量电能的消耗。同时，一般异步电动机的启动电流为额定电流的 6～8 倍，电动机频繁启动时，容易造成对电动机的热损伤。通过节能改造技术调节电动机的转速，令电动机的输出功率与机组负荷相匹配，可以有效降低电能消耗。

近年来，随着电力电子技术的飞速发展，高压变频器技术越来越成熟，已经在诸多火电厂中成功应用。采用高压变频器调速技术对异步电动机进行驱动时，可以对电动机进行软启动，有效减小电动机的启动电流，具有系统功率高、调节品质好等许多突出的优点，延长了电动机的使用寿命，减少检修成本，提高电厂经济效益。

高压变频调速技术是一种新型的大容量电动机节能技术，主要通过高压变频器改变电源的输出电压来改变电动机的转速，直接驱动的泵与风机等辅机设备的异步电动机经过高压变频节能改造后的节电效率可高达20%～60%。高压变频器采用多台单相三电平逆变器串联连接而成的，可调节输出电流的电压和频率。由于电动机的转差率一般比较小，实际转速与同步转速接近相等，可以通过调节电动机的输出频率来改变其输出转速。

高压变频器主要由变压器柜、功率柜和控制柜三个部分组成，三相高压电从高压开关柜进入，经输入降压、移相给功率柜内的功率单元供电，控制柜的主控单元通过光纤时对功率柜中的每一功率单元进行整流、逆变控制与检测，再根据控制单元的给定频率，控制单元把控制信息发送到功率单元进行相应的整流、逆变调整，输出可调整的电压等级，以满足负荷需求。高压变频器的核心是功率器件，其利用半导体器件的通断作用将电流通过交–直–交变换来改变电流的频率。功率器件主要有IGBT、GTO、IGCT等型号，且在不断更新发展。

6.4.1.3　典型案例

【案例6-21】某600MW等级超临界机组磨煤机电动机永磁同步电动机改造

1. 工程概况

某电厂1号机组为超高压燃煤湿冷机组，锅炉为DG670/13.7-22型一次中间再热超高压自然循环汽包炉，制粉系统采用5台ZGM80型中速磨煤机，4台运行，1台备用。1号磨煤机原配及改配电动机主要技术参数见表6-12。

表6-12　磨煤机所用电动机主要技术参数

项目	永磁同步电动机	异步电动机
型号	TY4003-6	YKK400-6
额定功率（kW）	315	315
额定电压（kV）	6	6
额定电流（A）	31.8	39.5
功率因数	0.99	0.82
额定转速（r/min）	1000	989

2. 改造方案

将原有的异步电动机更换为永磁同步电动机。

3. 改造效果

根据测试结果，得到电动机定子电流随不同给煤量变化的趋势以及永磁电动机相对于异步电动机电流下降百分比曲线，结果如图6-62、图6-63所示。

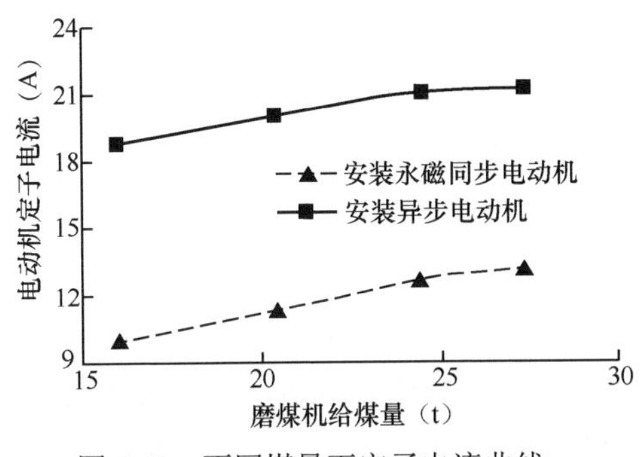

图 6-62　不同煤量下定子电流曲线

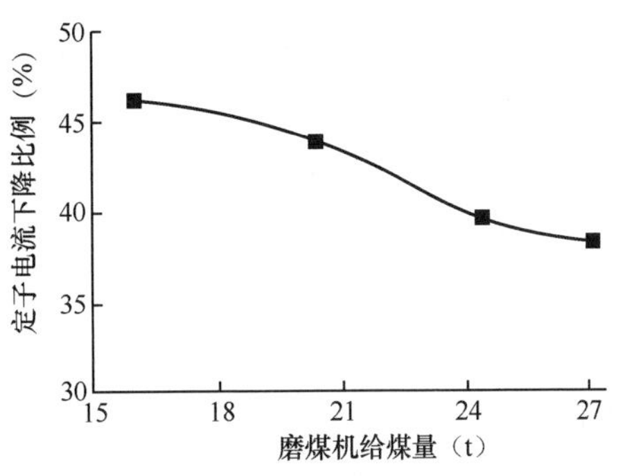

图 6-63　永磁同步电动机定子电流下降比例曲线

由图 6-62 可见，随着磨煤机给煤量下降，永磁同步电动机比异步电动机定子电流分别降低 8.14A、8.29A、8.80A、8.69A，永磁同步电动机定子电流下降趋势明显。图 6-63 更为直观地显示了永磁同步电动机电流随着给煤量下降而下降的比例，在给煤量为 16t 时电流下降比例达到了 46%，永磁同步电动机节能效果明显。磨煤机装配永磁同步电动机相对异步电动机综合节电率为 9.46%，节能降耗作用明显。

【案例6-22】某300MW亚临界机组凝结水泵电动机高压变频节能改造

1. 工程概况

某电厂现有 4 台 300MW 汽轮发电机组，每台机组配置沈阳水泵厂所生产 9LDTN−6 型凝结水泵两台，日常运行时为一台运行，另一台备用。该泵为立式筒袋式结构，主要由泵筒体、工作、出水三部分组成，从电动机向下看泵轴的旋转方向为逆时针方向。机组凝结水系统拥有两台 100%容量凝结水泵，一运一备。配置四台卧式、双流程、法兰密封、表面式低压加热器、U 型不锈钢管芯，一台表面式热交换器。电厂凝结水泵电动机主要参数见表 6-13。

表 6-13　凝结水泵电动机主要参数

型号	YLST-500-4/Y	额定电流	109A
额定功率	900kW	转速	1488r/min
额定电压	6kV	正常工作电流	≤100A

由于设备投入运行时间较长，设备性能落后，凝结水泵还是采用定频通过调节阀门开度来控制流量。而电厂机组负荷长期处于中低负荷或者变负荷的情况，导致凝结水泵定工频运行，凝结水泵长期未处于最优状态运行，浪费了大量电能。

2. 改造方案

对凝结水泵电动机进行变频改造。通过加装高压变频器，在不同工况下对电动机进行变频调速，从而达到节能的效果。

通过市场调研及相关行业调研，选择日本安川电机生产的 FSDrive-MV1S 高压变频器，变频器型号为 CIMR-MVISDC900，适用于 6kV 电压等级，最大适用电动机容量为 900kW。FSDrive-MV1S 的主要部分由变压器部、功率单元部、控制部构成。其中，变压器部中三相双绕组变压器能够承受 6kV/630V 或 6.6kV/630V。在三相 18 线圈、双绕组变压器的 6kV 级与功率单元的输入端，变压器上部装有几台散热的风扇。在功率单元部中，6kV 级变频器共配有 630V 输入、单相输出的三相 18 个功率单元，其中每一相就拥有 6 个功率单元。变频器上部也装有几台散热风扇，散热风扇在工作时候，冷空气从动力装置的前部进入过滤器，通过散热片后就流向功率单元后部的通风管，继而从变频器顶部排出，从而达到散热效果。功率单元主要由两个部件构成，即电源部和单元控制的电路板。其中单元控制电路板通过光纤电缆链路控制单元的控制装置来传输数据，并且根据控制装置的指令来控制功率单元的 PWM 输出，同时向控制装置反馈信号。单元控制电路板还起到保护和预防过电压、低电压、IGBT 过热等作用。

控制部分主要由 FSDrive-MV1S 控制装置及配电用断路器、电源、模拟量输入输出用隔离放大器、顺控输入输出继电器等外围电路、控制回路端子排等组成。其中控制装置主要由 CPU 电路板、主单元电路板、电流检出电阻电路板、光链路扩展电路板等部分组成。

采用两泵共用一台变频器，以及一拖二的形式，两台凝集水泵电动机共用一套高压变频器，通过变频器连接的切换开关来控制两台凝结水泵，切换开关的主力电源来源于 6kV 厂用主力电源，通过现场 DCS 控制程序的设置，达到两台凝结水泵的变频控制，即高压变频器可以拖动凝结水泵 A 电动机实现变频调速控制，或者通过切换开关拖动凝结水泵 B 变频调速控制，但两台凝结水泵不能同时处于变频状态，一台处于变频控制，另一台就必须处于工频备用状态，正常运行状态为一变频运行一工频备用，而且当高压变频器发生故障时，可自动关联另一台凝结水泵的工频运行。

3. 改造效果

凝结水泵电动机变频改造后投入运行，在不同负荷下记录相应的能耗并与原工频运行的能耗进行比较，得出凝结水泵电动机变频改造的节能效果。如表 6-14 所示，变频改造后基本达到之前设计的节能效果要求。如按每天的平均负荷为 180MW 计算，每天 24h 节约电量为 24106kW·h。按一年平均四台机组发电满 300 天计算，全年可节约电量为 7231800kW·h。

表 6-14 高压变频改造前后效果对比

机组	机组负荷（MW）	改造前		改造后		节省电量（kW·h）	节能效果（%）
		24h 耗电（kW·h）	厂用电率（%）	24h 耗电（kW·h）	厂用电率（%）		
1 号机组	180	14526	0.35	8280	0.18	6246	42.9
2 号机组	180	14760	0.33	8400	0.19	6360	43.1
3 号机组	180	13410	0.29	7200	0.16	6210	46.4
4 号机组	180	13410	0.27	8120	0.17	5290	36.0
1 号机组	250	16875	0.30	13655	0.20	3200	18.9

续表

机组	机组负荷（MW）	改造前		改造后		节省电量（kW·h）	节能效果（%）
		24h 耗电（kW·h）	厂用电率（%）	24h 耗电（kW·h）	厂用电率（%）		
2 号机组	250	16656	0.29	13621	0.19	3035	18.2
3 号机组	250	15820	0.27	13411	0.18	2409	15.8
4 号机组	250	15411	0.26	13400	0.18	2011	13.5
1 号机组	300	18198	0.26	16982	0.24	1216	6.6
2 号机组	300	17496	0.24	16800	0.22	696	4.0
3 号机组	300	18100	0.25	16320	0.23	1780	9.8
4 号机组	300	17640	0.24	17180	0.24	460	2.6

6.4.2 其他节能技术

6.4.2.1 受热面改造技术

1. 技术特点

受热面改造技术是通过锅炉换热面积核算，确定需要调整的受热面面积，对超温严重的管材进行材质升级等相应技术改造；在锅炉换热部件表面常温涂装非金属复合材料，保护金属基材、调节受热面换热性能，并在水冷壁表面涂敷具有更高黑度系数和更低表面能的材料，增加炉膛换热量。上述技术可有效解决锅炉受热面结焦、高温腐蚀等问题，通过局部改造，保障锅炉运行的安全性与经济性。

适用于锅炉受热面结焦、高温腐蚀、频繁超温，以及减温水量高，部分负荷段主蒸汽、再热蒸汽温度欠温严重等问题的火电机组。注意煤质的波动导致炉内燃烧动力场的变化，可能会产生主蒸汽、再热蒸汽温度偏离设计值。

2. 技术指标

改造后的过热蒸汽温度与设计值偏差保持在 0～5℃范围内，再热蒸汽设计温度不低于目前运行各工况下数值，不高于设计值，不提高过热器、再热器减温水量，锅炉效率不降低，排烟温度不升高。300MW 机组供电煤耗率降低 0～0.7g/（kW·h），600MW 机组供电煤耗率降低 0～0.5g/（kW·h）。

6.4.2.2 制粉系统综合优化技术

1. 中速磨煤机提效改造技术

（1）技术特点。

中速磨煤机提效改造技术包括：中速磨煤机增容、液压加装、金属陶瓷复合磨辊及磨盘、高效风环优化。适用于制粉出力、干燥出力、煤粉细度、均匀性、浓度不满足要求，磨煤机磨损严重、石子煤量大、制粉电耗高的 300MW 及以上机组。应用时需注意液压加载力和煤层厚度的匹配，防止磨煤机振动；需注意陶瓷磨辊的制造工艺，防止磨辊开裂；需注意磨煤机风环通流面积的变化而引起的磨煤机通风阻力和携带出力的变化。300MW、600MW 机组降低供电煤耗率约为 0.1～0.2g/（kW·h）。

1）中速磨煤机增容改造技术。改变减速机螺旋锥齿轮传动比，提高输出转速，加大减速机推力轴承的承载力。

2）中速磨煤机液压加装技术。中速磨煤机弹簧加载装置改造为液压加载，提高其加载力度，改善中速磨煤机制粉出力及煤粉细度。最新一代液压系统为带有液压阻尼减振系统，具有碾磨压力等级高、抗震性好、煤种适应能力强等特点。

3）中速磨煤机金属陶瓷复合磨辊及磨盘技术。金属陶瓷复合磨辊及磨盘使用寿命是传统堆焊辊套、磨盘的 2 倍以上。磨辊滚套衬板磨损后，可继续使用原来辊芯，表面可再次采用复合陶瓷辊套衬板。陶瓷材料良好的耐磨性能更好保持原始外形，使出力得到更好的保证，减少石子煤排量，同时降低磨煤机单耗。

4）中速磨煤机高效风环优化技术。针对中速磨煤机原设计缺陷造成的磨出粉效率低、出力下降问题，采用高效一体风环优化技术，优化中速磨煤机内部流场，优化中速磨煤机通风出力，尽可能控制通风阻力的增大幅度，提高一次风携粉能力，拓宽中速磨煤机出力范围，为中速磨煤机低出力运行提供保障。

（2）技术指标。

1）中速磨煤机增容改造技术一般输出转速可提高 10%，保证出力提高 8%左右。

2）中速磨煤机液压加装技术能够提高碾磨出力，碾磨压力等级可提高 30%～60%，碾磨出力最大可提高 5%。

3）中速磨煤机金属陶瓷复合磨辊及磨盘技术使用寿命是传统堆焊辊套和磨盘瓦的 2 倍，陶瓷硬度 HV＞2000，碾磨出力最大可提高 3%。

4）中速磨煤机高效风环优化技术根据工程情况不同，如原风环设计风速高于正常值，改造后可降低中速磨煤机本体阻力 5%，延长中速磨煤机内部易损件使用寿命 20%；如原风环设计风速低于正常值，改造后可减少石子煤排出量 20%，提高中速磨煤机送粉能力 3%。

2. 钢球磨煤机的少球和优化级配技术

根据煤质实际情况，调整钢球磨煤机的钢球装载量和不同直径钢球配比，保证煤粉细度，降低磨煤机电耗。提高单个钢球的研磨能力，在钢球减少时，煤粉细度和磨煤机出力变化不大而磨煤机运行电流下降明显；钢球级配是优化不同直径钢球的配比，针对难磨或易磨煤质分别增加大直径或小直径钢球比例，充分发挥钢球研磨能力，保证合适的煤粉细度。适用于单进单出或双进双出钢球磨煤机。需注意添加钢球的时间节点和钢球添加量。

在保证煤粉细度的前提下，通过优化入磨钢球直径配比与运行时破碎钢球筛选技术，保证磨煤机运行在最佳钢球配比范围内，300MW、600MW 机组优化改造后电耗节省 10～15%、球耗节省 15～20%，降低供电煤耗率为 0.15～0.2g/（kW·h）。

6.4.2.3 锅炉风机节能技术

1. 技术特点

部分机组由于风机设计选型裕量偏大，或设计煤质发生重大改变，风机在实际运行中偏离设计高效区，导致运行效率低，甚至运行不稳定。通过风机及烟风系统性能测试，分析其性能匹配性、运行经济性，进行风机性能优化，提高效率。在此基础上，为提高机组低负荷工况下的风机组运行效率，可采用变频调速、永磁调速、双速电动机、引增合一等改造技术，以及在运行中采用单侧风机（适用于部分风机）运行方式，提高风机组的运行效率。

风机节能优化改造后，针对 300、600MW 机组供电煤耗率降低 0.5～1.2g/（kW·h），单台风机最大节能量可超过 50%。

锅炉风机节能技术特点见表 6-15。

表 6-15　锅炉风机节能技术特点

节能技术	技术特点	适用范围
风机性能优化	按照烟风管道系统特性优化风机性能，实现风机性能与烟风管道特性的良好匹配，保证机组中高负荷工况下风机高效运行、低负荷工况下风机能够稳定运行	技术成熟，适用于各级容量机组的各型风机，包括叶轮优化、降速运行、减少叶片
变频调速	改变风机出力，以适应机组的需要。实现风机的无级调速，避免节流损失，是目前综合运行能耗最低的技术方案之一	适用于各级容量机组的各型风机
永磁调速	电动机转速恒定，采用永磁调速装置，改变风机转速来改变出力，以适应机组的需要	技术成熟，但受冷却方式及功率限制，目前多用于 1000kW 级以下中小型风机
双速电动机	属于异步电动机变极调速，通过改变定子绕组的连接方法达到改变定子旋转磁场磁极对数，从而改变电动机的转速，改变风机出力	
引增风机合一	将引风机、增压风机合一改造为联合风机，优化烟道系统，降低烟气沿程阻力，并实现风机优化选型，降低风机电耗	可根据机组实际情况综合分析后实施
汽电双驱引风机	在原有的电动机驱动的引风机结构基础上，使用一个同轴布置的变速离合器来增加一台小汽轮机，实现通过此小汽轮机与电动机来对引风机系统进行同时驱动	
单侧风机组运行	在机组低负荷工况下，只运行单侧锅炉三大风机，或单送单引风机运行	

2. 注意事项

风机技术改造，应首先进行风机性能与烟风管道系统特性试验，后进行风机性能优化改造；在此基础上，再进行其他节能改造以提高机组低负荷工况下的风机运行效率。风机节能改造，应根据机组实际条件和具体工况，在确保安全的前提下进行。

6.4.2.4 锅炉吹灰系统优化技术

大多数电厂锅炉受热面吹灰方法仍采用传统“定时定量”吹灰，这种吹扫方式完全依赖于运行经验，无法得到受热面积灰结渣的真实状况，存在一定盲目性。可对锅炉吹灰系统进行优化改造，通过实时监测各受热面的污染状态，更换不合理的吹灰器，实现“按需适量”的吹灰方式，减少吹灰运行能耗，降低机组爆管风险发生。适用于用“定时定量”、按照现场经验从前往后依次投运吹灰器的电厂，包含燃煤锅炉、循环流化床等各种容量等级机组。应注意因自动吹灰，需注意吹灰时引起的负压波动。

可降低吹灰器投运频率和减少高品质吹灰蒸汽耗量约15%～30%，降低锅炉排烟温度2～4℃。300MW机组供电煤耗率降低0.4～0.8g/（kW·h）；600MW机组供电煤耗率降低0.3～0.6g/（kW·h）。

6.4.2.5 风烟道系统降阻优化技术

针对环保超低排放改造的机组，受场地限制或增加的环保设备较多，锅炉的风烟系统复杂阻力较大，可进行风烟道的流场优化，降低风烟系统阻力，降低风机运行电耗。适用于引风机裕量小或出力不够、风烟道复杂、烟气流场紊乱的300MW以上容量机组。

根据现场情况实施烟道取直或导流板优化，优化后满负荷运行工况烟气侧运行阻力下降200～500Pa。300MW机组供电煤耗率降低约0.3g/（kW·h），600MW机组供电煤耗率降低约0.2g/（kW·h）。

6.5 本 章 小 结

煤电节能改造升级有利于促进煤电清洁低碳转型，是支撑新能源发电量占比快速提升、满足电力系统调节需求、构建新型电力系统的主要手段。目前，煤电行业都积极探索新设备、新技术和新方案来降低机组的煤耗和发电成本，提高企业的经济效益和行业竞争力。现有的煤电节能改造技术包括机组升温改造技术和设备升级改造技术等，关键在于汽轮机、锅炉及其辅机系统的合理优化。国内的煤电机组节能改造案例众多，改造后煤电机组的热耗率普遍降低，发电成本均大幅度下降，大大提高了机组的经济性。本章通过改造案例对煤电机组各种节能改造技术进行了总结分析，重点分析了锅炉和汽轮机及其辅机系统优化改造技术对电厂总体节能升级改造的影响。

（1）单纯依靠提升蒸汽温度的提升参数改造技术的节能量并不十分显著，跨越一代技术改造的节能量合 3.5～10.2g/（kW·h）。与常规超（超）临界机组仍有一定差距。提升参数改造后，受热面对数传热温差降低，原设计的各级受热面的换热面积不足（尤其是过热器和再热器各级受热面），需进行增容改造。对于现役锅炉而言，尾部烟道内能布置的受热面面积受限于钢架结构承载能力、烟道结构尺寸、受热面结构参数等因素，其可增容的幅度有限。因此，提升参数改造应与汽轮机提效改造、锅炉提效改造合并考虑，可提高总的投资收益比和技术经济性。

（2）本章对实施通流改造、本体优化改造和冷端综合优化改造的技术和案例进行了系统性总结与梳理。设备制造水平的提高，增强了机组的可靠性。国内改造案例中普遍能够设计合理的工艺改造方案，提升了汽轮机的运行效率。未来，节能降耗是发展的主流，对汽轮机组的提效改造将会持续进行，随着新技术、新工艺的不断发展，这些新思路将会越来越多的应用到现役汽轮机的改造上。

（3）在锅炉提效改造部分，针对锅炉的机械不完全燃烧损失和排烟热损失，梳理了目前主要的提效改造技术的基本原理，并对目前相关的实际应用案例进行分析论证。通过优化煤粉细度和均匀性，更有利于煤粉在炉膛内的着火和燃尽，同时提高了制粉系统的出力和耗电量；对一次风粉系统进行优化后锅炉燃烧情况大幅改善，锅炉效率提高；利用在线测温系统对炉膛温度进行监测，可以查明炉膛内燃烧的不均匀现象，为燃烧参数修正提供依据，从而提高锅炉效率。

（4）辅助系统优化提效部分，对电动机高耗电设备的节能增效技术进行了详细阐述并对机组运行中的泵类与锅炉辅机节能运行技术进行了梳理，并提供了实际的节能改造案例。

从未来国家电力结构的发展趋势分析，燃煤火电机组将以保障基础电力的形式存在，仍将占据一定的比例，高效、灵活的机组更容易被保留。煤电节能改造技术对于大量现役机组而言，可有效降低机组的发电、供电煤耗指标，提高其服役年限。

7 煤电供热改造技术

本章详细分析了采暖供热技术、工业供热技术两大类供热技术以及目前快速发展的长距离供热技术，阐述国内外煤电供热技术的发展现状。民用供热重点梳理了中排管道打孔直接供热、低位能供热、热泵供热技术；工业供热重点梳理了再热器抽汽供热、中压联合汽门供热、主蒸汽供热、汽机压力匹配器技术、缸体抽汽再热技术等；长距离供热技术重点介绍了大温差输送技术和低温回水技术、保温技术、热补偿技术等，展望了煤电供热技术的发展前景。

7.1 采暖供热技术

7.1.1 中排管道打孔直接供热技术

7.1.1.1 技术原理

1. 技术特点

从汽轮机中压缸排汽连通管打孔抽取已经在高中压缸做功完毕、品位较低的蒸汽用于供热。抽出口方便接出，抽汽对机组转子轴向推力几乎无影响，汽轮机本体不需改造。中排抽汽供热系统示意图如图 7-1 所示。

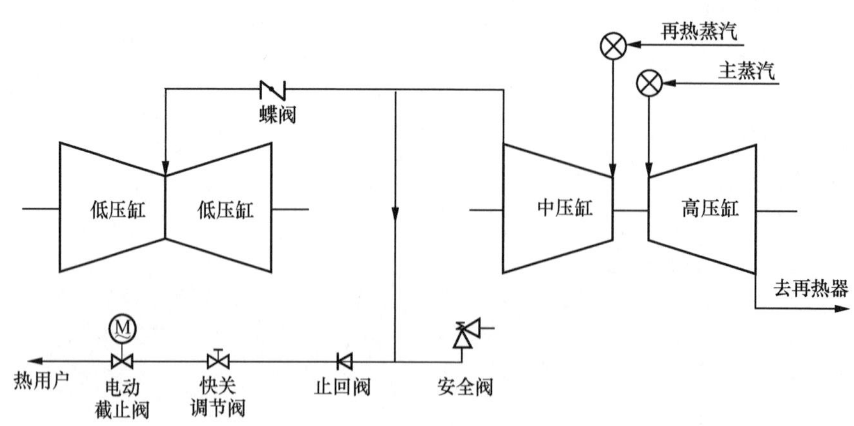

图 7-1 中排抽汽供热系统示意图

2. 适用范围

（1）此供热方式为常规供暖方式，适合作为大中型城市集中供热基础热源，对于有供暖需要的地方，均可在考察实际需求及相关政策后确定是否新增热电联产机组。

（2）对于热负荷增加的区域，在不新增机组的情况下，可考虑供暖改造技术。充分利用存量机组的供热能力，扩大供热范围，鼓励进行乏汽供热改造。中低压连通管上抽汽供热改造技术适用于供热抽汽量需求较小的情况，建议 200MW 等级机组供热抽汽量约为 300t/h，300MW 等级机组供热抽汽量约为 500t/h，600MW 等级机组供热抽汽量约为 800t/h，具体抽汽量根据机组情况确定。

3. 技术指标

对于单台 300MW 级别机组，采暖季可降低供电煤耗率约为 5.0～15.0 g/（kW・h）。

对于单台 600MW 级别机组，采暖季可降低供电煤耗率约为 15.0～25.0 g/（kW・h）。

4. 注意事项

（1）该方式提供供热的蒸汽参数往往是高于热网所需求的蒸汽参数，由于供热蒸汽参数和热网参数不匹配等问题，导致热交换过程中将存在大量的余压余能的浪费，该供热模式还存在一定的再开发潜力。

（2）供热抽汽量受汽轮机中排温度、低压缸进汽调整阀最小开度及低压缸最小进汽量的影响，抽汽压力可调节范围较小。一般 300MW 热电联产机组额定中排抽汽量在 500t/h 左右，由纯凝机组改造成的供热机组，额定抽汽量在 300t/h 左右。

（3）中低压连通管蝶阀可作为供热抽汽压力调整机构，热电解耦性能良好。受低压缸最小冷却流量限制，抽汽能力随机组发电负荷下降而降低。对于大规模用汽用户，可通过低压缸微出力改造提高调峰能力。纯凝改供热的机组，由于中低压分缸压力较高，宜采用功热电供热技术，将中排压力降低后再用于供热，以实现能量梯级利用。

7.1.1.2 典型案例

【案例7-1】某680MW超超临界机组连通管打孔供热改造

1. 工程概况

华能日照电厂二期工程 2×680MW 超超临界发电机组为超超临界、一次中间再热、三缸四排汽、单轴抽汽凝汽式机组，为满足日照市供热需求，该厂实施了 4 号机组连通管打孔供热改造，同步建设了二期供热首站机组。

在连通管上开孔后，抽汽经过蝶阀调整后绝对压力为 0.88MPa，高于常规供暖供热需求的供暖蒸汽参数，抽汽需要减温减压后供暖。由于通过减温减压器供热经济性较差，基于能源梯级利用原理，增加了背压机同时驱动发电机和热网循环水泵。将一部分蒸汽通过背压汽轮机做功拖动热网循环泵，其余蒸汽先进入背压汽轮机进行降温、降温，拖动发电机发电后再进入热网加热器。发电机发出的电为厂用系统提供电源，从而降低厂用电，实现供热能源合理分级利用。

2. 改造内容

机组抽汽供热改造采用连通管开孔方案，具体为在连通管上开孔（即更换新的连通管）顺汽流方向在开孔后的管道上加装蝶阀，通过蝶阀调整抽汽压力，实现调整抽汽的目的。汽轮机厂对低压缸进行了核算，对汽轮机通流间隙和叶型进行少量改造。管径为 DN1300 的抽汽母管从连通管引出后引向 A 排后与 A 排外 DN1800 供热母管相连接；同时，3 号机组预留接口沿着 A 排与供热母管相连接，供热母管经过厂区向供热首站提供热源。

调整后压力可达到该处原设计压力，可以保证中压末级叶片的安全。调整抽汽绝对压力为 0.88MPa，额定抽汽量为 700t/h，最大抽汽量为 800t/h。根据常规供暖供热蒸汽参数，供暖供热蒸汽绝对压力范围为 0.2～0.5MPa。为了在调整压力的同时实现能源合理分级利用，3 台热网循环水泵使用背压式汽轮机驱动，并设置 3 台 12MW 背压式汽轮发电机组。抽汽供暖能源梯级利用示意图如图 7-2 所示。

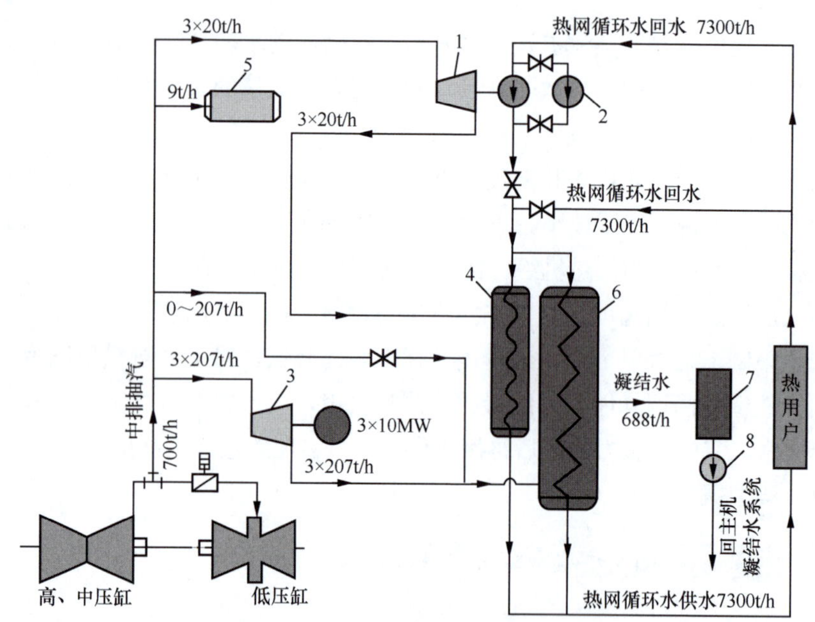

图 7-2 抽气供暖能源梯级利用示意图

1—热网循环泵配套汽轮机（3 台）；2—电动热网循环泵（1 台，备用）；3—汽轮发电机组（3 台）；4—热网基本加热器（1 台）；5—热网加热器（3 台）；6—除氧器（1 台）；7—闭式凝结水疏水罐（1 台）；8—凝结水疏水泵（3 台）

主汽轮机抽汽至供热首站后，一部分抽汽进入 3 台 12MW 背压发电机组，驱动发电机发电，发电机发出的电为厂用系统提供电源，从而降低厂用电率。工业汽轮机采用电子调节的方式调节蒸汽量，控制转速。另一部分抽汽进入热网循环泵配套背压汽轮机用汽总支管，经各分支管进入工业汽轮机汽缸，以冲击方式由喷嘴高速喷射叶片带动汽轮机转子高速旋转，通过联轴器拖动热网循环水泵转动，以克服热网循环水流动阻力，进行远距离输送。做功后的绝对压力为 0.15MPa、231.6℃背压排汽经各排汽支管汇入排汽

总管，再经各支管分配至循环泵汽轮机乏汽热网加热器进行冷却、凝结和过冷换热；一部分经除氧器支管进入除氧器，与热网补水混合除氧后，作为热网补水进入热网循环水系统。

蒸汽母管的分支管处设关断阀，各用汽设备进口也均设关断阀和调节阀，以便于设备解列或投运，以及节能运行调节。管道最低点均设置疏水器，以防止水击危害。蒸汽母管、工业汽轮机进汽总支管以及除氧器进汽支管均装设流量计，以计量蒸汽量，便于核算。为提高系统可靠性，每台前置发电机乏汽热网加热器进汽管设置一路旁路与机务抽汽母管相连，以备在前置发电机组出现故障时使用。

背压式汽轮发电机组额定功率为 12MW，运行工况进汽量为 207t/h，设计进汽温度为 351.6℃，额定排汽工作温度为 240℃，额定排汽绝对压力为 0.3MPa。汽轮机卧式安装，配套空冷式发电机，空冷器采用大机循环水。

热网循环泵配套汽轮机，采用卧式背压、汽轮机一体化布置形式，水平单进汽单排汽，占地小、安装方便。调速范围为 55%～105%，电子调节或电-液调节方式。设计进汽绝对压力为 0.88MPa，温度为 351℃，设计排汽绝对压力为 0.15MPa，温度为 275℃，转速为 1500r/min，功率为 1200kW，单台最大耗汽量为 18t/h，设计效率为 60%。

供热首站运行调节采用质-量综合调节方式，并设置相应的自控系统。即在运行调节的过程中，控制系统根据供热负荷的发展和室外温度的变化，既改变循环水流量又改变供回水温度，以达到最佳的供热效果和最大限度地降低供热的热耗和电耗。

3. 改造效果

供暖季投运背压汽轮发电机组后，在机组原热力经济性指标基本不变的同时，背压汽轮发电机组的电负荷可供机组厂用电，降低机组厂用电率，同时热网循环泵配套背压汽轮机可以通过联轴器拖动热网循环水泵转动，以克服热网循环水流动阻力，进一步降低厂用电率。

使用背压式汽轮机驱动的热网循环水泵在供热季开始与首站同步投运，节约了大量厂用电，供热耗电率降低到 5.95kW • h/GJ。12MW 背压式汽轮发电机组投运后，降低了全厂发电厂用电率 0.6 个百分点，增加企业收入超过 2700 万元，取得了良好的企业效益。

7.1.2 低位能供热技术

7.1.2.1 技术原理

1. 技术特点

湿冷机组低位能供热技术的原理是利用现有的凝汽器及循环冷却水管道，增设热网循环水切换系统，采暖期，凝汽器内通流热网循环水，回收机组乏汽余热供暖；非采暖期，凝汽器切换为循环冷却水，机组恢复为纯凝运行。充分利用凝汽式机组排汽的汽化潜热加热循环水，降低冷源损失，从而提高机组的循环热效率，具有较高经济效益。湿冷机组低位能供热系统示意图如图 7-3 所示。

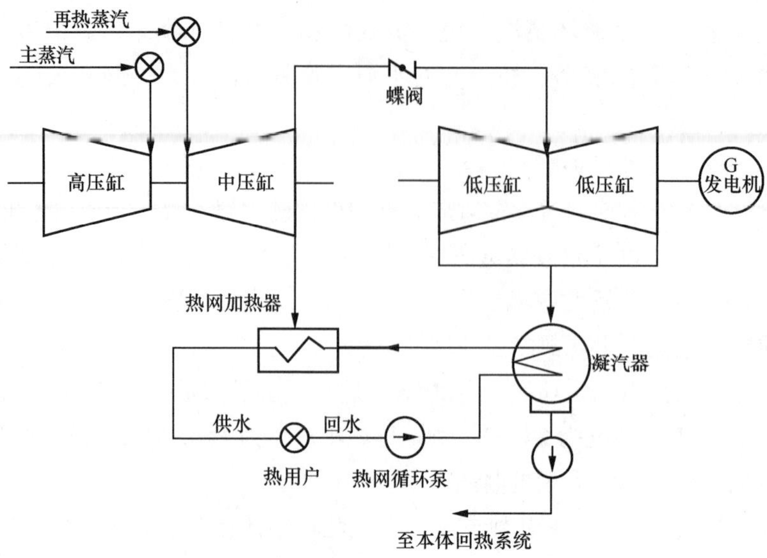

图 7-3　湿冷机组低位能供热系统示意图

直接空冷机组采用高背压供热方式可回收汽轮机乏汽，减少高品位蒸汽有用能损失，提高能源转换效率。目前对空冷机组的影响直接空冷机组低位能供热技术的原理是在排汽装置至空冷岛的主排汽管道上增设乏汽旁路管道，将机组乏汽引至新增的热网凝汽器中回收供暖。直接空冷机组低位能供热系统示意图如图 7-4 所示。

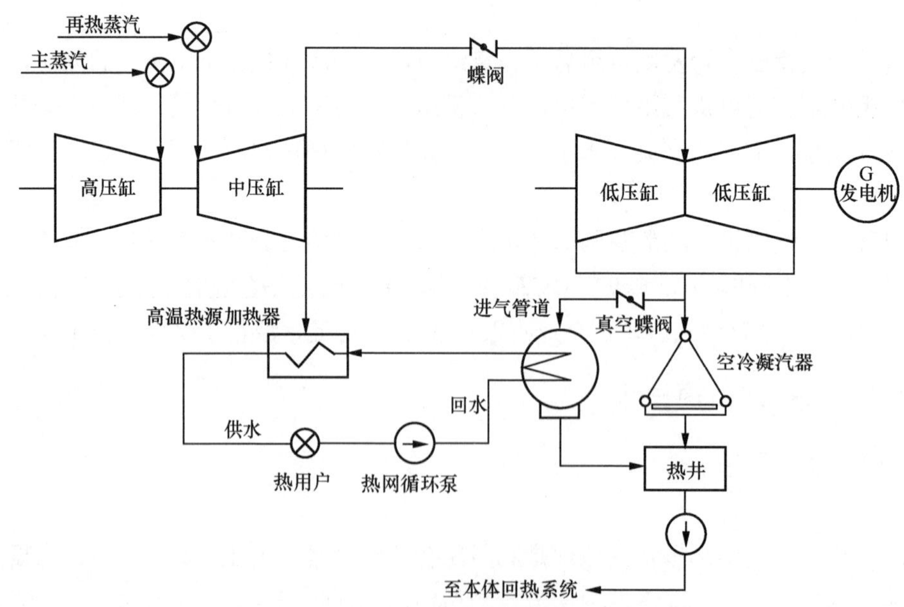

图 7-4　直接空冷机组低位能供热系统示意图

2. 适用范围

适应于供热流量较大的直接空冷和湿冷机组。

3. 技术指标

单台 300MW 级别机组的改造成本为 2000 万～5000 万元，单台 600MW 级别机组的改造成本为 3000 万～6000 万元，采暖季可降低供电煤耗率为 60～100g/（kW·h)。

4. 注意事项

（1）由于低位能供热改造后低压缸末级叶片的背压变化范围较大，为适应冬季高背压供暖、夏季低背压纯凝运行的需求，宽背压范围内连续稳定运行的同时兼顾非采暖期的运行经济性，需要对低压转子或末两级动静叶片进行定制化设计和改造。

（2）背压变化引起低压缸标高变化，需对更换末级叶片或低压转子的轴系作校核分析。

（3）对于小汽轮机驱动给水泵的机组，需评估小汽轮机在高背压工况下的运行可靠性和最大出力、流量是否满足给水泵的需求。目前常用的高背压供热技术路线主要有高背压热网凝汽器、汽轮机技术、双转子、低压缸末叶改造等。

7.1.2.2 典型案例

【案例7-2】某350MW超临界湿冷机组低位能（高背压）供热改造

1. 工程概况

某热电厂 1 号、2 号汽轮机是由北重汽轮机厂生产的 NC350-24.2/0.4/566/566 型单轴、超临界、一次中间再热、两缸两排汽、抽汽凝汽式汽轮机，额定功率为 350MW。机组配置有 8 段回热抽汽，分别供给三台高压加热器、一台除氧器和四台低压加热器。

改前情况如下：

（1）设计参数和技术指标。

采用中排至热网换热器加热热网循环水的供热方式。在额定供热工况，主蒸汽流量为 1067t/h，供热抽汽流量为 490t/h，供热抽汽压力为 0.4MPa，发电机功率为 273MW。

（2）存在的问题。

由于拓展了周边供热需求，增加供热面积约 300 万 m^2，机组现有供热能力不足。

2. 改造内容

2016 年实施高背压供热改造，低压转子末级采用 712mm 短叶片，纯凝运行不需要更换低压转子的高背压供热技术路线；实现汽轮机乏汽供热，降低冷源损失，提高供热能力。

（1）技术路线。

采用高背压改造单转子的技术路线。设计背压 34kPa，更换一个新型低压转子，末级选用 712mm 短叶片（原 1080mm），在平均 240MW 电负荷、夏季 9～10kPa 运行背压范围内低压缸效率仍能达到 90%左右，夏季能耗基本不受影响；在采暖期长期 30～34kPa 背压范围内低压缸效率为 86%左右。在满足冬季高背压采暖要求的同时兼顾纯凝低背压运行经济性。与双转子高背压供热技术相比，免除每年更换两次低压转子，降低维护成本。采暖期由低压缸排汽的低位能替代中压缸排汽的高位能加热热网循环水，变蒸汽废热为供热热量，实现热能转换的梯级利用，使汽轮机冷源损失减少为零，同时提升供热能力。

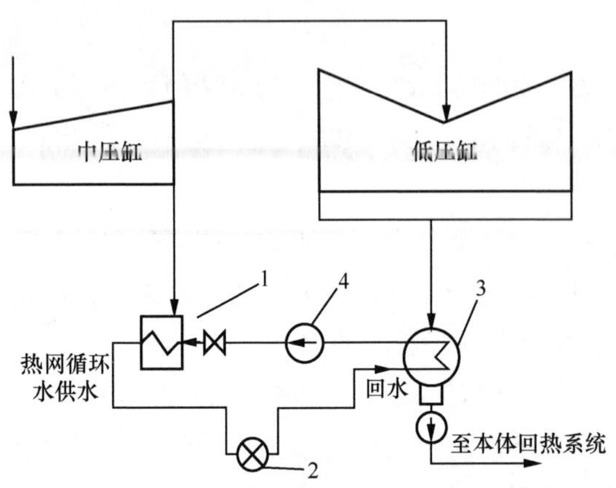

图 7-5 原则性系统图
1—高温热源回热器（即尖峰加热器）；2—热用户；
3—低温热源加热器；4—热网循环泵

（2）改造内容。原则性系统图如图 7-5 所示。

改造内容包含以下几项：

1）保留原低压外缸、低压内缸，更换一根可适应宽背压运行的 2×5 级低压转子（含动叶），末级叶片由 1080mm 更换为空冷转子采用的 712mm 叶片，对 2×5 级低压隔板、低压进汽分流环、低压排汽导流环、低压隔板、低压隔板汽封、低压轴端汽封、低压缸喷水管路全部进行更换，改造后额定运行背压为 34kPa。

2）给水泵汽轮机改造。给水泵小汽轮机与汽轮机共用凝汽器，通过对给水泵小汽轮机进行改造，使其适应冬季高背压供热和夏季低背压纯凝运行的需求。

3）凝汽器改造。改造后对凝汽器的耐压强度、换热性能等提出更高的要求，需对其进行改造，使其适应采暖期凝汽器内通流高压的热网循环水的运行需求，且可有效吸收排汽温度升高的膨胀量变化。改造主要内容：对凝汽器本体及其支座进行重新设计改造；对管束、管板、水室、壳体加强板等重新进行加固设计，以提高凝汽器的耐压强度，使其适应冬季通流高压循环水的运行需求；重新设计凝汽器内管束的布置形式，增加凝汽器换热面积，使其保证冬夏季的正常换热负荷需求。

4）关键设备。

a．主机低压通流：低压转子、2×5 级隔板及隔板套。

b．给水泵汽轮机：高压喷嘴、低压喷嘴、配汽机构、转子、隔板组以及上汽缸返厂改造。

c．凝汽器：在保留原凝汽器喉部、热井、外壳及其支承方式不变、与低压缸排汽口的连接方式不变、凝汽器中心位置不变的条件下，对凝汽器壳体内部进行了改造，将端管板及中间支撑板全部予以更换。

3．改造效果

供热能力较改造前大幅提升，1 号机组改造前最大供热能力为 1271GJ/h，改造后最大供热能力为 1767.4GJ/h；供热期煤耗大幅降低，改造前供热工况供电煤耗率为 229.217g/（kW·h），改造后供热工况供电煤耗率为 144.966g/（kW·h），1 号机组比改造前降低 84.251g/（kW·h）；新型低压缸转子具备较强的安全可靠性，改造后在基本不影响夏季机组运行能耗的基础上，可实现冬季高背压供热的需求，无需停机切换转子。改造前后机组基本技术参数对比见表 7-1。

表 7-1 改造前后机组基本技术参数对比

	名称		单位	工况		
供热工况	改造前	抽汽工况		100%抽汽量	80%抽汽量	60%抽汽量
		热耗率	kJ/（kW·h）	5763.754	6175.529	6542.923
		抽汽量	t/h	497.406	394.208	302.198
	改造后	高背压工况		250 MW	200MW	150MW
		热耗率	kJ/（kW·h）	3692.651	3687.446	3722.902
纯凝工况	改造前	负荷	MW	350MW	265MW	180MW
		热耗率	kJ/（kW·h）	7908.648	8056.503	8332.491
	改造后	负荷	MW	320MW	273MW	175MW
		热耗率	kJ/（kW·h）	8324.45	8162.77	8378

【案例7-3】某330MW亚临界空冷机组超低位能（高背压）供热改造

1. 工程概况

某电厂 1 号机组为 330MW 亚临界直接空冷机组，为东方汽轮机厂生产 NZK330-16.7/0.4/538/538 型三缸两排汽机组，最高连续运行背压为 34kPa，末级叶片长度为 661mm。机组原供热方式为中压缸排汽供热，设计供热蒸汽压力为 0.4MPa/246℃左右，每台机设计抽汽能力为 500t/h。机组原设计为供热机组，供热方式为中排抽汽供热，设计抽汽参数 0.4MPa/246℃，设计抽汽能力 500t/h。2013 年实施了高背压供热改造，增设了高背压供热凝汽器，单机供热面积约 800 万 m^2。

高背压供热改造后，机组最高运行背压 34kPa，高背压凝汽器出口水温 70℃，高背压凝汽器乏汽吸收量约 370t/h。按照机组原设计特性，低压缸最低排汽容积流量不小于额定容积流量的 40%，高背压运行工况下低压缸最小排汽量约 540t/h，因此约 170t/h 高背压乏汽进入空冷岛，造成较大的冷源损失，影响供电煤耗率约 55g/（kW·h）。常规解决办法是采用双转子形式，在供热期采用 400～500mm 范围内的较短末级叶片，在纯凝期采用原 661mm 叶片，这样可以同时满足高背压供热经济性和纯凝工况经济性，但带来的问题是每年需停机两次以更换低压缸转子，增加了检修维护工作量，同时对年发电任务带来较大影响。

2. 改造内容

（1）技术路线。

研发具备小容积流量特性优异的新型空冷末级叶片和低压缸模块，结构设计具备较大的机械强度，满足超高背压 60kPa 运行工况，同时，排汽面积的设计满足纯凝期经济性，具有较小的排汽损失，实现通用转子超高背压供热。

新末级叶片和低压缸模块特性：

1）全新优化末两级静动叶流型，静叶采用复合成型（扭转、前掠、弯曲）设计，使达到最佳级匹配设计，减小静动叶能量损失和末级排汽损失，最大限度提升末两级性能。

2）充分考虑末级的宽负荷性能，一方面适当提高根部反动度，同时降低顶部反动度，另一方面设计工况时较小的排汽角，使得低负荷时排汽角更接近轴向，兼顾各个工况的低压模块性能。

3）新 661mm 低压模块的末级长叶片，采用了高阻尼、低响应特点的成圈叶片结构设计，叶根均采用大承载力的枞树型叶根。采用此种结构设计的叶片，由于其超高的阻尼特性，其振动响应水平为普通叶片的 1/8～1/5 倍，更加适合机组变工况运行。

4）具备 60kPa 超高背压、120℃超高排汽温度长期稳定运行能力。制定严格合理的末叶背压保护曲线，确保叶片在各种运行工况下的叶片动应力响应处于较低的水平。在小容积流量工况下，末级叶片在运行温度提升，结合强度、振动方面考虑，末级叶片及叶轮的最高允许长时运行温度按 150℃设计，以满足叶片特殊工况的运行要求。

（2）实施方案。

对低压缸通流部分进行改造，改造为小容积流量特性优良、适应 60kPa 超高背压 120℃超高排汽温度、兼具高效发电的新 661mm 末级叶片低压缸模块。增设低压缸末级叶片安全监视系统，以确保末级叶片安全性。新低压缸模块示意图如图 7-6 所示（见彩插）。改造范围见表 7-2。

图 7-6　新低压缸模块示意图

表 7-2　改造范围表

序号	名称	序号	名称
1	低压转子	7	低压正反排汽导流环
2	低压正反 1～4 级动叶片	8	减温水管及喷嘴
3	低压正反 1～4 级隔板（含导叶）	9	低压缸温度监视系统
4	低压内缸	10	增设低压缸末级、次末级温度监视测点
5	低压进汽管	11	增设低压缸末级叶片安全监视系统
6	低压进汽分流环		

3. 改造效果

改造后供热期乏汽利用率 100%，空冷岛进汽量平均降低了 160t/h，消除了机组冷源损失，汽轮机热耗率降低至 3650kJ/（kW·h），供电煤耗率降低至 135g/（kW·h），降低了 54g/（kW·h），一个供热期节煤 1.4 万 t，按照标准煤单价 800 元/t 计算，年节约燃料费 1120 万元。

7.1.3　热泵供热技术

7.1.3.1　技术原理

1. 技术特点

热泵供热技术是借助热泵对外供热的技术，热泵是以消耗一部分高品质能量（机械能、电能或高温热能）为代价，使热能从低温热源向高温热源传递的装置。根据工作原理的不

同，可分为压缩式热泵、吸收式热泵、喷射式热泵等。目前对吸收式热泵机组的研究主要在两个方面：一方面是对吸收式热泵工质的研究和系统性能的开发；另一方面是吸收式热泵在工程应用上的开发。常规电厂一般热泵的驱动蒸汽参数较低，更适用于第一类溴化锂吸收式热泵，吸收式热泵机组在工程中的应用，不仅解决了热电厂余热回收的问题，也提高了现有城市供热管网的输送能力，具有良好的热力性能和社会效益。

溴化锂吸收式热泵技术在回收电厂余热、提高电厂的能源利用率和降低温室气体排放量等方面有着不可替代的优势。第一类溴化锂吸收式热泵以电厂循环水为低位热源，以溴化锂溶液为吸收剂。水在蒸发器的真空环境中吸收热源水的热量蒸发变成蒸汽，被溴化锂浓溶液在吸收器中吸收变成稀溶液，同时放出吸收热，实现水的一次升温；稀溶液被送到再生器，被高温热源加热浓缩成浓溶液，进入吸收器。再生器产生的水蒸气进入冷凝器与温水换热，冷凝成水进入蒸发器；温水在冷凝器中被加热实现二次升温，如此反复循环，提取低温循环水中的余热，满足热用户的热负荷需求。并且提高了供热能力，热电解耦性能得到改善。溴化锂吸收式热泵工作原理如图 7-7 所示。

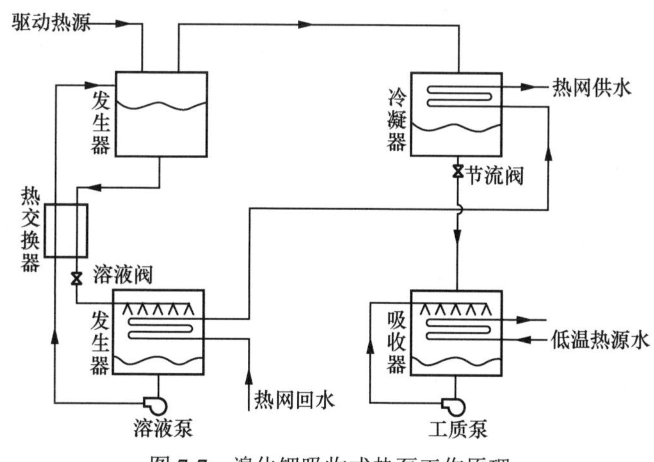

图 7-7　溴化锂吸收式热泵工作原理

2. 适用范围

适用于深度调峰、供热面积较大、回水温度低于 50℃的新（改、扩）建机组，宜配合低位能、微出力组合使用，以提高乏汽回收量。热泵在多种场景下均可得到良好应用，可以在少量热泵耗功驱动下大幅提升供热能力、降低供热成本、实现节能环保。

3. 技术指标

单台 300MW 级的机组，8 台热泵回热利用供热项目改造成本为 8500 万～9000 万元，采暖季可降低供电煤耗率 40 g/（kW・h）以上。

4. 注意事项

（1）机组内部真空度。

内部真空度是影响溴化锂机组寿命的主要因素，更是运行效率的指标。内部空气中的氧气会加速钢板氧化，缩短机组寿命。另外，为满足溴化锂机组内部水蒸气低温蒸发的换热机制，机组需要保持高度真空。无论不凝性气体由外部渗入或内部电化腐蚀产生，微量不凝性气体也会直接导致机组制冷量显著下降，对机组性能的影响极大。而当不凝性气体含量达到10%时，机组将无法正常运行。故溴化锂机组在正常运行中需要辅以抽真空设备以维持机组内部真空。

（2）余热利用率受限。

余热利用率的高低，对方案经济性的影响至关重要，但往往受外部热网的制约。吸收式热泵工作是基于梯级加热的原理，故热网回水温度越低，对热泵的利用越有效，余热回收比例越高。因吸收式热泵采用溴化锂溶液制冷，其出口的热网水温度最高为 90C 左右，所以对外供热的温度降低会对余热回收比例有显著提高。

（3）制冷工质结晶。

溴化锂溶液作为机组内部制冷工质，具有吸收剂和制冷剂的作用。溶液通过温度和浓度发生循环周期性变化从而推动换热，当溶液温度过低或浓度过大时，溴化锂会结晶析出，降低机组运行效率或停机，从工程实际来看，结晶可通过正常监视和调整予以避免。

（4）换热管束结垢。

热泵设备内有大量的换热管束，材质主要为钢管或铜管。任何一个环节的换热管结垢，将会产生连锁效应，显著降低整个系统的换热效率。要保证热泵设备高效运行，需实时监测各部位水质并及时作出相应调整。

（5）制热量。

最终吸收式热泵制热量应综合考虑吸收式热泵特性曲线确定的最大制热量和热网供热曲线确定的最经济制热量，并选取其中的较小值。

7.1.3.2 典型案例

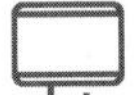

【案例7-4】某350MW超临界机组热泵供热改造

1. 工程概况

某电厂 1 号、2 号汽轮机是由上海汽轮机厂生产的 C350-24.2/0.4/566/566 型单轴、超临界、一次中间再热、两缸两排汽、抽汽凝汽式汽轮机，额定功率为 350MW。机组配置有 8 段回热抽汽，分别供给 3 台高压加热器、1 台除氧器和 4 台低压加热器。改前，1 号、2 号机组额定工况下主蒸汽流量为 1005.9t/h，发电功率为 350MW。采用五抽至热网换热器加热热网循环水的供热方式。额定供热工况，主蒸汽流量为 980t/h，供热抽汽流量为 550t/h，供热抽汽压力为 0.4MPa，发电机功率为 280MW。基建期进行循环水余热利用项目（配套 8 台热泵），投产后运行方式为双机需保持近似的参数运行，每台机组各带 4 台热泵，机组运行经济性及灵活性较差。

2. 改造内容

（1）技术路线。

基建安装时通过新增 8 台吸收式热泵，提取余热水余热。热泵系统以机组 0.4MPa、

245°C供热抽汽为驱动汽源，额定工况下供热抽汽经减温后进入热泵，凝结成水，温度为80°C，通过闭式凝结水箱回收后由热泵站内凝结水泵送至热网疏水管道；热网回水首先进入热泵一级加热，水温由55°C加热到70°C，再经热网换热器二次加热后对外供热；余热水进入热泵，提取余热从30°C降为25°C，进入凝汽器吸热升温后再进入热泵，完成一次热泵–凝汽器–热泵的闭式循环。

2019年3月，对2号机组实施余热回收系统优化，利用2号机组凝汽器主凝结区2/4区（主凝结区为4路进水、4路回水）进回水管路与凝汽器增容改造区余热水进回水相互联通，增设进、回水联通管道，其主要目的为让单台机组余热水量满足全部热泵所需余热水量。

（2）实施方案。

热网水换热系统改造：热网回水首先进入热泵一级加热，水温由55°C加热到70°C，再经热网换热器二次加热后对外供热。

凝汽器型式改造：主凝结区分为四分区并在喉部和主凝结区间增设余热换热区，余热换热区换热面积为主冷凝区的15%，余热换热区流程为双流程即冷却水从前方看里侧水室进外侧水室出。

凝汽器进回水管路改造：利用主凝结区2/4区（主凝结区为4路进水、4路回水）进回水管路与凝汽器增容改造区余热水进回水相互联通，增设进、回水联通管道，其主要目的为让单台机组余热水量达到13000t/h，满足全部热泵所需余热水量。循环水余热回收系统如图7-8所示（见彩插）。

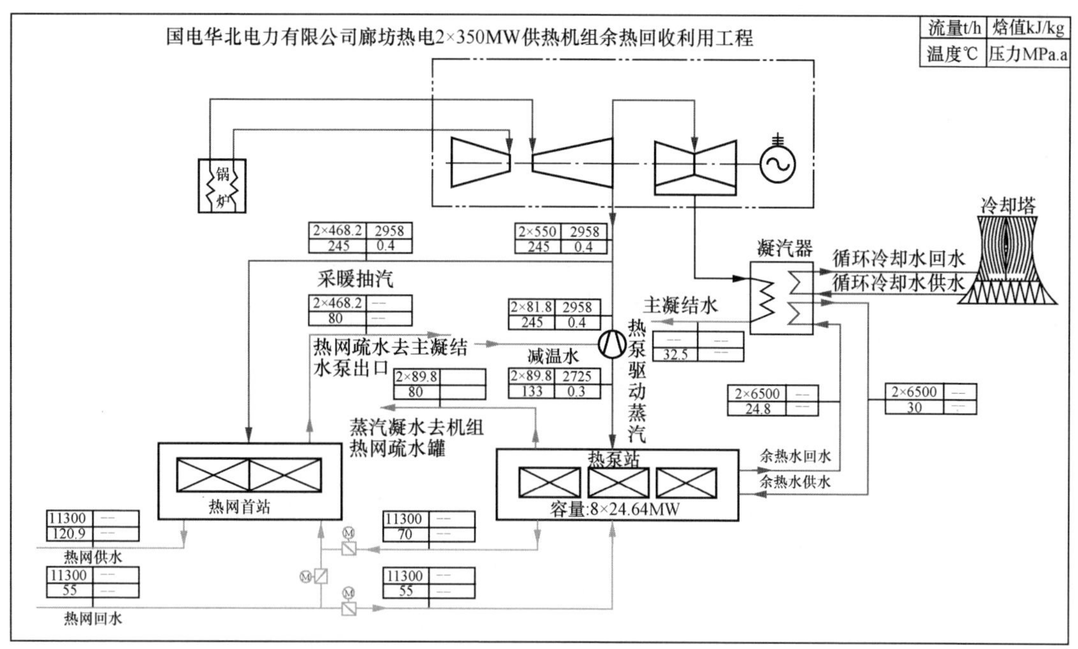

图7-8 循环水余热回收系统

（3）关键设备。

1）溴化锂吸收式热泵。热泵（型号：RHP254）关键参数见表 7-3。

表 7-3　　热泵（型号：RHP254）关键参数

项目	单位	数据	
		额定工况	变工况
热泵台数	台	8	
回收余热制热量	MW	77.9	98.3
总制热量	MW	197.1	248.9

2）新型余热回收型凝汽器。主凝结区分为四分区并在喉部和主凝结区间增设余热换热区，余热换热区换热面积为主冷凝区的 15%，从凝汽器管束中提取的高温侧循环冷却水（即余热水），进入热泵回收其余热，余热水降温后通过余热水增压泵升压后回到凝汽器，完成一个凝汽器–热泵–余热水增压泵–凝汽器的闭式循环。

3. 改造效果

系统投运后，2 号机组单机满足 8 台热泵运行要求，运行平稳。2 号机组单机供热保障能力提高约 38.95MW，余热水系统阻力偏大问题得到解决。同时，供热期间，1 号机组运行背压可同步降低约 1.5kPa，全厂供电煤耗率降低 0.8g/（kW·h）。改造前后技术参数对比见表 7-4。

表 7-4　　改造前后技术参数对比

序号	项目	热网加热器	热泵方案
1	一个采暖季供热量（×104GJ）	681.7	744.8
2	回收余热		
2.1	回收余热能力（MW）	—	101.7
2.2	回收余热总量（×104GJ）	—	113.4
3	节煤量（×104 t）	—	2.95
4	节能减排		
4.1	少排放 CO_2（×104t）	—	8.70
4.2	少排放 SO_2（×104t）	—	0.077
4.3	折算到全厂，机组全年发电标煤耗率降低[g/（kW·h）]，按照机组全年运行小时数 5300h 计算	—	8.0

分别在机组发电负荷 240MW 和 300MW 进行 2 号机组余热水改造系统投切对比试验，试验数据见表 7-5。

表 7-5　　240MW 和 300MW 投切对比试验

名称	单位	工况 1：240MW		工况 2：300MW	
		投运前	投运后	投运前	投运后
发电负荷	MW	239.97	239.42	304.34	306.73
主蒸汽流量	t/h	800.84	806.43	968.62	957.43
真空	kPa	−98.269	−98.147	−98.423	−98.208
1 号余热水泵电流	A	69.400	68.208	69.889	67.916

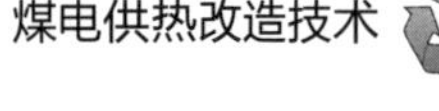

续表

名称	单位	工况 1：240MW		工况 2：300MW	
		投运前	投运后	投运前	投运后
1 号电流下降	A	1.192		1.973	
2 号余热水泵电流	A	69.390	68.203	69.873	67.896
2 号电流下降	A	1.187		1.977	
余热水流量	t/h	11323.3	11341.6	11319.1	11338.6
余热水泵进口压力	MPa	0.43987	0.31410	0.42643	0.36966
余热水泵出口压力	MPa	0.24145	0.20971	0.22741	0.26648
余热水系统阻力	MPa	0.19842	0.10439	0.19902	0.10318
系统阻力下降	MPa	0.09403		0.09584	
热泵驱动蒸汽流量	t/h	161.12	163.46	170.66	169.35
热网水热泵进口温度	℃	41.893	41.960	42.100	42.463
热网水热泵出口温度	℃	69.240	70.773	69.629	71.276
热泵热网水温升	℃	27.347	28.813	27.529	28.813
热泵热网水提高	℃	1.466		1.284	
循环水进水压力	MPa	0.16691	0.35275	0.16935	0.41087
循环水进水温度	℃	15.003	25.841	11.021	24.500

7.2 工业供热改造技术

7.2.1 冷再、热再抽汽供热技术

7.2.1.1 技术原理

1. 技术特点

对于蒸汽参数 1～4MPa 的工业用户，均可从机组冷再管道和热再管道直接抽汽，冷再抽汽不需要进行专门的减温，参数匹配性好，冷再减温减压直供可作为工业供热的理想汽源之一。但冷再抽汽量需考虑锅炉再热器超温问题的限制，通常冷再最大抽汽量为主蒸汽流量的 6%～8%。因此，冷再抽汽供热量较小，通常优先抽取低温冷再蒸汽，抽取流量以不引起锅炉再热器超温为原则，不足部分由热再汽源补充。热再蒸汽温度高，可满足工业蒸汽温度，工业供热需进行大幅减温。根据机组实际条件和具体工况，在确保安全的前提下采用中调门参与调节抽汽压力的运行方式，维持热再供汽压力稳定。

2. 适用范围

适用于工业蒸汽参数 1～4MPa、工业供热流量较小、供热参数合适、机组调峰幅度不大的改造。

3. 技术指标

单台 300MW 级别的超临界机组改造成本为 3000 万元左右，供汽规模不同，可降低供电煤耗率也不同，约 6g/（kW・h）以上。

4. 注意事项

冷再、热再供热的抽汽量不易过大，否则会引起锅炉再热器超温，对汽轮机轴向推力、高压缸末几级隔板、叶片的安全性影响较大，长时间在此情况下运行可能引起高排末几级叶片损坏，需考虑锅炉受热面改造和汽轮机本体改造。通常，采用中调门参与调节抽汽压力的运行方式，维持热再供汽压力稳定。对于机组深度调峰工况，冷再、热再供热抽汽参数和抽汽量较难保证，需结合低压缸切缸、压力匹配器、高低旁联合抽汽供热等技术。

7.2.1.2 典型案例

【案例7-5】某300MW亚临界机组热再抽汽供热改造

1. 工程概况

某电厂汽轮机是由上海汽轮机厂生产的单轴、亚临界、一次中间再热、高中压合缸、两缸两排汽、凝汽式汽轮机，额定功率为 300MW，型号为 N300-16.7/538/538。机组配置有 8 段回热抽汽，分别供给 3 台高压加热器、1 台除氧器和 4 台低压加热器。改前，1 号机组额定工况下，主蒸汽流量为 992.2t/h，发电功率为 330MW。冷再抽汽至厂内 1 号供热母管实现对外供热。冷再抽汽设计参数：压力为 2.5MPa、温度为 300℃、流量为 50t/h。2 号机组额定工况下，主蒸汽流量为 940t/h，发电功率为 315MW。冷再抽汽至厂内 1 号供热母管实现对外供热。冷再抽汽设计参数：压力为 2.5MPa、温度为 300℃、流量为 50t/h。随着供热市场的增加，部分机组现有供热能力不足。

2. 改造方案

（1）技术路线。

通过在机组锅炉再热器出口、汽轮机中压缸进汽阀之前的再热蒸汽母管上增设三通抽出蒸汽用于对外工业供汽。

（2）实施方案。

1 号、2 号机组热再抽汽供热系统单机设计流量为 250t/h，均设置了一大一小（170t/h 和 80t/h）非均衡流量两路抽汽、减温减压供热系统，能满足机组宽负荷下灵活、安全供热需求。即两路支管抽汽流量在保证减温器宽负荷稳定运行的前提下优化设计进行非均衡分配，两路支管按供汽量大小可采用三种运行方式，第一种运行方式是当供汽量较小时，采用小流量支管（设计 80t/h）运行，能保证最小抽汽量达到其设计流量 10%（8t/h）时减温器的减温水可自动调节且减温器出口温度波动在给定值范围内；第二种运行方式是当供汽量较大时，采用较大流量支管（运行设计 170t/h），能保证最小抽汽量达到其设计流量 10%（17t/h）时减温器的减温水可自动调节且减温器出口温度波动在给定值范围内；第三种运行方式，当两路支管不能单独满足供汽量时，采用两路支管同时供汽运行，设计总供汽量为

250t/h（不含减温水量）。两路抽汽系统及其各自的两路减温水系统互为备用，不至于设备故障时造成供热中断，保证供热安全。可见这样设计极大地提高了机组供热运行工况的稳定性和可靠性，适用供热工况更广泛更灵活；实际运行工况接近设计工况，机组供热效率最优。1 号、2 号机组热再抽汽供热系统均设置了暖管系统，具有冷态启动预暖功能及安全稳定的热态备用功能，便于系统冷态和热态快捷的自动切换，满足供热系统能快速投运及宽负荷运行的要求。原则性系统如图 7-9 所示。

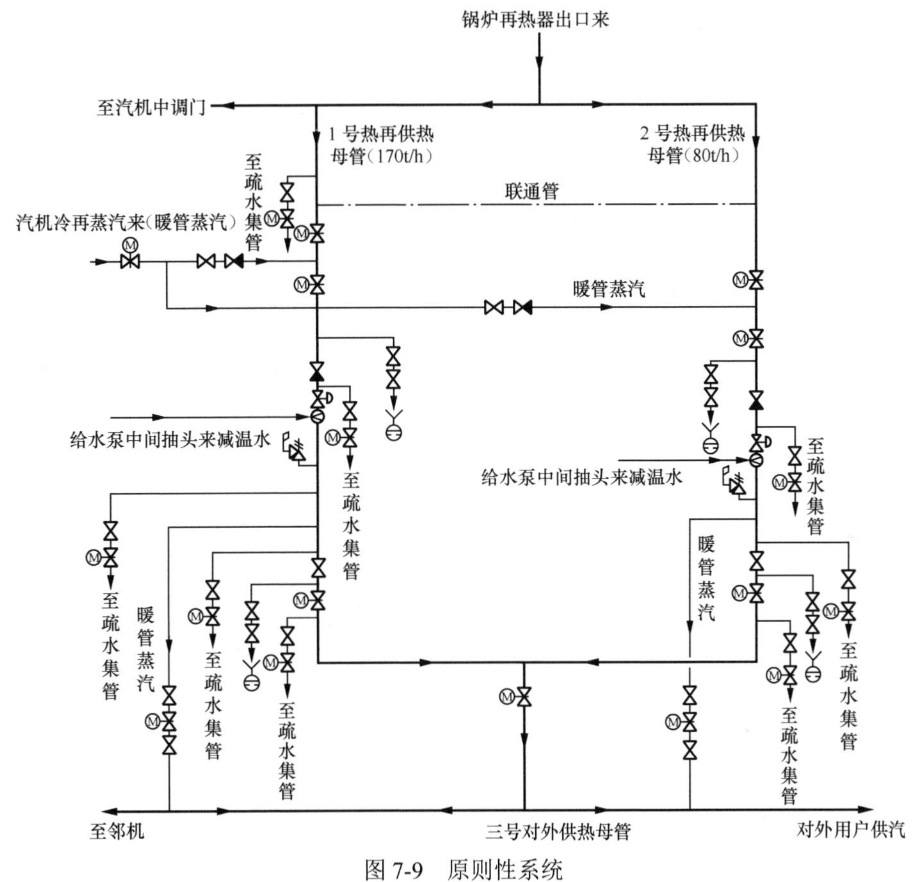

图 7-9　原则性系统

增设抽汽三通、管道，管道上设置隔离阀、减温减压装置、流量计、热工测点等，抽汽汇入厂内三号供热母管实现对外供热。设计供热参数与流量：压力 2.6MPa、温度 360℃，流量 250t/h。

3. 实施效果

1 号、2 号机组改造后投入热再抽汽供热系统，提升机组供热能力 250t/h（原只有冷再抽汽供热 50t/h），依据热用户需求和机组运行方式，热再抽汽提供蒸汽量为平均 74.47t/h 和 49.42t/h，测算降低发电煤耗率约 7.4g/（kW・h）和 4.9g/（kW・h）。改造前、后各机组轴系振动、轴向位移、瓦温（含推力瓦温）、低压缸胀差等主要运行参数未见明显变化。

【案例7-6】某1000MW超超临界冷再抽汽供热改造

1. 工程概况

某电厂一期工程建设2×1000MW国产超超临界锅炉及汽轮发电机组。两台机组对外供热总计为155t/h蒸汽，供热蒸汽参数为1.4 MPa、250℃（厂区分界处），用户侧参数为0.85MPa，不小于200℃，用户距离热源点最远3km。利用再热汽减温水对供热减温，造成机组加减负荷时供热减温水压力与流量的波动，影响供热参数品质。后续准备建设单独的供热减温水站，以提高供热参数品质。

2. 改造内容

（1）技术路线。

在不影响机组满负荷1000MW出力，不进行汽轮机、锅炉本体改造，汽轮机、锅炉安全运行的情况下在两台机组预留的供热冷再接口实施供热改造。

（2）实施方案。

因机组建设期在每台机组再热冷段蒸汽管道锅炉运转层平台预留124t/h蒸汽管道接口。故本次改造利用冷再接口减温减压后对外供热。具体改造为：从两台机组冷再预留接口连接供热管道，通过减温减压器后汇集于供热联箱，从供热联箱分别引出两根供热管道给用户点对点供热，联箱预留一个出口，预留远期105 t/h供热管道位置，当远期热负荷落实后再行进一步的改造工作。

两台机组同时运行时，供热能力见表7-6。

表7-6 两台机组同时运行时供热能力

序号	工况组合	冷段抽汽量（t/h）	减温水量（t/h）	总供热蒸汽总量（t/h）
1	100%THA	148	7	155
2	90%THA	147	8	155
3	75%THA	147	8	155
4	50%THA	108	8	116
5	40%THA	86	6	92

一台机组检修一台机组运行时，供热能力见表7-7。

表7-7 一台机组检修一台机组运行时供热能力

序号	工况组合	冷段抽汽量（t/h）	减温水量（t/h）	供热蒸汽总量（t/h）
1	100%THA	100	5	105
2	90%THA	100	5	105
3	75%THA	83	5	88
4	50%THA	54	4	58
5	40%THA	43	3	46

从表 7-6 和表 7-7 可以得出以下结论：

（1）受锅炉再热器超温影响，在不改造锅炉受热面条件下，在 90%THA 及以上负荷时，单台机组最大供热能力 105t/h。

（2）当机组负荷在 75%THA 及以上时，双机组运行供热能力 155t/h，满足用户最大需求 155t/h 以及平均需求值 140t/h。

机组负荷在 40%～50%THA，受锅炉再热器超温影响，在不改造锅炉受热面条件下，此负荷工况冷段抽汽量有限，单台机组供热能力为 46～58t/h。

3. 改造效果

至目前最大供热量达到 90t/h（短时调试），长期供热在 40t/h，后期随用户生产线投运增加，供热量会达到协议值。

（1）改造前后技术指标、运行情况对比。

两台机组同时同负荷运行，分别对外供热 70t/h，总供热 140t/h，100%THA 工况供电标煤耗率指标见表 7-8。

表 7-8　　100%THA 工况供电标煤耗

序号	项目	单位	机组不供热	机组供热后	差值
1	发电功率	MW	1000	1000	—
2	发电标煤耗率	g/（kW·h）	261.76	258.04	-3.72
3	供电标煤耗率	g/（kW·h）	272.38	268.56	-3.82
4	供热厂用电率率	%	3.9	3.917	+0.017

供热工程后，虽然机组发电标煤耗率、供电标煤耗率均有所降低，但由于电厂对外供热 396GJ/h，锅炉耗煤量相应增加。两台机组同时同负荷运行，分别对外供热 198GJ/h，总供热 396GJ/h，在 100%THA 工况下，单台锅炉增加标煤耗量 3.96t/h，对应为设计煤 5.23t/h，校核煤 5.88t/h。全厂年尿素耗量增加 90t/年，石灰石耗量增加 4114t/年。

增加供热工程后，机组持续对外抽汽供热，保证 100%THA 机组出力 1000MW，由于机组设计出力 100%THA 是 1052MW，因此供热后锅炉 BMCR 工况出力不变，锅炉最大耗煤量不会发生变化，相应的除灰、运煤、脱硫相关设计也无需变化。

（2）项目经济性分析。

机组抽汽供热后，部分蒸汽经过汽轮机做功发电后对外供热，减少了机组凝汽器冷端损失，降低了汽轮机热耗率，机组发电量相同情况下汽轮机发电标煤耗率变化见表 7-9。

表 7-9　　汽轮机发电标煤耗率变化表

序号	项目	单位	机组不供热	100%THA（单机供热 70t/h）	100%THA（单机供热 140t/h）
1	发电功率	MW	1000	1000	1000
2	汽轮机热耗率	kJ/（kW·h）	7215.1	7112.50	7032
3	发电标煤耗率	g/（kW·h）	261.76	258.04	255.12
4	供热标煤耗率	kg/GJ	—	39.01	39.01

续表

序号	项目	单位	机组不供热	100%THA（单机供热 70t/h）	100%THA（单机供热 140t/h）
5	锅炉效率	%	95	95	95
6	管道效率	%	99	99	99
7	汽轮机热耗率减少值	kJ/(kW·h)	基准	−102.6	−183.1
8	发电标煤耗率减少值	g/(kW·h)	基准	−3.72	−6.64
9	全厂发电每小时节约标准煤	t/h	基准	7.44	13.28

7.2.2 中压联合汽门供热升级改造技术

7.2.2.1 技术原理

1. 技术特点

中压联合汽门是将中压主蒸汽门与中压调节汽门合并为整体的结构。中压主蒸汽门为单座型并带有预启阀，该预启阀的作用是为了使主蒸汽门上下压力平衡、减少提升力。在主蒸汽门的蝶阀上还有小孔，以确保在调节汽门漏汽时也能顺利地打开主蒸汽门。中压调节汽门动作原理与高压主蒸汽门类似，也是在汽轮机建立起安全油压、发出挂闸信号并继续升高启动阀后的油压时，油动机下部有了足够的力即克服弹簧的推力将门打开。

利用中压再热联合汽阀调整工业供热的机组，为满足其深度调节、大量抽汽的需求，对原有中压再热联合汽阀进行技术升级改造，使机组满足电网深调、提高外供蒸汽量及蒸汽品质的需求。机组原设计时中调门基本不参与调节，只是启停机时起开、关的作用。在负荷较低的情况下，中压联合汽阀的结构及特性无法满足供热压力要求。通过缩小中联门通流直径，实施中联门参调改造，阀门前后压差增大， 蒸汽力大幅增大。

2. 适用范围

适用于需采用中压再热联合汽阀调整工业供热、供热蒸汽品质及供热能力无法满足用户需求的机组。

3. 技术指标

单台 300MW 级别机组改造成本 700 万元， 可降低供电煤耗率约 8g/(kW·h)；单台 600MW 级别机组改造成本 900 万元，可降低供电煤耗率约 11g/(kW·h)。

4. 注意事项

（1）中联门改造后蒸汽力大幅增大，原有油动机提升力可能不足，需根据参调后的蒸汽力重新选型油动机。

（2）中联门参调后，阀门具备关小开度一定范围内调节供热压力的功能，需要根据新的配汽曲线修改逻辑，设定保护定值并制订控制逻辑；并对中联阀进行校核，校核阀门压差，避免阀门振动；校核阀门前进汽管流速，避免管道流速超限引起振动。

（3）油动机出力增大，阀门通流直径变小，需对中联门阀杆进行动、静应力校核、卡涩与限位校核、压杆稳定性校核。

7.2.2.2 技术案例

【案例7-7】某330MW亚临界机组中压联合汽门供热改造

1. 工程概况

某电厂汽轮机为东电集团东方汽轮机有限公司改型的C330/280-16.7/1.0/537/537型亚临界、一次中间再热、高中压合缸、双缸双排汽、单轴抽汽凝汽式汽轮机。Ⅰ级旁路蒸汽从高压主汽门前引出，经一级减温减压后，排至冷再管。Ⅱ级旁路蒸汽由中压联合汽门前引出，再经三级减温减压后排至凝汽器。

工业抽汽为汽轮机中压缸排汽，受供热蝶阀的调整，使抽汽参数控制在 1Mpa、359℃范围；额定抽汽量为220t/h，最大抽汽量为280t/h。2018 年 4 月与 11 月分别对 2 号机及 1 机组增加从热再至供热分汽缸的各 2 台供热减温减压器改造。1、2 号机减温减压器 A/B 的作用是在热负荷受限电负荷或者机组出现停机不停炉工况时，通过减温减压器补充供热以满足热用户 0.7～1MPa 的需要。目前，机组额定供热量（1.0MPa、300℃）220t/h，最大 280t/h。供热工况下最低电负荷 220MW。随着供热用户的增加，机组供热能力不足的情况愈发突出，同时，机组在供热工况下无法参与深度调峰。

2. 改造内容

（1）技术路线。

针对本次供汽改造目标，结合机组供汽能力，为满足机组深度调峰需求，本次供汽改造方案采用热再抽汽+中联门+高旁参调方案，如图 7-10 所示。高旁参调仅深度调峰时使用。

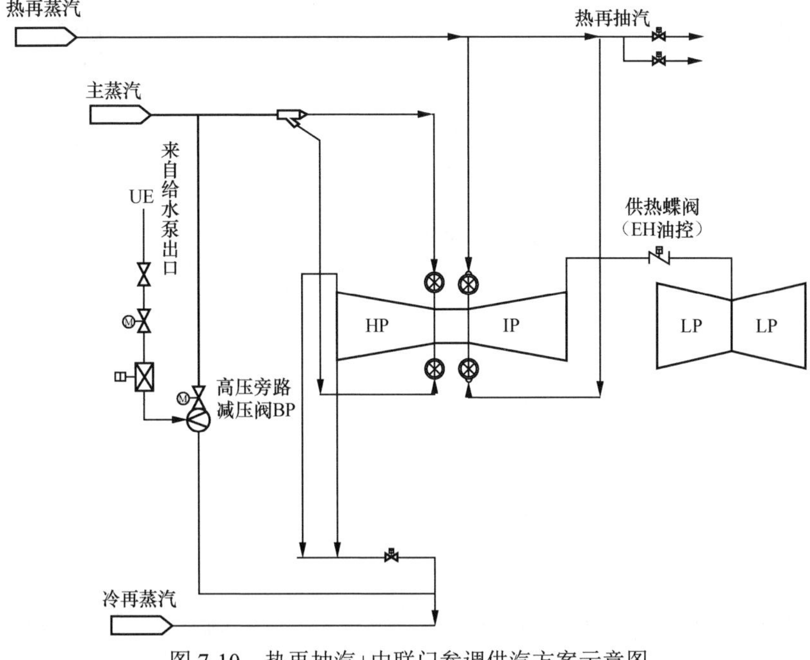

图 7-10 热再抽汽+中联门参调供汽方案示意图

（2）实施方案。

汽轮机中联门参调方案主要改造内容：

1）改造中压主汽调节汽阀的阀座、阀芯的型线，使阀门有良好的调节性能，确保抽汽流量和压力的稳定。即阀门的阀座、阀芯及阀杆等均需要重新设计制作并更换。

2）改造中压主汽调节汽阀的液压操作机构，根据阀门的调节性能要求，重新设计制作液压操作机构，并对控制系统的逻辑作出相应的改造。

3）中联门参调后，其阀前、阀后压差增加，经校核油动机提升力，需要对油动机进行改造。

3. 实施效果

改造前后技术指标对比、运行情况对比如下：

（1）改造前：最大供热（1.0MPa、300℃）280t/h，供热工况下不能参与调峰，最低电负荷 220MW。

（2）改造后：供热（1.0MPa、300℃）280t/h、（2.5MPa、300℃）150t/h，供热工况下可参与调峰，根据可研及东方汽轮机有限公司反馈情况，可深度调峰至 40%P_e，即 132MW。

7.2.3 主蒸汽直抽技术

7.2.3.1 技术原理

1. 技术特点

从锅炉过热器之后、高压缸进汽阀之前的新蒸汽流程某处，引锅炉新蒸汽通过减温减压对外供高参数蒸汽；或在锅炉末级过热器出口集箱抽取高压蒸汽，高压蒸汽经减压阀和喷水减温（如果供汽量大，可以考虑增设余压/余温利用系统）后满足 4MPa 等级及以上工业用户需要。抽汽外供量受锅炉再热器受热面超温限制，具体数值应由锅炉厂家根据机组运行实际进行热力核算后得出。主蒸汽供热系统示意图如图 7-11 所示。

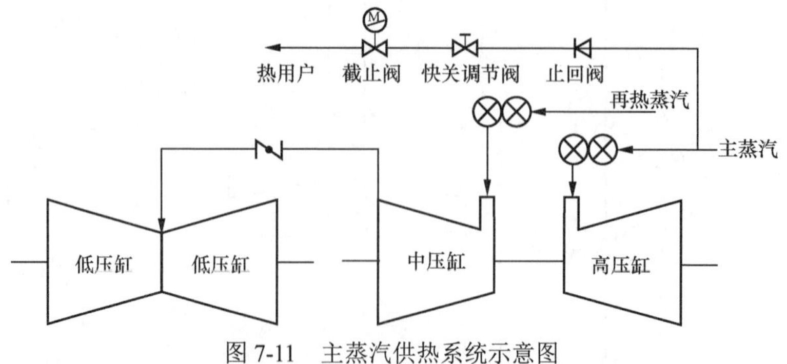

图 7-11 主蒸汽供热系统示意图

2. 适用范围

适用于高参数（压力 4.0MPa 及以上、温度 400℃及以上），工业供热参数匹配困难，主蒸汽抽汽量不超额定流量的 5%的机组。200MW 等级以下中小型机组可酌情考虑采用主蒸

汽减温减压直供方式，大型机组一般不宜采用主蒸汽减温减压直供方式，在经济测算合理的条件下，可将主蒸汽用于功热电汽轮机或压力匹配器的驱动汽源，及高参数热用户的热电解耦备用源。

3. 技术指标

单台 300MW 级别机组改造成本为 800 万～1500 万元，可降低供电煤耗率为 5.0～10.0g/（kW·h）；单台 600 MW 级别机组改造成本为 1000 万～2000 万元，可降低供电煤耗率为 10.0～15.0g/（kW·h）。

4. 注意事项

（1）按照热电联产煤耗计算方法，虽然主蒸汽直抽供汽能够降低冷源损失从而降低供电煤耗，但能量梯级利用水平较差。

（2）当其他供汽方式能够满足用户需求时，不推荐选择主蒸汽直抽供汽方式。

（3）采用主蒸汽供热，蒸汽参数高，管道热应力大，投资造价高；供热耗能高，减温减压直供时节流损失大，与其他供热方式相比，同等供热量下降低发电煤耗最小；供热能力受锅炉再热器超温影响；工业抽汽疏水不回收，需校核电厂除盐水制水能力和凝汽器除氧效果，必要时需进行化学除盐水系统及凝汽器除氧增容改造。

7.2.3.2 技术案例

【案例7-8】某150t/h锅炉主蒸汽压力优化节能项目

1. 工程概况

某 150t/h 锅炉原设计是高温高压煤粉锅炉，原锅炉配套设计 30MW 抽背式汽轮机 1 台，因为公司生产现状的制约，目前该装置已经停运。锅炉后续经过一系列改造，目前改为燃气锅炉。蒸汽外送由配套设计的减温减压器完成。设计的中压减温减压器参数如下：入口压力设计为 5.5MPa，出口压力设计为 4.0MPa，额定蒸汽量为 90t/h。为了控制锅炉能耗，同时保证合格蒸汽外送，经过研究分析，锅炉降压运行，因为减温减压器设计一次蒸汽压力高，要维持 90t/h 的送汽量，锅炉就需要升压运行，升压后再经过减压。为了进一步降低减温减压器压降，降低能耗，计划对蒸汽外送管道进行改造。

2. 改前情况

改造前锅炉供蒸汽压力为 5.5MPa，天然气消耗的情况见表 7-10。

表 7-10 改造实施前天然气消耗情况

日期	蒸汽产量（t）	吨蒸汽耗燃气（m^3/t）	燃气热值（MJ/m^3）
2020-12-08	2364.11	107.65	30.16
2020-12-09	2382.50	101.62	32.23
2020-12-10	2340.84	103.28	31.01
2020-12-11	2419.66	100.54	31.64
2020-12-12	2417.69	100.15	32.84
2020-12-13	2445.50	101.21	33.18

续表

日期	蒸汽产量（t）	吨蒸汽耗燃气（m^3/t）	燃气热值（MJ/m^3）
2020-12-14	2428.22	98.38	30.63
2020-12-15	2435.71	100.70	32.69
平均值	2404.45	101.69	31.80

3. 改造方案

改造分两步实施，第一步调整减温减压器减压阀至全开状态，调整锅炉主蒸汽压力控制全厂蒸汽供给。通过调整，锅炉主蒸汽压力从 5.5MPa 降低至 4.5MPa。受到减温减压器调节阀的制约，压降较大。第二步利用已停用汽轮机进气管道和抽汽管道，增加 1 条直管段和 1 台减温器，达到用直管段直接外送中压蒸汽，停运减温减压器。通过改造，锅炉主蒸汽压力从 5.5MPa 降低至 4.0MPa。改造流程示意图如图 7-12 所示（其中方框内为新增部分）。

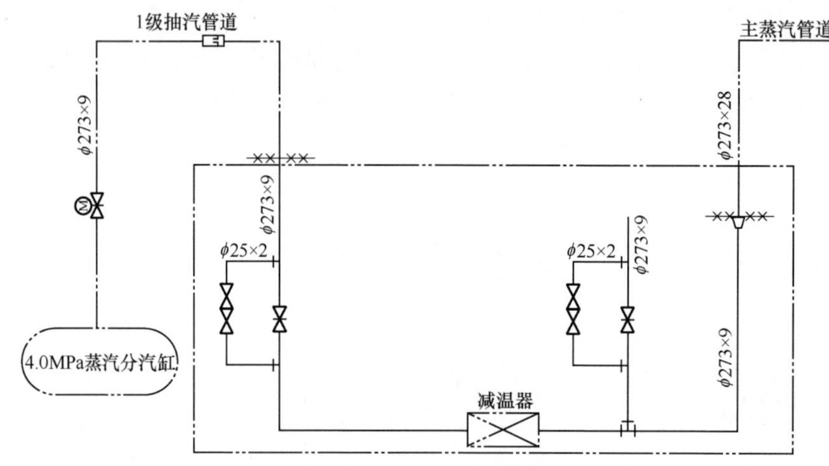

图 7-12　改造流程示意图

4. 实施效果

第一步调整减温减压器减压阀至全开状态，锅炉主蒸汽压力从 5.5MPa 降低至 4.5MPa，锅炉天然气消耗的具体数据见表 7-11。

表 7-11　　第一步改造实施后天然气消耗情况

日期	蒸汽产量（t）	吨蒸汽耗燃气（m^3/t）	燃气热值（MJ/m^3）
2021-03-05	19996.25	97.60	31.01
2021-03-06	1983.69	95.91	31.26
2021-03-07	1933.56	94.87	31.83
2021-03-08	1956.97	93.76	30.55
2021-03-09	1983.50	93.31	31.17
2021-03-10	2024.34	94.52	31.73
2021-03-11	2027.53	96.41	32.23
2021-03-12	2052.07	95.15	31.18
平均值	1994.74	95.19	31.37

对比表 7-26 和表 7-27 可以看出，第一步改造完成后 蒸汽由 5.5MPa 降低至 4.5MPa，在燃气热值相近的情况下，蒸汽耗燃气减少了 6.5m³/t。受到减温减压器调节阀的制约，压降较大。所 以停运了减温减压器，通过增加 1 条直管段和 1 台减温器，外送蒸汽压力降低至 4.0MPa，达到进一步降低燃气消耗的目的。第二步改造实施后天然气消耗情况见表 7-12。

表 7-12　　第二步改造实施后天然气消耗情况

日期	蒸汽产量（t）	吨蒸汽耗燃气（m^3/t）	燃气热值（MJ/m^3）
2021-08-10	2831.63	93.35	31.65
2021-08-11	2896.25	92.91	30.84
2021-08-12	2344.03	92.87	32.52
2021-08-13	2313.47	93.16	31.76
2021-08-14	2266.50	89.19	33.06
2021-08-15	2228.50	87.91	30.84
2021-08-16	2420.60	89.21	32.05
2021-08-17	2152.36	92.15	31.09
平均值	2431.60	91.34	31.73

由表 7-11 和表 7-12 可以看出，第二步改造完成后蒸汽由 4.5MPa 降低至 4.0MPa，在燃气热值相近的情况下，蒸汽耗燃气减少了 3.85m³/t。

项目改造完成后通过锅炉主蒸汽压力控制全厂用汽压力并且停运减温减压器，改用直管段和减温器的流程供蒸汽，锅炉主蒸汽压力从 5.5MPa 降低至 4.0MPa，降低了 1.5MPa。两步改造完成后吨蒸汽耗用燃气降低了 10.35m³/t，达到了节能降耗之目的，增加了企业的经济效益。

7.2.4　主机缸体抽汽蒸汽再热技术

7.2.4.1　技术原理

利用主机本体回收蒸汽做功能力、抽汽匹配压力、蒸汽再热方式匹配温度。该技术在机侧布置汽汽换热器设备，换热器高温蒸汽来自机组热再蒸汽，低温蒸汽来自缸体某级抽汽，经过汽汽换热器换热后，低温蒸汽温度提升，实现高压供热目标；高温蒸汽冷却后用于中压供热。该方案在解决高压供热温度低的问题同时，还部分解决了中压供热温度高的问题，减轻了喷水减温的损失。

7.2.4.2　典型案例

【案例7-9】某300MW机组主机缸体抽汽蒸汽再热供热改造

1. 工程概况

某电厂一期 2×300MW 机组，汽轮机是由哈尔滨汽轮机厂生产的 N300-16.7/538/538 型亚临界、一次中间再热、双缸双排汽、单轴凝汽式汽轮机，配置有 8 段回热抽汽，分别供给 3 台高压加热器、1 台除氧器和 4 台低压加热器。锅炉是由哈尔滨锅炉厂制造的 HG—1025/17.4—YM28 型亚临界、一次中间再热、自然循环、燃煤汽包炉，单炉膛、露天布置、四角切圆燃烧平衡通风、固态排渣，全钢架悬吊结构。

2. 改前情况

（1）设计参数和技术指标。

单台机组额定功率为 300MW，额定主蒸汽流量为 899.57t/h。为了满足供热需求，泉州公司 2009 年对一期机组进行了供热改造，原供热改造后，汽轮机发电组最低发电负荷限制在 230MW 即负荷率 76.67%，最高发电负荷限制在 290MW 即负荷率 96.97%。改造后一期两台机组每台机可从主蒸汽最大抽汽 120t/h 和一抽最大供热抽汽 45 t/h，合计高压蒸汽对外供热流量为 165t/h（4.3MPa、450℃），两台机互为备用，同时，一期单台机可从再热热段对外提供中压供热蒸汽（参数为 2.5MPa、320℃），最大抽汽量为 147t/h。改造前供热示意图如图 7-13 所示（见彩插）。

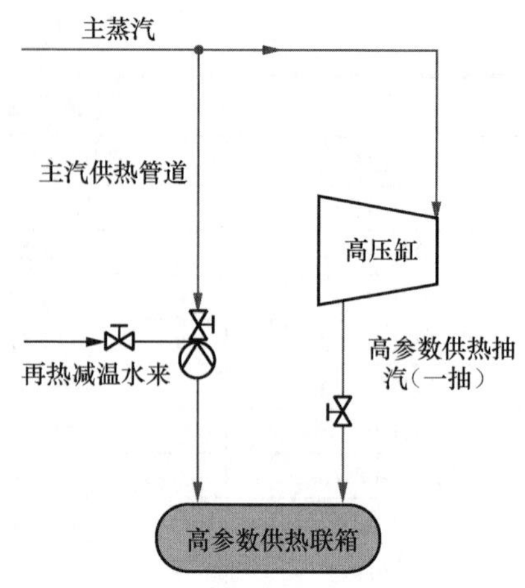

图 7-13 改造前供热示意图

（2）存在的问题。

由于采用高品位的主蒸汽减温减压进行供热，存在热源蒸汽品位高、系统㶲损失大、节能效果与供热量不匹配等问题，机组供热经济性偏低，机组煤耗率较高。

3. 改造方案

（1）技术路线。

供热系统优化改造方案为高压供热蒸汽汽源采用一期机组汽轮机一抽非调整抽汽，中压供热蒸汽汽源采用再热热段蒸汽，同时采用汽汽换热器，利用再热热段蒸汽加热一抽非调整抽汽，使后者温度满足供热要求。考虑从汽轮机（1、2 号机组）本身的现状出发，根据设计蒸汽参数和高压、中压供热抽汽参数需求，采用先进的汽轮机改造技术，对汽轮机（1、2 号机组）进行通流专项改造，完成典型大流量高参数热电联产机组工程示范，最大化改善机组指标，提高机组经济性，提高机组安全可靠性，延长机组寿命，达成与常规供热方案（直接减温减压技术方案）相比，汽轮机输入热量相同的前提下，改造后平均供热工况下，供电煤耗率下降 20g/（kW·h）以上的目标。

（2）实施方案。

1）原则性系统图。改造后供热系统如图 7-14 所示（见彩插）。

2）改造内容。本项目对汽轮机侧进行全面通流改造，结合供热需求，在大幅提高各汽缸缸效的同时扩大一段抽汽的供热量，替代原来减温减压的主蒸汽部分（主蒸汽抽汽仅作为紧急备用），而一抽温度不足的问题，通过蒸汽再热技术解决（汽汽换热器），冷、热汽源分别为高压（一抽）、中压（热再）蒸汽，额定供热工况下分别提供 165t/h 的高压蒸汽（4.2MPa、420℃）和 100t/h 中压蒸汽（2.5MPa、350℃）。供热优化改造的核心设备为汽汽换热器，目前在火电行业还无此种设备应用的案例。

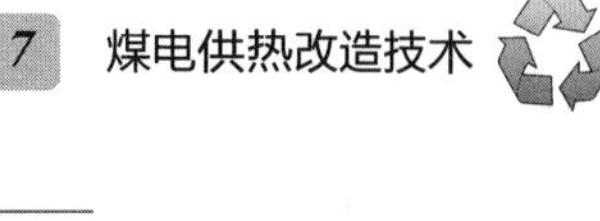

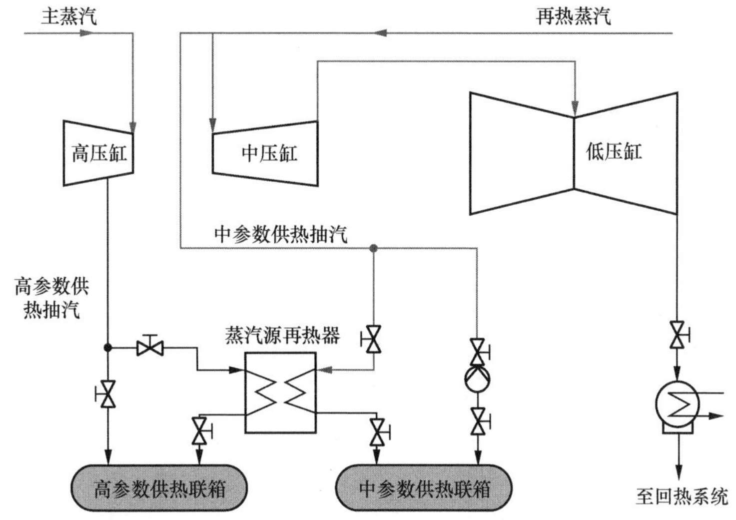

图 7-14　改造后供热系统（专利号：ZL201721201231.4）

改造内容包含以下几项：

a．汽轮机改造：新增高压供热抽汽口，在高中压外缸上半增加两处ϕ219×12.5mm 抽汽口，位于原有一段抽汽管道接口两侧，对称分布，距机组中心线 508mm。新增给水泵汽轮机汽源抽汽口，在高中压外缸下半增加两处ϕ219×14mm 抽汽口，位于原有 4 抽汽管道两侧，对称分布，距机组中心线 635 mm。

b．增汽汽换热器，利用再热热段蒸汽加热一抽非调整抽汽。

c．炉本体适应性核算。

d．压供热系统改造：新增 1 号、2 号机组高压供热蒸汽系统，具体包括汽轮机新增供热抽汽口（非调整抽汽）至汽汽换热器的高压供热抽汽管道，新增汽汽换热器后至供热首站高压供热联箱前供热管道三通（新增）的高压供热管道。

e．压供热系统改造：新增 1 号、2 号机组中压供热蒸汽系统，具体包括新增高温再热蒸汽管道抽汽口至汽汽换热器的中压供热蒸汽管道，新增汽汽换热器后至供热首站中压供热联箱前供热管道三通（新增）的中压供热管道。

f．热抽汽系统改造：三抽和四抽之间（新四抽）开孔抽汽，作为给水泵汽轮机汽源，新增给水泵汽轮机汽源抽汽管道，包括电动隔离阀，必要的疏水管道及疏水阀门。

g．温水系统改造：新增中压供热系统汽汽换热器出口减温器减温水，减温水取至 1、2 号机组给水泵中间抽头隔离阀后管道，减温水管道上设置有滤网、电动截止阀、止回阀、手动截止阀以及电动调节阀等。

h．水系统改造：将主厂房区域新增管道的疏放水系统接入原一期主厂房疏放水系统，将供热首站区域内新增管道的疏放水系统接入供热首站疏放水系统。

4．实施效果

泉州公司 1 号机组于 2020 年 12 月 12 日正式进入整套启动阶段，机组整套启动试运总工期为15天，期间机组停机次数为8次。整套启动期间调试工作主要完成了汽轮机额定转速试验，机组轴系振动监测，发电机并网及电气试验，锅炉蒸汽严密性及安全阀校验试验，厂用电切换，甩负荷试验，涉网试验等项目，实现了锅炉点火、汽轮机冲转、机组并网、50%和100%甩负荷试验、168h试运等一次成功。1号机组168h满负荷试运期间，机组热控投入率、自动投入率、主要仪表投入率均达到100%。1号汽轮机各瓦的振动均小于76μm，机组的主要蒸汽参数、振动等TSI（Turbine Supervisory Instrumentation，汽轮机安全监测仪表系统）各主要参数、汽水品质良好，能满足机组长期满负荷稳定运行的要求。

2号机组于2021年6月5日正式进入整套启动阶段，机组整套启动试运总工期为13天，期间机组停机次数为 8 次。整套启动期间调试工作主要完成了汽轮机额定转速试验、机组轴系振动监测、发电机并网及电气试验、锅炉蒸汽严密性及安全阀校验试验、厂用电切换及甩负荷试验、涉网试验等项目，实现了锅炉点火、汽轮机冲转、机组并网、50%甩负荷试验、168h试运等一次成功。2号机组168h满负荷试运期间，机组热控投入率、自动投入率、主要仪表投入率均达到100%。2号机各瓦的振动均小于76μm，机组的主要蒸汽参数、振动等TSI各主要参数、汽水品质良好，能满足机组长期满负荷稳定运行的要求。

西安热工研究院有限公司出具试验报告主要结论为："1号机组通流改造前后THA（turbine heat-acceptance，汽轮机热耗保证工况）工况汽轮机修正后热耗率下降331.80kJ/（kW·h），折合供电煤耗率下降12.91g/（kW·h）；供热改造后新供热方式与老供热方式相比同工况热耗率下降383.2kJ/（kW·h），折合供电煤耗率下降14.91g/（kW·h）；通流和供热改造综合节能效果，同工况热耗率下降710.2kJ/（kW·h），折合供电煤耗率下降27.63g/（kW·h）。"

西安热工研究院有限公司出具试验报告主要结论为："2号机组通流改造前后THA工况汽轮机修正后热耗率下降395.90kJ/（kW·h），折合供电煤耗率下降15.32g/（kW·h）；供热改造后新供热方式与老供热方式相比同工况热耗率下降406.10kJ/（kW·h），折合供电煤耗率下降15.72g/（kW·h）；通流和供热改造综合节能效果，同工况热耗率下降770.80kJ/（kW·h），折合供电煤耗率下降29.83g/（kW·h）。"

7.2.5 主机缸体抽汽烟气再热技术

利用主机本体回收蒸汽做功能力，抽汽匹配压力，烟气再热方式匹配温度。本技术从合适位置抽取满足供热压力的蒸汽，但蒸汽温度偏低，需要对其温度进行提升，加热热量来源是锅炉。采用锅炉对这股蒸汽进行加热，可以达到满足供热需求的蒸汽温度要求。基于这个思路，形成了机炉一体供热方案。

【案例7-10】某100 MW凝气机组供热技术改造及经济性分析

1. 工程概况

某电厂三期为 2 台亚临界 350 MW 燃煤机组。汽轮机为日本日立公司生产的 N350-16.65/538/538 型亚临界、一次中间再热、单轴、双缸双排汽、凝汽式汽轮机，制造厂内型

号为 TCDF-40。锅炉为美国 FOSTER-WHEELER 公司生产的双拱型单炉膛、W 型火焰燃烧方式、一次中间再热、平衡通风、固态排渣、亚临界参数、自然循环、汽包炉。锅炉配有四台双进双出磨煤机，采用正压直吹式燃烧系统，锅炉拱部前后对称布置 24 只新型偏置浓缩、浓淡分离自稳燃、低 NO_x 燃烧器。2 台离心式一次风机、2 台轴流式动叶可调送风机、2 台轴流式动叶可调引风机、2 台三分仓回转式空气预热器共同组成平衡通风系统。

单机冷再最大可供 50t/h（1.85MPa、300℃）中压蒸汽、热再供 80t/h（1.4MPa、330℃）中压蒸汽，随着新增高压蒸汽用户的接入（3.7MPa、450℃、165t/h），供热能力明显不足。原系统存在问题：

（1）2 台 350 MW 机组频繁参与调峰，机组负荷波动大，供热管网的可靠性较差，难以满足用户供热参数要求。

（2）为了保证锅炉再热器不超温，单台 350MW 机组冷再供热量最大为 50t/h。

（3）受投产时间较长、设备老化、循环效率较低等因素的影响，2 台亚临界 350MW 供热运行煤耗较高。

2. 改造方案

供热系统优化改造方案如图 7-15 所示。

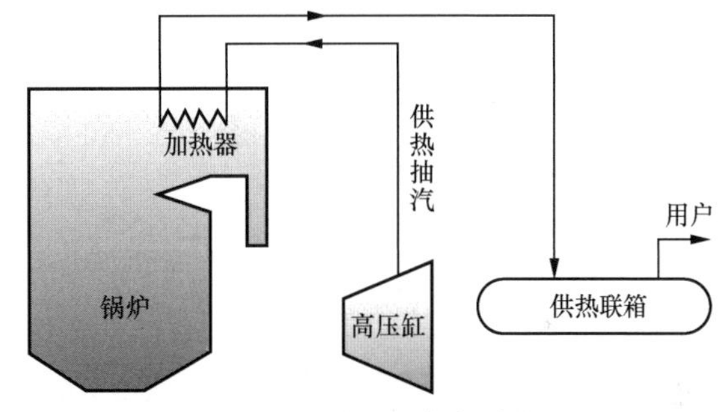

图 7-15　改造后供热系统

供热系统优化改造方案为：采用先进的汽轮机改造技术对汽轮机进行通流改造，高压缸缸体新增开孔抽汽，利用汽轮机回热抽汽提供高压供热蒸汽汽源，抽汽温度不足的问题通过在炉侧布置合适受热面，利用锅炉侧烟气加热的方式加以解决，加热烟气取自锅炉末级过热器出口烟气。如此，便实现了利用回热抽汽供高温高压蒸汽（165t/h、3.7MPa、450℃）的目的，避免了利用更高能级蒸汽减温减压供热导致的能级不匹配现象。根据供热需求不同，锅炉侧主要有如下两部分需配合进行改造：①锅炉系统供热改造：满足汽轮机新增缸体抽汽增加 165t/h 抽汽量时，锅炉汽水系统安全运行的需要；②供热蒸汽烟气再热系统改造：汽轮机新增缸体抽汽口抽出的供热蒸汽在锅炉内加热，加热系统改造。

实施的改造内容主要包含以下几项：

（1）高、中、低压缸汽轮机全通改，保留低压缸外缸，中调门改为参调形式；对各个转子的轴承消缺，提高轴系的稳定性，二抽管道管径需更换为 $\phi 273\times11$mm，管材仍为 20 号钢。

（2）锅炉侧适应性改造：①供热适应性改造：更换改造低温再热器、高温再热器受热面；②供热蒸汽烟气再热系统改造：在炉内尾部转向室布置新受热面。

（3）化水系统改造：在供热化学车间的预留位置上增加 2 套 2×120t/h 除盐补给水系统。

（4）土建部分改造：增设 294 个 4m 高的混凝土框架和 294 个 2m 高的混凝土框架，跨度均为 4m；化水专业新增 2 个地下水池和 3 地上水池及 3 个设备基础。

3. 实施效果

项目实施完成后，经第三方性能检测报告显示，负荷率按照 100%：75%：50%的比例为 1：7：2 计算，加权热耗率降低约 352.72kJ/（kW·h)，折合降低发电煤耗率约 14.10g/（kW·h)，按照机组年利用小时约 4500h/台计算，年节约煤量约 22065.75t 标煤。

采用机炉一体化供热技术改造后，解决了机组高参数供热需求（3.7MPa、450℃），2021 年和 2022 年新增供热量 58.85 万 t 和 60.89 万 t。

7.2.6 背压机供热技术

由压力和温度耦合调节，变为压力、温度分级调节，实现精准匹配，梯级利用。本技术增加背压机，能够充分利用高温高压蒸汽的做功能力，用背压式小汽轮机代替减温减压器，在降低蒸汽压力和温度的过程中，回收一部分蒸汽的做功能力，实现能量的梯级利用。在热电厂中，一般利用背压机的输出功驱动发电机，所发电量直接并入厂用电系统，增加机组上网电量，进而降低机组供电煤耗。背压机供热技术方案如图 7-16 所示。

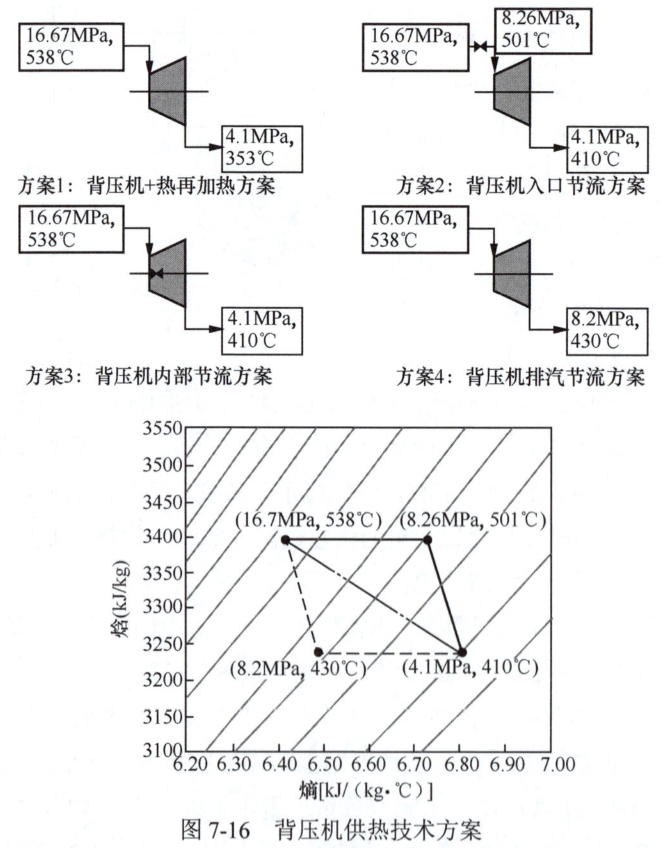

图 7-16 背压机供热技术方案

目前，国内的上海电气、东方电气、哈尔滨电气、杭州汽轮机厂、青岛汽轮机厂和武汉汽轮机厂，国外的 GE（ALSTOM）、SIMENS 等主流动力设备企业，均有大量背压机应

用业绩。在电力、石化、建材和纺织等领域，尤其在热电联产中，背压机利用很普遍，也有部分背压机参数和该热电厂类似，表 7-13 列出了部分背压机应用的实例。

表 7-13　　部分背压机应用实例

用户	功率（MW）	进汽参数（MPa/℃/t/h）	排汽参数（MPa/℃）	转速（r/min）	汽耗率[kg/（kW·h）]
A 石化公司	20	8.83/535/420	4.2/430 4.7/399	3000	21.0
B 热电厂（抽背机）	13.7	8.83/535/107	1.84/283 0.74/197	6512	9.79

从上述应用实例可以看出，背压机的利用方式有纯背压机和抽背机两种形式，对于进、排汽质量体积变化较大或抽汽量较大的情况，一般采用纯背压机，这种情况下背压机制造相对容易，且效率也比较高，一般能到 75%以上；而对于抽汽量较小，进、排汽质量体积变化不大的情况，如果采用纯背压机，其高压级的叶片高度会非常小，制造困难且效率差，此时一般需要采用提高转速或将其他供热一并考虑，将背压机做成抽背机（如 B 热电厂），使背压机具有较高的通流效率。

【案例7-11】某热电高背压供热改造

1. 工程概况

某热电供热中高压供热主要采用主蒸汽供热，此部分蒸汽具有较大做功能力，因此，可以采用增加背压机来优化供热，提高能源利用效率。

2. 改造方案

参考前述背压机应用技术，制定如下两种技术路线：

（1）纯背压机路线。

该路线背压机进汽来自主蒸汽，排汽用于高压供热，按照背压机排汽温度是否需要再热，又可以分为再热方案和非再热方案。

（2）抽背机路线。

该路线抽背机来自主蒸汽，设置一级抽汽，供高压供热用汽；排汽用于中压供汽用汽，其中高压供热抽汽需再热。蒸汽再热可以分为炉侧烟气再热和机侧蒸汽再热。一般情况下炉侧不具备再热条件，主要原因是炉侧内部无空间，旁路烟道也常常因烟道空间限制无法设置。机侧蒸汽再热是通过中压供热抽汽来加热供热蒸汽，具体方案为：设置汽汽换热器，换热器热端为中压供热（一般为热再）抽汽，冷端为背压机排汽或一抽抽汽，通过换热提高供热蒸汽温度，同时降低中压供热蒸汽温度，一举两得，且机侧布置换热器系统相对炉侧再热简单，管道耗量少。

3. 改造方案

根据上述技术路线，制定了四种具体的供热优化方案，具体情况如下：

（1）方案一：背压机耦合汽汽换热器方案，如图 7-17 所示。

此方案设计高压供热为主蒸汽→背压机→汽汽换热器→高压供热联箱，设计中压供热为热再蒸汽→热再加热调阀→汽汽换热器→中压供热联箱。在高压供热和中压供热偏离设计值时，通过各调阀开度，实现各管理流量匹配。

本方案优点是背压机输出功率较大；供热系统灵活，可以满足不同供热工况的需求；缺点是背压机的排汽温度无法满足高压供热需求，需要采用再热系统，系统复杂，供热调节较为繁琐，尤其是供热负荷变动较快时，可能存在调节品质无法满足供热需求的情况。

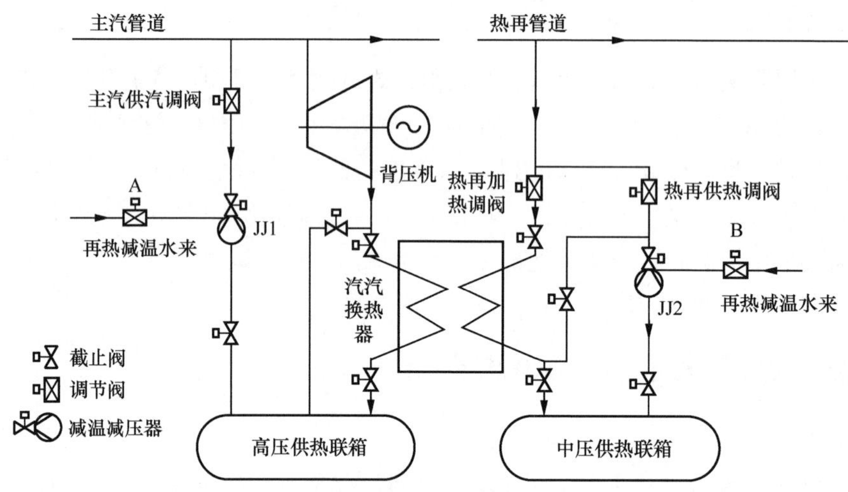

图 7-17 背压机耦合汽汽换热器方案示意图

（2）方案二：背压机入口节流方案，如图 7-18 所示。

通过入口节流，将机组参数由亚临界区域降低至超高压区域，然后再进入背压机做功，具体措施为：将新蒸汽由 16.67MPa、538℃节流至 8.0MPa、499.25℃，再进入背压机做功，排汽参数控制到 4.1MPa、411.91℃。

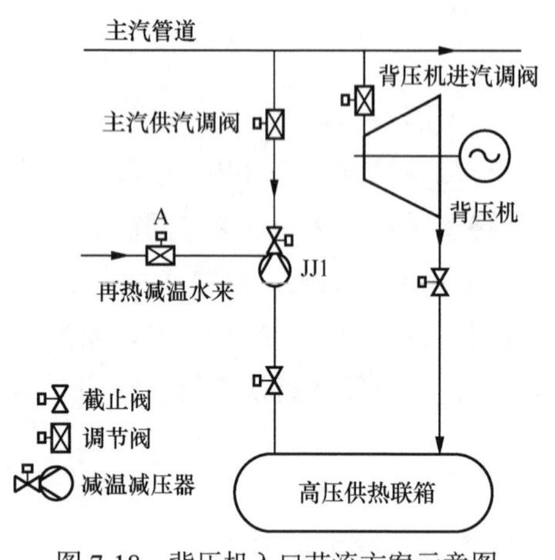

图 7-18 背压机入口节流方案示意图

此方案设置了背压机进汽调阀，通过进汽调阀控制小机进汽压力，使小机排汽压力和温度满足供热要求，因为不需要再热，系统简单。在背压机停运或者抽汽量无法满足高压供热要求时，可以开启主蒸汽控制调阀、减温水调阀 A、再热减温器 JJ1、截止阀 2，通过主蒸汽减温减压补允供热蒸汽，满足外部供热需求。

此方案系统简单，运行灵活，具有一定的调节性，可通过控制进汽压力来满足排汽供热的温度要求，投资较小，当小汽轮机低供汽量运行时，排汽温度可能高于供热温度要求。缺点是由于主蒸汽节流时做功能力损失，方案整体节能量相对较小。

（3）方案三：背压机内部节流方案，如图 7-19 所示。

此方案主蒸汽为 16.67Mpa、538℃，直接进入汽轮机，汽轮机内部进行节流，使背压机排汽参数满足要求（约 4.1MPa、410℃），该方案本质和方案二相同，差异在节流位置不同，其运行方式同方案二。

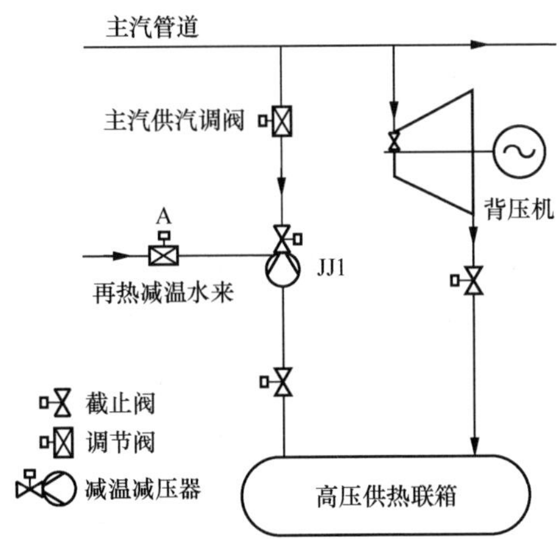

图 7-19　背压机内部节流方案示意图

该方案系统简单，但是背压机出力相对较小，调节的灵活性不如方案二。同时需将主蒸汽管道铺设至汽轮机主汽门前，增加了高压高温管道的铺设，增加了不必要的投资成本，而且在变工况运行时，无法调节进汽的过热度，从而造成排汽温度在低负荷时温度升高造成不必要的损失。

（4）方案四：背压机排汽节流方案，如图 7-20 所示。

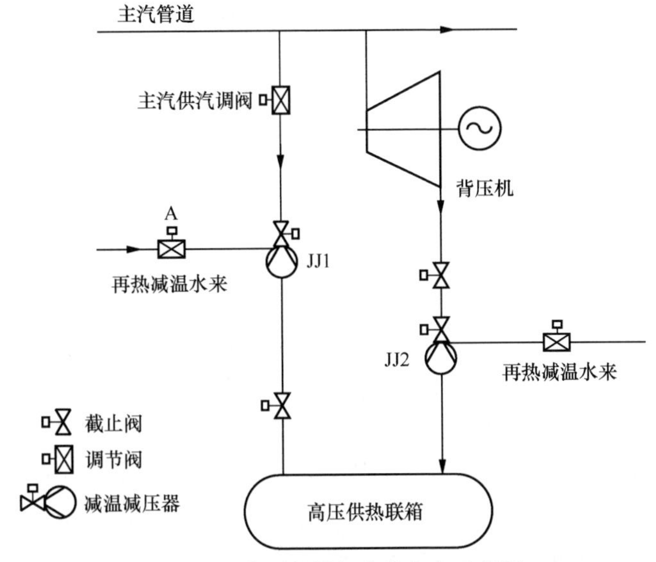

图 7-20　背压机排气节流方案示意图

该方案背压机进汽压力为 16.67MPa，温度为 538℃，背压机排汽按照温度满足高压供热需求，约为 430℃，对应压力约为 8.2MPa，排汽再经过减压，至压力 4.1MPa，温度约为 410℃，进入高压供热联箱。

随着背压机负荷降低，背压机排汽温度会升高，因此，需在背压机排汽管路上设置减温减压器，调节背压机排汽温度和压力。该方案系统相对简单，但是背压机排汽由于还需进一步减压，其经济性不高，且由于该机型背压机的排汽压力较高，部分设备厂无法生产，即使能生产，静态投资也非常高（约 2000 万元）。

4. 方案对比分析

背压机各方案主要收益（额定热负荷）见表 7-14。

表 7-14　　背压机各方案主要收益（额定热负荷）

项目	单位	背压机方案一	背压机方案二	背压机方案三	背压机方案四
机组输出功率	kW	240610.10	241845.94	241839.99	241840.98
背压机输出功率	kW	9464.09	4899.02	4921.33	4917.25
煤耗率降低量	g/（kW·h）	7.26	4.11	4.13	4.13
增加上网电量	万 kW·h	1463.63	828.15	831.38	830.77
年节约煤量	t	11637.83	6595.26	6620.80	6615.91
售电收益	万元	182.86	103.46	103.87	103.79
节煤收益	万元	770.42	436.61	438.30	437.97
年增加收益	万元	953.28	540.07	542.16	541.76
静态投资回收周期	年	4.64	6.20	6.18	6.18

7.3　长距离输送供热技术

7.3.1　概述

冬季居民供热为生活的必须，大型工厂同样存在需要热量供应的工艺步骤。通过小型燃煤锅炉独立进行供热造成巨大的能源浪费，并排放出大量的燃煤污染物和 CO_2 等温室气体，不利于环境保护、可持续发展和“碳中和、碳达峰”工作的进行。减少如何保障生产生活所需和可持续发展的环境保护问题成为权衡利弊的关键点。国务院在《大气污染防制行动计划》中提出要加大综合整治力度，减少多污染物排放；调整优化产业结构推动经济转型升级。在 2024 年，国务院更是提出，建设美丽中国是全面建设社会主义现代化国家的重要目标，是实现中华民族伟大复兴中国梦的重要内容。为全面推进美丽中国建设，加快推进人与自然和谐共生的现代化，中央提出了关于全面推进美丽中国建设的意见。在此之中，煤电产业的升级减排和提高能用利用率自然是从宏观层面解决这一问题的重要抓手。

燃煤电厂通过燃煤加热水产生过热水蒸气作为工质推动汽轮机组做功发电，仅有少量的能量可以被转化为电能，余下的热量则均散失到环境中。因此，将燃煤电厂的尾热作为居民生活和工业生产供热的热源，让电厂实现热电联产，并将产生的热量尽可能低损耗地输送到有相应需求的客户端，就成为解决这一问题的途径之一。

以燃煤电厂余热为主体的供热系统体量大，成本低，相对集中，并且回收利用再供热不会产生额外的碳排放，是理想的居民生活和工业生产用热热源，是城市治理环境污染、提高能源利用效率的必要措施之一。国务院提出，因地制宜采取清洁能源、集中供热替代等措施，继续推进散煤、燃煤锅炉、工业炉窑污染治理，是持续深入推进污染防治攻坚的有效举措。相比起小型锅炉独立供热，大型锅炉集中供热可以将热效率从60%～70%显著提升至 90%。对于热电厂来说，大型锅炉将水加热成高温高压的过热蒸汽，蒸汽在汽轮机中做功发电，乏汽必须冷却为凝结水后，再回到锅炉中加热蒸发，循环利用。因此，单纯的凝气电厂效率比较低，燃料产生的热量不到 40%被转化为电能，其余的热量则被浪费并释放到大气中。火力发电厂通过回收余热，可以实现超过 85%的能量转换利用。

但是同样出于环境保护和安全考量等原因，这些火力发电厂往往处在远离城市的位置。根据国家规定，蒸汽供热系统的供热半径通常为 5～8km。然而在实际生产生活中，大多数集中供热的热源与末端用户之间的距离超过了 8km。这就对热能输送管网提出了要求，要求管网在输送过程中对能量的损耗应尽可能少，管网的强度应当能支持疏运所需，管网的建设成本应尽可能低，占地面积尽可能少，建设完成后维护与保养的需求尽可能少，费用尽可能低，并且建设完成后可以收回成本并盈利。为此，长距离供热技术应运而生，旨在解决热电厂向城市居民和工厂的供热管道距离较长、高程变化大等问题，提高能源利用效率，减少能量传输过程损失，促进产业发展，实现能源有效利用的同时进一步活跃市场经济。

长距离输送供热管道具有如下优点：

（1）长距离输送管道解决了民用和工业的热源问题。在长距离输送管道介入工作的情况下，居民生活用热和工厂生产用热都不再需要依靠小型锅炉自主提供，而是将地区的供热管道接入集中供热的管道网络即可。同时，因为电厂发电余热是一个巨大的热源，其所能覆盖的区域是巨大的。以中国北方地区的热量供需为例，中国北方拥有 800GW 的火力发电功率，仅需回收其一半的余热热能，即可为 120 亿 m^2 的区域供热。已有的地区供暖系统此时依然可以起到作用，利用长输供热管网将冬季发电厂的余热输送给用户，在增加传统管网的热传输能力的同时，进一步扩大了区域供热范围并降低了供热成本。

（2）对于发电厂，如果不采用热电联产将余热加以利用，发电尾热需要通过冷却塔排放到大气中。为提高电厂效率，相比起自然对流式冷却塔，强制通风式冷却塔和水冷式冷却塔的使用更为广泛。尽管能够提高电厂的散热效率，从而保证设备的工作状态，但是不论电厂采用水冷式冷却塔还是风冷式冷却塔，水泵和风机的工作都需要消耗能量，降低电厂的净产出。而长距离输送管道介入工作之后，由于这一能量输送系统的存在，工厂的工业用热和居民生活供热在一定程度上取代了冷却塔的作用。这一效果在冬季会更加明显，整体上看电厂可以显著减少冷却塔的使用，从而减少了相应的泵消耗或是风机的消耗，同时还可以通过热量输送收回部分成本用于发电厂的运营等。这对于提高能源利用效率和降低机械使用损耗、减少维护费用等都是大有益处的。

（3）长距离传热管网的供热具有良好的环境效益。区域供热面积的增加可以减少小型锅炉房的数量，有效地将热量利用与减少粉尘污染和二氧化硫的排放结合起来，提高能源的利用效率。小型锅炉由于燃烧温度更低，相比大型锅炉，煤炭难以充分燃烧，煤炭中的杂质和不充分燃烧的碳容易造成污染性气体和粉尘的排放。在大型电站中介入热电联产，在为同样的居民生活和工业生产用热条件下，相对污染排放显著减少。同时，大型电厂因为燃烧温度更高，热能品位更高，不论是产电还是产热的效率都会更高。因此，供应同样的能量需求，大型电厂的煤炭消耗量更少，CO_2 排放量也更少，对于“碳达峰、碳中和”战略起到显著的作用。

尽管长距离输送供热技术拥有如上的一系列优点，但为了精准地提供能量供应，并提高能源利用的效率，长距离输送供热技术对末端用户也提出一定的要求。

（1）长距离输送供热技术的末端热用户应有较大且较为持续而稳定的热负荷。在不稳定的工况以及低负荷状态下工作，蒸汽管线中容易发生蒸汽凝结，严重时甚至会产生水锤现象，对管道网络带来损坏。如果用户需求的流量较小，则管道需要输送沿程疏水流量来填补空缺，不仅不利于高品位热能的输送，对能量造成浪费，也不利于工程收回制造成本。而当末端用户有较大且较为持续和稳定的热负荷时，管道的流量就能处在稳定的水平，从而保障管网的可运行性。

（2）长距离输送供热技术的末端用户的参数应当在热电厂的可供范围内。这一指标要求的是管网末端的温压参数，这一需求的温压参数不能超过热电厂余热所能提供的温度和压强的最大值，否则，不论如何设计长距离输送网络都无法满足末端用户的需求，则末端用户仍然需要添加小型锅炉作为蒸汽供热来源，达不到节能减排的最终效果。

（3）长距离管道的铺设需要具有经济可行性。由于长距离供热输送技术存在大量技术问题需要进行具体的工程设计和操作，建造工艺复杂，建设成本较高。同时，长距离输送管道建成之后，也存在使用和维护的固定成本和变动成本等。比如，管道网络的折旧、人工、维护保养和使用耗散都是固定成本的一部分，而末端用户的使用情况则会给管道带来变动成本。如果用户不能保证长期稳定的大流量热能需求，长距离输送网络将面临大量的能量浪费，从而可能导致最终铺设成本不能收回，无法产生经济效益。因此，如果不能保证建设成本的回收，则长距离输送管道不一定存在建设的必要性。

如果末端用户满足上述三项要求，则长距离输送供热管道在生产需求、供应能力和成本回收三个方面都能满足技术上的可行性，则这一工程项目存在建设的可行性。将 10km 以内的供热管道作为常规供热管网系统参考标准，为了保障末端用户的需求，相比基础性的供热管网原距离，在温降和压降等方面，长距离供热管网提出了更高的要求。常规供热管网的温降值为 15℃/km，而长距离、低能耗输送供热管网技术下的温降值则应缩减至 5℃以

下；常规供热管网的压降值为 0.1 MPa/km，而长距离、低能耗输送供热管网技术下的压降值则应缩减至 0.02 MPa/km 以下。上述指标能够实现的前提下，长距离输送供热管道能得到热能损耗、供热成本和供热安全等方面的大幅度提升。供热损耗方面，长距离输送管网可以降低至常规供热管网的 1/5，而供热成本可节省 8%。同时，因为温降和压降的大幅度下降，长距离输送供热管道在供热环节的安全系数也得到大幅度的上升。

由于流体力学因素和传热学因素，热电站蒸汽余热在供应网络向用户输送的途中会存在沿程阻力，并与管道发生对流换热。这是导致压降和温降的主要原因。要实现上述指标，在技术方面需要进行如下几个方面的改进。

（1）大温差输送技术和低温回水技术。

由于供热管线长，输送过程中所需要消耗的电力也会增加。同时，即使通过各种保温技术和减阻技术减少沿程的能量损耗，热能在长距离运输过程中的散失依然不可避免。为了提高能源利用效率，减少损失，保证用户端需求能够得到充分的供应，长距离管道中单位质量的水所携带的能量要尽可能增加。如传统的供热热媒参数通常选取为 130℃/70℃、120℃/60℃、110℃/50℃等几个经典进出口温度，温差最大 60℃，而长距离供热管线一般选取的热媒参数为 130℃/20、120℃/20、90℃/15℃，温差为 75～110℃。这种大温差传热技术能在同样的质量流量下携带更多的热量，比传统热电联产供热的输送能力大 25%～80%。

（2）保温材料运用和保温结构设计。

导热系数低的保温材料可以显著减少水蒸气或热水传输过程中对流换热造成的损失。同时，根据传热学原理，选用导热系数低的保温材料也可以减少材料铺设的厚度，降低管道保温层的外表面积，减少与空气之间的对流换热，进一步减少输送过程中的热量损失。除了直接铺设保温材料之外，多层保温结构设计也可以起到减少热量损失的作用。比如，从外至里使用彩钢板–抗对流层–多层复合保温层–供热管的保温结构设计可以显著提高保温效果。此外，将复合结构的管道埋在地下减少与空气的对流换热，也是一种有效的保温方式。由于不论采取何种蒸汽在输送过程中采用何种保温材料和保温结构设计，最终蒸汽的出口温压相比入口都会有所降低。在不同的温压条件下，水蒸气的对流换热系数是不同的，所需要的保温条件也是不同的。因此可以根据温度将蒸汽划分为多个档位，再根据不同的档位做相对应的保温材料和选择和保温结构设计，起到成本最低而保温效果最好的效果。

（3）隔热管架也能起到减少损耗，降低温降的作用。

长输供热管线支架的热耗占管网输送热耗的 10%～15%，通过隔热管架对长距离输送管道网络做出的优化可以显著减少能源耗散，提高利用效率。隔热管架使用两层隔热材料和三层隔热板，将管道和支撑结构分开，可以最大限度地减少由于与支架直接接触而产生的热量损失。此外，采用滚轮形式的滑动支架装置可使蒸汽管道在膨胀时水平滑动，与传统的滑动支架相比，减少了滑动支撑表面的摩擦，使得滑动墩的滑动表面显著减小。对于减少动能损耗方面，减阻涂层的作用与滑动支架相类似。在管道内壁敷设减阻涂层也可以起到降低摩擦阻力提高运输效率的作用。使用导热系数较低、强度较好的隔热瓦块做隔热层绝缘，热损可以显著减少。同时，隔热管架上滚轮的运用也使得管道摩擦力、管架推力得到降低，从而使土建投资也能得到减少，更具有收回成本的能力和盈利的潜质。

（4）热补偿技术的选择具有广泛的应用前景。

为了保证热力管道安全和稳定地运行，减少管道热胀冷缩所产生的应力，应在管道上每隔一定距离设置固定支架和补偿器进行调节。补偿技术可以通过自然补偿、旋转补偿器及波纹管补偿器等来实现。自然补偿方式使用的更为广泛，其运用应首先从管线布置上考虑。配管时可根据管系形式、工作介质、工作压力、工作温度、管材、环拉条件等进行工况模拟强度分析，对管线的薄弱环节充分掌握继而优化配管方案，确保管线在日常运行中能够安全、稳定、可靠。旋转补偿器的工作原理是利用大小相等、方向相反的一对力，通过由旋转筒和力臂形成的力偶，由力臂绕补偿器 z 轴中心旋转，吸收在蒸汽管道在两个固定点间的热膨胀量。因为其减少弯头和管道的长度，旋转补偿器可以达到节省投资的目的。波纹管补偿器本身具有柔韧性，依靠波纹管伸缩、弯曲来对管道进行轴向补偿。因为这一特性，波纹管能补偿设备与管道的温差变形或其他变形，并可防震、减振、减少管道对设备的推力和适应油罐基础的不均匀沉降等。上述三种热补偿技术已在实际生产生活中证明了其可行性，技术成熟，对于长距离供热管道有着重要的作用。

除了考量上述与长距离热能输送密切相关的技术要求之外，输送管道水锤效应和管道泄漏的防范也应当得到重点考虑。

水锤效应主要是由于流速的强烈变化，导致压力变化下的管道中发生动量的转换，进而在管道中造成一系列交替变化的压力冲击而产生。由于长距离输送供热管网需要根据水力计算的工况条件配备多级中继泵，而在中继泵的运行过程中会不可避免地出现各种故障，有时会超出劳动力和现有技术的控制范围，因此，水锤对于长距离输送供热管网系统的安全性具有很大的威胁性。如果要降低长距离供热管道的使用成本和维护需求，在设计和建设的过程中就应该尽可能对水锤效应做出防范。要防范水锤效应，主要可以通过高效的排气措施、管道定压模式运行和动态水力计算来解决。

除了水锤效应之外，管道的密封性也是需要得到重点关注的安全事项。焊接质量不高、管道伸缩受限、采购管件质量不合格等，均容易造成管道密封性不佳的问题。由于长距离输送供热技术管道里程长、高程落差大，在加温加压运输条件下，管道泄漏不仅会导致温降压降的升高，还会对管道本身造成破坏，其影响比起常规管道输热会更加恶劣。因此，长距离输送供热管道密封性需要得到重点关注。加大工程管理力度、全面检查暖气管道故障段、加强水压试验和妥善处理管道连接部分，均能有效地预防管道泄漏，提高管道密封性，避免运输过程中危险现象发生，提高热量传输效率。

上述技术已有部分用于实际生产生活的技术路线和生产案例，对于长距离输送供热管道能够有效地起到提高能源利用效率和使用安全性、规避危险因素的作用，对于整体能源利用能够起到节能减排、降低污染的效果。热电联产技术已经发展了多年，但如何将热电联产技术更加准确地供应给用户端，同时尽可能控制建设和使用成本、减少产业占地、避

免对环境造成影响，依然是需要重点关注的问题。正确可靠的设计和技术路线能够降本增效，在节能环保、实现可持续发展的同时为投资产生更多收益，助力“碳达峰、碳中和”战略布局，实现全产业周期的绿色环保。以下将对上述技术路线作详细讨论，并提供相应的实际生产生活案例。

7.3.2 技术路线

经过长时间的技术发展，长距离供热输送技术已经没有显著的技术难题，其工作的关键在于如何提高能源的利用效率，并充分地将供应端的热媒参数在长距离输送后与用户端相互匹配，使技术的发展与产业密切结合，使建设的投资能产生最大的经济效益，指导经济的高质量发展向“碳达峰”“碳中和”顺利转型并实现盈利，提高技术经济性。

针对长距离输送供热管道长、流速高、地势高低起伏、水动力安全性要求高、需要多级升压和加热等特点，采暖热水的长输供热要源网一体化考虑，通过对热源、输送管网、换热站、二次网的参数选型、设计优化方面进行综合设计，在确保满足热用户用汽参数的基础上，降低管道压力损失和热损失，并对长输供热管网存在的管道泄漏、水锤问题提出解决方案，实现整个热网系统的可靠、灵活、经济供应。长距离输送管道的技术路线需要从输送技术本身和输送问题防范两个方面进行考虑，在满足用户端需求的同时尽可能使得输送系统节能高效，并避免安全性问题，保证系统稳定运行，保证生产生活安全有序的同时减少养护和维修带来的成本，提高经济效益。

在此基础上，智慧热网的概念也应当介入到长距离输送供热技术当中来。智慧热网形成统一的、数据充分共享的、多业务协同的综合管理平台。这对于需要精准为用户提供服务的，并且使用一个热源为多个需求各不相同的用户供应能量的长距离输送系统来说也就格外重要。因此，从输送技术本身，输送问题防范和智慧热网系统的介入三个方面进行探讨，长距离供热输送技术的技术路线拥有广泛的技术领域，值得进行具体的探究。

7.3.2.1 输送技术

1. 大温差技术和低温回水技术

长距离供热对流体的驱动能量要求会提高，因此同样的体积流量下，供热的蒸汽或热水就被要求能够携带更多的热量，才能将热量传输的效益最大化，而这就需要大温差技术来保障相同输出下尽可能多的能量供应。大温差技术的重点在于长距离输送管网的热媒参数，也即供热端和用户端的温度。

供热管道需要通过外部动力驱动来克服管道的阻力，避免在运输过程中蒸汽温度和压强的大幅度下降而不能满足用户端的需求。而不论如何运用减阻技术，随着管道长度的延长，管道的阻力终究还是会逐渐累加的。因此，长距离供热管道在运输过程中所消耗的电能会增加。此时如果仍然按照典型的常规供热输送管道选用热媒参数，系统的效率将得不到保障，难以有效地实现供热系统的节能减排。因此，单位质量流量的蒸汽或热水所携带的能量应该尽可能提高，从而使得相同的电能消耗下向用户端供应的热能尽可能多。而提高供热端和用户端之间的温差，通过大温差技术进行长距离输送，就可以实现这一技术要求。

传统的供热热媒参数通常选取为130℃/70℃、120℃/60℃、110℃/50℃等几个经典进出口温度，温差最大为60℃，而长距离供热管线所使用的大温差技术一般选取的热媒参数为130℃/20℃、120℃/20℃、90℃/15℃，温差为75～110℃。通过改变热媒参数实现的大温差传热技术能在同样的质量流量下能携带更多的热量，比传统热电联产供热的输送能力大25%～80%。

用吸收式热泵机组可以实现温差的提升。热泵利用逆卡诺循环原理，从低温热源吸取热量供应给高温热源。吸收式热泵机组以一级网温度热水作为热泵的驱动热源，产生热泵效应，进而能够吸收低温热源的热量。

板式换热器也可以实现温差的提升。在一级管网和二级管网之间设置板式换热器，实现能量梯级利用的同时也充分提高供热管道的温差，增加管道携带的能量，提高能量利用效率。将吸收式热泵机组和板式换热器相耦合运用可以作为大温差换热系统使用，整个升温换热过程如图7-21所示，一级网供水温差可以达到100℃，从而有效地提高单位质量流量的供热介质所携带的能量，提高长距离供热效果。

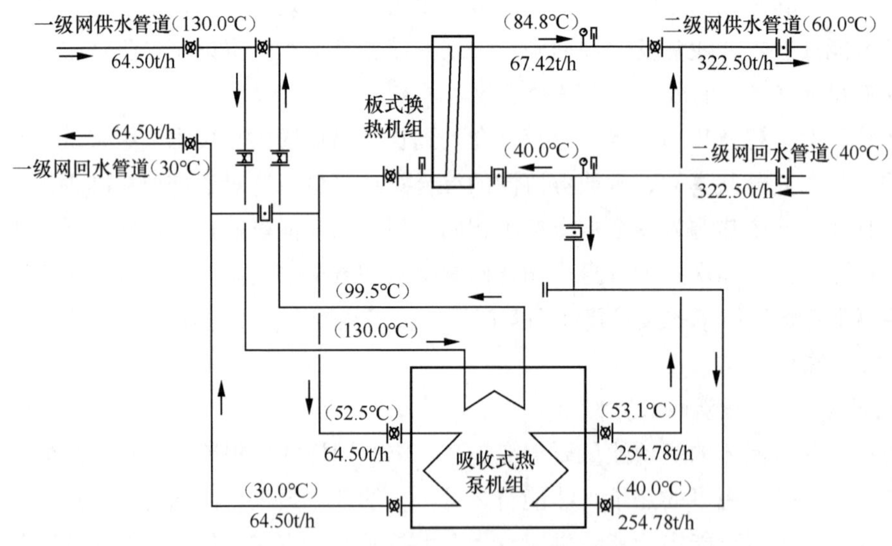

图7-21　吸收式热泵机组和板式换热器耦合大温差供热系统

大温差输送技术和低温回水技术相互关联。对于传统热电站而言，回水的温度在45～55℃，而长输供热为了充分利用火力发电厂尾热向用户端供热，需要将回水温度降到35～15℃，以便得到更多的余热，取得更经济的热价。低温回水可以在热力站设置换热机组或热泵来实现，也可以通过混水来达到同样的效果。将热电站回水通过热泵降温至35～15℃，这一温度的回水一部分可以回到锅炉重新加热做功发电，而通过热泵吸取的热量则供应给另一部分的回水，将其重新加热至85℃左右，再次回到供热管道中向用户端供热。首先是

热力站设置大温差热水型溴化锂换热机组。在用户热力站处安装吸收式换热机组，用于替代常规的水-水换热器，在不改变二次网供回水温度的前提下，降低一次网回水温度至 25℃左右。这样，供热的热媒参数发生了改变，热网供回水温度由原来的 130℃/70℃变为 130℃/25℃，输送温差是原来的 1.75 倍，同等管径下热力输送能力也是原来的 1.75 倍，由此大幅度降低了热网投资和运行费用。

其次是热力站设置电动水源热泵降温方式。在传统热力站板式换热器一级网回水侧串联电动水源热泵，将一级网的回水降到 35～20℃，有利于热电厂乏汽充分利用，原有热力站可增容 40%左右。

热力站混水降温方式可以起到降低回水温度的作用。当用户侧二级网回水温度比较低时，在热力站可采用一级网供水与二级网回水混合，作为二级网供水，二级网多余回水进入一级管网的回水干管中。热力站混水降温由于采用直接混水换热，换热效率高，占地少，投资少。

利用热泵集中回水，也能降低回水温度。在一级网回水总管上设置大型电动或汽动热泵将回水温度由 45～55℃降低到 35～25℃返回火力发电厂，提取的余热经过热泵做功后将二级网回水加热到 85～110℃，可独立向附近的供热区域供热。

2. 保温材料与结构

导热系数低的保温材料能够有效地形成热绝缘，减少长距离输送过程中沿程发生的温降。同时，导热系数更低的保温材料也可以在保温层更薄的情况下达到同样的保温效果，从而减少材料的用量，降低铺设保温层后管道的表面积，减少管道与空气之间的对流换热，进一步减少热量损耗，提高能源利用效率。

常用的保温材料有膨胀珍珠岩绝热制品、硅酸钙绝热制品、岩棉、高温玻璃棉、绝热的硅酸铝棉、复合硅酸盐以及新型的纳米复合毯等材料。这些材料都拥有较小的导热系数，比如硅酸铝针刺毯的导热系数为 0.15W/（m·K），而高温玻璃棉的导热系数则为 K＝0.033W/（m·K）。极低的导热系数使得这些材料在管内管外温差较大的情况下也不会过多地散发热量，同时，管壁的厚度也可以控制在理想的范围内。更小的管壁厚度意味着更小的管道半径，管壁外表面积更小。由于供热管道大多数使用架空铺设，更小的外表面积意味着更小的对流换热量，从而尽可能减少长距离输送过程中造成的热能损失。

传统保温材料在长距离输送上的应用可以根据蒸汽的温度将管道划分为多个档位。因为热能随着管道的延伸，自热电厂供热端到回热端一定是逐级递减的，因此在实际保温材料选择中应将蒸汽温度划分为 3 个档值。第 1 档为 250℃以下、第 2 档为 250～310℃、第 3 档为 310～350℃，针对第 1 档采用高温玻璃棉保温，针对第 2 档采用高温玻璃棉与硅酸铝针刺毯相结合进行保温，针对第 3 档采用硅酸铝针刺毯材料保温。将保温材料分级运用在管道上，可以最优化管道的保温设计，满足使用效果的同时降低使用成本。

除了上述传统的保温材料之外，也有一些新型聚合材料可以作为保温材料使用。聚氨酯硬质泡沫塑料是一种理想的保温材料，该保温材料可以在143℃的温度下工作，保障了大温差条件下的长距离输送保温效果。多种保温材料的复合形成新型保温结构也可以有效地提高保温性能，比如利用硅酸铝针刺毯与高温玻璃棉对供热管网实施保温作用时可采取多层保温结构，从外至里保温结构分别为：彩钢板-抗对流层-多层复合保温层-供热管。这样的复合结构充分发挥了多种保温材料的特性，强化保温性能的同时也尽可能避免了对流换热带来的热量损失。

在选用导热系数小的保温材料为长距离输送管道提供保温之外，优化供热管道外层的保温结构也能有效地提高能源利用效率。在保温层之间设置夹层可以有效地实现保温，这是因为空气的导热系数极低。静止状态下的空气不考虑对流换热，那么空气本身作为抗对流层来使用，就可以起到充当保温层的作用。在利用空气夹层降低导热系数保温的同时，也可以在夹层内铺设防水反射层，通过减少辐射传热来降低传输过程中的热量散失。上述两种技术的联合运用已有典型的案例，比如钢套钢地埋管就是一种典型利用空气导热系数低的特点保温，再通过减少辐射散热减损的复合保温结构。钢套钢地埋管从外到内的结构为钢制外套管-空气层-多层复合保温层-供热芯管。在供热管网实际铺设过程中，当工程途径河流与或是其他管网时，为有效规避地下构件以及实现成本管控，在施工过程中采用钢套钢地埋管工艺就是一种降低工艺难度、保证工程工期、降低热能损耗的工程方法。同时，工艺可以在不增加管网铺设工程，避免增加工程成本和工期。钢套钢地埋管所使用的多个保温层耦合，可以最大限度地保存供热管道的热能。而在空气层和多层复合保温层之间涂刷防水反射层，可以减少供热管对外辐射的热能，提高管道的保温效果，是一种全面综合利用传热学知识而设计的，结构简单且可靠的保温结构。

需要注意的是，由于建设成本问题，大多数供热管道都使用架空设计。对于架空管道，由于轻量化是其必须要考量的设计制造因素，在钢管道表面敷设保温材料是最为可行的方法。而工程建设中，重物不宜设置在高处。因此，在考虑管道质量的情况下，钢套钢管这种复杂结构是不适宜作为架空输送管道使用的。但是如果遇到必须使用下穿或地埋等方式铺设供热管道的工程情况，则钢套钢地埋管应当是工程首选，保温节能，能源利用效率高。在下穿方面，可以采用钢套钢低支墩架空敷设，并在外套管支墩位置设置抗浮管箍。钢套钢地埋管的结构如图7-22所示。

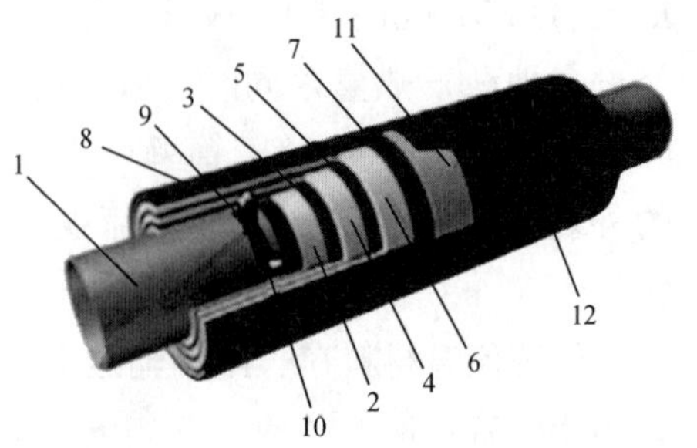

图7-22 钢套钢地埋管结构

1—工作钢管；2—内保温层；
3—绝热屏蔽辐射层；4—保温层；
5—绝热屏蔽辐射层；6—外保温层；
7—绝热屏蔽辐射层；8—空气层（真空层）；
9—耐高温隔热材料；10—滑滚（管托）支座；
11—钢制外护管；12—防腐层

3．新型管架和减阻涂层

新型管架设计包括管架的隔热设计和管架的减阻设计。长距离供热输送过程中，管架散失的热

量占散热总量的 10%～15%，其原因是因为管架通常使用钢制材料，导热系数大，造成了大量的热量散失。支架处管道直接与钢筋混凝土接触，热量通过钢筋混凝土散失到土壤和支架周围的大气中，存在明显的热桥效应。二者相互结合，导致了长距离供热输送管道沿程的热量损失，带来供热系统的温降，不利于热电联产向用户端供热。同时，因为管道的荷载、振动和管壁的热胀冷缩等原因，管壁与支架之间会发生相对位移或是形变。当位移或形变量较大时，管壁与支架之间会发生滑动摩擦，造成能量的损失。这种摩擦阻力所带来的是长距离供热输送中的压降。而随着管道使用时间的推移，生锈、腐蚀等因素会加大摩擦系数，使滑动摩擦阻力进一步提升，降低运输效率。

因此，为了减少输送过程中的温降和压降，满足用户端的能量需求，需要使用新型管架来减少管道与管架之间的传热，降低管架热损。新型管架可以减少管道与管架和管架与地面环境之间的热量传递，降低热桥效应带来的能量损失。新型管架在满足热绝缘的同时，也要具备减少管壁与管架之间的摩擦的能力，降低管道动能损失。相应的技术路线包括隔热管架和滚轮形式的滑动支架。

隔热管架的设计难点在于制作隔热管托要求材料既要具有良好的隔热性能，又要具有较高的支承强度。对于热力管网等复杂的受力工况，隔热瓦块能够满足抗压、抗扭、抗弯、抗剪强度的需要，其合理的结构使支吊架与管道的整体保温融为一体。选用绝缘材料制作的隔热管架，可以有效地降管架散失的热量降低至总散热量的 3%～5%。通过多层保温棉和隔热板设计的隔热管架可以将管道和管架支撑结构分离开来，减少导热带来的损失。另一种思路使用是导热系数较低、强度较好的隔热瓦块做隔热层，减少管道与支撑架之间的导热，从而减少能量损失。管架在支撑面可以采取聚四氟乙烯一类的热绝缘聚合物材料，在减少管架底部导热性、降低热损的同时，也可以减少管架与管道之间的滑动摩擦力，降低位移造成的推力。隔热管架的结构如图 7-23 所示。

对于管壁和管架之间的摩擦副，则主要通过减小滑动摩擦力和变滑动摩擦力为滚动摩擦力来降低其间的能量损失。改性聚四氟类材料将管架与管道之间的不锈钢–不锈钢摩擦副转化成聚四氟–不锈钢摩擦副，有效地解决了在管托热位移过程中因腐蚀、锈斑带来摩擦推力增大而对管系安全产生的不良影响，使管托位移滑动所产生的对管架推力减少 2/3。此外，也可以使用滚轮形式的滑动支架。滚轮形式的滑动支架装置可使蒸汽管道在膨胀时水平滑动，与传统的滑动支架相比，减少了滑动支撑表面的摩擦，使得滑动墩的滑动表面显著减小。

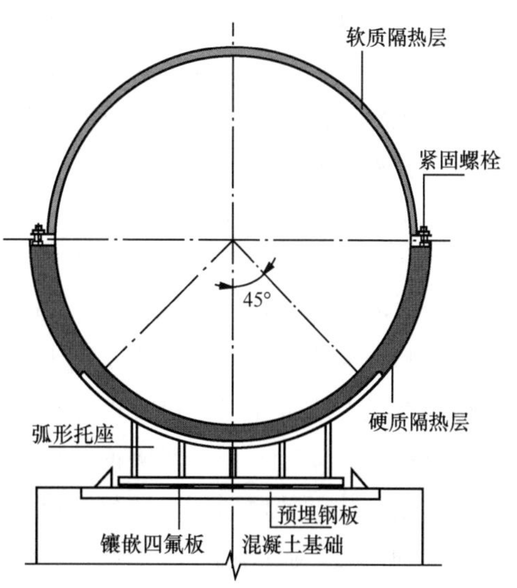

图 7-23　隔热管架的结构

因为管道壁面不可能做到绝对光滑，长距离

供热所使用的热水或蒸汽也不可能是理想流体，管道内部也就必然存在摩擦。热流体与管道内壁之间发生的摩擦会影响热流体的动能，因此其同样会减损能量供应，增加管道输送的压降。流体阻力直接影响水泵是否在高效节能区间运行，是后期影响经济性的重要因素。因此，可以使用管道内壁的减阻涂层来降低长距离供热过程中的阻力。管道内壁的减阻涂层材料应当满足附着性好、涂层柔韧性好、涂层耐磨性强、涂层耐蚀性强、涂层高温高压稳定性好、易于涂装、成本可控等要求。使用环氧树脂、云母粉、石英粉等混合构成的减阻涂层具有快速固化，附着力好和耐磨性好的特点，对于水、油和化学介质等影响因素都有较好的耐受力，是一种理想的减阻涂层材料。供水管道内喷涂减阻材料后水泵运行能耗可以降低 12.0%，回水管道内喷涂减阻材料后水泵运行能耗可以降低 33.1%，节能效果显著。

4. 热补偿技术

管道供热的升温过程中，金属管道会存在热胀冷缩。热胀冷缩对管道产生热应力，当管线系统内应力较大，超过管道刚度所能承受的极限时，会造成管道及构筑物的破坏。由于长距离输送供热里程长，高程变化大，热胀冷缩效应带来的影响会格外显著，因此就需要对管道因热伸长引起的应力破坏采取措施。这一措施称为热补偿过程，热补偿需要通过补偿器来完成。利用管道弯头的弹性变形或管道上设置补偿器，可以有效地吸收热膨胀带来的形变影响，从而降低管道形变的热应力和对支架、设备接口的推力，减少对供热管道系统造成的影响，保障供热的稳定与安全性。

补偿器可以分为自然补偿器、旋转补偿器和波纹管补偿器等，在城市供热系统中已经有了较广泛的应用。

自然补偿器主要是利用管道自身弯曲管段的变形来进行补偿。由于管道本身所具的柔性特点，再通过合理的管道布局并利用其优点来补偿管道的位移。自然补偿器具有安全性高的特点，并且因为结构简单，不需要经常维护，因此尤其适合高温高压长距离输送管道的使用，在人口密度较大的区域也更具备实用性，较多应用于厂区架空管道和住宅小区内的供热管网。自然补偿器可以分为 L 型、Z 型和 Π 型等多种。三种补偿器的结构如图 7-24 所示。自然补偿器因为其拐弯多，占地面积大和不适用于大直径管道等缺点，实际应用需要根据工程情况具体分析。

旋转补偿器是两个以上成组使用的，形成相对旋转的力矩轴来吸收管道的位移，从而实现补偿的目的。旋转补偿器由旋转筒体、减摩定心轴承、密封压盖、密封座、压紧螺栓、密封材料、大小头等构件组成。因为其需要相对旋转的力矩来吸收管道位移，因此需要两个或两个以上成对使用，利用其角位移的变化补偿管道。旋转补偿器位移量具有补偿量大、密封性能好、安装方便、压降低、造价低等优点，采用环面密封和端面密封相结合的二重密封。由于旋转补偿器端面密封材料与环面密封材料的膨胀系数都比金属管道大，所以每当介质的压力、温度越高时，旋转补偿器的密封性就越好，这就使得其非常适合在长距离输送管道温差大的工作特性下发挥作用。旋转补偿器如图 7-25 所示。

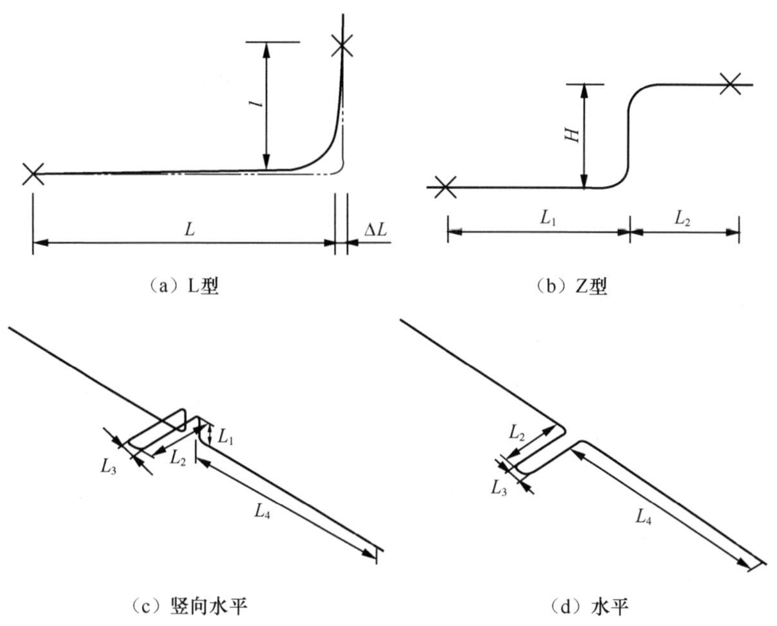

图 7-24 自然补偿器的结构

波纹管补偿器由波纹管、短管、拉杆、铰链等组成。因其本身具有柔韧性，波纹管补偿器能补偿设备与管道的温差变形或其他变形，并可防震、减振、减少管道对设备的推力和适应油罐基础的不均匀沉降。波纹管补偿器主要可设计成通用、轴向、轴向无推力和横向等多种形式。通用型波纹管补偿器由波纹管、两短管、小拉杆、螺母、导流管组成。其补偿量较小，不适用于长距离输送供热管道。相比起通用型补偿器，轴向型波纹管补偿器由波纹管、短管、环形板、外套管等组成。其优点轴向补偿量大，占用空间小，适合长距离供热管道使用。不过由于其轴向推力较大，生产维护成本都比较高。轴向无推力波纹管补偿器避免了轴向推力大的缺点，由补偿波纹管、平衡波纹管、短管、环形板、传力拉杆、螺母等组成。因为其没有介质推力，在拥有和轴向型波纹管补偿器相当的补偿量时也没有轴向推力较大的缺点。不过也是因此，其结构复杂，尺寸较大，因此更适合大型长距离管道使用。除了轴向型波纹管补偿器之外，还有横向型波纹管补偿器，由波纹管、中间接管、两端短管、大拉杆、小拉杆、螺母等组成。其补偿量可以设计的很大，并且没有介质推力，横向刚度小，支架可做的很小。但是其流动阻力比起轴向型波纹管补偿器较大，而且同样有占用空间大的缺点。

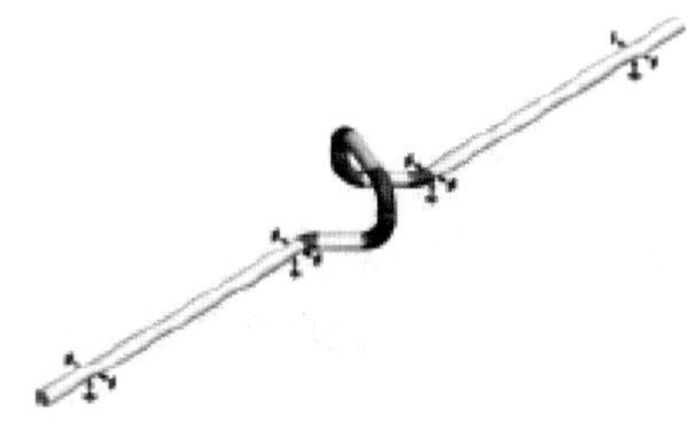

图 7-25 π 型旋转补偿器

除了上述三种补偿器之外，还有球型补偿器、套管补偿器等在工程实际中有着运用。球型补偿器由球体、变径管、外壳、密封填料、压紧法兰、螺栓等组成。具有补偿量大的优点，并且和轴向无推力波纹管补偿器以及横向波纹管补偿器相类似，没有介质推力。但是其加工精度要求较高，流动阻力大，容易发生泄漏等问题。套管补偿器则由内外套管、密封填料、压紧法兰，异径管，螺栓等组成。其同样具有补偿量大的优点，并且承压高，占用空间小。但是，套管补偿器容易发生渗漏，在安装时对同轴度要求高，而且加工制作精度要求高。

根据实际工程情况，可以分别按照需求选用上述几种补偿器。对于低架管道，为了降低流动阻力，应尽可能选用轴向型波纹管补偿器或套管补偿器。对于高架管道，因为固定支架造价高，长距离输送管道又应当尽可能减少压降，应选用轴向无推力波纹管补偿器、波纹管补偿器或套管补偿器。对于高温高压管道，因为其对固定支架推力大，应尽可能利用自然拐弯处或人为设置拐弯，形成自然补偿。如果用户端要求的压强大，则应降低流阻，采用波纹大拉杆或旋转补偿器，减少弯头数量，降低阻力。对于直埋管道，尤其是具有特殊保温结构的钢套钢地埋管道，一般采用轴向型波纹管补偿器较为可靠。对于工程造价大，管道所选用的种类复杂且数量庞大的管廊工程，应选用自然补偿器和轴向无推力波纹管补偿器。建设时，应注意缩小管廊宽度，节约土地，降低管廊造价。

7.3.2.2 问题防范

1. 水锤效应防范

水锤效应主要是由于流速的强烈变化，导致压力变化下的管道中发生动量的转换，进而在管道中造成一系列交替变化的压力冲击而产生。水击压力高时可达管道正常工作压力的几十倍甚至几百倍，而水击压力低时又会造成气穴和汽蚀。轻者会使锅炉剧烈振动， 锅炉保温层断裂脱落， 或者产生噪声；严重时会使锅炉焊口处和胀接处发生破裂， 特别是高温水供热的锅炉在停泵时产生的水击现象比低温水具有破坏性。因此，如果没有合适的控制措施，很可能造成管路和管路附件的破坏。

水锤对于长距离输送供热管网系统的安全性具有很大的威胁性。对长距离热水供热的锅炉水击现象问题应予以足够的重视和认真解决。在工程实际中，应当设置具体的水锤防范措施如下：

（1）高效的排气系统。

当向长距离供热管网注水时，会有空气一并进入，当加热水体时，空气会从水体中逸出，集聚在管网系统的高点，形成水气分离，如果排气系统设置不合理，导致空气不能及时排出，则有可能形成断流弥合水锤。因此，高点排气装置应选择大排量的手、自动兼顾的集气排气装置。

（2）定压模式。

长距离运输热水加热网络定压位置和方式的选择。一方面，大型膨胀水箱比其他定压模式更稳定，另一方面，在较高的位置选择定压点，以便及时从高压管道中排出气体。大型膨胀罐还具有蓄水、蓄热功能，可以在系统出现故障后及时补充水源，集定压、排气、蓄水、蓄热、协调热电平衡等多功能于一体。

（3）动态水力计算。

各种水锤的破坏是影响长距离传输供热管网系统安全性的主要原因。通过动态水力分

析，优化设置加热网络和中继泵站的位置以及数量，做好针对水锤的防护措施，可以有效防止各种类型的水锤对供热管网的损坏。

（4）安装水锤消除器。

当液体的水锤减压波传播到水锤消除器时，管路中的液体压力较低，原来储存在水锤消除器中的气体就会释放能量而膨胀做功，迫使其中的液体流入管路中，使管路中压力趋于平稳。当管路中压力升高时，水锤消除器中的弹簧受到压缩，打开了水的通路，水被排出而泄压，因此降低了水锤压力。

2. 管道泄漏防范

供热管道在实际运行中可能出现密封性不佳所导致的泄漏问题。这种泄漏问题的成因多样，通常由于暖气管道敷设的管材存在质量问题、水暖工程施工中未能遵循既定规范和施工要求连接并处理管道、施工过程中管道敷设施工质量不高和日常维护管理不善等原因引发。由于长距离输送供热技术管道里程长，高程落差大，在加温加压运输条件下，管道泄漏不仅会导致温降压降的升高，还会对管道本身造成破坏，其影响比起常规管道输热会更加恶劣。

为避免管道泄漏问题对长距离输送供热系统造成破坏，应当从如下几个方面预防与处理管道泄漏问题，提高管道密封效果。

（1）加大工程管理力度，积极评估施工方专业素质与施工水平，严格施工监理，聘请具有过硬的专业技术以及较强责任心的监理团队，严格按照国家标准购入管材管件，切实控制材料质量关。工程用管材均应通过招标购入，禁止材质低劣、质量不合格的管材进入施工现场，采暖工程所需的设备、材料以及相关配件均应附有质量合格证； 所用散热器、管材以及管件等材质性能均应满足国家标准以及设计要求； 工程监理人员也应严格抽验入场的管材管件，证明管材材质后应妥善保存并录入工程管理档案。

（2）细致、全面检查暖气管道漏水问题。对于管道局部水、汽泄漏问题，检修人员可直接采用补焊方法修补局部管道，而对于严重腐蚀所引起的泄漏，则应视具体情况更换相应的管段。除了局部管道之外，暖气管道三通阀、管箍以及弯头处也是容易发生渗漏的部位，此类区域漏水的原因主要是管道安装过程中未能紧固管扣，投入使用后管扣因管道内液体侵蚀而发生腐蚀，根部容易弯折，由此引起漏水问题。对此，检修人员应在明确管道管扣腐蚀的情况下将控制阀门事先予以关闭，然后检修管道。此外还应检修管道阀门漏水的问题，紧固阀门后应及时予以更换填料。

（3）加强水压试验。一般情况下水压试验包括散热器水压试验以及采暖系统安装后水压试验两个部分，其中散热器水压试验应根据规定压力开展相关试验，水压试验后无渗漏表现则可判定为合格。散热器水压实验与系统顺利通暖以及性能试验有着密切的关联，试验人员应严格把关，确保试验操作的规范性与精确性。采暖安装工程结束后方可开展采暖系统水压试验，该试验目的在于对采暖工程系统整体密封性能作出检查和评估，同时注意观察管件、管道以及散热器等部件有无渗漏问题。一旦压力降大于设定值，则应及时探查渗水部位并及时予以处理，然后重新进行水压试验，结果合格方可完成。此外，系统水压试验时应打开所有阀门，评估管道渗漏的危险因素，并对压力表进行检查，同时应转动支管阀门，仔细倾听管道水声，确认阀门处于开启状态。试压结束后应及时冲洗管道，确保管道内部流量充足和排水通畅性。

（4）妥善处理管道连接部分。处理管道连接时应上好丝扣，螺纹按照技术规定进行外露，彻底清理麻头。采用台钻钻孔留出管道支托架螺栓孔，支托架材质为钢管，同时应避免螺栓受力脱出。

7.3.2.3 智慧热网

长输供热项目包括长输管网、中继泵站、热力站、热用户。智慧热网对整个系统的运行、维护、管理等工作进行信息化集中监控与管理，对供热系统的生产、运营与服务的各个部分进行信息化整合，包括生产运行监控、供热调度与运行管理、设备与管网维护、用户服务、能耗与成本管理等，形成统一的、数据充分共享的、多业务协同的综合管理平台。该项目智慧热网技术的应用实现了“源、网、荷”联动调节，其优点如下：

第一，合理优化调度，实现按需供热。依托供热计量管理平台，建设覆盖热源、换热站、终端用户的自动化调控网络，构建适应按需供热的“智慧热网”。根据各个区域的供热情况 ：如学校、办公楼和居民用热时间段不同，企业可以及时有效地进行调节，做到“低保高控”，避免热能的浪费。用户也可以根据自身用热习惯，在一定温度范围内自主调节室内温度，达到节能降耗的目的。

第二，实现网源联动，提高居民舒适度。网源联动的智能化管理也是当下各供热企业关注的焦点。由于热传递具有较大的滞后性，需要通过天气预报对未来天气进行预测，在寒流或暖流到来之前，通过一站一参数对中心供热站/热力站进行调节。依据中心供热站/热力站供热面积、热负荷特性、室外温度变化进行热量计划制定及调整，减少热能的浪费，使居民家中始终保持舒适温度。智慧热网技术的应用有效提高了机组和热网的智能化运行水平，充分挖掘了供热节能潜力。

7.3.3 典型案例

【案例7-12】国能灵武发电有限公司长距离、跨黄河、大温差民用供热项目

1. 工程概况

银川长输供热项目是由国能宁夏灵武电厂向银川市供热，电厂距银川市主城区约 41 km。设计负荷下，供热介质携带的热量约 6h 到达隔压站，然后再经过约 8h 到达水利工程最差的中心站。叠加热量传递至最末端热用户，总滞后时间甚至会高达 18h 以上。采取传统调节方法显然不利于供热质量的保障。

银川市采用距城市边缘约 41km 的电厂，进行长距离、跨黄河、大温差热泵技术为市区进行集中供热。工程一期项目工程于 2017 年 10 月开始兴建，于 2018 年 10 月投入运行，

当年实现供热面积约 3658×10^4m^2。一级管网的设计供回水温度为 130℃/30 ℃，管径为 DN1400mm。在银川市边缘建有一座大型隔压站，隔压站选择配置 50 台换热器，共 25 组，每组 2 台串联运行。二级管网的设计供回水温度为 125℃/25℃，主管网管径为 DN1400mm。共建有 73 座吸收式大温差热泵中心站。银川长输供热项目热网平面图如图 7-26 所示。

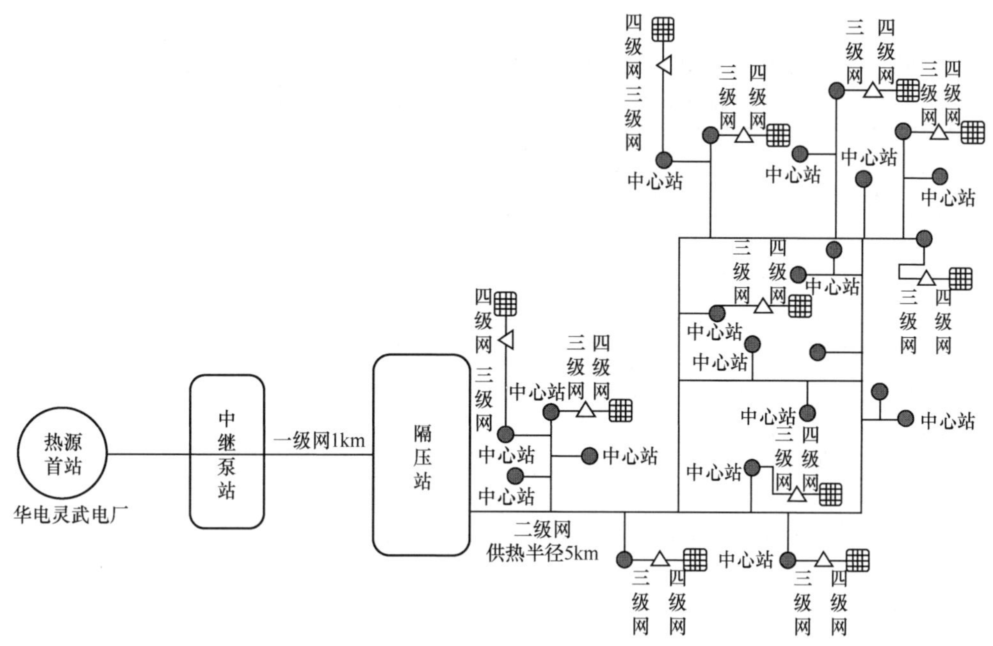

图 7-26 银川长输供热项目热网平面图

2. 改造方案

在银川市“东热西送”工程等项目支持下，针对大容量机组发电耦合供热、大直径供热管道穿越黄河等难题展开攻关，形成了核心技术成果并完成应用。

供热系统的供热量调节参数主要是流量和温度。常见的供热调节方法有：①质调节；②量调节；③间歇调节；④分阶段改变流量的质调节；⑤质量−流量调节；⑥热量调节等。质调节是保持热用户的循环水量不变，只改变供暖系统的供水温度。量调节与之相反，保持供暖系统的供水温度不变，只改变热用户的循环水量。其他方法是综合了质调节和量调节。如图 7-26 所示，银川长输供热项目为复杂的四环间联系统。管网调节如采用量调节，管网稳定性很差，且运行管理复杂。如采用质调节，则存在以下问题。

（1）超长延迟性。

最长延时为热网的交通厅中心站，延时为 7h58min。其他如海宝小区延时也在 6h34min。且 2h 以上延时的中心站占据绝大多数。

（2）大温差热泵机组的效率波动银川长输供热项目采用三种规格型号的吸收式热泵机组，分别为清华同方 RBH-15-125/25-70/45、华源泰盟 AHEX-005H-Ⅰ/1.6 和清华同方 RBH-13-130/30-60/40 型号。从表 7-15 中数据可以看出，当一级网供水温度低于 100℃时，清华同方 RBH-13-130/30-60/40 热泵机组的回水温度高于 41.3℃，而华源泰盟热泵 AHEX-005H-Ⅰ/1.6 热泵机组的回水温度则为 33.6℃。而且各机组的变化幅度也不一样。同时，随着热泵驱动热源的温度降低，回水温度也随之上升。高的回水温度，表明热网的供热量降低。所以从热泵机组的性能参数可以看出，要保持低温回水大温差运行，需尽量维持较高的驱动温度。

表 7-15 清华同方 RBH-15-125/25-70/45、华源泰盟 AHEX-005H-I/1.6、清华同方 RBH-13-130/30-60/40 机组性能对比

清华同方 RBH−15−125/25−70/45					
序号	供水温度（°C）	回水温度（°C）	热量（MW）	流量（t/h）	负荷比（%）
1	130	30	15	129	1
2	120	37.3	14.04	146	0.94
3	110	39.8	13.27	163	0.88
4	100	41.3	11.71	172	0.78
5	90	43.2	9.91	182	0.66
6	80	44.6	7.95	193	0.53
华源泰盟 AHEX−005H−I/1.6					
序号	供水温度（°C）	回水温度（°C）	热量（MW）	流量（t/h）	负荷比（%）
1	125	22	13000	109	1
2	115	26.6	13000	126	0.94
3	110	18.9	13000	138	0.88
4	105	31.3	13000	152	0.8
5	100	33.6	13000	168	0.78
6	95	35.9	13000	189	0.75
清华同方 RBH−13−130/30−60/40					
序号	供水温度（°C）	回水温度（°C）	热量（MW）	流量（t/h）	负荷比（%）
1	125	25	15	129	1
2	115	32.6	12.7	133	0.85
3	105	38.2	12	154	0.8
4	95	42.9	11.2	185	0.75
5	80	47.3	9.1	239	0.61
6	125	25	15	129	1

（3）在初、末寒期阶段管道应力受到影响，国能宁夏供热有限公司一级网 DN1400 管道采用冷安装无补偿方式安装。其中有 1.8km 盾构隧道和三处架空管道跨越安装，盾构隧道内供水管有 12 个套筒补偿器。当采用质调节时，除了调节滞后性外，环境气温的剧烈变化引起供热管网温度的波动，较大的波动对管网运行安全造成威胁。温度的反复变化，在

盾构隧道各套筒补偿及架空管道的固定支架中产生反复交变应力，降低了套筒补偿器和固定支架的使用寿命。根据银川长输供热项目第一个采暖季管网运行缺陷统计，盾构隧道内2号、9号、10号套筒补偿器多次发生泄漏。

当热源参数发生反复变化时，供热管网将承受较大的应力。特别对长输管网补偿器及架空管段有较大影响，将对管网运行安全造成威胁。特别是对于外围热源长输管网，当长输管线发生较大故障时，可能造成主管线被迫停运，将对集中供热造成严重影响。综合考虑目前常见的热网调节方式，最后决定采用“分阶段定温度的变流量调节方式”。这种调节方式是在质调节以及量调节的基础进行的改进。即按室外环境温度的高低把整个供暖期分成多个阶段：初寒期、严寒期、末寒期或更多的供热期。在每个采暖季初末期，直接将一级网供水温度升至110℃以上，保持供水温度110～130℃运行，使热泵一直在高效区运行，在每一个阶段，热网只可以采用一个温度值不变，同时由于室外温度变化，长输主管网相应采用量调节改变大网流量。

3. 实施效果

经济节能方面，国能宁夏供热有限公司2019—2020年采暖季采用分阶段改变温度的量调节后，2019年11月与2018年11月相同负荷下供水温度分别是107℃和100℃，回水温度分别是33.9℃和40℃，1号中继泵站用电量同比下降2046000kW·h，用电单耗率同比下降0.96kW·h/GJ；3号隔压站用电量同比下降788480万kW·h，用电单耗率同比下降0.182kW·h/GJ，按当地电价0.58元/（kW·h）计，仅11月份比上采暖季节约电费164.4万元。2019年12月与2018年12月基本相同的负荷下对比，2019年较2018年12月相比1号中继泵站用电量同比下降2046000kW·h，用电单耗率同比下降0.343kW·h/GJ；3号隔压站用电量同比下降1233840万kW·h，用电单耗率同比下降0.277kW·h/GJ，仅12月份比上个采暖季节约132.2万元，通个调节方式的变化，仅在110℃以内分阶段定温量调下，两个月共节省电费296.6万元，且后期通过进一步提高初、末寒期分阶段供水温度，可节能的空间巨大。

负荷响应速度方面，在整个供热季，不管将各定温阶段分成“三个”或“四个”“五个”，量调节的负荷响应速度是质调节所不能相比的。随着环境温度的变化，一、二级网通过量调节，负荷瞬间可以送至41km外的各中心站。由于各中心站后的三、四级网基本为质调节，热负荷到达热用户约延迟3h，已大大改善热负荷调节速度。2019—2020年采暖季银川市区域共经历7次气温突降，通过阶段量调及时响应，很好地应对各次降温挑战。根据室温采集系统显示，每次气温突降室温上下波动均控制在1℃左右。

管网运行安全方面，2019—2020年采暖季通过合理控制跨阶段升温速度和幅度，每阶段升温基本将温升率控制在2℃/h以内，每次升温不超过5℃，同时要求各级泵站循环水泵在调节频率时，升频速率1Hz/min，每次升频3Hz稳定3 min的速度升频，尽量减小管系轴向推力的增大，通过调节方式，本采暖季盾构隧道、跨越段管道支架、二级网所有套筒井均未发生一次变形或泄漏。

【案例7-13】山西兴能发电有限责任公司长距离民用供热改造

1. 工程概况

山西兴能发电有限责任公司（以下简称古交电厂）处山西省古交市，距离太原市区大约50km。电厂总装机容量3120MW，一期安装2台300MW亚临界空冷凝汽式机组，二期安装2台600MW超临界空冷凝汽式机组，三期安装2台660MW超临界空冷抽凝式机组。为了改善当地居民供热条件和气候环境，市政府将古交电厂列为太原市八个主要热源点之一，规划为太原市、古交市、屯兰矿、马兰矿和厂区共五个区域供热，规划总供热面积8000万m^2。

2. 改前情况

（1）设计参数和技术指标。

电厂一期工程安装2×300MW直接空冷凝汽式汽轮发电机组，2005年9月建成投产发电。电厂二期工程安装2×600MW超临界直接空冷凝汽式汽轮发电机组，2011年投产。电厂三期工程预计安装2×660MW超超临界热电联产发电机组，于2017年可投产。

供热项目改造前，电厂一二期4台机组纯凝运行，三期还未投产，电厂没有承担供热任务。

（2）存在的问题。

电厂除三期2台机组，其余4台机组均为纯凝机组，若采用传统中排抽汽供热方式，不仅供热能力无法满足热负荷需求，而且抽汽供热仍存在高品位蒸汽有用能损失，供热耗能成本较高，远距离输送基本不具备经济可行性。

3. 改造方案

（1）技术路线。

古交电厂采用空冷机组低位能分级混合加热供暖技术，以热网循环水回水作为冷源、将机组乏汽余热回收用作热网基础热源，替代高参数抽汽对外供热。基于古交电厂外网参数和厂内机组特性，设计了一个多级乏汽串联的分级加热系统，充分回收电厂6台机组低品位乏汽并实现梯级利用，在大幅提升电厂供热能力的同时，最大程度降低供热耗能成本，实现供热节能。

（2）实施方案。

项目的原则性系统图如图7-27所示，改造内容包括以下部分：

1）对相应机组汽轮机低压缸进行高背压、超高背压、超超高背压适应性改造，对低压缸通流结构进行重新选型设计，以适应相应的背压参数运行。

2）每台机组空冷岛增设乏汽支管并增设真空阀门，同时对原空冷排汽管道进行改造，实现采暖期乏汽至热网凝汽器的接引及空冷岛的隔离。

3）新增热网凝汽器，以热网循环水作为冷源，将采暖期乏汽余热回收。

4）中低压缸连通管抽汽改造，以抽汽作为尖峰汽源引至热网首站。

5）新增热网首站，内设置热网循环水泵、热网加热器、疏水箱、热网疏水泵、除氧器及化学补水装置等。

6）全厂热网汽水系统适应性改造，实现全供热系统的热网循环水及蒸汽疏水系统管道的接引。

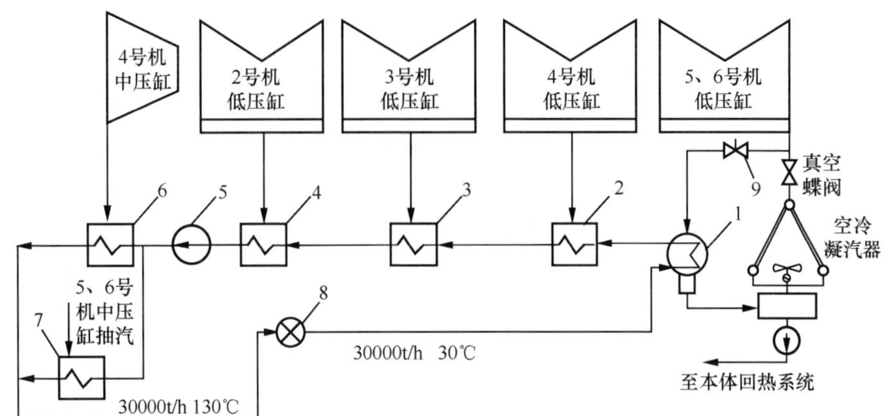

图 7-27 古交电厂供热改造原则性系统示意图

1—低温热源加热器；2，3，4，6，7—高温热源加热器；5—热网循环泵；8—热用户；9—闭式水泵

（3）关键设备。

关键设备包括超高背压汽轮机转子、超超高背压汽轮机转子、热网凝汽器、真空阀门、热网加热器、热网循环水泵、中低压缸连通管及阀门、抽汽管道阀门、大口径电动阀门等。

（4）项目总投资与施工周期。

项目总投资约 6 亿元，分 3 年分批投资完成。

（5）创新点。

1）设计了一个多级热源串联的厂内分级加热系统。最大程度降低了热源的平均温度，提高了供热系统的㶲效率，具有巨大的节能潜力，有多种灵活的调节手段响应供热期不同阶段的热负荷。

2）实现了低品位热能的直接利用。通过汽轮机低压缸背压的优化设计和运行，以及二次换热站小温差传热技术，10km 范围全部实现了低位能直接高效利用。

3）远距离大温差管网设计。远期在太原市热用户终端采用热泵使热网回水温度降至 30℃，实现了大温差技术与低位能供热技术的结合；这样既实现了热源点的大幅节能又大量节约了输送电力。

4. 实施效果

本项目 6 台机组经低位能梯级供热系统改造后，整个供暖期乏汽供热比例可达 85%以上，总热负荷达 4045MW，可承担的供热面积达 7600 万 m^2，同时全厂还可输出电负荷 2644MW。相比采用传统抽汽式供热，供热能力提升 38.4%的同时，机组发电出力增加 6.6%。改造后，电厂平均供热煤耗率仅为 10kg/GJ。相比传统抽汽式，供热煤耗率下降 17kg/GJ。

从社会节能分析，当改造后达到设计规模，供热面积达到 7600 万 m^2、年供热量达到 3455 万 GJ 时，按替代现有区域锅炉房供热（区域锅炉房平均供热煤耗率为 50 kg/GJ）计，年节约标煤达 138.2 万 t。

【案例7-14】伊敏电厂长输供热管网民用供热改造

1. 工程概况

2021 年，华能蒙东公司实施了伊敏电厂长距离供热改造工程，替代 14 台热水锅炉落后产能，实现公司供热产业转型升级，彻底解决呼伦贝尔市城市发展面临的供热瓶颈问题。

蒙东公司地处中国北方高寒地区呼伦贝尔草原腹地，冬季最低气温-58℃，供热期长达 9 个月。本项目通过伊敏电厂一期机组低压缸零出力及二、三期机组连通管抽汽改造，采用串联梯级加热方式，将热网循环水加热至 130℃，实现供热能力 917MW，可承载供热面积 1528 万 m^2。项目自伊敏电厂敷设 2 根 DN1200 管道横跨草原向海拉尔中心城区供热，长输管道 1 次穿越河流、3 次穿越公路、3 次穿越铁路，沿线多处沼泽，全长 70.32km，高差 67m，设计压力 2.5MPa，设计供回水温度 130℃/45℃，设计流量 9278t/h。本项目包括机组供热抽汽改造、新建热网首站 1 座、中继泵站 2 座、隔压换热站 1 座、吸收式换热机组及市区管线的建设，长输系统采用六级泵组加压，合理分配沿程压力变化。该项目综合考虑了长输管网静态及动态特性，以避免长输供热系统产生高点汽化、低点超压和水击现象。本项目也是目前国内加压泵组最多、唯一一个同时设置 2 组高温加压泵的长距离供热项目。伊敏电厂长距离供热系统工艺图如图 7-28 所示。

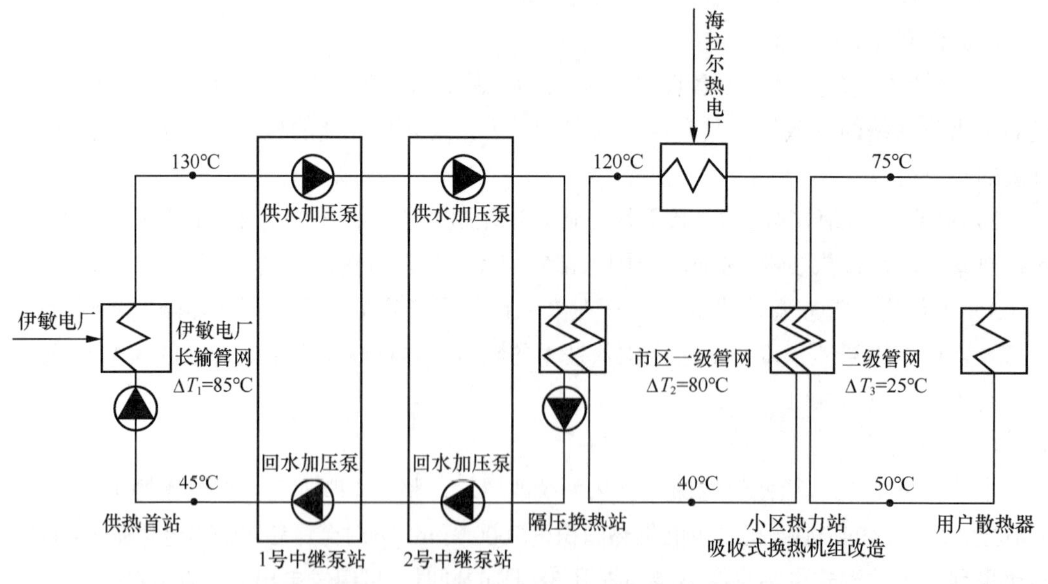

图 7-28 伊敏电厂长距离供热系统工艺图

2021 年长输供热系统投运当年承担供热面积 975.68 万 m^2，根据设计运行方式，2021—2022 年供暖季首站设置 4 台基本加热器与 1 台尖峰加热器串联运行，长输供热管网

设置 6 级泵组串联运行；隔压站设置 12 组板式换热器。长输供热管网实际运行最大流量 8787t/h，供水温度 110℃，回水温度 62℃；市区一级网最大流量 8910t/h，供水温度 105.9 ℃，回水温度 58.9 ℃。

2. 改造方案

海拉尔中心主城区供热主要由三个热源承担，即海拉尔热电厂、东海拉尔发电厂、伊敏电厂长输供热系统。三个热源通过市区一级网联通，通过关断阀可实现供热系统的解列。在保证供热安全和品质的前提下，可通过合理调配热源及泵组的出力降低系统运行成本，使供热效益最大化。为此，应充分发挥伊敏电厂长输供热系统输送能力和首站厂用电的成本优势，尽量降低远离首站的 1 号、2 号中继泵站以及隔压站内水泵的出力。依此原则，本文优化热源调配出力，并对伊敏电厂长输管网不同流量下的水力工况进行计算分析，进而优化泵组运行策略，提高系统的运行经济性。长输供热管网泵组信息见表 7-16。

表 7-16　伊敏电厂长输供热管网泵组信息

位置	泵组名称	台数	单台水泵额定参数		
			流量（t/h）	扬程（mH_2O）	电动机功率（kW）
供热首站	首站循环泵	4	2900	170	1800
1 号中继站	1 号供水泵	4	2900	115	1120
	2 号回水泵	4	2900	135	1400
2 号中继站	1 号供水泵	4	2900	115	1120
	2 号回水泵	4	2900	105	1120
隔压换热站	隔压站循环泵	4	2900	100	1120

视 1 号、2 号中继泵站升压泵以及隔压站长输侧回水泵为外部水泵，在满足供热需求的前提下，以降低外部水泵出力为目标，以 1000t/h 为步长，分别模拟计算伊敏电厂长距离供热系统 3000～10000t/h 流量下的水力工况。计算结果如下：

（1）长输供热管网流量 3000t/h 时，仅启动首站循环泵，不启用外部水泵即可满足水力工况要求。此种工况下，首站定压压力依据设计值定压至 0.4MPa，隔压换热站资用压差为 0.422MPa。

（2）长输供热管网流量 4000t/h 时，仅启动首站循环泵，不启用外部水泵即可满足水力工况要求，此种工况下，首站定压压力为 0.2MPa，隔压换热站资用压差为 0.151MPa。

（3）长输供热管网流量 5000t/h 时，为满足隔压站回压不大于 1.3MPa，在首站循环泵运行基础上，需启动 2 号中继泵站内的 1 台回水泵。此种工况下，首站定压压力为 0.2MPa，隔压换热站资用压差为 0.218MPa

（4）长输供热管网流量 6000t/h 时，仅依靠首站循环泵已不能满足输送要求，首站定压力为 0.2MPa，此时隔压站资用压差仅为 0.088MPa，经计算，需启动 2 号中继泵站内 2 台回水泵后可满足输送要求，且隔压站回水压力不超过 1.3MPa。

（5）长输供热管网流量 7000t/h 时，为满足其水力工况要求以及管网运行安全，在首站循环泵运行基础上，需启用 2 号中继泵站 2 台供水泵和 2 台回水泵，此种工况下，首站定压压力为 0.2MPa，隔压换热站资用压差为 0.219MPa。

（6）长输供热管网流量 8000t/h 时，为满足其水力工况和管网运行安全的要求，在首站循环泵运行基础上，需启动 2 号中继泵站内的 4 台回水泵和 2 台供水泵，但此种水泵方案需提高首站压力至 1.7MPa，否则需要在此基础上再启动一台 2 号中继泵站内的供水泵，首站定压压力为 0.2MPa，隔压换热站资用压差为 0.088MPa。

（7）长输供热管网流量 9000t/h 时，为满足其水力工况要求以及管网运行安全，在首站循环泵运行基础上，需开启 1 号中继泵站内的供回 4 台水泵和隔压站内的 2 台回水泵，此种工况下，首站定压压力为 0.3 MPa，隔压换热站资用压差为 0.087MPa。

（8）长输供热管网流量 10000t/h 时，为满足其水力工况要求以及管网运行安全，在首站循环泵运行基础上，需启动 1 号中继泵站内的供回 4 台水泵和隔压站内的 4 台回水泵，此种工况下，首站定压压力为 0.2MPa，隔压换热站资用压差为 0.014 MPa。长距离系统不同流量下的泵组运行台数见表 7-17。

表 7-17 长距离系统不同流量下的泵组运行台数

序号	流量（t/h）	首站循环泵（台）	1 号中继泵站		2 号中继泵站		隔压站回水泵（台）
			供水泵（台）	回水泵（台）	供水泵（台）	回水泵（台）	
1	3000	2	0	0	0	0	0
2	4000	2	0	0	0	0	0
3	5000	2	0	0	0	1	0
4	6000	2	0	0	0	2	0
5	7000	2	0	0	2	2	0
6	8000	3	0	0	2	4	0
7	9000	3	4	2	0	0	0
8	10000	4	4	4	0	0	0

3. 实施效果

为保证供热效益最大化，在尽量保证伊敏电厂不产生外购电费和增加电厂辅助调峰收益等原则的基础上，结合上述长输供热管网泵组运行策略，海拉尔地区 2022—2023 年供暖季实际运行结果如下：

（1）室外气温高于−2℃时，伊敏电厂长输供热系统启动 2 台首站循环泵，承担供热面积 987.23 万 m^2，期间实际运行最大流量为 3821t/h，最大供热量为 238.91MW。海拉尔热电厂承担供热面积 1017.29 万 m^2，最大供热量为 246.18MW。

（2）室外气温−5～−2℃时，伊敏电厂长输供热系统 2 台首站循环泵运行，承担供热面积 988.81 万 m^2，期间实际运行最大流量为 4025t/h，最大供热量为 268.96MW，海拉尔热电厂承担供热面积 1066.76 万 m^2，最大供热量为 290.16MW。

（3）室外气温−8～−5℃时，伊敏电厂长距离供热系统 2 台首站循环泵运行，承担供热

面积 988.81 万 m^2，期间实际运行最大流量为 4552t/h，最大供热量为 306.53MW，海拉尔热电厂承担供热面积 1066.76 万 m^2，最大供热量为 330.7MW。

（4）室外气温−15～−8℃时，伊敏电厂长距离供热系统 2 台首站循环泵运行，承担供热面积 988.81 万 m^2，最大循环水流量为 5596t/h，最大供热量为 392.56MW，海拉尔热电厂承担供热面积 1066.76 万 m^2，最大供热量为 423.5MW。

（5）室外气温低于−15℃时，伊敏电厂长距离供热系统 2 台首站循环泵运行，并启动 1 号中继泵站内的 3 台供水泵和回水泵、隔压站内的 3 台回水泵，承担供热面积 1010.98 万 m^2，最大循环水流量为 8681t/h，最大供热量为 540.87MW，海拉尔热电厂承担供热面积 1067.81 万 m^2，最大供热量为 571.28MW。2022—2023 年供暖季，长输供热系统运行正常，各站内水泵运行状况良好，循环泵振动、轴温均在合格范围内，各站内管道膨胀量及长输管道位移量在规定范围内。

【案例7-15】扬州供热有限公司长距离工业供热改造

1. 工程概况

扬州供热有限公司于 2016 年 4 月在扬州威亨热电有限公司转型升级基础上成立，公司现有热用户 180 余家，供热管网全长 100km，年供热量 80 万 t。自实现集中供热以来，共拆除供热区域内的燃煤锅炉 150 多台，每年节约标准煤 40 万 t 以上。扬州供热有限公司拟投资 50956 万元建设扬州市区东部及南部主干线热网工程项目，东部主干线约 15km，管径 DN800，最大负荷 270t/h，南部主干线约 16km，管径 DN600，最大负荷 130 t/h。热源点为扬州第二发电有限责任有限公司和江苏华电扬州发电有限公司近期目标（至 2020 年）建设完成东部、南部主干线及其部分支干线，实现热用户安全保供，已建成供热片区实现热力管网互联互通，建成热网总长度达 200km，蒸汽管输能力达到 1200t/h。远期目标（至 2030 年）建设完成西部热网主支干线及东部、南部其他支线后基本实现扬州市区热力管网全覆盖，建成热网总长度达 400km，蒸汽管输能力达到 2000 t/h。

2. 改造方案

（1）补偿器补偿方式。

根据管道敷设方式采用自然补偿、旋转补偿器及波纹管补偿器补偿相结合。架空蒸汽管道补偿选用目前较为先进可靠的耐高压自密封旋转补偿器，使用参数范围：压力为 1.0～4.0MPa，温度为−60～420℃。该产品结构为双重密封：一是环面密封，密封面厚度不小于 4cm；二是端面密封，端面密封面不小于 2.5cm。端面密封材料为耐磨高强度不锈钢复合密封件，抗压强度≥50MPa。本工程采用公称压力 PN40 的旋转补偿器。埋地蒸汽管线补偿一般采用外压轴向型波纹管补偿器。本工程采用波纹管补偿器公称压力为 PN40，波纹管材质为 316L。

波纹管安装时注意事项：

1）波纹管补偿器出厂必须预拉伸，其安装必须严格按照制造厂提供的技术文件要求进行。

2）波纹管补偿器安装时，波纹管膨胀节上面标识的流向应与蒸汽流向一致。

3）波纹管膨胀节的耐压性能应通过水压试验进行检验。本工程也尝试将旋转补偿器应用于埋地蒸汽管线补偿上。一种方式是采用预制直埋旋转补偿器集装箱模式进行全埋地；另一种方式是将旋转补偿器段伸出地面，并设置外护罩，并在外涂刷与环境相适应的色彩图案，达到与环境相容。

（2）保温材料选择。

以本工程 DN800 地埋管（芯管 ϕ 820×14mm，钢套管 ϕ 1420×14mm，设计压力为 2.1MPa（G），设计温度 330℃）为例的保温结构，其保温结构从外到里为：钢套管−空气层（约 25mm）−长输低能耗普通反射层+50mm 高温玻璃棉−长输低能耗耐中温反射层+50mm 高温玻璃棉−长输低能耗耐中温反射层+40mm 高温玻璃棉−长输低能耗耐中温反射层+40mm 高温玻璃棉−长输低能耗耐高温反射层+40mm 硅酸铝针刺毯−输低能耗耐超高温反射层+40mm 硅酸铝针刺毯−供热芯管，管道保温共 6 层数，总厚度约为 260mm。在对管道进行保温施工时要严格按照保温设计施工说明实施，并着重注意以下几点：

1）做好防雨措施，从而防止保温材料潮湿，进而降低保温成效。

2）保温层纵、横缝同层需错开 200mm，不同层需错开 200mm，纵、横缝需切口搭接 100mm，从而减少热量通过缝隙传导。

3）做好反射层包扎，在每一层保温材料之间均铺设反射层，反射层包扎时注意需将铝箔面朝内，增加热量反射效果。

（3）隔热管托。

选择摩擦系数为 0.08、摩擦推力为 40%的滑动管托与导热系数为 0.050W/(m·K）以下，上、下隔热瓦块厚度分别为 70mm、140mm，以及导热系数为 0.20W/（m·K）以下、压强为 9MPa 以上的聚四氟乙烯隔热板。

（4）穿桥洞钢套钢架空管。

本工程蒸汽管道需下穿滨水路桥、福康路桥等多座桥洞，考虑洪水水位影响，大胆采用钢套钢低支墩架空敷设，并在外套管支墩位置设置抗浮管箍，外套管采用特加强级防腐后再涂刷不低于 20μm 厚高耐候聚酯（HDP）涂层，确保外套管防腐性能，为防止人为破坏，桥洞段管道周边设置了防护栏和警示标识。

【案例7-16】华能岳阳电厂一期长距离工业供热管网

1. 工程概况

华能岳阳电厂一期供热管网工程是湖南省第一条长距离蒸汽输送管线，包括：建设电厂到云溪工业园主管网 12.6km，5 个分支管网共计 11.km，将电厂一期 2×362MW 进口燃煤发电机组产生的低压蒸汽，供应热用户 44 家，最远用户 16.km（管道长度）。签订协议流量共 117t/h，考虑到热用户的同时使用系数，云溪工业园一期热用户设计最大流量约为 80t/h，最小流量约为 30t/h，平均流量约为 50t/h。

该工程主要用汽企业参数：0.6～0.9MPa，160～190℃。根据用户需求，供热首站操作参数为：p＝1.41MPa，t＝320℃；设计参数为：p＝1.6MPa，t＝330℃。主管网 12.6km，主管网末端分汽站处 p＝1.05MPa，t＝212.5℃。管径选择 DN450；壁厚选用 ϕ480×10mm；跨距选用 18m；管道材质：管道起始端 2km 内选用 20 优质无缝钢管，其余管段采用 Q235B 高频螺旋缝焊接钢管；埋地蒸汽管道、疏放水管道均采用 20 优质无缝钢管，埋地蒸汽管道保护套管采用 Q235B 高频螺旋缝焊接钢管。

2. 改造方案

补偿器选型：采用先进可靠的 SZG 系列耐高压自密封旋转补偿器，使用参数范围：压力为 1.0～4.0 MPa，温度为－60～420℃。产品结构为双重密封：一是环面密封，密封面厚度不小于 4cm；二是端面密封，端面密封面不小于 2.5cm，端面密封材料为耐磨高强度不锈钢复合密封件，抗压强度≥50MPa/cm^2。产品补偿为 PN2.5 等级。

保温选型：主保温厚度为 190mm，保温材料选用复合结构形式，一共四层，内两层保温为硅酸铝针刺毯，外两层保温为高温玻璃棉。保温敷设要做好防雨措施，避免受潮进水影响效果；衔接紧实，捆扎牢固，注意错开纵向和环向的拼接缝，环向的拼接缝应斜向下 45°角，每层保温均需包裹阻燃铝箔玻纤布反射层，反射层的搭接要达到 50mm。保温保护外壳采用 0.5mm 厚彩钢板，该保护层耐腐蚀性好，不易软化、脆裂，且材质价格低廉，暴露在郊外被人为盗窃破坏的可能性较低，减少了维护成本。

管托选型：采用低摩擦高效隔热节能型管托，比普通管托的散热损失要减少约 40%，滑动管托摩擦系数为 0.07～0.10，管道对固定支墩的摩擦推力降低 60%。

管路设计：按照地方政府规划部门的要求，本管线跨越重要公路均采用地下穿越的方式，主管网共计 13 段，长度为 18～186m 不等，合计总长度 492m，支管网共计 11 段，其中最长段为临港保税区支线长度为 1130m，合计总长度为 1490m。直埋敷设管线部分采用自然补偿和外压轴向型波纹管补偿器。钢套钢地埋管采取分段加工、现场焊接组装的方式，采取开挖施工，埋设后恢复路面。

疏放方式优化，在蒸汽管网前、中部设置蒸汽管道启动疏水，在蒸汽管网后部设置启动疏水及连续疏水。疏放水管道均需要保温，减少热力损失。

3. 实施效果

华能岳阳电厂一期供热管网工程 2012 年 2 月开工建设，经紧张的协调和施工调试，当年 8 月管线贯通，经管道水压强度试验、管道吹扫等程序，于当年 9 月开始通汽试运行。经检查，所有支吊架受力正常，旋转补偿器动作正常无泄漏。实际流量达到 46t/h（设计值的 57.6%）时，供热首站的压力为 1.2MPa，温度为 297℃，最远用户（管道长度 16.2km）压力为 0.86MPa，温度为 173℃，沿途所有疏水器都无水流出，温降为每千米 7.65℃，压降为每千米 0.021MPa，稳定运行时工质损失为零。

本供热改造工程实施后，节约标准煤约 3.8 万 t/年，减排大量烟尘 1446t/年、二氧化硫 1278t/年、氮氧化物 297t/年、二氧化碳 7.2 万 t/年，灰渣 6804t/年。项目节能与环保效果明显，获得国家能源局“燃煤电厂综合升级改造项目”专项资金奖励。

7.4 本 章 小 结

在产业升级换代的今天，粗放式的发展已不再符合国民经济的需求；而随着能源危机的到来和化石能源储备量日渐减少的既定事实，能源的利用应当更加精细而谨慎。热电联产这一关系到国民经济命脉的大宗型项目更是如此，在新时代的背景下，其升级改造也应当起到引领发展方向的作用，做到优化能量利用效率，提高能量供应品质，准确应对产业需求，促进国民经济发展。在“碳达峰、碳中和”背景下的今天，煤电供热技术将继续紧跟发展的步调，顺应能源结构调整需求，为中国式现代化和人类命运共同体作出应有的贡献。采暖供热技术的提升，工业供热改造技术和长距离供热技术是热电联产面向用户端的三把利剑。本章介绍了采暖供热改造、工业供热改造技术及长距离输送供热技术的主要方法并介绍了相关的案例。

（1）采暖供热技术通过中排管道打孔直接供热技术、低位能供热技术、热泵供热技术和民用供暖的长距离供热源网一体化技术将发电机组的余热回收利用，从热电厂的层面上提高能量的利用效率，最大限度地将废热中的能量提取，以充分的热能回收技术变废为宝，将低品位的能量转变为具有可利用价值的能量。采暖供热技术的发展方向包括：

1）高效换热器技术。采用高效换热器，提高热能利用率，减少能源损耗。这是提升采暖供热系统效率的关键技术之一。

2）高效热源技术。引入高效热源技术，如燃气热水锅炉、燃气蓄热炉等，提高热源能效，减少燃料消耗和二氧化碳排放。

3）温控阀技术。通过智能温控系统对室内温度进行精确控制，避免过热或供热不足的情况，提高能源利用效率。

4）新能源技术。利用新能源，如地热能、太阳能、生物质能源等替代传统的燃煤、燃油等能源，提高供热系统的整体效率。

5）个性化供暖需求。随着人们对生活质量的要求提高，个性化供暖需求将增加，如可调节温度、智能舒适感知等。

（2）工业供热改造技术通过冷再、热再抽汽供热技术、中压联合汽门供热升级改造技术、主蒸汽直抽技术、汽轮机压力匹配器技术、主机缸体抽汽蒸汽再热技术、背压机供热技术将过热蒸汽做功后的冷凝过程与供热过程相关联，以需要高品位热能的工业用户端需求为导向，以高品位的方式将电厂余热充分利用，提高能源利用率的同时保证经济效益，促进高质量发展稳步前行。工业供热改造技术的发展方向包括：

1）高效节能技术。提高能源利用效率、降低能源消耗是工业供热改造的重要目标。这可能包括使用新型高效节能设备、优化工艺流程以减少能源浪费等。

2）清洁能源应用。随着环境问题的日益突出，清洁能源在工业供热中的应用将越来越重

要。这可能包括利用太阳能、风能等可再生能源，或者采用低排放、低污染的能源替代方案。

3）智能化控制。通过引入智能控制系统，实时监测和调整工业供热系统的运行状态，提高系统的稳定性和安全性。

（3）长距离供热技术通过大温差技术和低温回水结构、保温材料和结构、新型管架和减阻涂层、热补偿技术提高热量运输效率，减少热量损耗和动能损失，降低管道温降和压降，大大提高能量输送过程中的传递效率，保障热电联产技术能够切实满足用户端需求，使技术的发展更具有经济效益。长距离供热技术的发展方向包括：

1）提高输送效率。长距离输送供热技术需要重点关注如何降低输送过程中的热损失，提高输送效率。这可能包括采用新型保温材料、优化输送管道的设计等。

2）分布式供热。在城市或工业区内，采用分布式供热系统可以减少长距离输送的能耗和损失。这种方式将供热装置分布在用户附近，供热距离较短，输送损失较小。

3）信息化和智能化管理。利用信息化和智能化技术，对长距离输送供热系统进行实时监测和管理，提高系统的运行效率和稳定性。

8 煤电灵活性改造技术

8.1 概　　况

随着新能源规模化发展，电源不确定性显著增加，对系统灵活调节需求与日俱增。当前全国具有灵活调节能力的电源不足 20%，尽管抽水蓄能、燃气发电、新型储能等都是提高电力系统调节能力的有效手段，但目前而言，以电化学储能为代表的储能技术受经济性、安全性等因素制约，增速受限；抽水蓄能受站址资源、建设周期较长等因素限制，规模短期内难以快速提升；气电受气源、气价限制，仅能因地制宜进行布置。因此，亟需推动适应低负荷、频繁变负荷运行的煤电机组灵活性改造关键技术广泛应用。

煤电灵活性通常指煤电机组的运行灵活性，即适应出力大幅波动、快速响应各类变化的能力，主要指标包括调峰幅度、爬坡速率及启停时间等。目前，国内火电灵活性改造的核心目标是充分响应电力系统的波动性变化，实现降低最小出力、快速启停、快速升降负荷三大目标，其中降低最小出力，即增加调峰能力是目前最为广泛和主要的改造目标。

从政策层面看，为挖掘燃煤机组调峰潜力，提升我国火电运行灵活性，全面提高系统调峰和新能源消纳能力，国家能源局于 2016 年 6 月发布《关于下达火电灵活性改造试点项目的通知》，选择了 16 个项目开展灵活性改造试点推广（抽凝机组 14 个+纯凝机组 2 个），7 月又新增了 6 个抽凝机组作为第二批试点项目。两批试点共涉及 22 个项目，总容量约为 1700 万 kW，主要分布在辽宁、吉林、黑龙江、内蒙古、甘肃、广西、河北等七个省份。2016 年 12 月，国家发展和改革委员会、国家能源局发布《电力发展“十三五”规划（2016—2020 年）》，提出全面推动煤电机组灵活性改造，“十三五”期间，三北地区热电机组灵活性改造约为 1.33 亿 kW，纯凝机组改造约 8200 万 kW；其他地区纯凝机组改造约 450 万 kW（合计约 2.2 亿 kW）；改造完成后，增加调峰能力 4600 万 kW，其中“三北”地区增加 4500 万 kW。2021 年 10 月，国家发展和改革委员会、国家能源局发布《关于开展全国煤电机组改造升级的通知》，提出存量煤电机组灵活性改造应改尽改，“十四五”期间完成 2 亿 kW，增加系统调节能力 3000 万～4000 万 kW。

从实践层面看，我国煤电机组深度调峰技术已发展多年。2011 年，内蒙古京隆发电有限责任公司对两台 600MW 火电机组进行深度调峰试验，单机负荷能够在 210MW（额定负荷的 35%）下实现稳定燃烧；2012 年，东北某电厂对 600MW 火电锅炉机组进行低负荷运行试验研究，机

组负荷最低可以降到229MW（额定负荷34.82%）；2015年，大唐三门峡发电公司对两台600MW火电机组进行深度调峰试验，可实现双机最低负荷350MW（额定负荷30%）下稳定运行。

2016年以来，在国家政策大力支持下，煤电机组灵活性改造迈上新台阶。2016年，华能丹东电厂对300MW亚临界机组进行深度调峰试验，实现了机组在30%负荷下的安全稳定运行；2017年9月，辽宁大连庄河发电厂1、2号机组实现深度调峰至30%（180MW）负荷运行；2017年11月，辽宁东方发电公司1号机组采用低压缸零出力灵活性改造方案，实现机组负荷在26%～100%范围内灵活调整；2019年6月，广西北海电厂1、2号机组实现快速调频，同时投用微油时锅炉最低可带90MW（30%）负荷稳定运行。

2021年以来，煤电灵活性改造进一步提速，多地将煤电灵活性改造纳入重点工作，并制定了实施计划表。2022年5月，重庆发布《重庆市应对气候变化“十四五”规划（2021—2025年）》，提出完善火电灵活性改造政策措施和市场机制，加快推动30万kW级和部分60万kW级燃煤机组灵活性改造；同月，天津发布《“十四五”节能减排工作实施方案的通知》，要求有序推动自备燃煤机组改燃关停，推进现役煤电机组节能升级和灵活性改造。内蒙古也积极推进煤电灵活性改造进程。2021年6月，内蒙古能源局印发的《内蒙古自治区煤电节能降耗及灵活性改造行动计划（2021—2023年）》提出，到2023年，力争燃煤发电机组完成灵活性改造2000万kW，增加系统调节能力400万～500万kW。新疆煤电机组规模大，电力系统调节能力要求高，煤电机组灵活性改造需求迫切，2022年，新疆完成灵活性改造机组22台共1020万kW。

从技术层面看，煤电灵活性改造主要是提高煤电机组的深度调峰、快速爬坡和快速启停等能力，而其中提高深度调峰能力是煤电灵活性改造重点。煤电深度调峰的关键指标有设备寿命、污染物的排放、运行效率等。根据煤电机组类型不同，灵活性改造的侧重点也不同，主要分为纯凝机组改造和热电联产机组改造。对于纯凝机组，改造后调峰深度更大，其改造重点在于对锅炉、汽轮机等本体设备进行改造，同时也要对配套的控制系统、脱硝系统、冷凝水系统等辅助设备进行改造；对于热电联产机组，由于其“以热定电”的特性，限制了其调峰深度，其改造重点在于进行热电解耦。

从改造范围看，灵活性改造主要涉及燃料供应、锅炉、汽轮机、发电机、烟气环保岛和控制等6大系统，电厂的实际改造方案需根据具体电厂的实际情况、投资、改造要求等进行确定。此外，煤电耦合新能源、储能及制氢等，也可增强电力系统的灵活性。本章主要从这些方面阐述相关技术的发展与应用。

8.2 燃料供应系统灵活性改造技术

8.2.1 分隔煤仓技术

我国资源禀赋特性决定了煤电即是当前调峰辅助服务的主力军，也是提升电力系统灵活性的重要手段。影响燃煤机组变负荷深度和负荷响应速度的核心因素是锅炉燃烧系统，而调节燃烧系统的基础在于燃料供应的灵活可变性，输煤、配煤、磨煤等一系列步骤皆有很大的改造空间。目前对于电厂而言，配煤掺烧是提升经济效益的重要途径。尤其是参与深度调峰的机组，其供电煤耗会随着负荷降低而升高。通过优化配煤，不仅可以降低飞灰含碳量，改善锅炉结渣状况，还能降低污染物排放量，节约燃煤成本，调节机组负荷，最大程度减轻火电厂经济损耗。有鉴于此，通过原煤仓分仓改造，提升机组变负荷速率，实现燃料供应灵活性与经济效益的双重优化，是解决当前现状的有效途径之一。

近年来，随着中国新能源装机规模不断增加，电网系统对煤电机组深度调峰灵活性运行能力要求逐渐提高。煤电机组不仅要能够升得高，达到额定负荷，还要降得足够低，达到 30%甚至 20%额定负荷，且负荷升降的速度要快。在此过程中，入炉煤种特性变得至关重要，是煤电机组灵活运行的关键。因此，提高炉内掺烧过程中煤种切换的灵活性对于燃煤发电机组灵活运行具有重要意义。

通常情况下，一台原煤仓配备一台磨煤机和一台给煤机，只存一种煤，只有仓内旧煤烧完后才上新煤，煤种混配无法在煤仓进行，也无法实时切换给煤种类，无法迅速响应调峰需求。

分隔煤仓改造具体措施为，在原煤仓内加装隔板。在给煤机入口上方的双曲线煤斗区域安装一套新式插板门，分别控制一侧煤流。所有的输煤设备（包括犁煤器、落料口等）及配煤系统本体结构不改变，将原煤斗内部沿皮带方向（给煤机排列方向）进行分隔，增设一个厚度为 10mm 的不锈钢板。同时考虑支撑，从煤斗的下方往上进行分隔，根据所需上煤量确定高度。

分隔后的原煤仓，一半装优质煤，一半装劣质煤，根据不同负荷和深度调峰的需要，自动开启不同的插板门向给煤机实时提供与负荷相对应的原煤，以适应机组全天快速变负荷要求，高负荷烧高热值煤，低负荷烧低热值煤，满足快速响应负荷要求的同时提高了劣质煤掺煤率。原煤仓改造示意图如图 8-1 所示。

在目前大部分火电企业经营效益下降、煤价持续上涨的情况下，掺烧低热值煤是一个提升企业效益的有效手段。原煤仓进行灵活性分仓改造，可实现降低经营成本、提高企业经营状况、满足电网深度调峰要求。除在电站锅炉推广应用外，在其他有使用掺配煤并采用原煤仓储存化石类燃料的行业均可应用。其技术创新点如下：

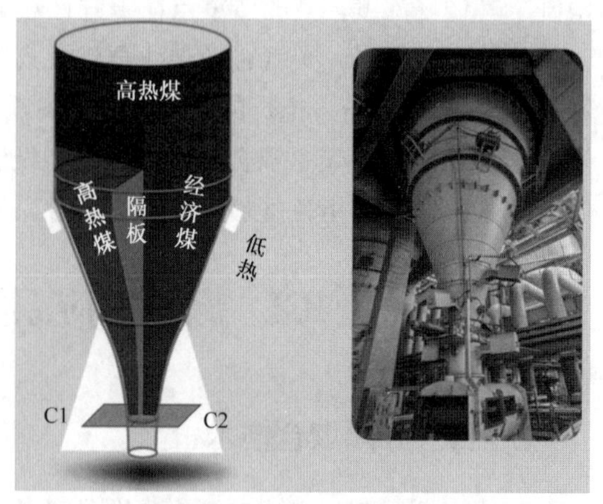

图 8-1　原煤仓改造示意图

（1）灵活性高，快速切换。实现一个煤仓一台给煤机同时供应两种不同的煤种，及时改变锅炉配煤，满足锅炉不同负荷对煤质的要求。改造完成后原煤仓可做两种煤掺配，也可用于单一煤种。

（2）改造工程量小，改造成本低。锅炉制粉系统变动不大，不需要再增加一个煤斗仓，也不需增加给煤机、磨煤机，特别是上煤系统不用做任何变动。利用现有的原煤仓存储两种不同煤种，辅以必要的监视手段，实现实时在线变换煤种的目的。

（3）操作简单方便，运行安全可靠。可快速响应机组负荷的变化，彻底改变以往配煤过程中时间滞后、不能及时变换煤种的弊端。面对负荷快速变动时的精准配煤需求，分仓技术实现机组负荷“高峰顶得上，低谷降得下”，从根本上解决了机组负荷响应与精准配煤之间的矛盾。

（4）提高劣质煤掺烧量，锅炉燃烧精准调整。满足火电机组灵活性要求，满足发挥机组辅助服务的需要，在火电企业参与电网辅助服务、调频等方面发挥其优势。灵活应对全天快速变负荷的要求，从燃料侧为企业增收节支、提质增效提供有力保障，进而提升企业的市场竞争能力。

（5）经济效益显著。原煤仓进行灵活性分仓改造成本低、收益高。以当前市场计算，20.9MJ 的高热值煤价为 1000 元/t，15.9MJ 的低热值煤价为 600 元/t，每台给煤机出力 50t/h，以各带一半负荷计，年内运行小时按 5000h 计，全年低热值煤占比 50%，分仓运行的投入率按 40%考虑，年收益为：（50t/h−25t/h）×5000h×（1000 元/t−600 元/t）×50%×40%=1000 万元。

8.2.2 风粉在线监测技术

燃煤电厂在机组运行过程中，锅炉侧一次风粉的流速和分布对整个机组的安全经济运行有着至关重要的影响。然而，由于国内大部分燃煤电厂几乎没有一种相对比较稳定并且可靠的一次风粉流动速度以及分配等参数在线测量的方法，导致燃煤锅炉在对一次风粉进行调节的过程中经常会出现锅炉内部火焰中心偏斜、燃烧不充分等状况。

长期以来，国内火力发电厂锅炉一次风粉的流速、浓度等参数几乎都是采用皮托管的方式进行测量，然而，此种设备具有如下缺点：一是该测量设备极易磨损；二是该测量设备易因煤粉堵塞，从而造成测量的参数不准确。

一次风管道内的煤粉输运是典型的气固两相流动，在气固两相流相间存在界面效应，以及不同相之间存在相对流速。相界面在煤粉输运过程中对于不同位置和时间具有随机性。由于气固两相流动的复杂性，如何准确测量气固两相流动中各种参数一直是气固两相流研究中的一个重要方向。

目前工程意义上能用于火电厂煤粉浓度/速度在线测量的主要有两种方法，分别是静电法和超声法，二者均属于非接触式监测方法。

静电法测量流速的主要原理是气力输送中，由于流体的快速流动，固相颗粒相互之间，固体颗粒与气力输送管道之间会发生摩擦而产生一定的静电现象。通过对静电特性研究以建立静电与流速之间的关系。其优点在于其具有测量精度高、设备免维护、无需标定且成本低廉等。而该静电现象与固相颗粒的特征（比如：大小、浓度以及管道内流体速度和管道的物理特性）相关，很难建立明确的函数关系。

基于超声法的新型非接触式风粉在线监测方法通过选择合适的超声频率，可同时实现一次风速和煤粉浓度的实时在线测量，目前该技术已在中电国际湖北大别山电厂、江苏常熟电厂、国电陕西宝鸡二电厂等多个电厂的多台 300MW 及 600MW 机组上投入运行。

因此，通过风粉在线监测装置的设计，运行人员可以根据测量数据合理调节给粉量，控制燃烧器着火点、煤粉燃尽程度，也可以监视一次风管道是否堵塞和自燃，调整锅炉各个燃烧器的风煤配比和风速，调整锅炉的燃烧平衡，从而有效地提高锅炉燃烧的安全性能和经济性能。

在发电厂中，锅炉风粉在线监测系统一般包括故障诊断系统、优化燃烧系统等，主要的构成要素为数据采集器、传感器、计算机、工业控制系统等。由温度传感器与风速传感器的数值传输到 I/O 卡件，然后经过 DPU 处理以后，通过 DCS 显示出来。

在系统中各项参数的测量方面，主要包括一次风温度、煤粉温度、风粉混合温度以及一次风速。参数测量方式分别为：对于一次风温度的测量采用空气预热器出口温度；煤粉的温度为粉仓内部煤粉温度；风粉混合温度为任意粉管混合器中经过混合处理后的温度；一次风速，在使用混合器之前对一次风速进行测量。一次风速度测量原理如图 8-2 所示，温度测量装置示意图如图 8-3 所示。

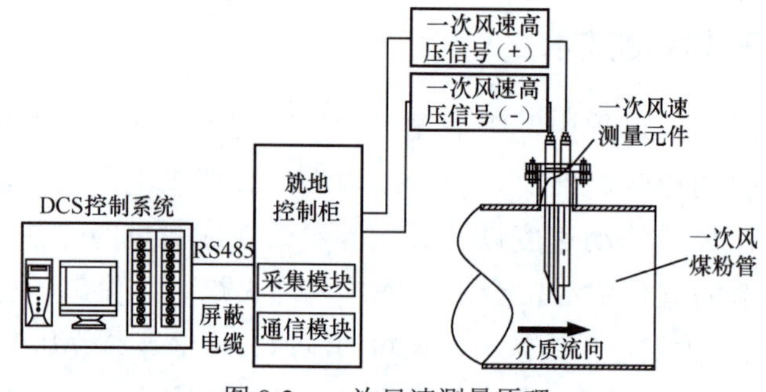

图 8-2　一次风速测量原理

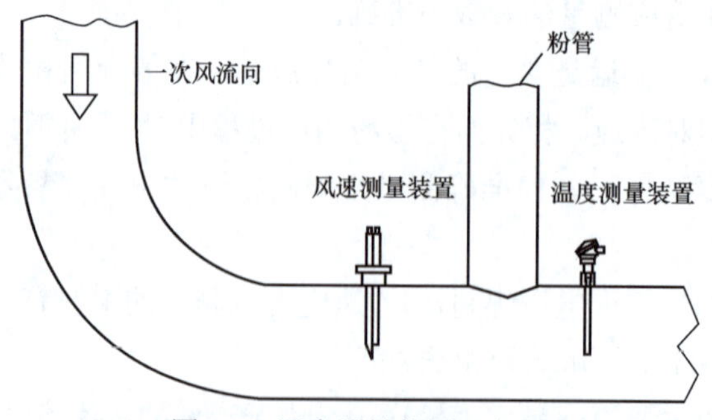

图 8-3　温度测量装置示意图

在对煤粉浓度进行测量时，按照能量平衡原理，对一次风温度、风粉混合后的温度、煤粉温度等参数进行测量，以此来明确一次风管内部的煤粉浓度。

风粉在线浓度计算逻辑组态如图 8-4 所示。

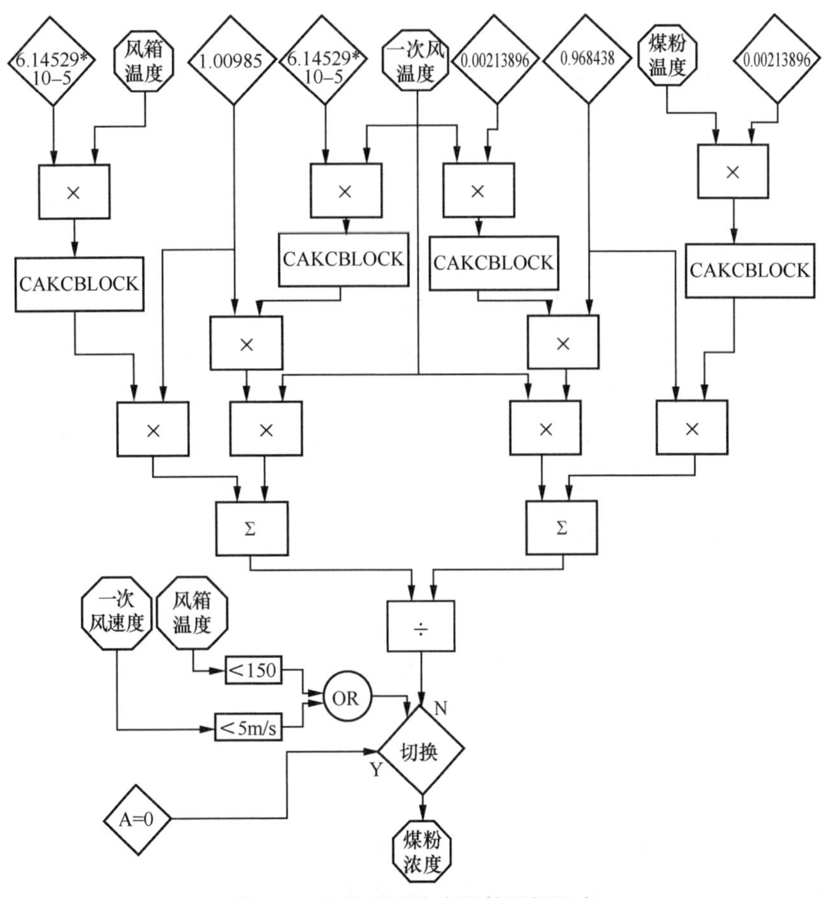

图 8-4 风粉在线浓度计算逻辑组态

针对电站锅炉风粉在线监测系统进行创新设计，其实践意义在于能够有效突破传统系统的应用局限性。根据相关研究，传统工况下运用的在线监测系统，实则是通过皮托管测量方式获取监测数据，侧重于一次风速测量，因其时常遭受煤粉堵塞以及设备损耗问题，导致系统反馈信息缺乏可靠性。而新系统的运行刚好可以扩增测量范围，实现高精度测量，就此为现有电站锅炉工况运行创造有利条件。

传统系统在其应用期间，已经无法适应新时代电站锅炉燃烧环境。而创新设计后的新系统能够进一步增强系统的适应性，使之积极应对新工况运行挑战，便于在火电厂开展火力发电项目期间，能够运用高新技术改造传统系统，彰显时代创新特征。

8.2.3 煤粉均分技术

在一次风送往电站锅炉燃烧过程中，由于磨煤机出口风粉分配特性以及下游各支管位置布局差异，各管道阻力存在较大偏差，一次风管中存在空气和煤粉分配不均衡的现象。煤粉分配不均会造成锅炉的燃烧效率降低，NO_x 生成量增加，同时引起锅炉燃烧不稳定、结渣等隐患，有时还会发生输煤管道堵塞。

目前，电厂改善煤粉分配均匀性的措施之一便是在磨煤机出口处安装煤粉分配器，常见的分配器类型有扩散型、格栅型和文丘里型等。

煤粉分配器又称煤粉均分器，是将磨煤机出口的煤粉按质量、浓度和细度均匀分配给各只燃烧器，以保证各只燃烧器功率相等和着火条件相同，防止炉内结渣和热偏差过大引起的锅炉爆管的部件，可广泛地应用在中速磨煤机和双进双出球磨机等直吹式制粉系统。

煤粉分配器具有以下特点：采用曲线型导板，内部的速度场、浓度场和流动阻力特性均好于直导板；采用非对称结构均流栅格对应于煤粉均分器出口的非对称结构，均流效果比较理想；避免速度峰值与浓度峰值区域的重合，从而防止煤粉均分器局部磨损严重，提高其整体寿命；部分采用集成化结构，优化改造过程，利于维护。

国内已有多家高校和机构对煤粉均分器进行了深入的研究，并且取得了重大的成果。

闫超等为减小制粉系统风粉分配偏差，优化锅炉燃烧工况，拓展煤粉分配器的应用范围，研制了新型煤粉分配器。他们通过试验台模型试验的方法研发新型煤粉分配器，完成了分配器模型的结构设计，研究了新型煤粉分配器的粉量调节挡板阻力特性、风粉分配调节特性、阻力调节对分配特性的影响和系统风速对分配特性的影响等分配器关键性能。模型试验和工程应用结果表明：新型煤粉分配器能有效将送粉管道的风量偏差控制在±5%，粉量偏差控制在±10%。某电厂 3 号锅炉完成新型煤粉分配器工程改造及调平试验后，能有效减小炉膛热负荷偏差，可将改造前最大偏差达 150℃的两金属壁温点的偏差控制在15℃内。

华北电力大学薛飞宇等提出了一种双可调煤粉分配器。该分配器利用环形渐缩阀将风粉两相流分离为浓相流和稀相流，使用开度可调的扇形阀分别调整风粉流量，最后将浓、稀两股流体混合均匀，同时计算了内部结构对煤粉分配器进出口压降分配效果的影响。结果表明该分配器对风粉调控具有较好的独立性，可以显著提高风粉系统流动的均匀性和调节灵活性。

西安热工研究院贾波设计了一种可直接安装在粗粉分离器出口的紧凑型可调煤粉分配器，并对其性能进行了模型试验和数值模拟研究。其研究成果对分配器的结构设计提出了优化建议，为分配器的实际应用提供了指导。

吉林大学王伟等利用 Fluent 软件对旋流式煤粉分配器进行了两相流的流动特性数值模拟。旋流式煤粉分配器在实际应用后，减少了煤粉输送管道内煤粉浓度的偏差，实现了变负荷稳定燃烧。并得出叶片数目为偶数时流场更加顺畅的结论。

石全成等设计了一种风粉两相可调节煤粉分配器，通过在弯管处加装异型管，改善了风粉分配特性。同时对煤粉分配器开展了风粉两相流的流动特性数值模拟，研究了分离效率、压损及磨损、速度场、浓度场等的分布。结果表明：对于加装异型管的煤粉分配器，其磨损多发生在浓、稀相各分管中，阻力系数较小，可以使风粉分配偏差保持在 10%甚至5%以下，实现一次风粉均匀分配，保证机组运行的稳定性和安全性，符合燃煤机组灵活性改造的趋势。

8.2.4 动态分离器技术

动态分离器，又称旋转式粗粉分离器，是为电厂煤粉分离专门设计的，是粗粉分离器的一种。一般的粗粉分离器是利用煤粉气流自身的旋转、惯性、重力等进行分离，这样就可能导致回到磨煤机的煤粉粗细混杂，细度合格的煤粉会反复磨制，增加了磨煤机电耗和磨损。而动态分离器的转子是利用电动机转动，通过改变转子的转速，即可调节煤粉细度。转子转速越高，分离作用越强，气流带出的煤粉就越细；反之，转速越低，气流带出的煤粉就越粗。在一定的转速下动态分离器分离效果更好，分离效率高。

传统的粗粉分离器多为挡板式分离器，需要依靠转动手动调节手柄来改变分离器静态折板门的开口角度，进而调节输出煤粉细度。调节时很不方便，且只有电厂燃烧煤质发生了较大改变时，才会通过调整分离器来调节煤粉细度。因此，面对锅炉燃煤煤质变化较大且频繁变换时，挡板式分离器效率低下且其调节范围也不能完全适应锅炉燃烧器的需求。近年来，环保法律逐渐完善，对锅炉的排放标准要求越来越高，要求降低 NO_x 的排放，同时电厂自身还需要减少用电率，因此，在此背景下，大量的工程技术人员把目光投向了动态的旋转分离器，很多电厂的磨煤机也开始纷纷采用旋转式分离器，因为旋转式分离器能够方便调节煤粉细度，提高煤粉的均匀性，能够降低锅炉的 NO_x 的排放水平，又可以减少厂用电率。两种分离器结构如图 8-5 所示。

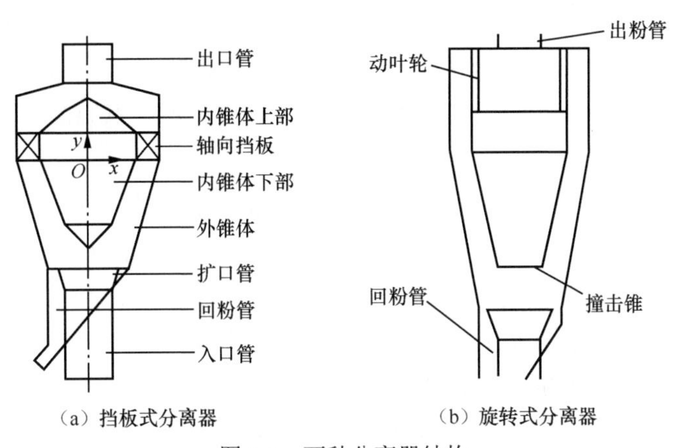

（a）挡板式分离器　（b）旋转式分离器

图 8-5　两种分离器结构

国内对于动态旋转分离器的研究也在如火如荼地进行，华北电力大学贾朝阳等着眼于动态旋转分离器综合分离效率较低、出口粉煤细度还有降低空间等问题，将计算流体力学技术（CFD）引入到此项研究中，采用数值模拟技术对旋转煤粉分离器建模，进行内部流场研究，并且对分离器动叶结构进行探索性改进，分析改进效果；东北大学金莹莹等用 CFD-FLUENT 软件对旋转分离器内部流场和气固两相流动进行了数值模拟，同时研究了撞击坠结构参数和叶轮叶片数量对分离效果的影响；王艳伟等分析了磨煤机旋转分离器在转速改变的情况下，对厂用电、炉渣含碳量、磨煤机振动的影响，锅炉燃烧是一个动态燃烧的过程，磨煤机分离器转速的调整要据锅炉煤质的改变及负荷、风量等变化而做出不同的改变，在保证锅炉安全稳定经济燃烧的前提下相应调整到一个最佳合理的转速；哈尔滨工业大学张禹等通过分析锅炉机组燃烧时对煤粉的要求以及旋转煤粉分离器的各种性能指标参数，依据 MPS 型磨煤机出力、接口尺寸、一次风等参数，设计旋转分离器的总体方案。该方案选择用静叶片组加转子体叶轮组合的结构，变频电动机驱动带有叶片的动叶轮作旋转运动，对煤粉进行两级分离，采取机械密封与气密封两种型式对煤粉进行密封；对各主要部件进行详细结构设计。同时依据旋转分离器的总体设计方案，建立系统物理模型，对转子体装置作详细的设计研究。确定了旋转分离器中空气与煤粉的气固两相流的数学模型，通过计算流体力学分析软件 FLUENT 对旋转分离器中的气固两相流进行数值模拟，模拟叶轮在不同转速下以及不同煤粉颗粒直径下，对煤粉颗粒的分离效果，以及对转子体的侵蚀情况。最后依据煤粉分离器设计要求和性能指标，在设备使用现场对所研制的旋转煤粉分离器进行性能试验。通过对相关数据的采集及统计分析，检验所设计的煤粉分离器完全达到了设计要求，满足了相关的性能指标。

8.3　锅炉灵活性改造技术

8.3.1　燃烧系统灵活性改造技术

目前，我国部分地区新能源的消纳已成为制约风电及光伏发展的关键因素。为了响应国家新能源发展的战略布局，开展火电机组灵活性改造，提升电源深度调峰能力可有效破解风电、光伏消纳问题。

国家能源集团西北所辖火电机组的锅炉，由于偏离设计煤种等多种原因导致在现有条件下能满足的最低稳燃负荷仅为 50%额定负荷。距离灵活性改造要求的 30%～40%最低稳燃负荷目标尚有较大差距，需要考虑增加相应的稳燃措施，以确保在较低负荷下锅炉能稳定燃烧。锅炉燃烧系统如图 8-6 所示。

现有 300MW 以上火电机组，脱硝系统大都采用 SCR 系统。其中，脱硝系统催化剂的正常工作温度在 310～400℃之间，因此需保证脱硝反应器的温度始终在 305～425℃之间，否则系统无法正常工作。从目前西北地区各个电厂的实际运行情况来看，330MW 火电机组运行负荷（纯凝）为 50%负荷以下时，锅炉 SCR 入口的烟温已接近 310℃，鉴于目前机组的实际情况，为达到机组深度调峰的目的，须对锅炉进行技改，以保证低负荷时脱硝系统的正常投入及稳定运行。

8.3.1.1　低负荷燃烧器

燃烧器是将制粉系统来的煤粉空气混合物（一次风）和燃烧所需的热空气（二次风）分别以一定的比例和速度送入炉膛，达到稳定着火燃烧的装置。炉膛中的空气动力场和燃烧工况主要是通过燃烧器的结构及其布置来组织，因此，燃烧器设计布置和运行是决定燃

烧设备经济性和可靠性的因素之一。近年来，由于调峰的要求，现有电站普遍要求提高低负荷燃烧稳定性。为此可适当提高一次风煤粉浓度，提高煤粉细度和一次风温度，加装卫燃带，减少着火区散热，或者改造燃烧器，或加装稳燃器，即采用提高燃烧稳定性的新型燃烧器。目前国内各研究部门开发的较为成功的新型燃烧器有浓淡燃烧器、双通道自稳式燃烧器和多功能船型燃烧器等。

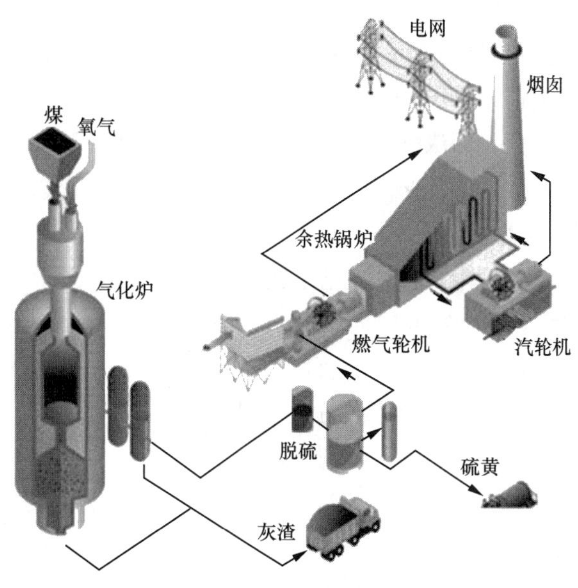

图 8-6　锅炉燃烧系统

1. 浓淡型燃烧器

最早在我国使用的是由日本三菱公司供货的黄台电厂 300MW 机组锅炉上的上下浓淡型燃烧器。ABB-CE 公司的 WR 型燃烧器也属于浓淡型。随后，哈尔滨工业大学等单位也推出了结构有所差异的水平浓淡型燃烧器。目前，浓淡型燃烧器不仅用于直流式燃烧器，而且也用于旋流式燃烧器。这种燃烧器主要靠不同型式（弯头式、百叶窗式等）的浓缩器将一次风在进入燃烧器前分成 2 股浓度不同的气流，进入由原 1 个一次风口改成的 2 个浓淡喷嘴。一般浓相气流在向火侧，淡相气流在靠墙一侧。

采用浓淡型燃烧器时需重点解决以下三个问题：浓缩器的型式和性能；保证各角的浓相均处于向火侧的结构措施；燃烧器出口的形状。

2. 水平浓淡煤粉燃烧器

利用百叶窗煤粉浓缩器将一次风在水平方向上分成浓度差异适当的浓淡 2 股。靠百叶窗的导流方向不同，使四角燃烧器都是浓煤粉气流由向火侧切向喷入炉膛，由于所需的着火热减小、着火时间缩短、火焰传播速度提高和着火温度降低将改善火焰稳定性，所以提高了着火性能；淡煤粉气流在浓煤粉气流和炉膛水冷壁之间 4 角切向喷入炉膛，在炉膛水冷壁附近形成氧化性气氛区域，提高灰熔融温度，并阻止燃烧的煤粉颗粒直接冲刷水冷壁，从而可提高防结渣能力；浓淡煤粉气流均偏离化学当量比燃烧，依 Fenimore 燃料型 NO_x 生成机理可减小 NO_x 的排放，而据 Zaldovich 温度型 NO_x 生成机理同样减小淡煤粉气流温度型 NO_x 的生成，因此可降低 NO_x 的排放；由于 2 股煤粉气流的总一次风率不变，又由于浓煤粉气流的稳燃作用可提高燃烧区域的温度水平，而一、二次风的混合与传统的燃烧方式无本质区别。因此，处理得好，其燃烧效率至少不会低于传统的燃烧方式。此外，由于可以避免在水冷壁附近出现还原性气氛，对防止高温腐蚀和防止结渣也是有利的。水平浓淡煤粉燃烧可同时满足高效稳燃防结渣和低 NO_x 排放的要求。

百叶窗煤粉浓缩器的优点：可实现在运行过程中调节浓缩比，满足各种负荷和煤种变化的需要；浓缩器的浓缩比大，即浓缩分离效果好，能够满足难燃煤种变化的需要；燃烧器喷嘴布置自由度大，有利于燃烧器的优化；阻力适中；结构简单；很容易与现有系统对接。

3. 径向浓淡旋流煤粉燃烧器

为了提高前后墙对冲布置型炉膛燃烧稳定性，哈尔滨工业大学开发了旋流式径向浓淡分离的燃烧器。炉膛温度分布如图 8-7 所示。

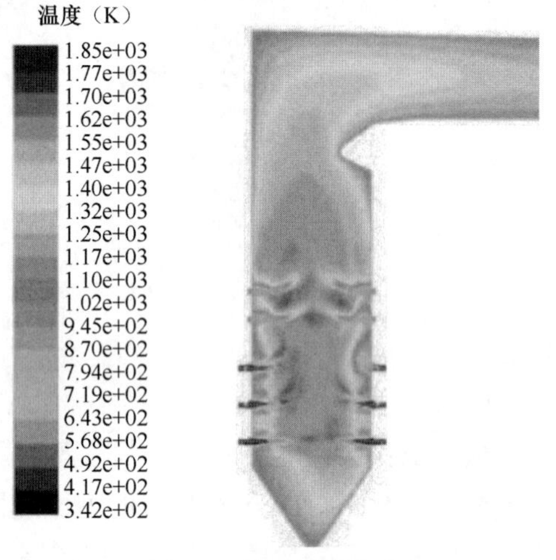

图 8-7　炉膛温度分布

该燃烧器是通过安装于一次风道中的百叶窗式煤粉浓缩器，将一次风粉混合物径向分离为适当浓度的浓淡 2 股，其中富燃料气流靠近一次风道中心，再经过一次风喷口送入炉膛；贫燃料气流贴近一次风通道外侧喷入炉膛。二次风分为内二次风和外二次风两部分，其中内二次风通过旋流器以旋流的方式送入炉膛；外二次风以直流的方式送入炉膛。如此，在旋流内二次风和扩流锥的作用下，燃烧器出口处形成中心高温回流区，富燃料气流正好处于该区域内，进而形成了高浓度和高温的“双高”区域。由于煤粉浓度的提高降低了着火温度，缩短了着火距离，保证了煤粉气流能够及时着火，提高了火焰稳定性。贫燃料气流和二次风在富燃料气流着火后及时分级混入，既保证了煤粉燃烧所需的氧气，并且分级燃烧能有效抑制氮氧化物的形成。同时，直流外二次风风速较高，能有效地将燃烧中心的还原性气氛和水冷壁隔开，形成了稳定的“风包火”火焰结构，保证了燃烧器区水冷壁处于氧化性气氛中，避免了水冷壁高温腐蚀，提高了灰熔点，降低了结渣倾向。该燃烧器可通过调节旋流器角度改变射流的扩展角，进而改变中心回流区的大小和位置，实现调整煤粉气流的着火及燃烧状况的目的。

4. 双通道自稳式燃烧器

双通道自稳式燃烧器为清华大学力学系与哈尔滨锅炉厂有限责任公司共同开发研制的，所谓“双通道”即在燃烧器的上、下两侧分别设置 1 个一次风口，如此，在 2 个一次

风射流的中间位置便可形成高温烟气的回流区域，如图 8-8 所示。由于该区域位于上下一次风的中间，不与壁面接触，不会使壁面被高温加热，而且上下一次风粉在该区域处被提前加热并着火，进而提高了燃烧的稳定性。该燃烧器左右两侧壁分别设置了 1 股二次风，用于防止回流烟气使燃烧器两侧过热和结渣，这 2 股二次风被称为腰部风。通过调节腰部风的大小可实现着火点位置的调整。当腰部风全开时，高温烟气在腰部风作用下无法回流，此时燃烧器内部温度由一次风温度决定，燃烧器没有提前加热一次风粉和自稳燃的作用，相当于常规燃烧器；当腰部风全关时，大量高温烟气将回流进入燃烧器，燃烧器内部温度骤增，煤粉在燃烧器内被加热并开始着火，实现强化燃烧的目的，实现了锅炉低负荷稳燃或低挥发分燃料的燃烧，提高锅炉低负荷稳燃能力或提高锅炉的煤种适应性。

图 8-8　多通道燃烧器

这种燃烧器基本上克服了前一时期国内大量应用的预燃室带来的结渣问题，并且可用于主燃烧器。在锅炉改造及新炉设计上已得到广泛应用，尤其是贫煤、无烟煤燃烧器的改造。

5. 多功能船形燃烧器

多功能船形燃烧器由清华大学热能工程系开发，在一次风口内加装 1 个形如船体的火焰稳定器，并可设有中心点火油枪。经试验发现，射流束腰部的两侧外缘的局部区域，在所形成的高煤粉浓度区有较高的温度，氧的含量也相对比较高，形成了“三高区”。

多功能船形燃烧器具有如下特点：所形成的“三高区”有利于保持煤粉火焰的稳定；射流刚性较好、射流扩张角不大；不会贴壁，一般不会引起炉膛水冷壁在燃烧器区结渣；在一般采用的床体结构，燃烧器阻力不大，比普通直流煤粉燃烧器增加 200～500Pa；可降低烟气中 NO_x 的排放量；结构简单、操作方便。既可在运行锅炉上改装，也可用于制造厂生产新的煤粉锅炉；扩大锅炉负荷调节范围，提高对煤质多变的适应能力，低负荷时可节省大量的助燃用油。

6. HT-NR旋流燃烧器

HT-NR 旋流燃烧器是日本 Babcock-Hitachi 推出的，一次风粉混合物经过一次风通道中的钝体式煤粉浓缩器后，产生径向分离，浓粉气流从一次风通道外侧经过一次风通道多出口处的稳焰齿进入环形回流区着火燃烧；淡粉气流从一次风通道中心区喷入炉膛，并在内回流区着火燃烧。内外二次风通过燃烧器内同心环形通道在燃烧的不同阶段送入炉膛，实现分级供风，降低 NO_x 的生成量。其中，外二次风通道内布置有轴向旋流器，使经过的外二次风产生旋转，在旋流外二次风的作用下，燃烧器出口处形成中心高温回流区，为煤粉气流的着火提供能量。内二次风为直流形式，通过燃烧器内同心通道送入炉膛，参与燃烧。

8.3.1.2 低负荷助燃技术

1. 燃烧精细化调整

当机组深度调峰锅炉低负荷运行时，一方面，由于送入炉膛内的煤量大幅减少，炉膛温度降低，煤粉气流因热辐射及热对流所获得的热量大幅降低；另一方面，为满足煤粉的气力输运过程及炉内流场，一次风的减少量与煤的减少量不成正比，煤粉气流的风煤比较高负荷工况大为提高，这就使煤粉气流着火所需的热量大幅提高，因此，在低负荷情况下炉膛内会发生着火困难、燃烧不稳定的问题。

为满足炉膛低负荷下煤粉气流的着火条件，提高锅炉的助燃性能，可以从以下方面入手：

（1）减少煤粉气流的一次风量。

对于煤粉气流来讲，有大部分的热量用于提高一次风的温度，因此，降低一次风量可以使煤粉气流达到更高的温度，更早热解生成更大量的挥发分，使煤粉气流的着火时间提前，这有利于煤粉气流的着火及助燃。通常，在深度调峰炉膛低负荷的情况下，一次风速要保持在一个安全的数值以保证送粉安全及炉内切圆流场，降低所有燃烧器的一次风量将对炉内整体流场产生不利的影响。但可以在不影响整体流场的前提下减少中间层煤粉燃烧器的一次风量，改善该层燃烧器煤粉气流的燃烧条件，形成较为稳定的高温区域，并对整个炉膛的燃烧过程起促进作用。

（2）提高一次风温度。

提高一次风温度同样可以使煤粉气流在炉内更早地达到较高的温度，更易着火。通过改造空气预热器或修改中速磨煤机冷热一次风的配比，提高一次风温度，降低煤粉气流的着火热，达到助燃效果。

（3）降低煤粉颗粒的细度。

随着煤粉颗粒半径的降低，单个煤粉颗粒向周围空气的散热量将增大，煤粉气流的着火温度会升高。但这是以热力着火理论为基础得到的结论。根据文献所述，对于挥发分较低的煤，煤粉颗粒粒径的减少有助于煤粉颗粒挥发分的释放，继而通过挥发分的燃烧引起颗粒整体的燃烧。煤粉颗粒粒径越小，煤粉的着火性能与助燃性能越好。但本文所涉及的案例所用煤种为高挥发分的褐煤，且处于低负荷、颗粒向冷一次风散热量较大的工况，煤粉颗粒细度对助燃性能的影响需要通过数值模拟进行研究与分析。

2. 基于设备改造的低负荷助燃技术

根据煤粉燃烧的理论及试验表明，对于不同煤种来说，有不同的最佳煤粉浓度，使煤粉气流最易着火。当煤粉浓度高于最佳煤粉浓度时，挥发分析出量很大，而氧量不足，会推迟煤粉气流的着火，使煤粉气流总体温度较低；当煤粉浓度低于最佳煤粉浓度时，挥发分析出量较小，氧量能够满足挥发分的燃烧，有利于煤粉气流的着火，但过量的空气会使煤粉气流的总体温度有所下降。当处于最佳煤粉浓度时，氧量恰好能够满足挥发分燃烧的需求，煤粉气流温度最高。因此，这一理论对挥发分越高的煤种越明显。由于煤粉燃烧的

过程极为复杂，最佳煤粉浓度不能简单地通过煤粉分析参数来计算确定，通常通过试验测得。

通常，锅炉实际运行中一次风中的煤粉浓度都低于最佳煤粉浓度。尤其是在低负荷运行中，即使将一次风速降至最低安全送粉风速，煤粉气流的浓度仍低于最佳煤粉浓度。但是，通过浓淡分离可以使煤粉浓度达到最佳值，有利于稳定燃烧。由文献可知，浓淡分离燃烧技术的效果与煤种挥发分的含量有很大的关系，随着煤种挥发分含量的降低，其着火温度随之降低的程度也下降。

浓淡分离技术有不同的两种方法：

（1）采用常用的浓淡分离燃烧器，这种燃烧器是在着火区进行局部的浓淡分离以达到助燃目的。目前，有通过使用浓淡燃烧器来实现低负荷助燃的案例，但一般最多可满足 70%的调峰深度，难以满足更低负荷下炉内助燃的要求。

（2）在一次风进入燃烧室前进行浓淡分离。但是这种方法不常被采用，这是由于在较高负荷下，一次风煤粉浓度本身就较高，再通过浓淡分离后会出现燃料与空气的混合不均匀的问题，致使飞灰量增大，锅炉效率会有所下降。同时，也有可能出现煤粉气流浓侧缺氧，造成水冷壁高温腐蚀。但在低负荷情况下，一次风量相对较高负荷极大，不存在煤粉与空气混合不均的问题，炉内氧量也较高，不会出现高温腐蚀的现象。

相对在燃烧器局部进行浓淡分离，提前分离有以下优点：

（1）对燃烧器本身没有要求。

提前浓淡分离的方法更类似于对燃烧系统的优化调整，在使用提前浓淡分离对煤粉浓度进行优化的基础上，还可以根据实际情况选用其他改善燃烧条件的燃烧器。

（2）浓淡分离的程度高。

在燃烧器局部进行浓淡分离的方法由于空间限制，浓淡分离的程度有一定的局限性，而提前分离可以在磨煤机至燃烧器间的任意位置进行操作，浓淡分离的上限高，难度较小。

（3）可以优化燃烧器的工作状态。

当机组深度调峰至 30%以下的负荷时，对于单只燃烧器来说，它的实际燃煤量与设计燃煤量（设计热功率）存在明显的不匹配，实际热功率与设计热功率偏差较大，燃烧器出口一、二次风的气流刚度急剧下降，影响炉内流场分布。而提前进行浓淡分离能够对燃烧器作出相应的调整、优化，使燃烧器的煤粉气流参数处于最佳着火区间，既保证了燃烧器的燃烧性能，又保证了炉内的流场分布。

因此，采用提前对一次风进行浓淡分离的方法，对燃烧系统进行改造，将原燃烧器改造为总热功率与原燃烧器相同的两个小型燃烧器，在燃烧器与磨煤机间设置浓淡分离装置，在燃烧器前就先进行一次浓淡分离，在低负荷运行时分别喷出浓相、淡相两种不同的煤粉气流，通过调节浓淡分离比使浓相燃烧器喷出风煤比较低的煤粉气流，变相地降低了浓燃烧器的一次风量，这样，它就能在合理的热功率下工作，易于着火并助燃。利用浓相燃烧器产生的高温烟气点燃淡相燃烧器，使这一组燃烧器总体的燃烧情况得到优化。对于一组燃烧器来说，总一次风量与改造前保持一致，无需考虑磨煤机的送粉安全性及炉内流场的问题。同时，考虑到炉膛调峰过程中在较高负荷下工作的情况，可在煤粉输运管道上设置旁路，当机组在正常负荷下工作时不使用浓淡分离装置，使两个燃烧器均在相同的正常热功率下工作，满足该工况下的需求。这仅是对燃烧系统的调整，视实际燃烧情况可以对燃烧器本身再做调节，如采用 PM 浓淡燃烧器等，对煤粉气流进行整体的和局部的两次浓淡分离，保证炉内的稳定燃烧。

8.3.1.3　炉膛火焰监测技术

通过对炉膛火焰燃烧状态的监测和诊断，可避免因燃烧不稳或低负荷而导致的炉膛熄火和爆炸，提高燃烧过程的安全性，保证锅炉稳定经济地燃烧，因此，对燃烧器火焰监测进行深入研究，显得尤为重要。

1. 煤粉燃烧过程及火焰监测原理

燃煤炉内煤粉火焰可分为四段，第一段是一次风口喷出的一股暗色的煤粉热风混合物流，第二段是初始燃烧区，煤粉在高温炉气和火焰回流加热下开始燃烧，第三段为完全燃烧区，在二次风混合下充分燃烧，第四段是燃尽区，煤粉燃烧完毕形成飞灰，少量大颗粒煤粉继续燃烧，最后产生高温炉气流。初始燃烧区中，众多煤粉颗粒爆燃，形成亮点流，此处亮度不是最大，但强度变化频率最高，第三段中煤粉完全燃烧，火焰亮度最大，而燃尽区中燃烧火焰的强度及变化频率均较低。

为了减小炽热炉墙、相邻燃烧器火焰等因素的干扰，使火焰监测可靠，应监测接近喷口的初始燃烧区火焰信号，监测是否有效，决定于火焰是否具有较高的强度及火焰闪动的频率是否高于频率给定值。

2. 火焰监测器的发展及改进措施

在 20 世纪 60～70 年代，大量采用紫外线型火检器，一般使用在燃油、燃气锅炉上，为了适应低 NO_x 燃烧和燃煤锅炉的需要，采用了改进型元件和设计电路。20 世纪 80 年代，主要以红外线和可见光火焰监测器为主，由于炉墙产生极强的红外辐射，但其变化频率低于 2Hz，因此，红外线型火检器在监测火焰的红外光和近红外光能量的同时，需进行频率鉴别，基于可见光原理的火检器，可以区别灼红炉墙发出的红外光，这两种类型的火检器灵敏度高，可避免炉墙、炉渣等干扰而使 MFT 误动，是火检器的发展方向。

考虑到电厂煤质变化频繁，挥发分、水分、灰分和发热值发生变化，一、二次风速比等改变会使着火点移至监测区外，给火焰监测带来困难，在目前使用火检器的锅炉上进行以下的改进，可提高火焰监测的可靠性，现场运行已收到一定成效。根据煤种变化，对火焰闪烁频率及光强设定值作一定的改变，以准确地监测到初始燃烧区的火焰信号；采用单火嘴双监测器的方法，保证燃烧区域变化不超出监测范围；为保证低负荷时稳定燃烧，应加强最下面两层煤粉燃烧火焰的监视；采用火焰总量比值指标来衡量炉内燃烧状况；加强火检系统的日常维护，如探头的冷却、光纤和火检器镜面的玷污去除等，保证火检器处于良好的工作状态。

3. 火焰监测新技术发展趋势

火焰监测新技术发展趋势表明，可借助于对火焰特性的进一步研究，提高监测的可靠性。相关原理：火焰监测技术利用探头监测燃烧器火焰界面相交区域，由于监测的是同一区域火焰信号，具有很大的相关性，测量两火检器监测信号的强度，经滤直处理后可求得相关系数，如两信号在视区上完全重合，则相关系数最大。英国 LAND 公司已推出相关原理的火检器，监视现场火焰。

（1）火焰图像处理监测技术。

通过摄像机直接拍摄火焰图像，然后采用计算机技术对图像进行处理，可获取每个火焰辉度分布、着火点及整个炉膛燃烧状况，对火焰监测直观、生动，适用范围广。日本三菱公司已研制出类似装置，监测手段可靠。

（2）基于光谱特性的监测技术。

煤粉燃烧火焰光谱特性说明，在不同煤粉浓度下，火焰光谱分布曲线具有很强的相似性，在 6000～7000A 之间火焰辐射强度随火焰中煤粉浓度降低而减小，具有正相关性，而超出此范围，由于信噪比低或炉墙辐射强度高，使火焰信号对燃烧状况变化不敏感。

对火焰信号频率、强度特性研究可见，不稳定燃烧工况下，其谱值大、分布范围宽，因此，功率谱分析方法也可用于火焰信号的监测及煤粉燃烧稳定性的诊断，此外，还可通过光谱颜色定量分析等技术对火焰状况进行监测。

通过对燃烧过程及火焰光谱特性的深入了解，可以寻求更有效的新的火焰监测手段，从根本上提高我国火焰监测技术的水平，以确保 FSSS 系统功能更加完善，保证锅炉的安全运行及燃烧工况的稳定。

8.3.2 锅炉侧辅机适配性改造

8.3.2.1 风机灵活性运行技术

目前在国内的火力发电厂中，锅炉风机负荷调整主要通过调节入口挡板开度来实现。由于该调节方式损失大，浪费极为严重，同时给机组安全运行带来隐患，所以近年来对锅炉风机推广调速运行方式，这样可以达到节电效果，延长风机使用寿命，提高自动控制能力，减少风机启动过程中造成转矩过大的问题，提高运行经济性。

目前国内火力发电厂锅炉风机大部分采用拖动电动机，其中 95%左右为交流异步电动机直接拖动，恒速运行。随着电力经济的发展、单台机组容量的增大，以及科学技术的发展、企业管理水平的提高、设备技术改造的推广等，电厂中的锅炉风机在运行中出现了裕量较大的问题，另外根据电网调峰的需要，机组长时间处于低负荷运行状态，锅炉的送风机、引风机长期处于低参数下运行，对厂用电率造成一定影响。目前华北电网直属发电厂锅炉风机配备的电动机以 1MW 左右居多，大部分都是采用恒速运行，造成很大的浪费。根据节能工作的要求，其中有个别发电厂已考虑或试用风机调速运行，解决目前风机运行中出现裕量过大的问题。

锅炉风机调速运行目前普遍采用五种方案：①变频器技术；②加装液力耦合器装置；③采用双速交流电动机；④直流电动机驱动；⑤绕线式异步电动机转子串级调速。以前三项技术为主，其中第三方案（采用双速交流电动机）由于在运行中调速范围窄，操作困难大等问题，投入率较低。而变频器技术的应用目前尚属于起步阶段，所配套的高压变频器均属进口设备，价格较高。国内应用较多的是液力耦合器调速技术，如大同第二发电厂 6 号机组在 1999 年大修期间锅炉送风机、引风机都装上了液力耦合器，通过运行比较和测试，节电效果比较显著，通过运行考验，尚未出现过大的质量问题，是 2000 年大力推广的节电改造项目。

8.3.2.2　风机灵活性改造技术

锅炉风机是火力发电厂重要的辅助设备之一，送风机、引风机的总耗电量约占机组总发电量近 1%。由于机组的负荷变化，为了保证锅炉的燃烧和负压的稳定，需要及时调整送风机、引风机的风量。在实际运行中，锅炉风机的调速性能反应速度慢，锅炉的燃烧自动无法投入导致协调控制也无法投入，机组不能及时响应负荷的动态变化要求。不仅如此，采用风门调节的风机工作效率低，截流损耗大，厂用耗电量浪费严重。若风机采用调速驱动后，机组的可控性就提高了，响应速度加快，不但能改善机组的运行工况，而且节约能源。目前火电厂中高压变频调节技术在锅炉送风机、引风机上成功应用，不仅设备可靠性高，节能效果也显著。

高压变频调节装置自投运以来，运行一直可靠稳定，节能效果明显。该系统结构简单，调速控制方案安全可靠，效率高，损耗小，设备投资回收期短。高压变频调节装置在锅炉风机上成功应用，以其显著的节能效果和良好的系统响应，充分说明高压变频器应能在电厂锅炉辅机节能调速运行的控制系统广泛应用，对火电厂降低发电成本具有积极的意义。

8.3.2.3　低负荷吹灰技术

近年来有人提出消除水平烟道积灰的技术路线。采用在折焰角斜坡增加固定旋转式吹灰器的技术方案进行锅炉水平烟道除灰，有效消除锅炉折焰角及水平烟道区域积灰问题，消除安全隐患，确保锅炉安全经济运行。

目前主要有以下技术措施。

1. 新型吹灰系统

机组蒸汽吹灰器在工作时，同样存在无法吹扫的区域，致使锅炉受热面上积灰不能及时彻底清除，而慢慢形成积灰。因此决定在锅炉斜坡墙底部加装 10 台折焰角固定回转式蒸汽吹灰器。

针对折焰角斜坡墙底部及烟道内部管排错综复杂的特殊结构，设计垂直于斜面固定安装的无伸缩式蒸汽自旋转吹灰器。因枪头长期在炉内高温区域，材质须选用超强耐热钢，并且设置压缩空气冷却系统，以保障设备安全运行。吹灰器合理分布，充分发挥清灰作用的同时，又避免受热面吹扫爆管，水平烟道入口两侧及折焰角下部区域楼梯走台安装或拓宽完善。

进汽口接在现有就近的蒸汽吹灰管道或蒸汽吹灰器母管上，安装电动截止阀、手动截止阀和疏水阀门，在疏水电动门前安装一套温度测点，以防止蒸汽超温影响设备安全运行，

接入引仪用压缩空气系统，用于吹灰器停运期间的冷却。

为了方便调试，每台吹灰器设置压力表一块，单台吹灰器交替吹灰，与DCS接口，并能现场手动操作。阀后压力为0.6～1.2MPa，具体视实际吹灰效果将阀后压力调到最佳状态，DCS及远方控制可靠和操作方便。

2. 新型吹灰系统后期运行防护措施

针对燃煤质量差问题，根据煤的发热量加强燃烧调整，提高一次风温及一次风压，合理配备二次风配风方式，保证锅炉燃烧正常，维持燃烧室有较高的燃烧水平，保证锅炉的燃烧工况，防止锅炉积灰、结焦，确保煤质发生变化时减少锅炉积灰发生。

吹灰效果的好坏取决于吹灰器内燃气量和空气量的配比，确定最佳的配比参数，对吹灰进行了专项配比试验，经过试验找到最佳配比参数，保证锅炉受热面积灰程度大大降低，有效保证受热面的清洁。同时加强吹灰系统设备的巡检和增加吹灰次数，并且规定每次停制粉后必须进行吹灰，保证吹灰器的正常运行。

8.3.3 锅炉受热面安全性评定

8.3.3.1 锅炉水动力评估

近年来，能源结构转型加速推进，新能源快速发展，火电发展放缓。但新能源发电具有随机性、间歇性、不稳定性等特点，其占比增加到一定程度后，必然给电网带来更大的调峰压力，现有火电机组需要充分挖掘系统调峰能力，着力增强系统灵活性、适应性，这是现在及未来火电不可避免的发展趋势。其中，深度调峰能力和低负荷运行适应性是制约火电机组灵活性提升的重要因素，深度调峰要求机组负荷率低至20%～40%。

由于超临界机组在设计之初往往只考虑最低40%～50%最大连续蒸发量（BMCR）工况正常运行，在偏离设计工况的超低负荷下水冷壁水动力有可能出现脉动、多值性等安全问题。目前，已有的研究多针对垂直管圈水冷壁锅炉，且对30%BMCR工况以下的研究较少。

目前有以下计算评估模型。

1. 亚临界压力下水动力计算

锅炉水冷壁水动力计算是指在一定热负荷、水冷壁总流量条件下，确定水冷壁内各管路流量与压降的关系，可用于分析工质的流动特性及传热的安全性。亚临界压力下水动力计算可分为以下五个步骤：

（1）划分管路流动网络，假设支路流量与各节点压力。

（2）由各管段热负荷、流量、入口温度、入口压力与出口压力计算出口干度，判断管内工质是否发生相变。

（3）假设相变点压力计算得到管内工质各段平均比体积、平均干度与其他物性参数，并计算得到该管路水段、两相段、汽段的压降，从而校正相变点压力，最后计算管路出口参数。

（4）以此类推计算水冷壁出口压力，比较整个水冷壁和各管屏的新压降与旧压降，检验误差。

（5）若误差过大，则重新分配压力与流量，并重复第（2）和第（3）步；若误差满足要求，则计算完成。

螺旋管圈水冷壁结构复杂，管子与管子之间、管子与集箱之间的连接弯头多，流动阻力大；在 BMCR 工况运行时，工质的质量流速较大，阻力的影响相对较小；在超低负荷运行时，阻力扰动相对较大，可能对水动力特性造成影响。因此，在水动力计算过程中，要求有更高的计算准确度。水冷壁流量与压力计算模型、局部热负荷的确定与单管热负荷计算模型直接关系计算结果的准确性。

2. 复杂水冷壁流量压力节点的等效回路法

超临界螺旋管圈水冷壁有多个集箱，集箱与集箱之间存在交叉回路，在水动力计算过程中，阻力系数的计算复杂而繁琐。因此，采用等效流动网络方法，将水冷壁流程简化为集箱节点与集箱间管路的组合。

3. 局部热负荷不均系数的确定

锅炉在低负荷运行时，炉膛内火焰充满度差，此时沿高度热负荷分布偏离经验曲线较多。目前，在水动力计算文献中大多采用经验曲线，通过已有的温度测点数据来反算热负荷。采用炉膛分段热力计算的方法，通过计算拟合得到炉膛沿高度方向的热负荷不均系数。

8.3.3.2 锅炉受热面壁温评估

随着我国电力事业的蓬勃发展，传统的火力发电机组为了实现稳定、经济、清洁、高效的运行，其设计参数一直在不断地提高。使得锅炉机组的经济性提高的同时，也带来了很多问题。其中火电厂锅炉爆管事故是电厂事故中最常见的情形之一，爆管事故的发生对电厂的安全性、经济性影响巨大。而此类问题的发生和锅炉管壁温度超温密不可分，因此若能全面准确可靠地监测受热面管壁温度并对其进行可靠的寿命评估将对电厂意义重大。但是电站锅炉由于炉内壁温测点安装较困难，另外由于炉内温度高，即使安装了测点，测点通常寿命不长。通常安装在炉膛顶棚以上的壁温测点只能在一定程度上反应管道内部介质的温度，而对于最危险处的壁温却是无法直接得到。同时管内氧化膜的存在使得超温现象更加显著，剩余寿命更是很难进行准确的评估。锅炉壁温温度场及物料浓度如图 8-9 所示。

国民经济的发展离不开电力的供应。在过去的几十年里，传统的火力发电机组为了实现稳定、经济、清洁、高效的运行，参数以及容量在不断地提高，从过去的高压、超高压发展到现在的亚临界、超临界甚至超超临界。

火力发电机组的锅炉是由很多管道组成的，根据锅炉给水的流程，这些管道主要存在于四个部位：水冷壁、过热器、再热器以及省煤器。在实际运行中，这些管道的外部为高温烟气，内部为被加热的高温高压的蒸汽，极易发生爆管泄漏等问题，即所谓的锅炉“四管爆漏”。根据某电厂统计，在 12 个月内，锅炉共发生爆管 121 次，爆管原因中，超温、焊接问题、磨损所占比例最大，均为 20 次以上，材料问题 13 次，其他原因造成的爆管 27 次。根据已有的调查研究发现，所有锅炉事故中的 60%以上都是由四管爆漏引起的。虽然大家都在努力寻找办法解决火电厂的安全问题，但根据往年的电力事故资料显示，锅炉事

故仍然是造成非计划停机的罪魁祸首。锅炉结焦、爆管、尾部二次燃烧事故频发，甚至出现锅炉爆炸的严重事故，这些事故成为影响火力发电安全、经济运行的最大障碍，非计划停机造成的突然停电等对人们的生产、生活都会带来不变。很多电厂通过各种监测发现过热器存在爆管的可能性后，通常采取了降低锅炉运行温度的方法来保证机组的安全运行，而这是以牺牲机组的经济性为代价的。但是有时即使机组的温度较正常情况降低 5～15℃，也无法阻止管壁超温现象的发生。因此很多的科研部门做了大量的研究工作，虽然目前已经取得了一些成果，但是过热器和再热器的超温爆管事故仍然是大容量高参数电站锅炉中存在的一个非常严重的安全隐患。因此，深入探究四管爆漏原因，从事故源头找出其原因，保证电厂安全、稳定运行就变得非常重要。

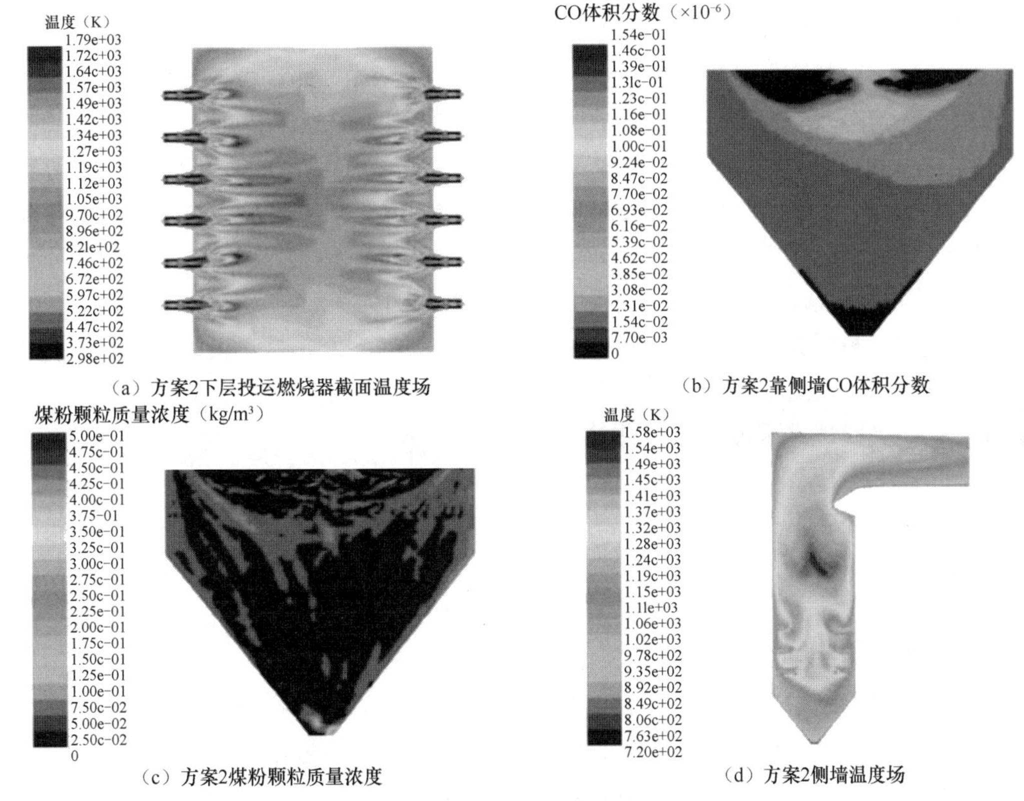

（a）方案2下层投运燃烧器截面温度场　（b）方案2靠侧墙CO体积分数

（c）方案2煤粉颗粒质量浓度　（d）方案2侧墙温度场

图 8-9　锅炉壁温温度场及物料浓度

过热器和再热器是四管中管内工质温度最高的两个设备。电站锅炉的单机容量和蒸汽温度等不断增长的同时，过热器和再热器也变得越来越庞大。高温过热器、高温再热器大多布置在炉膛内烟气辐射以及对流换热作用十分强烈的部位。以过热器为例，其一般布置在炉膛的正上方、水平烟道以及尾部的垂直竖井中。无论哪种位置的过热器都会受到管间辐射和烟气的对流换热作用，其中处于炉膛的正上方屏式过热器还会受到火焰和烟气的辐射作用。机组容量为 600MW 的火电机组，位于炉膛上方的烟气温度可以达到

1300℃，即使是水平烟道，其温度也有 1000℃之高，高温腐蚀以及管内蒸汽对管道内壁的氧化作用十分严重，其运行条件十分恶劣。而且锅炉运行中存在热偏差现象，导致个别单管的温度已经超过了其材料允许的最高温度，长期处于这种极限许用强度下，发生事故的频率自然较高，再加上煤种品质的差异性，使得超温、磨损、腐蚀等问题造成的爆管事故层出不穷。

在炉内安装测点测量其壁温是很难实现的，受内部高温的影响，即使成功安装了测点，其寿命也不会很长。在工程实际中，通常将测点布置在炉顶外部单管引入的集箱的外壁上，将该点的温度近似认为是蒸汽在过热器在该部位的温度。可想而知，由于炉内外的换热情况差别如此大，尤其是在锅炉启动和变负荷阶段，即使该测点测得温度十分准确，但其值低于内部温度很多，无法代表锅炉内部的实际壁面温度，只能在一定程度上反映了管道内部介质的温度，而最危险处的壁温却是无法直接得到的。

目前电站锅炉的高温过热器管、高温再热器管的失效中，高温蠕变（长时过热）是主要失效类型。国内机组最常用的过热器管、再热器管材料，在 580℃以下温度使用时具有良好的热强性能和综合力学性能，运行中显微组织结构变化也比较稳定，能满足高温过热器管和高温再热器管在较恶劣环境下长期安全运行的要求。但在实际使用过程中，由于高温过热器管、高温再热器管常出现超温运行状况，使过热器管和再热器管的早期失效（少于 10 万 h）还相当普遍。剩余寿命更是很难进行准确的评估。随着蒸汽参数的增加，国内很多管壁温度计算模型并未考虑氧化膜影响所产生的弊端也日益彰显。因此若能全面准确可靠地监测受热面管壁温度并能对剩余寿命进行准确的评估将对电厂意义重大。

8.3.3.3 关键部件强度与应力评估

大容量、高参数的机组在调峰运行过程中，频繁启停和变负荷运行，且 AGC 调节下，电网对锅炉的负荷响应速率要求高，锅炉汽包和过热蒸汽联箱等承压部件内压力和温度升降速率也较大，锅炉承压部件承受交变的应力和高温作用，材料将产生疲劳和蠕变损伤，大幅减小锅炉的使用寿命。因此，开展对锅炉汽包和联箱等的应力分析和寿命评估工作，对提高锅炉寿命管理和安全运行具有重要的意义。

由于用电结构的变化和各个地域经济发展的不平衡，电网峰谷差率将进一步扩大。近年来风电、太阳能等可再生能源装机比重不断增加，核电装机容量也增长迅猛，新能源发电机组与核电机组的出力不可控，电网调峰的任务绝大部分要靠火电机组承担。

调峰机组启停和变负荷较为频繁，尤其是高参数、大容量的控制循环汽包锅炉在频繁启停和升降负荷的过程中，会导致承压部件尤其是汽包和过热器出口联箱因承受循环交变的应力而产生低周疲劳损耗。另外过热器出口联箱等高温承压部件，工作温度已经超过了金属材料的蠕变极限温度，在承受较大的应力作用下，还会产生蠕变作用。这对锅炉汽包和联箱等承压部件的可靠性有着较大的影响。

大容量锅炉结构更加复杂，控制要求更高，所以开展锅炉启停和变负荷运行过程中承压部件的应力分析和寿命评估，提出合理化的运行控制建议，对提升锅炉运行人员的运行

水平，提高锅炉的可靠性和运行的稳定性有非常重要的意义。同时根据分析结果制定合理的运行操作规范，从而可以最大限度地减小启停和变负荷对锅炉寿命的影响。

8.4 汽轮机灵活性改造技术

作为电力行业的关键设备，汽轮机在火电、核电等主要发电方式中发挥着重要作用。它能够有效将高温高压蒸汽的热能转化为机械能，为工业生产和社会生活提供持续稳定的电力供应。进入 21 世纪以来，我国汽轮机技术日新月异，研究领域也日益丰富多样。主要包括故障诊断分析、自动化水平提升、耐高温材料应用、转子叶片振动控制，以及发电效率和运行可靠性的持续优化等。

近年来，随着风电、光伏等清洁能源快速发展，电网对其消纳能力日益增强。但传统“以热定电”的发电模式在冬季电网调峰中面临诸多挑战，弃风、弃光现象仍较为严重。为此，国家出台了一系列灵活性改造政策，要求煤电机组提高最小发电出力，增强调峰能力，更好地适应电网调度需求。如 2022 年 7 月，国家发展改革委办公厅、国家能源局综合司印发《关于做好 2022 年煤电机组改造升级工作的通知》（发改运行〔2022〕662 号），规定了煤电机组节能降碳改造、灵活性改造、供热改造的认定标准。其中灵活性改造认定标准要求纯凝工况下煤电最小发电出力不高于 35%额定负荷，或是供热运行时单日 6h 最小发电出力不高于 40%额定负荷。

在此背景下，汽轮机灵活性改造成为刻不容缓的任务。通过提升纯凝工况和供热运行下的最小发电出力，汽轮机不仅可以增强自身适应性，还能为电力系统转型发展注入新动能，助力清洁能源消纳目标的实现。可以说，汽轮机的稳定可靠运行对电网安全运行至关重要，而灵活性改造则是适应电力市场变化的必然选择。

8.4.1 低压缸微出力改造技术

低压缸微出力运行属于低压缸切缸技术，本质上是一种背压供热技术。该技术通过采取特定措施，切除低压缸的正常进汽，仅保留少量冷却蒸汽，从而维持安全稳定的运行。在高真空条件下，低压缸的抽汽供热量增加，不仅提高了煤电机组的供热能力，同时也增强了其调峰能力。该技术无需改动汽轮机本体，仅需切除低压缸的进汽管路，增加少量辅助设备，因此额外投入较少。同时，该技术还采用优化控制策略，根据低压缸排汽压力自动调节进汽流量，并根据末级及次末级排汽温度调节进汽温度。同时还通过在线监测，解决了低压缸在小容积流量工况下出现的叶片颤振、鼓风和水蚀等技术问题。

总的来说，灵活性切缸改造的核心在于，在低压缸本体不做改动的前提下，增加进汽调整旁路，实现低压缸维持较低的进汽流量，并能根据负荷变化灵活调整进汽流量。同时增设辅助抽真空设备，维持超低背压，最大程度利用抽汽进行供热，从而具备较强的低负荷调峰能力。

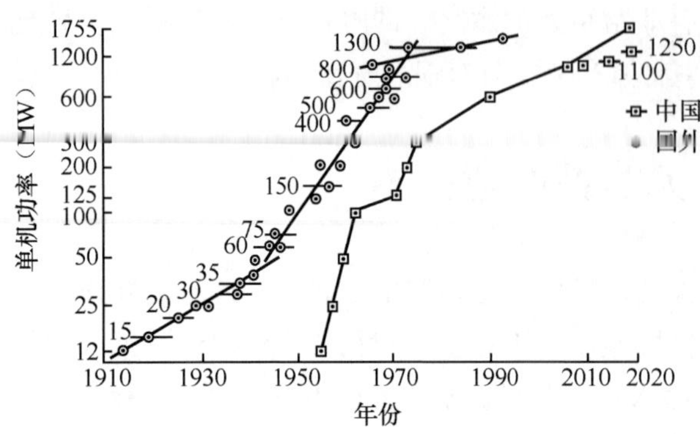

图 8-10　国内外汽轮机功率增长示意图

国内外汽轮机功率增长示意图如图 8-10 所示。

中国已经实施的低压缸零出力（切除低压缸）改造，主要针对 200、300MW 和 600MW 等级的湿冷机组。目前主要有以下三种技术改造方式：

（1）西安热工院设计的方案。采用低压缸排汽口喷水减温的方式，控制排汽缸温度，同时使用较小的冷却蒸汽流量（约 20t/h），使低压缸处于蒸汽全脱流鼓风状态。这样可使工作区位于动应力曲线的左侧，动应力较小。同时增加了次末级温度监控测点，以预防过热。

（2）国家能源集团电科院研究开发的低压缸微出力（灵活性切缸）技术。依托低压缸超低背压改造，减小了低压缸的最小冷却流量，显著提高了供热抽汽能力，从而实现提高机组供热能力和深度调峰的目的。并在中低负荷供热工况下，明显提高了机组的运行经济性。

（3）以汽轮机制造厂为代表的技术流派。将低压缸末级和次末级动叶片更换为新型加强型叶片，并在叶片出气边进行了喷涂加强处理，提高了叶片的抗水蚀冲刷性能。同时新增少量冷却蒸汽（约 20t/h）的旁路管道，用于带走低压缸零出力供热后产生的鼓风热量。并采用喷水减温的方式，抑制低压次末级温度，同时也利用排汽口喷水减温来控制排气缸温度。

630MW 机组改造示意图如图 8-11 所示。

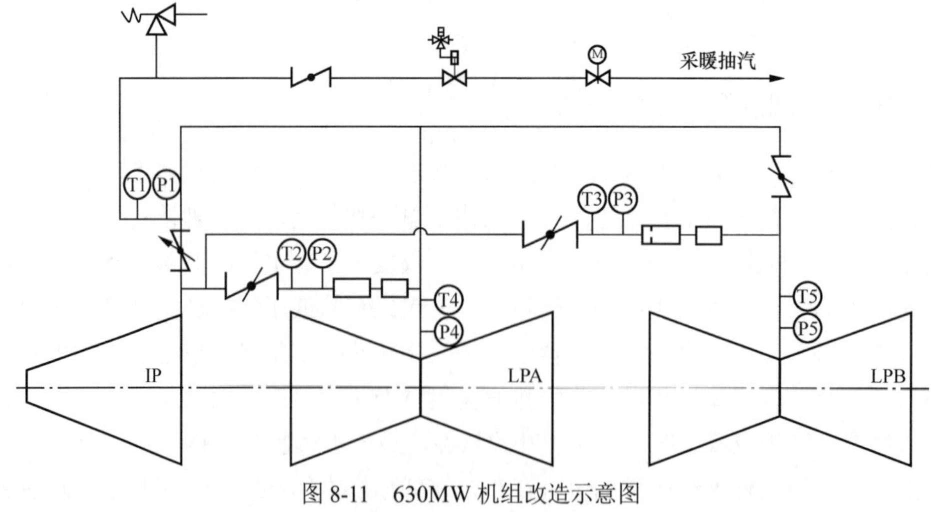

图 8-11　630MW 机组改造示意图

为提高热电机组的运行灵活性进一步缓解热电矛盾，刘帅等以国内某发电公司 20MW 机组为例，进行了切除低压缸进汽的供热改造。许青云对某发电公司 300MW 供热机组进行凝抽背改造的合理性和可行性分析，通过凝抽背改造，可提升供热抽汽能力140t/h，同时增大该机组供热能力；保证对外供热负荷不变的条件下，改造后可使发电功率下降。戈志华等阐述了汽轮机低压缸切缸供热系统工作机理，结合某330MW空冷供热机组，应用Ebsilon软件搭建切缸供热改造前后机组变工况计算模型，基于热力学定律，对比分析改造前后机组能耗分布和供热能力，同时探讨影响机组调峰范围的因素，利用工况图分析低压缸近零出力改造后电热负荷特性及其调峰能力的变化。为落实节能减排政策，越来越多的电厂进行超临界汽轮机通流改造，孙振波等以上海汽轮机厂为例，阐述其采用先进技术对某超临界600MW汽轮机通流部分进行改造优化的情况，主要包括调节级和压力级中小叶片与汽封的改型。改造后该机组煤耗率、热耗率降低，缸效提高，因此此次改造达到了节能降耗的目标，对同类型机组的通流改造具有指导和借鉴作用。

根据现有的研究结果表明，300～600MW级亚临界、600MW级超临界机组的通流改造在改造技术上有着较为明显的进步，在改造实施过程中具备较为成熟的改造方案，并取得了不错的改造效果。新建机组已积累较多的设计、加工、制造、安装、施工等方面的经验，同时伴随着各种参数机组的通流改造技术的不断进步，350MW超临界机组由此最具备改造提效的潜力。目前国内350MW超临界机组的通流改造实施的范例较少，但从改造效果来看都达到了提高经济性和安全性的目的。

典型电站汽轮机的参数和功率见表8-1。

表8-1　典型电站汽轮机的参数和功率

类型	功率（MW）	进汽参数	技术特点	制造企业	电站简称	投运或并网日期
湿冷一次再热超超临界汽轮机	660	27/600/620	国内首台620℃660MW	上汽	田集	2013-5-31
	1050	28/600/620	国内首台620℃1050MW	东汽	万州	2015-2-9
	1000	28/600/620	国内首台620℃1000MW热电联供	上汽	北疆	2018-6-22
	1050	28/600/620	国内首台双机回热1000MW	上汽	甲湖湾	2018-11-9
	1240	28/600/620	全球最大功率全速单轴1240MW	上汽	阳西	2020-7-7
湿冷二次再热超超临界汽轮机	660	31/600/620/620	全球首台620℃二次再热	东汽	安源	2015-6-28
	1000	31/600/610/610	全球首台1000MW二次再热	上汽	泰州	2015-9-25
	1000	31/600/620/620	全球首台620℃1000MW二次再热	上汽	莱芜	2015-12-24
	1000	31/600/620/620	全球首台全速单轴六缸	上汽	东营	2020-11-11
	1350	32.5/610/630/623	全球首台双轴高低位布置630℃1350 MW二次再热	上汽	平山	2020-12-16并网
空冷超超临界汽轮机	1100	25/600/600	全球首台最大功率空冷1100MW	东汽	农六师	2013-12-31
	660	27/600/610	全球首台610℃空冷	上汽	哈密	2015-12-16
	660	28/600/620	全球首台620℃空冷660MW	东汽	托克托	2016-12-24
	660	28/600/620	全球在役最长空冷、末级叶片叶高1100mm	哈汽	宁东	2017-8-31

续表

类型	功率（MW）	进汽参数	技术特点	制造企业	电站简称	投运或并网日期
空冷超超临界汽轮机	660	28/600/620	全球首台全高位布置汽轮机	哈汽	锦界	2020/12/23
	1000	28/600/620	全球首台并网 620℃空冷 1000MW	上汽	赵石畔	2018/10/24
	1000	28/600/620	全球首台投运 620℃空冷 1000MW	东汽	横山	2018/12/13
	1100	28/600/620	全球首台投运 620℃空冷 1100MW	东汽	鸳鸯湖	2019-4-27
	1000	28/600/620	全球首台 940mm 末级叶片的 620℃空冷 1000MW	哈汽	常乐	2020-9-23
核电半速汽轮机	1089	6.43/280	国内在役最长、末级叶片叶高 1447.8mm	东汽	岭澳	2010-9-20
	1089	6.43/280	国内生产核电首根焊接转子	东汽	宁德	2013-4-15
	1086	6.43/280	国内生产核电首根套装转子	上汽	阳江	2014-3-25
	1125	6.02/275.8	国内首台水-水高能反应堆 VVER	哈汽	田湾	2017-12-31
	1250	5.38/268.6	全球首台 AP1000	哈汽	三门	2018-10-12
	1755	7.5/290	全球首台最大功率 1755MW	东汽	台山	2018-12-13
核电全速汽轮机	200	13.24/566	全球首台高温气冷堆 200MW	上汽	石岛湾	预计 2021 年并网

8.4.2 汽轮机末级叶片监测技术

近年来，随着电力系统调峰和负荷降低的需求，汽轮机的运行环境愈发严苛。为提高单机功率和电厂整体效率，需要增大汽轮机末级叶片的尺寸和流量承载能力。随着汽轮机的大型化，末级叶片长度不断增加，这给叶片的强度、振动特性、气动性能等方面提出了新的挑战。长叶片会面临离心力增大、流速提高、固有频率降低等问题，需要采用更加先进的设计和制造技术加以应对。末级长叶片的开发不仅涉及气动、强度振动等技术，还涉及材料选择、结构阻尼设计、制造工艺等多个领域。只有在这些关键因素上实现突破，才能确保长叶片具备可靠的运行性能。与此同时，随着汽轮机工作参数的不断提升，转子及各部件在高温、高压、高应力、高转速条件下承受的交变载荷也日益严重，增加了振动故障的风险。一旦发生故障，不仅会造成设备损坏，还可能导致严重的停机事故和人员伤亡，直接影响电厂的安全性和经济性。因此，对汽轮机末级叶片的振动特性进行深入研究和在线监测显得尤为重要。这不仅有助于叶片设计的优化，也能为故障预防和设备维护提供关键支持，最终确保汽轮机安全可靠运行。

8.4.2.1 叶片频率监测

汽轮机叶片频率测定方法大致可分为两类：静态频率测量和动态频率测量。静态频率测量是指在叶片静止状态下（如安装在试验台上）对其固有频率进行测量。这种频率是由叶片的质量和材料特性决定的。而在实际工作过程中，汽轮机叶片会高速旋转，在离心力作用下产生弯矩，表现出类似弹簧的动态特性。这会导致叶片振动频率的改变，即所谓的动态频率。相比之下，静态频率测量是最常用和最容易实现的方法。它所需的测量设备较为简单，试验台搭建也较为方便，成本较低，易于实施。叶片结垢振动测量试验装置原理如图 8-12 所示。

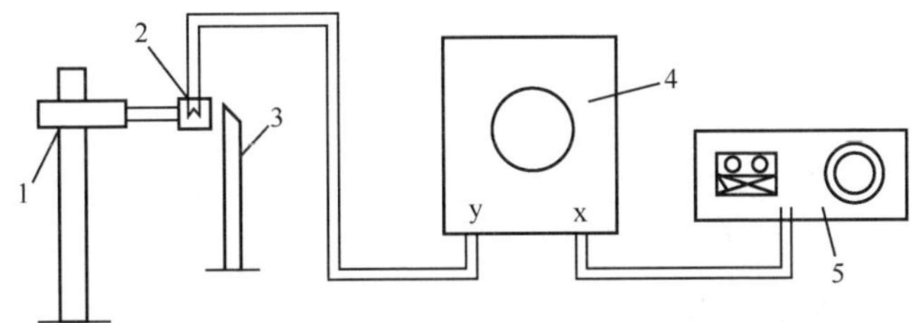

图 8-12 叶片结垢振动测量试验装置原理

1—拾振器支架；2—电磁拾振器；3—动叶片；4—示波器；5—数字频率器

8.4.2.2 无线电遥测系统

核电等大容量汽轮机中，末级长叶片是关键部件之一。从原理上讲，每一种确定的叶片尺寸（如直径、叶高、喉部面积）都存在一个最佳的轴向排气速度和对应的最佳容积流量，这意味着存在一个最优的叶片性能点。因此，各大汽轮机制造企业不断完善自身的长叶片设计体系，开发新型长叶片以适应不同机组的实际需求。在长叶片开发过程中，无线电遥测技术在叶片动态频率试验中扮演着重要角色。尽管近年来先进的 CFD 和 CAE 设计手段已广泛应用于长叶片设计，能够较为准确地模拟叶片的运行状态和振动特性，但实际的叶片动态频率试验仍是不可或缺的一环。这种试验方法不仅可直观地反映叶片的实际振动行为，更是确保叶片安全运行的可靠依据。具体来说，采用无线电遥测技术测量叶片动态频率时，会在被测叶片表面粘贴电阻应变片作为传感元件，并通过引线与微型发射机相连。当叶片受到微小振动力作用时，会引起应变片阻值的变化，这些信号经发射机调制后以射频形式发射。接收天线捕获该射频信号，经高频电缆传输至接收机进行记录和实时显示。无线电遥测系统框图如图 8-13 所示。

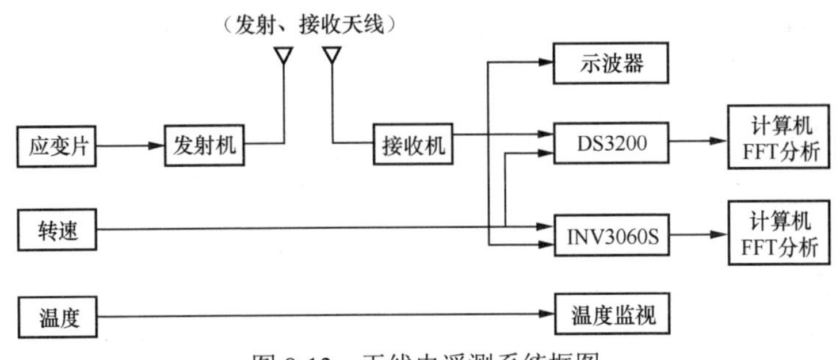

图 8-13 无线电遥测系统框图

8.4.2.3 叶片叶根原位超声检测技术

叶片叶根原位超声检测技术是基于相控阵超声的多晶片探头偏转及聚焦声束的特点，单一相控阵超声探头可实现对被检测区域大面积扇扫覆盖成像，此特点实现了在安装叶片的有限空间中扫查达到快速高效全面检测叶根重点区域的目的，产品叶根实测扫查试验现场如图 8-14 所示。叶根原位相控阵超声检测技术的研发主要包括：在役长叶片叶根的应力分布分析，基于叶根的应力分布设计制作了检测用对比试块，叶根的仿真计算分析并设计制作了专用检测探头，对比试块进行扫查试验以确定并优化检测方案，最后形成一套科学且合乎工程应用的核电汽轮机末级长叶片叶根原位检测方法。通过在临港基地类似叶根结构的产品转子上进行的验证测试，进一步证明该技术对汽轮机叶片叶根原位检测的可行性。上海汽轮机厂编制了一套企业级检测标准，使工厂具备高覆盖、高速度、高精度原位检测核电低压末级长叶片叶根的能力，提升服务客户的竞争力，为企业高质量发展转型助力。

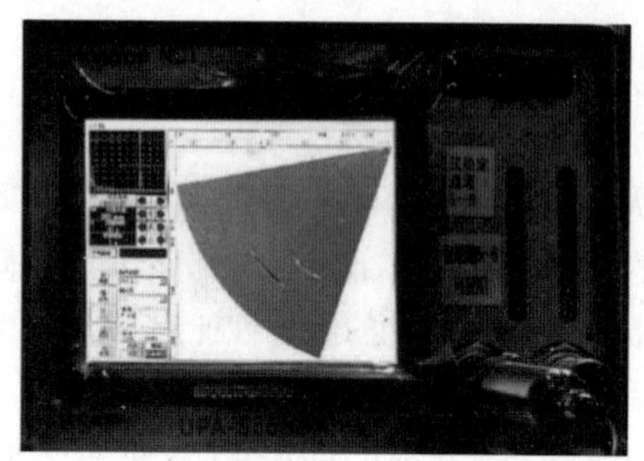

图 8-14　产品叶根实测扫查试验现场

8.4.2.4　叶片振动在线监测系统

叶片振动在线监测系统是一款进行叶片振动数据的采集、存储、分析，可用于叶片裂纹识别和疲劳风险的评估软件。主要的检测内容包含叶片振动监测客户端输出、异步共振分析、同步共振分析、传感器状态显示、趋势分析功能、叶片之间特征对比分析以及频谱查看等。叶片振动在线监测系统框架如图 8-15 所示。

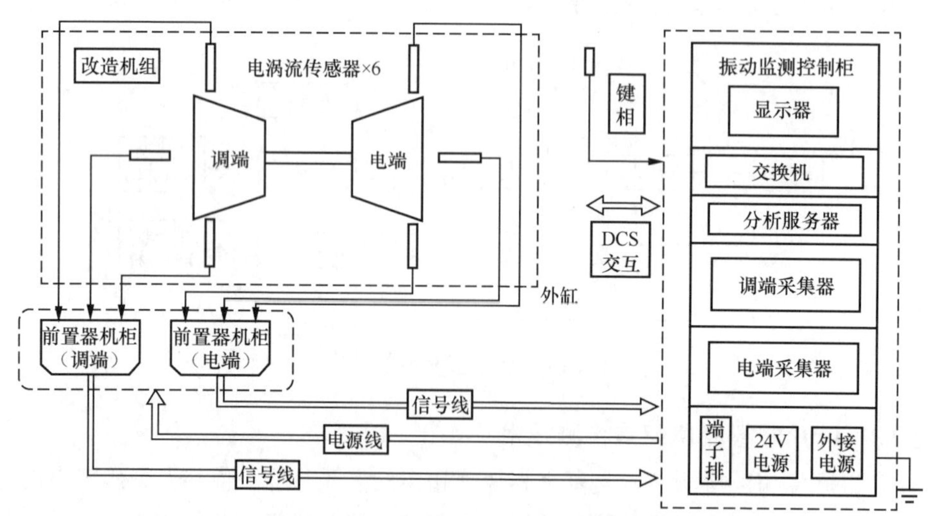

图 8-15　叶片振动在线监测系统框架

8.4.3 汽轮机辅机适配性改造技术

我国电厂发电的主要动力设备是汽轮机，汽轮机的正常运转直接关系到发电厂的安全稳定性。其中，作为汽轮机组重要组成部分，辅机是发电企业挖掘内部节能潜力、降低发电成本的关键所在，其投入成本少、节能实效强的优势受到了越来越多的发电企业重视。

电厂发电系统中除了锅炉、汽轮机、发电机之外，还有诸多辅助设备，它们将主机设备和各个系统相连接，形成了完整的电厂发电系统，包括蒸汽系统、输送电系统、水系统等。汽轮机部分的辅机主要包括三部分，分别是：①水系统，如凝结水及给水系统、循环水冷却水系统、除盐水系统；②蒸汽系统，如高低压旁路系统、抽汽系统、四大管道系统等；③油系统，如润滑油系统、密封油系统、抗燃油系统等。此外，还有凝汽设备、高压加热器设备、给水泵、冷却塔等辅助设备。作为发电厂高效运行的重要组成部分，加强对汽轮机辅机（包括加热器、各种泵体、凝汽器）的日常的检修维护至关重要。同时，提升汽轮机辅机的节能改造是必要的，以实现能源的最大化转化，保证汽轮机组的安全运行，提高电厂的发电效率。

汽轮机辅机及其系统的优化与调整包含抽真空系统、凝结水系统、给水除氧系统、加热器疏水系统以及循环冷却水系统的优化与调整五个方面。

8.4.3.1 优化凝气设备

凝汽设备是凝汽式汽轮发电机组很重要的设备。凝汽器的主要作用是在汽轮机的排汽口建立并保持高度真空。将低压缸排出的蒸汽凝结成水，然后回收到给水系统进行循环利用。凝汽设备主要包括：凝汽器、真空泵（或抽汽器）、凝结水泵。影响凝汽器真空度的因素是多方面的：如循环水入口水温、凝汽器端差、循环水的温升、换热面积、冷却水量、蒸汽负荷、真空系统的严密性等。在设计阶段，需要对凝汽器真空度的最佳选择设计。循环冷却水温取决于环境温度，相对稳定。蒸汽负荷则由锅炉蒸汽产量及汽轮机抽汽确定，一般汽轮机及锅炉选好后，通常是相对确定的参数。换热面积固定的情况下，只有增加冷却水量才能提高凝汽器真空度，但这会导致循环水泵耗能增加。因此，设计阶段的真空度优化，需要在提高真空度减少汽轮机耗能与增加水泵耗能之间寻求最佳平衡。在运行阶段，若发现凝汽器真空度缓慢或快速下降，需从以下几个方面分析原因：①真空系统密封性下降，导致空气进入，使系统内不饱和蒸汽量增加，真空度降低；②循环水量减少或中断，使冷却不及时，真空度下降；③循环水温升高，如当地气候或冷却塔故障导致；④真空泵或射水抽气器故障，使抽气效率降低。

根据上述分析，在设计阶段应确保循环水量及冷却塔面积合理，选择最佳工况；在设备选型时应选用减少真空泄漏的设备。在运行中，要加强真空系统检查维修，夏季可补充冷却水或增加冷却塔通风，同时做好各类设备的定期维护，确保安全稳定运行。

8.4.3.2 优化高压加热器

高压加热器是电厂汽轮机辅机系统中的重要组成部分。其工作原理是利用汽轮机的抽汽余热对给水进行加热，使之达到所需温度，从而提高整个汽轮机系统的热效率。除高压加热器外，汽轮机给水加热系统还包括低压加热器和除氧器等设备。高压加热器类似于表面式换热器，通过管板实现蒸汽与给水的热量交换。如果高压加热器在运行过程中出现故障，将会影响给水温度，从而降低锅炉的蒸发量和吸热量，增加能耗。同时也可能导致蒸汽温度过高，损坏锅炉过热器。

因此，高压加热器的正常运行对汽轮机的运行安全至关重要。影响高压加热器运行的主要问题包括：暖管时间不足导致管束泄漏、给水溶氧过高产生腐蚀和管束污垢积累导致管束应力降低。针对这些问题，在设计和运行优化时需要采取适当的措施，如改善管束材料和工艺、规范给水化学性能、定期清理管束等，以确保高压加热器的可靠运行。

8.4.3.3 优化冷却塔

根据冷却介质的不同，冷却塔可分为空冷塔和湿冷塔。空冷塔的初始端差（ITD）是影响空冷机组经济性运行的关键指标之一。ITD 指的是热交换前空冷凝汽器入口排汽温度与冷却空气入口温度之间的差值。影响 ITD 的因素包括：厂址气候条件、空冷系统总投资、不同排汽参数下汽轮机设备费用与年发电量差异等。在设计阶段，应根据所需冷却蒸汽量、热负荷、设计温度、海拔等因素，初步确定几种不同 ITD 参数下的风扇数量和冷却塔尺寸，计算各方案的运行费用及投资费用，进而选择最佳方案。

8.4.3.4 优化循环水系统

优化循环水系统有利于提高汽轮机辅助设备的运行效率，降低其功率消耗，从而减少电能耗用，实现汽轮机辅机运行的最大经济效益。在汽轮机运行过程中，压力和功率存在一定规律性，但外部条件的影响使其具有不确定性和不可控性。通过优化循环水系统的温度控制能力，可提高辅助设备的应用功率。例如，当所有条件相同时，若增大输入水流量，汽轮机排气压力将下降，产生膨胀压力从而影响运行。优化水循环系统，在掌握汽轮机最大膨胀指数的基础上，增设水循环泵使其在水平状态下正常运转，有助于降低汽轮机组的运行压力。

8.4.3.5 优化其他辅机运行

为保证电厂汽轮机辅助设备的运行效率，还应从以下几个方面对其他辅机进行优化：首先，优化输送水体，使其规格与实际情况相匹配，避免漫水及泵口崩坏问题，可在凝气设备中加装输送水泵；其次，加强对输送水位的控制，根据设计要求调节水位，避免水位不符标准导致温度升高和气泡冲击；最后，定期检查维修辅机精密设备，确保其长期稳定运行，避免影响汽轮机辅机效率。

8.4.4 汽轮机安全性评定

作为发电厂的关键设备，汽轮机的安全稳定运行是保障整个发电系统正常运转的基础。随着我国电力行业安全管理水平和技术的提高，燃气轮机发电企业的安全状况也逐步改善。但由于我国燃气轮机发电起步较晚，设备技术与世界先进水平存在较大差距，再加上绝大

部分燃气轮机发电机组处于调峰运行模式，我国燃气轮机发电企业的安全状况与世界先进水平仍存在一定差距。同时，由于运行管理经验相对欠缺，安全管理模式还在探索阶段，也存在一些不适应的地方。汽轮机结构复杂，在运行过程中常见故障包括振动异常、叶片、机油系统、转子轴向位移增加等。汽轮机对发电环境的要求较高，在恶劣环境下很容易出现故障，如果不能及时有效解决，将影响汽轮机的工作效率，甚至造成安全事故。因此，应进一步加强对电力设备，特别是汽轮机的安全性保障，确保电厂长期稳定运行，应对各种技术及环境因素的影响，促进我国电力事业的健康发展。

对汽轮机本体进行安全性评定是当前较为普遍的研究。首先是深度调峰方面。在深度调峰和供热时，汽轮机低压缸势必长期在小流量工况下工作，此时低压缸末级容易出现回流以及流动分离等现象，末级动叶片可能进入鼓风工况，导致叶片温度升高，引发叶片变形；汽流激振力可能诱发叶片共振，从而威胁机组的正常安全运行。因此，研究深度调峰和供热工况下汽轮机低压缸叶片的安全稳定运行问题具有重要的现实意义。最常见的是在火电机组调峰运行时，负荷大幅变动或频繁启停，金属部件要承受剧烈的温度变化和交变应力，对机组的寿命、安全性、运行稳定性及经济性会带来不利的影响。但目前火电装机容量过剩、可再生能源消纳困难、电网峰谷差增大等问题越来越突出，为了维持发电与用电的平衡，火电机组参与调峰是必然的要求。火电机组常见的调峰方式主要有变负荷调峰、两班制调峰、少蒸汽无负荷调峰等，这些调峰方式在安全性、调峰深度、灵活性、经济性、操作复杂性等方面各有优缺点。最常见的调峰方式为变负荷调峰，深度变负荷调峰后，存在低负荷稳燃、环保设备投入、锅炉水动力安全性、直流炉干湿态频繁转换、汽轮机低压通流部分安全性、热应力控制、供热能力受限、辅机运行稳定性等问题。深度调峰运行后带来的问题很多，就变负荷调峰方式，设备寿命的损耗最小；两班制调峰方式对于机组的寿命损耗最大，需进行大量的设备操作，较容易出现安全问题；而少汽无负荷调峰方式从运行操作量及所涉及的安全问题则介于上述二者之间。

其次是在变工况运行方面。基于电网的运行特性，需要随时保持供给侧和用户侧的负载平衡，这种模式较难应对清洁能源如风电、光电的波动性和不稳定性，这使得发电机组变负荷运行成为保障电力供应的重要手段。在变负荷运行中，电厂会根据电网负荷变化实时调节发电功率，以保证电网稳定。变负荷运行不仅要求汽轮机调节系统具有较高的灵活性，还对处于非额定工况下的汽轮机转动部件的安全性提出了考验。变工况运行要求机组能够做到快速启停、功率调节，对电网负荷变化做出反应。然而频繁的启停操作会使机组的金属部件（如转子、叶片等）处在一个转速和温度呈剧烈变化的过程中，产生较大的交变应力，可能造成材料失效或者寿命减少，严重威胁机组的安全性和使用寿命。石睿、罗晓明等针对汽轮机变负荷运行情况下的安全性进行了探讨和研究。结果表明：随着机组负荷的降低，定压运行方式下的调节级温度和高压缸排汽温度均会发生较大的变化；相对而言，滑压运行方式下的温度变化则较为缓慢。

8.5　发电机灵活性改造技术

8.5.1　发电机系统灵活性概述

发电机系统的灵活性是指系统在面对电网负荷变化、频率和电压波动等情况时，能够快速、准确地调整发电机的输出功率和无功功率，以保持电网的稳定运行。灵活性是现代电力系统中非常重要的一个特性，可以提高系统的可靠性、经济性和可持续性。

发电机灵活性改造技术是指通过对发电机进行改造，使其在不同工况下能够实现灵活运行和调节，以满足电网需求的技术。这种技术可以提高发电机的适应性和响应速度，增强其对电网频率和电压的调节能力，从而提高电网的稳定性和可靠性。发电机灵活性改造技术的优点：①提高电网调节能力：通过改造发电机，可以使其更快速、更精确地响应电网频率和电压的变化，提高电网的调节能力；②降低电网运行成本：灵活性改造后的发电机可以更好地适应电网负荷变化，减少电网运行的不稳定性，从而降低运行成本；③提高电网稳定性：改造后的发电机可以更好地协调各种发电源之间的运行，提高电网的稳定性和可靠性。

8.5.2　发电机定子结构优化技术

8.5.2.1　定子铁芯松紧度检查及重紧固技术

定子铁芯松紧度检查是指定期对发电机定子铁芯的紧固状态进行检查，包括检查定子铁芯的螺栓是否松动、铁芯与定子的连接是否牢固等，以确保定子铁芯处于正常的紧固状态。定子铁芯重紧固技术是指在定子铁芯松动或连接出现问题时，对定子铁芯进行重新紧固的技术方法。定子铁芯重紧固技术包括拆卸原有的螺栓，清洁连接部位，重新安装并紧固螺栓，确保定子铁芯与定子之间的连接牢固可靠。重紧固技术需要专业的工具和操作技巧，以确保定子铁芯的紧固效果符合要求。定子铁芯的松紧度检查和重紧固技术对于发电机的正常运行和性能起着关键作用。定子铁芯的松紧度会影响发电机的噪声、振动、能效等方面的性能，因此定子铁芯松紧度检查及重紧固技术的必要性主要体现在以下几个方面。

1. 保障发电机的正常运行

定子铁芯是发电机的重要部件，松动的定子铁芯会导致发电机的振动增大、噪声加剧，甚至影响发电机的电气性能，影响发电机的正常运行。

2. 预防事故发生

定子铁芯松动可能导致铁芯变形、损坏，进而影响发电机的稳定性和安全性，严重情况下甚至会引发事故，如定子铁芯脱落、碰撞等。

3. 提高发电机的可靠性和寿命

定期进行定子铁芯松紧度检查和重紧固可以及时发现问题并进行处理，保证发电机的正常运行，延长发电机的使用寿命。

4. 降低维护成本

定期检查和重紧固定子铁芯可以避免因铁芯松动而导致的损坏和故障，减少维修维护成本。

定子铁芯松紧度检查需要注意以下三个方面：①使用适当的工具检查定子铁芯的紧固螺栓是否松动，如扭矩扳手等；②观察定子铁芯的表面是否有明显的裂纹或损坏；③测量定子铁芯的振动情况，检查是否超出正常范围。同时，定子铁芯重紧固技术需要关注以下三点：①确定松动的位置，逐个检查和紧固螺栓；②使用适当的扭矩扳手按照规定的扭矩值逐个紧固螺栓；③对于严重松动的情况，可能需要拆卸部分定子铁芯进行重新安装和紧固。定子铁芯三维数字模型如图 8-16 所示。

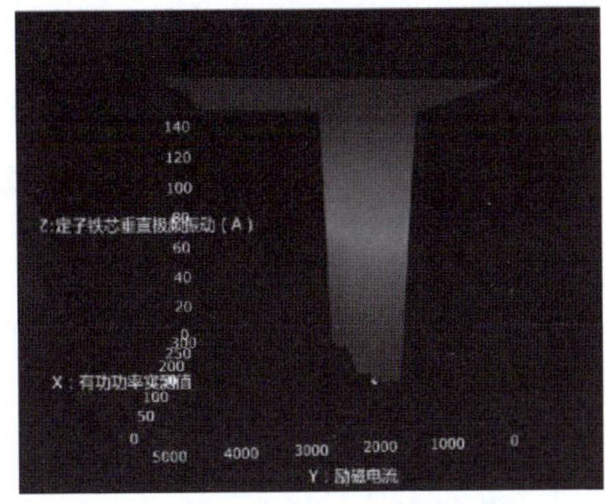

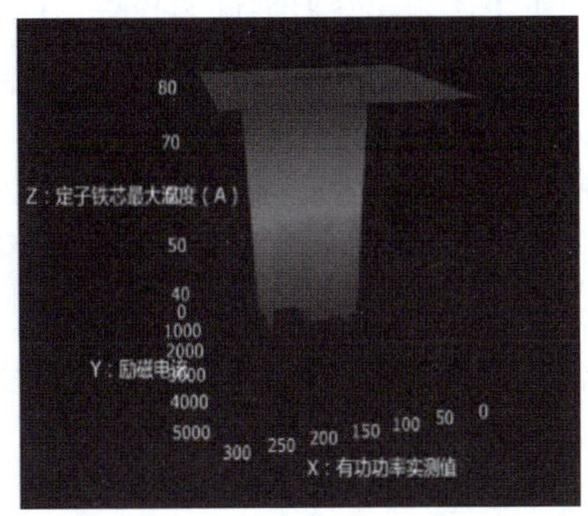

图 8-16　定子铁芯三维数字模型

8.5.2.2　定子绕组端部结构件检查及重紧固技术

定子绕组端部结构件检查是指定期对发电机定子绕组端部结构件进行检查，包括检查定子绕组端部的绝缘结构件（如绝缘套管、端环等）是否完好，是否存在破损、老化或渗漏等问题，以确保绕组的安全可靠运行。定子绕组端部结构件重紧固技术是指在定子绕组端部结构件出现松动或损坏时，对其进行重新紧固或更换的技术方法，包括拆卸原有的结构件、清洁连接部位、重新安装并紧固结构件或者更换新的结构件，以确保定子绕组端部结构件的稳固和完整性。发电机定子绕组端部实体图如图 8-17 所示。

图 8-17　发电机定子绕组端部实体图

定子绕组端部结构件检查及重紧固技术与发电机的安全运行和性能密切相关。定子绕组端部结构件检查及重紧固技术的必要性在于确保发电机定子绕组端部结构件的安全可靠运行，预防因结构件松动或损坏导致的故障和事故，保障设备的正常运行和延长设备寿命。设计定子绕组端部的固定结构时，主要考虑以下因素。

1. 机械强度

确保固定结构能够承受定子绕组的机械载荷，包括惯性力、振动力等，防止结构变形或破坏。

2. 热稳定性

考虑定子绕组工作时的高温环境，固定结构需要具有良好的热稳定性，不易变形或松动。

3. 绝缘性能

固定结构要能够有效隔离定子绕组与其他金属部件的接触，保证绝缘性能，防止漏电或短路。

4. 耐腐蚀性

考虑定子绕组工作环境可能存在的腐蚀介质，固定结构应具有良好的耐腐蚀性，保证长期稳定运行。

5. 安装和维护便捷性

设计固定结构时要考虑安装和维护的便捷性，方便工程师进行检修和维护工作。

发电机检修时须着重检查定子端部固定结构是否完整、可靠。针对不同的发电机定子端部固定结构，在检修时的关注点可能会有所不同，主要取决于具体的设计和材料。不同类型的发电机定子端部固定结构可能会有特定的检修重点，需要根据具体情况进行分析和处理。一般来说，检修时的关注点包括但不限于以下几个方面：①机械强度：检查固定结构的机械强度是否足够，是否存在裂纹、变形等问题；②绝缘性能：检查固定结构的绝缘性能是否良好，是否有绝缘破损或老化现象；③连接固定性：检查固定结构与定子绕组的连接是否牢固，是否存在松动或脱落情况；④腐蚀磨损：检查固定结构是否有腐蚀或磨损现象，及时进行修复或更换；⑤热损坏：检查固定结构是否有因高温引起的热损坏情况，确保结构完整性。

8.5.2.3 定子绕组槽内固定结构优化技术

定子绕组槽内固定结构是指用于固定定子绕组线圈在定子槽内的结构。这种固定结构通常包括以下几个部分：①槽底横隔板：位于定子槽底部，用于支撑和固定绕组线圈底部，防止绕组线圈下垂；②槽壁横隔板：位于定子槽的侧面，用于支撑和固定绕组线圈的侧面，确保线圈位置准确；③槽底支撑块：位于槽底横隔板上，用于支撑线圈底部，增加支撑面积，提高固定稳定性；④槽垫板：位于槽底横隔板和槽壁横隔板之间，用于填充槽底空隙，增加绕组线圈底部的支撑面积；⑤槽楔：用于固定绕组线圈的顶部，防止线圈在运行时受到振动和外部力的影响而移动。

这些部分共同构成了定子绕组槽内的固定结构，保证了绕组线圈在定子槽内的稳固固

定，确保发电机的正常运行。定子绕组槽内固定结构的优化技术主要包括以下几个方面：①结构设计优化：通过对定子绕组槽内固定结构的结构设计进行优化，包括槽底横隔板、槽壁横隔板、槽底支撑块、槽垫板和槽楔等部分的形状、尺寸和材料的优化设计，以提高固定结构的稳定性和可靠性；②材料选择优化：选择合适的材料，如绝缘材料、耐磨材料等，以确保固定结构具有良好的绝缘性能、耐磨性和耐久性，从而延长固定结构的使用寿命；③结构连接优化：优化固定结构各部件之间的连接方式，确保连接牢固可靠，避免因连接不良导致的故障和损坏；④强度分析优化：进行结构强度分析，优化固定结构的受力情况，确保固定结构在运行时能够承受各种力的作用，不发生变形或破坏；⑤绕组线圈固定优化：优化固定结构对绕组线圈的固定方式，确保线圈在运行时不会产生松动或振动，提高发电机的运行稳定性和安全性；

通过以上优化技术的应用，可以提高定子绕组槽内固定结构的性能和可靠性，确保发电机的正常运行和长期稳定性。发电机定子端部绝缘固定结构如图 8-18 所示。

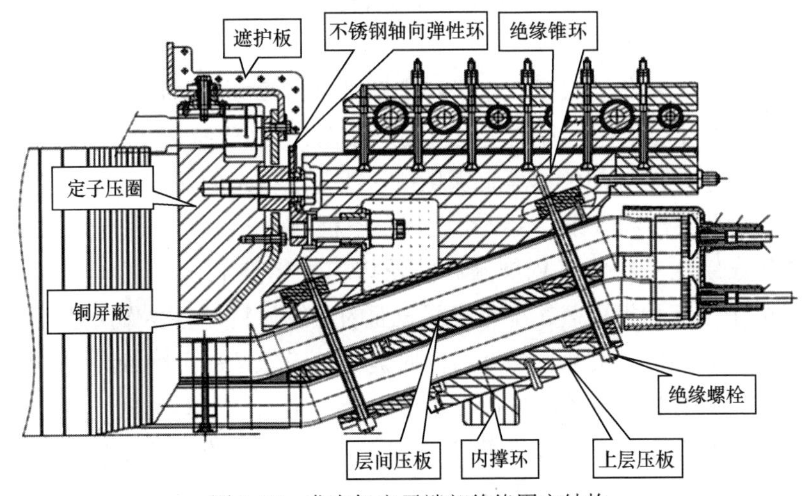

图 8-18 发电机定子端部绝缘固定结构

8.5.2.4 定子绕组端部整体灌胶优化技术

定子绕组端部整体灌胶技术是一种用于发电机定子绕组端部固定和绝缘的工艺技术。定子绕组端部整体灌胶技术的优点包括固定牢固、绝缘性能好、耐热性强等，可以有效提高发电机的可靠性和安全性，延长设备的使用寿命。该技术的主要步骤包括以下几个方面：

（1）准备工作。首先需要准备好灌胶设备和相应的胶水，确保设备和材料的质量符合要求。

（2）清洁定子绕组端部。将定子绕组端部进行清洁处理，去除表面的污垢和杂质，确保胶水能够充分黏附。

（3）灌胶操作。将胶水均匀涂抹在定子绕组端部的固定部位，确保胶水覆盖均匀且厚度适中。

（4）固化处理。待胶水涂抹完毕后，进行固化处理，通常采用加热或自然固化的方式，使胶水在定子绕组端部形成坚固的固定和绝缘层。

（5）检验验收。经过固化处理后，进行对灌胶部位的质量检验，确保固定牢固、绝缘良好，符合要求。

定子绕组端部整体灌胶优化技术是在传统的定子绕组端部灌胶工艺基础上进行改进和优化的一种技术。与传统技术相比，定子绕组端部整体灌胶优化技术在以下方面有所不同：

（1）精准涂抹。优化技术采用更精准的涂抹方法，确保胶水均匀覆盖在定子绕组端部的固定部位，避免出现漏涂或过量涂抹的情况。

（2）胶水选择。优化技术选用更适合的胶水种类和品质，具有更好的黏附性和耐热性，提高了固定和绝缘效果。

（3）固化处理。优化技术采用更科学的固化处理方法，如控制固化温度和时间，使胶水在定子绕组端部形成更坚固的固定和绝缘层。

（4）品质控制。优化技术强调品质控制，对灌胶工艺的每个环节进行严格监控和检验，确保灌胶品质符合要求。

（5）效果提升。通过优化技术，定子绕组端部整体灌胶的固定效果和绝缘性能得到提升，能够更好地保护定子绕组，提高发电机的可靠性和安全性。

总的来说，定子绕组端部整体灌胶优化技术在传统技术的基础上进行了技术和工艺上的改进，提升了灌胶品质和效果，更适合现代发电机的要求。

8.5.2.5　定子绕组主绝缘、内屏蔽和防晕结构优化技术

定子绕组的主绝缘是指覆盖在绕组线圈表面的绝缘材料，主要作用是防止绕组线圈与定子铁芯之间以及线圈之间的相互短路，同时提供绝缘保护。主绝缘通常采用绝缘纸、绝缘漆等材料制成，具有良好的绝缘性能和耐热性能。定子绕组的内屏蔽是指在主绝缘层之下覆盖的一层屏蔽材料，用于减少绕组线圈与定子铁芯之间的电场分布，降低电磁感应和绕组间的相互干扰。内屏蔽通常采用导电性能良好的材料，如导电漆、导电纸等。防晕结构是指在定子绕组外屏蔽层上设置的一种结构，用于减少绕组线圈表面的电场强度，防止电晕放电和绝缘击穿。防晕结构通常采用特殊的设计和材料，如防晕漆、防晕纸等，能够有效提高绕组的绝缘性能和安全性。这三种结构在定子绕组中起着重要的作用，共同保障了发电机的正常运行和安全性能。

定子绕组主绝缘、内屏蔽和防晕结构优化技术是指通过改进绝缘材料、结构设计和工艺方法，提高定子绕组的绝缘性能、抗干扰能力和安全性的技术手段。以下是定子绕组主绝缘、内屏蔽和防晕结构优化技术的主要内容：

（1）主绝缘优化。通过选择高性能的绝缘材料，并采用合适的绝缘层厚度和覆盖方式，提高主绝缘的绝缘强度和耐热性能，以确保绕组的长期稳定运行。

（2）内屏蔽优化。优化内屏蔽结构设计，采用导电性能更好的材料，如导电漆、导电纸等，减少绕组线圈与定子铁芯之间的电场分布，降低电磁感应和绕组间的相互干扰。

（3）防晕结构优化。改进防晕结构设计，采用特殊的防晕材料和结构，如防晕漆、防晕纸等，降低绕组表面的电场强度，有效防止电晕放电和绝缘击穿，提高绕组的安全性能。

（4）工艺优化。优化定子绕组的制造工艺，包括灌胶工艺、固化工艺、包带工艺等，确保绕组结构紧凑、均匀、稳固，提高整体绝缘性能和耐久性。

通过定子绕组主绝缘、内屏蔽和防晕结构优化技术的应用，可以提高发电机的可靠性、稳定性和安全性，延长设备的使用寿命，降低维护成本，适应现代发电机对高性能、高可靠性的要求。

8.5.2.6 水电接头结构优化技术

水电接头结构是指用于连接水电设备的电气连接器，通常包括导电部分和绝缘部分。导电部分用于传输电流，通常由金属材料制成，绝缘部分用于隔离导电部分，通常采用绝缘材料或绝缘套管进行包覆。水电接头结构的设计需要考虑电流传输的稳定性、绝缘性能、耐久性和防水性能等因素，以确保连接的可靠性和安全性。而水电接头结构需要优化的原因包括以下五点：

（1）提高电流传输效率。优化接头结构可以减少接触电阻和电流集中现象，提高导电部分的导电性能，从而提高电流传输效率，减少能量损耗。

（2）提高接头稳定性和可靠性。优化接头结构可以改善接触面积和接触压力分布，降低接头的温升和热损耗，提高接头的稳定性和可靠性，减少故障率。

（3）增强绝缘性能。优化绝缘部分的设计可以提高绝缘材料的绝缘强度和耐电压能力，减少绝缘击穿和绝缘破坏的风险，保障接头在高压环境下的安全运行。

（4）增加耐久性和使用寿命。优化材料选择和结构设计可以提高接头的耐腐蚀性能和抗疲劳能力，延长接头的使用寿命，降低维护成本。

（5）适应复杂工况环境。水电设备常常处于潮湿、高温、高压等恶劣环境中，接头需要具有良好的防水防潮性能和耐高温性能，优化接头结构可以提高其适应复杂工况环境的能力。

综上所述，通过对水电接头结构进行优化，可以提高其性能、可靠性和安全性，确保水电设备的正常运行，减少故障率，提高生产效率和经济效益。因此，优化水电接头结构是非常重要和必要的。

水电接头结构优化技术主要包括以下五个方面：

（1）材料优化。优化技术采用高导电性和耐腐蚀性能的金属材料，提高电流传输效率和接头的耐久性。同时，选择具有良好绝缘性能的绝缘材料或绝缘套管，提高接头的绝缘性能。

（2）结构优化。优化技术改进接头的结构设计，减少接触电阻和电流集中，提高接头的稳定性和可靠性。通过优化接头的连接方式、接触面积和接触压力等参数，降低接头的温升和能量损耗。

（3）导电部分优化。优化技术改进导电部分的设计，提高导电部分的导电性能和耐久性。采用特殊的导电涂层或处理工艺，降低接头的接触电阻和电阻损耗。

（4）绝缘部分优化。优化技术改进绝缘部分的设计，提高绝缘部分的绝缘性能和耐久性。采用高性能的绝缘材料或绝缘涂层，提高接头的绝缘强度和耐电压能力。

（5）防水防潮优化。优化技术采用防水防潮设计，确保接头在潮湿环境下的稳定性和可靠性。采用防水密封件或防水涂层，防止水分浸入接头内部，避免短路或绝缘破坏。

通过以上优化技术的应用，可以提高水电接头的性能、可靠性和安全性，确保其在水电设备中的正常运行。

8.5.2.7 进水支座结构优化技术（双水内冷机型）

进水支座是一种用于水电设备中的接头结构，主要用于连接水管或水泵等设备，以实现水的进出和流动。进水支座的结构设计主要考虑到连接稳固、水流导向、密封性能和固定性能等因素，以确保水的正常进出和流动，保障水电设备的正常运行。进水支座的结构通常包括以下五个主要部分：

（1）进水口。进水支座上设有一个进水口，用于连接水管或水泵的进水口，将水引入设备内部。

（2）连接部分。进水支座与水管或水泵之间的连接部分通常采用螺纹连接或法兰连接等方式，确保连接紧固牢固，防止漏水。

（3）导水结构。进水支座内部通常设计有导水结构，用于引导水流进入设备内部，并避免水流的湍流和阻力，提高水流的稳定性和流速。

（4）密封部分。进水支座的密封部分通常采用橡胶密封圈或密封垫等材料，确保连接处的密封性，防止漏水和泄漏。

（5）固定部分。进水支座通常还包括固定部分，用于固定支座在设备上的位置，确保支座稳固可靠。

进水支座结构优化可以达到以下五点优势：

（1）提高水流效率。优化进水支座结构可以改善水流的导向和流动性能，减少水流的湍流和阻力，提高水流的稳定性和流速，从而提高水的进出效率。

（2）提高密封性能。优化进水支座的密封部分设计可以改善密封材料的选择和结构设计，提高密封性能，防止漏水和泄漏，确保水管与支座连接处的密封性。

（3）提高耐压性能。优化进水支座的结构设计可以增强支座的耐压能力，确保在高压环境下不会发生漏水或破裂，从而提高设备的安全性和稳定性。

（4）提高耐腐蚀性能。进水支座常常处于潮湿环境中，容易受到水的腐蚀，优化支座材料的选择和防腐蚀处理可以提高支座的耐腐蚀性能，延长使用寿命。

（5）提高安装和维护便捷性。优化进水支座的结构设计可以使安装和维护更加方便快捷，减少人力和时间成本，提高工作效率。因此，优化进水支座结构是非常重要和必要的。

进水支座结构优化技术包括以下四个方面：

（1）流体动力学模拟。通过流体动力学模拟软件，对进水支座内部水流的流动情况进行模拟分析，优化支座内部的流体动力学结构，减少水流的阻力和湍流，提高水流的稳定

性和流速。

（2）结构设计优化。通过 CAD 软件进行支座结构设计的优化，包括优化支座的导水结构、密封部分设计、连接部分设计等，以提高支座的水流效率、密封性能和耐压性能。

（3）材料选择优化。选择耐腐蚀、耐高压的优质材料，进行表面防腐蚀处理，以提高支座的耐腐蚀性能和使用寿命。

（4）试验验证。通过实验室测试或现场试验，验证优化后的进水支座结构设计的性能和效果，不断调整和改进优化方案。

8.5.2.8 出水支座结构优化技术

出水支座结构是一种用于连接水管和水泵出水口的组件，其结构设计需要考虑支撑稳定性、连接密封性以及耐腐蚀性能等因素，主要作用是支撑和固定水管，使水管与水泵出水口连接紧密，并保持水平和稳定。出水支座通常由金属或塑料等材料制成，具有一定的强度和耐腐蚀性能，以确保水泵正常运行并保持水流畅通。出水支座的结构通常包括以下四个部分：

（1）出水口连接部分。用于连接水泵的出水口，通常是一个螺纹接口或法兰接口，以便与水泵出水口紧密连接。

（2）水管连接部分。用于连接水管的部分，通常是一个螺纹接口或管道连接口，以便将水管固定在出水支座上。

（3）支撑结构。用于支撑和固定水管，保持水管与出水口的连接稳定，防止水管晃动或脱落。

（4）密封部分。出水支座的密封部分设计可以确保水管与出水口连接处的密封性能，防止漏水和泄漏。

发电机总图如图 8-19 所示。出水支座液位示意图如图 8-20 所示。

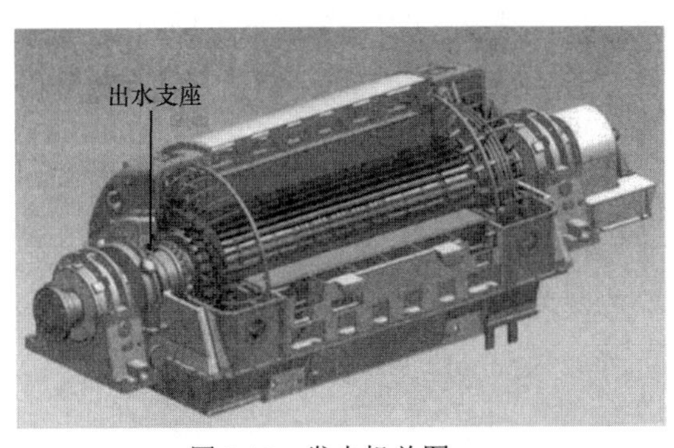

图 8-19　发电机总图

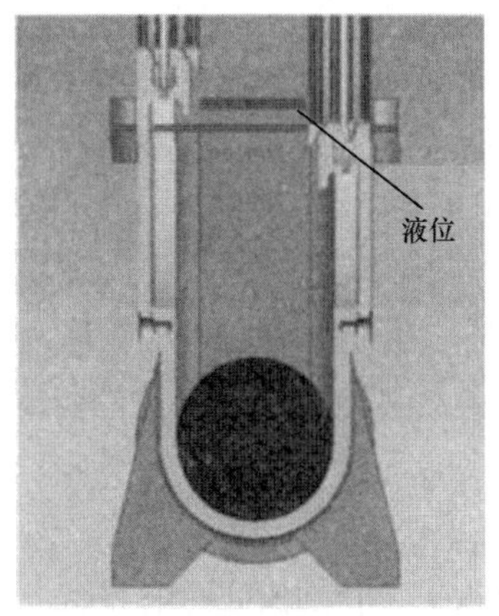

图 8-20　出水支座液位示意图

出水支座结构通过优化可以达到以下四点：

（1）提高水流效率。优化出水支座结构可以改善水流的流动性能，减少水流的阻力和湍流，提高水流的稳定性和流速，从而提高水泵的工作效率。

（2）提升密封性能。通过优化出水支座的密封部分设计，可以提高出水口与水管连接处的密封性能，防止漏水和泄漏，确保水泵系统的正常运行。

（3）增强耐腐蚀性能。选择耐腐蚀、耐磨损的材料，并进行表面防腐蚀处理，可以提高出水支座的耐腐蚀性能，延长使用寿命。

（4）优化结构设计。通过优化出水支座的结构设计，可以减少材料的使用量，降低制造成本，提高整体性能和可靠性。

出水支座结构优化技术主要包括以下五种方法：

（1）流场模拟优化。通过计算流体力学（CFD）模拟分析，对出水支座内部的水流场进行优化设计，改善水流的流动性能，减少阻力和能量损失。

（2）结构优化设计。采用有限元分析（FEA）等工程分析方法，对出水支座的结构进行优化设计，提高其支撑稳定性和耐久性，降低材料成本，提高整体性能。

（3）材料选择优化。选择耐腐蚀、耐磨损的材料，并进行表面处理，提高出水支座的耐久性和抗腐蚀性能。

（4）密封性能优化。优化出水支座的密封部分设计，采用高性能密封材料，提高密封性能，防止漏水和泄漏。

（5）结构参数优化。通过参数化设计和优化算法，对出水支座的结构参数进行优化调整，提高整体性能和效率。

以上方法可以综合应用，通过工程设计软件和仿真工具，对出水支座结构进行全面优化，提高水泵系统的性能和可靠性。通过应用结构优化技术，可以降低能耗、提高效率、延长设备使用寿命、降低维护成本。

8.5.3 发电机转子结构优化技术

转子护环端部结构是指用于固定和保护水泵转子的一种结构部件，通常位于转子的两端。转子护环端部结构的设计旨在确保转子在高速旋转时的稳定性，并防止转子与其他部件之间的直接接触和磨损。转子护环端部结构通常采用高强度、耐磨损的材料制成，以确保其在高速旋转和长时间使用过程中的稳定性和耐久性。

转子护环端部结构的检查通常包括以下六个方面：

（1）外观检查。首先，检查转子护环端部的外观是否有明显的裂纹、变形、磨损或其他损坏迹象。特别要注意转子护环与转子之间的间隙和接触情况。

（2）尺寸测量。测量转子护环端部的关键尺寸，包括直径、厚度、孔径等，确保其符合设计要求。特别要注意端部结构与转子的尺寸是否合适。

（3）材料检测。对转子护环端部的材料进行检测，确保其符合要求，具有足够的强度和耐磨性。可以采用金相显微镜、硬度计等设备进行检测。

（4）装配检查。检查转子护环端部与转子的装配情况，确保装配正确、稳固，无松动或错位现象。特别要注意端部结构与转子的配合是否良好。

（5）润滑情况。检查转子护环端部的润滑情况，确保润滑油脂充足、清洁，保证转子在高速旋转时的润滑效果并降低摩擦。

（6）运行试验。在检查完成后，进行运行试验，观察转子护环端部结构在工作状态下的运行情况，检查是否有异常振动、噪声或温升等现象。

通过以上检查方法，可以全面了解转子护环端部结构的情况，确保其正常运行和使用，从而提高水泵系统的稳定性和可靠性。如果发现任何问题或异常，应及时采取修复或更换措施，以避免进一步损坏和影响水泵系统的性能。

转子支架外形如图 8-21 所示。转子支臂加固效果如图 8-22 所示。

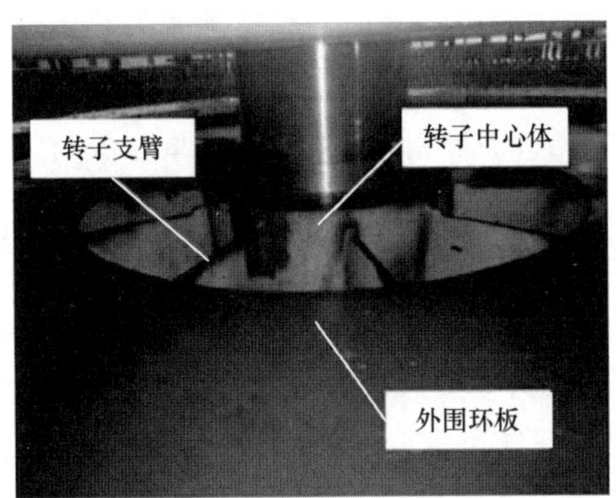

图 8-21　转子支架外形

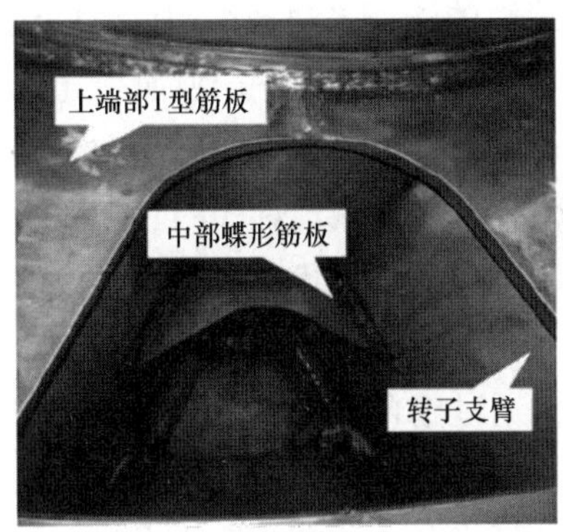

图 8-22　转子支臂加固效果

8.5.4　发电机辅助系统适配性改造技术

8.5.4.1　集电环性能提升的结构改进策略

集电环是发电机的重要组成部分，其主要功能是作为转子与外部电路之间进行电气连接。为了提高发电机的性能和可靠性，集电环结构的优化是关键，包括材料选择、几何设计、制造工艺以及集电环与刷装置之间的接触特性优化。

（1）材料选择。集电环的材料需要具有优良的导电性、良好的机械强度和耐磨性。常用的材料如铜合金，因其优越的导电性和抗氧化性，是制造集电环的常见选择。近年来，有研究探讨了添加微量元素改善材料性能的可能性，例如通过加入银或其他金属来提高耐磨性和降低接触电阻。

（2）几何设计。优化集电环的几何形状对于减少刷装置磨损、降低维护需求和延长使用寿命同样重要。例如，通过使用计算流体力学（CFD）和有限元分析（FEA），工程师可以设计出更加高效的集电环形状，以减少热应力和机械应力。

（3）制造工艺。高精度的加工技术可以确保集电环的表面光滑度和尺寸精度，减少刷装置的磨损。例如，采用电化学加工（ECM）或激光切割等先进制造技术，可以实现更精确的尺寸控制和更小的表面粗糙度值。

（4）接触特性优化。集电环与刷装置之间的接触特性直接影响发电机的运行效率。通过优化刷装置的压力分布、接触角度和接触面设计，可以显著降低接触电阻，减少火花产生，从而提高整体传输效率。

8.5.4.2　提升集电环耐用性的浮动式油挡优化技术

浮动式油挡是一种应用于发电机集电环的装置，其设计目的在于防止润滑油泄漏，同时确保油膜的恰当厚度以供给集电环良好的润滑。传统的油挡技术可能面临着由于环境振动或温差引起的固定性问题，导致油膜的不稳定和润滑油的过量消耗。优化这一技术不仅可以增强油挡的性能，还可以延长集电环的使用寿命，减少维护频率。

（1）结构优化。利用先进的材料和设计方法，如有限元分析（FEA），可以开发出更加精确和灵活的浮动式油挡结构。这些结构可以自适应环境变化，保持油膜的稳定性，减少由于集电环和油挡间距不一致而引起的油膜断裂。

（2）材料创新。选择适当的材料是确保浮动式油挡性能的关键。新型合成材料或者复合材料，比如聚四氟乙烯（PTFE）衍生物，具有优异的耐热性和化学稳定性，可以在高温高压环境下保持其形状和功能，避免因温度变化而产生的形变。

（3）系统集成。现代浮动式油挡设计趋向于系统集成，需考虑与发电机其他部件的协同工作。通过整合传感器监测油挡的位置和压力，可以实现实时调节，从而优化润滑效率。

（4）性能测试与验证。任何设计的优化都需要通过试验和长期运行测试来验证。采用先进的测试设备，比如高速摄像机和压力传感器，可以对浮动式油挡在实际工作条件下的表现进行详细分析。

通过以上技术的应用与发展，可以显著提升浮动式油挡的性能，确保集电环在长期运行中保持良好的润滑条件，从而提升整个发电机的稳定性和效率。

8.5.4.3　提高发电机效率的水冷系统参数调整策略

水冷系统是发电机中用于控制温度的关键技术，特别是在高功率密度的应用中。参数优化技术在确保系统高效运行、降低能耗以及延长设备寿命方面发挥着重要作用。本节将探讨通过优化水冷系统参数来提高冷却效率和可靠性的方法。

（1）流体动力学优化。通过计算流体动力学（CFD）模拟，可以优化冷却水的流动路径，减少湍流和热阻，从而提高热交换效率。精确控制流速和压力，以确保整个系统中的均匀冷却，避免局部过热。

（2）热交换器设计。优化热交换器的设计，包括管道布局、材料选择和表面处理，可以大幅提升热交换效率。采用新型高热导率材料和表面涂层技术，如纳米涂层，能够有效增强热传导。

（3）温度和流量控制策略。发展先进的控制策略，如基于温度反馈的动态流量调整，可以根据发电机的实际运行状况自动调节冷却水的流量和温度，实现更高的能效和响应速度。

（4）节能和可持续性。通过采用节能泵、变频驱动和回收利用冷却水系统中的余热，可以进一步提升系统的总体能效和可持续性。

8.5.4.4 氢冷却技术在发电机中的参数优化与应用

氢冷却技术由于其高效的热传导能力，在大型发电机的冷却系统中得到了广泛应用。氢气的热导率远高于空气，使得它在转移热量方面非常有效，从而显著提高了发电机的运行效率和功率密度。然而，为了确保系统的安全性和最优性能，氢冷系统的参数优化至关重要。以下是五个关键方面：

（1）氢气纯度的控制。氢气的纯度直接影响冷却效率和系统的安全性。含有杂质的氢气可能会降低热传导效率，并增加爆炸风险。因此，通过在线监测和定期替换，维持高纯度氢气，是优化氢冷系统的一个重要方面。

（2）压力和流量的优化。发电机中氢气的压力和流量需要精确控制，以实现最佳的冷却效果和能效。通过动态调整氢气的流速和压力，并根据发电机的负载和温度变化，自动优化冷却效果。

（3）温度监控与管理。氢冷系统的温度管理对于保持发电机在最佳工作温度下运行至关重要。使用先进的温度监测技术，如红外热像技术，可以实时监控发电机的热分布，及时调整冷却参数，以避免过热或不均匀冷却。

（4）安全性考虑。由于氢气具有易燃易爆的特性，氢冷系统的设计和操作中必须严格考虑安全措施，包括泄漏检测系统、安全阀门以及在发生紧急情况时自动排氢的系统。

（5）系统维护与监测。定期的系统检查和维护是确保氢冷系统长期稳定运行的关键。此外，采用智能监控系统，可以实时跟踪氢冷系统的性能，及时发现并解决潜在问题[104]。

通过上述参数的优化和精细管理，氢冷却技术能够在确保安全的同时，大幅提升发电机的效率和可靠性，对于满足现代电力系统对高效能和稳定性的需求具有重要意义。

8.5.5 发电机状态监测技术

8.5.5.1 绝缘状态评估：局部放电的高精度监测方法

局部放电（Partial Discharge，PD）监测是一种关键的诊断技术，用于评估高压电气设备的绝缘状态。在发电机和变压器等电力设备中，局部放电的存在往往预示着绝缘材料的老化或损坏，可能导致设备故障。因此，开发和应用高效的局部放电监测技术对于保障电力系统的可靠性和安全性至关重要。

（1）监测技术概述。局部放电监测技术通常包括传感器部署、信号采集、数据分析和故障诊断几个主要环节。利用高灵敏度的传感器，如超声波传感器、高频电流传感器和电磁传感器，可以捕捉到由局部放电引起的微弱信号。

（2）信号处理与分析。局部放电信号往往微弱且埋藏在噪声中，因此信号处理是监测技术中的一个挑战。采用先进的信号处理技术，如傅里叶变换（FFT）、小波变换和机器学习算法，可以有效地从噪声中提取局部放电信号，提高监测的准确性和灵敏度。

（3）在线监测系统。随着传感器技术和无线通信技术的发展，在线局部放电监测成为可能。在线监测系统能够实时收集和分析数据，及时发现绝缘状态的变化，从而为维护设备提供可能。

（4）应用案例与效益。成功的局部放电监测案例表明，该技术可以有效延长电力设备的使用寿命，减少意外停机时间，提高电网的稳定性和可靠性。通过早期识别绝缘问题，可以采取预防性维护措施，避免成本高昂的紧急修复工作。

（5）未来发展趋势。未来局部放电监测技术的发展将集中在提高传感器的灵敏度、扩大监测范围、增强数据分析能力以及实现更加智能化的故障预警系统。结合物联网（IoT）技术，实现更广泛的设备互联和数据共享，将为电力系统的健康管理提供更强大的支持。

8.5.5.2 监测与诊断：转子匝间短路的先进技术

转子匝间短路是发电机转子绕组中常见的一种故障，不仅会影响发电机的效率，还可能导致更严重的设备损坏。因此，开发有效的转子匝间短路监测技术对于保证发电机长期稳定运行至关重要。本节将介绍用于监测转子匝间短路的技术，包括其工作原理、实施方法以及在实际应用中的优势。

（1）监测原理。转子匝间短路监测技术基于电磁原理，通过检测转子绕组的电气特性变化来识别匝间短路。典型的监测指标包括绕组的电阻、电感变化，以及通过特定测试（如双频测试）观察到的非线性特征。

（2）实施方法。实施转子匝间短路监测通常采用以下几种方法：

1）电气测量。通过测量转子绕组的阻抗变化来检测匝间短路。要求在发电机运行期间进行连续监测，以便及时发现问题。

2）振动分析。匝间短路可能导致转子不平衡，从而引起特定频率的振动。因此，振动分析也被用作识别此类故障的一种方法。

3）在线监测系统。高级的在线监测系统结合了多种传感器和分析技术，能够实时检测并分析转子的电气和机械状态，提供更全面的故障诊断。

（3）应用优势。有效的转子匝间短路监测技术能够及早发现绕组故障，避免由此引起的效率下降和设备损害。此外，这些技术有助于规划预防性维护，减少非计划停机时间，提高发电效率和设备可靠性。

（4）挑战与发展趋势。尽管转子匝间短路监测技术在理论和实践中都取得了进展，但仍面临一些挑战，如提高监测精度、降低系统成本以及适应不同类型发电机的需求等方面。未来的发展趋势可能包括利用人工智能和机器学习算法来提高故障检测的准确性和效率。

8.5.5.3 端部振动分析：精密测振监控技术

端部测振监测技术是评估和确保旋转机械健康状态的关键手段之一。特别是在电力发电机和大型旋转设备中，端部振动的监测可以提前预警潜在的机械问题，如不平衡、轴承损坏或结构缺陷，从而避免昂贵的维修成本和意外停机。

（1）技术原理与应用。端部测振监测技术通过在设备端部安装精密的振动传感器来实现，这些传感器能够检测到微小的振动变化。数据通过实时监测系统进行分析，利用频谱分析等方法来识别特定类型的振动模式，从而判断设备的运行状态。

（2）振动传感器的选择。选择合适的振动传感器对于确保监测的准确性至关重要。常用的传感器包括加速度计、速度传感器和位移传感器，它们各自适用于不同的监测场景和频率范围。

（3）数据分析与处理。现代端部测振监测系统采用高级的数据分析技术，如快速傅里叶变换（FFT）和人工智能（AI）算法，以精确地识别出正常运行与潜在故障之间的微小差异[106]。

（4）案例研究与实践。实际应用案例表明，通过实施端部测振监测技术，可以显著提高发电机等关键设备的运行可靠性和安全性。例如，对发电机转子的端部振动进行实时监测，有助于尽早识别轴承问题和转子不平衡状态。

8.5.5.4 全面监控集电环健康的先进监测策略

集电环综合监测系统是针对发电机中集电环的健康状态和性能进行全面监控的技术。这一系统不仅涉及集电环的物理和化学状况监测，还包括其电气性能的实时分析。通过对集电环的温度、磨损程度、电气接触不良等参数的监测，可以有效预防发电机故障，提高电力系统的可靠性和安全性。

1. 监测内容与方法

（1）电气性能监测。包括电流和电压的测量，以及接触电阻的评估。这些参数可以反映集电环的电气接触质量和潜在的电气故障。

（2）温度监测。高精度的温度传感器用于监测集电环的工作温度。异常温升可能指示磨损加剧或接触不良。

（3）磨损监测。通过视觉检测或特定的磨损传感器来评估集电环的磨损程度。及时的磨损监测有助于规划维护计划，防止突发故障。

（4）振动分析。集电环的异常振动可能是内部结构问题或安装不当的标志。振动分析有助于早期识别机械问题。

2. 技术实现

集电环综合监测技术通常采用多种传感器和数据采集设备，结合高级的数据分析和处理算法，如人工智能和机器学习技术，实现对集电环状态的准确评估和故障预测。

3. 应用与效益

实施集电环综合监测系统可以显著提高发电机的运行效率和可靠性，减少非计划停机时间，降低维护成本。通过实时监测和数据分析，可以实现对集电环状态的全面掌握，及时发现并解决潜在问题。

8.5.5.5 实时设备健康管理：先进的在线监测与诊断系统

全方位在线监测诊断平台是利用最新的信息技术和传感器技术，对电力系统、工业设备或其他关键基础设施进行实时监测、分析和诊断的综合系统。该平台通过收集设备运行数据，采用先进的数据分析和机器学习算法，实现对设备状态的连续监控和故障预测，从而提升设备运行效率、降低维护成本，确保系统安全可靠。

1. 核心功能

（1）实时数据采集。利用各种在线传感器和数据采集设备，实时收集设备的运行数据，如温度、压力、振动、电流和电压等。

（2）数据分析与处理。应用统计分析、频谱分析、人工智能和机器学习技术对采集到的数据进行深入分析，识别数据中的模式和趋势。

（3）故障预测与健康评估。基于数据分析结果，对设备的健康状况进行评估，并预测可能出现的故障，以便提前采取维护或修复措施。

（4）决策支持。提供用户友好的界面，展示监测数据和分析结果，支持维护团队做出及时的决策。

（5）安全与报警系统。设定预警阈值，一旦监测到的参数超出正常范围，系统将自动报警，确保及时响应。

2. 技术实现

在线监测诊断平台的实现依托于物联网（IoT）技术、云计算和大数据分析技术。通过将传感器、数据采集设备与云平台相连接，可以实现数据的远程采集、存储、分析和访问。

3. 应用领域

（1）电力系统。包括发电机、变压器和输电线路的监测。

（2）工业制造。对生产线上的机械设备进行故障诊断和性能评估。

（3）基础设施。桥梁、隧道、建筑物等结构的健康监测。

（4）未来展望。随着技术的进步，全方位在线监测诊断平台将更加智能化、自动化，能够提供更精准的故障预测、更高效的维护建议，为各行各业的设备管理和维护提供强大的技术支持。

8.6 烟气环保岛系统灵活性改造技术

随着对烟气治理的理解日益深入与技术的发展和不断创新，“环保岛”系统应运而生。“环保岛”主要包括从锅炉省煤器出口至烟囱之间所有污染物减排设施，包括除尘、脱硫、脱硝以及后续的脱除 SO_3、脱汞等，打破当前先脱硝、再除尘、再脱硫的单元式、渐进式的传统模式，研发推广烟气深度一体化综合治理、协同控制技术，既考虑烟尘、SO_2、NO_x 等常规大气污染物，确保超低排放指标的实现，又要考虑重金属、气溶胶、酸性气体以及脱硝、脱硫设施产生的次生物、冒白烟等情况，以及脱硝装置低负荷运行问题。目前，实现宽负荷脱硝改造的方案主要有给水旁路、省煤器热水再循环、烟气旁路、省煤器分级设置以及蒸汽加热给水等。

8.6.1 宽负荷脱硝技术

双碳背景下，为构建以新能源为主体的新型电力系统，燃煤火电机组需要实现运行灵

活性和深度调峰，并实现从主力电源向基础保障性和系统调节性电源的转变[114]。同时随着国家对火电机组大气污染物排放标准越来越严格，需要在保证机组安全和脱硝催化剂使用寿命的前提下，实现机组启动并网前脱硝系统投入运行，NO_x 排放满足《火电厂大气污染物排放标准》（GB 13223—2011）及地方环保排放要求。

目前，火电厂 SCR（Selective Catalytic Reduction，选择性催化还原技术）脱硝普遍采用中高温段催化剂，设计的运行温度区间为 320～420℃，当电厂运行负荷低于 50%时，通常烟气温度会低于 320℃。低负荷运行时，SCR 催化剂性能不能充分发挥，脱硝效率将会显著下降，此时机组存在较大的 NO_x 超标风险。烟温的下降对 SO_2 转化生成 SO_3 有一定的促进作用，烟气中 SO_3 浓度大大增加，烟气酸露点温度将下降，SO_3 冷凝和硫酸氨盐沉积风险也会随之提高。在 SCR 反应器中，当温度区间为 235～308℃时，还原剂 NH_3 与 SO_3 反应生成 $(NH_4)_2SO_4$ 或 NH_4HSO_4，温度较低时硫酸氨盐在催化剂表面和空气预热器表面沉积的概率将会大幅提高，从而引发催化剂孔道堵塞、空气预热器阻力显著提升等问题。在极端条件下，若硫酸氨盐随着烟气进入除尘系统，会引发糊袋或阳极板糊板等问题。高浓度硫酸雾在烟道、风机等表面冷凝时，会导致设备严重腐蚀。这一系列问题的存在，会给 SCR 系统的安全、稳定运行带来严重的影响。因此，烟气温度显著下降带来的脱硝运行问题，需引起相关人员的高度重视。

全负荷脱硝技术通常是指当机组在低负荷运行时，采用相应的技术手段以提高 SCR 装置入口烟温，以避免烟温降至催化剂允许投入的最低温度，导致 SCR 脱硝装置被迫停止喷氨，造成脱硝装置停运。针对全负荷脱销技术的改造，目前主要有两种方法：①开发新型脱硝催化剂，以满足可在更大工作温度范围的工作脱硝需求；低温催化剂在选择性催化、使用寿命、性能稳定、催化效果等方面仍处于研究阶段，在实验室中表现出良好的性能，但低温脱硝催化剂极少有工程实践的案例，也并未获得实践认可；②改进设备，如省煤器外部或内部烟气旁路技术等，以提高低负荷下脱硝装置的入口烟气温度，从而提高脱硝装置在低负荷状态下的运行能力、降低污染物排放。

全负荷脱硝运行的优点：

（1）降低污染物的排放。脱硝装置在全负荷情况下投运减少了污染物的排放，是电厂环保的一个重要发展方向。

（2）延长催化剂的使用寿命。脱硝装置在全负荷情况下投运，即只要烟气通过反应器，脱硝装置就在运行。催化剂化学寿命一般从烟气接触催化剂时计起，而烟气中的烟尘、重金属、碱性物质等对催化剂寿命的危害极大。机组由于在低负荷情况下无法投运脱硝装置，但此时催化剂化学寿命还在不断减少。因此，当脱硝装置在全负荷情况下投运时，相当于变相增加了催化剂的化学寿命。

（3）脱硝装置在全负荷情况下投运，减少了因进口温度过低导致的系统停运，有利于脱硝装置的长期稳定运行。

为满足环保需求，我国投运的燃煤机组大多加装选择性催化还原技术（SCR）设备进行脱硝，然而在机组低负荷运行时，炉内温度降低，出口烟温难以达到 SCR 设备的工作温度，正常脱硝催化剂工作温度范围在 320～400℃，烟温降低会影响设备的脱硝效果。目前，宽负荷脱硝锅炉侧改造主要有以下几种技术路线，分别为省煤器分级布置、省煤器烟气旁路及省煤器给水旁路等。

8.6.1.1 省煤器烟气旁路技术

省煤器烟气旁路原理为引一路高温烟气通入SCR进口烟道混合，提高SCR烟气温度，省煤器烟气旁路示意图如图8-23所示。烟气引出点一般在省煤器前的烟道。该技术的特点是从而通过烟气旁路挡板调节旁路烟气量，从而可以根据负荷变化调节省煤器出口烟气温度，负荷适应性好，提温幅度较大。从而满足并网投脱硝的烟温需求。

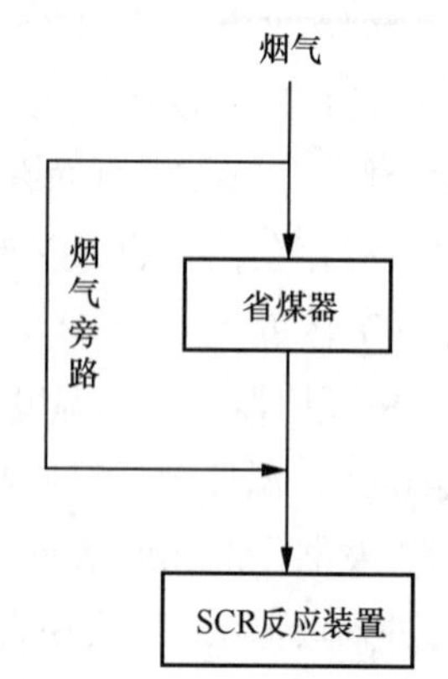

图 8-23 省煤器烟气旁路示意图

但也存在若干问题，如存在烟气挡板密封性较差（积灰、卡涩）的问题，可能在高负荷时有部分高温烟气从旁路烟道泄漏，直接进入脱硝装置，会对催化剂带来致命的破坏；另外如果冷热烟气混合不均，可能导致催化剂遭遇过高、过低温度两种现象，对催化剂的活性、寿命极为不利。

8.6.1.2 省煤器水旁路技术

省煤器水旁路技术原理为通过降低省煤器换热面管内的水流量，从而降低省煤器的换热量使省煤器出口烟气温度提高，省煤器水旁路技术示意图如图 8-24 所示。该技术的特点是：可以通过调节给水旁路的流量，从而动态调整脱硝装置入口烟气温度。机组高负荷运行时，可将旁路管道上的闸阀关闭，给水旁路系统完全切除，锅炉效率不变，省煤器水旁路技术可以通过阀门调节给水旁路的流量，从而动态调整脱硝装置入口烟气温度。

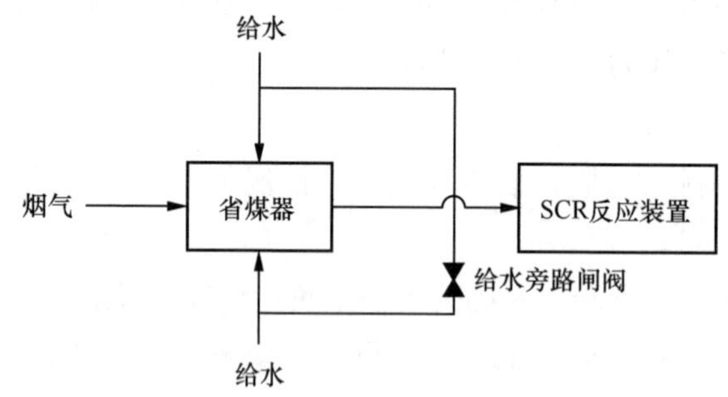

图 8-24 省煤器水旁路技术示意图

针对某 300MW 燃煤锅炉机组的省煤器给水旁路改造研究显示，该方案可有效提升进口烟气 10℃以上，并且对空气热预器出口烟温影响很小，对旁路中给水汽化问题也有一定改善作用。根据上述内容对比分析可知，省煤器分级技术和烟气旁路技术能实现较高范围的烟气温度调节，但改造投资较高，且会对机组效率造成影响，在进行改造时，可优先考虑省煤器水旁路技术。

8.6.1.3 低温催化剂技术

传统基于锅炉及附属系统改造的烟气升温技术虽然可在一定程度上解决低负荷条件下烟气脱硝效率低的问题，但存在锅炉热效率下降、能耗高等问题。若 SCR 脱硝能在低负荷区间稳定运行，则无需对锅炉侧进行改造。因此，适用于 250～450℃宽温度区间的催化剂开发，也是解决低负荷 SCR 脱硝问题的重要方向之一。

目前应用最广泛的 SCR 脱硝催化剂主要基于 V_2O_5–WO_3/TiO_2 体系，当温度低于 320℃时，催化剂的活性较差，从而导致在低负荷下脱硝效率低，出现 NO_x 排放超标的情况。在现有的 V_2O_5–WO_3/TiO_2 体系下，通过添加 MnO_x，FeO_x，CuO，CeO_2 等过渡金属元素或稀土金属氧化物，可以较好地提高催化剂的活性。但是，采用宽温催化剂除了需要解决低温条件下催化剂活性问题，还需克服 SO_3 高转化率、硫酸氨盐生成等问题。

8.6.1.4 省煤器分级布置技术

省煤器分级布置原理为将部分省煤器受热面移至脱硝装置后的烟道中，脱硝装置前布置了比一般设计相对较少的省煤器面积，从高负荷到低负荷，进入脱硝装置的温度都有一定幅度的提高。

移至脱硝装置后的省煤器可以继续降低从脱硝装置排出的烟气温度，从而保证空气预热器出口烟温不变，保证锅炉效率。该技术兼顾了提温效果和安全可靠性，并且不需额外控制调节，对锅炉效率影响较小。故低负荷条件下经济性较好，但改造后无法进行调节，对煤种、工况变化的适应性不强，高负荷时容易超温，且改造难度大，成本较高。

8.6.2 脱硫低负荷优化运行技术

脱硫工艺水主要分为转机冷却水、杂用冲洗水、制浆用水以及除雾器冲洗水。电力深度调峰，机组负荷降低，使脱硫工艺水补水减少，系统总用水量降低，其中转机冷却水以及滤布冲洗水水量占系统用水总量比例低，变化不大；而由于系统负荷大幅降低，因此吸收塔浆液用量降低，制浆用水减少；除雾器冲洗水除对除雾器进行冲洗外，同时起到维持吸收塔液位的作用。脱硫吸收塔水耗主要为蒸发损失、脱硫废水排放以及石膏结晶携带，其中蒸发损失占脱硫水耗的 90%以上。机组燃用煤种不变情况下，深度调峰使脱硫废水量降低并使石膏产量降低，石膏结晶及携带水量减少。

开展脱硫系统最优运行优化调整对其运行进行改善。根据浆液循环泵优化试验情况制定脱硫系统最优运行指导建议，确定在不同负荷、不同入口 SO_2 浓度时，最佳的浆液循环泵组合方式、pH 设定值、氧化风机的运行方式、吸收塔液位等基本的运行设定，指导运行人员以此来调整运行方式，从而提高脱硫运行尤其是低负荷运行的经济性，提高脱硫系统副产品的品质。脱硫系统运行优化调整主要涵盖如下七个方面：

（1）浆液循环泵运行优化调整。

（2）氧化风机运行优化调整。

（3）石灰石制浆系统优化调整。

（4）pH 值优化调整。

（5）脱硫塔液位及浆液密度优化调整。

（6）石灰石浆液密度优化调整。

（7）除雾器冲洗优化调整。

8.6.3 除尘低负荷运行优化技术

当机组低负荷下运行时，一般不会对除尘系统造成影响。然而，部分机组低负荷下会投入部分油枪运行，由于煤油混燃期间时间长、烟气温度低、燃烧不完全等原因，造成电除尘极线极板被油污污染，黏附后造成积灰，极线芒刺被包裹。存在电晕封闭、电除尘参数波动、除尘效率降低现象。油污还会黏附在电除尘器阴极悬吊瓷瓶内壁，导致瓷瓶绝缘逐渐降低，造成电场参数下降、甚至出现瓷瓶绝缘击穿、电场短路。通过技术改造实现低负荷不投油稳燃即可解决上述问题，也可以通过其他助燃方式燃烧器改造对其进行一定改善。

8.7 控制系统灵活性改造技术

8.7.1 一次调频控制技术

8.7.1.1 一次调频相关概念

一次调频是指当电网频率改变时，机组汽轮机调速系统根据电网频率的变化自动调节汽门开度，利用蓄能改变机组功率以适应网频的变化。一次调频依靠原动机调速系统自动完成，其响应时间大约在秒级。快速响应的一次调频功能是火电机组实施灵活性运行的基本要求。一次调频是控制系统的自发性动作，自动调节汽轮机阀门开度的增减，以暂时性的改变机组出力。由于锅炉燃烧未来得及响应，无法从根源上平抑功率波动，因而属于有差调节，这是为了缓冲频率波动的必要调节。一次调频功能主要通过两部分实现：电液调节系统（DEH）侧功能回路和协调控制系统（CCS）侧功能回路。DEH 侧的一次调频基本过程为根据机组运行中实际转速与额定转速的偏差，通过转速偏差死区和不等率参数的计算，形成对应的一次调频功率补偿值，直接叠加在汽轮机调节门总阀位指令处。CCS 侧则实现了一次调频的闭环控制。DEH 侧的一次调频动作目标负荷送至 CCS，通过协调 PID 运算实现对负荷调节量的精准闭环控制。最终需消除功率偏差，这主要依靠二次调频，也称自动发电控制（AGC）。它是指发电机组提供足够的可调整容量及一定的调节速率，在允许的调节偏差下实时跟踪频率，以满足系统频率稳定的要求。一次调频的有效性主要体现在两方面：一是时间响应及时，若响应时间较长，调节方向与频率波动方向相反会引发“反调峰”，从而加重电网调频负担；二是出力足够，出力不够无法有效地缓冲频率波动，调频效果不佳。因此，为了保证电网一次调频有效性，需保证火电机组一次调频响应的快速性和出力的充足性。电力系统一般要求火电机组的一次调频

响应时间在 3s 内，且出力限幅不低于 6% MCR（Maximum Continuous Rating），需在 1min 内完成负荷提升并稳定。

机组在实际一次调频过程中，降低负荷只需直接减小阀门开度即可快速降低汽轮机进汽量，相对来说容易实现。而提升负荷不仅仅是增大阀门开度就能确保机组负荷得到足量的增加，还会受主蒸汽压力的影响。因此，为了衡量机组一次调频过程能提升负荷的多少，使用一次调频能力的概念对其量化，即在一定时间内，机组一次调频所能提升的最大功率值。对于通过阀门进行一次调频时，一次调频能力应是在阀门从当前开度开至全开后 15s 内带来的最大功率增量。对于通过其他形式进行一次调频时，一次调频能力应是在使用最大功率释放手段带来的最大功率增量。

8.7.1.2 一次调频控制策略优化

分析大量火电机组一次调频实际运行经验及考核情况，目前影响机组一次调频性能的主要问题如下。

1. 一次调频动作滞后时间长

协调控制品质差，机组功率控制波动大，一次调频小频差动作时不能反映出实际功率对调频功率需求的有效变化。机组调节汽门流量特性差，高压调节汽门的实际流量特性曲线与运行阀门曲线不匹配。尤其是采用顺序阀调节方式的机组，当调节汽门重叠度设置不合理时，造成阀门开启对流量反应迟缓、功率响应滞后。

2. 一次调频动作幅度不足

一次调频动作后，主要是靠汽轮机调节汽门的快速动作释放机组蓄热从而满足一次调频的要求。对于直流机组由于储能较小，往往无法满足一次调频快速大幅的动作要求。现代火电机组大多采用滑压控制，参与深度调峰的机组主蒸汽压力远低于正常值，也造成一次调频动作时，调节汽门的变化无法满足调频负荷的要求。

3. 一次调频反调现象

由于 ACC 是电网的二次调频功能，对电网频率变化的时间响应尺度要远低于机组侧自动完成的一次调频。在机组投入 AGC 方式运行时，容易出现 AGC 调节指令和一次调频动作负荷之间作用反向的情况。同时，电网普遍对一次调频是按次考核，尤其对于反调的考核往往是最重的，而 AGC 调节则是按日平均水平考核，因此频繁的反调现象也不利于机组的经济运行。

对于一次调频性能的优化必须综合考虑上述问题，针对具体区域并网发电厂辅助服务管理实施细则和并网运行管理实施细则（以下简称“两个细则”）的考核要求，采用综合治理的方式才能有效提高一次调频性能。

（1）信号同源治理。电网调度侧一次调频考核系统目前普遍采用电力系统同步相量测量装置（PMU）的高精度频率信号，DEH 系统应采用与电网考核同源的频率信号，CCS 系统应采用与 DEH 系统相同的一次调频功率需求信号，防止由于测量信号精度问题而影响一次调频考核，同时减少一次调频误动和执行机构频繁动作。

（2）开展汽轮机阀门流量特性试验。开展涵盖深度调峰负荷范围内的调节汽门流量在线试验或离线的基于历史数据分析的方法来优化 DEH 阀门管理函数，保证机组流量指令与实际流量特性一致，减少汽轮机阀门流量空行程区域，提高机组负荷响应性能。

（3）控制策略优化。针对不同区域电网的频率特性及考核要求，有针对性地制定优化控制策略，保证机组一次调频响应速度和持续性。低负荷运行工况下，机组蒸汽参数和蒸汽流量均降低，系统可利用蓄热减少，一次调频响应性能减弱。常用的一次调频优化策略有主蒸汽压力修正调节汽门动作幅度、汽轮机主控压力拉回闭锁及延时释放、一次调频反调短时闭锁 AGC 指令、机组蓄能利用等技术。

考虑低负荷工况下机组运行稳定性和安全性较差，在一次调频控制策略优化调整过程中，应充分考虑一次调频对机组稳定运行的影响，特别是大频差工况下一次调频对机组安全运行的影响。需根据机组实际出力能力设置合理的安全调频边界，在保证机组安全运行前提下，提供调频服务。

8.7.1.3 火电机组一次调频技术的研究展望

随着电网峰谷差的加大以及对电能品质要求的严格，消除电网负荷波动引起的频率变化尤为重要，为此增加了电网对机组侧的调频要求。其中，储能火电联合调频技术在容量优化配置方面已被认定为是一种可行的方案。图 8-25 所示为近五年对一次调频研究的关注点，可以发现，学者对一次调频的研究逐渐由自身调节向辅助调节转变，甚至进一步向耦合新型储能技术等方式进一步探索。下面简单评述未来三种潜在的一次调频发展方向。

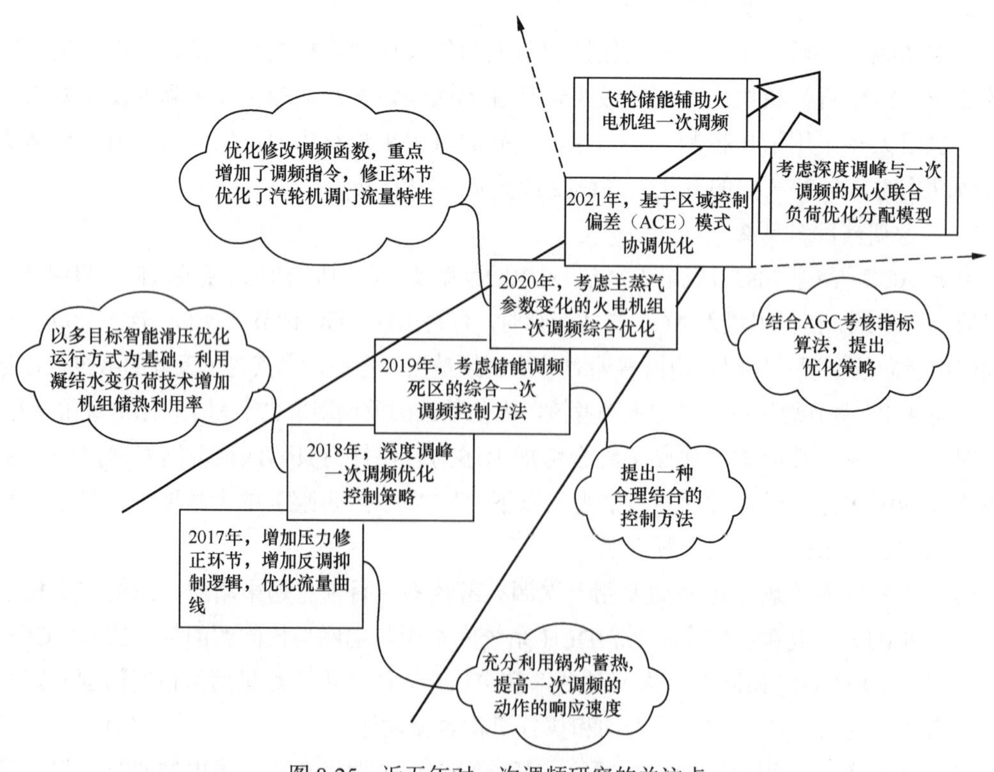

图 8-25 近五年对一次调频研究的关注点

1. 基于区域控制偏差（ACE）模式协调优化

区域控制偏差（Area Control Error，ACE）模式协调优化是指机组 ACE 模式下，通过策略对协调控制系统进行优化，其优化在于结合 AGC 考核指标算法，提出了机组负荷指令超前控制、变负荷速率校正回路、锅炉滑压设定预测控制、锅炉主控前馈自适应控制、一次调频优先控制、汽轮机调阀流量优化等策略，主要是适应于未来能够大幅提升 AGC 综合指标。例如，邹包产等对某火电机组在 ACE 模式下负荷频繁变动造成的 AGC 考核指标差、主蒸汽压力偏差大等实际问题进行了理论研究，结果表明优化策略后大幅度提升了机组 AGC 考核指标。为此，区域控制偏差模式协调优化是未来的一个重要发展方向。

2. 飞轮储能辅助火电机组一次调频

飞轮储能辅助火电机组一次调频是指由飞轮储能承担一部分调频任务，其优化在于调频过程中系统频率的最大暂态偏差得以减少。主要是适应于未来减少火电机组输出功率的变化范围，延长机组寿命。例如，何林轩等建立两区域电网模型，利用软件分析在阶跃扰动和连续扰动情况下有无飞轮储能参与时系统的调频效果及调频资源的出力情况。结果表明采用飞轮储能辅助一次调频可以减少电力系统频率偏差变化量和联络线上交换功率的变化范围并且减轻火电机组调频负担。为此，飞轮储能辅助火电机组一次调频是未来的一个重要发展方向。

3. 深度调峰与一次调频的风火联合负荷优化分配

深度调峰与一次调频的风火联合负荷优化分配是指火电机组经深度改造后与风电机组一起参与一次调频，其优化在于在保证系统调频裕度的前提下，结合发电源的特点尽可能降低弃风量，主要是适应于未来缓解电力系统的调峰压力。例如，刘鑫等提出了一种负荷优化分配模型，该模型以风火联合系统为研究对象同时评估了机组深度调峰和一次调频的性能，结果表明，该模型在一次调频备用量不变的情况下，能够缓解系统的调峰压力。为此，深度调峰与一次调频的风火联合负荷优化分配也是未来的一个重要发展方向。

8.7.2 AGC 协调控制技术

8.7.2.1 AGC 协调控制技术相关概念

1. 概述

从 AGC 系统概念上来看火电机组 AGC 主要是由传输通道、机组控制系统、电网调度控制系统、远程终端控制系统等多种系统功能构成的，能够将电厂的实际运行情况传输到调度中心，由调度系统对这些收集的数据进行分析处理，进一步对火电机组负荷进行有效分配，发出指令之后能够将其传输到电厂，而 RTU 装置中具体传输过程如下：AGC 指令申请和当前的电网频率稳定要求一切负荷需求，每隔几秒进行一次机组的运行，并且先负荷设定，因此产生相应的信号，AGC 指令是由负荷分量和调节分量共同构成的，其中负荷量是在短期预测中确定日负荷。发电量和调节分量是在负荷系统结合当前几分钟内负荷变化情况进一步预测下一时间内的负荷调节量，火电机组通过分散控制的方式能够利用机炉协调控制系统进一步完成 AGC 指令响应。记录仪协调控制系统包括汽轮机跟随、锅炉跟随等多种方式。无论机组采用哪种记录控制方式，最终都是通过协调机组燃烧和调门的开度，能够在短时间内响应 AGC 的指令。

发电机组在正常运行时接受调度中心的负荷指令满足 AGC 任务，在保证机组日常发电任务的同时，保持区域电网负荷要求，达到中调指令的负荷值，AGC 意义包含以下几点：①AGC 的应用提高了发电机组运行安全稳定性；②不仅改善了机组对电网一次调频的能力，而且提高了机组负荷响应的能力和发电品质以及发电过程的经济性；③有利于区域统筹安排调度，从宏观方面对各个发电机组进行统一安排，提高机组效率。

2. 运行方式

为了满足电网对于发电机组的 AGC 任务，AGC 程序在区域电网调度中心运行，AGC 的控制对象是 ACE （Area Control Error），ACE 是由于某区域电网负荷变动所产生的区域控制偏差，控制目标是将偏差值逐步降低直至为零。ACE 的意义根据控制方式不同有以下四种：系统频率偏差 Δf、联络线交换功率偏差 ΔP、联络线交换电量偏差 ΔE 或系统电钟时间与天文时间偏差 Δt 等变量的函数。根据选取变量的不同，有以下三种频率功率控制模式：

（1）定频率控制方式 FFC。

为了保持区域电网频率不变，即 Δf=0，可以利用定频率控制方式，这种控制方式比较适合于区域电网的主网中。区域控制偏差为：

$$\mathrm{ACE} = K\Delta f$$

式中 K——全系统的频率响应特性值。

K 值的设定要根据系统运行条件不断变化而变化，只能通过实际测定使其达到最好的调节效果。

（2）定交换功率控制方式 FTC。

这种方式可以使联络线交换功率保持不变的恒定，对于电网容量比较小的区域比较适合，再加上主网采用定频率控制，以维持整个联合电网频率稳定。

其区域控制偏差为：

$$\mathrm{ACE} = K\Delta P_{\mathrm{T}}$$

式中 ΔP_{T}——联络线交换功率偏差。

这种控制方式存在以下问题，首先 FFC 的方式利用小区域的调整担负起整个大电网的调节任务，效果肯定是不理想的，并对发电机组经济效益以及安全性带来一定影响；其次在 FTC 控制模式下会使系统频率发生反方向重复调整。

（3）定频率定交换功率控制方式 TBC。

这种控制方式不仅要监测电网频率偏差还要监测交换功率偏差，这样判断出区域电网发生负荷变动的区域，立即使该区域内机组做出平衡负荷的变化。这种方式兼顾了上述两种方法，同时反映区域的功率和频率变化。其区域偏差为：

$$\mathrm{ACE} = \Delta P + K\Delta f$$

这种方式特点：

（1）在正常运行时，各区域电网正常运作。各区域的电功率变化都由各个区域自己的负荷变化调整达到平衡。在各区域电网处于稳态的状况下，所有区域共同担负系统调频任务，维持一个正常值。

（2）如果某区域突发事故，整个系统在同步状态下，其他区域立即对这一区域进行功率的支援。也就是说，事故区域使得区域传输的净交换功率偏离原计划值，其他区域通过联络线向事故区域支援，保证整个电网正常。

（3）在不发生负荷变动的区域不发生调整，避免重复动作。

（4）在这种方式下，若某区域由于设备不足等原因出现频率偏差，系统会在较长一段时间内出现频率偏差。

3. 运行过程

目前，利用负荷变动周期的长短和幅度大小对电网功率和频率进行区分。对于分量是变化幅度小周期短的，是依靠发电机调速系统来完成快速的自动调整，就是俗称的电力系统一次调频。而对于分量特点是变化幅度大、变化周期长的系统，仅仅依靠一次调频的作用不能使得频率偏差控制在允许范围内，这时，为了达到调频的目的，需要通过平移调速系统的静态调节特性，来改变发电机的输出，这就是所谓的二次调频。二次调频可以通过发电厂运行人员和调度中心的能量管理系统来共同控制。

如图 8-26 所示，电网 AGC 运行过程大致为：对于火电机组，电厂分布控制系统上位机接受来自调度中心 AGC 程序的分配，经过电厂上位机（电厂端远方终端单元）的优化后，将符合按实际情况分配到各个机组上，这样一来，不仅满足电网对于 AGC 的要求，还保证了发电机组在安全约束条件下进行经济运行和优化调整。电厂协调控制系统对于调度中心下达的 AGC 指令有监视和保护措施，机组对负荷跟踪能力较强。

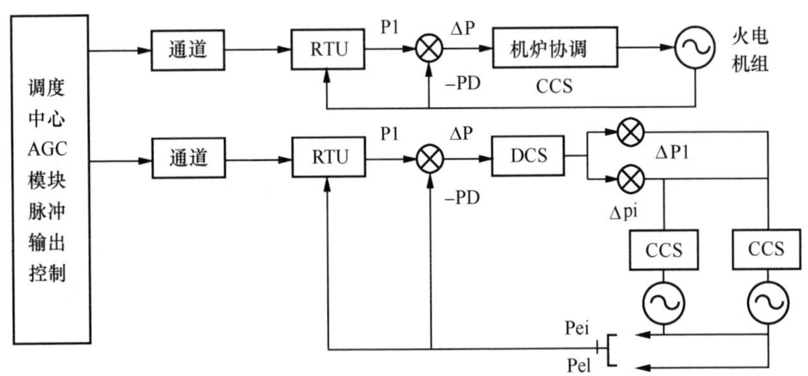

图 8-26　AGC 运行过程

调度中心 AGC 的指令就是发电机组负荷的设定值，指令传送到分散控制系统 DCS，这时电厂的 DCS 在调度中心看来就是电厂控制器 PLC，它根据机组经济运行原则以及各机组实际情况将负荷合理分配给各机组。

8.7.2.2 AGC 协调控制技术的优化

火电机组一次调频控制是指电网频率偏离设定频率（50Hz），通过快速改变机组功率输出，限制电网频率进一步变化，使电网频率维持稳定的自动控制过程。由于燃煤火电机组功率产生过程存在较大惯性和延迟，为了提高机组投入 AGC 后的负荷响应速率，可以通过机组蓄能的动态变化来进一步提升机组负荷响应性能，更好地满足电网调峰调频的要求。目前比较成熟的技术方法有利用低压回热系统蓄能（凝结水节流、低压加热器切除等）和利用高压回热系统蓄能（给水旁路调节等）。考虑机组低负荷工况下运行特殊性，上述机组蓄能利用过程中应避免或减弱对 SCR 入口烟气温度、凝结水系统安全运行和锅炉稳定运行等方面的影响，并快速补充蓄能，提高机组运行稳定性和安全性。

1. 凝结水节流技术

凝结水节流技术于 1998 年被提出，该方法通过调节抽气管道阀门开度快速提升机组的变负荷速率。

目前电厂为了提高负荷的响应速率，通常会将汽轮机主汽调门留出一定调节额度，这样在需要提高负荷的时候只需将调门开大即可。采用这种调节方式虽然使得机组能够更多地利用机组蓄热，提高了机组负荷响应速度，但在很大程度上降低了机组运行的经济性，影响了高压调门的使用寿命。通过凝结水节流参与火电机组的负荷调节，可以在提高机组负荷响应性能的条件下，有效提高机组高压缸相对内效率，并减少高压调门的动作幅度，进而提高机组运行的经济性和安全性。投入凝结水节流辅助负荷调节优化了机组调控品质同时减少运行时高压调门的节流损失。因为凝结水节流能够利用回热系统蓄热响应一部分负荷需求，故当投入凝结水节流控制系统以后，高压调门用于负荷响应的锅炉蓄热裕量可以相应减少，也就是说在正常运行的情况下，可以适当降低主蒸汽压力设定值，使得机组的压力设定更接近厂家规定的热经济性滑压曲线，减少调门节流，从而达到降低煤耗、节能减排的目的。

所谓凝结水节流技术，是指在机组负荷需求变化时，以机组各安全指标为前提，通过改变凝泵变频指令或除氧器上水调门，主动改变凝结水流量，并根据低压加热器的自平衡特性，间接改变低压加热器的抽汽量，从而暂时快速获得或释放一部分机组的负荷。如图 8-27 所示，加负荷时，减小凝结水流量，从而减小低压加热器的抽汽量，使原本的低压加热器抽汽进入汽轮机末级透平做功，增加蒸汽做功的量，使机组负荷增加；减负荷时原理类似，当抽汽量增加时，低压缸内可做功的蒸汽量减少，便可实现机组负荷的快速下降。在升负荷节流的过程中关小凝结水泵调门，凝结水流量减小，使除氧器水位下降，锅炉抽水增加也使除氧器水位下降，凝结水泵调门关小，凝结水流量减小，使凝汽器水位上升；反之，在降负荷节流的过程中开大凝结水泵调门，凝结水流量增加，使除氧器水位上升，锅炉抽水减少也使除氧器水位上升，凝结水泵调门开大，凝结水流量增大使凝汽器水位下降。

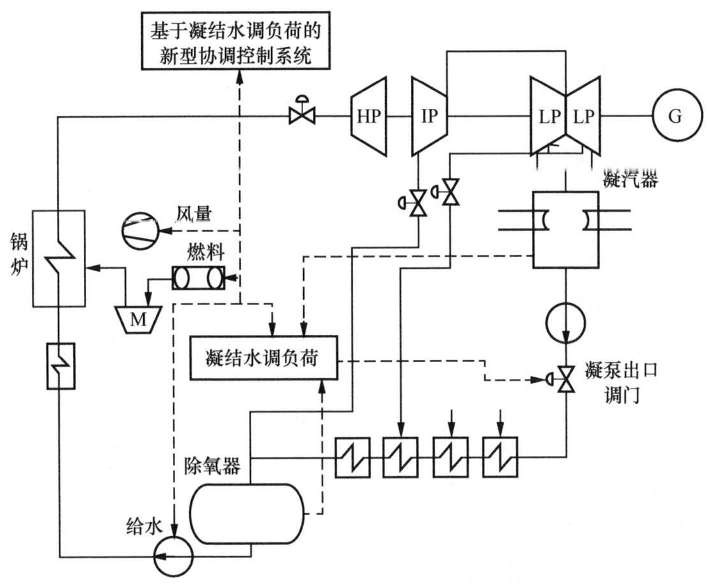

图 8-27 凝结水节流原理图

凝结水节流控制系统虽然能够在响应初期有效地提高机组变负荷能力，但由于在调节过程结束之后需将凝结水流量恢复原始状态，且在机组变负荷操作末期，电网的变负荷任务应完全由机炉协调控制系统通过改变给煤量来承担，凝结水节流仅仅作为前期提高变负荷速率的辅助手段。因此，凝结水节流控制系统需与机炉协调控制系统共同动作，相互协调配合来完成变负荷操作。

2. 机组系统蓄能技术

（1）利用锅炉蓄能调频技术。

当前大部分燃煤火电机组一次调频控制均通过改变汽轮机高压进汽调阀的开度释放或储存锅炉蓄热以改变机组功率输出来实现，其一次调频响应性能取决于锅炉可利用蓄热量大小，与锅炉运行方式、蒸汽参数、机组负荷率等多项因素相关。由于直流锅炉的相对蓄热能力小于汽包锅炉，且随着机组容量增加，其单位功率下的蓄热占比越少，在机组实际运行过程中仅利用锅炉蓄热较难满足电网频率事故工况下的调频响应需求。同时，为实现锅炉蓄热利用，汽轮机高调阀须保留一定的节流开度，存在较大节流损失，影响机组运行经济性。

（2）利用汽轮机蓄能调频技术。

汽轮机可用蓄能主要存储在抽汽回热系统中，利用其参与电网一次调频可有效提升机组调频响应性能。目前，应用较为成熟的技术为凝结水节流调频技术，通过改变流经低压加热器的凝结水流量，利用加热器换热自平衡能力，间接改变低压加热器的抽汽流量，快速改变汽轮机做功。但在深度调频工况下，由于凝结水流量变化幅度受除氧器和凝汽器容量、凝结水泵出力、小汽轮机安全运行等多项因素限制，其实际调频出力有限，无法满足深度调频需求。

3. 给水旁路调节技术

高压加热器是热力系统的重要设备，它对热经济性的影响较大。高压加热器由于水侧的给水压力很高，常因制造工艺、检修质量、操作不当等原因而引起给水泄漏事故，使高压加热器水位迅速上升，甚至倒流入汽轮机，发生严重事故。因此，高压加热器必须设置自动旁路保护装置。它的作用是：当高压加热器发生故障时，迅速切断高压加热器的进水，同时给水经旁路直接向锅炉供水。火电机组的高压加热器一般有1～3台。

高压加热器的给水旁路系统有三种形式。图8-28所示为大旁路系统，这也是现场应用较多的一种；图8-29所示为小旁路系统，大容量机组的高压加热器趋向于采用这种旁路形式，目前少数300MW和600MW机组就采用这种旁路。图8-30所示为混合旁路系统，即3号高压加热器采用小旁路，1号和2号高压加热器共用一套大旁路，这种旁路形式600MW机组采用的较多。大旁路的优点是系统简单、阀门少、节省投资；缺点是其中一台高压加热器故障时，该旁路系统的其余高压加热器也随之停用，使进入锅炉的给水温度降低，对机组安全经济运行影响较大，小旁路的特点恰与其相反。大、小旁路联合应用的方式（混合旁路）可以在高压加热器发生故障时既便于切换，又可保证给水温度不致过低，系统也较简单。

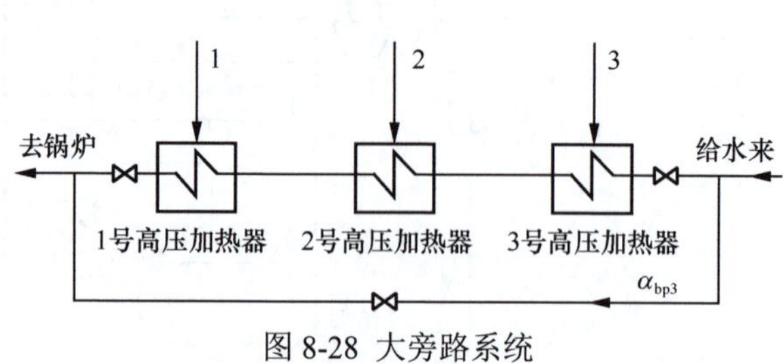

图8-28 大旁路系统

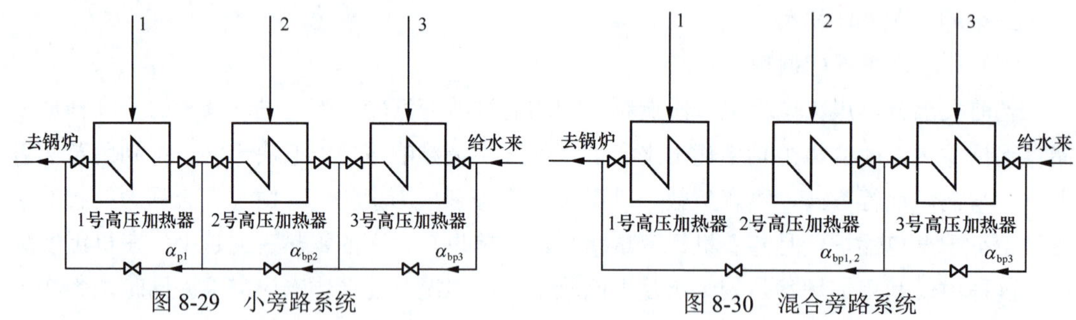

图8-29 小旁路系统

图8-30 混合旁路系统

8.7.3 自动控制优化技术

深度调峰下自动控制尤其是协调控制优化是一项系统工程，需要综合考虑各项参控因素，重点包括计算模块高低限重新修正、闭锁保护限值优化、深度调峰负荷区段协调控制和子系统自动控制调控品质测试、滑参数运行设定曲线确认等项目检查。

为确保机组调节得安全性，深度调峰机组在50%额定负荷下时可以适当降低AGC调节性能，对于协调控制中为了缩短锅炉响应的燃料超前控制可以适当进行限幅或者去除，确保低负荷燃料的稳定性，调节主要以稳定为主。

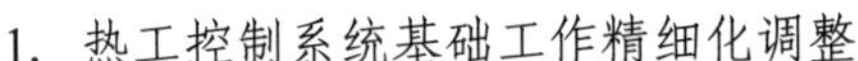

1. 热工控制系统基础工作精细化调整

由于未长期处于低负荷工况下运行，较多控制子系统控制品质和控制策略得不到实际验证和考验，多数测量参数接近系统（设备）最低运行要求，因此燃煤机组的自动及保护系统需进行深度梳理和调整优化，具体如下：对机组主要控制子系统进行控制逻辑检查和低负荷工况开环试验，并根据检查和试验结果，经过技术讨论确认控制策略优化以及自适应控制参数方案的设计，如给水泵再循环、除氧器水位全程自动等；通过设备选型改造、测点位置优化调整、提高测点维护检修质量等手段提高重要主辅机保护的测点测量精确度，深入检查主辅机重要保护的配置，通过增加佐证条件、冗余性配置优化等手段进行主辅机重要保护逻辑优化，实现主保护全程投入。

2. 降低锅炉最小出力时主系统的控制优化

滑压曲线优化。可依托汽轮机专业的滑压曲线优化试验，需要开展负荷点延伸至20%～40%的工况，确定深度调峰工况下各个负荷点的最佳滑压定值。

低负荷开环试验。建议依托于机务专业开展深度调峰摸底试验过程中开展，建议在手动方式下以 40%负荷和 20%负荷（超临界机组以不转态为下限）为上下负荷边界，以不大于 5%额定负荷为梯度，进行开环负荷调整试验，在试验中确认负荷/燃料、燃料/给水、燃料/风量等主要调节量的数值关系。

汽轮机高调门流量特性数据挖掘。一是开展专项深度调峰工况的高调门流量特性测试，二是利用大数据挖掘技术实现高调门流量特性的获取和优化。

深度调峰协调控制策略设计。在前述精细化试验确定的核心规律基础上设计深度调峰协调控制策略，并考虑超临界机组深度调峰至湿态工况时，湿态协调控制策略的设计。

辅机自启停控制策略设计。考虑到深度调峰工况可能出现的辅机运行情况，建议设计给水泵自动退并泵、制粉系统自启停、自动投退风机、干湿态自动转换等控制方案。

8.8 耦合新能源、储能及制氢灵活性改造技术

随着全球经济的快速发展和人口的持续增长，对能源的需求不断增加，传统化石能源资源的消耗和环境问题日益凸显。煤电作为主要的能源供应方式之一，虽然在能源生产中起着重要作用，但其碳排放量大、能源利用效率低等问题亟待解决。同时，新能源如风能、太阳能等具有波动性和间歇性的特点，储能技术则可以有效解决能源的不稳定性。因此，将新能源储能技术与煤电发电系统相耦合，实现能源的高效利用和碳排放的降低，成为当前能源领域的研究热点。

8.8.1 煤电耦合新能源技术

能源结构低碳转型需要立足以煤为主的基本国情，在我国电力系统中，煤炭以不足 50%的装机容量占比，生产了全国 60%的电量，并承担了 70%的顶峰任务。而我国“双碳”目

标要求，2030年非化石能源占比从2020年的15%提高至25%，2060年比重达到80%以上。然而，在我国新型电力系统建设的进程中，可再生能源与煤电不是简单的此消彼长的关系。目前新能源的发展规模还不足以满足碳约束下的社会需求，且风、光等可再生能源的波动性、间歇性和随机性特征，决定了其大规模接入电网将给电力系统稳定性和安全性带来严峻挑战。因此，传统能源的退出必须坚持先立后破，即只有新能源克服其固有不足才能逐步降低煤炭的比重，而推动煤电和新能源储能的耦合就成为了解决当下能源结构转型矛盾的关键。

新能源主要包含太阳能、风能、水能、生物能等可再生能源及核能等非可再生能源。当前煤与可再生能源耦合的研究和应用多为燃煤耦合生物质、污泥等，其中就可耦合利用可再生能源量的潜力而言，主要是燃煤耦合生物质。煤电生物质耦合发电，可以利用农林废弃物和城乡有机废弃物，通过将其加工成燃料颗粒替代燃煤掺烧，也可以通过气化处理产生可燃气体送入锅炉，实现生物质能处理耦合发电，减少温室气体排放，同时实现锅炉低负荷稳燃，提高机组灵活性调峰能力。以欧洲为例，特别是以英国为代表的大型燃煤锅炉直燃耦合生物质技术路线，已实现生物质在燃煤电站锅炉中的大比例掺烧。英国Drax电厂已实现6台660 MW锅炉100%燃烧生物质，并计划联合生物质碳捕集储存技术进行深度碳减排。日本目前有12家燃煤电厂实施木质类生物质掺烧，掺烧热量2%～3%。我国华电十里泉发电厂是典型的生物质直接混燃耦合发电厂，按其机组满负荷运转6500h计算，当消耗秸秆9.36万t/年时，可节约原煤7万t/年，减少CO_2排放15万t/年，SO_2排放1500t/年。这些案例表明，煤与生物质耦合发电技术在减少燃煤使用、降低排放、提高能源利用效率等方面具有巨大潜力，对清洁能源转型和环境保护具有重要意义。

除生物质外，利用煤电与太阳能耦合是从原料侧降低煤耗及污染物排放的有效途径。太阳能光热与燃煤发电互补集成主要是利用聚光太阳能量部分满足原燃煤发电某个部件（如回热加热器、再热器等）的加热功能，从而达到减少燃煤投入或增加系统出功的目的。当前主流的方式主要为槽式太阳能-燃煤发电耦合系统和塔式太阳能-燃煤发电耦合系统（见图8-31）。槽式太阳能一般聚光集热温度不高于400℃，多用于部分替代燃煤电站的回热抽汽或省煤器等部件。而塔式太阳能-燃煤发电耦合系统在热源部分耦合优势明显，熔融盐工质工作温度可达575℃，空气循环可达900℃，耦合潜力相比槽式更大。通过太阳能与燃煤发电的耦合方式，可以有效提高系统的能效，降低煤耗和减少对环境的污染。这种技术的发展有望为清洁能源转型提供重要支持，同时也有助于推动可再生能源在能源结构中的比重增加，促进能源生产的可持续发展。

然而，在煤与新能源耦合发电领域，技术薄弱、成本高昂和政策缺位等问题仍然是制约其发展的重要因素。首先，耦合发电技术方面存在诸多挑战。生物质能源与煤粉直接混燃发电技术尚处于理论和试验阶段，面临生物质燃料质量波动、灰分含量等稳定性问题，产业化应用尚需进一步验证。分烧耦合发电技术在系统设计和投资成本方面面临挑战，生物质气化与煤混燃耦合发电技术可能引发焦油等副产品问题，影响设备运行稳定性。此外，

煤与太阳能光热耦合发电技术需要解决系统集成、调控和灵活调峰等技术难题。其次，耦合发电成本相对较高也是一个制约因素。生物质原料成本高导致与煤耦合发电的成本居高不下，而光伏与煤炭互补方面，太阳能光热技术虽然转换效率较高，但需要大面积集热器和光伏板，增加了投资成本。另外，产业规划和政策支持方面仍有待加强。新能源耦合发电新业态缺乏统一规划，可能导致市场效率低下和竞争不公平。缺乏明确的上网电价和补贴政策也增加了企业投资的不确定性风险，阻碍了耦合发电技术的推广和应用。

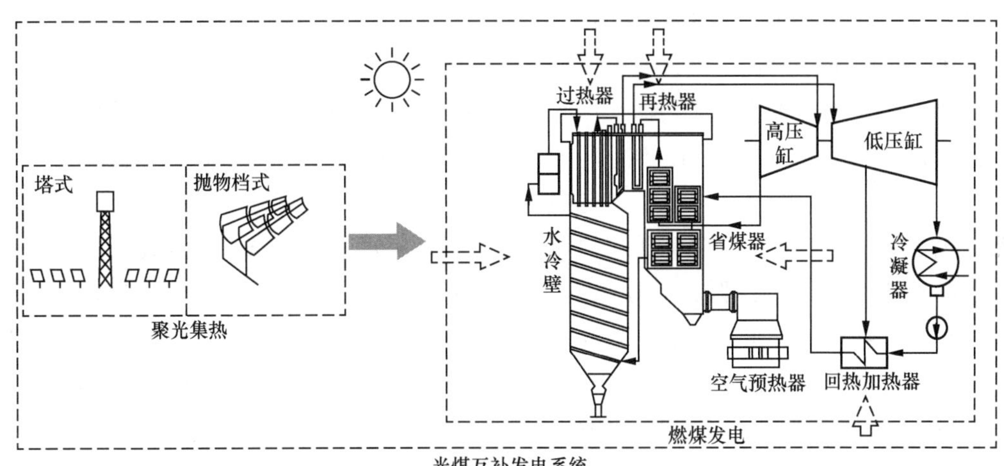

图 8-31 太阳能与煤电潜在耦合形式

因此，为推动煤与可再生能源耦合发电技术的发展，需要加强技术创新，降低成本，完善产业规划和政策支持体系。只有在技术、成本和政策多方面协同推进的情况下，煤与新能源耦合发电技术才能实现可持续发展并为清洁能源转型作出贡献。

8.8.2 煤电耦合储能热电解耦技术

国家能源集团在 2024 年工作会议上提出，重塑形成“煤火风光水、化油气氢核等能源谱系+物流贸易金融支撑+产研用融通”的综合性现代化产业发展新格局。基于我国能源结构特点，煤电仍承担保障电力安全的重要作用，开展“煤电+储热”提升煤电调节能力，对深化煤电灵活性改造，推动新型电力系统构建具有积极作用。储热可有效存储汽轮机抽汽及风光弃电制热，并根据供热负荷需求进行调控放热，增加热电联产机组运行灵活性，提高能量利用效率，而热电解耦本质上就是用其他热源替代汽轮机供热，减少汽轮机供热功率，进而降低以热定电的发电功率。通过增添储热水罐、电锅炉等设备或对蒸汽流程进行改造，将热能通过储能设备储存或将电能转换成热能，以实现在满足热负荷出力的前提下，扩大电负荷出力调整范围，提升灵活性。

8.8.2.1 电极锅炉技术

风能和太阳能由于存在不稳定性和随机性，与电力系统的平稳性和可靠性相矛盾，随着其在能源供给中比例的不断提高，造成整个能源系统中储能总量不断减少，具体表现为调节能力不足。在我国碳中和目标大背景下，随着储能技术的快速发展，与清洁能源配套的蓄热储能技术相应地有所完善，电极锅炉蓄热系统作为能够实现清洁能源消纳领域的核心技术，已得到深入推广，其安全、环保、操作简便的特点使得它在核电厂辅助蒸汽系统、蓄热供暖及火电厂灵活性改造等方面得到了广泛应用。电极锅炉作为核电站辅助启动锅炉，在机组启动及紧急停堆时发挥着不可替代的作用。在“双碳”目标战略规划下，未来电极锅炉配合储热系统在消纳风力、光伏等可再生能源发电、储汽蓄热参与电网调峰、电热高效转换实现冬季清洁供暖与提高农村电气化水平等方面应用前景广阔。

电极锅炉的工作方式与传统的电锅炉有着很大的区别，传统的电锅炉的加热方式为电阻式加热，即通过电热管来加热锅水，而电极锅炉一般采用电厂的除盐水，除盐水的电导率（25℃）一般小于 0.3μS/cm，该水不导电。因此锅炉内必须加入一定的电解质，使锅水具有一定的电阻，才能使其导电。但是锅水的电导率不是越高越好，否则容易造成击穿等事故。电极锅炉就是利用含电解质水的导电特性，通电后被加热产生热水或蒸汽。电极锅炉由于基本结构和工作原理的不同，可分为喷射式和浸没式两种类型（图 8-32）。喷射式电极锅炉的主体结构是一个大型的压力容器，在容器上部装有一个储水容器，储水容器周围垂直地安装着电极。容器底部储有处理过的锅水，锅水通过循环水泵输送到储水容器之中，并通过容器壁四周的喷嘴喷出至周围的高压电极上，沿电极向下流动，高压电流使得水加热蒸发，产生蒸汽。浸没式电极锅炉主要分为内、外筒两个区域，位于炉外的循环水泵向锅炉外筒输送经过处理的除氧水，炉内的循环水泵将外筒中的水输送至内筒，内筒的锅水在高压电极的作用下变成热水或蒸汽。通过调控外筒补水控制高压电极的浸没深度，从而调节锅炉的输出功率。两种电极锅炉之间有着很大的不同之处，浸没式电极锅炉对于循环水量的要求较少，对三相电极进线电电源无要求，蒸汽品质较高，运行维护简单，设备要求较低且占地面积小，便于分布式安装，与喷射式电极锅炉相比具有突出的优势，便于大规模应用。

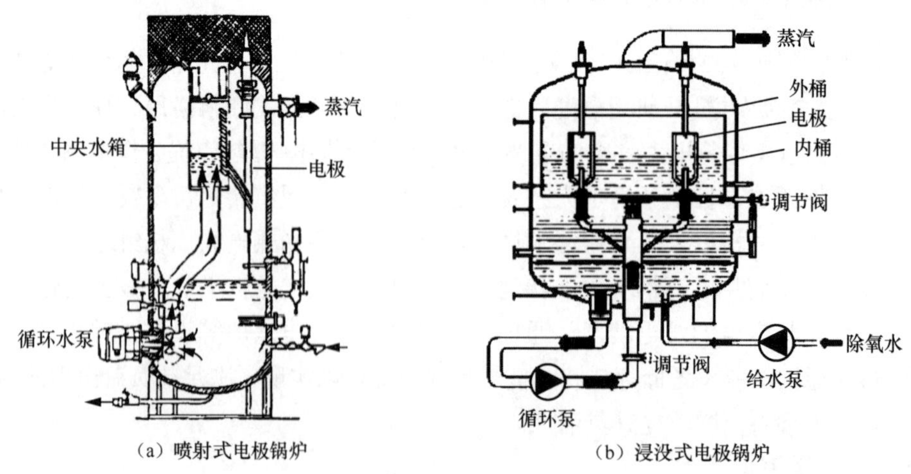

（a）喷射式电极锅炉　（b）浸没式电极锅炉

图 8-32　电极锅炉

在欧洲，由于大量风电和光伏发电的快速发展，北欧和德国经常会出现负电价情况，

因此很多火电厂通过电热锅炉生产热水供热，来增加火电厂的经济性。在北欧的电网系统和热电厂中，大功率的电热锅炉几乎全是电极锅炉，它们被安装在系统中的功能主要有三个：一是在电网中进行峰谷电的平衡和风电光电消纳；二是增加热电厂的火电灵活性，在不干扰机组锅炉汽轮机系统的条件下，快速实现深度调峰；三是电极蒸汽锅炉配合过热器作为核电站和常规火电机组的冷启动的启动锅炉，提供小汽轮机冲转和汽轮机的启动暖缸等蒸汽来源。20 世纪 90 年代，国内首次引进了西屋公司核电技术，喷射式电极锅炉开始在中国大规模应用。然而，由于国内对于电极锅炉的研究起步较晚，技术水平不够成熟，难以自主研发制造电极锅炉，因此多数的国内企业都是通过与国外厂商技术合作等方式来谋求自身的发展。目前，电极锅炉技术广泛应用于直接供暖、常温蓄热等场景。截至 2021 年底，浙江特富、浙江力聚、江苏双良等品牌共有 60 多台在全国各地各行业，特别在高原地区、偏远地区因其独特优势格外受用户青睐。在工业领域，电极锅炉可以为工厂和企业提供稳定的热能供应，满足生产和加工需求；在民用建筑领域，电极锅炉被用于采暖供热系统，为居民提供舒适的室内环境；在农业领域，电极锅炉技术也被应用于温室暖房，为温室提供稳定的温度，促进植物生长。

电极锅炉可广泛应用于工业企业用能、火电调峰、清洁供热等领域，其具有效率高、无噪声、无污染等显著优点。不同的应用场景下，可选择不同结构形式的锅炉，广泛应用于各个领域。例如，在谷电蓄热供热方面，可以利用低谷电蓄热供热来替代传统的燃煤锅炉，不仅可以覆盖市政管网无法到达的地区，解决供热盲点，还可以与换热站热网串联运行，提高热网供暖能力；作为风电和光电的调峰锅炉，这种技术可以就地消纳电能，维护电网稳定，同时增加供热区域，实现节能减排的目标。另外，为工业领域提供高品质蒸汽及高温热水，满足印染、食品、医院、制衣、制药、酒厂、建材、汽车等企业的能源需求也是其重要应用之一。同时，作为电厂启动锅炉，可以在主蒸汽或其他来源蒸汽不可用时，向辅助蒸汽系统供应蒸汽，实现快速启动和蒸汽生产。最后，利用燃煤机组在供暖期内无法消纳的电力加热蓄热，实现对外供热，提高燃煤机组的负荷率及供热能力，同时为风光电腾挪消纳空间，提高能源利用效率。这些应用场景充分展示了电极锅炉技术的灵活性和多功能性，为能源领域的发展带来了新的可能性。

8.8.2.2 固体蓄热技术

据 IRENA（国际可再生能源署）《创新展望：热能存储》报告显示，到 2030 年，储热装机的容量大概将增长到 800GW·h 以上，中国的储热装机规模目前已达到 1.5GW·h。中国 2020 年 9 月宣布力争 2030 年实现“碳达峰”，2060 年实现“碳中和”。在“双碳”目标下，储热技术有望在清洁供热、火电调峰、清洁能源消纳等方面迎来较大的发展空间和机遇。在众多的储热技术中，固体蓄热技术将电网的低谷电能、风/光等波动性电能转化成热能储存，在用电高峰时段按需实现供暖、供汽或供热水等。典型的固体电蓄热系统如图 8-33 所示，主体结构包括电热单元、蓄热体、绝热层（保温层）、换热单元。该技术具有储热温度高、储能密度较大、对外输出热能的形式多样等优点，既可以提供热风，也能够提供高温蒸汽和热水，也能够满足工业和民用多个领域的用热需求，是一种先进、高效的储热技术，对提高电网灵活性具有重要意义。

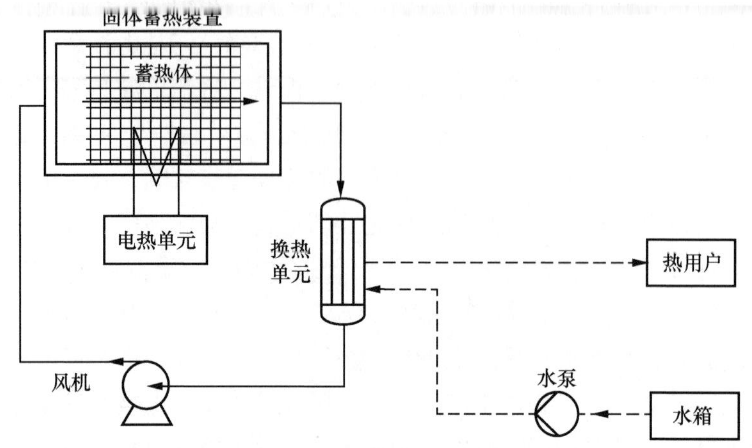

图 8-33　固体蓄热装置工作原理

当前，固体蓄热技术主要围绕蓄热材料、蓄热体结构、换热结构、蓄热–放热过程的流动传热特性等方面开展研究。常见的蓄热材料包括显热蓄热材料、相变蓄热材料、化学蓄热材料和物理吸附蓄热材料等。国内外学者对固体蓄热材料的研究主要围绕两个方面：一是针对目前已有的蓄热材料的比选和如何提高蓄热材料的热物理性能；二是开发新的蓄热材料。在固体蓄热技术中，应用最为广泛的是固体显热蓄热材料，即采用固体蓄热介质，该介质在蓄热过程中本身不发生相变反应，通过蓄热介质材料的温度变化进行热量储存和释放。工程上常用的固体蓄热介质材料包括混凝土、陶瓷、铸铁等，虽然它们的工作温度上限较高，但它们的导热系数比较差。而以镁砖为代表的烧结多孔新型材料不仅能够弥补传统固体蓄热介质导热性差的问题，同时还具有比热容和体积热容大的优势，因此在商业上被广泛使用。而与一般工业蓄热场景相比，电网输出具有功率高、蓄热体量大的特点。因此，针对电网特有的运行工况，亟需研发适用于电网蓄热的蓄热材料，提高蓄热能量密度、提升蓄热/放热效率成为蓄热材料发展的长期方向。

固体蓄热装置的性能直接决定蓄热系统的能效，目前，固体蓄热装置主要存在蓄/释热过程温度分布不均匀、电热丝容易烧坏、蓄热效率不高及蓄热装置运行一段时间后出现开裂、坍塌等问题。国内外研究者围绕不同的蓄热体及其布置结构、数量，以及换热器通道形式等开展了一系列研究，力求提高装置的蓄热–放热效率。有研究者通过结构优化减少了换热管数量，从而提升换热性能，或是从蓄热材料的热物理性能出发，研究影响蓄热材料比热容、导热性能的因素，并试验研究蓄热体单元在蓄热过程中的传热特性，分析了不同形状的加热元件（如矩形、圆形加热板、加热管等）对蓄热体蓄热/放热性能的影响。

总的来说，固体蓄热装置的性能主要受限于蓄热材料的填充度、蓄热体与换热器的布置结构、换热管件的形式及数量等因素。目前的试验研究多集中在材料的选取与装置构型

的优化，以宏观的蓄放热量、系统效率等参数为评价指标。事实上，蓄热体结构与换热器内的传热流动过程对于装置性能研究同样至关重要。然而现有的试验技术难以获得蓄热体内及换热管道内的温度、压力、流场等分布信息，从而限制了对其传热流动机理的深入认识。

固体蓄热技术凭借其性能良好、占地体积小、储热量大、负荷调整灵活等优点，目前在国外已有了很多成功的案例和典型装置，并实现了较好的经济效益。Bedouani 等对加拿大蒙特利尔地区 6 所房屋的 4 种不同存储容量的蓄热单元进行模拟研究，结果表明固体蓄热系统的投资回报时间为 4～5 年。而国内固体电蓄热装置多应用于居民采暖、电厂调峰及高校试验研究等方面。2015 年，国内首台全自动固体蓄热电锅炉研制成功，该装置能满足用户冬季供暖、夏季制冷及生活热水的需求。华电新疆发电有限公司在新疆昌吉地区建设安装的固体蓄热机组可实现深度调峰 60MW 的电负荷，灵活调剂 150 万 m^2 供热面积，解决了该地区热电联产机组灵活性改造问题。

随着“双碳”目标的推进，构建以新能源为主体的新型电力系统是实现各领域低碳绿色转型的重要手段之一，固体蓄热技术是新能源电力与供热的纽带，尤其是小型、独立、孤岛型分布式新能源消纳与供热场景，具有广阔的市场前景。目前，固体蓄热技术仍处于初步发展阶段，需要在固体蓄热材料、蓄热装置的结构和蓄/释热性能、运行方式和控制策略、经济性分析等方面不断地改进和创新，使之成为具有竞争优势的清洁供暖方式。

8.8.2.3 熔盐储热技术

为了保障新能源占比逐步提高的新型电力系统的供电可靠性，需要配套使用长时间、大容量、低成本的储能系统以满足各类新能源时空不平衡的调节需求。熔盐储能（Molten-Salt Energy Storage）是一种以金属盐作为介质，将能量以热能的形式储存在盐的温升和相变过程中的新型储能技术。熔盐是一种理想的储热介质，具有低黏度、低蒸汽压、稳定性高、储热密度高等优点，因此熔盐储热技术可以广泛应用于太阳能光热发电、火电机组的调峰调频、供暖与余热回收利用等领域。熔盐的应用研究始于 20 世纪 50 年代。美国橡树岭国家实验室基于熔盐在高温下不易分解的稳定化学性质和良好导热性，首次提出了在核动力飞机和核反应堆中使用熔盐传热冷却的概念，并于 1954 年成功建造了熔盐试验堆。20 世纪 60 年代后期，熔盐堆在美国原子能委员会选择下一代增殖反应堆技术路线的竞标中输给了液态金属快中子堆，导致熔盐系统的研究在十几年间基本停滞。第二次石油危机后，由于新能源发电成为研究热点，集中式光热发电技术快速发展，熔盐储热技术作为光热电站的配套重新受到关注。

熔盐在发电和储能技术中被作为传热、储热的介质使用。熔盐的热性质由构成的离子种类决定，一般选用碱金属和碱土金属的硝酸盐或卤化物搭配组成。熔盐的关键参数包括熔化温度、分解温度、密度和比热容等，主要根据设计中的工作温度要求选用。在正常运行流程中需要确保熔盐始终为液态，以防止低温凝固对管道造成的损伤和堵塞。在光热电站中主要使用各种配比的钠、钾、钙的硝酸盐，例如包括 60%硝酸钠、40%硝酸钾的“太阳盐”和由 7%硝酸钠、53%硝酸钾、40%亚硝酸钾组成的“Hitec”低熔点三元盐。图 8-34 所

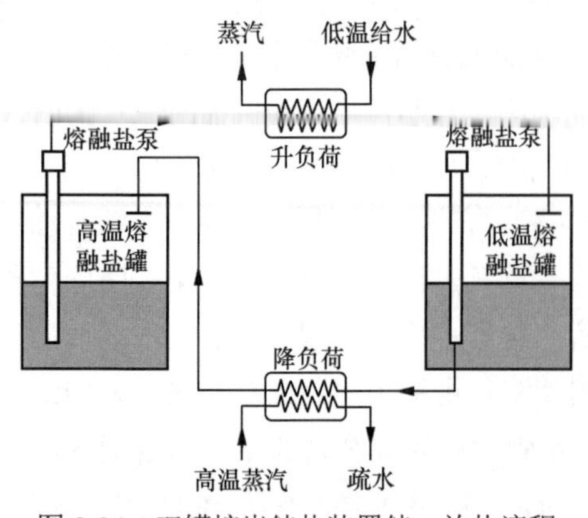

图 8-34 双罐熔岩储热装置储、放热流程

示为典型双罐熔盐储热装置的储、放热流程。

截至目前，美国和西班牙等的多个聚光太阳能电站都采用了熔盐储热技术。2009 年 3 月成功运行的西班牙安达索尔槽式光热发电站配置了熔盐储热系统，成为全球首个商业化聚光太阳能电站。2010 年，意大利阿基米德 4.9MW 槽式聚光太阳能电站也使用了熔盐作为传热和储热介质。由此可以看出，熔盐储热技术是商业化聚光太阳能电站储热系统的首选。对我国而言，青海、甘肃、新疆、内蒙古、西藏、吉林等地已有超 4GW 在建/拟开发光热发电项目，其中总计 28 个、含光热装机近 3GW 的一批风光热一体化项目已进入建设阶段，这些项目均配置熔盐储热系统。自 2023 年底开始，这些项目皆陆续并网投运。

在太阳能光热发电领域广泛应用的二元硝酸盐（60%$NaNO_3$+40%KNO_3），其工作温度区间为 221～565℃，刚好匹配火力发电系统的温度参数，因此熔盐储热技术也适用煤电机组的灵活性改造。李峻等将光热电站中的大容量高温熔盐储热系统，嵌入传统的“锅炉–汽机”热力系统中，削弱原本刚性联系的“炉机耦合”。这一方案将熔盐储热系统加入机组的热力系统，在适合的时段加热熔盐，待到调峰时段通过高温熔盐放热供暖，从而切除机组的热负荷，实现“热电解耦”的同时提高机组运行的灵活性，为煤电机组灵活性改造提供了新的策略。

通过熔盐储热系统与煤电机组的深度耦合，能够大幅提升煤电机组调频、调峰性能，同时保障机组供汽安全。当电网低谷的时候，电厂过剩的电能加热熔盐并储存起来，一部分用于工业企业的生产供汽，另一部分在电网需要的时候释放出来，辅助煤电机组顶峰，相当于给煤电机组配备了一个超级“充电宝”。然而，现阶段的熔盐储热技术要实现大规模应用还有一些关键技术问题需要解决。首先，熔盐材料是熔盐储热技术的根本，其热物性参数尚且存在熔点高、比热容低、热导率低等不足，直接影响储热系统的运行，并导致储能系统占地面积及成本居高不下。近年来，国内外专家学者对高比热容、低熔点熔盐的制备及熔盐热物性参数提升进行了研究，发现在熔盐材料中添加可溶性添加剂或纳米材料颗粒可以显著提升熔盐的储热性能。其次，熔盐换热器是熔盐储热系统中的关键部件之一，其设计不仅要考虑换热效率，还要考虑熔盐的腐蚀性，以及温度变化时熔盐可能凝固造成换热器堵塞等问题。因此熔盐换热器的设计也是近年来的研究热点。最后，在熔盐储热系统集成方面还有一些关键技术，如高电压等级的电加热熔盐加热器、耐腐蚀与高温的熔盐泵、阀门、管道及熔盐储罐的设计选型与单罐、双罐、多罐系统的研发设计等。

综上所述，熔盐储热技术与机组的深度耦合，可实现热电解耦，解决机组调峰与供热保障的关键问题。截至 2023 年底，我国煤电机组装机容量达到 11.6 亿 kW。熔盐储热技术

的成功应用不仅有助于提升新能源消纳能力，支撑新型电力系统建设，还具有重要的示范意义。通过推动煤电机组向支撑性、调节性电源的转型，这项技术有望促进煤电机组从电量供应主体逐步转变为电力供应主体，推动我国能源结构向清洁、低碳方向发展。然而，尽管熔盐储热技术在煤电机组中取得了显著成就，但仍然面临一些挑战和问题。例如，技术成本仍然较高，系统集成存在一定复杂性，运行稳定性和安全性也需要进一步加强。因此，需要进一步完善相关政策支持和技术研发，推动熔盐储热技术在煤电机组中的广泛应用，为我国电力系统的可持续发展作出更大贡献。

8.8.2.4 热水蓄热技术

热水蓄热技术是指在用热低谷期，把暂时不需要的热量、来自机组或可再生能源产生的多余电能转化成的热量，利用水作为蓄热载体储存在热水蓄热罐中，在用热高峰期将热量释放出来再利用。

采用热水蓄热方式进行热电解耦时，需建设一个容积足够大的蓄热罐，在蓄热工况下，高温的水从蓄热罐的上布水器流入，低温的水从罐体的下布水器以相同的流量流出（见图 8-35）。当蓄热完成后，冷热水过渡区（斜温层）从罐体的上方布水器开始逐渐下移，并在移动结束后消失。在取热工况下，当供热高峰出现时，低温的水从罐体的下布水器进入罐内，同时高温的水通过上布水器供给热用户。斜温层从罐体的下布水器位置开始逐渐形成并向上移动，在取热完成后消失。

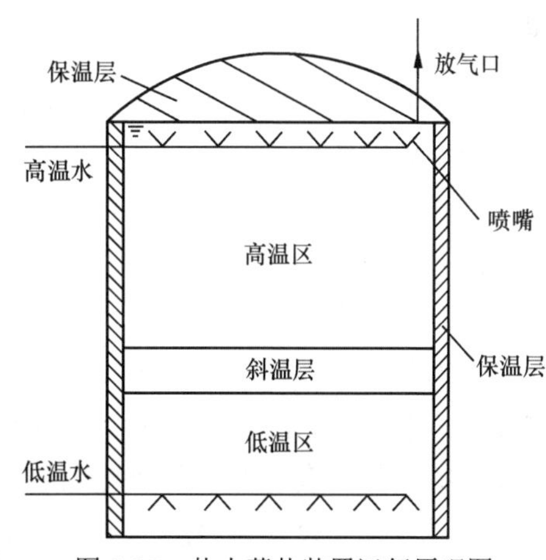

图 8-35 热水蓄热装置运行原理图

热水蓄热技术在集中供热系统中有多种布置方式，根据热水蓄热罐的布置位置将其分为集中式、分散式以及分布式。集中式布置指蓄热罐安装于热源处并为热网整体进行削峰填谷，集中式蓄热系统需要对整个系统进行调节，如果出现部分热用户与主体的负荷特征差别过大的现象或者单个用户用热量发生变化时，系统无法进行针对性调节。此外，当集中供热规模过大后会出现管网过长、结构复杂以及水平失调的问题，热延迟较高，处于系统较远处的用户供热质量差。分散式布置指蓄热罐布置在热用户建筑附近，并根据其需求调整运行策略，同理不同位置的蓄热罐互不影响。此种布置方式结构简单，配置灵活，蓄热系统安装在建筑物旁热延迟现象小到可以忽略，而且可以根据服务建筑性质与用户热需求调整启停，不受其他建筑影响可以最大限度提高服务质量。然而，有研究发现分散式蓄热系统运行性弱于集中式布置，其蓄热水罐分别布置在不同建筑内间隔大，蓄热系统独立运作，不能互相借力使得灵活性最差。分散蓄热方式导致热电联产机组的启停运作需要满足热用户中瞬时最大热需求，致使系统运行不经济，且耗能严重。分布式布置则指蓄热罐分别安装于不同换热站为不同供热区蓄热，不同换热站布置蓄热罐互不影响。它综合吸收了集中式蓄热系统和分散式蓄热系统的优点：对比分散式布置，灵活性有所提高，蓄热罐数量较少，初投资合理；对比集中式布置，其蓄热距离较短，热延迟较小，且可以根据换热站所覆盖热用户的热负荷特点调整，更好发挥削峰填谷作用。分布式蓄热系统不仅可以实现针对性调峰还同时兼顾了低热延迟、高经济性与高稳定性的优点，因此在实际项目推广中更受青睐。

热水蓄热技术主要用于热电厂供暖季的热电解耦，提高供热机组的运行灵活性。而相对于其他蓄热技术来说，热水蓄热技术的应用较少。目前，在芬兰和法国，热水蓄热器主要用于民用供热系统，大多数的蓄热水箱与燃油锅炉、燃气锅炉、生物质燃料锅炉和区域热电厂结合。法国的热水蓄热罐容积在 80～200m³。在丹麦，绝大多数的区域热电厂采用热水蓄热来“削峰填谷”，典型热水蓄热罐容积在 2000～30000m³。2021 年，由国家电投中央研究院研发的高性能斜温层水蓄热/蓄冷技术在松花江第一热电分公司储热调峰项目中成功应用。5000m³斜温层蓄热水罐，按照设计值，每年可为该厂节约标准煤 5 万 t 以上，增加机组调峰能力 120MW，在冬季同等负荷条件下，供热面积增加 200 余万 m^2。2022 年，该厂火电参与电力调峰时长超 3200h，带来收益 7000 万元。

随着集中供热热网规模逐年扩大，蓄热技术在供热系统中扮演着“削峰填谷”的重要角色，有效降低了高峰供暖压力，展现出越来越明显的技术优势。热水罐蓄热技术具有诸多优点：结构简单、运维便捷、安全性高；蓄热介质为水，价格低廉且易获取，可直接接入供热系统热媒；通过“削峰填谷”机制，提升了集中供热系统的灵活性和经济性；蓄热后可作为备用热源使用，同时可用于系统补水定压；此外，其建设成本远低于调峰热源。然而，热水罐蓄热技术也存在一些不足之处：罐体可能存在空气渗入问题，导致管路腐蚀；由于水的蓄热密度较低，需要更大的体积来储存相同量的热量，增加了罐体热损失，因此需要在罐体外部设置保温层；另外，罐体结构和运行工况的合理设定至关重要，不同参数和工况直接影响罐内冷热流体混合强度、蓄热时间以及斜温层厚度，可能导致蓄热管性能下降，从而带来不必要的能源损耗。

近年来，中国大力发展热水蓄热罐蓄热采暖系统，因为该系统具有经济效益高、灵活的运行机制和响应“以热定电”等特点。这除了有国内外蓄热技术和相关热电联产项目累积实践的支持外，还因为未来储能调峰收益和市场竞争力将继续增加，借此弥补能源价格逐年上涨导致热电厂经济效益逐年降低的问题。面对这一现实，很多地区都在推动热电联产协同蓄热系统，并通过不断的研究，借鉴国内外项目，推动分布式蓄热系统的落地，以期助力实现“双碳”目标。

8.8.3 煤电耦合制氢技术

随着国家“双碳”战略的实施，风电、光伏等新能源电力低碳优势凸显，上网电量逐年增加，未来必将成为我国电力供应的主体。2023 年，能源局发文明确“十四五”期间原则上将不再新建单纯以发电为目的的煤电项目。现存煤电机组的生存机会与发展空间，在于其能否顺利完成由电量主体向容量主体的角色转变，满足未来波动多变的新能源电网的

调峰需求。目前已开展灵活性改造的火电机组，其最小技术出力确实能够降低（最低可达20%额定容量），但机组长期的安全健康运行难以保障。因此探索一种既着眼于煤电机组长期安全健康、经济高效运行，又能满足未来电网快速频繁、极限深度调峰需求的新型灵活性改造方案就显得尤为重要。

氢能是一种高效清洁的二次能源，在实现"碳中和"目标中起重要作用。近年来，我国高度重视氢能产业的发展，已成为全球最大的氢气（H_2）生产国及消费国。据中国氢能联盟预测，到2050年我国氢能源消费量将达到6000万t，在我国终端能源体系中的占比达到10%。未来随着风、光为主的可再生能源建设项目大规模开展，电解制氢将会成为氢能的主要来源。而将电解制氢系统与煤电耦合起来，既可辅助煤电机组开展极限深度调峰，又能完善氢能的供应体系。但是，这要求制氢系统的改造方案能够充分利用电厂已有的生产条件（人员、设备、物料、工艺方法等），从而有效降低初期投资；应选用具有适应多变负载能力的电解槽，以时时吸纳多余电量，快速调节煤电机组的上网电量；另外，还要求该煤电耦合制氢系统所采用的制氢工艺应具有较高的能量转换效率，装置投运后能够切实提升机组经济性，增加煤电企业的综合收益。

但是，在煤电与新能源耦合制氢过程中存在一系列的技术及系统装备问题。

一是大规模制氢技术及控制系统需进一步研发。电解制氢是新能源参与制氢的主要方向，但目前无论是碱性电解水制氢，还是纯水电解制氢，大规模开发利用难度均较高。此外，大规模制氢还需要高质量的大型控制系统用以工艺流程中的实时检测、数据通信和传输及控制。但目前我国此类控制系统仍处于研发初期，缺少产业化利用能力。

二是储存与运输装备及体系亟待完善。我国新能源大多建设在"三北"地区，与氢能的消费端存在空间差异。这也意味着新能源制氢的消纳除了需要较低成本的工艺流程外，还需要辅以氢能的大规模储备运输系统作为支撑。但目前我国氢能的储运体系仍处于示范的初级阶段，增加了煤电与新能源耦合制氢的成本风险。

三是配套政策体系尚需健全。我国已制定了一系列氢能发展规划和相应的行动计划，但氢能尚未明确纳入能源战略体系，氢与煤电的耦合发展尚无专项规划和补贴支持；同时，现有规划局限在交通领域，较少涉及工业、能源领域。缺少政策体系的扶持与帮助，煤电与新能源耦合制氢的外部激励不足，使耦合利用的成本下降速度较慢，不利于推动产业化进程。

8.9 本 章 小 结

煤电灵活性改造是提高电力系统调节能力的现实选择。党的二十大报告强调："要积极稳妥推进碳达峰、碳中和，深入推进能源革命，加快规划建设新型能源体系"，为我国能源电力高质量跃升式发展指明了前进方向，提出了更高要求。煤电在未来相当长一段时间内仍是我国电力供应安全的重要支撑，需加快煤电灵活调节能力提升，推动化石能源发电逐步向基础保障性和系统调节性电源并重转型。

本章主要针对燃料供应与制粉系统灵活性改造技术、锅炉灵活性改造技术、汽轮机灵活性改造技术、发电机灵活性改造技术、控制系统灵活性改造技术、环保岛系统灵活性改造技术、耦合新能源储能灵活性改造技术等进行重点介绍。

（1）影响燃煤机组变负荷深度和负荷响应速度的核心因素是锅炉燃烧系统，而调节燃烧系统的基础在于燃料供应的灵活可变性，输煤、配煤、磨煤等一系列步骤皆有很大的改造空间。目前对于电厂而言，经济煤种掺烧已经成为常态，配煤掺烧是提升经济效益的重要途径。

（2）锅炉侧灵活性改造重点解决低负荷燃烧稳定性、锅炉侧辅机适配性、受热面高温腐蚀与疲劳损伤。其中，为提高低负荷燃烧稳定性，通常采用的技术路径主要是改造燃烧器，目前国内各研究部门开发的较为成功的新型燃烧器有浓淡燃烧器、双通道自稳式燃烧器和多功能船型燃烧器等。

（3）深度调峰状态，汽轮机灵活性改造重点关注低压缸微处理、汽轮机末级叶片监测、汽轮机辅机设备适应性以及汽轮机安全性等问题。其中，低压缸微出力运行属于低压缸切缸技术，其本质是一种背压供热技术，即通过采取措施，切除低压缸正常进汽，只保留少量冷却蒸汽，并维持安全稳定运行的一种灵活性技术。国内已经实施的低压缸零出力（切除低压缸）改造主要以 200、300MW 和 600MW 等级湿冷机组为主。

（4）发电机系统的灵活性是指系统在面对电网负荷变化、频率和电压波动等情况时，能够快速、准确地调整发电机的输出功率和无功功率，以保持电网的稳定运行。发电机灵活性改造技术主要包括定子结构优化、转子结构优化、辅助系统适配性改造等，通过改造发电机，可以使其更快速、更精确地响应电网频率和电压的变化，提高电网的调节能力、降低电网运行成本、提高电网稳定性。

（5）在控制系统部分，主要通过一次调频控制、AGC 协调控制和自动控制优化技术实现灵活调节作用。其中，一次调频控制中，储能火电联合调频技术在容量优化配置方面已被认定为是一种可行的方案，同时一次调频技术逐渐由自身调节向辅助调节转变，甚至进一步向耦合新型储能技术等方式进一步探索。

（6）随着对烟气治理的理解日益深入与技术的发展和不断创新，“环保岛”系统应运而生。“环保岛”主要包括从锅炉省煤器出口至烟囱之间所有污染物减排设施，环保岛灵活性改造技术主要包括宽负荷脱硝、脱硫低负荷优化运行和除尘低负荷优化运行等技术。其中，实现宽负荷脱硝改造的方案主要有给水旁路、省煤器热水再循环、烟气旁路、省煤器分级设置以及蒸汽加热给水等。

（7）新能源储能技术与煤电发电系统相耦合，实现能源的高效利用和碳排放的降低，是当前解决能源结构转型矛盾的关键。煤电耦合新能源储能灵活性技术主要包括耦合新能源、耦合储能热电解耦以及耦合制氢技术等。其中耦合储能技术主要通过增添储热水罐、电锅炉等设备或对蒸汽流程进行改造，将热能通过储能设备储存或将电能转换成热能，以实现在满足热负荷出力的前提下，扩大电负荷出力调整范围，提升灵活性。

参 考 文 献

[1] BP. Statistical Review of World Energy 2022[R]. London, 2022.

[2] 曹雅丽. 严控煤电 我国电力业 2025 年有望碳达峰[N]. 中国工业报，2021-12-21.

[3] 陈宗法.“双碳”目标下，“十四五”燃气发展如何发展?[J]. 能源政经，2021，06：38-41.

[4] Det Norske Verritas(DNV). Energy Transition Outlook[EB/OL]. [2022-01-26]. 2021.https://eto.dnv.com/2019/index.html

[5] 樊静丽，李佳，晏水平，等. 我国生物质能-碳捕集与封存技术应用潜力分析[J]. 热力发电，2021，50（1）：7-17.

[6] 国际可再生能源署. 2022 年中国和 G7 国家发电装机对比[N]. 电信息，2023-4-15.

[7] 国家统计局. 中华人民共和国 2022 年国民经济和社会发展统计公报[EB/OL]. [2024-04-26]. http://www.stats. gov. cn/tjsj/zxfb/202102/t20210227_1814154. html. 刘自敏，熊瑶，申颢. 煤电转型、煤电价格与新型电力系统构建[J]. 中国电力企业管理，2021，03：28-30.

[8] 国家统计局. 能源消费总量和构成[EB/OL]. https://data.stats.gov.cn/tablequery.htm?code=AD0H.

[9] 姜红丽，刘羽茜，冯一铭，等. 碳达峰、碳中和背景下“十四五”时期发电技术趋势分析[J]. 发电技术，2021，1-12.

[10] 李丹青. 煤电产业应为“碳中和”目标作出调整[J]. 能源，2021（11）：27-29.

[11] 李晖，刘栋，姚丹阳. 面向碳达峰碳中和目标的我国电力系统发展研判[J]. 中国电机工程学报，2021,41（18）：6245-6258.

[12] 郦建国，朱法华，孙雪丽. 中国火电大气污染防治现状及挑战[J]. 中国电力，2018，51（06）：2-10.

[13] 陆王琳，陆启亮，张志洪. 碳中和背景下综合智慧能源发展趋势[J]. 动力工程学报，2022，42（1）：10-18.

[14] 陆延昌. 中国电力百科全书综合卷[M]. 3 版. 北京：中国电力出版社，2014.

[15] 卢晓燕. 碳中和背景下中国煤炭行业转型发展路径研究[J]. 煤炭经济研究，2021，41（8）：64-68.

[16] 马双忱，杨鹏威，王放放，等. “双碳”目标下传统火电面临的挑战与对策[J]. 华电技术，2021，43（12）：36-45.

[17] 马学礼，王笑飞，孙希进，等. 燃煤发电机组碳排放强度影响因素研究[J]. 热力发电，2022，51（1）：190-195.

[18] 吴琦，金洋，韩旭. “双碳”目标下的能源发展路径[J]. 有色冶金节能，2021，37（6）：6-9.

[19] 武魏楠. 电荒预警[J]. 能源，2021，08：10-19.

[20] 毛健雄. 燃煤耦合生物质发电[J]. 分布式能源，2017，2（5）：47-54.

[21] 美国环境保护署（USEPA） 国家环境质量空气标准[S]. https://www.epa.gov/naaqs.

[22] 欧盟.环境空气质量指令.http://be.mofcom.gov.cn/aarticle/jmxw/200804/ 20080405505174.html.

[23] 潘小海，梁双，张茗洋. 碳达峰碳中和背景下电力系统安全稳定运行的风险挑战与对策研究[J]. 中国工程咨询，2021，8：37-42.

[24] 舒印彪，赵勇，赵良，等. “双碳”目标下我国能源电力低碳转型路径[J]. 中国电机工程学报，2023，

43（5）：1664-1671.

[25] 舒印彪，张丽英，张运洲，等. 我国电力碳达峰、碳中和路径研究[J]. 中国工程科学，2021，23（6）：001 011.

[26] 苏淑华，吕迎晨. 综合能源服务发展现状与路径研究[J]. 能源科技，2021，19（6）：8-15.

[27] 帅永，赵斌，蒋东方，等. 中国燃煤高效清洁发电技术现状与展望[J]. 热力发电，2022，51（1）：1-10.

[28] 谢和平，任世华，谢世辰，等. 碳中和目标下煤炭行业发展机遇[J]. 煤炭学报，2021，46（07）：2197-2211.

[29] 解振华，保建坤，李政，等.《中国长期低碳发展战略与转型路径研究》综合报告[J]. 中国人口.资源与环境，2020，30（11）：1-25.

[30] 徐静馨，朱法华，王圣，等. 超低排放燃煤电厂和燃气电厂综合对比[J]. 中国电力，2020，53（2）：164-172+179.

[31] 徐静馨，朱法华，王圣，等. 煤电清洁高效发展政策与实践[J]. 中国环保产业，2023（02）：34-38+44.

[32] 孙志禹，胡连兴. 中国水电的发展展望[J]. 国际清洁能源产业发展报告（2018），2018，257-267+515-516.

[33] 袁家海，张凯. “碳中和”目标下，新型电力系统中常规煤电退出路径研究[J]. 中国能源，2021（6）：19-26+66.

[34] 袁家海教授团队，田梦媛，王杨. “30・60”双碳目标下“十四五”煤电发展目标与政策建议[J]. 世界环境，2021（04）：29-32.

[35] 喻小宝，郑丹丹，杨康，等. “双碳”目标下能源电力行业的机遇与挑战[J]. 华电技术，2021，43（6）：21-32.

[36] 王家新，孙雪丽，朱法华，等. 中国燃煤电厂烟气汞的减排潜力研究[J]. 中国电机工程学报，2023，43（10）：3875-3885.

[37] 王金南. 加快修订环境空气质量标准[EB/OL].（2023-03-11）. http://www.bjng.gov.cn/new_info.aspx?newsid=5709.

[38] 王月明，姚明宇，张一帆，等. 煤电的低碳化发展路径研究[J]. 热力发电，2022，51（01）：1-10.

[39] 王志轩，潘荔，刘志强，等. 中国煤电清洁发展现状及展望[J]. 电力科技与环保，2018，34（1）：1-8.

[40] 王志轩. 碳达峰、碳中和目标实现路径与政策框架研究[J]. 电力科技与环保，2021，37（3）：1-8.

[41] 智佳佳，旷贤启. “双碳”目标下火电发电行业转型发展路径分析[J]. 山东电力高等专科学校学报，2021，24（6）：40-43.

[42] 张健赟，肖玲娟，赵树成，等. 电力企业发展综合智慧能源的潜力与实现路径分析[J]. 能源工程，2021，66-71.

[43] 张世山，陈振宇，郑鹏，等. 国电泰州电厂 2×1000MW 二次再热机组 NO_x、SO_2 超低排放技术应用[J].中国电力，2017，50（06）：32-37.

[44] 张涛，姜大霖. 碳达峰碳中和目标下煤基能源产业转型发展[J]. 煤炭经济研究，2021，41（10）：30-35.

[45] 张永生，董舵，肖逸，等. 我国能源生产、消费、储能现状及碳中和条件下变化趋势[J]. 科学通报，2021,66（34），4466-4476.

[46] 张运洲，张宁，代红才，等. 中国电力系统低碳发展分析模型构建与转型路径比较[J]. 中国电力，2021，54（03）：1-11.

[47] 张中祥. 国际竞争力、煤电退出和碳边境调节[J]. 探索与争鸣，2021,9：12-15.

[48] 赵国华，等. GB 13223—2011《火电厂大气污染物排放标准》分析与解读[M]. 北京:中国电力出版社，2013.

[49] 赵紫原. 托底承压，煤电今年有啥新“打法”?[N]. 中国能源报，2022-1-10.

[50] 中国电力企业联合会. 2022 年全国电力工业统计快报一览表[EB/OL]. （2023-01-18）. https://www.cec.org.cn/ upload/1/editor/1674033286551.pdf.

[51] 中国核电发展中心，国网能源研究院有限公司. 我国核电发展规划研究[M]. 北京：中国原子能出版社，2019.

[52] 中国科学技术协会. 2014—2015 动力与电力工程学科发展报告[M]. 北京：中国科学技术出版社，2016.

[53] 周孝信，赵强，张玉琼. “双碳”目标下我国电力系统发展前景[J]. 科学通报，2024，69（08）：983-989.

[54] 朱法华，王玉山，徐振，等. 碳达峰、碳中和目标下中国能源低碳发展研究[J]. 环境影响评价，2021，43（5）：1-8.

[55] 朱法华，王玉山，徐振，等. 中国电力行业碳达峰、碳中和的发展路径研究[J]. 电力科技与环保，2021，37（6）：9-16.

[56] 朱法华，徐静馨，潘超，等. 煤电在碳中和目标实现中的机遇与挑战[J]. 电力科技与环保，2022，38（2）：79-86.

[57] 朱法华，徐静馨，潘超. 电力行业减污降碳发展状况及目标展望[J]. 环境保护，2022，50（10）：15-20.

[58] 朱法华，王圣，许月阳，等. 中国燃煤电厂超低排放和节能改造的实践与启示[J]. 中国电力，2021，54（4）：1-8.

[59] 朱法华，张静怡，徐振. 我国工业烟气治理现状、困境及建议[J]. 中国环保产业，2020 （10）：13-16.

[60] US Energy Information Administration. Consumption for electricity generation by energy source: total(all sectors)1949—2010[DB].US Energy Information Administration,2011.

[61] BP. Statistical review of world energy full report 2015[R]. BP,2015.

[62] Mitsui Y,Imada N,Kikkawa H, et al. Study of Hg and SO_3 behavior in flue gas of oxy-fuel combustion system. International Journal of Greenhouse Gas Control,2011；(5S) : S143-S150.

[63] Triscori R, Kumartexas S, Lau Y, et al. Performance evaluation of wet electrostatic precipitator at AES deep water[C]. Air and Waste Management Association 100 Annual Conference, USA, 2007: 1-6.

[64] Bologa A, Paur H, Seifert H, et al. Novel wet electrostatic precipitator for collection of fine aerosol[J]. Journal of Electrostatics, 2009, 67(2-3) : 150-153.

[65] Yasutoshi U, Hiromitsu N, Ryokichi H. SO_3 removal system for flue gas in plants firing high-sulfur residual fuels[J]. Mitsubishi Heavy Industries Technical Review, 2012,49(4):6-12.

[66] Nakayama Y, Nakamura S, Takeuchi Y, et al． MHI High Efficiency System-Proven technology for multi pollutant removal[R]． Hiroshima Research & Development Center. Japan:Mitsubishi Heavy Industries,Ltd. 2011:1-11.

[67] Bäck A． Enhancing ESP efficiency for high resistivity fly ash by reducing the flue gas temperature[C]//Proceedings of the 11th International Conference on Electrostatic Precipitation． Berlin Heidelberg: Springer, 2009: 406-411.

[68] Deng S, Shi Y, Liu Y, et al. Emission characteristics of Cd,Pb and Mn from coal combustion: Field study at coal-fired power plants in China[J]. Fuel Processing Technology,2014,126: 469-475.

[69] Kang Yu, Liu Guijian, Chou Chenlin, et al. Arsenic in Chinese coals: distribution, modes of occurrence, and environmental effects [J].Sci Total Environ, 2011, 412(3): 1-13.

[70] Tian Hezhong, Wang Yan, Xue Zhigang, et al. Atmospheric emissions estimation of Hg,As,and Se from

coal-fired power plants in China,2007 [J].Sci Total Environ,2011,409(16) : 3078-3081.

[71] Chen Jian,Liu Guijian, Kang Yu, et al. Atmospheric emissions of F,As,Se,Hg,and Sb from coal-fired power and heat generation in China [J]. Chemosphere, 2013, 90(6) : 1925- 1932.

[72] Scot Pritchard. Optimizing SCR Catalyst Design and Performance for Coal Fired Boilers[C]. EPA/EPRI 1995 Joint Symposium Stationary Combustion NOx Control, 1995.

[73] H J Holm. SCR design issues in thermal power plants [C]. Russia Power, 2007.

[74] Isato Morita. Development and Operating Results of Low SO_2 to SO_3 Conversion Rate Catalyst for $DeNO_x$ application.

[75] Tucker W. An overview of PM2.5 sources and control strategies[J]. Fuel Processing Technology, 2000, 65:379-392.

[76] Lee S W, He I, Young B. Important aspects in source PM2.5 emissions measurement and characterization from stationary combustion systems[J]. Fuel Processing Technology, 2004,85(6): 687-699.

[77] USDOE. Clean coal technology program, selective catalyst reduction (SCR) technology for the control of nitrogen oxide emissions from coal-fired boilers[R].2005.

[78] 朱法华，黄炜，高翔，等.《火电厂污染防治技术手册》[M]，北京：中国电力出版社，2017.

[79] 朱法华. 燃煤电厂烟气污染物超低排放技术路线的选择[J]. 中国电力，2017，50（3）：11-16.

[80] 舒印彪，张丽英，张运洲，等. 我国电力碳达峰、碳中和路径研究[J]. 中国工程科学，2021，23（6）：001-014.

[81] 王月明，姚明宇，张一帆，等. 煤电的低碳化发展路径研究[J]. 热力发电，2022，51（1）：1-10.

[82] HJ 2301—2017，火电厂污染防治可行技术指南[S].

[83] 王魏，鸢园，别璇，等. 燃煤电厂超低排放控制设备改造前后物耗和能耗分析[J]. 电力科学与工程，2017，33（1）：15-20.

[84] 朱法华，徐静馨，潘超. 电力行业减污降碳发展状况及目标展望[J]. 环境保护，2022，50（10）：15-20.

[85] 李晖，刘栋，姚丹阳. 面向碳达峰碳中和目标的我国电力系统发展研判[J]. 中国电机工程学报，2021，41（18）：6245-6258.

[86] 赵海宝，郦建国，何毓忠，等. 低低温电除尘关键技术研究与应用[J]. 中国电力，2014，47（10）：117-121.

[87] 徐静馨，朱法华，王圣，等. 煤电清洁高效发展政策与实践[J]. 中国环保产业，2023（02）：34-38.

[88] 刘含笑，姚宇平，郦建国，等. 燃煤电厂烟气中 SO_3 生成、治理及测试技术研究[J]. 中国电力，2015，48（9）：152-156.

[89] 郦建国，朱法华，孙雪丽. 中国火电大气污染防治现状及挑战[J]. 中国电力，2018，51（6）：2-10.

[90] 刘宇，单广波，闫松，等. 燃煤锅炉烟气中 SO_3 的生成、危害及控制技术研究进展[J]. 环境工程，2016，34（12）：93-97.

[91] 陈招妹，高志丰，吕明玉. WESP 在燃煤电厂“超洁净排放”工程中的应用[J]. 电站系统工程，2014，30（6）：18-20.

[92] 胡斌，刘勇，任飞，等. 低低温电除尘协同脱除细颗粒物与 SO_3 实验研究[J]. 中国电机工程学报，2016，36（16）：4319-4325.

[93] 朱法华，许月阳，孙尊强，等. 中国燃煤电厂超低排放和节能改造的实践与启示[J]. 中国电力，2021，54（4）：1-8.

[94] 崔占忠，龙辉，龙正伟，等. 低低温高效烟气处理技术特点及其在中国的应用前景[J]. 动力工程学报，

2012，32（2）：152-158.

[95] 王奇伟. 某电厂烟气监测系统与脱硝自动控制改造[J]. 中国电力，2015，48（7）：120-123.

[96] 张志强，宋国升，陈崇明，等. 某电厂 600MW 机组 SCR 脱硝过程氨逃逸原因分析[J].电力建设，2012，33（6）：67-70.

[97] 莫华，朱法华，王圣，等. 湿式电除尘器在燃煤电厂的应用及其对 PM2.5 的减排作用[J].中国电力，2013，46（11）：62-65.

[98] 周俊虎，杨卫娟，周志军，等. 选择非催化还原过程中的 N_2O 生成与排放[J]. 中国电机工程学报，2005，25（13）：91-95.

[99] 王春波，史燕红，吴华成，等. 电袋复合除尘器和湿法脱硫装置对电厂燃煤重金属排放协同控制[J]. 煤炭学报，2016，41（7）：1833-1840.

[100] 帅伟，莫华. 我国燃煤电厂推广超低排放技术的对策建议[J]. 中国环境管理干部学院学报.2015，25（4）：49-52.

[101] 李明君，王燕，史震天，等. “超低排放”下火电环境影响评价研究[J]. 环境影响评价. 2015，37（4）：18-21.

[102] 成新兴，武宝会，周彦军，等. 燃煤电厂超低排放改造方案及其经济性分析[J]. 热力发电，2017，46（11）：97-102.

[103] 刘建民，薛建明，王小明，等. 火电厂氮氧化物控制技术[M]. 北京：中国电力出版社，2012.

[104] 吕洪坤，杨卫娟，周志军，等. 选择性非催化还原法在电站锅炉上的应用[J]. 中国电机工程学报，2008，28（23）：14-19.

[105] 毛剑宏. 大型电站锅炉 SCR 烟气脱硝系统关键技术研究[D]. 杭州：浙江大学，2011.

[106] 李云涛，毛宇杰，钟秦，等. SCR 催化剂的组成对其脱硝性能的影响[J]. 燃料化学学报，2009，37（5）：601-606.

[107] 张洁，张杨. 燃煤电站 SCR 烟气脱硝工程技术关键问题研究[J]. 电力科技与环保，2011，27（2）：38-41.

[108] 姜烨，高翔，吴卫红，等. 选择性催化还原脱硝催化剂失活研究综述[J]. 中国电机工程学报，2013，33（14）：18-31.

[109] 沈伯雄. 选择性非催化还原脱除氮氧化物的影响因素分析[J]. 中国电机工程学报，2008，28（23）：53-59.

[110] 赵翀. 某火电厂选择性催化还原烟气脱硝系统的运行研究. 南昌大学，2013.

[111] 岑可法，姚强，骆仲泱，等. 燃烧理论与污染控制[M]. 北京：机械工业出版社，2004.

[112] 曹丽红，帅伟，陆瑛，等. 火电行业大气污染集成控制技术研究[J]. 环境保护，2013（24）：58-61.

[113] Mitsui Y, Imada N, Kikkawa H, et al. Study of Hg and SO_3 behavior in flue gas of oxy-fuel combustion system. International Journal of Greenhouse Gas Control,2011 (5S) : S143-S150.

[114] Triscori R, Kumartexas S, Lau Y, et al. Performance evaluation of wet electrostatic precipitator at AES deep water[C]. Air and Waste Management Association 100 Annual Conference, USA, 2007: 1-6.

[115] Bologa A, Paur H, Seifert H, et al. Novel wet electrostatic precipitator for collection of fine aerosol[J]. Journal of Electrostatics, 2009, 67(2-3) : 150-153.

[116] Nakayama Y,Nakamura S,Takeuchi Y,et al. MHI High Efficiency System-Proven technology for multi pollutant removal[R]. Hiroshima Research & Development Center. Japan:Mitsubishi Heavy Industries,Ltd. 2011:1-11.

[117] Bäck A. Enhancing ESP efficiency for high resistivity fly ash by reducing the flue gas temperature[C]//Proceedings of the 11th International Conference on Electrostatic Precipitation. Berlin Heidelberg: Springer, 2009: 406-411.

[118] Deng S, Shi Y, Liu Y, et al. Emission characteristics of Cd,Pb and Mn from coal combustion: Field study at coal-fired power plants in China[J]. Fuel Processing Technology, 2014, 126: 469-475.

[119] Kang Yu, Liu Guijian, Chou Chenlin, et al. Arsenic in Chinese coals: distribution, modes of occurrence, and environmental effects [J]. Sci Total Environ, 2011, 412(3): 1-13.

[120] Tian Hezhong,Wang Yan, Xue Zhigang, et al. Atmospheric emissions estimation of Hg,As,and Se from coal-fired power plants in China, 2007[J]. Sci Total Environ, 2011, 409(16) : 3078-3081.

[121] Chen Jian, Liu Guijian, Kang Yu, et al. Atmospheric emissions of F, As, Se, Hg, and Sb from coal-fired power and heat generation in China [J]. Chemosphere, 2013, 90(6): 1925- 1932.

[122] Yasutoshi U, Hiromitsu N, Ryokichi H. SO_3 removal system for flue gas in plants firing high-sulfur residual fuels[J]. Mitsubishi Heavy Industries Technical Review, 2012,49(4):6-12.

[123] 朱法华. 燃煤电厂烟气污染物超低排放技术路线的选择[J]. 中国电力，2017，50（3）：11-16.

[124] 朱法华，王圣. 煤电大气污染物超低排放技术集成与建议[J]. 环境影响评价，2014，7（5）：25-29.

[125] 赵海宝，郦建国，何毓忠，等. 低低温电除尘关键技术研究与应用[J]. 中国电力，2014，47（10）：117-121.

[126] 刘含笑，姚宇平，郦建国，等. 燃煤电厂烟气中 SO_3 生成、治理及测试技术研究[J]. 中国电力，2015，48（9）：152-156.

[127] 胡冬，王海刚，郭婷婷，等. 燃煤电厂烟气 SO_3 控制技术的研究及进展[J]. 科学技术与工程，2015，15（35）：92-99.

[128] 刘宇，单广波，闫松，等. 燃煤锅炉烟气中 SO_3 的生成、危害及控制技术研究进展[J]. 环境工程，2016，34（12）：93-97.

[129] 陈招妹，高志丰，吕明玉. WESP 在燃煤电厂“超洁净排放”工程中的应用[J]. 电站系统工程，2014，30（6）：18-20.

[130] 王圣，朱法华，王慧敏，等. 基于实测的燃煤电厂细颗粒物排放特性分析与研究[J]. 环境科学学报，2011，31（3）：630-635.

[131] 罗汉成，潘卫国，丁红蕾，等. 燃煤锅炉烟气中 SO_3 的产生机理及其控制技术[J]. 锅炉技术，2015，46（6）：69-72.

[132] 胡斌，刘勇，任飞，等. 低低温电除尘协同脱除细颗粒物与 SO_3 实验研究[J]. 中国电机工程学报，2016，36（16）：4319-4325.

[133] 陈鹏芳，朱庚富，张俊翔. 基于实测的燃煤电厂烟气协同控制技术对 SO_3 去除效果的研究[J]. 环境污染与防治，2017，39（3）：232-235.

[134] 崔占忠，龙辉，龙正伟，等. 低低温高效烟气处理技术特点及其在中国的应用前景[J]. 动力工程学报，2012，32（2）：152-158.

[135] 王圣，朱法华，王慧敏，等. 燃煤电厂氮氧化物产生浓度影响因素的敏感性和相关性研究[J]. 环境科学学报，2012，32（9）：2303-2309.

[136] 王奇伟. 某电厂烟气监测系统与脱硝自动控制改造[J]. 中国电力，2015，48（7）：120-123.

[137] 张志强，宋国升，陈崇明，等. 某电厂 600MW 机组 SCR 脱硝过程氨逃逸原因分析[J].电力建设，2012，33（6）：67-70.

[138] 邓双，张凡，刘宇，等. 燃煤电厂铅的迁移转化研究[J]. 中国环境科学，2013，33（7）：1199-1206.

[139] 田贺忠，曲益萍. 2005 年中国燃煤大气砷排放清单[J]. 环境科学，2009，30（4）：956-962.

[140] 田贺忠，曲益萍，王艳，等. 2005 年度中国燃煤大气硒排放清单[J]. 中国环境科学，2009，29（10）：1011-1015.

[141] 田贺忠，赵丹，何孟常，等.2005 年中国燃煤大气锑排放清单[J]. 中国环境科学，2010，30（11）：1550-1557.

[142] 王春波，史燕红，吴华成，等. 电袋复合除尘器和湿法脱硫装置对电厂燃煤重金属排放协同控制[J]. 煤炭学报，2016，41（7）：1833-1840.

[143] 李志超，段钰锋，王运军，等. 300MW 燃煤电厂 ESP 和 WFGD 对烟气汞的脱除特性[J]. 燃料化学学报，2015，41（4）：491-498.

[144] 陈奎续. 电袋复合除尘器协同脱除 SO_3 和 Hg[J]. 中国电力. 2019，52（3）：29-35.

[145] 刘含笑，陈招妹，王少权，等. 燃煤电厂 SO_3 排放特征及其脱除技术[J]. 环境工程学报，2019，13（5）：1128-1138.

[146] 张军营，崔向峥，王志康，等. 煤燃烧非常规污染物排放控制[J]. 洁净煤技术，2023，29（10）：1-16.

[147] 华伟，孙和泰，祁建民，等. 燃煤电厂超低排放机组重金属铅、砷排放特性[J]. 热力发电，2019，48（10）：65-70.

[148] 焦传宝. 碱性吸附剂脱除 SO_3 技术在 W 型火焰锅炉的应用[J]. 电力科技与环保，2021，37（1）：52-56.

[149] 杨刚中，赵永椿，熊卓，等. 300MW 燃煤电站化学团聚强化除尘协同脱硫废水零排放的研究[J]. 中国电机工程学报，2021，41（15）：5274-5282.

[150] 刘含笑，陈招妹，王伟忠，等. 燃煤电厂烟气 Hg 排放特征及其吸附脱除技术研究进展[J]. 环境工程，2019，37（8）：127-133.

[151] 蒋丛进，刘秋生，陈创社. 国华三河电厂飞灰基改性吸附剂脱汞技术研究[J]. 中国电力，2015，48（4）：54-56+65.

[152] 李皓然，刘含笑，赵琳，等. 湿式电除尘器性能测试方法及排放特征研究[J]. 中国电力，2018，51（10）：123-128.

[153] 何维，朱骅，刘宇钢，等. 超超临界发电技术展望[J]. 能源与环保，2019，41（06）：77-81.

[154] 李少华，刘利，彭红文. 超超临界发电技术在中国的发展现状[J]. 煤炭加工与综合利用，2020 （02）：65-70+4.

[155] 刘入维，肖平，钟犁，等. 700℃超超临界燃煤发电技术研究现状 [J]. 热力发电，2017，46（09）：1-7+23.

[156] 王卫良，吕俊复，倪维斗. 高效清洁燃煤发电技术[M]. 北京：中国电力出版社，2019.

[157] FRANCO A, DIAZ A R. The future challenges for "clean coal technologies": joining efficiency increase and pollutant emission control[J]. Energy, 2009, 34(3): 348-354.

[158] 董国粲. 超超临界燃煤发电技术的发展[J]. 内燃机与配件，2017 （18）：140-142.

[159] 李桂菊，张军，季路成. 美国未来零排放燃煤发电项目最新进展[J]. 中外能源，2009，14（05）：96-100.

[160] 王倩，王卫良，刘敏，等. 超（超）临界燃煤发电技术发展与展望[J]. 热力发电，2021，50（02）：1-9.

[161] SHINGLEDECKER J P J M F U-S, PLANTS A U-S P. The US DOE/OCDO A-USC materials technology R&D program[J]. 2017: 689-713.

[162] 阳虹，彭泽瑛. 加快高超超临界汽轮机的发展步伐[J]. 热力透平，2010，39（01）：1-5+11.

[163] LYU J F, YANG H R, LING W, et al. Development of a supercritical and an ultra-supercritical circulating

fluidized bed boiler[J]. Front Energy, 2019, 13(1): 114-119.
[164] 中国电力企业联合会. 2019 年中国电力行业发展报告[R]. 北京：中国电力出饭社，2019.
[165] 郭斋佳，高默劼，叶英杰. 国内首台再热蒸汽 623℃/660MW 超超临界机组调试期间水汽品质控制[J]. 锅炉技术，2015，46（S1）：37-39+44.
[166] 黎懋亮，易广宙. 东方 1000 MW 高效超超临界锅炉设计方案[J]. 东方电气评论，2015，29（04）：26-30.
[167] 赵欣，陈正宗，唐正焮. 高温时效对 G115 钢蠕变–疲劳裂纹扩展行为的影响[J]. 金属热处理，2023，48（07）：26-31.
[168] 仲春生，陈立虎，钱法祥，等. G115 新型耐热钢焊接工艺试验[J]. 焊接技术，2022，51（10）：54-58.
[169] 葛宪福，张建生，辛胜伟，等. 超超临界循环流化床锅炉深度调峰技术可行性探讨[J]. 锅炉技术，2022，53（06）：34-40.
[170] 邵中明，袁生明，郭新茹，等. 循环流化床锅炉技术发展与应用研究[J]. 电站系统工程，2023，39（04）：31-32.
[171] 王哮江，刘鹏，李荣春，等. “双碳”目标下先进发电技术研究进展及展望[J]. 热力发电，2022，51（01）：52-59.
[172] 姚禹歌，黄中，张缦，等. 中国循环流化床燃烧技术的发展与展望[J]. 热力发电，2021，50（11）：13-19.
[173] 吕清刚，宋国良，王东宇，等. 新型 660MW 超超临界环形炉膛循环流化床锅炉技术研究[J]. 中国电机工程学报，2018，38（10）：3022-3032.
[174] GUAN G Q. Clean coal technologies in Japan: A review [J]. Chinese J Chem Eng, 2017, 25(6): 689-697.
[175] 郝小红，杜肃，徐培星，等. 1000 MW 超临界塔式锅炉垂直水冷壁内工质流动与传热特性分析[J]. 热能动力工程，2021，36（02）：86-92+122.
[176] 陈珣，徐曙，杨益，等. 660 MW 燃煤发电机组烟气余热梯级利用系统性能分析与优化 [J]. 热能动力工程，2021，36（03）：1-12.
[177] 洪志刚，张杨，刘永生，等. 燃煤电厂烟气非常规污染物检测与协同控制技术研究综述 [J]. 发电技术，2020，41（05）：517-526.
[178] 郑开云. 超临界二氧化碳循环应用于火力发电的研究现状[J]. 南方能源建设，2017，4（03）：39-47.
[179] 邓清华，胡乐豪，李军，等. 超临界二氧化碳发电技术现状及挑战[J]. 热力透平，2019，48（03）：159-165.
[180] 叶侠丰，潘卫国，尤运，等. 超临界二氧化碳布雷顿循环在发电领域的应用[J]. 电力与能源，2017，38（03）：343-7.
[181] 戴全春，袁鹏. S-CO_2 布雷顿循环发电技术发展[J]. 机电设备，2020，37（04）：77-82.
[182] 董力. 超临界二氧化碳发电技术概述 [J]. 中国环保产业，2017，（05）：48-52.
[183] 邓清华，胡乐豪，李军，等. 超临界二氧化碳发电技术现状及挑战[J]. 热力透平，2019，48（03）：159-165.
[184] ANGELINO G. Carbon dioxide condensation cycles for power production[J]. Journal of Engineering for Power, 1968, 90(3): 287-295.
[185] FEHER E G. The supercritical thermodynamic power cycle[J]. Energy Conversion, 1968, 8(2): 85-90.
[186] 郑开云. 超临界二氧化碳动力循环研发现状及趋势分析[J]. 能源工程，2017，(05)：31-37+47.
[187] WRIGHT S A, CONBOY T M, PARMA E J, et al. Summary of the Sandia Supercritical CO_2 Development Program [J]. 2011, 21(12): 1562–1564.
[188] CONBOY T, WRIGHT S, PASCH J, et al. Performance Characteristics of an Operating Supercritical CO_2 Brayton Cycle [J]. J Eng Gas Turb Power, 2012, 134(11).

[189] CONBOY T, PASCH J, FLEMING D. Control of a Supercritical CO_2 Recompression Brayton Cycle Demonstration Loop [J]. J Eng Gas Turb Power, 2013, 135(11).

[190] CHO J, CHOI M, BAIK Y J, et al. Development of the turbomachinery for the supercritical carbon dioxide power cycle [J]. Int J Energ Res, 2016, 40(5): 587-599.

[191] ALLAM R J, PALMER M R, BROWN G W, et al. High efficiency and low cost of electricity generation from fossil fuels while eliminating atmospheric emissions, including carbon dioxide [J]. Enrgy Proced, 2013, 37: 1135-1149.

[192] UTAMURA M, HASUIKE H, YAMAMOTO T. Demonstration Test Plant of Closed Cycle Gas Turbine with Supercritical CO_2 as Working Fluid [J]. Strojarstvo, 2010, 52(4): 459-465.

[193] 陈渝楠，张纯，蒋世希，等. 超临界二氧化碳火力发电系统比较研究[J]. 中国电机工程学报，2019，39（07）：2071-2080.

[194] 郭烈锦，赵亮，吕友军，等. 煤炭超临界水气化制氢发电多联产技术[J]. 工程热物理学报，2017，38（03）：678-679.

[195] 金辉，吕友军，赵亮，等. 煤炭超临界水气化制氢发电多联产技术进展[J]. 中国基础科学，2018，20（04）：4-9+16+12.

[196] XU J L, SUN E H, LI M J, et al. Key issues and solution strategies for supercritical carbon dioxide coal fired power plant[J]. Energy, 2018, 157: 227-246.

[197] 韩万龙，丰镇平，王月明，等. 超临界二氧化碳高压涡轮气动设计及性能[J]. 哈尔滨工业大学学报，2018，50（07）：192-198.

[198] CAI L L，WU X Y，ZHU X F，et al. High-performance oxygen transport membrane reactors integrated with IGCC for carbon capture [J]. AIChE J，2020，66（7）.

[199] 史本天，郭新生，刘英萍，等. IGCC 发电系统中煤气化工艺的选择[J]. 燃气轮机技术，2006（01）：21-25.

[200] 张语，郑明辉，井璐瑶，等. 双碳背景下 IGCC 系统的发展趋势及研究方法[J]. 南方能源建设，2022，9（03）：127-133.

[201] DESCAMPS C, BOUALLOU C, KANNICHE M. Efficiency of an Integrated Gasification Combined Cycle (IGCC) power plant including CO_2 removal[J]. Energy, 2008, 33(6): 874-881.

[202] 周贤，许世森，史绍平，等. 回收余热的热电联产 IGCC 电站研究[J]. 中国电机工程学报，2014，34（S1）：100-104.

[203] 袁铁江，胡克林，关宇航，等. 风电–氢储能与煤化工多能耦合系统及其氢储能子系统的 EMR 建模[J]. 高电压技术，2015，41（07）：2156-2164.

[204] 焦树建. IGCC 技术发展的回顾与展望[J]. 电力建设，2009，30（01）：1-7.

[205] 白尊亮. 中美日典型 IGCC 电站对比研究[J]. 中外能源，2021，26（05）：9-15.

[206] 任永强，车得福，许世森，等. 国内外 IGCC 技术典型分析[J]. 中国电力，2019，52（02）：7-13+184.

[207] 刘克峰，刘陶然，蔡勇，等. 二氧化碳捕集技术研究和工程示范进展[J]. 化工进展：1-15.

[208] 董斌琦，李初福，刘长磊，等. CO_2 近零排放的煤气化燃料电池发电技术及挑战[J]. 煤炭科学技术，2019，47（07）：189-193.

[209] SHI B, XU W, WU E, et al. Novel design of integrated gasification combined cycle (IGCC) power plants with CO_2 capture [J]. J Clean Prod, 2018, 195: 176-186.

[210] SHI B, WEN F, WU W. Performance evaluation of air-blown IGCC polygeneration plants using chemical looping hydrogen generation and methanol synthesis loop J]. Energy, 2020, 200.

[211] DEL POZO C A, CLOETE S, CLOETE J H, et al. The oxygen production pre-combustion (OPPC) IGCC plant for efficient power production with CO_2 capture J]. Energy Convers Manage, 2019, 201.

[212] YOON S Y, CHOI B S, AHN J H, et al. Improvement of integrated gasification combined cycle performance using nitrogen from the air separation unit as turbine coolant[J]. Appl Therm Eng, 2019, 151: 163-175.

[213] SHAIKH A R, WANG Q H, FENG Y, et al. Thermodynamic analysis of 350 MWe coal power plant based on calcium looping gasification with combined cycle[J]. Int J Greenh Gas Con, 2021, 110.

[214] 焦树建，IGCC 技术发展的回顾与展望[J]. 电力建设，2009，30（01）：1-7.

[215] 白尊亮，中美日典型 IGCC 电站对比研究[J]. 中外能源，2021，26（05）：9-15.

[216] 任永强，等. 国内外 IGCC 技术典型分析[J]. 中国电力，2019. 52（02）：7-13.

[217] 刘克峰，刘陶然，蔡勇，等. 二氧化碳捕集技术研究和工程示范进展[J]. 化工进展:1-15.

[218] 董斌琦，李初福，刘长磊，等，CO_2 近零排放的煤气化燃料电池发电技术及挑战[J]. 煤炭科学技术，2019，47（07）：189-193.

[219] Shi, B., et al., Novel design of integrated gasification combined cycle (IGCC) power plants with CO capture[J]. Journal of Cleaner Production. 2018, 195: 176-186.

[220] Shi, B., F. Wen, W. Wu. Performance evaluation of air-blown IGCC polygeneration plants using chemical looping hydrogen generation and methanol synthesis loop[J]. Energy, 2020, 200.

[221] DelPozo, C.A., et al., The oxygen production pre-combustion (OPPC) IGCC plant for efficient power production with CO_2 capture[J]. Energy Conversion and Management, 2019, 201.

[222] Yoon, S.Y., et al., Improvement of integrated gasification combined cycle performance using nitrogen from the air separation unit as turbine coolant[J]. Applied Thermal Engineering, 2019, 151: 163-175.

[223] Shaikh, A.R., et al., Thermodynamic analysis of 350 MWe coal power plant based on calcium looping gasification with combined cycle[J]. International Journal of Greenhouse Gas Control, 2021, 110.

[224] 周义，张守玉，郎森，等. 煤粉炉掺烧生物质发电技术研究进展[J]. 洁净煤技术，2022，28（06）：26-34.

[225] 董静兰，马凯. 富氧气氛下煤与生物质掺烧时污染物排放特性[J]. 太阳能学报，2018，39（03）：829-836.

[226] RONI, M.S., et al. Biomass co-firing technology with policies, challenges, and opportunities: A globa review. Renewable and Sustainable Energy Reviews, 2017. 78: 1089-1101.

[227] Wielgosiński, G., P. Łechtańska, O. Namiecińska. Emission of some pollutants from biomass combustion in comparison to hard coal combustion [J]. Journal of the Energy Institute, 2017, 90(5): 787-796.

[228] 毛健雄，燃煤耦合生物质发电[J]. 分布式能源，2017，2（05）：47-54.

[229] 苏鑫，刘静，陈冠益，等. 煤耦合生物质气化发电技术研究进展[J]. 煤炭学报，2023，48（06）：2261-2278.

[230] 蒋大华，孙康泰，亓伟，等. 我国生物质发电产业现状及建议[J]. 可再生能源，2014，32（04）：542-546.

[231] 周高强. 燃煤与生物质气化耦合发电技术方案分析[J]. 内燃机与配件，2016，（12）：133-135.

[232] 王刚，曲红建，吕群. 我国生物质气化耦合发电技术及应用探讨[J]. 中国环保产业，2018（01）：16-19.

[233] 朱峰岸. 生物质与煤混燃研究现状与展望[J]. 农业工程与装备，2021，48 （04）：1-3.

[234] Solomon, P.R., M.A. Serio, E.M. Suuberg. Coal pyrolysis: Experiments, kinetic rates and mechanisms[J]. Progress in Energy and Combustion Science, 1992, 18(2): 133-220.

[235] Park, D.K., et al., Co-pyrolysis characteristics of sawdust and coal blend in TGA and a fixed bed reactor[J].

Bioresource Technology, 2010, 101(15): 6151-6156.

[236] Vuthaluru, H.B., RETRACTED. Investigations into the pyrolytic behaviour of coal/biomass blends using thermogravimetric analysis[J]. Bioresource Technology, 2004. 92(2): 187-195.

[237] Essenhigh, R.H., M.K. Misra, D.W. Shaw. Ignition of coal particles: A review[J]. Combustion and Flame, 1989. 77(1): 3-30.

[238] Lu, G., et al., Impact of co-firing coal and biomass on flame characteristics and stability[J]. Fuel, 2008, 87(7): 1133-1140.

[239] Hurt, R.H.. Structure, properties, and reactivity of solid fuels[J]. Symposium (International) on Combustion, 1998. 27(2): 2887-2904.

[240] Campbell, P.A., R.E. Mitchell, L. Ma. Characterization of coal char and biomass char reactivities to oxygen[J]. Proceedings of the Combustion Institute, 2002, 29(1): 519-526.

[241] Wieck-Hansen, K., P. Overgaard, O.H. Larsen. Cofiring coal and straw in a 150 MWe power boiler experiences[J]. Biomass and Bioenergy, 2000, 19(6): 395-409.

[242] Munir, S., W. Nimmo, B.M. Gibbs. The effect of air staged, co-combustion of pulverised coal and biomass blends on NO_x emissions and combustion efficiency[J]. Fuel, 2011. 90(1): 126-135.

[243] Smart, J.P., R. Patel, G.S. Riley. Oxy-fuel combustion of coal and biomass, the effect on radiative and convective heat transfer and burnout[J]. Combustion and Flame, 2010, 157(12): 2230-2240.

[244] Gera, D., et al. Effect of large aspect ratio of biomass particles on carbon burnout in a utility boiler [J]. Energy and Fuels, 2002, 16(6): 1523-1532.

[245] Baxter, L. Biomass-Coal Cofiring: an Overview of Technical Issues [M], Solid Biofuels for Energy: A Lower Greenhouse Gas Alternative, P. Grammelis, Editor. 2011, Springer London: London: 43-73.

[246] Obernberger, I., J. Dahl, T. Brunner. Formation, Composition and Particle Size Distribution of Fly Ashes from Biomass Combustion Plants[J]. 1999.

[247] Obernberger, I. Fractionated Heavy Metal Separation in Austrian Biomass Grate-Fired Combustion Plants-Approach, Experiences, Results[J]. Ashes and Particulate Emissions from Biomass Combustion, 1998: 55-76.

[248] Lind, T., et al. ASH formation mechanisms during combustion of wood in circulating fluidized beds[J]. Proceedings of the Combustion Institute, 2000, 28(2): 2287-2295.

[249] Kupka, T., et al., Investigation of ash deposit formation during co-firing of coal with sewage sludge, saw-dust and refuse derived fuel. Fuel, 2008, 87(12): 2824-2837.

[250] Easterly, J.L. M. Burnham. Overview of biomass and waste fuel resources for power production [J]. Biomass and Bioenergy, 1996, 10(2): 79-92.

[251] 谢方磊. 十里泉发电厂 140MW 机组秸秆发电技术应用研究[J]. 山东电力技术，2006（02）：65-68.

[252] Dawood, F., M. Anda, G.M. Shafiullah, Hydrogen production for energy: An overview[J]. International Journal of Hydrogen Energy, 2020, 45(7): 3847-3869.

[253] Valera-Medina, A., et al. Ammonia for power[J]. Progress in Energy and Combustion Science, 2018, 69: 63-102.

[254] 徐静颖，朱鸿玮，徐义书，等. 燃煤电站锅炉氨燃烧研究进展及展望[J]. 华中科技大学学报（自然科学版），2022，50（07）：55-65.

[255] 国家发改委，国家能源局. 《能源技术革命创新行动计划（2016—2030 年）》[EB/OL]. 2021.
[256] Wang, X., et al. Experimental study and kinetic analysis of the impact of ammonia co-firing ratio on products formation characteristics in ammonia/coal co-firing process[J]. Fuel, 2022, 329.
[257] Hadi, K., et al. Effect of fuel ratio of coal on the turbulent flame speed of ammonia/coal particle cloud co-combustion at atmospheric pressure[J]. Proceedings of the Combustion Institute, 2021, 38(3): 4131-4139.
[258] Kobayashi, H., et al. Science and technology of ammonia combustion[J]. Proceedings of the Combustion Institute, 2019. 37(1): 109-133.
[259] Ishii, H., et al. Development of co-firing technology of pulverized coal and ammonia for suppressing the NO_x generatio [J]. Transactions of the JSME (in Japanese), 2020, 86(883): 19-00363-19-00363.
[260] Yoshizaki, T. Test of the Co-firing of Ammonia and Coal at Mizushima Power Station, [M]. CO_2 Free Ammonia as an Energy Carrier: Japan's Insights, K.-i. Aika and H. Kobayashi, Editors. 2023, Springer Nature Singapore: Singapore. 601-611.
[261] Ito, T., et al. Development of the Coal Co-Firing Technology with Ammonia and Numerical Evaluation of the Boiler Performance[J]. Journal of the Combustion Society of Japan, 2019, 61(198): 304-308.
[262] 牛涛，张文振，刘欣，等. 燃煤锅炉氨煤混合燃烧工业尺度试验研究[J]. 洁净煤技术，2022，28（03）：193-200.
[263] 王岩. 富氧燃烧技术应用关键问题探讨[J].科技传播，2014，6（09）：92+90.
[264] 陈聪，秦朝葵，陈志光. 民用燃具低 NO_x 燃烧技术研究进展与展望[J]. 煤气与热力. 2022，42（07）：32-36.
[265] 杨勇，张义华，蔡律律，等. 富氧燃烧的工业应用进展分析[J]. 能源与节能，2021（07）：179-181+205.
[266] 王俊，李延兵，廖海燕，等. 浅谈国外煤粉富氧燃烧技术发展[J]. 华北电力技术，2014（08）：56-61.
[267] 郑楚光，赵永椿，郭欣. 中国富氧燃烧技术研发进展[J]. 中国电机工程学报，2014，34（23）：3856-3864.
[268] 昝海峰，陈晓平，刘道银，等. 100kW 加压循环流化床富氧燃烧试验研究[J]. 煤炭学报，2022，47（10）：3822-3828.
[269] 刘行磊，韦耿，林山虎，等. 化学链燃烧技术工程化应用的探索[J]. 东方电气评论，2023，37（02）：79-84.
[270] 李振山，陈虎，李维成，等. 化学链燃烧中试系统的研究进展与展望[J]. 发电技术，2022，43（04）：544-561.
[270] 王保文，张港，刘同庆，等. $CeO_2/CuFe_2O_4$ 氧载体 CH_4 化学链重整耦合热催化还原研究[J]. 化工学报，2022，73（12）：5414-5426.
[272] 韦泱均，程乐鸣，李立垚，等. 化学链燃烧/气化双床系统运行与设计进展[J]. 石油学报，2020，36（06）：1312-1330.
[273] 曾亮，罗四维，李繁星，等. 化学链技术及其在化石能源转化与二氧化碳捕集领域的应用[J]. 中国科学，2012，42（03）：260-281.
[274] 牟俊锟，毕金鹏，李福昭，等. 燃煤电厂二氧化碳燃烧后捕集技术研究进展[J]. 齐鲁工业大学学报，2023，37（03）：8-17.
[275] 米剑锋，马晓芳. 中国 CCUS 技术发展趋势分析[J]. 中国电机工程学报，2019，39（09）：2537-2544.
[276] 温翯，韩伟，车春霞，等. 燃烧后二氧化碳捕集技术与应用进展[J]. 精细化工，2022，39（08）：1584-1595+1632.

[277] 孙海萍，孙洋洲，周彦希，等. 我国 CCUS 产业化发展前景分析与建议[J]. 现代化工，2023.
[278] 刘大李，王聪，刘新伟，等. 用于二氧化碳捕集的化学吸收剂研究进展[J]. 低碳化学与化工，2024.
[279] 张发有，吴晓煜，艾卫峰，等. 钢厂石灰窑烟气的回收利用[J]. 工业安全与环保，2015，41（04）：97-98.
[280] 王金意，牛红伟，刘练波，等. 燃煤电厂烟气新型吸收剂开发与工程应用[J]. 热力发电. 2021，50（01）：54-61.
[281] 谷俊男，邢心语，李磊，等. 膜法脱除烟气中二氧化碳的工艺技术进展[J]. 现代化工，2023，43（S1）：81-84.
[282] 杨永伟，周自强. 亚临界机组锅炉提参数改造探究[J]. 山西电力，2017（1）：23-7.
[283] 袁红. 煤电机组节能降耗改造经济评价探讨[J]. 能源科技，2024，22（01）：92-6.
[284] 毛健雄. 亚临界煤电机组 600℃升温改造技术及其示范[J]. 分布式能源，2020，5（5）：37-42.
[285] 张鹏，宁罡，吕蒙. 600MW 亚临界汽轮机提温增效节能改造[J]. 电站系统工程，2017，33（05）：25-28.
[286] 刘堃. 高温亚临界改造项目中锅炉适配性研究[J]. 锅炉技术，2018，49（3）：57-63.
[287] 刘志强，叶春，张源，等. 煤电“三改联动”实施分析与措施建议[J]. 热力发电，2023，52（05）：154-9.
[288] 李清，黄竹青，左从瑞，等. 蒸汽参数对电厂热经济性影响的研究[J]. 湖北电力，2011，35（03）：21-23+8.
[289] 范庆伟，管洪军，陈显辉，等. 现役燃煤火电机组提升参数改造技术现状及关键问题分析[J]. 热能动力工程，2022，37（06）：12-18+39.
[290] 杨龙. 电厂汽轮机运行中的节能技术运用探索[J]. 中国科技期刊数据库工业 A，2022 （3）：114-117.
[291] 朱宝田，杨寿敏. 国产 300MW 级超临界机组可行性研究[Z]. 2007 年全国火力发电厂节能降耗技术研讨会论文集，2007，185-191.
[292] 强波，唐海宁. 超临界锅炉增容提效升参数改造综合分析[J]. 电力与能源，2018，39（3）：430-432+58.
[293] 袁洪利. 超临界 600 MW 等级汽轮机升参数通流改造及性能评价[J]. 东方汽轮机，2019 （01）：21-26.
[294] 张素心，彭泽瑛，汽轮机有限公司. 汽轮机现代设计技术综述.[C]. 全国火力发电技术学术年会，1999.
[295] Cofer, J. I. Advances in Steam Path Technology[J].Journal of Engineering for Gas Turbines & Power, 1996, 118(2): 337-352.
[296] 沈士一. 汽轮机原理[M]. 北京：中国电力出版社，2018.
[297] 陈占鹏. 汽轮机通流改造设备制造阶段的质量控制[D]. 华北电力大学（北京），2019.
[298] 谈晓辉，李祖勤，陈振华，等. 300MW 汽轮机组通流改造技术浅析[J]. 2021（S01）：151-154.
[299] 曾亚鹏，刘晖明，赵吕顺. 典型 300MW 亚临界机组冲动式汽轮机反动式改造[J]. 发电设备，2021，35（03）：223-226.
[300] 白昆仑，孙奇，平艳，等. 汽轮机中反动度通流技术研究[J]. 2023（3）：34-39.
[301] 韩士斌. 某型汽轮机典型级叶型及叶栅气动性能实验和数值研究[D]. 哈尔滨：哈尔滨工业大学，2019.
[302] 史鹏飞，康朝斌，张志强，等. 某 330MW 亚临界直接空冷燃煤机组汽轮机综合节能改造效果分析[J]. 2023，39（1）：8-15.
[303] 张磊. 国华定电亚临界 600MW 汽轮机通流改造技术方案研究与应用[J]. 节能技术，2020，38（06）：540-544.
[304] 袁洪利. 东方 600MW 超临界汽轮机通流改造技术及效果[C]. 国家火力发电工程技术研究中心. 华润电力首阳山节能减排与技术创新交流研讨会论文集. 华润电力（常熟）有限公司，2017:8.
[305] 魏琳健，李春清，高雷，等. 汽轮机密封技术的应用和发展[J]. 2005，20（5）：4.
[306] 杨焱鑫. 600MW 亚临界机组汽轮机刷式汽封改造及应用研究[D]. 华南理工大学，2018.

[307] 季东军，陈佩娟. 一种汽轮机喷嘴室特殊结构 T 型槽加工方法[J]. 机械工程师，2015（6）：2.
[308] 宁哲，赵毅，王生鹏. 采用先进汽封技术提高汽轮机效率[J]. 热力透平，2009（1）：15-17.
[309] 崔琦，张兆鹤，周英，等. 汽轮机汽封漏汽的试验研究[J]. 热力透平，2010，39（1）：5
[310] 王艳. 200MW 级汽轮机喷嘴组技术改造[J]. 电力科学与工程，2015，31（8）：8.
[311] 刘建东. 600MW 机组汽轮机汽封改造实例分析[D]. 上海：上海交通大学，2016.
[312] 陶有宏，付文龙，戈建新，等. 630MW 超临界汽轮机高压缸进汽喷嘴组优化改造[J]. 上海节能，2022（7）：168-171.
[313] 殷宏业，陈言军. 国产 300MW 汽轮机高压缸喷嘴节能改造实践[J]. 山东电力技术，2016，43（8）：4.
[314] 李保亮. 火电机组冷端系统运行经济性分析及性能优化[D]. 北京：华北电力大学，2006.
[315] 钟杰成. 电站凝汽器的性能分析与运行研究[D]. 济南：山东大学，2002.
[316] 张东青，金铁铮，王顺森. 660MW 超超临界开式循环火电机组冷端综合优化[J]. 节能技术. 2023，41（4）：349-55.
[317] 汪玉林. 汽轮机设备运行及事故处理[M]. 北京：化学工业出版社，2012.
[318] 严家騄，王永青. 工程热力学[M]. 北京：机械工业出版社，2014.
[319] 孟继安，李志信. 管束布置对凝汽器性能影响的[火积]分析及其应用[J]. 科学通报，2016，61（17）：1877-1888.
[320] 孟林辉. 1000MW 超超临界机组冷端优化技术研究与实施[D]. 北京：华北电力大学，2012.
[321] 刘少林. 汽轮机凝汽器真空下降原因和对策[J]. 清洗世界，2020，36（07）：86-87.
[322] 王晓辉，刘广于，杨会永. 汽轮机真空低原因分析及对策[J]. 2022 （15）：4.
[323] 黄凯. 南方 600 MW 机组采用闭式循环水系统冷端综合优化试验研究[J]. 湖南电力，2017，37（S2）：35-39.
[324] 崔传涛，常浩，王宝玉，等. 火电厂循环水泵节能提效研究[J]. 热能动力工程，2015，30（3）：4.
[325] 王政先，郭宝仁. 汽轮机深度节能降耗的技术途径及措施[J]. 节能技术，2016，34（6）：5.
[326] 刘建军，蒋洪德. 汽轮机低压排汽系统气动性能分析[J]. 工程热物理学报，2002 （04）：425-428.
[327] 吴骅鸣. 电厂负荷优化分配和循环水系统优化运行的研究[D]. 杭州：浙江大学，2004.
[328] 朱伟峰. 汽轮机低真空供热改造技术探讨[J]. 中国设备工程，2023（3）：142-145.
[329] 张东青，金铁铮，王顺森. 660MW 超超临界开式循环火电机组冷端综合优化[J]. 节能技术，2023，41（04）：349-355.
[330] 何冬辉. 火电厂冷端系统性能分析及优化研究[D]. 大连：大连理工大学，2010.
[331] 张磊，张俊杰，冯立国，等. 亚临界 600MW 汽轮机通流改造技术方案研究与应用[J]. 中国电力，2018，51（4）：7.
[332] 杨甫. 1000MW 超超临界机组冷端综合优化技术研究[J]. 神华科技，2019，17（9）：6.
[333] 张茂龙，王进辉，翟小俊，等. 新型双调节分流式煤粉分离器研究与应用[J]. 洁净煤技术，2021，27（S2）：77-82.
[334] 李杰义，谭厚章，韩瑞午，等. 300MW 机组双进双出磨煤机分离器改造优化[J]. 华电技术，2017，39（06）：23-24+43+78.
[335] 赵建国. ZXF 动静组合式煤粉旋转分离器改造及应用[J]. 热力发电，2013，42（06）：88-91.
[336] 高飞. 基于静电耦合法的风粉在线测量及燃烧器功率调平的研究及应用[D]. 北京：华北电力大学，2017.

[337] 乔森. 锅炉红外测温装置设计及其应用[D]. 北京：华北电力大学，2022.
[338] 于磊，杨国田，刘禾，等. 红外测温系统在 660MW 电厂锅炉应用研究[J]. 热能动力工程，2018，33（09）：138-141.
[339] 蒲学森，漆信东，杨凯，等. 声波测温在 W 形火焰锅炉中的应用[J]. 热力发电，2020，49（07）：93-97.
[340] 朱波. 基于声波的温度场重建方法研究与设计[D]. 电子科技大学，2022.
[341] 龚泽儒，王晓娜，邹鹏，等. 新型等离子体点火技术在火电灵活性中的应用分析[J]. 锅炉技术，2024，55（01）：50-54.
[342] 尤兆爽. 600MW 亚临界锅炉大功率等离子体智能控制点火及稳燃系统的研究与应用[D]. 华南理工大学，2018.
[343] 于会泳，张继武. 150MW 机组煤粉锅炉创新应用等离子点火技术实现无油点火稳燃降低运行成本[J]. 中国金属通报，2019（10）：100-106.
[344] 毛润东. 650MW 超临界燃煤机组空气预热器 3.5 分仓防堵灰改造及其效果验证[D]. 2021.
[345] 刘康. 回转式空气预热器热风吹扫防堵控制技术探析[J]. 科技创新与应用，2022，12（02）：154-157+61.
[346] 王一坤，陈国辉，王志刚，等. 回转式空气预热器密封技术及研究进展[J]. 热力发电，2015，44（08）：1-7.
[347] 张翔宇. 三分仓空气预热器防堵技术措施及系统改造方案分析[J]. 机电信息，2021（15）：17-18.
[348] 李丁强. 某 600MW 燃煤电厂空气预热器密封改造技术的研究[D]，2018.
[349] 宋景慧，阚伟民，许诚，等. 电站锅炉烟气余热利用与空气预热器综合优化[J]. 动力工程学报，2014，34（02）：140-146.
[350] 陈云峰. 燃煤电厂烟气余热利用节能及环保技术研究[D]. 北京：华北电力大学，2017.
[351] 严锐. 1000MW 超超临界机组低温省煤器联合暖风器运行特性分析[D]. 东南大学，2020.
[352] 何涛，赵杰. 磨煤机改装永磁同步电动机节能效果分析[J]. 热力发电，2017，46（03）：104-108.
[353] 段玉强. 永磁同步电动机在火力发电厂的应用探讨[J]. 神华科技，2017，15（10）：53-56+67.
[354] 黄泳华. 广州珠江电厂凝结水泵电机的高压变频节能改造研究[D]. 华南理工大学，2016.
[355] 王友谊. 300MW 火电机组磨煤机变频调速系统的应用研究[D]. 北京：华北电力大学，2012.
[356] 谭萍. 300 MW 机组凝结水泵节能改造[J]. 广东电力，2008，21（11）：5.
[357] 宋丹丹，俞增盛. 热电厂给水泵“电动改汽动”节能效益分析[J]. 上海节能，2009，（02）：17-19.
[358] 赵华，茅建波，孙迪辉. 300 MW 机组锅炉尾部受热面的改造[J]. 浙江电力，2017，36（6）：5.
[359] 孙明，杜永旭，张治锋，等. 火力发电厂制粉系统灵活性改造[J]. 电力设备管理，2022，（13）：90-92.
[360] 车长源. 锅炉风机节能技术[M]. 锅炉风机节能技术，1999.
[361] 俎海东，魏超，焦晓峰. 超临界间接空冷机组乏汽外引高背压供热系统改造分析[J]. 内蒙古电力技术，2021，39（04）：78-81.
[362] 徐正，霍玉龙. 高背压供热技术的技术风险及经济效益分析[J]. 黑龙江电力，2020，42（06）：527-532+559.
[363] 康朝斌，史鹏飞，张伟，等. 新型 661mm 末级叶片直接空冷机组高背压供热技术[J]. 电力科技与环保，2022，38（06）：448-457.
[364] 赵惠中，赵欣刚. 热电厂余热利用技术综述及工程实例[J]. 煤气与热力，2018，38（07）：1-5.
[365] 王新，王学博. 100MW 机组低压缸高背压供热改造[J]. 科技风，2018，（17）：200.
[366] 曾娅，袁永强，王振锋，等. 汽轮机单转子高背压循环水供热改造技术研究[J]. 东方汽轮机，2018，

（01）：30-33.

[367] 李金龙. 吸收式热泵在热电联产集中供热节能改造工程中的应用[D]. 郑州：中原工学院，2018.

[368] 张学镭，陈海平. 回收循环水余热的热泵供热系统热力性能分析[J]. 中国电机工程学报，2013，33(08)：1-8+15.

[369] 杨筱静. 蒸汽型双效溴化锂吸收式热泵机组性能及优化研究[D]. 天津：天津大学，2012.

[370] 车德勇，吕婧，高龙，等. 溴化锂吸收式热泵回收循环水余热的模拟研究[J]. 热力发电，2014，43（12）：38-43.

[371] 王志鹏. 溴化锂吸收式热泵在集中供暖换热站中的应用研究[D]. 哈尔滨：哈尔滨工业大学，2020.

[372] 李蔚，杨存辉，吴国林，等. 热电联产机组耦合吸收式热泵运行特性的研究[J]. 动力工程学报，2023，43（07）：951-958.

[373] 许继东，董伟，梅隆，等. 300MW 耦合吸收式热泵供热机组热力性能机理研究[J]. 电站系统工程，2024，40（02）：65-68.

[374] 杨灵艳，杨钦诚，王树国. 热泵供热技术应用分析——石家庄案例[J]. 节能与环保，2024，（02）：75-80.

[375] 匡胜严. 热电厂吸收式热泵制热量对系统的影响及确定方法[J]. 暖通空调，2023，53（11）：49-54.

[376] 王许可. 长距离供热管线经济性能提升途径研究[D]. 秦皇岛：燕山大学，2023.

[377] 李海洋，阴峰，邓宇强，等. 高温长距离供热系统腐蚀结垢控制研究[J]. 区域供热，2022，（01）：1-5+18.

[378] 蔡卫东. 电厂蒸汽长距离供热的研究[D]. 东北电力大学，2011.

[379] 朱发强. 电厂蒸汽长距离供热的案例分析[J]. 流程工业，2021，（08）：34-37.

[380] 曹文睿. 300MW 机组长距离供热变工况运行研究[D]. 北京：中国矿业大学，2019.

[381] 任少博. 长距离多级加压供热输水管网水锤防护研究分析[D]. 西安：长安大学，2017.

[382] 曾鑫. 集中供热长距离蒸汽管道压降和温降计算分析[J]. 煤质技术，2021，36（03）：64-68.

[383] 李明辉. 长距离大高差热电联产供热管网设计方案研究[D]. 长春：吉林建筑大学，2017.

[384] 陈继平，刘冲. 热水供热长距离输送技术[J]. 电力勘测设计，2018，（03）：23-26.

[385] 包伟伟，孙桂军，李贺莱，等. 600MW 超临界空冷机组双背压低真空供热改造[J]. 热力透平. 2017，46（04）：252-257.

[386] 付怀仁，包伟伟，张敏，等. 当前主流供热改造技术的灵活性及经济性分析[J]. 热力透平. 2019，48（02）：99-104.

[387] 孙轶卿. 不同抽汽参数下的供热机组节能分析[J]. 中国新技术新产品. 2015（23）：73.

[388] 于俊红. 热电联产机组对外供热系统抽汽方式优化[J]. 中国高新技术企业. 2016（16）：37-38.

[389] 陈媛媛，周克毅，李代智，等. 等效焓降法在大型机组抽汽供热的热经济性分析中的应用[J]. 汽轮机技术. 2009，51（6）：410-412+416.

[390] 杨洋. 热电联产机组不同供热方式的性能分析与节能优化[D]. 东南大学,2018.

[391] 戈志华，杨佳霖，何坚忍，等. 大型纯凝汽轮机供热改造节能研究[J]. 中国电机工程学报. 2012，32（17）：25-30.

[392] 王成，阎昌琪，王建军. 核电汽轮机抽汽系统参数优化[J]. 哈尔滨工程大学学报. 2017，38（4）：588-594.

[393] 许琦，马骏驰，王小伟，等. 国产 300MW 机组高再抽汽供热改造[J]. 华东电力. 2008，06：101-103.

[394] 王建国，邵会福. 核电汽轮机组出力特性浅析[J]. 内蒙古科技与经济. 2017（12）：78-79+81.

[395] 黄国栋，许丹，丁强，等. 考虑热电和大规模风电的电网调度研究综述[J]. 电力系统保护与控制. 2018，46（15）：162-170.

[396] 陈小庆，孙永平. 600MW 机组抽汽供热的影响评估与方案选取[J]. 浙江电力. 2009，28（04）：1-3.

[397] 陈海鑫. 纯凝机组高排抽汽供热安全性分析及对策[J]. 浙江电力. 2017，36（1）：35-38.

[398] 林玥廷，张维奇，林英明，等. 考虑燃煤机组健康度与负荷转移的连锁故障供防控策略[J]. 电力系统保护与控制. 2019，47（17）：101-108.

[399] 李代智，周克毅，徐啸虎，等. 600MW 火电机组抽汽供热的热经济性分析[J]. 汽轮机技术. 2008，50（4）：282-284.

[400] 周正道，华志刚，包伟伟，等. AP1000 核电机组供热方案研究及分析[J]. 热力发电. 2019，48（12）：92-97.

[401] 刘斯佳. 我国热电联产集中供热的发展趋势[Z]. 江苏昆山：2019，24（3）：904-906.

[402] 袁博，黄守文. 基于中压联合汽门的 330MW 机组大流量供热控制策略研究[J]. 电力与能源. 2021，42（4）：461-464.

[403] 王平子. 大功率汽轮机低压损调节阀的试验研究[J]. 东方电气评论. 2000，14（1）：2-9.

[404] 陈海，罗哲林，陈东. 浅析大型燃煤电厂供热改造[J]. 内蒙古煤炭经济. 2019，10（04）：33-34.

[405] 赵平，胡黔生，苏鑫海. 高参数大流量中压联合汽阀参调供热工程应用研究[J]. 中国设备工程. 2022（1）：14-15.

[406] 陈新风，吴正平. 适应大流量工业供热的汽轮机中压联合调节汽阀优化设计[J]. 汽轮机技术. 2021，63（3）：173-176.

[407] 王平子，须逸农. 300MW 汽轮机的中压联合汽门[J]. 东方电气评论. 1989（01）：1-5.

[408] 卢洲杰，金光勋. 利用汽轮机中压调门调整抽汽的技术分析研究[J]. 热力透平. 2018,47（1）：34-37.

[409] 周旭康. 125MW 凝汽式机组抽汽供热的技术经济分析[J]. 节能. 2004（12）：28-31.

[410] 付怀仁，宋春节，丛春华. 燃煤电厂供热改造技术浅析[J]. 区域供热. 2019（02）：74-78.

[411] 郭建，周建新，于海泉，等. 双抽可调供热机组供热汽源优化研究[J]. 热能动力工程. 2020，35（10）：10-17.

[412] 陈小庆，孙永平. 600MW 机组抽汽供热的影响评估与方案选取[J]. 浙江电力. 2009，28（04）：1-3.

[413] 吴斌，邵志跃，胡欣，等. 215MW 机组工业抽汽供热改造[J]. 热力发电. 2015，44（5）：87-90.

[414] 王伟业. 供热系统的改造方案[J]. 中南民族大学学报. 2014，5：17-18.

[415] 付怀仁，宋春节，丛春华. 燃煤电厂供热改造技术浅析[J]. 区域供热. 2019（02）：74-78.

[416] 李志龙，王文焕，翟黎明，等. 300MW 汽轮机组供热改造（㶲）分析优化研究[J]. 热科学与技术. 2023，22（06）：547-554.

[417] 宗绪东，孙奉仲. 影响大型工业抽汽机组经济性的问题及优化研究[J]. 电站系统工程. 2018，34（5）：45-48.

[418] 吴龙，袁奇，丁俊齐，等. 基于变工况分析的供热机组负荷特性研究[J]. 热能动力工程. 2012，27（4）：424-428.

[419] 陈国年，刘今，周强，等. 凝汽机组改供热后对运行经济性的影响分析[J]. 江苏电机工程. 2011，30（1）：9-13.

[420] 周旭康. 125MW 凝汽式机组抽汽供热的技术经济分析[J]. 节能. 2004（12）：28-31.

[421] 张瑞青，杨旭昊，王雷. 不同抽汽工况下供热机组热经济性分析[J]. 热力透平. 2011，40（1）：70-72.

[422] 郭建，周建新，于海泉，等. 双抽可调供热机组供热汽源优化研究[J]. 热能动力工程. 2020，35（10）：10-17.

[423] 陈小庆，孙永平. 600MW 机组抽汽供热的影响评估与方案选取[J]. 浙江电力. 2009，2 8（04）：1-3.
[424] 李秉正，贾勤劳，宁哲，等. 超临界 600MW 抽汽供热汽轮机组在工业供热中的应用分析[J]. 热力发电. 2008（11）：15-17.
[425] 姜怀玉，周昭光，高志文. 锅炉主蒸汽压力优化节能项目[J]. 精细与专用化学品. 2022，30（7）：35-36.
[426] 王清福. 国产引进型 300MW 汽轮机的出力问题及在妈湾电厂 2 台机组上的改善[J]. 动力工程. 1997，17（6）：10-13.
[427] 苏永升，邹惠芬，周邵萍，等. 50MW 凝汽式汽轮机的供热改造[J]. 华东理工大学学报（自然科学版）. 2003，29（4）：423-426.
[428] 张少波. 冷凝机组供热改造中汽轮机内效率的提供[J]. 节能技术. 2001，3（5）：34-36.
[429] 张智儒，武晓琛. 压力匹配器与减温减压器在工业供汽系统中的应用[J]. 河南电力. 2023（S2）：10-11.
[430] 李小龙. 压力匹配器在某百万供热机组中的运用[J]. 热力透平. 2017，46（3）：184-189.
[431] 房大明，赵强. 压力匹配器在抽汽供热中的应用[J]. 煤炭科技. 2023，44（6）：53-56.
[432] 周健铿，刘晶，吕锦鹏，等. 大型燃煤机组供热改造技术的工程应用[J]. 南方能源建设. 2022，9（3）：134-139.
[433] 张利平，张晓杰，刘帅. 330MW 机组供热改造的研究分析[J]. 汽轮机技术. 2018，60（6）：464-466+470.
[434] 谭思哲，荣文杰，李宝宽. 某亚临界机组大压缩比压力匹配器的结构优化[J]. 真空科学与技术学报. 2022，42（4）：269-275.
[435] 宗绪东，孙奉仲. 影响大型工业抽汽机组经济性的问题及优化研究[J]. 电站系统工程. 2018，34（5）：45-48.
[436] 孙博昭，岳爽，王春波，等. 350MW 超临界机组可调式蒸汽喷射器工业供热性能数值模拟研究及试验验证[J]. 华北电力大学学报（自然科学版）. 2021，48（3）：98-107.
[437] 武洪强，刘中良，李艳霞，等. 蒸汽喷射器混合室两相流动的数值模拟[J]. 化工学报. 2017，68（7）：2696-2702.
[438] 王学栋，吴兆瑞，张超杰. 100MW 凝气机组供热技术改造及经济性分析[J]. 山东电力技术. 2002（5）：47-51.
[439] 王平子，须逸农. 300MW 汽轮机的中压联合汽门[J]. 东方电气评论. 1989（01）：1-5.
[440] 卢洲杰，金光勋. 利用汽轮机中压调门调整抽汽的技术分析研究[J]. 热力透平. 2018，47（1）：34-37.
[441] 周旭康. 125MW 凝汽式机组抽汽供热的技术经济分析[J]. 节能. 2004（12）：28-31.
[442] 郭建，周建新，于海泉，等. 双抽可调供热机组供热汽源优化研究[J]. 热能动力工程. 2020，35（10）：10-17.
[443] 陈小庆，孙永平. 600MW 机组抽汽供热的影响评估与方案选取[J]. 浙江电力. 2009，28（04）：1-3.
[444] 唐磊，安明明，朱伟民，等. 耦合工业供热的火电厂低品位汽水介质热质综合回收利用方案研究[J]. 节能，2022，41（05）：53-55.
[445] 杨俊波. 火电厂供热及热电解耦技术[M]. 北京：中国电力出版社，2020.
[446] 孙广，杜可心. 长距离大高差热电联供热网设计方案[J]. 煤气与热力，2023，43（07）：25-27.
[447] 韩德顺. 热水长输供热管网分析[C]. 供热工程建设与高效运行研讨会，2021.
[448] 朱发强. 电厂蒸汽长距离供热的案例分析[J]. 流程工业，2021 （08）：34-37.
[449] 朱妍. 低碳先行，构建“清洁供热 2025”新模式[N]. 中国能源报，2019.
[450] 吴颖文，廖骏，汪彪，等. 燃气–蒸汽联合电厂冷却塔选型配置研究[J]. 电力勘测设计，2023（07）：

38-41.
[451] 吴小刚，白云飞. 浅析发电厂余热利用长输供热管网传输的技术措施[J]. 安装，2020（12）：39-40+53.
[452] 张宁. 基于新型热电联产热源的北方县镇集中供热模式研究[D]. 秦皇岛：燕山大学，2023.
[453] 蔡卫宏. 长距离低能耗输送供热管网技术研究及应用[J]. 节能与环保，2021（11）：94-95.
[454] 陈继平，刘冲. 热水供热长距离输送技术[J]. 电力勘测设计，2018（03）：23-26.
[455] 张燕明，刘欣，刘群，等. 蒸汽长距离供热管道传输特性分析[J]. 电站系统工程，2021，37（04）：1-6.
[456] 李宏俊. 压力平衡式波纹管补偿器在架空热力管道的应用[C].供热工程建设与高效运行研讨会，2021.
[457] 王振铭. 波纹管补偿器在热力管道上的应用[J]. 区域供热，1983（04）：24-28+56-58.
[458] 钱建华. 供热管道敷设及漏水原因及其处理方法[J]. 江西建材，2016（10）：110+114.
[459] 煤电机组"三改联动"技术路线[R]. 电力产业管理部，2022.
[460] 刘建国，闫耀峰，杨统元,等. 节能技术在长输供热工程中的应用[J]. 节能，2023，42（12）：57-60.
[461] 曹庆华. 长距离输送供热技术[J]. 能源研究与利用,2016,（02）：43-44+47.
[462] 禹振国，许明春，王磊，等. 长距离输送热网技术在岳阳电厂供热中的应用[J]. 中国高新技术企业，2016，（20）：49-50.
[463] 高雁，李兴明，殷德庚，等. 隔热管托在中高压蒸汽输送管道的应用[J]. 化肥设计，2011，49（03）：43+45.
[464] 李广慧. 浅析几种补偿器在管道敷设中的应用[J]. 石油化工建设，2021，43（S1）：175-177.
[465] 赵佳. 直埋供热管道自然补偿方式在施工中的应用[J]. 中华建设，2023（05）：158-160.
[466] 王茂辉. 管廊中压蒸汽管道应力分析[J]. 中国石油和化工标准与质量，2022 ,42（07）：114-117+122.
[467] 黄旭东，王英霞，徐征勇. 高温中压蒸汽管道长输技术的探讨[J]. 能源研究与利用，2023（03）：48-52.
[468] 陈富强. 热水供热锅炉房水击现象的发生和预防[J]. 黑龙江科技信息，2008（05）：15.
[469] 李钦华，王朝晖，耿光辉. 水击现象与水击消除器[J]. 石油库与加油站，2005（04）：34-36+49.
[470] 付飞飞，许传龙，王式民，等. 基于阵列式静电传感器的密相气力输送煤粉颗粒运动特性分析[J]. 东南大学学报（自然科学版），2013，43（03）：536-541.
[471] 刘宗盛，宋亚明，刘子诚 ，等. 基于静电耦合法的风粉在线监测系统[J].科学技术创新，2019（29）：102-103.
[472] 师二广. 气力输送管道中煤粉浓度测量方法研究[D]. 北京：华北电力大学，2010.
[473] 周忠伟. 新型非接触式风粉在线监测系统在 600MW 机组上的应用研究[J]. 电站系统工程，2018，34（06）：38-40.
[474] 赵津津，吴珂. 电厂风粉在线监测装置的应用分析[J]. 中国新技术新产品，2020（04）：60-61.
[475] 周乃君. 基于风粉监测的煤粉锅炉燃烧工况动态仿真与操作优化专家系统研究[D]. 中南大学，2003.
[476] 张斯媛. 锅炉煤粉均衡分配控制技术的研究[D]. 北京：华北电力大学，2015.
[477] 闫超，廖伟辉，张锋，等. 电站燃煤锅炉新型煤粉分配器的研发及应用[J]. 热力发电，2023，52（04）：159-166.
[478] 薛飞宇，等. 电站锅炉双可调煤粉分配器气固两相流动特性研究[J]. 动力工程学报，2021，41（12）：1033-1039+1108.
[479] 贾波. 紧凑型可调煤粉分配器开发及其性能研究[D]. 西安：西安热工研究院有限公司，2018.
[480] 王伟，高占民. 旋流式煤粉分配器内流场数值模拟[J]. 机械设计与制造工程，2020，49（07）：60-63.
[481] 石全成，吕为智，周文台，等. 可调节煤粉分配器的风粉两相流动特性数值模拟[J]. 动力工程学报，

2022，42（12）：1183-1190+1205.
[482] 尹元明. 新型静动叶结合型旋转式粗粉分离器的研究[J]. 江苏电机工程，2005（01）：63-65.
[483] 张禹. MPS 磨煤机旋转分离器研制[D]. 哈尔滨：哈尔滨工业大学，2016.
[484] 贾朝阳. 旋转煤粉分离器动叶结构优化研究[D]. 北京：华北电力大学，2016.
[485] 金莹莹. 基于 Fluent 的旋转分离器气固两相流动的数值模拟[D]. 沈阳：东北大学，2017.
[486] 王艳伟. 中速磨动态旋转分离器节能应用研究[J]. 中国设备工程，2018（13）：75-78.
[487] 国家能源局. 火电灵活性改造试点项目的通知（国能综电力 397 号）[Z]. 2016.
[488] 国家发展改革委. 关于做好煤电油气运保障工作的通知（发改运行 1659 号）[Z]. 2017.
[489] 国家能源局东北监察局. 东北电力调峰辅助服务市场监管办法（试行）[Z]. 2016.
[490] 林万超. 火电厂热系统节能理论[M]. 西安：西安交通大学出版社，1994.
[491] GB 10184—2015 电站锅炉性能试验规程[S]. 2015.
[492] JBT 10440—2004，大型煤粉锅炉炉膛及燃烧器性能设计规范[S]. 北京：中国质检出版社，2012.
[493] 史习仁，王孟浩，陈春元，等. 中国动力学会火力发电设备技术手册（第一卷）[M]. 北京：机械工业出版社，2000.
[494] 邢春礼，等. 水平浓缩煤粉燃烧流动问题的研究[D]. 哈尔滨：哈尔滨工业大学，1995.
[495] 车长源. 浓稀相煤粉燃烧技术的应用研究[J]. 动力工程，1997（1）：5-9.
[496] 李争起，吴少华，等. 径向浓淡旋流煤粉燃烧器调节特性的研究[J]. 中国电力，1997（1）：38-41.
[497] 何季民. 旋流燃烧器技术发展趋势[J]. 湖南电力，1995（2）：43-51.
[498] 林雪健. 300MW 等级亚临界燃煤锅炉深度调峰低负荷稳燃技术研究[D]. 上海：上海发电设备成套设计研究院，2018.
[499] 秦自力. 燃烧器火焰监测技术的分析与研究[J]. 东南大学学报，1994（S1）：113-115.
[500] 高宝桐，袁文琴. 火力发电厂锅炉风机改调速运行分析[J]. 华北电力技术，2000（07）：41-42+54.
[501] 胡宏林. 高压变频调节技术在锅炉风机改造上的应用[J]. 电力工程技术，2009，28（02）：71-73.
[502] 张良，刁云鹏，赵树龙，等. 电站锅炉低负荷工况下水平烟道积灰治理[J]. 锅炉制造，2020（05）：34-36.
[503] 白建华，等. 中国实现高比例可再生能源发展路径研究[J]. 中国电机工程学报，2015，35（14）：3699-3705.
[504] 国家发改委发布《电力发展“十三五”规划（2016—2020 年）》[J]. 电力与能源，2016，37（6）：823.
[505] 牟春华，居文平，黄嘉驷，等. 火电机组灵活性运行技术综述与展望[J]. 热力发电，2018，47（5）：1-7.
[506] 侯玉婷，李晓博，刘畅，等. 火电机组灵活性改造形势及技术应用[J]. 热力发电，2018，47（5）：8-13.
[507] North American Electric Reliability Corporation.Special report:potential reliability impacts of emerging flexible resources[R]. North American Electric Reliability Corporation （NERC），2010：2-6.
[508] 张广才，周科，柳宏刚，等. 某超临界 600MW 机组直流锅炉深度调峰实践[J]. 热力发电，2018，47（5）：83-88.
[509] 聂鑫，杨冬，吕宏彪，等. 某 1000MW 对冲燃烧超超临界锅炉水冷壁汽温偏差分析及设计运行对策[J]. 中国电机工程学报，2019，39（3）：744-753.
[510] 董乐，辛亚飞，李娟，等. 660MW 超超临界循环流化床锅炉水动力及流动不稳定特性计算分析[J]. 中国电机工程学报，2020，40（5）：1545-1553.
[511] 吴友佩，程鹏. 2953t/h 超临界锅炉垂直水冷壁水动力特性研究[J]. 节能，2016，35（10）：28-33.

[512] 葛学利，张忠孝，范浩杰，等. 热偏差和流量偏差对 1000MW 超超临界锅炉水冷壁壁温影响的研究[J]. 中国电机工程学报，2018，38（8）：2348-2357.

[513] 何洪浩，李文军，曾俊，等. 超超临界直流锅炉垂直管屏水冷壁壁温分布特性[J]. 动力工程学报，2017，37（4）：257-260+292.

[514] ROWINSKI M K,ZHAO J Y，WHITE T J，et al.Numerical investigation of supercritical water flow in a vertical pipe under axially non-uniform heat flux[J]. Progress in Nuclear Energy，2017，97：11-25.

[515] 马玉华，邢长清，徐君诏，等. 深度调峰负荷时亚临界自然循环锅炉水循环安全计算与分析[J]. 热力发电，2018，47（10）：108-114.

[516] 茆凯源，聂鑫，谢海燕，等. 超超临界 1000MW 二次再热机组锅炉水动力及流动不稳定性计算分析[J]. 热力发电，2017，46（8）：36-41.

[517] 沈倩，肖杰，杨红权，等. 一种确定锅炉沿炉膛宽度方向热负荷分布的方法[J]. 电力工程技术，2018，37（3）：1-6.

[518] 吴恺. 电站锅炉高温对流受热面壁温计算及寿命评估的研究[D]. 北京：华北电力大学，2015.

[519] 庞森. 600MW 亚临界控制循环锅炉承压部件应力分析及寿命评估[D]. 北京：华北电力大学，2016.

[520] 史进渊，等. 我国大型汽轮机技术研究进展与展望[J]. 动力工程学报，2022，42（6）：498-506.

[521] 孙智民. 汽轮机百年发展史[J]. 汽轮机技术，1986，03:16-44.

[522] 史进渊，等. 我国汽轮机产品的新进展与发展方向[J]. 动力工程学报，2021，41（7）：9.

[523] 史进渊，杨宇，孙庆，等.超超临界汽轮机技术研究的新进展[J]. 动力工程，2003.

[524] 王瀚琳，刘洋，许立雄，等. 考虑风电消纳的区域多微网分层协调优化模型[J]. 电力建设，2020，41（8）：12.

[525] 姜楠，戴赛，许丹，等. 计及机组组合与线路重构协同的电热联合系统消纳弃风研究[J]. 电力系统保护与控制，2022（014）：050.

[526] 徐顺智，王孝全，杨凤玲，等. 某 300MW 循环流化床煤电机组灵活性运行技术探讨[J]. 电力学报，2023，38（1）：1-13.

[527] 黄坤. 630MW 汽轮机低压缸零出力改造方案及试验效果[J]. 能源与环境，2022（3）：61-63.

[528] 吴炬. 东北地区火电机组灵活性改造技术研究及策略分析[J]. 黑龙江电力，2020，42（5）：4.

[529] 刘帅，郑立军，俞聪，等. 200MW 机组切除低压缸进汽供热改造技术分析[J]. 华电技术，2020，42（6）：7.

[530] 许青云. 300MW 供热机组凝抽背改造技术和经济性分析[J]. 能源与环境，2021（1）：4.

[531] 戈志华，张倩，熊念，等. 330MW 供热机组低压缸近零出力热力性能分析[J]. 化工进展，2020，39（9）：8.

[532] 孙振波，袁珍，马天霆. 某超临界 600MW 汽轮机通流改造及性能评价[J]. 热力透平，2023(4):265-268.

[533] 江浩，黄嘉驷，王浩. 200MW 高背压循环水供热机组热力特性研究[J]. 热力发电，2015.

[534] 薛朝囡，杨荣祖，王汀，等. 汽轮机高低旁路联合供热在超临界 350 MW 机组上的应用[J]. 热力发电，2018，47（5）：5.

[535] 李聪，聂冰悦，任延杰，等. 汽轮机末级叶片用 SP-700 钛合金 AlCrN 涂层结构与性能研究[J]. 动力工程学报，2023（12）：1549-1556+1584.

[536] 祁峰，何卓仪，吴伟. 无线电遥测在汽轮机叶片试验中的应用[J]. 上海电气技术，2015（2）：4.

[537] 张昌顺. 超临界 350MW 汽轮机低压缸零出力技术应用研究. 华能济宁高新区热电有限公司.

[538] 曹洪兵. 风力发电机叶片无损检测技术研究[D]. 重庆：重庆大学，2014.

[539] 付泽泉. 电厂汽轮机辅机的设计及运行优化[J]. 化学工程与装备，2021（12）：197-198+182.

[540] 李恒，电厂汽轮机辅机优化运行分析[J]. 环球市场，2017（24）：1.

[541] 张琦. 电厂集控运行中汽轮机运行优化策略探讨[J]. 商品与质量，2019（11）：0264-0265.

[542] 白润. 电厂汽轮机辅机运行优化及改进[J]. 2020.

[543] 刘娇，张梁，李鹏飞. 电厂汽轮机辅机的设计及运行优化[J]. 科技风，2019（23）：1.

[544] 付泽泉. 电厂汽轮机辅机的设计及运行优化[J].化学工程与装备，2021（12）：197-198+182.

[545] 胡国良. 燃气电厂危险因素识别及安全性评价体系研究[D]. 天津：天津大学，2024.

[546] 中国燃气轮机行业发展研究报告，中国商业数据中心.

[547] 赵立民，代军礼，都占军，等. 汽轮机的运行和故障分析[J]. 化工装备技术，2012，33（3）：4.

[548] 宫啸宇，蒋楠，戴义平. 深度调峰运行时汽轮机低压叶片的安全性分析[J]. 热能动力工程，2023，38（9）：21-29.

[549] 葛挺. 深度调峰对汽轮机设备影响的分析及建议[C]河南省电机工程学会 2019 年优秀科技论文集. 2019.

[550] 张宁，周天睿，段长刚，等. 大规模风电场接入对电力系统调峰的影响[J]. 电网技术，2010，034（001）：152-158.

[551] 王伟，徐婧，赵翔，等. 中国煤电机组调峰运行现状分析[J]. 南方能源建设，2017，4（1）：7.

[552] 柳园华. 核电机组参与电网调峰的运行方式及效益分析[J]. 现代企业文化，2018（21）：1.

[553] 罗晓明，等. 300MW 汽轮机变负荷运行热经济性及安全性研究[J]. 汽轮机技术，2017，59（5）：4.

[554] 张少强，孙晨阳，余落杭，等. 燃煤发电机组灵活性改造的研究进展综述[J]. 南方能源建设，2023，10（02）：48-54.

[555] 李素笑，刘磊，马骥，等. 燃煤电厂耦合热化学储热能量效率与（火用）损分析[J]. 中国电机工程学报，2023，43（S1）：165-173.

[556] 邢志江，吴涛，张宏，等. 一种基于大数据分析的水轮发电机定子铁芯叠片松动在线检测方法研究[J]. 水电与抽水蓄能，2022，8（02）：55-58+68.

[557] 李卫军，何玉灵，应光耀，等. 大型汽轮发电机定子绕组端部状态评估及综合治理方法[J]. 电力科学与工程，2021，37（02）：1-8.

[558] 林教，郑俊锋，张峰. 1750MW 发电机定子绕组端部压板破裂分析与处理[J]. 上海大中型电机，2023（03）：48-52.

[559] 江建明. 煤电灵活性运行对汽轮发电机的影响[J]. 电力科技与环保，2023，39（02）：95-103.

[560] 林教，郑俊锋，张峰. 1750MW 发电机定子绕组端部压板破裂分析与处理[J]. 上海大中型电机，2023（03）：48-52.

[561] 刘扬，慎志勇，邓川. 白鹤滩水电站巨型发电机组定子绕组结构优化[J]. 人民长江，2022，53（S1）：64-67.

[562] 薛蛟，王夏洋，郭晓峰. 发电机定子线棒水电接头漏水问题的分析及处置[J]. 山西电力，2022（01）：45-47.

[563] 张国喜，崔阳阳，吴扬. 双水内冷发电机出水支座漏水分析及处理[J]. 电机技术，2015（06）：27-29+32.

[564] 丁立叶. 某水电站 2 号水轮发电机转子支臂裂纹原因分析与处理措施[J]. 中国设备工程，2023（24）：255-257.

[565] 李林猛，史海亭. 1000MW 发电机转子匝间短路故障分析处理[J]. 河南电力，2023（S2）：4-6.
[566] 王睿，王兰民，周燕国，等. 土动力学与岩土地震工程[J/OL]. 土木工程学报，1-20[2024-03-01].
[567] 张玉坤，徐斌. 燃料电池金属双极板表面改性技术综述[J]. 有色金属加工，2024，53（01）：9-15+42.
[568] 李亮，涂章，李锐，等. 大型永磁风力发电机整体充磁系统设计及应用[J]. 电工技术学报，2023，38（24）：6596-6608.
[569] 胡明辉，高金吉，江志农，等. 航空发动机振动监测与故障诊断技术研究进展[J/OL]. 航空学报，1-29[2024-03-01].
[570] 刘传洋，吴一全. 基于红外图像的电力设备识别及发热故障诊断方法研究进展[J/OL]. 中国电机工程学报，1-27[2024-03-01].
[571] 张旭苹，张益昕，王亮，等. 分布式光纤传感技术研究和应用的现状及未来[J]. 光学学报，2024，44（01）：11-73.
[572] 苏红，朱勇，刘金华，等.旋转机械健康状态评估方法研究现状与展望[J/OL]. 排灌机械工程学报，1-15[2024-03-01].
[573] Q/GDW 669-2011　火力发电机组一次调频试验导则[M]. 北京：中国电力出版社，2012.
[574] 邹包产，等. 基于 BP 神经网络的汽轮机调阀流量特性校正[J]. 电力科学与工程，2017，33（5）：60-64.
[575] 何林轩，李文艳. 飞轮储能辅助火电机组一次调频过程仿真分析[J]. 储能科学与技术，2021，10（5）：1679-1686.
[576] 刘鑫，王康平，郭相阳，等. 计及深度调峰与一次调频的风火负荷优化分配[J/OL]. 电测与仪表，2023，60（1）：1-9.
[577] LAUSTERER G K. Improved maneuverability of power plants for better grid stability[J]. Control Engineering Practice，1998，6（12）：1549-1557.
[578] 胡恩俊，唐菲菲，赵秀雅，等. 高压加热器给水旁路热经济性影响算法研究[J]. 华东电力，2010（10）：4.
[579] 单龙辉. 火力发电厂节能型宽负荷脱硝技术研究与应用[J]. 设备管理与维修，2018（8）：3.
[580] 黄伟珍. 一种电站锅炉全负荷脱硝综合优化技术[J]. 江西电力，2019（6）：3.
[581] 陈章伟，杨凯. 燃煤电厂低负荷脱硝性能提升技术综述[J]. 能源与节能，2022（4）：60-62.
[582] 冯前伟，等. 燃煤机组 SCR 脱硝超低排放改造前后性能对比分析[J]. 中国电机工程学报，2020，40（20）：6644-6653.
[583] 关键，等. 省煤器给水旁路提升 SCR 进口烟温应用研究[J]. 中国电力，2017，50（9）：116-120，128.
[584] 欧阳子区，王宏帅，等. 煤粉锅炉发电机组深度调峰技术进展[J]. 中国电机工程学报.
[585] 倪炜，朱吉茂，姜大霖，等. “双碳”目标下煤炭与新能源的优化组合方式，挑战与建议[J]. 中国煤炭，2022，48（12）：22-27.
[586] 郭慧娜，吴玉新，王学斌，等.燃煤机组耦合农林生物质发电技术现状及展望[J]. 洁净煤技术，2022，28（03）：12-22.
[587] 袁家海，张浩楠，黄辉. 煤电与新能源耦合发展模式探析[J]. 中国电力企业管理，2023（01）：20-22.
[588] 侯宏娟，张楠，丁泽宇. 太阳能热与燃煤电站互补发电技术综述[J]. 洁净煤技术,2022,28（11）：49-56.
[589] 王瑞林，孙杰，洪慧.可再生能源与燃煤发电集成互补系统综述[J]. 洁净煤技术，2022，28（11）：10-18.
[590] 任世华，曲洋. 煤炭与新能源深度耦合利用发展路径研究[J]. 中国能源，2020，42 （05）：20-23+47.
[591] 申融容，玄婉玥，张健，等. 面向电源侧灵活性提升的热电解耦技术综述[J]. 中国能源，2021，43（05）：51-59.

[592] 王克. “双碳”目标下供热机组灵活性调峰热电解耦技术探讨[J]. 特种设备安全技术，2023（01）：8-10.
[593] 郭锋，夏青扬，刘杨. 浸没式电极锅炉原理及应用[J]. 能源研究与管理，2012（02）：65-67.
[594] 王昊，董鹤鸣，杜谦，等. 中国电极锅炉现状及展望[J]. 热能动力工程，2020，38（8）：1-12.
[595] 康慧，孙宝玉，李瑞国. 我国清洁供暖问题探考[J]. 中国能源，2017，39（08）：7-10.
[596] 马美秀，章康，陈梦东，等. 固体电蓄热技术的研究现状与展望[J]. 浙江电力，2023，42（10）：25-33.
[597] 吴娟，毕月虹，鲁一涵. 固体电蓄热技术研究现状及展望[J]. 电力需求侧管理，2022，24（02）：65-71.
[598] 徐耀祖. 固体蓄热器蓄放热过程分析与优化研究[D]. 沈阳：沈阳工业大学，2022.
[599] 胡思科，刘建宇，邢姣娇. 具有圆、方孔道的固体蓄、放热特性的分析与比较[J]. 流体机械，2015，43（09）：73-78.
[600] 邢作霞，等. 基于耦合传热的电制热固体蓄热结构优化研究[J]. 中国电机工程学报，2019，39（20）：5999-6007.
[601] 张钟平，刘亨，谢玉荣，等. 熔盐储热技术的应用现状与研究进展[J]. 综合智慧能源，2023，45（09）：40-47.
[602] 毛翠骥，等.耦合熔融盐储热的火电机组灵活调峰系统关键技术研究进展[J].热力发电，2023，52（02）：10-22.
[603] 李峻，等. 基于高温熔盐储热的火电机组灵活性改造技术及其应用前景分析[J]. 南方能源建设，2021，8（03）：63-70.
[604] 左芳菲，韩伟，姚明宇. 熔盐储能在新型电力系统中应用现状与发展趋势[J]. 热力发电，2023，52（02）：1-9.
[605] 孙华，苏兴治，等. 聚焦太阳能热发电用熔盐腐蚀研究现状与展望[J]. 腐蚀科学与防护技术，2017，29（3）：9.
[606] 董燕京. 热水蓄热器在多热源联网供热系统的应用与节能分析[J]. 区域供热，2013（02）：4-97.
[607] 张婷. 分布式蓄热在集中供热系统中的应用研究[D]. 哈尔滨：哈尔滨工业大学，2018.
[608] 李俊峰，单伟贤，等. 热电联产集中供热热水罐蓄热技术的发展现状浅析[J]. 电力与能源进展，2023，11（3）：93-100.
[609] 杨海生，等.蓄热水罐技术对供热机组的调峰性能影响及补偿成本分析[J]. 汽轮机技术，2020，62（05）：385-388.
[610] 金梦，朱鑫要，周前. 新能源对电网调峰特性影响定量评估及应用[J]. 高压电器，2023，59（04）：70-76.
[611] 钱圣涛，何勇，翁武斌，等. 阴离子交换膜电解水制氢技术的研究进展与展望[J/OL]. 新能源进展：1-15.
[612] 王林，等. 固体氧化物电解槽辅助煤电机组深度调峰技术可行性研究[J]. 热力发电，2024，53（02）：133-141.
[613] 王西明，王峰，俞华栋，等. 现代煤化工耦合可再生能源的可行性分析[J]. 现代化工，2022，42（06）：6-8+15.

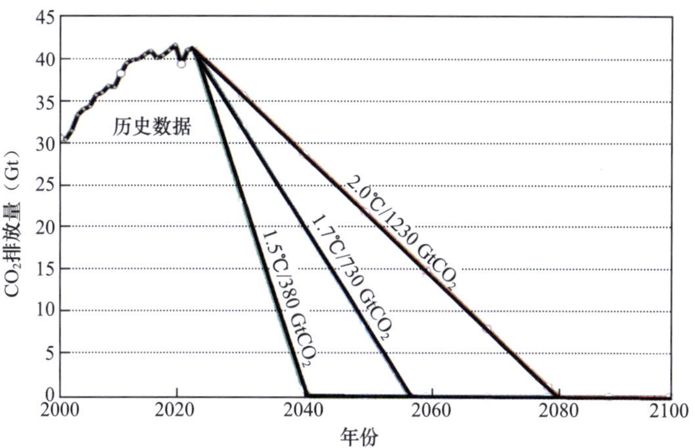

图 1-7　全球碳排放对应的温度变化情景模式

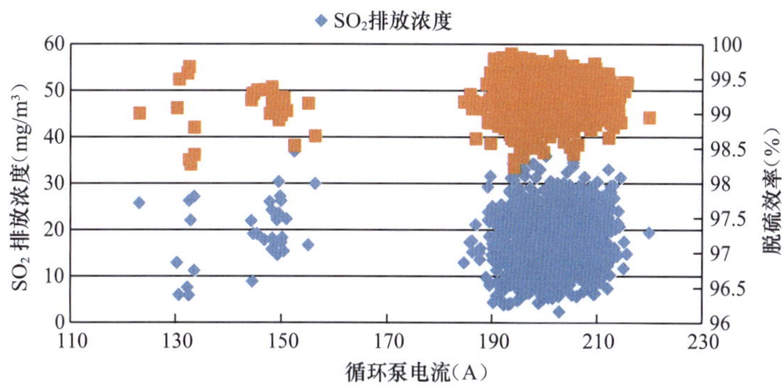

图 3-5　平朔电厂循环泵总电流与脱硫效率关系

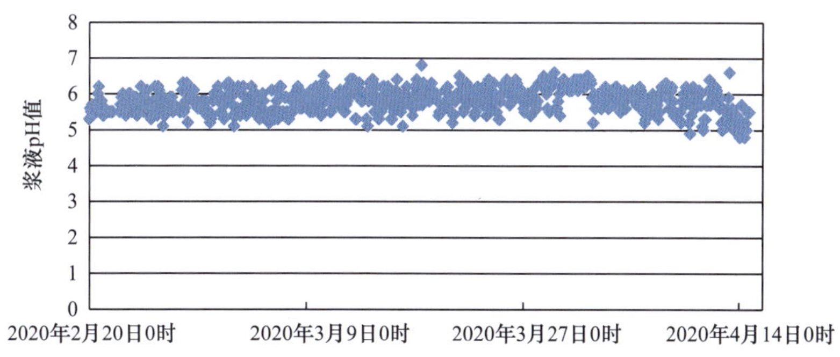

图 3-6　平朔电厂浆液 pH 与时间关系

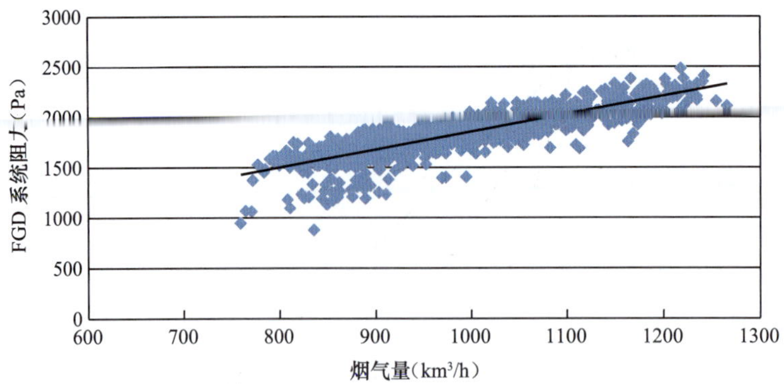

图 3-7 平朔电厂烟气量与 FGD 系统阻力关系

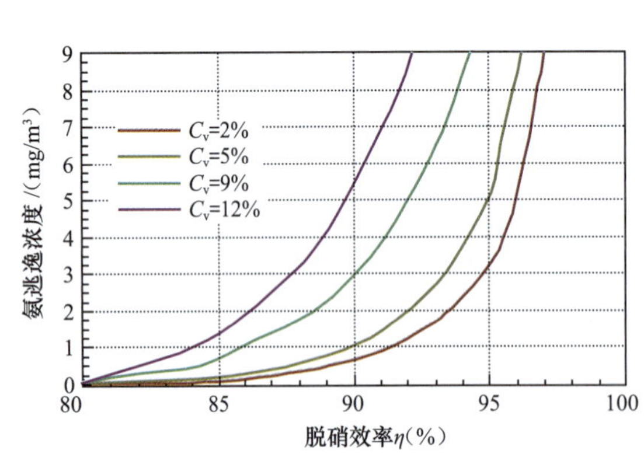

图 3-8 氨分布均匀性与脱硝效率、氨逃逸的关系（同等催化剂条件）

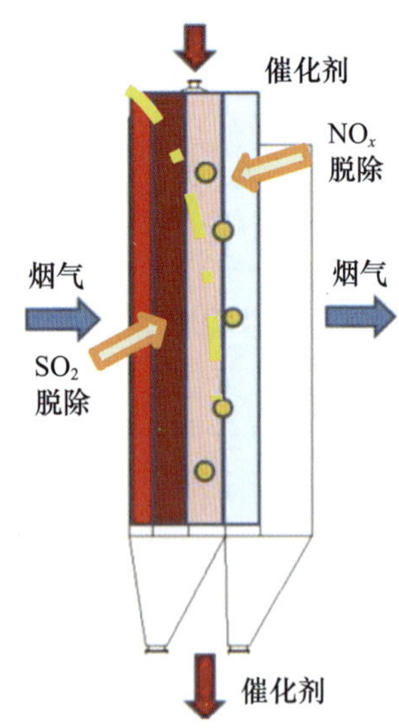

图 3-10 硫硝一体化协同脱除方式

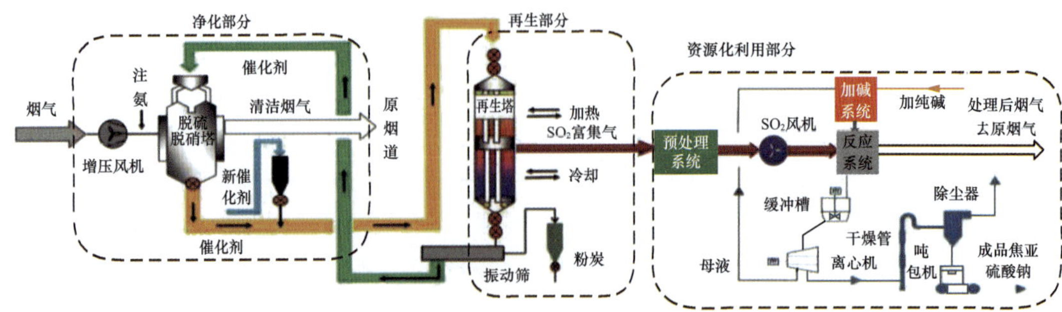

图 3-9 活性焦干式催化法工艺路线示意图

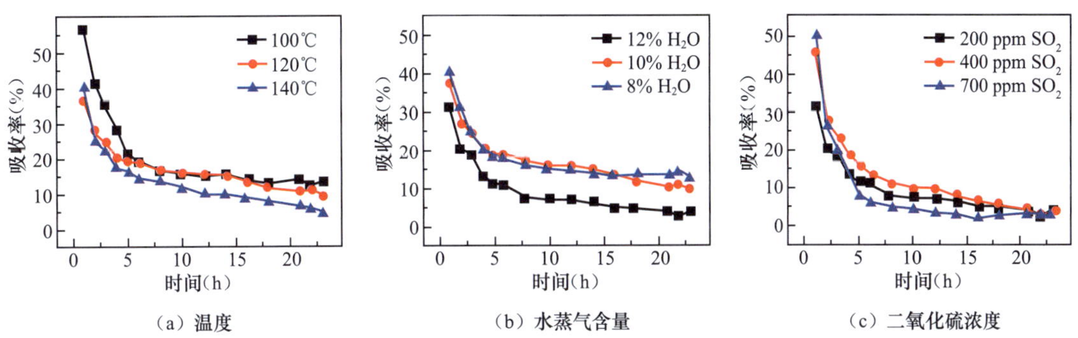

图 3-11　不同反应工艺参数对脱硝效率影响

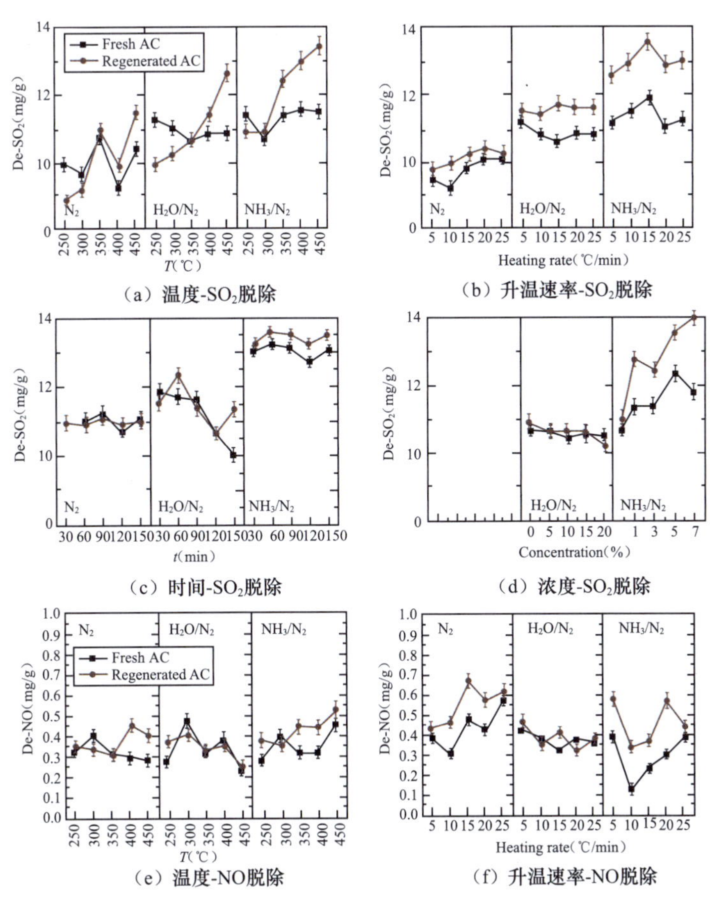

图 3-12　不同的再生气氛、不同再生参数对脱硫、脱硝效率、碳消耗以及 SO_2 和 C/SO_2 回收率的影响（一）

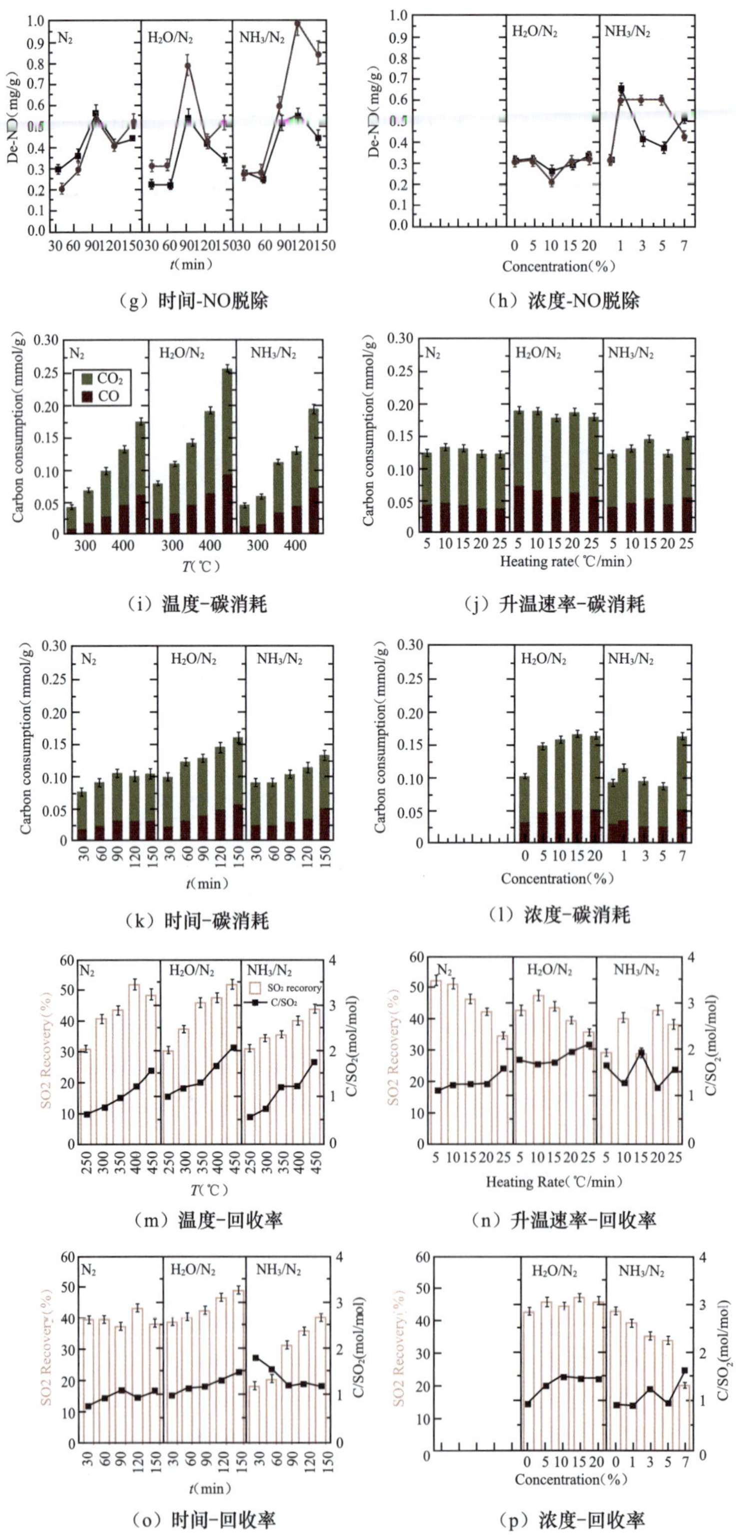

图 3-12 不同的再生气氛、不同再生参数对脱硫、脱硝效率、碳消耗以及 SO_2 和 C/SO_2 回收率的影响（二）

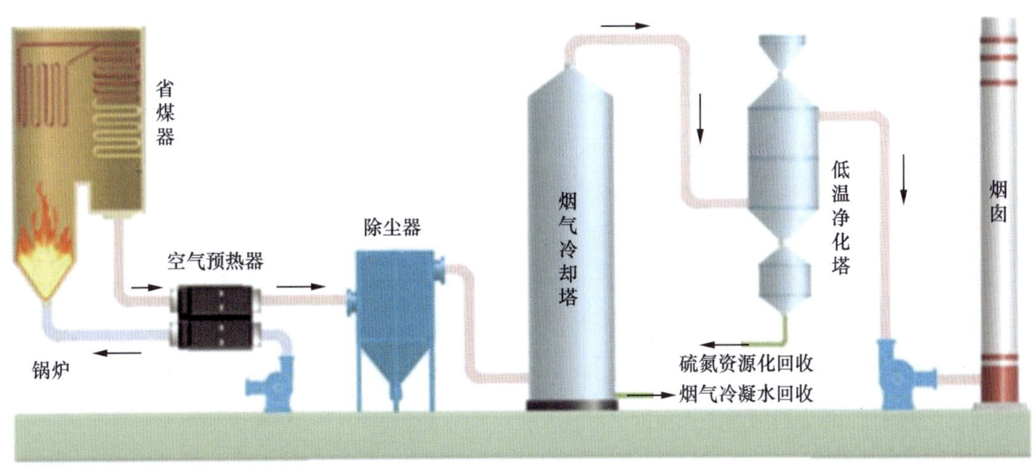

图 3-13　COAP 技术工艺流程示意图

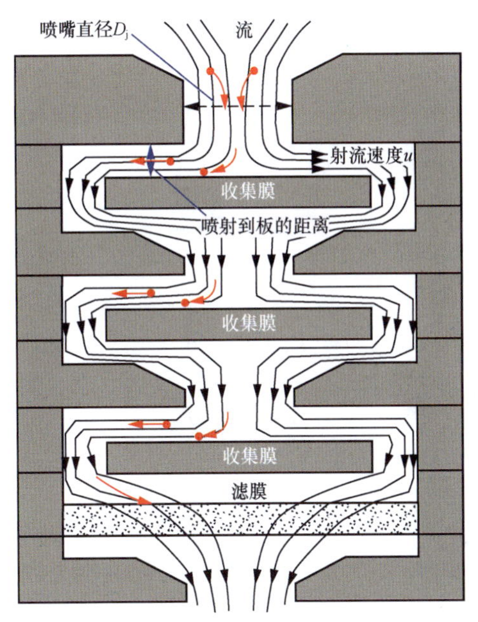

图 4-2　颗粒物撞击方法原理示意图

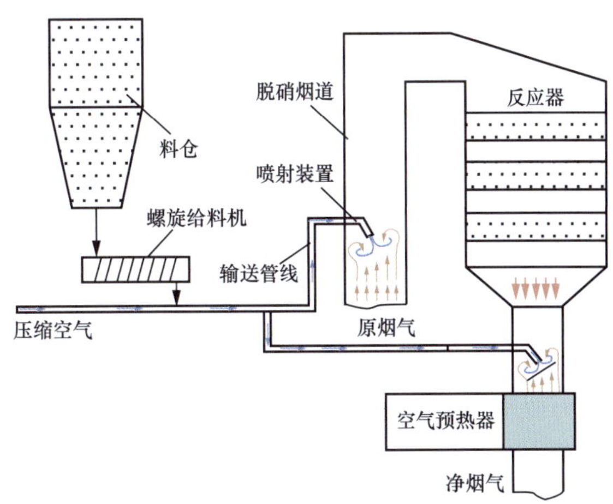

图 4-5　碱基干粉喷射工艺流程

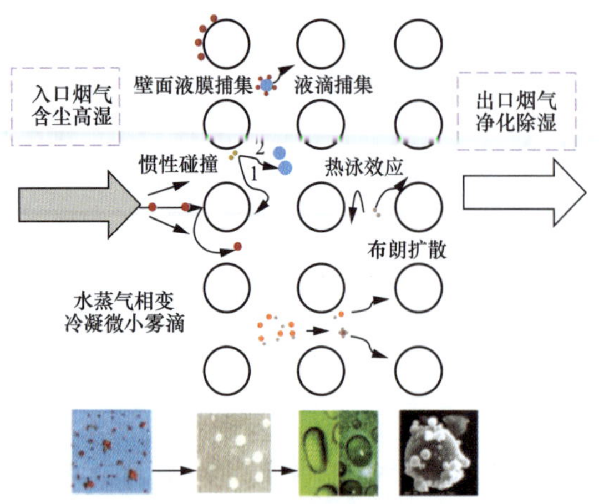

图 4-7 相变凝聚器工作原理

注：1．小颗粒被大颗粒黏附；2．小颗粒凝聚成团。

图 4-9 烟囱排烟视觉效果图
（8 号机组采取了 PCA 措施）

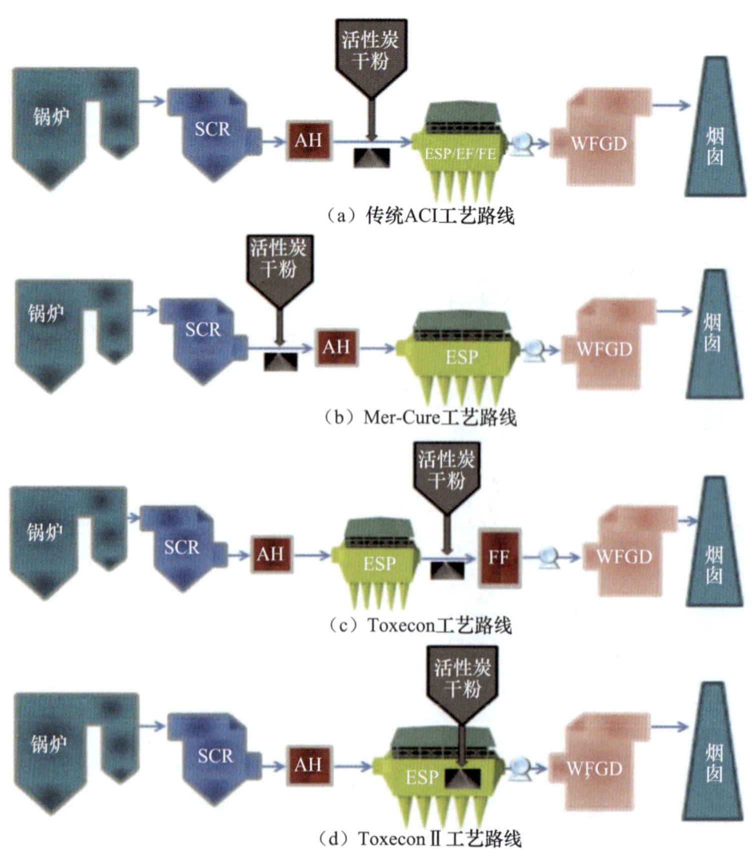

图 4-14 干粉活性炭喷射吸附脱 Hg 工艺路线

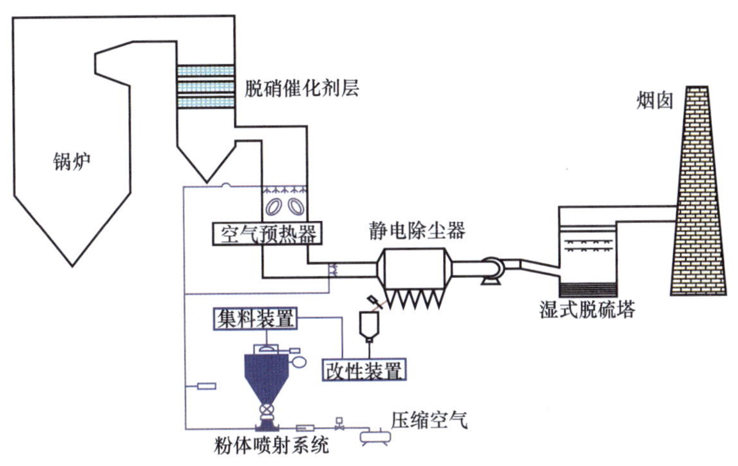

图 4-15　改性飞灰吸附脱 Hg 工艺路线

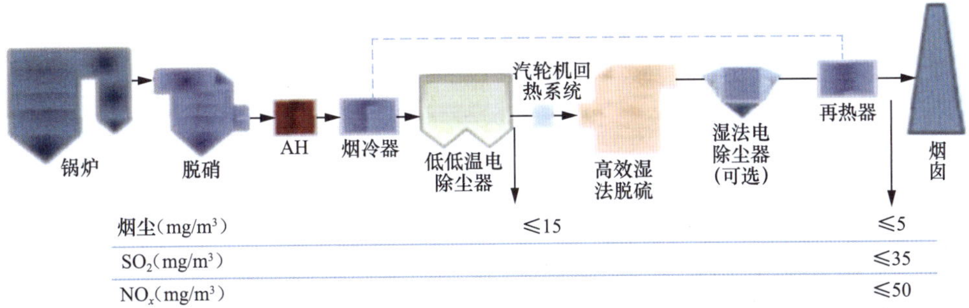

图 4-16　浙能温州电厂烟气协同治理技术路线

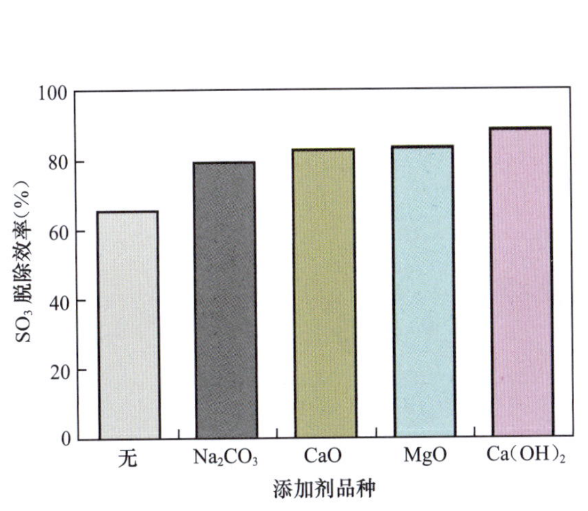

图 4-17　不同吸附剂的 SO_3 脱除效率

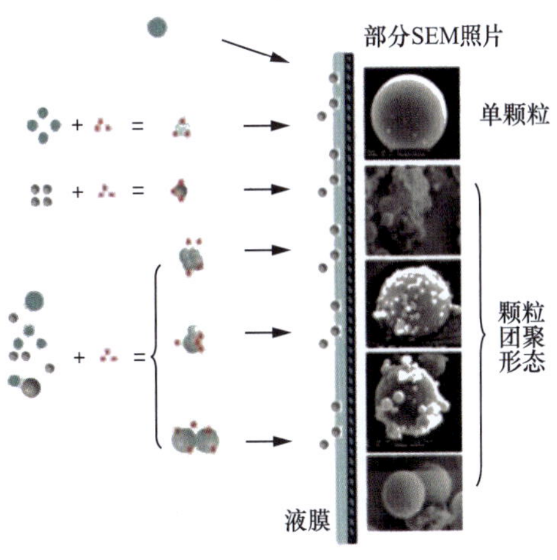

图 4-18　湿式电除尘器细颗粒物脱除机理

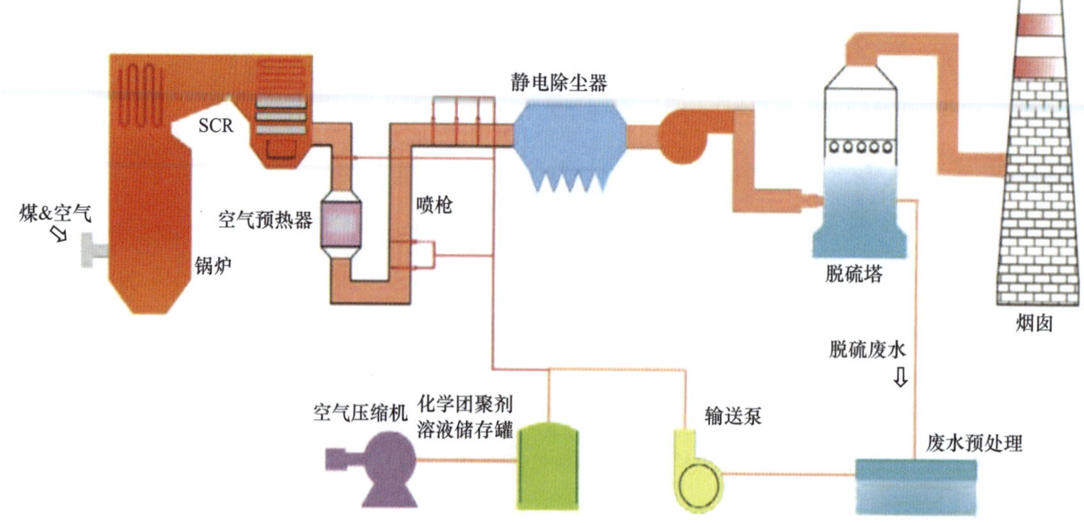

图 4-25 化学团聚强化除尘协同脱硫废水零排放工艺流程

图 5-13 Sandia 实验室 S-CO_2 再压缩循环试验台

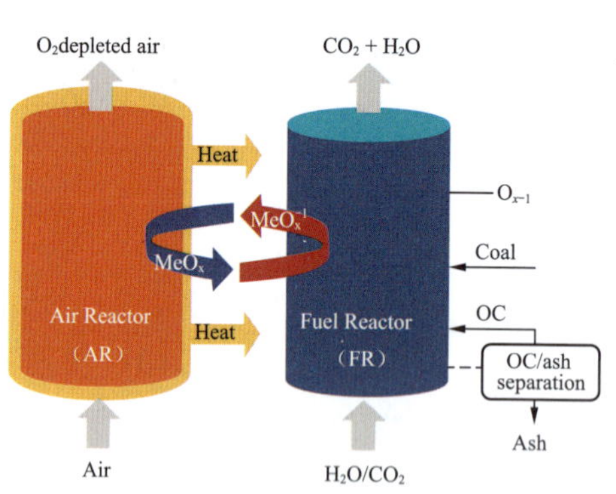

图 5-58 煤的 CLC 简图

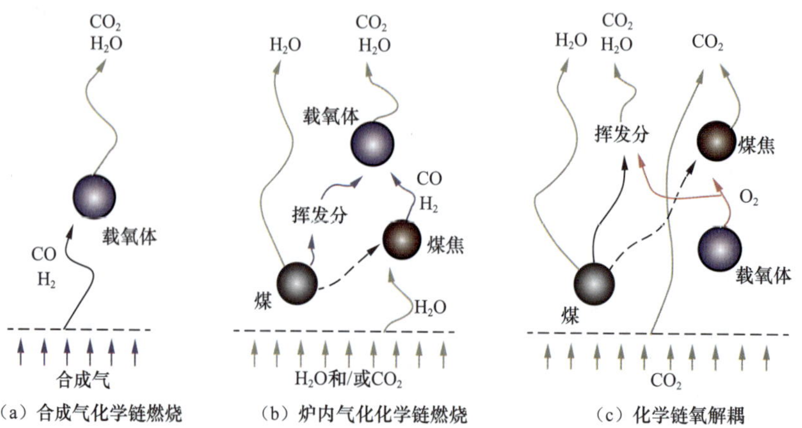

图 5-59 煤化学链燃烧的 3 种路径

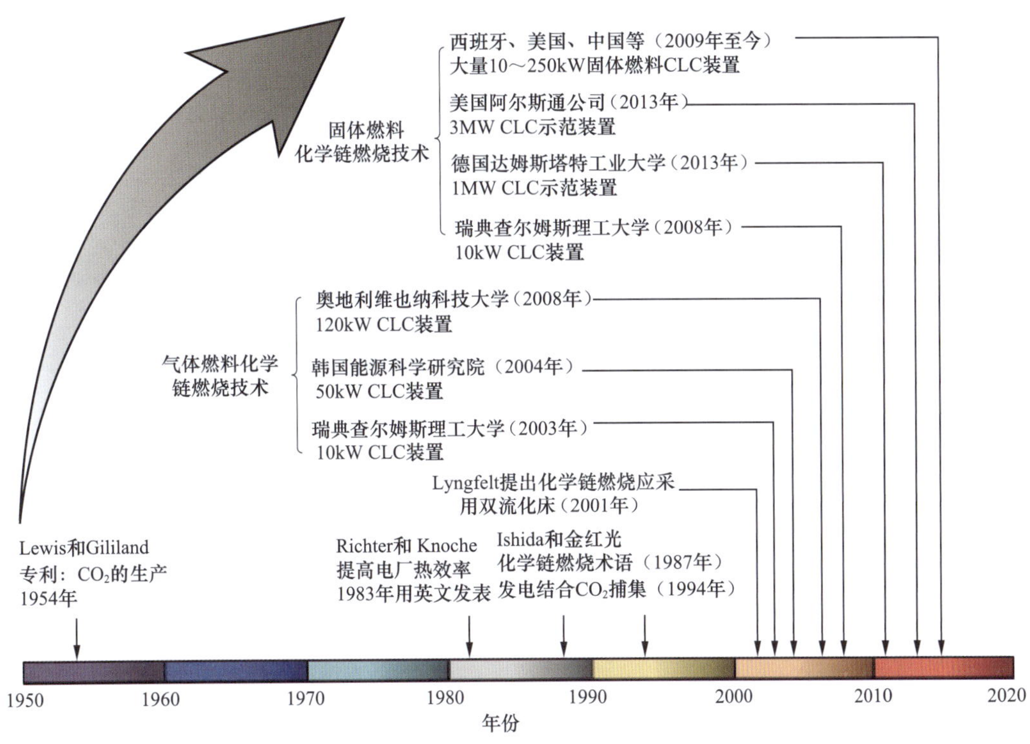

图 5-60 化学链燃烧技术的发展历程

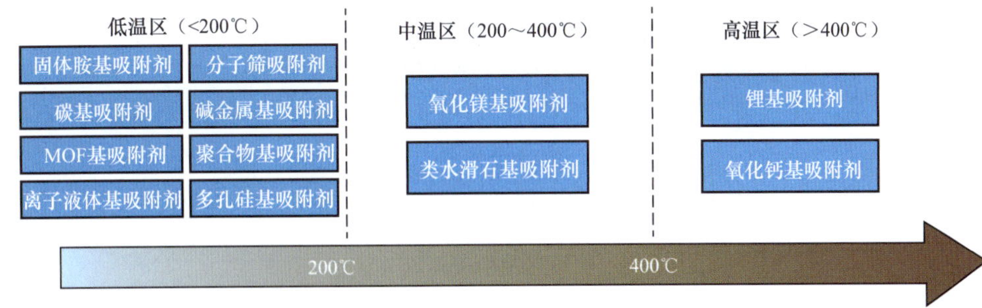

图 5-61 固体吸附剂的吸附温度

图 6-3 内蒙古某电厂汽轮机通流增容提效改造

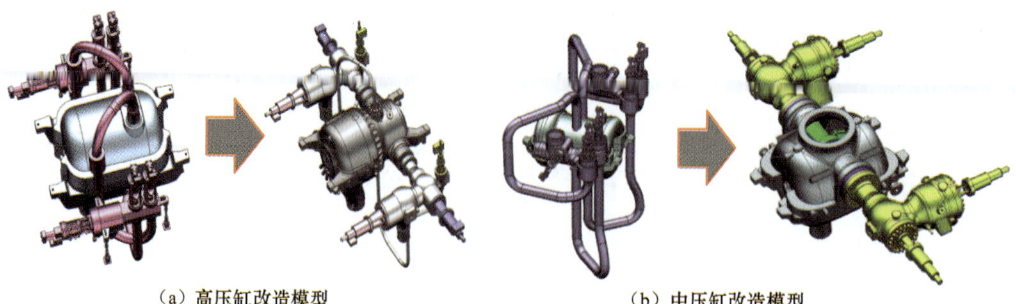

图 6-4 电厂 F 高压缸与中压缸改造前后的模型

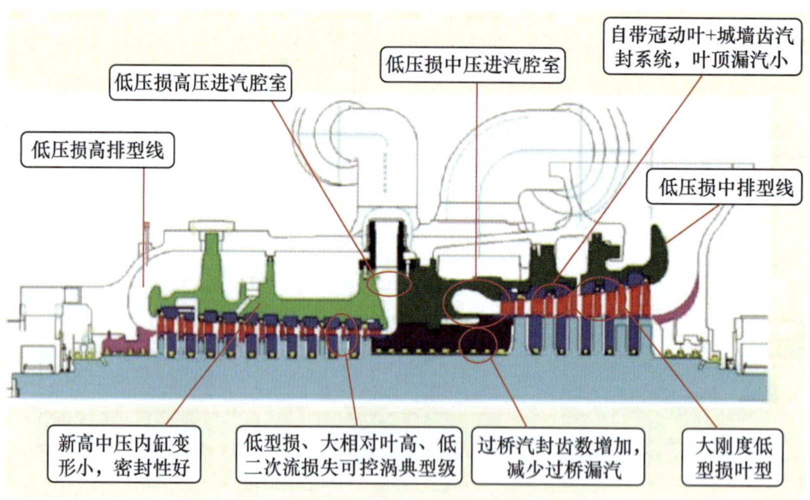

图 6-5 改造后高中压通流示意图

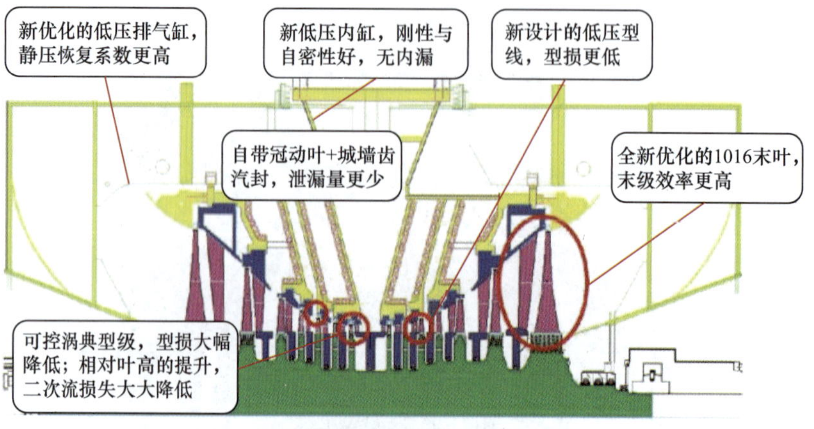

图 6-6 改造后低压缸通流示意图

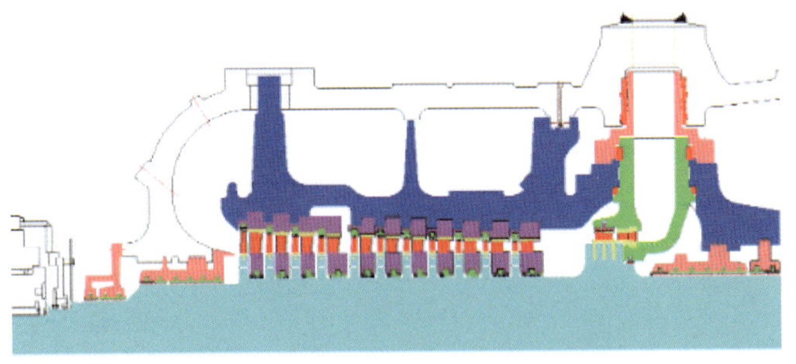

图 6-7 改造后高压内缸结构示意图

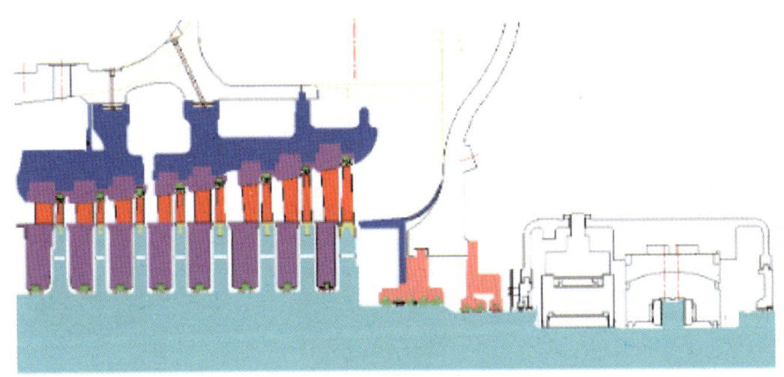

图 6-8 改造后中压内缸结构示意图

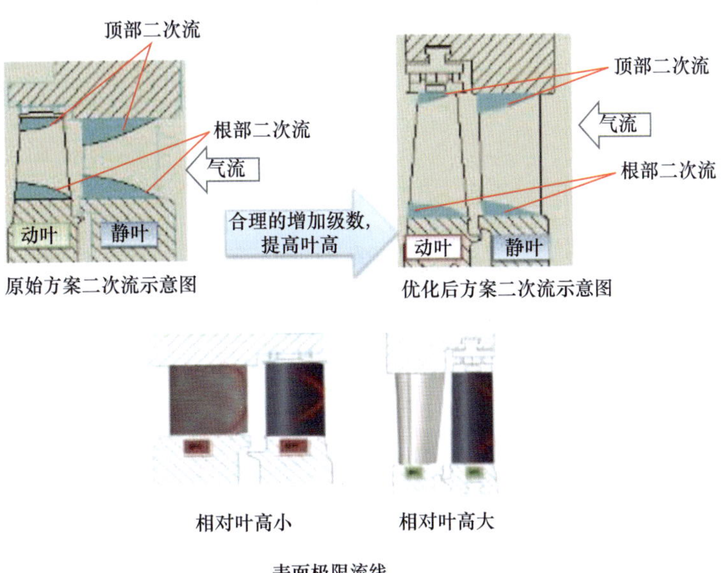

图 6-10 优化后的相对叶高

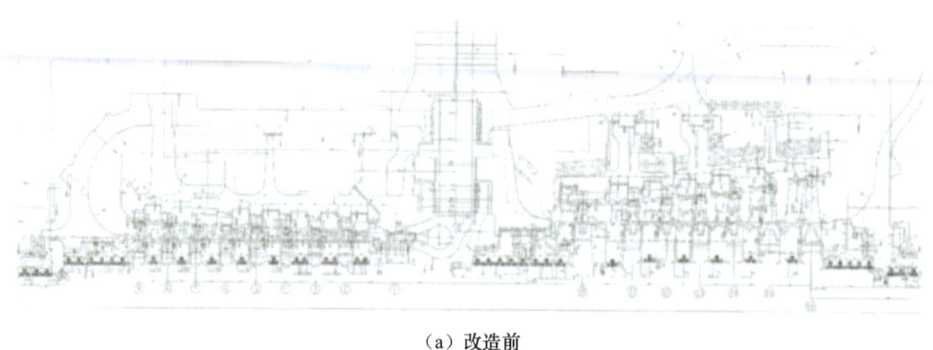

（a）改造前

高排型线优化
高压隔板结构及叶型优化
优化进汽插管
中压隔板结构及叶型优化
中排型线优化
轴封优化
调节级优化
整件内缸（喷嘴室优化）
轴封优化

（b）改造后

图 6-11　高中压内缸整体优化技术示意图

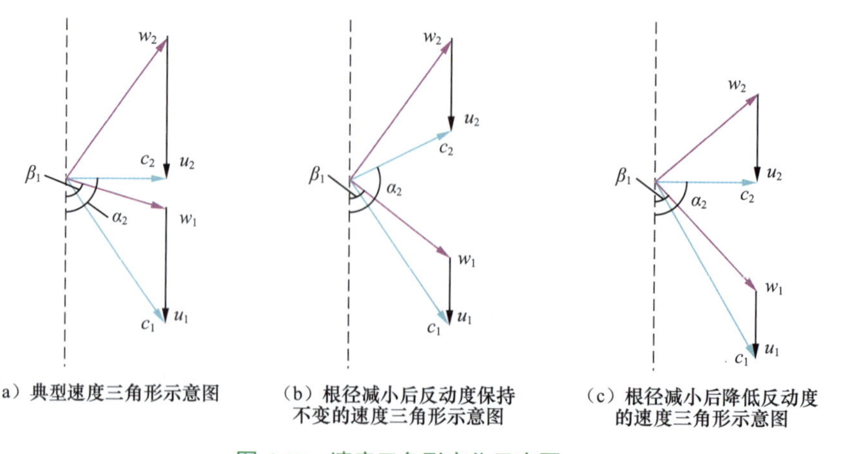

（a）典型速度三角形示意图　（b）根径减小后反动度保持不变的速度三角形示意图　（c）根径减小后降低反动度的速度三角形示意图

图 6-15　速度三角形变化示意图

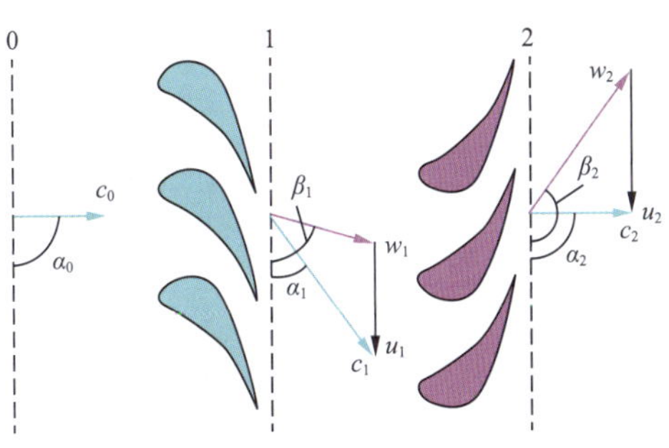

图 6-14　速度三角形示意图

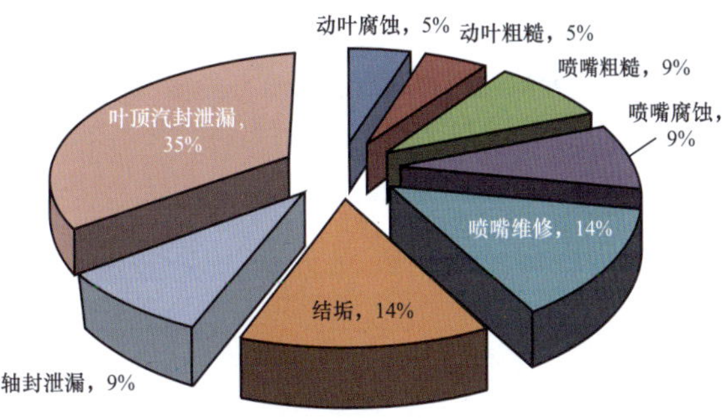

图 6-17　汽轮机效率下降因素

图 6-20　布莱登汽封实物图

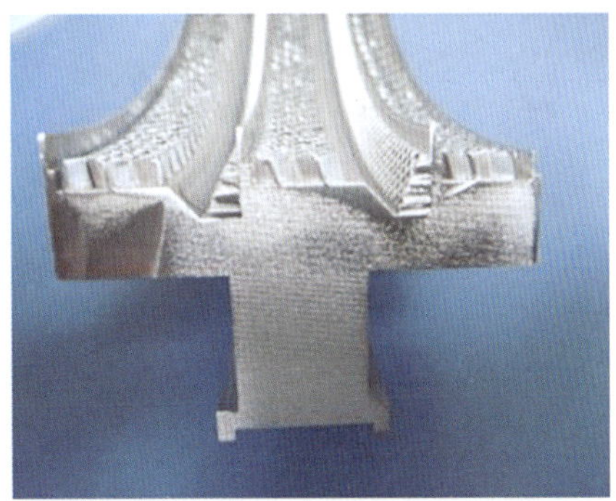

图 6-22　侧齿实物图

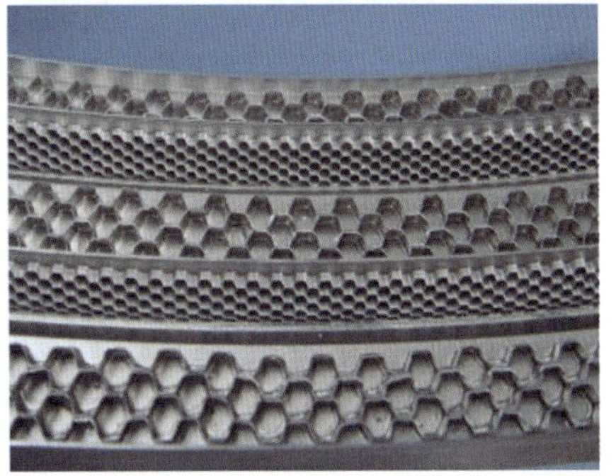

图 6-24　蜂窝式汽封实物图

图 6-36　新型风粉流速均衡阀示意图

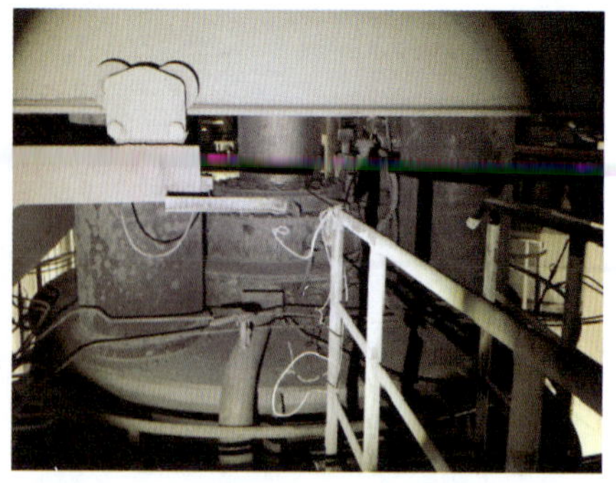

图 6-37　新型煤粉分配调整设备实物图

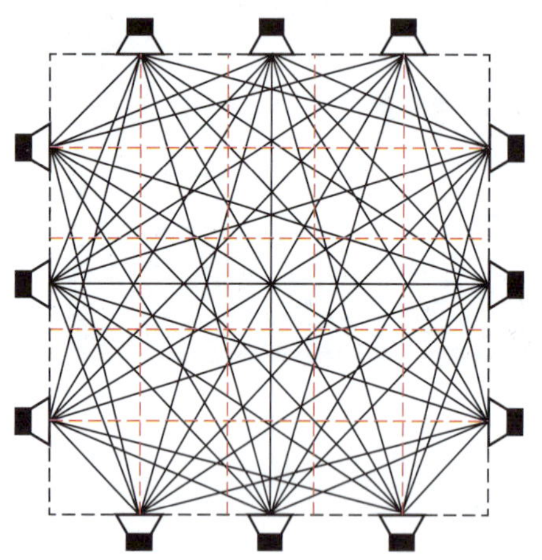

图 6-39　多路径测温示意图

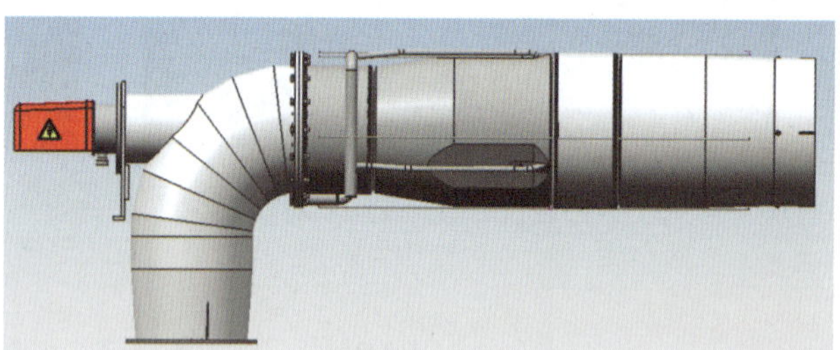

图 6-41　富氧等离子体燃烧器示意图

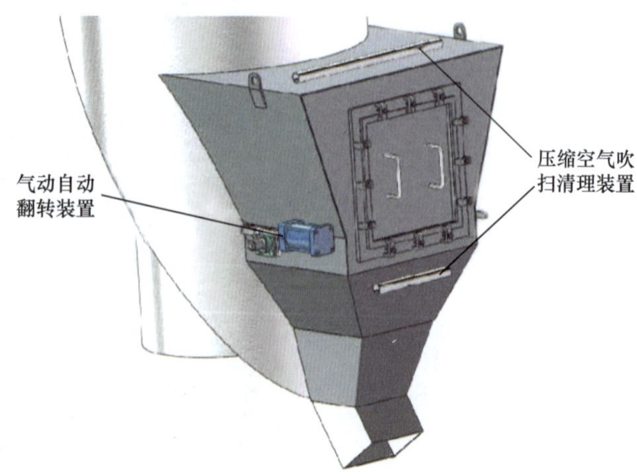

图 6-42　杂物隔离装置外形

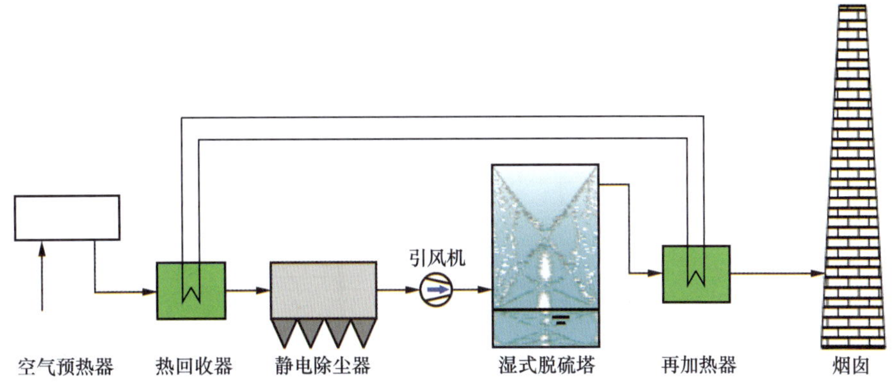

图 6-52　二级低温省煤器布置方案示意图

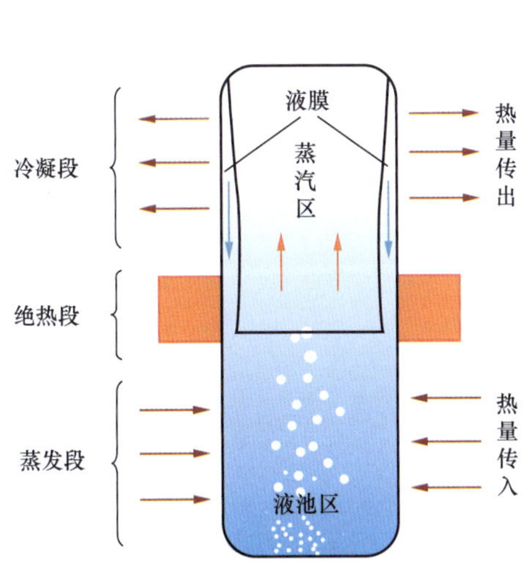

图 6-53　重力热管工作原理示意图

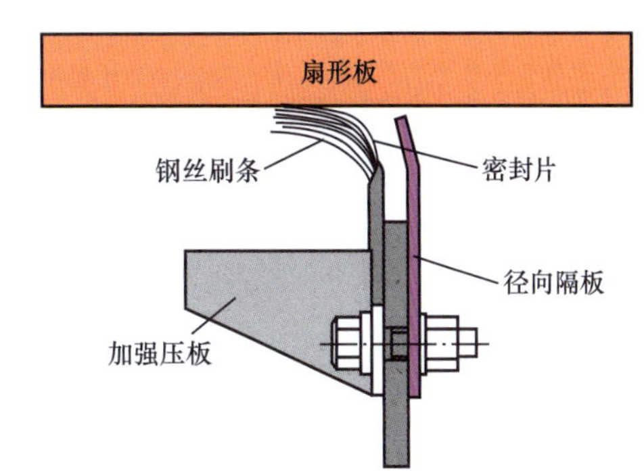

图 6-57　刷式密封技术示意图

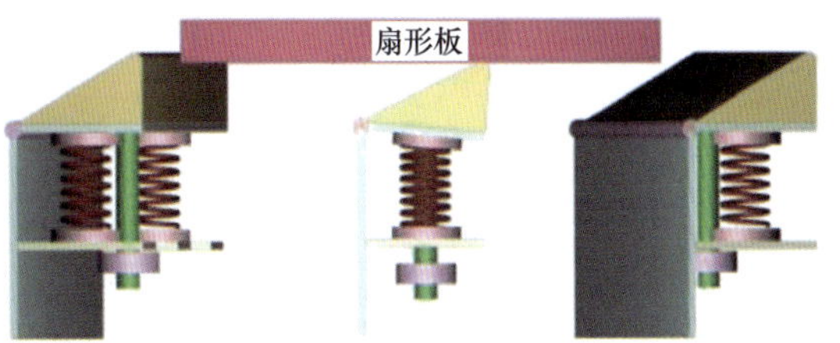

图 6-58　合页弹簧式密封技术示意图

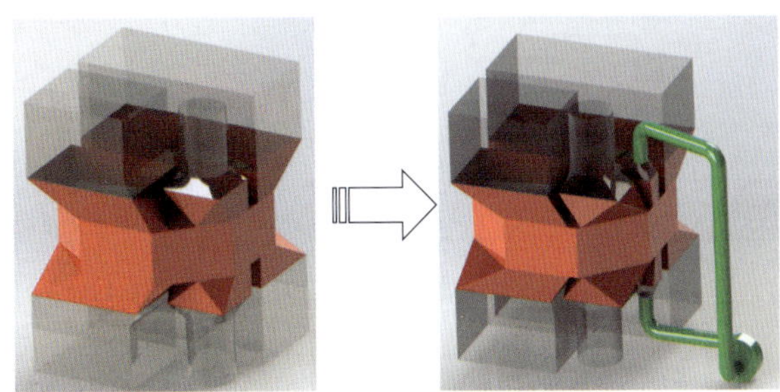

图 6-59　风道改造示意图

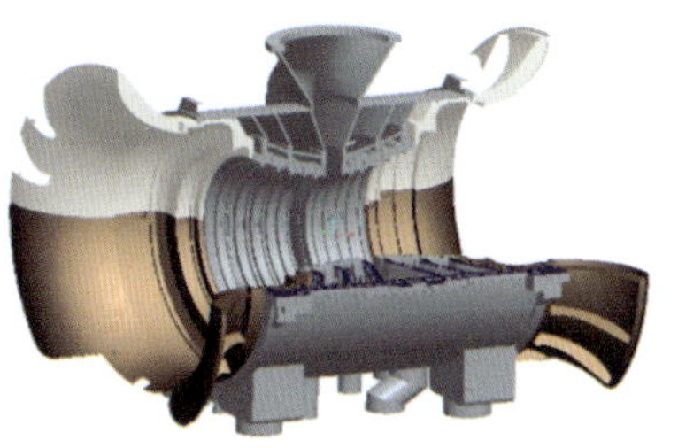

图 7-6　新低压缸模块示意图

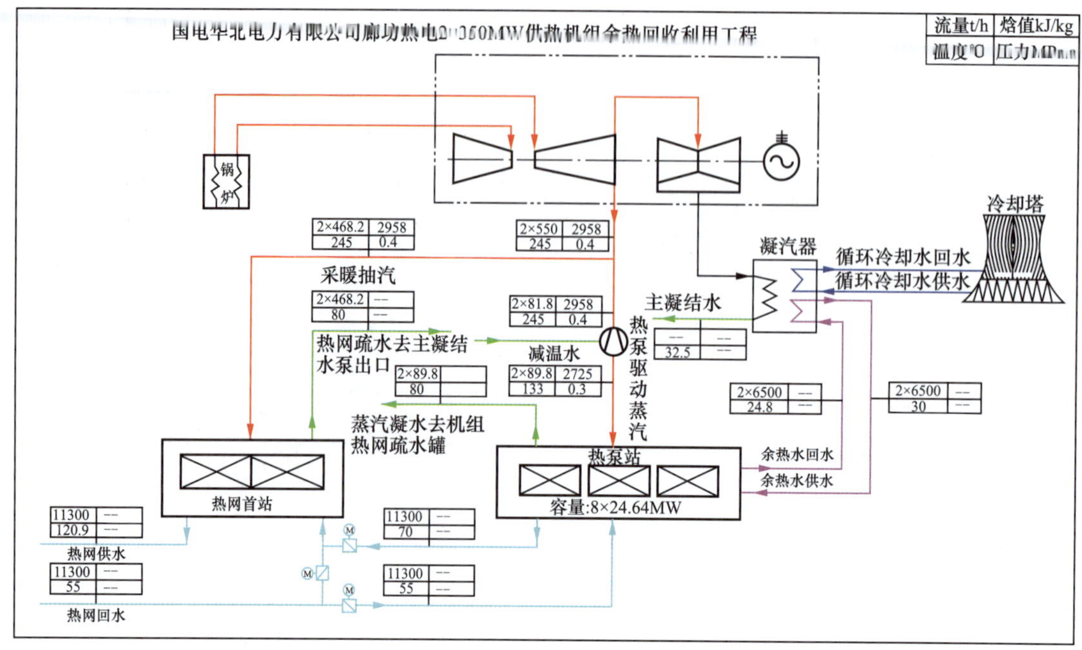

图 7-8　循环水余热回收系统

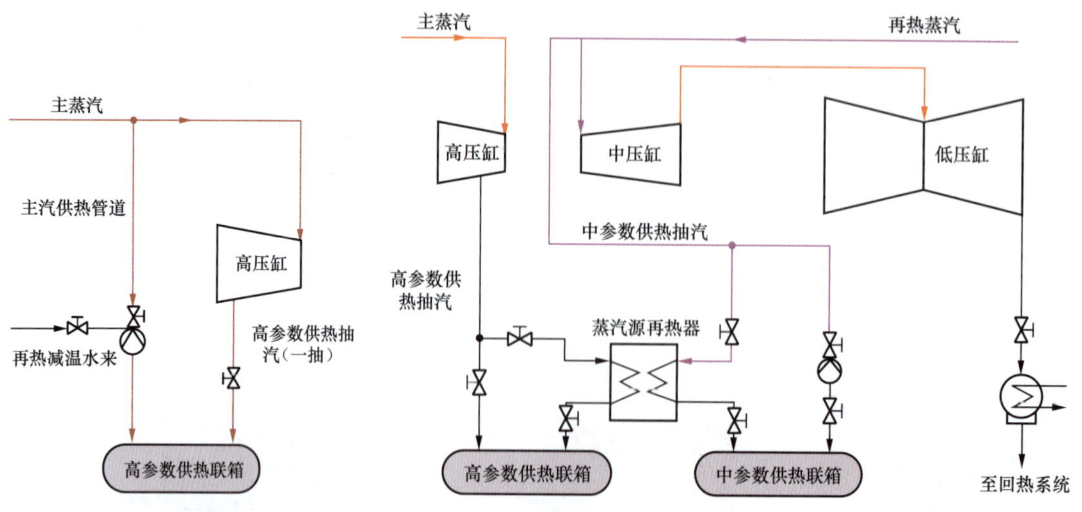

图 7-13　改造前供热示意图　　图 7-14　改造后供热系统（专利号：ZL201721201231.4）